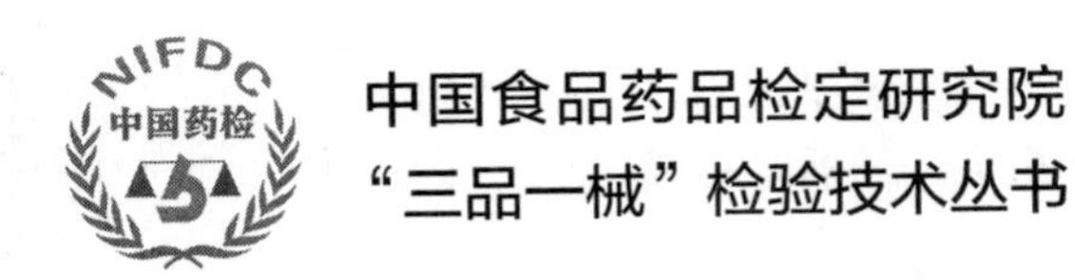

中国食品药品检定研究院
"三品一械"检验技术丛书

《化妆品安全技术规范》读本

中国食品药品检定研究院　组织编写
张庆生　王钢力　主　　编

人民卫生出版社

图书在版编目（CIP）数据

《化妆品安全技术规范》读本 / 张庆生，王钢力主编．—北京：人民卫生出版社，2017

ISBN 978-7-117-25022-1

Ⅰ.①化…　Ⅱ.①张…　②王…　Ⅲ.①化妆品－安全技术－技术规范－注释　Ⅳ.①TQ658-65

中国版本图书馆 CIP 数据核字（2017）第 201131 号

人卫智网　www.ipmph.com　医学教育、学术、考试、健康，购书智慧智能综合服务平台

人卫官网　www.pmph.com　人卫官方资讯发布平台

版权所有，侵权必究！

《化妆品安全技术规范》读本

主　　编：张庆生　王钢力
出版发行：人民卫生出版社（中继线 010-59780011）
地　　址：北京市朝阳区潘家园南里 19 号
邮　　编：100021
E - mail：pmph@pmph.com
购书热线：010-59787592　010-59787584　010-65264830
印　　刷：北京人卫印刷厂
经　　销：新华书店
开　　本：787×1092　1/16　　印张：50
字　　数：1217 千字
版　　次：2017 年 12 月第 1 版　2017 年 12 月第 1 版第 1 次印刷
标准书号：ISBN 978-7-117-25022-1/R · 25023
定　　价：268.00 元
打击盗版举报电话：010-59787491　E-mail：WQ@pmph.com
（凡属印装质量问题请与本社市场营销中心联系退换）

编 委 会

主　编　张庆生　王钢力

副主编　李　军　吴　景

主　审　孙有富　朱　英　张宏伟

编　委（以姓氏笔画为序）

丁　艺　于　玥　于　建　于佳轶　于海英　王　平
王　任　王　欢　王　超　王　楠　王　曦　王小兵
王红平　王学民　王钢力　王晓亮　方继辉　石　钺
石兴红　叶聪秀　冯丰凑　冯克然　冯雪娇　邢书霞
达　晶　邬晓鸥　刘　玮　刘　婷　刘文婧　刘泽涛
刘晨晨　许　勇　苏　哲　李　军　李　丽　李　利
李　莉　李文莉　李杨杰　李启艳　李俊鹏　杨　颖
杨丽萍　肖树雄　吴　景　吴　震　吴鸳鸯　邱颖姮
宋　钰　宋瑞霞　张凤兰　张庆生　张劲松　张高飞
陈　静　陈西平　陈张好　林庆斌　易金玲　罗飞亚
金　鑫　冼静雯　庞学斌　庞燕军　郑　荣　郑　萍
郑天驰　赵　华　胡　磊　钟吉强　独家启　施怀生
祝清芬　秦美蓉　徐　燕　徐百禾　高　飞　高文超
高家敏　谈益妹　黄湘鹭　曹　进　崔生辉　董　喆
覃　玲　黑真真　赖　维　简龙海　颜琳琦　魏　霞

参加编写单位

中国食品药品检定研究院
深圳市药品检验研究院
中国疾病预防控制中心
中国医学科学院药用植物研究所
北京工商大学
上海市皮肤病医院
广东省药品检验所
上海市食品药品检验所
山西省食品药品检验所
辽宁省药品检验检测院
四川省食品药品检验检测院
山东省食品药品检验研究院
浙江省食品药品检验研究院
北京市药品检验所
四川大学华西医院
空军总医院
中山大学附属第三医院
中国医学科学院药物研究所
中国检验检疫科学研究院
北京市疾病预防控制中心
河北省保健食品化妆品协会
厦门大学
湖北省食品药品监督检验研究院
广东省疾病预防控制中心

第一届国家食品药品监督管理总局
化妆品标准专家委员会　审阅

主 任 委 员　孙有富

副主任委员　丁丽霞　王佑春　刘　玮　张晋京　袁　韧

秘　书　长　张庆生

委　　　员　（以姓氏笔画为序）

王学民　王钢力　石　钱　白　桦　朱　英　刘保军
关勇彪　李　波　宋　坪　张　昀　张庆生　张怀亮
张宏伟　张金兰　张晓鸣　陈　周　陈少洲　陈西平
姚孝元　贺争鸣　徐　良　徐海滨　高　申　高天兵
郭亚健　黄　敏　曹光群　董树芬　董银卯　谢剑炜
赖　维　熊习昆

序

中华民族在漫长的历史进程中，创造了光辉灿烂的化妆品文化，从周女“粉白墨黑”到西施“脂泽粉黛”，从汉宫“点唇画眉”到后世“淡染胭脂”，上下几千年，勾勒出一幅独具东方文化特色的唯美长卷，也从历史的角度印证了化妆及化妆品早已成为人类日常生活不可或缺的重要组成部分。近现代以来，随着科学技术的进步和人们追求美丽期望的日益增强，化妆品领域发生了诸多具有典型时代特征的变化：从面部到指甲，化妆的部位越来越丰富；从美白到祛痘，化妆品的用途越来越多元；从天然提取到化学合成，化妆品的原料越来越丰富；从局部过敏到脏器损害，化妆品质量安全事件越来越受到关注……，这充分说明当前化妆品质量安全监管形势严峻，产品的质量安全隐患逐步成为人们关注的焦点。因此，建立健全化妆品质量安全标准是实现化妆品科学监管的重要技术支撑。

我国是标准化文明的重要发祥地之一，秦汉以降，制权衡以鉴斤量，立准绳以鉴毫厘，定范式以鉴形貌，建标杆以鉴高下，创规矩以鉴方圆，明法度以鉴行止，历千年而不衰，为近现代标准化建设奠定了坚实的历史文化基础。新中国成立以来，我国的化妆品市场经历了由逐步满足可及性到不断追求多元化的转变，直接催生了1999年我国第一部《化妆品卫生规范》的出台。此后，随着市场形势的变化和监管技术的进步，先后经过了2002年和2007年两次修订改版，为不同时期的化妆品安全监管发挥了重要作用。然而，时代的发展不断为化妆品质量监管提出一些新的课题，诸如某些特殊用途化妆品与保健用品乃至医疗用品相互交叉，产品形态的同质化和市场主体的多元化所造成的激烈竞争带来了许多新的安全风险和隐患，全方位开放的市场也使安全风险由过去的个体风险或局部风险向群体风险或系统风险延伸，公众和社会舆论日益提高的关注度增加了提升监管水平的紧迫性，更由于检验检测技术的进步为技术标准的创新升级提供了有力的条件，当此之时，国家食品药品监督管理总局组织对《化妆品卫生规范》（2007年版）进行了修订，形成了《化妆品安全技术规范》，并于2015年12月正式颁布，标志着我国化妆品质量安全监管跨入了一个新的阶段。

与《化妆品卫生规范》（2007年版）相比，《化妆品安全技术规范》增加了禁用组分，调整了某些限用组分和准用组分的限值，全面提升了化妆品检测评价方法的技术水平，基本体现和满足了科学技术的发展水平和我国化妆品质量安全监管的现实要求。

《化妆品安全技术规范》具有典型的技术法规文件特征，其编写体例、内容格式、名词术语等均具有严格而统一的要求，一方面体现了其作为技术法规的严肃性和权威性，但在实用性和可操作性等方面也存在一定的局限：一是受标准化文件格式及其术语表述方式的限制，难以对某些具体问题、具体事项等内容予以详尽；二是对禁限用组分和准用组分仅仅能规定出物质名称，难以对物质结构以及分子式等内容予以详尽；三是对检验检测方法仅仅能作出基本要求，难以对具体的操作规程、过程控制、注意事项等内容予以详尽；四是作为技术法规文件主要强调的是通用方法和通用指标，难以对典型实例和特殊问题等内容予以详尽。鉴于此，组织编写一部与《化妆品安全技术规范》相配套的、对其内容进行深入细致解释的、指导化妆品相关人员准确掌握的工具类参考书是十分必要的。

在国家食品药品监督管理总局的大力支持下，中国食品药品检定研究院组织国内部分高等院校、医院、科研院所和化妆品检验机构的相关人员，编写了这部《化妆品安全技术规范》读本，旨在克服标准化文件的固有局限，通过对《化妆品安全技术规范》进行深入而细致的解读，达到全面、准确理解和掌握规范要求的目的；通过拓展禁限用组分和准用组分的化学结构和分子式等内容，有利于在化妆品研发、生产和检验实践中提高对前述化学成分的认识或要求的理解；通过对《化妆品安全技术规范》中的检测方法进行具体化、精准化注解，有利于检验技术人员全面掌握和准确操作；通过对具体检验项目的过程控制和注意事项进行详细解析，有利于保障检验数据的准确可靠；通过对典型实例及特殊问题进行示范性解读，有利于指导检验技术人员提高研究和解决疑难复杂问题的能力，以期对《化妆品安全技术规范》的全面实施发挥一定的助益作用。

本书的编排结构与《化妆品安全技术规范》的内容次序相一致，第一章主要对规范的概述部分进行逐条解读；第二与第三章全面介绍了《化妆品安全技术规范》对禁限用组分、准用组分的修订情况，并收录了各组分的结构式、分子式等内容；第四至第八章围绕《化妆品安全技术规范》所规定检验方法的基本原理、反应机制、操作规程及注意事项等内容进行了全面而详细的注解，并对部分检验技术的国内外研究进展情况进行了介绍。此外，随着《化妆品安全技术规范》的持续修订，本书增收了国家食品药品监督管理总局最新发布的《化妆品用化学原料体外 3T3 中性红摄取光毒性试验方法》等 3 个方法的注解，使内容更加全面。

需要指出的是，经过多年的发展，我国的化妆品市场业态发生了巨大的结构性变化，开放性特征非常突出，市场主体的规模十分悬殊，市场信息瞬息万变；同时，本类读本为首次编写，缺少可供借鉴的经验，编写人员虽然付出了很大的努力，力求最大限度地使全书内容与产业发展、市场现状及监管需求相适应，但受编写人员专业背景及对化妆品质量安全现状了解和掌握程度的局限，书中缺漏乃至失误之处在所难免，恳请广大读者予以批评指正。

中国食品药品检定研究院院长

2017 年 8 月

化妆品安全技术规范沿革

1989年国务院发布了《化妆品卫生监督条例》，明确了对化妆品实行卫生监督制度，卫生监督工作由原卫生部主管。1999年，原卫生部在参考欧盟化妆品技术标准的基础上颁布了《化妆品卫生规范》，于2002年和2007年分别进行两次修订，对规范做了进一步的补充和完善，形成了《化妆品卫生规范》(2007年版)。《化妆品卫生规范》(2007年版)从化妆品卫生要求、禁限用组分、检验评价方法等方面作出了明确的规定。2008年以后，化妆品的监管职能由原卫生部划归原国家食品药品监督管理局（简称国家食药监局）承担。国家食药监局于2010年成立了化妆品标准专家委员会（简称化妆品标委会），下设化妆品标委会秘书处，承担化妆品标委会的日常运行工作，其中包括化妆品技术规范文件的制修定工作，秘书处设在中国食品药品检定研究院（简称中检院）食品化妆品检定所。国家食药监局启动了化妆品技术规范及检测方法的起草和修订工作，陆续颁布了60个检测方法、4个化妆品用原料技术要求，并颁布了《化妆品中禁用物质和限用物质检测方法验证技术规范（国食药监许［2010］455号）》，对化妆品的理化检测新方法研究从内容和验证等方面提出了要求。2013年国家食品药品监督管理总局（以下简称国家食药监总局）成立，原国家质检总局除进出口化妆品检验检疫和监督管理外的化妆品管理职能和原国家食药监局的工作等统一归入国家食药监总局的职能。为满足我国化妆品监管工作的需要，结合化妆品行业发展和科学认识的提高，以需求、问题和目标为导向，国家食药监总局于2014年3月起委托中检院组织修订《化妆品卫生规范》(2007年版)。2014年4月，中检院组织召开了化妆品标准专家委员会会议，基于国家食药监总局的化妆品安全监管职能，将《化妆品卫生规范》的名称修订为《化妆品安全技术规范》，并讨论通过了规范修订原则，主要内容包括：①沿用《化妆品卫生规范》(2007年版）的体例；②在《化妆品安全技术规范》(征求意见稿，2012年）的基础上进行修改和完善；③整体纳入国家食药监总局已发布的规范性技术文件相关内容；④补充本规范中专属名词和术语的解释；⑤删除原规范中不属于《化妆品安全技术规范》适用范围的内容（如牙膏等口腔卫生护理用品）；⑥对现有方法进行文字规范和勘误；⑦为保障化妆品使用安全，对国内外已有明确风险评估结论的物质从严管理。《化妆品安全技术规范》于2015年11月经化妆品标委会全体会议审议通过，2015年12月23日由国家食药监总局批准发布，自2016年12月1日起实施。

一、《化妆品卫生规范》历版情况

1.《化妆品卫生规范》(1999年版)《化妆品卫生规范》于1999年11月25日由原卫生部正式颁布，自1999年12月1日起实施。《化妆品卫生规范》(1999年版）的内容包括总则、禁限用物质表、安全性评价程序和方法、卫生化学检验方法和微生物检验方法等。

禁限用物质表共收录了494种禁用物质，67种限用物质，55种防腐剂，22种紫外线吸收剂，157种着色剂。安全性评价程序和方法中收录了18个毒理学试验方法、1个人体斑贴试验和人体使用试验方法。卫生化学检验方法中收录了17个理化检验方法。微生物检验方法收录了5个方法。

2.《化妆品卫生规范》（2002年版）《化妆品卫生规范》（2002年版）于2002年9月19日由原卫生部正式颁布，自2003年1月1日起实施。与《化妆品卫生规范》（1999年版）相比，《化妆品卫生规范》（2002年版）主要修订了以下内容：

（1）禁用物质。规定496种禁用物质，禁用组分表2–2中增加了白芷、杭白芷、补骨脂3种禁用物质，删除囊丝黄精，并修订部分禁用物质的中文名称。

（2）限用物质。规定67种限用物质，新增苯扎氯铵、苯扎溴铵和苯扎糖精铵，删除甲醇，修订3种限用物质的限制要求。

（3）限用防腐剂。规定55种防腐剂，修订2种防腐剂的限制要求。

（4）限用紫外线吸收剂。规定24种紫外线吸收剂，新增2，2′–亚甲基–双–6–（2*H*–苯并三唑–2–基）–4–（四甲基–丁基）–1，1，3，3–苯酚、（1，3，5）–三嗪–2，4–双（（4–（2–乙基–己氧基）2–羟基）–苯基）–6–（4–甲氧基苯基）、2，2′–双–（1，4–亚苯基）1*H*–苯并咪唑–4，6–二磺酸的单钠盐3种紫外线吸收剂，删除水杨酸–4–异丙苄酯。

（5）限用着色剂。规定157种着色剂，增加了部分着色剂的中文名称。

3.《化妆品卫生规范》（2007年版）《化妆品卫生规范》（2007年版）于2007年1月4日由原卫生部发布。《化妆品卫生规范》（2007年版）与2002年版相比，对化妆品原料的规定在原有的基础上进行了大幅调整，调整了禁用原料、限用原料、限用防腐剂、限用防晒剂、限用着色剂表和具体内容；同时新增“暂时允许使用的染发剂表”，并对最大允许使用范围和其他限制要求作出规定。具体调整有：

（1）禁用物质。在2007年版表2–1中，禁用物质共1208种，增加了788种禁用物质，包括甲醇、酮康唑、甲硝唑以及《欧盟化妆品规程》新增的石油及石油提取物类物质；将过氧化苯甲酰纳入限用物质；修订了6种物质。表2–2中，禁用物质共78种，增加了关木通、广防己、青木香3种物质；增加了注解；同时明确了禁用物质包括其提取物及制品。

（2）限用物质。规定73种限用物质，删除了苯酚及其碱金属盐类；增加了13种限用物质；删除了可能作为染发剂的限用物质；醋酸铅不再允许使用，纳入禁用物质。

（3）限用防腐剂。规定56种防腐剂，增加了甲基异噻唑啉酮。

（4）限用防晒剂。规定28种防晒剂，增加二氧化钛、氧化锌、二乙氨基羟苯甲酰基苯甲酸己酯和聚硅氧烷–15。

（5）限用着色剂。规定156种着色剂，删除了4种着色剂（CI 27290、CI 26100、CI 20170、CI 12150）；增加了高粱红、CI 77019、CI 77718 3种着色剂；增加了31种着色剂质量规格要求，修改2种着色剂质量规格要求。

（6）暂时允许使用的染发剂。根据2005年原卫生部颁发的《染发剂原料名单（试行）》规定，将暂时允许使用的染发剂首次纳入《化妆品卫生规范》，规定93种染发剂，删除间苯二胺、间苯二胺硫酸盐、*N*–甲氧乙基–*p*–苯二胺盐酸盐3种染发剂。

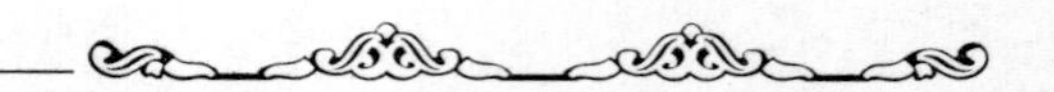

（7）增加了4项新的内容。增加了抗生素的检测方法、4种去屑剂的检测方法以及2种防晒化妆品UVA防晒效果的评价方法（人体法和仪器法）；增加了防晒剂防水功能的测定方法和标识要求。

二、《化妆品安全技术规范》简介

《化妆品安全技术规范》是在充分参考和借鉴欧盟、美国、日本、韩国等国家和地区化妆品安全性评价的最新进展及管理法规，应用了我国化妆品风险评估结果及化妆品监管经验，在《化妆品卫生规范》（2007年版）的基础上修订而成的。与《化妆品卫生规范》（2007年版）相比，《化妆品安全技术规范》的主要修订内容如下：

（1）明确了名词术语的释义。对涉及的名词和术语提供了释义，明确相关概念及其内涵。

（2）细化了化妆品安全技术通用要求。根据化妆品中有关重金属及安全性风险物质的风险评估结果，将铅的限量要求由40mg/kg调整为10mg/kg，砷的限量要求由10mg/kg调整为2mg/kg，增加镉的限量要求为5mg/kg。根据国家食品药品监督管理总局发布的规范性技术文件的要求，收录了2种有害物质的限量要求，分别为二噁烷不超过30mg/kg，石棉在本规范规定的检验方法检测的情况下不得检出。

（3）对化妆品禁限用组分和准用组分表等进行修订。与《化妆品卫生规范》比较，本版规范列入的禁用组分共1388项，其中新增133项，修订137项；限用组分共47项，其中新增1项，修订31项，删除27项；准用防腐剂共51项，其中修订14项，删除5项；准用防晒剂共27项，其中修订6项，删除1项；准用着色剂共157项，其中新增1项，修订69项；准用染发剂共75项，其中修订63项，删除21项。

（4）对化妆品检验及评价方法中的理化检验方法进行修订。在《化妆品卫生规范》原有检验方法的基础上，增加收录新近颁布的60个针对化妆品中有关禁限用物质的检验方法；对检验方法的正文体例进行统一规范、归类编排，方便查阅和使用。删除了《化妆品卫生规范》中不属于本版规范管理范畴的内容，如锶、总氟2个检验方法；对《化妆品卫生规范》中的错误进行勘误。对微生物检验方法和毒理学试验方法进行了文字规范和格式调整。对人体安全性和功效评价检验方法进行了修订，拆分为人体安全性检验和人体功效评价检验方法。人体功效SPF评价检验方法中增加了高SPF标准品（P2和P3）的制备方法。

《化妆品安全技术规范》在保持科学性、先进性和规范性的基础上，重点加强对化妆品中风险物质的管理，整体提升了安全控制的要求；充分借鉴国际化妆品质量安全控制技术和经验，扩大了先进检测技术方法的应用，全面反映了我国当前化妆品行业的发展和检验检测技术的提高，进一步体现了引领和技术导向作用。将在完善化妆品标准体系的建设，推动我国化妆品科学监管，促进化妆品行业健康发展，提升我国化妆品技术规范权威性和国际影响力等方面发挥重要作用。

张有宣

2017年6月

目录

第一章 概述 ······ 1
1 范围 ······ 1
2 术语和释义 ······ 2
3 化妆品安全通用要求 ······ 9

第二章 化妆品禁限用组分 ······ 23
1 化妆品禁用组分（表 1） ······ 23
2 化妆品禁用植（动）物组分（表 2） ······ 44
3 化妆品限用组分（表 3） ······ 50

第三章 化妆品准用组分 ······ 63
1 化妆品准用防腐剂（表 1） ······ 63
2 化妆品准用防晒剂（表 2） ······ 73
3 化妆品准用着色剂（表 3） ······ 76
4 化妆品准用染发剂（表 4） ······ 89

第四章 理化检验方法 ······ 115
1 理化检验方法总则 ······ 115
1.1 pH 值 ······ 124
1.2 汞 ······ 125
1.3 铅 ······ 128
1.4 砷 ······ 130
1.5 镉 ······ 132
1.6 锂等 37 种元素 ······ 134
1.7 钕等 15 种元素 ······ 137
1.8 乙醇胺等 5 种组分 ······ 138
1.9 化妆品抗 UVA 能力仪器测定法 ······ 142
2 禁用组分检验方法 ······ 143
2.1 氟康唑等 9 种组分 ······ 143

2.2 盐酸美满霉素等 7 种组分 ……149
2.3 依诺沙星等 10 种组分 ……158
2.4 雌三醇等 7 种组分 ……165
2.5 米诺地尔等 7 种组分 ……175
2.6 6- 甲基香豆素 ……180
2.7 8- 甲氧基补骨脂素等 4 种组分 ……183
2.8 补骨脂素等 4 种组分 ……187
2.9 4- 氨基偶氮苯和联苯胺 ……192
2.10 4- 氨基联苯及其盐 ……193
2.11 酸性黄 36 等 5 种组分 ……195
2.12 α- 氯甲苯 ……201
2.13 氨基己酸 ……203
2.14 斑蝥素 ……206
2.15 苯并［a］芘 ……210
2.16 丙烯酰胺 ……212
2.17 氮芥 ……216
2.18 地氯雷他定等 15 种组分 ……220
2.19 二噁烷 ……227
2.20 二甘醇 ……230
2.21 环氧乙烷和甲基环氧乙烷 ……232
2.22 甲醇 ……235
2.23 普鲁卡因胺等 7 种组分 ……238
2.24 马来酸二乙酯 ……245
2.25 米诺地尔 ……247
2.26 氢醌、苯酚 ……251
2.27 石棉 ……254
2.28 维甲酸和异维甲酸 ……257
2.29 维生素 D_2 和维生素 D_3 ……261
2.30 邻苯二甲酸二甲酯等 10 种组分 ……264
2.31 邻苯二甲酸二丁酯等 8 种组分 ……271
2.32 二氯甲烷等 15 种组分 ……275
2.33 乙醇等 37 种组分 ……282
3 限用组分检验方法 ……292
3.1 α- 羟基酸 ……292
3.2 二硫化硒 ……297
3.3 过氧化氢 ……300
3.4 间苯二酚 ……302
3.5 可溶性锌盐 ……304
3.6 奎宁 ……305

3.7 硼酸和硼酸盐 ……307
3.8 羟基喹啉 ……310
3.9 巯基乙酸 ……312
3.10 水杨酸 ……316
3.11 酮麝香 ……318
3.12 游离氢氧化物 ……320
3.13 总硒 ……321
4 防腐剂检验方法 ……323
4.1 苯甲醇 ……323
4.2 苯甲酸及其钠盐 ……327
4.3 苯氧异丙醇 ……332
4.4 苯扎氯铵 ……334
4.5 劳拉氯铵、苄索氯铵和西他氯铵 ……339
4.6 甲醛 ……345
4.7 甲基氯异噻唑啉酮等 12 种组分 ……348
4.8 氯苯甘醚 ……358
4.9 三氯卡班 ……360
4.10 山梨酸和脱氢乙酸 ……364
4.11 水杨酸等 5 种组分 ……368
5 防晒剂检验方法 ……372
5.1 苯基苯并咪唑磺酸等 15 种组分 ……372
5.2 二苯酮 -2 ……384
5.3 二氧化钛 ……386
5.4 二乙氨羟苯甲酰基苯甲酸己酯 ……388
5.5 二乙基己基丁酰胺基三嗪酮 ……389
5.6 亚苄基樟脑磺酸 ……392
5.7 氧化锌 ……394
6 着色剂检验方法 ……395
6.1 碱性橙 31 等 7 种组分 ……395
6.2 着色剂 CI 59040 等 10 种组分 ……402
7 染发剂检验方法 ……408
7.1 对苯二胺等 8 种组分 ……408
7.2 对苯二胺等 32 种组分 ……414

第五章 微生物检验方法 ……428
1 微生物检验方法总则 ……429
2 菌落总数检验方法 ……430
3 耐热大肠菌群检验方法 ……431
4 铜绿假单胞菌检验方法 ……432

5 金黄色葡萄球菌检验方法 …… 433
6 霉菌和酵母菌检验方法 …… 434

第六章 毒理学试验方法 …… 436
1 毒理学试验方法总则 …… 436
2 急性经口毒性试验 …… 441
3 急性经皮毒性试验 …… 446
4 皮肤刺激性/腐蚀性试验 …… 449
5 急性眼刺激性/腐蚀性试验 …… 451
6 皮肤变态反应试验 …… 453
7 皮肤光毒性试验 …… 455
8 鼠伤寒沙门菌/回复突变试验 …… 458
9 体外哺乳动物细胞染色体畸变试验 …… 460
10 体外哺乳动物细胞基因突变试验 …… 461
11 哺乳动物骨髓细胞染色体畸变试验 …… 464
12 体内哺乳动物细胞微核试验 …… 465
13 睾丸生殖细胞染色体畸变试验 …… 466
14 亚慢性经口毒性试验 …… 468
15 亚慢性经皮毒性试验 …… 471
16 致畸试验 …… 474
17 慢性毒性/致癌性结合试验 …… 475
18 体外 3T3 中性红摄取光毒性试验 …… 478
19 离体皮肤腐蚀性大鼠经皮电阻试验 …… 483
20 皮肤光变态反应试验 …… 485

第七章 人体安全性检验方法 …… 490
1 人体安全性检验方法总则 …… 491
2 人体皮肤斑贴试验 …… 492
3 人体试用试验安全性评价 …… 494

第八章 人体功效评价检验方法 …… 497
1 人体功效评价检验方法总则 …… 498
2 防晒化妆品防晒指数（SPF 值）测定方法 …… 499
3 防晒化妆品防水性能测定方法 …… 502
4 防晒化妆品长波紫外线防护指数（PFA 值）测定方法 …… 504

附录Ⅰ 化妆品禁限用组分、准用组分信息 …… 507
表1 化妆品禁用组分结构信息 …… 507

表 2　化妆品限用组分结构信息 ……689
表 3　化妆品准用防腐剂结构信息 ……698
表 4　化妆品准用防晒剂结构信息 ……706
表 5　化妆品准用着色剂结构信息 ……713
表 6　化妆品准用染发剂结构信息 ……754

附录Ⅱ　GB/T 8170—2008 数值修约规则与极限数值的表示和判定 ……767

附录Ⅲ　国食药监许［2010］455 号化妆品中禁用物质和限用物质检测方法验证技术规范 ……776

第一章

概　述

《化妆品安全技术规范》概述部分规定了本规范的适用范围，为便于正确理解和使用本规范，把一些在规范中多次出现、需要进行说明的术语以条文的形式进行了解释，并且把部分有关的、共性的和需要明确的内容在化妆品安全通用要求中加以明确。概述明确了本规范关于化妆品安全的技术属性，阐述了规范的基本内容，并把涉及化妆品安全的主要方面，从化妆品的一般要求（包括基本要求、生产要求、检验要求和质量安全要求），到化妆品的配方要求、微生物学指标要求、有害物质限值要求、包装材料要求、标签要求、儿童用化妆品要求、原料要求等技术内容进行了规定。

【规范原文】

> **1　范围**
>
> 本规范规定了化妆品的安全技术要求，包括通用要求、禁限用组分要求、准用组分要求以及检验评价方法等。
>
> 本规范适用于中华人民共和国境内生产和经营的化妆品（仅供境外销售的产品除外）。

【注释】

本条款是对规范内容的阐述和适用范围的规定。

1. 规范的规定内容　本条款明确了规范是关于化妆品的安全技术要求，阐述了安全技术要求包括的主要内容。这些内容分别是：

（1）化妆品的安全通用要求。

（2）化妆品配方中禁用组分、限用组分和准用组分的要求。

（3）化妆品理化检验方法、微生物学检验方法、毒理学试验方法、人体安全性检验方法和人体功效评价检验方法。

本规范规定化妆品的安全技术要求，是指化妆品在正常生产、存储、运输、销售和使用等生产经营过程中，为确保不对人体健康产生危害而所必须遵守的技术方面的要求。

2. 规范的适用范围　本条款规定了规范的适用范围，即凡是在中华人民共和国境内生产和经营（包括国产和进口）的化妆品必须符合本规范要求。但只在中华人民共和国境内生产，在中国香港、澳门、台湾地区销售以及不在中华人民共和国境内销售的化妆品不在本规范规定的范围内。

《化妆品卫生监督条例》（1989年9月26日国务院批准，1989年11月13日卫生部令第3号发布）中对化妆品的定义为：以涂擦、喷洒或者其他类似的方法散布于人体表面任何部位（皮肤、毛发、指甲、口唇等），以达到清洁、消除不良气味、护肤、美容和修饰目的的日用化学工业产品。根据该定义，判断一个产品是否属于化妆品，需从化妆品的使用方法、使用部位、使用目的三个方面加以界定，三者相辅相成缺一不可，即应同时满足以下三个条件：

（1）使用方法：采用涂擦、喷洒或者其他类似方法（如敷、抹、扑粉等）。

（2）使用部位：散布于人体表面部位，如皮肤、毛发、指（趾）甲、口唇、腋窝、头皮等部位，不包括口腔黏膜、牙齿等部位。

（3）使用目的：使用后能达到清洁、消除不良气味、护肤、美容和修饰的目的。

满足上述要求的产品属于化妆品，如洗发水、沐浴露、护手霜、润肤乳液、爽肤水、口红、面膜、眼影、粉底、普通花露水等产品。食用口红、漱口水、抗菌/抑菌香皂和防蚊、驱蚊花露水等，由于不能同时满足上述条件而不属于化妆品。食用口红由于可以食用而允许通过口腔进入人体，不满足化妆品使用方法的要求；漱口水需要在口腔内部的牙齿和黏膜使用，不满足化妆品使用部位的条件；抗菌/抑菌香皂主要宣称具有杀菌/抑菌功能，不符合化妆品的使用目的；防蚊、驱蚊花露水中由于一般含昆虫驱避剂如避蚊胺或驱蚊酯等卫生用农药成分，并且宣称防蚊、驱蚊等作用，不在化妆品使用目的范畴内，因此防蚊、驱蚊等相关产品不属于化妆品。另外，为了辅助化妆品发挥作用而配合使用的仪器或工具也不属于化妆品。

根据《化妆品卫生监督条例》及其实施细则，我国将化妆品分为特殊用途化妆品和非特殊用途化妆品，其中特殊用途化妆品分为育发、染发、烫发、脱毛、美乳、健美、除臭、祛斑和防晒九类化妆品。

按照现行法规要求，牙膏类产品不符合化妆品使用部位的要求，因此不在目前化妆品的定义范围内。牙膏类产品的安全技术标准、原料要求等有相对独立的要求，本规范不涵盖牙膏类产品的要求。

【规范原文】

> **2 术语和释义**
>
> 下列术语和释义适用于本规范。

【注释】

本条款是关于本规范术语和释义的描述。

按GB/T 20001.1《标准编写规则第1部分：术语》的要求编写了术语，为了更好地理解这些术语，对它们进行了解释。这些术语的释义仅适用于本规范。

【规范原文】

> 2.1 化妆品原料：化妆品配方中使用的成分。

【注释】

本条款是关于化妆品原料的释义。

化妆品原料是指化妆品配方中使用的成分。根据性能和用途不同，化妆品原料可分为基质原料和辅助原料两大类。前者是化妆品的主体原料，在化妆品配方中占有较大比例，是化妆品中起到主要功能作用的成分，按物理形态不同可分为油质原料（如羊毛脂、硅油等）、粉质原料、胶质原料、溶剂原料等。后者是对化妆品的成形、稳定或赋予色、香以及其他特性起作用的成分，虽然在化妆品中用量不大，但却极其重要，如表面活性剂、香料与香精色素、防腐剂、抗氧剂、染发剂、防晒剂、止痒去屑剂、皮肤助渗剂等。

化妆品是由多种作用不同的原料经配伍、生产加工而成的混合物，因此化妆品原料的选择直接影响化妆品的安全和品质。根据《化妆品卫生监督条例》规定，生产化妆品所需的原料、辅料以及直接接触化妆品的容器和包装材料必须符合国家卫生标准。本规范收载了化妆品原料的禁用组分、限用组分和准用组分，具体分别见第二和第三章。禁用组分和限用组分的释义分别见本章 2.3 和 2.4 条款，本规范所指的准用组分是指化妆品准许使用的防晒剂、防腐剂、着色剂、染发剂。

国家食品药品监督管理总局组织对我国上市化妆品已使用原料进行了多次收集和梳理，编制并发布了《已使用化妆品原料名称目录》。该目录客观收录了在我国境内生产、销售的化妆品所使用的原料，共计 8783 种。值得注意的是，该目录仅是判断化妆品新原料的主要参考依据，不是我国允许使用化妆品原料的准用清单，国家食品药品监督管理总局未组织对目录中所列原料的安全性进行评价，化妆品生产企业在选用该目录所列原料时，应当符合相关法规、标准、规范的要求，并对原料进行安全风险评估，承担产品质量安全责任。目录中收录的防晒剂、防腐剂、着色剂、染发剂及限用物质等原料，使用时应符合《化妆品安全技术规范》的要求；未列入目录的，但在《化妆品安全技术规范》中收载的防晒剂、防腐剂、着色剂、染发剂及限用物质等原料，参照已使用化妆品原料管理。

【规范原文】

2.2　化妆品新原料：在国内首次使用于化妆品生产的天然或人工原料。

【注释】

本条款是关于化妆品新原料的释义。

在我国国内首次使用于化妆品生产的天然或人工原料纳入化妆品新原料管理。

未列入《已使用化妆品原料名称目录》或本规范第二章表 3、第三章表 4 至表 7 的天然或人工原料，以及在国外已使用、但在国内首次用于化妆品的原料均为化妆品新原料。

我国对化妆品新原料采取行政许可制度，由国产化妆品生产者或者进口化妆品在我国境内的代理人向国务院食品药品监督管理部门提出申请，经批准后方可使用。

【规范原文】

2.3　禁用组分：不得作为化妆品原料使用的物质。

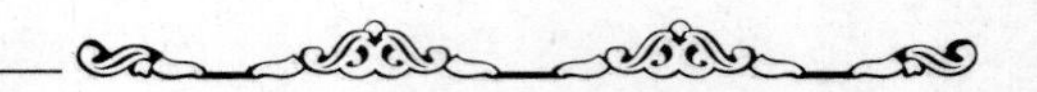

【注释】

本条款是关于化妆品禁用组分的释义。

化妆品禁用组分是指不能作为化妆品生产原料，即组分不能添加到化妆品中的物质。禁用组分的使用可能对使用者健康造成危害，因此禁止用于化妆品。

禁用组分的确定主要依据以下原则：

（1）具有致癌性、致突变性、致畸性以及发育毒性物质。

（2）可能是强光毒或光敏物质以及腐蚀性物质。

（3）对皮肤或黏膜刺激性强或有变态反应性、光毒性、光变态反应性。

（4）剧毒、高毒和高危险性物质。

（5）可能给人类带来极大风险的生物制剂。

（6）毒性和危害性大的植（动）物及其提取物。

（7）可能具有强烈的、特殊的生物活性，易引起机体不良反应的物质。

（8）限用于药品，具有疾病治疗作用，为避免药物滥用而禁止使用的药物。

（9）基于环境问题应予以禁止使用的物质。

本规范第二章中的表 1 和表 2 共列出了 1388 种（类）化妆品禁用组分，但化妆品禁用组分不仅限于表 1 和表 2 中的物质。

【规范原文】

2.4 限用组分：在限定条件下可作为化妆品原料使用的物质。

【注释】

本条款是关于化妆品限用组分的释义。

限用组分是可以作为化妆品原料在化妆品中使用，但应按照《化妆品安全技术规范》规定的限制条件使用，超出此限制条件，则被禁止使用。这些限制条件包括限制的适用及（或）使用范围（如产品类型、作用等）、最大允许使用浓度和其他限制要求（如添加后产品的 pH 要求），以及标签上必须标印的使用条件和注意事项。

【规范原文】

2.5 防腐剂：以抑制微生物在化妆品中的生长为目的而在化妆品中加入的物质。

【注释】

本条款是关于防腐剂的释义。

防腐剂为加入化妆品中以抑制微生物在该化妆品中生长为目的的物质，但不包括其他本身具有抗微生物作用的物质，如氯化钠、某些醇类和精油（essential oil）等。产品中使用的防腐剂应从规范中准许使用的防腐剂表中选择，并且严格遵守表中的规定。

化妆品中往往有水、蛋白质、脂肪酸类等各种原料，这些原料适合细菌等微生物的生长，如果不加以抑制，其生长可能会引起化妆品的质量发生改变，进而对人体健康产生危害。为了保证化妆品质量在一定的时间内保持不变，确保产品的安全性，防止消费者因使用受微生物污染的产品而可能引起的感染，通常需要在化妆品中加入防腐剂。

【规范原文】

> 2.6　防晒剂：利用光的吸收、反射或散射作用，以保护皮肤免受特定紫外线所带来的伤害或保护产品本身而在化妆品中加入的物质。

【注释】

本条款是关于防晒剂的释义。

防晒剂是利用原料对紫外线的吸收、反射或散射作用，达到保护人体皮肤免受特定紫外线带来的伤害或产品本身的目的。产品中使用的防晒剂应从规范中准许使用的防晒剂表中选择，并且严格遵守表中的规定。

防晒剂按作用机制不同可分为物理防晒剂和化学防晒剂。前者主要通过对紫外线的反射或散射作用，屏蔽或减少紫外线与皮肤的接触从而达到保护皮肤或产品的目的，如氧化锌、二氧化钛等；后者主要通过对紫外线的吸收减少紫外线辐射而达到保护皮肤或产品的目的，如二苯酮-3、甲氧基肉桂酸乙基己酯等。

【规范原文】

> 2.7　着色剂：利用吸收或反射可见光的原理，为使化妆品或其施用部位呈现颜色而在化妆品中加入的物质，但不包括第三章表 7 中规定的染发剂。

【注释】

本条款是关于着色剂的释义。

着色剂是利用原料吸收或反射可见光而使化妆品或其使用部位呈现不同颜色的物质。所有着色剂使用应按照规范中规定的限制条件使用，超出此限制条件，则被禁止使用。这些限制条件具体是指“使用范围”和“其他限制和要求”等。

【规范原文】

> 2.8　染发剂：为改变头发颜色而在化妆品中加入的物质。

【注释】

本条款是关于染发剂的释义。

根据国家食品药品监督管理总局《关于炫彩发膜界定的复函》（食药监药化管便函〔2014〕123 号）：凡是以改变头发颜色为目的，使用后即时清洗不能恢复头发原有颜色的产品，均为染发类化妆品。

该类产品中使用的染发剂应按照规范中规定的限制条件使用。

染发剂按作用原理不同可分为氧化性染发剂和非氧化性染发剂。氧化性染发剂的染发

行为是添加的染发剂通过与氧化剂等物质在一定的条件下发生相应的化学反应后，将头发呈现不同颜色的行为，如对苯二胺、间氨基苯酚等。非氧化性染发剂的染发行为是添加的染发剂利用吸收或反射可见光的原理，将头发呈现不同颜色的行为。着色剂可作为非氧化型染发剂选用，但必须符合规范中准用着色剂“使用范围”和“其他限制和要求”的相关规定。

【规范原文】

2.9 淋洗类化妆品：在人体表面（皮肤、毛发、甲、口唇等）使用后及时清洗的化妆品。

【注释】

本条款是关于淋洗类化妆品的释义。

产品在人体表面使用后需要及时清洗的化妆品为淋洗类化妆品。这类产品原则上在人体的驻留系数较低，包括洗面奶、沐浴露、洗发液、清洁面膜等。

【规范原文】

2.10 驻留类化妆品：除淋洗类产品外的化妆品。

【注释】

本条款是关于驻留类化妆品的释义。

与2.9条款相对应，按产品使用后是否及时清洗进行分类，即产品在人体表面使用后停留在体表上，与体表保持持久接触的化妆品，为驻留类化妆品。这类产品包括护肤膏霜、指甲油、香水等。

【规范原文】

2.11 眼部化妆品：宣称用于眼周皮肤、睫毛部位的化妆品。

【注释】

本条款是关于眼部化妆品的释义。

本条款规定了眼部化妆品的使用部位，即宣称用于眼周皮肤、睫毛部位的化妆品。此部位的皮肤由于较薄而易感染，对其产品的安全性要求更高，如部分微生物指标更严格、一些在身体表面其他部位允许使用的物质不允许在眼部化妆品中使用。

眼部化妆品可分为眼部彩妆类产品和眼部护理类产品，包括描眉类、眼影类、眼睑类、眼部彩妆卸除剂、睫毛膏（液）、眼霜等。

【规范原文】

2.12 口唇化妆品：宣称用于嘴唇部的化妆品。

【注释】

本条款是关于口唇化妆品的释义。

本条款规定了此类产品的使用部位，即宣称用于嘴唇部表面（不包括口腔内部）的化妆品。由于嘴唇部的皮肤介于体表皮肤与口腔黏膜之间，是一种较为特殊的组织，较薄而易感染，并且此部位使用的化妆品容易被带入口腔甚至体内，为避免出现这种情况对人体健康产生危害，所以对其产品的安全性要求也更高，如部分微生物指标更严格。

口唇化妆品可分为口唇彩妆类产品和口唇护理类产品，包括护唇膏类、亮唇油类、彩色唇膏类、唇线笔等。

【规范原文】

2.13　体用化妆品：宣称用于身体皮肤（不含头面部皮肤）的化妆品。

【注释】

本条款是关于体用化妆品的释义。

本条款规定了此类产品的使用部位为不含头面部皮肤的身体其他部位皮肤表面，且为大面积应用于身体的一类产品，用于身体局部表面的产品除外。这类产品包括全身按摩油类、沐浴类和身体乳等。

【规范原文】

2.14　肤用化妆品：宣称用于皮肤上的化妆品。

【注释】

本条款是关于肤用化妆品的释义。

本条款规定了此类产品的使用部位为人体皮肤。这类产品包括护肤膏霜类、面膜类、洗面类等可以用于人体皮肤的化妆品。

【规范原文】

2.15　儿童化妆品：宣称适用于儿童使用的化妆品。

【注释】

本条款是关于儿童化妆品的释义。

本条款规定了此类化妆品的适用对象为儿童。本条款设计的儿童化妆品，是沿用国家食品药品监督管理总局发布的《儿童化妆品申报与审评指南》的要求，即指供年龄在 12 岁以下（含 12 岁）的儿童使用的化妆品。这类化妆品包括婴儿油、儿童霜、儿童蜜、儿童爽身粉、儿童洗发香波、儿童沐浴液、婴儿香皂等。

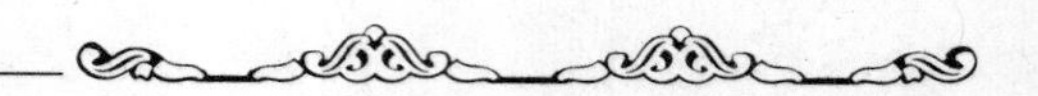

【规范原文】

2.16 专业使用：在专门场所由经过专业培训的人员操作使用。

【注释】

本条款是关于专业使用的释义。

对于含有某些组分的化妆品，其使用不当时可能对人体健康产生危害。对于这类化妆品，在使用时必须是在专门的场所（具有一定的场地、设施等条件，如美容、美发场所等）由经过专业培训的人员才能操作使用，以免对人体健康产生危害。这类产品必须在标签上标印“专业使用”等标识。例如：

（1）含氢氧化锂的化妆品：氢氧化锂为本规范化妆品限用组分，可在头发烫直等产品中使用，在专业使用的头发烫直产品中使用时的最大允许浓度为4.5%（以氢氧化钠重量计）。氢氧化锂的腐蚀性极强，能灼烧眼睛、皮肤等，因此使用浓度>1.2%的头发烫直产品必须为专业使用。这类产品必须在标签上标印“仅供专业使用；避免接触眼睛；可能引起失明”的使用条件和注意事项。

（2）含过氧化锶的化妆品：过氧化锶为本规范化妆品限用组分，仅可在淋洗类发用产品中使用，使用时的最大允许浓度为4.5%（以锶计）。过氧化锶对眼睛、皮肤有刺激作用。这类产品必须符合释放过氧化氢的限制要求，并且必须在标签上标印“避免接触眼睛；如果产品不慎入眼，应立即冲洗；仅供专业使用；戴适宜的手套”的使用条件和注意事项。

（3）含草酸及其酯类和碱金属盐类的化妆品：草酸及其酯类和碱金属盐类为本规范化妆品限用组分，仅可在发用产品中使用，使用时的最大允许浓度为5%。这类产品必须在标签上标印“仅供专业使用”的使用条件。

【规范原文】

2.17 包装材料：直接接触化妆品原料或化妆品的包装容器材料。

【注释】

本条款是关于包装材料的释义。

本条款规定了包装材料是指直接接触化妆品原料或产品的包装容器所用的材料。第二层包装或外包装的材料，因不直接接触化妆品原料或产品，不纳入本规范的化妆品包装材料。

化妆品原料或产品包装材料的要求分别见本章3.5和3.8.4条款。

【规范原文】

2.18 安全性风险物质：由化妆品原料、包装材料、生产、运输和存储过程中产生或带入的，暴露于人体可能对人体健康造成潜在危害的物质。

【注释】

本条款是关于安全性风险物质的释义。

安全风险物质应根据对人体的暴露剂量、暴露条件等，按照危害识别、剂量－反应关系评估、暴露评估和风险特征描述的程序进行风险评估。本规范所指的安全性风险物质是指暴露于人体，可能对人体健康造成潜在危害的物质，这些物质是可能由化妆品原料、包装材料以及化妆品在生产、运输和存储等过程中产生或带入的。为确保化妆品不对人体健康产生危害，需要对其进行风险评估。在符合国家规定的生产条件下，如果安全性风险物质（如禁用组分）的存在在技术上是不可避免的，则化妆品的成品必须满足在正常的或可合理预见的使用条件下不会对人体造成危害的要求。

化妆品中安全性风险物质的产生可能但不限于以下途径：

（1）化妆品原料本身带来的，如有些可能含有禁限用组分杂质的原料、多种不同的原料混合时可能产生。

（2）包装材料降解、与内容物接触反应或析出。

（3）化妆品在生产、运输过程的温度、剧烈振摇等可能产生。

（4）化妆品在存储中由于环境、温度等发生变化时产生。

【规范原文】

3　化妆品安全通用要求

【注释】

本条款规定了化妆品安全技术方面的一般要求、配方要求、微生物学指标要求、有害物质限值要求、包装材料要求、标签要求、儿童用化妆品要求和原料要求。

【规范原文】

3.1　一般要求

【注释】

本条款是关于化妆品一般要求的规定。

化妆品安全性的一般要求包括基本要求、生产要求、检验要求和质量要求。

【规范原文】

3.1.1　化妆品应经安全性风险评估，确保在正常、合理的及可预见的使用条件下，不得对人体健康产生危害。

【注释】

本条款是关于化妆品一般要求中基本要求的规定。

本条款规定了化妆品应经安全风险评估确保要达到的基本要求，即在正常、合理的及可预见的使用条件下不得对人体健康产生危害。化妆品的安全风险评估是指根据化妆品所用原料的风险评估资料，结合产品的使用方式、使用量、残留等暴露水平，对化妆品经检测和评价等医学、药学、化学或者毒理学等途径进行的风险评价。

【规范原文】

> 3.1.2 化妆品生产应符合化妆品卫生规范的要求。化妆品的生产过程应科学合理，保证产品安全。

【注释】

本条款是关于化妆品一般要求中生产要求的规定。

《化妆品卫生监督条例》规定化妆品生产应符合生产质量管理规范。生产企业的卫生条件规范、生产过程科学合理，才能保证产品的安全。我国对化妆品生产企业实行生产许可制度，国家食品药品监督管理总局《国家食品药品监督管理总局关于化妆品生产许可有关事项的公告》（2015 年第 265 号）规定，从事化妆品生产应满足《化妆品生产许可工作规范》的要求，取得食品药品监管部门核发的《化妆品生产许可证》。

【规范原文】

> 3.1.3 化妆品上市前应进行必要的检验，检验方法包括相关理化检验方法、微生物检验方法、毒理学试验方法和人体安全试验方法等。

【注释】

本条款是关于化妆品一般要求中检验要求的规定。

本条款规定了化妆品上市前应进行必要的检验，确保产品的安全。《化妆品卫生监督条例》规定生产企业在化妆品投放市场前，必须对产品进行安全性评价。国家食品药品监督管理总局化妆品行政许可检验管理办法、国产非特殊用途化妆品备案管理办法等文件规定了首次投放市场的国产特殊用途化妆品、国产非特殊用途化妆品和首次进口的化妆品等不同类别的化妆品相应的检验项目和要求，检验项目包括微生物检验项目、卫生化学检验项目、毒理学试验项目、人体安全性检验项目以及防晒化妆品防晒效果人体试验项目等。

【规范原文】

> 3.1.4 化妆品应符合产品质量安全有关要求，经检验合格后方可出厂。

【注释】

本条款是关于化妆品一般要求中质量安全要求的规定。

《化妆品卫生监督条例》规定了在质量保证上，化妆品生产企业是责任主体，产品在出厂前必须经检验符合产品质量安全有关要求，否则不得出厂。

【规范原文】

> 3.2 配方要求

【注释】

本条款是关于化妆品配方要求的规定，包括禁用组分、限用组分及准用的防腐剂、防晒剂、着色剂、染发剂的使用要求。

【规范原文】

> 3.2.1 化妆品配方不得使用本规范第二章中表1和表2所列的化妆品禁用组分。

【注释】

本条款是关于化妆品中禁用组分的规定。

本条款规定化妆品中不得使用本规范第二章中表1和表2所列的化妆品禁用组分作为原料。规范中的禁用组分包括以下两大类：

（1）毒性和危害性大的化学物质以及生物制剂等，见第二章表1，所列禁用组分有1290种（类）。这类组分中，如果在技术上无法避免作为杂质带入化妆品时，应满足：①有限量规定要求的，必须符合规定要求；②没有限量规定的，应经安全性评价，在符合国家规定的生产条件下，化妆品成品必须符合本规范对化妆品的一般要求，即在正常、合理的及可预见的使用条件下不得对人体健康产生危害。在满足这两种情况下作为杂质带入的禁用组分是允许在化妆品中存在的。

天然放射性物质和人为环境污染带来的放射性物质未列入第二章表1限制之内。但这些放射性物质的含量不得在化妆品生产过程中增加，而且也不得超过为保障工人健康和保证公众免受射线损害而设定的基本界限。

（2）毒性和危害性大的植（动）物成分，见第二章表2，所列禁用植（动）物组分98种。禁用组分包括其提取物及制品，已明确标注禁用部位的，仅限于此部位；无明确标注禁用部位的，所禁为全株植物，包括花、茎、叶、果实、种子、根及其制剂等。

【规范原文】

> 3.2.2 化妆品配方中的原料如属于本规范第二章表3化妆品限用组分中所列的物质，使用要求应符合表中规定。

【注释】

本条款是关于化妆品中使用所列限用组分的规定。

第二章表3所列的限用组分共有47种（类）。本条款规定化妆品中使用限用组分时，应符合规范中的限定条件：限制的适用和（或）使用范围（如产品类型、作用等）、最大

允许使用浓度和其他限制要求（如添加后产品的 pH 要求），以及标签上必须标印的使用条件和注意事项。例如：

（1）月桂醇聚醚 –9：在驻留类产品中使用时，其使用时的最大允许浓度为 3.5%；在淋洗类产品中使用时，其使用时的最大允许浓度为 4.0%。

（2）硝酸银：仅适用于染睫毛和眉毛的产品中使用，使用时的最大允许浓度为 4%。这类产品还必须在标签上标印“含硝酸银；如果产品不慎入眼，应立即冲洗”的注意事项。

【规范原文】

> 3.2.3　化妆品配方中所用防腐剂、防晒剂、着色剂、染发剂，必须是对应的本规范第三章表 4 至表 7 中所列的物质，使用要求应符合表中规定。

【注释】

本条款是关于化妆品中使用防腐剂、防晒剂、着色剂、染发剂的规定。

化妆品所用的防腐剂、防晒剂、着色剂、染发剂，相对而言其安全性具有高风险，我国制定了这些物质的准用清单。本条款规定化妆品中使用防腐剂、防晒剂、着色剂、染发剂时，应分别符合规范的相关要求：

（1）规范第三章表 4 中列出了 51 种（类）准许使用的防腐剂及其最大允许使用浓度、使用范围和限制条件，以及标签上必须标印的使用条件和注意事项。化妆品中其他具有抗微生物作用的物质，如某些醇类和精油（essential oil）等，不包括在表 4 之列。

（2）规范第三章表 5 中列出了 27 种（类）准许使用的防晒剂及其最大允许使用浓度、其他特定的限制和要求，以及标签上必须标印的使用条件和注意事项。

需要注意的是，只有用于保护人体皮肤的防晒剂才必须是表 5 中规定的防晒剂，仅仅为了保护产品免受紫外线损害而加入非防晒类化妆品中的其他防晒剂种类可不受此表限制，但其使用量须经安全风险评估证明是安全的。

（3）规范第三章表 6 中列出了 157 种准许使用的着色剂及其使用范围、其他限制和要求。

（4）规范第三章表 7 中列出了 75 种准许使用的染发剂及其最大允许使用浓度、其他特定的限制和要求，以及标签上必须标印的使用条件和注意事项。

值得注意的是，当一个物质可以用于多种用途时，应以其主要用途确认其类别，并符合其主要用途相应的要求，比如表 5 中防晒剂作为着色剂时，具体应满足着色剂表 6 中的要求；表 6 中着色剂作为防晒剂时，具体应满足防晒剂表 5 中的要求；使用于染发产品中的着色剂应满足着色剂表 6 中的要求。生产企业使用上述列表以外的防腐剂、防晒剂、着色剂、染发剂时，需按新原料进行申报并得到批准后方可允许使用。

【规范原文】

> 3.3　微生物学指标要求
>
> 化妆品中微生物指标应符合表 1 中规定的限值。

表 1　化妆品中微生物指标限值

微生物指标	限值	备注
菌落总数（CFU/g 或 CFU/ml）	≤ 500	眼部化妆品、口唇化妆品和儿童化妆品
	≤ 1000	其他化妆品
霉菌和酵母菌总数（CFU/g 或 CFU/ml）	≤ 100	
耐热大肠菌群 /g（或 ml）	不得检出	
金黄色葡萄球菌 /g（或 ml）	不得检出	
铜绿假单胞菌 /g（或 ml）	不得检出	

【注释】

本条款是对化妆品微生物学指标的规定。

本条款规定了化妆品中菌落总数、霉菌和酵母菌总数、耐热大肠菌群、金黄色葡萄球菌和铜绿假单胞菌的限值。对于眼部化妆品、口唇化妆品和儿童化妆品的菌落总数特别作出规定，比其他化妆品更加严格，主要是考虑不同人体部位、不同人群对微生物的抵抗力不同，如眼部、口唇等部位对外来微生物污染的抵抗力比其他地方的皮肤要差很多，易受微生物感染，而儿童对外来刺激物的易感性较强，对微生物的抵抗力较低，因此我国和世界大多数国家都对这类产品作出了更加严格的规定。

耐热大肠菌群系一群需氧及兼性厌氧革兰阴性无芽孢杆菌，主要来自于人和温血动物的粪便，可作为粪便污染指标来评价化妆品的卫生质量，推断化妆品中是否有污染肠道致病菌的可能性。本规范在修订过程中将粪大肠菌群改为耐热大肠菌群，使名词表述更科学。

化妆品微生物学指标是评价化妆品中的微生物状况及其对人类健康和化妆品质量影响的重要内容。化妆品受微生物污染后可使化妆品的色、形、气味、性质等发生变化，品质下降。致病菌的污染可导致人体健康损害，化脓性细菌感染可引起皮肤和眼部的感染。化妆品的微生物污染不仅影响化妆品的质量，而且影响产品的使用安全。对化妆品进行微生物检验是十分必要的，特别应当注意眼部周围、口唇部位、破损性皮肤、儿童、老年人和免疫系统不健全者使用的化妆品。

关于化妆品中微生物的控制指标，世界各国并无统一标准，都是依据本国的情况自己制定，多数国家都规定了化妆品中细菌总数的限值。表 1 列举了欧盟、ISO、美国和东盟规定的化妆品中菌落总数的限值。

霉菌和酵母菌也是反应化妆品污染的一个重要指标，我国规定化妆品中的霉菌和酵母菌总数≤100CFU/g 或 CFU/ml，与阿根廷等国家的规定一致。

多数国家都规定化妆品中不得含有致病菌（即特定菌），并规定了不得检出的特定菌的种类，但是目前尚无统一规定，各国有所不同。如美国规定的特定菌就有 10 种：大肠埃希菌、克雷伯菌、沙门菌、变形杆菌、铜绿假单胞菌、金黄色葡萄球菌、嗜麦芽假单胞

菌、多嗜假单胞菌、无硝不动杆菌、黏质沙雷氏菌；欧洲一些国家和日本规定的特定菌为3种：铜绿假单胞菌、金黄色葡萄球菌、大肠埃希菌（日本为大肠菌群）；世界卫生组织（WHO）规定的特定菌为2种：铜绿假单胞菌和金黄色葡萄球菌；我国规定的特定菌为3种：铜绿假单胞菌、金黄色葡萄球菌和耐热大肠菌群。

表1 世界其他国家或地区的化妆品中菌落总数限值

国家或组织	化妆品种类	菌落总数限值（CFU/g）
欧盟	眼部、接触黏膜产品及3岁以下儿童产品	≤100
	其他化妆品	≤1000
ISO	眼部、接触黏膜产品及3岁以下儿童产品	≤100
	其他化妆品	≤1000
美国（FDA）	眼部及婴儿产品	≤100
	其他化妆品	≤1000
东盟	眼部、接触黏膜产品及3岁以下儿童产品	≤500
	其他化妆品	≤1000

【规范原文】

3.4 有害物质限值要求

化妆品中有害物质不得超过表2中规定的限值。

表2 化妆品中有害物质限值

有害物质	限值（mg/kg）	备注	有害物质	限值（mg/kg）	备注
汞	1	含有机汞防腐剂的眼部化妆品除外	甲醇	2000	
铅	10		二噁烷	30	
砷	2		石棉	不得检出*	
镉	5				

【注释】

本条款是对化妆品中有害物质的限量规定。

本条款规定了汞、铅、砷、镉、甲醇、二噁烷和石棉等有害物质在化妆品产品中允许的最大残留量。

不同国家对化妆品中有害重金属元素的限量也有规定，但有所不同。表2汇总了欧盟、美国、加拿大、日本和我国化妆品中有害重金属的限量。

表 2　世界其他国家或地区的化妆品中重金属的管理限值

名称	英文名称	欧盟	美国	加拿大	日本	中国
铅	lead（lead and its compounds）	10mg/kg	在部分 color additives 中，限值 10/20/40mg/kg 美国加州：唇膏和唇彩 0.35ppm 其他化妆品 0.5ppm	10mg/kg	20mg/kg	10mg/kg
汞	mercury（mercury and its compounds）	1mg/kg［眼部化妆品除外，限值 0.007%（以汞计）］	1mg/kg（眼部化妆品除外，限值 65mg/kg）	3mg/kg	不得检出	1mg/kg（含有机汞防腐剂的眼部化妆品除外）
砷	arsenic（arsenic and its compounds）	2mg/kg	在部分 color additives 中，限值 3mg/kg	3mg/kg	2mg/kg	2mg/kg
镉	cadmium（cadmium and its compounds）	禁止使用，未规定限值	在着色剂硫化锌中，镉限值 15ppm	3mg/kg	/	5mg/kg

本规范根据化妆品中有关重金属及安全性风险物质的风险评价结果，将铅的限量要求由 40mg/kg 调整为 10mg/kg，砷的限量要求由 10mg/kg 调整为 2mg/kg，增加镉的限量要求为 5mg/kg。甲醇、二噁烷主要是一些化妆品原料中的残留物。香水类化妆品中由于一般使用较大量的乙醇，残留甲醇的概率与含量要高于其他类别的化妆品。本规范沿用之前对甲醇限量 2000mg/kg 的要求，未进行调整。聚乙二醇类、脂肪醇聚醚类等含有聚乙二醇（PEG）结构的原料，由于其合成中可能使用了二噁烷，通常需要检测控制二噁烷的含量。据报道，香波、洗手液、沐浴液、洁面乳等淋洗类化妆品中残留二噁烷的概率与含量要高于其他类别的化妆品。国家食品药品监督管理总局《关于化妆品中二噁烷限量值的公告》（2012 年第 4 号公告）规定，化妆品中的二噁烷限量为不超过 30mg/kg，本规范将二噁烷的限量要求一并纳入并规定。

化妆品中的石棉主要来源于滑石粉原料中，石棉被确认为人类致癌物。我国、欧盟、美国等均要求作为化妆品原料的滑石粉中不得含有石棉。国家食品药品监督管理总局《关于以滑石粉为原料的化妆品行政许可和备案有关要求的公告》（2009 年第 41 号公告）规定，自 2009 年 10 月 1 日起，凡在我国申请特殊用途化妆品行政许可或非特殊用途化妆品备案的产品，其配方中含有滑石粉原料的，申报单位应当提交由具有粉状化妆品中石棉检测项目计量认证资质的检测机构依据《粉状化妆品及其原料中石棉测定方法》（暂定）出具的申报产品中石棉杂质的检测报告。《粉状化妆品及其原料中石棉测定方法》（暂定）也已纳入本规范，因此本规范规定石棉的限值为不得检出，即在本规范石棉检测方法下不得检出。

汞、铅、砷、镉、甲醇和二噁烷等为化妆品禁用组分，如果技术上无法避免这些组分作为杂质带入化妆品时，化妆品中该物质的含量应符合上述规定。

【规范原文】

> 3.5　包装材料要求
>
> 直接接触化妆品的包装材料应当安全，不得与化妆品发生化学反应，不得迁移或释放对人体产生危害的有毒有害物质。

【注释】

本条款是对化妆品包装材料要求的规定。

本条款规定了直接接触化妆品的包装材料的基本质量安全要求，是生产企业选择和使用化妆品包装材料的准则。

直接接触化妆品的包装材料是化妆品不可分割的一部分，它伴随化妆品生产、流通及使用的全过程。由于化妆品包装材料、容器组成配方、所选择的原辅料及生产工艺不同，有的组分可能被所接触的化妆品溶出、或与化妆品组分互相作用而直接影响化妆品的质量。因此，生产企业在选择化妆品包装材料时，除了考虑材料基本的机械性能、阻隔性能和密封性能等因素外，还应特别关注其安全性。

【规范原文】

> 3.6　标签要求
>
> 3.6.1　凡化妆品中所用原料按照本规范需在标签上标印使用条件和注意事项的，应按相应要求标注。

【注释】

本条款是关于化妆品使用部分特殊原料时标签要求的规定。

在本规范第二章表 3 限用组分和第三章表 4 至表 7 中所列的准用防腐剂、防晒剂、着色剂、染发剂中，有一些原料在使用时由于安全方面的原因，必须在产品标签上标印使用条件和注意事项，以提醒消费者使用时注意。本条款强调了在化妆品中使用了上述原料时，均应在产品标签中按相应要求标注。例如：

（1）含二硫化硒的化妆品：二硫化硒为本规范化妆品限用组分，仅可在去头皮屑香波产品中使用，使用时的最大允许浓度为 1%。这类产品标签上必须标印“含二硫化硒；避免接触眼睛或损伤的皮肤”的注意事项。

（2）含苯扎溴铵的化妆品：苯扎溴铵为本规范准用防腐剂，在化妆品中使用时的最大允许浓度为 0.1%（以苯扎氯铵计）。这类产品标签上必须标印“避免接触眼睛”的注意事项。

（3）含过氧化锶的化妆品：过氧化锶为本规范化妆品限用组分，仅可在淋洗类发用产品中使用，使用时的最大允许浓度为 4.5%（以锶计）。这类产品必须符合释放过氧化氢的限制要求，必须在标签上标印“避免接触眼睛；如果产品不慎入眼，应立即冲洗；仅供专业使用；戴适宜的手套”的使用条件和注意事项。

（4）含对苯二胺的化妆品：对苯二胺为本规范准用染发剂，仅可在氧化性染发产品中使用，使用时的最大允许浓度为 2.0%。这类染发剂标签上必须标印“含苯二胺类”的注意事项，避免对该原料过敏的消费者的不当使用。

【规范原文】

> 3.6.2 其他要求应符合国家有关法律法规和规章标准要求。

【注释】

本条款是关于化妆品标签其他要求的规定。

除按 3.6.1 规定外，化妆品标签还应符合国家有关法律法规和规章标准要求，如：

（1）国家标准 GB 5296.3《消费品使用说明 化妆品通用标签》的相关规定。

（2）国家质量监督检验检疫总局第 100 号令《化妆品标识管理规定》及其释义。

（3）国家食品药品监督管理总局发布的《化妆品命名规定》和《化妆品命名指南》的要求。

（4）国家食品药品监督管理总局、原卫生部等部门就某类品种、某种（类）原料等发布的规范性文件。

（5）国家其他有关法律、法规、规章和标准对化妆品标签标识的要求。

【规范原文】

> 3.7 儿童用化妆品要求
>
> 3.7.1 儿童用化妆品在原料、配方、生产过程、标签、使用方式和质量安全控制等方面除满足正常的化妆品安全性要求外，还应满足相关特定的要求，以保证产品的安全性。

【注释】

本条款是关于儿童用化妆品要求的规定。儿童用化妆品应满足相关特定的要求和在标签中明确适用对象。

儿童的抵抗力低于成人，对外来刺激物的易感性较强，因此这类产品在原料、配方、安全性要求等方面的要求比其他化妆品更加严格，国家食品药品监督管理总局发布了《儿童化妆品申报与审评指南》，对原料使用、配方和质量安全等提出了相关要求。本规范第二章表 3 限用组分和第三章表 4 准用防腐剂中，对一些组分在儿童用化妆品中的使用有特定的限制，对标签上必须标印的注意事项也有明确的要求。例如：

（1）四硼酸盐：为本规范化妆品限用组分，在沐浴产品和烫发产品中均可使用，使用时的最大允许浓度分别为 18% 和 8%（均以硼酸计），但使用的限制范围明确规定在沐浴产品中不得用于 3 岁以下儿童使用的产品中。使用了四硼酸盐的沐浴产品，在标签上还必须标印“3 岁以下儿童勿用”的注意事项。

（2）水杨酸及其盐类：为本规范化妆品准用防腐剂［当使用水杨酸时，在化妆品中的最大允许浓度为总量 0.5%（以酸计）］，使用的限制范围为除香波外不得用于 3 岁以下儿童使用的产品中。使用了水杨酸及其盐类的化妆品，当产品有可能为 3 岁以下的儿童使

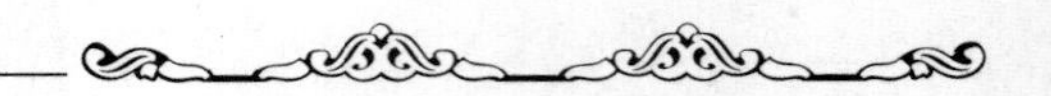

用，并与皮肤长期接触时，在标签上还必须标印“含水杨酸，3 岁以下儿童勿用”的注意事项。

【规范原文】

> 3.7.2 儿童用化妆品应在标签中明确适用对象。

【注释】

本条款是关于儿童用化妆品应在标签中明确适用对象的规定。

如果化妆品的主要使用对象是儿童，应明确其产品为儿童用化妆品。如上一条款所述，本规范部分限用组分和准用防腐剂使用的限制范围有明确规定，不能用于 3 岁以下的儿童，因此含这些原料的儿童用化妆品还应在标签中明确其适用的儿童范围。

【规范原文】

> 3.8 原料要求

【注释】

本条款是对化妆品原料要求的规定。本条款规定了化妆品原料的安全性要求、质量要求、技术要求、包装要求、标签要求、动植物来源的原料要求以及化妆品新原料要求。

【规范原文】

> 3.8.1 化妆品原料应经安全性风险评估，确保在正常、合理及可预见的使用条件下，不得对人体健康产生危害。

【注释】

本条款是对化妆品原料安全性要求的规定。

本条款规定了生产者要确保化妆品原料的安全性。一般情况下，本规范第二、第三章表 3~ 表 7 中的物质在规定的使用要求下是安全的，而对使用表外的化妆品原料，其安全性由生产者负责。关于化妆品原料安全性的信息可参考国外权威组织或机构发布的安全性评价报告。对于没有经过评价的原料，化妆品生产者应进行研究，通过风险评估等方式确定该原料的安全性是可以接受的，即在正常、合理的及可预见的使用条件下不得对人体健康产生危害。

【规范原文】

> 3.8.2 化妆品原料质量安全要求应符合国家相应规定，并与生产工艺和检测技术所达到的水平相适应。

【注释】

本条款是对化妆品原料质量安全要求的规定。

化妆品原料质量安全要求应符合国家相应规定，化妆品原料的生产工艺应能确保其质量安全。在可能的情况下，化妆品原料质量安全要求应随生产工艺和检测技术的进步而进行相应的提高。当化妆品原料中的有害物质在可预见的使用情况下可能对人体健康产生危害时，其原料生产者应尽量提高或改进其生产工艺，研究并建立相应的检测技术以检测相应的有害物质，确保有害物质的含量控制在国家相应规定的限量范围或其安全性在可以接受的范围内。

【规范原文】

> 3.8.3 原料技术要求内容包括化妆品原料名称、登记号［CAS号和（或）EINECS号、INCI名称、拉丁学名等］、使用目的、适用范围、规格、检测方法、可能存在的安全性风险物质及其控制措施等内容。

【注释】

本条款是对化妆品原料技术要求的规定。

本条款规定了原料技术要求应包括但不限于以下内容：

（1）化妆品原料名称：可包括INCI名称及其ID号、INCI标准中文译名、化学名称、植物学名称、拉丁学名、《中华人民共和国药典》名称和常见别名或缩写等。

（2）登记号：包括化妆品原料CAS号和（或）EINECS/ELINCS登记号。

（3）使用目的：应明确所制定原料在化妆品中常见的使用目的。

（4）适用范围：应明确所制定原料在化妆品中的适用范围。

（5）规格：应明确所制定原料的规格。

（6）检测方法：应明确所制定原料的相关检测方法。

（7）可能存在的安全性风险物质及其控制措施：应明确所制定原料中可能存在的安全性风险物质，对国家有限量要求的，应进行检验，确保其含量控制在相应的限量规定范围内；对国家没有限量要求的安全性风险物质应明确其控制措施，确保其安全性。

【规范原文】

> 3.8.4 化妆品原料的包装、储运、使用等过程，均不得对化妆品原料造成污染。
>
> 直接接触化妆品原料的包装材料应当安全，不得与原料发生化学反应，不得迁移或释放对人体产生危害的有毒有害物质。
>
> 对有温度、相对湿度或其他特殊要求的化妆品原料应按规定条件储存。

【注释】

本条款是对化妆品原料包装、储运、使用安全性要求的规定。

本条款规定了化妆品原料的包装、储运、使用等过程应确保化妆品原料的质量，不得对化妆品原料造成污染。对直接接触化妆品原料的包装材料应进行检测，以确保其安全性。选择化妆品原料包装，必须根据原料的特性要求和包材的材质、配方及生产工艺，选择对光、热、冻、放射、氧、水蒸气等因素屏蔽阻隔性能优良，自身稳定性好、不与化妆品原料发生作用或互相迁移的包装材料和容器。

化妆品原料储存必须符合其产品标准和（或）标签规定的储存要求，对储存环境应进行控制。

【规范原文】

> 3.8.5　化妆品原料应能通过标签追溯到原料的基本信息［包括但不限于原料标准中文名称、INCI名称、CAS号和（或）EINECS号］、生产商名称、纯度或含量、生产批号或生产日期、保质期等中文标识。
>
> 属于危险化学品的化妆品原料，其标识应符合国家有关部门的规定。

【注释】

本条款是对化妆品原料标签内容要求的规定。

本条款规定了化妆品原料标签上应包括但不限于以下内容：

（1）化妆品原料的基本信息：可包括原料名称信息、登记号、结构式、分子量等。

（2）生产商名称：应明确经依法登记注册、并承担化妆品原料质量责任的生产者名称。明确承担产品质量责任的生产者，便于追溯、便于监督检查。

（3）纯度或含量：应明确化妆品原料中主要成分的纯度或含量。

（4）生产批号或生产日期：明确生产批号或生产日期有利于对出现问题的化妆品原料进行溯源检查，也是化妆品生产企业规范化管理的内容之一。

（5）保质期：是指化妆品原料在一定的贮存条件下，保持化妆品原料品质的期限。应根据原料的稳定性不同，通过稳定性试验研究和留样观察，合理制定。

属于危险化学品的化妆品原料，其标识应符合国家有关部门对危险化学品的规定。

【规范原文】

> 3.8.6　动植物来源的化妆品原料应明确其来源、使用部位等信息。
>
> 动物脏器组织及血液制品或提取物的化妆品原料，应明确其来源、质量规格，不得使用未在原产国获准使用的此类原料。

【注释】

本条款是对动植物来源的化妆品原料要求的规定。

本条款规定了动植物来源的化妆品原料应明确原料来源，包括动物或植物的提取部位、提取方法、提取溶剂、纯化步骤、质量规格等基本信息。

使用动物源性化妆品原料时，应符合本规范第一章表1禁用组分的要求。国家食品药品监督管理总局《化妆品行政许可申报受理规定》（国食药监许〔2009〕856号）规定，使用动物源性化妆品原料的化妆品申请行政许可时，含有动物脏器组织及血液制品提取物的，应提交原料的来源、质量规格和原料生产国允许使用的证明。

使用牛、羊源性原料时，应确保使用的原料及原料来源符合疯牛病疫区高风险物质的禁限用要求；进口产品应提交国家规定的相关证明文件，如其实际生产企业化妆品使用的原料及原料来源符合疯牛病疫区高风险物质禁限用要求的承诺书、产品在生产国（地区）允许生产销售及疯牛病官方检疫证书的证明文件及其公证书等。

【规范原文】

3.8.7 使用化妆品新原料应符合国家有关规定。

【注释】

本条款是对化妆品新原料要求的规定。

我国对化妆品新原料行政许可制度，即拟用于化妆品配方中的新原料必须经过行政许可审批。其申报要求可参考国家食品药品监督管理总局发布的《化妆品新原料申报与审评指南》。

[1] 国家食品药品监督管理总局．食品药品监管总局关于进一步做好当前化妆品生产许可有关工作的通知［EB/OL］．食药监药化监〔2013〕213号．http：//www.cfda.gov.cn/WS01/CL0846/93275.html．2013-10-11．

[2] 全国信息与文献标准化技术委员会．文献著录：标准编写规则第1部分，术语：GB/T 20001.1．北京：中国标准出版社，2015．

[3] 中华人民共和国卫生部．化妆品卫生监督条例．卫生部令第3号．1989．

[4] 国家食品药品监督管理总局．国家食品药品监督管理总局关于发布已使用化妆品原料名称目录（2015版）的通告［EB/OL］．2015年第105号通告．http：//www.cfda.gov.cn/WS01/CL0087/140365.html．2015-12-23．

[5] 国家食品药品监督管理总局．国家食品药品监督管理总局关于印发儿童化妆品申报与审评指南的通知［EB/OL］．国食药监保化〔2012〕291号．http：//www.cfda.gov.cn/WS01/CL0846/75516.html．2012-10-12．

[6] 国家食品药品监督管理总局．国家食品药品监督管理总局关于化妆品生产许可有关事项的公告［EB/OL］．2015年第265号．http：//www.cfda.gov.cn/WS01/CL0087/138486.html．2015-12-15．

[7] 国家食品药品监督管理总局．关于印发化妆品行政许可检验管理办法的通知［EB/OL］．国食药监许〔2010〕82号．http：//www.cfda.gov.cn/WS01/CL0060/46154.html．2010-02-11．

[8] 国家食品药品监督管理总局．关于印发国产非特殊用途化妆品备案管理办法的通知［EB/OL］．国食药监许〔2011〕181号．http：//www.sda.gov.cn/WS01/CL0846/60972.html．2011-04-21．

[9] 秦钰慧．化妆品安全性及管理法规．北京：化学工业出版社，2013．

[10] ISO/WD 17516 Cosmetics-Microbiology-Microbiological limits．

[11] FDA. Bacteriological Analytical Manual Chapter 23 Microbiological Methods for Cosmetics, C. Interpretation. Aug., 2001.

[12] ASEAN Guidelines on Microbiological Limit in Cosmetic Products［EB/OL］. http：//www.hsa.gov.sg/content/

dam/HSA/HPRG/Cosmetic_Products/Microbiological%20limit%20in%20cosmetic%20products_2012.pdf.

[13] Health Canada. Guidance on Heavy Metal Impurities in Cosmetics. 2012-07-20.

[14] 李野，尹利辉，曹进，等. 化妆品中重金属检测方法的现状. 药物分析杂志，2013，33（10）：1816-1821.

[15] 国家食品药品监督管理总局. 国家食品药品监督管理局关于化妆品中二噁烷限量值的公告［EB/OL］. 2012 年第 4 号. http：//www.cfda.gov.cn/WS01/CL0087/68889.html. 2012-02-06.

[16] 国家食品药品监督管理总局. 关于以滑石粉为原料的化妆品行政许可和备案有关要求的公告［EB/OL］. 2009 年第 41 号. http：//www.cfda.gov.cn/WS01/CL0087/40042.html. 2009-07-17.

[17] 国家食品药品监督管理总局. 关于印发化妆品行政许可申报受理规定的通知［EB/OL］. 国食药监许〔2009〕856 号. http：//www.cfda.gov.cn/WS01/CL0060/44671.html. 2009-12-25.

第二章

化妆品禁限用组分

随着社会经济文化的发展和人民生活水平的提高，化妆品已成为人们日常生活的必需品。由于化妆品是使用于健康人群，且长期与人体直接接触，因此化妆品的安全性就显得尤为重要。化妆品原料安全和质量控制是化妆品生产的最初环节，化妆品原料的安全性决定了化妆品终产品的安全性。国际上主流的化妆品原料管理制度和框架，都是以危害识别和风险评估为基础的。因此，化妆品原料应经安全性风险评估，确保在正常、合理的及可预见的使用条件下不得对人体健康产生危害。

为了保证化妆品原料的使用安全，我国对化妆品原料实行目录管理的方式，包括禁用组分目录、限用组分目录和准用组分目录。禁用组分是指不得作为化妆品原料使用的物质；限用组分是指在限定条件下可作为化妆品原料使用的物质；准用组分是指可以作为化妆品原料使用的物质，包括准用防腐剂、准用防晒剂、准用着色剂和准用染发剂。

化妆品禁用组分在本规范中由表 1 和表 2 列出，分别明确规定了不得作为化妆品原料使用的非植（动）物组分和植（动）物组分，如甲醇、二甘醇、丙烯酰胺、马兜铃科细辛属植物、白芷、无花果叶净油等。限用组分在本规范中由表 3 列出，表中明确规定了这些组分在化妆品中使用时的限制条件，包括适用及（或）适用范围、化妆品使用时的最大允许使用浓度，以及其他限制和要求。对于限用组分，必须在限定的条件下使用，若超出所限定的条件，限用组分也就变成了禁用组分。如羟乙二磷酸及其盐：用于发用产品，最大允许使用浓度为 1.5%（以羟乙二磷酸计）；用于香皂，最大允许使用浓度为 0.2%（以羟乙二磷酸计）；若用于其他类型的产品或超出最大允许使用浓度的限制，则均被禁止使用。因此，对于限用组分的使用，必须严格遵守《化妆品安全技术规范》的相关规定。

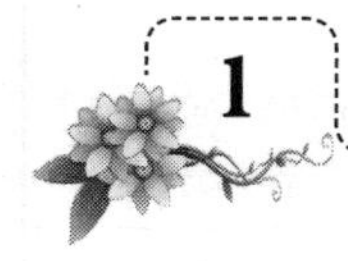

1 化妆品禁用组分（表 1）

1.1 简　述

在本规范中，化妆品禁用组分表 1 是指不得作为化妆品原料使用的非植（动）物组分，共列出 1290 种，其来源主要包含以下几类组分：①限用于药品，具有疾病治疗作用

的物质（避免药物滥用），如抗生素类、磺胺类药物及其盐类、糖皮质激素类等；②有关致癌、致突变和生殖毒性的物质（CMR）类别中1A和1B的物质，如某些重金属、有毒有害溶剂、石油化工产品中的裂解物等；③基于环境问题应予以关注的物质，如有机氯农药、邻苯二甲酸二丁酯、三氯乙烷等；④确有安全性问题或现有安全数据无法证明其安全性的防腐剂、防晒剂、染发剂等组分，如季铵盐-15、氯乙酰胺、对氨基苯甲酸、2，4-二氨基苯酚、氢醌等。

化妆品禁用组分表1所列各组分的结构信息见附录Ⅰ表1。

1.2　修订原则及要点

本次修订工作是以《化妆品卫生规范》（2007年版）为基础，本着对已有明确安全风险结论的组分实行严格管理的原则，结合近期国际和国内化妆品安全监管的要求及变化，参考相关规范性文件编写而成的。本次修订中，重点调整了可能存在安全风险的组分，如根据欧盟化妆品法规的变化，禁用了《化妆品卫生规范》（2007年版）中的21种染发剂组分、3种防腐剂组分和1种防晒剂组分；根据风险评估结论，将季铵盐-15纳入禁用组分表；参考加拿大化妆品相关法规，将碘酸钠纳入禁用组分表；参考韩国化妆品相关法规，将氯乙酰胺纳入禁用组分表。另外，为了使禁用组分的归类更清晰，便于监督管理，《化妆品卫生规范》（2007年版）表2（1）中的植（动）物组分同时移出禁用组分表1。

在本规范禁用组分表1的修订过程中，从保障消费者使用安全角度出发，按照修订原则，在《化妆品卫生规范》（2007年版）的基础上，增加、修改、规范相应的条款，规范中英文名称或书写，规范翻译，修改文字打印错误，修改CAS号错误；合并重复的项目，删除与表间相互矛盾的项目；调整禁用组分表间的内容。与《化妆品卫生规范》（2007年版）相比，本规范禁用组分表1中的组分由1208种调整为1290种。具体修订内容和修订原因见表1。

表1　化妆品禁用组分修订内容

序号	《化妆品卫生规范》（2007年版）	《化妆品安全技术规范》	修订原因
1	/	No.2　1-((3-氨丙基）氨基）-4-（甲氨基）蒽醌及其盐类	参考欧盟（76/768/EEC）对附录Ⅱ的修订内容新增
2	/	No.11　1，2，4-苯三酚三乙酸酯及其盐类	参考欧盟（76/768/EEC）对附录Ⅱ的修订内容新增
3	/	No.20　1，3-苯二胺，4-甲基-6-（苯偶氮基）-及其盐类	参考欧盟（76/768/EEC）对附录Ⅱ的修订内容新增
4	/	No.21　1，3，5-三羟基苯（间苯三酚）及其盐类	参考欧盟（76/768/EEC）对附录Ⅱ的修订内容新增

续表

序号	《化妆品卫生规范》（2007年版）	《化妆品安全技术规范》	修订原因
5	/	No.30　1，4–二氨基–2–甲氧基–9，10–蒽醌（分散红 11）及其盐类	参考欧盟（76/768/EEC）对附录Ⅱ的修订内容新增
6	/	No.33　1，4–二羟基–5，8–双（（2–羟乙基）氨基）蒽醌（分散蓝 7）及其盐类	参考欧盟（76/768/EEC）对附录Ⅱ的修订内容新增
7	表 7No.61	No.34　氢醌	参考欧盟（EU–344–2013）对附录Ⅱ的修订内容新增
8	/	No.35　1，7–萘二酚	参考欧盟（76/768/EEC）对附录Ⅱ的修订内容新增
9	/	No.37　1–氨基–4–（（4–（（二甲氨基）甲基）苯基）氨基）蒽醌及其盐类	参考欧盟（76/768/EEC）对附录Ⅱ的修订内容新增
10	表 7No.54	No.38　1–氨基–4–(甲氨基)–9，10–蒽醌（分散紫 4）及其盐类	参考欧盟（76/768/EEC）对附录Ⅱ的修订内容新增
11	表 7No.6，No.7	No.48　1–羟基–2，4–二氨基苯（2，4–二氨基苯酚）及其盐酸盐	参考欧盟（EU）No.344/2013 对附录Ⅱ的修订内容新增
12	/	No.51　1–甲基–2，4，5–三羟基苯及其盐类	参考欧盟（76/768/EEC）对附录Ⅱ的修订内容新增
13	/	No.56　2–((4–氯–2–硝基苯基）氨基）乙醇（HC 黄 No.12）及其盐类	参考欧盟（76/768/EEC）对附录Ⅱ的修订内容新增
14	/	No.57　颜料黄 73（2–（（4–氯–2–硝基苯基）偶氮）–*N*–（2–甲氧基苯基）–3–氧代丁酰胺）及其盐类	参考欧盟（76/768/EEC）对附录Ⅱ的修订内容新增
15	/	No.65　颜料黄 12（2，2′–（(3，3′–二氯（1，1′–双苯基）–4，4′–二基）双（偶氮)）双（3–氧代–*N*–苯基丁酰胺)）及其盐类	参考欧盟（76/768/EEC）对附录Ⅱ的修订内容新增
16	/	No.66　分散棕 1（2，2′–（(3–氯–4–（（2，6–二氯–4–硝基酚）偶氮）苯基）亚氨基）双乙醇）及其盐类	参考欧盟（76/768/EEC）对附录Ⅱ的修订内容新增

续表

序号	《化妆品卫生规范》（2007年版）	《化妆品安全技术规范》	修订原因
17	/	No.67　2，2′–（1，2–亚乙烯基）双（5–（（4–乙氧基苯基）偶氮）苯磺酸）及其盐类	参考欧盟（76/768/EEC）对附录Ⅱ的修订内容新增
18	/	No.78　2，3–二氢化–2，2–二甲基–6–（（4–（苯偶氮基）–1–萘基）偶氮）–1*H*–嘧啶（溶剂黑3）及其盐类	参考欧盟（76/768/EEC）对附录Ⅱ的修订内容新增
19	/	No.82　2，3–二羟基萘	参考欧盟（76/768/EEC）对附录Ⅱ的修订内容新增
20	/	No.86　2，4–二氨基–5–甲基苯乙醚及其盐酸盐	参考欧盟（76/768/EEC）对附录Ⅱ的修订内容新增
21	/	No.87　2，4–二氨基–5–甲基苯氧基乙醇及其盐类	参考欧盟（76/768/EEC）对附录Ⅱ的修订内容新增
22	/	No.88　2，4–二氨基二苯基胺	参考欧盟（76/768/EEC）对附录Ⅱ的修订内容新增
23	/	No.92　2，6–双（2–羟乙氧基）–3，5–吡啶二胺及其盐酸盐	参考欧盟（76/768/EEC）对附录Ⅱ的修订内容新增
24	/	No.94　2，6–二羟基–4–甲基吡啶及其盐类	参考欧盟（76/768/EEC）对附录Ⅱ的修订内容新增
25	/	No.97　2，7–萘二磺酸，5–（乙酰胺）–4–羟基–3–（（2–甲苯基）偶氮）–及其盐类	参考欧盟（76/768/EEC）对附录Ⅱ的修订内容新增
26	/	No.101　2–氨基–3–硝基酚及其盐类	参考欧盟（76/768/EEC）对附录Ⅱ的修订内容新增
27	/	No.104　2–氨基甲基对氨基苯酚及其盐酸盐	参考欧盟（76/768/EEC）对附录Ⅱ的修订内容新增
28	表7 No.78，No.79	No.105　邻氨基苯酚及其盐类	参考欧盟（76/768/EEC）对附录Ⅱ的修订内容新增
29	/	No.108　2–氯–5–硝基–*N*–羟乙基对苯二胺及其盐类	参考欧盟（76/768/EEC）对附录Ⅱ的修订内容新增
30	/	No.115　4–硝基–2–甲氧基苯酚（4–硝基愈创木酚）及其盐类	参考欧盟（76/768/EEC）对附录Ⅱ的修订内容新增

续表

序号	《化妆品卫生规范》（2007年版）	《化妆品安全技术规范》	修订原因
31	/	No.117　2–甲氧基甲基对氨基苯酚	参考欧盟（76/768/EEC）对附录Ⅱ的修订内容新增
32	/	No.123　2–萘磺酸，7–（苯甲酰氨基）–4–羟基–3–（（4–（（4–磺酸苯基）偶氮）苯基）偶氮）–及其盐	参考欧盟（76/768/EEC）对附录Ⅱ的修订内容新增
33	/	No.124　2–萘磺酸，7，7′–（羰二亚氨基）双（4–羟基–3–（（2–硫代–4–（（4–磺酸苯基）偶氮）苯基）偶氮）–及其盐类	参考欧盟（76/768/EEC）对附录Ⅱ的修订内容新增
34	/	No.128　2–硝基–*N*–羟乙基对茴香胺及其盐类	参考欧盟（76/768/EEC）对附录Ⅱ的修订内容新增
35	表 7 No.25，No.26，No.27	No.129　2–硝基对苯二胺及其盐类	参考欧盟（76/768/EEC）对附录Ⅱ的修订内容新增
36	表 7 No.60	No.134　3–（（2–硝基–4–（三氟甲基）苯基）氨基）丙烷–1，2–二酮（HC 黄 No.6）及其盐类	参考欧盟（76/768/EEC）对附录Ⅱ的修订内容新增
37	/	No.135　3–（（4–（（2–羟乙基）甲氨基）–2–硝基苯基）氨基）–1，2–丙二醇及其盐类	参考欧盟（76/768/EEC）对附录Ⅱ的修订内容新增
38	/	No.136　3–（（4–（乙酰氨基）苯基）偶氮）–4–羟基–7–（（（（5–羟基–6–（苯偶氮基）–7–硫代–2–萘基）氨基）羰基）氨基）–2–萘磺酸及其盐类	参考欧盟（76/768/EEC）对附录Ⅱ的修订内容新增
39	/	No.137　3–（（4–（乙基（2–羟乙基）氨基）–2–硝基苯基）氨基）–1，2–丙二醇及其盐类	参考欧盟（76/768/EEC）对附录Ⅱ的修订内容新增
40	/	No.141　3，3′–（磺酰基双（2–硝基–4，1–亚苯基）亚氨基）双（6–（苯胺基））苯磺酸及其盐类	参考欧盟（76/768/EEC）对附录Ⅱ的修订内容新增

续表

序号	《化妆品卫生规范》（2007年版）	《化妆品安全技术规范》	修订原因
41	/	No.151　3，4–二氨基苯甲酸	参考欧盟（76/768/EEC）对附录Ⅱ的修订内容新增
42	/	No.155　3，4–亚甲二氧基苯胺（胡椒胺）及其盐类	参考欧盟（76/768/EEC）对附录Ⅱ的修订内容新增
43	/	No.156　3，4–亚甲二氧基苯酚（芝麻酚）及其盐类	参考欧盟（76/768/EEC）对附录Ⅱ的修订内容新增
44	/	No.159　3（或5）–((4–((7–氨基–1–羟基–3–磺基–2–萘基）偶氮）–1–萘基）偶氮）水杨酸及其盐类	参考欧盟（76/768/EEC）对附录Ⅱ的修订内容新增
45	/	No.160　3（或5）–((4–（苯甲基甲氨基）苯基）偶氮)–1，2–（或1，4）–二甲基–1*H*–1，2，4–三唑鎓及其盐类	参考欧盟（76/768/EEC）对附录Ⅱ的修订内容新增
46	/	No.168　3–羟基–4–((2–羟基萘基）偶氮）–7–硝基萘–1–磺酸及其盐类	参考欧盟（76/768/EEC）对附录Ⅱ的修订内容新增
47	/	No.169　3*H*–吲哚鎓，2–(((4–甲氧基苯基）甲基亚肼基）甲基）–1，3，3–三甲基–及其盐类	参考欧盟（76/768/EEC）对附录Ⅱ的修订内容新增
48	/	No.170　3*H*–吲哚鎓，2–（2–((2，4–二甲氧基苯基）氨基）乙基）–1，3，3–三甲基–及其盐类	参考欧盟（76/768/EEC）对附录Ⅱ的修订内容新增
49	/	No.172　3–（*N*–甲基–*N*–（4–甲氨基–3–硝基苯基）氨基）丙烷–1，2–二酮及其盐类	参考欧盟（76/768/EEC）对附录Ⅱ的修订内容新增
50	/	No.173　3–硝基–4–氨基苯氧基乙醇及其盐类	参考欧盟（76/768/EEC）对附录Ⅱ的修订内容新增
51	/	No.174　4–((4–硝基苯基）偶氮）苯胺（分散橙3）及其盐类	参考欧盟（76/768/EEC）对附录Ⅱ的修订内容新增

续表

序号	《化妆品卫生规范》（2007年版）	《化妆品安全技术规范》	修订原因
52	/	No.177 4，4′-((4-甲基-1，3-亚苯基)双(偶氮))双(6-甲基-1，3-苯二胺)(碱性棕4)及其盐类	参考欧盟(76/768/EEC)对附录Ⅱ的修订内容新增
53	表7 No.29，No.30	No.191 4，4′-二氨基二苯胺及其盐类	参考欧盟(76/768/EEC)对附录Ⅱ的修订内容新增
54	/	No.192 4，5-二氨基-1-((4-氯苯基)甲基)-1*H*-吡唑硫酸盐	参考欧盟(76/768/EEC)对附录Ⅱ的修订内容新增
55	/	No.193 4，5-二氨基-1-甲基吡唑及其盐酸盐	参考欧盟(76/768/EEC)对附录Ⅱ的修订内容新增
56	/	No.194 4，6-双(2-羟乙氧基)间苯二胺及其盐类	参考欧盟(76/768/EEC)对附录Ⅱ的修订内容新增
57	/	No.198 3-氟-4-氨基酚	参考欧盟(76/768/EEC)对附录Ⅱ的修订内容新增
58	/	No.200 对氨基苯磺酸(磺胺酸)及其盐类	参考欧盟(76/768/EEC)对附录Ⅱ的修订内容新增
59	/	No.204 4-氯-2-氨基苯酚	参考欧盟(76/768/EEC)对附录Ⅱ的修订内容新增
60	表7No.72	No.205 4-二乙基氨基邻甲苯胺及其盐类	参考欧盟(76/768/EEC)对附录Ⅱ的修订内容新增
61	/	No.207 4-乙氨基-3-硝基苯甲酸(*N*-乙基-3-硝基PABA)及其盐类	参考欧盟(76/768/EEC)对附录Ⅱ的修订内容新增
62	/	No.209 4-羟基吲哚	参考欧盟(76/768/EEC)对附录Ⅱ的修订内容新增
63	/	No.210 4-甲氧基甲苯-2，5-二胺及其盐酸盐	参考欧盟(76/768/EEC)对附录Ⅱ的修订内容新增
64	/	No.214 4-硝基间苯二胺及其盐类	参考欧盟(76/768/EEC)对附录Ⅱ的修订内容新增
65	/	No.222 5-((4-(二甲氨基)苯基)偶氮)-1，4-二甲基-1*H*-1，2，4-三唑鎓及其盐类	参考欧盟(76/768/EEC)对附录Ⅱ的修订内容新增

续表

序号	《化妆品卫生规范》（2007年版）	《化妆品安全技术规范》	修订原因
66	/	No.228　5-氨基-2，6-二甲氧基-3-羟基吡啶及其盐类	参考欧盟（76/768/EEC）对附录Ⅱ的修订内容新增
67	/	No.229　5-氨基-4-氟-2-甲基苯酚硫酸盐	参考欧盟（76/768/EEC）对附录Ⅱ的修订内容新增
68	/	No.232　5-羟基-1，4-苯并二噁烷及其盐类	参考欧盟（76/768/EEC）对附录Ⅱ的修订内容新增
69	/	No.240　(6-((3-氯-4-(甲氨基)苯基)亚氨基)-4-甲基-3-氧代环己-1，4-二烯-1-基)脲（HC红No.9）及其盐类	参考欧盟（76/768/EEC）对附录Ⅱ的修订内容新增
70	/	No.241　6-氨基-2-（2，4-二甲苯基）-1*H*-苯基［de］异喹啉-1，3（2*H*）-二酮（溶剂黄44）及其盐类	参考欧盟（76/768/EEC）对附录Ⅱ的修订内容新增
71	表7 No.41	No.242　6-氨基邻甲酚及其盐类	参考欧盟（76/768/EEC）对附录Ⅱ的修订内容新增
72	/	No.245　6-甲氧基-2，3-二氨基吡啶及其盐酸盐	参考欧盟（76/768/EEC）对附录Ⅱ的修订内容新增
73	/	No.247　6-硝基-2，5-吡啶二胺及其盐类	参考欧盟（76/768/EEC）对附录Ⅱ的修订内容新增
74	/	No.248　2-甲基-6-硝基苯胺	参考欧盟（76/768/EEC）对附录Ⅱ的修订内容新增
75	/	No.254　(8-((4-氨基-2-硝基苯基)偶氮)-7-羟基-2-萘基)三甲铵及其盐类（在碱性棕17中作为杂质存在的碱性红118除外）	参考欧盟（76/768/EEC）对附录Ⅱ的修订内容新增
76	/	No.255　9，10-蒽醌，1-((2-羟乙基)氨基)-4-(甲氨基)-及其衍生物和盐类	参考欧盟（76/768/EEC）对附录Ⅱ的修订内容新增
77	/	No.272　酸性黑131及其盐类	参考欧盟（76/768/EEC）对附录Ⅱ的修订内容新增
78	/	No.273　酸性橙24（CI 20170）	参考欧盟（76/768/EEC）对附录Ⅱ的修订内容新增

续表

序号	《化妆品卫生规范》（2007年版）	《化妆品安全技术规范》	修订原因
79	/	No.274　酸性红 73（CI 27290）	参考欧盟（76/768/EEC）对附录Ⅱ的修订内容新增
80	/	No.327　苯胺，3–（（4–（（二氨基（苯偶氮基）苯基）偶氮）–1–萘基）偶氮）–*N*，*N*，*N*–三甲基–及其盐类	参考欧盟（76/768/EEC）对附录Ⅱ的修订内容新增
81	/	No.328　苯胺，3–（（4–（（二氨基（苯偶氮基）苯基）偶氮)–2–甲苯基）偶氮)–*N*，*N*，*N*–三甲基–及其盐类	参考欧盟（76/768/EEC）对附录Ⅱ的修订内容新增
82	表 7 No.44	No.330　苯磺酸，5–（（2，4–二硝基苯基）氨基）–2–（苯胺基）–及其盐类	参考欧盟（76/768/EEC）对附录Ⅱ的修订内容新增
83	/	No.339　苯并［a］吩噁嗪–7–鎓，9–（二甲氨基）–及其盐类	参考欧盟（76/768/EEC）对附录Ⅱ的修订内容新增
84	/	No.344　苯并噻唑，2–（（4–（乙基（2–羟乙基）氨基）苯基）偶氮）–6–甲氧基–3–甲基–及其盐类	参考欧盟（76/768/EEC）对附录Ⅱ的修订内容新增
85	/	No.346　羟苯苄酯	参考欧盟（EU）No.358/2014对附录Ⅱ的修订内容新增
86	/	No.400　氯乙酰胺	韩国新增的禁用防腐剂
87	/	No.479　二甘醇	参考欧盟（EU）No.344/2013对附录Ⅱ的修订内容新增
88	/	No.506　分散红 15，作为杂质存在于分散紫 1 中的除外	参考欧盟（76/768/EEC）对附录Ⅱ的修订内容新增
89	/	No.604　*N*–（4–（（4–（二乙基氨基）苯基）（4–（乙基氨基）–1–萘基）亚甲基)–2，5–环己二烯–1–亚基）–*N*–乙基–乙铵及其盐类	参考欧盟（76/768/EEC）对附录Ⅱ的修订内容新增
90	/	No.605　*N*–（4–（（4–（二乙胺）苯基）苯亚甲基）–2，5–环己二烯–1–亚基）–*N*–乙基–乙铵及其盐类	参考欧盟（76/768/EEC）对附录Ⅱ的修订内容新增

续表

序号	《化妆品卫生规范》（2007年版）	《化妆品安全技术规范》	修订原因
91	/	No.606 *N*–（4–（双（4–（二乙胺基）苯基）亚甲基）–2，5–环已二烯–1–亚基）–*N*–乙基–乙铵及其盐类	参考欧盟（76/768/EEC）对附录Ⅱ的修订内容新增
92	/	No.607 HC 蓝 No.5（二乙醇胺和表氯醇、2–硝基–1，4–苯二胺的反应产物）及其盐类	参考欧盟（76/768/EEC）对附录Ⅱ的修订内容新增
93	/	No.790 HC 绿 No.1	参考欧盟（76/768/EEC）对附录Ⅱ的修订内容新增
94	/	No.791 HC 橙 No.3	参考欧盟（76/768/EEC）对附录Ⅱ的修订内容新增
95	/	No.792 HC 红 No.8 及其盐类	参考欧盟（76/768/EEC）对附录Ⅱ的修订内容新增
96	/	No.793 HC 黄 No.11	参考欧盟（76/768/EEC）对附录Ⅱ的修订内容新增
97	/	No.848 羟乙基–2，6–二硝基对茴香胺及其盐类	参考欧盟（76/768/EEC）对附录Ⅱ的修订内容新增
98	/	No.849 羟乙氨甲基对氨基苯酚及其盐类	参考欧盟（76/768/EEC）对附录Ⅱ的修订内容新增
99	/	No.850 羟吡啶酮及其盐类	参考欧盟（76/768/EEC）对附录Ⅱ的修订内容新增
100	/	No.863 羟苯异丁酯及其盐	参考欧盟（EU）No.358/2014 对附录Ⅱ的修订内容新增
101	/	No.869 羟苯异丙酯及其盐	参考欧盟（EU）No.358/2014 对附录Ⅱ的修订内容新增
102	/	No.874 紫胶色酸（自然红 25）及其盐类	参考欧盟（76/768/EEC）对附录Ⅱ的修订内容新增
103	表 4 No.33	No.915 甲基二溴戊二腈	韩国法规将其列为化妆品禁用组分，参考韩国法规，将甲基二溴戊二腈从 07 版规范表 4 化妆品组分中限用防腐剂中删除，列为禁用组分
104	/	No.935 间苯二胺，4–（苯偶氮基）–及其盐类	参考欧盟（76/768/EEC）对附录Ⅱ的修订内容新增

续表

序号	《化妆品卫生规范》（2007年版）	《化妆品安全技术规范》	修订原因
105	/	No.940 *N*–（2–甲氧基乙基）–对苯二胺及其盐酸盐	参考欧盟（76/768/EEC）对附录Ⅱ的修订内容新增
106	/	No.941 *N*–（2–硝基–4–氨基苯基）–烯丙胺（HC红No.16）及其盐类	参考欧盟（EU）No.658/2013对附录Ⅱ的修订内容新增
107	/	No.944 *N*–（6–（（2–氯–4–羟基苯基）亚氨基）–4–甲氧基–3–氧代–1，4–环己二烯–1–基）乙酰胺（HC黄No.8）及其盐类	参考欧盟（76/768/EEC）对附录Ⅱ的修订内容新增
108	/	No.950 双羟乙基双鲸蜡基马来酰胺	参考欧盟（76/768/EEC）对附录Ⅱ的修订内容新增
109	/	No.953 *N*，*N*–二乙基间氨基苯酚	参考欧盟（76/768/EEC）对附录Ⅱ的修订内容新增
110	表7 No.71	No.954 *N*，*N*–二乙基对苯二胺及其盐类	参考欧盟（76/768/EEC）对附录Ⅱ的修订内容新增
111	/	No.955 *N*，*N*–二甲基–2，6–嘧啶二胺及其氯化氢盐	参考欧盟（76/768/EEC）对附录Ⅱ的修订内容新增
112	/	No.959 *N*，*N'*–二甲基–*N*–羟乙基–3–硝基对苯二胺及其盐类	参考欧盟（76/768/EEC）对附录Ⅱ的修订内容新增
113	表7 No.73，No.74	No.960 *N*，*N*–二甲基对苯二胺及其盐类	参考欧盟（76/768/EEC）对附录Ⅱ的修订内容新增
114	/	No.963 *N*1–（2–羟乙基）–4–硝基邻苯二胺（HC黄No.5）及其盐类	参考欧盟（76/768/EEC）对附录Ⅱ的修订内容新增
115	/	No.964 *N*1–（三（羟甲基））甲基–4–硝基–1，2–苯二胺（HC黄No.3）及其盐类	参考欧盟（76/768/EEC）对附录Ⅱ的修订内容新增
116	/	No.976 *N*–环戊基间氨基苯酚	参考欧盟（76/768/EEC）对附录Ⅱ的修订内容新增
117	/	No.987 醇溶黑（溶剂黑5）	根据欧盟（76/768/EEC）对附录Ⅱ的修订内容新增
118	/	No.997 HC蓝No.4（*N*–甲基–1，4–二氨基蒽醌和乙醇胺、表氯醇的反应产物）及其盐类	参考欧盟（76/768/EEC）对附录Ⅱ的修订内容新增

续表

序号	《化妆品卫生规范》（2007年版）	《化妆品安全技术规范》	修订原因
119	/	No.998 *N*-甲基-3-硝基对苯二胺及其盐类	参考欧盟（76/768/EEC）对附录Ⅱ的修订内容新增
120	/	No.1033 PEG-3，2′，2′-二对苯二胺	参考欧盟（76/768/EEC）对附录Ⅱ的修订内容新增
121	/	No.1039 羟苯戊酯	参考欧盟（EU）No.358/2014对附录Ⅱ的修订内容新增
122	/	No.1055 酚嗪鎓，3，7-二氨基-2，8-二甲基-5-苯基-及其盐类	参考欧盟（76/768/EEC）对附录Ⅱ的修订内容新增
123	/	No.1059 吩噻嗪-5-鎓，3，7-双（二甲氨）及其盐类	参考欧盟（76/768/EEC）对附录Ⅱ的修订内容新增
124	/	No.1061 吩噁嗪-5-鎓，3，7-双（二乙氨基）-及其盐类	参考欧盟（76/768/EEC）对附录Ⅱ的修订内容新增
125	/	No.1064 羟苯苯酯	参考欧盟（EU）No.358/2014对附录Ⅱ的修订内容新增
126	/	No.1068 维生素K-1	参考欧盟（EU）No.358/2014对附录Ⅱ的修订内容新增
127	/	No.1101 季铵盐-15	根据风险评估结论
128	表4 No.50	No.1163 碘酸钠	加拿大Cosmetic Ingredient Hotlist将碘列为禁用组分，但INCI字典认为碘的化合物一并禁用，参照加拿大法规，将碘酸钠从07版规范表4化妆品组分中限用防腐剂中删除，列为禁用组分
129	/	No.1164 溶剂红1（CI 12150）	参考欧盟（76/768/EEC）对附录Ⅱ的修订内容新增
130	/	No.1165 1-((4-苯偶氮)苯偶氮)-2-萘酚（溶剂红23；CI 26100）	参考欧盟（EU）No.344/2013对附录Ⅱ的修订内容新增
131	/	No.1221 四氢-6-硝基喹喔啉及其盐类	参考欧盟（EU）No.344/2013对附录Ⅱ的修订内容新增
132	/	No.1242 甲苯-3，4-二胺及其盐类	参考欧盟（EU）No.344/2013对附录Ⅱ的修订内容新增

续表

序号	《化妆品卫生规范》（2007年版）	《化妆品安全技术规范》	修订原因
133	/	No.1290　(μ-((7, 7′-亚胺双(4-羟基-3-((2-羟基-5-(*N*-甲基氨磺酰）苯基）偶氮）萘-2-磺基))(6-)))二铜酸盐（2-）及其盐类	参考欧盟（76/768/EEC）对附录Ⅱ的修订内容新增
134	No.25　1，3-二甲戊胺及其盐类	No.26　1，3-二甲基戊胺及其盐类	完善名称
135	No.31　11-α-羟基孕（甾)-4-烯-3，20-二酮及其酯类，羟基孕甾烯醇酮	No.36　11-a-羟基孕（甾)-4-烯-3，20-二酮（羟基孕甾烯醇酮）及其酯类	规范名称
136	No.76　2-［2-羟基-3-（2-氯苯基）氨基甲酰-1-萘基偶氮］-7-［2-羟基-3-（3-甲基苯基）-2-［2-羟基-3-（3-甲基苯基）-氨基甲酰-1-萘基偶氮］-7-［2-羟基-3-（3-甲基苯基）-氨基甲酰-1-萘基偶氮］芴-9-酮	No.60　2-（2-羟基-3-（2-氯苯基）氨基甲酰-1-萘基偶氮）-7-（2-羟基-3-（3-甲基苯基）-氨基甲酰-1-萘基偶氮）-芴-9-酮	原名称有误
137	No.436　二硝基甲苯，工业级；437　二硝基甲苯	No.83　2，4-二硝基甲苯；工业级的二硝基甲苯	合并同类成分
138	No.74　(2，6-二甲基-1，3-二恶烷-4-基）乙酸酯	No.95　(2，6-二甲基-1，3-二噁烷-4-基）乙酸酯	原名称有误
139	No.87　3-羟基-4-苯基苯甲酸-2-二乙氨乙基酯及其盐类	No.110　3-羟基-4-苯基苯甲酸-2-二乙氨乙基酯（珍尼柳酯）及其盐类	规范名称
140	No.88　2-乙氧基乙醇，No.89　乙酸2-乙氧基乙酯	No.111　2-乙氧基乙醇及其乙酸酯	合并同类成分
141	No.93　2-甲氧基乙醇，No.94　乙酸2-甲氧基乙酯	No.116　2-甲氧基乙醇及其乙酸酯	合并同类成分
142	No.95　乙酸2-甲氧基丙酯，No.96　2-甲氧基丙醇	No.118　2-甲氧基丙醇及其乙酸酯	合并同类成分
143	No.99　二异氰酸2-甲基-间-亚苯酯	No.121　二异氰酸2-甲基-间-亚苯酯（甲苯-2，6-二异氰酸酯）	规范名称

续表

序号	《化妆品卫生规范》（2007年版）	《化妆品安全技术规范》	修订原因
144	No.100　2-甲基-间苯二胺	No.122　2-甲基间苯二胺（甲苯-2，6-二胺）	规范名称
145	No.108　（2*RS*，3*RS*）-3-（2-氯苯基）-2-（4-氟苯基）-[（1*H*-1，2，4-三吡咯-1-基）甲基]环氧乙烷，543 氟环唑	No.133　（2*RS*，3*RS*）-3-（2-氯苯基）-2-（4-氟苯基）-（（1*H*-1，2，4-三吡咯-1-基）甲基）环氧乙烷（氟环唑）	相同成分合并
146	No.116　3，3′-二甲氧基联苯胺，1064 邻-联（二）茴香胺的盐	No.146　3，3′-二甲氧基联苯胺及其盐类	相同成分合并
147	No.120　3，4′，5-三溴水杨酰苯胺（三溴沙仑）	No.149　三溴沙仑	简化名称
148	No.423　二氢香豆素	No.153　3，4-二氢香豆素	规范名称
149	No.124　3，5-二溴-4-羟基苄腈，302 溴苯腈庚酸酯	No.158　3，5-二溴-4-羟基苄腈（溴苯腈）；溴苯腈庚酸酯	合并同类成分
150	No.127　3，7-二甲基辛烯醇（6，7-二氢拢牛儿醇）	No.163　3，7-二甲基辛烯醇（6，7-二氢牻牛儿醇）	原名称有误
151	No.128　3′-乙基-5′，6′，7′，8′-四氢-5′，5′，8′，8′-四甲基-2′-乙酰萘（乙酰乙基四甲萘满，AETT）或 7-乙酰基-6-乙基-1，1，4，4-四甲基-1，2，3，4-四羟萘酚	No.164　3′-乙基-5′，6′，7′，8′-四氢-5′，5′，8′，8′-四甲基-2′-乙酰萘或 7-乙酰基-6-乙基-1，1，4，4-四甲基-1，2，3，4-四羟萘酚（AETT; versalide）	规范名称
152	No.140　4，4′-碳亚氨基双（*N*，*N*-二甲基苯胺），1062 4，4′-碳亚氨基双（*N*，*N*-二甲基苯胺）的盐	No.183　4，4′-碳亚氨基双（*N*，*N*-二甲基苯胺）及其盐类	合并同类成分
153	No.548　带游离氨基的 4-氨基苯甲酸酯类（表 5 中允许使用的除外）	No.201　带游离氨基的 4-氨基苯甲酸及其酯类	欧盟法规（EU）No.344/2013 中将“对氨基苯甲酸”列入禁用组分表，参考欧盟法规将对氨基苯甲酸列为禁用组分
154	No.159　二异氰酸 4-甲基-间-亚苯酯	No.211　二异氰酸 4-甲基-间-亚苯酯（甲苯-2，4-二异氰酸酯）	规范名称

续表

序号	《化妆品卫生规范》（2007年版）	《化妆品安全技术规范》	修订原因
155	No.160　4–甲基–间–苯二胺及其盐类	No.212　4–甲基–间–苯二胺（甲苯–2，4–二胺）及其盐类	规范名称
156	No.179　5–硝基–*o*–甲苯胺，5–硝基–*o*–甲苯胺盐酸盐	No.235　5–硝基邻甲苯胺，5–硝基邻甲苯胺盐酸盐	对 *o*–、*m*–、*p*–的表述统一
157	No.214　五氰亚硝酰基高铁酸碱金属盐	No.280　五氰亚硝酰基高铁酸碱金属盐类	规范名称
158	No.263　苯并［e］醋亚菲	No.324　苯并［e］荧蒽	规范名称
159	No.268　联苯胺（4，4′–二氨基联苯）	No.331　联苯胺	简化名称
160	No.279　4–羟基–3–甲氧基肉桂醇的苯甲酸酯（天然精油中的规定含量除外）	No.343　4–羟基–3–甲氧基肉桂醇的苯甲酸酯（天然精油中的正常含量除外）	规范名称
161	No.297　溴（元素状态）	No.363　溴（单质）	规范名称
162	No.304　番木鳖碱	No.369　番木鳖碱及其盐类	其盐与原碱性质一致
163	No.44　斑蝥素（表3中所列仅用于头发用品的斑蝥酊中所含斑蝥素除外）	No.376　斑蝥素	斑蝥素为欧盟法规（EC）No.1223/2009禁用组分，加拿大法规禁用组分，参考欧盟及加拿大法规，将斑蝥素调整为禁用组分
164	No.327　人的细胞、组织或其产品	No.390　人的细胞、组织或人源产品	完善名称
165	No.333　氯苯甲脒	No.395　氯苯脒	简化名称
166	No.340　氯气甲基甲基醚	No.404　氯甲基甲基醚	规范名称
167	No.342　氯丁二烯（2–氯–1，3–丁二烯）	No.405　稳定的氯丁二烯（2–氯–1，3–丁二烯）	规范名称
168	No.351　胆碱盐类及它们的酯类，例如氯化胆碱	No.414　胆碱的盐类及它们的酯类，包括氯化胆碱、非诺贝特胆碱、胆碱水杨酸盐、胆碱葡萄糖酸盐、胆茶碱、硬脂酸等长链烷烃羧酸胆碱酯；不包括卵磷脂、甘油磷酸胆碱、氢化溶血卵磷酸酯酰胆碱、氢化卵磷酰胆碱、卵磷酰胆碱类；其他相关原料需经安全风险评估方可确定	根据国家食品药品监督管理总局有关公告（2010年第41号）细化相关内容

续表

序号	《化妆品卫生规范》（2007年版）	《化妆品安全技术规范》	修订原因
169	No.352 铬、铬酸及其盐类	No.415 铬、铬酸及其盐类，以 Cr^{6+} 计	规范名称
170	No.353 苊	No.416 苯并［a］菲	原名称有误
171	No.367 秋水仙糖苷及其衍生物	No.429 秋水仙碱苷及其衍生物	原名称有误
172	No.310 溶剂黄 14	No.430 着色剂 CI 12055（溶剂黄 14）	规范名称
173	No.149 ［4-［［4-（二甲基氨基）苯基］［4-［乙基（3-磺苯基）氨基］苯基］亚甲基］-2，5-亚环已二烯-1-基］（乙基）（3-磺苯基）铵、钠盐，376 着色剂 CI 42640	No.438 着色剂 CI 42640，（4-（（4-（二甲基氨基）苯基）（4-（乙基（3-磺苯基）氨基）苯基）亚甲基）-2，5-亚环已二烯-1-亚基）（乙基）（3-磺苯基）铵、钠盐	合并相同成分
174	No.405 右丙氧吩	No.463 右丙氧芬	规范名称
175	No.407 二氨基甲苯，工业品-4-甲基-间-苯二胺和2-甲基-间-苯二胺的混合物（甲基苯二胺）	No.465 工业级的二氨基甲苯（甲基苯二胺，4-甲基-间-苯二胺和2-甲基-间-苯二胺的混合物）	规范名称
176	No.412 二氯乙烷类（乙烯基氯类）	No.470 二氯乙烷类（乙烯基氯类），如1，2-二氯乙烷	规范名称
177	No.413 二氯乙烯类（乙炔基氯类），1200 偏氯乙烯（1，1-二氯乙烯）	No.471 二氯乙烯类（乙炔基氯类），如偏氯乙烯（1，1-二氯乙烯）	合并同类成分
178	No.417 磷酸-4-硝基苯基二乙基酯	No.475 磷酸-4-硝基苯酚二乙醇酯	规范名称
179	No.422 毛地黄苷和洋地黄的各种苷	No.481 毛地黄苷和洋地黄所含的各种苷	规范名称
180	No.430 二甲基甲酰胺，879 *N*，*N*-二甲基甲酰胺	No.488 二甲基甲酰胺（*N*，*N*-二甲基甲酰胺）	合并相同成分
181	No.440 地乐硝酚，它的盐和酯	No.495 地乐硝酚及其盐类和酯类	规范名称
182	No.441 二恶烷	No.496 二噁烷	原名称有误
183	No.455 丁二烯含量大于0.1%（*W/W*）富戊间二烯的含 C_{3-4} 的石油馏分	No.511 丁二烯含量大于0.1%（*W/W*）富戊间二烯的含 C_{3-6} 的石油馏分	原名称有误

续表

序号	《化妆品卫生规范》（2007年版）	《化妆品安全技术规范》	修订原因
184	No.173　5，5-二苯基-4-咪唑酮	No.595　去氧苯妥英	简化名称
185	No.547　毒扁豆碱（依色林）及其盐类	No.603　依色林（或称毒扁豆碱）及其盐类	规范名称
186	No.80　2-α-环己烷基苯基（*N*，*N*，*N*′，*N*′-四乙基）三亚甲基二胺	No.640　非克立明	简化名称
187	No.591　氟甲吡啶氧酚丙酸丁酯	No.650　吡氟禾草灵（丁酯）	简化名称
188	No.592　氟甲吡啶氧酚丙酸丁酯（稳杀得；吡氟乐草灵；氟草除）	No.651　精吡氟乐草灵	简化名称
189	No.593　氟噁嗪酮（CAS No. 103361-09-07）	No.652　氟噁嗪酮（CAS No. 103361-09-7）	规范 CAS 号
190	No.609　丁二烯含量大于 0.1%（*W*/*W*）的燃料油	No.663　丁二烯含量大于 0.1%（*W*/*W*）的可燃气	原名称有误
191	No.604　丁二烯含量大于 0.1%（*W*/*W*）的燃料油，来自于原油馏分	No.664　丁二烯含量大于 0.1%（*W*/*W*）的可燃气，来自于原油馏分	原名称有误
192	No.724　糖皮质激素类	No.783　糖皮质激素类（皮质类固醇）	规范名称
193	No.58　2，2′-二羟基-3，3′，5，5′，6，6′-六氯代二苯基甲烷（六氯酚）	No.798　六氯酚	简化名称
194	No.743　酰肼类及其盐类	No.807　酰肼类及其盐类，如异烟肼	规范名称
195	No.791　2，5-双（1-氮杂环丙烯基）-3，6-二丙氧基-1，4-苯醌	No.857　双丙氧亚胺醌（英丙醌）	简化名称
196	No.156　辛酸4-氰基-2，6-二碘苯酯，No.794 碘苯腈；4-羟基-3，5-二碘苯甲腈	No.860　碘苯腈，碘苯腈辛酸酯	合并同类成分
197	No.228　α-哌嗪-2-基苄基乙酸酯左旋的苏型（左法哌酯）及其盐类	No.876　左法哌酯及其盐类	简化名称

续表

序号	《化妆品卫生规范》（2007年版）	《化妆品安全技术规范》	修订原因
198	No.1145（1）头颅骨，包括脑以及眼、扁桃体和脊髓：——达到12月龄的牛科动物 ——12月龄以上或从牙龈已萌出一个永久性门齿的羊和山羊科动物 （2）羊和山羊科动物的脾脏以及由此获得的原料。 （3）卫生部2002年第3号公告中Ⅰ类牛、羊动物源性原料成分。 但是，牛羊脂衍生物（含在卫生部发布的2002年第3号公告中Ⅱ类牛、羊动物源性原料成分）可以使用，如果生产者使用下述方法，并且是严格保证的： ——酯基转移作用或水解作用至少是在200℃，以及适宜的相应压力下20分钟（甘油和脂肪酸及酯）的条件下进行 ——与NaOH（12mol/L）皂化作用（甘油和肥皂）是在下述条件下进行： 分批法：95℃3小时 连续法：140℃，2bars（2000h Pa）8分钟或相等条件	No.899　牛源性物质：脑、眼、脊髓、头骨、脊椎骨（不包括尾椎骨）、脊柱、扁桃体、回肠末端、背根神经节、三叉神经节、血液和血液制品、舌（指舌肌含有杯状乳突）；羊源性物质：头骨（包括脑、神经节和眼）、脊柱（包括神经节和脊髓）、扁桃体、胸腺、脾脏、小肠、肾上腺、胰腺、肝脏以及这些组织制备的蛋白制品，血液和血液制品、舌（指舌肌含有杯状乳突）；但是，原卫生部2007年第116号公告中的限用牛源性物质（骨制明胶和胶原、含蛋白的牛油脂和磷酸二钙、含蛋白的牛油脂衍生物）可以使用，如果生产者使用下述方法，并且是严格保证的：1. 骨制明胶和胶原，原料骨（不包括头骨和椎骨）需经以下程序进行加工处理：（1）高压冲洗（脱脂）；（2）酸洗软化，去除矿物质；（3）长时间碱处理；（4）过滤；（5）138℃以上至少灭菌消毒4秒，或使用可降低感染性的其他等效方法。2. 含蛋白的牛油脂和磷酸二钙，须来源于经过宰前和宰后检验的牛，并剔除了脑、眼、脊髓、脊柱、扁桃体、回肠末端等特殊风险物质。3. 含蛋白的牛油脂衍生物，需经高温、高压的水解、皂化和酯交换方法生产	根据卫生部2007年第116号公告细化相关内容
199	No.845　甲氨嘌呤	No.913　甲氨蝶呤	原名称有误

续表

序号	《化妆品卫生规范》（2007年版）	《化妆品安全技术规范》	修订原因
200	No.850　甲基丁香酚，除天然香料含有并在产品中含量不大于以下浓度外：（a）0.01% 香精中含量；（b）0.004% 古龙水中含量；（c）0.002% 香脂中含量；（d）0.001% 淋洗类产品；（e）0.0002% 其他驻留类产品和口腔卫生产品	No.919　甲基丁香酚，天然香料含有的除外	香精单体实际没有要求
201	No.183　6-（哌嗪基）-2，4-嘧啶二胺 -3- 氧化物（米诺地尔）及其盐和衍生物	No.927　米诺地尔及其盐	简化名称
202	No.894　*N*- 环己基 -*N*- 甲氧基 -2，5- 二甲基 -3- 糠酰胺	No.975　*N*- 环己基 -*N*- 甲氧基 -2，5- 二甲基 -3- 糠酰胺（拌种胺）	规范名称
203	No.910 亚硝胺，No.911 亚硝基二丙胺，No.56 2，2′-（亚硝基亚氨基）双乙醇，No.431 二甲基亚硝胺	No.994　亚硝胺类，如 *N*- 亚硝基二甲胺、*N*- 亚硝基二丙胺、*N*- 亚硝基二乙醇胺	合并相同结构类型的物质
204	No.923　奥他莫辛	No.1008　奥他莫辛及其盐类	其盐与原碱性质一致
205	No.948　*p*- 氯三氯甲基苯	No.1032　对氯三氯甲基苯	对 *o*-、*m*-、*p*- 的表述统一
206	No.949　石榴皮碱（异石榴皮碱）及其盐类	No.1034　石榴皮碱及其盐类	规范名称
207	No.952 五氯苯酚，No.215 五氯苯酚的碱金属盐	No.1037　五氯苯酚及其碱金属盐类	合并同类成分
208	No.968　醋醯尿素苯	No.1053　苯乙酰脲	规范名称
209	No.107　2- 苯基茚满 -1，3-二酮（苯茚二酮）	No.1056　苯茚二酮	简化名称
210	No.972　吩噻秦及其化合物	No.1060　吩噻嗪及其化合物	纠错
211	No.1007　氯甲丙炔基苯甲酰胺	No.1094　炔苯酰草胺（氯甲丙炔基苯甲酰胺）	规范名称
212	No.326　儿茶酚	No.1099　邻苯二酚（儿茶酚）	规范名称
213	No.1016（*R*）-5- 溴 -3-（1-甲基 -2- 吡咯）	No.1103　（*R*）-5- 溴 -3-（1-甲基 -2- 吡咯烷基甲基）-1*H*-吲哚	原名称有误

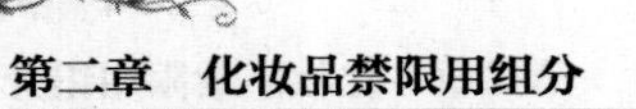

续表

序号	《化妆品卫生规范》（2007年版）	《化妆品安全技术规范》	修订原因
214	No.1020 含饱和及不饱和C_{3-5}但不含丁二烯的残油（石油），来自于蒸气裂解C4馏分的乙酸亚铜铵萃取物	No.1107 丁二烯含量大于0.1%（*W/W*）的含饱和及不饱和C_{3-5}的残油（石油），来自于蒸气裂解C4馏分的乙酸亚铜铵萃取物	原名称有误
215	No.1061 黄樟素（黄樟脑）[当加入化妆品中的天然成分中含有，且不超过如下浓度时除外：化妆品成品中100mg/kg；牙齿及口腔卫生用品中50mg/kg（专供儿童使用的牙膏中禁止使用）]	No.1147 黄樟素（黄樟脑）[当加入化妆品中的天然成分中含有，且不超过如下浓度时除外：化妆品成品中100mg/kg]	删除口腔卫生用品相关内容
216	No.1063 *O*-烷基二硫代碳酸的盐类	No.1148 邻烷基二硫代碳酸的盐类（黄原酸盐）	规范名称
217	No.1079 2-（1-羟甲基环己基）乙酸钠	No.1162 已环酸钠	简化名称
218	No.133 （4-（4-羟基-3-碘苯氧基）-3，5-二碘苯基）乙酸及其盐类	No.1239 替拉曲可及其盐类	简化名称
219	No.1181 三聚甲醛（1，3，5-三恶烷）	No.1266 三聚甲醛（1，3，5-三噁烷）	原名称有误
220	No.1192 疫苗、毒素或血清	No.1276 人类药用的疫苗、毒素或血清，尤其包括下述几种：（1）用于产生主动免疫力的制剂，如霍乱疫苗、卡介苗、脊髓灰质炎疫苗、天花疫苗；（2）用于诊断免疫功能状态的制剂，尤其包括结核菌素和结核菌素纯蛋白衍生物、锡克试验毒素、迪克试验毒素、布氏菌素；（3）白喉抗毒素、抗天花球蛋白、抗淋巴细胞球蛋白等用于产生被动免疫力的药物制剂	根据欧盟（DIRECTIVE 2001/83/EC MEDICINAL PRODUCTS FOR HUMAN USE）细化相关内容
221	No.1203 二甲苯胺类及它们的同分导构体，盐类以及卤化的和磺化的衍生物	No.1284 二甲苯胺类及它们的同分异构体，盐类以及卤化的和磺化的衍生物	纠错

续表

序号	《化妆品卫生规范》（2007年版）	《化妆品安全技术规范》	修订原因
222	No.207，210，212，233，236，242，245，251，312，329，358，368，380，382，390，401，589，787，795，805，811，928，954，978，979，983，1008，1012，1065，1080，1087，1089，1190，1196，1197，1021	共36个植物成分，移至表2	顺序调整
223	注（1）：天然放射性物质和人为环境污染带来的放射性物质未列入限制之内。但这些放射性物质的含量不得在化妆品生产过程中增加，而且也不得超过为保障工人健康和保证公众免受射线损害而设定的基本界限。 （2）：除本表中所列乳酸锶、硝酸锶和多羧酸锶以外的锶及其化合物未包括在本规定中	注（1）：化妆品禁用组分包括但不仅限于表1中的物质。表1中所列物质可能因为非故意因素存在于化妆品的成品中，如来源于天然或合成原料中的杂质，来源于包装材料，或来源于产品的生产或储存等过程。在符合国家强制性规定的生产条件下，如果禁用组分的存在在技术上是不可避免的，则化妆品的成品必须满足在正常的，或可合理预见的使用条件下，不会对人体造成危害的要求。 注（2）：天然放射性物质和人为环境污染带来的放射性物质未列入限制之内。但这些放射性物质的含量不得在化妆品生产过程中增加，而且也不得超过为保障工人健康和保证公众免受射线损害而设定的基本界限	调整注释

注：《化妆品安全技术规范》补充了禁用组分的CAS号，此类修订未在此表列出

1.3　需要说明的问题

关于化妆品禁用组分表1中备注的说明，注（1）：化妆品禁用组分包括但不仅限于表1中的物质。表1中所列物质可能因为非故意因素存在于化妆品的成品中，如来源于天然或合成原料中的杂质，来源于包装材料，或来源于产品的生产或储存等过程。在符合国家强制性规定的生产条件下，如果禁用组分的存在在技术上是不可避免的，则化妆品的终

产品必须满足在正常的或可合理预见的使用条件下不会对人体造成危害的要求。

尽管化妆品禁用组分表1已列出1290种组分，但不可能涵盖所有的有毒有害物质，对于具有致癌性、致突变性和生殖毒性的物质、强光毒性和光敏性物质、强刺激性和高毒性物质，以及强活性或特殊活性药物等，不论是否已列入禁用组分表1，都不适宜用于化妆品中，除非有可以安全使用于化妆品的风险评估结论。

如果禁用组分是由于技术上不可避免的原因存在于化妆品原料中或非故意因素带入化妆品成品中，应在危害识别和风险评估的基础上，确保在该禁用组分存在量下化妆品的使用安全。如甲醇，在乙醇、异丙醇等化妆品原料的制备过程中由于技术上不可避免的原因会带入该物质，在2000mg/kg的限量下不会对人体造成危害，但若作为变性剂人为添加至乙醇中，则应禁止使用。

值得注意的是，由于人类认知的限制，有些原料的安全性在现阶段尚不为人所知，但随着科学技术水平的提高和原料安全性风险评估工作的深入，目前认为是可以使用安全或在限定条件下可安全使用的原料，也可能用于化妆品会产生安全问题。如季铵盐-15，在《化妆品卫生规范》(2007年版)中可作为防腐剂使用，最大使用量为0.2%；在2011年经风险评估，该原料被认为如果继续使用于化妆品中可能对消费者产生安全问题。因此，该原料被纳入《化妆品安全技术规范》中化妆品禁用组分表1。

2　化妆品禁用植（动）物组分（表2）

2.1　简　　述

本规范中，禁用植（动）物组分表2是指不得作为化妆品原料使用的植（动）物组分，共列出98种，其来源主要是中医药或传统医学领域使用的某些毒性较大、刺激性较强或具有皮肤光毒性的植（动）物及其制品，如毛茛科乌头属植物、补骨脂、铃兰、土木香根油、秘鲁香树脂等。

2.2　修订原则及要点

禁用植（动）物组分表2修订的总体原则，是从安全角度出发，按照已有明确安全风险结论的组分实行从严要求的原则。如《化妆品卫生规范》(2007年版)禁用组分表2(2)中仅列举了昆明山海棠（*Tripterygium hypoglaucum*）和雷公藤（*Tripterygium wilfordii*）。但是根据《中国植物志》等相关专业文献，卫矛科雷公藤属植物共有4种，除昆明山海棠和雷公藤外，还有东北雷公藤（*Tripterygium regelii*）和大理雷公藤（*Tripterygium forrestii*），均具有毒性。基于安全性考虑，《化妆品安全技术规范》将“卫矛科雷公藤属植物”纳入禁用组分表2中。结合行业实际情况，对大戟科大戟属植物、莽草进行了修订。小烛树蜡（*Candelilla wax*）虽来源于大戟科大戟属植物，但其作为化妆品常用原料，经长期使用未发现安全性问题，故禁用组分大戟科大戟属植物将小烛树蜡除外；莽草（*Illicium lanceolatum*）属八角科八角属植物，除八角茴香（*Illicium verum*）外，本属植物一般都具有毒性，且有些属剧毒，因此基于安全性考虑，将禁用组分莽草修改为八角科八角属植物（八角茴香除外）。此外，根据《中华人民共和国药典》《中国植物志》等权威专业学术文献，对植物的中文名称及拉丁学名进行了修订，如卜芥修改为尖尾芋、蒟蒻修改为魔芋。对相同组分进行了合并，如白芷已涵盖杭白芷，马兜铃科马兜铃属植物已涵盖青木香、广防己、关木通。

本规范禁用植（动）物组分表2共修订了51种组分，包括由《化妆品卫生规范》（2007年版）表2（1）移入本表的植（动）物组分36种，根据《中华人民共和国药典》《中国植物志》修改、规范名称的组分11种，根据原料实际情况修订3种，合并相同组分1种。与《化妆品卫生规范》（2007年版）相比，本规范禁用组分表2中的组分由78种调整为98种。具体修订内容和修订原因见"表2　化妆品禁用植（动）物组分修订内容"。

表2　化妆品禁用植（动）物组分修订内容

序号	《化妆品卫生规范》（2007年版）	《化妆品安全技术规范》	修订原因
1	表2（1）No.207 欧乌头属（叶子、根和草药制剂） 表2（2）No.1 毛茛科乌头属植物	No.1　毛茛科乌头属植物	相同成分合并
2	表2（1）No.210 侧金盏花及其制剂 表2（2）No.2 毛茛科侧金盏花属植物	No.2　毛茛科侧金盏花属植物	相同成分合并
3	表2（1）No.212	No.3　土木香根油	原表2（1）收录的植物组分
4	表2（2）No.3 卜芥	No.4　尖尾芋	根据《中国植物志》修改名称
5	表2（1）No.233 大阿米芹及其植物制剂	No.6　大阿米芹	原表2（1）收录的植物组分
6	表2（2）No.5 蒟蒻	No.7　魔芋 *Amorphophallus rivier*（*A.konjac*）;*A.sinensis*（*A.kiusianus*）	根据《中国植物志》修改名称，并增加相同植物拉丁名称
7	表2（1）No.236	No.8　印防己（果实）	原表2（1）收录的植物组分
8	表2（2）No.7 白芷，No.8 杭白芷	No.10　白芷 *Angelica dahurica*	相同成分合并
9	表2（1）No.242 加拿大大麻（夹竹桃麻、大麻叶罗布麻）及其制剂	No.12　加拿大大麻（夹竹桃麻、大麻叶罗布麻）	原表2（1）收录的植物组分

续表

序号	《化妆品卫生规范》（2007年版）	《化妆品安全技术规范》	修订原因
10	表2（1）No.245 马兜铃属及其制剂 表2（2）No.11 青木香，No.12 广防己，No.13 关木通	No.14　马兜铃科马兜铃属植物	相同成分合并
11	表2（1）No.251 颠茄及其制剂	No.16　颠茄	原表2（1）收录的植物组分
12	表2（2）No.15 芥子	No.17　芥、白芥	根据《中国植物志》修改名称
13	表2（1）No.312 斑蝥（表3所列仅用于头发用品的斑蝥酊除外）	No.20　斑蝥 Cantharis vesicatoria（*Mylabris phalerata* Pallas.; *M. cichorii* linnaeus）	原表2（1）收录的植物组分
14	表2（1）No.795 吐根（根、粉末及其草药制剂）	No.22　吐根及其近缘种	原表2（1）收录的植物组分
15	表2（1）No.329	No.26　土荆芥（精油）	原表2（1）收录的植物组分
16	表2（1）No.358 麦角菌及其生物碱和草药制剂	No.27　麦角菌	原表2（1）收录的植物组分
17	表2（1）No.368 秋水仙及其草药制剂	No.29　秋水仙	原表2（1）收录的植物组分
18	表2（1）No.380 毒参（根、粉末及其草药制剂）	No.30　毒参	原表2（1）收录的植物组分
19	表2（2）No.24 马桑 *Coriaria sinica Maxim.*	No.32　马桑 *Coriaria nepalensis* Wall.	依据《中药大辞典》修改拉丁名
20	表2（1）No.382	No.34　木香根油	原表2（1）收录的植物组分
21	表2(1)No.390 巴豆（巴豆油） 表2（2）No.28 大戟科巴豆属植物	No.37　大戟科巴豆属植物	相同成分合并
22	表2（1）No.401 曼陀罗及其草药制剂 表2（2）No.30 茄科蔓陀罗属植物	No.39　茄科蔓陀罗属植物	相同成分合并
23	表2（2）No.34 茅膏菜 *Drosera peltata Sm.var.lunata*（*Buch.–Ham.*）*C.B.Clarke*	No.43　茅膏菜 *Drosera peltata* Sm. var. *Multisepala* Y. Z. Ruan	依据《中药大辞典》修改拉丁名

续表

序号	《化妆品卫生规范》（2007年版）	《化妆品安全技术规范》	修订原因
24	表2（2）No.35 绵马贯众	No.44　粗茎鳞毛蕨（绵马贯众）	根据《中华人民共和国药典》增加原植物名称
25	表2（2）No.38 大戟科大戟属植物	No.47　大戟科大戟属植物（小烛树蜡除外）	小烛树蜡为常用原料，目前未发现安全问题，故根据实际应用情况修改
26	表2（1）No.954	No.48　秘鲁香树脂	原表2（1）收录的植物组分
27	表2（1）No.589 无花果叶的纯净萃	No.49　无花果叶净油	原表2（1）收录的植物组分
28	表2（2）No.39	No.50　藤黄 *Garcinia hanburyi* Hook.F.; *G.morella* Desv.	根据《中国植物志》增加相同植物拉丁名称
29	表2（2）No.43 天仙子 表2（1）No.787 莨菪（叶、果实、粉和草药制剂）	No.54　莨菪	相同成分合并
30	表2（2）No.44 莽草	No.55　八角科八角属植物（八角茴香除外）	八角科八角属植物中，除八角茴香（*Illicium verum*）外，本属植物一般都具有毒性，有些有剧毒。因此，基于安全性考虑进行修改
31	表2（2）No.45 丽江山慈菇	No.56　山慈姑	根据《中国植物志》修改名称
32	表2（1）No.805 叉子园柏的叶子，精油及其草药制剂	No.57　叉子圆柏	原表2（1）收录的植物组分
33	表2（1）No.811 北美山梗菜及其草药制剂 表2（2）No.46 桔梗科半边莲属植物	No.58　桔梗科半边莲属植物	相同成分合并
34	表2（1）No.928	No.65　月桂树籽油	原表2（1）收录的植物组分
35	表2（2）No.55 牵牛子	No.68　牵牛	根据《中华人民共和国药典》修改名称
36	表2（1）No.978	No.69　毒扁豆	原表2（1）收录的植物组分
37	表2（1）No.979 商陆及其制剂 表2（2）No.56 商陆	No.70　商陆	相同成分合并

续表

序号	《化妆品卫生规范》（2007年版）	《化妆品安全技术规范》	修订原因
38	表2（1）No.983 毛果芸香及其草药制剂	No.71　毛果芸香	原表2（1）收录的植物组分
39	表2（2）No.58 紫雪花	No.73　紫花丹	根据《中国植物志》修改名称
40	表2（1）No.1008 桂樱（樱桂水）	No.75　桂樱	原表2（1）收录的植物组分
41	表2（1）No.1012 除虫菊及其草药制剂	No.77　除虫菊	原表2（1）收录的植物组分
42	表2（1）No.1021 萝芙木生物碱类及其盐类 表2（2）No.62 萝芙木	No.79　萝芙木	相同成分合并
43	表2（2）No.63 闹羊花	No.80　羊踯躅	根据《中国植物志》修改名称
44	表2（1）No.1065 种子藜芦（沙巴草）（种子和草药制剂）	No.83　种子藜芦（沙巴草）	原表2（1）收录的植物组分
45	表2（1）No.1080 龙葵及其草药制剂	No.86　龙葵	原表2（1）收录的植物组分
46	表2（2）No.68 羊角拗子 表2（1）No.1087 羊角拗及其草药制剂	No.87　羊角拗类	相同成分合并
47	表2（1）No.1089 马钱子和它的草药制剂 表2（2）No.72 马钱科马钱属植物	No.91　马钱科马钱属植物	相同成分合并
48	表2（2）No.74 昆明山海棠，No.75 雷公藤	No.93　卫矛科雷公藤属植物	相同成分合并；卫矛科雷公藤属植物共有4种，均具有毒性，基于安全性考虑进行修改
49	表2（1）No.1190（白）海葱及其草药制剂	No.95　（白）海葱	原表2（1）收录的植物组分
50	表2（1）No.1196 藜芦的根及草药制剂 表2（2）No.77 百合科藜芦属植物	No.96　百合科藜芦属植物	相同成分合并

续表

序号	《化妆品卫生规范》（2007年版）	《化妆品安全技术规范》	修订原因
51	表2（1）No.1197 马鞭草油	No.97　马鞭草油	原表2（1）收录的植物组分
52	注释（1）：此表中的禁用物质包括其提取物及制品	注（1）：化妆品禁用组分包括但不仅限于表2中的物质。 注（2）：此表中的禁用组分包括其提取物及制品。 注（3）：明确标注禁用部位的，仅限于此部位；无明确标注禁用部位的，所禁为全株植物，包括花、茎、叶、果实、种子、根及其制剂等	增加注释，明确要求

2.3　需要说明的问题

关于化妆品禁用植（动）物组分表2中备注的说明，注（1）：化妆品禁用组分包括但不仅限于表2中的物质。注（2）：此表中的禁用组分包括其提取物及制品。注（3）：明确标注禁用部位的，仅限于此部位；无明确标注禁用部位的，所禁为全株植物，包括花、茎、叶、果实、种子、根及其制剂等。

尽管化妆品禁用组分表2已列出98种组分，但不可能涵盖所有的有毒有害物质，对于具有致癌性、致突变性和生殖毒性的物质、强光毒性和光敏性物质、强刺激性和高毒性物质，以及强活性或特殊活性药物等，不论是否已列入禁用植（动）物组分表2，都不适宜用于化妆品中，除非有可以安全使用于化妆品的风险评估结论。另外，列入所谓"CITES（Convention on International Trade in Endangered Species of Wild Fauna and Flora）名单"或《濒临绝种野生动植物国际贸易公约》中的某些植物或动物及其提取物，同样都会影响其在化妆品中的使用。有些植物可能存在多个拉丁学名的情况，在表2中不能穷举，可参考《中国植物志》等专业学术文献检索进行核实确认，如铃兰 *Convallaria majalis* L.（*Convallaria keiskei* Miq.）、魔芋 *Amorphophallus konjac*（*Amorphophallusrivieri*；*Amorphophallus mairei*；*Amorphophallus nanus*；*Brachyspatha konjac*；*Hydrosme rivieri*；*Proteinophallus rivieri*；*Amorphophallus sinensis*；*Amorphophallus kiusianus*）。

化妆品禁用植（动）物组分表2所列的植（动）物组分包括其提取物及制品，若明确标注禁用部位的，仅限于此部位；无明确标注禁用部位的，则所禁为全株植物，包括花、茎、叶、果实、种子、根及其制剂等。如马兜铃科马兜铃属植物（*Aristolochia*），指的是马兜铃属所有植物都在禁用之列，如青木香（*Aristolochia delilis*）、广防己（*Aristolochia fangchi*）、关木通（*Aristolochia manshuriensis*）等，不仅包括原植物，也包括这些植物的提取物及其制品。如白芷（*Angelica dahurica*），指的是白芷原植物、白芷提取物及其制品；因未明确标注禁用的部位，因此包括白芷的任何部位（如花、茎、叶、果实、种子、根等）及其制剂都在禁用之列，杭白芷为其变种，也属其中。如苦参实［*Sophora flavescens*

(seed)]，指的是苦参的果实，因已明确了禁用的部位，故除了苦参果实之外，苦参的其他部位是可以使用的。又如马鞭草油[Verbena essential oils(*Lippia citriodora*)]，指的是从马鞭草(*Lippia citriodora*)中获得的精油，因已明确了禁用的形式，故除了马鞭草油外，其他以马鞭草或马鞭草为原料的制剂形式是可以使用的。

3　化妆品限用组分（表3）

3.1　简　　述

化妆品限用组分是指在限定条件下可作为化妆品原料使用的物质。化妆品限用组分由表3列出，共47种（类）。表中的所有组分均应按照《化妆品安全技术规范》中规定的限制条件使用，超出此限制条件，则被禁止使用。这些限制条件具体是指“适用及（或）使用范围”“化妆品使用时的最大允许浓度”和“其他限制和要求”等，如水杨酸作为限用组分使用时，其在驻留类产品和淋洗类肤用产品中的最大允许浓度为2.0%，在淋洗类发用产品中的最大允许浓度为3.0%，且除香波外，不得用于3岁以下儿童使用的产品中，还须在产品标签中标印“含水杨酸，3岁以下儿童勿用”的警示用语；有些组分并未直接限定“化妆品使用时的最大允许浓度”，而是在“其他限制和要求”中给出其中风险物质的限值，如聚丙烯酰胺类仅要求其产品中丙烯酰胺单体的最大残留量；也有些组分既未限定“化妆品使用时的最大允许浓度”，也无“其他限制和要求”，只要求在标签上标印使用条件和注意事项，如在3岁以下儿童使用的粉状产品中添加“滑石：水合硅酸镁”时，应在标签上标印“应使粉末远离儿童的鼻和口”。

化妆品限用组分结构信息见附录Ⅰ表2。

3.2　修订原则及要点

按国家食品药品监督管理总局发布的规范性文件要求，结合欧盟新版法规与其他国家法规要求，重点调整了有安全风险的物质；从安全角度出发，按照从严的原则，增加、删除、修改、规范相应的条款。与《化妆品卫生规范》(2007年版)相比，《化妆品安全技术规范》限用组分数目由73种（类）变化为47种（类）。

修订内容包括规范中英文名称或书写，如将“麝香酮”修改为“酮麝香”，“硫化硒”规范为“二硫化硒”等；规范术语，将“护发产品”修改为“发用产品”，“护肤产品”修改为“肤用产品”“护（指，趾）甲产品”修改为“指（趾）甲用产品”等；修改打印错误、调整注解等。借鉴欧盟和韩国法规，新增组分“月桂醇聚醚-9”；借鉴欧盟和加拿大法规，删除并禁用组分“斑蝥素”；删除组分“三氯卡班”；删除或修改与“口腔卫生产品”“肥皂”和“人造指甲产品”相关条款，如删除6-甲基香豆素、碱金属的氯酸盐类、过氧苯甲酰等；调整组分限量中涉及一类物质的均标注总量；调整组分限制和要求；修改并新增注解。

化妆品限用组分具体修订情况及依据见“表3　化妆品限用组分修订内容”。

表 3　化妆品限用组分修订内容

序号	中文名称	《化妆品卫生规范》（2007年版）	《化妆品安全技术规范》	修订原因
1	6- 甲基香豆素	适用于口腔卫生产品：0.003%	删除该条款	依据本技术规范的修订原则
2	氟化铝	适用于口腔卫生产品：0.15%（以 F 计）	删除该条款	依据本技术规范的修订原则
3	氟化铵	适用于口腔卫生产品：0.15%（以 F 计）	删除该条款	依据本技术规范的修订原则
4	氟硅酸铵	适用于口腔卫生产品：0.15%（以 F 计）	删除该条款	依据本技术规范的修订原则
5	单氟磷酸铵	适用于口腔卫生产品：0.15%（以 F 计）	删除该条款	依据本技术规范的修订原则
6	苯甲酸及其钠盐	（a）淋洗类产品：2.5%（以酸计） （b）口腔护理用品：1.7%（以酸计）	淋洗类产品　总量 2.5%（以酸计）	1. 依据本技术规范的修订原则，删除口腔卫生产品相关条款 2. 涉及一类物质的均标注总量
7	过氧苯甲酰	适用于人造指甲系统：0.7%（使用时浓度）	删除该条款	人造指甲系统现不属于化妆品管理范畴
8	硼酸、硼酸盐和四硼酸盐（禁用物质表所列成分除外）	适用于： （a）爽身粉：5%（以硼酸计） （b）口腔卫生产品：0.1%（以硼酸计） （c）其他产品（沐浴和烫发产品除外）：5%（以硼酸计）	适用于： （a）爽身粉：总量 5%（以硼酸计） （b）其他产品（沐浴和烫发产品除外）：总量 5%（以硼酸计）	1. 依据本技术规范的修订原则，删除口腔卫生产品相关条款 2. 涉及一类物质的均标注总量
9	氟化钙	适用于口腔卫生产品：0.15%（以 F 计）	删除该条款	依据本技术规范的修订原则

续表

序号	中文名称	《化妆品卫生规范》（2007年版）	《化妆品安全技术规范》	修订原因
10	氢氧化钙	适用于： （a）含有氢氧化钙和胍盐的头发烫直剂 （b）脱毛剂用 pH 调节剂	适用于： （a）含有氢氧化钙和胍盐的头发烫直产品 （b）脱毛产品用 pH 调节剂	规范术语，以和原料区分
11	单氟磷酸钙	适用于口腔卫生产品：0.15%（以 F 计）	删除该条款	依据本技术规范的修订原则
12	斑蝥素	仅用于育（生）发剂中：1%	删除该条款，调整为禁用组分	斑蝥素为欧盟法规（EC）No.1223/2009 禁用组分、加拿大法规禁用组分，参考欧盟及加拿大法规，将斑蝥素调整为禁用物质
13	鲸蜡基胺氢氟酸盐	适用于口腔卫生用品：0.15%（以 F 计）	删除该条款	依据本技术规范的修订原则
14	碱金属的氯酸盐类	1. INCI 名称：chlorates of alkalimetals 2. 适用于：（a）牙膏：5%；（b）其他用途：3%	1. 删除 INCI 名称 2. 化妆品使用时的最大允许浓度：总量 3%	1. 调整 INCI 名称 2. 依据本技术规范的修订原则，删除口腔卫生产品相关条款
15	二氨基嘧啶氧化物	适用于护发产品	适用于发用产品	规范术语
16	二氯甲烷	最高杂质的含量不得超过 0.2%	杂质总量不得超过 0.2%	规范术语
17	二（羟甲基）亚乙基硫脲	适用于： （a）护发产品 （b）护（指，趾）甲产品	适用于： （a）发用产品 （b）指（趾）甲用产品	规范术语

续表

序号	中文名称	《化妆品卫生规范》（2007年版）	《化妆品安全技术规范》	修订原因
18	羟乙二磷酸及其盐类	1. 中文名称为：羟乙磷酸及其盐类 2. INCI 名称为：etidronic acid and its salts 3. 适用于： （a）护发产品：1.5%（以羟乙磷酸计） （b）肥皂、香皂：2%（以羟乙磷酸计）	1. 中文名称为：羟乙二磷酸及其盐类 2. 删除 INCI 名称 3. 适用于： （a）发用产品：总量 1.5%（以羟乙二磷酸计） （b）香皂：总量 0.2%（以羟乙二磷酸计）	1. 规范中文名称 2. 调整 INCI 名称 3. 规范术语；肥皂不属于化妆品管理范畴，使用范围删除肥皂，保留属于化妆品范畴的香皂 4. 欧盟法规（EC）No.1223/2009 及韩国化妆品安全标准中“香皂、肥皂最大允许浓度为 0.2%（以羟乙二磷酸计）”，参考欧盟、韩国法规调整使用浓度 5. 涉及一类物质的均标注总量
19	脂肪酸双链烷酰胺及脂肪酸双链烷醇酰胺	1. INCI 名称：fatty acid dialkylamides and dialkanolamides 2. 化妆品中最大允许浓度为：仲链烷胺最大含量 0.5%；其他限制和要求为：不和亚硝基化体系（nitrosating system）一起使用；仲链烷胺最大含量 5%（就原料而言）；亚硝胺最大含量 50μg/kg；存放于无亚硝酸盐的容器内	1. 删除 INCI 名称 2. 化妆品中最大允许浓度不限，其他限制和要求中修订为不和亚硝基化体系（nitrosating system）一起使用；避免形成亚硝胺；产品中仲链烷胺最大含量 0.5%、亚硝胺最大含量 50μg/kg；原料中仲链烷胺最大含量 5%；存放于无亚硝酸盐的容器内	1. 删除 INCI 名称 2. 调整原规范格式
20	甲醛	适用于： 指甲硬化剂	适用于： 指（趾）甲硬化产品	规范术语，以和原料区分

续表

序号	中文名称	《化妆品卫生规范》（2007年版）	《化妆品安全技术规范》	修订原因
21	过氧化氢和其他释放过氧化氢的化合物或混合物，如过氧化脲和过氧化锌	适用于： （a）护发产品：12%（40体积氧，以存在或释放的 H_2O_2 计） （b）护肤产品：4%（以存在或释放的 H_2O_2 计） （c）指（趾）甲硬化用品：2%（以存在或释放的 H_2O_2 计） （d）口腔卫生用品	适用于： （a）发用产品：总量12%（以存在或释放的 H_2O_2 计） （b）肤用产品：总量4%（以存在或释放的 H_2O_2 计） （c）指（趾）甲硬化产品：总量2%（以存在或释放的 H_2O_2 计）	1. 规范术语 2. 依据本技术规范的修订原则，删除口腔卫生产品相关条款 3. 涉及一类物质的均标注总量
22	氢醌	适用于人造指甲系统：0.02%（使用时浓度）	删除该条款	人造指甲系统现不属于化妆品管理范畴
23	氢醌二甲基醚	适用于人造指甲系统：0.02%（使用时浓度）	删除该条款	人造指甲系统现不属于化妆品管理范畴
24	无机亚硫酸盐类和亚硫酸氢盐类	（a）氧化型染发剂 （b）烫发和拉直产品 （c）面部用自动晒黑产品 （d）身体用自动晒黑产品	（a）氧化型染发产品 （b）烫发产品（含拉直产品） （c）面部用自动晒黑产品 （d）体用自动晒黑产品 （e）其他产品：总量0.2%（以游离 SO_2 计）	规范术语，以和原料区分
25	氢氧化锂	适用于： （a）头发烫直剂 1. 一般用：1.2%（以重量计） 2. 专业用：4.5%（以重量计） （b）脱毛剂用pH调节剂	适用于： （a）头发烫直产品 1. 一般用：1.2%（以氢氧化钠重量计） 2. 专业用：4.5%（以氢氧化钠重量计） （b）脱毛产品用pH调节剂	规范术语，以和原料区分；欧盟法规（EC）No.1223/2009中“钠、钾、氢氧化锂的浓度是以氢氧化钠重量计表示”，参考欧盟法规修改限制条件
26	氟化镁	适用于口腔卫生产品：0.15%（以F计）	删除该条款	依据本技术规范的修订原则
27	氟硅酸镁	适用于口腔卫生产品：0.15%（以F计）	删除该条款	依据本技术规范的修订原则

续表

序号	中文名称	《化妆品卫生规范》（2007年版）	《化妆品安全技术规范》	修订原因
28	单链烷胺、单链烷醇胺及它们的盐类	1. INCI 名称：monoalkylamines，monoalkanolamines and their salts 2. 其他限制和要求：不和亚硝基化体系（nitrosating system）一起使用；最低纯度 99%；仲链烷胺最大含量 0.5%（就原料而言）；亚硝胺最大含量 50μg/kg；存放于无亚硝酸盐的容器内	1. 删除 INCI 名称 2. 其他限制和要求：不和亚硝基化体系（nitrosating system）一起使用；避免形成亚硝胺；最低纯度 99%；原料中仲链烷胺最大含量 0.5%；产品中亚硝胺最大含量 50μg/kg；存放于无亚硝酸盐的容器内	1. 删除 INCI 名称 2. 欧盟法规（EC）No.1223/2009 限制要求为“不和亚硝基化体系（nitrosating system）一起使用；避免形成亚硝胺；最低纯度 99%；原料中仲链烷胺最大含量 0.5%；原料中亚硝胺最大含量 50μg/kg；存放于无亚硝酸盐的容器内”。将亚硝胺最大含量修改为“产品中”，保证了产品的安全使用。参考以上修改限制要求
29	酮麝香	1. 中文名称为：麝香酮 2. 适用于： 所有化妆品（口腔卫生用品除外） （a）香精 1.4% （b）花露水 0.56% （c）其他产品 0.042%	1. 中文名称为：酮麝香 2. 适用于： （a）香水 1.4% （b）淡香水 0.56% （c）其他产品 0.042%	1. 规范中文名称，规范术语 2. 依据本技术规范的修订原则，删除口腔卫生产品相关条款
30	麝香二甲苯	1. INCI 名称：musk xylene 2. 适用于： 所有化妆品（口腔卫生用品除外） （a）香精 1.0% （b）花露水 0.4% （c）其他产品 0.03%	1. 删除 INCI 名称 2. 适用于： （a）香水 1.0% （b）淡香水 0.4% （c）其他产品 0.03%	1. 删除 INCI 名称 2. 规范术语 3. 依据本技术规范的修订原则，删除口腔卫生产品相关条款

续表

序号	中文名称	《化妆品卫生规范》(2007年版)	《化妆品安全技术规范》	修订原因
31	尼克(甲)醇氢氟酸盐	适用于口腔卫生产品：0.15%(以F计)	删除该条款	依据本技术规范的修订原则
32	硝基甲烷	中文名称为：硝甲烷	中文名称为：硝基甲烷	规范中文名称
33	氟化十八烯基铵	适用于口腔卫生产品：0.15%(以F计)	删除该条款	依据本技术规范的修订原则
34	奥拉氟	适用于口腔卫生产品：0.15%(以F计)	删除该条款	依据本技术规范的修订原则
35	草酸及其酯类和碱金属盐类	适用于护发产品：5%	适用于发用产品：总量5%	1. 规范术语 2. 涉及一类物质的均标注总量
36	8-羟基喹啉、羟基喹啉硫酸盐	1. 中文名称：羟基喹啉，羟基喹啉硫酸盐 2. 适用于： (a)在淋洗类护发产品中，用作过氧化氢的稳定剂：0.3%(以碱基计) (b)在非淋洗类护发产品中，用作过氧化氢的稳定剂：0.03%(以碱基计)	1. 中文名称：8-羟基喹啉，羟基喹啉硫酸盐 2. 适用于： (a)在淋洗类发用产品中，用作过氧化氢的稳定剂：总量0.3%(以碱基计) (b)在驻留类发用产品中，用作过氧化氢的稳定剂：总量0.03%(以碱基计)	1. 规范中文名称 2. 规范术语
37	二氢氟酸棕榈酰基三羟乙基丙烯二胺	适用于口腔卫生产品：0.15%(以F计)	删除该条款	依据本技术规范的修订原则
38	苯氧异丙醇	适用于： (a)仅用于淋洗类产品：2% (b)禁用于口腔卫生用品	适用于： 淋洗类产品：2%	依据本技术规范的修订原则，删除口腔卫生产品相关条款
39	聚丙烯酰胺类	1. 中文名称为：聚丙烯酰胺 2. INCI 名称：polyacrylamides 3. 适用于： (a)驻留类护肤产品 (b)其他产品	1. 中文名称为：聚丙烯酰胺类 2. 删除 INCI 名称 3. 适用于： (a)驻留类体用产品 (b)其他产品	1. 规范中文名称 2. 删除 INCI 名称 3. 规范术语

续表

序号	中文名称	《化妆品卫生规范》（2007年版）	《化妆品安全技术规范》	修订原因
40	氟化钾	适用于口腔卫生产品：0.15%（以 F 计）	删除该条款	依据本技术规范的修订原则
41	氟硅酸钾	适用于口腔卫生产品：0.15%（以 F 计）	删除该条款	依据本技术规范的修订原则
42	氢氧化钾（或氢氧化钠）	适用于： （a）头发烫直剂 （b）脱毛剂用 pH 调节剂	适用于： （a）头发烫直产品 （b）脱毛产品用 pH 调节剂	规范术语，以和原料区分
43	单氟磷酸钾	适用于口腔卫生产品：0.15%（以 F 计）	删除该条款	依据本技术规范的修订原则
44	奎宁及其盐类	适用于： （a）香波（淋洗型）：0.5%(以奎宁计） （b）发露（驻留型）：0.2%(以奎宁计）	适用于： （a）淋洗类发用产品：总量 0.5%（以奎宁计） （b）驻留类发用产品：总量 0.2%（以奎宁计）	1. 规范术语 2. 涉及一类物质的均标注总量
45	水杨酸	适用于： （a）驻留类产品和淋洗类护肤产品 标签标印：含水杨酸	适用于： （a）驻留类产品和淋洗类肤用产品 标签标印：含水杨酸，3 岁以下儿童勿用	1. 规范术语 2. 依据本技术规范的修订原则增加使用条件和注意事项
46	二硫化硒	中文名称为：硫化硒	中文名称为：二硫化硒	规范中文名称
47	硝酸银	只可用于专染睫毛和眉毛的产品	染睫毛和眉毛的产品	规范术语
48	氟化钠	适用于口腔卫生产品：0.15%（以 F 计）	删除该条款	依据本技术规范的修订原则
49	氟硅酸钠	适用于口腔卫生产品：0.15%（以 F 计）	删除该条款	依据本技术规范的修订原则
50	单氟磷酸钠	适用于口腔卫生产品：0.15%（以 F 计）	删除该条款	依据本技术规范的修订原则
51	氟化亚锡	适用于口腔卫生产品：0.15%（以 F 计）	删除该条款	依据本技术规范的修订原则
52	乙酸锶半水合物	适用于牙膏：3.5%（以锶计）	删除该条款	依据本技术规范的修订原则

续表

序号	中文名称	《化妆品卫生规范》（2007年版）	《化妆品安全技术规范》	修订原因
53	氯化锶	1. 中文名称为：氯化锶六水合物 2. 英文名称：strontium chloride hexahydrate 3. INCI 名称：strontium chloride hexahydrate 4. 适用于： （a）牙膏 （b）香波和护面产品	1. 中文名称为：氯化锶 2. 英文名称：strontium chloride 3. INCI 名称：strontium chloride 4. 适用于：香波和面部用产品	1. 规范中文名称 2. 调整英文名称 3. 调整 INCI 名称 4. 规范术语；依据本技术规范的修订原则，删除口腔卫生产品相关条款
54	氢氧化锶	脱毛产品中的 pH 调节剂	脱毛产品用 pH 调节剂	规范术语
55	过氧化锶	适用于专业用淋洗类护发产品：4.5%（以备好现用产品中的锶计）	适用于淋洗类发用产品：4.5%（以锶计）	规范术语，修改限制条件
56	（1）巯基乙酸及其盐类	1. INCI 名称：thioglycolic acid and its salts 2. 适用于： （a）头发烫卷剂或烫直剂 1. 一般用：8% 备好现用，pH7 ~ 9.5 2. 专业用：11% 备好现用，pH7 ~ 9.5 （b）脱毛剂：5% 备好现用，pH7 ~ 12.7 （c）其他用后清除掉的护发产品：2% 备好现用，pH 7 ~ 9.5 3. 其他限制和要求：需做如下说明：避免接触眼睛；如果产品不慎入眼，应立即用大量水冲洗，并找医生处置；需戴合适的手套	1. 删除 INCI 名称 2. 适用于： （a）烫发产品：总量 8%（以巯基乙酸计），pH 7 ~ 9.5 1. 一般用：总量 11%（以巯基乙酸计），pH 7 ~ 9.5 2. 专业用 （b）脱毛产品：总量 5%（以巯基乙酸计），pH 7 ~ 12.7 （c）其他淋洗类发用产品：总量 2%（以巯基乙酸计），pH 7 ~ 9.5 3. 原限制和要求调整至标签标印	1. 删除 INCI 名称 2. 规范术语，以和原料区分 3. 涉及一类物质的均标注总量 4. 调整标签标印要求

续表

序号	中文名称	《化妆品卫生规范》（2007年版）	《化妆品安全技术规范》	修订原因
56	（2）巯基乙酸酯类	1. INCI 名称：thioglycolic acid esters 2. 适用于： （a）头发烫卷剂或烫直剂 1. 一般用：8% 备好现用，pH 6 ~ 9.5 2. 专业用：11% 备好现用，pH 6 ~ 9.5 3. 其他限制和要求：需做如下说明：避免接触眼睛；如果产品不慎入眼，应立即用大量水冲洗，并找医生处置；需戴合适的手套	1. 删除 INCI 名称 2. 适用于： （a）烫发产品： 1. 一般用：总量 8%（以巯基乙酸计），pH 6 ~ 9.5 2. 专业用：总量 11%（以巯基乙酸计），pH 6 ~ 9.5 3. 原限制和要求调整至标签标印	1. 删除 INCI 名称 2. 规范术语，以和原料区分 3. 涉及一类物质的均标注总量 4. 调整标签标印要求
57	三链烷胺、三链烷醇胺及它们的盐类	1. INCI 名称:trialkylamines, trialkanolamines and their salts 2. 适用于： （a）非淋洗类产品：2.5% （b）其他产品 3. 其他限制和要求：不和亚硝基化体系（nitrosating system）一起使用；最低纯度 99%；仲链烷胺最大含量 0.5%（就原料而言）；亚硝胺最大含量 50μg/kg；存放于无亚硝酸盐的容器内	1. 删除 INCI 名称 2. 适用于： （a）驻留类产品：总量 2.5% （b）淋洗类产品 3. 其他限制和要求：不和亚硝基化体系（nitrosating system）一起使用；避免形成亚硝胺；最低纯度 99%；原料中仲链烷胺最大含量 0.5%；产品中亚硝胺最大含量 50μg/kg；存放于无亚硝酸盐的容器内	1. 删除 INCI 名称 2. 规范术语 3. 涉及一类物质的均标注总量 4. 欧盟法规（EC）No.1223/2009 限制要求为“不和亚硝基化体系（nitrosating system）一起使用；避免形成亚硝胺；最低纯度 99%；原料中仲链烷胺最大含量 0.5%；原料中亚硝胺最大含量 50μg/kg；存放于无亚硝酸盐的容器内”。将亚硝胺最大含量修改为“产品中”，保证了产品的安全使用。参考欧盟法规修改限制要求

续表

序号	中文名称	《化妆品卫生规范》（2007年版）	《化妆品安全技术规范》	修订原因
58	三氯卡班	适用于淋洗类护肤产品：1.5%	删除该条款	三氯卡班作为抑菌剂、除臭剂等，不属于化妆品定义范畴，因此从化妆品限用组分表中删除
59	水溶性锌盐（苯酚磺酸锌和吡硫鎓锌除外）	中文名称： 水溶性锌盐（苯酚磺酸锌和吡啶鎓锌除外）	中文名称： 水溶性锌盐（苯酚磺酸锌和吡硫鎓锌除外）	修改中文名称
60	苯酚磺酸锌	适用于：除臭剂、抑汗剂和收敛水	适用于：除臭产品、抑汗产品和收敛水	规范术语，以和原料区分
61	吡硫鎓锌	1. 中文名称为：吡硫鎓锌 2. 适用于： 去头屑淋洗类发用产品：1.5%	1. 中文名称为：吡硫鎓锌 适用于： （a）去头屑淋洗类发用产品：1.5% （b）驻留类发用产品：0.1%	1. 规范中文名称 2. 欧盟法规（EC）No.1223/2009 中适用于“驻留类发用产品：0.1%”，参考欧盟法规增加吡硫鎓锌适用范围和最大允许使用浓度
62	月桂醇聚醚 -9	未收录	新增组分： 1. 中文名称为：月桂醇聚醚 -9 2. 适用范围和最大允许使用浓度： （a）驻留类产品：3.0% （b）淋洗类产品：4.0%	欧盟法规（EU）No.483/2013 中适用于“驻留类产品：3.0%，淋洗类产品：4.0%”，参考欧盟法规新增组分
63	烷基（C_{12}–C_{22}）三甲基铵氯化物	1. 中文名称为：烷基（C_{12}–C_{22}）三甲基铵溴化物或氯化物 2. 英文名称：alkyl（C_{12}–C_{22}）trimethyl ammonium，bromide and chloride	1. 中文名称为：烷基（C_{12}–C_{22}）三甲基铵氯化物 2. 英文名称：alkyl（C_{12}–C_{22}）trimethyl ammonium chloride	1. 调整中文名称 2. 调整英文名称

续表

序号	中文名称	《化妆品卫生规范》（2007年版）	《化妆品安全技术规范》	修订原因
63	烷基（C_{12}–C_{22}）三甲基铵氯化物	3. INCI 名称：alkyl（C_{12}–C_{22}）trimethyl ammonium，bromide and chloride 4. 适用于 （a）驻留类产品：0.25% （b）淋洗类产品	3. INCI 名称：alkyl（C_{12}–C_{22}）trimethyl ammonium chloride 4. 适用于 （a）驻留类产品：0.25% （b）淋洗类产品： 1. 十六、十八烷基三甲基氯化铵：2.5%（以单一或其合计） 2. 二十二烷基三甲基氯化铵：5.0%（以单一或与十六烷基三甲基氯化铵和十八烷基三甲基氯化铵的合计）；且十六、十八烷基三甲基氯化铵烷基三甲基氯化铵个体浓度之和不超过 2.5%	3. 调整 INCI 名称 4. 参考欧盟法规（EU）No.866/2014 补充淋洗类产品最大允许浓度限制
64	注解（1）	注解（2）：这些限用物质作为防腐剂使用时，具体要求见限用防腐剂表 4	调整为注解（1）：这些物质作为防腐剂使用时，具体要求见防腐剂表 4 的规定；如果使用目的不是防腐剂，该原料及其功能还必须标注在产品标签上。无机亚硫酸盐和亚硫酸氢盐是指亚硫酸钠、亚硫酸钾、亚硫酸铵、亚硫酸氢钠、亚硫酸氢钾、亚硫酸氢铵、焦亚硫酸钠、焦亚硫酸钾等	明确标签要求以及无机亚硫酸盐和亚硫酸氢盐的范围
65	注解（2）	未收录，新增注解	注解（2）仅当产品有可能为 3 岁以下儿童使用，并与皮肤长期接触时，需做如此标注	新增注解，对“水杨酸”增加标注要求

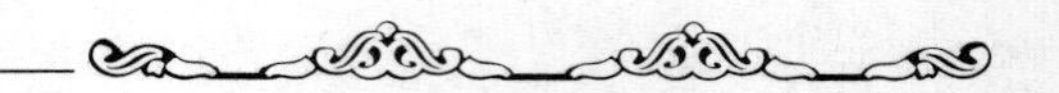

3.3　需要说明的问题

（1）限用组分表3注解（1）中，烷基（C_{12}–C_{22}）三甲基铵氯化物，苯扎氯铵、苯扎溴铵、苯扎糖精铵，苯甲酸及其钠盐，苯氧异丙醇，水杨酸，吡硫鎓锌，无机亚硫酸盐类和亚硫酸氢盐类，甲醛，苯甲醇等组分作为防腐剂使用时，具体要求应符合防腐剂表4的规定；如果使用目的不是防腐剂，该原料及其功能还必须标注在产品标签上。

（2）无机亚硫酸盐和亚硫酸氢盐是指亚硫酸钠、亚硫酸钾、亚硫酸铵、亚硫酸氢钠、亚硫酸氢钾、亚硫酸氢铵、焦亚硫酸钠、焦亚硫酸钾等。

（3）使用水杨酸成分时，仅当产品有可能为3岁以下的儿童使用，并与皮肤长期接触时，需做标注“含水杨酸，3岁以下儿童勿用”。

（4）限用组分表3注解（6）中，α–羟基酸是指α–碳位氢被羟基取代的羧酸，如酒石酸、乙醇酸、苹果酸、乳酸、枸橼酸等，其盐类包括乙醇酸铵、乙醇酸镁、乙醇酸钠、乳酸铵、乳酸钙、乳酸镁、乳酸钠、苹果酸钠、枸橼酸钙、枸橼酸镁和枸橼酸钠等。

（5）《化妆品安全技术规范》表3　化妆品限用物质中的“空格”代表没有其他限制要求。

第三章

化妆品准用组分

基于化妆品中的防腐剂、防晒剂、着色剂和染发剂具有较高风险且具有特殊用途，本规范设置了准用组分表。化妆品准用组分由表 1、表 2、表 3 和表 4 列出，其中化妆品准用防腐剂由表 1 列出，共 51 种（类）；化妆品准用防晒剂由表 2 列出，共 27 种（类）；化妆品准用着色剂由表 3 列出，共 157 种（类）；化妆品准用染发剂由表 4 列出，共 75 种（类）。在我国，化妆品中的防腐剂、防晒剂、着色剂和染发剂只能从准用组分表中选用，并应严格遵守准用组分表的各项规定，如化妆品使用时的最大允许浓度、使用范围、限制条件、标签上必须标印的使用条件和注意事项等。

《化妆品卫生规范》（2007 年版）是根据欧盟化妆品规程 76/768/EEC 及其在 2005 年 11 月 21 日以前的修订内容为基础编写的；《化妆品安全技术规范》以《化妆品卫生规范》（2007 年版）为基础，结合近期国际和国内化妆品安全监管的要求及变化，参考相关规范性文件编写而成。化妆品准用组分表（表 1、表 2、表 3 和表 4）修订的内容主要包括按国家食品药品监督管理总局发布的规范性文件要求，结合欧盟新版法规与其他国家法规要求，重点调整有安全风险的物质；从安全角度出发，按照从严的原则，增加、删除、修改、规范相应的条款，规范中英文名称或书写，规范术语，修改打印错误，调整注解。

1　化妆品准用防腐剂（表1）

1.1　简　　述

防腐剂是指以抑制微生物在化妆品中的生长为目的而在化妆品中加入的物质。化妆品准用防腐剂由表 1 列出，共 51 种（类）。化妆品配方中使用的防腐剂必须选择表 1 内的组分，并按照《化妆品安全技术规范》中规定的限制条件使用。这些限制条件具体是指“适用及（或）使用范围”“化妆品使用时的最大允许浓度”和“其他限制和要求”等，如碘丙炔醇丁基氨甲酸酯作为化妆品准用防腐剂使用时，其在淋洗类产品中的最大允许浓度为 0.02%，禁止用于唇部产品，且除沐浴产品和香波外，不得用于 3 岁以下儿童使用的产

品中，还须在产品标签中标印“3 岁以下儿童勿用”警示用语；有些组分为一类物质，其“化妆品使用时的最大允许浓度”限定的是其总量，如烷基（C_{12}-C_{22}）三甲基铵溴化物或氯化物，“化妆品使用时的最大允许浓度”为总量 0.1%；也有些组分只限定“化妆品使用时的最大允许浓度”，无“其他限制和要求”，如苯甲醇，“化妆品使用时的最大允许浓度”为 1.0%。

化妆品准用防腐剂结构信息见附录Ⅰ表 3。

1.2 修订原则及要点

与《化妆品卫生规范》（2007 年版）相比，《化妆品安全技术规范》准用防腐剂数目由 56 种（类）变化为 51 种（类）。修订包括修改或完善组分名称，如将“7- 乙基二环噁唑啉”规范为“7- 乙基双二环噁唑啉”，删除并禁用氯乙酰胺、甲基二溴戊二腈、季铵盐 -15 和碘酸钠等组分，删除组分“乌洛托品”，删除或修改与“口腔卫生产品”相关的条款，调整组分限量其中涉及一类物质的均标注总量，调整组分限制和要求，增加组分警示用语，修改并新增注解如甲醛或含可释放甲醛物质禁用于喷雾产品，对碘丙炔醇丁基氨甲酸酯和水杨酸及其盐类的标识作出要求。化妆品准用防腐剂组分具体修订情况及依据见“表 1 化妆品准用防腐剂修订内容”。

1.3 需要说明的问题

（1）碘丙炔醇丁基氨甲酸酯使用条件中，其在驻留类产品中的最大允许浓度为 0.01%，“且不得用于 3 岁以下儿童使用的产品中，不得用于体霜和体乳”。此项是指其不得用于涉及大面积应用于身体的任何剂型产品，但可用于局部用产品如用于胸手、足、腋、颈等局部部位的任何剂型产品。

（2）甲基氯异噻唑啉酮和甲基异噻唑啉酮与氯化镁及硝酸镁的混合物（甲基氯异噻唑啉酮：甲基异噻唑啉酮为 3∶1）在淋洗类产品中的最大允许使用浓度为 0.0015%，且不能和甲基异噻唑啉酮同时使用。此项中 0.0015% 是指甲基氯异噻唑啉酮：甲基异噻唑啉酮为 3∶1 的最大允许使用浓度。

（3）基于安全风险评估结论，所有含甲醛或化妆品准用防腐剂表中所列含可释放甲醛物质的化妆品，当成品中的甲醛浓度超过 0.05%（以游离甲醛计）时，都必须在产品标签上标印“含甲醛”，且禁用于喷雾产品。

（4）无机亚硫酸盐和亚硫酸氢盐是指亚硫酸钠、亚硫酸钾、亚硫酸铵、亚硫酸氢钠、亚硫酸氢钾、亚硫酸氢铵、焦亚硫酸钠、焦亚硫酸钾等。

（5）4- 羟基苯甲酸及其盐类和酯类用于化妆品时，单一酯使用时的最大用量为 0.4%（以酸计）；混合酯使用时的最大用量为总量 0.8%（以酸计），且其丙酯（即羟苯丙酯）及其盐类之和不得超过 0.14%（以酸计）、丁酯（即羟苯丁酯）及其盐类之和不得超过 0.14%（以酸计）；但是，4- 羟基苯甲酸异丙酯（isopropylparaben）及其盐、4- 羟基苯甲酸异丁酯（isobutylparaben）及其盐、4- 羟基苯甲酸苯酯（phenylparaben）及其盐等不得用于化妆品。

表 1　化妆品准用防腐剂修订内容

序号	中文名称	《化妆品卫生规范》（2007年版）	《化妆品安全技术规范》	修订原因
1	5-溴-5-硝基-1，3-二噁烷	仅用于淋洗类产品；避免形成亚硝胺	淋洗类产品；避免形成亚硝胺	规范术语
2	7-乙基双环噁唑烷	1. 中文名称为：7-乙基二环噁唑啉 2. 使用范围和限制条件： 禁用于口腔卫生产品和接触黏膜的产品	1. 中文名称为：7-乙基双二环噁唑啉 2. 使用范围和限制条件： 禁用于接触黏膜的产品	1. 规范中文名称 2. 依据本技术规范的修订原则，删除口腔卫生产品相关条款
3	烷基（C_{12}-C_{22}）三甲基铵溴化物或氯化物	1. INCI 名称：alkyl（C_{12}-C_{22}）trimonium bromide and chloride 2. 化妆品中最大允许使用浓度：0.1%	1. 删除 INCI 名称 2. 化妆品中最大允许使用浓度：总量 0.1%	1. 删除 INCI 名称 2. 涉及一类物质的均标注总量
4	苯扎氯铵、苯扎溴铵、苯扎糖精铵	化妆品中最大允许使用浓度：0.1%（以苯扎氯铵计）	化妆品中最大允许使用浓度：总量 0.1%（以苯扎氯铵计）	涉及一类物质的均标注总量
5	苄索氯铵	使用范围和限制条件： （1）淋洗类产品 （2）口腔卫生用品之外的驻留类产品	删除使用范围和限制条件	依据本技术规范的修订原则，删除口腔卫生产品相关条款
6	苯甲酸及其盐类和酯类	1. INCI 名称：benzoic acid，its salts and esters 2. 化妆品中最大允许使用浓度：0.5%（以酸计）	1. 删除 INCI 名称 2. 化妆品中最大允许使用浓度：总量 0.5%（以酸计）	1. 删除 INCI 名称 2. 涉及一类物质的均标注总量
7	甲醛苄醇半缩醛	仅用于淋洗类产品	淋洗类产品	规范术语
8	氯已定及其二葡萄糖酸盐、二醋酸盐和二盐酸盐	化妆品中最大允许使用浓度：0.3%（以氯已定表示）	化妆品中最大允许使用浓度：总量 0.3%（以氯已定计）	涉及一类物质的均标注总量

续表

序号	中文名称	《化妆品卫生规范》（2007年版）	《化妆品安全技术规范》	修订原因
9	氯乙酰胺	最大允许使用浓度：0.3%	删除该条款，调整为禁用组分	日本、韩国、加拿大为禁用物质，参考以上国家法规修改
10	脱氢乙酸及其盐类	1. 中文名称：脱氢醋酸及其盐类 2. INCI 名称：dehydroacetic acid 3. 化妆品中最大允许使用浓度：0.6%（以酸计）	1. 中文名称：脱氢乙酸及其盐类 2. 删除 INCI 名称 3. 化妆品中最大允许使用浓度：总量 0.6%（以酸计）	1. 规范中文名称 2. 删除 INCI 名称 3. 涉及一类物质的均标注总量
11	二溴己脒及其盐类，包括二溴己脒羟乙磺酸盐	1. INCI 名称：dibromohexamidine and its salts，including dibromohexamidine isethionate 2. 化妆品中最大允许使用浓度：0.1%	1. 删除 INCI 名称 2. 化妆品中最大允许使用浓度：总量 0.1%	1. 调整 INCI 名称 2. 涉及一类物质的均标注总量
12	二甲基噁唑烷	使用范围：终产品的 pH 不得低于 6	使用范围：pH ≥ 6	规范术语
13	甲醛和多聚甲醛	最大允许使用浓度： 0.2%（口腔卫生产品除外）； 0.1%（口腔卫生产品）（以游离甲醛计）	最大允许使用浓度： 总量 0.2%（以游离甲醛计）	1. 依据本技术规范的修订原则，删除口腔卫生产品相关条款 2. 涉及一类物质的均标注总量
14	甲酸及其钠盐	1. INCI 名称：formic acid and its sodium salt 2. 化妆品中最大允许使用浓度：0.5%（以酸计）	1. 删除 INCI 名称 2. 化妆品中最大允许使用浓度：总量 0.5%（以酸计）	1. 调整 INCI 名称 2. 涉及一类物质的均标注总量
15	己脒定及其盐，包括己脒定两个羟乙基磺酸盐和己脒定对羟基苯甲酸盐	1. INCI 名称：hexamidine and its salts，including hexamidine diisethionate and hexamidine paraben 2. 化妆品中最大允许使用浓度：0.1%	1. 删除 INCI 名称 2. 化妆品中最大允许使用浓度：总量 0.1%	1. 删除 INCI 名称 2. 涉及一类物质的均标注总量

续表

序号	中文名称	《化妆品卫生规范》（2007年版）	《化妆品安全技术规范》	修订原因
16	无机亚硫酸盐类和亚硫酸氢盐类	1. INCI 名称：inorganic sulfites and hydrogen sulfites 2. 化妆品中最大允许使用浓度：0.2%（以游离 SO_2 计）	1. 删除 INCI 名称 2. 化妆品中最大允许使用浓度：总量 0.2%（以游离 SO_2 计）	1. 调整 INCI 名称 2. 涉及一类物质的均标注总量
17	碘丙炔醇丁基氨甲酸酯	1. 最大允许使用浓度：0.05% 2. 使用范围和限制条件：不能用于口腔卫生和唇部产品	1. 最大允许使用浓度： （a）0.02% （b）0.01% （c）0.0075% 2. 使用范围和限制条件： （a）淋洗类产品，不得用于 3 岁以下儿童使用的产品中（沐浴产品和香波除外） （b）驻留类产品，不得用于 3 岁以下儿童使用的产品中；禁用于唇部用产品；禁用于体霜和体乳 （c）除臭产品和抑汗产品，不得用于 3 岁以下儿童使用的产品中；禁用于唇部用产品	参考欧盟法规（EC）No. 1223/2009 附录 5 第 56 条进行修改。
18	乌洛托品	化妆品最大允许使用浓度：0.15%	删除该条款	乌洛托品属禁用组分（抗生素类），因此从防腐剂表中去除
19	甲基二溴戊二腈	化妆品最大允许使用浓度：0.1%，仅用于淋洗类产品	删除该条款	韩国法规将其列为化妆品禁用组分，参考韩国法规，将甲基二溴戊二腈从 2007 年版规范化妆品组分中限用防腐剂中删除，列为禁用组分

续表

序号	中文名称	《化妆品卫生规范》（2007年版）	《化妆品安全技术规范》	修订原因
20	甲基氯异噻唑啉酮和甲基异噻唑啉酮与氯化镁及硝酸镁的混合物（甲基氯异噻唑啉酮：甲基异噻唑啉酮为3∶1）	1. 中文名称为：甲基氯异噻唑啉酮和甲基异噻唑啉酮与氯化镁及硝酸镁的混合物 2. 英文名称: mixture of 5–chloro–2–methylisothiazol–3（2*H*）–one and 2–methylisothiazol–3（2*H*）–one with magnesium chloride and magnesium nitrate 3. 化妆品最大允许使用浓度：0.0015%（以甲基氯异噻唑啉酮和甲基异噻唑啉酮为3∶1的混合物计）	1. 中文名称为：甲基氯异噻唑啉酮和甲基异噻唑啉酮与氯化镁及硝酸镁的混合物（甲基氯异噻唑啉酮：甲基异噻唑啉酮为3∶1） 2. 英文名称为: mixture of 5–chloro–2–methylisothiazol–3（2*H*）–one and 2–methylisothiazol–3（2*H*）–one with magnesium chloride and magnesium nitrate（of a mixture in the ratio 3 ∶ 1 of 5–chloro–2–methylisothiazol 3（2*H*）–one and 2–methylisothiazol–3（2H）–one） 3. 化妆品最大允许使用浓度：0.0015%，淋洗类产品；不能和甲基异噻唑啉酮同时使用	1. 调整中文名称 2. 调整英文名称 3. 参考欧盟法规 EC–ATP（Kathon）– 2014–09–18–1003 修改使用范围和限制条件
21	邻伞花烃 –5– 醇	中文名称为：*o*– 伞花烃 –5– 醇	中文名称为：邻伞花烃 –5– 醇	规范中文名称
22	邻苯基苯酚及其盐类	1. 中文名称为：*o*– 苯基苯酚 2. INCI 名称：*o*–phenylphenol 3. 化妆品最大允许使用浓度：0.2%（以苯酚计）	1. 中文名称为：邻苯基苯酚及其盐类 2. 删除 INCI 名称 3. 化妆品最大允许使用浓度：总量0.2%（以苯酚计）	1. 规范中文名称 2. 删除 INCI 名称 3. 涉及一类物质的均标注总量
23	4– 羟基苯甲酸及其盐类和酯类	1. INCI 名称：4–hydroxybenzoic acid and its salts and esters 2. 化妆品最大允许使用浓度：单一酯：0.4%（以酸计）；混合酯：0.8%（以酸计）	1. 删除 INCI 名称 2. 化妆品最大允许使用浓度：单一酯0.4%（以酸计）；混合酯总量0.8%（以酸计）；且其丙酯及其盐类、丁酯及其盐类之和分别不得超过0.14%（以酸计）	1. 删除 INCI 名称 2. 参照欧盟法规（EU）No. 1004/2014–09–18 修改最大允许使用浓度

续表

序号	中文名称	《化妆品卫生规范》（2007年版）	《化妆品安全技术规范》	修订原因
24	对氯间甲酚	中文名称为：*p*- 氯 -*m*- 甲酚	中文名称为：对氯间甲酚	规范中文名称
25	苯氧异丙醇	使用范围：仅用于淋洗类产品	使用范围：淋洗类产品	规范术语
26	吡罗克酮和吡罗克酮乙醇胺盐	1. 中文名称为：吡罗克酮乙醇胺盐 2. INCI 名称：piroctone olamine 3. 化妆品最大允许使用浓度： （a）1.0% （b）0.5%	1. 中文名称为：吡罗克酮和吡罗克酮乙醇胺盐 2. 删除 INCI 名称 3. 化妆品最大允许使用浓度： （a）总量 1.0% （b）总量 0.5%	1. 规范中文名称 2. 删除 INCI 名称 3. 涉及一类物质的均标注总量
27	聚氨丙基双胍	1. 中文名称：盐酸聚氨丙基双胍 2. 英文名称：poly（1–hexamethylenebiguanide）hydro–chloride 3. INCI 名称：poly（1–hexamethylenebiguanide）hydrochloride	1. 中文名称：聚氨丙基双胍 2. 英文名称：poly（methylene），.alpha.，.omega.–bis［［［（aminoiminomethyl）amino］iminomethyl］amino］–，di-hydrochloride 3. INCI 名称：poly（1–hexamethylenebiguanide）	1. 规范中文名称 2. 调整英文名称 3. 调整 INCI 名称
28	丙酸及其盐类	1. INCI 名称：propionic acid and its salts 2. 化妆品中最大允许使用浓度：2%（以酸计）	1. 删除 INCI 名称 2. 化妆品中最大允许使用浓度：总量 2%（以酸计）	1. 删除 INCI 名称 2. 涉及一类物质的均标注总量
29	聚季铵盐 -15	化妆品中最大允许使用浓度：0.2%	删除该条款，调整为禁用组分	欧盟 SCCS/1344/10 评估报告中认为聚季铵盐 -15 存在安全风险，参考欧盟法规禁用该组分

续表

序号	中文名称	《化妆品卫生规范》（2007年版）	《化妆品安全技术规范》	修订原因
30	水杨酸及其盐类	1. INCI 名称：salicylic acid and its salts 2. 化妆品中最大允许使用浓度：0.5%（以酸计） 3. 标签标印：3 岁以下儿童勿用	1. 删除 INCI 名称 2. 化妆品中最大允许使用浓度：总量 0.5%（以酸计） 3. 标签标印：含水杨酸，3 岁以下儿童勿用	1. 调整 INCI 名称 2. 涉及一类物质的均标注总量 3. 增加“含水杨酸”警示用语，保持与限用组分表中“水杨酸”的要求一致
31	苯汞的盐类，包括硼酸苯汞	1. INCI 名称：salts of phenylmercury，including borate 2. 化妆品中最大允许使用浓度：0.007% 3. 使用范围和限制条件：仅用于眼部化妆品和眼部卸妆品	1. 删除 INCI 名称 2. 化妆品中最大允许使用浓度：总量 0.007% 3. 使用范围和限制条件：眼部化妆品	1. 删除 INCI 名称 2. 涉及一类物质的均标注总量 3. 规范术语
32	沉积在二氧化钛上的氯化银	1. INCI 名称：silver chloride deposited on titanium dioxide 2. 使用范围和限制条件：沉积在 TiO_2 上的 20%（*W/W*）AgCl，禁用于 3 岁以下儿童使用的产品、口腔卫生产品以及眼周和唇部产品	1. 删除 INCI 名称 2. 使用范围和限制条件：沉积在 TiO_2 上的 20%（*W/W*）AgCl，禁用于 3 岁以下儿童使用的产品、眼部及口唇产品	1. 删除 INCI 名称 2. 依据本技术规范的修订原则，删除口腔卫生产品相关条款
33	碘酸钠	化妆品中最大允许使用浓度：0.1%，仅用于淋洗类产品	删除该条款，调整为禁用组分	加拿大 Cosmetic Ingredient Hotlist 将碘列为禁用组分，但 INCI 字典认为碘的化合物一并禁用，参照加拿大法规将其列为禁用组分

续表

序号	中文名称	《化妆品卫生规范》（2007年版）	《化妆品安全技术规范》	修订原因
34	山梨酸及其盐类	1. INCI 名称：sorbic acid and its salts 2. 化妆品中最大允许使用浓度：0.6%（以酸计）	1. 删除 INCI 名称 2. 化妆品中最大允许使用浓度：总量 0.6%（以酸计）	1. 调整 INCI 名称 2. 涉及一类物质的均标注总量
35	硫柳汞	1. 化妆品中最大允许使用浓度：0.007% 2. 使用范围和限制条件：仅用于眼部化妆品和眼部卸妆品	1. 化妆品中最大允许使用浓度：总量 0.007% 2. 使用范围和限制条件：眼部化妆品	1. 涉及一类物质的均标注总量 2. 规范术语
36	三氯生	化妆品中最大允许使用浓度：0.3%	化妆品中最大允许使用浓度：0.3%，洗手皂、浴皂、沐浴液、除臭剂（非喷雾）、化妆粉及遮瑕剂、指甲清洁剂（指甲清洁剂的使用频率不得高于每 2 周 1 次）	参考欧盟法规（EU）No. 358/ 2014–04–09 修改使用范围及限制条件
37	十一烯酸及其盐类	1. INCI 名称：undecylenic acid and salts 2. 化妆品中最大允许使用浓度：0.2%（以酸计）	1. 删除 INCI 名称 2. 化妆品中最大允许使用浓度：总量 0.2%（以酸计）	1. 删除 INCI 名称 2. 涉及一类物质的均标注总量
38	吡硫鎓锌	1. 中文名称：吡硫翁锌 2. 使用范围和限制条件：可用于淋洗类产品，禁用于口腔卫生产品	1. 中文名称：吡硫鎓锌 2. 使用范围和限制条件：淋洗类产品	1. 规范中文名称 2. 依据本技术规范的修订原则，删除口腔卫生产品相关条款
39	注解（1）d	注解：（1）d 所有含甲醛或本表中所列含可释放甲醛物质的化妆品，当成品中的甲醛浓度超过 0.05%（以游离甲醛计）时，都必须在产品标签上标印“含甲醛”	注解（1）：d 所有含甲醛或本表中所列含可释放甲醛物质的化妆品，当成品中的甲醛浓度超过 0.05%（以游离甲醛计）时，都必须在产品标签上标印“含甲醛”，且禁用于喷雾产品	明确该类物质“禁用于喷雾产品”的限制要求

续表

序号	中文名称	《化妆品卫生规范》（2007年版）	《化妆品安全技术规范》	修订原因
40	注解（2）	注解:（2）这些防腐剂作为限用物质时，具体要求见限用物质表	注解（2）：这些物质在化妆品中作为其他用途使用时，必须符合本表中规定（本规范中有其他相关规定的除外）。这些物质不作为防腐剂使用时，具体要求见限用组分表。无机亚硫酸盐和亚硫酸氢盐是指亚硫酸钠、亚硫酸钾、亚硫酸铵、亚硫酸氢钠、亚硫酸氢钾、亚硫酸氢铵、焦亚硫酸钠、焦亚硫酸钾等	明确标签要求以及无机亚硫酸盐和亚硫酸氢盐的范围
41	注解（3）	注解:（3）仅当产品有可能为3岁以下儿童使用，并与皮肤长时间接触时，需做如此标注	注解（3）：这类物质不包括4-羟基苯甲酸异丙酯（isopropylparaben）及其盐、4-羟基苯甲酸异丁酯（isobutyl-paraben）及其盐、4-羟基苯甲酸苯酯（phenylparaben）、4-羟基苯甲酸苄酯及其盐、4-羟基苯甲酸戊酯及其盐	明确4-羟基苯甲酸类物质的范围
42	注解（4）	未收录，新增注解	注解（4）仅当产品有可能为3岁以下儿童使用，洗浴用品和香波除外，需做如此标注	增加注解，明确碘丙炔醇丁基氨甲酸酯的标注要求
43	注解（5）	未收录，新增注解	注解（5）仅当产品有可能为3岁以下儿童使用，并与皮肤长期接触时，需做如此标注	增加注解，明确水杨酸的标注要求

（6）化妆品中其他具有抗微生物作用的物质，如某些醇类和精油（essential oil）、氯化钠等，不包括在本表之列。

（7）化妆品准用防腐剂表中的“盐类”系指该物质与阳离子钠、钾、钙、镁、铵和醇胺成的盐类，如水杨酸钠、水杨酸镁、水杨酸锌，山梨酸钾等；或指该物质与阴离子所成的氯化物、溴化物、硫酸盐和醋酸盐等盐类，如烷基（C_{12}-C_{22}）三甲基铵溴化物或氯化物、苯扎氯铵、苄索氯铵等。表中的“酯类”系指甲基、乙基、丙基、异丙基、丁基、异丁基和苯基酯，如苯甲酸甲酯、苯甲酸丙酯、苯甲酸丁酯、苯甲酸异丁酯等。

2　化妆品准用防晒剂（表2）

2.1　简　　述

化妆品准用防晒剂是指利用光的吸收、反射或散射作用，以保护皮肤免受特定紫外线所带来的伤害或保护产品本身而在化妆品中加入的物质。化妆品准用防晒剂由表2列出，共27种（类）。化妆品配方中使用的防晒剂必须选择表2内的组分，并按照《化妆品安全技术规范》中规定的限制条件使用。这些限制条件具体是指“适用及（或）使用范围”“化妆品使用时的最大允许浓度”和“其他限制和要求”等，如二苯酮-3作为化妆品准用防晒剂使用时，其“化妆品使用时的最大允许浓度”为10%，须在产品标签中标印“含二苯酮-3”警示用语；有些组分为一类物质，其“化妆品使用时的最大允许浓度”限定的是其总量，如亚苄基樟脑磺酸及其盐类，“化妆品使用时的最大允许浓度”为总量6%（以酸计）；化妆品准用防晒剂表2中的组分均无“其他限制和要求”；“标签上必须标印的使用条件和注意事项”中，产品配方中使用二苯酮-3须在产品标签中标印“含二苯酮-3”，其他组分均无要求。

化妆品准用防晒剂结构信息见附录Ⅰ表4。

2.2　修订原则及要点

与《化妆品卫生规范》（2007年版）相比，《化妆品安全技术规范》准用防晒剂数目由28种（类）变化为27种（类）。修订包括修改或完善组分名称，如将“亚苄基樟脑磺酸”规范为“亚苄基樟脑磺酸及其盐类”“PABA乙基己酯”规范为“二甲基PABA乙基己酯”，删除并禁用组分“对氨基苯甲酸”，调整组分限量其中涉及一类物质的均标注总量，删除并修改注解。化妆品准用防晒剂组分具体修订情况及依据见“表2化妆品准用防晒剂修订内容”。

表2　化妆品准用防晒剂修订内容

序号	中文名称	《化妆品卫生规范》（2007年版）	《化妆品安全技术规范》	修订原因
1	二苯酮-4、二苯酮-5	化妆品中最大允许使用浓度：5%（以酸计）	化妆品中最大允许使用浓度：总量5%（以酸计）	使用限量加标注总量
2	亚苄基樟脑磺酸及其盐类	1. 中文名称：亚苄基樟脑磺酸 2. INCI名称：benzylidene camphor sulfonic acid 3. 化妆品中最大允许使用浓度：6%（以酸计）	1. 中文名称：亚苄基樟脑磺酸及其盐类 2. 删除INCI名称 3. 化妆品中最大允许使用浓度：总量6%（以酸计）	1. 规范中文名称 2. 删除INCI名称 3. 涉及一类物质的均标注总量
3	双-乙基己氧苯酚甲氧苯基三嗪	英文名称： （1，3，5）-triazine-2，4-bis（（4-（2-ethyl-hexyloxy）-2-hydroxy）-phenyl）-6-（4-methoxyphenyl）	英文名称： 2，2′-（6-（4-methoxyphenyl）-1，3，5-triazine-2，4-diyl）bis（5-（（2-ethylhexyl）oxy）phenol）	调整英文名称
4	二乙氨羟苯甲酰基苯甲酸己酯	中文名称：二乙氨基羟苯甲酰基苯甲酸己酯	中文名称：二乙氨羟苯甲酰基苯甲酸己酯	规范中文名称
5	苯基二苯并咪唑四磺酸酯二钠	中文名称：2，2′-双-（1，4-亚苯基）1*H*-苯并咪唑-4，6-二磺酸）的二钠盐	中文名称：苯基二苯并咪唑四磺酸酯二钠	规范中文名称
6	二甲基PABA乙基己酯	中文名称：PABA乙基己酯	中文名称：二甲基PABA乙基己酯	规范中文名称
7	对甲氧基肉桂酸异戊酯	中文名称：*p*-甲氧基肉桂酸异戊酯	中文名称：对甲氧基肉桂酸异戊酯	规范中文名称
8	对氨基苯甲酸	化妆品中最大允许使用浓度：5%	删除该条款，列为禁用组分	欧盟法规（EU）No. 344/2013中将“对氨基苯甲酸”列入禁用组分表，参考欧盟法规修改

续表

序号	中文名称	《化妆品卫生规范》（2007年版）	《化妆品安全技术规范》	修订原因
9	苯基苯并咪唑磺酸及其钾、钠和三乙醇胺盐	1. INCI 名称：phenylbenzimidazole sulfonic acid and its potassium，sodium，and triethanolamine salts 2. 化妆品中最大允许使用浓度：8%（以酸计）	1. 删除 INCI 名称 2. 化妆品中最大允许使用浓度：总量 8%（以酸计）	1. 删除 INCI 名称 2. 涉及一类物质的均标注总量
10	对苯二亚甲基二樟脑磺酸及其盐类	1. 中文名称：对苯二亚甲基二樟脑磺酸 2. INCI 名称：terephthalylidene dicamphor sulfonic acid and its salts 3. 化妆品中最大允许使用浓度：10%（以酸计）	1. 中文名称：对苯二亚甲基二樟脑磺酸及其盐类 2. 删除 INCI 名称 3. 化妆品中最大允许使用浓度：总量 10%（以酸计）	1. 规范中文名称 2. 删除 INCI 名称 3. 涉及一类物质的均标注总量
11	注解（2）	注解（2）如果浓度为 0.5% 或更低，且使用目的仅为保护产品，则不要求在标签上标印此项内容	从表中删除	删除注解
12	注解（3）	注解（3）这些防晒剂作为着色剂时，具体要求见着色剂表	注解（2）这些防晒剂作为着色剂时，具体要求见着色剂表。防晒类化妆品中该物质的总使用量不应超过 25%	明确物理防晒剂总量限制要求
13	注解（1）	注解（1）在本规范中，防晒剂是为滤除某些紫外线，以保护皮肤免受辐射所带来的某些有害作用而在防晒化妆品中加入的物质。这些防晒剂可在本规范规定的限量和使用条件下加入其他化妆品产品中。仅仅为了保护产品免受紫外线损害而加入化妆品中的其他防晒剂未被包括在此清单中，但其使用量经安全性评估证明是安全的	注解（1）：在本规范中，防晒剂是利用光的吸收、反射或散射作用，以保护皮肤免受特定紫外线所带来的伤害或保护产品本身而在化妆品中加入的物质。这些防晒剂可在本规范规定的限量和使用条件下加入其他化妆品产品中。仅仅为了保护产品免受紫外线损害而加入非防晒类化妆品中的其他防晒剂可不受此表限制，但其使用量须经安全性评估证明是安全的	修改防晒剂定义

2.3 需要说明的问题

（1）防晒剂可在本规范规定的限量和使用条件下加入其他化妆品产品中。若仅仅为了保护产品免受紫外线损害而加入非防晒类化妆品中的其他防晒剂可不受此表限制，但其使用量须经过安全性评估证明是安全的。

（2）二氧化钛和氧化锌既可作为防晒剂使用，也可作为着色剂使用。其在防晒类化妆品中的总使用量不应超过 25%。

3 化妆品准用着色剂（表 3）

3.1 简 述

着色剂是利用吸收或反射可见光的原理，为使化妆品或其施用部位呈现颜色而在化妆品中加入的物质，但不包括第三章表 4 中规定的染发剂。化妆品准用着色剂由表 3 列出，共 157 种（类）。化妆品配方中使用的着色剂必须选择表 3 内的组分，并按照《化妆品安全技术规范》中规定的限制条件使用。这些限制条件具体是指“使用范围”和“其他限制和要求”等，除此之外还列出了各组分的颜色、着色剂索引通用名及中文名，如 CI 60725，着色剂索引通用名为“SOLVENT VIOLET 13”，中文名为“溶剂紫 13”，颜色为“紫色”，使用范围为“各种化妆品”，但禁用于“染发产品”，且对甲苯胺（*p*–toluidine）不超过 0.2%、1– 羟基 –9，10– 蒽二酮（1–hydroxy–9，10–anthracenedione）不超过 0.5%、1，4– 二羟基 –9，10– 蒽二酮（1，4–dihydroxy–9，10–anthracenedione）不超过 0.5%；有些组分没有着色剂索引号，只有着色剂索引通用名及中文名，其中部分着色剂通用中文名参考其天然来源修改，如花色素苷（矢车菊色素、芍药花色素、锦葵色素、飞燕草色素、牵牛花色素、天竺葵色素）等着色剂。

化妆品准用着色剂结构信息见附录 I 表 5。

3.2 修订原则及要点

与《化妆品卫生规范》（2007 年版）相比，《化妆品安全技术规范》准用着色剂数目由 156 种（类）变化为 157 种（类），修订内容共涉及 70 种（类）组分。修订包括修改或完善名称，天然着色剂通用中文名增加来源如“食品橙 5（β – 胡萝卜素）”，修改限制要求如 CI 10020 等组分“禁用于染发产品”，CI 77288 等组分的杂质要求调整，新增组分“五倍子（GALLA RHOIS）提取物”，并根据《中国药典》2015 年版新增注解“五倍子为盐肤木、青麸杨或红麸杨叶上的虫瘿”。化妆品准用着色剂组分具体修订情况及依据见“表 3 化妆品准用着色剂修订内容”。

表3 化妆品准用着色剂修订内容

序号	中文名称	《化妆品卫生规范》（2007年版）	《化妆品安全技术规范》	修订原因
1	CI 10020	其他限制和要求：无	其他限制和要求：禁用于染发产品	欧盟法规（EU）No. 344/2013中“CI 10020作为染发产品时不得使用”，参考欧盟法规修改限制要求
2	CI 11920	其他限制和要求：无	其他限制和要求：禁用于染发产品	欧盟法规（EU）No. 344/2013中“CI 11920作为染发产品时不得使用”，参考欧盟法规修改限制要求
3	CI 12010	其他限制和要求：无	其他限制和要求：禁用于染发产品	欧盟法规（EU）No. 344/2013中“CI 12010作为染发产品时不得使用”，参考欧盟法规修改限制要求
4	CI 12085	其他限制和要求：化妆品中最大浓度3%；2-氯-4-硝基苯胺（2-chloro-4-nitrobenzenamine）不超过0.3%；2-萘酚（2-naphthalenol）不超过1%；2，4-二硝基苯胺（2，4-dinitrobenzenamine）不超过0.02%；1-［（2，4-二硝基苯基）偶氮］-2-萘酚（1-［（2，4-dinitrophenyl）azo］-2-naphthalenol）不超过0.5%；4-［（2-氯-4-硝基苯基）偶氮］-1-萘酚（4-［（2-chloro-4-nitrophenyl）azo］-1-naphthalenol）不超过0.5%；1-［（4-硝基苯基）偶氮］-2-萘酚（1-［（4-nitrophenyl）azo］-2-naphthalenol）不超过0.3%；1-［（4-氯-2-硝基苯基）偶氮］-2-萘酚（1-［（4-chloro-2-nitrophenyl）azo］-2-naphthalenol）不超过0.3%	其他限制和要求：增加“禁用于染发产品”	欧盟法规（EU）No. 344/2013中“CI 12085作为染发产品时不得使用”，参考欧盟法规修改限制要求

续表

序号	中文名称	《化妆品卫生规范》（2007年版）	《化妆品安全技术规范》	修订原因
5	CI 12370	其他限制和要求：无	其他限制和要求：禁用于染发产品	欧盟法规（EU）No. 344/2013 中“CI 12370 作为染发产品时不得使用”，参考欧盟法规修改限制要求
6	CI 12490	其他限制和要求：无	其他限制和要求：禁用于染发产品	欧盟法规（EU）No. 344/2013 中“CI 12490 作为染发产品时不得使用”，参考欧盟法规修改限制要求
7	CI 14270	其他限制和要求：无	其他限制和要求：禁用于染发产品	欧盟法规（EU）No. 344/2013 中“CI 14270 作为染发产品时不得使用”，参考欧盟法规修改限制要求
8	CI 14700	其他限制和要求：5- 氨基 -2，4- 二甲基 -1- 苯磺酸及其钠盐（5-amino-2，4-dimethyl-1-benzenesulfonic acid and its sodium salt）不超过 0.2%；4- 羟基 -1- 萘磺酸及其钠盐（4-hydroxy-1-naphthalenesulfonic acid and its sodium salt）不超过 0.2%	其他限制和要求：增加“禁用于染发产品”	欧盟法规（EU）No. 344/2013 中“CI 14700 作为染发产品时不得使用”，参考欧盟法规修改限制要求
9	CI 15510	其他限制和要求：磺酸钠（sulfanilic acid，sodium salt）不超过 0.2%	其他限制和要求：磺胺酸钠（sulfanilic acid，sodium salt）不超过 0.2%	规范中文名称
10	CI 15800	其他限制和要求：2- 氨基 -1- 萘磺酸钙（2-amino-1-naphthalenesulfonic acid，calcium salt）不超过 0.2%；3- 羟基 -2- 萘甲酸（3-hydroxy-2-naphthoic acid）不超过 0.4%；	其他限制和要求：增加“禁用于染发产品”	欧盟法规（EU）No. 344/2013 中“CI 15800 作为染发产品时不得使用”，参考欧盟法规修改限制要求

续表

序号	中文名称	《化妆品卫生规范》（2007年版）	《化妆品安全技术规范》	修订原因
11	CI 15865	其他限制和要求：无	其他限制和要求：禁用于染发产品	欧盟法规（EU）No. 344/2013中“CI 15865作为染发产品时不得使用”，参考欧盟法规修改限制要求
12	CI 15880	其他限制和要求：苯胺（aniline）不超过0.2%；3-羟基-2-萘甲酸钙（3-hydroxy-2-naphthoic acid，calcium salt）不超过0.4%	其他限制和要求：增加“禁用于染发产品”	欧盟法规（EU）No. 344/2013中“CI 15880作为染发产品时不得使用”，参考欧盟法规修改限制要求
13	CI 16035	其他限制和要求：4-氨基-5-甲氧基-2-甲基苯磺酸（4-amino-5-methoxy-2-methylbenezene sulfonic acid）不超过0.2%；6，6′-羟基双（2-萘磺酸）二钠盐［6，6′-oxydi（2-naphthalene sulfonic acid）disodium salt］不超过1.0%	其他限制和要求：4-氨基-5-甲氧基-2-甲苯基苯磺酸（4-amino-5-methoxy-2-methylbenezene sulfonic acid）不超过0.2%；6，6′-氧代双（2-萘磺酸）二钠盐［6，6′-oxydi（2-naphthalene sulfonic acid）disodium salt］不超过1.0%	规范中文名称
14	CI 16185	其他限制和要求：4-氨基萘-1-磺酸（4-aminonaphthalene-1-sulfonic acid）、3-羟基萘-2，7-二磺酸（3-hydroxynaphthalene-2，7-disulfonic acid）、6-羟基萘-2-磺酸（6-hydroxynaphthalene-2-sulfonic acid）、7-羟基萘-1，3-二磺酸（7-hydroxynaphthalene-1，3-disulfonic acid）和7-羟基萘-1，3，6-三磺酸（7-hydroxy naphthalene-1，3，6-trisulfonic acid）总量不超过0.5%；未磺化芳香伯胺不超过0.01%（以苯胺计）	其他限制和要求：增加“禁用于染发产品”	欧盟法规（EU）No. 344/2013中“CI 16185作为染发产品时不得使用”，参考欧盟法规修改限制要求

续表

序号	中文名称	《化妆品卫生规范》（2007年版）	《化妆品安全技术规范》	修订原因
15	CI 21100	其他限制和要求：该着色剂中3，3′-二甲基联苯胺（3，3′-dimethyl-benzidine）的最大浓度5mg/kg	其他限制和要求：增加“禁用于染发产品”	欧盟法规（EU）No. 344/2013中“CI 21100作为染发产品时不得使用”，参考欧盟法规修改限制要求
16	CI 21230	其他限制和要求：无	其他限制和要求：禁用于染发产品	欧盟法规（EU）No. 344/2013中“CI 21230作为染发产品时不得使用”，参考欧盟法规修改限制要求
17	CI 27755	其他限制和要求：无	其他限制和要求：禁用于染发产品	欧盟法规（EU）No. 344/2013中“CI 27755作为染发产品时不得使用”，参考欧盟法规修改限制要求
18	CI 40800	着色剂索引通用中文名：食品橙5	着色剂索引通用中文名：食品橙5（β-胡萝卜素）	参考天然来源修改着色剂通用中文名
19	CI 40820	着色剂索引通用中文名：食品橙6	着色剂索引通用中文名：食品橙6（8′-apo-β-胡萝卜素-8′-醛）	参考天然来源修改着色剂通用中文名
20	CI 40825	着色剂索引通用中文名：食品橙7	着色剂索引通用中文名：食品橙7（8′-apo-β-胡萝卜素-8′-酸乙酯）	参考天然来源修改着色剂通用中文名
21	CI 40850	着色剂索引通用中文名：食品橙8	着色剂索引通用中文名：食品橙8（斑蝥黄）	参考天然来源修改着色剂通用中文名

续表

序号	中文名称	《化妆品卫生规范》（2007年版）	《化妆品安全技术规范》	修订原因
22	CI 42045	其他限制和要求：无	其他限制和要求：禁用于染发产品	欧盟法规（EU）No. 344/2013中“CI 42045作为染发产品时不得使用”，参考欧盟法规修改限制要求
23	CI 42051	其他限制和要求：*N*，*N*-二乙胺基苯磺酸（*N*，*N*-diethylamino benzenesulfonic acid）总量不超过0.5%	其他限制和要求：增加“禁用于染发产品”	1. 规范中文名称 2. 欧盟法规（EU）No. 344/2013中“CI 42051作为染发产品时不得使用”，参考欧盟法规修改限制要求
24	CI 42053	其他限制和要求：2-甲酸基-5-羟基苯磺酸及其钠盐（2-formyl-5-hydroxybenzene sulfonic acid and its sodiumsalt）不超过0.5%	其他限制和要求：增加“禁用于染发产品”	1. 规范中文名称 2. 欧盟法规（EU）No. 344/2013中“CI 42053作为染发产品时不得使用”，参考欧盟法规修改限制要求
25	CI 42090	其他限制和要求：2-，3-和4-甲酰基苯磺酸钠（2-，3- and 4-formyl benzene sulfonic acids）总量不超过1.5%	其他限制和要求：2-，3-和4-甲酰基苯磺酸（2-，3- and 4-formyl benzene sulfonic acids）总量不超过1.5%	规范中文名称
26	CI 42510	其他限制和要求：无	其他限制和要求：禁用于染发产品	欧盟法规（EU）No. 344/2013中“CI 42510作为染发产品时不得使用”，参考欧盟法规修改限制要求

续表

序号	中文名称	《化妆品卫生规范》（2007年版）	《化妆品安全技术规范》	修订原因
27	CI 44045	其他限制和要求：无	其他限制和要求：禁用于染发产品	欧盟法规（EU）No. 344/2013 中“CI 44045 作为染发产品时不得使用”，参考欧盟法规修改限制要求
28	CI 44090	其他限制和要求：4，4′－双（二甲胺基）二苯甲基醇［4，4′-bis（dimethylamino）benzhydryl alcohol］不超过 0.1%；4，4′－双（二甲胺基）二苯酮［4，4′-bis（dimethylamino）benzophenone］不超过 0.1%	其他限制和要求：4，4′－双（二甲氨基）二苯甲基醇［4，4′-bis（dimethylamino）benzhydryl alcohol］不超过 0.1%；4，4′－双（二甲氨基）二苯酮［4，4′-bis（dimethylamino）benzophenone］不超过 0.1%	规范中文名称
29	CI 45190	其他限制和要求：无	其他限制和要求：禁用于染发产品	欧盟法规（EU）No. 344/2013 中“CI 44190 作为染发产品时不得使用”，参考欧盟法规修改限制要求
30	CI 45350	其他限制和要求：化妆品中最大浓度 6%；间苯二酚（resorcinol）不超过 0.5%；邻苯二甲酸（phthalic acid）不超过 1%；2-（2，4-二羟基苯酰基）苯甲酸［2-（2，4-dihydroxybenzoyl）benzoic acid］不超过 0.5%	其他限制和要求：增加“禁用于染发产品”	欧盟法规（EU）No. 344/2013 中“CI 45350 作为染发产品时不得使用”，参考欧盟法规修改限制要求
31	CI 45370	其他限制和要求：2-（6-羟基-3-氧-3*H*-占吨-9-基）苯甲酸［2-（6-hydroxy-3-oxo-3*H*-xanthen-9-yl）benzoic acid］不超过 1%；2-（溴-6-羟基-3-氧-3*H*-占吨-9-基）苯甲酸［2-（bromo-6-hydroxy-3-oxo-3*H*-xanthen-9-yl）benzoic acid］不超过 2%	其他限制和要求：增加“禁用于染发产品”	欧盟法规（EU）No. 344/2013 中“CI 45370 作为染发产品时不得使用”，参考欧盟法规修改限制要求

续表

序号	中文名称	《化妆品卫生规范》（2007年版）	《化妆品安全技术规范》	修订原因
32	CI 45380	其他限制和要求：2-（6-羟基-3-氧-3*H*-占吨-9-基）苯甲酸［2-（6-hydroxy-3-oxo-3*H*-xanthen-9-yl）benzoic acid］不超过1%；2-(溴-6-羟基-3-氧-3*H*-占吨-9-基）苯甲酸［2-（bromo-6-hydroxy-3-oxo-3*H*-xanthen-9-yl）benzoic acid］不超过2%	其他限制和要求：增加“禁用于染发产品”	欧盟法规（EU）No. 344/2013中“CI 45380作为染发产品时不得使用”，参考欧盟法规修改限制要求
33	CI 45425	其他限制和要求：三碘间苯二酚（triiodoresorcinol）不超过0.2%；2-（2，4-二羟基-3，5-二羰基苯甲酰）苯甲酸［2-（2，4-dihydroxy-3，5-dioxobenzoyl）benzoic acid］不超过0.2%	其他限制和要求：增加“禁用于染发产品”	欧盟法规（EU）No. 344/2013中“CI 45425作为染发产品时不得使用”，参考欧盟法规修改限制要求
34	CI 45430	其他限制和要求：三碘间苯二酚（triiodoresorcinol）不超过0.2%；2-（2，4-二羟基-3，5-二羰基苯甲酰）苯甲酸［2-（2，4-dihydroxy-3，5-dioxobenzoyl）benzoic acid］不超过0.2%	其他限制和要求：增加“禁用于染发产品”	欧盟法规（EU）No. 344/2013中“CI 45430作为染发产品时不得使用”，参考欧盟法规修改限制要求
35	CI 47000	其他限制和要求：邻苯二甲酸（phthalic acid）不超过0.3%；2-甲基喹啉（quinaldine）不超过0.2%	其他限制和要求：增加“禁用于染发产品”	欧盟法规（EU）No. 344/2013中“CI 47000作为染发产品时不得使用”，参考欧盟法规修改限制要求
36	CI 50420	其他限制和要求：无	其他限制和要求：禁用于染发产品	欧盟法规（EU）No. 344/2013中“CI 50420作为染发产品时不得使用”，参考欧盟法规修改限制要求

续表

序号	中文名称	《化妆品卫生规范》（2007年版）	《化妆品安全技术规范》	修订原因
37	CI 51319	其他限制和要求：无	其他限制和要求：禁用于染发产品	欧盟法规（EU）No. 344/2013 中“CI 51319 作为染发产品时不得使用”，参考欧盟法规修改限制要求
38	CI 58000	其他限制和要求：无	其他限制和要求：禁用于染发产品	欧盟法规（EU）No. 344/2013 中“CI 58000 作为染发产品时不得使用”，参考欧盟法规修改限制要求
39	CI 59040	其他限制和要求：1，3，6-芘三磺酸三钠（trisodium salt of 1，3，6-pyrene trisulfonic acid）不超过6%；1，3，6，8-芘四磺酸四钠（tetrasodium salt of 1，3，6，8-pyrene tetrasulfonic acid）不超过1%；芘（pyrene）不超过0.2%	其他限制和要求：增加“禁用于染发产品”	欧盟法规（EU）No. 344/2013 中“CI 59040 作为染发产品时不得使用”，参考欧盟法规修改限制要求
40	CI 60725	其他限制和要求：对甲苯胺（*p*-toluidine）不超过0.2%；1-羟基-9，10-蒽二酮（1-hydroxy-9，10-anthracenedione）不超过0.5%；1，4-二羟基-9，10-蒽二酮（1，4-dihydroxy-9，10-anthracenedione）不超过0.5%	其他限制和要求：增加“禁用于染发产品”	欧盟法规（EU）No. 344/2013 中“CI 60725 作为染发产品时不得使用”，参考欧盟法规修改限制要求
41	CI 61565	其他限制和要求：对甲苯胺（*p*-toluidine）不超过0.1%；1，4-二羟基蒽醌（1，4-dihydroxyanthraquinone）不超过0.2%；1-羟基-4-［（4-甲基苯基）氨基］-9，10-蒽二酮（1-hydroxy-4-［（4-methyl phenyl）amino］-9，10-anthracenedione）不超过5%	其他限制和要求：增加“禁用于染发产品”	欧盟法规（EU）No. 344/2013 中“CI 61565 作为染发产品时不得使用”，参考欧盟法规修改限制要求

续表

序号	中文名称	《化妆品卫生规范》（2007年版）	《化妆品安全技术规范》	修订原因
42	CI 73360	其他限制和要求：无	其他限制和要求：禁用于染发产品	欧盟法规（EU）No. 344/2013 中“CI 73360 作为染发产品时不得使用”，参考欧盟法规修改限制要求
43	CI 73900	其他限制和要求：无	其他限制和要求：禁用于染发产品	欧盟法规（EU）No. 344/2013 中“CI 73900 作为染发产品时不得使用”，参考欧盟法规修改限制要求
44	CI 74160	其他限制和要求：无	其他限制和要求：禁用于染发产品	欧盟法规（EU）No. 344/2013 中“CI 74160 作为染发产品时不得使用”，参考欧盟法规修改限制要求
45	CI 74180	其他限制和要求：无	其他限制和要求：禁用于染发产品	欧盟法规（EU）No. 344/2013 中“CI 74180 作为染发产品时不得使用”，参考欧盟法规修改限制要求
46	CI 74260	其他限制和要求：无	其他限制和要求：禁用于染发产品	欧盟法规（EU）No. 344/2013 中“CI 74260 作为染发产品时不得使用”，参考欧盟法规修改限制要求
47	CI 75100	着色剂索引通用中文名：天然黄 6	着色剂索引通用中文名：天然黄 6（8，8′-diapo，psi，psi- 胡萝卜二酸）	参考天然来源修改着色剂通用中文名

续表

序号	中文名称	《化妆品卫生规范》（2007年版）	《化妆品安全技术规范》	修订原因
48	CI 75120	着色剂索引通用中文名：天然橙 4	着色剂索引通用中文名：天然橙 4（胭脂树橙）	参考天然来源修改着色剂通用中文名
49	CI 75125	着色剂索引通用中文名：天然黄 27	着色剂索引通用中文名：天然黄 27（番茄红素）	参考天然来源修改着色剂通用中文名
50	CI 75130	着色剂索引通用中文名：天然黄 26	着色剂索引通用中文名：天然黄 26（β－阿朴胡萝卜素醛）	参考天然来源修改着色剂通用中文名
51	CI 75135	着色剂索引通用中文名：玉红黄	着色剂索引通用中文名：玉红黄（3*R*－β－胡萝卜－3－醇）	参考天然来源修改着色剂通用中文名
52	CI 75170	着色剂索引通用中文名：天然白 1	着色剂索引通用中文名：天然白 1（2－氨基－1，7－二氢－6*H*－嘌呤－6－酮）	参考天然来源修改着色剂通用中文名
53	CI 75300	着色剂索引通用中文名：天然黄 3	着色剂索引通用中文名：天然黄 3（姜黄素）	参考天然来源修改着色剂通用中文名
54	CI 75470	着色剂索引通用中文名：天然红 4	着色剂索引通用中文名：天然红 4（胭脂红）	参考天然来源修改着色剂通用中文名
55	CI 75810	着色剂索引通用中文名：天然绿 3	着色剂索引通用中文名：天然绿 3（叶绿酸－铜络合物）	参考天然来源修改着色剂通用中文名
56	CI 77002	着色剂索引通用中文名：颜料白 24	着色剂索引通用中文名：颜料白 24（碱式硫酸铝）	参考天然来源修改着色剂通用中文名

续表

序号	中文名称	《化妆品卫生规范》（2007年版）	《化妆品安全技术规范》	修订原因
57	CI 77004	着色剂索引通用中文名：颜料白 19	着色剂索引通用中文名：颜料白 19 天然水合硅酸铝，$Al_2O_3 \cdot 2SiO_2 \cdot 2H_2O$（所含的钙、镁或铁碳酸盐类、氢氧化铁、石英砂、云母等属于杂质）	参考天然来源修改着色剂通用中文名
58	CI 77007	着色剂索引通用中文名：颜料蓝 29	着色剂索引通用中文名：颜料蓝 29（天青石）	参考天然来源修改着色剂通用中文名
59	CI 77015	着色剂索引通用中文名：颜料红 101，102（氧化铁着色的硅酸镁）	着色剂索引通用中文名：颜料红 101，102（氧化铁着色的硅酸铝）	参考天然来源修改着色剂通用中文名
60	CI 77266	着色剂索引通用中文名：颜料黑 6，7	着色剂索引通用中文名：颜料黑 6，7（炭黑）	参考天然来源修改着色剂通用中文名
61	CI 77267	着色剂索引通用中文名：颜料黑 9	着色剂索引通用中文名：颜料黑 9 骨炭（在封闭容器内，灼烧动物骨头获得的细黑粉。主要由磷酸钙组成）	参考天然来源修改着色剂通用中文名
62	CI 77268 : 1	着色剂索引通用中文名：食品黑 3	着色剂索引通用中文名：食品黑 3（焦炭黑）	参考天然来源修改着色剂通用中文名
63	CI 77288	其他限制和要求：无游离铬酸盐（chromate）离子	其他限制和要求：以 Cr_2O_3 计，铬在 2% 氢氧化钠提取液中不超 0.075%	参考美国 FDA 法规修改限制要求

续表

序号	中文名称	《化妆品卫生规范》（2007年版）	《化妆品安全技术规范》	修订原因
64	CI 77289	其他限制和要求：无游离铬酸盐（chromate）离子	其他限制和要求：以 Cr_2O_3 计，铬在2%氢氧化钠提取液中不超过0.1%	参考美国FDA法规修改限制要求
65	CI 77346	着色剂索引通用中文名：颜料蓝28	着色剂索引通用中文名：颜料蓝28（氧化铝钴）	参考天然来源修改着色剂通用中文名
66	CI 77510	其他限制和要求：无氰化物离子	其他限制和要求：水溶氰化物不超过10mg/kg	参考美国FDA法规修改限制要求
67	CI 77713	着色剂索引通用中文名：颜料白18（碳酸锰，$MnCO_3$）	着色剂索引通用中文名：颜料白18（碳酸镁，$MgCO_3$）	修改中文名称
68	ANTHOCYANINS	着色剂索引通用中文名：花色素苷	着色剂索引通用中文名：花色素苷（矢车菊色素、芍药花色素、锦葵色素、飞燕草色素、牵牛花色素、天竺葵色素）	参考天然来源修改着色剂通用中文名
69	CAPSANTHIN/CAPSORUBIN	着色剂索引通用中文名：辣椒红	着色剂索引通用中文名：辣椒红（辣椒玉红素）	参考天然来源修改着色剂通用中文名
70	GALLA RHOIS GALLNUT EXTRACT	未收录，新增组分	1. 着色剂索引通用中文名：五倍子（GALLA RHOIS）提取物（4） 2. 其他限制和要求：当与硫酸亚铁配合使用时，仅限用于染发产品	五倍子提取物作为化妆品着色剂现已用于染发产品，为规范管理化妆品中着色剂，因此在表中新增五倍子提取物

续表

序号	中文名称	《化妆品卫生规范》（2007年版）	《化妆品安全技术规范》	修订原因
71	注解（4）	未收录，新增注解	注解（4）：五倍子为盐肤木、青麸杨或红麸杨叶上的虫瘿	新增注解，根据《中国药典》2015年版，五倍子为漆树科植物盐肤木 *Rhus chinensis* Mill.、青麸杨 Rhus potaninii Maxim. 或红麸杨 *Rhus punjabensis* Stew. var. *sinica*（Diels）Rehd. et Wils. 叶上的虫瘿

3.3　需要说明的问题

（1）五倍子（GALLA RHOIS）提取物为新增的化妆品准用着色剂，根据《中华人民共和国药典》2015年版，五倍子为漆树科植物盐肤木 *Rhus chinensis* Mill.、青麸杨 *Rhus potaninii* Maxim. 或红麸杨 *Rhus punjabensis* Stew. var. *sinica*（Diels）Rehd. et Wils. 叶上的虫瘿。用于化妆品时应与硫酸亚铁配合使用，仅限用于染发产品。

（2）为便于使用和了解，将18种天然着色剂的通用中文名增加来源如“食品橙5”修改为“食品橙5（β-胡萝卜素）”“食品橙8”修改为“食品橙8（斑蝥黄）”“天然橙4”修改为“天然橙4（胭脂树橙）”“颜料白24”修改为“颜料白24（碱式硫酸铝）”等。

（3）参考美国FDA法规，对3种着色剂中的杂质要求进行修改。CI 77288由“无游离铬酸盐（chromate）离子”修改为“以 Cr_2O_3 计，铬在2%氢氧化钠提取液中不超过0.075%”，CI 77289由“无游离铬酸盐（chromate）离子”修改为“以 Cr_2O_3 计，铬在2%氢氧化钠提取液中不超过0.1%”，CI 77510由“无氰化物离子”修改为“水溶氰化物不超过10mg/kg”。

4　化妆品准用染发剂（表4）

4.1　简　　述

染发剂是指为改变头发颜色而在化妆品中加入的物质。化妆品准用染发剂由表4列出，共75种（类）。化妆品配方中使用的染发剂必须选择表4内的组分，并按照《化妆品安全技术规范》中规定的限制条件使用。这些限制条件具体是指“化妆品使用时的最大

允许浓度（包括氧化型染发产品和非氧化型染发产品）”和“其他限制和要求”等，如*N*，*N*–双（2–羟乙基）对苯二胺硫酸盐，在氧化型染发产品中的最大允许浓度为2.5%（以硫酸盐计），不可用于非氧化型染发产品，且“不和亚硝基化体系一起使用；亚硝胺最大含量50μg/kg；存放于无亚硝酸盐的容器内”，还须在产品标签中标印“含苯二胺类”警示用语；有些组分既可以用于氧化型染发产品也可用于非氧化型染发产品，如1，3–双–（2，4–二氨基苯氧基）丙烷，在氧化型染发产品中的最大允许浓度为1.0%，在非氧化型染发产品中的最大允许浓度为1.2%；也有些允许用于染发产品的着色剂，在作为染发剂使用时，应符合表3的要求。

化妆品准用染发剂结构信息见附录I表6。

4.2　修订原则及要点

与《化妆品卫生规范》（2007年版）相比，《化妆品安全技术规范》准用染发剂数目由93种（类）变化为74种（类）。修订包括将化妆品中的最大允许使用浓度分类为“氧化型染发产品”和“非氧化型染发产品”，修改或完善名称，新增组分“5–氨基–4–氯邻甲酚盐酸盐”和“对氨基苯酚盐酸盐”，删除并禁用“2，4–二氨基苯酚”“2，4–二氨基苯酚盐酸盐”和“2–硝基对苯二胺”等19个组分，删除“碱性蓝26号（CI 44045）”和“碱性紫14号（CI 42510）”2个组分（但准用于着色剂），调整组分限量其中部分盐组分以游离基计，调整组分限制要求，新增条款“其他允许用于染发产品的着色剂，应符合表3要求”，修改注解如染发产品标签上均需标注以下警示语：染发剂可能引起严重过敏反应；使用前请阅读说明书，并按照其要求使用；本产品不适合16岁以下的消费者使用；不可用于染眉毛和眼睫毛，如果不慎入眼，应立即冲洗；专业使用时，应戴合适手套；在下述情况下，请不要染发：面部有皮疹或头皮有过敏、炎症或破损；以前染发时曾有不良反应的经历。

化妆品准用染发剂组分具体修订情况及依据见“表4化妆品准用染发剂修订内容”。

4.3　需要说明的问题

（1）《化妆品安全技术规范》表4化妆品准用染发剂“化妆品使用时的最大允许浓度”项的“空格”代表不可使用，其他“空格”代表没有其他限制要求。

（2）着色剂可以作为非氧化型染发剂选用，但必须符合表3准用着色剂“使用范围”和“其他限制和要求”的相关规定。

（3）表中“化妆品使用时的最大允许浓度”为作用于头发上的终浓度。

（4）准用染发剂表中的组分当与氧化乳配合使用时，应明确标注两者的混合比例。

（5）有些结构类似的物质可单独或合并使用。合并使用时，其中每种成分在化妆品产品中的浓度与表中规定的最高限量浓度之比的总和不得大于1。如对苯二胺及其盐酸盐和硫酸盐、甲苯–2，5–二胺及其硫酸盐、*N*–苯基对苯二胺及其盐酸盐和硫酸盐、*N*，*N*–双（2–羟乙基）对苯二胺硫酸盐等。

表 4 化妆品准用染发剂修订内容

序号	中文名称	《化妆品卫生规范》（2007年版）	《化妆品安全技术规范》	修订原因
1	1，3-双-（2，4-二氨基苯氧基）丙烷盐酸盐	1. 中文名称：1，3-双-（2，4-二氨基苯氧基）丙烷 HCl 2. 化妆品使用时的最大允许使用浓度为：2.0%（以游离基计）；当与氧化乳混合使用时，最大使用浓度应 1.0%	1. 中文名称：1，3-双-（2，4-二氨基苯氧基）丙烷盐酸盐 2. 化妆品使用时的最大允许使用浓度为：氧化型染发产品 1.0%（以游离基计）；非氧化型染发产品 1.2%（以游离基计）	1. 规范中文名称 2. 参考欧盟法规（EU）No. 344/2013 修改非氧化型染发产品限量。欧盟法规（EU）No. 344/2013 中限量要求为“（a）在氧化条件下混合后，使用到头发上最大浓度为 1.2%（以游离基计）或 1.8%（以四盐酸盐计算）；（b）非氧化型染发剂中最大浓度为 1.2%（以游离基计）或 1.8%（以四盐酸盐计算）”
2	1，3-双-（2，4-二氨基苯氧基）丙烷	化妆品使用时的最大允许使用浓度为：2.0%；当与氧化乳混合使用时，最大使用浓度应 1.0%	化妆品使用时的最大允许使用浓度为：氧化型染发产品 1.0%；非氧化型染发产品 1.2%	参考欧盟法规（EU）No. 344/2013 修改非氧化型染发产品限量。欧盟法规（EU）No. 344/2013 中限量要求为“（a）在氧化条件下混合后，使用到头发上最大浓度为 1.2%（以游离基计）或 1.8%（以四 HCl 盐计算）；（b）非氧化型染发剂中最大浓度为 1.2%（以游离基计）或 1.8%（以四 HCl 盐计算）”
3	1-羟乙基-4，5-二氨基吡唑硫酸盐	化妆品使用时的最大允许使用浓度为：2.25%；当与氧化乳混合使用时，最大使用浓度应为 1.125%	化妆品使用时的最大允许使用浓度为：氧化型染发产品：1.125%；非氧化型染发产品：不可使用	参考欧盟法规（EU）No. 344/2013 修改非氧化型染发产品限量。欧盟法规（EU）No. 1197/2013 中限量要求为“（a）在氧化条件下混合后，使用到头发上最大浓度为 3.0%；（b）不得用于非氧化型染发产品”

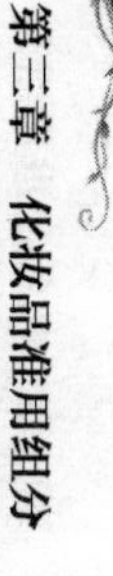

续表

序号	中文名称	《化妆品卫生规范》（2007年版）	《化妆品安全技术规范》	修订原因
4	1-萘酚（CI 76605）	化妆品使用时的最大允许使用浓度为：2.0%；当与氧化乳混合使用时，最大使用浓度应为1.0%	化妆品使用时的最大允许使用浓度为：氧化型染发产品：1.0%；非氧化型染发产品：不可使用	参考欧盟法规（EU）No. 344/2013修改非氧化型染发产品限量。欧盟法规（EU）No. 344/2013中限量要求为“（a）在氧化条件下混合后，使用到头发上最大浓度为1.0%；（b）不得用于非氧化型染发产品”
5	2，4-二氨基苯酚	化妆品使用时的最大允许使用浓度为：10.0%；含二氨基苯酚类	从表中删除，调整为禁用组分	欧盟法规（EU）No. 344/2013中禁用2，4-二氨基苯酚，参考欧盟法规修改
6	2，4-二氨基苯酚HCl	化妆品使用时的最大允许使用浓度为：10.0%（以游离基计）；含二氨基苯酚类	从表中删除，调整为禁用组分	欧盟法规（EU）No. 344/2013禁用2，4-二氨基苯酚盐酸盐，参考欧盟法规修改
7	2，4-二氨基苯氧基乙醇盐酸盐	1. 中文名称：2，4-二氨基苯氧基乙醇HCl 2. 化妆品使用时的最大允许使用浓度为：4.0%（以游离基计）；当与氧化乳混合使用时，最大使用浓度应为2.0%	1. 中文名称：2，4-二氨基苯氧基乙醇盐酸盐 2. 化妆品使用时的最大允许使用浓度为：氧化型染发产品：2.0%；非氧化型染发产品：不可使用	参考欧盟法规（EU）No. 344/2013修改非氧化型染发产品限量。欧盟法规（EU）No. 344/2013中限量要求为“（a）在氧化条件下混合后，使用到头发上最大浓度为2.0%（以盐酸盐计）；（b）不得用于非氧化型染发产品”
8	2，4-二氨基苯氧基乙醇硫酸盐	化妆品使用时的最大允许使用浓度为：4.0%（以游离基计）；当与氧化乳混合使用时，最大使用浓度应为2.0%	化妆品使用时的最大允许使用浓度为：氧化型染发产品：2.0%（以盐酸盐计）；非氧化型染发产品：不可使用	参考欧盟法规（EU）No. 344/2013修改非氧化型染发产品限量。欧盟法规（EU）No. 344/2013中限量要求为“（a）在氧化条件下混合后，使用到头发上最大浓度为2.0%（以盐酸盐计）；（b）不得用于非氧化型染发产品”

续表

序号	中文名称	《化妆品卫生规范》（2007年版）	《化妆品安全技术规范》	修订原因
9	2，6-二氨基吡啶	化妆品使用时的最大允许使用浓度为：0.004%；当与氧化乳混合使用时，最大使用浓度应为0.002%	化妆品使用时的最大允许使用浓度为：氧化型染发产品：0.15%；非氧化型染发产品：不可使用	参考欧盟法规（EU）No. 344/2013修改。欧盟法规（EU）No. 1197/2013中限量要求为“（a）在氧化条件下混合后，使用到头发上最大浓度为0.15%（以盐酸盐计）；（b）不得用于非氧化型染发产品”
10	2，6-二氨基吡啶硫酸盐	化妆品使用时的最大允许使用浓度为：0.004%（以游离基计）；当与氧化乳混合使用时，最大使用浓度应为0.002%	化妆品使用时的最大允许使用浓度为：氧化型染发产品：0.002%（以游离基计）；非氧化型染发产品：不可使用	参考欧盟法规（EU）No. 344/2013修改非氧化型染发产品限量。欧盟法规（EU）No. 344/2013中限量要求为“（a）在氧化条件下混合后，使用到头发上最大浓度为5.0%（以游离基计）；（b）不得用于非氧化型染发产品”
11	2，6-二羟乙基氨甲苯	化妆品使用时的最大允许使用浓度为：2.0%；当与氧化乳混合使用时，最大使用浓度应为1.0%	1. 化妆品使用时的最大允许使用浓度为：氧化型染发产品：1.0%；非氧化型染发产品：不可使用 2. 其他限制和要求：不和亚硝基化体系一起使用；亚硝胺最大含量50μg/kg；存放于无亚硝酸盐的容器内	参考欧盟法规（EU）No. 344/2013修改非氧化型染发产品限量。欧盟法规（EU）No. 344/2013中限量要求为“（a）在氧化条件下混合后，使用到头发上最大浓度为5.0%（以游离基计）；（b）不得用于非氧化型染发产品”
12	2，6-二甲氧基-3，5-吡啶二胺盐酸盐	1. 中文名称：2，6-二甲氧基-3，5-吡啶二胺HCl 2. 化妆品使用时的最大允许使用浓度为：0.5%；当与氧化乳混合使用时，最大使用浓度应为0.25%	1. 中文名称：2，6-二甲氧基-3，5-吡啶二胺盐酸盐 2. 化妆品使用时的最大允许使用浓度为：氧化型染发产品：0.25%；非氧化型染发产品：不可使用	1. 规范中文名称 2. 参考欧盟法规（EU）No. 344/2013修改非氧化型染发产品限量。欧盟法规（EU）No. 344/2013中限量要求为“（a）在氧化条件下混合后，使用到头发上最大浓度为0.25%（以盐酸盐计）；（b）不得用于非氧化型染发产品”

续表

序号	中文名称	《化妆品卫生规范》（2007年版）	《化妆品安全技术规范》	修订原因
13	2，7–萘二酚（CI 76645）	化妆品使用时的最大允许使用浓度为：1.0%；当与氧化乳混合使用时，最大使用浓度应为0.5%	化妆品使用时的最大允许使用浓度为：氧化型染发产品：0.5%；非氧化型染发产品：1.0%	参考欧盟法规（EU）No. 344/2013修改非氧化型染发产品限量。欧盟法规（EU）No. 344/2013中限量要求为“（a）在氧化条件下混合后，使用到头发上最大浓度为1.0%；（b）用于非氧化型染发产品：1.0%”
14	2–氨基–3–羟基吡啶	化妆品使用时的最大允许使用浓度为：0.6%；当与氧化乳混合使用时，最大使用浓度应为0.3%	化妆品使用时的最大允许使用浓度为：氧化型染发产品：0.3%；非氧化型染发产品：不可使用	参考欧盟法规（EU）No. 344/2013修改非氧化型染发产品限量。欧盟法规（EU）No. 658/2013中限量要求为“（a）在氧化条件下混合后，使用到头发上最大浓度为1.0%；（b）不得用于非氧化型染发产品”
15	2–氨基–4–羟乙氨基茴香醚	化妆品使用时的最大允许使用浓度为：3.0%；当与氧化乳混合使用时，最大使用浓度应为1.5%	1. 化妆品使用时的最大允许使用浓度为：氧化型染发产品：1.5%（以硫酸盐计）；非氧化型染发产品：不可使用 2. 其他限制和要求：不和亚硝基化体系一起使用；亚硝胺最大含量50μg/kg；存放于无亚硝酸盐的容器内	参考欧盟法规（EU）No. 344/2013修改非氧化型染发产品限量。欧盟法规（EU）No. 344/2013中限量要求为“（a）在氧化条件下混合后，使用到头发上最大浓度为1.5%（以硫酸盐计）；（b）不得用于非氧化型染发产品；不和亚硝基化体系一起使用；亚硝胺最大含量50μg/kg；存放于无亚硝酸盐的容器内”
16	2–氨基–4–羟乙氨基茴香醚硫酸盐	化妆品使用时的最大允许使用浓度为：3.0%（以游离基计）；当与氧化乳混合使用时，最大使用浓度应为1.5%	1. 化妆品使用时的最大允许使用浓度为：氧化型染发产品：1.5%（以硫酸盐计）；非氧化型染发产品：不可使用 2. 其他限制和要求：不和亚硝基化体系一起使用；亚硝胺最大含量50μg/kg；存放于无亚硝酸盐的容器内	参考欧盟法规（EU）No. 344/2013修改非氧化型染发产品限量。欧盟法规（EU）No. 344/2013中限量要求为“（a）在氧化条件下混合后，使用到头发上最大浓度为1.5%（以硫酸盐计）；（b）不得用于非氧化型染发产品；不和亚硝基化体系一起使用；亚硝胺最大含量50μg/kg；存放于无亚硝酸盐的容器内”

续表

序号	中文名称	《化妆品卫生规范》（2007年版）	《化妆品安全技术规范》	修订原因
17	2-氨基-6-氯-4-硝基苯酚	化妆品使用时的最大允许使用浓度为：2.0%；当与氧化乳混合使用时，最大使用浓度应为1.0%	化妆品使用时的最大允许使用浓度为：氧化型染发产品：1.0%；非氧化型染发产品：2.0%	参考欧盟法规（EU）No. 344/2013修改非氧化型染发产品限量。欧盟法规（EU）No. 344/2013中限量要求为“（a）在氧化条件下混合后，使用到头发上最大浓度为2.0%；（b）非氧化型染发产品：2.0%”
18	2-氨基-6-氯-4-硝基苯酚盐酸盐	1. 中文名称：2-氨基-6-氯-4-硝基苯酚 HCl 2. 化妆品使用时的最大允许使用浓度为：2.0%；当与氧化乳混合使用时，最大使用浓度应为1.0%	1. 中文名称：2-氨基-6-氯-4-硝基苯酚盐酸盐 2. 化妆品使用时的最大允许使用浓度为：氧化型染发产品：1.0%（以游离基计）；非氧化型染发产品：2.0%（以游离基计）	1. 规范中文名称
19	2-氯对苯二胺	1. 中文名称：2-氯-*p*-苯二胺 2. 化妆品使用时的最大允许使用浓度为：0.1%；当与氧化乳混合使用时，最大使用浓度应为0.05%。	1. 中文名称：2-氯对苯二胺 2. 化妆品使用时的最大允许使用浓度为： 氧化型染发产品：0.05%； 非氧化型染发产品：0.1%。	1. 规范中文名称
20	2-氯对苯二胺硫酸盐	1. 中文名称：2-氯-*p*-苯二胺硫酸盐 2. 化妆品使用时的最大允许使用浓度为：1.0%；当与氧化乳混合使用时，最大使用浓度应为0.5%	1. 中文名称：2-氯对苯二胺硫酸盐 2. 化妆品使用时的最大允许使用浓度为：氧化型染发产品：0.5%；非氧化型染发产品：1.0%	1. 规范中文名称

续表

序号	中文名称	《化妆品卫生规范》（2007年版）	《化妆品安全技术规范》	修订原因
21	2-羟乙基苦氨酸	化妆品使用时的最大允许使用浓度为：（a）3.0（b）2.0；当与氧化乳混合使用时，最大使用浓度应为1.5%	1. 化妆品使用时的最大允许使用浓度为：氧化型染发产品：1.5%；非氧化型染发产品：2.0% 2. 其他限制和要求：不和亚硝基化体系一起使用；亚硝胺最大含量50μg/kg；存放于无亚硝酸盐的容器内	参考欧盟法规（EU）No. 344/2013修改非氧化型染发产品限量，增加限制条件。欧盟法规（EU）No. 344/2013中限量要求为"（a）在氧化条件下混合后，使用到头发上最大浓度为1.5%；（b）非氧化型染发产品最大允许使用浓度：2.0%；不和亚硝基化体系一起使用；亚硝胺最大含量50μg/kg；存放于无亚硝酸盐的容器内"
22	2-甲基-5-羟乙氨基苯酚	化妆品使用时的最大允许使用浓度为：2.0%；当与氧化乳混合使用时，最大使用浓度应为1.0%	1. 化妆品使用时的最大允许使用浓度为：氧化型染发产品：1.0%；非氧化型染发产品：不可使用 2. 其他限制和要求：不和亚硝基化体系一起使用；亚硝胺最大含量50μg/kg；存放于无亚硝酸盐的容器内	参考欧盟法规（EU）No. 344/2013修改非氧化型染发产品限量，增加限制条件。欧盟法规（EU）No. 344/2013中限量要求为"（a）在氧化条件下混合后，使用到头发上最大浓度为1.5%；（b）不得用于非氧化型染发产品；不和亚硝基化体系一起使用；亚硝胺最大含量50μg/kg；存放于无亚硝酸盐的容器内"
23	2-甲基间苯二酚	1. 中文名称为：2-甲基雷锁辛 2. 化妆品使用时的最大允许使用浓度为：2.0%；当与氧化乳混合使用时，最大使用浓度应为1.0%；含2-甲基雷琐辛	1. 中文名称为：2-甲基间苯二酚 2. 化妆品使用时的最大允许使用浓度为：氧化型染发产品：1.0%；非氧化型染发产品：1.8%；含2-甲基间苯二酚	1. 修改中文名称 2. 参考欧盟法规（EU）No. 344/2013修改非氧化型染发产品限量。欧盟法规（EU）No. 344/2013中限量要求为"（a）在氧化条件下混合后，使用到头发上最大浓度为1.8%；（b）非氧化型染发产品最大允许使用浓度：1.8%"

续表

序号	中文名称	《化妆品卫生规范》（2007年版）	《化妆品安全技术规范》	修订原因
24	2-硝基-*p*-苯二胺	化妆品使用时的最大允许使用浓度为：0.3%；当与氧化乳混合使用时，最大使用浓度应为0.15%	从表中删除，调整为禁用物质：2-硝基对苯二胺及其盐类	欧盟法规（EC）No. 1223/2009中“2-硝基对苯二胺及其盐类禁止用于染发产品”，参考欧盟法规修改
25	2-硝基-*p*-苯二胺2HCl	化妆品使用时的最大允许使用浓度为：0.3%（以游离基计）；当与氧化乳混合使用时，最大使用浓度应为0.15%	从表中删除，调整为禁用物质：2-硝基对苯二胺及其盐类	欧盟法规（EC）No. 1223/2009中“2-硝基对苯二胺及其盐类禁止用于染发产品”，参考欧盟法规修改
26	2-硝基-*p*-苯二胺硫酸盐	化妆品使用时的最大允许使用浓度为：0.3%（以游离基计）；当与氧化乳混合使用时，最大使用浓度应为0.15%	从表中删除，调整为禁用物质：2-硝基对苯二胺及其盐类	欧盟法规（EC）No. 1223/2009中“2-硝基对苯二胺及其盐类禁止用于染发产品”，参考欧盟法规修改
27	3-硝基对羟乙氨基酚	1. 中文名称：3-硝基-*p*-羟乙氨基酚 2. 化妆品使用时的最大允许使用浓度为：6.0%；当与氧化乳混合使用时，最大使用浓度应为3.0%	1. 中文名称：3-硝基对羟乙氨基酚 2. 化妆品使用时的最大允许使用浓度为：氧化型染发产品：3.0%；非氧化型染发产品：1.85% 3. 其他限制和要求：不和亚硝基化体系一起使用；亚硝胺最大含量50μg/kg；存放于无亚硝酸盐的容器内	1. 规范中文名称 2. 参考欧盟法规（EU）No. 344/2013修改非氧化型染发产品限量，增加限制条件。欧盟法规（EU）No. 344/2013中限量要求为“（a）在氧化条件下混合后，使用到头发上最大浓度为3.0%；（b）非氧化型染发产品最大允许使用浓度：1.85%；不和亚硝基化体系一起使用；亚硝胺最大含量50μg/kg；存放于无亚硝酸盐的容器内”
28	4，4′-二氨基二苯胺	化妆品使用时的最大允许使用浓度为：6.0%；含苯二胺类	从表中删除，调整为禁用物质	欧盟法规（EC）No. 1223/2009中“4，4′-二氨基二苯胺及其盐类禁止用于染发产品”，参考欧盟法规修改

续表

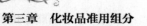

序号	中文名称	《化妆品卫生规范》（2007年版）	《化妆品安全技术规范》	修订原因
29	4，4′－二氨基二苯胺硫酸盐	化妆品使用时的最大允许使用浓度为：6.0%（以游离基计）；含苯二胺类	从表中删除，调整为禁用物质	欧盟法规（EC）No. 1223/2009 中“4，4′－二氨基二苯胺及其盐类禁止用于染发产品”，参考欧盟法规修改
30	4–氨基–2–羟基甲苯	化妆品使用时的最大允许使用浓度为：3.0%；当与氧化乳混合使用时，最大使用浓度应为 1.5%	化妆品使用时的最大允许使用浓度为：氧化型染发产品：1.5%； 非氧化型染发产品：不可使用	参考欧盟法规（EU）No. 344/2013 修改非氧化型染发产品限量。欧盟法规（EU）No. 344/2013 中限量要求为“（a）在氧化条件下混合后，使用到头发上最大浓度为 1.5%；（b）不得用于非氧化型染发产品”
31	4–氨基–3–硝基苯酚	化妆品使用时的最大允许使用浓度为：3.0%；当与氧化乳混合使用时，最大使用浓度应为 1.5%	化妆品使用时的最大允许使用浓度为：氧化型染发产品：1.5%； 非氧化型染发产品：1.0%	参考欧盟法规（EU）No. 344/2013 修改非氧化型染发产品限量。欧盟法规（EU）No. 344/2013 中限量要求为“（a）在氧化条件下混合后，使用到头发上最大浓度为 1.5%；（b）非氧化型染发产品最大允许使用浓度：1.0%”
32	4–氨基间甲酚	1. 中文名称：4–氨基–*m*–甲酚 2. 化妆品使用时的最大允许使用浓度为：3.0%；当与氧化乳混合使用时，最大使用浓度应为 1.5%	1. 中文名称：4–氨基间甲酚 2. 化妆品使用时的最大允许使用浓度为：氧化型染发产品：1.5%；非氧化型染发产品：不可使用	1. 规范中文名称 2. 参考欧盟法规（EU）No. 344/2013 修改非氧化型染发产品限量。欧盟法规（EU）No. 344/2013 中限量要求为“（a）在氧化条件下混合后，使用到头发上最大浓度为 1.5%；（b）不得用于非氧化型染发产品”

续表

序号	中文名称	《化妆品卫生规范》（2007年版）	《化妆品安全技术规范》	修订原因
33	4- 氯间苯二酚	1. 中文名称为：4- 氯雷琐辛 2. 化妆品使用时的最大允许使用浓度为：1.0%；当与氧化乳混合使用时，最大使用浓度应为 0.5%	1. 中文名称为：4- 氯间苯二酚 2. 化妆品使用时的最大允许使用浓度为：氧化型染发产品：0.5%；非氧化型染发产品：不可使用	1. 规范中文名称 2. 参考欧盟法规（EU）No. 658/2013 修改非氧化型染发产品限量。欧盟法规（EU）No. 658/2013 中限量要求为“（a）在氧化条件下混合后，使用到头发上最大浓度为 2.5%；（b）不得用于非氧化型染发产品”
34	4- 羟丙氨基 -3- 硝基苯酚	化妆品使用时的最大允许使用浓度为：（a）5.2%（b）2.6%；当与氧化乳混合使用时，最大使用浓度应为 2.6%	1. 化妆品使用时的最大允许使用浓度为：氧化型染发产品：2.6%；非氧化型染发产品：2.6% 2. 其他限制和要求：不和亚硝基化体系一起使用；亚硝胺最大含量 50mg/kg；存放于无亚硝酸盐的容器内	参考欧盟法规（EU）No. 344/2013 修改非氧化型染发产品限量，增加限制条件。欧盟法规（EU）No. 344/2013 中限量要求为“（a）在氧化条件下混合后，使用到头发上最大浓度为 2.6%；（b）非氧化型染发产品最大允许使用浓度：2.6%；不和亚硝基化体系一起使用；亚硝胺最大含量 50mg/kg；存放于无亚硝酸盐的容器内”
35	4- 硝基邻苯二胺	1. 中文名称：4- 硝基 -*o*- 苯二胺 2. 化妆品使用时的最大允许使用浓度为：1.0%；当与氧化乳混合使用时，最大使用浓度应为 0.5%	1. 中文名称：4- 硝基邻苯二胺 2. 化妆品使用时的最大允许使用浓度为：氧化型染发产品：0.5%；非氧化型染发产品：不可使用	1. 修改中文名称 2. 参考欧盟法规（EU）No. 658/2013 修改非氧化型染发产品限量。欧盟法规（EU）No. 658/2013 中限量要求为“（a）在氧化条件下混合后，使用到头发上最大浓度为 0.5%；（b）不得用于非氧化型染发产品”
36	4- 硝基邻苯二胺硫酸盐	1. 中文名称：4- 硝基 -*o*- 苯二胺硫酸盐 2. 化妆品使用时的最大允许使用浓度为：1.0%（以游离基计）；当与氧化乳混合使用时，最大使用浓度应为 0.5%	1. 中文名称：4- 硝基邻苯二胺硫酸盐 2. 化妆品使用时的最大允许使用浓度为：氧化型染发产品：0.5%（以游离基计）；非氧化型染发产品：不可使用	1. 规范中文名称 2. 参考染发剂表中“4- 硝基邻苯二胺”修改氧化型染发产品和非氧化型染发产品限量

续表

序号	中文名称	《化妆品卫生规范》（2007年版）	《化妆品安全技术规范》	修订原因
37	5-氨基-4-氯邻甲酚	1. 中文名称：5-氨基-4-氯-*o*-甲酚 2. 化妆品使用时的最大允许使用浓度为：2.0%；当与氧化乳混合使用时，最大使用浓度应为1.0%	1. 中文名称：5-氨基-4-氯邻甲酚 2. 化妆品使用时的最大允许使用浓度为：氧化型染发产品：1.0%；非氧化型染发产品：不可使用	1. 规范中文名称 2. 参考欧盟法规（EU）No. 658/2013修改非氧化型染发产品限量。欧盟法规（EU）No. 658/2013中“5-氨基-4-氯邻甲酚盐酸盐”限量要求为“（a）在氧化条件下混合后，使用到头发上最大浓度为1.5%（以盐酸盐计）；（b）不得用于非氧化型染发产品”
38	5-氨基-4-氯邻甲酚盐酸盐	未收录，新增组分	化妆品使用时的最大允许使用浓度为：氧化型染发产品：1.0%（以游离基计）；非氧化型染发产品：不能使用	参考染发剂表中“5-氨基-4-氯邻甲酚”修改氧化型染发产品限量；参考欧盟法规（EU）No. 658/2013修改非氧化型染发产品限量。欧盟法规（EU）No. 658/2013中限量要求为“（a）在氧化条件下混合后，使用到头发上最大浓度为1.5%（以盐酸盐计）；（b）不得用于非氧化型染发产品”
39	5-氨基-6-氯邻甲酚	1. 中文名称：5-氨基-6-氯-*o*-甲酚 2. 化妆品使用时的最大允许使用浓度为：2.0%；当与氧化乳混合使用时，最大使用浓度应为1.0%	1. 中文名称：5-氨基-6-氯邻甲酚 2. 化妆品使用时的最大允许使用浓度为：氧化型染发产品：1.0%；非氧化型染发产品：0.5%	1. 规范中文名称 2. 参考欧盟法规（EU）No. 1197/2013修改非氧化型染发产品限量。欧盟法规（EU）No. 1197/2013中限量要求为“（a）在氧化条件下混合后，使用到头发上最大浓度为1.0%；（b）非氧化型染发产品最大允许使用浓度：0.5%”
40	6-氨基-*o*-甲酚	化妆品使用时的最大允许使用浓度为：3.0%；当与氧化乳混合使用时，最大使用浓度应为1.5%	从表中删除，调整为禁用物质	欧盟法规（EC）No. 1223/2009中“6-氨基邻甲酚及其盐类禁止用于染发产品”，参考欧盟法规修改

续表

序号	中文名称	《化妆品卫生规范》（2007年版）	《化妆品安全技术规范》	修订原因
41	6–氨基间甲酚	1. 中文名称：6–氨基 -*m*- 甲酚 2. 化妆品使用时的最大允许使用浓度为：2.4%；当与氧化乳混合使用时，最大使用浓度应为 1.2%	1. 中文名称：6–氨基间甲酚 2. 化妆品使用时的最大允许使用浓度为：氧化型染发产品：1.2%；非氧化型染发产品：2.4%	1. 规范中文名称
42	6–羟基吲哚	化妆品使用时的最大允许使用浓度为：1.0%；当与氧化乳混合使用时，最大使用浓度应为 0.5%	化妆品使用时的最大允许使用浓度为：氧化型染发产品：0.5%；非氧化型染发产品：不可使用	参考欧盟法规（EU）No. 658/2013 修改非氧化型染发产品限量。欧盟法规（EU）No. 658/2013 中限量要求为“（a）在氧化条件下混合后，使用到头发上最大浓度为 0.5%；（b）不得用于非氧化型染发产品”
43	6–甲氧基 -2- 甲氨基 -3- 氨基吡啶盐酸盐（HC 蓝 7 号）	1. 中文名称：6–甲氧基 -2- 甲氨基 -3- 氨基吡啶 HCl（HC 蓝 7 号） 2. 化妆品使用时的最大允许使用浓度为：2.0%；当与氧化乳混合使用时，最大使用浓度应为 1.0%	1. 中文名称：6–甲氧基 -2- 甲氨基 -3- 氨基吡啶盐酸盐（HC 蓝 7 号） 2. 化妆品使用时的最大允许使用浓度为：氧化型染发产品：0.68%（以游离基计）；非氧化型染发产品：0.68%（以游离基计） 3. 其他限制和要求：不和亚硝基化体系一起使用；亚硝胺最大含量 50μg/kg；存放于无亚硝酸盐的容器内	1. 规范中文名称 2. 参考欧盟法规（EU）No. 344/2013 修改氧化型染发产品和非氧化型染发产品限量，增加限制条件。欧盟法规（EU）No. 344/2013 中限量要求为“（a）在氧化条件下混合后，使用到头发上最大浓度为 0.68%（以游离基计）或 1.0%（以二盐酸盐计）；（b）非氧化型染发产品最大允许使用浓度：0.68%（以游离基计）或 1.0%（以二盐酸盐计）；不和亚硝基化体系一起使用；亚硝胺最大含量 50μg/kg；存放于无亚硝酸盐的容器内”
44	酸性橙 3 号（CI 10385）	化妆品使用时的最大允许使用浓度为：3.0%	从表中删除，调整为禁用物质	欧盟法规（EC）No. 1223/2009 中“2–苯胺基 -5-［（2，4- 二硝基苯基）氨基］苯磺酸钠（酸性橙 3 号）及其盐类禁止用于染发产品”，参考欧盟法规修改

续表

序号	中文名称	《化妆品卫生规范》（2007年版）	《化妆品安全技术规范》	修订原因
45	酸性紫 43 号（CI 60730）	化妆品使用时的最大允许使用浓度为：1.0%	化妆品使用时的最大允许使用浓度为：氧化型染发产品：不可使用；非氧化型染发产品：1.0%	明确氧化型染发产品和非氧化型染发产品限量
46	碱性蓝 26 号（CI 44045）	化妆品使用时的最大允许使用浓度为：0.5%；当与氧化乳混合使用时，最大使用浓度应为 0.25%	从表中删除（准用于着色剂）	欧盟法规（EU）No. 344/2013 中“碱性蓝 26 号（CI 44045）禁止用于染发产品”，参考欧盟法规修改
47	碱性红 76 号（CI 12245）	化妆品使用时的最大允许使用浓度为：2.0%	化妆品使用时的最大允许使用浓度为：氧化型染发产品：不可使用；非氧化型染发产品：2.0%	参考欧盟法规修改氧化型染发产品和非氧化型染发产品限量。欧盟法规（EU）No. 1197/2013 中限量要求为“（a）非氧化型染发产品最大允许使用浓度：2.0%；（b）不得用于氧化型染发产品”
48	碱性紫 14 号（CI 42510）	化妆品使用时的最大允许使用浓度为：0.3%；当与氧化乳混合使用时，最大使用浓度应为 0.15%	从表中删除（准用于着色剂）	欧盟法规（EU）No. 344/2013 中“碱性紫 14 号（CI 42510）禁止用于染发产品”，参考欧盟法规修改
49	分散黑 9 号	化妆品使用时的最大允许使用浓度为：0.4%	化妆品使用时的最大允许使用浓度为：氧化型染发产品：不可使用；非氧化型染发产品：0.3%	参考欧盟法规（EU）No. 658/2013 修改非氧化型染发产品限量。欧盟法规（EU）No. 658/2013 中限量要求为“（a）非氧化型染发产品最大允许使用浓度：0.3%（以 2, 2′ -［4-（4- 氨基苯基偶氮）苯基亚氨基］二乙醇胺和木质素磺酸盐 1:1 的混合物计）；（b）不得用于氧化型染发产品”

续表

序号	中文名称	《化妆品卫生规范》（2007年版）	《化妆品安全技术规范》	修订原因
50	分散紫 1 号	化妆品使用时的最大允许使用浓度为：1.0%；当与氧化乳混合使用时，最大使用浓度应为 0.5%	1. 化妆品使用时的最大允许使用浓度为：氧化型染发产品：不可使用；非氧化型染发产品：0.5% 2. 其他限制和要求：作为原料杂质分散红 15 应小于 1%	参考欧盟法规（EU）No. 658/2013 修改氧化型染发产品和非氧化型染发产品限量，增加限制条件。欧盟法规（EU）No. 658/2013 中限量要求为“（a）非氧化型染发产品最大允许使用浓度：0.5%；（b）不得用于氧化型染发产品；分散紫 1 中杂质分散红 15 应小于 1%（*W/W*）”
51	分散紫 4 号（CI 61105）	化妆品使用时的最大允许使用浓度为：0.08%；当与氧化乳混合使用时，最大使用浓度应为 0.04%	从表中删除，调整为禁用物质	欧盟法规（EC）No. 1223/2009 中“1- 氨基 -4-（甲基氨基）蒽醌（分散紫 4 号）及其盐类禁止用于染发产品”，参考欧盟法规修改
52	HC 橙 1 号	化妆品使用时的最大允许使用浓度为：3.0%	化妆品使用时的最大允许使用浓度为：氧化型染发产品：不可使用；非氧化型染发产品：1.0%	参考欧盟法规（EU）No. 658/2013 修改氧化型染发产品和非氧化型染发产品限量。欧盟法规（EU）No. 658/2013 中限量要求为“（a）非氧化型染发产品最大允许使用浓度：1.0%；（b）不得用于氧化型染发产品”
53	HC 红 1 号	化妆品使用时的最大允许使用浓度为：0.5%	化妆品使用时的最大允许使用浓度为：氧化型染发产品：不可使用；非氧化型染发产品：0.5%	参考欧盟法规（EU）No. 658/2013 修改氧化型染发产品限量欧盟法规（EU）No. 658/2013 中限量要求为“（a）非氧化型染发产品最大允许使用浓度：1.0%；（b）不得用于氧化型染发产品”

续表

序号	中文名称	《化妆品卫生规范》（2007年版）	《化妆品安全技术规范》	修订原因
54	HC 红 3 号	1. 化妆品使用时的最大允许使用浓度为：0.5% 2. 其他限制和要求：原料中游离二乙醇胺含量≤0.5%，并不得与亚硝基化物质配伍	1. 化妆品使用时的最大允许使用浓度为：氧化型染发产品：不可使用；非氧化型染发产品：0.5% 2. 其他限制和要求：不和亚硝基化体系一起使用；亚硝胺最大含量 50μg/kg；存放于无亚硝酸盐的容器内	参考欧盟法规（EU）No. 1197/2013 增加限制要求。欧盟法规（EU）No. 1197/2013 中限量要求为“（a）在氧化条件下混合后，使用到头发上最大浓度为 0.45%；（b）非氧化型染发产品最大允许使用浓度：3.0%；不和亚硝基化体系一起使用；亚硝胺最大含量 50μg/kg；存放于无亚硝酸盐的容器内”
55	HC 黄 2 号	化妆品使用时的最大允许使用浓度为：3.0%；当与氧化乳混合使用时，最大使用浓度应为 1.5%	1. 化妆品使用时的最大允许使用浓度为：氧化型染发产品：0.75%；非氧化型染发产品：1.0% 2. 其他限制和要求：不和亚硝基化体系一起使用；亚硝胺最大含量 50μg/kg；存放于无亚硝酸盐的容器内	参考欧盟法规（EU）No. 658/2013 修改氧化型染发产品和非氧化型染发产品限量，增加限制条件。欧盟法规（EU）No. 658/2013 中限量要求为“（a）在氧化条件下混合后，使用到头发上最大浓度为 0.75%；（b）非氧化型染发产品最大允许使用浓度：1.0%；不和亚硝基化体系一起使用；亚硝胺最大含量 50μg/kg；存放于无亚硝酸盐的容器内”
56	HC 黄 4 号	化妆品使用时的最大允许使用浓度为：3.0%	1. 化妆品使用时的最大允许使用浓度为：氧化型染发产品：不可使用；非氧化型染发产品：1.5% 2. 其他限制和要求：不和亚硝基化体系一起使用；亚硝胺最大含量 50μg/kg；存放于无亚硝酸盐的容器内	参考欧盟法规（EU）No. 658/2013 修改氧化型染发产品和非氧化型染发产品限量，增加限制条件欧盟法规（EU）No. 658/2013 中限量要求为“（a）非氧化型染发产品最大允许使用浓度：1.5%；（b）不得用于氧化型染发产品；不和亚硝基化体系一起使用；亚硝胺最大含量 50μg/kg；存放于无亚硝酸盐的容器内”

续表

序号	中文名称	《化妆品卫生规范》（2007年版）	《化妆品安全技术规范》	修订原因
57	HC 黄 6 号	化妆品使用时的最大允许使用浓度为：（a）2.0%（b）1.0%；当与氧化乳混合使用时，最大使用浓度应为 1.0%	从表中删除，调整为禁用物质	欧盟法规（EC）No. 1223/2009 中“3-((2-硝基-4-（三氟甲基）苯基）氨基）丙烷-1，2-二醇（HC 黄 6 号）禁止用于染发产品”，参考欧盟法规修改
58	氢醌	化妆品使用时的最大允许使用浓度为：0.3%	从表中删除，调整为禁用物质	欧盟法规（EU）No. 344/2013 中“1，4-苯二酚（氢醌）禁止使用”，参考欧盟法规修改
59	羟苯并吗啉	化妆品使用时的最大允许使用浓度为：2.0%；当与氧化乳混合使用时，最大使用浓度应为 1.0%	1. 化妆品使用时的最大允许使用浓度为：氧化型染发产品：1.0%；非氧化型染发产品：不可使用 2. 其他限制和要求：不和亚硝基化体系一起使用；亚硝胺最大含量 50μg/kg；存放于无亚硝酸盐的容器内	参考欧盟法规（EU）No. 344/2013 修改非氧化型染发产品限量和限制要求。欧盟法规（EU）No.344/2013 中限量要求为“（a）在氧化条件下混合后，使用到头发上最大浓度为 1.0%；（b）不得用于非氧化型染发产品；不和亚硝基化体系一起使用；亚硝胺最大含量 50μg/kg；存放于无亚硝酸盐的容器内”
60	羟乙基-2-硝基对甲苯胺	1. 中文名称：羟乙基-2-硝基-*p*-甲苯胺 2. 化妆品使用时的最大允许使用浓度为：（a）2.0%（b）1.0%；当与氧化乳混合使用时，最大使用浓度应为 1.0%	1. 中文名称：羟乙基-2-硝基对甲苯胺 2. 化妆品使用时的最大允许使用浓度为：氧化型染发产品：1.0%；非氧化型染发产品：1.0% 3. 其他限制和要求：不和亚硝基化体系一起使用；亚硝胺最大含量 50μg/kg；存放于无亚硝酸盐的容器内	1. 规范中文名称 2. 参考欧盟法规（EU）No. 658/2013 修改非氧化型染发产品限量和限制要求，增加限制条件。欧盟法规（EU）No. 658/2013 中限量要求为“（a）在氧化条件下混合后，使用到头发上最大浓度为 1.0%；（b）非氧化型染发产品最大允许使用浓度：1.0%；不和亚硝基化体系一起使用；亚硝胺最大含量 50μg/kg；存放于无亚硝酸盐的容器内”

续表

序号	中文名称	《化妆品卫生规范》(2007年版)	《化妆品安全技术规范》	修订原因
61	羟乙基-3，4-亚甲二氧基苯胺盐酸盐	1. 中文名称：羟乙基-3，4-亚甲二氧基苯胺 HCl 2. 化妆品使用时的最大允许使用浓度为：3.0%；当与氧化乳混合使用时，最大使用浓度应为 1.5%	1. 中文名称：羟乙基-3，4-亚甲二氧基苯胺盐酸盐 2. 化妆品使用时的最大允许使用浓度为：氧化型染发产品：1.5%；非氧化型染发产品：不可使用 3. 其他限制和要求：不和亚硝基化体系一起使用；亚硝胺最大含量 50μg/kg；存放于无亚硝酸盐的容器内	1. 规范中文名称 2. 参考欧盟法规（EU）No. 344/2013 修改非氧化型染发产品限量和限制要求。欧盟法规（EU）No. 344/2013 中限量要求为“（a）在氧化条件下混合后，使用到头发上最大浓度为 1.5%；（b）不得用于非氧化型染发产品；不和亚硝基化体系一起使用；亚硝胺最大含量 50μg/kg；存放于无亚硝酸盐的容器内”
62	羟乙基对苯二胺硫酸盐	1. 中文名称：羟乙基-*p*-苯二胺硫酸盐 2. 化妆品使用时的最大允许使用浓度为：3.0%；当与氧化乳混合使用时，最大使用浓度应为 1.5%	1. 中文名称：羟乙基对苯二胺硫酸盐 2. 化妆品使用时的最大允许使用浓度为：氧化型染发产品：1.5%；非氧化型染发产品：不可使用	1. 规范中文名称 2. 参考欧盟法规（EU）No. 344/2013 修改非氧化型染发产品限量。欧盟法规（EU）No. 344/2013 中限量要求为“（a）在氧化条件下混合后，使用到头发上最大浓度为 2.0%（以硫酸盐计）；（b）不得用于非氧化型染发产品”
63	羟丙基双（*N*-羟乙基对苯二胺）盐酸盐	1. 中文名称：羟丙基双（*N*-羟乙基-*p*-苯二胺）HCl 2. 化妆品使用时的最大允许使用浓度为：3.0%；当与氧化乳混合使用时，最大使用浓度应为 1.5%	1. 中文名称：羟丙基双（*N*-羟乙基对苯二胺）盐酸盐 2. 化妆品使用时的最大允许使用浓度为：氧化型染发产品：0.4%（以四盐酸盐计）；非氧化型染发产品：不可使用	1. 规范中文名称 2. 参考欧盟法规（EU）No. 344/2013 修改氧化型染发产品和非氧化型染发产品限量。欧盟法规（EU）No. 344/2013 中限量要求为“（a）在氧化条件下混合后，使用到头发上最大浓度为 0.4%（以四盐酸盐计）；（b）不得用于非氧化型染发产品”

续表

序号	中文名称	《化妆品卫生规范》（2007年版）	《化妆品安全技术规范》	修订原因
64	间氨基苯酚	1. 中文名称：*m*－氨基苯酚 2. 化妆品使用时的最大允许使用浓度为：2.0%；当与氧化乳混合使用时，最大使用浓度应为 1.0%	1. 中文名称：间氨基苯酚 2. 化妆品使用时的最大允许使用浓度为：氧化型染发产品：1.0%；非氧化型染发产品：不可使用	1. 规范中文名称 2. 参考欧盟法规（EU）No. 344/2013 修改非氧化型染发产品限量。欧盟法规（EU）No. 344/2013 中限量要求为“（a）在氧化条件下混合后，使用到头发上最大浓度为 1.2%；（b）不得用于非氧化型染发产品”
65	间氨基苯酚盐酸盐	1. 中文名称：*m*－氨基苯酚 HCl 2. 化妆品使用时的最大允许使用浓度为：2.0%（以游离基计）；当与氧化乳混合使用时，最大使用浓度应为 1.0%	1. 中文名称：间氨基苯酚盐酸盐 2. 化妆品使用时的最大允许使用浓度为：氧化型染发产品：1.0%（以游离基计）；非氧化型染发产品：不可使用	1. 规范中文名称 2. 参考欧盟法规（EU）No. 344/2013 修改非氧化型染发产品限量。欧盟法规（EU）No. 344/2013 中限量要求为“（a）在氧化条件下混合后，使用到头发上最大浓度为 1.2%；（b）不得用于非氧化型染发产品”
66	间氨基苯酚硫酸盐	1. 中文名称：*m*－氨基苯酚硫酸盐 2. 化妆品使用时的最大允许使用浓度为：2.0%（以游离基计）；当与氧化乳混合使用时，最大使用浓度应为 1.0%	1. 中文名称：间氨基苯酚硫酸盐 2. 化妆品使用时的最大允许使用浓度为：氧化型染发产品：1.0%（以游离基计）；非氧化型染发产品：不可使用	1. 规范中文名称 2. 参考欧盟法规（EU）No. 344/2013 修改非氧化型染发产品限量。欧盟法规（EU）No. 344/2013 中限量要求为“（a）在氧化条件下混合后，使用到头发上最大浓度为 1.2%；（b）不得用于非氧化型染发产品”
67	*N*，*N*－双（2－羟乙基）对苯二胺硫酸盐	1. 中文名称:*N*，*N*－双（2－羟乙基）-*p*-苯二胺硫酸盐 2. 化妆品使用时的最大允许使用浓度为：6.0%（以游离基计）	1. 中文名称：*N*，*N*－双（2－羟乙基）对苯二胺硫酸盐 2. 化妆品使用时的最大允许使用浓度为：氧化型染发产品：2.5%（以硫酸盐计）；非氧化型染发产品：不可使用 3. 其他限制和要求：不和亚硝基化体系一起使用；亚硝胺最大含量 50μg/kg；存放于无亚硝酸盐的容器内	1. 规范中文名称 2. 参考欧盟法规（EU）No. 658/2013 修改氧化型染发产品和非氧化型染发产品限量，增加限制要求。欧盟法规（EU）No. 658/2013 中限量要求为“（a）在氧化条件下混合后，使用到头发上最大浓度为 2.5%（以硫酸盐计）；（b）不得用于非氧化型染发产品；不和亚硝基化体系一起使用；亚硝胺最大含量 50μg/kg；存放于无亚硝酸盐的容器内”

续表

序号	中文名称	《化妆品卫生规范》（2007年版）	《化妆品安全技术规范》	修订原因
68	*N*，*N*–二乙基–*p*–苯二胺硫酸盐	化妆品使用时的最大允许使用浓度为：6.0%（以游离基计）；含苯二胺类	从表中删除，调整为禁用物质	欧盟法规（EC）No. 1223/2009 中“*N*，*N*–二乙基对苯二胺硫酸盐禁止用于染发产品”，参考欧盟法规修改
69	*N*，*N*–二乙基甲苯–2，5–二胺 HCl	化妆品使用时的最大允许使用浓度为：10.0%（以游离基计）；含苯二胺类	从表中删除，调整为禁用物质	欧盟法规（EC）No. 1223/2009 中“*N*，*N*–二乙基甲苯–2，5–二胺盐酸盐禁止用于染发产品”，参考欧盟法规修改
70	*N*，*N*–二甲基–*p*–苯二胺	化妆品使用时的最大允许使用浓度为：6.0%；含苯二胺类	从表中删除，调整为禁用物质	欧盟法规（EC）No. 1223/2009 中“*N*，*N*–二甲基对苯二胺及其盐类禁止用于染发产品”，参考欧盟法规修改
71	*N*，*N*–二甲基–*p*–苯二胺硫酸盐	化妆品使用时的最大允许使用浓度为：6.0%（以游离基计）；含苯二胺类	从表中删除，调整为禁用物质	欧盟法规（EC）No. 1223/2009 中“*N*，*N*–二甲基对苯二胺及其盐类禁止用于染发产品”，参考欧盟法规修改
72	*N*–苯基对苯二胺（CI 76085）	1. 中文名称：*N*–苯基–*p*–苯二胺（CI 76085） 2. 化妆品使用时的最大允许使用浓度为：6.0%	1. 中文名称：*N*–苯基对苯二胺（CI 76085） 2. 化妆品使用时的最大允许使用浓度为：氧化型染发产品：3.0%；非氧化型染发产品：不可使用	1. 规范中文名称 2. 参考欧盟法规（EU）No. 344/2013 修改氧化型染发产品和非氧化型染发产品限量。欧盟法规（EU）No. 344/2013 中限量要求为“（a）在氧化条件下混合后，使用到头发上最大浓度为 3.0%（以游离基计）；（b）不得用于非氧化型染发产品”
73	*N*–苯基对苯二胺盐酸盐（CI 76086）	1. 中文名称：*N*–苯基–*p*–苯二胺 HCl（CI 76086） 2. 化妆品使用时的最大允许使用浓度为：6.0%（以游离基计）	1. 中文名称：*N*–苯基对苯二胺盐酸盐（CI 76086） 2. 化妆品使用时的最大允许使用浓度为：氧化型染发产品：3.0%（以游离基计）；非氧化型染发产品：不可使用	1. 规范中文名称 2. 参考欧盟法规（EU）No. 344/2013 修改氧化型染发产品和非氧化型染发产品限量。欧盟法规（EU）No. 344/2013 中限量要求为“（a）在氧化条件下混合后，使用到头发上最大浓度为 3.0%（以游离基计）；（b）不得用于非氧化型染发产品”

续表

序号	中文名称	《化妆品卫生规范》（2007年版）	《化妆品安全技术规范》	修订原因
74	*N*–苯基对苯二胺硫酸盐	1. 中文名称：*N*–苯基-*p*–苯二胺硫酸盐 2. 化妆品使用时的最大允许使用浓度为：6.0%（以游离基计）	1. 中文名称：*N*–苯基对苯二胺硫酸盐 2. 化妆品使用时的最大允许使用浓度为：氧化型染发产品：3.0%（以游离基计）；非氧化型染发产品：不可使用	1. 规范中文名称 2. 参考欧盟法规（EU）No. 344/2013 修改氧化型染发产品和非氧化型染发产品限量。欧盟法规（EU）No. 344/2013 中限量要求为"（a）在氧化条件下混合后，使用到头发上最大浓度为 3.0%（以游离基计）；（b）不得用于非氧化型染发产品"
75	*o*–氨基苯酚	化妆品使用时的最大允许使用浓度为：2.0%；当与氧化乳混合使用时，最大使用浓度应为 1.0%	从表中删除，调整为禁用物质	欧盟法规（EU）No. 344/2013 中"邻氨基苯酚及其盐类禁止使用"，参考欧盟法规修改
76	*o*–氨基苯酚硫酸盐	化妆品使用时的最大允许使用浓度为：2.0%（以游离基计）；当与氧化乳混合使用时，最大使用浓度应为 1.0%	从表中删除，调整为禁用物质	欧盟法规（EU）No. 344/2013 中"邻氨基苯酚及其盐类禁止使用"，参考欧盟法规修改
77	对氨基苯酚	1. 中文名称：*p*–氨基苯酚 2. 化妆品使用时的最大允许使用浓度为：1.0%；当与氧化乳混合使用时，最大使用浓度应为 0.5%	1. 中文名称：对氨基苯酚 2. 化妆品使用时的最大允许使用浓度为：氧化型染发产品：0.5%；非氧化型染发产品：不可使用	1. 规范中文名称 2. 参考欧盟法规（EU）No. 1197/2013 修改非氧化型染发产品限量。欧盟法规（EU）No. 1197/2013 中限量要求为"（a）在氧化条件下混合后，使用到头发上最大浓度为 0.9%；（b）不得用于非氧化型染发产品"
78	对氨基苯酚盐酸盐	未收录，新增组分	化妆品使用时的最大允许使用浓度为：氧化型染发产品：0.5%（以游离基计）；非氧化型染发产品：不可使用	参考染发剂表中"对氨基苯酚"修改氧化型染发产品和非氧化型染发产品限量

续表

序号	中文名称	《化妆品卫生规范》（2007年版）	《化妆品安全技术规范》	修订原因
79	对氨基苯酚硫酸盐	1. 中文名称：*p*- 氨基苯酚硫酸盐 2. 化妆品使用时的最大允许使用浓度为：1.0%（以游离基计）；当与氧化乳混合使用时，最大使用浓度应为 0.5%	1. 中文名称：对氨基苯酚硫酸盐 2. 化妆品使用时的最大允许使用浓度为：氧化型染发产品：0.5%（以游离基计）；非氧化型染发产品：不可使用	1. 规范中文名称 2. 参考染发剂表中“对氨基苯酚”限量修改非氧化型染发产品限量
80	苯基甲基吡唑啉酮	化妆品使用时的最大允许使用浓度为：0.5%；当与氧化乳混合使用时，最大使用浓度应为 0.25%	化妆品使用时的最大允许使用浓度为：氧化型染发产品：0.25%； 非氧化型染发产品：不可使用	参考欧盟法规（EU）No. 344/2013 修改非氧化型染发产品限量。欧盟法规（EU）No. 344/2013 中限量要求为“（a）在氧化条件下混合后，使用到头发上最大浓度为 0.25%；（b）不得用于非氧化型染发产品”
81	对甲基氨基苯酚	1. 中文名称：*p*- 甲基氨基苯酚 2. 化妆品使用时的最大允许使用浓度为：3.0%；当与氧化乳混合使用时，最大使用浓度应为 1.5%	1. 中文名称：对甲基氨基苯酚 2. 化妆品使用时的最大允许使用浓度为：氧化型染发产品：0.68%（以硫酸盐计）；非氧化型染发产品：不可使用 3. 其他限制和要求：不和亚硝基化体系一起使用；亚硝胺最大含量 50μg/kg；存放于无亚硝酸盐的容器内	1. 规范中文名称 2. 参考欧盟法规（EU）No. 344/2013 修改氧化型染发产品和非氧化型染发产品限量，增加限制要求。欧盟法规（EU）No. 344/2013 中限量要求为“（a）在氧化条件下混合后，使用到头发上最大浓度为 0.68%（以硫酸盐计）；（b）不得用于非氧化型染发产品；不和亚硝基化体系一起使用；亚硝胺最大含量 50μg/kg；存放于无亚硝酸盐的容器内”
82	对甲基氨基苯酚硫酸盐	1. 中文名称：*p*- 甲基氨基苯酚硫酸盐 2. 化妆品使用时的最大允许使用浓度为：3.0%（以硫酸盐计）；当与氧化乳混合使用时，最大使用浓度应为 1.5%	1. 中文名称：对甲基氨基苯酚硫酸盐 2. 化妆品使用时的最大允许使用浓度为：氧化型染发产品：0.68%；非氧化型染发产品：不可使用 3. 其他限制和要求：不和亚硝基化体系一起使用；亚硝胺最大含量 50μg/kg；存放于无亚硝酸盐的容器内	1. 规范中文名称 2. 参考欧盟法规（EU）No. 344/2013 修改氧化型染发产品和非氧化型染发产品限量，增加限制要求。欧盟法规（EU）No. 344/2013 中限量要求为“（a）在氧化条件下混合后，使用到头发上最大浓度为 0.68%（以硫酸盐计）；（b）不得用于非氧化型染发产品；不和亚硝基化体系一起使用；亚硝胺最大含量 50μg/kg；存放于无亚硝酸盐的容器内”

续表

序号	中文名称	《化妆品卫生规范》（2007年版）	《化妆品安全技术规范》	修订原因
83	对苯二胺	1. 中文名称：*p*– 苯二胺 2. 化妆品使用时的最大允许使用浓度为：6.0%	1. 中文名称：对苯二胺 2. 化妆品使用时的最大允许使用浓度为：氧化型染发产品：2.0%；非氧化型染发产品：不可使用	1. 规范中文名称 2. 参考欧盟法规（EU）No. 344/2013 修改氧化型染发产品和非氧化型染发产品限量。欧盟法规（EU）No. 344/2013 中限量要求为“（a）在氧化条件下混合后，使用到头发上最大浓度为 2.0%（以游离基计）；（b）不得用于非氧化型染发产品”
84	对苯二胺盐酸盐	1. 中文名称：*p*– 苯二胺 HCl 2. 化妆品使用时的最大允许使用浓度为：6.0%（以游离基计）	1. 中文名称：对苯二胺盐酸盐 2. 化妆品使用时的最大允许使用浓度为：氧化型染发产品：2.0%（以游离基计）；非氧化型染发产品：不可使用	1. 规范中文名称 2. 参考欧盟法规（EU）No. 344/2013 修改氧化型染发产品和非氧化型染发产品限量。欧盟法规（EU）No. 344/2013 中限量要求为“（a）在氧化条件下混合后，使用到头发上最大浓度为 2.0%（以游离基计）；（b）不得用于非氧化型染发产品”
85	对苯二胺硫酸盐	1. 中文名称：*p*– 苯二胺硫酸盐 2. 化妆品使用时的最大允许使用浓度为：6.0%（以游离基计）	1. 中文名称：对苯二胺硫酸盐 2. 化妆品使用时的最大允许使用浓度为：氧化型染发产品：2.0%（以游离基计）；非氧化型染发产品：不可使用	1. 规范中文名称 2. 参考欧盟法规（EU）No. 344/2013 修改氧化型染发产品和非氧化型染发产品限量。欧盟法规（EU）No. 344/2013 中限量要求为“（a）在氧化条件下混合后，使用到头发上最大浓度为 2.0%（以游离基计）；（b）不得用于非氧化型染发产品”

续表

序号	中文名称	《化妆品卫生规范》（2007年版）	《化妆品安全技术规范》	修订原因
86	间苯二酚	化妆品使用时的最大允许使用浓度为：5.0%	化妆品使用时的最大允许使用浓度为：氧化型染发产品：1.25%；非氧化型染发产品：不可使用	参考欧盟法规（EU）No. 658/2013 修改氧化型染发产品和非氧化型染发产品限量，增加限制要求。欧盟法规（EU）No. 658/2013 中限量要求为"（a）在氧化条件下混合后，使用到头发上最大浓度为 1.25%；（b）不得用于非氧化型染发产品"
87	四氨基嘧啶硫酸盐	化妆品使用时的最大允许使用浓度为：5.0%；当与氧化乳混合使用时，最大使用浓度应为 2.5%	化妆品使用时的最大允许使用浓度为：氧化型染发产品：2.5%；非氧化型染发产品：3.4%	参考欧盟法规（EU）No. 658/2013 修改非氧化型染发产品限量。欧盟法规（EU）No. 658/2013 中限量要求为"（a）在氧化条件下混合后，使用到头发上最大浓度为 3.4%（以硫酸盐计）；（b）非氧化型染发产品最大允许使用浓度为：3.4%（以硫酸盐计）"
88	甲苯 -2，5- 二胺	化妆品使用时的最大允许使用浓度为：10.0%	化妆品使用时的最大允许使用浓度为：氧化型染发产品：4.0%；非氧化型染发产品：不可使用	参考欧盟法规（EU）No. 344/2013 修改氧化型染发产品和非氧化型染发产品限量。欧盟法规（EU）No. 344/2013 中限量要求为"（a）在氧化条件下混合后，使用到头发上最大浓度为 4.0%（以游离基计）；（b）不得用于非氧化型染发产品"
89	甲苯 -2，5- 二胺硫酸盐	化妆品使用时的最大允许使用浓度为：10.0%（以游离基计）	化妆品使用时的最大允许使用浓度为：氧化型染发产品：4.0%（以游离基计）；非氧化型染发产品：不可使用	参考欧盟法规（EU）No. 344/2013 修改氧化型染发产品和非氧化型染发产品限量。欧盟法规（EU）No. 344/2013 中限量要求为"（a）在氧化条件下混合后，使用到头发上最大浓度为 4.0%（以游离基计）；（b）不得用于非氧化型染发产品"

续表

序号	中文名称	《化妆品卫生规范》（2007年版）	《化妆品安全技术规范》	修订原因
90	甲苯-3，4-二胺	化妆品使用时的最大允许使用浓度为：10.0%；含苯二胺类	从表中删除，调整为禁用物质	欧盟法规（EC）No. 1223/2009中“甲苯-3，4-二胺及其盐类禁止用于染发产品”，参考欧盟法规修改
91	其他允许用于染发产品的着色剂	未收录，新增组分	其他允许用于染发产品的着色剂：应符合表3要求	新增要求。着色剂可用于染发产品中，但使用时必须符合表3准用着色剂“使用范围”和”其他限制和要求”的相关规定
92	注解（1）	注解（1）在产品标签上均需标注以下警示语：对某些个体可能引起过敏反应，应按说明书预先进行皮肤测试；不可用于染眉毛和眼睫毛，如果不慎入眼，应立即冲洗；专业使用时，应戴合适手套	注解（1）在产品标签上均需标注以下警示语：染发剂可能引起严重过敏反应；使用前请阅读说明书，并按照其要求使用；本产品不适合16岁以下的消费者使用；不可用于染眉毛和眼睫毛，如果不慎入眼，应立即冲洗；专业使用时，应戴合适手套；在下述情况下，请不要染发：面部有皮疹或头皮有过敏、炎症或破损；以前染发时曾有不良反应的经历	增加使用时注意事项的要求
93	注解（3）	注解（3）作为半永久性染发剂原料时的最大使用浓度	注解（3）当与氧化乳配合使用时，应明确标注混合比例。	增加标注要求
94	注解（4）	注解（4）这些物质可单独或合并使用，其中每种成分在化妆品产品中的浓度与表中规定的最高限量浓度之比的总和不得大于2	从表中删除	删除注解

（6）与《化妆品卫生规范》（2007年版）相比，删除并禁用19种（类）成分，即2，4-二氨基苯酚、2，4-二氨基苯酚HCl、2-硝基-*p*-苯二胺、2-硝基-*p*-苯二胺2HCl、2-硝基-*p*-苯二胺硫酸盐、4，4′-二氨基二苯胺、4，4′-二氨基二苯胺硫酸盐、6-氨基-*o*-甲酚、酸性橙3号（CI 10385）、分散紫4号（CI 61105）、HC黄6号、氢醌、*N*，*N*-二乙基-*p*-苯二胺硫酸盐、*N*，*N*-二乙基甲苯-2，5-二胺HCl、*N*，*N*-二甲基-*p*-苯二胺、*N*，*N*-二甲基-*p*-苯二胺硫酸盐、*o*-氨基苯酚、*o*-氨基苯酚硫酸盐、甲苯-3，4-二胺；删除“碱性蓝26号（CI 44045）”和“碱性紫14号（CI 42510）”2个组分（但准用于着色剂）。

第四章

理化检验方法

1 理化检验方法总则

General principles

《化妆品安全技术规范》共收载77个理化检验方法，涉及304种组分，检验方法主要包括紫外－可见分光光度法、原子吸收分光光度法、原子荧光分光光度法、高效液相色谱法、气相色谱法、液质联用法、气质联用法、离子色谱法等；前处理方法主要包括干灰化法、湿式消解法、微波消解法、浸提法、液－液萃取法、固相萃取法等。每个方法包括范围、方法提要、试剂和材料、仪器和设备、分析步骤、分析结果的表述、图谱和附录等内容。理化检验方法总则是进行化妆品理化检验应当遵循的基本原则，其对规范中收载的理化检验方法范围、方法涉及的定义、所用试剂和水、检验方法的选择和取样等进行了规定。

【规范原文】

1 范围

本部分规定了化妆品禁、限用组分的理化检验方法的相关要求。

本部分适用于化妆品产品中禁、限用组分的检验。

【注释】

本条款是对本规范中理化检验方法总则涉及的内容及检验方法适用范围的描述。

【规范原文】

2 定义

2.1 检出限：被测物质能被检出的最低量。本部分对各类检验方法的检出限定义如表1。

2.2 定量下限：能够对被测物质准确定量的最低浓度或质量，称为该方法的定量下限。本部分对各类检验方法定量下限的定义如表1。

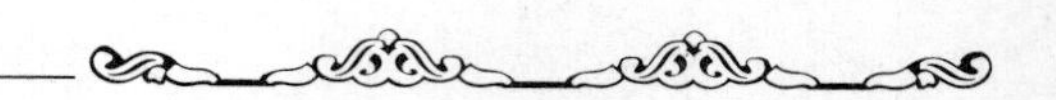

表 1　检出限及定量下限的定义

	检出限（对应的质量、浓度）	定量下限（对应的质量、浓度）
AAS/AFS/ICP	$3SD$ (1)	$10SD$
GC	3倍空白噪音	10倍空白噪音
HPLC	3倍空白噪音	10倍空白噪音
分光光度法	$0.005A$ (2)	$0.015A$
容量法	X (3) $+3SD$	X (3) $+10SD$

注：（1）SD 为 20 份空白的标准偏差，AAS/AFS/ICP 的检出限为 3 倍空白值的标准偏差相对应的质量或浓度；

（2）A 为吸收强度，分光光度法检出限为吸收强度为 0.005 时所对应的质量或浓度；

（3）X 为在终点附近出现可察觉变化的最小试剂体积的平均值。

2.3　检出浓度：按理化检验方法操作时，方法检出限对应的被测物浓度。

2.4　最低定量浓度：按理化检验方法操作时，定量下限对应的被测物浓度。

【注释】

本条款是对本规范理化检验方法中涉及的检出限、定量下限、检出浓度、最低定量浓度的定义，并给出了 AAS/AFS/ICP、GC、HPLC、分光光度法、容量法检出限和定量下限所对应的质量、浓度的计算方式。

【规范原文】

3　所用试剂

凡未指明规格者，均为分析纯（AR）。当需要其他规格时将另作说明。但指示剂和生物染料不分规格。试剂溶液未指明用何种溶剂配制时，均指用纯水配制。

4　所用水

凡未指明规格者均指纯水。它包括下述的蒸馏水或去离子水等，纯水应符合 GB/T 6682 规定的一级水。有特殊要求的纯水，则另作具体说明。

4.1　蒸馏水：用蒸馏器蒸馏制备的水。

4.2　去离子水：通过阴、阳离子树脂交换床制备的水。

4.3　蒸馏去离子水：将蒸馏水通过阴、阳离子树脂交换床制备的水。

【注释】

上述条款是对本规范理化检验方法中所用试剂和水的要求。鉴于标准物质在检验中的重要性和较高的使用率，尽管上述条款中未直接提到，特在此给出关注要点：检验中使用的标准物质应尽可能购买有证物质，便于溯源。对于国外进口的标准物质应提供可溯源到国际计量基准或输出国的计量基准的有效证书或国外公认的权威技术机构出具的合格证书，并对标准物质的浓度、有效期等进行确认。对于国内制备的标准物质应有国家计量部门发布的编号，并附有标准物质证书。当使用参考物质而无法进行量值溯源时，应具有生产厂提供的有效证明。

【规范原文】

5　浓度表示

5.1　物质B的浓度：物质B的物质的量除以混合物的体积。

$c(B)=\frac{n_B}{V}$；常用单位：mol/L。

5.2　物质B的质量浓度：物质B的质量除以混合物的体积。

$\rho(B)=\frac{m_B}{V}$；常用单位：g/L，mg/L，μg/L。

5.3　物质B的质量分数：物质B的质量与混合物的质量之比。

$\omega(B)=\frac{m_B}{m}$；无量纲单位，可用%表示浓度值，也可用mg/kg、μg/g等表示。

5.4　物质B的体积分数：物质B的体积除以混合物的体积。

$\varphi(B)=\frac{V_B}{V}$；无量纲单位，常以%表示浓度值。

5.5　体积比浓度：两种液体分别以V_1与V_2体积相混。凡未注明溶剂名称时，均指纯水。两种以上特定液体与水相混合时，必须注明水。例如HCl（1+2），甲醇+四氢呋喃+水+高氯酸（250+450+300+0.2）。

5.6　气相色谱法的固定液使用的质量比：指固定液与载体之间的质量比。

【注释】

本条款是对本规范理化检验方法中的浓度表示式和符号以及常用计量单位等的规定。

【规范原文】

6　量具的检定与校正

天平、容量瓶、滴定管、无分度吸管、刻度吸管等按国家有关规定及规程进行校准。

【注释】

本条款是对理化检验方法中涉及的计量器具的校准要求，以保证量值有效。检验所用仪器设备应定期检定或校准，确保正常运行和使用。检定和校准都属于量值溯源的一种手段，两者有着密切的联系，但也有本质的不同。

（1）检定具有强制性，是按照国家计量系统表进行，按计量检定规程步骤进行全项检测，具有法律效力。校准不具有强制性，是按校准规范等方法进行检测，不一定全检。

（2）检定对测量仪器的计量特性及技术要求进行全面评定，校准主要确定测量仪器的示值误差。

（3）检定必须作出合格与否的结论，校准通常不判断测量仪器合格与否。

（4）检定的依据是检定规程，校准的依据是校准规范、校准方法，有时也可自行制订。

（5）检定结果是合格的发检定证书，不合格的发不合格证书，校准结果通常是出具校准证书或校准报告。

【规范原文】

7　检验方法的选择

同一个项目如果有两个或两个以上的检验方法时，可根据设备及技术条件选择使用。

【注释】

本条款是理化检验方法中同一个项目多于一种检验方法选择使用原则的规定。

1　检验方法

规范中理化检验涉及的检验方法主要包括紫外 – 可见分光光度法、原子吸收分光光度法、原子荧光光度法、高效液相色谱法、气相色谱法、离子色谱法、液相色谱 – 质谱法与气相色谱 – 质谱法，应按照项目规定的方法检验，如果同一个项目有两个或两个以上的检验方法时，可根据实验室设备及技术条件选择使用。在使用上述方法检验时，应注意如下事项：

1.1　紫外 – 可见分光光度法

1）当溶剂不纯时，可能干扰吸收，如含有杂原子的有机溶剂，通常均具有很强的末端吸收，应根据截止波长选择合适的有机溶剂。因此，在测定供试品前，应先检查所用的溶剂在供试品所用的波长附近是否符合要求。常用方法为将溶剂置 1cm 石英吸收池中，以空气为空白测定其吸光度。通常溶剂和吸收池的吸光度在 220~240nm 范围内不得超过 0.40，在 241~250nm 范围内不得超过 0.20，在 251~300nm 范围内不得超过 0.10，在 300nm 以上时不得超过 0.05。

2）测定时，一般待测溶液的吸光度读数以在 0.3~0.7 较为适宜。

1.2　原子吸收分光光度法

1）在每次检测工作结束后，应注意对仪器的清洁，以防止对下次检测造成影响。火焰原子化器需测定工作完成后，火焰点燃状态下，用去离子水喷雾 5~10 分钟，清洗残留在雾化室中的样品溶液。然后停止清洗喷雾，等水分烘干后关闭乙炔气。玻璃雾化器在测试使用氢氟酸的样品后，要注意及时清洗，以保证其使用寿命。石墨炉原子化器可通过洗耳球将可吹掉的杂质清除，使用乙醇棉进行擦拭，将其清理干净，自然风干后加入石墨管空烧即可。

2）雾化器在每次测量完成，用蒸馏水洗喷 2~3 分钟。此外雾化室应定期清洗，清洗时先取下燃烧器，用少量去离子水从雾化室上口灌入，让水从废液管排走，多次冲洗即可。燃烧头须保持清洁，燃烧头狭缝上不应有任何沉积物。清除方法是把火焰熄灭后，用滤纸插入缝内擦拭。

1.3　原子荧光光度法

1）由于荧光猝灭效应，对于高含量和基质复杂的样品分析有一定的困难。

2）原子荧光光度计被汞污染后很难清洗，会极大降低实验效率，因此在测定汞时，应注意对样品的稀释。

1.4　高效液相色谱法

1）流动相中所使用的各种有机溶剂要尽可能使用色谱纯，配流动相的水最好是超纯水或全玻璃器皿的双蒸水。如果将所配的流动相再经过 0.45μm 的滤膜过滤一次则更好，尤其是含盐的流动相。含水流动相最好在临实验前配制，尤其是夏天使用缓冲溶液作为流动相不要过夜。另外，装流动相的容器和色谱系统中的在线过滤器等装置应该定期清洗或更换。

2）以常规硅胶为基质的键合相填料通常的 pH 适用范围是 2.0~8.0，当必须要在 pH 适用范围的边界条件下使用色谱柱时，每次使用结束后立即用适合于色谱柱储存并与所使用的流动相互溶的溶剂清洗，并完全置换掉原来所使用的流动相。反相色谱柱在每次实验结束后应用 10% 甲醇 / 水冲洗，之后逐渐增加甲醇比例进行梯度冲洗，最后用甲醇冲洗 30 分钟。注意不能用纯水冲洗柱子，应该在水中加入 10% 甲醇，防止将填料冲塌陷，建议冲洗流速为 0.2~0.3ml/min。如色谱柱要长时间保存，必须存于合适的溶剂下。对于反相柱可以储存于纯甲醇或乙腈中，正相柱可以储存于严格脱水后的纯正己烷中，离子交换柱可以储存于水（含防腐剂叠氮化钠或硫柳汞）中，并将购买新色谱柱时附送的堵头拧上。储存的温度一般可为常温，特殊的可按相应要求储存。

3）待测溶液要尽可能清洁，可选用样品过滤器或样品预处理柱（SPE）对样品进行预处理；若样品不便处理，要使用保护柱。在用正相色谱法分析样品时，所有的溶剂和样品应严格脱水。

1.5　气相色谱法

1）注意钢瓶与减压阀的连接、减压阀与气体管的连接、气体管道与净化器的连接、净化器与气相色谱仪的连接气路的检漏。

2）打开仪器前必须先打开载气使其通入色谱柱，关闭时必须关闭仪器电源后才可关闭载气，因为柱子中残留载气，以保护柱子的填料不接触空气而被破坏。长期不使用的柱子及新买来的柱子均需老化，通常老化温度是柱子最高允许温度下的 20~30℃；老化时柱子要与检测器断开，且程序升温要平缓，不然容易出现气堵现象，柱压过大，容易产生柱流失。

3）在保证试样不分解的情况下，适当提高汽化温度对分离及定量有利。汽化室（进样口）温度一般比柱温高 30~70℃，或比样品组分中的最高沸点高 30~50℃。

1.6　离子色谱法

离子色谱的色谱柱填充剂大多数不兼容有机溶剂，一旦污染后不能用有机溶剂清洗，所以离子色谱法对样品处理的要求较高。对于澄清的、基质简单的水溶液一般通过稀释和 0.45μm 滤膜过滤后直接进样分析。对于基质复杂的样品，可通过微波消解、紫外线降解、固相萃取等方法去除干扰物后进样分析。

1.7　液相色谱 – 质谱法

液相色谱 – 质谱法可分析极性、难挥发、热不稳定及大分子（包括蛋白、多肽、多聚物等）化合物。液质的离子源主要包括电喷雾电离（ESI）、大气压化学电离（APCI）和大气压光电离（APPI）。ESI 适用于极性化合物和生物大分子，样品先带电再喷雾，带电液滴在去溶剂化过程中形成样品离子，从而被检测。APCI 适用于非极性、小分子化合物（相对于 ESI 而言）且有一定的挥发性，样品先形成雾，然后电晕放电针对其放电，在高压电弧中样品被电离，然后去溶剂化形成离子，最后检测。APPI 适用于弱极性的化合物，如多环芳烃等。

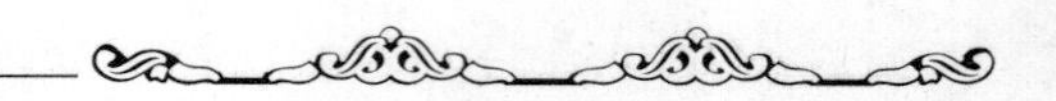

1.8 气相色谱－质谱法

气相色谱－质谱法适宜分析小分子、易挥发、热稳定、能汽化的化合物。气质的离子源主要包括电子电离源（EI）和化学电离源（CI），其中 EI 为最常用的气相离子源，有标准谱库；CI 可获得准分子离子。

2 样品前处理

化妆品样品前处理是为了消除干扰成分，通常需要进行溶解、增溶、分解、分离、提取、浸提、萃取、纯化等前处理浓缩待测组分，使待测样液满足检测方法的操作要求。按其待测组分的分类，可将理化检测方法前处理分为测定无机成分的前处理和测定有机成分的前处理。

2.1 测定无机成分的前处理

测定无机成分的前处理一般是通过高温或高温高压加上强氧化剂的方式，将样品中的有机物氧化分解成气体挥发掉，使待测组分转化成离子状态。根据其操作条件的不同，又可分为干法和湿法。

干灰化法是指在高温条件下焚化化妆品，使样品中的水和挥发物蒸发，有机物氧化分解成 CO_2 和氮的氧化物挥发，大部分矿物质变成氧化物或盐等无机成分残渣而保留下来，适用于多种痕量元素的分析。该方法包括高温炉干灰化法、氧等离子体低温灰化法、氧弹法和氧瓶法等。

高温炉干灰化法是将装有样品的器皿放在高温炉内，在高温条件下，利用空气中的氧将样品中的有机物碳化和氧化，有机物的 C—C 键断裂，生成 CO_2，挥发性组分挥发掉，非挥发性组分转变成单体、氧化物或耐高温的盐类，可分为干燥、碳化以及溶解残渣等步骤。需要注意的是由于处理时的温度高，容易造成挥发损失和滞留损失。

湿式处理法是指在加热条件下，利用氧化性强酸和氧化剂氧化分解样品中的有机物，使待测无机成分释放，或利用浸提液从样品中将待测成分浸提出来。该方法包括湿式灰化法、加压湿消解法和浸提法等。

湿式灰化法是利用氧化性强酸或氧化性强酸和氧化剂对有机物氧化－水解。需要注意的是该法还存在某些待测组分有挥发性损失。

加压湿消解法是利用压力提高酸的沸点和浸透力，加速样品消化。常用的方法有压热法、封管法、聚四氟乙烯压力罐法和微波消解法。需要注意的是微波消解法必须遵循样品量少、颗粒直径尽可能小的原则，而且由于化妆品中多含醇类、酯类和甘油，在微波消解时使用高氯酸很危险，应避免使用。氢氟酸会给石墨炉原子吸收分光光度计带来正干扰，会使等离子雾化系统及炬管腐蚀，因此不可使用。

浸提法是利用浸提液能解离某些样品组分与待测组分结合的键，并对待测组分有良好的溶解力，从样品中将含有待测组分的部分浸提出来。需要注意的是该法仅限于以游离形式存在、结合键容易被破坏或能溶于浸提液的含有待测组分分子的化妆品样品的前处理。浸提法所用浸提液种类和浓度、浸提时间以及浸提温度等，因待测组分的种类、样品基质和样品颗粒大小等不同而各有差异。

2.2 测定有机成分的前处理

测定有机成分的样品前处理的目的是将待测有机组分从基质中分离出来，经过分组、分离和富集，从而满足后续定性、定量方法的特异性和灵敏度需求。主要包括提取和纯化两步，提取是将待测组分与试样的大量基体进行粗分离，纯化则是将待测组分与其他干扰测定的成分进一步分离。

提取方法可分为溶解抽提法和水蒸气蒸馏法。溶解抽提法是利用化妆品各组分理化性质的不同，选择适当溶剂将待测组分溶解，从而和基体组分分离。水蒸气蒸馏法是借助水蒸气蒸馏使分子量较小且含有不止一个官能团的待测组分与基体分离，或通过控制样品的酸碱性使其与具有不同官能团的化合物分开。

纯化方法包括液－液萃取法、柱层析法、固相萃取法等。

液－液萃取法是利用样品的不同组分在两种不相混溶的溶剂中分配系数的不同，从而达到分离的目的。需要注意的是萃取过程中会使用大量的有机溶剂，废液需要进行后续净化，尽可能减少对环境的污染。

柱层析法可分为吸附层析法、分配层析法以及离子交换层析法。

吸附层析法是以有吸附性能的固体为固定相，液体为流动相，利用样品中的不同组分在固定相和流动相之间吸附、脱附能力的不同，洗脱时先用与固定相亲和力较小的溶剂，逐渐增加洗脱剂的极性，从而达到分离的目的。

分配层析法是以能吸留固定相液体的惰性物质作为载体，与不互溶溶剂组成固定相－流动相体系，利用不同溶质在双相间的分配比不同导致迁移速率不同，从而达到有效分离的目的。

离子交换层析法是以离子交换剂为固定相，利用流动相中的组分离子与交换剂上的平衡离子进行可逆交换时的结合力大小的不同，从而达到有效分离的目的。

固相萃取法基于分配层析法的原理，以颗粒微小的色谱柱填充料作为载体进行分离，主要包括两种方式：一是将待测组分保留在柱上，干扰成分或基质流出柱子；二是将待测组分流出柱子，而干扰成分或基质保留在柱上。一般可分为柱子纯化、老化、进样、杂质洗涤和洗脱 5 个步骤。需要注意的是在进行固相萃取时需根据待测组分的不同，选择合适的固相萃取柱。固相萃取柱主要包括非极性柱，可用于分离疏水性化合物和烷基链化合物；极性柱，可用于分离亲水性化合物、胺类以及含羟基的化合物；阳离子交换柱，可用于分离胺类和嘧啶类化合物；阴离子交换柱，可用于分离碳酸酯及磷酸酯类化合物；亲和柱，可用于分离大分子化合物；专用柱，如 IC-Ag 柱用于分析卤化物、IC-Ba 柱用于分析硫酸盐。

【规范原文】

8　化妆品产品的检测

在一般情况下，新开发的化妆品产品，在投放市场前应根据产品的类别进行相应的检验以评定其安全性。

【注释】

本条款是对投放市场前的新开发化妆品产品须通过检验评价其安全性的规定。对于化妆品产品的检测结果的控制可从以下 7 个方面进行考虑。

（1）检出浓度。在检测样品前，首先应满足方法的检出浓度，即实际检出浓度值低于

或等同于方法提供的检出浓度。

（2）标准曲线。一是曲线的最低点应为最低定量浓度，最高点不超过标准规定的最高浓度，且至少选择5个点制作标准曲线；二是要根据样品待测组分的含量，选择合适的标准曲线进行计算；三是线性相关系数一般应≥0.99；四是标准溶液尽量临用现配。

（3）平行试验。每个样品必须进行平行试验测定，平行测定的允许误差应满足方法的要求，如方法中无要求，则可参考下表（相对偏差最大允许值仅为参考值）。

平行双样测定允许的最大偏差

分析结果的质量浓度水平	mg/L	100	10	1	0.1	0.01	0.001	0.0001
	g/g	10^{-4}	10^{-5}	10^{-6}	10^{-7}	10^{-8}	10^{-9}	10^{-10}
相对偏差最大允许值（%）		1	2.5	5	10	20	30	50

相对偏差最大允许值（%）=（两个平行结果之差 ÷ 两个平行结果之和）×100%。

（4）数字修约。除另有规定外，修约可按GB/T 8170—2008规定的方法进行。详见附录Ⅱ。

（5）质量控制。分析过程的质量控制一般可选用测定质控样与随行回收等方式进行。测定质控样是指通过测定基质、浓度和样品相同或相近的质控样，比较其结果与标准值的符合程度实现。为使质控样分析能反映样品结果的准确性，分析时应遵循以下原则：一是质控样与检测样品应同批进行前处理；二是质控样与检测样品应使用同一方法，同批测定；三是若每批测定的样品数量很多，应根据使用仪器的稳定性，在实验中按一定间隔测定一次质控样，如发现结果偏差大于方法精密度的2倍时，应立即停止实验，并重新检测前次质控样测定以后所测定的样品。随行回收是指在被测样品中加入一定量的被测组分，与样品同时处理、检测，通过比较测定结果与实际加入量，评价前处理及测定过程的准确性。

（6）结果报告。在报告检测结果时，测定结果小于检出浓度的数据，应报告小于检出浓度；测定结果大于检出浓度小于最低定量浓度的数据，报告结果时应加以说明，具体格式为“检出，低于最低定量浓度（最低定量浓度实际数值）”。

（7）未知物确认。在检测防腐剂、防晒剂、染发剂、着色剂等组分时，检出结果应与标签标识进行核对，如检出未知物（标签上未标示，而检出的组分），应采用其他方法进行确认。

【规范原文】

9　化妆品样品的取样

化妆品样品的取样过程应尽可能顾及样品的代表性和均匀性，以便分析结果能正确反映化妆品的质量。实验室接到样品后应进行登记，并检查封口的完整性。在取样品前，应观察样品的性状和特征，并使样品混匀。打开包装后，应尽可能快地取出所要测定部分进行分析。如果样品必须保存，容器应该在充惰性气体下密闭保存。如果样品是以特殊方式出售，而不能根据以上方法取样或尚无现成取样方法可供参考，则可制定一个合理的取样方法，并按实际取样步骤予以记录附于原始记录之中。

9.1　液体样品

主要是指油溶液、醇溶液、水溶液组成的化妆水、润肤液等。打开前应剧烈振摇容器，取出待分析样品后封闭容器。

9.2　半流体样品

主要是指霜、蜜、凝胶类产品。细颈容器内的样品取样时，应弃去至少 1cm 最初移出样品，挤出所需样品量，立刻封闭容器。广口容器内的样品取样时，应刮弃表面层，取出所需样品后立刻封闭容器。

9.3　固体样品

主要是指粉蜜、粉饼、口红等。其中，粉蜜类样品在打开前应猛烈地振摇，移取测试部分。粉饼和口红类样品应刮弃表面层后取样。

9.4　其他剂型样品可根据取样原则采用适当的方法进行取样。

【注释】

本条款是对化妆品样品检测取样过程控制的要求，以尽可能地顾及样品的代表性和均匀性，以保证检验结果的正确性。对于在均匀体系中的取样可能出现的问题较少，但是当采集如气溶胶、面膜或多包装样品时，若取样过程不规范、不统一，可能导致分析结果与实际含量偏差较大。对于此类多相性样品的取样可参考以下方法：

（1）有压力的气溶胶样品。本类样品主要指喷发胶、摩丝等。取样时应剧烈振摇气溶胶罐，使气溶胶通过一个专用接头转移至一个 50~100ml 的带有阀门的小口玻璃瓶中，然后根据不同的情况进行分析。一般可分为 4 种情况：一是匀相溶液气溶胶可直接分析；二是含有两个液相的气溶胶，两相需分别进行分析，一般下层为不含助推剂的水溶液；三是含有粉剂悬浮状气溶胶，除去粉剂后可分析液相部分；四是产生泡沫的气溶胶，准确称取 5~10g 2- 甲氧基乙醇等消泡剂于转移瓶中，转移瓶应先用推进气气体置换瓶中的空气。

（2）面贴膜。取样前，应在包装内充分混匀后，用剪刀在袋内将其剪碎后转移至注射器中，将液体挤入样品瓶中，并将包装内的剩余液体一并转入，充分混匀后称取。需要注意的是要及时清洗剪刀，避免造成样品的交叉污染。

（3）化妆品包装多种多样，套装组合也是层出不穷，在采样时难免碰到同一批样品多个最小包装的情况，此时应该对各个包装分别取样进行检验。

【规范原文】

10　其他

本规范理化检验方法提供的随行回收可接受范围仅为参考值，并非必要条件。实验室检验时应满足《化妆品中禁用物质和限用物质检测方法验证技术规范》的要求。

【注释】

本条款是对本规范理化检验方法提供的随行回收可接受范围使用程度的解释，以及实验室检验应满足《化妆品中禁用物质和限用物质检测方法验证技术规范》（国食药监许［2010］455 号）要求的规定。详见附录Ⅲ。

1.1　pH 值
pH

pH 是水溶液的重要理化参数之一，为水溶液中氢离子活度的负对数，是表示溶液酸性或碱性程度的数值。

测定 pH 可以评价化妆品的产品质量及监督市售产品的质量变化和安全性，特别是直接用于皮肤和毛发的化妆品。化妆品的配方组成及原料来源会影响产品的 pH，存放过程中微生物的参与、空气氧化及防腐剂的失效等均会造成 pH 的改变。化妆品的 pH 过酸或过碱性，不仅影响化妆品功效的正常发挥，还可造成刺激性皮炎、斑疹、毛发损伤，故不同类别及用途的化妆品对 pH 范围有一定的限量要求。

化妆品的 pH 测定一般采用 pH 计法。本方法为样品直接或经去离子水按一定比例稀释后以复合电极或玻璃电极的 pH 计测定。

方法注释：

1）制备 pH 标准溶液和样品溶液的稀释用水应为不含二氧化碳的去离子水，应临用新配。不含二氧化碳的去离子水系指经离子交换柱处理后的纯化水或经煮沸 15 分钟后冷却至室温的蒸馏水。

2）pH 计校正用缓冲溶液应储存于聚乙烯瓶中。由磷酸盐、硼酸盐制备的中性到碱性 pH 范围的缓冲溶液对空气中的二氧化碳特别敏感，所以应注意密封保存。有机酸的缓冲溶液在一般条件下储存数周后容易长霉，磷酸盐缓冲溶液也容易出现沉淀，遇上述情况应弃去重配。通常情况下，新配制的缓冲溶液室温下可稳定使用 2 个月左右，如发现有浑浊、发霉或沉淀等现象时，不可继续使用。校正仪器用的缓冲溶液使用后应弃去，不可倒回原装瓶内。

3）新玻璃电极在使用前，需在蒸馏水中浸泡 24 小时以上，使用后需浸入水中保存，这是由于水合作用推动了离子在玻璃膜中扩散。在水化凝胶层中，单价阳离子的扩散系数约为干玻璃的 1000 倍。因此，玻璃膜的表面必须经过水合才能显示良好的 pH 电极功能。

通常玻璃电极测定的 pH 范围为 0~10。当 pH>10 时，钠玻璃电极（如国产常用的 221 型）给出的 pH 测定值比实际数值略低，这种现象称为“碱差”。产生误差的原因是由于碱金属离子（如钠离子）也在玻璃膜上交换而产生电位响应。在强碱性溶液中，氢离子活度很小，这种响应显著。为此可采用锂玻璃电极以消除“碱差”，其膜组分为 Li_2O_2、Cs_2O、LaO_3、SiO_2 等，如国产 231 型，可测定的 pH 范围为 0~14。

注意电极的出厂日期，一般玻璃电极的寿命为 1 年左右，长期使用后会逐渐失去功能，称为“老化”。当电极系数低于 52mV/pH 时，就不宜再使用。

玻璃电极的膜非常薄，极易破碎损坏，使用时应注意勿与硬物碰撞，也不能用手触及薄膜。电极上黏附的水珠只能用滤纸轻轻吸干，不得擦拭。不能用含氯离子的溶液、硫酸、洗液、浓乙醇来洗涤电极，否则会使电极表面脱水而失去功能。玻璃电极的使用温度一般为 0~50℃，在较低的温度下，由于内阻增大使测定困难。

4）使用饱和甘汞电极时应注意如下几点：①使用前应将电极侧管口和接液部（电极头）的小橡皮塞（帽）取下，使电极套管内的 KCl 饱和溶液与大气相通。甘汞电极一般应立式放置。不用时应在加液口和接液部套上橡胶帽。长期不用的甘汞电极应充满内渗液，在电极盒内静置保存。②注意保证电极内充的 KCl 溶液应处于饱和状态。③电极使用前，所有的气泡必须从甘汞电极的表面或接液部位排出掉，否则会引起测量回路短路或读数不稳定。④每隔一定时间，要用电阻测试仪或用电导仪检查一次电极内阻，一般应小于 10kΩ，内阻过大会引起测量误差。⑤必要时，应测量甘汞电极相对于氢标准电极的电位及其稳定程度。实验室使用的甘汞电极相对于内充液相同的另一支完好的甘汞电极，在无液接或液接电位一致的情况下，其电位差值应小于 2mV。

5）pH 计中的温度控制钮可以补偿温度对斜率的影响。pH 标准缓冲溶液进行仪器校正以及样品测定时均应在室温下进行。

6）测定前，选择两个合适的 pH 校正液对 pH 计进行校正，待斜率符合要求后测定样品。如果样品的 pH 不在两个校正液的范围内，则需重新选择 pH 校正液使样品的测定值在两个校正点之间。

7）根据样品形态选择合适的测定方法，流动性好且均匀的液体样品可直接测定，较为黏稠的和固体样品需用稀释法测定。

8）在测定稠度较高的化妆品样品时，应注意小心搅动，避免引起 pH 计读数的波动。

9）测定完毕后，用蒸馏水冲洗电极，然后将玻璃电极浸入蒸馏水中待用。电极长期使用后或者测定过油脂含量过高的样品之后，可浸泡在 15%~30% 十二烷基磺酸钠溶液中 12 小时，以除去沾污的油脂。

王萍. 化妆品 pH 2 种方法测定结果的比较. 中国卫生检验杂志，2014，24（19）：2764–2766.

1.2 汞

Mercury

汞，俗称水银，外观为银白色闪亮的重质液体，是常温常压下唯一以液态存在的金属元素，列于元素周期表第 80 位。其熔点为 –38.9℃，沸点为 356.6℃，密度为 13.54g/cm^3，不溶于水、冷的稀硫酸和盐酸，溶于硝酸，特别易溶于王水，常温下即可蒸发。自然界中以单质、无机或有机化合物的形式出现，主要存在形式是硫化汞。汞的基本信息见附表 1。

因汞离子能干扰人皮肤内酪氨酸变成黑色素的过程，所以曾作为黑色素抑制剂被用于化妆品中。随着科学技术的发展，人们对汞及其化合物的毒性逐渐认识，汞可通过皮肤吸收，蓄积在体内，长期使用含汞化妆品可能导致肝功能、肾功能、神经系统损害。《化妆品安全技术规范》规定除含有机汞防腐剂的眼部化妆品外，禁止在化妆品中使用汞及其化合物，作为杂质允许残留的汞限量为 1mg/kg，但仍有美白类、祛斑类化妆品中故意添加含汞化合物，对人体安全造成了严重的危害。

目前化妆品中汞的检测方法有氢化物原子荧光光度法、冷原子吸收法等。《化妆品卫生规范》（2007 年版）收载了氢化物原子荧光光度法、冷原子吸收法，《化妆品安全技术

规范》除保留上述方法外，新增了汞分析仪法和电感耦合等离子体质谱法（见“1.6 锂等37种元素”）。

第一法　氢化物原子荧光光度法

本方法采用氢化物原子荧光光度法测定化妆品中总汞的含量。方法原理为样品经消解处理后，汞被溶出。汞离子与硼氢化钾反应生成原子态汞，由载气（氩气）带入原子化器中，在特制汞空心阴极灯照射下，基态汞原子被激发至高能态，去活化回到基态后发射出特征波长的荧光。在一定浓度范围内，其强度与汞含量成正比，与标准系列溶液比较定量。

本方法对汞的检出限为0.1μg/L，定量下限为0.3μg/L；取样量为0.5g时，检出浓度为0.002μg/g，最低定量浓度为0.006μg/g。

方法注释：

1）测汞用的标准溶液通常配制成0.1μg/ml左右使用，这样稀的溶液随着时间的变化其浓度将降低。试验表明，50μg/L的汞溶液在密闭的容器内放置15分钟大约损失80%，其原因可能有玻璃容器壁的吸附和汞蒸气的挥发等，因此通常将汞配制成100μg/ml以上的高浓度溶液，并加入酸性重铬酸钾溶液（pH<2）等氧化剂加以保存，使用时再稀释到合适的浓度并立即使用，同时在配制时应避免急剧搅拌。

2）样品前处理可采用微波消解法、湿式回流消解法、湿式催化消解法和浸提法。需要注意所用试剂纯度对检测的影响，被污染、杂质含量高或开瓶后长期放置的试剂都有可能导致空白值变高。采用微波消解法时，取样最好将样品加到消解管底部，尽量不要黏到管壁上，如样品含有较多量的乙醇等挥发性有机溶剂，应先将有机溶剂挥去，但避免高温造成汞损失。浸提法不适用于含有蜡质的样品，如口红、眉笔、睫毛液、发蜡等。

3）消解后的样品挥酸时注意控制温度，避免温度过高导致汞损失，需将消解液完全转移到比色管中，如有不溶物需要离心取上清液测定。经消解处理后的样品溶液应在尽可能短的时间内完成测定。

4）如果遇到可疑样品，应多倍稀释后测定，先测稀释倍数最大的溶液，如未检出可逐渐增加浓度测定，以免造成仪器污染。

第二法　汞分析仪法

本方法采用直接汞分析仪法测定化妆品中总汞的含量。方法原理为直接称取样品于样品舟中，经自动进样器导入干燥分解炉中，进行干燥、分解、热分解的产物进入催化管催化、汞蒸气进行金汞齐反应，随后高温解析，最后在254nm处以冷原子光谱法测得的荧光值与汞含量做标准曲线，以标准曲线法计算含量。

本方法对汞的检出限为0.1ng，定量下限为0.3ng；取样量为0.1g时，检出浓度为1ng/g，最低定量浓度为3ng/g。

方法注释：

1）本方法测定化妆品中的汞，检测限低，分析时间短，无论样品状态，均无须先对样品进行任何前处理即可直接测定，从而彻底避免了汞在样品前处理过程中的损失、相互沾污和污染环境等问题，确保分析数据的正确。此方法实现了汞的快速、准确、高灵敏度的检测，实现了高效环保快速的检测理念。

2）测定时载样所用的样品舟分镍舟和石英舟两种，镍舟用于测定固体及半固体类样品，石英舟用于测定标准溶液和液体类样品。每次测定样品之前应将样品舟置于650℃马弗炉中灼烧约1小时，使本底荧光值降至0.0030以下。若样品舟被污染，可重复加入空白试剂或高纯水按照样品分析程序操作以消除汞残留，或放入800℃马弗炉中烘烤。

3）高纯度氧气应选择不含有汞蒸气的，若使用含有汞蒸气的氧气时，应在气缸和汞分析仪之间插入金质网眼过滤器，以阻止汞蒸气进入仪器，影响测定结果的准确性。

4）若测定前一份样品中的汞含量较高，通常多做几次空白试验，以便消除因样品舟记忆效应导致的测定结果偏高。

5）如果测定样品数量较多时，应注意检查标准曲线的有效性。

第三法 冷原子吸收法

本方法采用冷原子吸收法测定化妆品中总汞的含量。方法原理为汞蒸气对波长253.7nm的紫外线具特征吸收。在一定的浓度范围内，吸收值与汞蒸气浓度成正比。样品经消解、还原处理，将化合态的汞转化为原子态汞，再以载气带入测汞仪测定吸收值，与标准系列溶液比较定量。

本方法对汞的检出限为0.01μg，定量下限为0.04μg；取样量为1g时，检出浓度为0.01μg/g，最低定量浓度为0.04μg/g。

方法注释：

1）在配制氯化亚锡溶液时，由于氯化亚锡溶液在酸浓度降低时会出现水解，产生沉淀而附着在器壁上，应先加入浓盐酸使固体溶解，必要时可在通风柜中适当加热助溶，然后再以水稀释。若出现白色氢氧化锡时，可在溶液中加数颗锡粒，然后加热煮沸至溶液透明。

2）样品预处理后，溶液中仍剩余部分氧化性物质，如硝酸和过氧化氢，这些物质的氧化性比 Hg^{2+} 强，加入氯化亚锡溶液后首先和它们反应，影响 Hg^{2+} 还原为Hg的反应，导致测定结果偏低。故在加入氯化亚锡溶液前，预先加入盐酸羟胺，消耗剩余的氧化剂。盐酸羟胺的加入量一般为0.5~1.0ml，若加入量不足，会导致氧化剂分解不完全。

3）在测定过程中，用氯化亚锡的酸性溶液还原消解后溶液中的汞离子，使汞呈游离原子后，将其导入带有汞空心阴极灯的仪器，进行定量检测。

4）汞原子吸收辐射能的波长为253.7nm，因此测定汞蒸气浓度的光源选择能发射253.7nm的汞空心阴极灯。

5）实验环境中的苯、甲苯、氨水、丙酮、氮氧化物对波长253.7nm有吸收，应避免干扰。

6）在测定时，应注意汞装置中汞蒸气通路的材料，某些材料能吸附汞，或因老化而产生泄漏，从而影响测定结果。

参考文献

[1] 国家药典委员会. 中华人民共和国药典（四部）. 北京：中国医药科技出版社，2015.
[2] 郑星泉，周淑玉，周世伟. 化妆品卫生检验手册. 北京：化学工业出版社，2003.
[3] 许菲菲，刘亚丽，柴明青. 氢化物原子荧光法测定化妆品中的汞. 化学分析计量，2008，17（4）：58-60.
[4] 唐莲仙，丁亚明. 冷原子荧光光谱法测定化妆品中汞. 中国测试技术，2007，33（1）：133-135.
[5] 于趁，剧京亚，姚春毅. DMA-80 直接测汞仪测定四种中药中汞含量. 食品安全质量检测学报，2013，4（5）：1517-1520.
[6] 赵树青，董新凤，赵川. DMA 80 直接测汞仪测定生活饮用水中汞. 理化检测 - 化学分册，2009，45（5）：601-602.

附表 1　汞的基本信息

中文名称	汞
英文名称	mercury
元素符号	Hg
原子量	200.59
CAS号	7439-97-6
原子序数	80

1.3　铅
Lead

铅，为重金属元素，列于元素周期表第 82 位，原本的颜色为青白色，在空气中表面很快被一层暗灰色的氧化物覆盖。其熔点为 327.502℃，沸点为 1740℃，密度为 13.34g/cm^3，溶于硝酸，热硫酸、有机酸和碱液，不溶于稀酸和硫酸，具有两性：既能形成高铅酸的金属盐，又能形成酸的铅盐。铅的基本信息见附表 1。

铅是一种有毒元素，可通过皮肤、消化道、呼吸道进入体内多种器官，对神经、血液、消化、心脑血管、泌尿等多个系统造成损害，严重影响体内的新陈代谢，阻塞金属离子代谢通道而造成低钙、低锌、低铁，并导致补充困难，出现神经系统病症及代谢障碍。因此，国家禁止使用铅及其化合物作为化妆品原料，对于生产途径引入的含铅杂质及污染也有严格的限量标准。

目前，化妆品中铅的检测方法主要有电感耦合等离子体法、原子吸收光谱法、原子荧光光度法、分光光度法、电位溶出法等。《化妆品卫生规范》（2007 年版）收载了火焰原子吸收分光光度法、微分电位溶出法、双硫腙萃取分光光度法，《化妆品安全技术规范》保留了火焰原子吸收分光光度法，增加了石墨炉原子吸收分光光度法、电感耦合等离子体质谱法（见“1.6 锂等 37 种元素”）。

《化妆品安全技术规范》根据近年化妆品中重金属的风险评价结果，将铅的限量要求由 40mg/kg 调整为 10mg/kg。

第一法 石墨炉原子吸收分光光度法

本方法采用石墨炉原子吸收分光光度法测定化妆品中铅的含量。方法原理为样品经预处理使铅以离子状态存在于样品溶液中，样品溶液中铅离子被原子化后，基态铅原子吸收来自于铅空心阴极灯发出的共振线，其吸光度与样品中的铅含量成正比。在其他条件不变的情况下，根据测量被吸收后的谱线强度，与标准系列比较进行定量。

本方法对铅的检出限为 1.00μg/L，定量下限为 3.00μg/L；取样量为 0.5g 定容至 25mL 时，检出浓度为 0.05mg/kg，最低定量浓度为 0.15mg/kg。

第二法 火焰原子吸收分光光度法

本方法采用火焰原子吸收分光光度法测定化妆品中铅的含量。方法原理为样品经预处理使铅以离子状态存在于样品溶液中，样品溶液中铅离子被原子化后，基态铅原子吸收来自于铅空心阴极灯发出的共振线，其吸光度与样品中的铅含量成正比。在其他条件不变的情况下，根据测量被吸收后的谱线强度，与标准系列比较进行定量。

本方法对铅的检出限为 0.15mg/L，定量下限为 0.50mg/L；取样量为 1g 定容至 10mL 时，检出浓度为 1.5μg/g，最低定量浓度为 5μg/g。

方法注释：

1）石墨炉原子吸收光谱法属于非火焰原子吸收光谱法，是铅元素测定的经典方法，其检出限远远低于火焰原子吸收法，测量的准确度较高，目前广泛应用于各类产品中铅的测定。经方法学验证，石墨炉原子吸收光谱法的检出浓度为 0.05mg/kg，最低定量浓度为 0.15mg/kg，高、中、低不同浓度的加标回收率在 80%~120%，相对标准偏差在 1.5%~10%，线性关系良好（$r>0.995$），能够满足化妆品中铅的分析检测要求。3 家实验室验证结果表明，标准曲线、检出限、精密度、回收率等指标符合检测要求。

2）需要注意所用试剂纯度对检测的影响，被污染、杂质含量高或开瓶后长期放置的试剂都有可能导致空白值变高。

3）样品预处理可按照实际样品情况任选湿式消解法、微波消解法或浸提法。

微波消解法应根据化妆品原料组成选择合适的预处理方法，以保证消解效果。含乙醇等挥发性原料的样品，如香水、摩丝、沐浴液、染发剂、精华素、刮胡水、面膜等，可先放入温度可调的恒温电加热器或水浴上挥发溶剂，但注意既不能在剧烈的沸腾状态下挥发也不能蒸干。蜡基类、粉类等干性样品，如唇膏、睫毛膏、眉笔、胭脂、唇线笔、粉饼、眼影、爽身粉、痱子粉等，可取样后先加 0.5~1.0mL 水，润湿摇匀后进行消解。

对于部分基质复杂难以消解的化妆品，如口红、粉底液等，也可参考使用硝酸 – 氢氟酸系统进行样品消解，并根据基质具体情况调整用量。

微波消解法应根据样品消解难易程度，样品或经预处理的样品先加入硝酸（3.1）2.0~3.0mL，静止过夜，充分作用。然后再依次加入过氧化氢（3.3）1.0~2.0mL，将溶样杯晃动几次，使样品充分浸没。放入沸水浴或温度可调的恒温电加热设备中 100℃加热 20 分钟取下，冷却。如溶液的体积不到 3mL 则补充水。同时严格按照微波溶样系统操作手

册进行操作。把装有样品的溶样杯放进预先准备好的干净的高压密闭溶样罐中，拧上罐盖（注意：不要拧得过紧）。

微波消解法显示的为一般化妆品消解时压力－时间的程序，如果化妆品是油脂类、中草药类、洗涤类，可适当提高防爆系统灵敏度，以增加安全性。

浸提法不适用于含有蜡质的样品，如口红、眉笔、睫毛液、发蜡等。

参考文献

［1］中华人民共和国卫生部．化妆品卫生规范（2007年版）．北京：军事医学科技出版社，2007.

［2］中华人民共和国卫生部．GB 5009.12—2010．食品中铅的测定．北京：中国标准出版社，2010.

［3］荆补琴，王尚芝．化妆品中铅的测定方法研究进展．化学分析计量，2008，17（2）：77–78.

［4］张瑛，刘素华，翟明霞．微波消解粉类化妆品中铅的方法学研究．中国预防医学杂志，2008，9(7)：680–681.

［5］李海华，胡刁英，张杰，等．化妆品中重金属的微波消解火焰原子吸收测定法．环境与健康杂志，2007，24（3）：169–171.

附表1 铅的基本信息

中文名称	铅
英文名称	lead
元素符号	Pb
原子量	207.2
CAS号	7439-92-1
原子序数	82

1.4 砷

Arsenic

砷，俗称砒，外观为灰白色有金属光泽的结晶块，是一种非金属元素，列于元素周期表第33位。其熔点为817℃，沸点为613℃，密度为5.727g/cm^3，不溶于水，溶于硝酸。自然界中极少以单质形式存在，大部分以化合物形式存在。砷的基本信息见附表1。

砷的毒性与其化学形态有关，不同形态的砷毒性差别很大，其毒性顺序为砷化氢＞氧化亚砷＞亚砷酸（无机物）＞砷酸砷的化合物（有机砷）＞单质砷。长期使用含砷量高的化妆品可造成皮肤角质化和色素沉着，头发变脆、断裂脱落，严重者可患皮肤癌。

目前，化妆品中砷的检测方法主要有氢化物原子荧光光度法、分光光度法、氢化物发生原子吸收法和砷斑法。《化妆品卫生规范》（2007年版）收载了氢化物原子荧光光度法、分光光度法和氢化物发生原子吸收法，《化妆品安全技术规范》保留了氢化物原子荧

光光度法、氢化物发生原子吸收法，增加了电感耦合等离子体质谱法（见“1.6 锂等 37 种元素”）。

《化妆品安全技术规范》根据近年化妆品中砷的风险评价结果，将砷的限量要求由 10mg/kg 调整为 2mg/kg。

第一法　氢化物原子荧光光度法

本方法采用氢化物原子荧光光度法测定化妆品中总砷的含量。方法原理为在酸性条件下，五价砷被硫脲－抗坏血酸还原为三价砷，然后与由硼氢化钠与酸作用产生的大量新生态氢反应，生成气态的砷化氢，被载气输入石英管炉中，受热后分解为原子态砷，在砷空心阴极灯发射光谱激发下，产生原子荧光。在一定浓度范围内，其荧光强度与砷含量成正比，与标准系列比较定量。

本方法对砷的检出限为 4.0μg/L，定量下限为 13.3μg/L；取样量为 1g 时，检出浓度为 0.01μg/g，最低定量浓度为 0.04μg/g。

方法注释：

1）硫脲为白色晶体，熔点为 180~182℃，溶于水和醇，在冷水中溶解速度较慢，配制时常微微加热至溶解，待溶液冷却后加入抗坏血酸。其水溶液相对稳定，在 4℃下至少可稳定保存 1 个月，如果溶液变成深黄色，则表明溶液失效不可再用。

2）硼氢化钠为还原剂，在酸性水溶液中水解生成新生态氢与三价砷反应生成砷化氢，反应过程为 $NaBH_4+3H_2O+HCl \rightarrow H_3BO_3+NaCl+8H$，此反应可在数秒内快速完成。还原反应与硼氢化钠浓度有关，用量少则还原反应不完全，灵敏度低；用量多则会产生过多的氢气影响气相中的氢化物浓度。硼氢化钠在碱性条件下溶解性增加，故配制时使用 1g/L 的氢氧化钠溶液溶解。

3）湿式消解法有机物分解完成后，加入 20mL 水加热煮沸至产生白烟，可把残存的硝酸分解为氮氧化合物，剩余的硝酸一定要赶尽，否则会影响砷与硼氢化钠的还原反应。

4）由于砷是挥发性元素，在干灰化时易造成损失，所以要加入灰化助剂。本方法使用的灰化助剂是氧化镁和六水硝酸镁溶液。在加热过程中，砷和镁会形成不挥发性焦砷酸镁（$Mg_2As_2O_7$），从而使砷固定下来。灰化助剂应与试样充分混匀，否则会使测定结果偏低。

第二法　氢化物发生原子吸收法

本方法采用氢化物原子吸收法测定化妆品中总砷的含量。方法原理为样品经预处理后，样品溶液中的砷在酸性条件下被碘化钾－抗坏血酸还原为三价砷，然后被硼氢化钠与酸作用产生的新生态氢还原为砷化氢，被载气导入被加热的“T”型石英管原子化器而原子化，基态砷原子吸收砷空心阴极灯发射的特征谱线。在一定浓度范围内，吸光度与样品砷含量成正比，与标准系列比较定量。

本方法对砷的检出限为 1.7ng，定量下限为 5.7ng；取样量为 1g 时，检出浓度为 0.17mg/kg，最低定量浓度为 0.57mg/kg。

方法注释：

1）室温对灵敏度的影响很大，因此测定过程中注意保持恒定的室温。

2）载气流量等分析条件可适当进行优化，但样品及标准工作曲线必须在相同的分析条件下测定。

3）酸度对灵敏度和稳定性的影响很大，测定时应保证样品与标准工作曲线保持一致的酸度。

4）比色管、容量瓶、移液管等可造成污染的器皿均应用硝酸浸泡过夜，洗净后再用去离子水反复冲洗，晾干备用。

[1] 国家药典委员会. 中华人民共和国药典（四部）. 北京：中国医药科技出版社，2015.

[2] 郑星泉，周淑玉，周世伟. 化妆品卫生检验手册. 北京：化学工业出版社，2003.

[3] 李淑娜. 氢化物原子荧光光谱法测化妆品中的砷、汞. 中国卫生检验杂志，2012，22（6）：1296–1300.

[4] 刘双德. 双道原子荧光光度计同时测定化妆品中砷和汞. 现代预防医学，2010，37（7）：1336–1337.

[5] 胡文鹰，尹红军，江夕夫. 氢化物发生原子吸收法测定化妆品中砷. 中国公共卫生，1998，14（1）：36–37.

附表 1　砷的基本信息

中文名称	砷
英文名称	arsenic
元素符号	As
原子量	74.92
CAS号	7440-38-2
原子序数	33

1.5　镉

Cadmium

镉，为金属元素，外观为银白色有光泽，列于元素周期表第 48 位。其熔点为 321℃，沸点为 765℃，密度为 $8.64g/cm^3$，溶于热硫酸、稀硝酸、硝酸铵溶液，在热盐酸中溶解缓慢，不溶于水。自然界中主要以硫化物状态存在，常与锌、铜、铝共生。镉的基本信息见附表 1。

镉是一种有毒元素，对人体可产生毒性效应，被人体吸收后即与体内低分子量的蛋白质结合成为金属蛋白，积蓄在肾、肝及生殖器官中，其生物半衰期为 19 年，难以排出体外。吸收少量的镉会引起呕吐、腹泻和结肠炎等，长期接触则会引起高血压、心脏扩张和早产儿死亡，并导致骨质疏松和骨骼变形。动物实验证实，镉会诱发染色体异常并对肺有致癌作用。镉在化妆品原料和成品中都有存在的可能性，长期接触含镉量高的化妆品易引起人体慢性中毒，造成安全隐患。

化妆品中镉的检测方法主要有火焰原子吸收分光光度法、微分电位溶出法和电感耦合等离子体质谱法等。《化妆品卫生规范》(2007 年版）收载了火焰原子吸收分光光度法和微分电位溶出法，《化妆品安全技术规范》保留了火焰原子吸收分光光度法，新增了电感耦合等离子体质谱法（见“1.6 锂等 37 种元素”)。

《化妆品安全技术规范》根据近年化妆品中有关重金属及安全性风险物质的风险评价结果，增加镉的限量要求为 5mg/kg。

本方法采用火焰原子吸收分光光度法测定化妆品中总镉的含量。方法原理为样品经处理，使镉以离子状态存在于溶液中，样品溶液中的镉离子被原子化后，基态原子吸收来自于镉空心阴极灯的共振线，其吸收量与样品中镉的含量成正比。在其他条件不变的情况下，根据测量的吸收值与标准系列溶液比较进行定量。

本方法对镉的检出限为 0.007mg/L，定量下限为 0.023mg/L；取样量为 1g 时，检出浓度为 0.18mg/kg，最低定量浓度为 0.59mg/kg。

方法注释：

1）浓度为 10^{-6}mol/L 的镉标准溶液在 8<pH<11 保存时可被玻璃吸附，这种吸附在 9<pH<11 时达到最大，吸附的化学形态为 $Cd(OH)^{+}$；当 pH 为 10 时，吸附达到平衡后，加浓硝酸至 pH 为 2 时可以引起镉的迅速解吸；如果调节 pH<6，镉标准溶液在玻璃或塑料容器中至少可以稳定保存 1 个月。

2）由于原子吸收法的灵敏度高，易受到污染和残留的影响，因此分析过程中所用的塑料或玻璃器皿需在使用前用硝酸进行浸泡处理，从而降低测定背景值。

3）镉在高温下具有挥发性，加热温度高于 300℃时会导致其挥发损失，在样品预处理时应注意温度的控制，特别是当样品为复杂基质时。

4）粉质类样品往往含有大量的碳酸盐，加酸后会产生大量二氧化碳；洗发、清洗类化妆品中可能含有大量表面活性物质，易产生大量泡沫。预处理上述样品前，可先加 2~3 滴乳化硅油或者正辛醇消泡剂。含有乙醇等溶剂的样品预处理时，应先加热蒸去溶剂，以防止在加酸时产生暴沸，损失样品。

经预处理的粉质样品如果产生待测液浑浊的现象，可待定容后用快速定量滤纸过滤，同时做试剂空白。

5）若样品中加有着色剂 BiOCl，镉与这种含有大量易于形成螯合物的金属共存时，测定有可能会受到共存铋的干扰，此时需做背景校正。

[1] 国家药典委员会. 中华人民共和国药典（四部）. 北京：中国医药科技出版社，2015.

[2] 郑星泉，周淑玉，周世伟. 化妆品卫生检验手册. 北京：化学工业出版社，2003.

[3] 王飞，王萍，孟宁. 火焰原子吸收法测定化妆品中镉的研究. 安徽农业科学，2007，35（25）：7743.

[4] 付家华，张卫国，刘利亚. 化妆品中镉分析质量控制探讨. 微量元素与健康研究，2004，21（1）：40–41.

[5] 师东阳，王学锋，刘国华. 原子吸收光谱法测定化妆品中铅、镉、铬、锌、铜和锰. 理化检测 – 化学分册，2011，47（6）：736–737.

附表 1 镉的基本信息

中文名称	镉
英文名称	cadmium
元素符号	Cd
原子量	112.41
CAS号	7440-43-9
原子序数	48

1.6 锂等 37 种元素
Li and 36 kinds of elements

锂等 37 种元素（详见下述）除砷外均为金属元素，其中对人体危害最大的是铅、砷、汞、镉，可能通过以下 3 种途径添加于化妆品中。一是不法商家为增强化妆品的功能性刻意添加，比如在化妆品中添加铅及其化合物能够覆盖皮肤上的瑕疵，使人的皮肤变得光滑、有光泽；在美白祛斑化妆品中添加氯化汞，干扰黑色素的形成；在口红或腮红中添加硫化汞，使颜色更鲜艳；在化妆品中添加砷，使皮下毛细血管肿起来，将整个表层皮肤上的皱纹纹路撑起来，达到减少皱纹的目的。二是通过化妆品中某些成分的添加而带入，如含有杂质的高岭土、云母和 $CaCO_3$ 等基质和某些植物性、矿物性原料等。三是化妆品的工艺、设备或生产的不洁净带入，如生产用水和环境中的粉尘。这些元素添加于化妆品中对人体的危害是日益富集的，其在人体内能和蛋白质及酶等发生强烈的相互作用，使它们失去活性，在人体的某些器官中累积，造成慢性中毒。

化妆品中该类元素的检测方法通常有分光光度法、原子荧光光谱法、原子吸收光谱法等，也为《化妆品卫生规范》（2007 年版）主要收载的方法，但这些方法只能对单一元素进行测定，相对耗时耗力。《化妆品安全技术规范》增收了电感耦合等离子体质谱法（ICP-MS），该法具有多元素同时检测的优势，灵敏度高、线性范围宽，既适用于样品中痕量元素的检测，也能同时满足微量元素的测定，为化妆品中重金属及其他有害元素的检测提供了更加广泛的技术支持。

本方法采用电感耦合等离子体质谱法测定化妆品中锂等 37 种元素的含量，其中所指的锂等 37 种元素为锂（Li）、铍（Be）、钪（Sc）、钒（V）、铬（Cr）、锰（Mn）、钴（Co）、镍（Ni）、铜（Cu）、砷（As）、铷（Rb）、锶（Sr）、银（Ag）、镉（Cd）、铟（In）、铯（Cs）、钡（Ba）、汞（Hg）、铊（Tl）、铅（Pb）、铋（Bi）、钍（Th）、镧（La）、铈（Ce）、镨（Pr）、钕（Nd）、镝（Dy）、铒（Er）、铕（Eu）、钆（Gd）、钬（Ho）、镥（Lu）、钐（Sm）、铽（Tb）、铥（Tm）、钇（Y）和镱（Yb）。

方法原理为样品经酸消解处理成溶液后，经气动雾化器以气溶胶的形式进入以氩气为基质的高温射频等离子体中，经过蒸发、解离、原子化、电离等过程，转化为带正电荷的正离子，经离子采集系统进入质谱仪，质谱仪根据质荷比进行分离，质谱积分面积与进入质谱仪中的离子数成正比。即被测元素浓度与各元素产生的信号强度 CPS 成正比，与标准系列比较定量。

本方法在取样 0.5g，定容体积为 25mL 的条件下，定量下限和最低定量浓度见表 1。

表1　各种金属元素的检出限、定量下限、检出浓度和最低定量浓度

元素	检测限（μg/L）	最低检出浓度（μg/kg）	定量限（μg/L）	最低定量浓度（μg/kg）
锂（Li）	0.1	5	0.3	15
铍（Be）	0.04	2	0.13	6.7
钪（Sc）	0.06	3	0.2	10
钒（V）	0.1	5	0.3	15
铬（Cr）	0.3	15	1	50
锰（Mn）	1	50	3.3	167
钴（Co）	0.03	1.5	0.09	4.5
镍（Ni）	0.2	10	0.6	30
铜（Cu）	1.6	80	5.3	267
砷（As）	0.02	1	0.07	3.3
铷（Rb）	0.08	4	0.27	13
锶（Sr）	0.3	15	0.9	45
银（Ag）	0.02	1	0.07	3.3
镉（Cd）	0.02	1	0.07	3.3
铟（In）	0.02	1	0.07	3.3
铯（Cs）	0.02	1	0.07	3.3
钡（Ba）	0.65	32	2.2	108
汞（Hg）	0.02	1	0.07	3.3
铊（Tl）	0.02	1	0.07	3.3
铅（Pb）	0.6	30	1.8	90
铋（Bi）	0.12	6	0.4	20
钍（Th）	0.08	4	0.27	13
镧（La）	0.1	5	0.3	15
铈（Ce）	0.03	1.5	0.09	4.5
镨（Pr）	0.02	1	0.07	3.3
钕（Nd）	0.02	1	0.07	3.3
镝（Dy）	0.02	1	0.07	3.3
铒（Er）	0.02	1	0.07	3.3
铕（Eu）	0.02	1	0.07	3.3
钆（Gd）	0.02	1	0.07	3.3

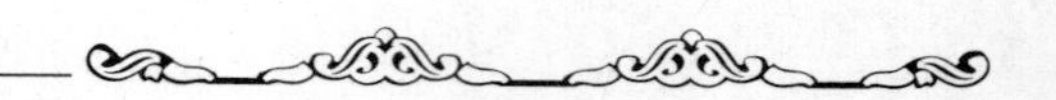

续表

元素	检测限（μg/L）	最低检出浓度（μg/kg）	定量限（μg/L）	最低定量浓度（μg/kg）
钬（Ho）	0.02	1	0.07	3.3
镥（Lu）	0.02	1	0.07	3.3
钐（Sm）	0.02	1	0.07	3.3
铽（Tb）	0.02	1	0.07	3.3
铥（Tm）	0.02	1	0.07	3.3
钇（Y）	0.05	2.5	0.15	7.5
镱（Yb）	0.02	1	0.07	3.3

方法注释：

1）ICP-MS 法作为多元素测定的方法，凭借其检出限低、线性范围宽、多元素同时测定等特点，极大地节省了检测时间，提高了检测效率，目前广泛应用于食品、化工及矿产行业。本方法中铬元素的检出浓度 15μg/kg、锰元素 50μg/kg、铜元素 80μg/kg、钡元素 32μg/kg，其他 33 种元素的方法检出浓度 <10μg/kg；高、中、低不同浓度的加标回收率在 80%~120%，相对标准偏差在 1.5%~8%；汞元素在 0.5~5μg/L 的浓度范围内线性关系良好（$r>0.995$），其他 36 种元素在 1~100μg/L 的浓度范围内线性关系良好（$r>0.995$），满足分析检测的要求。3 家实验室验证结果表明，校准曲线、检出限、精密度、回收率等指标符合检测要求。

2）本方法采用的样品前处理方法有湿法消解法和微波消解法，其中大部分类型的样品可采用微波消解法处理，对于基质比较复杂的样品（如口红、眼影等高蜡基的样品）建议采用湿法消解处理，保证实验过程的安全。

3）汞元素为易挥发、易吸附的元素，在汞元素测定过程中，应尽量减少汞元素的挥发和吸附，比如尽量降低赶酸的温度和时间，样品处理完成后应尽快测定，以达到准确测定的目的。

[1] 中华人民共和国卫生部. 化妆品卫生规范（2007 版）. 北京：军事医学科技出版社，2007.

[2] SN/T 2288—2009 进出口化妆品中铍、镉、铊、铬、砷、碲、钕、铅的检测方法，2009.

[3] 胡文玉. 化妆品中的微量元素. 广东微量元素科学，1999，10（6）：13-15.

[4] 李野，尹利辉，曹进，等. 化妆品中重金属检测方法的现状. 药物分析杂志，2013，33（10）：1816-1820.

[5] 张妮娜，刘丽萍. 微波消解－电感耦合等离子体质谱法测定 8 类化妆品中 23 种元素. 环境科学，2013，32（9）：1815-1817.

1.7　钕等 15 种元素

Nd and 14 kinds of elements

钕等 15 种元素（详见下述）与钷（Pm）、钪（Sc）共称为稀土元素，又称稀土金属，为一组呈铁灰色到银白色有金属光泽的金属。各金属的熔点、沸点差别较大，镧（La）熔点 918℃、沸点 3464℃，铈（Ce）熔点 7984℃、沸点 3433℃，镨（Pr）熔点 9313℃、沸点 3520℃，钕（Nd）熔点 1021℃、沸点 3074℃，镝（Dy）熔点 1412℃、沸点 2567℃，铒（Er）熔点 1529℃、沸点 2868℃，铕（Eu）熔点 8228℃、沸点 1529℃，钆（Gd）熔点 1313℃、沸点 3273℃，钬（Ho）熔点 1474℃、沸点 2700℃，镥（Lu）熔点 1663℃、沸点 3402℃，钐（Sm）熔点 1074℃、沸点 1794℃，铽（Tb）熔点 1365℃、沸点 3230℃，铥（Tm）熔点 1545℃、沸点 1950℃，钇（Y）熔点 1522℃、沸点 3338℃，镱（Yb）熔点 8198℃、沸点 1196℃。该类金属一般较软、可锻、有延展性，在高温下呈粉末状，性质极为相似，为活泼金属，常见化合价 +3，其水合离子大多有颜色，易形成稳定的配位化合物。

稀土元素广泛存在于大气、土壤、矿物、饮用水和动植物体等中。某些稀土元素可能添加于防晒、美白类化妆品中，可提高化妆品的性能，但是一定剂量的稀土元素会破坏 DNA 分子结构，损伤动物肝脏引起病理学改变，长期摄入低剂量的稀土元素对儿童的智力以及注意力等方面都有明显影响，而且化妆品中的稀土元素主要是通过擦拭、涂抹后经由皮肤进入人体，常出现毛囊炎、皮肤瘙痒、干燥、色素沉着等皮肤症状，严重时可渗透破损皮肤直接进入血液，危害健康，所以化妆品中稀土元素的检测尤为重要。

目前稀土元素测定的方法主要有电感耦合等离子体质谱法、电感耦合等离子体原子发射光谱法、电感耦合等离子体 - 原子吸收光谱联用法、荧光光谱法、紫外 - 可见分光光度法、高效液相色谱法、电化学法、络合滴定法和重量法等。《化妆品安全技术规范》增收了测定电感耦合等离子体质谱法测定化妆品中钕等 15 种元素含量的方法。

本方法为采用电感耦合等离子体质谱法测定化妆品中钕等 15 种元素的含量，其中所指的钕等 15 种元素为钕（Nd）、镧（La）、铈（Ce）、镨（Pr）、镝（Dy）、铒（Er）、铕（Eu）、钆（Gd）、钬（Ho）、镥（Lu）、钐（Sm）、铽（Tb）、铥（Tm）、钇（Y）、镱（Yb）。

方法原理为样品微波消解处理成溶液后，经气动雾化器以气溶胶的形式进入以氩气为基质的高温射频等离子体中，经过蒸发、解离、原子化、电离等过程，转化为带正电荷的正离子，经离子采集系统进入质谱仪，质谱仪根据质荷比进行分离，质谱积分面积与进入质谱仪中的离子数成正比。即被测元素浓度与各元素产生的信号强度 CPS 成正比，与标准系列比较定量。

本方法在取样量为 0.5g 时，定量下限（μg/L）和最低定量浓度（μg/kg）见表 1。

表 1　各种金属元素的定量下限和最低定量浓度

元素	定量限（μg/L）	最低定量浓度（μg/kg）
镧（La）	0.05	2.5
铈（Ce）	0.05	2.5
镨（Pr）	0.04	2.0
钕（Nd）	0.09	4.5
钐（Sm）	0.07	3.5
铕（Eu）	0.03	1.5
钆（Gd）	0.13	6.5
铽（Tb）	0.14	7.0
镝（Dy）	0.05	2.5
钬（Ho）	0.07	3.5
铒（Er）	0.07	3.5
铥（Tm）	0.04	2.0
镱（Yb）	0.07	3.5
镥（Lu）	0.08	4.0
钇（Y）	0.10	5.0

方法注释：

1）在实际测定时可根据在线内标管与样品管的内径比，实际样品中加入的内标液浓度为 50μg/L（Re+Rh）。

2）在对样品进行微波消解时，要依据不同型号微波消解仪器的特点选择适量的消解液及最佳消解条件进行样品消解。而在测定前，要根据不同型号仪器选用合适的质谱调谐液对仪器进行调试，然后选择适合的仪器最佳测定条件。

参考文献

[1] 刘翠梅．湿法消解 – 电感耦合等离子体质谱法同时测定粉质类化妆品中的 14 种稀土元素．2008 年中国机械工程学会年会，2008.

[2] 田佩瑶．电感耦合等离子体质谱法测定化妆品中 15 种稀土元素．卫生研究，2009，3（6）：747–749.

1.8　乙醇胺等 5 种组分

Ethanolamine and other 4 kinds of components

本方法所指的乙醇胺等 5 种组分为乙醇胺、二乙醇胺、二甲胺、二乙胺及三乙醇胺。

乙醇胺在室温下为无色透明的黏稠液体，有氨臭，能与水、乙醇和丙酮等混溶，微溶于乙醚和四氯化碳，有吸湿性、毒性、可燃性和腐蚀性，熔点为10~11℃，沸点为170℃，密度为1.012g/mL。二乙醇胺为液体，有腐蚀性，与空气混合可爆，熔点为28℃，沸点为268℃，密度为1.097g/mL。三乙醇胺为无色油状液体，有氨的气味，易吸水，暴露在空气中及光线下变成棕色，低温时为无色或浅黄色立方晶系晶体，熔点为21℃，沸点为360℃，密度为1.1245g/mL。二甲胺为无色易燃气体或液体，高浓度或压缩液化时具有强烈的令人不愉快的氨臭，浓度极低时有鱼油的恶臭，易溶于水，溶于乙醇和乙醚，有弱碱性，与无机酸生成易溶于水的盐类，熔点为–93℃，沸点为7℃，密度为0.89g/mL。二乙胺为无色、易挥发的可燃液体，有强烈氨臭，能与水、乙醇、乙醚等有机溶剂混溶，熔点为–50℃，沸点为55℃，密度为0.71g/mL。乙醇胺等5种组分的基本信息见附表1。

乙醇胺类物质广泛应用于表面活性剂、医院行业、树脂工业等各个领域，在化妆品中主要作为pH调节剂使用。实验表明，此类物质对人体皮肤有一定的刺激性，可以吸收皮肤组织中的水分，使组织蛋白变性，并使组织脂肪皂化，破坏细胞结构，长期反复接触可出现皮肤色素沉积或手指溃疡等，严重者甚至可能引起肝、肾损伤，对人体健康产生危害。

目前化妆品中乙醇胺等5种组分的检测方法主要有离子色谱法、气相色谱法等。《化妆品卫生规范》(2007年版)中未收载该类组分的检测方法，《化妆品安全技术规范》增收了离子色谱法。

方法原理为样品提取后，经含羧酸功能基的阳离子交换柱分离，电导检测器检测，以保留时间定性、峰面积定量，以标准曲线法计算含量。对于阳性结果，可用气相色谱–质谱法进一步确证。

本方法对乙醇胺、二乙醇胺、三乙醇胺、二甲胺、二乙胺的检出限、定量下限及取样量为0.5g时的检出浓度和最低定量浓度见表1。

表1　5种组分的检出限、定量下限、检出浓度和最低定量浓度

组分名称	乙醇胺	二乙醇胺	三乙醇胺	二甲胺	二乙胺
检出限（ng）	4.5	4.5	9	4.5	4.5
定量下限（ng）	15	15	30	15	15
检出浓度（μg/g）	18	18	36	18	18
最低定量浓度（μg/g）	60	60	120	60	60

方法注释：

1）样品前处理过程中，使用正己烷去除化妆品中的油脂类物质，可以达到净化样品溶液、除去干扰物的目的。但其加入量可能影响有机胺在酸液中的溶解量，影响样品提取效率。试验结果表明，选择样品量（g）:正己烷体积（mL）在1:2~1:4较合适。

同时，溶液的pH也会影响有机胺的提取效率，有机胺在酸性介质中以阳离子形式存

在，留在水相中，不进入正己烷层。乙醇胺等5种组分在pH 4.5时提取效果较好，提取时应注意调节和控制样品溶液的pH。

2）本方法为离子色谱法，温度对色谱分离和保留时间均有一定影响，SCS1色谱柱的使用温度在24℃左右分离效果较好，测定过程需注意温度控制。

在规定色谱条件下，钠、铵、镁和钙等常规阳离子不干扰测定，高浓度的钾可能干扰二乙醇胺测定，可适当稀释样品溶液以利于分离，提高方法的抗干扰能力。

典型图谱

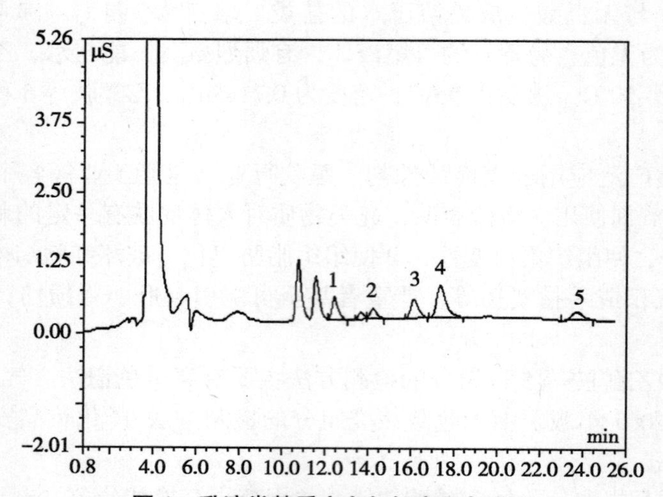

图1　乳液类基质空白加标离子色谱图

1：乙醇胺；2：二乙醇胺；3：二甲胺；4：三乙醇胺；5：二乙胺

参考文献

[1] 朱海豹，王晗，阮征，等. 非抑制离子色谱测定工作场所空气中的－乙醇胺、二乙醇胺和三乙醇胺. 现代科学仪器，2012，(3)：83-86.

[2] 钟志雄，李攻科，朱炳辉，等. 离子色谱法同时测定化妆品中的铵和6种烷基胺. 色谱，2010，28(7)：702-707.

[3] 周玉芝，邵光玓，牟世芬. 低分子量有机胺的离子色谱法研究. 色谱，1997，15(3)：243-244.

[4] 肖时俊，张丹青，黄龙娣. 气相色谱法测定化妆品中的乙醇胺. 广东化工，2011，38(4)：144.

[5] 王星，王超，蔡天培，等. 化妆品中乙醇胺类的GC-MS分析. 分析测试学报，2007，26(S1)：352-354.

[6] 林福兰，熊冬生. 三乙醇胺含量的气相色谱测定法. 光谱实验室，2003，20(6)：884-887.

附表 1　乙醇胺等 5 种组分的基本信息

中文名称	英文名称	分子式	分子量	CAS号	中文化学名称	英文化学名称	结构式
乙醇胺	ethanolamine	C_2H_7NO	61.08	141-43-5	2-羟基乙胺	2-hydroxyethylamine	
二乙醇胺	2，2′-iminodiethanol	$C_4H_{11}NO_2$	105.14	111-42-2	2，2′-亚胺基二乙醇	2-（2-hydroxyethylamino）ethanol	
三乙醇胺	triethanolamine	$C_6H_{15}NO_3$	149.19	102-71-6	2，2′，2″-次氮基三乙醇	2，2′，2″-nitrilotris（ethanol）	
二甲胺	dimethylamine	C_2H_7N	45.08	124-40-3	*N*-甲基甲胺	dimethylamine，anhydre	
二乙胺	diethylamine	$C_4H_{11}N$	73.14	109-89-7	二乙基胺	diethamine	

1.9 化妆品抗 UVA 能力仪器测定法

Test in vitro of protection against UVA

紫外线在电磁波中属于非电离辐射，波长范围为 100~400nm，具体包括 100~290nm 的短波紫外线（UVC）、290~320nm 的中波紫外线（UVB）和 320~400nm 的长波紫外线（UVA）。紫外线的主要来源是太阳辐射，因 UVC 的穿透力极微弱，在经过大气层时几乎被臭氧分子全部吸收，不能到达地面，且 UVB 也被大量吸收掉，故到达地面的紫外线总能量的 90% 以上为 UVA。长期低剂量的 UVA 照射会引发 DNA 突变，加速胶原蛋白和弹性蛋白的破坏，使皮肤出现皱纹，并且弹性降低。UVA 对皮肤的伤害是一个持久性、累积性的过程，长时间的照射会使皮肤细胞中的黑色素显著增加，还能引起皮肤产生色斑及光老化现象，甚至侵害皮肤的正常免疫系统，导致皮肤癌变，因此防晒化妆品中添加紫外线吸收剂用于防御紫外线中的 UVA 对皮肤的伤害。

目前，国内外抗 UVA 测定方法包括人体法和体外法。人体法是基于人体皮肤对紫外线刺激的反应程度，以紫外线引起人体皮肤的红斑和色素沉着作为终点指标，主要有即时性皮肤黑化法、延迟性皮肤黑化法、红斑防护指数法和光毒性防护指数法等；体外法的基本原理将防晒化妆品涂于透气胶带或特殊底物上，利用紫外分光光度法测定样品在 UVA 区的吸光度值或紫外吸收曲线。《化妆品卫生规范》（2007 年版）收载了化妆品抗 UVA 能力仪器测定法，采用仪器测定法评价化妆品的抗 UVA 能力；《化妆品安全技术规范》保留了该方法，但在文字上略有修改。仪器测定法快速、实验成本低、操作简单、重复性好且无受试者人体健康风险，但其未建立在人体皮肤上，无实际临床终点。

本方法适用于包括防晒乳液、防晒霜、防晒隔离等类型的防晒化妆品。方法原理为将样品涂于 3M 膜或具毛面的聚甲基丙烯酸甲酯板上，用 SPF 仪测定其临界波长 λ_C 及 UVA/UVB 比值 R，运用临界波长和 R 值初步评估防晒化妆品的抗 UVA 能力。常见的评价抗 UVA 能力结果的表示方法有星级表示法、透射率表示法、吸光度 A 值法和关键波长法。本方法使用的是关键波长法，由 Diffey 于 1994 年建立，是一种常用的仪器测定法。

方法注释：

1）防晒产品包装上标示的 SPF（sun protection factor）为防晒系数，是对于 UVB 的防护能力，其值根据皮肤的最小红斑剂量确定。SPF 为涂抹防晒品皮肤的 MED 与未涂抹防晒品皮肤的 MED 的比值，其中 MED（minimal erythema dose）为最小红斑量，指引起最轻微可见红斑（泛红）所需的紫外线最低剂量或最短照射时间。

2）防晒产品包装上标示的 PA（protection grade of UVA）为紫外线 A 防护指标，是对于 UVA 的防护能力。通过测定化妆品的 UVA 防护系数 PFA 的值，在产品标签上标识 UVA 防护等级 PA。当 PFA 值 <2 时，不得标识 UVA 防护效果；当 PFA 值为 2~3 时，标识为 PA+；当 PFA 值为 4~7 时，标识为 PA++；当 PFA 值为 8~15 时，标识为 PA+++；当 PFA 值≥ 16 时，标识为 PA++++。PFA 值为涂抹防晒产品部位的 MPPD 与未涂抹防晒产品部位的 MPPD 的比值，其中 MPPD（minimal persistent pigmentation dose）为最小持续性黑化量，指引起可见黑化或色素沉着量所需的紫外线最低剂量或最短照射时间。

3）临界波长（critical wavelength，λ_C）是指从 290nm 到 λ_C 的吸收光谱曲线下的面积占

整个吸收光谱（290~400nm）曲线下面积的90%时的波长。

4）样品的制备采用衬底法，即选用合适的基材作为衬底，再将一定量的样品均匀地涂在衬底上制成样品，应注意涂布样品的厚度与均匀性。

5）本方法中选择的衬底有3M膜和PMMA板。3M透明膜最容易获得和使用，但因孔径的差异，以及膜与样品间的相互作用（基质膨胀或胶带黏结剂溶解等）导致得出的数据差异较大；PMMA板是树脂玻璃类的基底板，板的粗糙面用于涂抹样品，使用完后即可丢弃，其表面的粗糙度稳定，所得数据的重现性好。鉴于以上两种衬底的优缺点，实验中常选用PMMA板。

6）仪器可同时出具临界波长和SPF值的测定结果，但SPF值不可作为检验报告数据。

7）防晒化妆品的防晒指数、防水性能、临界波长、长波紫外线防护指数等除按照《化妆品安全技术规范》规定的检验方法进行测定外，必要时还可参考国际标准组织（ISO）发布的相关检验方法。

参考文献

[1] Mancebo SE, Hu JY, Wang SQ. Sunscreens: A Reviewof Health Benefits, Regulations, and Controversies. Dermatologic Clinics, 2014, 32(3): 427–438.

[2] 曹智，张治军. 防晒化妆品长波紫外线防护效果的仪器评价法. 日用化学工业，2009，39（3）：196–215.

[3] 汪秀平，符移才，胡国胜. 防晒化妆品抗UVA能力仪器测定法述评. 第十届中国化妆品学术研讨会，2014.

[4] Elisabetta Damiania, Luca Rosatib, Riccardo Castagnab, et al. Changes in ultraviolet absorbance and hence in protective efficacy against lipid peroxidation of organic sunscreens after UVA irradiation. Journal of Photochemistry and Photobiology B: Biology, 2006, 82(3): 204–213.

[5] 李竹. 临界波长值在防晒化妆品功效评价中的应用研究. 上海：复旦大学，2006.

[6] 曹小华，肖铎. 防晒霜紫外线透光率的测定及防晒效果分析. 光谱学与光谱分析，2013，33（11）：3098–3100.

[7] 李娟. 化妆品检验与安全性评价. 北京：人民卫生出版社，2015.

2　禁用组分检验方法

2.1　氟康唑等9种组分

Fluconazole and other 8 kinds of components

本方法中的氟康唑等9种组分为氟康唑、酮康唑、萘替芬、联苯苄唑、克霉唑、益康唑、咪康唑、灰黄霉素、环吡酮胺。氟康唑为白色或类白色结晶或结晶性粉末，无臭或略带特异臭，味苦，熔点为137~141℃，易溶于甲醇，溶于乙醇，微溶于二氯甲烷、水或醋酸，几乎不溶于乙醚。酮康唑为类白色结晶性粉末，无臭，无味，熔点为147~151℃，易

溶于三氯甲烷，溶于甲醇，微溶于乙醇，几乎不溶于水。萘替芬常以盐酸盐存在，为白色或类白色结晶性粉末，熔点为172~175℃，微溶于水，易溶于无水乙醇、甲醇。联苯苄唑为类白色至微黄色结晶性粉末，无臭，无味，熔点为148~153℃，易溶于三氯甲烷，略溶于甲醇或无水乙醇，几乎不溶于水，对热稳定，不易氧化及吸潮，在酸性和中度碱性环境下稳定。克霉唑为白色至微黄色结晶性粉末，无臭，无味，熔点为141~145℃，易溶于甲醇或三氯甲烷，溶于无水乙醇、丙酮，几乎不溶于水，在酸溶液中迅速分解。益康唑常以硝酸盐存在，为白色至微黄色的结晶或结晶性粉末，无臭，熔点为163~167℃，易溶于甲醇，微溶于三氯甲烷，极微溶于水。灰黄霉素为白色或类白色的微细粉末，无臭，味微苦，熔点为218~224℃，易溶于二甲基甲酰胺和四氯乙烷，溶于丙酮或三氯甲烷，微溶于无水乙醇，极微溶于水，对热稳定。咪康唑常以硝酸盐存在，为白色结晶性粉末，无臭，无味，熔点为178~184℃，略溶于甲醇，微溶于乙醇或三氯甲烷，不溶于水或乙醚。环吡酮胺为白色结晶性粉末，无臭，味苦，熔点为124~128℃，易溶于甲醇、乙醇或三氯甲烷，略溶于二甲基甲酰胺或水，微溶于乙醚。氟康唑等9种组分的基本信息见附表1。

氟康唑等9种组分属于咪唑类抗真菌药物，具有止痒、抗菌等作用，可能被添加于宣称祛痘和除螨作用的洗护类化妆品中，也易被添加于宣称去屑止痒功能的洗护类发用化妆品中，此类组分外用后可发生皮疹、充血、肿胀、皮肤烧灼感或其他皮肤刺激征象，给人民健康带来潜在危害。

目前检测上述一种或几种组分的方法主要有分光光度法、荧光光度法、高效液相色谱法、气相色谱法、气相色谱－质谱法、液相色谱－质谱法等。《化妆品卫生规范》（2007年版）未收载化妆品中该类组分的检测方法，《化妆品安全技术规范》增收了液相色谱－质谱法同时测定化妆品中氟康唑等9种组分的检测方法，扩大了检测项目，节省了分析样品的时间，提高了检验效率。

本方法的原理为样品经过提取后，用液相色谱－质谱法测定，以多反应离子监测模式进行监测，采用特征离子丰度比进行定性，以待测化合物的峰面积定量，以标准曲线法计算含量。样品处理分为未衍生化和衍生化两种方式，未衍生化样品处理用于测定除环吡酮胺外的8种组分，衍生化样品处理仅用于测定环吡酮胺。

本方法的检出限、定量下限和取样量为0.5g时的检出浓度、最低定量浓度见表1。

表1　9种组分的检出限、定量下限、检出浓度和最低定量浓度

组分名称	检出限（ng/ml）	定量下限（ng/ml）	检出浓度（μg/g）	最低定量浓度（μg/g）
氟康唑	2.0	20	0.25	1.0
酮康唑	10	50	0.50	2.5
萘替芬	0.40	2.0	0.02	0.10
联苯苄唑	0.40	2.0	0.02	0.10
克霉唑	2.0	4.0	0.15	0.25
益康唑	2.0	20	0.15	1.0
咪康唑	2.0	4.0	0.15	0.25
灰黄霉素	4.0	10	0.25	0.50
环吡酮胺	2.0	10	0.15	0.50

方法注释：

1）氟康唑等 9 种组分多以盐的形式存在，若选择的标准物质为某组分的盐，如硝酸咪康唑等，在计算含量时要进行换算；各组分在化妆品中存在明显的基质效应，而且在不同的化妆品中基质效应差异较大，故针对不同基质的化妆品应做不同基质的标准曲线。

2）测定洗护类化妆品中氟康唑等 9 种组分的含量时，由于此类化妆品起泡现象明显，因此在前处理步骤中添加等量的饱和氯化钠溶液避免起泡，同时加速破乳。

3）环吡酮胺由于其在色谱分离中易受到金属离子的影响，在普通 C_{18} 色谱柱中峰形展宽严重，故采用硫酸二甲酯将其甲基化后进行色谱分析。硫酸二甲酯衍生化条件主要包括加碱量、衍生剂加入量，实验选择氢氧化钠浓度为 0.2~0.4mmol/L、硫酸二甲酯加入量为 50μL 时，衍生化产物量最大。

4）硫酸二甲酯作为一种甲基化剂，其蒸气毒性强，曾用作战争毒气。故在使用时最好佩戴防毒面具，保持实验室通风，并将其密封贮存于干燥通风处，远离火种、热源，防止阳光直射。

5）当样品中被测组分的含量超过标准曲线范围时，应对样品溶液进行适当稀释并选择合适的标准曲线范围进行检测。

6）萘替芬和联苯苄唑可能会发生柱残留，若要对其进行检测，可先重复检测基质空白，取峰面积的平均值，计算含量时要先扣除空白干扰。

典型图谱

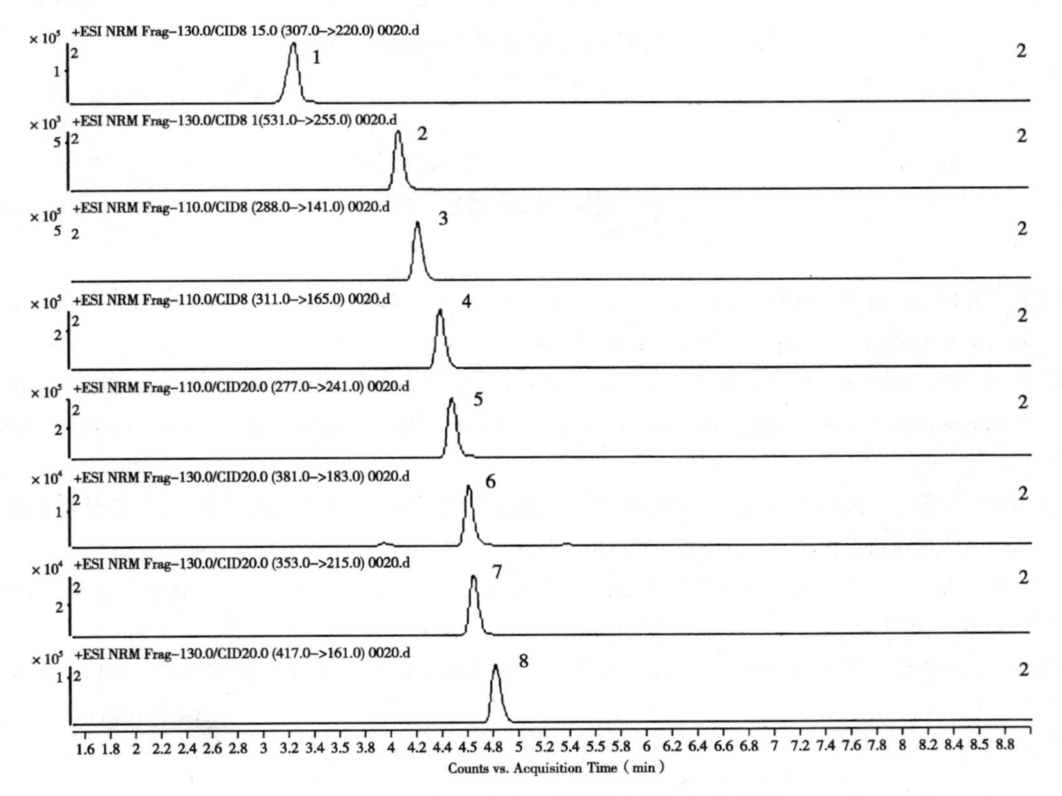

图 1　未经过衍生化处理的基质空白加标色谱图

1：氟康唑；2：酮康唑；3：萘替芬；4：联苯苄唑；5：克霉唑；6：益康唑；7：灰黄霉素；8：咪康唑

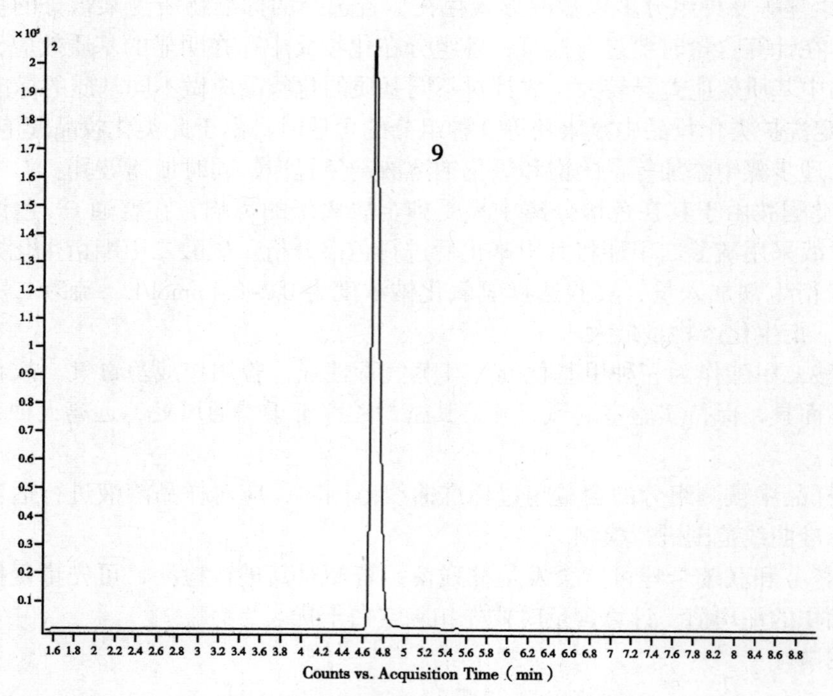

图 2 未经过衍生化处理的基质空白加标色谱图

9：环吡酮胺

参考文献

[1] Zia H, Proveaux WJ, O'Donnell JP, et al. Chromatographic analysis of griseofulvin and metabolites in biological fluids. Chromatogr B, 1980, 181(1): 77-84.

[2] Mistri HN, Jangid AG, Sanyal M. Electrospray ionization LC-MS/MS validated method to quantifygriseofulvin in human plasma and its application to bioequivalence study. Chromatogr B. Analyt, 2007, 850(1-2): 318-326.

[3] 高瞰，邢俊家. 液相色谱 / 质谱 / 质谱法测定人血浆中伏立康唑浓度及其药代动力学和等效性方法研究. 山西医药杂志，2012，41（12）：1316-1317.

[4] 吴景，邢书霞，王钢力. 化妆品中非法添加禁用物质检测技术研究进展. 日用化学品科学，2015，38（10）：5-9.

[5] 于晓，袁遂樑，莫姿丽. HPLC 法测定去屑洗发类化妆品中酮康唑的含量. 海峡药学，2014，26(6)：90-91.

附表 1 氟康唑等 9 种组分的基本信息

中文名称	英文名称	分子式	分子量	CAS号	中文化学名称	英文化学名称	结构式
氟康唑	fluconazole	$C_{13}H_{12}F_2N_6O$	306.28	86386-73-4	α-（2，4-二氟苯基）-α-（1*H*-1，2，4-三唑-1-基甲基）-1*H*-1，2，4-三唑-1-基乙醇	α-（2，4-difluorophenyl）-α-（1*H*-1，2，4，-triazol-1-ylmethyl）-1*H*-1，2，4-triazole-1-ethanol	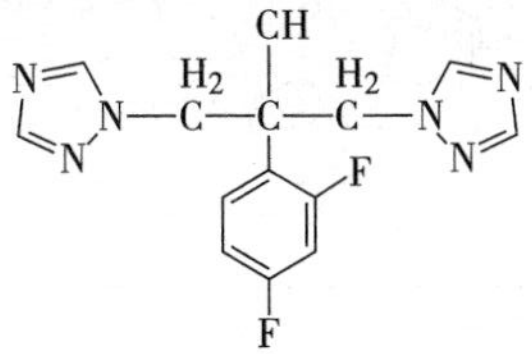
酮康唑	ketoconazole	$C_{26}H_{28}Cl_2N_4O_4$	531.44	65277-42-1	（±）-顺-1-乙酰基-4-［4-［［2-（2，4-二氯苯基）-2-（1-咪唑-1-基甲基）-1，3-二氧戊环-4-基］甲氧基］苯基］哌嗪	*cis*-1-acetyl-4-（4-（（2-（2，4-dichlorophenyl）-2-（1*H*-imidazol-1-ylmethyl）-1，3-dioxolan-4-yl）methoxy）phenyl）piperazine	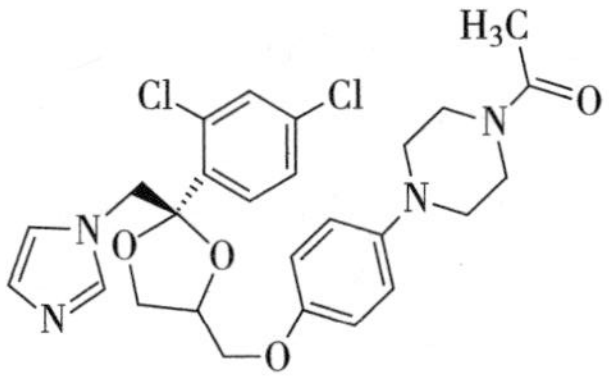
盐酸萘替芬	naftifine hydrochloride	$C_{21}H_{21}N \cdot HCl$	323.88	65473-14-5	（*E*）-*N*-甲基-*N*-（3-苯基-2-丙烯基）-1-萘甲胺盐酸盐	（*E*）-*N*-cinnamyl-*N*-methyl（1-naphthylmethyl）amine hydrochloride	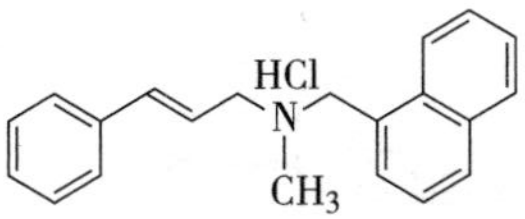
联苯苄唑	bifonazole	$C_{22}H_{18}N_2$	310.40	60628-96-8	（±）1-（α-联苯-4-基苄基）-1*H*-咪唑	1-（（1，1′-biphenyl）-4-ylphenylmethyl）-1*H*-imidazol	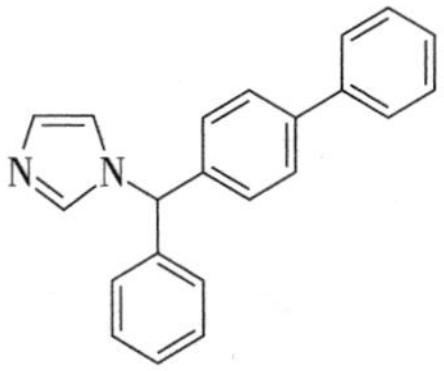
克霉唑	clotrimazole	$C_{22}H_{17}ClN_2$	344.84	23593-75-1	1-［（2-氯苯基）二苯甲基］-1*H*-咪唑	（2-chlorophenyl）diphenyl-1-imidazolylmethane	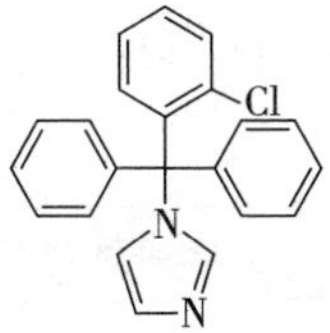

续表

中文名称	英文名称	分子式	分子量	CAS号	中文化学名称	英文化学名称	结构式
益康唑	econazole	$C_{18}H_{15}Cl_3N_2O$	381.68	27220-47-9	1-［2-［（4-氯苯基）甲氧基］-2-（2，4-二氯苯基）乙基］-1*H*-咪唑	1-（2-（（4-chlorophenyl）methoxy）-2-（2，4-dichlorophenyl）ethyl）-1*H*-imidazol	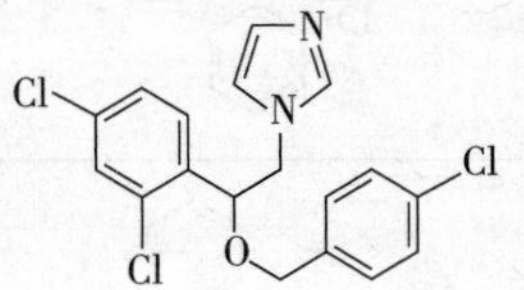
灰黄霉素	griseofulvin	$C_{17}H_{17}ClO_6$	352.77	126-07-8	6′-甲基-2′，4，6-三甲氧基-7-氯-螺［苯并呋喃-2（3*H*），1′-［2］环已烯］-3，4′-二酮	［2*S*-*trans*］-7-chloro-2，4，6-trimethoxy-6′-methylspiro［benzofuran-2（3*H*），1′（2）-Cyclohexane］-3，4′-dione	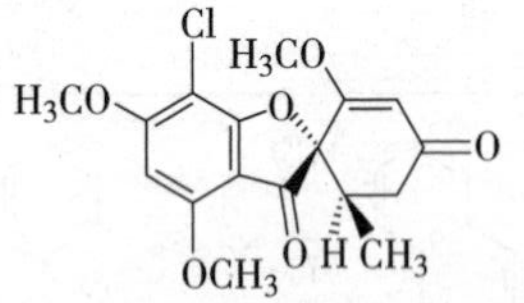
咪康唑	miconazole	$C_{18}H_{14}Cl_4N_2O$	416.13	22916-47-8	1-［2-（2，4-二氯苯基）-2-［（2，4-二氯苯基）甲氧基］乙基］-1*H*-咪唑	1-（2-（2，4-dichlorophenyl）-2-（（2，4-dichlorophenyl）methoxy）ethyl）-imidazol	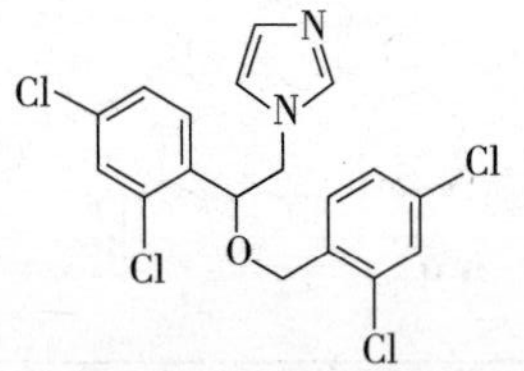
环吡酮胺	ciclopirox	$C_{12}H_{17}NO_2 \cdot C_2H_7NO$	268.36	41621-49-2	4-甲基-6-环已基-1-羟基-2（1*H*）-吡啶酮与2-氨基乙醇的复盐	6-Cyclohexyl-1-hydroxy-4-methylpyridin-2（1*H*）-one compound with 2-aminoethanol	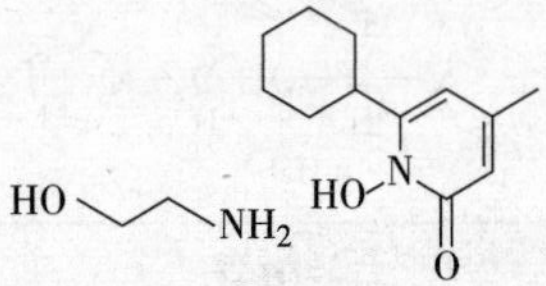

2.2　盐酸美满霉素等 7 种组分

Minocycline hydrochloride and other 6 kinds of components

本方法所指的盐酸美满霉素等 7 种组分为盐酸美满霉素、甲硝唑、二水土霉素、盐酸四环素、盐酸金霉素、盐酸多西环素、氯霉素。盐酸美满霉素又称盐酸米诺环素，为黄色结晶性粉末，无臭，味苦，溶于甲醇，略溶于水，微溶于乙醇，几乎不溶于乙醚，有引湿性，遇光可引起变质。甲硝唑为白色至微黄色结晶性粉末，微臭，味苦而略咸，熔点为 159~163℃，溶于热水，略溶于乙醇，微溶于水或三氯甲烷，极微溶于乙醚。二水土霉素为灰白色至黄色结晶性粉末，无臭，味苦，熔点为 181~182℃，易溶于水，溶于甲醇，微溶于无水乙醇，不溶于三氯甲烷和乙醚，在空气中性质稳定，在日光下颜色变暗，在碱性溶液中易破坏失效。盐酸四环素为黄色结晶性粉末，无臭，熔点为 220~223℃，溶于水，微溶于乙醇，不溶于乙醚，略有引湿性，遇光色渐变深，在碱性溶液中易破坏失效。盐酸金霉素为金黄色或黄色结晶，无臭，味苦，熔点为 210~215℃，微溶于水或乙醇，几乎不溶于丙酮、乙醚或三氯甲烷，遇光色渐变暗。盐酸多西环素为淡黄色或黄色结晶性粉末，熔点为 206~209℃，易溶于水或甲醇，微溶于乙醇或丙酮，几乎不溶于三氯甲烷。氯霉素为白色至微带黄绿色的针状或长片状结晶或结晶性粉末，无臭，味极苦，熔点为 149~153℃，易溶于甲醇、乙醇、丙酮或乙酸乙酯，微溶于水、乙醚和三氯甲烷，不溶于苯和石油醚，在中性或弱酸性水溶液中较稳定，遇碱易失效。盐酸美满霉素等 7 种组分的基本信息见附表 1。

盐酸美满霉素等 7 种组分具有广谱抗菌和消炎作用，许多不法商家为达到宣传效果、牟取暴利，将其非法添加于宣称祛痘抗粉刺类化妆品中，起到快速祛痘、除螨的作用，而人的面部皮肤比较柔嫩，如果长期使用此类产品，会使面部正常菌群紊乱，不仅会引起极难愈的毁容性皮疹、药疹及色素沉着，破坏皮肤的免疫系统，诱发全身性不良反应和内脏损伤等，而且可能引起细菌耐药性增强，使得药效降低而延误实际病情的治疗，进而带来严重的安全隐患。

目前化妆品中检出该类组分的报道较多，其中检出甲硝唑和氯霉素的频次较高，主要因为甲硝唑具有抗厌氧菌作用，氯霉素能与细菌核糖体结合，干扰蛋白质合成而抑制细菌生长，两者对疥疮、酒渣鼻和痤疮等有一定的治疗效果而常用于外用药中，添加于化妆品中可起到同样的疗效。常见的检测方法包括薄层色谱法、高效液相色谱法、液相色谱－质谱法、气相色谱－质谱法等，《化妆品安全技术规范》收载了高效液相色谱法。

本方法的原理为盐酸美满霉素等上述组分在 268nm 处有紫外吸收，可用反相高效液相色谱法分离，以保留时间和紫外光谱图定性、峰面积定量。

本方法各组分的检出限、定量下限及取样量为 1g 时的检出浓度和最低定量浓度见表 1。

表 1　各组分的检出限、定量下限、检出浓度和最低定量浓度

组分名称	检出限（ng）	定量下限（ng）	检出浓度（μg/g）	最低定量浓度（μg/g）
盐酸美满霉素	50	150	50	150
甲硝唑	50	150	50	150
二水土霉素	1	3.3	1	3.3

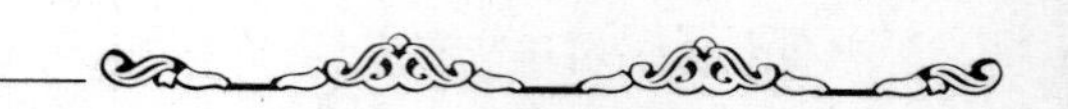

续表

组分名称	检出限（ng）	定量下限（ng）	检出浓度（μg/g）	最低定量浓度（μg/g）
盐酸四环素	1	3.3	1	3.3
盐酸金霉素	1	3.3	1	3.3
盐酸多西环素	1	3.3	1	3.3
氯霉素	1	3.3	1	3.3

方法注释：

1）称取膏霜乳液等黏稠样品时，应将样品均匀涂布于比色管刻度线以下，以使样品能完全、有效地分散于提取溶剂中。

2）盐酸美满霉素、二水土霉素、盐酸四环素、盐酸金霉素遇光易变色或变质，实验中应注意避光操作；由于二水土霉素、盐酸四环素和氯霉素在碱性条件下易破坏失效，故用 0.1mol/L 盐酸溶解标准品。

3）为使样品尽可能均匀地分散于溶液中，在超声提取前应采用涡旋混合仪或人工充分振摇；超声处理后的某些样品溶液较难过滤，应适当离心后，取上清液进行过滤；若样品中被测组分的含量过高，可适当稀释后再进行检测。

4）本法采用高效液相色谱法，操作简便并较为常用，不足之处一是采用等度洗脱程序时，盐酸美满霉素出峰容易受溶剂与基质干扰，检验时间较长，为提高实验效率可通过改变洗脱程序改善；二是由于化妆品基质多样、成分复杂，仅采用紫外光谱图定性，可能出现假阳性结果，缺少准确定性的方法，为提高方法的准确性，检出的阳性结果可采用液相色谱 – 质谱法进行确证。

典型图谱

色谱柱：C_{18} 柱（250mm × 4.6mm × 5μm）

流动相：A：0.01mol/L 草酸溶液（磷酸调节水溶液 pH 至 2.0）；B：甲醇；C：乙腈

梯度洗脱程序如下：

t（分钟）	A（%）	B（%）	C（%）
0	82	4	14
5	82	4	14
7	70	12	18
18	70	12	18
20	82	4	14
30	82	4	14

流速：1.0mL/min

柱温：30℃

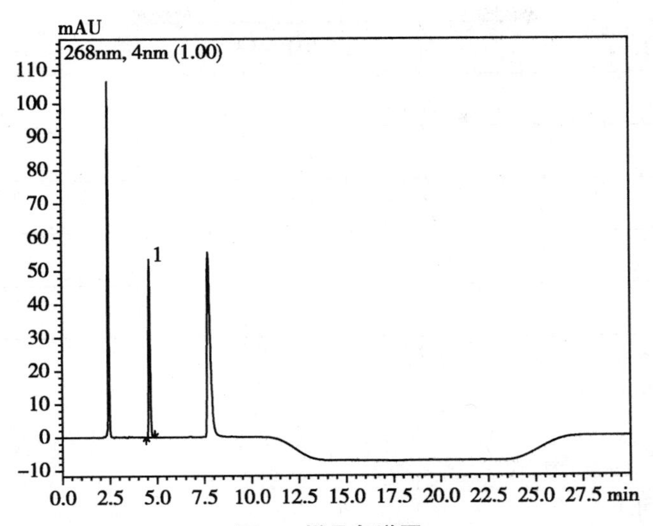

图 1　样品色谱图

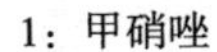

1：甲硝唑

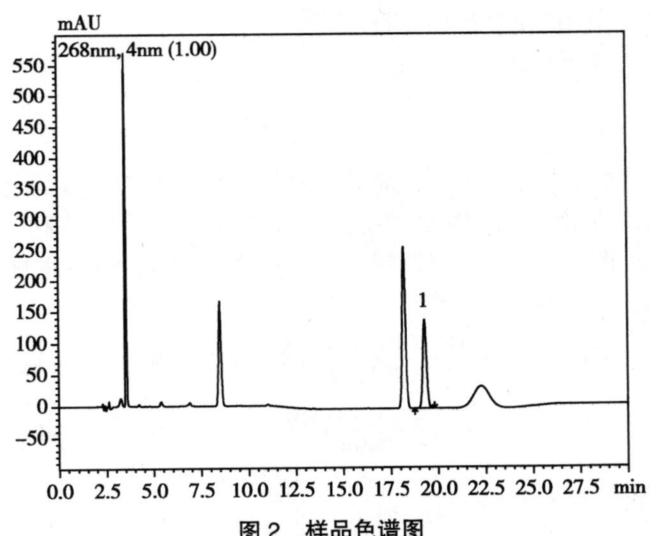

图 2　样品色谱图

1：氯霉素

实例分析

用本方法检测两份祛痘抗粉刺样品时，分别检出甲硝唑和氯霉素，为使结果更加可靠，采用高分辨质谱进一步确证。

1　甲硝唑确证仪器条件

仪器：Q Excutive plus 液相色谱 – 质谱仪

色谱柱：Shim pack XR–ODS Ⅱ C_{18} 柱（75mm × 2.0mm × 2.0μm）

流动相：A：水，含 0.2% 甲酸；B：乙腈，含 0.2% 甲酸

梯度洗脱程序如下：

t（分钟）	A（%）	B（%）
0	90	10
2	90	10
5	20	80
6	90	10
10	90	10

流速：0.4mL/min

柱温：30℃

离子源：ESI，正离子模式

喷雾电压：3.5kV

扫描模式：Full scan

2 氯霉素确证仪器条件

流动相：A：水，含 0.2% 甲酸铵；B：乙腈

离子源：ESI，负离子模式

其余条件同 1。

3 结果确证

两份样品中分别检出与甲硝唑、氯霉素标准溶液保留时间一致的色谱峰，且与相当浓度的标准溶液相比，质量测量准确度 <10μg/g，故判定分别检出甲硝唑和氯霉素。甲硝唑标准溶液测定结果见图 3，样品（甲硝唑）测定结果见图 4；氯霉素标准溶液测定结果见图 5，样品（氯霉素）测定结果见图 6。

$$\text{甲硝唑}\ \frac{172.07140-172.07120}{172.07120}=1.2\times10^{-6}<10\text{mg/kg}$$

$$\text{氯霉素}\ \frac{321.00534-321.00494}{321.00494}=1.2\times10^{-6}<10\text{mg/kg}$$

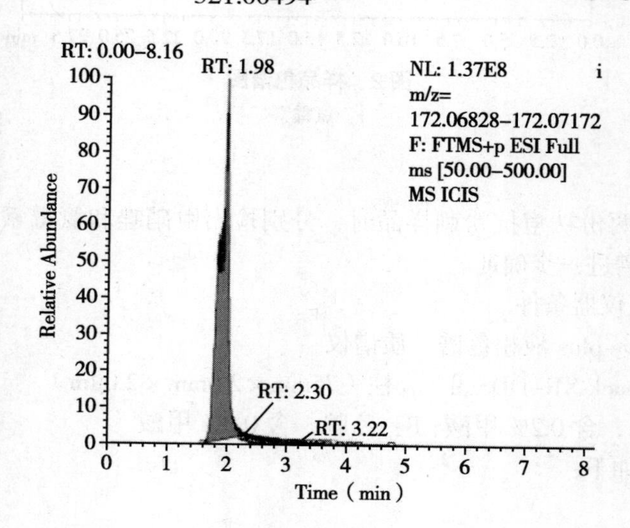

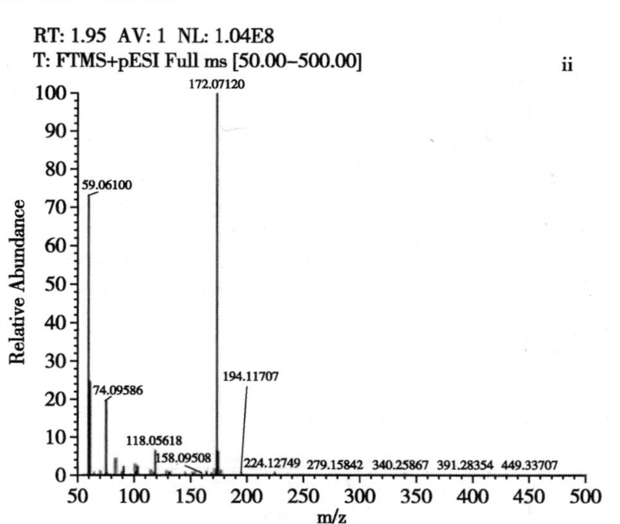

图 3 甲硝唑标准溶液总离子流色谱图（i）与质谱图（ii）

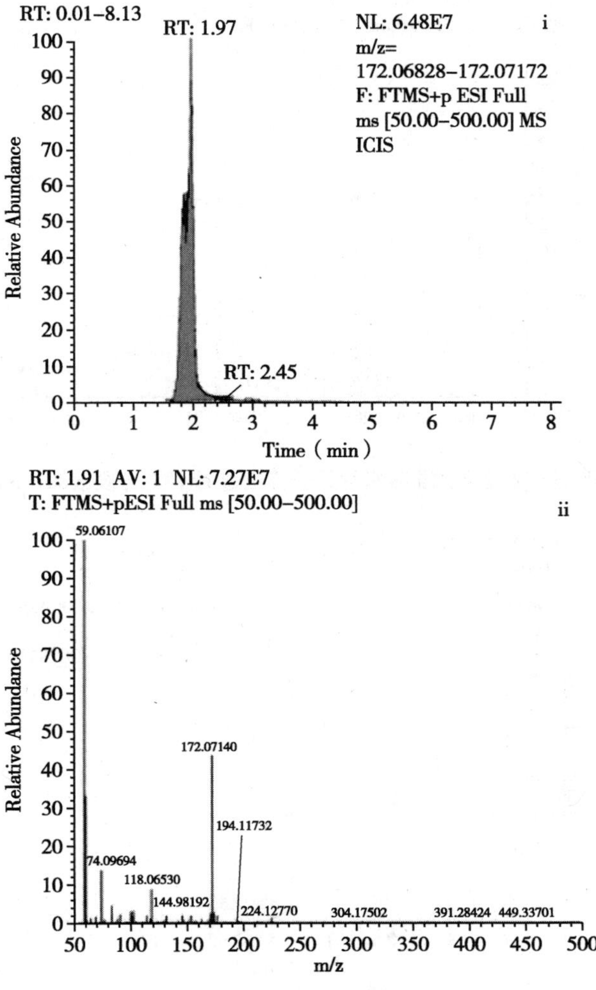

图 4 样品溶液中甲硝唑总离子流色谱图（i）与质谱图（ii）

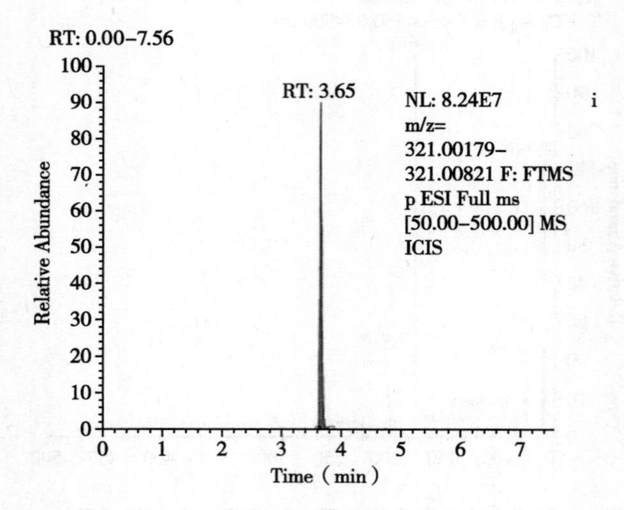

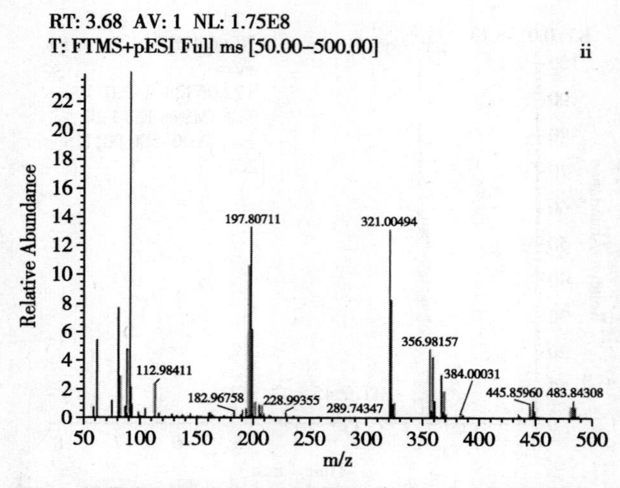

图 5　氯霉素标准溶液总离子流色谱图（i）与质谱图（ii）

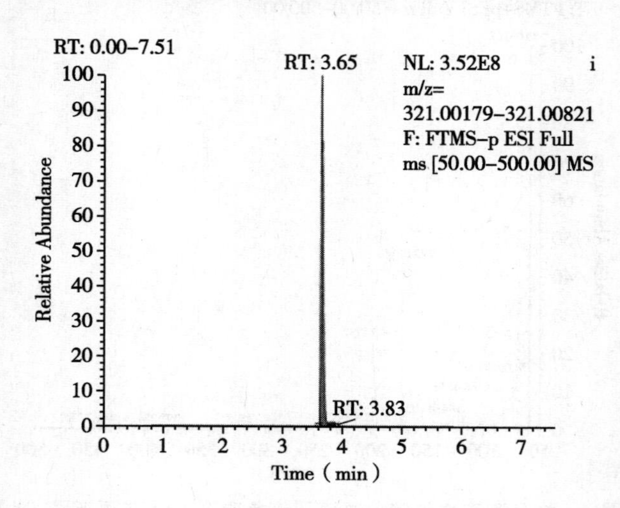

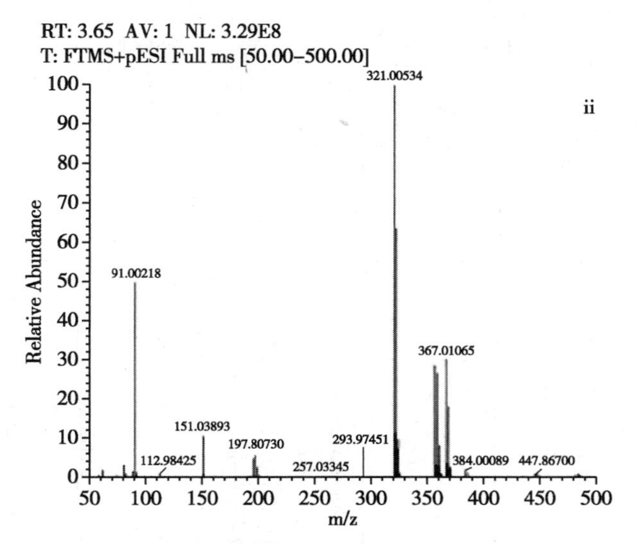

图 6　样品溶液中氯霉素总离子流色谱图（ⅰ）与质谱图（ⅱ）

参考文献

[1] 国家药典委员会. 中华人民共和国药典（二部）. 北京：中国医药科技出版社，2015.

[2] Rasmussem TB, Skinde ME, Bjarnshoh T, et al. Identity and effects of quorum-sensing inhibitors produced by penicillium species. Microbiology, 2005, 151(5): 1325-1340.

[3] 吴大南，郑和辉，杨丽华，等. 祛痘除螨类化妆品中检出抗生素情况的调查. 中国卫生检验杂志，2006，16（2）：216-232.

[4] 钟巍，罗晓燕，郭重山，等. 化妆品中抗生素和防腐剂含量的研究. 环境与健康杂志，2007，24（6）：440-442.

[5] 莫金娜，温玉莹. 薄层色谱法检测化妆品中的氯霉素. 中国卫生检验杂志，2008，18（9）：1767-1768.

[6] 刘华良，杨润，李放，等. 化妆品中 7 种常见抗生素的超高效液相色谱测定法. 环境与健康杂志，2009，26（5）：453-454.

[7] 刘华良，李放，杨润，等. 超高效液相色谱 - 串联质谱法分析化妆品中的常见抗生素及甲硝唑. 色谱，2009，27（1）：50-53.

[8] 谢维平，陈春祝，黄盈煜，等. 气相色谱 - 质谱法测定化妆品中的氯霉素. 色谱，2006，24（6）：659.

附表1　盐酸美满霉素等7种组分的基本信息

中文名称	英文名称	分子式	分子量	CAS号	中文化学名称	英文化学名称	结构式
盐酸美满霉素	minocycline hydrochloride	$C_{23}H_{27}N_3O_7 \cdot HCl$	493.94	13614-98-7	［4*S*-（4α，4αα，5αα，12αα）］-4，7-双（二甲氨基）-1，4，4α，5，5α，6，11，12α-八氢-3，10，12，12α-四羟基-1，11-二氧代-2-并四苯甲酰胺盐酸盐	［4*S*-（4α，4αα，5αα，12αα）］-4，7-bis（dimethylamino）-1，4，4α，5，5α，6，11，12α-octahydro-3，10，12，12α-tetrahydroxy-1，11-dioxonaphthacene-2-carboxamide monohydrochloride	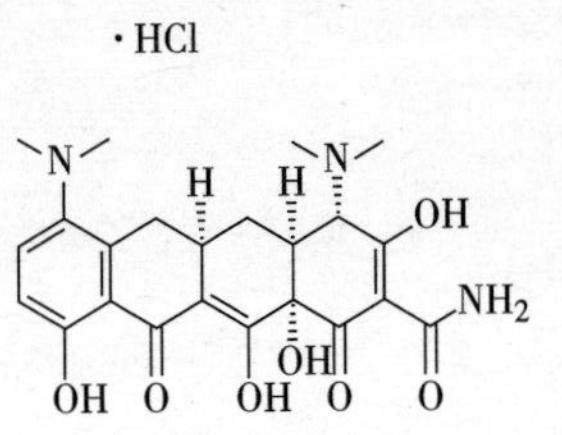 ·HCl
甲硝唑	metronidazole	$C_6H_9N_3O_3$	171.16	443-48-1	2-甲基-5-硝基咪唑-1-乙醇	2-methyl-5-nitroimidazole-1-ethanol	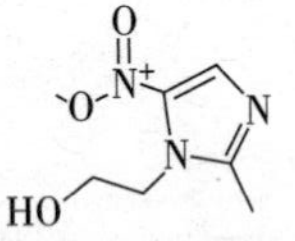
二水土霉素	oxytetracycline dihydrate	$C_{22}H_{24}N_2O_9 \cdot 2H_2O$	496.47	6153-64-6	4-二甲氨基-1，4，4α，5，5α，6，11，12α-八氢-3，5，6，10，12，12α-六羟基-6-甲基-1，11-二氧代-并四苯-2-甲酰胺二水合物	4-（dimethylamino）-1，4，4α，5，5α，6，11，12α-octahydro-3，5，6，10，12，12α-hexahydroxy-6-methyl-1，11-dioxo-2-naphthacenecarboxamide dihydrate	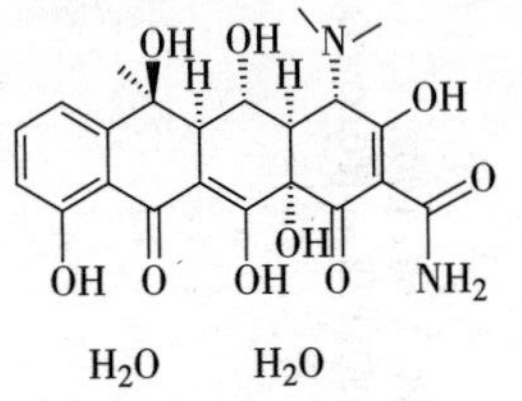 H_2O　H_2O
盐酸四环素	tetracycline hydrochloride	$C_{22}H_{24}N_2O_8 \cdot HCl$	480.90	64-75-5	（4*S*，4α*S*，5α*S*，6*S*，12α*S*）-6-甲基-4-（二甲氨基）-3，6，10，12，12α-五羟基-1，11-二氧代1，4，4α，5，5α，6，11，12α-八氢-2-并四苯甲酰胺盐酸盐	［4*S*-（4alpha，4aalpha，5aalpha，6beta，12aalpha）］-4-（dimethylamino）-1，4，4α，5，5α，6，11，12α-octahydro-3，6，10，12，12α-pentahydroxy-6-methyl-1，11-dioxo-2-naphthacenecarboxamide hydrochloride	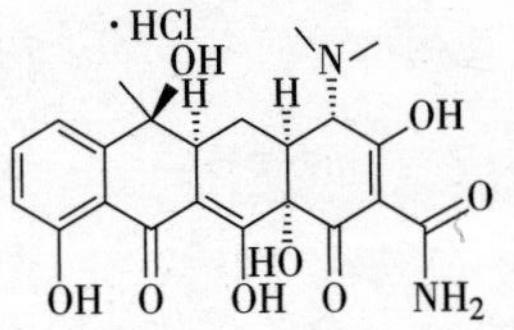 ·HCl

续表

中文名称	英文名称	分子式	分子量	CAS号	中文化学名称	英文化学名称	结构式
盐酸金霉素	chlortetracycline hydrochloride	$C_{22}H_{23}ClN_2O_8 \cdot HCl$	515.35	64-72-2	6-甲基-4-（二甲氨基）-3，6，10，12，12α-五羟基-1，11-二氧代-7-氯-1，4，4α，5，5α，6，11，12α-八氢-2-并四苯甲酰胺盐酸盐	7-chloro-4-（dimethylamino）-1，4，4α，5，5α，6，11，12α-octahydro-3，6，10，12，12α-pentahydroxy-6-methyl-1，11-dioxo-2-naphthacenecarboxamide monohydrochloride	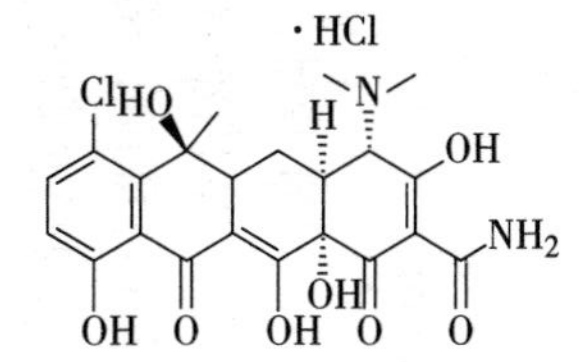
盐酸多西环素	doxycycline hydrochloride	$C_{22}H_{24}N_2O_8 \cdot HCl$	480.90	10592-13-9	6-甲基-4-（二甲氨基）-3，5，10，12，12α-五羟基-1，11-二氧代-1，4，4α，5，5α，6，11，12α-八氢-2-并四苯甲酰胺盐酸盐	4-（dimethylamino）-1，4，4α，5，5α，6，11，12α-octahydro-3，5，10，12，12α-pentahydroxy-6-methyl-1，11-dioxo-2-naphthacenecarboxamide monohydrochloride	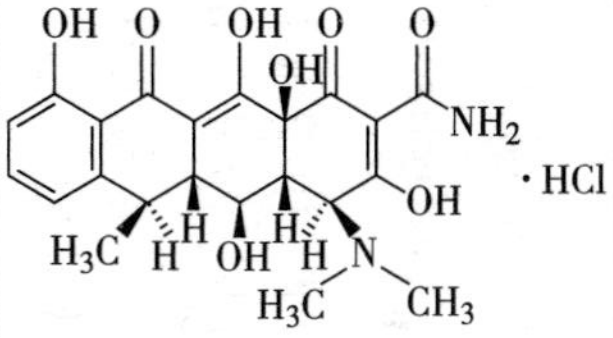
氯霉素	chloramphenicol	$C_{11}H_{12}Cl_2N_2O_5$	323.13	56-75-7	D-苏式-（-）-*N*-［α-（羟基甲基）-β-羟基-对硝基苯乙基］-2，2-二氯乙酰胺	D-（-）-threo-1-*p*-nitrophenyl-2-dichloroacetylamino-1，3-propanediol	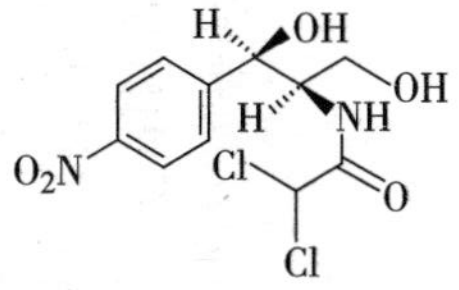

2.3　依诺沙星等 10 种组分

Enoxacin and other 9 kinds of components

本方法所指的依诺沙星等 10 种组分为依诺沙星、氟罗沙星、氧氟沙星、诺氟沙星、培氟沙星、环丙沙星、恩诺沙星、沙拉沙星、双氟沙星和莫西沙星。依诺沙星为白色或浅黄褐色结晶或结晶性粉末，无臭，味苦，熔点为 220~224℃，易溶于冰醋酸，微溶于甲醇，极微溶于三氯甲烷或丙酮，几不溶于乙醇、乙醚或水。氟罗沙星为白色至微黄色结晶性粉末，无臭，味微苦，熔点为 269~271℃，易溶于冰醋酸，微溶于三氯甲烷，极微溶解于水或甲醇，几乎不溶于乙酸乙酯，熔融的同时分解。氧氟沙星为无色针状结晶，无臭，味苦，熔点为 250~257℃，易溶于冰醋酸，较易溶于三氯甲烷，难溶于甲醇、乙醇、丙酮、三氯甲烷或水，不溶于乙酸乙酯，熔融的同时分解。诺氟沙星类白色至淡黄色结晶性粉末，无臭，味微苦，熔点为 220℃，易溶于醋酸，可溶于乙醇、丙酮、辛醇、三氯甲烷，微溶于水、苯、乙酸乙酯、甲醇，难溶于乙醚，暴露在空气中易吸湿，形成半水合物，遇光色渐变深。培氟沙星为类白色晶体，几乎无臭，味微苦，熔点为 270~272℃，溶于碱性和酸性溶液，微溶于水，熔融的同时分解。环丙沙星为白色至微黄色结晶性粉末，几乎无臭，味苦，熔点为 255~257℃，溶于乙酸，极微溶于乙醇和三氯甲烷，熔融的同时分解。沙拉沙星为类白色至淡黄色结晶性粉末，无臭，味微苦，熔点≥300℃，在水中几乎微溶，在甲醇中微溶，在氢氧化钠试液中微溶，有引湿性，遇光、遇热色渐变深。恩诺沙星为微黄色或淡黄色结晶性粉末，无臭，无味，熔点为 221~226℃，在酸性或碱性条件下溶解，略溶于二甲基甲酰胺、三氯甲烷，微溶于甲醇，不溶于水，长时间光照色泽加深，有引湿性。双氟沙星常以盐酸盐存在，为类白色或淡黄色结晶性粉末，熔点 >245℃。莫西沙星为浅黄色至黄色粉末或晶体，熔点为 203~208℃。依诺沙星等 10 种组分的基本信息见附表 1。

依诺沙星等 10 种组分为人工合成的喹诺酮类广谱抗菌药，我国将此类药物纳入处方药管理，有可能被添加至宣称具有祛痘和除螨作用的洗护类化妆品中。该类药物可引起中枢神经系统毒性、皮肤反应及光敏反应、软骨损害等不良反应，在化妆品中违法添加此类成分会给人民身体健康带来潜在危害。

目前，依诺沙星等 10 种组分的检测方法主要有分光光度法、荧光光谱法、高效液相色谱法、气相色谱法、气相色谱－质谱法、液相色谱－质谱法等，但仅能检测上述一种或几种组分。《化妆品安全技术规范》采用液相色谱－质谱法可同时检测化妆品中的依诺沙星等 10 种组分，可保证检测方法及结果的准确性、重现性和可靠性，特别是有效避免了由于化妆品成分复杂、色谱杂峰多而可能出现的假阳性结果，极大地提高了检验效率。

本方法的原理为样品提取后，经液相色谱－质谱仪测定，以多反应离子监测模式进行监测，采用特征离子丰度比进行定性、峰面积定量，以标准曲线法计算含量。

本方法各组分的检出限、定量下限及取样量为 0.5g 时的检出浓度和最低定量浓度见表 1。

方法注释：

1）依诺沙星等 10 种组分多以盐的形式存在，若选择的标准品为某组分的盐，如盐酸双氟沙星等，在计算含量时要进行换算。

表 1　各组分的检出限、定量下限、检出浓度和最低定量浓度

组分名称	检出限（ng）	定量下限（ng）	检出浓度（μg/g）	最低定量浓度（μg/g）
依诺沙星	10	20	0.50	1.0
氟罗沙星	4.0	10	0.20	0.50
氧氟沙星	10	20	0.50	1.0
诺氟沙星	10	20	0.50	1.0
培氟沙星	4.0	10	0.20	0.50
环丙沙星	4.0	20	0.20	1.0
恩诺沙星	1.0	2.0	0.050	0.10
沙拉沙星	2.0	4.0	0.10	0.20
双氟沙星	4.0	10	0.20	0.50
莫西沙星	4.0	10	0.20	0.50

2）配制混合标准储备溶液时，依诺沙星等 10 种组分可能出现对照品溶解不完全的现象，可在温水浴中适当加热使其完全溶解。

3）依诺沙星等 10 种组分在酸性水溶液中具有较好的溶解性，故前处理时加入了 15mL 2% 甲酸溶液，但加入 2% 甲酸溶液可能会引起起泡，为消除泡沫，故采用乙腈定容。

4）由于存在明显的基质效应，而且在不同的化妆品中基质效应差异较大，故依诺沙星等 10 种组分应针对不同基质的化妆品制作不同的标准曲线；测定检出浓度时，应将配制的低浓度标准溶液加入空白样品中，按样品前处理方法同法提取、测定。

5）当样品中被测组分的含量超过标准曲线范围后，应对样品进行适当稀释并选择合适的标准曲线范围进行检测。

典型图谱

仪器：LC–MS 8030 液相色谱 – 质谱仪

色谱柱：C_{18} 柱（100mm × 2.1mm × 3.5μm）

流动相：A：水，含 0.2% 甲酸；B：乙腈，含 0.2% 甲酸

梯度洗脱程序如下：

t（分钟）	A（%）	B（%）
0	90	10
2	90	10
6	20	70
6.1	90	10
10	90	10

流速：0.3mL/min

柱温：30℃

离子源：ESI，正离子模式

雾化气：3L/min

喷雾电压：4.0kV

干燥气：15L/min

碰撞气：Ar

扫描模式：Full scan

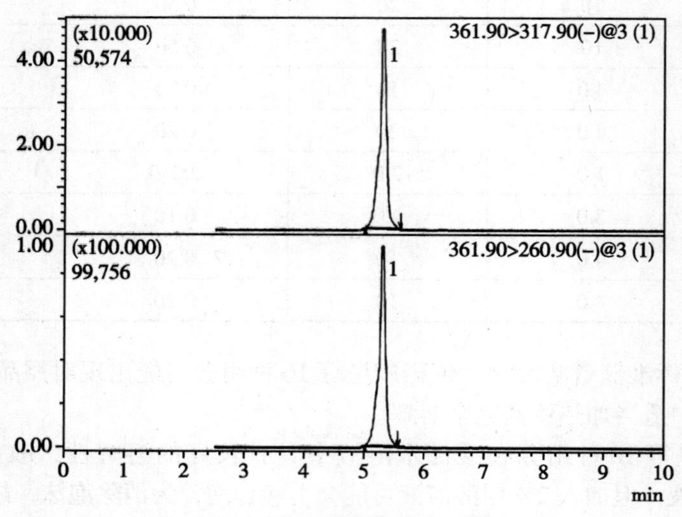

图 1　液态水基类样品质谱图

1：氧氟沙星

实例分析

用本方法检测祛痘抗粉刺样品时，检出氧氟沙星，为使检验结果更加准确、可靠，采用高分辨质谱对阳性结果进行了进一步确证。

1　氧氟沙星确证仪器条件

仪器：Q Excutive plus 液相色谱 - 质谱仪

色谱柱：Shim pack XR-ODS Ⅱ C_{18} 柱（75mm × 2.0mm × 2.0μm）

流动相：A：水，含 0.2% 甲酸；B：乙腈，含 0.2% 甲酸

梯度洗脱程序如下：

t（分钟）	A（%）	B（%）
0	90	10
2	90	10
5	20	80
6	90	10
10	90	10

流速：0.4mL/min

柱温：30℃

离子源：ESI，正离子模式

雾化气：35Arb

喷雾电压：3.5kV

干燥气：10 Arb

碰撞气：Ar

扫描模式：Full scan

2 溶液制备

配制与氧氟沙星标准溶液浓度相当的样品溶液，分别进样。

3 结果确证

样品中检出与氧氟沙星标准溶液保留时间一致的色谱峰，且与相当浓度的标准溶液相比，质量测量准确度 <10μg/g，故判定检出氧氟沙星。氧氟沙星标准溶液测定结果见图 2，样品（检出氧氟沙星）测定结果见图 3。

$$\frac{362.1506-362.1500}{362.1500}=1.7\times10^{-6}\ <10\text{mg/kg}$$

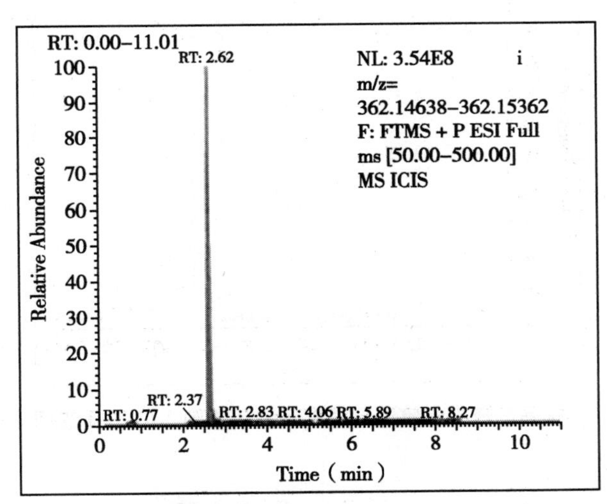

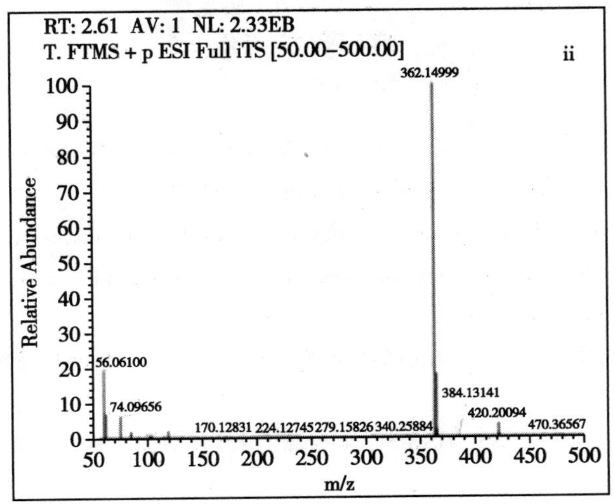

图 2 氧氟沙星标准溶液总离子流色谱图（i）与质谱图（ii）

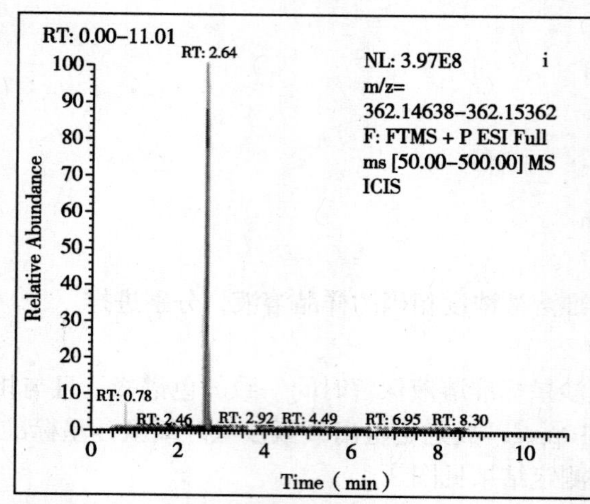

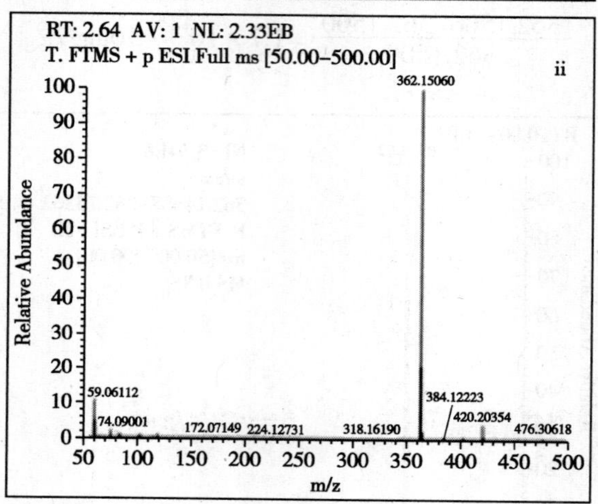

图 3　样品溶液中氧氟沙星总离子流色谱图（i）与质谱图（ii）

[1] Yorke JC, Froc P. Quantitation of nine quinolones in chicken tissues by high-performance liquid chromatography with fluorescence detection. J Chromatogr A, 2000, 882(1-2): 63-77.

[2] Johnston L, Mackay L, Crft M. Determination of quinolones and fluoroquinonones in fish tissue and seafood by high-performance liquid chromatography with eletrospray ionization tandem mass spectrometric detection. J Chromatogr A, 2002, 982(1): 97-109.

[3] 陈笑梅，池浩超，刘海山，等. 液相色谱串联质谱检测鳗鱼中四种氟喹诺酮残留. 生命科学仪器，2005，3（5）：20-23.

[4] 张川，胡冠九，孙成. UPLC-ESI-MS/MS 法同时测定水中 7 种抗生素. 环境监测管理与技术，2009，21（3）：37-40.

[5] Anderson CR, Rupp HS, Wu W. Complexities in tetracycline analysis—chemistry, matrix extraction, clean-up, and liquid chromatography. J Chromatography A, 2005, 1075: 23-32.

附表 1 依诺沙星等 10 种组分的基本信息

中文名称	英文名称	分子式	分子量	CAS号	中文化学名称	英文化学名称	结构式
依诺沙星	enoxacin	$C_{15}H_{17}FN_4O_3$	320.32	74011-58-8	1-乙基-6-氟-1，4-二氢-4-氧代-7-（1-哌嗪基）-1，8-萘啶-3-羧酸	1-ethyl-6-fluoro-1，4-dihydro-4-oxo-7-［1-piperazinyl］-1，8-naphthyridine-3-carboxylic acid	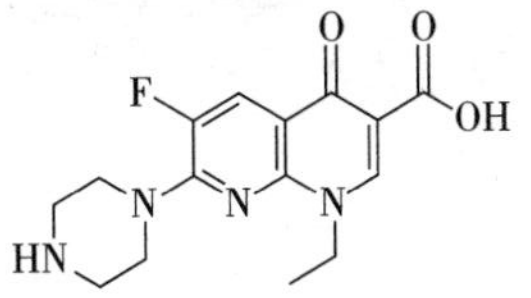
氟罗沙星	fleroxacin	$C_{17}H_{18}F_3N_3O_3$	369.34	79660-72-3	6，8-二氟-1-（2-氟乙基）-1，4-二氢-7-（4-甲基-1-哌嗪基）-4-氧-3-喹啉羧酸	6，8-difluoro-1-（2-fluoroethyl）-1，4-dihydro-7-（4-methyl-1-piperazinyl）-4-oxo-3-quinolinecarboxylic acid	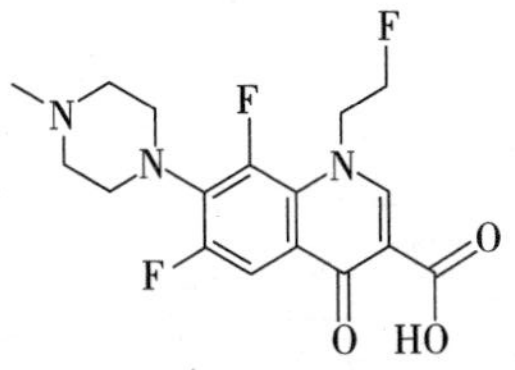
氧氟沙星	ofloxacin	$C_{18}H_{20}FN_3O_4$	361.37	82419-36-1	（±）-9-氟-2，3-二氢-3-甲基-10-（4-甲基-1-哌嗪基）-7-氧代-7*H*-吡啶并［1，2，3-de］-［1，4］苯并噁嗪-6-羧酸	（±）-9-fluoro-2，3-dihydro-3-methyl-10-（4-methyl-1-piperazinyl）-7-oxo-7*H*-pyrido［1，2，3-de］-1，4-benzoxazine-6-carboxylic acid	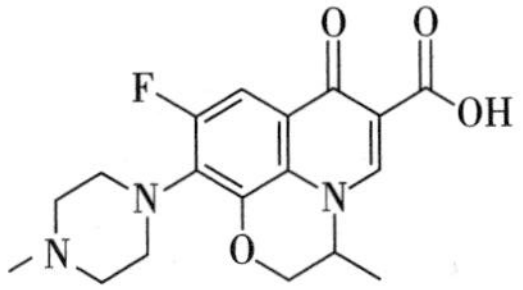
诺氟沙星	norfloxacin	$C_{16}H_{18}FN_3O_3$	319.24	70458-96-7	1-乙基-6-氟-1，4-二氢-4-氧代-7-（1-哌嗪基）-3-喹啉羧酸	1，4-dihydro-1-ethyl-6-fluoro-4-oxo-7-（1-piperazinyl）-3-quinolinecarboxylica	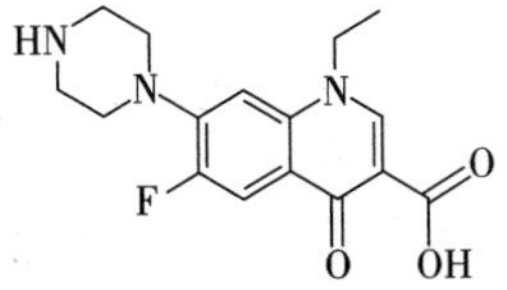
培氟沙星	pefloxacin	$C_{17}H_{20}FN_3O_3$	333.36	70458-92-3	1-乙基-6-氟-1，4-二氢-7-（4-甲基-哌嗪基）-4-氧代-3-喹啉羧酸	pefloxacin mesylate dihydrate	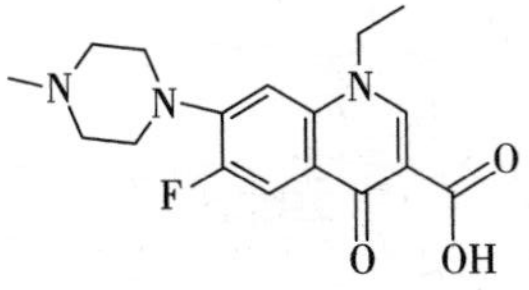

续表

中文名称	英文名称	分子式	分子量	CAS号	中文化学名称	英文化学名称	结构式
环丙沙星	ciprofloxacin	$C_{17}H_{18}FN_3O_3$	331.34	85721-33-1	1-环丙基-6-氟-1，4-二氢-4-氧代-7-（1-哌嗪基）-3-喹啉羧酸	1-cyclopropyl-6-fluoro-4-oxo-7-（1-piperazinyl）-1，4-dihydro-3-quinolinecarbox	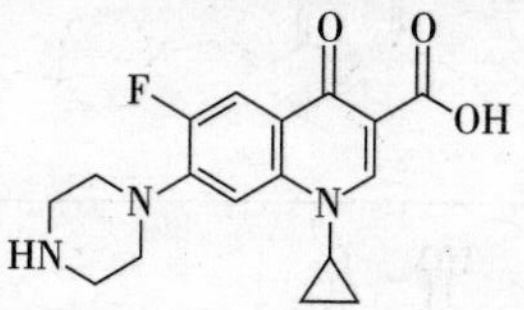
恩诺沙星	enrofloxacin	$C_{19}H_{22}FN_3O_3$	359.40	93106-60-6	1-环丙基-6-氟-1，4-二氢-4-氧-7-（4-乙基-1-哌嗪基）-3-喹啉羧酸	1，4-dihydro-1-cyclopropyl-7-（4-ethyl-1-piperazinyl）-6-fluoro-4-oxo-3-quinoli	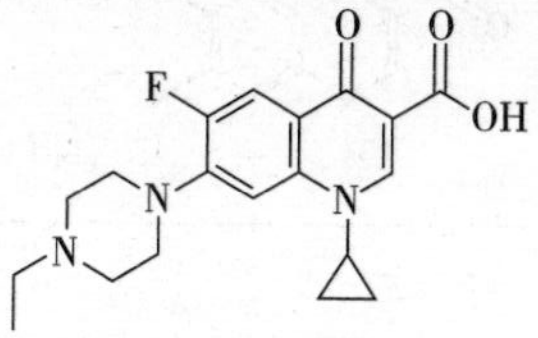
沙拉沙星	sarafloxacin	$C_{20}H_{17}F_2N_3O_3$	385.36	98105-99-8	6-氟-1-（4-氟苯基）-1，4-二氢-4-氧-7-（1-哌嗪基）-3-喹啉羧酸	6-fluoro-1-（4-fluorophenyl）-1，4-dihydro-4-oxo-7-（1-piperazinyl）-3-quinolinecarboxylic acid	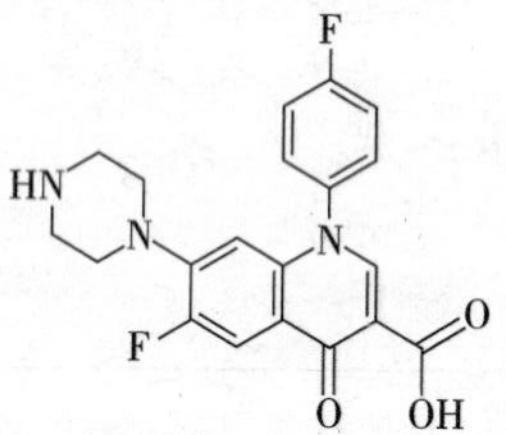
双氟沙星	difloxacin	$C_{21}H_{19}F_2N_3O_3$	399.39	98106-17-3	6-氟-1-（4-氟苯基）-7-（4-甲基哌嗪-1-基）-4-氧代喹啉-3-甲酸	6-fluoro-1-（4-fluorophenyl）-1，4-dihydro-7-（4-methyl-1-piperazinyl）-4-oxo-3-quinolinecarboxylic acid	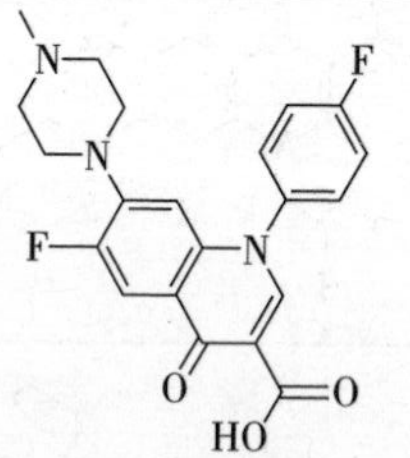
莫西沙星	moxifloxacin	$C_{21}H_{24}FN_3O_4$	401.43	151096-09-2	1-环丙基-7-（*S*，*S*-2，8-二氮杂双环［4.3.0］壬烷-8-基）-6-氟-8-甲氧-4-氧代-1，4-二氢-3-喹啉羧酸	（1′*S*，6′*S*）-1-cyclopropyl-7-（2，8-diazabicyclo［4.3.0］non-8-yl）-6-fluoro-8-methoxy-4-oxo-1，4-dihydroquinoline-3-carboxylic acid	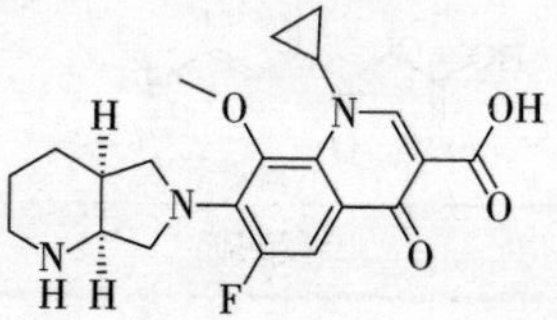

2.4　雌三醇等 7 种组分

Estriol and other 6 kinds of components

本方法所指的雌三醇等 7 种组分为性激素，包括雌三醇、雌酮、己烯雌酚、雌二醇、睾酮、甲睾酮和黄体酮。雌三醇为白色结晶性粉末，熔点为 280~282℃，难溶于水，微溶于乙醇（1∶500）、乙醚、三氯甲烷、二氧六环和植物油，易溶于吡啶和碱性溶液。雌酮为白色板状结晶或结晶性粉末，几乎不溶于水，溶于二氧六环、吡啶和碱性溶液，微溶于乙醇（1∶400）、丙酮、苯、三氯甲烷、乙醚和植物油，天然产品为右旋，在空气中稳定。己烯雌酚为二乙基己烯雌酚的简称，白色小片状结晶，熔点为 170~172℃，溶于乙醇、乙醚、三氯甲烷、脂肪油和稀碱溶液，几乎不溶于水，对石蕊呈中性。雌二醇为白色或乳白色结晶性粉末，无臭，熔点为 178~179℃，能与洋地黄皂苷生成沉淀，在二氧六环、丙酮中溶解，在乙醇中略溶，在水中不溶，在空气中稳定。睾酮为白色结晶性粉末，无味，熔点为 152~156℃，易溶于乙醇（1∶5）和三氯甲烷（1∶2），溶于乙醚（1∶100），不溶于水。甲睾酮为白色结晶性粉末，无臭，无味，熔点为 162~168℃，有吸湿性（微有引湿性），易溶于三氯甲烷和二噁烷，溶于乙醇（1∶5）、丙酮（1∶10）、甲醇，微溶于乙醚，难溶于水、植物油。黄体酮为白色粉末状固体，无味，有生理活性相同而易于互变的两种结晶体，α 型为正交棱柱状结晶，β 型为正交针状结晶，易溶于三氯甲烷，溶于乙醇、丙酮和二氧六环，微溶于植物油，不溶于水，在空气中稳定。雌三醇等 7 种组分的基本信息见附表 1。

性激素具有促进性器官发育和保持第二性征的重要生理功能，对机体内糖、脂肪、蛋白质、盐等物质的代谢有不同程度的影响。对皮肤而言，有促进毛发生长、消除皱纹、增加皮肤弹性、防止皮肤老化的作用，但长期使用含激素的化妆品易导致人体代谢紊乱及癌症的发生等。

目前，化妆品中性激素的检测方法主要有高效液相色谱法、气相色谱 – 质谱法、液相色谱 – 质谱法等。

第一法　高效液相色谱 – 二极管阵列检测器法

本方法的原理为样品提取后，经高效液相色谱仪分离，二极管阵列检测器检测，根据保留时间及紫外光谱图定性，峰面积定量。

本方法各组分的检出限及取样量为 1g 时的检出浓度见表 1。

表 1　各组分的检出限和检出浓度

激素组分	雌三醇	雌酮	己烯雌酚	雌二醇	睾酮	甲睾酮	黄体酮
检出限（mg）	0.02	0.04	0.01	0.02	0.002	0.002	0.003
检出浓度（mg/g）	40	80	20	40	4	4	6

方法注释：

1）性激素为类固醇物质，主体为环戊烷并多氢菲母核的结构，不同物质之间的区别在于环上碳原子所连的基团不同。脂溶性强，水溶性低，结构相似的组分在色谱中的表现相似，不容易达到分离。不同品牌的色谱柱可能会出现色谱峰出峰顺序不一致的现象，当更换新的色谱柱时需要重新进行色谱峰定位。

2）雌三醇出峰较快，保留时间相对较短，其色谱峰容易受基质干扰，无法通过保留时间和紫外光谱图进行准确定性，必要时需通过质谱进行确证。

3）雌酮、甲睾酮、己烯雌酚的保留时间比较接近，实验中需要注意三者的分离度，以免出现色谱峰包峰现象，从而造成假阴性，必要时采用质谱进行确证。

4）己烯雌酚存在顺、反异构体，其中反式己烯雌酚具有活性作用，目前市售的己烯雌酚标准物质有反式以及顺、反异构混合物两种（详见附表1）。混合物标准物质以反式为主，其液相色谱中反式已烯雌酚出峰较早，实验中应注意加以区分。

5）采用本方法的流动相无法获得满意的分离度时，可以改用乙腈－水系统（见典型图谱项下）进行色谱分离，但需要保证系统适用性结果满足要求。

6）本方法中采用环已烷提取膏状、乳状样品中的性激素，实验中常出现回收率过低的现象，可以尝试改用溶液状样品的提取方法，即甲醇提取的方法。

典型图谱

色谱柱：Purospher STAR LP RP-18 endcapped（250mm × 4.6mm × 5μm）

流动相：A：水；B：乙腈

梯度洗脱程序如下：

t（分钟）	A（%）	B（%）
0	70	30
3.5	70	30
10	50	50
18.5	25	75
25	25	75
25.1	70	30
30	70	30

流速：1.0mL/min

柱温：30℃

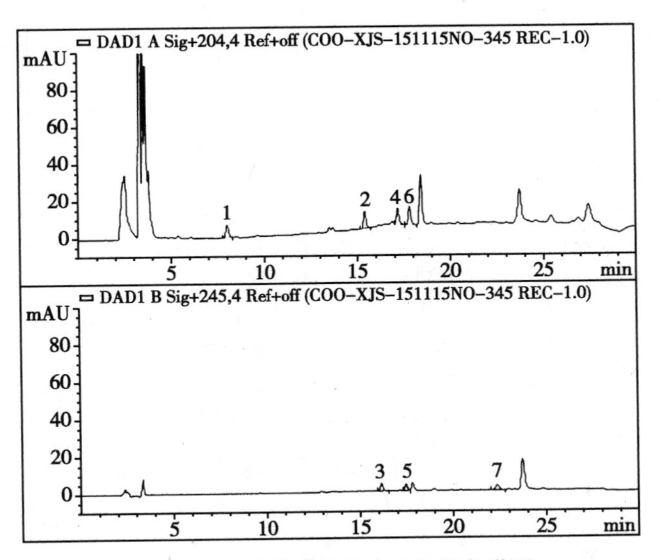

图 1 液态水基类基质空白加标色谱图

1：雌三醇；2：雌二醇；3：睾酮；4：雌酮；5：甲睾酮；6：己烯雌酚；7：黄体酮

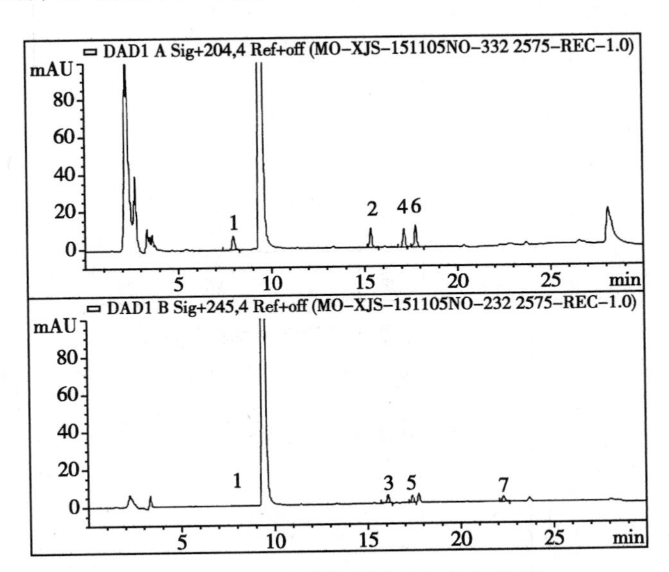

图 2 膏霜乳液类基质空白加标色谱图

1：雌三醇；2：雌二醇；3：睾酮；4：雌酮；5：甲睾酮；6：己烯雌酚；7：黄体酮

色谱柱：Waters XBridge^{TM} Phenyl（150mm × 4.6mm × 5mm）

其余同方法原文。

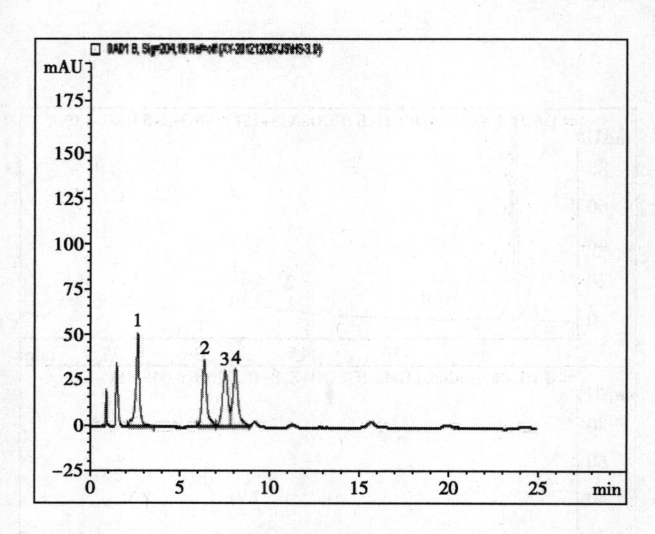

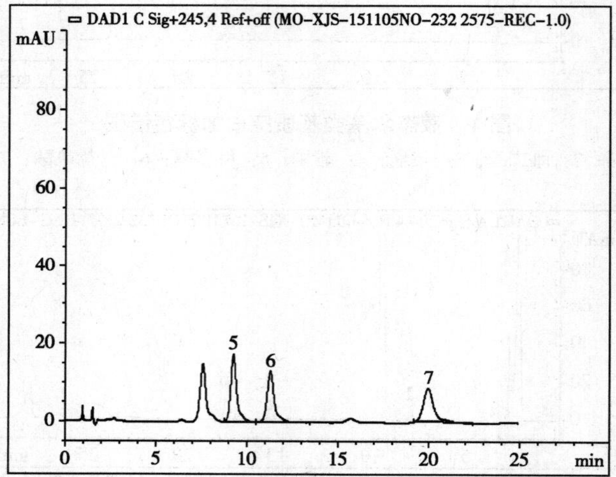

图 3　液态水基类基质空白加标色谱图

1：雌三醇；2：雌二醇；3：己烯雌酚；4：雌酮；5：睾酮；6：甲睾酮；7：黄体酮

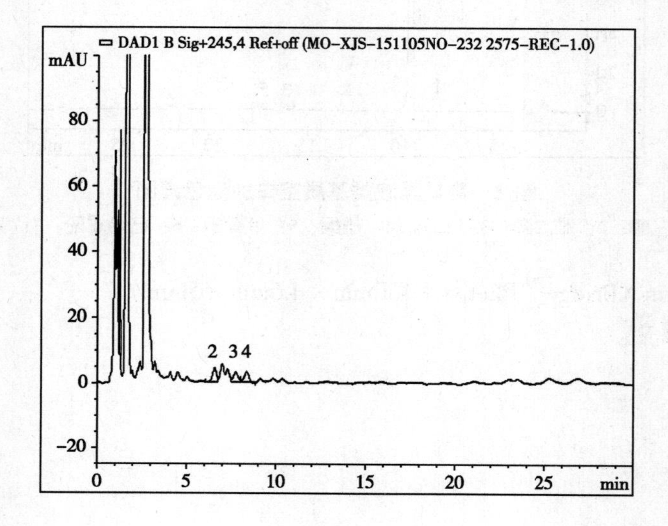

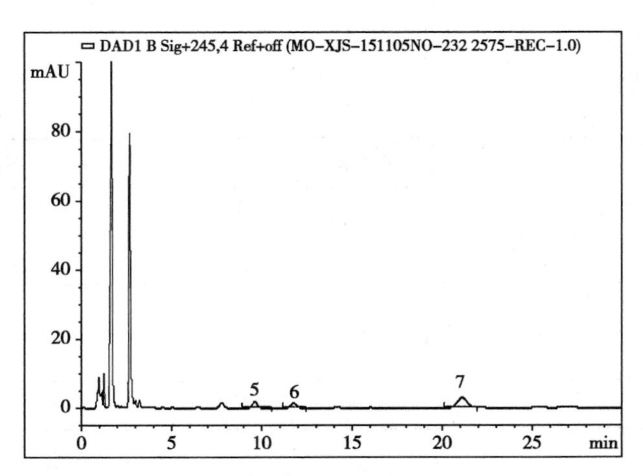

图 4　膏霜乳液类基质空白加标色谱图

1：雌三醇；2：雌二醇；3：己烯雌酚；4：雌酮；5：睾酮；6：甲睾酮；7：黄体酮

第二法　高效液相色谱 - 紫外检测器 / 荧光检测器法

本方法的原理为样品提取后，经高效液相色谱仪分离，紫外检测器 / 荧光检测器检测，以保留时间定性，峰面积定量。

本方法各组分的检出限及取 1g 样品时的检出浓度见表 2。

表 2　各组分的检出限和检出浓度

激素组分	雌三醇	雌酮	己烯雌酚	雌二醇	睾酮	甲睾酮	黄体酮
检出限（mg）	0.05	0.4	0.03	0.035	0.002	0.002	0.004
检出浓度（mg/g）	100	800	60	70	4	4	8

方法注释：

1）第一法为高效液相色谱 - 二极管阵列检测器法，采用保留时间和 DAD 图谱双重标准进行定性。第二法为紫外检测器 / 荧光检测器法，只可以采用保留时间进行定性。基质干扰现象较为严重，需要采用质谱确证，故第二法的实用性较差。无特殊情况，建议采用第一法进行检验。

2）本方法采用高效液相色谱 - 紫外检测器 / 荧光检测器，雌激素的检出限均高于第一法。日常检验中不建议采用该法。

3）本方法的流动相为甲醇 : 水 =80 : 20，实际检验中很难获得满意的分离度，同时由于化妆品基质较为复杂，无法仅通过保留时间进行定性。必须使用本法时建议采用超高效液相色谱，乙腈 - 水系统进行色谱分离。

4）不同品牌的色谱柱可能会出现色谱峰出峰顺序不一致的现象，当更换新的色谱柱时需要重新进行色谱峰定位。

5）典型图谱

液相色谱仪：Waters Acquity UPLC

色谱柱：Waters Acquity UPLC BEH Phenyl 柱（100mm × 2.1mm × 1.7μm）

流动相：A：水；B：乙腈

梯度洗脱程序如下：

t（分钟）	A（%）	B（%）
0.00	90	10
2.00	68	32
10.00	40	60
10.01	90	10
11.00	90	10

流速：0.3mL/min

柱温：30℃

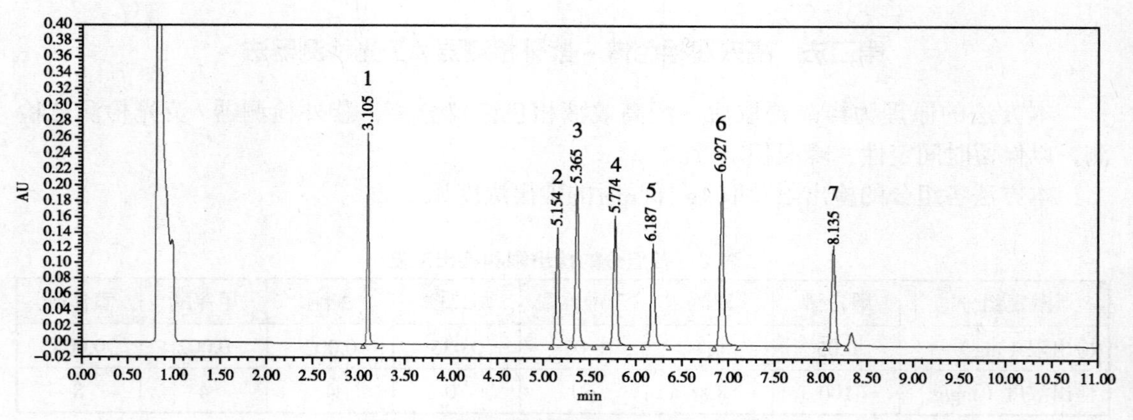

图 5　液态水基类基质空白加标色谱图

1：雌三醇；2：雌二醇；3：睾酮；4：甲睾酮；5：雌酮；6：己烯雌酚；7：黄体酮

第三法　气相色谱－质谱法

本方法的原理为样品经提取、去脂、使用 C_{18} 固相萃取小柱净化，目标物用七氟丁酸酐衍生化，用气相色谱－质谱（GC-MS）仪分析。

方法注释：

1）方法规定每一个被测组分的保留时间与标准一致，选定的两个检测离子都出峰，两个检测离子强度比与标准质谱图中的两个离子强度比值的相对误差 <30%，即可判定检出。但由于不同仪器质谱响应有所不同，故实验中可参照欧盟等相关规定，对离子强度比值按下表进行判定。

定性确证时相对离子丰度的最大允许偏差

相对离子丰度（k）	k≥50%	50%>k≥20%	20%>k≥10%	k≤10%
允许的最大偏差	±20%	±25%	±30%	±50%

2）阳性样品确证时色谱峰的信噪比应大于3。阴性样品进行确证试验时，需要确认检出浓度能够满足检测需求。

3）采用气相色谱－质谱法进行定性确证需要进行衍生化，必要时，可以采用液相色谱－质谱法进行定性确证。具体参考条件如下：

色谱柱：Waters Acquity UPLC BEH Phenyl 柱（100mm × 2.1mm × 1.7μm）

流动相：流动相A：水；流动相B：乙腈

梯度洗脱条件见下表：

t（分钟）	A（%）	B（%）
0	78	22
5.5	22	78
5.6	5	95
6.5	5	95
6.6	78	22
8.0	78	22

柱温：25℃

流速：0.3mL/min

进样量：5μL

质谱参考条件：

电喷雾离子化源：ESI

电离电压：5000V（正离子），-4500V（负离子）

离子源温度：500℃

GAS1：50L/min

GAS2：50L/min

气帘气：20L/min

碰撞气：7L/min

正、负离子同时检测模式。

雌三醇等7种组分的具体参数信息

化合物名称	英文名	分子式	母离子	DP（V）	子离子	CE（V）
雌三醇	estriol	$C_{18}H_{24}O_3$	287.2	-60	144.8/171.1	-53/-52
雌二醇	estradiol	$C_{18}H_{24}O_2$	271.1	-60	145.2/183.1	-45/-47
睾酮	testosterone	$C_{19}H_{28}O_2$	289.2	40	97.0/109.0	26/28
甲睾酮	methyltestosterone	$C_{20}H_{30}O_2$	303.1	40	97.0/109.0	30/33
雌酮	estrone	$C_{18}H_{22}O_2$	268.9	-60	144.8/159.3	-47/-48
己烯雌酚	stilbestrol	$C_{18}H_{20}O_2$	267.2	-60	237.0/251.1	-37/-33
黄体酮	progesterone	$C_{24}H_{34}O_4$	315.1	40	97.0/109.0	26/29

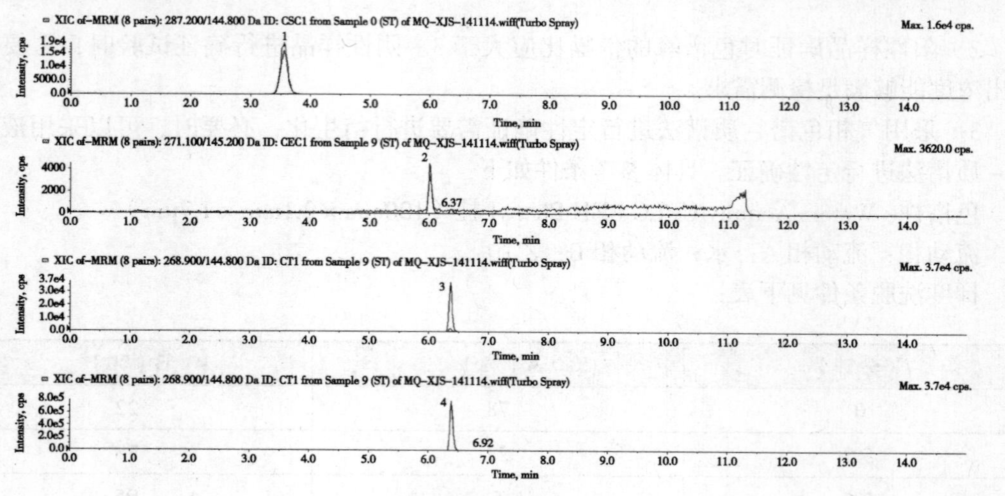

图 6　负离子模式 MRM 图

1：雌三醇；2：雌二醇；3：雌酮；4：己烯雌酚

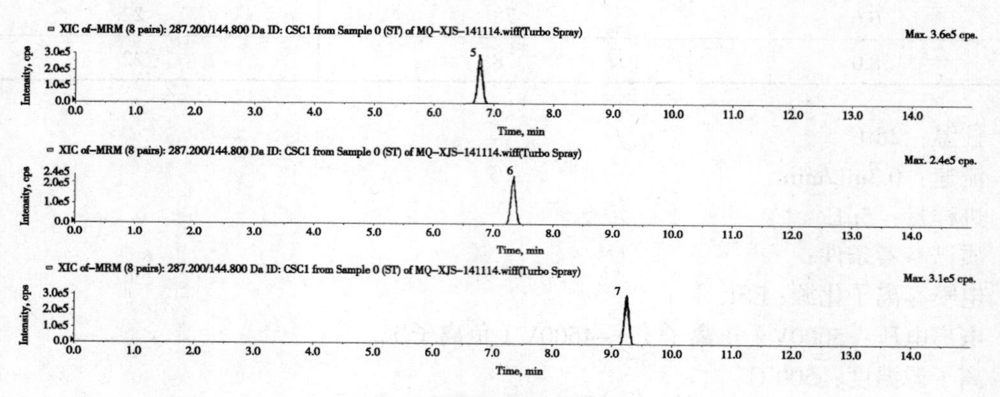

图 7　负离子模式 MRM 图

5：睾酮；6：甲睾酮；7：黄体酮

参考文献

[1] 张晓璐，丁建，汪嘉丽．UPLC-QTOF-MS 法快速测定化妆品中添加的 7 种性激素素．海峡药学，2015，27（10）：36-39.

[2] 崔晗，沈葆真，陈溪，等．凝胶渗透色谱 - 液相色谱 - 串联质谱法同时测定化妆品中 15 种糖皮质激素和性激素．日用化学工业，2014，44（5）：295-297.

[3] 许波，苌玲．液相色谱 - 四极杆 - 线性离子阱质谱仪联用法对护肤类化妆品中 7 种性激素的快速筛查．贵阳医学院学报，2013，38（5）：479-481.

[4] 贾薇，韩彦华，于晓英．液相色谱串联质谱法同时检测化妆品中 7 种激素．质谱学报，2007，28（增刊）：27-28.

[5] 武中，卢剑，高巍，等．液相色谱 - 串联质谱法测定化妆品中多种激素．日用化学工业，2011，40（2）：153-156.

附表1　雌三醇等7种组分的基本信息

中文名称	英文名称	分子式	分子量	CAS号	中文化学名称	英文化学名称	结构式
雌三醇	estriol	$C_{18}H_{24}O_3$	288.38	50-27-1	1，3，5（10）-三烯-3β，16α，17β-三醇	（16alpha，17beta）-estra-1，3，5（10）-triene-3，16，17-triol	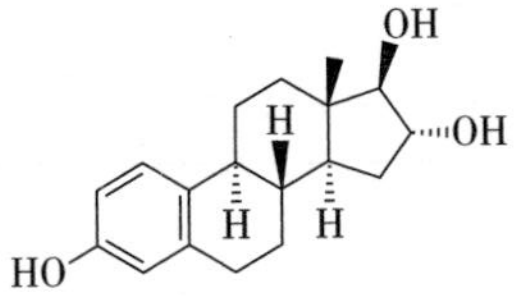
雌酮	estrone	$C_{18}H_{22}O_2$	270.37	53-16-7	3-羟雌甾-1，3，5（10）-三烯-17-酮	1，3，5（10）-estratrien-3-ol-17-one	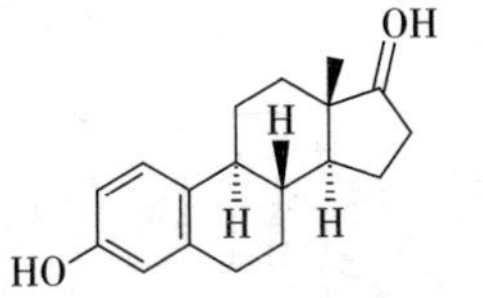
己烯雌酚	diethylstilbestrol	$C_{18}H_{20}O_2$	268.36	56-53-1（反式）6898-97-1（顺、反异构混合物）	（*E*）-4，4′-（1，2-二乙基-1，2-亚乙烯基）双苯酚	（*E*）-4，4′-（1，2-diethyl-1，2-ethenediyl）bisphenol	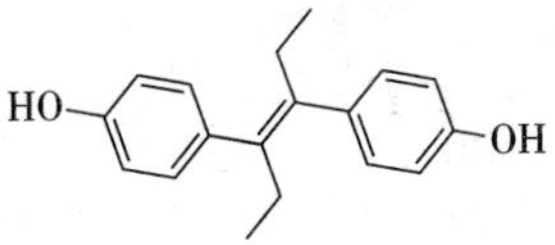

续表

中文名称	英文名称	分子式	分子量	CAS号	中文化学名称	英文化学名称	结构式
雌二醇	estradiol	$C_{18}H_{24}O_2$	272.39	50-28-2	雌甾-1，3，5-（10）-三烯-3，17β-二醇	1，3，5（10）-estratriene-3，17-diol	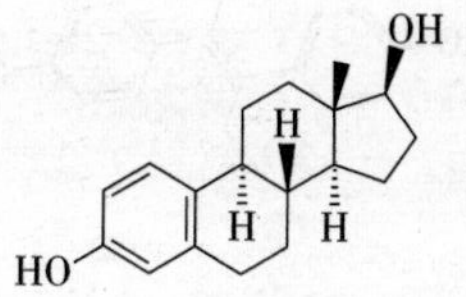
睾酮	testosterone	$C_{19}H_{28}O_2$	288.42	58-22-0	17-羟基雄甾-4-烯-3-酮	17-hydroxyandrost-4-ene-3-one	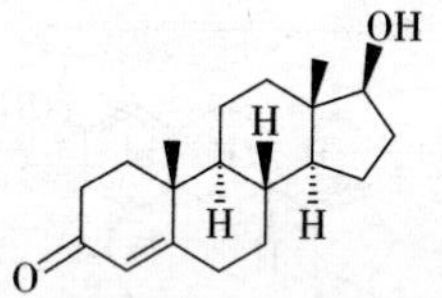
甲睾酮	methyltestosterone	$C_{20}H_{30}O_2$	302.46	58-18-4	17α-甲基-17β-羟基雄甾-4-烯-3-酮	17beta-hydroxy-17alpha-methyl-4-androsten-3-one	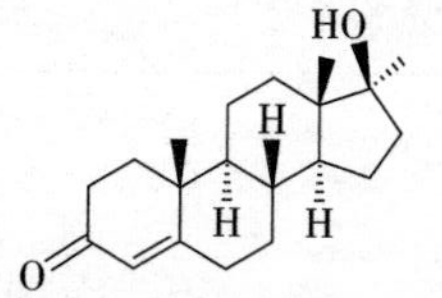
黄体酮	progesterone	$C_{21}H_{30}O_2$	314.47	57-83-0	孕甾-4-烯-3，20-二酮	4-pregnene-3，20-dione	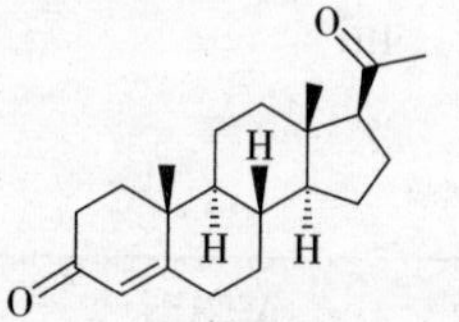

2.5　米诺地尔等 7 种组分

Minoxidil and other 6 kinds of components

本方法所指的米诺地尔等 7 种组分为米诺地尔、氢化可的松、螺内酯、雌酮、坎利酮、醋酸曲安奈德、黄体酮。米诺地尔为白色或类白色结晶性粉末，无臭，熔点为 260℃（分解），溶于冰醋酸，微溶于乙醇、三氯甲烷，极微溶于丙酮，几乎不溶于水。氢化可的松为白色或类白色结晶性粉末，无臭，味苦，熔点为 214~220℃（分解），溶于丙酮、乙醇，微溶于三氯甲烷，难溶于乙醚，不溶于水，可溶于浓硫酸液并呈绿色荧光，遇光变质。螺内酯为白色或类白色细微结晶性粉末，有轻微的硫醇臭，熔点为 203~209℃，熔融的同时分解，极易溶于三氯甲烷，易溶于苯或乙酸乙酯，溶于乙醇，不溶于水。雌酮为白色板状结晶或结晶性粉末，熔点为 256~262℃，溶于二氧六环、吡啶和氢氧化碱溶液，微溶于乙醇（1∶400）、丙酮、苯、三氯甲烷、乙醚和植物油，几乎不溶于水，在空气中稳定。坎利酮为微黄色或乳白色结晶性粉末（乙酸乙酯），熔为点 149~151℃，165℃固化并重熔。醋酸曲安奈德为白色或类白色结晶性粉末，无臭，溶解于三氯甲烷，微溶于丙酮，略溶于甲醇或乙醇，不溶于水。黄体酮为白色或类白色结晶性粉末，无臭，熔点为 128~131℃，极易溶于三氯甲烷，溶于乙醇、乙醚、植物油，不溶于水。米诺地尔等 7 种组分的基本信息见附表 1。

米诺地尔、氢化可的松、螺内酯、雌酮、坎利酮、醋酸曲安奈德、黄体酮具有促进毛发增长的作用，除米诺地尔以外的 6 种激素还具有抗皱、祛痘等作用，但长期使用含激素的化妆品容易导致代谢紊乱和皮肤依赖性皮炎。

目前化妆品中激素的检测方法主要有分光光度法、高效液相色谱法及液相色谱 - 质谱法、气相色谱 - 质谱法、毛细管电动色谱法等。本方法的建立参考了《化妆品卫生规范》（2007 年版）中有关性激素的检测方法和相关文献报道方法，使方法具有更好的检测灵敏度，对复杂基质中禁用组分阳性结果的判定更加准确。

本方法的原理为样品经提取后，用液相色谱 - 质谱法测定，以多反应离子监测模式进行监测，采用特征离子丰度比进行定性、各组分峰面积定量，以标准曲线法计算含量。

本方法的检出限、定量限及取样量为 1.0g 时的检出浓度、最低定量浓度见表 1。

表 1　各组分的检出限、定量下限、检出浓度和最低定量浓度

组分名称	检出限（ng/mL）	定量限（ng/mL）	检出浓度（ng/g）	最低定量浓度（ng/g）
米诺地尔	0.2	0.5	2	5
氢化可的松	1	2	10	20
螺内酯	1	2	10	20
雌酮	5	10	50	100
坎利酮	1	2	10	20
醋酸曲安奈德	0.2	0.5	2	5
黄体酮	0.5	1	5	10

方法注释：

1）米诺地尔等7种组分易添加于育发、祛痘和抗皱等产品中，由于此类化妆品基质复杂，前处理步骤中添加等量的饱和氯化钠溶液起盐析破乳作用，以便于乙腈从样品混合液中提取。

2）米诺地尔在反相柱上相对不易保留，质谱中易受基质效应影响。基质复杂样品可能会出现回收率偏低的现象，必要时调节流动相比例，延长米诺地尔的保留时间来降低基质效应。也可以通过配制相似基质的空白基质标准曲线或者同位素内标的方法确保定量准确。坎利酮和螺内酯的定性离子及定量离子对均相同，要保证足够的色谱分离度以便准确定量。

3）育发类产品中易检出米诺地尔，且含量较高，最高可达上万毫克每千克，若样品中被测组分的含量过高，可适当稀释后再进行检测。

4）流动相中加入适量的酸可以提高质谱的离子化效果，所以本实验选择甲醇（含0.2%甲酸）–水（含0.2%甲酸）体系作为流动相。

典型图谱

色谱柱：Waters BEH–C_{18}（2.1mm × 100mm × 1.8μm）；其余条件同方法原文。

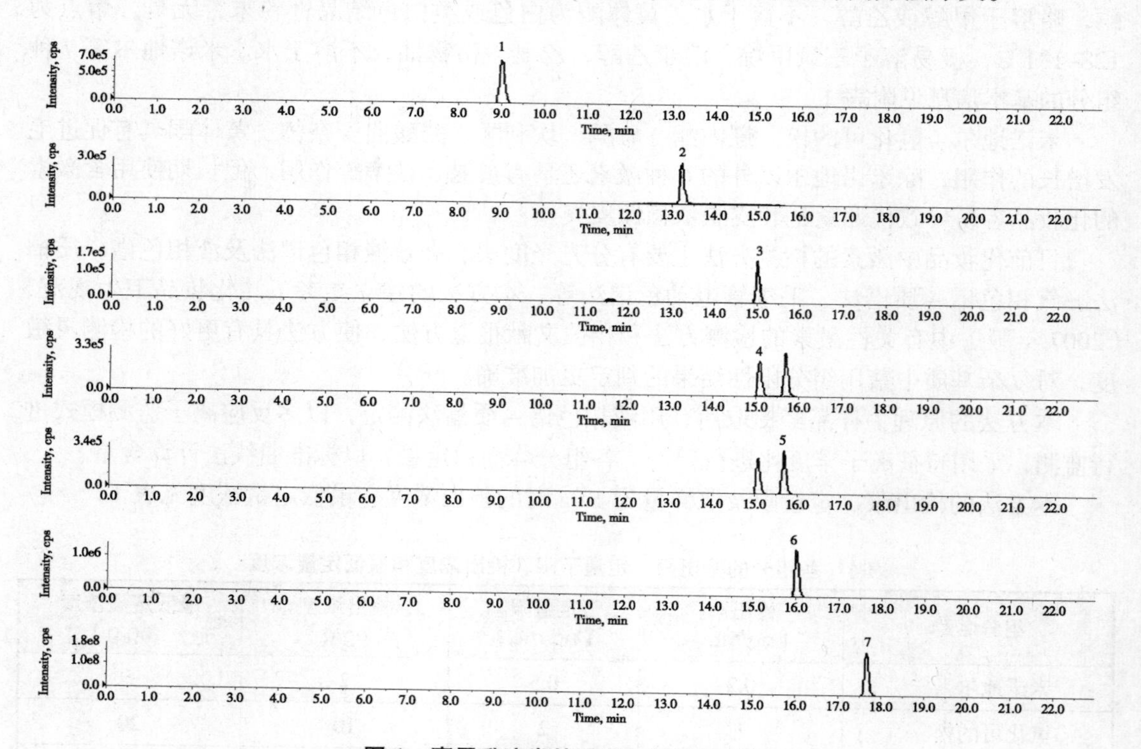

图1　膏霜乳液类基质空白加标色谱图

1：米诺地尔；2：氢化可的松；3：雌酮；4：螺内酯；

5：坎利酮；6：醋酸曲安奈德；7：黄体酮

流动相：以含 0.2% 甲酸的水溶液为流动相 A 相，以含 0.2% 甲酸的甲醇溶液为流动相 B 相，按下表进行梯度洗脱：

t（分钟）	A（%）	B（%）
0.00	95	5
2.00	75	25
4.00	45	55
11.00	20	80
18.00	10	90
18.01	95	5
23.00	95	5

参考文献

[1] 高卫东，李翠玲. 高效液相色谱法同时测定化妆品中的 11 种激素. 香料香精化妆品，2012，(6)：28-30.

[2] 田媛，冯舒丹，黄美花，等. 化妆品中糖皮质激素类非法添加物的 LC-MS/MS 分析. 中国药科大学学报，2011，42（1）：53-57.

[3] 王伟萍，张明玥，蔺娟，等. 超高效液相色谱 - 串联质谱法同时测定化妆品中 21 种糖皮质激素. 药物分析杂志，2013，33（5）：837-845.

[4] 王超，马强，王星，等. 液相色谱 - 串联质谱法同时测定化妆品中的 16 种激素. 分析化学，2007，35（9）：1257-1262.

[5] 吴维群，沈朝烨，杨玉林，等. GC-MS 联用技术检测水性化妆品中性激素成分的方法研究. 环境与职业医学，2004，21（4）：307-309.

[6] 李萌，金勉勉，李娟，等. 离子液体和 β- 环糊精修饰反向微乳毛细管电动色谱分析化妆品中的激素. 分析试验室，2012，31（2）：75-78.

附表 1　米诺地尔等 7 种组分的基本信息

中文名称	英文名称	分子式	分子量	CAS 号	中文化学名称	英文化学名称	结构式
米诺地尔	minoxidil	$C_9H_{15}N_5O$	209.25	38304-91-5	6-（1- 哌啶基）-2，4-嘧啶二胺，3- 氧化物	6-（1-piperidinyl）-2，4-pyrimidinediamine-3-oxide	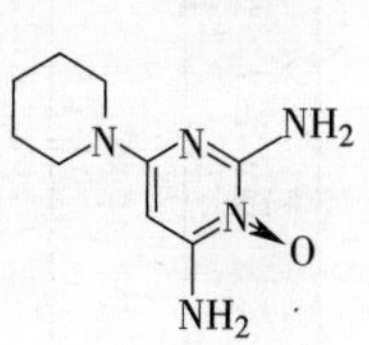
氢化可的松	hydrocortisone	$C_{21}H_{30}O_5$	362.46	50-23-7	11β，17α，21- 三羟基孕甾 -4- 烯 -3，20- 二酮	11β，17α，21-trihydroxypregn-4-ene-3，20-dione	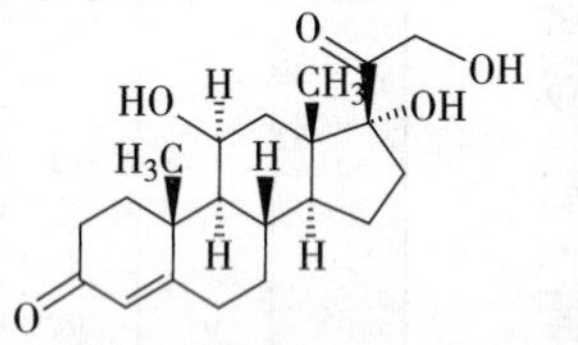
螺内酯	spironolactone	$C_{24}H_{32}O_4S$	416.57	52-01-7	17β- 羟基 -3- 氧代 -7α-（乙酰硫基）-17α- 孕甾 -4- 烯 -21- 羧酸 γ- 内酯	17β-hydroxy-7α-mercapto-3-oxo-17α-pregn-4-ene-21-carboxylic acid-γ-lactone-7-acetate	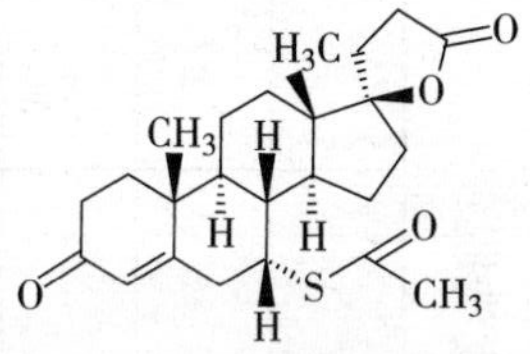
雌酮	estrone	$C_{18}H_{22}O_2$	270.37	53-16-7	3- 羟雌甾 -1，3，5(10)-三烯 -17- 酮	1，3，5（10）-estratrien-3-ol-17-one	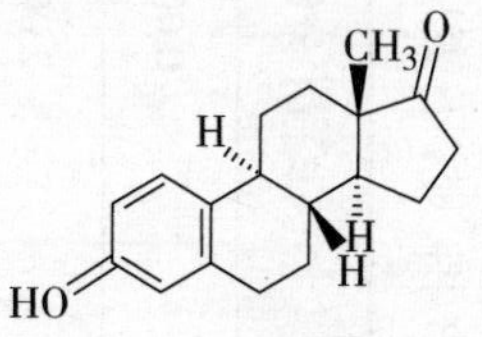

续表

中文名称	英文名称	分子式	分子量	CAS 号	中文化学名称	英文化学名称	结构式
坎利酮	canrenone	$C_{22}H_{28}O_3$	340.46	976-71-6	(17α)-17-羟基-3-氧代孕-4，6-二烯-21-羧酸γ-内酯	(17α)-17-hydroxy-3-oxo-pregna-4，6-diene-21-carboxylic acid γ-lactone	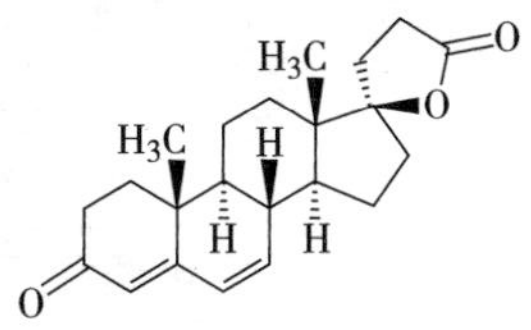
醋酸曲安奈德	triamcinolone acetonide acetate	$C_{26}H_{33}FO_7$	476.54	3870-07-3	16α，17-[(1-甲基亚乙基)双(氧)]-11β，21-二羟基-9-氟孕甾-1，4-二烯-3，20-二酮-21-醋酸酯	9-fluoro-11β，21-dihydroxy-16α，17-(isopropylidenedioxy)pregna-1，4-diene-3，20-dione 21-acetate	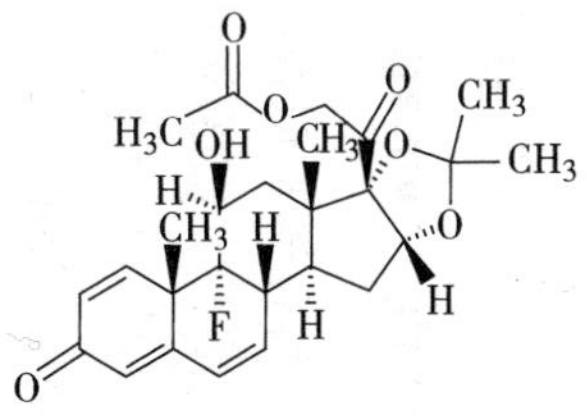
黄体酮	progesterone	$C_{21}H_{30}O_2$	314.46	57-83-0	孕甾-4-烯-3，20-二酮	4-pregnene-3，20-dione	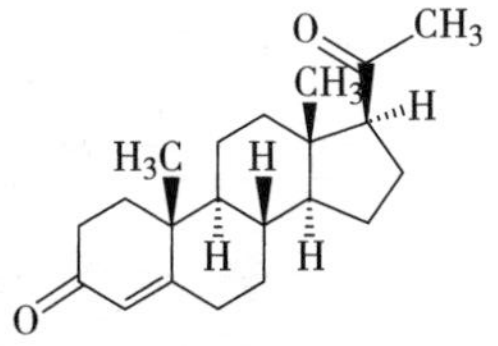

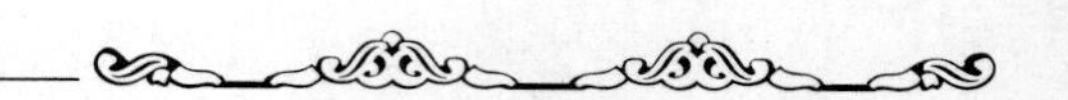

2.6 6– 甲基香豆素

6–Methyl coumarin

6– 甲基香豆素，白色结晶性固体，具有椰子似香甜气，熔点为 73~76℃，溶于苯、热乙醇和非挥发性油，难溶于热水。6– 甲基香豆素的基本信息见附表 1。

6– 甲基香豆素是我国规定允许使用的食用香料，可以用以配制椰子、香草和焦糖等类型的香精，也用于有机合成、香料和化妆品的配制。香豆素对人的皮肤无害，但在 6 位上以甲基取代，则使分子引起强烈的光变态反应。它也是一种光感性皮炎致敏物，当含有 6– 甲基香豆素的化妆品涂于皮肤表面后，经光照会引起皮肤炎症。国外报道有患者皮肤出现了红斑的过敏症状，经过测试患者对 6– 甲基香豆素有过敏反应，最终在患者使用的香水中检测出了 6– 甲基香豆素。

目前 6– 甲基香豆素的检测方法主要有高效液相色谱法、气相色谱法、气相色谱 – 质谱法、液相色谱 – 质谱法。《化妆品卫生规范》（2007 年版）未收载此项目，《化妆品安全技术规范》中增收了该项目，检测方法包括高效液相色谱法、气相色谱法、气相色谱 – 质谱法。

第一法 高效液相色谱法

本方法的原理为样品经甲醇提取后，采用高效液相色谱仪分离，紫外检测器或二极管阵列检测器检测，根据保留时间及紫外光谱定性、峰面积定量，以标准曲线法计算含量。

本方法对 6– 甲基香豆素的检出限为 0.000 05μg，定量下限为 0.000 17μg；取样量为 1g 时，检出浓度为 0.000 005%，最低定量浓度为 0.000 017%。

方法注释：

1）6– 甲基香豆素类化合物具有一定的挥发性，为了使待测物提取完全，可根据样品情况适当延长超声时间，但要注意水温不得过高，以免引起损失。

2）当化妆品中含有香精、香料成分较多时，液相色谱法容易引起色谱峰干扰，无法实现满意的色谱分离或者得到纯度较高的色谱峰，通过保留时间和 DAD 图谱进行定性确证变得较为困难。可以采用气相色谱法实现与干扰化合物的有效分离，阳性样品必须经气相色谱 – 质谱法进行确证。

典型图谱

色谱柱：Agilent SB–C_{18}（250mm × 4.6mm × 5μm），其余条件同方法原文。

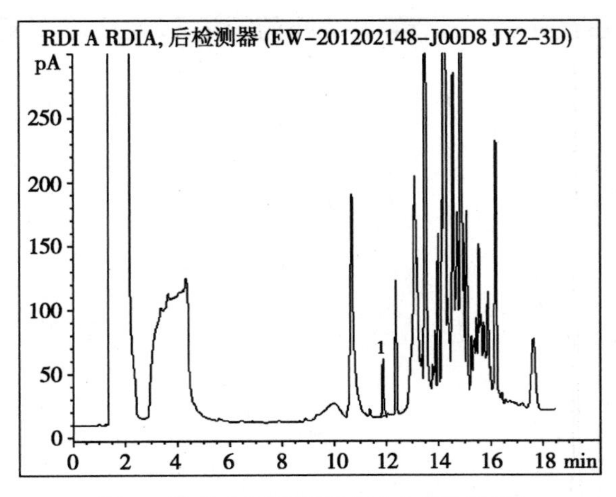

图 1　液态水基类基质空白加标色谱图

1：6- 甲基香豆素

第二法　气相色谱法

本方法与其他方法相比，抗干扰能力较强，当化妆品中含有香精、香料成分较多时，可实现与干扰化合物的有效分离。但由于专属性不强，阳性样品必须经气相色谱 - 质谱法进行确证。

本方法的原理为样品经甲醇提取后，经气相色谱仪分离，氢火焰离子化检测器（FID）检测，根据保留时间定性、峰面积定量，以标准曲线法计算含量。必要时，采用气相色谱 - 质谱法进行确证。

本方法对 6- 甲基香豆素的检出限为 0.000 13μg，定量下限为 0.0005μg；取样量为 1g 时，检出浓度为 0.000 13%，最低定量浓度为 0.0005%。

典型图谱

色谱柱：HP-5 毛细管柱（30m × 0.32mm × 0.25μm），其余条件同方法原文。

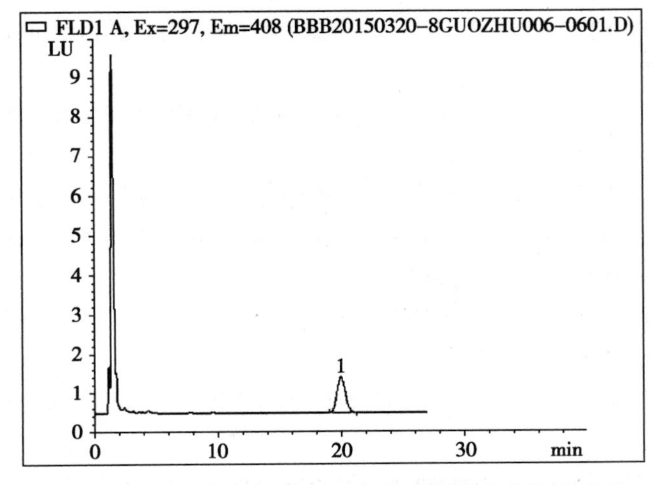

图 2　液态水基类基质空白加标色谱图（气相色谱法）

1：6- 甲基香豆素

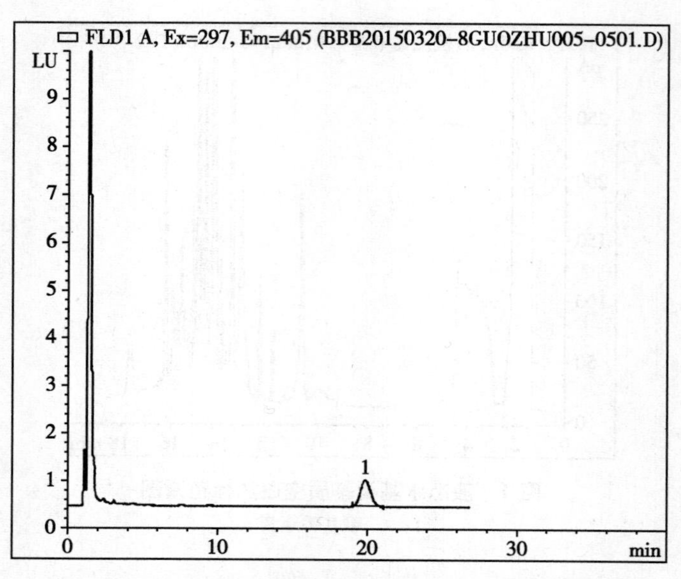

图 3 膏霜乳液类基质空白加标色谱图（气相色谱法）

1：6- 甲基香豆素

参考文献

[1] 田富饶，王旭强，孙文闪．化妆品中 6- 甲基香豆素的高效液相色谱 - 紫外检测器法测定．香料香精化妆品，2012，(1)：30-32.

[2] 程倩，张洪非，边照阳，等．烟用香精香料中二氢香豆素和 6- 甲基香豆素的 GC/MS 分析．科技信息，2011，(24)：345-346.

[3] 李洁，王超，武婷，等．高效液相色谱法测定化妆品中三种香豆素的含量．日用化学工业，2006，36（4）：257-259.

[4] 黄薇，刘祥萍，肖上甲．化妆品中 6- 甲基香豆素的高效液相色谱测定法．环境与健康杂志，2005，22（2）：138-139.

[5] 王星，蔡天培，王超，等．化妆品中黄樟素和 6- 甲基香豆素的气相色谱 - 质谱测定法．环境与健康杂志，2007，24（5）：358-359.

[6] 肖上甲，王世平．气相色谱法测定化妆品中 6- 甲基香豆素．环境与健康杂志，2002，19（2）：146-147.

[7] Vachiramon V, Wattanakrai P. Photoallergic contact sensitization to6-methylcoumarinin poikiloderma of Civatte. Dermatitis, 2005, 16 (3): 136-138.

[8] 马强，白桦，王超，等．超高效液相色谱 - 四极杆 - 飞行时间质谱法快速筛查化妆品中 18 种香豆素类化合物．分析测试学报，2014，33（3）：248-255.

[9] Opdyke DL，薛培灵．某些香豆素衍生物的结构及其对皮肤的活性关系．香料与香精，1983，(04)：56-58.

[10] Nie JF, Wu HL, Zhu SH, et al. Simultaneous determination of 6-methylcoumarin and 7-methoxycoumarin in cosmetics using three-dimensional excitation-emission matrix fluorescence coupled with second-order

calibration methods. Talanta, 2008, 75 (5): 1260–1269.
[11] 汪洋，雷艳华，成秉辰. 化妆品香豆素类化合物的概述. 黑龙江医药，2013，26（6）：981–983.
[12] 中华人民共和国卫生部. 化妆品卫生规范. 2007：239–241.

附表 1 6– 甲基香豆素的基本信息

中文名称	6– 甲基香豆素
英文名称	6–methylcoumarin
分子式	$C_{10}H_8O_2$
分子量	160.17
CAS 号	92–48–8
中文化学名称	6– 甲基 -2*H*–1– 苯并吡喃 –2– 酮
英文化学名称	6–methyl–1，2–benzopyrone
结构式	O O

2.7 8– 甲氧基补骨脂素等 4 种组分

8–Methoxypsoralen and other 3 kinds of components

本方法所指的 8– 甲氧基补骨脂素等 4 种组分包括 8– 甲氧基补骨脂素、5– 甲氧基补骨脂素、三甲沙林和欧前胡内酯。8– 甲氧基补骨脂素，又名花椒毒素，外观为细针状晶体（热水或苯 – 石油醚）或斜方棱柱结晶（醇 – 醚），是一个具有强光敏性的呋喃香豆素类天然化合物，无臭，味苦并具刺激感，熔点为 148~150℃，易溶于三氯甲烷，溶于沸醇、丙酮、醋酸、苯、植物油、丙二醇，微溶于沸水、醚及液体石蜡，不溶于冷水，碱性水溶液中开环，中和后又关环。5– 甲氧基补骨脂素，又名佛手柑内酯，是一种天然的呋喃香豆素类化合物，为白色或淡白色结晶性固体，熔点为 190~193℃，几乎不溶于水，易被强氧化剂氧化，可能对光不稳定。三甲沙林，又名 4，5′，8– 三甲基补骨脂素，为白色或类白色结晶性小粒，来源于植物毒性代谢产物，是一种呋喃香豆素类化合物和补骨脂素衍生物，溶于液体石蜡、异丙醇、三氯甲烷、十六烷基醇，略溶于乙醇，不溶于水。欧前胡内酯，又名欧前胡素，为白色粉末，极性小，主要来源于当归和其他伞形科植物，为线形呋喃香豆素类化合物，不溶于水，易溶于极性小的有机溶剂。8– 甲氧基补骨脂素等 4 组分的基本信息见附表 1。

以上 4 种成分均属于呋喃香豆素类化合物，呋喃香豆素是指母核的 7 位羟基与 6 或 8 位取代异戊烯基缩合形成呋喃环的一系列化合物，具有芳香气味，这些组分的存在使该类精油具有一定的光敏毒性，能增加生物体对 UVA 的敏感性。轻则引起皮肤黄褐斑或色素沉着，重则引起皮肤损伤，甚至可能导致皮肤癌，对人体健康构成重大的潜在危害。

目前检测方法主要有气相色谱法、高效液相色谱法、气相色谱 – 质谱法、液相色谱 – 质谱法。《化妆品卫生规范》（2007 年版）并未收载此项目，《化妆品安全技术规范》中增收了该项目，检测方法包括了高效液相色谱法、液相色谱 – 质谱法。高效液相色谱法的特点为分析时间较短，可以通过保留时间和光谱图进行定性，但由于检测波长没有特异性，当化妆品中的基质成分复杂时，可能会受化妆品成分复杂的干扰，抗干扰能力较弱。因

此，阳性样品需使用液相色谱 - 质谱法进行确证。

本方法的原理为三甲沙林、8- 甲氧基补骨脂素、5- 甲氧基补骨脂素、欧前胡内酯在 248nm 处有紫外吸收，采用高效液相色谱仪分离，紫外检测器或二极管阵列检测器检测，以保留时间和紫外光谱图定性、峰面积定量，以标准曲线法计算含量。

本方法对三甲沙林、8- 甲氧基补骨脂素、5- 甲氧基补骨脂素和欧前胡内酯的检出限、定量下限和取样量为 0.5g 时的检出浓度和最低定量浓度见表 1。

表 1　4 种组分的检出限、定量下限、检出浓度和最低定量浓度

组分名称	检出限（ng）	定量下限（ng）	检出浓度（μg/g）	最低定量浓度（μg/g）
8- 甲氧基补骨脂素	0.13	0.27	0.26	0.54
5- 甲氧基补骨脂素	0.05	0.26	0.10	0.52
三甲沙林	0.13	0.25	0.26	0.50
欧前胡内酯	0.15	0.29	0.30	0.58

方法注释：

1）在实验中配制的 8- 甲氧基补骨脂素、5- 甲氧基补骨脂素、三甲沙林和欧前胡内酯混合标准储备溶液需要 4℃避光保存，避免实际含量与计算含量不符。

2）在实验过程中，于空白化妆品中添加相同量的 4 种香豆素类成分，分别超声提取 10、20、30 和 40 分钟。结果表明，超声提取 20 分钟即可将待测组分提取完全。但当提取时间超过 30 分钟后，提取率略微下降，因此在样品前处理时需要注意提取时间和超声的水温。

3）由于唇膏类化妆品中含有较多的油脂、蜡类等成分，必要时可加入适量四氢呋喃溶解样品基质，提高被测组分的提取率，保证实验结果的准确性。

典型图谱

色谱柱：Agilent ZORBAX SB-C_{18}（250mm × 4.6mm × 5μm）；其余条件同方法原文。

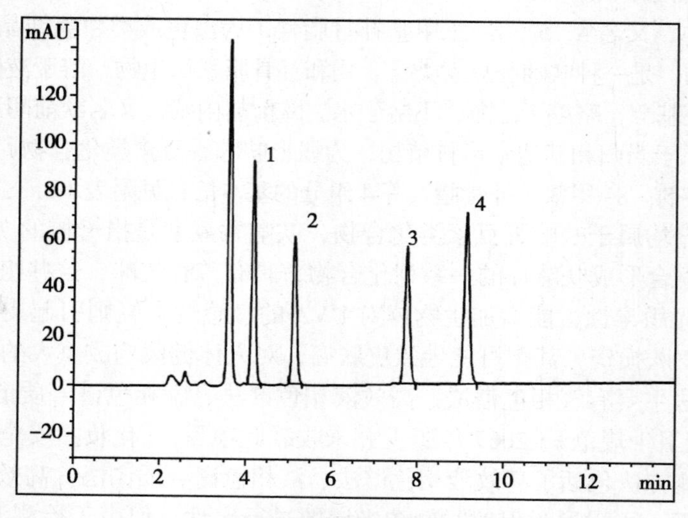

图 1　液态油基类基质空白加标色谱图

1：8- 甲氧基补骨脂素；2：5- 甲氧基补骨脂素；3：三甲沙林；4：欧前胡内酯

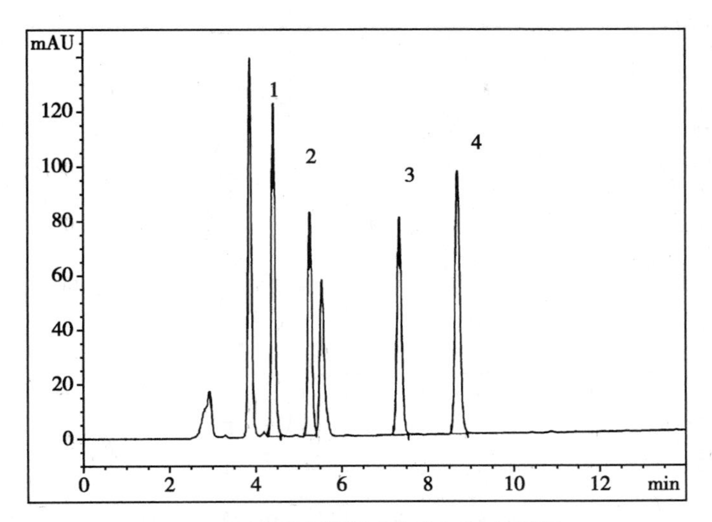

图 2　膏霜乳液类基质空白加标色谱图

1：8- 甲氧基补骨脂素；2：5- 甲氧基补骨脂素；3：三甲沙林；4：欧前胡内酯

参考文献

[1] 马会娟，马强，李文涛，等. 化妆品中 8 种呋喃香豆素的高效液相色谱法检测及质谱确证. 色谱，2013，31（5）：416-422.

[2] 熊友健，杨玉明，姜松，等. 呋喃香豆素类成分及其药理作用研究进展. 中成药，2010，32（10）：1764-1770.

[3] 梅家齐，杨得坡. 呋喃香豆素光化学毒性及其脱敏柑橘精油的研制. 香料香精化妆品，2010，（5）：55-58.

[4] 席海为，马强，王超，等. 高效液相色谱法对化妆品中 17 种香豆素类化学成分的同时测定. 分析测试学报，2010，29（12）：1168-1172.

[5] 杜旭. 用 HPLC 全面检测柑橘类果汁中的呋喃香豆素衍生物. 国际中医中药杂志，2006，28（3）：175.

[6] 茅富燕，庄伟强，黄健，等. 柑橘精油中呋喃香豆素的超高效液相色谱分析. 日用化学工业，2014，44（12）：706-709.

[7] 程艳，王超，薛一梅，等. 化妆品中甲氧基补骨脂素同分异构体的液相色谱法分离和测定. 分析试验室，2008，27（6）：13-16.

[8] 马强，白桦，王超，等. 超高效液相色谱 - 四极杆 - 飞行时间质谱法快速筛查化妆品中 18 种香豆素类化合物. 分析测试学报，2014，33（3）：248-255.

[9] 刘保军，闫利利，李秋月，等. 化妆品中 4 种呋喃香豆素类成分的同时测定. 卫生研究，2012，41（5）：790-793.

[10] Desmortreux C, Rothaupt M, West C, et al. Improved separation of furocoumarins of essential oils by supercritical fluid chromatography. J Chromatogr A, 2009, 1216 (42)：7088-7095.

附表 1 8- 甲氧基补骨脂素等 4 组分的基本信息

中文名称	英文名称	分子式	分子量	CAS 号	中文化学名称	英文化学名称	结构式
8- 甲氧基补骨脂素	8-methoxypsoralen	$C_{12}H_8O_4$	216.19	298-81-7	9- 甲氧 -7*H*- 呋喃 - 苯并吡喃 -7- 酮	benzopyran-7-one，9-methoxy-7*H*-furo	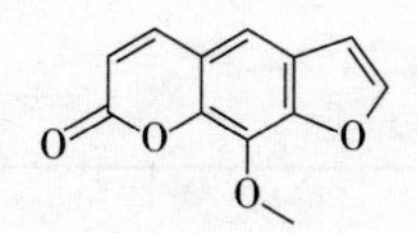
5- 甲氧基补骨脂素	bergapten	$C_{12}H_8O_4$	216.19	484-20-8	4- 甲氧基 -7*H*- 呋喃 - 苯并吡喃 -7- 酮	4-methoxy-7*H*-furobenzopyran-7-one	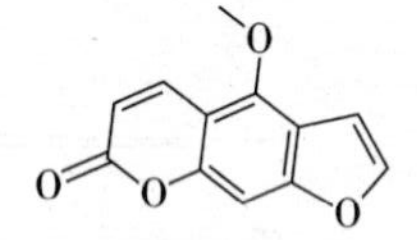
三甲沙林	trioxsalen	$C_{14}H_{12}O_3$	228.24	3902-71-4	2，5，9- 三甲基 -7*H*- 呋喃 - 苯并吡喃 -7- 酮	2，5，9-trimethyl-7*H*-furobenzopyran-7-one	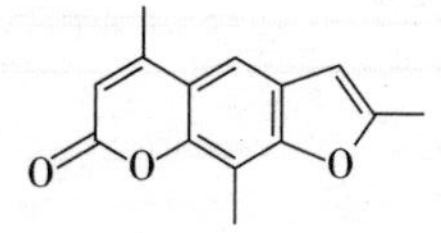
欧前胡内酯	imperatorin	$C_{16}H_{14}O_4$	270.28	482-44-0	9-((3- 甲基 -2- 丁烯）氧代）7*H*- 呋喃 - 苯并吡喃 -7- 酮	benzopyran-7-one，9-((3-methyl-2-butenyl)oxy)-7*H*-furo	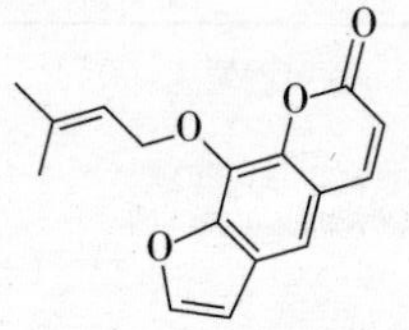

2.8　补骨脂素等 4 种组分

Psoralen and other 3 kinds of components

本方法所指的补骨脂素等 4 种组分为补骨脂的特征性成分，包括补骨脂素、异补骨脂素、新补骨脂异黄酮和补骨脂二氢黄酮。补骨脂素，无色针状结晶（乙醇），熔点为 160~162℃，溶于乙醇、三氯甲烷，微溶于水、乙醚和石油醚，避光保存。异补骨脂素，补骨脂素的同分异构体，白色固体，熔点为 137~138℃，溶于乙醇、三氯甲烷，微溶于水、乙醚和石油醚，避光保存。新补骨脂异黄酮，白色结晶，熔点为 195~196℃。补骨脂二氢黄酮，又名补骨脂甲素，白色结晶，熔点为 191~192℃。补骨脂素等 4 种组分的基本信息见附表 1。

补骨脂由于含有大量的呋喃香豆素类化合物，具有光化学毒性，补骨脂素和异补骨脂素是补骨脂中主要的活性成分，也是其特征性成分。补骨脂醇提取物对酪氨酸酶有激活作用，可提高酪氨酸酶的活性使黑色素的生成速度和数量增加。补骨脂素能促进皮肤黑色素的合成，对酪氨酸酶的激活率可达 44.9%，且并非随浓度的变化而呈线性变化，当浓度超过一定程度时，对酪氨酸酶的活性可由激活变为抑制，其中的机制目前尚不清楚。

目前检测方法主要有高效液相色谱法、液相色谱 – 质谱法。《化妆品卫生规范》（2007 年版）未收载补骨脂素等 4 种组分的检测方法，《化妆品安全技术规范》增收了该类组分的高效液相色谱检测方法，该法操作简便、快捷，较为常用，但由于化妆品基质多样、成分复杂，可能出现假阳性结果，采用质谱法确证可提高定性的准确性。

本方法的原理为补骨脂素、异补骨脂素、新补骨脂异黄酮、补骨脂二氢黄酮在 246nm 处有紫外吸收，样品经甲醇提取后，采用高效液相色谱仪分离、紫外检测器或二极管阵列检测器检测，根据保留时间和紫外光谱图定性，鉴别补骨脂特征成分补骨脂素、异补骨脂素、新补骨脂异黄酮和补骨脂二氢黄酮的存在，峰面积定量，以标准曲线计算含量。

本方法对补骨脂素、异补骨脂素、新补骨脂异黄酮和补骨脂二氢黄酮的检出限和取样量为 0.5g 时的检出浓度见表 1。

表 1　4 种组分的检出限和检出浓度

测定组分	检出限（ng）	检出浓度（μg/g）
补骨脂素	0.3	0.6
异补骨脂素	0.3	0.6
新补骨脂异黄酮	0.3	0.6
补骨脂二氢黄酮	0.3	0.6

方法注释：

在实际检验过程中应注意对于复杂基质的样品，当待测成分含量较低时，可能会存在

基质干扰现象，无法获得满意的紫外光谱图，必要时可以采用液相色谱－质谱进行定性确证。

典型图谱

色谱柱：Agilent SB-C_{18}（250mm × 4.6mm × 5μm）；其余条件同方法原文。

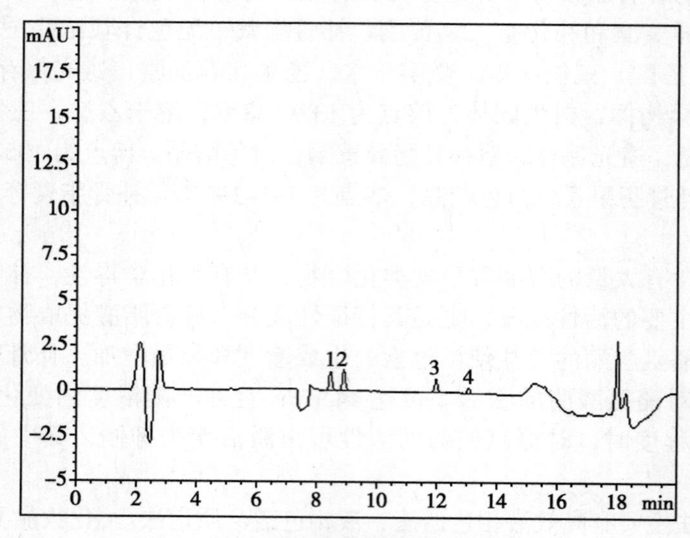

图 1　混合标准溶液色谱图

1：补骨脂素；2：异补骨脂素；3：新补骨脂异黄酮；4：补骨脂二氢黄酮

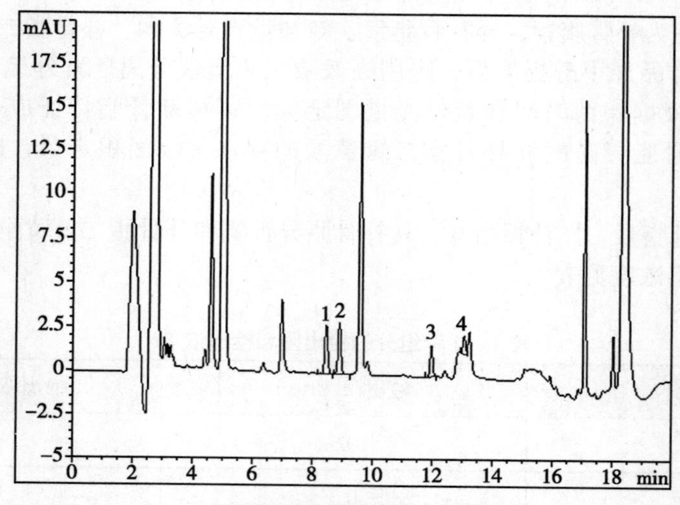

图 2　膏霜乳液类基质空白加标色谱图

1：补骨脂素；2：异补骨脂素；3：新补骨脂异黄酮；4：补骨脂二氢黄酮

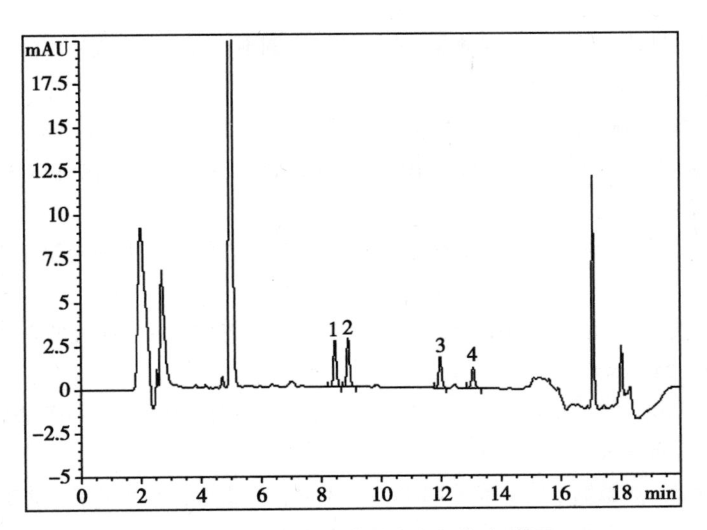

图 3 液态水基类基质空白加标色谱图

1：补骨脂素；2：异补骨脂素；3：新补骨脂异黄酮；4：补骨脂二氢黄酮

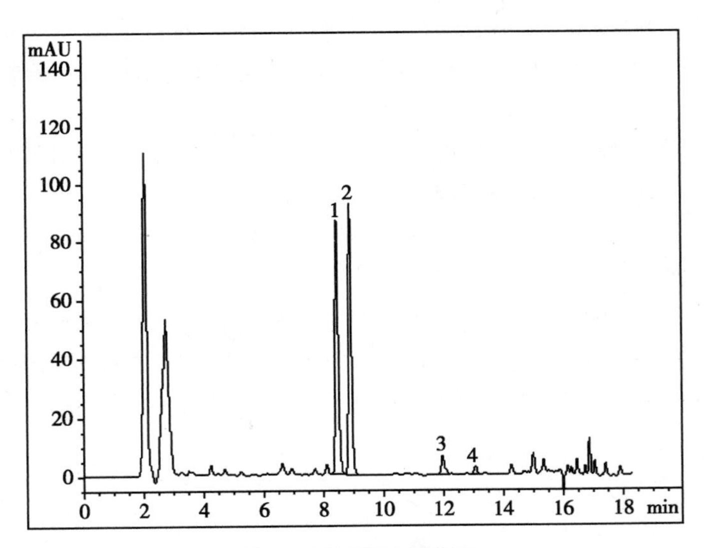

图 4 对照药材色谱图

1：补骨脂素；2：异补骨脂素；3：新补骨脂异黄酮；4：补骨脂二氢黄酮

参考文献

[1] 邱蓉丽，李璘，乐巍. 补骨脂的化学成分与药理作用研究进展. 中药材，2010，33（10）：1656–1659.

[2] 励娜，杨荣平，张小梅，等. 盐补骨脂饮片薄层层析影响因素考察. 中药材，2009，32（12）：

1822–1825.

［3］ 芦喜珍，彭莹，高涛. 薄层扫描法测定速效生发喷雾剂中补骨脂有效成分的含量. 中国实验方剂学杂志，2005，11（1）：14–15.

［4］ 冯玛莉，高凤福. 龟龄集中补骨脂的薄层色谱鉴别. 山西中医学院学报，2005，6（2）：44–45.

［5］ 张秋海，丁家欣，张玲，等. 补骨脂 HPLC 指纹图谱研究. 中国中医基础医学杂志，2005，11（12）：923–924.

［6］ 许勇，李发美，郭兴杰. 补骨脂药材指纹图谱分析方法研究. 中国药学杂志，2003，38（7）：503–506.

［7］ 赵陆华，黄朝瑜，屠颖，等. HPLC 法同时测定补骨脂药材中 6 种成分的含量. 中国天然药物，2005，3（4）：242–244.

［8］ 马强，白桦，王超，等. 超高效液相色谱 – 四级杆 – 飞行时间质谱法快速筛查化妆品中 18 种香豆素类化合物. 分析测试学报，2014，33（3）：248–255.

［9］ 陈小川，李紫薇，唐慧娴，等. 基于 UHPLC 技术的补骨脂指纹图谱研究. 世界科学技术中医药现代化，2014，16（4）：865–868.

［10］ 林瑞民，王大为，熊志立，等. 补骨脂中两个黄酮类成分的高效液相色谱测定. 中国中药杂志，2002，27（9）：669–671.

［11］ 阮博，孔令义. 补骨脂化学成分的研究. 中药研究与信息，2005，7（4）：7–9.

［12］ 林清，李劲平，粟会敏，等. 补骨脂的研究进展. 咸宁学院学报（医学版），2012，26（2）：175–177.

［13］ 刘亚男，王跃飞，韩立峰，等. 高效液相色谱 – 电喷雾 – 质谱法分析补骨脂中化学成分. 中国中药杂志，2009，34（22）：2898–2902.

［14］ Wang YF, Wu B, Jing Y, et al. A rapid method for the analysis of ten compounds in Psoralea corylifolia by UPLC. Chromatographia, 2009, 70（1）: 199–204.

［15］ Chen Q, Li Y, Chen Z. Separation, identification, and quantification of active constituents in fructus Psoraleae by high-performance liquid chromatography with UV, ion trap mass spectrometry, and electrochemical detection. Journal of Pharmaceutical Analysis, 2012, 2（2）: 143–151.

附表 1　补骨脂素等 4 组分的基本信息

中文名称	英文名称	分子式	分子量	CAS 号	中文化学名称	英文化学名称	结构式
补骨脂素	psoralen	$C_{11}H_6O_3$	186.16	66-97-7	补骨脂香豆素	7*H*-furo［3，2-g］benzopyran-7-one; furo［3，2-g］coumarin	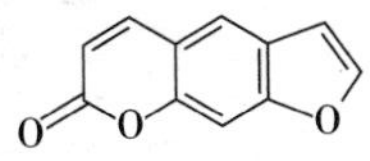
异补骨脂素	isopsoralen	$C_{11}H_6O_3$	186.16	523-50-2	异香柠檬烯	2-oxo-（2*H*）-furo（2，3-h）-1-benzopyran	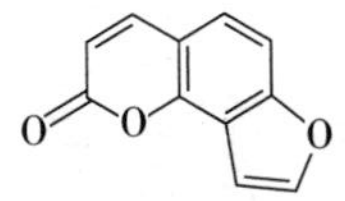
新补骨脂异黄酮	neobavaisoflavone	$C_{20}H_{18}O_4$	322.35	41060-15-5	新补骨脂异黄酮	4′，7-dihydroxy-3′-（3-methyl-2-butenyl）isoflavone	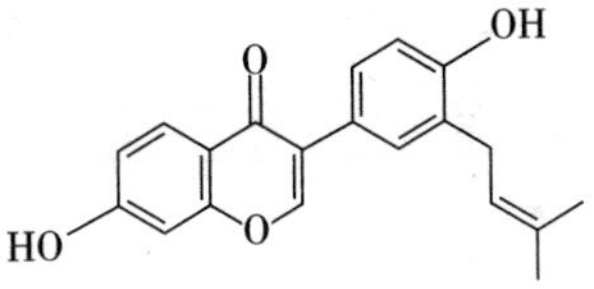
补骨脂二氢黄酮（补骨脂甲素）	bavachin	$C_{20}H_{20}O_4$	324.37	19879-32-4	补骨脂二氢黄酮	（*S*）-2，3-dihydro-7-hydroxy-2-（4-hydroxyphenyl）-6-（3-methyl-2-butenyl）-4*H*-1-benzopyran-4-one	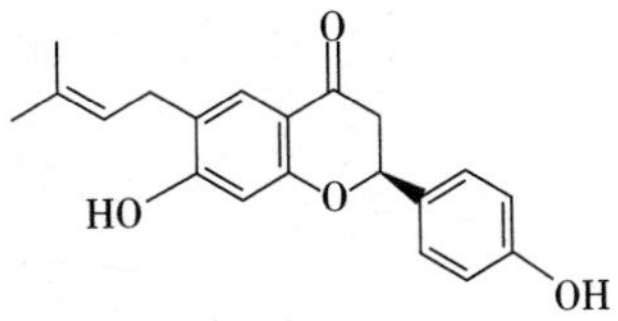

2.9　4– 氨基偶氮苯和联苯胺

4–Aminoazobenzene and benzidine

4– 氨基偶氮苯，又称苯胺黄，为黄色至浅褐色晶体，有光泽，并带有浅蓝色彩，本品可燃，具刺激性，熔点为 126~128℃，沸点为 360℃以上，密度为 1.127g/cm^3，微溶于水，溶于乙醇、乙醚、三氯甲烷、苯和油类，可用于制备偶氮染料和噁嗪染料等，并用作醇溶黄和 pH 指示剂。4– 氨基偶氮苯是一种致癌芳香胺，对眼睛、皮肤黏膜和上呼吸道有刺激作用，还有致畸、致突变作用，受热分解释出氮氧化物，对皮肤有致敏作用，对环境有严重危害。联苯胺，又名 4，4′ – 二氨基联苯，系联苯的衍生物之一，为白色或微带淡黄色的稳定针状结晶或粉末，可燃，露置于空气中光线照射时颜色加深，熔点为 128℃，沸点为 401.7℃，相对密度为 1.25，难溶于冷水，微溶于热水、乙醚，易溶于醋酸、稀盐酸和沸乙醇，可以从热水中重结晶出联苯胺一水合物，有强烈的致癌作用，对健康和环境危害显著。4– 氨基偶氮苯和联苯胺的基本信息见附表 1。

目前 4– 氨基偶氮苯的检测方法主要有液相色谱法、液相色谱 – 质谱法、气相色谱 – 质谱法等，联苯胺的检测方法主要有液相色谱法、液相色谱 – 质谱法、气相色谱 – 质谱法、拉曼光谱法等。《化妆品安全技术规范》中采用气相色谱 – 质谱法检测 4– 氨基偶氮苯和联苯胺，本方法具有检出限低、定性定量能力好的特点。

本方法的原理为样品在氨水 – 氯化铵缓冲溶液（pH=9.5）中经叔丁基甲醚超声萃取后，使用硅胶 – 中性氧化铝混合填充的固相萃取小柱进行净化，以叔丁基甲醚为淋洗液，浓缩后进样，经气相色谱仪分离、质谱检测器检测，根据保留时间和特征离子丰度比双重模式定性、各组分定量离子峰面积定量，以外标法计算含量。

本方法的浓度适用范围为 0.5~10mg/kg，4– 氨基偶氮苯及联苯胺的检出浓度均为 0.5mg/kg，最低定量浓度分别为 2.0mg/kg 和 2.5mg/kg。

方法注释：

1）4– 氨基偶氮苯和联苯胺属于小分子物质，热稳定性好，适合用气相色谱 – 质谱法检测。实验过程中为了保证标准品溶液的稳定，需注意转移到安瓿瓶中于 4℃保存。

2）本方法采用氨水 – 氯化铵缓冲溶液和叔丁基甲醚进行提取，液态水基类样品干扰较少，除水后可直接进样分析，液态油基类、膏霜乳液类、粉类基质较为复杂，经固相萃取柱净化处理后可得到较好的回收率。对于部分复杂基质样品，可以配制基质空白标准曲线溶液以提高检测结果的准确性。

3）定性判断时，需注意样品特征离子丰度比指标在标准允许范围内。若样品结果超出标准曲线范围，需对样品进行适当稀释后再测定。

［1］ 胡婉兰 . 气质联用法检测纺织品中的 4– 氨基偶氮苯 . 广东化工，2014，41（275）：211–212.

［2］ 丁力进 . 4– 氨基偶氮苯的回收率及定容试剂探讨 . 针织工业，2015，（7）：104–106.

[3] 张丽，刘玉侠．固相萃取－高效液相色谱同时测定水中的苯胺和联苯胺．环境监测管理与技术，2013，25（5）：41-43.

[4] 杨有铭，阮伟东，宋薇，等．表面增强拉曼光谱检测联苯胺．高等学校化学学报，2012，33（10）：2191-2194.

附表 1　4- 氨基偶氮苯和联苯胺的基本信息

中文名称	4- 氨基偶氮苯	联苯胺
英文名称	*p*-aminoazobenzene	4，4'-diaminobiphenyl
分子式	$C_{12}H_{11}N_3$	$C_6H_4NH_2$
分子量	197.26	184.24
CAS 号	60-09-3	92-87-5
结构式	N N NH2	NH2 H2N

2.10　4- 氨基联苯及其盐

Biphenyl-4-ylamine and its salts

4- 氨基联苯，又名对氨基联苯，无色结晶，在空气中变成紫色，熔点为 52.9~53.6℃，沸点为 302℃、191℃（2.0kPa）、166℃（0.67kPa），能随水蒸气挥发，易溶于热水，能溶于乙醇、乙醚、三氯甲烷和甲醇，微溶于冷水。4- 氨基联苯的基本信息见附表 1。

芳香胺是一类重要的环境污染物，具有致突变性和致癌性，能引起人体多个部位的病变，对人们的健康构成极大的威胁，已被列为优先监控的环境污染物。4- 氨基联苯是芳香胺类化合物中典型的致癌物之一，可能由配方中的偶氮染料带入化妆品终产品中，也可能由生产流通环节中的污染物带入。

目前国内外对芳香胺的分析方法报道很多，主要有高效液相色谱法、液相色谱 - 质谱法、气相色谱法 - 质谱法等。4- 氨基联苯的测定近年来主要集中在液相色谱 - 质谱法、气相色谱 - 质谱法。《化妆品安全技术规范》采用液相色谱 - 质谱法检测化妆品中的 4- 氨基联苯及其盐类。本方法快速、灵敏、结果准确，能够适用于水、面霜、粉底、洗面奶、沐浴液、指甲油、口红等化妆品中 4- 氨基联苯及其盐的测定。

本方法的原理为根据样品的不同性质，选用不同的提取溶剂，通过超声提取、液 - 液萃取及固相萃取小柱净化并浓缩后，用适当的有机溶剂定容，经液相色谱 - 质谱测定，以内标法定量。

本方法对 4- 氨基联苯的检测限为 1ng/g，定量限为 3.3ng/g。

方法注释：

1）一般样品经乙腈萃取、正己烷净化后可基本消除基质效应，含表面活性剂较多的样品如洗面奶、沐浴液等，直接用乙醚提取后干扰较大，样品回收率较低，采用 HLB 固相萃取小柱进行净化，能够基本消除基质效应。

2）化妆水、面霜、粉底、洗面奶、沐浴液、指甲油、口红等样品提取液在室温下可稳定保存 24 小时，4℃下可稳定保存 3 天。

3）分析唇膏等复杂基质的样品时，由于基质效应较大，可配制基质空白标准曲线，以保证结果的准确性。

4）使用超高效液相色谱（UPLC）及小粒径色谱柱（≤ 3μm）进行分析试验，可有效缩短保留时间，避免峰展宽。流动相中加入少量甲酸能有效抑制胺类化合物的拖尾和提高离子化效率，改善色谱峰的峰形。

5）本方法采用内标法计算，可减少样品前处理过程或进样体积误差引入的结果偏差。本方法测定的为游离态的 4- 氨基联苯，故检验结果处应标注以“4- 氨基联苯计”。

典型图谱

仪器：Agilent 1290 UHPLC-Agilent 6460 型 LC/MS 三重串联四极杆系统。

色谱柱：Waters Acquity UPLC TM BEH C_{18}（1.7μm，2.1mm × 100mm）。

其余条件同《化妆品安全技术规范》方法 5.3 项下仪器参考条件。

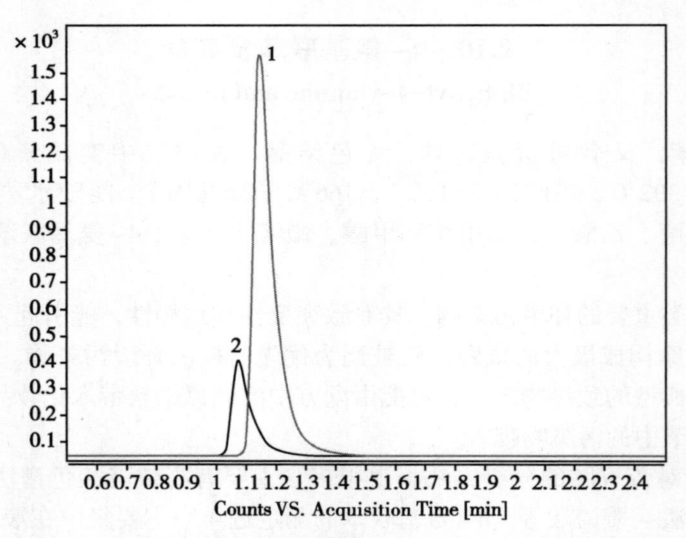

图 1 空白样品加标多反应监测（MRM）分析总离子流图

1：4- 氨基联苯；2：4- 氨基联苯 -D9

参考文献

［1］ 秦涛，赵立新，徐晓白. 4- 氨基联苯与人体血红蛋白体外加合反应及加合物测定的研究. 环境科学学报，1999，19（2）：170-173.

[2] 秦涛，赵立新. 4- 氨基联苯在大鼠体内与血红蛋白形成加合物的研究. 环境科学学报，1999，19（6）：667–671.

[3] 于红霞，徐铁莲，魏钟波. 4- 氨基联苯在锦鲤鱼体内的代谢机理研究. 上海环境科学，2003，22（8）：526–528.

[4] Bouzige M, Legeay P, Pichon V, et al. Selective on–line immunoextraction coupled to liquid chromatography for the trace determination of benzidine, congeners and related azo dyes in surface water and industrial effluents. Journal of Chromatography A, 1999, 846 (1–2)：317–329.

[5] 朱岩，蒋银土，叶明立，等. 离子色谱荧光检测法测定废水中痕量 2- 氨基联苯和 4- 氨基联苯. 分析化学研究简报，2001，29（9）：1024–1026.

[6] 戴明. UPLC–MS/MS 法测定 7 类化妆品中 4- 氨基联苯. 化学研究与应用，2013，25（9）：1314–1318.

[7] Sharma N. Headspace solid–phase microextraion and on–fibre derivatization of primary aromatic amines for their determination by pyrolysisi to aryl isothiocyanates and gas chromatography–mass spectrometry. Anal Methods, 2011, 3 (4): 970–976.

附表 1　4- 氨基联苯的基本信息

中文名称	4- 氨基联苯
英文名称	biphenyl–4–ylamine
分子式	$C_{12}H_{11}N$
分子量	169.22
CAS 号	92–67–1
结构式	H_2N–(C₆H₄)–(C₆H₅)

2.11　酸性黄 36 等 5 种组分

Acid yellow 36 and other 4 kinds of components

本方法所指的酸性黄 36 等 5 种组分包括酸性黄 36（CI 13065）、颜料红 53∶1（CI 15585∶1）、颜料橙 5（CI 12075）、苏丹红Ⅱ（CI 12140）和苏丹红Ⅳ（CI 26105）。酸性黄 36 为黄色粉末，易溶于水，呈橙黄色，加入盐酸呈红色并产生沉淀，加入氢氧化钠溶液颜色不变，但过量后有沉淀产生，易溶于乙醇、乙醚、苯和乙二醇乙醚，微溶于丙酮。颜料红 53∶1 为黄光红色粉末，色泽鲜艳，具有显示强烈彩色金光的特点，不溶于苯和丙酮，微溶于水、乙醇。颜料橙 5 为橙色粉末，于浓硫酸中为紫红色，稀释后呈橙色沉淀，熔点为 302℃。苏丹红Ⅱ为棕红色发光针状结晶或粉末，溶于乙醚、挥发油、苯、浓硫酸、脂肪和油，微溶于乙醇，不溶于水、碱溶液和弱酸，熔点（冰醋酸结晶）为 166℃，有刺激性。苏丹红Ⅳ为暗红色粉末，熔点为 184~185℃，不溶于水，溶于乙醇和丙酮，易溶于苯，熔点为 199℃，沸点为 260℃。酸性黄 36 等 5 种组分的基本信息见附表 1。

为提高化妆品效果或遮盖其中某些有色组分的不悦色感，化妆品中常常添加各种着色剂，起到美化和修饰作用。除了一些天然和惰性色素外，大部分有机合成着色剂对人体有害，其危害包括一般毒性、致泻性、致敏性，甚至致畸、致癌作用。酸性黄 36、颜料红 53∶1、颜料橙 5、苏丹红Ⅱ和苏丹红Ⅳ均属于人工合成偶氮类着色剂，主要用于造纸、制漆、纺织、皮革和瓷器的工业染色。偶氮类染料可通过食入、吸入或皮肤接触 3 种途径进入人体，使人产生头痛、头晕、咽干、咽痛、恶心、呕吐、腹痛、四肢酸痛、乏力、白细胞增高等不同程度的中毒症状，其中以苏丹红类的毒性最大，已被国际癌症研究机构列为三类致癌物之一。到 20 世纪 60 年代，世界各地染料化工工作者患癌的病例已超过 3000 例。某些偶氮染料在与皮肤的长期接触中，在特定条件下会转移到人的皮肤上，在人体皮肤分泌物的作用下发生还原分解而释放出某些有致癌性的芳香胺。

目前，化妆品中着色剂的检测方法主要有高效液相色谱法、液相色谱－质谱法、气相色谱－质谱法。其中液相色谱法因仪器普及、灵敏度高以及分析速度快等特点而被广泛应用于化妆品中着色剂的分析测定。

本方法为采用高效液相色谱法对唇膏、散粉和指甲油类化妆品中的酸性黄 36 等 5 种组分进行测定，并使用质谱进行确证。

本方法的原理为根据样品性质，选用合适的溶剂及前处理方法处理后，经高效液相色谱仪分离，使用二极管阵列检测器在各目标组分的指定波长处进行检测，以保留时间和紫外光谱图定性、峰面积定量，以标准曲线法计算含量。阳性结果采用液相色谱－质谱法进行确证。

本方法对酸性黄 36、颜料红 53∶1、颜料橙 5、苏丹红Ⅱ和苏丹红Ⅳ的检出限、定量下限、检出浓度和最低定量浓度见表 1。

表 1 5 种着色剂的检出限、定量下限、检出浓度和最低定量浓度

着色剂名称	检出限（ng）	定量下限（ng）	检出浓度（μg/g）	最低定量浓度（μg/g）
酸性黄 36	2.0	5.0	3.0	6.0
颜料橙 5	2.0	5.0	3.0	6.0
颜料红 53∶1	5.0	8.0	4.0	10.0
苏丹红Ⅱ	2.0	5.0	3.0	6.0
苏丹红Ⅳ	2.0	5.0	3.0	7.0

方法注释：

1）样品前处理时，需根据样品的性质按照方法给出的提取溶剂进行提取才能保证结果的准确性，即唇膏类样品以四氢呋喃与乙腈的混合液（体积比为 1∶9）提取、散粉类样品以四氢呋喃与二甲基亚砜及乙腈三者的混合液（体积比为 1∶1∶8）提取、液体类样品以乙腈提取。钱晓燕等利用 HLB 固相萃取柱净化样品，获得满意效果。对于基质特别复杂或含量较低的样品，该法可作为参考。

2）超声提取时间过短，易造成提取不完全，至少需要30分钟以上才能保证提取完全。超声过程中需注意水温不得过高，以免造成待测成分的损失。

3）酸性黄36等5种成分较为稳定，样品溶液可于室温下稳定保存24小时、4℃稳定保存7天。

4）由于酸性黄36为水溶性着色剂，其他4种着色剂虽都为油溶性着色剂，但溶解性差别较大，故在配制标准品溶液时，应先配制单个标准品溶液，之后分别移取各个标准品溶液置于同一量瓶中，用乙腈稀释至刻度，得混合标准品使用液。颜料红53∶1可采用二甲基亚砜（DMSO）配制，颜料橙5、苏丹红Ⅱ、苏丹红Ⅳ可采用四氢呋喃配制，可使用甲醇作为稀释剂进行混合标准品溶液的配制。

5）酸性黄36等5种偶氮化合物的吸收光谱相似，最大吸收在200~230nm范围内，另外在400~520nm范围内有较强吸收。由于实际化妆品成分较为复杂，最大吸收在200~230nm范围内的组分很多，为防止干扰，选择400~520nm范围内的较强吸收波长作为检测波长。酸性黄36、颜料橙5、颜料红53∶1、苏丹红Ⅱ和苏丹红Ⅳ的最大吸收波长分别为416、478、484、488和514nm。由于颜料橙5、颜料红53∶1和苏丹红Ⅱ的吸收波长相差较小，故选择响应值相对较小的颜料红53∶1的吸收波长作为三者的共同吸收波长。

6）酸性黄36、颜料橙5和颜料红53∶1三种成分的色谱保留行为相似，在色谱柱上保留较弱，且峰形较差；而苏丹红Ⅱ和苏丹红Ⅳ较难洗脱，为达到5种成分同时分析的目的，需使用离子对试剂。本方法选用四丁基氢氧化铵－枸橼酸－氨水－乙腈体系，可达到5种成分的有效分离，特别是酸性黄36、颜料橙5和颜料红53∶1三种成分可以获得良好的分离效果。

7）颜料红53∶1（CI 15585∶1）和颜料红53（CI 15585）的阴离子一致，前者为两个阴离子的钡盐，后者为一个阴离子的钠盐。本方法的测定对象均为其阴离子，在实验中应注意。

典型图谱

色谱条件：采用C_{18}柱（4.6mm×250mm，5μm），以乙腈为流动相A、水（10mmol/L四丁基氢氧化铵，10mmol/L枸橼酸，用氨水调节至pH 8.2）为流动相B，按下表梯度洗脱；检测波长416nm（酸性黄36）、484nm（颜料橙5、颜料红53∶1、苏丹红Ⅱ）和514nm（苏丹红Ⅳ）；柱温30℃；流速1.0mL/min；进样量10μL。

t（分钟）	流动相A（%）	流动相B（%）
0.00	30	70
5.00	80	20
10.00	100	0
15.00	100	0
20.00	30	70
22.00	30	70

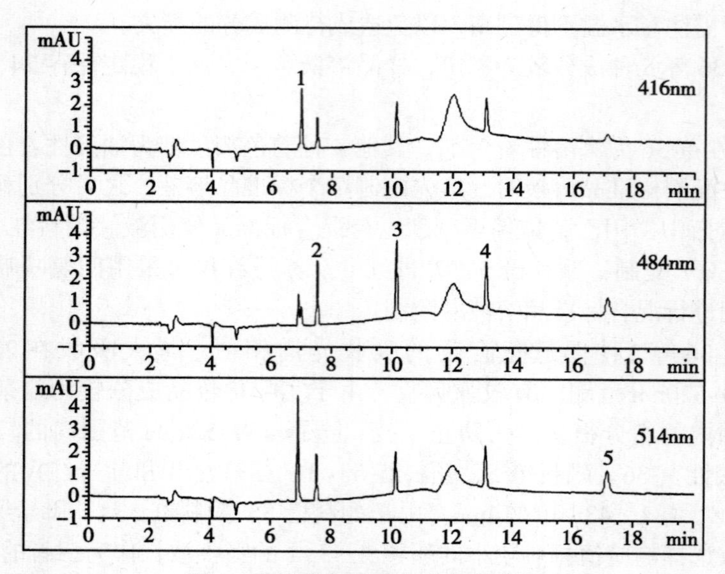

图 1　唇膏类基质空白加标色谱图

1：酸性黄 36；2：颜料红 53∶1；3：颜料橙 5；4：苏丹红Ⅱ；5：苏丹红Ⅳ

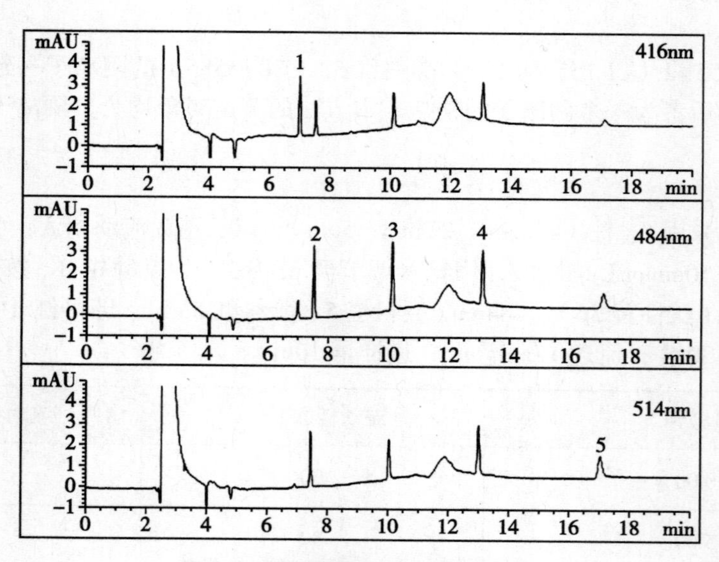

图 2　散粉类基质空白加标色谱图

1：酸性黄 36；2：颜料红 53∶1；3：颜料橙 5；4：苏丹红Ⅱ；5：苏丹红Ⅳ

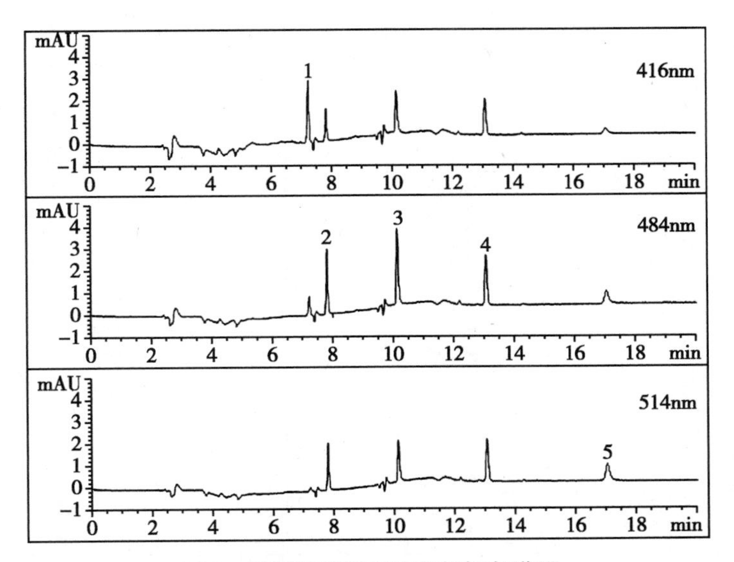

图 3　指甲油类基质空白加标色谱图

1：酸性黄 36；2：颜料红 53∶1；3：颜料橙 5；4：苏丹红Ⅱ；5：苏丹红Ⅳ

参考文献

［1］钱晓燕，刘海山，朱晓雨，等. 固相萃取 / 超高效液相色谱 – 串联质谱法测定化妆品中 12 种合成着色剂. 分析测试学报，2014，33（5）：527–532.

［2］王烨，马强，白桦，等. 化妆品中 5 种禁用着色剂的高效液相色谱检测及质谱确证. 分析测试学报，2012，31（10）：1288–1293.

［3］林俊铭，陈向标，赖明河，等. 纺织品禁用偶氮染料的检测及国标与欧标方法的比较. 当代化工，2015，44（5）：1032–1034.

［4］毛希琴，李春玲，任国杰，等. 高效液相色谱法同时检测化妆品中 38 种限用着色剂. 色谱，2015，33（3）：282–290.

［5］毛希琴，任国杰，李春玲. 高效液相色谱法同时测定化妆品中 14 种禁用着色剂. 分析测试学报，2014，33（9）：1083–1088.

［6］黄水萍. 发制品中禁用偶氮染料检测问题探讨. 化工中间体，2015，（08）：166.

［7］刘海山，钱晓燕，吕春华，等. 高效液相色谱法同时测定化妆品中的 10 种合成着色剂. 色谱，2013，31（11）：1106–1111.

附表1　酸性黄36等5种组分的基本信息

着色剂索引号	中文名称	英文名称	分子式	分子量	CAS号	中文化学名称	英文化学名称	结构式
CI 13065	酸性黄36	acid yellow 36	$C_{18}H_{14}N_3O_3SNa$	375.38	587-98-4	3-（4-苯胺苯偶氮）苯磺酸钠	3-（4-anilinophenylazo）benzenesulfonic acid sodium salt	
CI15585:1	颜料红53:1	pigment red 53:1	$C_{34}H_{24}N_4O_8S_2Cl_2Ba$	888.94	5160-02-1	5-氯-4-甲基-2-［（2*Z*）-2-（2-氧代萘-1-亚基）肼基］苯磺酸钡	barium-5-chloro-4-methyl-2-［（2*Z*）-2-（2-oxonaphthalen-1-ylidene）hydrazinyl］benzenesulfonate	
CI12075	颜料橙5	pigment orange 5	$C_{16}H_{10}N_4O_5$	338.27	3468-63-1	1-［（2，4-二硝基苯基）偶氮］-2-萘酚	1-［（2，4-dinitrophenyl）azo］-2-naphthol	
CI12140	苏丹红Ⅱ	Sudan Ⅱ	$C_{18}H_{16}N_2O$	276.33	3118-97-6	1-［（2，4-二甲苯基）偶氮］-2-萘酚	1-（2，4-xylidylazo）-2-napthol	
CI 26105	苏丹红Ⅳ	Sudan Ⅳ	$C_{24}H_{20}N_4O$	380.44	85-83-6	1-(2-甲基-4-(2-甲基苯基偶氮）苯基偶氮）-2-萘酚	1-（（2-methyl-4-（（2-methylphenyl）azo）phenyl）azo）-2-naphthalenol	

2.12 α-氯甲苯

α-Chlorotoluene

α-氯甲苯为无色透明液体，熔点为-39℃，沸点为179℃，溶于乙醚、乙醇、三氯甲烷等有机溶剂，不溶于水，但能与水蒸气一同挥发，具有强烈的刺激性气味，有催泪性，在热水中会缓慢水解生成苄醇。储存于阴凉、干燥、通风良好的环境中，远离火种、热源。存储温度不超过30℃，相对湿度不超过70%。包装必须密封，切勿受潮。α-氯甲苯的基本信息见附表1。

α-氯甲苯作为重要的有机合成中间体，广泛用于医药、农药、香精、染料助剂等方面，在化妆品中存在的微量的α-氯甲苯来源于化妆品原料生产过程。α-氯甲苯具有皮肤刺激性，可经由多种途径进入人体影响身体健康。

目前α-氯甲苯的主要检测方法有毛细管色谱法、气相色谱法、气相色谱-质谱法等。《化妆品卫生规范》(2007年版)未收载该项目，《化妆品安全技术规范》中予以增收，采用的检测方法为气相色谱法和气相色谱-质谱法。

本方法的原理为样品提取后，经气相色谱仪分离，用氢火焰离子化检测器检测，根据保留时间定性、峰面积定量，以标准曲线法计算含量。必要时，采用气相色谱-质谱法(GC-MS)确证。

本方法α-氯甲苯的检出限为0.000 54μg，定量下限为0.0018μg；取样量为2.0g时，检出浓度为2.7μg/g，最低定量浓度为9μg/g。

方法注释：

1）由于α-氯甲苯与三氯甲烷、乙醇、乙醚等有机溶剂混溶，几乎不溶于水，且密度大于水，因此样品前处理时选择先用饱和氯化钠溶液溶解水溶性化妆品基质，再用密度大于水的有机相三氯甲烷萃取的前处理方案。在此过程中，可以适当减少每次三氯甲烷的使用量，增加提取次数，以便将样品中的α-氯甲苯提取完全。为避免待测样品溶液中有水存在导致基线不稳，最后在样品溶液中加入无水硫酸钠。

2）三氯甲烷在光照下遇空气可逐渐被氧化生成剧毒的光气，其在本方法中作为提取溶剂，使用量大，故在实验过程中应注意个人防护和实验室通风。

3）在样品处理中需用分液漏斗提取，应缓慢振摇、及时放气，并避免造成待测组分损失。

4）为了能在同一色谱条件下将待测化妆品基质成分与α-氯甲苯达到较好的分离效果，分别考察弱极性色谱柱HP-5、中等极性色谱柱DB-225MS和DB-1701P、极性色谱柱DB-WAX对α-氯甲苯的分离效果。实验发现α-氯甲苯在弱极性色谱柱HP-5上的保留时间短，与化妆品基质不易分离；采用色谱柱DB-WAX时，化妆品基质中的强极性成分不易洗脱；考虑α-氯甲苯为具有一个吸电子基团的结构，具有较强的极性，最终选择中等极性的色谱柱DB-1701P为分析柱，α-氯甲苯的保留时间较为合适，且与化妆品基质完全分离。

典型图谱

色谱柱：VF-1701MS（30m×0.25mm×0.25μm）或等效色谱柱。

柱温程序：初始温度为90℃，保持10分钟，以每分钟10℃升至250℃，保持10分钟。

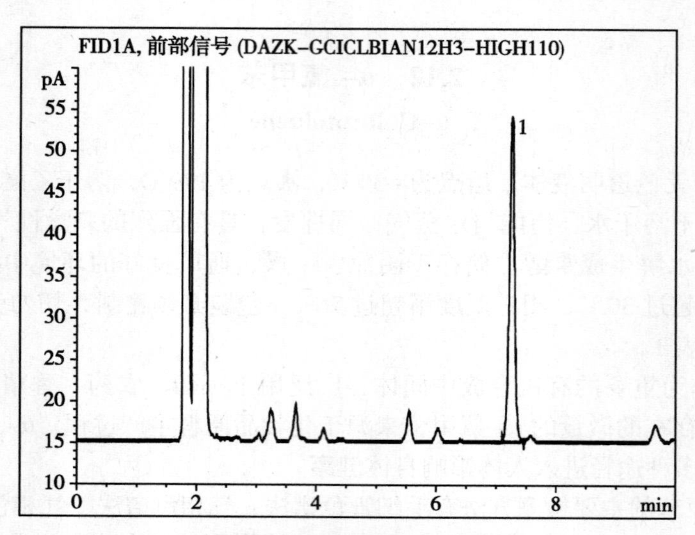

图 1　膏霜乳液类基质空白加标色谱图

1: α- 氯甲苯

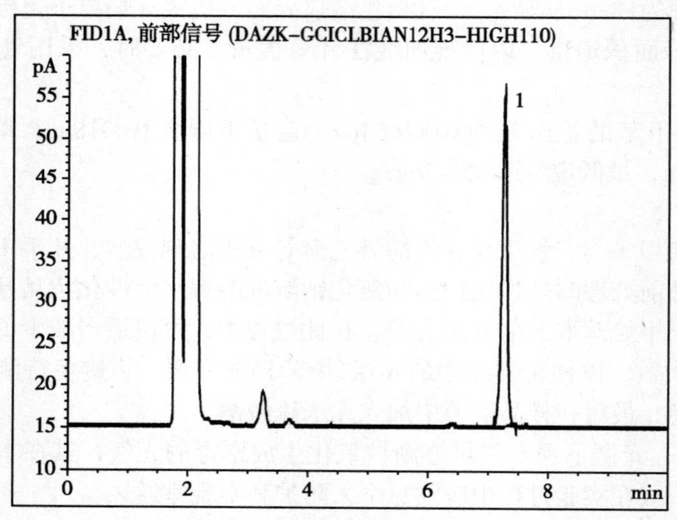

图 2　液态水基类基质空白加标色谱图

1: α- 氯甲苯

参考文献

[1] 付大友，袁东，易军，等. 气相色谱法测定酚醛树脂中的氯化苄. 化学研究与应用，2004，16(5)：655-656.

[2] 郑舒文，张强. 苯乙酸中残留苯甲醛、氯化苄和苯乙腈的毛细管气相色谱分析. 辽宁化工，2002，12（31）：544-545.

[3] MartíI, Lloret R, Martínalonso J, et al. Determination of chlorinated toluene in raw and treated water samples

from the Llobregat river by closed loop stripping analysis and gas chromatography–mass spectrometry detection. J Chmmatogr A, 2005, 1077 (01): 68–73.

[4] 邵燕，张炎，何亮亮，等. 二硫化碳萃取 – 气相色谱法同时测定含盐酸废水中的甲苯、邻氯甲苯、对氯甲苯和氯化苄. 化工环保，2014，34（6）：599–602.

[5] 卜群，秦金平，喻红梅，等. 甲苯氯化合成氯化苄的毛细管色谱分析. 中国氯碱，2006，2：27–29.

[6] Sun TH, Cao LK, Jia JP. Novel activated carbon fiber solid–phase microextraction for determination of benzyl chloride and related compounds in water by gas chromatography–mass spectrometry. Chromatographia, 2005, (61): 173–179.

[7] 刁春鹏，苑金鹏，李磊，等. 中空纤维液相微萃取 – 气相色谱 / 质谱联用检测水中的氯化苄. 分析化学，2008，36（11）：1559–1562.

[8] 赵汝松，柳仁民，崔庆新. 非平衡固相微萃取 – 气相色谱质谱联用快速监测水中的氯化苄. 分析化学，2002，30（6）：722–725.

[9] 赵晓东，庞燕军，矫筱蔓，等. 气相色谱法测定化妆品中 α– 氯甲苯. 第九届中国化妆品学术研讨会，2012.

[10] 张建生，刘振泊，余庆海，等. 顶空气相色谱测定季铵盐中氯化苄含量的新方法. 中国洗涤用品工业，2011，（4）：79–81.

附表 1　α– 氯甲苯的基本信息

中文名称	α– 氯甲苯
英文名称	benzyl chloride
分子式	C_7H_7Cl
分子量	126.58
CAS 号	100–44–7
中文化学名称	苄基氯
英文化学名称	（chlormethyl）benzol
结构式	Cl

2.13　氨基己酸

Aminocaproic acid

氨基己酸为白色或淡黄色结晶性粉末，无臭，味苦，熔点为 202~207℃，溶于水，微溶于甲醇，不溶于乙醇、乙醚、三氯甲烷，熔融的同时分解。氨基己酸的基本信息见附表 1。

氨基己酸为一种常见的止血药，能抑制纤维蛋白溶酶原的激活酶，使纤维蛋白酶原不能被激活为纤维蛋白溶酶，从而抑制纤维蛋白的溶解，达到止血、消炎的作用。鉴于此方面的功效，其常被添加于祛痘、防晒等修复产品中，能舒缓红肿化脓暗疮、加快修复等功效。但同时，氨基己酸也是一种低毒性组分，具有一定的刺激性，有报道称长期用药后会致严重头痛，可能导致肌肉损害或导致肾衰竭，给身体健康带来危害。

有报道采用柱前衍生化–液相色谱法和非水滴定法测定药品中的氨基己酸含量，但方法操作较为烦琐。《化妆品安全技术规范》收载了液相色谱法，该方法操作简便、快捷，较为常用，但由于化妆品基质多样、成分复杂，可能出现假阳性结果，故方法同时采用液相色谱–质谱法确证来提高定性的准确性。

本方法的原理为样品提取后，经液相色谱分离，并根据保留时间和紫外光谱图定性、峰面积定量，以标准曲线法计算含量。对于阳性结果，可用液相色谱–质谱法进行进一步确证。

本方法对氨基己酸的检出限为50ng、定量下限为150ng；取样量为0.2g时，检出浓度为125μg/g，最低定量浓度为400μg/g。

方法注释：

1）称取膏霜乳液等黏稠样品时，应将样品均匀涂布于比色管刻度线以下，以使样品能完全、有效地分散于提取溶剂中。

2）氨基己酸在210nm处吸收较强，故本方法选择210nm作为检测波长；并且由于氨基己酸易溶于水而微溶于甲醇，因此选择水相占比例极高的流动相作为提取溶剂。

3）由于流动相中水相所占的比例极高，对色谱柱损害较大，故应在不影响实验的情况下适当增加有机相的比例。因流动相大量使用磷酸二氢铵缓冲液，可能会造成柱压过高，故在实验完毕后延长色谱柱与仪器管路的冲洗时间。

4）流动相的pH对氨基己酸色谱峰的峰形影响较大，pH高时，氨基己酸会发生解离；当pH为4.4时，氨基己酸色谱峰拖尾严重，峰形不对称；随着pH的降低，氨基己酸色谱峰的拖尾情况有所改善；当pH降低至3.0时，峰形得到明显改善。考虑到不同色谱柱的耐酸程度不同，且pH越低对色谱柱的损耗程度越大，因此最终将流动相的pH设定在3.0。

5）化妆品的乳化可能会影响部分剂型样品中氨基己酸的提取效果，因此加入饱和氯化钠溶液作为破乳剂，以确保提取完全。

6）加入氯化钠溶液涡旋混合破乳时，应调节涡旋器至合适的频率，避免由于溶液溅出造成待测组分的损失。

典型图谱

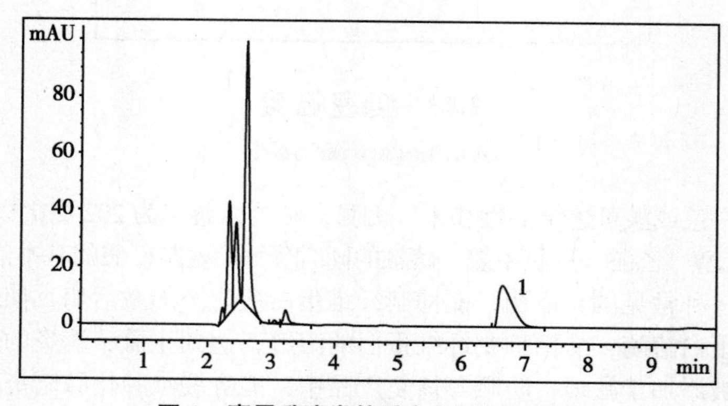

图1　膏霜乳液类基质空白加标色谱图

1：氨基己酸

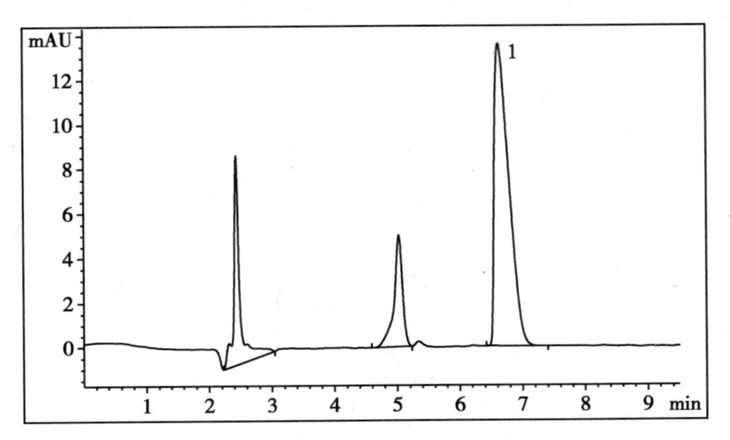

图 2　液态水基类基质空白加标色谱图

1：氨基己酸

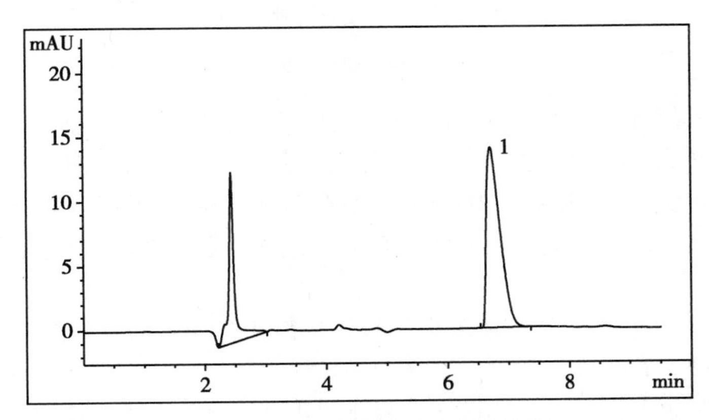

图 3　固体粉类基质空白加标色谱图

1：氨基己酸

[1] 汤蕊，张宏誉. 6-氨基己酸致严重头痛. 药物不良反应杂志，2014，(4)：250-251.

[2] 郭兴家，郭闯，姜玉春，等. 光谱法研究氨基己酸与牛血清白蛋白的相互作用. 应用化学，2010，27(10)：1192-1198.

[3] 汪玲，王莉艳，吴文耀. 柱前衍生化－高效液相色谱法测定复方牛磺酸滴眼液中牛磺酸与氨基己酸含量. 医药导报，2011，30(11)：1515-1517.

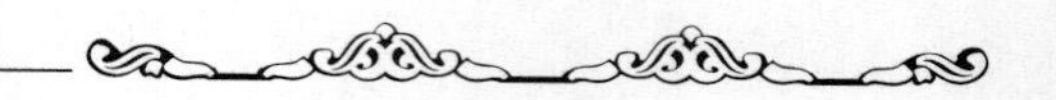

附表 1　氨基己酸的基本信息

中文名称	氨基己酸
英文名称	aminocaproic acid
分子式	$C_6H_{13}NO_2$
分子量	131.17
CAS 号	60-32-2
中文化学名称	6- 氨基正己酸
英文化学名称	6-amino-hexanoic acid
结构式	O, HO, NH_2

2.14　斑蝥素
Cantharidin

斑蝥素，亦称芫青素，又称斑蝥酸酐，是一种天然单萜类化合物，其在不同的溶剂中表现出不同的晶型，在丙酮中呈白色针状，在乙醇中呈白色糠片状，在三氯甲烷中呈白色斜方棱柱形，熔点为 215~216.8℃，但在 84℃开始升华，不溶于冷水，微溶于乙醇、乙醚和热水，溶于丙酮、三氯甲烷、乙醚、乙酸乙酯和油类。斑蝥素的基本信息见附表 1。

斑蝥素广泛存在于昆虫纲鞘翅类地胆属斑蝥科甲虫中，是一种天然防御性毒素，临床上主要用于肝癌、乳腺癌、肺癌、食管癌等恶性肿瘤的治疗，外用具有皮肤止痒、改善局部神经营养及刺激毛根、促进毛发生长的作用，可治疗病毒疣、传染性软疣、胼胝、斑秃、带状疱疹、皮肤利什曼病、获得性穿透病等。由于斑蝥素的毒副作用较大，其中毒剂量和治疗剂量接近，安全范围窄，皮肤大范围外涂易导致中毒，中毒多表现为心肌损害，可引起心肾器官实质性损伤、中枢神经系统损害及衰竭症状。

目前，斑蝥素的检测方法主要有紫外分光光度法、薄层扫描法、高效液相色谱法、气相色谱法、气相色谱 - 质谱法等。《化妆品卫生规范》(2007 年版) 收载了气相色谱法，《化妆品安全技术规范》保留了采用气相色谱法测定毛发用化妆品中斑蝥素的方法。本方法具有检出限低、灵敏度高、分析时间短的特点。

本方法的原理为样品中的斑蝥素经三氯甲烷萃取，用气相色谱仪、氢火焰离子化检测器测定。以保留时间定性，以峰高或峰面积定量，用单点外标法计算含量。

本方法对斑蝥素的检出限为 0.6ng，定量下限为 2.0ng；取样量为 5g 时，检出浓度为 0.6μg/g，最低定量浓度为 2μg/g。

方法注释：

1）斑蝥素具有强烈的腐蚀性，能引起烧伤，实验者应小心操作，注意防护措施，避免皮肤直接接触。

2）配方中含植物乙醇提取液的发用化妆品如育发液，在样品预处理中用三氯甲烷萃取时，因乙醇与三氯甲烷互溶，无法分层，可使用水浴加热使乙醇挥发后进行萃取。参考方法为取样品1.0g置蒸发皿中，于55℃水浴挥发15分钟，用5mL蒸馏水分次将样液转移至25mL分液漏斗中，加1g氯化钠轻轻振摇，使氯化钠充分溶解，精密加1mL三氯甲烷剧烈振摇5分钟，放置分层。将有机相放入离心管中，离心后取有机相作为试液。

3）含表面活性剂成分的化妆品、洗发香波，加入5mL水混匀时，可使用涡旋方式混合，注意勿剧烈振摇，以防产生过多的泡沫，影响实验顺利进行；使用三氯甲烷萃取时，若出现乳化，可离心处理；若乳化较为严重，致使萃取几乎无法进行时，可先使用无水硫酸钠脱除化妆品所含的水分，使样品由液态转化为固态，再用三氯甲烷进行液－固萃取。参考方法为称取2.0g待测样品于10mL具塞玻璃试管中，加入无水硫酸钠3.0g，玻棒搅拌，放置5分钟，加入2mL三氯甲烷，振荡3分钟提取，静置30分钟，取有机相作为待测液。

4）为减少试剂用量，降低对环境和人体的影响，除本方法外还可采用固相萃取技术进行样品前处理，将样品溶液调至pH=3后过HLB柱，用水清洗柱子后用甲醇洗脱，挥发甲醇液，残渣用丙酮溶解并定容后进样分析。

5）本方法采用DB-5毛细管柱，相对于OV-17或SE-30涂料的填充柱，提高了灵敏度，可满足斑蝥素含量较少的样品分析。测定过程中，如果有阳性结果，实验室条件允许的情况下，可用气相色谱－质谱法确证。气相色谱－质谱参考条件详见实例分析。

典型图谱

气相色谱条件：采用DB-5毛细管柱（0.32mm × 30m × 0.25μm）；进样口温度230℃；分流比10∶1；程序升温：初始60℃，每分钟5℃升至200℃，保持10分钟；柱流量1mL/min；氢火焰离子化检测器，温度250℃。

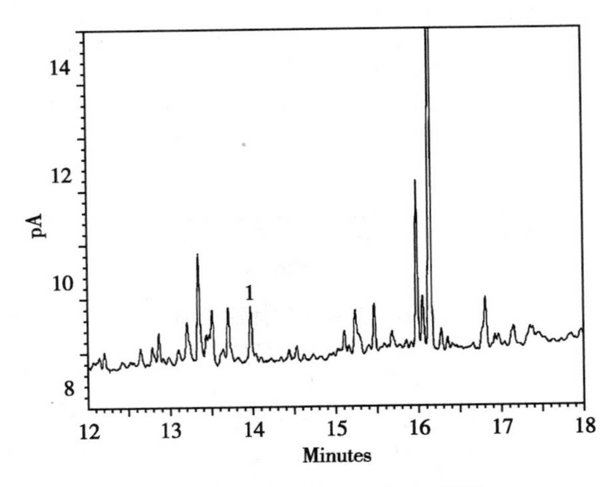

图1　育发液类空白加标色谱图

1：斑蝥素

实例分析

气相色谱条件同典型图谱项下。

标准品溶液及样品溶液制备均按照《化妆品安全技术规范》操作。

结果分析：样品图谱中在与斑蝥素标准品保留时间相近处有色谱峰的干扰（图2），可通过加标试验进行验证（图3）。如加标试验仍无法判断或仍出现阳性结果，可使用气相色谱－质谱法进行确证。

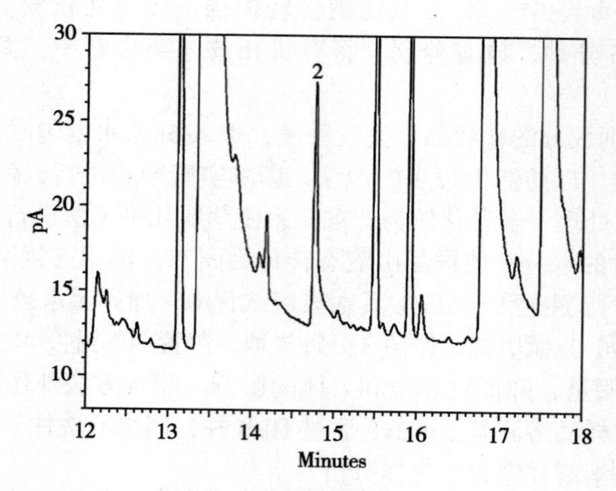

图2 洗发水色谱图

2：疑似斑蝥素色谱峰

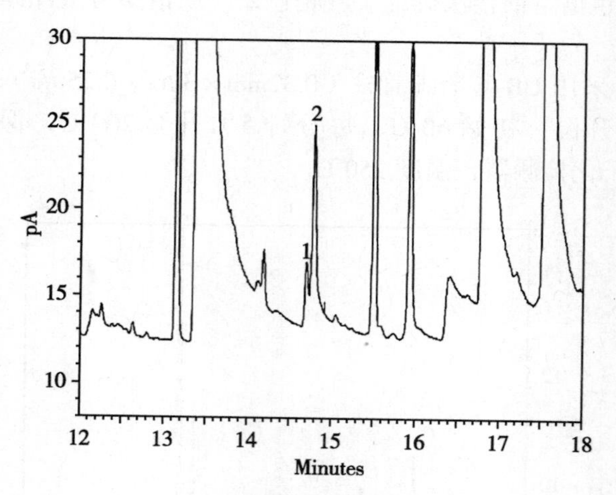

图3 洗发水加标色谱图

1：斑蝥素；2：疑似斑蝥素色谱峰

气相色谱－质谱联用仪条件：色谱柱：HP-5MS 毛细管柱（0.25mm × 30m × 0.25μm）；进样口温度 230℃；分流比 50 : 1；程序升温：初始 60℃，保持 1 分钟，每分钟 10℃升至 230℃，保持 10 分钟；柱流量 1mL/min；辅助加热区温度 230℃；EI 源检测器电离能量 70eV；全扫描（TIC），扫描范围 65~200*m/z*。

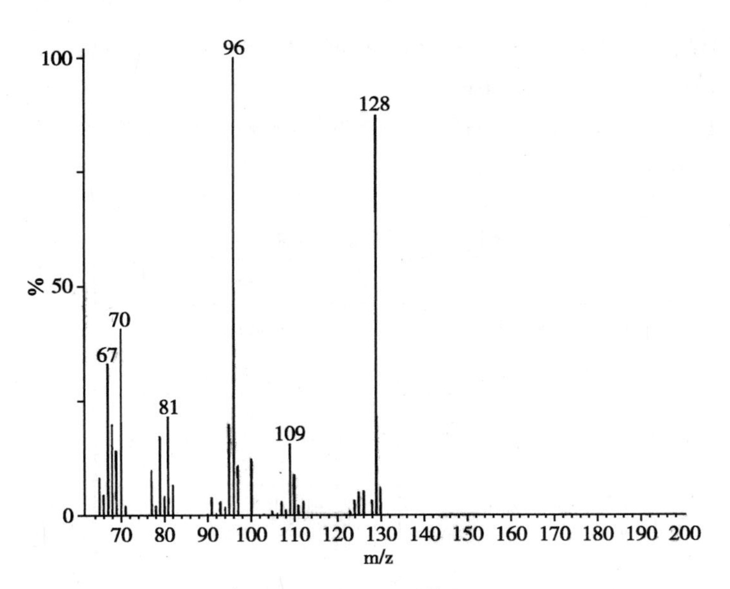

图 4　斑蝥素质谱图

[1] 胡朝阳. 斑蝥素含量测定方法研究进展. 广州化工，2011，39（10）：49-51.

[2] 郑星泉. 化妆品卫生检验手册，北京：化学工业出版社，2004.

[3] 杜洪飞，曾瑶波，张毅，等. 斑蝥类化合物及其衍生物的基本概况和研究进展. 世界科学技术：中医药现代化，2014，16（4）：869-875.

[4] 仵宁，曹李娜，马青. 银屑病大范围外用斑蝥中毒死亡 1 例. 中国皮肤性病学杂志，2015，29（12）：1309.

[5] 刘力，徐德生，谢德隆，等. 斑蝥体内斑蝥素的紫外分光光度测定法. 中国中药杂志，1989，14（7）：40-41.

[6] 刘少波. 薄层扫描法测定祛邪扶正抗癌口服液中斑蝥素含量. 中华综合临床医学杂志，2004，6（12）：31-32.

[7] 赵瑞红，何家田，赵兴红. 单波长快速薄层扫描法测定斑蝥搽剂中斑蝥素的含量. 中药材，2005，28（9）：835-836.

[8] 周祥敏，邹丽. 高效液相色谱法测定斑蝥中斑蝥素的含量. 食品与药品，2006，8（08）：54-55.

[9] 赵松华，张卫国. 气相色谱法测定育发类保健用品中斑蝥素含量. 中华预防医学杂志，2002，36（4）：269-270.

[10] 曹红，祝业，陈玉敏，等. 毛细管气相色谱法测定抗鼻咽癌口服液中斑蝥素的含量. 中国新药杂志，2007，16（4）：309-311.

[11] 赵月朝，段鹤君，胡俊明，等. 转相萃取 - 气相色谱法测定含表面活性剂化妆品中斑蝥素. 中国预防医学杂志，2004，5（4）：299-300.

[12] 白璐，李倩，房宁，等. 固相萃取 - 气相色谱法检测生物检材中斑蝥素. 中国司法鉴定，2011，2（55）：57-59.

［13］ Wang MY，Zhao LP. Determination of Cantharidin 0. 01% Aqueous Solutions by Gas Chromatograph. Agrochemicals，2008，47（06）：436-437.

［14］ 李英，王成云，杨左军，等. 气质联用法测定生发类化妆品中斑蝥素. 中国卫生检验杂志，2001，11（6）：645-646.

附表 1　斑蝥素的基本信息

中文名称	斑蝥素
英文名称	cantharidin
分子式	$C_{10}H_{12}O_4$
分子量	196.2
CAS 号	56-25-7
结构式	

2.15　苯并［a］芘

Benzo［a］pyrene

苯并［a］芘，简称 BaP，无色至淡黄色针状晶体或棕色粉末，熔点为 177~180℃，沸点为 312℃，不溶于水，微溶于乙醇、甲醇，溶于苯、甲苯、二甲苯、三氯甲烷、乙醚、丙酮等，在常温常压和碱性情况下稳定，遇酸易发生化学变化。苯并［a］芘的基本信息见附表 1。

苯并［a］芘是一种五环多环芳香烃类，在工业上无生产和使用价值。化妆品中由于原料污染、生产污染及其他过程中的污染而导致可能含有苯并［a］芘，并对人体造成危害。苯并［a］芘对眼睛、皮肤有刺激作用，是强致癌物。

苯并［a］芘的检测方法主要有薄层色谱法、荧光光度法、气相色谱法、气相色谱 - 质谱法、液相色谱 - 荧光检测法以及液相色谱 - 质谱法（需配 APPI 源）。《化妆品安全技术规范》收载了高效液相色谱 - 荧光检测法，并采用气相色谱 - 质谱法进行确证。

本方法的原理为样品经甲醇提取后，采用高效液相色谱仪分离、荧光检测器检测，根据保留时间定性、峰面积定量，以标准曲线法计算含量，并采用气相色谱 - 质谱法进行确证。

本方法中高效液相色谱 - 荧光检测法对苯并［a］芘的检出限为 0.5pg，定量下限为 1.6pg；取样量为 0.5g 时，检出浓度为 0.5μg/kg，最低定量浓度为 1.6μg/kg。气相色谱 - 质谱法的检出限为 0.3ng/mL。实际样品溶液的苯并［a］芘浓度如果低于此检出限，则需将样品溶液浓缩至合适浓度后进行确证分析。

方法注释：

1）苯并［a］芘具有致癌性，实验过程中要注意防护。

2）本方法采用甲醇进行超声提取，为了保证超声提取的效率，可以先将样品涡旋分散之后再进行超声。

3）本方法采用荧光检测器进行测定，实验中需要合理设置仪器参数，保证仪器灵敏

度的前提下，降低基线噪音。流动相一定要充分脱气后才能使用，否则由于流动相中的氧气会令荧光淬灭而无法检测，故推荐使用在线脱气装置。

4）样品中的苯并［a］芘一般不会和其他苯并芘产生相互干扰。由于荧光检测器无法提供除保留时间以外的定性指标，阳性样品需要采用气相色谱－质谱法进行确证。确证时务必要保证气相色谱－质谱仪的灵敏度能够满足测定的需求。

典型图谱

色谱柱：Agilent SB-C_{18}（250mm × 4.6mm × 5μm），其余条件同方法原文。

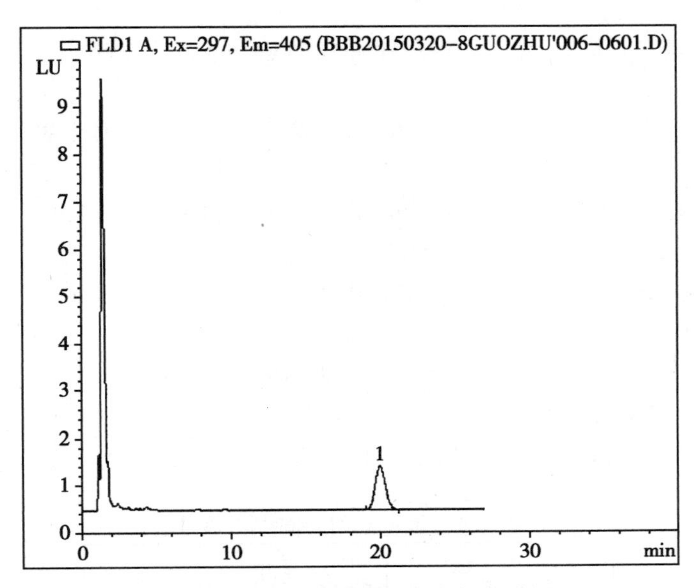

图 1　液态油基类基质空白加标色谱图

1：苯并［a］芘

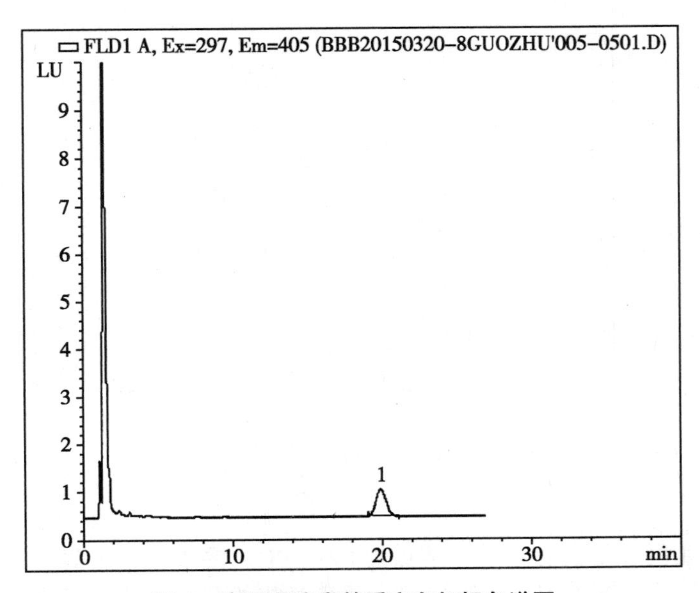

图 2　膏霜乳液类基质空白加标色谱图

1：苯并［a］芘

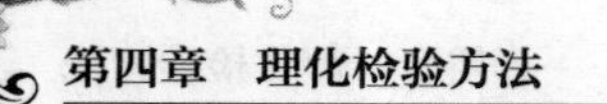

参考文献

[1] 刘洽娟，姬艳丽，吴源，等. 苯并芘引起鼠胸腺细胞DNA损伤及其机制. 毒理学杂志，2005，19（4）：284-286.

[2] 王浩，刘艳琴，杨红梅，等. 高效液相色谱法测定化妆品中苯并芘残留. 分析试验室，2010，29（5）：221-222.

[3] 赵连海，于淑新，王丰琳，等. 核壳填料色谱柱快速分析化妆品中苯并芘. 广州化学，2013，38（3）：25-28.

[4] 陈静，戴振宇，许群，等. 在线固相萃取－高效液相色谱法测定水体中的多环芳烃. 分析化学，2014，42（12）：1785-1790.

[5] 徐小民，蔡增轩，任一平，等. 食用植物油中苯并［a］芘的在线凝胶色谱－气质联用测定. 中国卫生检验杂志，2012，22（7）：1479-1483.

[6] 王浩，刘艳琴，杨红梅，等. 高效液相色谱法测定化妆品中苯并芘残留. 分析试验室，2010，29（5）：221-222.

[7] 李晨悦，周金林，黄金凤，等. GC-MS/MS法检测山茶油中的苯并［a］芘. 现代食品科技，2013，29（7）：1702-1705.

[8] GB/T 5009.27—2003. 食品中苯并［a］芘的测定. 2003-08-11.

附表1 苯并［a］芘的基本信息

中文名称	苯并［a］芘
英文名称	benzo［a］pyrene
分子式	$C_{20}H_{12}$
分子量	252.31
CAS号	50-32-8
中文化学名称	苯并［a］芘
英文化学名称	3，4-benz［a］pyrene
结构式	

2.16 丙烯酰胺

Acrylamide

丙烯酰胺为无色、无臭的结晶，熔点为82~86℃，溶于水、乙醇、丙酮、乙醚和三氯乙烷，微溶于甲苯，不溶于苯，较为稳定。丙烯酰胺的基本信息见附表1。

丙烯酰胺是合成聚丙烯酰胺的单体，可用于合成聚丙烯酰胺等聚合物。在化妆品中，聚丙烯酰胺主要用作增稠剂、稳定剂、起泡剂、润滑剂、乳化剂和抗静电剂，可使化妆品达到理想的稠度和触感。含有聚丙烯酰胺的化妆品中可能会带有微量的丙烯酰胺单体残留物，对人体具有神经毒性、致癌毒性及致畸毒性。

目前化妆品中丙烯酰胺的检测方法有气相色谱法、液相色谱法、气相色谱－质谱法和液相色谱－质谱法等。色谱法的专属性及灵敏度较质谱法低，气相色谱－质谱法一般需要衍生化，液相色谱－质谱法在近几年的文献报道较多，但由于基质的复杂性以及丙烯酰胺极性强的特点，样品一般需要进行提取、净化、浓缩等步骤。《化妆品安全技术规范》收载的测定化妆品中丙烯酰胺含量的方法为液相色谱－质谱法。

本方法的原理为样品经过提取后，用液相色谱－质谱法测定，以多反应离子监测模式进行监测，采用特征离子丰度比进行定性，以丙烯酰胺与内标峰面积比定量。

本方法对丙烯酰胺的检出限为0.000 05μg，定量下限为0.0002μg；取样量为0.2g时，检出浓度为0.005mg/kg，最低定量浓度为0.025mg/kg。

方法注释：

1）本方法中样品经醋酸铵－乙腈溶液提取后，氮气吹干，流动相复溶。条件允许的情况下，待测溶液尽量经0.22μm滤膜过滤，并使用保护柱，以防止堵塞液相色谱－质谱仪。

2）本方法采用氘代同位素内标法进行计算。由于丙烯酰胺的极性较强，在普通C_{18}柱上保留能力较差，且化妆品中的极性基质较多，故在LC–MS/MS测定中常发生较强的基质抑制效应。因此，检验过程中应注意内标的回收率不宜过低，以保证足够的检验灵敏度，避免假阴性结果的产生。若基质效应过强，则可尝试选用Poroshell 120 EC–C_{18}柱（4.6mm × 100mm × 2.7μm）和Prodigy C_{18}柱（4.6mm × 150mm × 3.0μm）进行分离。

3）当采用本方法无法获得满意的内标回收率或者基质效应过高时，可以将样品加水、石油醚（30~60℃）进行提取、离心。石油醚（30~60℃）的作用主要是帮助样品分散并去除一部分脂溶性基质。离心后的水层液加甲酸，帮助化妆品中酸不溶性成分的析出。此时部分样品的提取液以滤膜过滤时仍阻力较大，但再加石油醚（30~60℃）提取后，以滤膜过滤时阻力明显变小，滤液体积可满足进样需求。

4）由于各子离子在不同厂家的液相色谱－质谱仪中存在响应差异，实验室可根据实际情况选择定性离子，以满足检测灵敏度的需要。本方法中 *m/z* 72.0 → 55.0 的响应较高，适于定量分析，但 *m/z* 72.0 → 44.0 和 *m/z* 72.0 → 27.0 的本底信号均较高，信噪比低，部分复杂基质样品无法满足灵敏度要求。必要时，可以采用本底信号较低的 *m/z* 54 作为监测离子对进行辅助定性确证。

5）若测定结果中被测组分的含量过高，因在样品处理中添加了内标物，所以需要重新取样进行提取，而不可采用对被测样液直接稀释的方法。

6）除本方法外，GB/T 29659—2013《化妆品中丙烯酰胺的测定》也收录了液相色谱法以及液相色谱－质谱法测定化妆品中的丙烯酰胺。GB/T 29659–2013分别采用HPLC法和LC–MS/MS法测定化妆品中的丙烯酰胺。液相色谱法中样品经5%甲醇溶液超声提取后用高效液相色谱进行测定。该方法的定量限为0.09mg/kg，接近驻留类产品中丙烯酰胺的限值。液相色谱－质谱法中采用丙酮进行提取，提取液氮吹，水复溶后经C_{18}小柱净化，以^{13}C同位素为内标进行测定。丙酮对大多数化妆品的基质溶解性较好，一般不出现提取液浑浊而难以过滤的问题。但由于丙酮不适用于常规的反相液相系统以及共提物较多，部分样品的固相萃取净化效果不佳，在测定中存在较强的基质抑制效应。

典型图谱

色谱柱：Prodigy C_{18} 柱（4.6mm × 150mm × 3.0μm）

流动相：A：0.05% 甲酸溶液；B：甲醇

梯度洗脱程序如下：

t（分钟）	A（%）	B（%）
0.0	90	10
8.0	90	10
8.5	0	100
12.0	0	100
13.0	90	10
19.0	90	10

流速：0.3mL/min

柱温：30℃

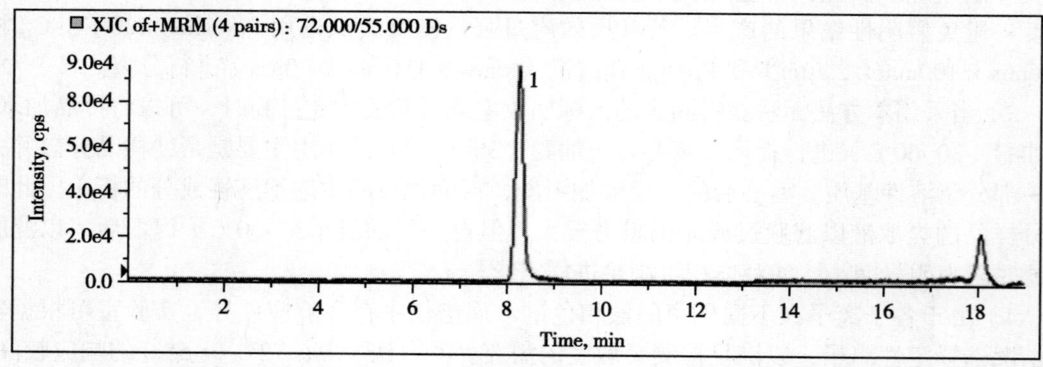

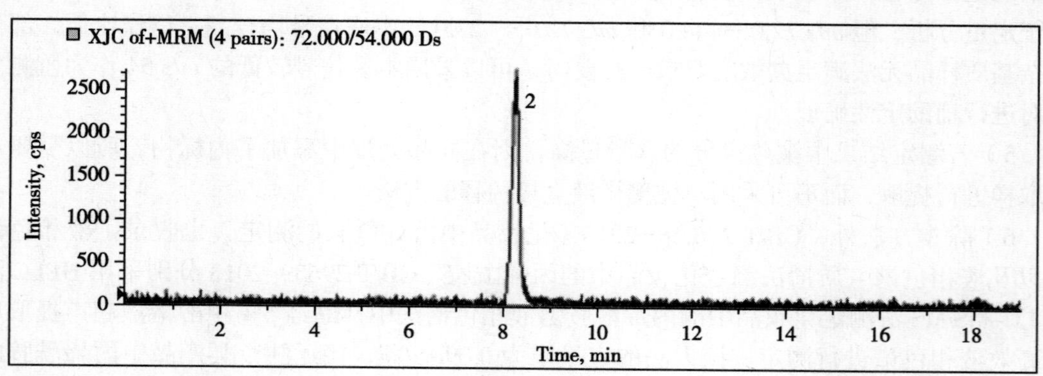

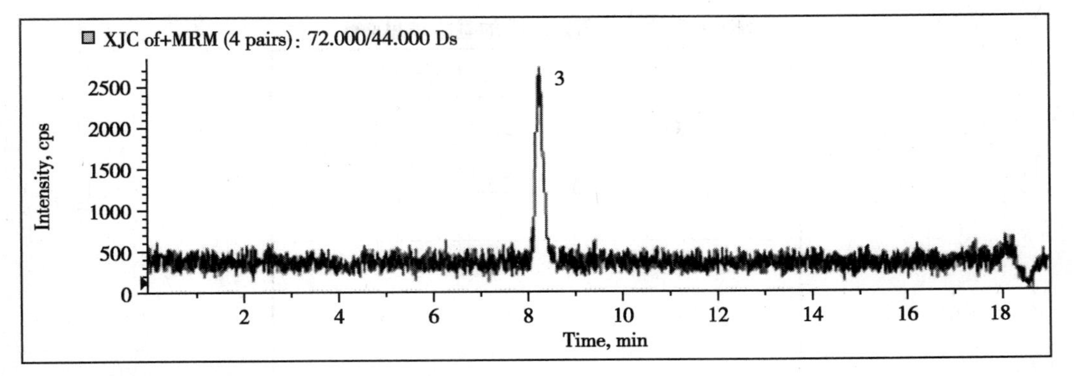

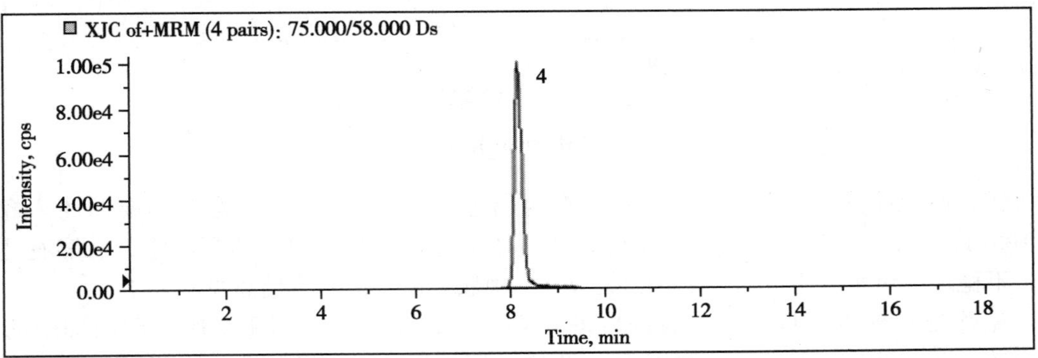

图 1　膏霜乳液类基质阳性样品 MRM 图

1：丙烯酰胺（*m/z* 72.0/55.0）；2：丙烯酰胺（*m/z* 72.0/54.0）；
3：丙烯酰胺（*m/z* 72.0/44.0）；4：内标（*m/z* 75.0/58.0）

参考文献

［1］李宏亮，詹铭，蒋志华，等．固相萃取－衍生化－气相色谱法测定化妆品中丙烯酰胺．中国卫生检验杂志，2012，22（7）：1449-1501.

［2］郭新东，冼燕萍，杜志峰，等．固相萃取－高效液相色谱法测定化妆品中丙烯酰胺．日用化学工业，2009，39（4）：294-296.

［3］金薇，李薇，江文明，等．液相色谱－串联质谱法测定化妆品中丙烯酰胺单体残留量．药物分析杂志，2010，30（10）：1887-1890.

［4］马强，王超，白桦，等．同位素稀释液相色谱－串联质谱法测定化妆品中残留的丙烯酰胺．色谱，2009，27（6）：856-859.

［5］Bermudo E, Moyano E, Puignou L, et al. Determination of acrylamide in foodstuffs by liquid chromatography ion-trap tandem mass-spectrometry using an improved clean-up procedure. Analytica Chimica Acta, 2006, 559: 207-214.

［6］Tareke E, Rydberg P, Karlsson P, et al. Analysis of Acrylamide, a Carcinogen Formed in Heated Foodstuffs. Journal of Agriculture and Food Chemistry, 2002, 50: 4998-5006.

附表 1 丙烯酰胺的基本信息

中文名称	丙烯酰胺
英文名称	acrylamide
分子式	C_3H_5NO
分子量	71.037
CAS 号	79-06-1
结构式	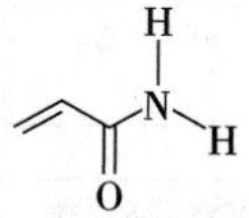 H, N, H, O

2.17 氮芥

Chlormethine

氮芥常以盐酸盐形式存在，盐酸氮芥为白色结晶性粉末，有引湿性与腐蚀性，熔点为 108~111℃，在水中极易溶解，在乙醇中易溶。盐酸氮芥在 40℃以下稳定，水溶液呈酸性，不稳定，可水解生成双 –（β– 羟乙基）– 甲胺。氮芥的基本信息见附表 1。

氮芥是一种生物烷化剂，有高度的化学活性，能直接作用于细胞，抑制细胞的迅速增殖，现作为广谱抗肿瘤药物应用，临床上还常用盐酸氮芥配合激素类药物使用，外用涂抹治疗白癜风或注射治疗肾病综合征。同时氮芥也是一种细胞毒素，可引发骨髓抑制、恶心、呕吐、静脉炎、组织坏死等不良反应，人静脉注射 0.4mg/kg，可迅速引起肠胃道症状、白细胞和血小板减少。外用时常见的不良反应主要是皮肤黏膜的局部刺激作用，如发疱、破溃、糜烂等，少见致敏反应。故我国对发用类化妆品中的氮芥含量有严格限制。

目前，氮芥的检测方法主要有滴定法、气相色谱法、气相色谱 – 质谱法等。《化妆品卫生规范》(2007 年版）和《化妆品安全技术规范》中均采用气相色谱法测定毛发用化妆品中氮芥的含量。本方法检出限低、灵敏度高、分析时间短，能够满足化妆品中氮芥的测定。

本方法的原理为样品中的氮芥在碱性条件下用三氯甲烷萃取，用气相色谱仪分离、氢火焰离子化检测器（FID）测定，以保留时间定性，以峰高或峰面积定量，采用单点外标法计算含量。

本方法对氮芥的检出限为 0.3ng，定量下限为 1.0ng；取样量为 5g 时的检出浓度为 0.3mg/g，最低定量浓度为 1mg/g。

方法注释：

1）盐酸氮芥的毒性极高，由于其为强效发疱剂，操作者应注意防护，小心操作，避免吸入或与皮肤及黏膜接触，尤其是眼睛。意外接触时，应立即用大量清水冲洗。

2）含表面活性剂成分的化妆品、洗发香波，加入 5mL 水混匀时，可使用涡旋方式混合，注意勿剧烈振摇，以防产生过多的泡沫，影响实验顺利进行。预处理中振摇 30 秒后静置分层不理想时，可借助冷冻离心的方式使分层。

3）样品测定时首先用 1mol/L HCl 调节溶液 pH 至 2 以下，以去除样品中的中性和酸性脂溶性成分对色谱分析的干扰，然后小心用 2mol/L NaOH 溶液调节溶液至中性，再加入碳酸钠 50mg，目的是使盐酸氮芥转化为游离氮芥，用三氯甲烷进行萃取，萃取所得的有机相经无水硫酸钠脱水后进样分析。标准品溶液需同法处理。

4）由于盐酸氮芥在中性或碱性水溶液中不稳定，所以盐酸氮芥标准溶液应现用现配，并迅速分析，避免长时间放置，以防止样品出现假阴性情况。

5）本方法使用标准品为盐酸氮芥，测定结果需以氮芥计，换算系数为 156.05/192.52。

6）测定过程中如果有阳性结果，需使用气相色谱 - 质谱法确认。气相色谱 - 质谱参考条件详见实例分析。

典型图谱

色谱条件详见实例分析。

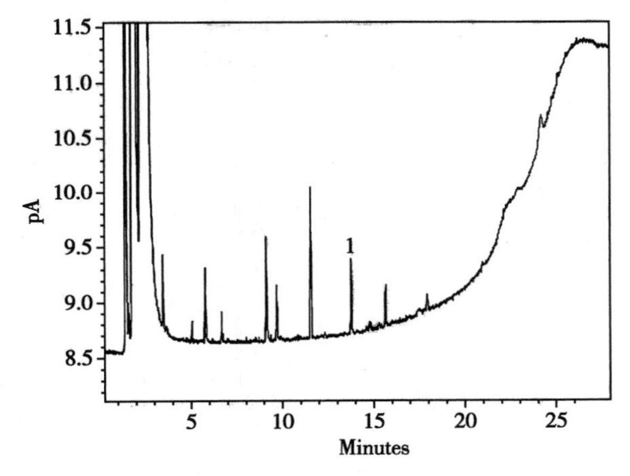

图 1　育发液基质空白加标图谱

1：氮芥

实例分析

气相色谱条件：采用 DB-225 毛细管柱（0.25mm × 30m，涂膜厚度为 0.25μm）；进样口温度 170℃；分流比 50∶1；柱流量 2mL/min；程序升温方式：初始 50℃，保持 1 分钟，以每分钟 5℃升至 100℃，保持 5 分钟，以每分钟 5℃升至 130℃，后以每分钟 20℃升至 200℃，保持 3 分钟；检测器：FID，温度 200℃。

洗发液样品与标准品的制备均按照《化妆品安全技术规范》操作。

结果分析：该样品使用标准方法进行检验，结果在与氮芥标准品保留时间一致处有色谱峰存在（图 2），由于该样品基质较为复杂，使用气相色谱 - 质谱法进行进一步确证。

气相色谱 - 质谱联用仪条件：采用 HP-5MS 毛细管柱（0.25mm × 30m × 0.25μm）；进样口温度 170℃；分流比 50∶1；程序升温方式：初始 50℃，保持 1 分钟，以每分钟 5℃升至 150℃，保持 2 分钟；辅助加热区温度 230℃；EI 源检测器电离能量 70eV；全扫描（TIC），扫描范围 50~200*m/z*。

结果分析：该样品的总离子流图中与氮芥保留时间一致处的质谱图与氮芥的质谱图（图 3 和图 4）不一致，故判定结果为未检出。

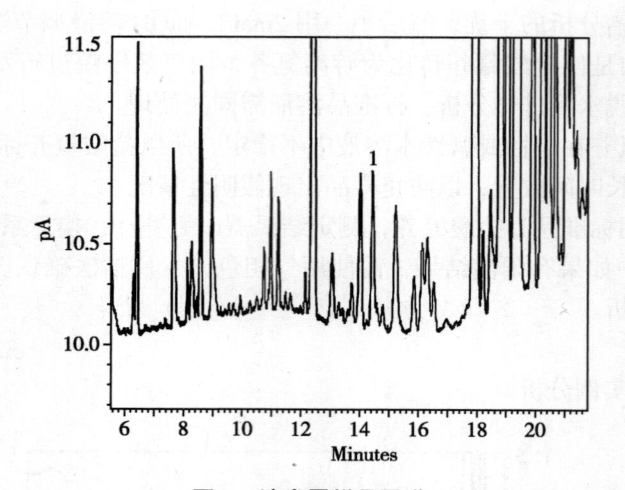

图 2　洗发露样品图谱

1：与氮芥标准品保留时间一致的色谱峰

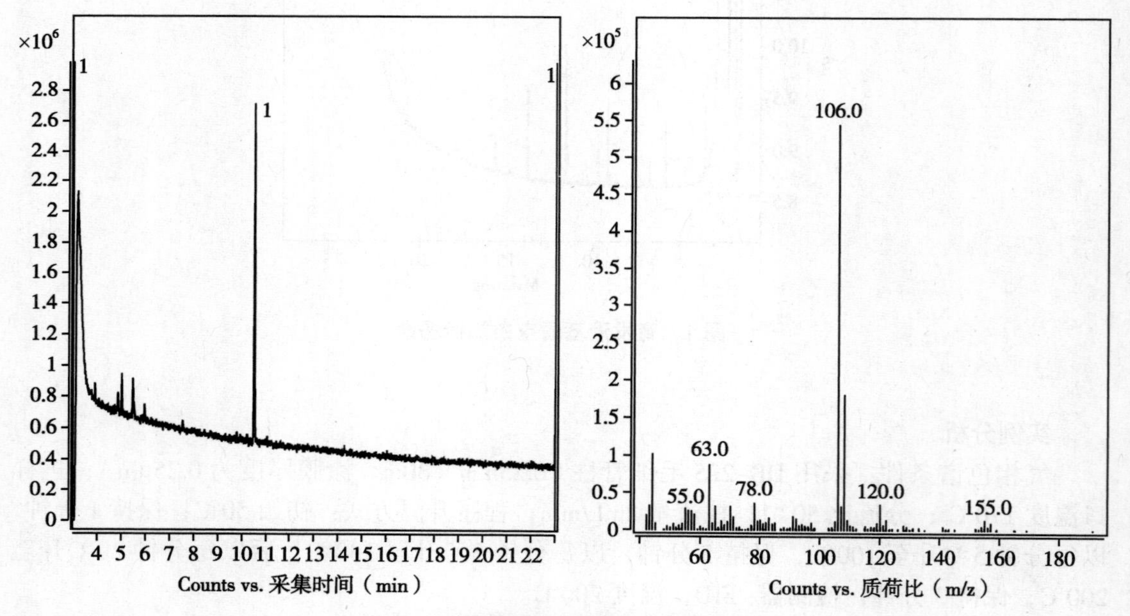

图 3　氮芥标准品总离子流图与质谱图

1：氮芥

实际检验中遇到基质较为复杂的样品，除可使用本实例分析中使用的 GC-MS 法确证外，也可采用两根或两根以上不同极性的色谱柱相互验证，但该法实际操作较为烦琐，可能需要大量尝试性试验，在条件允许的情形下，建议使用 GC-MS 法进行确证。

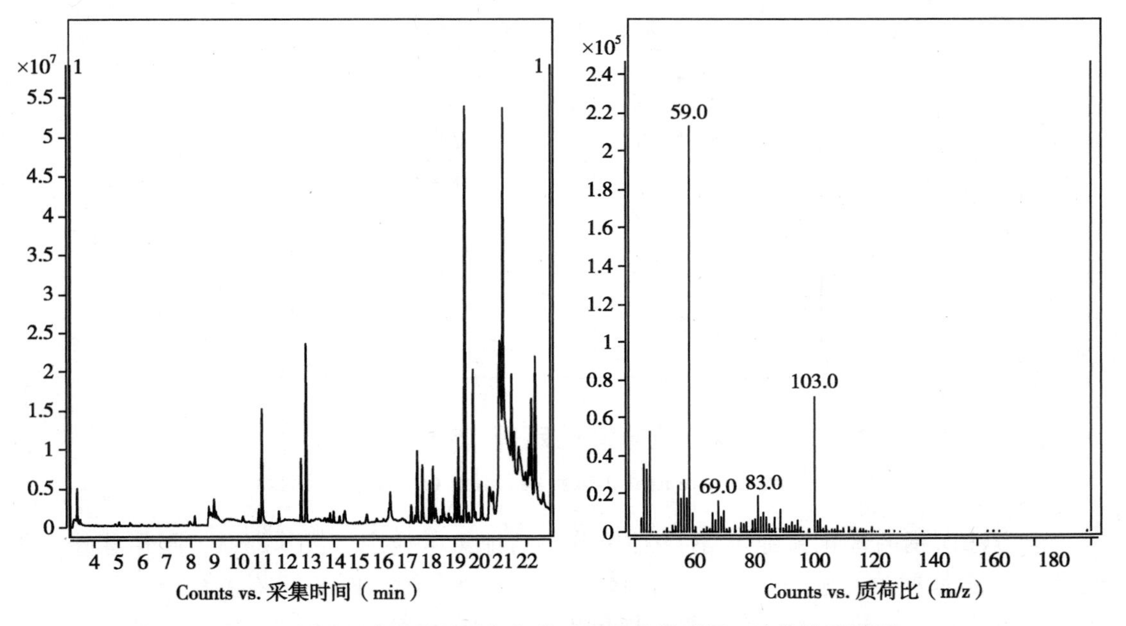

图 4　样品总离子流图及与氮芥对照品保留时间一致处的质谱图

参考文献

［1］国家药典委员会．中华人民共和国药典（二部）．北京：中国医药科技出版社，2015.

［2］郑星泉．化妆品卫生检验手册．北京：化学工业出版社，2004.

［3］刘宝军，李淑琴，邱国锋，等．复方氮芥酊外用治疗白癜风 18 例疗效观察．沈阳部队医药，1995，12（3）：197-198.

［4］张丽娟，王腊梅．氮芥治疗肾病综合征 282 例护理体会．北京军区医药，1998，10（2）：142.

［5］刘洪，王润娟，刘隆玲，等．外用盐酸氮芥酊致过敏反应 1 例．成都医学院学报，2008，1：15.

［6］国家药典委员会．《国家药品标准》化学药地方标准上升国家标准第十五册．北京：中国医药科技出版社，2003.

［7］陆军，庞燕军，赵晓东，等．化妆品中氮芥测定方法的探讨．香料香精化妆品，2011，2：33-34.

［8］李洁．气相色谱法测定盐酸氮芥酊含量．中国药房，2013，24（13）：1222-1224.

［9］刘运明，周长美，吴健．气相色谱 - 质谱联用法测定乳液类化妆品的氮芥．中国卫生检验杂志，2015，25（4）：477-479.

附表 1 氮芥的基本信息

中文名称	氮芥
英文名称	chlormethine
分子式	$C_5H_{11}Cl_2N$
分子量	156.05
CAS 号	51-75-2
结构式	Cl N Cl

2.18 地氯雷他定等 15 种组分

Desloratadine and other 14 kinds of components

本方法所指的地氯雷他定等 15 种组分包括地氯雷他定、氯苯那敏、阿司咪唑、曲吡那敏、溴苯那敏、苯海拉明、异丙嗪、羟嗪、奋乃静、西替利嗪、氟奋乃静、氯丙嗪、氯雷他定、特非那定、赛庚啶。地氯雷他定为白色结晶性粉末，无臭，味苦，熔点为 150~151℃，易溶于三氯甲烷、甲醇、乙醇，溶于二氯甲烷、乙酸乙酯、丙酮，几乎不溶于水，不易吸湿。氯苯那敏常以马来酸盐存在，马来酸氯苯那敏为白色结晶性粉末，无臭，味苦，熔点为 131~135℃，易溶于水、乙醇、三氯甲烷，微溶于乙醚。阿司咪唑为白色结晶，熔点为 172.9℃，几乎不溶于水。曲吡那敏常以盐酸盐存在，盐酸曲吡那敏为白色结晶性粉末，无臭，味苦，熔点为 192~193℃，极易溶于水，溶于乙醇，不溶于乙醚。溴苯那敏常以马来酸盐存在，马来酸溴苯那敏的熔点为 134~135℃。苯海拉明常以盐酸盐存在，盐酸苯海拉明为白色结晶状粉末，熔点为 167~171℃，极易溶于水，易溶于乙醇、三氯甲烷，略溶于丙酮，微溶于乙醚、苯。异丙嗪常以盐酸盐存在，盐酸异丙嗪为白色或类白色粉末或颗粒，无臭，味苦，熔点为 230~232℃，极易溶于水，溶于乙醇、三氯甲烷，几乎不溶于丙酮、乙醚，在空气中日久变为蓝色，熔融时部分分解。羟嗪常以盐酸盐存在，盐酸羟嗪为白色结晶性粉末，几乎无臭，味微苦，熔点为 190~192℃，易溶于水、丙酮，溶于三氯甲烷、乙醇，不溶于乙醚。奋乃静为白色至淡黄色结晶性粉末，无臭，熔点为 94~100℃，极易溶于三氯甲烷，易溶于甲醇，溶于乙醇、稀盐酸，几乎不溶于水。西替利嗪常以盐酸盐存在，盐酸西替利嗪为白色或类白色结晶性粉末，熔点为 110~115℃，易溶于水，溶于甲醇或乙醇，几乎不溶于三氯甲烷或丙酮中。氟奋乃静常以盐酸盐存在，盐酸氟奋乃静为白色或类白色结晶性粉末，无臭，味微苦，遇光易变色，熔点为 226~233℃，易溶于水，略溶于乙醇，极微溶于丙酮，不溶于苯、乙醚，熔融时分解。氯丙嗪常以盐酸盐存在，盐酸氯丙嗪为白色或乳白色结晶性粉末，有微臭，味极苦，熔点为 192~196℃，易溶于水、乙醇和三氯甲烷，不溶于乙醚和苯，有引湿性，遇光渐变色。氯雷他定为白色或类白色结晶性粉末，熔点为 134~136℃，易溶于甲醇、乙醇或丙酮，略溶于 0.1mol/L 盐酸溶液，几乎不溶于水。特非那定为白色结晶性粉末，无臭，熔点为 147~151℃，易溶于三氯甲烷，溶于丙酮，略溶于甲醇或乙醇，几乎不溶于水。赛庚啶常以盐酸盐存在，盐酸赛庚啶为白色至微黄色结晶性粉末，无臭，味微苦，易溶于甲醇，

溶于三氯甲烷，略溶于乙醇，微溶于水，几乎不溶于乙醚。地氯雷他定等 15 种组分的基本信息见附表 1。

地氯雷他定等 15 种组分是一类抗组胺药物，由于抗组胺类药物为 H_1 受体拮抗剂，对皮肤黏膜变态反应有治疗效果，所以常用作治疗湿疹、药疹、接触性皮炎及皮肤瘙痒症等发痒性皮肤病的抗过敏药物。个别不法厂商为改善皮肤过敏的症状，可能将其添加于宣称消炎、抗过敏、舒缓等作用的化妆品中。而长期使用含抗组胺药物的化妆品会导致药物依赖性皮炎，皮肤会产生如同“上瘾”的症状，一旦停用，过敏症状就会加重发作，造成毛细血管扩张、萎缩，出现皮肤变薄、色素沉着、皮炎等症状。另外，还可能引起人体内激素水平变化、内分泌紊乱、月经不调等不良反应。

目前地氯雷他定等该类组分的检测方法主要有高效液相色谱法、分光光度法、气相色谱－质谱法、液相色谱－质谱法、离子选择电极法、毛细管电泳法、滴定法等，其中液相色谱法效率高、方法灵敏、方便快捷、简便易用，对于抗组胺类物质的检测具有优势和参考意义，但是液相色谱法对多于 10 个组分的抗组胺类组分的分离情况不理想，受杂质干扰较大。《化妆品安全技术规范》收载了液相色谱－质谱联用法，该方法分析速度快、分离能力强、灵敏度高，同时可进行阳性结果确证。

本方法的原理为以甲醇为溶剂提取样品后，经液相色谱仪分离、质谱检测器检测，采用保留时间和特征离子对丰度比定性，以待测组分相对应的离子峰面积定量，以标准曲线法计算含量。

本方法对 15 种抗组胺类组分的检出限均为 1ng/mL，定量下限均为 2ng/mL；如以取样 0.2g 计，检出浓度均为 250ng/g，定量下限浓度均为 500ng/g。

方法注释：

1）地氯雷他定等 15 种组分的混合标准储备溶液在 −18℃避光保存时，5 日内基本稳定；混合标准系列溶液在 4℃避光保存时，当日均稳定，但标准溶液中的部分成分在 3 日后出现降解，故混合标准溶液需临用现配。

2）不同批号或厂家的色谱柱对部分组分的出峰时间、检验灵敏度有细微影响，个别组分在某些厂家牌号的液相色谱柱中有一定的吸附拖尾现象，结果使峰形质量降低，应适当选择对抗组胺类组分拖尾现象小的色谱柱。

3）流动相的 pH 对地氯雷他定等 15 种组分色谱峰的保留时间和峰面积均有较大影响，在多次配制过程中，应保持 pH 一致，且使用时间不宜超过 3 天。

4）方法选择甲酸铵－甲酸体系作为水相，可使绝大部分组分的峰形得到改善，同时可抑制部分抗组胺类组分在色谱柱中的拖尾现象。

5）实验过程中，个别组分的定性、定量离子对会与标准有所差异，实验室应根据实际情况进行优化。由于化妆品基质复杂，容易附着于离子源上，故实验完成后应及时清洗。

典型图谱

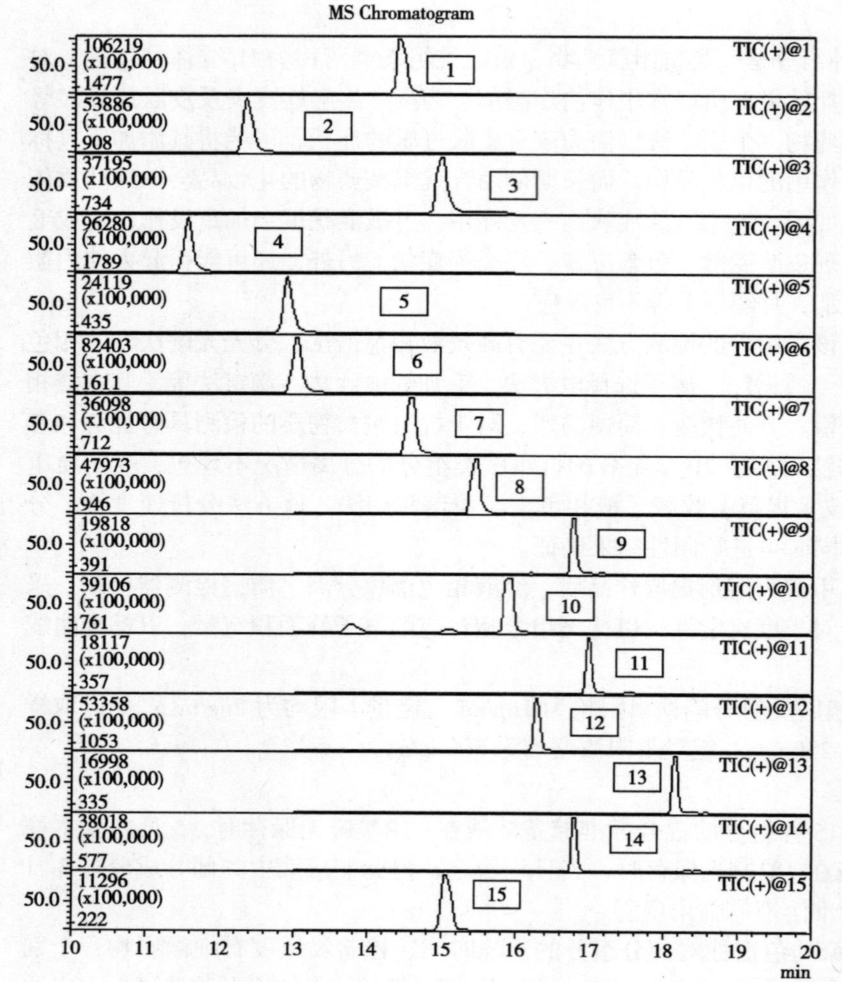

图 1 液态水基类基质空白加标质谱图

1：地氯雷他定；2：氯苯那敏；3：阿司咪唑；4：曲吡那敏；5：溴苯那敏；6：苯海拉明；7：异丙嗪；8：羟嗪；9：奋乃静；10：西替利嗪；11：氟奋乃静；12：氯丙嗪；13：氯雷他定；14：特非那定；15：赛庚啶

参考文献

［1］ 王燕芹，车文军，王莉，等. 固相萃取－超快速液相色谱－串联质谱法同时测定化妆品中 9 种抗过敏药物残留. 分析化学，2013，41（3）：394-399.

［2］ 车文军，张征，徐春祥，等. 固相萃取／高效液相色谱法测定化妆品中 5 种抗组胺药物残留. 分析测试学报，2012，31（8）：1005-1008.

［3］ Feás X, Ye L, Hosseini SV, et al. Development and validation of LC-MS/MS method for the determination of cyproheptadine in several pharmaceutical syrup formulations. Journal of pharmaceutical and biomedical analysis, 2009, 50 (5)：1044-1049.

［4］ Patil RH, Hegde RN, Nandibewoor ST. Electro-oxidation and determination of antihistamine drug, cetirizine dihydrochloride at glassy carbon electrode modified with multi-walled carbon nanotubes. Colloids and Surfaces B：Biointerfaces, 2011, 83 (1)：133-138.

附表 1　地氯雷他定等 15 种组分的基本信息

中文名称	英文名称	分子式	分子量	CAS 号	中文化学名称	英文化学名称	结构式
地氯雷他定	desloratadine	$C_{19}H_{19}ClN_2$	310.82	100643-71-8	8-氯-6，11-二氢-11-（4-哌啶烯基）-5*H*-苯并［5，6］环庚基［1，2-b］吡啶	8-chloro-11-(piperidin-4-ylidene)-6，11-dihydro-5*H*-benzo[5，6]cyclohepta[1，2-b] pyridine	
氯苯那敏	chlorpheniramine	$C_{16}H_{19}ClN_2$	274.79	132-22-9	（±）-3-（4-氯苯基）-*N*，*N*-二甲基-3-（2-吡啶基）丙胺	3-（4-chlorophenyl）-*N*，*N*-dimethyl-3-（pyridin-2-yl）propan-1-amine	
阿司咪唑	astemizole	$C_{28}H_{31}FN_4O$	458.57	68844-77-9	1-（4-氟苄基）-2-（1-［4-甲氧基苯乙基］哌啶-4-基）氨基苯并咪唑	1-((4-fluorophenyl）-methyl）-*N*-（1-（2-（4-methoxyphenyl）ethyl）-4-piperidinyl）-1*H*-benzimidazol-2-amine	
曲吡那敏	tripelennamine	$C_{16}H_{21}N_3$	255.36	91-81-6	2-（苄基［2-二甲基氨乙基］氨基）吡啶	*N*1-benzyl-*N*2，*N*2-dimethyl-*N*1-（pyridin-2-yl）ethane-1，2-diamine	

续表

中文名称	英文名称	分子式	分子量	CAS 号	中文化学名称	英文化学名称	结构式
溴苯那敏	brompheniramine	$C_{16}H_{19}BrN_2$	319.24	86–22–6	3–（4–溴苯基）–*N*, *N*–二甲基–3–吡啶–2–基–1–丙胺	3–（4–bromophenyl）–*N*, *N*–dimethyl–3–（pyridin–2–yl）propan–1–amine	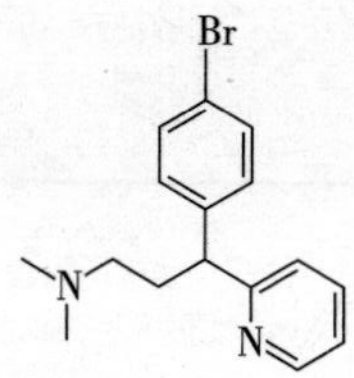
苯海拉明	diphenhydramine	$C_{17}H_{21}NO$	255.36	58–73–1	2–（二苯甲氧基）–*N*, *N*–二甲基乙胺	2–（benzhydryloxy）–*N*, *N*–dimethylethanamine	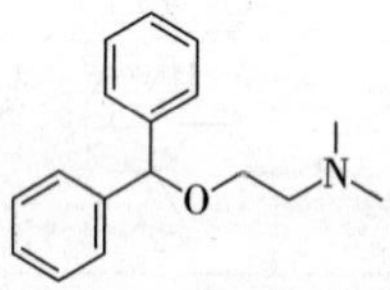
异丙嗪	promethazine	$C_{17}H_{20}N_2S$	284.42	60–87–7	*N*, *N*, α–三甲基–10*H*–吩噻嗪–10–乙胺	*N*, *N*–dimethyl–1–（10*H*–phenothiazin–10–yl）propan–2–amine	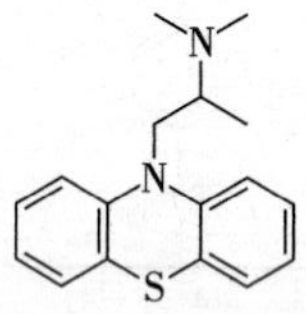
羟嗪	hydroxyzine	$C_{21}H_{27}ClN_2O2$	374.91	68–88–2	2–［2–［4–［（4–氯苯基）–苯甲基］哌嗪–1–基］乙氧基］乙醇	2–(2–(4–((4–chlorophenyl)（phenyl）methyl）piperazin–1–yl）ethoxy）ethanol	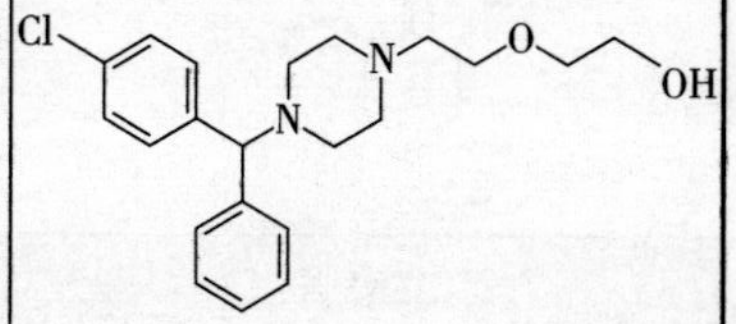

续表

中文名称	英文名称	分子式	分子量	CAS 号	中文化学名称	英文化学名称	结构式
奋乃静	prochlorperazine	$C_{21}H_{26}ClN_3OS$	403.97	58–39–9	4–［3–（2–氯吩噻嗪–10–基）丙基］–1–哌嗪嗪乙醇	2–（4–（3–（2–chloro–10*H*–phenothiazin–10–yl）propyl）piperazin–1–yl）ethanol	
西替利嗪	cetirizine	$C_{21}H_{25}ClN_2O_3$	388.89	83881–51–0	2–［2–［4–［（4–氯苯基）苯甲基］–1–哌嗪基］乙氧基］乙酸	2–(2–(4–((4–chlorophenyl)(phenyl)methyl)piperazin–1–yl)ethoxy)acetic acid	
氟奋乃静	fluphenazine	$C_{22}H_{26}F_3N_3OS$	437.52	69–23–8	4–［3–［2–（三氟甲基）–10*H*–吩噻嗪–10–基］丙基］–1–哌嗪乙醇	2–（4–（3–（2–（trifluoromethyl）–10*H*–phenothiazin–10–yl）propyl）piperazin–1–yl）ethanol	
氯丙嗪	chlorpromazine	$C_{17}H_{19}ClN_2S$	318.86	50–53–3	3–（2–氯–10*H*–吩噻嗪–10–基）–*N*，*N*–二甲基丙–1–胺	3–（2–chloro–10*H*–phenothiazin–10–yl)–*N*, *N*–dimethylpropan–1–amine	

续表

中文名称	英文名称	分子式	分子量	CAS 号	中文化学名称	英文化学名称	结构式
氯雷他定	loratadine	$C_{22}H_{23}ClN_2O_2$	382.89	79794-75-5	4-（8-氯-5，6-二氢-11*H*-苯并［5，6］环庚基［1，2-b］并吡啶-11-烯）-1-哌啶羧酸乙酯	4-（8-chloro-5，6-dihydro-11*H*-benzo［5，6］cyclohepta［1，2-b］pyridin-11-ylidene）-1-piperidinecarboxylate	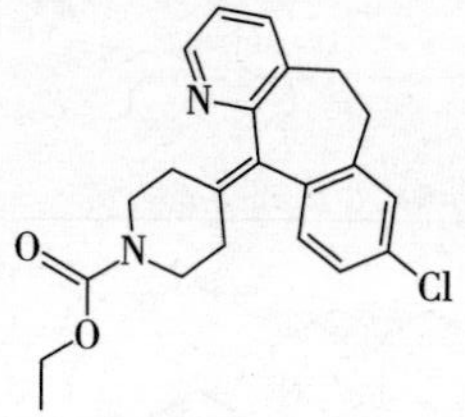
特非那定	terfenadine	$C_{32}H_{41}NO_2$	471.68	50679-08-8	α-(4-叔丁基苯基)-4-（羟基二苯甲基）-1-哌啶丁醇	alpha-［4-（1，1-dimethylethyl）phenyl］-4-hydroxydiphenylmethyl)-1-piperidinebutanol	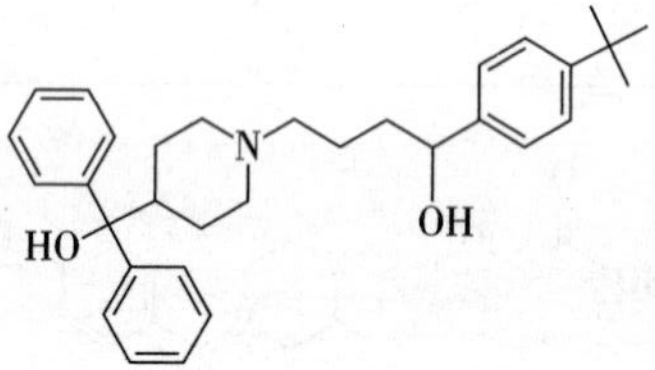
赛庚啶	cyproheptadine	$C_{21}H_{21}N$	287.40	129-03-3	1-甲基-4-（5*H*-二苯并［a，d］环庚三烯-5-亚基）哌啶	4-（5*H*-dibenzo［a，d］［7］annulen-5-ylidene）-1-methylpiperidine	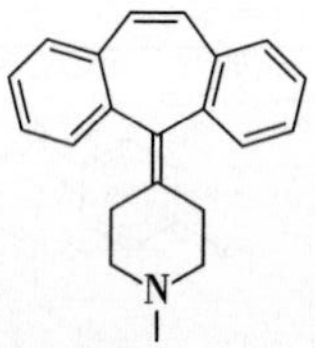

2.19 二噁烷

Dioxane

二噁烷别名二氧六环、1，4- 二氧己环，为无色液体，稍有香味，凝固点为 11.80℃，沸点为 101.32℃，能与水及多种有机溶剂混溶，当无水时易形成爆炸性过氧化物。二噁烷的基本信息见附表 1。

二噁烷通常是使用环氧乙烷、环氧丙烷制备化妆品原料时的伴生副产物，而这些原料在化妆品中使用比较广泛，如作为洗涤剂、乳化剂、保湿剂的原料用于香波、浴液、洗手液、洁面乳等清洁类产品以及部分膏霜、乳液等护理类产品。但由于原料添加量与使用原料品种上的差异，香波、浴液、洗手液、洁面乳等清洁类产品中残留二噁烷的概率与数量要高于其他品类。二噁烷属微毒类，目前的研究表明，其经皮吸收率约为 4%，对皮肤、眼部和呼吸系统有刺激性，并且可能对肝、肾和神经系统造成损害，急性中毒时可能导致死亡。

目前二噁烷的检测方法主要有气相色谱法、气相色谱 – 质谱法等。《化妆品卫生规范》（2007 年版）收载了气相色谱 – 质谱法测定化妆品中二噁烷含量的方法，《化妆品安全技术规范》保留了该方法，增收了第二法，同为气相色谱 – 质谱法，此方法在第一法的基础上，对样品的前处理过程、计算方法以及适用范围 3 个方面进行了修订和完善。

第一法

本方法的原理为样品在顶空瓶中经过加热提取后，经气相色谱 – 质谱法测定，监测模式为选择离子模式，采用离子相对丰度比进行定性，以单点标准加入法计算含量。

本方法对二噁烷的检出限为 2μg，定量下限为 6μg；取样量为 2.0g 时，检出浓度为 1μg/g，最低定量浓度为 3μg/g。

方法注释：

1）标准加入法是一种被广泛使用的测试方法，尤其适用于检验存在干扰组分的样品。由于化妆品基质含量高且成分复杂，很难配制到与样品溶液相似的标准溶液，故采用标准加入法进行检测，即将一定量已知浓度的标准溶液加入待测样品中，测定加入前后样品的浓度。

2）方法“5.2”中“称取样品 2g”应理解为称取 6 份样品各 2g。方法“5.4.2”中“二噁烷标准加入量”为加入二噁烷标准品的质量。

3）针对较为黏稠的化妆品，样品处理时可先称取 1g 氯化钠置于顶空瓶中，然后加入少量水使其溶解，再称取样品。样品处理中轻轻摇匀时应防止样品附着于顶空瓶内盖，堵塞进样针。

4）方法“6.1”中，样品（称样量为 m_i）加入二噁烷标准品（加入量为 m_s）后测得的峰面积（A_s）约为未加标样品（m）所测峰面积（A_i）的 2 倍，计算过程可见实例分析。

典型图谱

色谱条件：

色谱柱：Aglient DB-5Ms（30m × 0.25mm × 0.25μm）

色谱柱升温程序：50℃保持 1 分钟，以 50℃ /min 的速率升至 230℃，保持 5 分钟

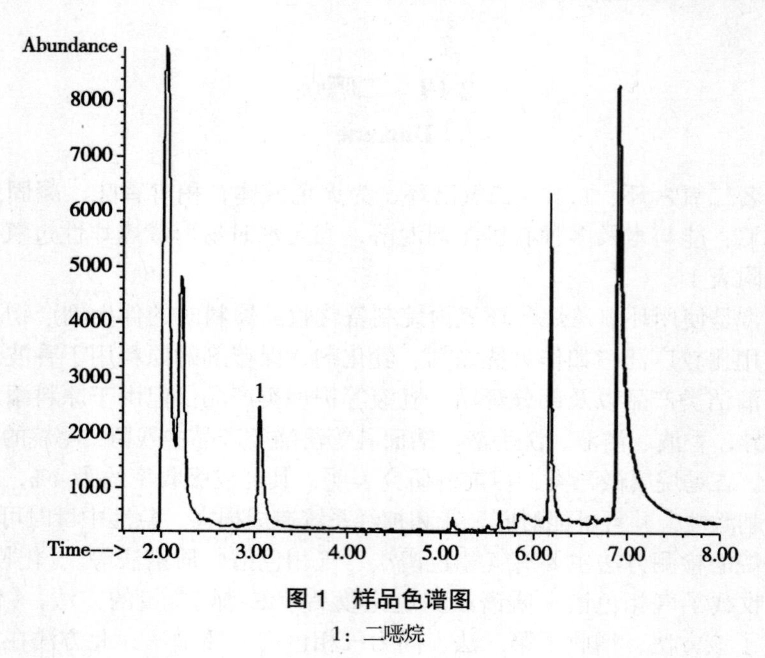

图 1　样品色谱图

1：二噁烷

第二法

本方法的原理为样品在顶空瓶中经过加热提取后，用气相色谱 - 质谱法测定，采用离子相对丰度比进行定性，以选择离子监测模式进行测定，以标准曲线法计算含量。本方法具有条理清晰、可操作性好、适用性强、重现性好等特点。

本方法对二噁烷的检出限为 2μg，定量下限为 4μg；取样量为 2.0g 时，检出浓度为 1μg/g，最低定量浓度为 2μg/g。

方法注释：

1）本方法在第一法的基础上进行了适当的修订和完善，主要包括以下 3 个方面：一是优化了计算方法。采用基质空白中分别加入系列浓度标准工作溶液的方法得到系列浓度基质标准工作溶液，以二噁烷的质量浓度为横坐标、峰面积为纵坐标进行线性回归，制作标准曲线，用于测定样品中二噁烷的含量。二是简化了前处理过程。按照第一法的要求，每个样品均需至少称取 6 份样品，修改后的方法则简化了该过程，每个样品平行称取 2 份即可，大大提高了工作效率。三是扩大了适用范围。由于二噁烷可能存在于香波、浴液、洗手液、洁面乳等清洁类产品以及部分护理类产品中，而这几类产品的物理形态大致可分为膏霜乳液类、液态水基类、凝胶类 3 种典型的化妆品剂型，因此本方法的适用范围为膏霜乳液类、液态水基类、凝胶类化妆品。

2）顶空测定时，为使样品溶液与标准溶液的体积相同，方法中系列浓度基质标准溶液配制时加水为 7mL，样品处理时加水为 8mL。

典型图谱

色谱条件：

色谱柱：Aglient DB-5Ms（30m × 0.25mm × 0.25μm）

色谱柱升温程序：40℃保持 6 分钟，以 50℃ /min 的速率升至 220℃，保持 10 分钟

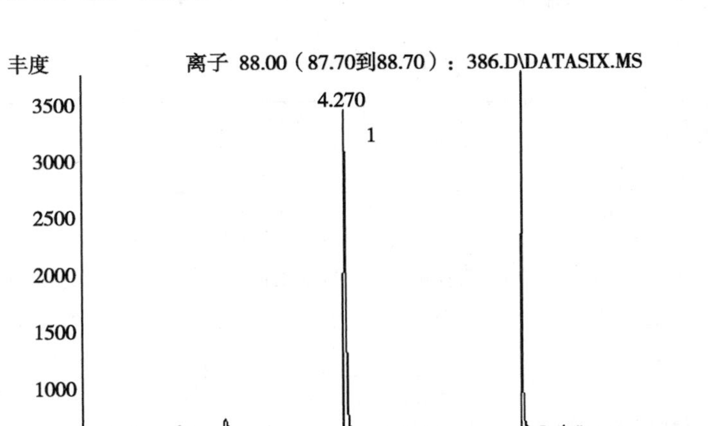

图 2　样品色谱图

1：二噁烷

实例分析

对某修护洗发乳进行二噁烷检测的过程。

样品处理：称取样品 2.0859、2.0123、2.1025、2.1018、2.0998 和 2.0324g，分别置于顶空进样瓶中，加入 1g 氯化钠，加入 7mL 去离子水，分别精密加入二噁烷标准系列溶液 1mL，密封后超声，轻轻摇匀，作为加二噁烷标准系列溶液的样品。置于顶空进样器中，待测。

仪器条件：

汽化室温度：70℃

定量管温度：150℃

传输线温度：200℃

振荡情况：振荡

气 – 液平衡时间：40 分钟

进样时间：1 分钟

仪器：Aglient 6890-5975B

顶空设备：Aglient 7694E

色谱柱：Aglient DB-5Ms（30m × 0.25mm × 0.25μm）

色谱柱升温程序：40℃保持 6 分钟，以 50℃ /min 的速率升至 220℃，保持 10 分钟

进样口温度：210℃

色谱 – 质谱接口温度：280℃

载气：氦气，纯度≥ 99.999%，流速 1.0mL/min

电离方式：EI

电离能量：70eV

测定方式：选择离子检测（SIM），以检测离子（*m/z*）88 为定量离子

进样方式：分流进样，分流比 1∶1

进样量：1.0mL

计算过程及结果：

二噁烷加入量（μg）	0	4.01	10.02	20.05	50.12	100.25
峰面积	9.138×10^3	2.097×10^4	4.345×10^4	1.007×10^5	2.501×10^5	5.025×10^5

线性方程为：y=4987.2x+1156.1　　　　　r^2 =0.9993

由上表可得加标为 4.01μg/mL 的样品所得的峰面积约为加标为 0μg/mL 的样品峰面积的 2 倍，故按“方法一 6.2”计算可得

$$\omega=\frac{m_s}{[(A_s/A_i)-(m_i/m)]\times m}=\frac{4.01}{[(20\,970/9138)-(2.0123/2.0859)]\times 2.0859}=1.4\mu g/g$$

故该修护洗发乳中二噁烷的含量为 1.4μg/g。

[1] 吕庆，王志娟，张庆，等，顶空 – 气相色谱 – 质谱法测定皂、粉、液类洗涤用品中的二噁烷. 理化检验 – 化学分册，2015，51（9）：1298–1301.

[2] 李晶瑞，马强，李文涛，等. 同位素稀释 – 顶空气相色谱 – 质谱联用法测定化妆品中的二噁烷残留量. 色谱，2013，31（5）：481–484.

[3] Grimmett PE, Munch JW. Method Development for the Analysis of 1, 4–Dioxane in Drinking Water Using Solid–Phase Extraction and Gas Chromatography–Mass Spectrometry. J Chromatogr Sci, 2009, 47 (01): 31–39.

[4] Stickney JA, Sager SL, Clarkson JR, et al. An updated evaluation of the carcinogenic potential of 1, 4–dioxane. Regulatory Toxicology & Pharmacology, 2003, 38 (02): 183–195.

附表 1　二噁烷的基本信息

中文名称	二噁烷
英文名称	dioxane
分子式	$C_4H_8O_2$
分子量	88.11
CAS 号	123–91–1
中文化学名称	1，4– 二氧己环
英文化学名称	1，4-diethylene dioxide
结构式	（结构式：六元环，含两个 O）

2.20　二甘醇

Diethylene glycol

二甘醇为无色、无臭、透明、吸湿性的黏稠液体，熔点为 -6.5℃，沸点为 245℃，易溶于水、醇、丙酮、乙醚、乙二醇等其他极性溶剂，不溶于苯、甲苯、四氯化碳，有辛辣的

甜味，无腐蚀性，低毒，遇热、明火可燃，能与氧化物反应。二甘醇的基本信息见附表 1。

丙二醇的黏性和吸湿性好，并且无毒，因而在食品、医药和化妆品工业中广泛用作吸湿剂、抗冻剂、润滑剂和溶剂。丙二醇的制备工艺可能会带入禁用组分二甘醇。二甘醇属于低毒类化学物质，进入人体后由于代谢排出迅速，无明显的蓄积性，迄今未发现有致癌、致畸和诱变作用的证据，但大剂量摄入会损害肾脏及中枢神经系统。当人体内二甘醇的血清浓度超过 20mg/dl 时即可引起各种毒性反应，中毒初期主要发生胃肠道症状，如恶心、呕吐、腹痛、腹泻，并可能伴有情绪波动、呼吸急促、心动过速、全身不适等症状，病情诊断较晚或治疗不及时的患者可致代谢性酸中毒和急性肾衰竭，甚至死亡。

丙二醇中二甘醇的检测方法主要有气相色谱法、气相色谱 - 质谱联用法等。《化妆品安全技术规范》采用气相色谱法对化妆品原料丙二醇中的二甘醇含量进行测定，并用气相色谱 - 质谱法对阳性结果进行确证。

本方法的原理为样品经提取后，以气相色谱法进行分析，根据保留时间定性、峰面积定量，以标准曲线法计算含量。必要时对阳性结果可采用气相色谱 - 质谱法进一步确证。

本方法对二甘醇的检出限为 0.3ng，定量下限为 1ng；取样量为 1g 时，检出浓度为 0.003%，最低定量浓度为 0.009%。

方法注释：

1）本方法仅适用于化妆品原料丙二醇中二甘醇含量的测定。

2）二甘醇为极性物质，根据相似相溶原理，在方法研究时选择固定液为强极性的毛细管色谱柱进行分析。分别对 HP-FFAP、DB-WAX（0.53mm）、DB-WAX（0.32mm）色谱柱进行比较，综合考虑分析时间、峰形等因素，最终选定 DB-WAX（0.32mm）色谱柱。在确定气相色谱柱后，先后试验了多种升温程序，为尽量使二甘醇的保留时间不在升温过程中，又能使其得到良好的分离效果，最终确定初始温度为 160℃，保持 10 分钟，再以 20℃ /min 的速率升温至 220℃，保持 4 分钟。

3）通过考察标准溶液的稳定性发现，本方法中二甘醇标准溶液和基质溶液室温条件下在 3 天内稳定。

典型图谱

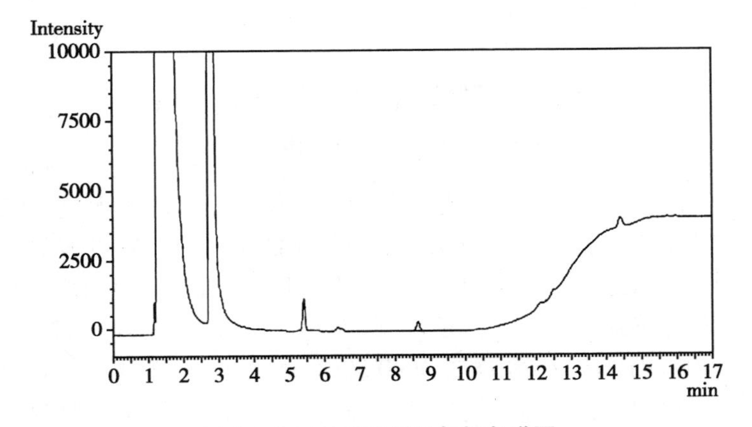

图 1　含二甘醇的样品气相色谱图

1：二甘醇

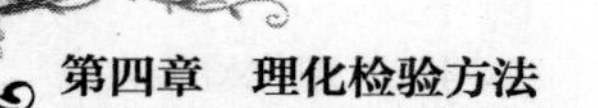

参考文献

[1] 国家药典委员会. 中华人民共和国药典（二部）. 北京：中国医药科技出版社，2015.

[2] 金鹏飞，何笑荣，邹定，等. GC-MS法应用于丙二醇的质量控制及二甘醇检查. 药物分析杂志，2008，28（6）：942-944.

[3] 王冉，方舒正，汪俊涵，等. 化妆品中二甘醇的风险评估. 中国工业医学杂志，2011，24（4）：279-281.

[4] Barceloux DG, Krenzelok EP, Olson K, et al. American academy of clinical toxicology practice guidelines on the treatment of ethylene glycol poisoning. Ad Hoc Committee. J Toxicol Clin Toxicol, 1999, 37 (5) : 537-560.

[5] Boyer EW, Mejia M, Woolf A, et al. Severe ethylene glycol ingestion treated without hemodialysis. Pediatrics (English Edition), 2001, 107(1): 172-173.

附表 1　二甘醇的基本信息

中文名称	二甘醇
英文名称	diglycol
分子式	$C_4H_{10}O_3$
分子量	106.11
CAS 号	111-46-6
中文化学名称	一缩二乙二醇
英文化学名称	diethylene glycol
结构式	HO⁀O⁀OH (HO-CH2CH2-O-CH2CH2-OH)

2.21　环氧乙烷和甲基环氧乙烷

Ethylene oxide and methyloxirane

环氧乙烷，又名氧化乙烯，在室温下为无色气体，低温时为无色易流动液体，有醚臭，高浓度时有刺激臭，熔点为 -111℃，沸点为 10.7℃，溶于有机溶剂，可与水以任何比例混合。甲基环氧乙烷，又名环氧丙烷、1，2- 环氧丙烷、氧化丙烯，在室温下为无色气体，低温时为无色易流动液体，无色，具有醚类气味，熔点为 -112℃，沸点为 34℃，与水部分混溶［20℃时水中的溶解度为 40.5%（重量），水在环氧丙烷中的溶解度为 12.8%（重量）］，与乙醇、乙醚混溶，并与二氯甲烷、戊烷、戊烯、环戊烷、环戊烯等形成二元共沸物。环氧乙烷和甲基环氧乙烷的基本信息见附表 1。

环氧乙烷是一种有毒的致癌物质，曾被用作化妆品原料的消毒剂，一些化妆品中应用了由环氧乙烷合成的聚氧乙烯类原料，可能会有少量残留。甲基环氧乙烷是一种重要的化工原料，主要用于生产聚醚多元醇、丙二醇和各类非离子型表面活性剂。甲基环氧乙烷有毒性，液态的甲基环氧乙烷会引起皮肤及眼角膜的灼伤，其蒸气有刺激和轻度麻醉作用。两种组分一般会在含有聚乙二醇、聚丙二醇的组分中存在，一般存在于清洁类化妆品中。

目前环氧乙烷等的检测方法主要有气相色谱法、液相色谱法、气相色谱－质谱法等。《化妆品卫生规范》（2007年版）未收载该项目，《化妆品安全技术规范》中予以增收，检测方法为气相色谱法、气相色谱－质谱法。

本方法的原理为样品中的环氧乙烷和甲基环氧乙烷通过顶空进样系统加热，经顶空进样进入气相色谱系统分离，采用氢火焰离子化检测器进行检测，以保留时间定性、峰面积定量，以标准曲线法计算含量。

本方法对环氧乙烷和甲基环氧乙烷的检出限分别为0.05和0.025μg，定量下限分别为0.17和0.083μg；取样量为2.0g时，对环氧乙烷和甲基环氧乙烷的检出浓度分别为0.025和0.0125μg/g，最低定量浓度分别为0.085和0.042μg/g。

方法注释：

1）在配制标准物质溶液时应注意环氧乙烷和甲基环氧乙烷标准溶液在5日内稳定。

2）在样品前处理中加入氯化钠固体，目的是达到破乳和盐析饱和、促进环氧乙烷和甲基环氧乙烷充分挥发的作用。对于某些较为黏稠的化妆品，可先称取1g氯化钠置于顶空瓶中，然后加入少量水使其溶解，再称取样品。在将顶空瓶密封后轻轻摇匀时，应防止样品附着于顶空瓶内盖，堵塞进样针。

3）因环氧乙烷残留量很低，在实际测定时可选用宽口径毛细管柱，不分流进样。在选择顶空平衡温度时应注意，当高于70℃时，可能会带入其他较高沸点的杂质；而低于70℃时，环氧乙烷和甲基环氧乙烷可能挥发不完全。

典型图谱

色谱柱：DB-624柱（30m×0.32mm×1.8μm），其他条件同方法原文。

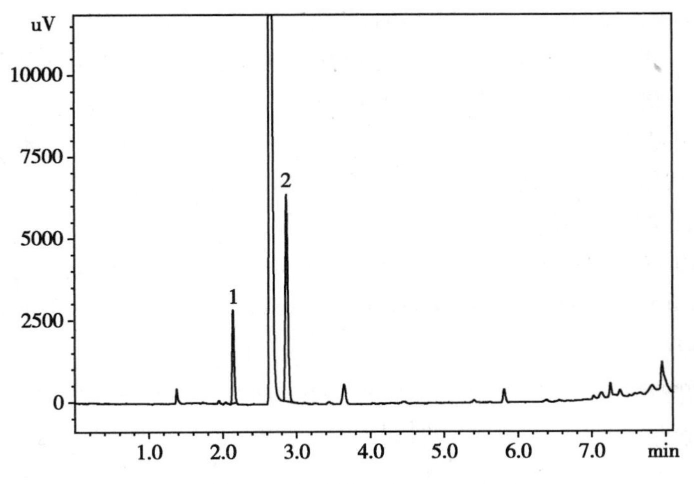

图1　液态水基类基质空白加标色谱图

1：环氧乙烷；2：甲基环氧乙烷

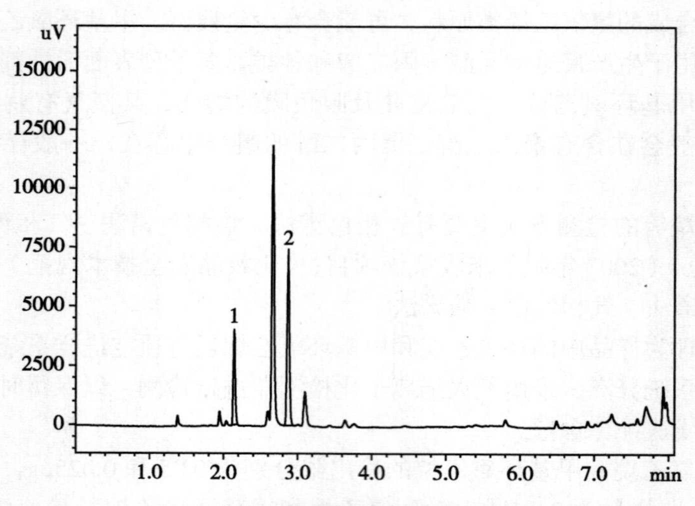

图 2　膏霜乳液类基质空白加标色谱图

1：环氧乙烷；2：甲基环氧乙烷

参考文献

[1] 闫中集，孙丽，李春盛. 同时分别测定化妆品中环氧乙烷和氯代乙醇的新方法. 中国公共卫生，2010，16（7）：676.

[2] 林红赛，黄永富，岳卫华. 顶空气相色谱法同时测定一次性医疗器械产品中的环氧乙烷和 2- 氯乙醇的残留量. 首都医药，2014，（22）：102-103.

[3] 曾祥林，刘庄蔚，曾智. GC 法测定胃舒胶囊中环氧乙烷残留量. 中国药事，2009，（10）：1000-1002.

[4] Kumiko S. Determination of ethylene oxide and ethylene chlorohydrin in cosmetics and polyoxyethylated by gas-chromatography with electron capture detection. JAOAC, 1993, 76 (2): 292.

[5] 张敬轩，李挥，蔡立鹏，等. 顶空进样 - 气相色谱 - 质谱法检测清洁类化妆品中环氧乙烷和环氧丙烷残留量. 分析化学，2013，41（08）：1293-1294.

[6] 杜洁. 气相色谱法测定环境空气中环氧丙烷. 能源与环境，2015，（6）：87-88.

[7] 徐恬. 氢火焰气相色谱法快速检测工作场所空气中的丙烯、环氧乙烷、环氧丙烷. 福建分析测试，2010，19（1）：88-89，92.

[8] Vol N. Specific Determination of Ethylene Oxide and Ethylene Chlorohydrin in Cosmetics and Polyoxyethylated Surfactants by Gas Chromatography with Electron Capture Detection. Journal of Aoac International, 1993, 76 (2): 292-296.

[9] Ball NA. Determination of ethylene oxide, ethylene chlorohydrin, and ethylene glycol in aqueous solutions and ethylene oxide residues in associated plastics. Journal of Pharmaceutical Sciences, 1984, 73 (9): 1305-1307.

附表 1 环氧乙烷和甲基环氧乙烷的基本信息

中文名称	环氧乙烷	甲基环氧乙烷
英文名称	ethylene oxide	propylene oxide
分子式	C_2H_4O	C_3H_6O
分子量	44.05	58.08
CAS 号	75-21-8	75-56-9
中文化学名称	氧化乙烯	1，2- 环氧丙烷
英文化学名称	1，2-epoxyethane	1，2-epoxy-propan
结构式	O △	O —<

2.22 甲醇

Methanol

甲醇，又名木醇或木酒精，外观为无色透明液体，熔点为 -98℃，沸点为 64.5~64.7℃，密度为 0.7918g/mL，能与水完全互溶，有乙醇气味，易挥发。甲醇的基本信息见附表 1。

甲醇对人体有强烈的毒性，主要经呼吸道和胃肠道吸收，皮肤可部分吸收。吸收至体内后，迅速分布在机体各组织内，其中以脑髓液、血液、胆汁和尿液中的含量最高，眼房水和玻璃体中的含量也较高。其主要作用于中枢神经系统，有明显的麻醉作用，可引起脑水肿，对视觉神经及视网膜有特殊的选择性作用，引起视神经萎缩，严重可导致双目失明。工业乙醇中大约含有 4% 的甲醇，由于化妆品可使用乙醇或异丙醇作为原料，有可能带入甲醇，因此对含有乙醇或异丙醇并且含量超过 10% 的化妆品应进行甲醇的检测。

目前化妆品中甲醇的检测方法主要有气相色谱法和分光光度法。《化妆品卫生规范》（2007 年版）收载的方法是气相色谱法，采用氢火焰离子化检测器及填充柱；《化妆品安全技术规范》除保留该方法外，增收了采用毛细管柱测定化妆品中甲醇含量的方法。其中填充柱法具有载样量大、不易被吸附、经济、方便、耐用等特点，但分离能力较弱、柱效低、分析时间长、检出限高，对于甲醇含量低的样品测定偏差较大。毛细管柱分离能力强、分析速度快、灵敏度高、检出限低，对甲醇含量低的样品也能准确定量。

第一法

本方法的原理为样品经气 - 液平衡、直接提取或蒸馏后，使用 DB-WAXETR 毛细管色谱柱（30m × 0.32mm × 1.00μm）或等效色谱柱，以气相色谱仪分离、氢火焰离子化检测器检测，根据保留时间定性、峰面积定量，以标准曲线法计算含量。

本方法样品采用气 - 液平衡法，取样量为 1g 时，检出浓度为 20mg/kg，最低定量浓度

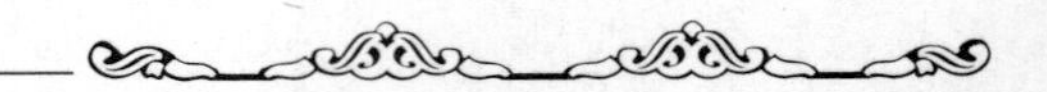

为 80mg/kg；采用直接法，取样量为 2g 时，检出浓度为 25mg/kg，最低定量浓度为 100mg/kg；采用蒸馏法，取样量为 10g 时，检出浓度为 25mg/kg，最低定量浓度为 100mg/kg。

第二法

本方法的原理为样品经处理（经蒸馏或经气－液平衡）后，使用填充柱，色谱担体 GDX–102（60~80 目），色谱固定液聚乙二醇 1540（或 1500），以气相色谱进行测试和定量。

本方法的检出浓度为 15mg/kg，最低定量浓度为 50mg/kg。

方法注释：

1）实验中应采用无甲醇乙醇（色谱纯）为溶剂，若所使用的乙醇试剂中含有甲醇，在制作标准曲线和样品测定时应扣除试剂空白。

2）样品处理中气－液平衡法适用于除发胶外的所有样品，直接法只适用于非发胶、低黏度的样品，蒸馏法适用于各类样品。

气－液平衡法采用在 40℃恒温水浴中平衡处理样品，在可以达到灵敏度要求的情况下不应随意提高温度，虽然气相中甲醇的浓度随着平衡温度的升高而增加，但气相中的水分也随之增加，会降低色谱柱的柱效及寿命。

直接法需注意样品含水量对色谱柱柱效的影响，可采用无甲醇乙醇稀释的方法降低待测液的水分含量。如香水稀释后进样效果较好。

蒸馏法操作步骤较复杂，需注意避免提取过程中损失甲醇含量。

3）甲醇沸点低，出峰时间短，采用高温程序升温的目的为彻底清除色谱柱中的残存溶剂及挥发性物质，高温条件及保持时间可根据不同色谱柱的最高温度和样品种类适当调整。

4）必要时，采用气相色谱－质谱法确证阳性检测结果，以检查化妆品中是否有其他组分干扰甲醇的测定。“必要时”是指当样品中的甲醇含量超出限度值，或色谱图中的相应位置可能存在干扰无法判定时。

典型图谱

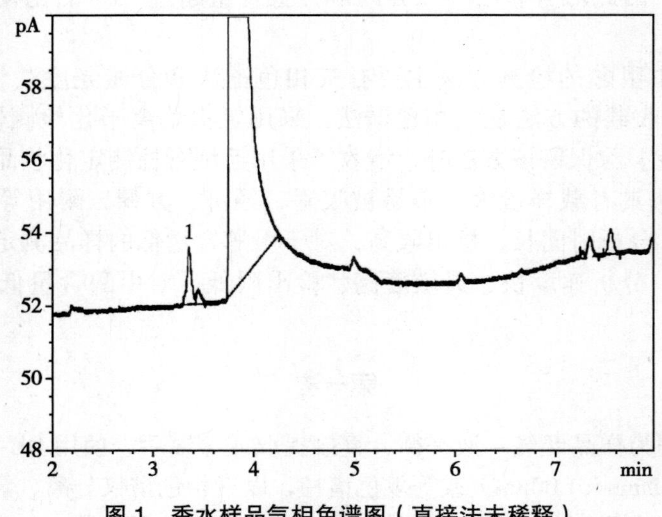

图 1　香水样品气相色谱图（直接法未稀释）

1：甲醇

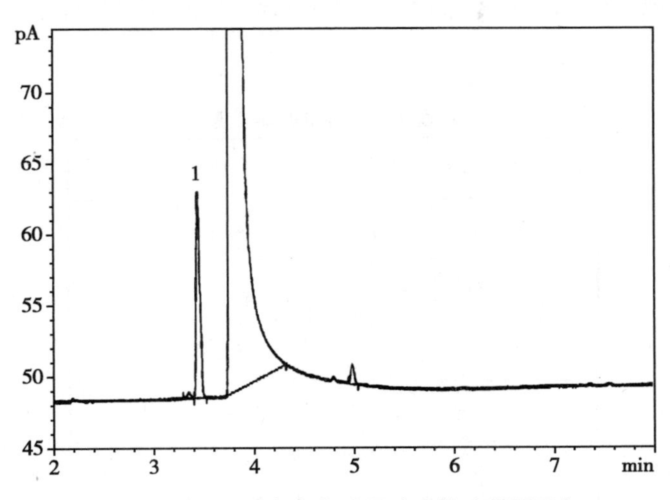

图 2　香水样品气相色谱图（直接法稀释后）

1：甲醇

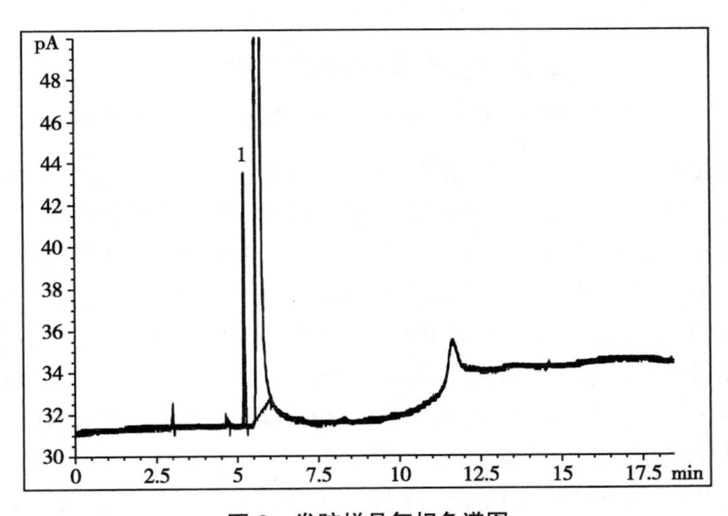

图 3　发胶样品气相色谱图

1：甲醇

参考文献

[1] 国家药典委员会. 中华人民共和国药典（四部）. 北京：中国医药科技出版社，2015.

[2] 郑星泉，周淑玉，周世伟. 化妆品卫生检验手册. 北京：化学工业出版社，2003.

[3] 陆军，庞燕军，赵晓东，等. 化妆品检验能力验证－花露水中甲醇的检测. 香料香精化妆品，2012,（2）：25–27.

[4] 周燕，俞涛，戴舟艳. 高黏度基质化妆品中甲醇的测定方法改进与实际检测. 中国卫生检验杂志，

2013，23（6）：1420–1421.
［5］钟秀华，曲亚斌，吕芬，等. 化妆品中甲醇的检测方法探讨. 华南预防医学，2013，39（2）：88–90.

附表 1　甲醇的基本信息

中文名称	甲醇
英文名称	methanol
分子式	CH_3OH
分子量	32.04
CAS 号	67–56–1
结构式	(H)(H)(H)C—O—H

2.23　普鲁卡因胺等 7 种组分
Procainamide and other 6 kinds of components

本方法所指的普鲁卡因胺等 7 种禁用组分包括普鲁卡因胺、普鲁卡因、氯普鲁卡因、苯佐卡因、利多卡因、丁卡因、辛可卡因。普鲁卡因胺常以盐酸盐存在，为白色或淡黄色结晶性粉末，无臭，有引湿性，熔点为 165~169℃，易溶于水，溶于乙醇，微溶于三氯甲烷，极微溶于乙醚或苯。普鲁卡因为白色结晶性粉末，无臭，味微苦，熔点为 61℃，二水物的熔点为 51℃，易溶于水，略溶于乙醇，微溶于三氯甲烷，几乎不溶于乙醚，其水溶液久贮、曝光或受热后易分解失效。氯普鲁卡因常以盐酸盐存在，为白色或类白色针状结晶，无臭，味苦，有麻醉感，熔点为 176~178℃，因盐酸氯普鲁卡因的分子结构中含有酯键，在水溶液中酯键可发生水解，酯键水解则局麻作用消失，溶解在盐酸中为无色的澄明液体。苯佐卡因为白色结晶性粉末，无臭，味微苦，遇光色渐变黄，熔点为 89~92℃，沸点为 172℃，易溶于醇、醚、三氯甲烷，能溶于杏仁油、橄榄油、稀酸，易溶于水。利多卡因为白色结晶性粉末，可常温保存，熔点为 66~69℃，沸点为 350.8℃，在乙醇中的溶解度为 4mg/ml，化学性质稳定，需强氧化剂才能破坏其结构。丁卡因常以盐酸盐存在，为白色结晶性粉末，熔点为 147~150℃，沸点为 389.4℃，易溶于水，溶解于乙醇。辛可卡因常以盐酸盐存在，为白色结晶性粉末，味略苦，熔点为 94~96℃，易溶于水，极易溶于乙醇、丙酮、三氯甲烷，微溶于苯，不溶于醚，有潮解性，遇光变质。普鲁卡因胺等 7 种组分的基本信息见附表 1。

普鲁卡因胺等 7 种组分是临床上常用的局麻药，可能添加于晒后修复、祛斑、祛痘、脱毛、去角质层、祛皱 / 抗衰老等化妆品中，以达到减轻人体肌肤疼痛或不适的作用，并且具有抗皱 / 抗衰老作用。但因普鲁卡因胺等 7 种组分具有中枢神经毒性和心血管毒性，且人体肌肤毛细血管非常丰富，很容易被吸收并迅速进入血液循环，可致嗜睡、意识消失、意识淡漠、神至不清，较重时可引发呼吸浅慢、脉搏徐缓、血压下降，最终导致心脏停搏。

目前，普鲁卡因胺等 7 种组分的检测方法有分光光度法、高效毛细管电泳法、液相色谱法、气相色谱法、气相色谱－质谱法、液相色谱－质谱法等，但上述方法仅检测一种或几种组分。《化妆品安全技术规范》收载了测定化妆品中普鲁卡因胺等 7 种组分的高效液相色谱定量、液相色谱－质谱确证的方法，该方法检测速度快，质谱确证可避免出现假阳性，保证检测结果的准确性，而且降低了直接使用液相色谱－质谱仪检验可能因量值过高而污染质谱的风险。

本方法的原理为样品处理后，经液相色谱仪分离、二极管阵列检测器检测，根据保留时间和紫外光谱图定性、峰面积定量，以标准曲线法计算含量。对于测定过程中发现阳性结果的样品，采用液相色谱－质谱法确认。

本方法中各组分的检出限、定量限及取样量为 0.5g 时的检出浓度和最低定量浓度见表 1。

表 1 各组分的检出限、定量下限、检出浓度和最低定量浓度

组分名称	检出限（ng）	定量下限（ng）	检出浓度（μg/g）	最低定量浓度（μg/g）
普鲁卡因胺	10	25	40	100
普鲁卡因	8	20	32	80
氯普鲁卡因	10	25	40	100
苯佐卡因	8	20	32	80
利多卡因	10	25	40	100
丁卡因	10	25	40	100
辛可卡因	8	20	32	80

方法注释：

1）当选择的标准品为某物质的盐时，如盐酸利多卡因，因方法检测组分为利多卡因，故在计算含量时要进行换算。

2）称取膏霜乳液等黏稠样品时，应均匀涂布于比色管刻度线以下，以使样品能完全、有效地分散于提取溶剂中，保证样品中被测组分测定结果的准确性。

3）因膏霜乳液类、液态油基类化妆品的基质大部分为有机物，在反向萃取柱上基本都能吸附，使得填料过载或者在洗脱过程中洗下较多杂质，不能选择反向固相萃取柱；又因普鲁卡因胺等 7 种组分均为含有叔胺结构的碱性化合物，故选用阳离子交换柱进行固相萃取。固相萃取柱的活化、样品富集、杂质淋洗、组分洗脱和溶液浓缩为净化过程的 5 个关键步骤，均对测定结果的影响较大，应予特别关注，可参考案例分析中的设定

参数。

4）“样品处理 5.2.2”的原理为三氯乙酸提供酸性环境，促使普鲁卡因胺等 7 种组分阳离子化，经乙腈提取后，用阳离子交换柱将待测组分吸附，然后用5%氨水甲醇洗脱，浓缩后定容。

5）本方法选择 0.02mmol/L 磷酸氢二钠溶液作为水相，分别选择乙腈和甲醇作为有机相对普鲁卡因胺等 7 种组分进行液相分离，通过比较发现选择甲醇作为有机相的峰形、分离度均比乙腈好。此外，比较了 pH 分别为 5.0、6.0 和 7.0 时的分离效果，结果表明水相的 pH 为 7.0 时，普鲁卡因胺等 7 种组分的分离效果最佳。

6）实验表明，普鲁卡因胺等 7 种组分在化妆品中存在明显的基质效应，而且在不同的化妆品中基质效应差异较大，故针对不同基质的化妆品应制作不同的标准曲线，且所选基质空白的性状应与待测化妆品基本一致。

7）膏霜乳液类样品溶液在上固相萃取仪净化前应过滤，以防止堵塞或损坏固相萃取仪。进行阳性结果确证时，待测样液需经 0.22μm 滤膜过滤，以防止堵塞仪器。

8）本方法在样品前处理中采用固相萃取法，该方法用于复杂样品中微量或痕量目标化合物的分离、纯化和富集，具有回收率高、重现性好、杂质干扰极低、改善色谱分离、延长色谱柱寿命等优点，并易于实现自动化，对化妆品中微量或痕量目标化合物的测定具有广泛的应用前景。

典型图谱

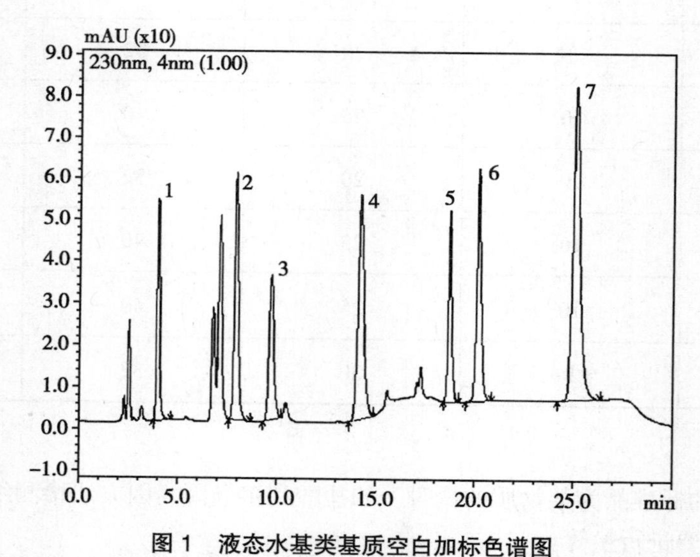

图 1　液态水基类基质空白加标色谱图

1：普鲁卡因胺；2：普鲁卡因；3：氯普鲁卡因；4：苯佐卡因；
5：利多卡因；6：丁卡因；7：辛可卡因

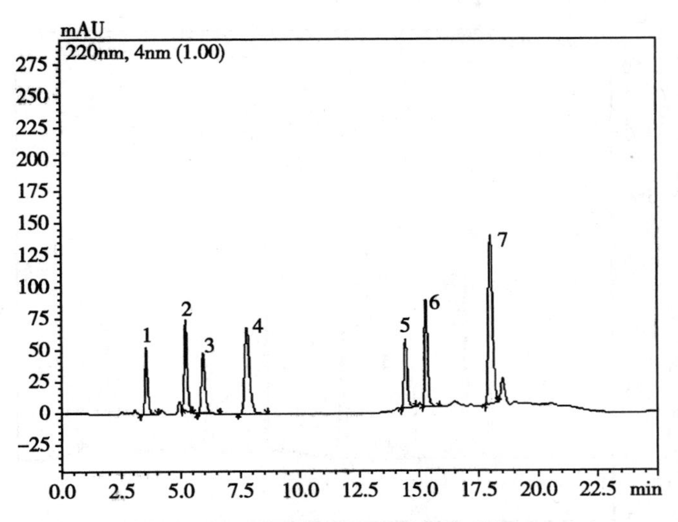

图 2　凝胶类基质空白加标色谱图

1：普鲁卡因胺；2：普鲁卡因；3：氯普鲁卡因；4：苯佐卡因；
5：利多卡因；6：丁卡因；7：辛可卡因

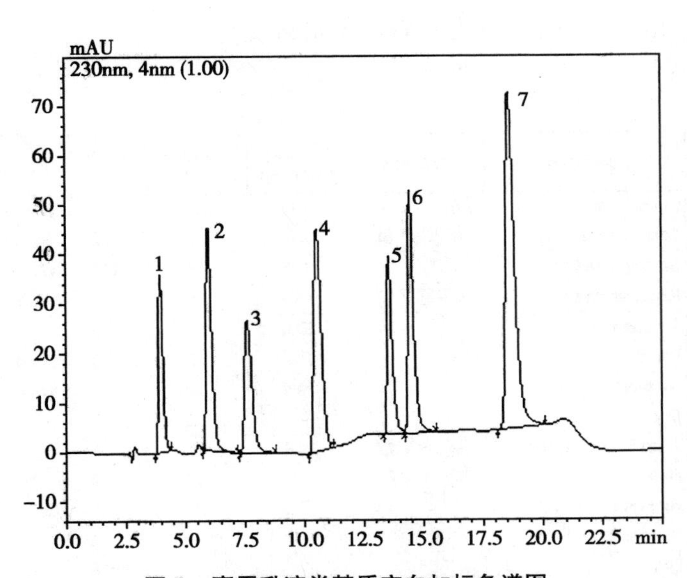

图 3　膏霜乳液类基质空白加标色谱图

1：普鲁卡因胺；2：普鲁卡因；3：氯普鲁卡因；4：苯佐卡因；
5：利多卡因；6：丁卡因；7：辛可卡因

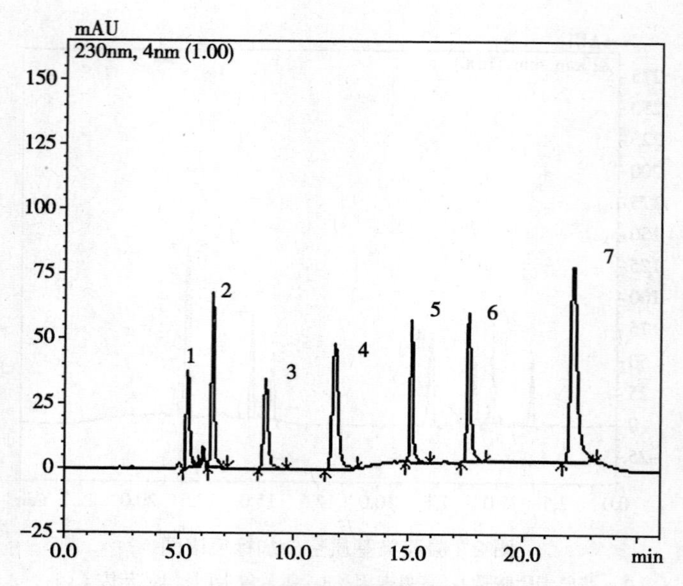

图 4　液态油基类基质空白加标色谱图

1：普鲁卡因胺；2：普鲁卡因；3：氯普鲁卡因；4：苯佐卡因；5：利多卡因；6：丁卡因；7：辛可卡因

实例分析

固相萃取仪：Reeko Fotector 06C 全自动固相萃取仪

净化程序：

No.	Command	Solvent	Flow rate (ml/min)	Volume (ml)	Time (min)	Push out
1	Conditioning	甲醇	1.0	3	3.3	Waste1
2	Conditioning	1%三氯乙酸	2.0	5	3.0	Waste2
3	Sample Loading		1.0	10	11.0	Waste2
4	Rinse sample vial	1%三氯乙酸	100.0	5	6.1	Waste2
5	Air push		20.0	20	1.0	Waste2
6	Rinse	甲醇	2.0	3	1.8	Waste1
7	Air push		20.0	20	1.0	Waste1
8	Dry				2.0	
9	Washing the syringe	5%氨水甲醇	10.0	2	0.4	
10	Elute	5%氨水甲醇	1.0	10	11.0	Collection
11	Air push		20.0	20	1.0	Collection
12	Concentrate				15.0	
13	End				56.6	

色谱条件：

仪器：LC-20AD 高效液相色谱仪

色谱柱：C_{18} 柱（250mm × 4.6mm × 5μm）

流动相梯度洗脱程序：

t（分钟）	流动相A（%）	流动相B（%）
0	40	60
6	40	60
7	20	80
15	20	80
16	40	60
25	40	60

流速：1.0mL/min

检测波长：230nm

柱温：30℃

进样量：5μL

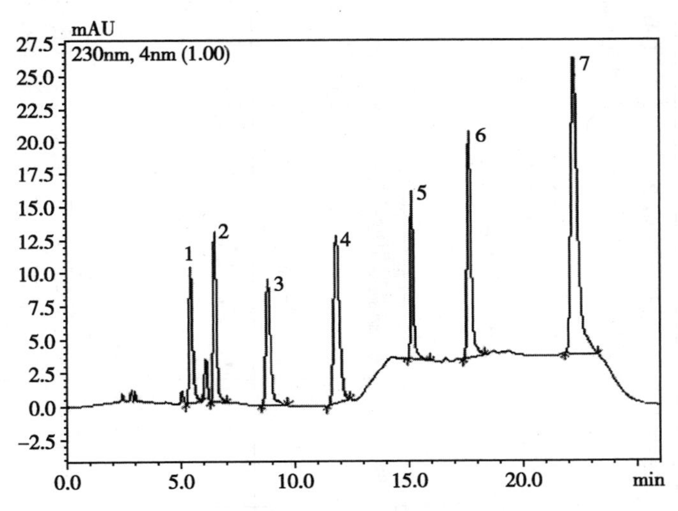

图 5　膏霜乳液类基质空白加标色谱图

1：普鲁卡因胺；2：普鲁卡因；3：氯普鲁卡因；4：苯佐卡因；5：利多卡因；6：丁卡因；7：辛可卡因

参考文献

[1] 叶丽卡，李国秀，俞惠然，等. 用高效液相色谱法测定健康人体液及脂肪组织中利多卡因的浓度. 色谱，1992，10（4）：225-227.

[2] 李全国. 最新化妆品卫生检验技术规范及质量监督管理实务全书. 吉林：吉林电子出版社，2005.

[3] Ter WE, Mp VDB, Ververs FF. Easy and fast LC-MS/MS determination of lidocaine and MEGX in plasma for therapeutic drug monitoring in neonates with seizures. J Chromatogr B Analyt Technol Biomed Life Sci, 2012, 881-882 (2): 111-114.

[4] 国家药典委员会. 中华人民共和国药典临床用药须知（化学药和生物制品卷）. 北京：中国医药科技出版社，2010.

附表 1　普鲁卡因胺等 7 种组分的基本信息

中文名称	英文名称	分子式	分子量	CAS号	中文化学名称	英文化学名称	结构式
普鲁卡因胺	procainamide	$C_{13}H_{21}N_3O$	235.33	51-06-9	4-氨基-*N*-［2-（二乙基氨基）乙基］苯甲酰胺	4-amino-*N*-［2-（diethylamino）ethyl］benzamide	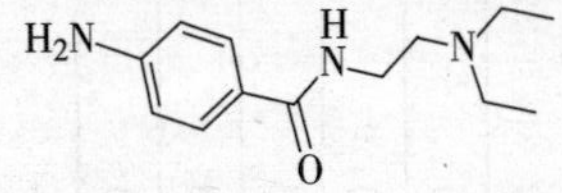
普鲁卡因	procaine	$C_{13}H_{20}N_2O_2$	236.31	59-46-1	4-氨基苯甲酸 2-二乙基氨基乙基酯	2-（diethylamino）ethyl 4-aminobenzoate	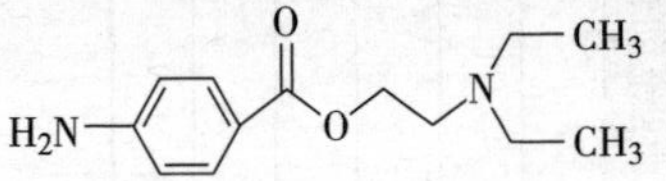
氯普鲁卡因	chloroprocaine	$C_{13}H_{19}ClN_2O_2$	270.75	133-16-4	4-氨基-2-氯苯甲酸 2-（二乙氨基）乙酯	2-diethylaminoethyl 4-amino-2-chlorobenzoate	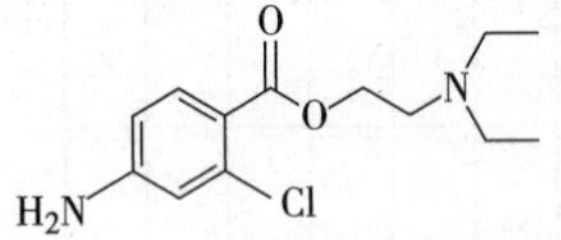
苯佐卡因	benzocaine	$C_9H_{10}NO_2$	165.19	94-09-7	4-氨基苯甲酸乙酯	4-amino benzoicacid ethyl ester	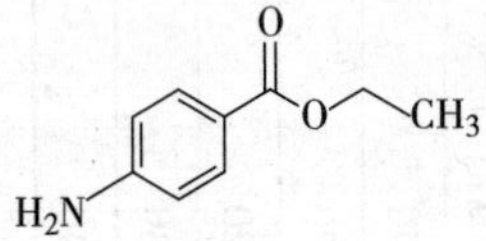
利多卡因	lidocaine	$C_{14}H_{22}N_2O$	234.34	137-58-6	N-二乙氨基乙酰基-2，6-二甲基苯胺	2-（diethylamino）-2'，6'-acetoxylidide	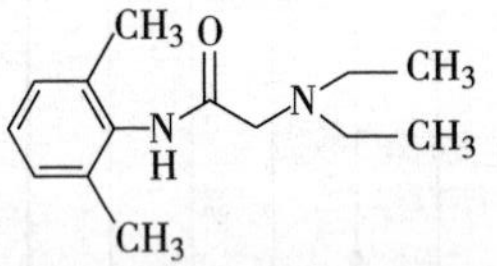
丁卡因	tetracaine	$C_{15}H_{24}N_2O_2$	264.36	94-24-6	4-（丁氨基）-苯甲酸 2-（二甲氨基）乙酯	2-（dimethylamino）ethyl 4-（butylamino）benzoate	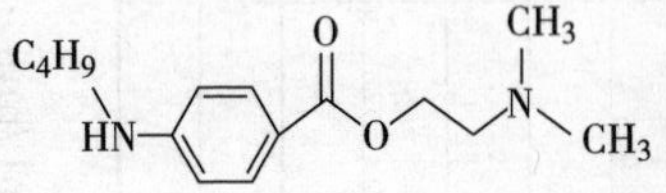
辛可卡因	cinchocaine	$C_{20}H_{29}N_3O_2$	343.46	85-79-0	2-丁氧基-*N*-（2-二乙基氨基乙基）喹啉-4-甲酰胺	2-butoxy-*N*-（2-diethylaminoethyl）quinoline-4-carboxamide	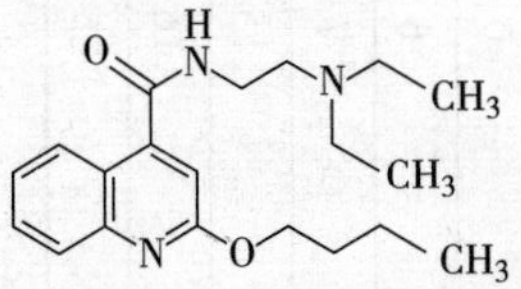

2.24 马来酸二乙酯

Diethyl maleate

马来酸二乙酯，又称顺丁烯二酸二乙酯，为无色透明液体，熔点为 -10℃，沸点为 225.0℃，闪点为 93℃，溶于醇、醚，微溶于水，稳定性较好。马来酸二乙酯的基本信息见附表 1。

马来酸二乙酯主要用于高分子单体、农药、医药和香料等的合成，还用作塑料的增塑剂、脂肪和油类的防腐剂等。许多不法商家为了宣传产品、谋取利益，常将马来酸二乙酯添加于防晒霜、香水、花露水、指甲油等化妆品中，如在香水等产品中起到驻留香气的作用、在指甲油中起到防止断裂的作用，但使用含该组分的化妆品会对皮肤和眼睛有刺激作用，与皮肤接触可能发生致敏现象，进而带来严重的安全隐患。

目前，马来酸二乙酯的检测方法主要有高效液相色谱法、液相色谱 - 质谱法、气相色谱法、气相色谱 - 质谱法等，样品前处理方式主要有超声辅助溶剂提取、振荡溶剂萃取、静态顶空萃取、顶空固相微萃取等。《化妆品安全技术规范》采用高效液相色谱法对化妆品中的马来酸二乙酯含量进行测定，采用液相色谱 - 质谱法对阳性结果进行确证。

本方法的原理为样品在 60℃水浴经乙腈超声提取后，经液相色谱系统分离、紫外检测器或二极管阵列检测器检测，根据保留时间定性、峰面积定量，以标准曲线法计算含量。方法中采用液相色谱法，操作简便、快捷，分离效果好，仪器普及率高，而基于化妆品基质多样、成分复杂，可能出现假阳性结果，又采用液相色谱 - 质谱法进行确证，可满足实验的需求，保证检验检测数据的准确性。

本方法对马来酸二乙酯的检出限为 5.0μg，定量下限为 15.0μg；取样量为 5.0g 时，检出浓度为 1.0mg/kg，最低定量浓度为 3.0mg/kg。

方法注释：

1）在检测指甲油时，由于其十分黏稠，且取样量较大，故在采样时一次检测量建议至少为取样量的 3 倍；在检测香水时，由于在喷射过程中可能会有损失，故建议开盖后直接取样。

2）样品与提取溶剂涡旋混合时，由于涡旋前未定容，应调节涡旋器至合适的频率，避免由于溶液溅出造成待测组分的损失。

3）对提取时间的考察发现，当超声时间为 30 分钟时，即可将样品中的马来酸二乙酯提取完全，因此实验时应控制超声时间。对提取温度的考察发现，当水浴达到 60℃时，提取回收率最高且较为稳定，因此实验时应注意水浴温度的控制，水浴温度达到 60℃时方可对样品溶液进行提取。水浴超声提取后静置至室温后方可定容，否则会影响定量的准确性。

4）本方法采用乙腈作为提取溶剂，液相色谱测定干扰小，且提取回收率最高。但在实验中使用毒性较大的乙腈，且在样品处理中，60℃水浴超声提取 30 分钟极易造成乙腈挥发，应特别注意个人防护和室内通风。

5）本方法选择乙腈 - 水为流动相，色谱峰峰形及分离效果均较好，且柱压低。马来

酸二乙酯在 190~400nm 的紫外区无特征吸收峰，为确保检测有较高的灵敏度，经实际样品验证检测，选用 220nm 作为检测波长，不存在干扰，方法的特异性好。

6）实验过程中，定性、定量离子对会与标准有所差异，实验室应根据实际情况进行优化。由于化妆品基质复杂，容易附着于离子源上，故实验完成后应及时清洗。

典型图谱

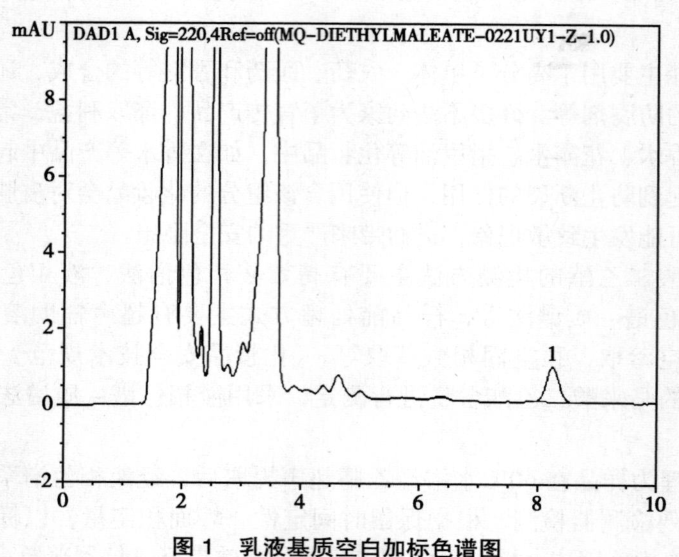

图 1　乳液基质空白加标色谱图

1：马来酸二乙酯

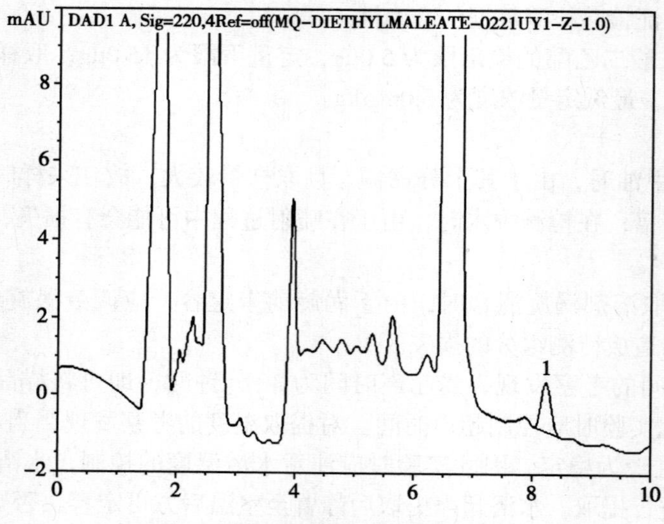

图 2　香水基质空白加标色谱图

1：马来酸二乙酯

参考文献

[1] 吕庆，张庆，白桦，等. 气相色谱 – 离子肼质谱联用测定玩具中 8 种酯类致敏性芳香剂. 分析试验室，2012，31（4）：45–49.

[2] 陈志胜，郭海福，闫鹏，等. 农药中间体顺丁烯二酸二乙酯的催化合成. 农药，2013，52（11）：796–799.

[3] 王金明，董建国，毕晓红. 催化蒸馏法合成增塑剂顺丁烯二酸二乙酯. 塑料助剂，2012，（5）：22–27.

[4] 陈德文，汪欢晃，金训伦，等. 超高效液相色谱法测定化妆品中马来酸二乙酯. 理化检验 – 化学分册，2011，47（3）：342–343.

[5] 李挥，张敬轩，庞坤，等. 快速高分离液相色谱 – 串联质谱法检测化妆品中马来酸二乙酯含量. 质谱学报，2013，34（6）：362–366.

[6] 罗修裕. 空气中顺丁烯二酸二乙酯的测定. 环境卫生学杂志，1989，（1）：49–51.

[7] Lamas JP, Sanchez–Prado L, Garcia–Jares C, et al. Determination of fragrance allergens in indoor air by active sampling followed by ultrasound–assisted solvent extraction and gas chromatography–mass spectrometry. Journal of Chromatography A, 2010, 1217 (12): 1882–1890.

附表 1　马来酸二乙酯的基本信息

中文名称	马来酸二乙酯
英文名称	diethyl maleate
分子式	$C_8H_{12}O_4$
分子量	172.18
CAS 号	141–05–9
中文化学名称	（*Z*）–2– 丁烯二酸二乙酯
英文化学名称	diethyl（2*Z*）–2–butenedioate
结构式	

2.25　米诺地尔

Minoxidil

米诺地尔，化学名为 6–（1– 哌啶基）–2，4– 嘧啶二胺，3– 氧化物，为白色或类白色结晶性粉末，熔点为 272~274℃，在乙醇中略溶，在三氯甲烷或水中微溶，在丙酮中极微溶，在冰醋酸中溶解。米诺地尔的基本信息见附表 1。

米诺地尔是一种抗高血压药，可以直接刺激毛囊上皮细胞增殖和分化；促进血管形

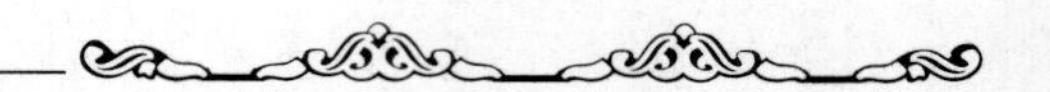

成，增加局部血流量；开放钾离子通道；使毛囊由休止期向生长期转化；还可抑制毛囊周围的T淋巴细胞浸润，减轻炎症反应，通过免疫调节，抑制脱发的发生；可上调毛乳头细胞血管内皮细胞生长因子mRNA的表达，维持毛囊生长和延长毛囊生长期，使微小化的毛囊发育增大以及促毛乳头血管形成与功能，从而在治疗脱发中起重要作用。1988年美国FDA首次批准2%米诺地尔溶液外用治疗男性型雄激素性脱发，现已有包括溶液、搽剂、凝胶等多种剂型的米诺地尔外用药物上市。局部长期使用时，使毛发增生，可治疗脱发症，如斑秃及男性秃发等。但长期大量使用米诺地尔可产生一系列不良反应，包括刺激性皮炎（红肿、皮屑和灼痛）、非特异性过敏反应、风团、过敏性鼻炎、面部肿胀、头晕、眩晕、胸痛、血压变化等。

目前，米诺地尔的检测方法主要有高效液相色谱法、紫外分光光度法、一阶导数光谱法、液相色谱－质谱法。《化妆品安全技术规范》采用高效液相色谱法对化妆品中的米诺地尔含量进行测定，采用液相色谱－质谱法对阳性结果进行确证。本方法操作简单、灵敏度高、专属性强、精密度好。

本方法的原理为样品中的米诺地尔用磺基丁二酸钠二辛酯溶液提取后，经高效液相色谱分离、紫外检测器检测（米诺地尔在280nm处有紫外吸收），根据保留时间定性、峰面积定量，以标准曲线法计算含量。

本方法在取样量为1g时，米诺地尔的检出浓度为10μg/g。

方法注释：

1）在甲醇－水流动相体系中，米诺地尔在C18柱上的保留能力弱，出峰快，不能与其他成分很好地分离，随着甲醇比例的减少，虽然可改善分离效果，但米诺地尔有严重的拖尾现象；在甲醇－磺基丁二酸钠二辛酯溶液（pH 3.0）流动相体系中，米诺地尔与磺基丁二酸钠二辛酯形成离子对，从而增强了其在C18柱上的保留，与化妆品中的其他干扰成分分离良好。

2）磺基丁二酸钠二辛酯（又名二辛基琥珀酸磺酸钠）为阴离子型表面活性剂，采用低流速流动相过夜平衡色谱柱和系统，可获得噪音小的基线。在磺基丁二酸钠二辛酯不易购得的情况下，可使用离子对试剂庚烷磺酸钠（相同摩尔浓度）替代，色谱图见图1。

3）在甲醇－磺基丁二酸钠二辛酯溶液（pH 3.0）流动相体系中，米诺地尔在230和280nm波长附近均有最大吸收，但去屑类洗发化妆品中可能存在水杨酸，其在230nm波长附近有很强的吸收，为了避免相互干扰，保证在该检测波长下色谱图基线平稳、干扰峰更少，选择在280nm波长下检测。色谱图见图2。

4）若样品中米诺地尔的含量过高，可用流动相（磺基丁二酸钠二辛酯溶液）适当稀释后再进行检测。测定过程中如有阳性或可疑结果，须要用液相色谱－质谱法确认。

5）除本方法外，可参考邓莉等建立的测定生发素中米诺地尔含量的高效液相色谱法。以甲醇为提取剂，采用迪马 C_{18} 色谱柱，流动相为0.03mol/L K_2HP_4（pH 3.3）－甲醇（55∶45），检测波长为287nm。该方法使用非离子型表面活性剂配制流动相，对色谱柱的损伤小，系统平衡时间短。

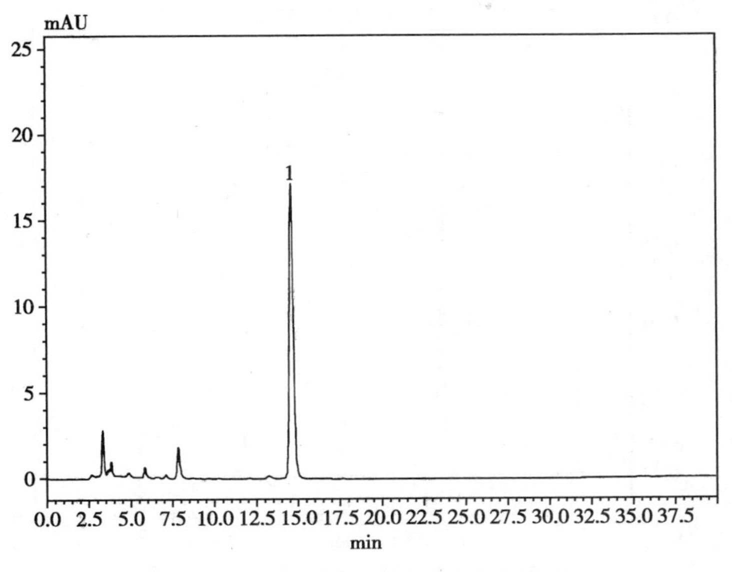

图1　液态水基类基质空白加标色谱图

1：米诺地尔

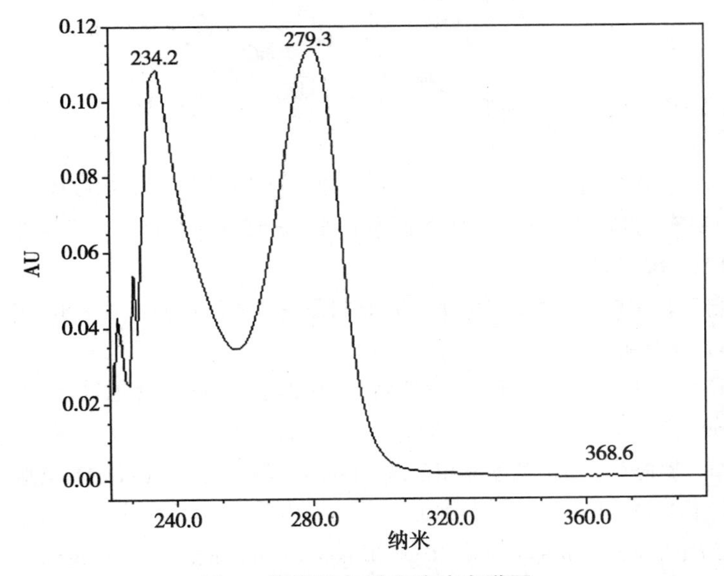

图2　米诺地尔标准溶液光谱图

典型图谱

色谱柱：Waters SunFire™ C18（250mm×4.6mm，5μm）；柱温：35℃；其余同方法原文。标准品配制及样品制备均按照《化妆品安全技术规范》操作。

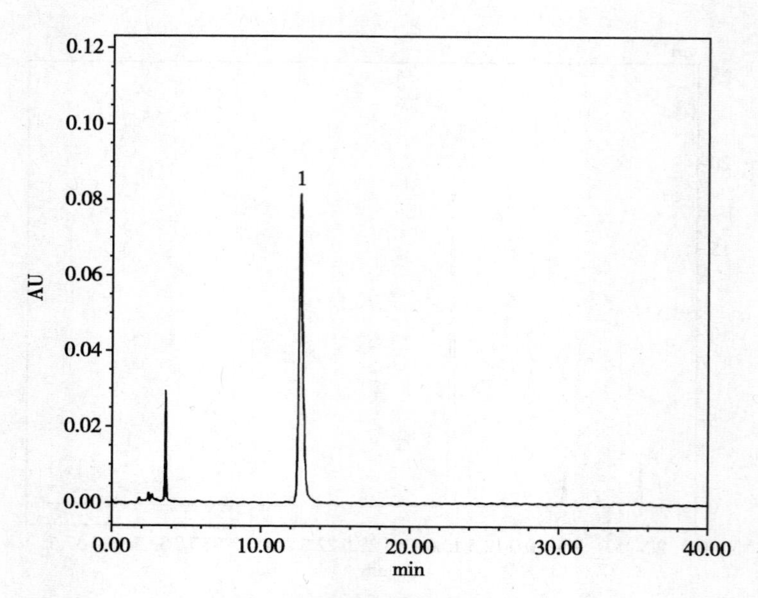

图 3　液态水基类基质空白加标色谱图

1：米诺地尔

参考文献

[1] 国家药典委员会. 中华人民共和国药典（二部）. 北京：中国医药科技出版社，2015.

[2] 李洁华，王晓霞，谢志红. 308nm 准分子激光联合米诺地尔溶液治疗斑秃的疗效. 广东医学，2014，35（3）：382-384.

[3] 罗金文，颜琳琦，李樱红，等. HPLC 测定化妆品中非法添加的米诺地尔. 中国现代应用药学，2013，30（6）：655-657.

[4] 龚越强，吕冠欣. HPLC 测定中草药育发类化妆品中非法添加的米诺地尔. 食品与药品，2014，16（4）：267-269.

[5] 潘莉，郭新东，罗海英，等. 高效液相色谱法测定洗发护发类化妆品中米诺地尔. 江南大学学报（自然科学版），2011，10（2）：217-220.

[6] Zarghi A, Shafaati A, Foroutan S M, et al. Rapid determination of minoxidil in human plasma using ion-pair HPLC. Journal of Pharmaceutical and Biomedical Analysis, 2004, 36: 377-379.

[7] 莫玉芬，叶延武. 紫外分光光度法测定米诺地尔洗剂中米诺地尔的含量. 广东药学，2004，14(5)：18-20.

[8] 田华，葛勤，曹健，等. 一阶导数光谱法测定斑秃搽剂中米诺地尔的含量. 中国药业，2003，12（11）：40-41.

[9] 虞成华，朱伟，陆志芸，等. 高液相色谱 - 串联质谱法测定化妆品中米诺地尔的含量. 香料香精化妆品，2011，（4）：36-38.

[10] De OD, Pellegrini M, Pichini S, et al. High-performance liquid chromatography-diode array and electrospray-mass spectrometry analysis of non-allowed substances in cosmetic products for preventing hair loss and other hormone-dependent skin diseases. Journal of Pharmaceutical and Biomedical Analysis, 2008, 48: 641-648.

[11] 邓莉，林彩，胡斌，等．高效液相色谱法测定生发素中米诺地尔含量．中国药业，2011，20（3）：18-19.

[12] 吕冠欣，龚越强，左仕深，等．快速筛查中草药育发类产品中非法添加米诺地尔的研究．今日药学，2014，24（10）：708-711.

[13] de Sousa RA, Semaan FS, Cervini P, et al. Determination of Minoxidil by Bleaching the permanganate Carrier Solution in a Flow-Based Spectrophotometric System. Analytical Letters, 2011, 44 (1-3): 349-359.

附表 1　米诺地尔的基本信息

中文名称	米诺地尔
英文名称	minoxidil
分子式	$C_9H_{15}N_5O$
分子量	209.25
CAS 号	38304-91-5
结构式	H_2N / HO—N / N / N / HN

2.26　氢醌、苯酚

Hydroquinone and phenol

氢醌为白色针状结晶，熔点为 172~175℃，易溶于热水，能溶于冷水、乙醇及乙醚，微溶于苯，见光变色。苯酚为无色至微红色的针状结晶或结晶性块，有特臭，熔点为 43℃，常温时易溶于乙醇、甘油、三氯甲烷、乙醚等有机溶剂，65℃以上能与水混溶，几乎不溶于石油醚，在空气中或遇光色渐变深。氢醌、苯酚的基本信息见附表 1。

氢醌、苯酚具有显著的美白祛斑效果，且价格低廉，常被一些化妆品生产厂家非法添加用于祛斑类化妆品中。但氢醌容易引起色素脱失，苯酚具有较强的腐蚀性，且两者均有一定的毒性，长期使用不仅损伤皮肤，还可诱发癌肿。

目前，氢醌和苯酚的检测方法主要有分光光度法、毛细管电泳法、高效液相色谱法、气相色谱法和气相色谱 - 质谱法等。其中高效液相色谱法、气相色谱法由于分离效果好、分析速度快、灵敏度高而较为常用，《化妆品安全技术规范》收载了高效液相色谱 - 二极管阵列检测器法、气相色谱法、高效液相 - 紫外检测器法 3 种方法。但由于化妆品基质多样、成分复杂，检测过程可能出现假阳性结果，故需采用质谱对其做进一步的定性确证。

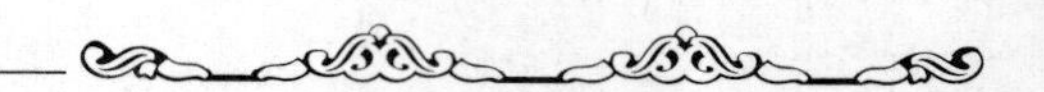

第一法　高效液相色谱－二极管阵列检测器法

本方法的原理为样品中的氢醌、苯酚经甲醇提取后，用高效液相色谱仪分离、二极管阵列检测器检测，根据保留时间及紫外吸收光谱图定性、峰面积定量，用气相色谱－质谱确证。

本方法的检出限苯酚为 0.001μg，氢醌为 0.003μg；定量下限苯酚为 0.003μg，氢醌为 0.01μg。取样量为 1g 时，检出浓度苯酚为 2μg/g，氢醌为 7μg/g；最低定量浓度苯酚为 7μg/g，氢醌为 23μg/g。

方法注释：

1）在样品前处理过程中，应注意以下内容：一是对于黏稠的膏体样品可用玻璃棒将其较为均匀地涂于试管壁上再称量，这样有利于膏体中被测组分的超声提取；二是氢醌、苯酚的化学性质不够稳定，氢醌在空气中极易氧化成醌式结构，苯酚在空气中会生成苯醌，因此实验过程中的超声时间为 15 分钟，不宜过长，以膏体破碎、均匀分散于提取液中为宜；三是由于样品定容体积为 10mL，对有些样品过滤有一定的困难，应适当离心后，取上清液用滤膜过滤；四是虽然氢醌、苯酚的线性范围较宽，但实验过程中应避免出现平头峰或超出线性范围的情况，若样品中的被测组分含量过高，可适当稀释后再进行测定；五是对于极黏稠且超声不易分散开的样品，可适当增加定容体积。

2）氢醌、苯酚的最大吸收波长不同，为了满足同时测定的需要，本方法选择 254nm 作为最佳吸收波长。

3）由于化妆品种类繁多、基体复杂，用保留时间和紫外吸收图谱定性存在局限性，易造成假阳性，因此当样品中检出该两种组分时，应采用气相色谱－质谱法对结果进行进一步确证，以保证检测结果的准确性。

4）熊果苷具有高效美白特性，被广泛用于化妆品中，由于其性质不稳定，可降解成氢醌，故应重视对成分表中含有熊果苷的祛斑美白类化妆品中氢醌的检测。

典型图谱

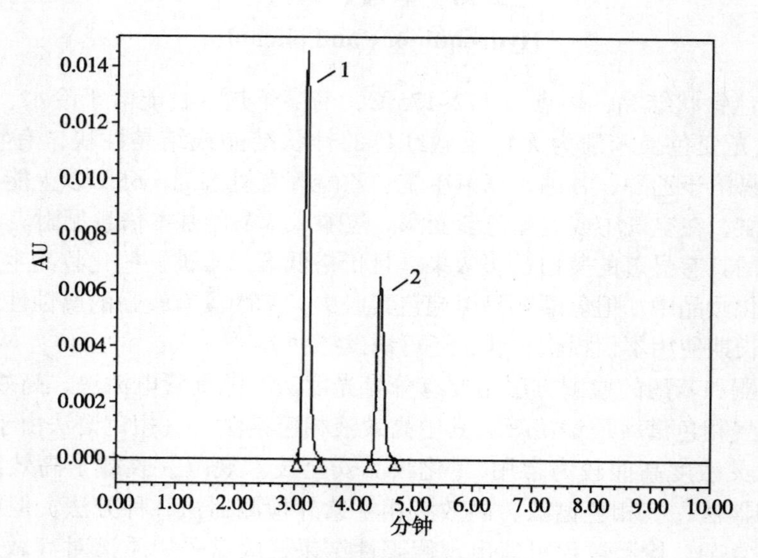

图 1　标准溶液色谱图

1：氢醌；2：苯酚

第二法　气相色谱法

本方法的原理为样品中的氢醌和苯酚经乙醇提取后，用气相色谱法分离、氢火焰离子化检测器检测，根据保留时间定性、峰面积定量，以标准曲线法计算含量。

本方法的检出限苯酚为0.03μg，氢醌为0.05μg；定量下限苯酚为0.10μg，氢醌为0.16μg。取样量为1g时，检出浓度苯酚为150μg/g，氢醌为250μg/g；最低定量浓度苯酚为500μg/g，氢醌为830μg/g。

方法注释：

1）氢醌、苯酚的熔点、沸点较低，适用于气相色谱法测定，并且测定结果的线性、精密度、准确度均好。

2）氢醌、苯酚都具有弱极性或中等极性，可采用弱极性或中等极性的气相色谱柱，组分基本按沸点顺序出峰。本方法采用的是玻璃填充柱，实验过程中可以采用同等极性的毛细管柱替代。

3）氢醌、苯酚均溶于乙醇，乙醇是最理想的溶剂。本方法采用乙醇提取，同时也对甲醇进行了实验，结果与乙醇相同。

第三法　高效液相色谱－紫外检测器法

本方法的原理为样品中的氢醌、苯酚经甲醇提取，用高效液相色谱仪分离、紫外检测器检测，根据保留时间定性、峰面积定量，以标准曲线法计算含量。

本方法的检出限苯酚为0.045μg，氢醌为0.09μg；定量下限苯酚为0.15μg，氢醌为0.3μg；取样量为1g时，检出浓度苯酚为90μg/g，氢醌为180μg/g；最低定量浓度苯酚为300μg/g，氢醌为600μg/g。

本方法的注释同第一法的方法注释。

[1] 朱杰民，胡静，杜达安. 高效液相色谱法多波长测定祛斑类化妆品中氢醌和苯酚. 环境与健康杂志，2000，17（2）：109–110.

[2] 张伟亚，杨左军，刘丽，等. 单离子检测法测定祛斑类化妆品中氢醌和苯酚. 分析科学学报，2002，18（6）：493–495.

[3] 姜宏，杨鸿宾. 色质联用仪确证化妆品中的氢醌和苯酚. 中国公共卫生，2001，18（6）：552.

[4] 杨艳伟，朱英. 化妆品中常用的美白祛斑成分及其检测方法研究进展. 环境与健康杂志，2010，27（8）：745–748.

[5] 崔霞，邹明强，胡秀丽，等. 皮肤美白剂中氢醌潜在毒性研究进展. 中国公共卫生，2008，24(7)：873–874.

[6] 秦良，刘有停，陈毅明，等. 基础环境因素对 α 熊果苷和 β－熊果苷稳定性的影响. 日用化学工业，2014，44（10）：580–583.

附表 1　氢醌、苯酚的基本信息

中文名称	氢醌	苯酚
英文名称	hydroquinone	phenol
分子式	$C_6H_6O_2$	C_6H_6O
分子量	110.11	94.11
CAS 号	123-31-9	108-95-2
中文化学名称	1，4- 苯二酚	/
英文化学名称	1，4-benzenediol	/
结构式	HO—C6H4—OH	HO—C6H5

2.27　石棉
Asbestos

石棉是天然的纤维状硅酸盐类矿物的总称，包括纤维状蛇纹石（温石棉）和纤维状角闪石类（蓝闪石石棉、直闪石石棉、透闪石石棉、阳起石石棉及镁铁闪石石棉），长径比 >3。石棉是由二氧化硅与铁、镁和钙等元素以不同结合形式组成的硅酸盐，一般具有抗拉性强、不易断裂、耐火、隔热、耐酸、耐碱和绝缘性等特点。纤维状蛇纹石一般呈白、灰、绿、淡黄等颜色，分解温度为 600~850℃；纤维状角闪石石棉则颜色相对较深，可为淡紫、蓝绿、棕灰、灰等颜色，分解温度在 400~1000℃以上。石棉的基本信息见附表 1。

国际上普遍认为角闪石类石棉可致肺纤维化、肺癌、胸膜间皮瘤、胸膜斑等，国际癌症研究组织（IARC）将此类石棉归为一类致癌物，蛇纹石石棉的安全性仍存在争议。滑石粉是粉类化妆品，特别是婴幼儿爽身粉的主要原料，石棉本身不会被用作化妆品原料，但却可能由滑石粉带入化妆品中，所以配方中含有滑石粉的化妆品应当检测石棉以确保产品的安全性。

目前，石棉的检测主要借鉴的是矿物学的研究和鉴定方法，检测方法主要有 X 射线衍射法、偏光显微镜法、相差显微镜法、扫描电镜法、透射电镜法、红外光谱法、差热法及中子活化法等。上述各种方法均有其优缺点，没有哪一种测试方法能适用于所有样品中的石棉测定。因此，一般采用不同方法相结合的方式以保证石棉检测的有效性和准确性。行业标准《SN/T 2649.1—2010 进出口化妆品中石棉的测定》分别采用 X 射线衍射 – 扫描电子显微镜法、X 射线衍射 – 偏光显微镜法对化妆品中的石棉进行测定。《化妆品安全技术规范》收载了《关于提供粉状化妆品及其原料中石棉测定方法（暂定）的通知》（食药监办许［2009］136 号）所附的方法，采用 X 射线衍射法（以下简称 XRD）及偏光显微镜法相结合，XRD 检测石棉用样量小、重现性好、快速有效，对于被 XRD 定为可能“含有某种石棉”的试样，再用偏光显微镜进行验证确认。

本方法的原理为每种矿物都具有特定的 X 射线衍射数据和图谱，样品中某种矿物的含量与其衍射峰的强度成正比关系，据此来判断样品中是否含有某种石棉矿物和测定其含量；每种矿物都有其特定的矿物光性和形态特征，通过偏光显微镜观测可以判断样品是否含有石棉。测定方法为试样经灰化、研磨等前处理制成分析试样，然后用 X 射线衍射仪进行测定，确认是否含有某种石棉；对于被定为“含有某种石棉”的试样，再用偏光显微镜进行验证观察，确认其是否为纤维状石棉。如果在X衍射测定结果中未出现石棉矿物衍射特征峰，则判定该试样中不含石棉；如果在X衍射测定结果中出现了某种石棉矿物衍射特征峰，同时在偏光显微镜下发现了该矿物呈纤维状，则判定该试样含石棉；如果在X衍射测定结果中出现了某种石棉矿物衍射特征峰，但在偏光显微镜下未发现该矿物呈纤维状，则判定该试样不含石棉。对于被判定为含石棉的样品，根据X射线衍射结果，采用*K*值法定量计算其含量。

方法注释：

1）为避免石棉带来的污染，在实验过程中，特别是石棉矿物的粉碎、研磨及过筛时应做好实验防护。

2）XRD检测石棉用样量小、重现性好、快速有效，但其灵敏度相对较低、检出限较高。可通过提高光源功率（如采用高强度的旋转阳极X射线发生器、电子同步加速辐射、高压脉冲X射线源等）或提高X射线利用率（如提高检测器录谱效率等）提高仪器的灵敏度，石棉的检出限可控制到1%以下，达到0.5%左右。

3）绿泥石是一族层状结构的硅酸盐矿物，分布极广，经常为滑石的次生矿物，其与滑石的成分基本相同，其X衍射特征衍射峰位为12.45°，与蛇纹石石棉特征衍射峰12.05°很接近，容易发生误判，实验过程中应注意区分。可通过降低扫描速度、延长扫描时间进行精确扫描，并结合*d*值，与绿泥石参照品比对等手段进行区分。

4）对于不含油及非有机改性的粉状试样，需研磨加工，过筛（300目）处理；对于含油试样和有机改性试样，检测前应去除试样中的有机物，排除可能对石棉检测的干扰因素，以获得可被XRD分析使用的粉状试样。经实验研究，灰化法是较适合的方法，而不同品种、不同产地的石棉热稳定性存在一定差异，灰化温度过高会造成目标物损失，实验选取450℃作为灰化温度。

具体操作为取适量试样在450℃高温炉中灰化1小时。为避免有机试样迅速沸腾造成样品飞溅、损失等，灰化方式建议采取分段处理，如将试样放在105℃烘箱中烘干至无明显的液体，呈“干饼状”（烘干时间视具体样品而定），再将烘干后的试样至于高温炉中，以20℃/min升温至450℃下恒温灰化1小时，观察样品保证灰化完全。

5）X射线衍射测定采用背压法制片。粉末的细度和均匀度、平整度等均会对测定结果产生影响，研磨时注意控制粉碎程度和粉碎时间，避免过度粉碎，采用多次粉碎、多次过筛的方法。

6）*K*值法是一种特殊的内标方法，是X射线衍射定量分析的标准方法，由于刚玉具有良好的耐磨性，本方法选用刚玉（α–Al_2O_3）作为参比物质。*K*值法的基本公式2.27–1为：

$$\frac{I_i}{I_{cor}}=K_{cor}^{i}\times\frac{X_i}{X_{cor}} \quad \text{公式 2.27–1}$$

式中，I_i为i矿物衍射峰的强度；I_{cor}为刚玉衍射峰的强度；X_i为i矿物在被测物质中的百分含量；X_{cor}为刚玉在被测物质中的百分含量；K_{cor}^{i}为i矿物对刚玉的参比强度。

石棉矿物标样与刚玉按1∶1配制成混合试样，则*K*值的计算简化成公式2.27–2：

$$K_{cor}^{i}=\frac{I_i}{I_{cor}} \quad \text{公式 2.27–2}$$

7）含油试样和有机改性试样采用灰化法处理时，固含量计算建议如下：

取干净的陶瓷坩埚连同锅盖一起于105℃烘箱中恒重，称重，记为m_1；

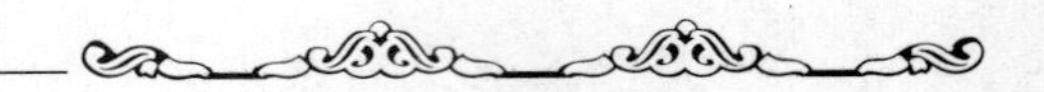

根据试样固含量多少，取适量试样放入陶瓷坩埚中，并加盖，称重，记为 m_2；

试样连同坩埚一起放于烘箱中，5℃ /min 升温，至 110℃后烘干 1 小时，观察，试样应无明显的液体，否则延长烘干时间，直至无明显的液体，呈“干饼状”；将“干饼状”试样放入马弗炉中程序升温，至 450℃后恒温 1 小时，取出灰化试样，放置在干燥器中凉至室温，称重，记为 m_3。

固含量计算公式 2.27-3 如下：

$$C_g(\%)=\frac{(m_3-m_1)}{(m_2-m_1)}\times 100\% \quad \text{公式 2.27-3}$$

典型图谱

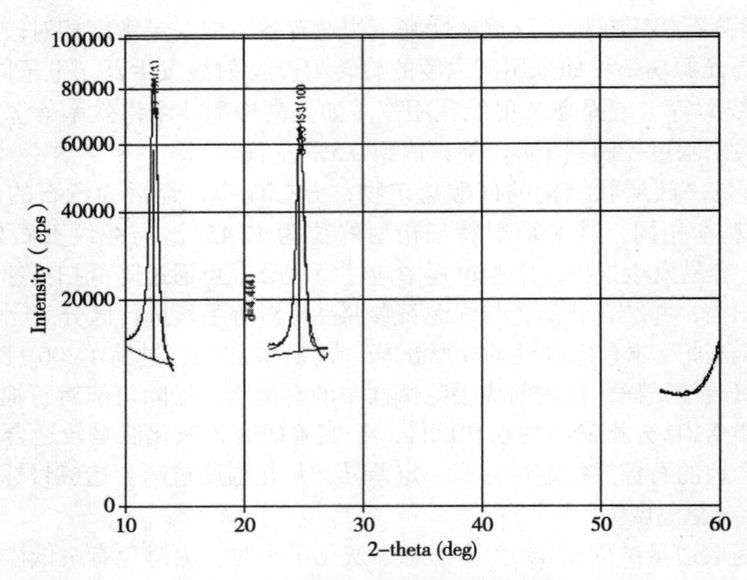

图 1　温石棉 X 射线衍射峰扫描图

图 2　温石棉偏光显微镜照片

[1] GB/T 2007.1 散装矿产品取样、制样通则手工取样方法. 1987-12-15.

[2] JJG 629 多晶 X 射线衍射仪. 2014-06-15.

[3] SN/T 2649.1—2010 进出口化妆品中石棉的测定. 2010-11-01.

[4] 冯惠敏，杨怡华. 化妆品中石棉含量检测方法. 中国非金属矿工业导刊，2009，(3)：26-30.

[5] 冯惠敏，苏昭冰，王勇华，等. 化妆品中石棉检测试样处理方法研究. 中国非金属矿工业导刊，2009，5：31-33.

[6] 靳贵英，林生文，王森. X 射线衍射法测定滑石粉中石棉成分. 中国无机分析化学，2014，4(2)：65-69.

[7] 胡晓静，赵景红，钟志光，等. X 射线衍射分段扫描法鉴别滑石粉中微量石棉. 冶金分析，2011，31(7)：35-39.

[8] 吴乾荣. 择优取向在粘土矿物 X 射线衍射定量分析中的应用研究. 岩矿测试，1996，15(2)：147-149.

[9] 许桂花，姚艳红，李承范. X- 射线衍射 *K* 值法测定硅灰石矿中方解石的含量. 长春师范学院学报，2006，25(6)：41-43.

[10] `孙利，李大志，林治峰. 球磨对滑石、绿泥石、菱镁石和刚玉 X 射线衍射峰强度的影响. 理化检验 - 物理分册，2005，41(9)：460-462.

[11] 虞接华，袁坤珍，甘浩，等. 非金属制品石棉检测预处理方法的研究. 广州化工，2015，43(2)：79-80.

附表 1　6 种石棉的基本信息

中文名称	英文名称	分子式	CAS号	晶系
温石棉	chrysotile	$Mg_{12}Si_8O_{20}(OH)_{18}$	12001-29-5	单斜
蓝闪石石棉	crocidolite	$Na_2(Mg·Fe·Al)_5Si_8O_{22}(OH)_2$	12001-28-4	单斜
直闪石石棉	anthophyllite asbestos	$(Mg·Fe^{2+})_7Si_8O_{22}(OH)_2$	77536-67-5	斜方
透闪石石棉	tremolite asbestos	$Ca_2Mg_5Si_8O_{22}(OH)_2$	77536-68-6	单斜
阳起石石棉	actinolite asbestos	$Ca_2Mg_5Si_8O_{22}(OH)_2$	77536-66-4	单斜
镁铁闪石石棉	amosite	$(Fe^{2+}·Mg)_7Si_8O_{22}(OH)_2$	12172-73-5	单斜

2.28　维甲酸和异维甲酸

Tretinoin and isotretinoin

维甲酸，又名维 A 酸、维生素 A 酸、维生素甲酸、视黄酸，为黄色或淡橙色结晶性粉末，熔点为 180~181℃，混有少量异构体时的熔点范围为 170~190℃，沸点为 277℃，

易溶于 DMSO、三氯甲烷、二氯甲烷，溶于乙醇、甲醇，微溶于水，有与维生素甲醋酸酯类似的气味，对热、光不稳定，在空气中易吸潮。异维甲酸，又名保肤灵，为橘红色或橘黄色结晶性粉末，熔点为 174~177℃，沸点为 462.8℃，易溶于 DMSO、三氯甲烷、二氯甲烷，溶于乙醇、甲醇，微溶于水，对热、光不稳定，在空气中易吸潮。维甲酸和异维甲酸的基本信息详见附表 1。

维甲酸和异维甲酸均可作为药品。维甲酸作为药品时的副作用有可引起皮肤黏膜干燥、脱屑，恶心、呕吐及食欲缺乏，头痛、头晕及肌肉关节疼痛等症，还可引起肝损害，可致畸。异维甲酸是维甲酸的同分异构体，又名 13- 顺式维甲酸，具有缩小皮脂腺组织、抑制皮脂腺活性、减少皮脂腺分泌、减轻上皮细胞角化和减少痤疮丙酸杆菌数目等作用，常用于寻常痤疮及角化异常性疾病的治疗，但可能存在一定的不良反应，国家食品药品监督管理总局药品不良反应信息通报（第 31 期）中曾发布"警惕异维甲酸的严重皮肤损害及其他使用风险"。

化妆品中存在维甲酸的可能性有两种。一是非法添加。维甲酸是体内维生素 A 的代谢中间产物，主要影响骨的生长和促进上皮细胞增生、分化及角质溶解等代谢作用。可直接作用于黑色素细胞抑制其黑色素合成，改善光老化等所致的色素沉着；对皮肤细胞具有生长促进作用；通过调节表皮细胞的有丝分裂和表皮细胞的更新，促进正常角化，可促使粉刺的去除并抑制粉刺的生成。由于具有这些功效，不法分子有可能在祛痘、除皱产品中添加，而异维甲酸可能导致严重的皮肤损害及其他使用风险。二是原料氧化产生。维甲酸（视黄酸）是一种维生素 A 衍生物，维生素 A 的功能是通过不同的分子形式实现的：对于视觉起作用的是视黄醛，对生殖过程起作用的是视黄醇，而视黄酸及其代谢产物则对其他功能具有重要作用。视黄醛、视黄醇遇酸、空气、氧化性物质、高温、紫外线等容易被破坏，视黄酯则较为稳定，常作为抗氧化组分，广泛用于护肤、去皱、美白等化妆品中。根据化学性质，视黄酯可在一定的条件下水解成视黄醇，而视黄醇、视黄醛等经氧化均可生成视黄酸。即含维生素 A、视黄酯的化妆品存在维甲酸的可能性。

目前，维甲酸和异维甲酸的检测方法主要有高效液相色谱法、液相色谱 – 质谱法。《化妆品安全技术规范》收载了高效液相色谱法。

本方法原理为样品经甲醇提取后，经高效液相色谱仪分离、二极管阵列检测器检测，根据保留时间和紫外光谱图定性、峰面积定量，以标准曲线法计算含量。

本方法对维甲酸及异维甲酸的检出限均为 1ng，定量下限均为 3ng；取样量为 0.2g 时，对维甲酸及异维甲酸的检出浓度均为 0.0005%，最低定量浓度均为 0.0015%。

方法注释：

1）异维甲酸是维甲酸的同分异构体，两者很容易互相转化，且对光不稳定，故在操作项下特别强调"以下操作均在避光条件下进行"。而且维甲酸及异维甲酸对热不稳定，标准溶液配制时需在冰浴中进行。样品超声提取时，外容器也可加大量冰块形成冰浴。如样品基质影响使超声提取后溶液还浑浊，则应进行离心后取上清液进行后续测定。

2）受标准物质限制，方法起草时仅开展了维甲酸及异维甲酸的检测研究。由于本方法选取酸性流动相，理论上各种维甲酸盐类（如维甲酸钠等）应该都溶于酸性流动相，在流动相中以维甲酸的形式存在和出峰，所以本方法测定的物质可认为是维甲酸 / 异维甲酸

及其盐类的总和。

3）本测定过程中若有阳性结果，应采用液相色谱－质谱法进一步确证。

典型图谱

色谱柱：C_{18} 柱（250mm × 4.6mm × 5μm），其余条件同方法原文。

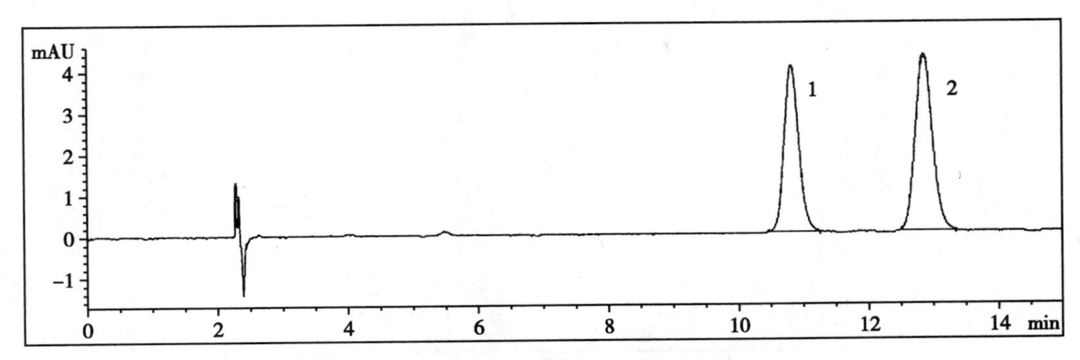

图 1　液态水基类基质空白加标色谱图

1：异维甲酸；2：维甲酸

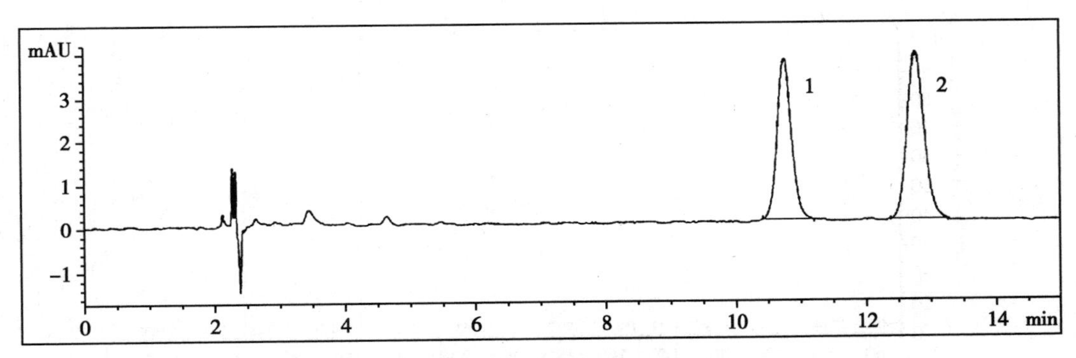

图 2　膏霜乳液类基质空白加标色谱图

1：异维甲酸；2：维甲酸

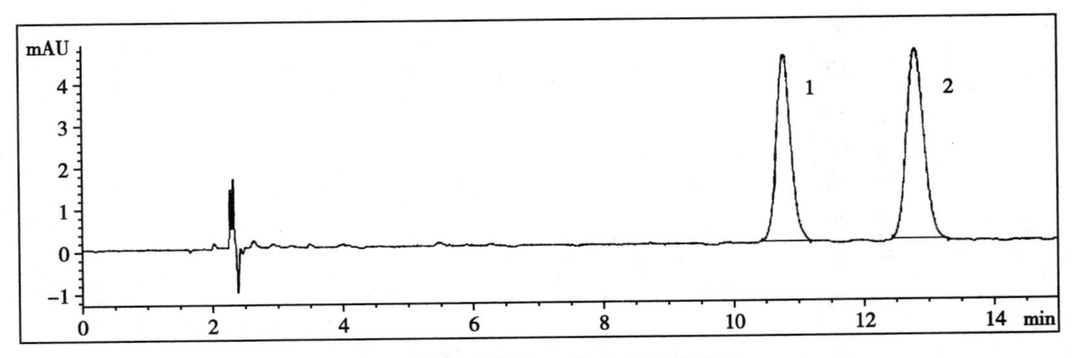

图 3　膏霜乳液类基质空白加标色谱图

1：异维甲酸；2：维甲酸

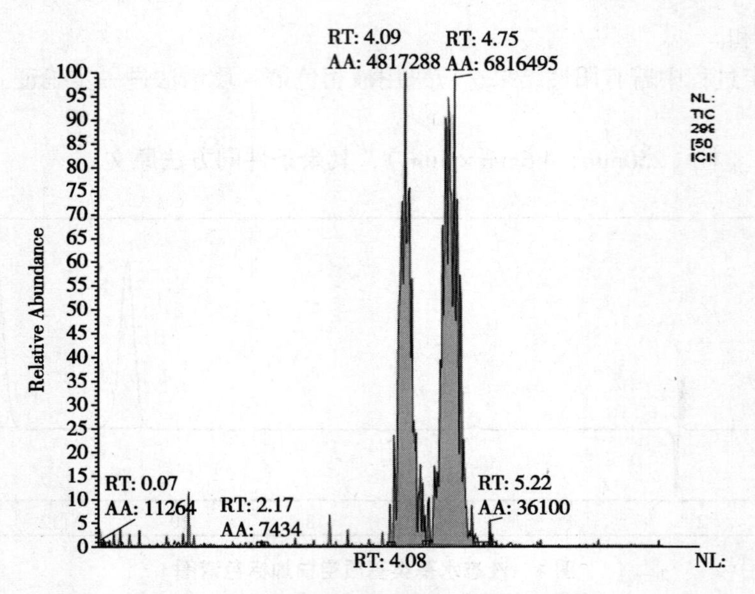

图 4　维甲酸和异维甲酸的总离子流色谱图

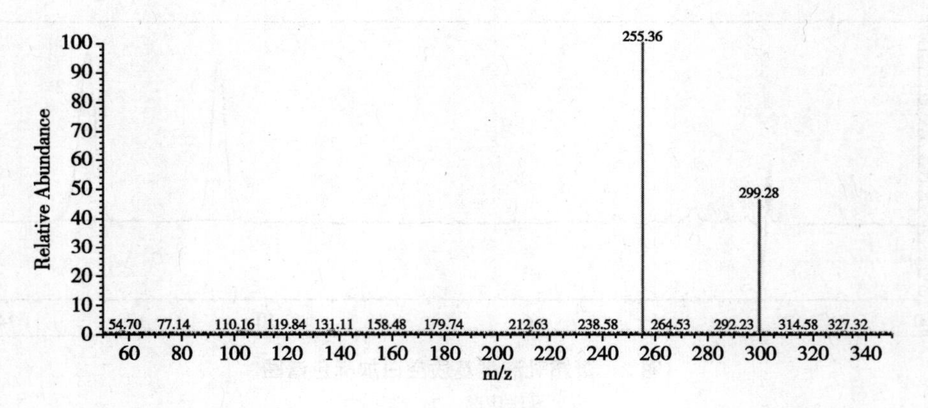

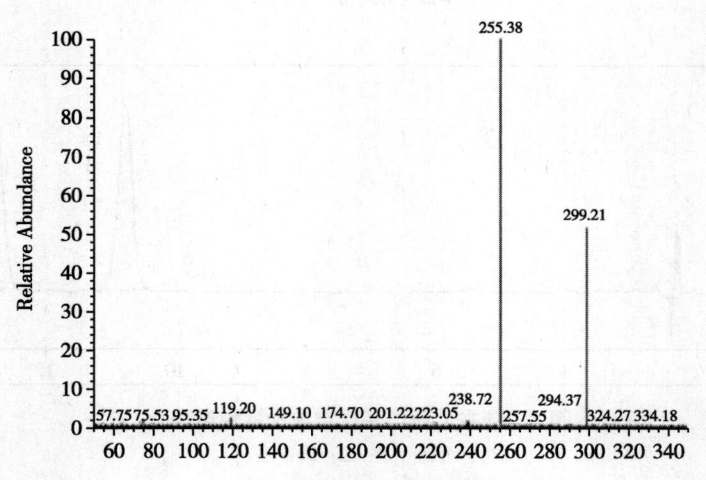

图 5　维甲酸和异维甲酸的质谱图

[1]《化妆品卫生规范》(2007年版).

[2]《化妆品中禁用物质和限用物质检测方法验证技术规范》(国食药监许[2010]455号).

[3] 国家药典委员会. 中华人民共和国药典(二部). 北京：中国医药科技出版社，2015.

[4] 英国药典(BP 2015).

[5] 美国药典(USP 38).

[6] GB/T 24800.3—2009 化妆品中螺内酯、过氧苯甲酰和维甲酸的测定高效液相色谱法.

[7] 武婷，王超，李楠. 反相高效液相色谱法同时测定祛痘类化妆品中的禁用物质. 色谱，2006，24(6)：589-591.

[8] 唐蕾，胡俊勇，崔颖鹏，等. 人血浆中全反式维甲酸、13-顺式维甲酸和9-顺式维甲酸浓度的监测. 中国实用医药，2007，2(31)：9-11.

[9] 王福霞，冯文菊，姜武民. HPLC法测定维A酸与异维A酸含量. 化学世界，2007，27(04)：585-587.

[10] 杜威用，王红青，屠海龙，等. 高效液相色谱法测定化妆品中4种维甲酸类物质. 视野，2012，14：72-75.

附表1　维甲酸和异维甲酸组分的基本信息

中文名称	维甲酸或维A酸	异维甲酸或异维A酸
英文名称	tretinoin	isotretinoin
分子式	$C_{20}H_{28}O_2$	$C_{20}H_{28}O_2$
分子量	300.44	300.44
CAS号	302-79-4	4759-48-2
中文化学名称	(13*E*)-3，7-二甲基-9-(2，6，6-三甲基环己烯基)-2，4，6，8-壬四烯酸	3，7-二甲基-9-(2，6，6-三甲基环己烯)-2-顺，4-反，6-反，8-反式壬四烯酸
结构式	O OH	OH O

2.29　维生素 D_2 和维生素 D_3

Vitamin D_2 and vitamin D_3

维生素 D_2 为无色针状结晶或白色结晶性粉末，无臭，熔点为115~118℃，极易溶于三氯甲烷，易溶于乙醇、乙醚或丙酮，略溶于植物油，不溶于水，遇光或空气均易变质。维生素 D_3 为无色针状结晶或白色结晶性粉末，无臭，熔点为84~88℃，极易溶于乙醇、丙酮、三氯甲烷或乙醚，略溶于植物油，不溶于水，耐热性好，遇光或空气均易变质。维生素 D_2 和维生素 D_3 的基本信息见附表1。

维生素D为类固醇类衍生物，与人体健康关系较密切的维生素 D_2、维生素 D_3 皆为脂溶性维生素。维生素 D_2 可单独或与维生素A并用于软膏及乳液状化妆品中，对湿疹、溃

疡、冻伤及皮肤创伤等有疗效；维生素 D_3 可防止受害的黑色素细胞癌变，特别适用于老年人化妆品；维生素 D_2、维生素 D_3 与维生素 A 结合，维生素 D_2 与维生素 E 结合均能增强皮肤的吸收能力。但长期使用含有维生素 D_2 及 D_3 的化妆品特别是乳婴容易引起维生素过剩症，可引起嗜睡、关节痛和弥漫性骨质矿化等中毒症状。

目前，维生素 D_2 和维生素 D_3 的检测方法主要有高效液相色谱法、液相色谱－质谱法、气相色谱－质谱法、超临界色谱法等，《化妆品安全技术规范》收载了高效液相色谱法，该法操作简便、快捷，较为常用。

本方法的原理为样品经流动相（甲醇∶乙腈 =90∶10）溶解提取后，采用高效液相色谱仪分离、二极管阵列检测器检测，根据保留时间和紫外光谱图定性、峰面积定量，以标准曲线法计算含量。

本方法的检出限维生素 D_2 为 0.58ng，维生素 D_3 为 0.32ng；定量下限维生素 D_2 为 2ng，维生素 D_3 为 1ng。取样量为 0.5g 时，检出浓度维生素 D_2 为 2.6μg/g，维生素 D_3 为 1.3μg/g；最低定量浓度维生素 D_2 为 8μg/g，维生素 D_3 为 4μg/g。

方法注释：

1）由于在光照条件下维生素 D_2 和维生素 D_3 不稳定，因此在配制标准溶液之前需用紫外分光光度法对其进行纯度校正，制作标准曲线时按照标定后浓度计算。在纯度校正时，应选取正确的比色皿，且比色皿外壁擦拭干净，不得有划痕；空白溶液与供试品溶液必须澄清，不得有浑浊；一般供试品溶液的吸收度读数以在 0.3~0.7 的误差最小。

2）维生素 D_2 和维生素 D_3 在空气中易氧化，故整个实验过程应在避光条件下快速操作，且尽量选择棕色玻璃仪器。

3）样品前处理过程应注意以下几点：一是称取膏霜乳液等黏稠样品时，应将样品均匀涂布于比色管刻度线以下；二是为使样品尽可能均匀地分散于溶液中，在超声提取前应采用涡旋混合仪或人工充分振摇；三是超声处理后的某些样品溶液较难过滤，应适当离心后，取上清液用滤膜过滤。

典型图谱

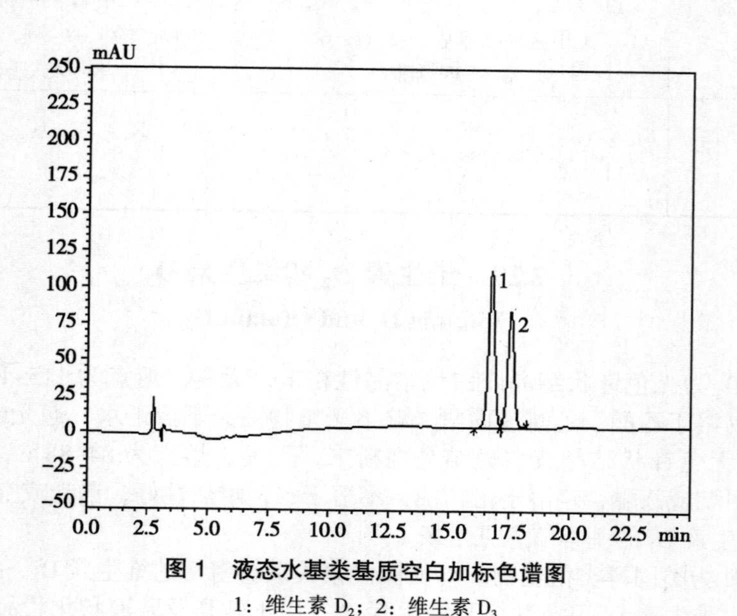

图 1　液态水基类基质空白加标色谱图

1：维生素 D_2；2：维生素 D_3

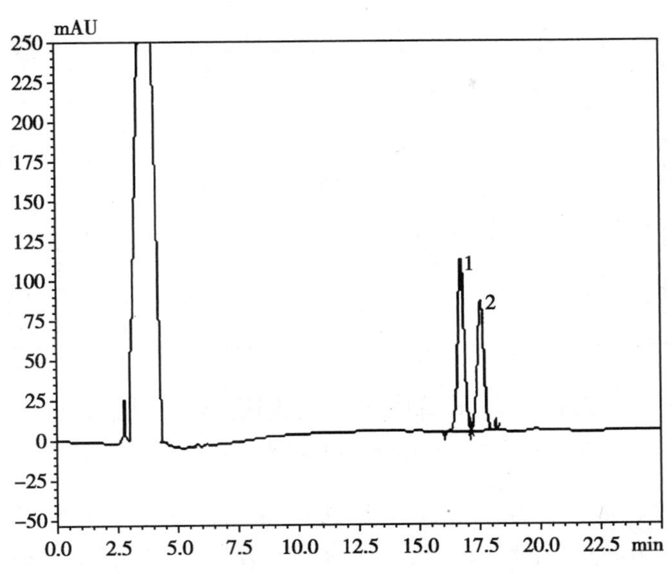

图 2　膏霜乳液类基质空白加标色谱图

1：维生素 D_2；2：维生素 D_3

[1] 朱英，杨艳伟，王歆. 化妆品中维生素 D_2、维生素 D_3 的高效液相色谱测定. 卫生研究，2005，34（5）：624-625.

[2] 张良，毕翠芳，杜昕，等. 浅谈高效液相色谱法同时测定钙镁 D 片中维生素 D_2 和维生素 D_3 的含量. 医学信息（上旬刊），2010，23（7）：2344-2345.

[3] 李光东. 实用化妆品生产技术手册. 北京：化学工业出版社，2001.

[4] 谭建华，郭长虹，李慧勇，等. 超临界色谱法同时测定化妆品中维生素 A 类衍生物和维生素 D_2，D_3. 分析试验室，2014，33（9）：1082-1086.

附表 1　维生素 D_2 和维生素 D_3 的基本信息

中文名称	维生素 D_2	维生素 D_3
英文名称	vitamin D_2	vitamin D_3
分子式	$C_{28}H_{44}O$	$C_{27}H_{44}O$
分子量	396.66	384.65
CAS 号	50-14-6	67-97-0
中文化学名称	9，10- 开环麦角甾 -5，7，10（19），22- 四烯 -3β- 醇	9，10- 开环胆甾 -5，7，10（19）- 三烯 -3β- 醇
英文化学名称	（3beta，5*Z*，7*E*，22*E*）-9，10-secoerga-5，7，10（19），22-tetraen-3-ol	（3beta，5*Z*，7*E*）-9，10-secocholesta-5，7，10（19）-trien-3-ol

续表

结构式	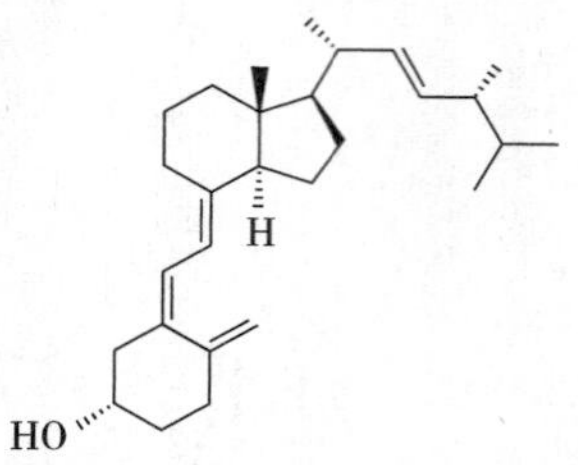	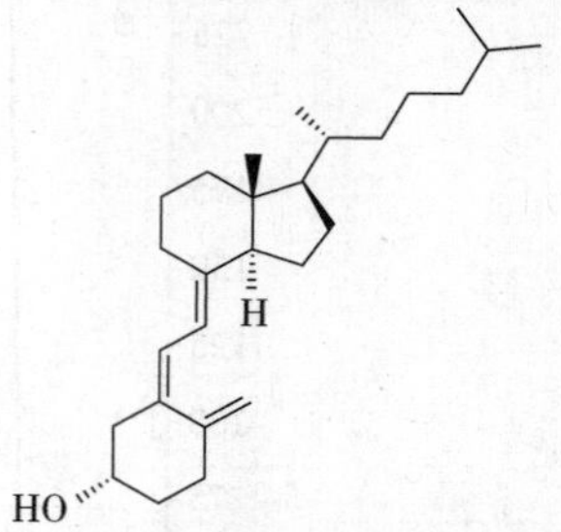

2.30 邻苯二甲酸二甲酯等 10 种组分

Dimethylphthalate and 9 kinds of components

本方法所指的邻苯二甲酸二甲酯等 10 种组分包括邻苯二甲酸二甲酯（DMP）、邻苯二甲酸二乙酯（DEP）、邻苯二甲酸二正丙酯（DPP）、邻苯二甲酸丁基苄酯（BBP）、邻苯二甲酸二正丁酯（DBP）、邻苯二甲酸二正戊酯（DAP）、邻苯二甲酸二环己酯（DCHP）、邻苯二甲酸二正己酯（DHP）、邻苯二甲酸二异辛酯（DEHP）和邻苯二甲酸二正辛酯（DOP）。邻苯二甲酸二甲酯（DMP）为无色透明油状液体，微具芳香气味，熔点为 2℃，能与乙醇、乙醚和三氯甲烷混溶，几乎不溶于水、石油醚和烷烃。邻苯二甲酸二乙酯（DEP）为无色透明油状液体，微具芳香气味，味苦，熔点为 -3℃，溶于乙醇、乙醚、石油醚、丙酮，不溶于水。邻苯二甲酸二正丙酯（DPP）为无色液体，溶于乙醇、乙醚，不溶于水。邻苯二甲酸丁基苄酯（BBP）为无色透明油状液体，微具芳香味，不溶于水，溶于一般有机溶剂，与大多数树脂有良好的相容性，溶剂化能力很强。邻苯二甲酸二正丁酯（DBP）为无色油状液体，熔点为 -35℃，易溶于乙醇、乙醚、丙酮、苯，溶于 2500 份水，对眼睛、呼吸系统、皮肤有刺激性。邻苯二甲酸二正戊酯（DAP）为无色透明液体，微香，能与乙醇、乙醚混溶，微溶于水。邻苯二甲酸二环己酯（DCHP）为白色结晶性粉末，微有芳香气味，熔点为 63~67℃，溶于大多数有机溶剂，难溶于水。邻苯二甲酸二正己酯（DHP）为无色透明液体。邻苯二甲酸二异辛酯（DEHP）为无色透明液体，有特殊气味，溶于脂肪烃、芳香烃和大多数有机溶剂，微溶于甘油、乙二醇和一些胺类，不溶于水，对实验动物有潜在的致癌作用，有刺激性。邻苯二甲酸二正辛酯（DOP）为淡黄色油状液体，微有气味，能与有机溶剂混溶，不溶于水，对光和热稳定。邻苯二甲酸二甲酯等 10 种组分的基本信息见附表 1。

邻苯二甲酸酯俗称塑化剂，是塑胶工业中最常见的塑化剂，被广泛应用于聚合材料中，如聚氯乙烯（PVC）、聚醋酸乙烯酯（PVAC）等，而塑瓶包装是化妆品领域中运用最广泛的包装形式，特别是普通中、低档化妆品多采用塑料包装。且因邻苯二甲酸酯良好的润滑性和延展性，添加于液态化妆品香水、指甲油、洗发露、洗涤用品等中以增加顺滑度，添加于指甲油中可增加其附着力。邻苯二甲酸酯是一种环境雌激素，其毒性主要体现在生殖和生育两个方面，摄入过多会对动物生殖和生育造成一定影响，同时也会增加肝、肾负担。鉴于邻苯二甲酸酯类化合物的危害，各国对其进行了严格的限量规定，儿童用品中尤为如此（见下表）。

国家（地区）	相关法律法规		
欧盟地区	DEHP	适用于 3 岁以下不可放入儿童口中的所有玩具和儿童护理品： DEHP+DBP+BBP ≤ 0.1%	
	DBP		
	BBP		
	DINP	可放入儿童口中的所有玩具和儿童护理品： DEHP+DBP+BBP ≤ 0.1% 且 DINP+DIDP+DNOP ≤ 0.1%	
	DIDP		
	DNOP		
美国		玩具（<12 岁不能放入口中）	玩具（<12 岁且能放入口中）和儿童护理品
	DEHP	0.1%	0.1%
	DBP	0.1%	0.1%
	BBP	0.1%	0.1%
	DINP	—	0.1%
	DIDP	—	0.1%
	DNOP	—	0.1%
加拿大		乙烯基玩具和儿童护理用品	4 岁以下可放入口中的乙烯基玩具和儿童护理品
	DEHP	0.1%	—
	DBP	0.1%	—
	BBP	0.1%	—
	DINP	—	0.1%
	DIDP	—	0.1%
	DNOP	—	0.1%
阿根廷	1）所有玩具或儿童护理品：DEHP+DBP+BBP ≤ 0.1%		
	2）所有可被放入口中的玩具或儿童护理品： DEHP+DBP+BBP+DINP+DIDP+DNOP ≤ 0.1%		
日本	1）所有合成树脂玩具：禁用 DEHP		
	2）适用于 6 岁或以下儿童的，与儿童嘴部直接接触的所有合成树脂玩具：禁用 DEHP、DINP		

目前，化妆品中邻苯二甲酸酯类化合物的检测方法主要包括高效液相色谱法、气相色谱法、液相色谱 - 质谱法以及气相色谱 - 质谱法。《化妆品安全技术规范》收载了高效液相色谱法测定含量，气相色谱 - 质谱法对阳性结果进行确证的方法。

本方法的原理为样品提取后，经高效液相色谱仪分离、二极管阵列检测器检测，根据保留时间和紫外光谱图定性、峰面积定量，以标准曲线法计算含量。

本方法中各种邻苯二甲酸酯类化合物的检出限、定量下限及取样量为1g时的检出浓度；最低定量浓度见表1。

表1 各种邻苯二甲酸酯类化合物的检出限和检出浓度

组分名称	DMP	DEP	DPP	BBP	DBP	DAP	DCHP	DHP	DEHP	DOP
检出限（ng）	0.5	0.5	3	3	3	40	40	40	5	5
定量下限（ng）	2	2	10	10	10	135	135	135	20	20
检出浓度（mg/g）	1	1	5	5	5	70	70	70	10	10
最低定量浓度（mg/g）	4	4	20	20	20	270	270	270	40	40

方法注释：

1）本方法中“范围”项下的邻苯二甲酸二异辛酯即指邻苯二甲酸双（2-乙基己基）酯、邻苯二甲酸二（2-乙基己基）酯，英文缩写为DEHP，CAS号为117-81-7。应注意与CAS号为27554-26-3的邻苯二甲酸二异辛酯（DIOP）加以区分。

2）实验过程中宜同时进行空白试验，确保实验器皿、试剂、仪器系统等无干扰。

3）邻苯二甲酸酯类化合物具有相同结构的母核，不同品牌的C_{18}色谱柱可能会出峰顺序不一致，色谱系统发生变更时需要重新进行定位。

4）香水、指甲油等样品容易检出邻苯二甲酸二乙酯，阳性样品必须进行质谱确证。

5）部分指甲油等样品采用甲醇进行提取，所得的液相色谱图杂质峰较多，无法采用保留时间和紫外光图谱进行定性，除采用气相色谱-质谱法进行定性之外，必要时可以采用正己烷或者乙酸乙酯等溶剂进行提取，所得的待测溶液可以用于辅助定性。

6）GB/T 28599—2012收载了化妆品中22种邻苯二甲酸酯类化合物的气相色谱法、液相色谱法以及气相色谱-质谱法。复杂基质样品采用本方法无法实现准确定性定量时，可以参照GB/T 28599—2012方法进行辅助确证。

典型图谱

色谱柱：C_{18}柱（250mm×4.6mm×5μm）

流动相：A：甲醇；B：水

梯度洗脱程序如下：

t（分钟）	A（%）	B（%）
0.00	30	70
2	30	70
5	82	18
12	100	0
25	100	0
25.5	30	70
30	30	70

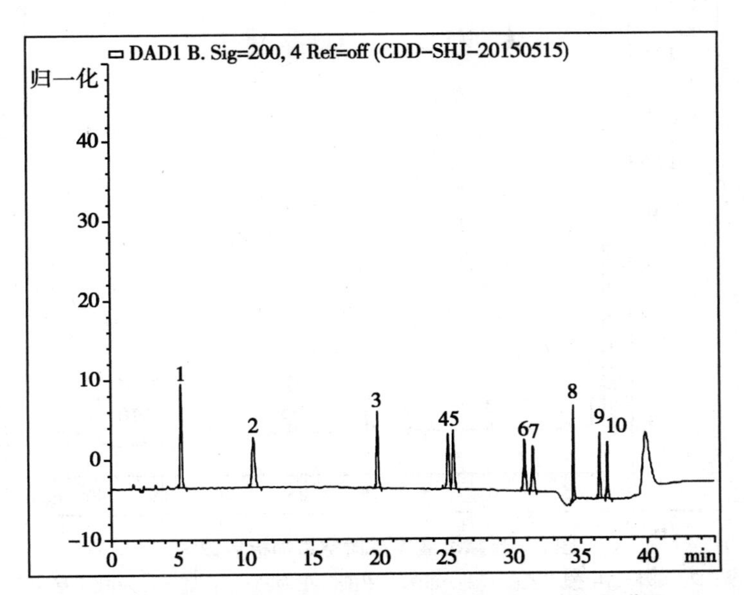

图1　邻苯二甲酸二甲酯等10种组分标准品溶液色谱图

1：邻苯二甲酸二甲酯；2：邻苯二甲酸二乙酯；3：邻苯二甲酸二正丙酯；4：邻苯二甲酸丁基苄酯；5：邻苯二甲酸二正丁酯；6：邻苯二甲酸二正戊酯；7：邻苯二甲酸二环己酯；8：邻苯二甲酸二正己酯；9：邻苯二甲酸二异辛酯；10：邻苯二甲酸二正辛酯

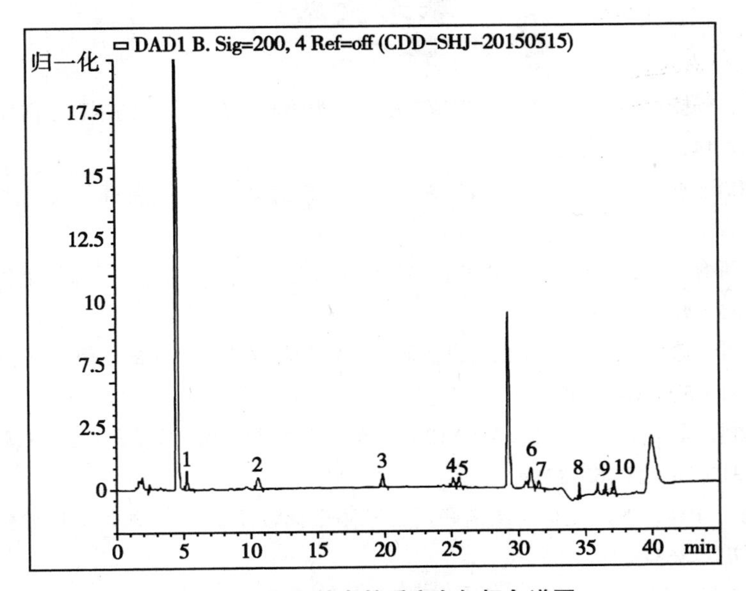

图2　液态水基类基质空白加标色谱图

1：邻苯二甲酸二甲酯；2：邻苯二甲酸二乙酯；3：邻苯二甲酸二正丙酯；4：邻苯二甲酸丁基苄酯；5：邻苯二甲酸二正丁酯；6：邻苯二甲酸二正戊酯；7：邻苯二甲酸二环己酯；8：邻苯二甲酸二正己酯；9：邻苯二甲酸二异辛酯；10：邻苯二甲酸二正辛酯

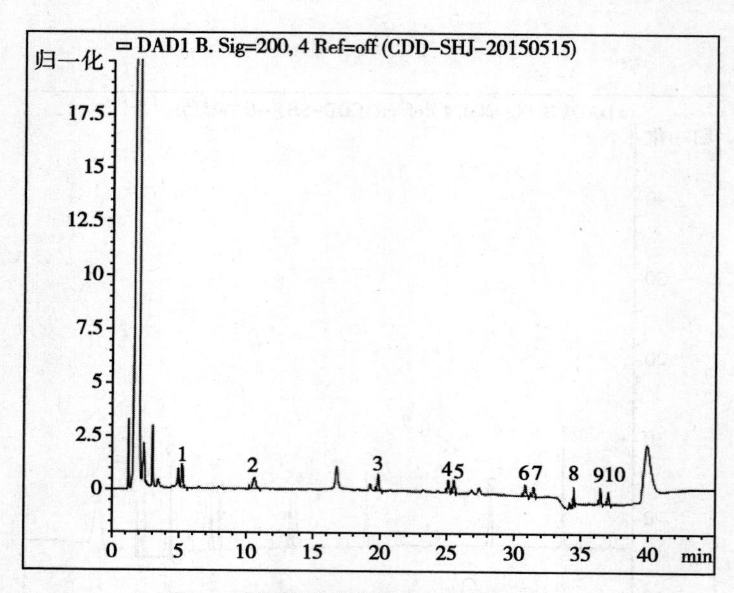

图 3　膏霜乳液类基质空白加标色谱图

1：邻苯二甲酸二甲酯；2：邻苯二甲酸二乙酯；3：邻苯二甲酸二正丙酯；4：邻苯二甲酸丁基苄酯；5：邻苯二甲酸二正丁酯；6：邻苯二甲酸二正戊酯；7：邻苯二甲酸二环己酯；8：邻苯二甲酸二正己酯；9：邻苯二甲酸二异辛酯；10：邻苯二甲酸二正辛酯

参考文献

[1] 杨柳，王敏，杨捷琳，等. 化妆品中邻苯二甲酸酯类物质对女大学生的累积暴露风险评估. 环境与职业医学，2014，31（1）：1-6.

[2] 李洁，郑和辉，柳玉红. 化妆品中检出邻苯二甲酸酯情况的调查. 首都公共卫生，2010，4（1）：39-40.

[3] 朱杰民，吴西梅，姚敬，等. 高效液相色谱法测定化妆品中的邻苯二甲酸酯类化合物. 华南预防医学，2009，35（4）：57-58.

[4] 柳玉红，王萍，李洁. 超高效液相色谱法同时测定化妆品中 9 种邻苯二甲酸酯和双酚 A. 卫生研究，2012，41（5）：846-849.

[5] 刘菁，米亚娴，李华龙，等. 化妆品中 10 种邻苯二甲酸酯的 HPLC 联合 GC-MS 测定法. 职业与健康，2015，31（20）：2765-2768.

[6] 郑荣，许勇，于建，等. 色谱 - 质谱联用技术测定化妆品中 25 种邻苯二甲酸酯. 分析试验室，2014，33（7）：865-868.

[7] 王风红，芦春梅，胡婷婷，等. 高效液相色谱 - 串联质谱法测定化妆品中的邻苯二甲酸酯. 化学试剂，2015，37（2）：135-138.

[8] 于建，许勇，郑荣，等. 超高效液相色谱 - 串联质谱法测定化妆品中 23 种邻苯二甲酸酯类化合物. 日用化学工业，2015，44（9）：529-533.

附表 1 邻苯二甲酸二甲酯等 10 种组分的基本信息

中文名称	英文名称	分子式	分子量	CAS号	英文缩写	结构式
邻苯二甲酸二甲酯	dimethyl phthalate	$C_{10}H_{10}O_4$	194.18	131-11-3	DMP	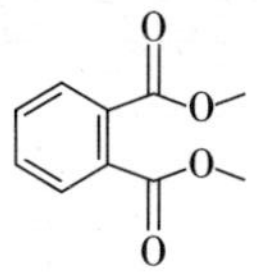
邻苯二甲酸二乙酯	diethyl phthalate	$C_{12}H_{14}O_4$	222.24	84-66-2	DEP	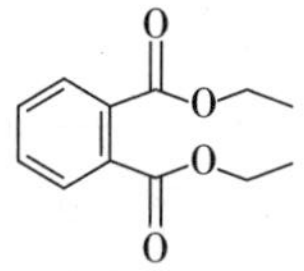
邻苯二甲酸二正丙酯	dipropyl phthalate	$C_{14}H_{18}O_4$	250.29	131-16-8	DPP	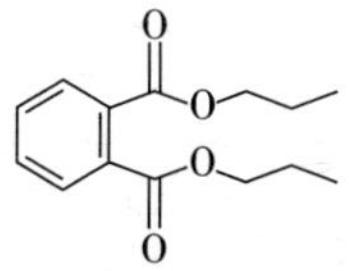
邻苯二甲酸丁基苄酯	benzyl butyl phthalate	$C_{19}H_{20}O_4$	312.36	85-68-7	BBP	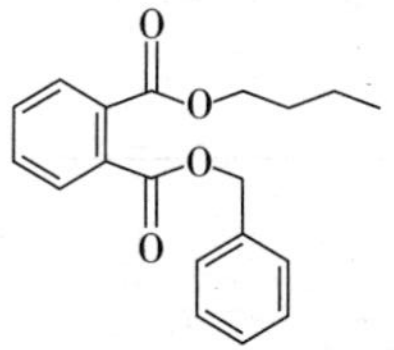
邻苯二甲酸二正丁酯	dibutyl phthalate	$C_{16}H_{22}O_4$	278.34	84-74-2	DBP	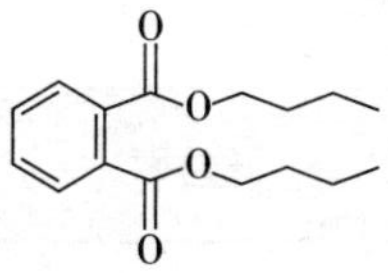

续表

中文名称	英文名称	分子式	分子量	CAS号	英文缩写	结构式
邻苯二甲酸二正戊酯	di-n-pentyl phthalate-D4	$C_{18}H_{26}O_4$	306.40	131-18-0	DAP	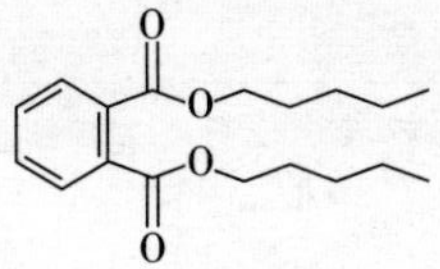
邻苯二甲酸二环己酯	dicyclohexyl phthalate	$C_{20}H_{26}O_4$	330.42	84-61-7	DCHP	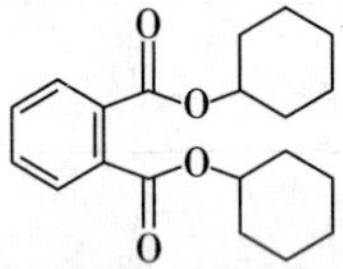
邻苯二甲酸二正己酯	di-n-hexyl phthalate	$C_{20}H_{30}O_4$	334.45	68515-50-4	DHP	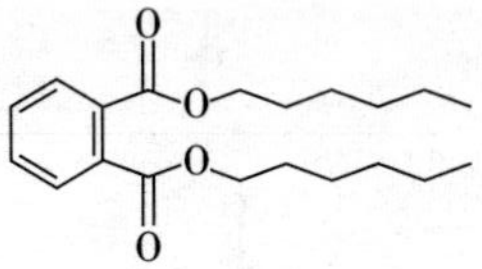
邻苯二甲酸二异辛酯/邻苯二甲酸二（2-乙基己基）酯	bis（2-ethylhexyl）phthalate	$C_{24}H_{38}O_4$	390.56	117-81-7	DEHP	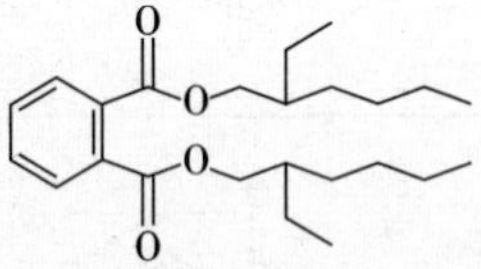
邻苯二甲酸二正辛酯	di-n-octyl phthalate	$C_{24}H_{38}O_4$	390.56	117-84-0	DNOP	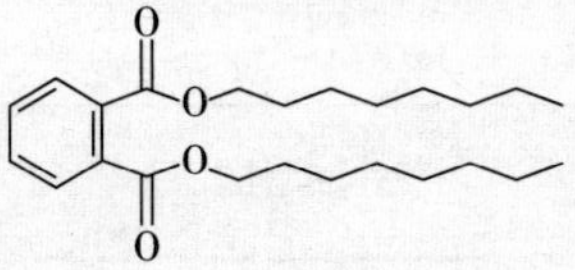

2.31　邻苯二甲酸二丁酯等8种组分

Dibutylphthalate and 7 kinds of components

本方法所指的邻苯二甲酸二丁酯等8种组分包括邻苯二甲酸二丁酯（DBP）、邻苯二甲酸二（2-甲氧乙基）酯（DMEP）、邻苯二甲酸二异戊酯（DIPP）、邻苯二甲酸戊基异戊酯（DnIPP）、邻苯二甲酸二正戊酯（DnPP）、邻苯二甲酸丁苄酯（BBP）、邻苯二甲酸二（2-乙基己基）酯（DEHP）以及1，2-苯基二羧酸支链和直链二戊基酯。邻苯二甲酸二丁酯（DBP）为无色油状液体，熔点为-35℃，易溶于乙醇、乙醚、丙酮、苯，溶于2500份水，对眼睛、呼吸系统、皮肤有刺激性。邻苯二甲酸二（2-甲氧乙基）酯（DMEP）为浅黄色油状液体，具芳香气味，能与醇、丙酮、石油醚和油类等多种有机溶剂混溶，微溶于甘油、乙二醇，20℃时在水中的溶解度为3.4%。邻苯二甲酸二异戊酯（DIPP）为无色液体，几乎无气味，溶于乙醇、乙醚等有机溶剂，不溶于水。邻苯二甲酸戊基异戊酯（DnIPP）为无色液体。邻苯二甲酸二正戊酯（DnPP）为无色透明液体，微香，能与乙醇、乙醚混溶，微溶于水。邻苯二甲酸丁苄酯（BBP）为无色透明油状液体，微具芳香味，不溶于水，溶于一般有机溶剂，与大多数树脂有良好的相容性，溶剂化能力很强。邻苯二甲酸二（2-乙基己基）酯（DEHP）为无色透明液体，有特殊气味，溶于脂肪烃、芳香烃和大多数有机溶剂，微溶于甘油、乙二醇和一些胺类，不溶于水，有潜在的致癌作用，有刺激性。1，2-苯基二羧酸支链和直链二戊基酯有3种同分异构体，分别为DnIPP、DnPP和DIPP，文中涉及该组分含量时，是指DnIPP、DnPP和DIPP三种同分异构体含量的总和。邻苯二甲酸二丁酯等7种组分的基本信息见附表1。

邻苯二甲酸酯是塑胶工业中最常见的塑化剂，被广泛应用于聚合材料中，如聚氯乙烯（PVC）、聚醋酸乙烯酯（PVAC）等，而塑瓶包装是化妆品领域中运用最广泛的包装形式，特别是普通中、低档化妆品多采用塑料包装。且因邻苯二甲酸酯良好的润滑性和延展性，添加于液态化妆品香水、指甲油、洗发露、洗涤用品等中以增加顺滑度，添加于指甲油中可增加其附着力。邻苯二甲酸酯是一种环境雌激素，其毒性主要体现在生殖和生育两个方面，摄入过多会对动物生殖和生育造成一定影响，同时也会增加肝、肾负担。

目前，化妆品中邻苯二甲酸酯类化合物的检测方法主要包括液相色谱法、气相色谱法、液相色谱-质谱法以及气相色谱-质谱法。《化妆品安全技术规范》收载了气相色谱-质谱法。

本方法的原理为样品提取后，使用硅胶-中性氧化铝混合填充的固相萃取小柱进行净化，以正己烷-乙酸乙酯（1∶1，*V*/*V*）为淋洗液，浓缩后经气相色谱分离、质谱检测器测定，根据保留时间和待测组分特征离子丰度比双重模式定性，以外标法计算含量。

本方法的浓度适用范围以及检出限、定量检出下限如表1所示。

表 1　各组分的检出限和定量下限

	DIPP	DMEP	DnIPP	DnPP	BBP	DBP	DEHP
浓度适用范围（mg/kg）	1.0~20					5.0~20	
检出限（3σ，mg/kg）	1.0	1.0	1.0	1.0	1.0	5.0	5.0
定量检出下限（10σ，mg/kg）	3.5	3.5	3.5	3.5	3.5	17.0	17.0

方法注释：

1）本方法名称为邻苯二甲酸二丁酯等 8 种组分，实际实验中仅测定 7 种组分，1，2-苯基二羧酸支链和直链二戊基酯指 DnIPP、DnPP 和 DIPP 含量的总和。

2）本方法测定的 7 种组分中，邻苯二甲酸二丁酯（DBP）、邻苯二甲酸二正戊酯（DnPP）、邻苯二甲酸丁苄酯（BBP）、邻苯二甲酸二（2-乙基己基）酯（DEHP）在"2.30 邻苯二甲酸二甲酯等 10 种组分"中也有收载。

3）在实际检验时，应该同时进行空白试验，确保实验器皿、试剂、仪器系统等无干扰。

4）GB/T 28599—2012 收载了化妆品中 22 种邻苯二甲酸酯类化合物的气相色谱法、液相色谱法以及气相色谱 - 质谱测定法。复杂基质样品采用本方法无法实现准确定性、定量时，可以参照 GB/T 28599—2012 方法进行辅助确证。

典型图谱

色谱柱：DB-35MS 柱（30m × 0.25mm × 0.25μm）

升温程序：初始温度 100℃，保持 0.5 分钟，每分钟 30℃升至 300℃，保持 3 分钟

进样口温度：300℃

溶剂延迟时间：6.5 分钟

其余条件同方法原文。

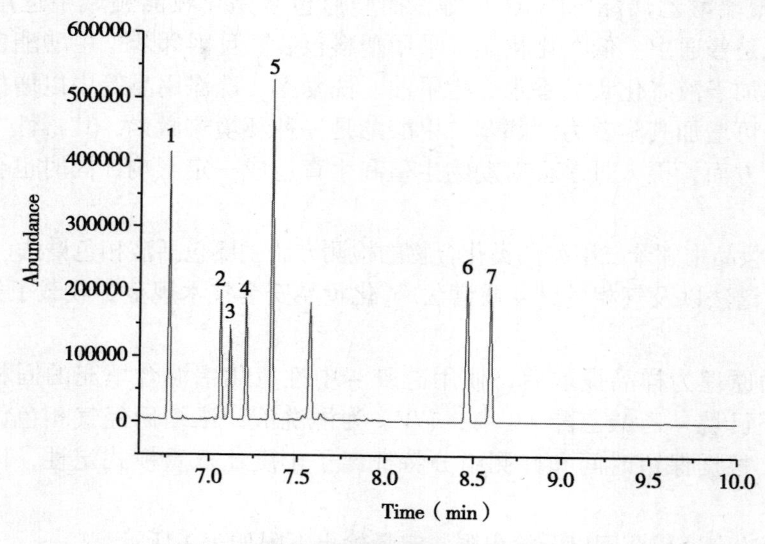

图 1　液态油基类基质空白加标色谱图

1: DBP；2: DIPP；3: DMEP；4: DnIPP；5: DnPP；6: BBP；7: DEHP

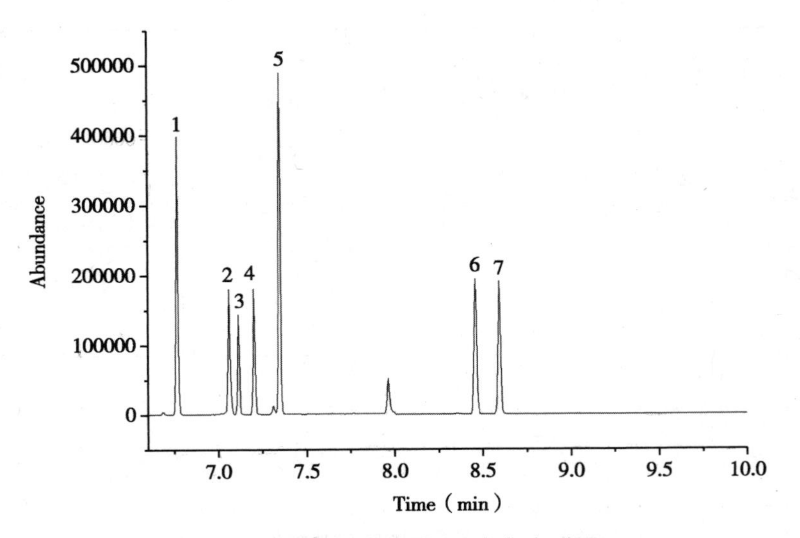

图 2　膏霜乳液类基质空白加标色谱图

1：DBP；2：DIPP；3：DMEP；4：DnIPP；5：DnPP；6：BBP；7：DEHP

参考文献

［1］杨柳，王敏，杨捷琳，等．化妆品中邻苯二甲酸酯类物质对女大学生的累积暴露风险评估．环境与职业医学，2014，31（1）：1-6．

［2］李洁，郑和辉，柳玉红．化妆品中检出邻苯二甲酸酯情况的调查．首都公共卫生，2010，4（1）：39-40．

［3］郑荣，许勇，于建，等．色谱－质谱联用技术测定化妆品中 25 种邻苯二甲酸酯．分析试验室，2014，33（7）：865-868．

［4］许勇．气相色谱－质谱法测定油类和水类化妆品中 21 种邻苯二甲酸酯的含量．香料香精化妆品，2015，1：39-44．

［5］郑向华，林立毅，方恩华，等．固相萃取气相色谱质谱法测定食品中 23 种邻苯二甲酸酯．色谱，2012，30（1）：27-32．

［6］李彩均，奉夏平，唐丽娜，等．气相色谱质谱法测定酒类产品中的塑化剂含量．科技传播，2013，（7）：145-146．

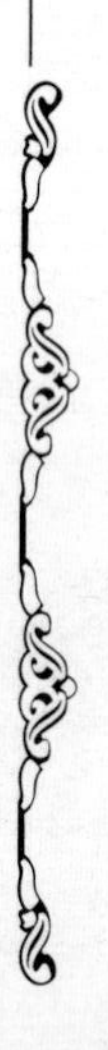

附表 1 邻苯二甲酸二丁酯等 7 种组分的基本信息

中文名称	英文名称	分子式	分子量	CAS 号	英文缩写	结构式
邻苯二甲酸二正丁酯	dibutyl phthalate	$C_{16}H_{22}O_4$	278.35	84–74–2	DBP	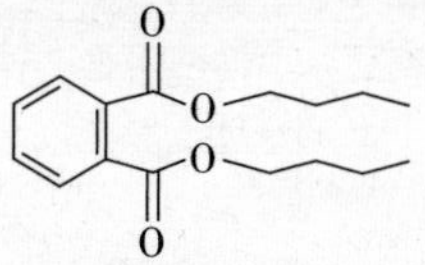
邻苯二甲酸二（2-甲氧乙基）酯	di（2–methoxyethyl）phthalate	$C_{14}H_{18}O_6$	282.29	117–82–8	DMEP	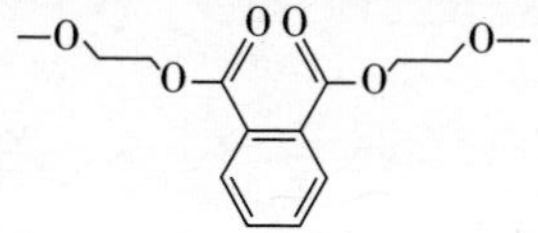
邻苯二甲酸二异戊酯	di–*iso*–pentyl phthalate	$C_{18}H_{26}O_4$	306.40	605–50–5	DIPP	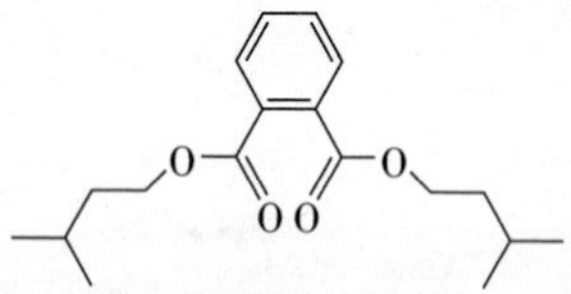
邻苯二甲酸戊基异戊酯	di–n–iso–pentyl phthalate	$C_{18}H_{26}O_4$	306.40	84777–06–0	DnIPP	
邻苯二甲酸二正戊酯	diamyl phthalate	$C_{18}H_{26}O_4$	306.40	131–18–0	DnPP	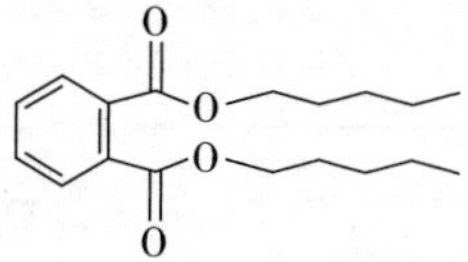
邻苯二甲酸丁基苄酯	benzyl butyl phthalate	$C_{19}H_{20}O_4$	312.36	85–68–7	BBP	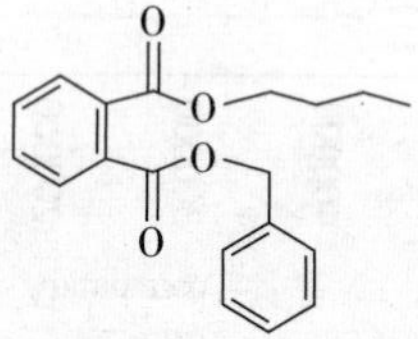
邻苯二甲酸二（2-乙基已基）酯	bis（2–ethylhexyl）phthalate	$C_{24}H_{38}O_4$	390.56	117–81–7	DEHP	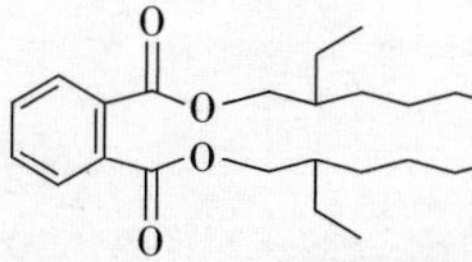

2.32　二氯甲烷等 15 种组分

Dichloromethane and 14 kinds of components

本方法所指的二氯甲烷等 15 种组分为二氯甲烷、1，1– 二氯乙烷、1，2– 二氯乙烯、三氯甲烷、1，2– 二氯乙烷、苯、三氯乙烯、甲苯、四氯乙烯、乙苯、间 – 和对 – 二甲苯、苯乙烯、邻 – 二甲苯和异丙苯。二氯甲烷为无色透明的易挥发液体，有类似于醚的气味和甜味，熔点 –97℃，沸点 39~40℃，溶于约 50 倍的水，溶于酚、醛、酮、冰醋酸、磷酸三乙酯、乙酰乙酸乙酯、环己胺，与其他氯代烃溶剂、乙醇、乙醚和 *N*，*N*– 二甲基甲酰胺混溶。1，1– 二氯乙烷为无色透明液体，有三氯甲烷气味，熔点 –97.6℃，沸点 57℃，闪点 –5℃，溶于醇、醚等，难溶于水。1，2– 二氯乙烯为无色液体，有令人愉快的气味，遇潮湿、日光、空气逐渐分解逸出氯化氢，溶于醇、醚等有机溶剂，不溶于水。1，2– 二氯乙烯存在顺、反异构体，混合物熔点 –57℃，沸点 48~60℃；顺 –1，2– 二氯乙烯的熔点 –80℃，沸点 60℃；反 –1，2– 二氯乙烯的熔点 –50℃，沸点 48℃。三氯甲烷为无色透明的易挥发液体，有特殊的香甜气味，熔点 –63℃，沸点 61℃，与乙醇、乙醚、苯、石油醚、四氯化碳、二硫化碳和挥发油等混溶，微溶于水。1，2– 二氯乙烷为无色透明的油状液体，具有类似于三氯甲烷的气味，味甜，熔点 –35℃，沸点 83℃，溶于约 120 倍的水，与乙醇、三氯甲烷、乙醚混溶，能溶解油和脂类、润滑脂、石蜡。苯为无色至淡黄色的易挥发液体，有强烈的芳香味，熔点 5.5℃，沸点 80.1℃，与乙醇、乙醚、丙酮、四氯化碳、二硫化碳和醋酸混溶，微溶于水，易燃。三氯乙烯为无色油状液体，有类似于三氯甲烷的气味，熔点 –73℃，沸点 87℃，闪点 32.2℃，与一般有机溶剂混溶，微溶于水。甲苯为无色液体，易挥发，有特殊的芳香味，熔点 –94.99℃，沸点 110.63℃，凝固点 –95℃，几乎不溶于水，溶于三氯甲烷、丙酮和大多数其他常用的有机溶剂，与二硫化碳、乙醇、乙醚以任意比例混溶。四氯乙烯为无色透明液体，具有类似于乙醚的气味，熔点 –22.7℃，沸点 121.2℃，不溶于糖、甘油及蛋白中，微溶于水，可与乙醇、乙醚、三氯甲烷、苯及氯有机溶剂互溶。乙苯为无色液体，具有芳香气味，熔点 –95℃，沸点 34.6℃，溶于乙醇、苯、四氯化碳及乙醚，几乎不溶于水。间 – 二甲苯为无色透明液体，有强烈的芳香气味，熔点 –47.9℃，沸点 139.1℃，不溶于水，溶于乙醇和乙醚。对 – 二甲苯为无色液体，熔点 13.3℃，沸点 138.3℃，可与乙醇、乙醚、苯、丙酮混溶，不溶于水。苯乙烯为无色油状液体，有芳香气味，熔点 –31℃，沸点 145~146℃，不溶于水，溶于乙醇及乙醚。邻 – 二甲苯为无色透明液体，有芳香气味，熔点 –25.2℃，沸点 144.4℃，可与乙醇、乙醚、丙酮和苯混溶，不溶于水。异丙苯为无色液体，熔点 –96℃，沸点 152~154℃，不溶于水，溶于乙醇、乙醚、苯和四氯化碳。二氯甲烷等 15 种组分的基本信息见附表 1。

有机溶剂是一类在生产和生活中广泛应用的化合物，目前工业用有机溶剂的种类已达 3 万余种，主要包括醇、醛、醚、酯、胺、苯等，分子量不大，常温下多呈液态，其中沸点低、常温常压下易挥发的被称为挥发性有机溶剂，存在较为严重的滥用现象。二氯甲烷等 15 种组分均为挥发性有机溶剂，可能存在于美甲用品、香水、沐浴露等化妆品中，造成这种现象的原因包括：一是生产过程中由原料带入造成残留，二是生产者为改善产品性能而人为加入，如化妆品生产中使用有机溶剂溶解和分散香精、油脂、防腐剂、表面活性剂等成分。经常接触含挥发性有机溶剂的化妆品会给人带来快感，长期使用会使人形成依赖性，有着类似于毒品的作用，且挥发性有机溶剂会刺激皮肤、呼吸道黏膜、眼结膜，甚至会麻痹和破坏神经系统，不同程度地损害消费者的健康。

目前挥发性有机溶剂残留的检测方法主要包括气相色谱法、气相色谱－质谱法等，常见的样品前处理过程有静态顶空法、吹扫捕集法和顶空固相萃取法等。但气相色谱法检测时基质会对组分测定存在干扰，如检测指甲油时，常出现待测组分与基质无法达到有效分离的现象。而气相色谱－质谱法虽可排除基质和干扰离子的影响，缩短时间，但检验成本较高。《化妆品安全技术规范》收载了采用顶空－气相色谱法进行测定，气相色谱－质谱法对阳性结果确证的方法，方法较为实用，可满足检测需求。

本方法的原理为样品用水稀释，经顶空处理达到气－液平衡后进样，用具有氢火焰离子化检测器的气相色谱仪进行分析，以保留时间定性、峰面积定量，针对阳性结果，采用气相色谱－质谱法确证。

本方法对二氯甲烷等15种组分的检出限、定量下限及取1g样品时的检出浓度、最低定量浓度见表1。

表1　二氯甲烷等15种组分的检出限、定量下限、检出浓度和最低定量浓度

组分名称	检出限（ng）	定量下限（ng）	检出浓度（μg/g）	最低定量浓度（μg/g）
二氯甲烷	58	200	0.58	2.0
1，1－二氯乙烷	43	150	0.43	1.5
1，2－二氯乙烯	32	110	0.32	1.1
三氯甲烷	40	140	0.40	1.4
1，2－二氯乙烷	61	200	0.61	2.0
苯	10	35	0.10	0.35
三氯乙烯	31	110	0.31	1.1
甲苯	11	40	0.11	0.4
四氯乙烯	68	270	0.68	2.7
乙苯	9	30	0.09	0.3
间、对－二甲苯	12	40	0.12	0.4
苯乙烯	20	70	0.20	0.7
邻－二甲苯	15	50	0.15	0.5
异丙苯	10	35	0.10	0.35

方法注释：

1）由于化妆品组成复杂，含有大量的挥发性有机成分，尤其是香精、香料含量较多，在分析时会干扰测定，故选择用水稀释，经顶空处理达到气－液平衡后进样的前处

理方法，既保证残留的有机溶剂能从样品基质中分离出来，又防止其他成分过度析出而造成干扰。

2）1，2- 二氯乙烯存在顺、反异构体，其中反 -1，2- 二氯乙烯有时不能与相邻组分 1，1- 二氯乙烷或三氯甲烷有效分离。

3）在制备标准储备溶液时，为防止二氯甲烷等 15 种组分挥发，应在容量瓶中先加入少量甲醇；且混合标准系列溶液、样品溶液均应临用现配。

4）样品前处理中加入氯化钠，目的是利用盐析作用降低二氯甲烷等 15 种组分在水中的溶解度，减少基质效应，使得样品更快、更均匀地分散。

5）二甲苯是苯环上的两个氢被甲基取代的产物，存在邻、间、对 3 种异构体，其中间 - 二甲苯和对 - 二甲苯共出峰，在计算浓度时应以两组分之和计。

6）样品溶液盖上瓶盖应轻轻摇匀，避免样品黏附于顶空瓶内盖上，堵塞进样针。由于指甲油基质复杂，甲苯极易受到干扰，故应更换不同极性的色谱柱使其有效分离，详见实例分析。

典型图谱

色谱柱：DB-1（30m × 0.32mm × 0.25μm）

进样口温度：180℃

检测器温度：200℃

柱温：初始温度为 30℃，保持 8 分钟，以每分钟 5℃升至 120℃，再以每分钟 50℃升至 200℃，保持 5 分钟

分流比：10∶1

柱流量：0.8mL/min

顶空条件：顶空瓶加热温度 60℃；平衡时间 30 分钟；进样体积 60μL

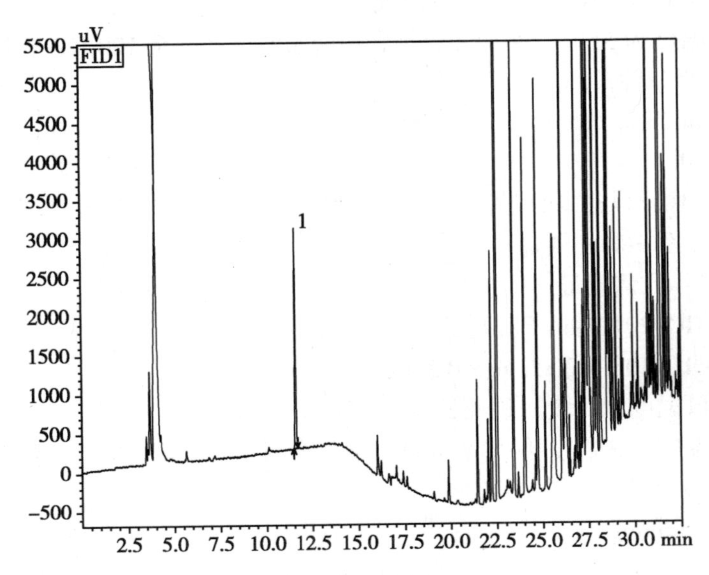

图 1　样品色谱图

1：甲苯

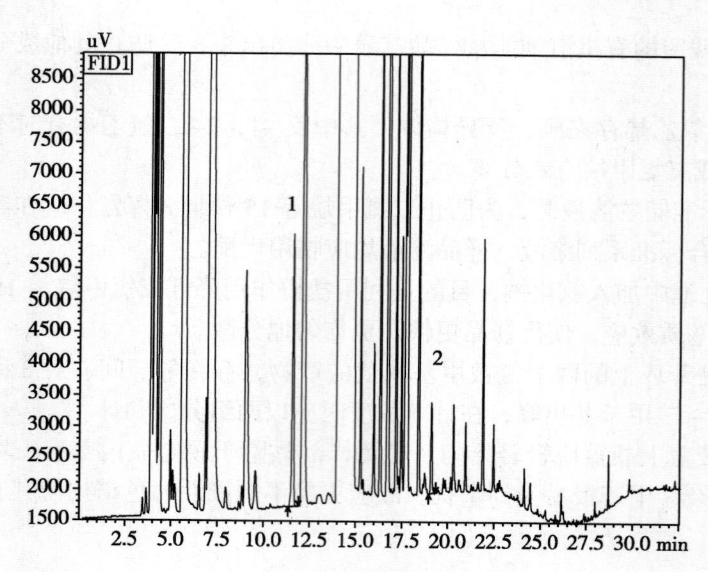

图 2 样品色谱图

1：甲苯；2：异丙苯

实例分析

用本方法检测某企业的指甲油时，有杂质峰干扰甲苯的测定，需更换不同极性的色谱柱，使其有效分离，方可进行准确定量。

1 气相色谱检测

仪器：岛津 GC-2010 plus 气相色谱仪

色谱柱：DB-1（30m×0.32mm×0.25μm）

温度：进样口温度 180℃；检测器温度 220℃

柱温：初始温度为 35℃，保持 8 分钟，以每分钟 5℃升至 120℃，再以每分钟 30℃升至 220℃，保持 10 分钟

柱流量：0.8mL/min

分流比：10∶1

结果：样品中检出与二氯甲烷、1，1- 二氯乙烷、三氯甲烷、甲苯标准溶液保留时间相一致的色谱峰（图 3 和图 4）。

2 气相色谱 - 质谱确证

仪器：岛津 GC-2010 plus 气相色谱仪

色谱柱：DB-1（30m×0.32mm×0.25μm）

温度：进样口温度 180℃；检测器温度 220℃

柱温：初始温度为 35℃，保持 8 分钟，以每分钟 5℃升至 120℃，再以每分钟 30℃升至 220℃，保持 10 分钟

柱流量：0.8mL/min

分流比：10∶1。

结果：样品中仅检出甲苯（图 5 和图 6）。

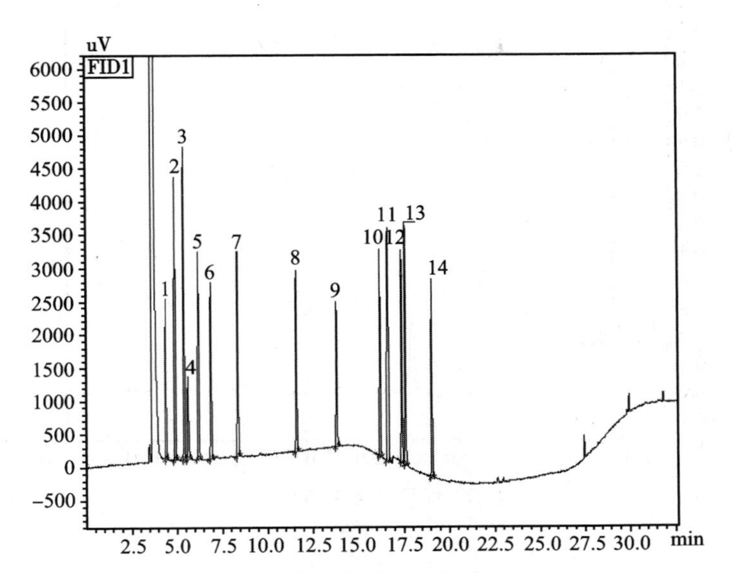

图 3　混合标准溶液色谱图

1：二氯甲烷（4.398 分钟）；2：1，1-二氯乙烷（4.918 分钟）；3：1，2-二氯乙烯（5.416 分钟）；4：三氯甲烷（5.622 分钟）；5：1，2-二氯乙烷（6.201 分钟）；6：苯（6.896 分钟）；7：三氯乙烯（8.371 分钟）；8：甲苯（11.600 分钟）；9：四氯乙烯（13.834 分钟）；10：乙苯（16.229 分钟）；11：间、对-二甲苯（16.676 分钟）；12：苯乙烯（17.418 分钟）；13：邻-二甲苯（17.620 分钟）；14：异丙苯（19.074 分钟）

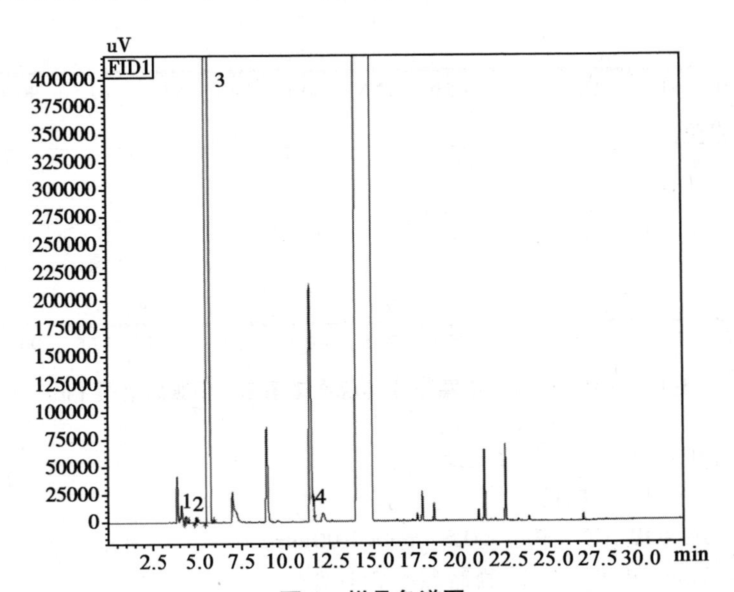

图 4　样品色谱图

1：二氯甲烷（4.392 分钟）；2：1，1-二氯乙烷（4.967 分钟）；
3：三氯甲烷（5.765 分钟）；4：甲苯（11.611 分钟）

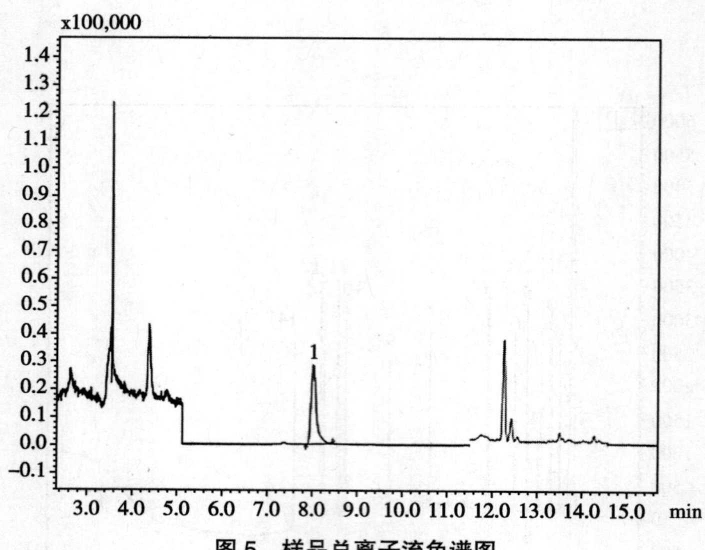

图 5　样品总离子流色谱图

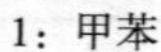

1：甲苯

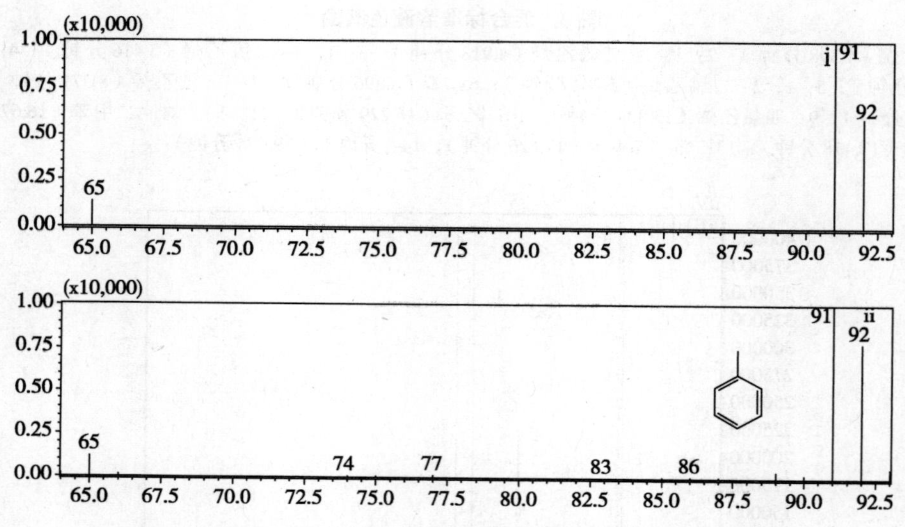

图 6　样品中甲苯质谱图（i）与标准谱图库中甲苯质谱图（ii）

3　更换色谱柱后进行气相色谱检测

仪器：Agilent 6890N 气相色谱仪

色谱柱：HP-INNOWAX（30m × 0.53mm × 1.00μm）

温度：进样口温度 180℃；检测器温度 250℃

柱温：初始温度为 40℃，保持 20 分钟，以每分钟 50℃升至 200℃，保持 10 分钟

柱流量：3.0mL/min

分流比：5∶1。

结果：甲苯与其相邻的杂质峰达到有效分离（图 7）。

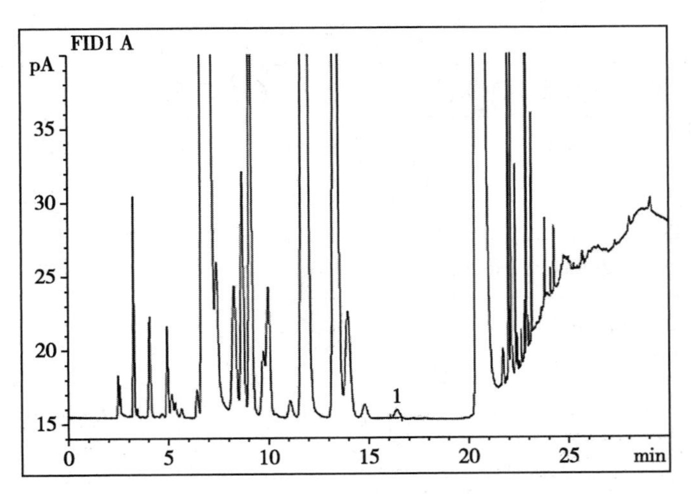

图 7　样品色谱图

1：甲苯

[1] 许瑛华，朱炳辉，钟秀华，等. 顶空气相色谱法测定化妆品中 15 种挥发性有机溶剂残留. 色谱，2010，28（1）：73-77.

[2] 达晶，黄湘鹭，王钢力，等. 化妆品中挥发性有机溶剂的通用检测方法. 色谱，2014，32（11）：1251-1259.

[3] 刘永明，葛娜，王飞，等. 顶空气相色谱 - 质谱法同时测定蜂蜜中 57 种挥发性有机溶剂残留. 色谱，2012，30（8）：782-791.

[4] 白璐，廖林川，颜有仪，等. 挥发性有机溶剂的危害及滥用. 法律与医学杂志，2005，12（2）：135-136.

附表 1　二氯甲烷等 15 种组分的基本信息

<table>
<tr><th colspan="2">中文名称</th><th>英文名称</th><th>分子式</th><th>分子量</th><th>CAS 号</th><th>结构式</th></tr>
<tr><td colspan="2">二氯甲烷</td><td>dichloromethane</td><td>CH_2Cl_2</td><td>84.93</td><td>75-09-2</td><td></td></tr>
<tr><td colspan="2">1，1- 二氯乙烷</td><td>1，1-dichloroethane</td><td>$C_2H_4Cl_2$</td><td>98.96</td><td>75-34-3</td><td></td></tr>
<tr><td rowspan="3">1，2-二氯乙烯</td><td>顺 -1，2-二氯乙烯</td><td>cis-1，2-dichloroethylene</td><td>$C_2H_2Cl_2$</td><td>96.94</td><td>156-59-2</td><td></td></tr>
<tr><td>反 -1，2-二氯乙烯</td><td>trans-1，2-dichloroethylene</td><td>$C_2H_2Cl_2$</td><td>96.94</td><td>156-60-5</td><td></td></tr>
<tr><td>顺、反异构体混合物</td><td>1，2-dichloroethylene</td><td>$C_2H_2Cl_2$</td><td>96.94</td><td>540-59-0</td><td>/</td></tr>
</table>

续表

中文名称	英文名称	分子式	分子量	CAS 号	结构式
三氯甲烷	chloroform	$CHCl_3$	119.38	67–66–3	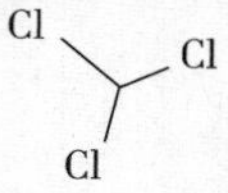
1，2- 二氯乙烷	1，2–dichloroethane	$C_2H_4Cl_2$	98.96	107–06–2	
苯	benzene	C_6H_6	78.11	71–43–2	
三氯乙烯	trichloroethylene	C_2HCl_3	131.39	79–01–6	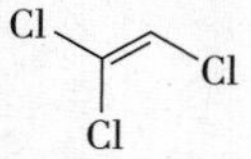
甲苯	toluene	C_7H_8	92.14	108–88–3	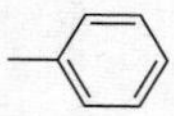
四氯乙烯	tetrachloroethylene	C_2Cl_4	165.83	127–18–4	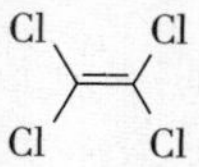
乙苯	ethylenzene	C_8H_{10}	106.17	100–41–4	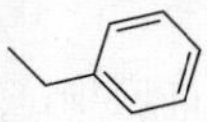
间 - 二甲苯	*m*–xylene	C_8H_{10}	106.17	108–38–3	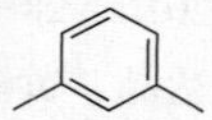
对 - 二甲苯	*p*–xylene	C_8H_{10}	106.17	106–42–3	
苯乙烯	styrene	C_8H_8	104.15	100–42–5	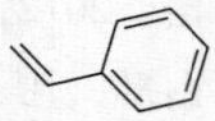
邻 - 二甲苯	*o*–xylene	C_8H_{10}	106.17	95–47–6	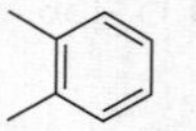
异丙苯	isopropylbenzene	C_9H_{12}	120.19	98–82–8	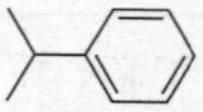

2.33 乙醇等 37 种组分

Ethanol and other 36 kinds of components

化妆品生产中普遍使用有机溶剂，通常用于溶解和分散香精、防腐剂、油脂、表面活性剂等组分。苯系物和卤代烃等有机化合物在美甲用品、防粉刺化妆品、香水中时有发现；另外，在化妆品原材料加工过程中亦可能会带入一些有毒的有机溶剂，如提取超氧化物歧化酶（SOD）时使用的三氯甲烷 - 乙醇溶剂、提取芦荟色酮时常使用正丁醇 - 石油醚、提取茶多酚甚至要使用到 7 种有机溶剂，这些提取过程均会带来不同程度的挥发性有机溶剂的污染。常用的有机溶剂如乙酸乙酯、丙酮、丁醇等若长期地接触和使用，亦会对人体产生毒害，如洗脱和破坏皮脂层，对皮肤、眼睛和呼吸道有刺激作用，麻痹和损害神经系统等。

由于化妆品生产工艺中普遍使用有机溶剂，成品中可能残留的溶剂种类繁多，现有部分针对目标分析物的检测方法往往不能满足实际检测需求。如果建立一种通用型检测方法，先对样品进行初筛，与建立的有机溶剂数据库进行比对，再对可疑结果使用对照品进行确证和定量测定。应用该通用型方法，不但可以使用一种方法对多种有机溶剂进行筛查，还避免了购买大量有机溶剂对照品所造成的浪费。

《化妆品安全技术规范》收载了测定乙醇等37种溶剂组分的气相色谱-质谱方法，该方法从通用性的角度，为化妆品中残留溶剂的筛查、鉴别和定量提供了实用、便捷、准确性较高的方法，并且该方法的使用方式及流程还可扩展至更多溶剂，以及用于化妆品配方生产过程中使用的多种溶剂残留的种类鉴别和含量测定。本方法所指的乙醇等37种组分为乙醇、乙醚、丙酮、甲酸乙酯、异丙醇、乙腈、乙酸甲酯、二氯甲烷、甲基叔丁基醚、正丙醇、2-丁酮、乙酸乙酯、四氢呋喃、仲丁醇、氯仿、环己烷、四氯化碳、苯、1，2-二氯乙烷、异丁醇、乙酸异丙酯、三氯乙烯、正丁醇、二氧六环、乙酸丙酯、4-甲基-2-戊酮、甲苯、异戊醇、乙酸异丁酯、四氯乙烯、正戊醇、乙酸丁酯、乙基苯、对/间-二甲苯、乙酸异戊酯和邻-二甲苯。

本方法选择在化妆品产品中常见的3个沸点水平（即40、80和120℃）的37种常用有机溶剂作为研究对象，建立了化妆品中挥发性有机溶剂初筛数据库和定量方法。初筛数据库包括双柱保留指数数据库（自建）和NIST质谱库，建立双柱保留指数数据库时选择极性的VF-1301MS和弱极性的DB-5MS两根极性相反的色谱柱，以考察37种挥发性有机溶剂在两根色谱柱上的保留特性，见表1。

表1 各组分的保留指数及保留指数时间窗

No.	组分	VF-1301MS		DB-5MS	
		KI1	KI1 window	KI2	KI2 window
1	乙醇	506	501~511	479	455~503
2	乙醚	511	506~516	503	478~528
3	丙酮	527	522~532	496	471~521
4	甲酸乙酯	537	532~542	512	486~538
5	异丙醇	538	533~543	499	474~524
6	乙腈	544	539~549	494	469~519
7	乙酸甲酯	548	543~553	521	495~547
8	二氯甲烷	556	550~562	527	501~553
9	甲基叔丁基醚	576	570~582	559	531~587
10	正丙醇	611	605~617	549	522~576
11	2-丁酮	629	623~635	595	565~625
12	乙酸乙酯	632	626~638	610	580~641
13	四氢呋喃	638	632~644	619	588~650

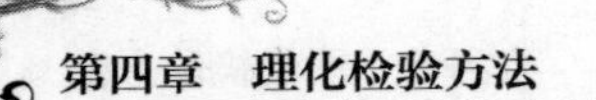

续表

No.	组分	VF–1301MS		DB–5MS	
		KI1	KI1 window	KI2	KI2 window
14	仲丁醇	642	636~648	602	572~632
15	氯仿	646	640~652	617	586~648
16	环己烷	652	645~659	652	619~685
17	四氯化碳	658	651~665	651	618~684
18	苯	671	664~678	649	617~681
19	1，2–二氯乙烷	678	671~685	642	610~674
20	异丁醇	680	673~687	619	588~650
21	乙酸异丙酯	687	680~694	652	619~685
22	三氯乙烯	715	708~722	697	662~732
23	正丁醇	724	717~731	655	622~688
24	二氧六环	737	730~744	706	671~741
25	乙酸丙酯	749	742~756	713	677~749
26	4–甲基–2–戊酮	784	776~792	735	698~772
27	甲苯	786	778~794	757	719~795
28	异戊醇	794	786~802	733	696~770
29	乙酸异丁酯	804	796~812	763	725~801
30	四氯乙烯	812	804~820	803	763~843
31	正戊醇	826	818~834	758	720~796
32	乙酸丁酯	847	839~855	809	769~849
33	乙基苯	880	871~889	839	797~881
34，35	对/间–二甲苯	889	880~898	845	803~887
36	乙酸异戊酯	906	897~915	847	805~889
37	邻–二甲苯	914	905~923	857	814~900

本方法采用顶空进样，用水分散样品（脂溶性样品加入适量甲醇），用气相色谱–质谱仪进行分析，以极性的VF–1301MS和弱极性的DB–5MS色谱柱建立双柱保留指数，并结合NIST质谱库初筛定性，使用对照品对可疑阳性组分进行确证，选择极性柱VF–1301MS以外标法对阳性组分定量。

本方法中各组分的保留指数及保留指数时间窗见表1，各组分的检出浓度及最低定量浓度（1g样品）、线性范围见表2。

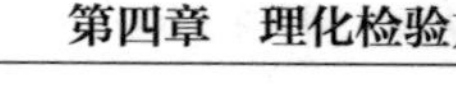

表 2 各组分的检出浓度、最低定量浓度

序号	组分名称	VF-1301MS		DB-5MS		线性范围
		检出浓度（μg/g）	定量浓度（μg/g）	检出浓度（μg/g）	定量浓度（μg/g）	
1	乙醇	3.3	10	10	33	0.500~20.0
2	乙醚	0.25	0.67	0.07	0.20	0.050~1.00
3	丙酮	0.03	0.10	0.50	1.3	0.005~0.200
4	甲酸乙酯	2.5	6.7	10	25	0.500~20.0
5	异丙醇	1.4	5.0	3.3	10	0.500~20.0
6	乙腈	1.4	5.0	10	25	0.500~20.0
7	乙酸甲酯	0.50	1.4	1.3	5	0.050~2.00
8	二氯甲烷	0.03	0.10	0.33	1.0	0.005~0.100
9	甲基叔丁基醚	0.02	0.05	0.03	0.10	0.005~0.200
10	正丙醇	10	33	10	25	0.500~20.0
11	2- 丁酮	0.67	2.5	1.0	3.3	0.500~10.0
12	乙酸乙酯	0.50	1.4	0.33	1.0	0.050~2.00
13	四氢呋喃	2.0	6.7	1.0	2.9	0.500~10.0
14	仲丁醇	1.0	3.3	1.3	5.0	0.500~10.0
15	氯仿	0.02	0.07	0.02	0.07	0.005~0.100
16	环已烷	0.17	0.50	1.0	2.9	0.050~1.00
17	四氯化碳	0.07	0.25	0.07	0.20	0.050~1.00
18	苯	0.02	0.07	0.07	0.20	0.005~0.100
19	1，2- 二氯乙烷	0.05	0.13	0.03	0.10	0.005~0.100
20	异丁醇	10	33	10	25	0.500~10.0
21	乙酸异丙酯	0.50	1.4	0.33	1.0	0.050~2.00
22	三氯乙烯	0.01	0.03	0.03	0.10	0.005~0.100
23	正丁醇	3.3	10	10	25	0.500~10.0
24	二氧六环	1.4	5	10	25	0.500~20.0
25	乙酸丙酯	0.33	1.0	0.50	1.3	0.050~1.00
26	4- 甲基 -2- 戊酮	0.33	1.0	0.33	1.0	0.050~1.00
27	甲苯	0.02	0.07	0.10	0.33	0.005~0.100
28	异戊醇	3.3	12	5.0	13	0.500~10.0
29	乙酸异丁酯	0.17	0.5	0.20	0.50	0.050~2.00
30	四氯乙烯	0.02	0.07	0.03	0.10	0.005~0.100

续表

序号	组分名称	VF-1301MS		DB-5MS		线性范围
		检出浓度（μg/g）	定量浓度（μg/g）	检出浓度（μg/g）	定量浓度（μg/g）	
31	正戊醇	5.0	16.7	5.0	13.3	0.500~10.0
32	乙酸丁酯	0.25	0.67	0.20	0.67	0.050~1.00
33	乙基苯	0.07	0.25	0.10	0.33	0.050~1.00
34，35	对 / 间 - 二甲苯	0.07	0.25	0.20	0.50	0.050~1.00
36	乙酸异戊酯	0.50	1.4	0.20	0.50	0.050~1.00
37	邻 - 二甲苯	0.10	0.33	0.20	0.50	0.050~1.00

方法注释：

通过选择 37 种模板溶剂，建立了化妆品中挥发性有机溶剂的筛查 - 确证 - 定量方法。结果显示，37 种挥发性有机溶剂在爽肤水基质中高、中、低浓度的回收率在 63.03%~127.78%，在乳液基质中高、中、低浓度的回收率在 72.62%~125.73%，在日霜基质中高、中、低浓度的回收率在 60.06%~125.96%。3 种基质高、中、低 3 个浓度回收率的 *RSD* 均小于 10%，满足定量分析方法的要求。3 家实验室验证结果表明，校准曲线、检出限、精密度、回收率等指标符合检测要求。

典型图谱

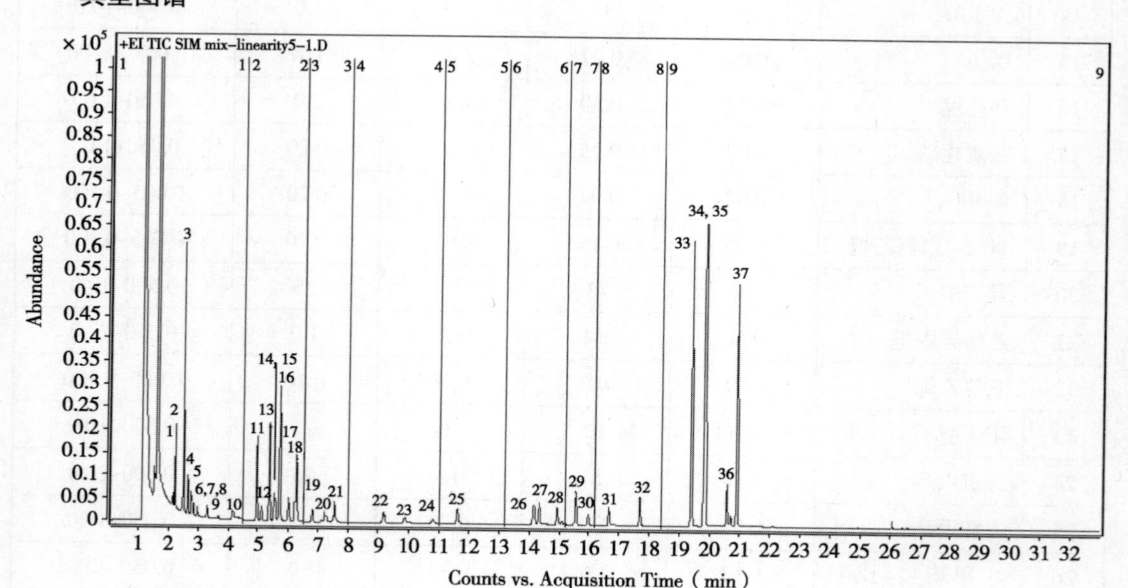

图 1　混合标准溶液总离子流图（极性柱）

1：乙醇；2：乙醚；3：丙酮；4：甲酸乙酯；5：异丙醇；6：乙腈；7：乙酸甲酯；8：二氯甲烷；9：甲基叔丁基醚；10：正丙醇；11：2- 丁酮；12：乙酸乙酯；13：四氢呋喃；14：仲丁醇；15：氯仿；16：环己烷；17：四氯化碳；18：苯；19：1，2- 二氯乙烷；20：异丁醇；21：乙酸异丙酯；22：三氯乙烯；23：正丁醇；24：二氧六环；25：乙酸丙酯；26：4- 甲基 -2- 戊酮；27：甲苯；28：异戊醇；29：乙酸异丁酯；30：四氯乙烯；31：正戊醇；32：乙酸丁酯；33：乙基苯；34，35：间 / 对 - 二甲苯；36：乙酸异戊酯；37：邻 - 二甲苯

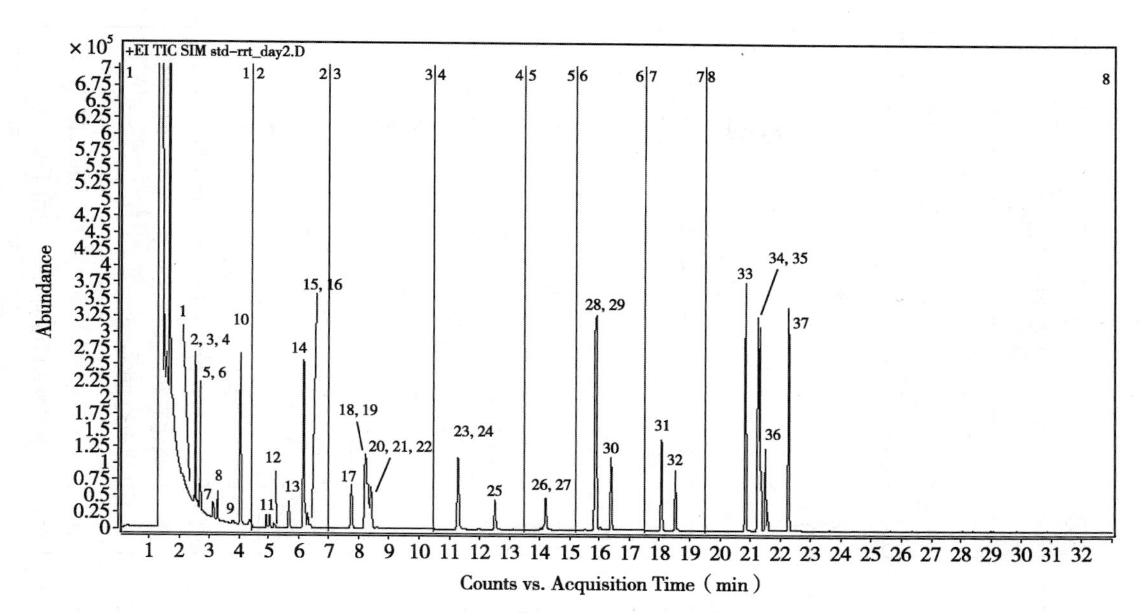

图 2 混合标准溶液总离子流图（弱极性柱）

1：乙醇；2：乙腈；3：丙酮；4：异丙醇；5：乙醚；6：甲酸乙酯；7：乙酸甲酯；8：二氯甲烷；9：正丙醇；10：甲基叔丁基醚；11：2– 丁酮；12：仲丁醇；13：乙酸乙酯；14：氯仿；15：四氢呋喃；16：异丁醇；17：1，2– 二氯乙烷；18：苯；19：四氯化碳；20：乙酸异丙酯；21：环己烷；22：正丁醇；23：三氯乙烯；24：二氧六环；25：乙酸丙酯；26：4– 甲基 –2– 戊酮；27：异戊醇；28：甲苯；29：正戊醇；30：乙酸异丁酯；31：四氯乙烯；32：乙酸丁酯；33：乙基苯；34，35：间 / 对 – 二甲苯；36：乙酸异戊酯；37：邻 – 二甲苯

参考文献

[1] 陈华宜，许瑛华．化妆品中有毒挥发性有机溶剂标准检验方法的验证研究．中国卫生检验杂志，2009，19（07）：1466–1469.

[2] 黄秋森．有机溶剂提取萃取法生产茶多酚工业试验．现代化工，2006，26（09）：49–51.

[3] 陈琨，姚媛艳．气相色谱法同时测定指甲油中的苯系物和邻苯二甲酸酯类化合物．中国环境监测，2011，27（02）：59–62.

[4] 中华人民共和国卫生部．化妆品卫生规范 2007 年版．北京：军事医学科学出版社，2007.

[5] 许瑛华，朱炳辉，钟秀华，等．顶空气相色谱法测定化妆品中 15 种挥发性有机溶剂残留．色谱，2010，28（01）：73–77.

[6] 刘永明，葛娜，王飞，等．顶空气相色谱 – 质谱法同时测定蜂蜜中 57 种挥发性有机溶剂残留．色谱，2012，30（08）：782–790.

[7] 刘颖，胡昌勤．残留溶剂测定数据库的基础研究与应用．药物分析，2007，27（12）：1938.

[8] 赵晨曦，梁逸曾，胡黔楠，等．气 – 质联用结合保留指数分析厚朴挥发性成分．药物分析，2005，33（05）：715–718.

[9] 刘朋，张莹，吕清涛，等．气相色谱保留指数定性方法研究进展．食品与药品，2011，13（01）：39–41.

[10] 刘虎威．气相色谱方法及应用．第 2 版．北京：化学工业出版社，2007.

附表 1 37 种挥发性有机溶剂的基本信息

编号	名称	CAS 号	化学式	相对分子量	熔点	沸点	水溶解性	化学性质
1	乙基苯	100-41-4	C_8H_{10}	106.17	-95℃	34.6℃	0.0206g/100ml	无色液体，具有芳香气味，蒸气略重于空气。溶于乙醇、苯、四氯化碳及乙醚，几乎不溶于水
2	乙醚	60-29-7	$C_4H_{10}O$	74.12	-116℃	34.6℃	69g/L（20℃）	无色易挥发的流动液体，有芳香气味。具有吸湿性，味甜。溶于乙醇、苯、三氯甲烷及石油，微溶于水
3	二氯甲烷	75-9-2	CH_2Cl_2	84.93	-97℃	39.8~40℃	20g/L（20℃）	无色透明的易挥发液体，具有类似于醚的刺激性气味。溶于约 50 倍的水，溶于酚、醛、酮、冰醋酸、磷酸三乙酯、乙酰乙酸乙酯、环己胺，与其他氯代烃溶剂乙醇、乙醚和 *N*，*N*- 二甲基甲酰胺混溶
4	甲酸乙酯	109-94-4	$C_3H_6O_2$	74.08	-80℃	52~54℃	11g/100ml（18℃）	无色透明液体，易挥发，有好闻的芳香味。与乙醇、乙醚混溶，易溶于丙酮，在水中的溶解度为 11.8g/100ml
5	丙酮	67-64-1	C_3H_6O	58.08	-94℃	56℃	soluble	无色易挥发的易燃液体，微有香气。能与水、甲醇、乙醇、乙醚、三氯甲烷和吡啶等混溶，能溶解油、脂肪、树脂和橡胶
6	乙酸甲酯	79-20-9	$C_3H_6O_2$	74.08	-98℃	57~58℃	250g/L（20℃）	无色液体，具有芳香味。与醇、醚互溶，在水中的溶解度为 31.9g/100ml（20℃）
7	氯仿	67-66-3	$CHCl_3$	119.38	-63℃	61℃	8g/L（20℃）	无色透明、高折射率、易挥发的液体，有特殊的香甜气味。与乙醇、乙醚、苯、石油醚、四氯化碳、二硫化碳和挥发油等混溶，微溶于水（25℃时 1ml 溶于约 200ml 水）
8	乙酸乙酯	141-78-6	$C_4H_8O_2$	88.11	-84℃	76.5~77.5℃	80g/L（20℃）	无色、具有水果香味的易燃液体。与醚、醇、卤代烃、芳烃等多种有机溶剂混溶，微溶于水

续表

编号	名称	CAS 号	化学式	相对分子量	熔点	沸点	水溶解性	化学性质
9	四氯化碳	56–23–5	CCl_4	153.82	-23℃	76~77℃	0.8g/L（20℃）	无色透明的挥发液体，具有特殊的芳香气味，味甜。1ml 溶于 2000ml 水，与乙醇、乙醚、三氯甲烷、苯、二硫化碳、石油醚和多数挥发油等混溶
10	乙醇	64–17–5	C_2H_6O	46.07	-114℃	78℃	miscible	无色透明、易燃、易挥发液体，有酒的气味和刺激性辛辣味。溶于水、甲醇、乙醚和三氯甲烷，能溶解许多有机化合物和若干无机化合物
11	苯	71–43–2	C_6H_6	78.11	5.5℃	80℃	0.18g/100ml	无色至淡黄色易挥发、非极性液体，具有高折射性和强烈的芳香味，易燃，有毒。与乙醇、乙醚、丙酮、四氯化碳、二硫化碳和醋酸混溶，微溶于水
12	环已烷	110–82–7	C_6H_{12}	84.16	4~7℃	80.7℃	practically insoluble	常温下为无色液体，具有刺激性气味。不溶于水，溶于乙醇、丙酮和苯
13	乙腈	75–5–8	C_2H_3N	41.05	-48℃	81~82℃	miscible	无色透明液体，有类似于醚的异香。可与水、甲醇、醋酸甲酯、丙酮、乙醚、三氯甲烷、四氯化碳和氯乙烯混溶
14	异丙醇	67–63–0	C_3H_8O	60.1	-89.5℃	82℃	miscible	无色透明的可燃性液体，有似乙醇的气味。与水、乙醇、乙醚、三氯甲烷混溶
15	1，2–二氯乙烷	107–06–2	$C_2H_4Cl_2$	98.96	-35℃	83℃	8.7g/L（20℃）	无色透明的油状液体，具有类似于三氯甲烷的气味，味甜。溶于约 120 倍的水，与乙醇、三氯甲烷、乙醚混溶，能溶解油和脂类、润滑脂、石蜡
16	2–丁酮	78–93–3	C_4H_8O	72.11	-87℃	80℃	290g/L（20℃）	无色易燃液体，有丙酮的气味。溶于水、乙醇和乙醚，可与油混溶
17	三氯乙烯	79–01–6	C_2HCl_3	131.39	-86℃	87℃	0.11g/100ml	无色、稳定、低沸点的重质油状液体，具有类似于三氯甲烷的气味。与一般有机溶剂混溶，微溶于水

续表

编号	名称	CAS 号	化学式	相对分子量	熔点	沸点	水溶解性	化学性质
18	乙酸异丙酯	108-21-4	$C_5H_{10}O_2$	102.13	-73℃	88.8℃	2.90g/100ml	无色透明液体，有水果香味，易挥发。与醇、酮、醚等多数有机溶剂混溶，20℃时在水中溶解2.9%（重量）
19	正丙醇	71-23-8	C_3H_8O	60.1	-127℃	97℃	soluble	无色透明液体，有类似于乙醇的气味
20	仲丁醇	78-92-2	$C_4H_{10}O$	74.12	-115℃	98℃	12.5g/100ml（20℃）	无色透明的微黏易燃液体，有强烈的特殊气味。易溶于水，混溶于乙醇和醚
21	乙酸丙酯	109-60-4	$C_5H_{10}O_2$	102.13	-95℃	102℃	2g/100ml（20℃）	无色液体，具有柔和的水果香味。与醇、醚、酮、烃类互溶，微溶于水
22	异丁醇	78-83-1	$C_4H_{10}O$	74.12	-108℃	108℃	95g/L（20℃）	无色透明液体，有特殊气味。溶于约20倍的水，与乙醇和乙醚混溶
23	甲苯	108-88-3	C_7H_8	92.14	-95℃	111℃	0.5g/L（20℃）	无色透明液体，有类似于苯的芳香气味。不溶于水，可混溶于苯、醇、醚等多数有机溶剂
24	乙酸异丁酯	110-19-0	$C_6H_{12}O_2$	116.16	-99℃	116℃	7g/L（20℃）	具有柔和水果酯香味的水白色液体。与醇、醚及烃类等多种有机溶剂混溶
25	正丁醇	71-36-3	$C_4H_{10}O$	74.12	-89℃	117.6℃	80g/L（20℃）	无色液体，有酒味。20℃时在水中的溶解度为7.7%（重量），水在正丁醇中的溶解度为20.1%（重量）。与乙醇、乙醚及其他多种有机溶剂混溶
26	四氯乙烯	127-18-4	C_2Cl_4	165.83	-22℃	121℃	slightly miscible with water.	无色透明液体，具有类似于乙醚的气味。能溶解多种物质（如橡胶、树脂、脂肪、三氯化铝、硫、碘、氯化汞），与乙醇、乙醚、三氯甲烷、苯混溶，溶于约10 000倍体积的水
27	乙酸丁酯	123-86-4	$C_6H_{12}O_2$	116.16	-78℃	124~126℃	0.7g/100ml（20℃）	具有愉快水果香味的无色易燃液体。与醇、酮、醚等有机溶剂混溶，与低级同系物相比，较难溶于水

续表

编号	名称	CAS 号	化学式	相对分子量	熔点	沸点	水溶解性	化学性质
28	异戊醇	123-51-3	$C_5H_{12}O$	88.15	-117℃	131~132℃	25g/L（20℃）	无色至淡黄色澄清油状液体，有苹果白兰地香气和辛辣味，蒸气有毒。混溶于乙醇和乙醚，微溶于水
29	正戊醇	71-41-0	$C_5H_{12}O$	88.15	-78℃	136~138℃	22g/L（22℃）	无色液体，有杂醇油气味。微溶于水，溶于乙醇、乙醚、丙酮
30	对-二甲苯	106-42-3	C_8H_{10}	106.17	12~13℃	138℃	insoluble	无色液体，在低温下结晶。可与乙醇、乙醚、苯、丙酮混溶，不溶于水
31	间-二甲苯	108-38-3	C_8H_{10}	106.17	-48℃	139℃	insoluble	无色透明液体，有强烈的芳香气味。不溶于水，溶于乙醇和乙醚
32	乙酸异戊酯	123-92-2	$C_7H_{14}O_2$	130.18	-78℃	142℃（756mmHg）	0.20g/100ml	无色透明液体，有愉快的香蕉香味，易挥发。与乙醇、乙醚、苯、二硫化碳等有机溶剂互溶，几乎不溶于水
33	邻-二甲苯	95-47-6	C_8H_{10}	106.17	-26~23℃	143~145℃	insoluble	无色透明液体，有芳香气味。可与乙醇、乙醚、丙酮和苯混溶，不溶于水
34	甲基叔丁基醚	1634-04-4	$C_5H_{12}O$	88.15	-110℃	55~56℃	51g/L（20℃）	无色、低黏度液体，具有类似于萜烯的臭味。微溶于水，但与许多有机溶剂互溶
35	1，4-二氧六环	123-91-1	$C_4H_8O_2$	88.11	12℃	101℃	soluble	无色液体。能与水及多数有机溶剂混溶。当无水时易形成爆炸性过氧化物。有清香的酯味
36	4-甲基-2-戊酮	108-10-1	$C_6H_{12}O$	100.16	-84℃	117~118℃	17g/L（20℃）	本品为具有樟脑气味的无色透明液体，能与酚、醛、醚、苯等有机溶剂混溶。本品有毒，蒸气刺激眼睛和呼吸道
37	四氢呋喃	109-99-9	C_4H_8O	72.11	33~36℃	66℃	miscible	无色透明液体，有乙醚气味。与水、醇、酮、苯、酯、醚、烃类混溶

3　限用组分检验方法

3.1　α- 羟基酸

α-Hydroxy acid

α- 羟基酸即羟基位于 α 位（与羧基碳原子直接相连的碳原子），这类组分的羟基受羧基影响较为活泼，还原性强，甚至可以发生银镜反应。酒石酸，别名 2，3- 二羟基琥珀酸或葡萄酸，为无色透明棱柱状结晶或粉末，有强酸味，溶于水，有 D- 酒石酸、L- 酒石酸和 DL- 酒石酸 3 种旋光异构体，在自然界以其钾盐或钙盐形式广泛存在于多种植物中，以葡萄中含量较多。乙醇酸为无色易潮解晶体，熔点为 75~80℃，溶于水、乙醇及乙醚。苹果酸为白色结晶或结晶性粉末，熔点为 131~133℃，能溶于水、醇，微溶于醚，不溶于苯，易潮解，有左旋苹果酸和右旋苹果酸两种对映异构体，天然存在的为左旋苹果酸。乳酸为无色液体，熔点为 18℃，溶于水、乙醇，微溶于醚，不溶于三氯甲烷、二硫化碳及石油醚，有 D- 乳酸和 L- 乳酸两种同分异构体。柠檬酸为无色半透明晶体或粉末，熔点为 153~159℃，易溶于水和乙醇，溶于乙醚，在温暖空气中渐渐风化，在潮湿空气中有微潮解性。α- 羟基酸组分的基本信息见附表 1。

α- 羟基酸是护肤化妆品中较为有效的活性添加剂，浓度高时可引起角质脱落溶解，对皮肤干燥、细微皱纹、斑点有显著的改善作用。但浓度越高酸度越大，会对皮肤造成腐蚀性伤害，诱发皮肤过敏，由此带来安全隐患。

目前化妆品中 α- 羟基酸的检测方法主要有高效液相色谱法、离子色谱法和气相色谱法等。《化妆品卫生规范》（2007 年版）收载了酒石酸、乙醇酸、苹果酸、乳酸和柠檬酸 5 种 α- 羟基酸的测定方法，包括高效液相色谱法、离子色谱法和气相色谱法；《化妆品安全技术规范》保留了上述 3 种方法，并对其中的高效液相色谱法部分进行了修改。

第一法　高效液相色谱法

本方法的原理为以水提取化妆品中的乙醇酸等 5 种 α- 羟基酸组分，用高效液相色谱仪进行分析，以保留时间和紫外光谱图定性、峰面积定量，以标准曲线法计算含量。

本方法中各种 α- 羟基酸的检出限、定量下限及取样量为 1g 时的检出浓度和最低定量浓度见表 1。

方法注释：

1）称取膏霜乳液等黏稠样品时，可将其较为均匀地涂布于比色管壁刻度线以下，以保证所称取样品能够完全有效地分散于提取溶剂中。

2）为使样品尽可能均匀地分散于溶液中，在超声提取前应采用涡旋混合仪或人工充分振摇，超声时也应不时予以振荡。超声提取的时间可根据不同的样品类型灵活掌握，低黏度样品的超声时间可适当缩短，膏体霜乳液等黏稠样品应以样品被完全超声破碎为宜。

表 1　各种 α- 羟基酸的检出限、定量下限和检出浓度、最低定量浓度

α- 羟基酸组分	酒石酸	乙醇酸	苹果酸	乳酸	柠檬酸
检出限（μg）	0.1	0.35	0.2	0.4	0.25
定量下限（μg）	0.33	1.17	0.67	1.33	0.83
检出浓度（μg/g）	200	700	400	800	500
最低定量浓度（μg/g）	660	2340	1340	2660	1660

3）部分样品经水超声提取后乳化现象比较严重，因此提取后的溶液需用高速离心机进行离心处理，上清液过 0.45μm 滤膜后才可进样分析。

4）α- 羟基酸属于弱电离组分，在高效液相色谱分析中宜采用氢离子抑制法。流动相采用 0.1mol/L 磷酸二氢铵溶液，用磷酸调 pH 为 2.45。也可使用磷酸二氢钾或磷酸二氢钠作为缓冲盐，但与磷酸二氢铵相比对液相色谱系统的损伤更大。增加磷酸二氢铵的浓度对于分离效果的改善作用并不明显，反而会大大降低色谱柱的使用寿命。由于 pH 对被测组分的色谱保留行为和分离度影响很大，建议使用精密仪器准确调节。

5）本方法线性范围宽，使用方便，尤其适合 α- 羟基酸含量较高的样品。若样品中被测组分的含量较高，可适当稀释后测定，在保证样品均匀性很好的前提下，也可适当减少称样量。

6）DL- 苹果酸标准物质中可能存在马来酸和富马酸，用液相色谱法检测时应予以注意，以免引起假阳性。

典型图谱

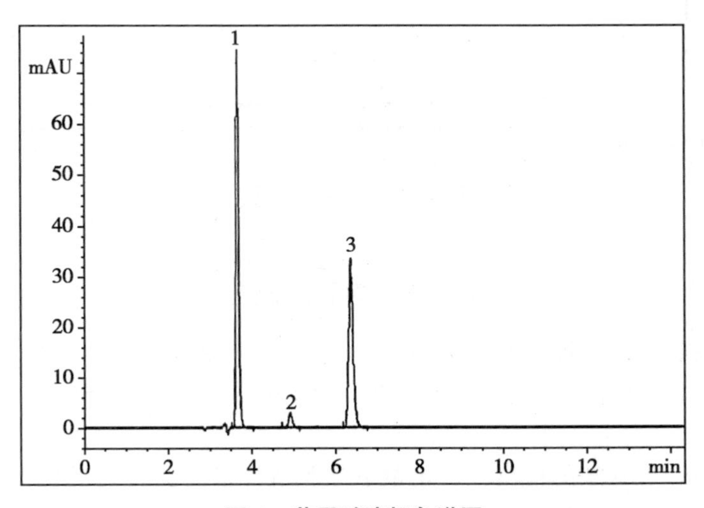

图 1　苹果酸液相色谱图

1：DL- 苹果酸；2：马来酸；3：富马酸

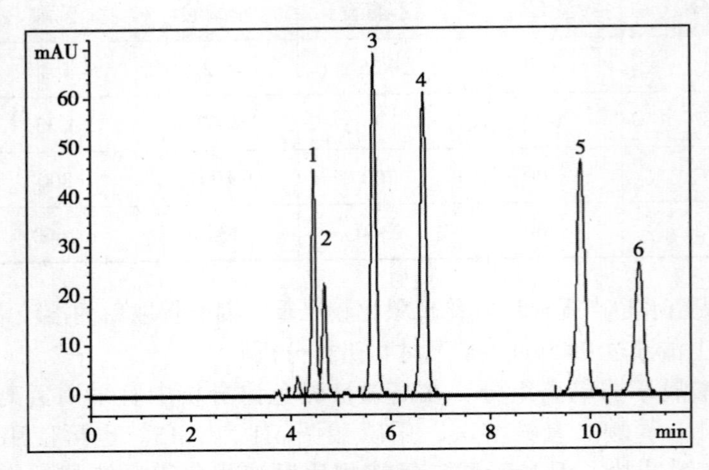

图 2　液态水基质加标液相色谱图

1：酒石酸；2：乙醇酸；3：苹果酸；4：乳酸；5：柠檬酸；6：富马酸

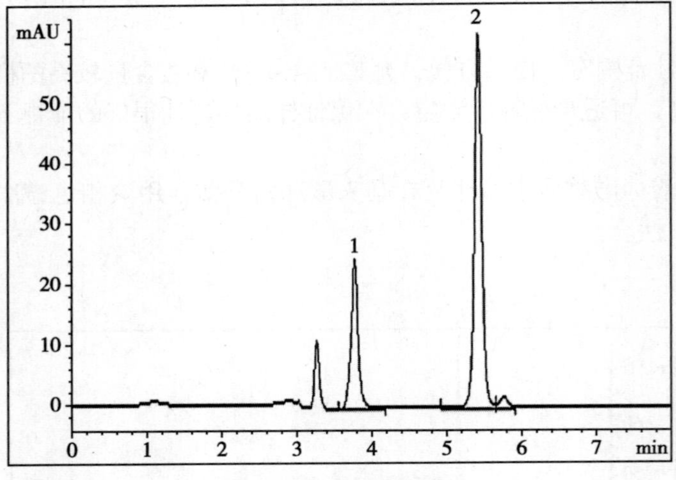

图 3　样品液相色谱图

1：乙醇酸；2：乳酸

第二法　离子色谱法

本方法的原理为以水提取化妆品中的乙醇酸等 5 种 α- 羟基酸组分，用离子色谱柱分离各组分、电导检测器检测，以保留时间定性、峰面积定量，以标准曲线法计算含量。

本方法中各 α- 羟基酸的检出限、定量下限及取样量为 0.5g 时的检出浓度和最低定量浓度见表 2。

方法注释：

1）样品需经纯水充分溶解处理，滤去不溶物后方可进样分析，不能采用淋洗液溶解样品，否则会影响 α- 羟基酸解离，造成测定值偏小。

表 2　各 α– 羟基酸的检出限、定量下限和检出浓度、最低定量浓度

α– 羟基酸组分	酒石酸	柠檬酸	苹果酸	乙醇酸	乳酸
检出限（ng）	0.94	1.1	0.83	0.90	1.7
定量下限（ng）	20	8.0	9.0	8.5	10
检出浓度（μg/g）	3.8	4.4	3.3	3.6	6.8
定量浓度（μg/g）	80	32	36	34	40

2）有机酸测定常用的淋洗液有辛烷磺酸、全氟丁酸、盐酸、硫酸、硝酸等，再生液为碱，如氢氧化钠、氢氧化钾、四甲基氢氧化铵等。全氟丁酸与四甲基氢氧化铵配合使用效果较好，但价格相对昂贵。在兼顾灵敏度和经济可行的前提下，采用盐酸与氢氧化钠或氢氧化钾配合比较合适。

3）离子色谱法仅采用保留时间进行定性，在实验室条件允许的情况下，阳性结果建议采用其他方法进行确证。

第三法　气相色谱法

本方法的原理为用 *N*, *N*– 二甲基酰胺提取化妆品中的 5 种 α– 羟基酸，经三甲基硅三氟乙酰胺衍生后，用气相色谱仪分析，以保留时间定性、峰面积定量，以标准曲线法计算含量。

方法注释：

1）本方法中样品进行衍生化处理，提高了方法的专属性，对于部分复杂基质样品，当采用第一、第二法无法有效排除基质干扰时，可选用本法进行测定。

2）当样品中 α– 羟基酸的含量较低时，采用本方法进行定量结果偏差较大，可适当增加样品的称样量或选用其他两种方法。

［1］郑星泉，周淑玉，周世伟．化妆品卫生检验手册．北京：化学工业出版社，2003.

［2］GB 25544—2010．食品安全国家标准食品添加剂 DL– 苹果酸．2010.

［3］朱会卷，刘思然，杨艳伟，等．化妆品和消毒剂中 α – 羟基酸的检测方法比较．环境与健康杂志，2014，31（3）：267–268.

［4］陆春，俞晓平，黄光荣，等．高效液相色谱法同步检测化妆品中的 6 种羟基酸．日用化学工业，2009，39（5）：361–364.

［5］孙文闪，田富饶，王旭强，等．高效液相色谱法测定化妆品中 5 种 α – 羟基酸．香料香精化妆品，2012，（5）：25–28.

［6］钟志雄，杜达安，梁旭霞．离子色谱法测定化妆品中的 α – 羟基酸．中国卫生检验杂志，2001，11（1）：21–26.

［7］张泓，王斌，周世伟．气相色谱法测定化妆品中的 α – 羟基酸．上海预防医学，2002，14（6）：261–262.

附表 1　α- 羟基酸组分的基本信息

中文名称	英文名称	分子式	分子量	CAS 号	中文化学名称	英文化学名称	结构式
酒石酸	D（-）-tartaric acid	$C_4H_6O_6$	150.09	526-83-0	2，3- 二羟基丁二酸	D-2，3-dihydroxysuccinic acid	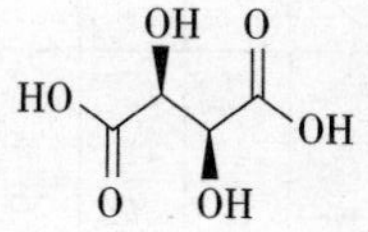
乙醇酸	glycolic acid	$C_2H_4O_3$	76.05	79-14-1	羟基乙酸	glykolsure	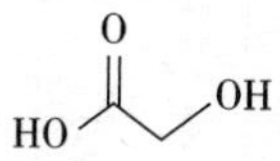
苹果酸	malic acid	$C_4H_6O_5$	134.09	6915-15-7	2- 羟基丁二酸	alpha-hydroxysuccinic acid	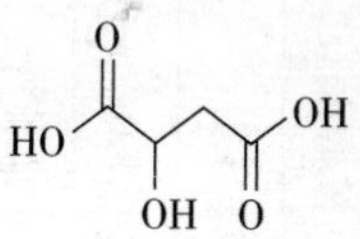
乳酸	lactic acid	$C_3H_6O_3$	90.08	50-21-5	2- 羟基丙酸	2-hydroxypropanoic acid	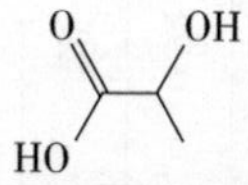
柠檬酸	citric acid	$C_6H_8O_7$	192.12	77-92-9	2- 羟基丙三羧酸	2-hydroxypropanetricarboxylic acid	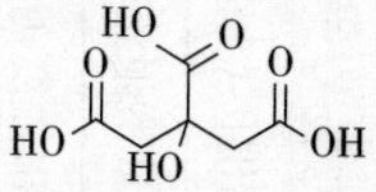

3.2 二硫化硒

Selenium disulfide

二硫化硒为橙黄色至橙红色粉末，略有微弱的硫化氢气味，在水或有机溶剂中几乎不溶。二硫化硒的基本信息见附表1。

二硫化硒具有抗皮脂溢出、去头屑、抗细菌和抗真菌及角质溶解作用，可用于去头屑、皮脂溢出、头皮脂溢性皮炎、花斑癣等。对眼睛、皮肤、黏膜有强烈的刺激作用，可引起接触性皮炎、头发或头皮干燥、头发脱色，误服可引起中毒。二硫化硒一般可作为去屑剂添加至去屑洗发类化妆品中，一般通过检测硒的含量来控制二硫化硒的加入量。

目前，硒的检测方法主要有荧光分光光度法、原子荧光法、原子吸收法、气相色谱法、紫外-可见分光光度法、电感耦合等离子体质谱法、高效液相色谱法、毛细管电泳法、电化学分析法。《化妆品卫生规范》（2007年版）及《化妆品安全技术规范》均收载了荧光分光光度法测定去屑洗发类化妆品中二硫化硒的含量，方法一致。

本方法的原理为样品中的二硫化硒用高氯酸-过氧化氢提取，与2，3-二氨基萘在pH 1.5~2.0条件下反应生成4，5-苯并苤硒脑的绿色荧光物质（反应方程式如下）。用环己烷萃取反应产物，用荧光分光光度计测定其荧光强度，与标准溶液比较、定量。本方法灵敏度高、操作简单、结果准确，可满足化妆品中二硫化硒的测定。

NH_2 / NH_2 $+H_2SeO_3 \longrightarrow$ N / N $Se+3H_2O$

本方法对硒（Ⅳ）的检出限为$4.8\times10^{-3}\mu g$，定量下限为$1.6\times10^{-2}\mu g$；取样量为1g时，检出浓度为$4.8\times10^{-3}\mu g/g$，最低定量浓度为$1.6\times10^{-2}\mu g/g$。

方法注释：

1）本方法通过检测硒的含量来控制二硫化硒的加入量，二硫化硒中的硒为四价硒，与试剂2，3-二氨基萘是专属反应，Se^{2-}、Se^{6+}不干扰本方法对Se^{4+}的测定。张炳坤等进行了共存离子的干扰实验，结果对Se^{4+}含量在0.20μg/g以下，要求误差不大于5%时，下列离子浓度不干扰测定（以μg计）：砷30、汞2.0、铅50、钴30、镉20、锰40、锌50、铬30、铜35、铁100、锑300、钒20、镍20。

2）样品前处理的目的是将样品中的四价硒（Ⅳ）不被还原地提取出来，同时将其中的低价态硒不会被氧化地提取出来，并尽量排除有机物对后续操作的干扰。Hg^{2+}、Ag^+、CN^-、$HClO_4$、H_2O_2溶液等均可定量萃取硒。从环保和成本角度考虑，采用$HClO_4$、H_2O_2溶液进行反萃取，结果较满意。

3）因为玻璃对大多数的金属离子均有吸附作用，而浓度高的酸液中的H^+与金属离子竞争吸附，使金属离子在玻璃器皿的吸附量减少，所以本方法使用的玻璃器皿均须以硝酸-水（1∶1）浸泡4小时以上，并用水冲洗干净，以避免样品污染。

4）实验中使用的环己烷不得有荧光杂质，必要时重蒸后使用。

5）含表面活性剂的样品，加入$HClO_4$–H_2O_2混合溶液提取前必须加约5滴消泡剂（辛

醇、安太非隆（Antaphron）或其他等同的消泡剂），以防产生过多的泡沫，不利于实验顺利进行。

6）对于膏类样品，前处理中用 $HClO_4$-H_2O_2 混合液浸泡 4 小时以上再进行提取，有利于样品充分分散于提取溶剂中，否则由于膏类样品自身的黏度太大而不易混匀。

7）提取用 $HClO_4$-H_2O_2 混合溶液的组成比例会影响实验结果。张炳坤等进行了提取液的酸度实验，提取液 $HClO_4$（10%）与 H_2O_2（30%）按以下体积比例配制：2∶1、4∶1、6∶1、8∶1、10∶1 和 12∶1，分别加入样品进行加标回收实验，结果表明 4∶1 比例的提取效果最佳。

8）2，3- 二氨基萘有一定的毒性，有刺激性，有致癌的可能性，使用本试剂的人员应有规范的实验室工作经验，使用者应采取适当的安全和健康设施，并保证符合国家有关条例的规范。配制 2，3- 二氨基萘溶液需要在暗处操作，因为 2，3- 二氨基萘对光不稳定，易分解产生具有荧光的杂质，使空白值增大，干扰测定，因此在后面操作中向各管滴该溶液时，均需在暗处避光操作。

9）标准储备溶液的配制时需加盐酸继续加热 2 分钟，作用为把 Se^{6+} 转化为 Se^{4+}，而 2，3- 二氨基萘只选择性地与四价硒反应。

10）Se^{4+} 与 2，3- 二氨基萘必须在酸性溶液中反应，溶液 pH 必须调到 1.5~2.0 范围内。因为 pH<1.5 时，Se^{4+} 与 2，3- 二氨基萘反应速度较慢，萃取时溶液易乳化，妨碍环己烷分层，使结果偏低；若 pH>2.0，虽然反应速度快，但会增加 2，3- 二氨基萘的分解与氧化，产生荧光杂质，测定结果偏高，pH 以 1.5~2.0 最佳。

11）混合试剂中 EDTA-2Na 作为掩蔽剂可消除水样中的铜、铁、钼等多种金属离子对硒测定的干扰，盐酸羟胺可消除硝酸等氧化物的干扰。甲基红指示液有 pH 2~3 及 pH 7.2~8.8 两个变色范围，前者由桃红色变为黄色，后者由黄色变为桃红色。本方法采用前一个变色范围，将溶液调节至浅橙色时即 pH 为 1.5~2.0。

12）测定过程中沸水浴加热 5 分钟的目的是为了加快反应速度，反应时间和温度均要保持一致，以使 4，5- 苯并苤硒脑产量稳定。环己烷用量可依据仪器参数而定，用量越小灵敏度越高，一般为 2~6mL，本方法的用量为 4mL。

13）反应产物 4，5- 苯并苤硒脑的绿色荧光物质萃取时须注意把握合适的振摇力度和萃取时间。振摇力度过小或时间过短，萃取不完全；振摇力度过大或时间过长，样品乳化严重，影响后续的分离和测定。将环己烷以 60 次 / 分的速度萃取 3 分钟为最佳，可将 4，5- 苯并苤硒脑萃取完全。建议萃取后尽快测定，必要时可于冰箱中暂时保存，环己烷萃取液中的 4，5- 苯并苤硒脑在冰箱中可稳定保存 24 小时。

14）萃取后，环己烷层溶液容易出现乳化，呈乳浊现象，需要离心使环己烷相澄清，可通过 4000r/min 离心 40 分钟解决；若乳化严重，可尝试增加离心速率或离心时间，避免测定时发射的散射光与荧光光谱发生重叠，不利于准确定量。

15）除了本方法收载的荧光光度法外，任韧等采用氢化物发生原子荧光法测定香波中二硫化硒的方法，其原理为采用高氯酸 - 过氧化氢提取香波中的二硫化硒，用氢化物原子荧光法测定其中的硒（Ⅳ），再换算为二硫化硒。

[1] 二硫化硒. 中华人民共和国药典(二部). 北京:中国医药科技出版社,2015.

[2] 张炳坤,王国玲,李静,等. 化妆品中硒DAN荧光测定法的探讨. 中华预防医学杂志,1997,31(6):374–376.

[3] 赵立刚,刘建福,陈丽华,等. 2,3-二氨基萘荧光光度法测定湘泉酒所用水源中硒. 广东微量元素科学,1998,12(5):53–56.

[4] 任韧,孙华,王菁,等. 氢化物发生原子荧光法测定香波中的二硫化硒. 中国卫生检验杂志,2008,18(7):1317–1318.

[5] 石晓霞,王红琴. 生活饮用水中硒(Se)的价态分析研究. 现代检验医学杂志,2006,21(5):50–51.

[6] 公培峰,宋汉存. 气态原子吸收法测定香波中硒. 环境与健康杂志,1999,6(1):35–36.

[7] 吕建民. 石墨炉原子吸收法测定化妆品中硒. 山西预防医学,1999,8(4):328–329.

[8] 肖上甲,黄薇. 微波消解-气相色谱法测定化妆品中硒. 微量元素与健康研究,2004,21(1):44–45.

[9] Dilli S, Sutikno I. Analysis of selenium at the ultra–trace level by gas chromatography. Journal of Chromatography A, 1984, 300(2): 265–302.

[10] 李剑华,龚书椿. 饮用水中硒的形态分析——2,3-二氨基萘光度法测定硒(Ⅳ)、硒(Ⅵ)及总硒含量. 食品与发酵工业,1999,25(2):47–51.

[11] 王丙涛,林燕奎,颜治,等. HPLC-ICP-MS同时检测砷和硒的形态. 分析化学,2009,37(A02):238.

[12] 马莺,杨雪冬. 高效液相色谱/荧光检测法测定东北虎样品中的微量元素硒. 分析化学,1998,26(4):496.

[13] 张顺妹,陈桂良. 硒宝康胶囊的HPLC测定. 中国医药工业杂志,1996,27(8):355–357.

[14] Ochsenkühn–Petropoulou M, Tsopelas F. Analysis of selenium species by capillary electrophoresis. Talanta, 2001, 55(55): 657–667.

[15] M Ochsenkühn–Petropoulou. Speciation analysis of selenium using voltammetric techniques. Analytica Chimica Acta, 2002, 467(1–2): 167–178.

[16] 陈辉. 现代营养学. 北京:化学工业出版社,2005.

[17] 牟仁祥,陈铭学,朱智伟,等. 硒形态分析方法综述. 光谱实验室,2004,21(1):27–35.

[18] 陶思,李维,颜永欣,等. 环境水样中硒形态分析的样品预处理. 化学分析计量,2007,16(2):72–75.

[19] 金惠玉,张筠,方淑坤. 乳品分析中容器对痕量金属离子吸附作用的研究. 中国乳品工业,2013,41(7):48–50.

[20] Eichholz GG, Nagel AE, Hughes RB. Adsorption of ions dilute aqueous solutions on glass and plastic surfaces. Analytical Chemistry, 1965, 37(7): 863–868.

[21] 王竹天. 食品卫生检验方法(理化部分)注解(上). 北京:中国标准出版社,2008.

[22] 郑星泉. 化妆品卫生检验手册. 北京:化学工业出版社,2004.

附表 1 二硫化硒的基本信息

中文名称	二硫化硒
英文名称	selenium disulfide
分子式	SeS_2
分子量	143.09
CAS 号	7488-56-4
结构式	S═Se═S

3.3 过氧化氢

Hydrogen peroxide

过氧化氢，其水溶液俗称双氧水，外观为无色透明黏稠状液体，熔点为 -33℃，沸点为 108℃，密度为 1.13g/ml（20℃），可与水混溶，溶于醇、乙醚，不溶于苯、石油醚，在常温下可以发生分解反应生成氧气和水，但分解速度极其缓慢。过氧化氢的基本信息见附表 1。

过氧化氢是一种强氧化剂，其作为一种重要的漂白剂和氧化剂被广泛地应用于染发、烫发、牙齿增白类化妆品中，过量使用会对皮肤、毛发产生严重损害，浓度大时灼伤皮肤，经口中毒时会出现腹痛、胸口痛、呼吸困难、呕吐、体温升高、结膜和皮肤出血，个别可能出现视力障碍、痉挛、轻瘫，甚至导致癌症等。工业双氧水中还含有重金属等有毒、有害物质，会严重威胁消费者的健康。

目前化妆品中过氧化氢的检测方法主要有碘量法、吸光光度法及色谱法等。《化妆品卫生规范》（2007 年版）中未收载其测定方法，《化妆品安全技术规范》增收了柱前衍生高效液相色谱法测定化妆品中过氧化氢含量的方法。

本方法的原理为样品采用水浸提，部分上清液与三苯基膦衍生反应，衍生溶液经滤膜过滤，经高效液相色谱仪分离、紫外检测器检测，以峰面积定量，以标准曲线法计算含量。

本方法对过氧化氢的检出限为 0.0012μg，定量下限为 0.004μg；取样量为 0.2g 时，检出浓度为 60μg/g，最低定量浓度为 200μg/g。

方法注释：

1）在衍生化反应中，过氧化氢和三苯基膦以摩尔比 1∶1 进行反应，两者的浓度比对氧化三苯基膦的生成有较大的影响，基于衍生化反应的一般原则，选择过量的衍生剂使反应完全，故三苯基膦浓度约为过氧化氢浓度的 40 倍。

衍生化反应的时间长短对衍生物的生成有很大的影响，若反应时间不足，反应不完全，则测定结果偏低；反之若反应时间过长，三苯基膦继续被空气中的氧气氧化，则会导致测定结果偏高。因此必须严格控制反应时间，标准规定衍生化反应时间为 30 分钟，反应结束后，应尽快进行测定，整个测定过程最好在反应结束后 1 小时内完成。

由于光会促进空气中的氧和三苯基膦的反应，因此衍生化反应需注意避光操作。

配制好的衍生化试剂在 1 天内是稳定的，随后它被氧化的速度明显提高，导致测定结果偏高。因此，为了保证数据的准确可靠，衍生化试剂最好现用现配。

2）测定时应随行试剂空白，空白图谱中可能检出少量的氧化三苯基膦，是由于衍生化试剂被氧化导致，计算时注意扣除本底。

3）检测波长的确定：从二极管阵列光谱图上可以看出，氧化三苯基膦在190~225nm有较强吸收，三苯基膦在190~300nm有强吸收。由于方法采用的流动相是乙腈和水，在210nm以下乙腈有末端吸收，如果选择210nm以下作为检测波长，杂质峰干扰较多，为了避开杂质峰干扰，同时尽量使目标物有较大的响应值，选择225nm为检测波长。

流动相系统的选择：氧化三苯基膦的保留时间会随着流动相中乙腈比例的增加而缩短。当流动相中乙腈的比例达到80%时，5分钟内即可完成整个分析过程，但如果遇到较复杂的基质样品时可能会干扰待测物的分离；当流动相中乙腈的比例降低到40%时，待测物在12分钟左右出峰，但三苯基膦在1小时内还没有被洗脱出来，这显然对于连续分析不利。因此选择乙腈－水的配比为60∶40，可以在15分钟内洗脱出三苯基膦，完成分析过程。

典型图谱

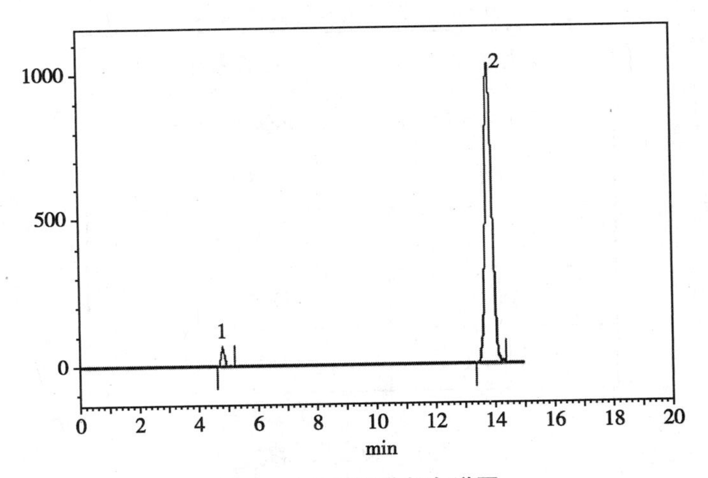

图1　空白基质液相色谱图

1：氧化三苯基膦；2：三苯基膦

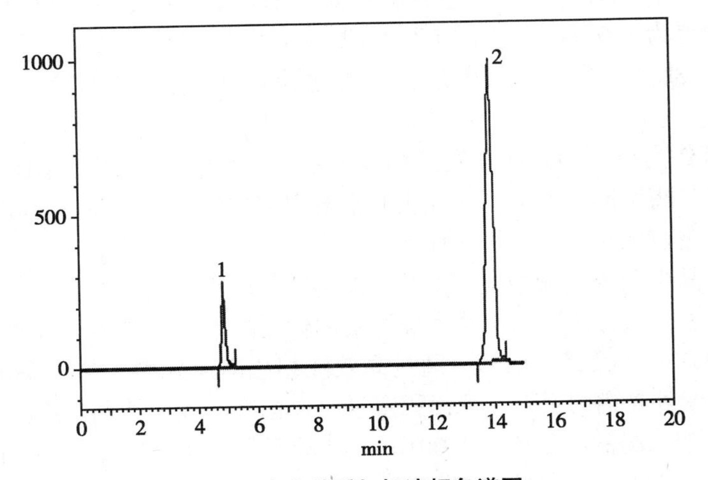

图2　空白基质加标液相色谱图

1：氧化三苯基膦；2：三苯基膦

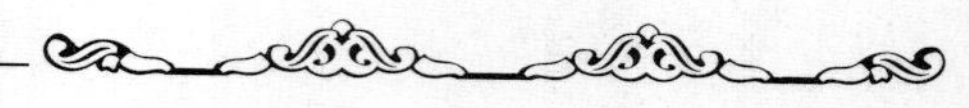

参考文献

[1] 许淑芬，郑展望，徐甦．国内外液相过氧化氢的测定方法及其进展．中国安全科学学报，2007，17（3）：166–170.

[2] 胡俊明，石文鹏，林少彬．高效液相色谱法测定化妆品中过氧化氢的方法研究．中国卫生检验杂志，2003，13（5）：593–596.

[3] 陈易晖，刘艳，周建立．高效液相色谱 – 紫外检测法测定食品中的过氧化氢．光谱实验室，2009，26（2）：414–417.

[4] 孙佳．食品中过氧化氢的检测方法研究．长春：吉林农业大学，2014.

附表 1　过氧化氢的基本信息

中文名称	过氧化氢
英文名称	hydrogen peroxide
分子式	H_2O_2
分子量	34.01
CAS 号	7722–84–1
结构式	OH┈┈OH

3.4　间苯二酚

Resorcinol

间苯二酚，又称雷琐辛，为白色针状结晶，暴露于光和空气中或与铁接触变为粉红色，有甜味，熔点为 109~112℃，沸点为 281℃，密度为 1.27g/mL，溶于水、乙醇、戊醇，易溶于乙醚、甘油，微溶于三氯甲烷、二硫化碳，略溶于苯。间苯二酚的基本信息见附表 1。

间苯二酚可作为防腐剂添加于发露和香波中，也可作为染发剂使用，有一定的毒性。3%~25% 的间苯二酚水溶液或油膏涂在皮肤上会引起皮肤损伤，并可吸收中毒，长期低浓度接触可引起呼吸道刺激及皮肤损害症状。

目前，化妆品中间苯二酚的检测方法主要为高效液相色谱法，也为《化妆品安全技术规范》收载的方法，该方法适用于非染发类发用化妆品中间苯二酚的检测。

本方法的原理为样品经提取后，通过高效液相色谱仪分离、二极管阵列检测器检测，根据保留时间和紫外光谱图定性、峰面积定量，以标准曲线法计算含量。

本方法对间苯二酚的检出限为 0.001μg，定量下限为 0.003μg；取样量为 0.25g 时，检出浓度为 16μg/g，最低定量浓度为 45μg/g。

方法注释：

1）间苯二酚为弱酸性物质，在流动相中易发生电离，从而使色谱峰产生严重的拖尾，影响定量测定的准确性。本方法尝试使用简单的甲醇－水溶液作为流动相取得了较好的效果，随着水比例的增加，间苯二酚的保留时间显著增加，并且峰形趋于尖锐，对称性也增加，最终确定流动相为甲醇－水（20∶80）。间苯二酚出现这种在大量水中峰形趋好的现象，可能是由于其中的羟基与水分子的羟基形成了氢键，从而抑制了电离的发生，而这种氢键可能需要水的比例达到一定值时才可以产生，同时也可能与溶液的极性随着水的比例增大而增加有关。

2）样品提取溶液选择原则是基于待测物的溶解性以及样品基质的特点来确定的，使用接近流动相配比的溶液进行提取效果较优。本方法采用甲醇－水（20∶80）提取样品，既可以很好地溶解样品又可消除液相色谱测定时的溶剂效应。

3）处理乳液等易乳化化妆品样品时，料液比、超声强度和超声时间 3 个因素均对间苯二酚的提取率有影响。通过正交试验优化的提取条件为料液比为 1∶85，超声时间为 15 分钟。在其他条件不变的情况下，超声强度的加强可以缩短破乳时间和提取时间，但超声时间在 15 分钟以后提取率升高不明显。由于超声时会有少量的溶剂损失，同时也为计算方便，需在提取后定容至料液比为 1∶100。

4）处理液态水基类样品时，由于其通常为均匀体系，可适当缩短超声提取的时间，同时出于对间苯二酚光不稳定性的考虑，超声处理 5~10 分钟即可获得满意的回收率。

5）若样品中待测组分的含量较高，可根据实际需要进行适当稀释后测定。

6）由于间苯二酚具有光不稳定性，提取后的待测溶液应在棕色进样瓶中避光保存。

典型图谱

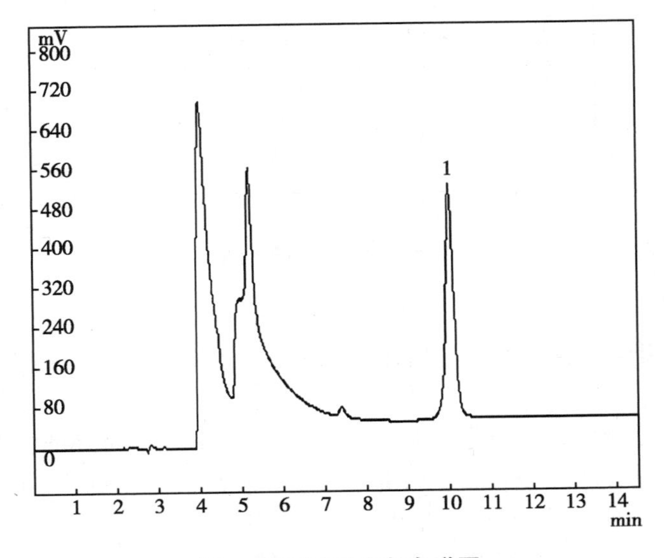

图 1　基质空白加标色谱图

1：间苯二酚

参考文献

[1] 国家药典委员会. 中华人民共和国药典（二部）. 北京：中国医药科技出版社，2015.

[2] 高晓譞，穆旻，董银卯，等. 高效液相色谱法测定化妆品中间苯二酚和水杨酸. 日用化学工业，2011，41（2）：150-153.

[3] 张前莉，周建科，韩康，等. 反相离子对色谱法测定化妆品中三种酚类化合物. 日用化学工业，2006，36（2）：128-130.

[4] 刘福，吴功柱. HPLC 法测定复方间苯二酚洗剂中 2 组分的含量. 中国药房，2007，18（19）：1504-1505.

[5] 张前莉. 食品、医药及化妆品中酚类化合物的高效液相色谱分析. 保定：河北大学，2007.

附表 1　间苯二酚的基本信息

中文名称	间苯二酚
英文名称	resorcinol
分子式	$C_6H_6O_2$
分子量	110.11
CAS 号	108-46-3
中文化学名称	1，3- 二羟基苯
英文化学名称	1，3-dihydroxybenzene
结构式	HO　OH

3.5　可溶性锌盐

Soluble zinc salt

可溶性锌盐是指其中所含的锌元素在其水溶液中以游离态锌离子存在。锌的基本信息见附表 1。

锌对人体的免疫功能起着调节作用，能维持男性的正常生理功能，促进儿童的正常发育，促进溃疡的愈合，常用于畏食、营养不良、生长缓慢的儿童，还可治疗脱发、皮疹、口腔溃疡、胃炎等。但是超量的锌却能引起一些疾病，如恶心、呕吐、急性腹痛、腹泻和发热等，大剂量的锌还可产生贫血、生长停滞和突然死亡。

目前，锌盐的检测方法主要有络合滴定法、分光光度法、火焰原子吸收法等。《化妆品安全技术规范》收载了火焰原子吸收法，该法具有高灵敏度、高选择性、线性范围宽、简便、快速的特点。

本方法的原理为化妆品中的基态锌原子能吸收来自于同种金属元素空心阴极灯发出的共振线，且其吸收强度与样品中的该元素含量成正比。根据测得的吸光强度，以标准曲线法计算含量。

本方法对可溶性锌盐的检出限为 $8.2\times10^{-3}\mu g$，定量下限为 $2.7\times10^{-2}\mu g$；取样量为 1g 时的检出浓度为 $8.2\times10^{-3}\mu g/g$，最低定量浓度为 $2.7\times10^{-2}\mu g/g$。

方法注释：

1）在实际测定过程中所有检验用器皿均需采用硝酸溶液（1∶1）浸泡，并用清水冲洗干净。且在实际检测时样品中的有机物能够被燃烧而汽化，但背景需要使用氘灯扣除进行校正，避免其对检验结果造成干扰。

2）液体样品含有机物浓度过高、黏稠度大，固体样品含不溶解的悬浮物与颗粒物时，容易将喷嘴的狭缝堵塞，使测定结果偏低甚至无法进行，因此必须采用过滤以及离心的方式保证待测液呈澄清状态。

3）在样品前处理定容时应注意沿壁小心加水，否则容易产生泡沫影响定容过程。为消除不溶性锌盐的影响，务必经过过滤和离心。在样液经过过滤和离心后用硝酸溶液稀释其滤液的目的是为使待测样液和标准液的酸度保持一致，稳定其中的离子。

4）锌盐作为止汗剂，常用于除臭类产品中，因此需要检测可溶出的锌盐。本标准中规定的检出浓度较低，实际检验中，受样品基质以及仪器性能和试剂品牌的影响，可能无法达到标准中的检出浓度。因此，样品检测中建议同批次加做检出浓度试验。

[1] 郭瑞娣. 火焰原子吸收测定化妆品除臭剂中的可溶性锌盐 . 江苏预防医学，2004，15（1）：64-65.

[2] 张炳坤，原田靖，马丽，等. 除臭剂等化妆品中可溶性锌盐的处理及测定. 环境与健康杂志，2002，（6）：455-457.

附表 1　锌的基本信息

中文名称	锌
英文名称	zinc
分子式	Zn
分子量	65.39
CAS 号	7440-66-6

3.6　奎宁

Quinine

奎宁，又称金鸡纳碱，是存在于金鸡纳树皮中的一种生物碱，为白色无定形粉末或结晶，熔点为 173~175℃，易溶于乙醇、三氯甲烷、苯、乙醚，微溶于水，无臭，味极苦，

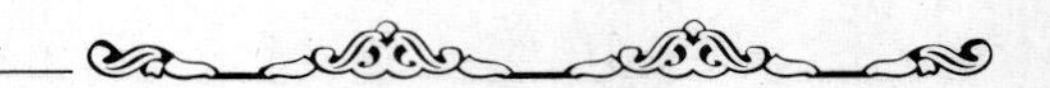

有左旋光性。奎宁的基本信息见附表 1。

奎宁是一种可可碱，用于洗发类、驻留型护发类化妆品中。但奎宁有一定的毒性，过量可引起过敏及肠胃功能障碍，对中枢神经也有一定影响。

目前，奎宁的检测方法主要有荧光法、分光光度法、高效液相色谱法等。《化妆品安全技术规范》收载了高效液相色谱法，该方法操作简便、快捷，较为常用。

本方法的原理为样品经甲醇处理后，采用高效液相色谱仪分离、紫外检测器检测，根据保留时间及紫外光谱定性、峰面积定量，以标准曲线法计算含量。

本方法对奎宁的检出限为 0.001 56μg，定量下限为 0.005μg；取样量为 0.25g 时，检出浓度为 16.7μg/g，最低定量浓度为 56μg/g。

方法注释：

1）为保证样品在超声过程中分散均匀、提取完全，在称取某黏稠样品时，应将其均匀涂布于比色管刻度线以下；且由于样品处理中涡旋前未定容，为保证测定结果的准确性，应注意涡旋频率，不得有溶液溅出。而对于某些经超声处理后溶液较难过滤的样品，应在适当离心后，取上清液用滤膜过滤。若样品中被测组分的含量过高，应适当稀释后再进行检测。

2）由于使用了磷酸氢二铵缓冲盐作为流动相，因此实验完毕后应用 5%~10% 甲醇水溶液冲洗色谱柱，并适当延长色谱系统的冲洗时间。

3）样品中如检出奎宁，可采用质谱方法进行阳性确证，方法可参考 SN/T 2109-2008。

4）奎宁对眼睛、呼吸系统和皮肤有刺激作用，实验操作时应做好防护。

典型图谱

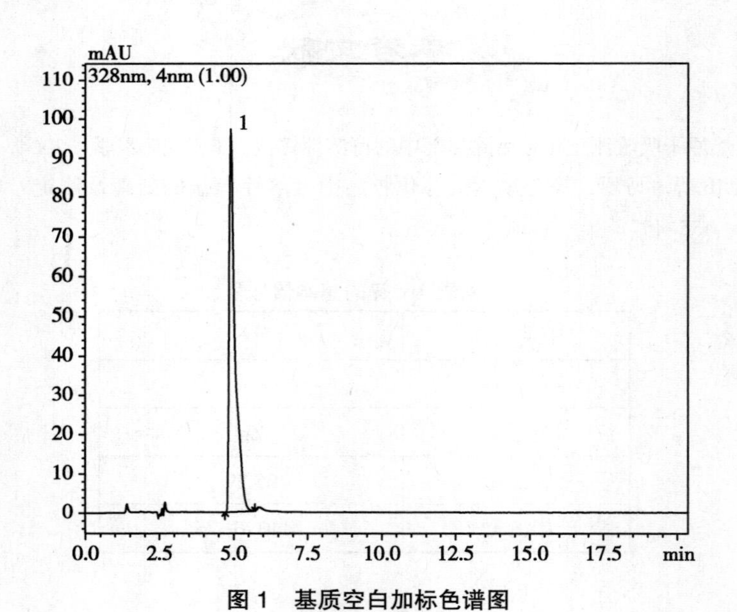

图 1　基质空白加标色谱图

1：奎宁

[1] 柴化鹏，陈泽忠，粱文娟，等. 基于固相基质的流动注射液滴荧光法对奎宁与盐酸普鲁卡因的快速检测. 分析测试学报，2009，28（1）：59-62.

[2] Milan Meloun，Tom'a's Syrov'y，Ale's Vra'ana. The thermodynamic dissociation constants of losartan, paracetamol, phenylephrine and quinine by the regression analysis of spectrophotometric data. Analytica, 2005, 533: 97-110.

[3] 郑志方. 高效液相色谱法测定洗发液中奎宁的含量. 香料香精化妆品，2001，4（2）：8-9.

[4] 陈志蓉，刘洋，张鹏祥，等. RP-HPLC 法检测化妆品中奎宁的含量. 中国药事，2011，25（9）：871-873.

附表 1　奎宁的基本信息

中文名称	奎宁
英文名称	quinine
分子式	$C_{20}H_{24}N_2O_2$
分子量	324.42
CAS 号	130-95-0
中文化学名称	（8*S*，9*R*）-6′- 甲氧基 - 金鸡纳 -9- 醇基
英文化学名称	（8*S*，9*R*）-6′-methoxycinchonan-9-ol
结构式	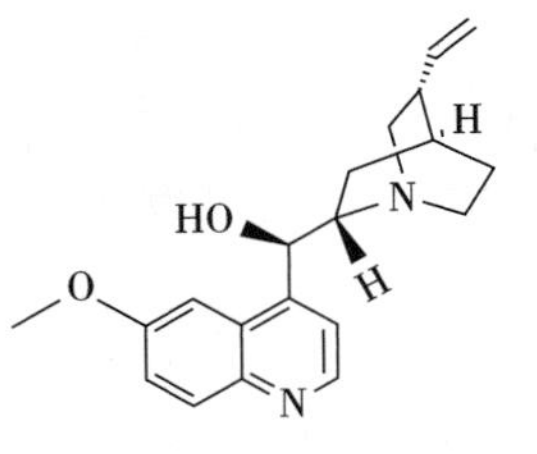

3.7　硼酸和硼酸盐

Boric acid and borate

硼酸为无色微带珍珠光泽的结晶或白色疏松的粉末，有滑腻感，无臭，在沸水或沸乙醇或甘油中易溶，在乙醇或水中溶解，其水溶液显弱酸性。硼砂，即四硼酸钠，是最重要的硼酸盐，为无色半透明的结晶或白色结晶性粉末，无臭，有风化性，在沸水或甘油中易溶，在水中溶解，在乙醇中不溶，其水溶液显碱性。硼酸和硼砂的基本信息见附表 1。

硼酸具有杀菌、消毒、收敛和防腐作用，在化妆品加工业中，硼酸及硼酸盐主要用作收敛剂。经皮肤吸收是硼酸中毒的主要途径，硼酸和硼酸盐的过量使用容易引起皮肤刺激及过敏反应，而且硼酸可抑制消化酶的活性，引起食欲减退、消化不良，妨碍营养物质的吸收；由于硼酸在体内具有蓄积性和毒性，长期摄取后会对男性生殖系统、内分泌系统、肝、肾等产生毒害作用。

目前，化妆品中硼酸和硼酸盐的检测方法主要有分光光度法、酸碱滴定法、电感耦合等离子体原子发射光谱法、离子排斥色谱法等。《化妆品卫生规范》（2007 年版）及《化妆品安全技术规范》均收载了甲亚胺 –H 分光光度法测定化妆品中硼酸和硼酸盐含量的方法，方法一致。

本方法的原理为样品经前处理后，在酸性条件下，硼与亚甲胺 –H 形成黄色配合物，其颜色与硼的浓度在一定范围内呈线性关系（反应式如下）。

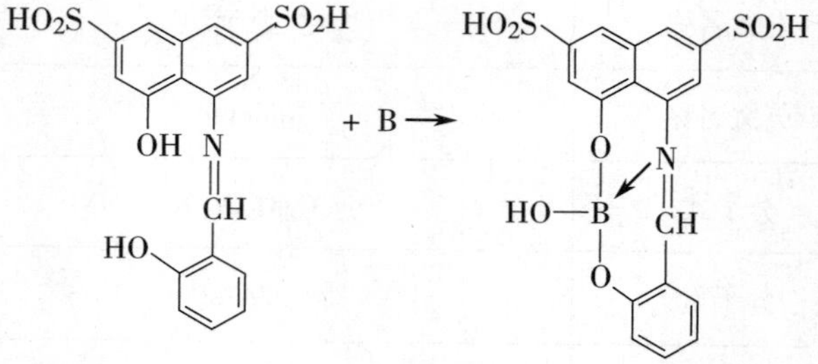

本方法对硼酸的检出限为 1.17μg，定量下限为 3.86μg；取样量为 1g 时，检出浓度为 11.7μg/g，最低定量浓度为 38.6μg/g。

方法注释：

1）针对不同的样品类型选用不同的前处理方法。对易溶于水的乳液样品或液态水基类化妆品，建议使用乙醇 – 水体系的前处理方法（方法二），可避免样品经碱化再碳化、灰化的前处理方法（方法一）导致的提取损失；对膏霜类、含蜡状基质的化妆品，采用前处理方法二进行操作，即使进行涡旋、振荡，仍有较多的絮状沉淀，或样品仍难以分散、溶解完全，采用前处理方法一操作可避免由于样品分散不完全而导致结果平行性不佳或偏低。

2）爽身粉、痱子粉类化妆品中含有的薄荷脑、薄荷油、水杨酸、麝香草酚、碳酸钙、樟脑及氧化锌对本方法基本无干扰。液态水基类化妆品中的西曲溴铵会使测得结果偏高，其他表面活性剂对本方法基本无干扰。

3）甲亚胺 –H 显色剂本身在 415nm 附近有吸收，试剂空白吸光度值较大，本底值高，为避免干扰测定结果，用量应尽可能少，本方法中最终显色剂使用量为 2mL，且需准确加入；在配制显色剂时所加入的 2.0g 抗坏血酸试剂是用于保护亚胺基，抗坏血酸浓度在 0.5%~10% 对吸光度值无明显影响，本方法选用 2.0% 的浓度。

4）缓冲液的 pH 在 6.0~7.0 时显色反应较完全，在 pH 7.0 时出现最大吸光度，但在 pH 6.0~6.5 时吸光度值最稳定，本方法选用 pH 6.0 的缓冲溶液。温度对配合物反应有一定影响，当反应温度高时吸光度较低，反应温度低时则反之，反应较适宜的温度为 20~30℃，本方法选用 25℃，注意样品溶液和标准溶液在同一实验温度条件下平行操作，反应至吸光度恒定所需的时间为 80 分钟。

5）硼酸 – 甲亚胺 –H 配合物在 410~420nm 处有最大吸收，选用 415nm 为检测波长。

6）除了本方法收载的分光光度法外，朱惠扬等采用离子排斥色谱法检测化妆品中的硼酸及其盐，采用专用排斥色谱柱为离子交换柱，在流动相中加入甘露醇，使之与硼酸结合生成较强的酸性配合物，对硼酸及其共存的其他组分进行分离，提高了检测灵敏度。戴骐等采用电感耦合等离子炬管为激发光源的原子发射光谱分析方法进行多元素的同时测定，具有分析线性范围宽、光谱干扰小、适用于复杂体系的分析检测等优点。

参考文献

[1] 国家药典委员会. 中华人民共和国药典（二部）. 北京：中国医药科技出版社，2015：1476–1477.

[2] 董增华，张立辉，江夕夫. 甲亚胺 –H 分光光度法测定化妆品中硼酸和硼酸盐. 中国公共卫生，1997，13（1）：47.

[3] 张霞，孟祥萍，李文. 化妆品中硼酸及硼酸盐的光度法测定. 日用化学工业，1998，（2）：42–43.

[4] 贾丽华，韩会欣，邢俊娥，等. 化妆品中硼酸的姜黄分光光度法. 中国卫生检验杂志，1996，6（4）：205.

[5] Yoshida M，Watabiki T，Ishida N. Spectrophotometric determination of boric acid by the curcumin method. Nihon Hoigaku Zasshi，1989，43（6）：490–496.

[6] 胡丹. 化妆品中安全性指标的检测方法研究. 杭州：浙江大学，2014.

[7] 朱民，陈干，陈守建. 甲亚胺 –H 分光光度法测定饮用天然矿泉水中硼. 卫生研究，1995，（2）：113–116.

[8] 徐峰，徐云兰. 电位滴定法测定化妆品中硼酸及其盐. 中国卫生检验杂志，1998，8（4）：225–226.

[9] 戴骐，林晓娜，吴艳燕，等. 电感耦合等离子体原子发射光谱法测定化妆品中硼酸及硼酸盐含量. 理化检验 – 化学分册，2013，49：394–397.

[10] Kataoka H，Okamoto Y，Tsukahara S，et al. Separate vaporisation of boricacidand inorganic boron from tungsten sample cuvette–tungsten boat furnace followed by the detection of boron species by inductively coupled plasma mass spectrometry and atomic emission spectrometry（ICP–MS and ICP–AES）. Anal Chim Acta，2008，610（2）：179–185.

[11] 朱惠扬，钟志雄，潘心红. 离子排斥色谱法测定化妆品中硼酸. 理化检验 – 化学分册，2010，46（12）：1384–1388.

[12] 李铭，凌小芳，郑洪国，等. 离子排斥色谱法测定化妆品中硼酸（盐）含量. 日用化学工业，2015，45（04）：233–236.

[13] Carlson M，Thompson RD. Determination of borates in caviare by ion–exclusion chromatography. Food Addit

Contam, 1998, 15（8）: 898-905.
[14] 杨瑞春，梁瑞玲，刘吉起．ICP-MS 测定化妆品中硼．现代预防医学，2012，18：4801-4802.
[15] 秦颖．水中硼元素 3 种检测方法的比较．磷肥与复肥，2014，02：63-64.

附表 1　硼酸和硼砂的基本信息

中文名称	硼酸	硼砂
英文名称	boric acid	borax
分子式	$B_3H_3O_3$	$B_4H_{20}Na_2O_{17}$
分子量	61.83	381.37
CAS 号	10043-35-3	1303-96-4
中文化学名称	—	十水四硼酸钠
英文化学名称	—	sodium tetraborate decahydrate
结构式	OH–B(–HO)(–OH)	H_2O H_2O H_2O H_2O H_2O O B O–Na^+ H_2O O B O–B O–B O B H_2O Na^+O H_2O H_2O H_2O

3.8　羟基喹啉
Oxyquinoline

羟基喹啉为白色或淡黄色晶体或结晶性粉末，熔点为 75~76℃，沸点为 267℃，易溶于乙醇、丙酮、三氯甲烷、苯和矿酸，几乎不溶于水和乙醚，能升华，腐蚀性较小，露光变黑，有苯酚气味，熔融的同时分解。羟基喹啉是两性的，能溶于强酸、强碱，在碱中电离成负离子，在酸中能结合氢离子。羟基喹啉的基本信息见附表 1。

羟基喹啉广泛用于金属的测定和分离，同时还可作为制染料和药物的中间体，其硫酸盐和铜盐络合物是优良的杀菌剂，在化妆品中主要作为过氧化氢的稳定剂使用，有一定的低毒性。

目前，羟基喹啉的检测方法主要有高效液相色谱法、分光光度法、薄层色谱法、伏安法等。《化妆品安全技术规范》收载了高效液相色谱法，该法操作简便、快速，较为普及。

本方法的原理为样品经甲醇提取后，采用高效液相色谱仪分离、二极管阵列检测器检测，根据保留时间及紫外光谱图定性、峰面积定量，以标准曲线法计算含量。

本方法对羟基喹啉的检出限为 0.0002μg，定量下限为 0.0006μg；取样量为 0.25g 时，检出浓度为 2.5μg/g，最低定量浓度为 7.5μg/g。

方法注释：

1）本方法中的羟基喹啉指8-羟基喹啉，该组分对光不稳定，实验过程中应注意避光。

2）为保证样品在超声过程中分散均匀、提取完全，在处理膏霜乳液等黏稠样品时，应将样品均匀涂布于比色管刻度线以下；且由于样品处理中涡旋前未定容，为保证测定结果的准确性，应注意涡旋频率，不得有溶液溅出。而对于某些经超声处理后溶液较难过滤的样品，应在适当离心后，取上清液用滤膜过滤。若样品中被测组分的含量过高，应适当稀释后再进行检测。

3）由于实验所用的流动相中添加了离子对试剂，故实验完毕后应及时冲洗色谱柱，并延长色谱柱与仪器管路的冲洗时间。

4）样品中如检出8-羟基喹啉，可采用质谱方法进行阳性结果的确证，方法可参考SN/T 2111-2008。

典型图谱

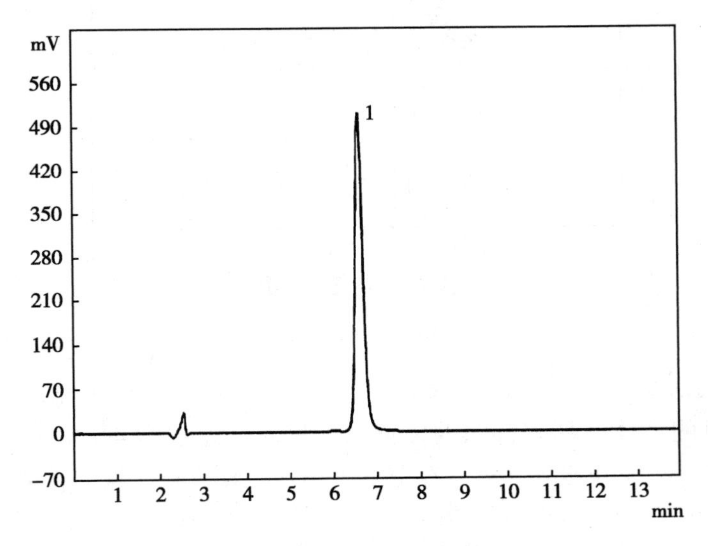

图1　基质空白加标色谱图

1：8-羟基喹啉

［1］张培志，昊军，刘继东，等. 高效液相色谱法分离检测8-羟基喹啉和8-羟基喹啉铜. 分析化学，2003，31（9）：1150.

［2］Guo S，Wu X，Zhou J，et al. MWNT/Nafion composite modified glassy carbon electrode as the voltammetric sensor for sensitive determination of 8-hydroxyquinoline in cosmetic. Journal of Electroanalytical Chemistry，2011，655（1）：45-49.

［3］ 张鹏祥，刘洋，高晓譞，等. 反相高效液相色谱法测定化妆品中羟基喹啉. 日用化学工业，2011，41（6）：462-464.

［4］ SN/T 2111-2008. 化妆品中 8- 羟基喹啉及其硫酸盐的测定方法. 中华人民共和国国家质量监督检验检疫总局，2009.

附表 1 8- 羟基喹啉的基本信息

中文名称	8- 羟基喹啉
英文名称	8-hydroxyquinoline
分子式	C_9H_7NO
分子量	145.16
CAS 号	148-24-3
中文化学名称	邻羟基氮（杂）萘
英文化学名称	8-oxyquinoline
结构式	N OH

3.9 巯基乙酸

Thioglycollic acid

巯基乙酸（$HSCH_2COOH$，简称 TGA），又名硫代乙醇酸、氢巯基乙酸，是一种微黄色或近于无色的液体，具有特殊的硫化物的气味，熔点为 -16℃，密度为 1.326g/mL（20℃），能与水、乙醇和乙醚混溶，在空气中迅速氧化，铜、锰、铁离子的存在能加速氧化过程。质量分数 <70% 的巯基乙酸水溶液在室温下较稳定，而高质量分数的巯基乙酸会生成一定量的自酯化物。巯基乙酸的基本信息见附表 1。

巯基乙酸是一种具有还原性的有机强酸，既具羟酸的反应特征，又具巯基的反应特征，可以在碱性条件下打开毛发多肽链间的（-S-S-）键，形成半胱氨酸单元，从而软化发丝直至断裂，在烫发、脱毛、染发类化妆品中广泛使用。动物实验表明巯基乙酸有较强的皮肤渗透作用，就其经皮毒性来看属高毒类物质，易被皮肤吸收，并损伤皮肤，导致皮肤瘙痒、弥漫性皮疹、皮炎、指甲变形等症状。同时，具有较强的致突变性和生殖毒性，可对多种组织器官造成损伤。

目前，化妆品中巯基乙酸的检测方法主要有高效液相色谱法、离子色谱法和化学滴定法。《化妆品卫生规范》（2007 年版）收载了离子色谱法和化学滴定法，《化妆品安全技术规范》保留了离子色谱法和化学滴定法，但对离子色谱法中的巯基乙酸标准溶液的标定方法进行了修订，并增收了高效液相色谱法。

第一法　高效液相色谱法

本方法的原理为样品经乙腈水溶液提取后，采用高效液相色谱仪分离、紫外检测器或二极管阵列检测器检测，根据保留时间及紫外光谱定性、峰面积定量，以标准曲线法计算含量。本方法检出限低、分析时间短，适合化妆品中巯基乙酸的测定。

本方法对巯基乙酸的检出限为0.004μg，定量下限为0.015μg；取样量为0.25g时，检出浓度为35.6μg/g，最低定量浓度为118.7μg/g。

方法注释：

1）本方法的检测波长为215nm，主要基于巯基乙酸溶液的最大吸收波长为210nm，乙腈在波长215nm处干扰小，易获得稳定的基线。

2）本方法的流动相为乙腈–0.01mol/L KH_2PO_4（磷酸调pH至2.5）（10∶90），使用0.01mol/L浓度的磷酸盐缓冲液，并调节pH为2.5的原因为仅以乙腈–水为流动相时，巯基乙酸的峰形出现明显的拖尾现象。这是由于巯基乙酸极易溶于水，其水溶液显酸性，pH升高会使巯基乙酸发生电离所致，故加入磷酸调节pH，结果在pH = 2.5时峰形对称且尖锐，同时加入磷酸二氢钾，与磷酸形成缓冲体系，保证保留时间的稳定。不同浓度的磷酸二氢钾会使保留时间有所不同，但影响很小，从既可满足缓冲要求又能增加色谱柱寿命的角度考虑，选择缓冲溶液的浓度为0.01mol/L。

3）本方法样品前处理条件为超声时间30分钟，超声强度为400W，提取时料液比（g∶ml）为1∶80，定容后料液比为1∶100，用流动相进行样品稀释有助于保持良好的峰形。

典型图谱

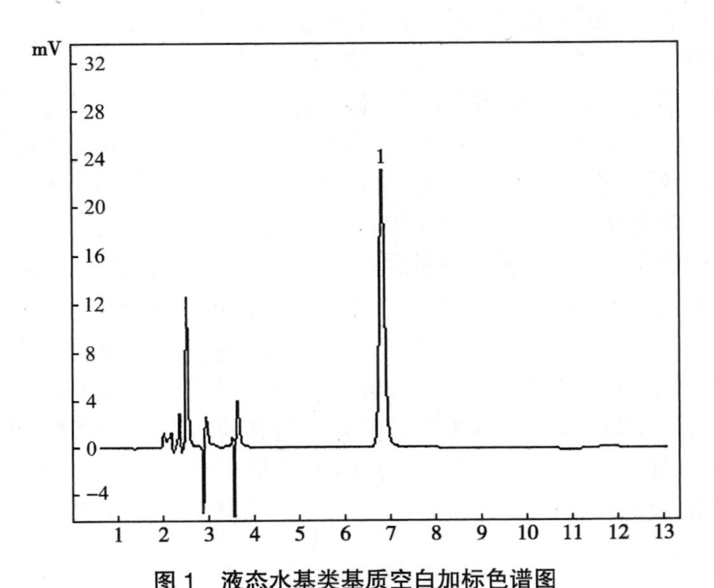

图1　液态水基类基质空白加标色谱图

1：巯基乙酸

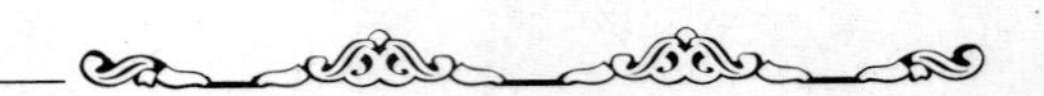

第二法　离子色谱法

本方法的原理为样品中的巯基乙酸经水溶解提取后，用离子色谱仪分离巯基乙酸根与无机离子、电导检测器检测，以保留时间定性、峰面积定量。本方法可以使巯基乙酸与无机离子良好分离，使无机离子不干扰测定，同时半胱氨酸、胱氨酸、亮氨酸、谷氨酸等组分对测定也无影响。

本方法对巯基乙酸的检出限为5.8ng，定量下限为20ng；取样量为0.5g时，检出浓度为46μg/g，最低定量浓度为0.15mg/g。

方法注释：

1）样品溶液制备过程中加入2mL二氯甲烷，其目的是排除干扰物的影响，如样品中的乳化剂、脂类等。加入二氯甲烷后，干扰物进入有机相，使水相更澄清。如脱毛膏样品难溶于水，可加入0.5mL甲醇助溶。

2）因巯基乙酸具强还原性、稳定性较差，故标准溶液在使用前需进行标定。《化妆品卫生规范》（2007年版）收载的巯基乙酸标准溶液标定的方法为直接滴定法，操作步骤较烦琐，且终点的颜色变化过程较长、突跃不明显，不同操作者判定尺度把握不一，影响标定结果的准确性。《化妆品安全技术规范》对其进行了修订，改为剩余碘量法，即先定量加入过量的碘溶液，使巯基乙酸与碘反应完全，再用已标定的硫代硫酸钠标准溶液滴定剩余的碘，同法做空白校正，以溶液颜色由蓝色变为无色作为滴定终点，简化了操作步骤，滴定终点更加易于观察和判断。反应过程为：

$$2HSCH_2COOH + I_2 \rightarrow HOOCH_2C\text{-}S\text{-}S\text{-}CH_2COOH + 2HI$$

$$2Na_2S_2O_3 + I_2 \rightarrow Na_2S_4O_6 + 2NaI$$

同时，将巯基乙酸标准储备溶液的浓度修订为0.1mol/L（10g/L），与标定用的碘标准溶液浓度0.05mol/L相匹配（巯基乙酸与碘的反应当量为2∶1），减小滴定误差。

在标定过程中，应注意淀粉指示剂在滴定至近终点前加入，因为当溶液中有大量碘存在时，碘易吸附在淀粉表面，影响终点的正确判断。

在工业化生产巯基乙酸中普遍存在副产物二硫代二乙酸（$HOOCCH_2SSCH_2COOH$，简称DTDGA），其为巯基乙酸的氧化产物，结构中不含巯基（–SH），不与碘发生反应，故对巯基乙酸储备标准溶液的标定结果无影响。

3）本方法采用离子色谱法进行分析测定，通过离子交换的方式对巯基乙酸进行检测，化妆品中的有机组分不易形成干扰，能提高检测的灵敏度及分离度，方法经济环保且操作简单，但线性范围较窄、检出限偏高，对于巯基乙酸含量低的样品测定偏差较大。

4）本方法的淋洗系统为25mmol/L NaOH+1%甲醇淋洗液，流速为0.85mL/min。单纯使用25mmol/L NaOH淋洗液，所得巯基乙酸峰的分离度较好、分析时间较短，但巯基乙酸峰易出现拖尾，加入1%甲醇可使巯基乙酸的峰形得到改善，并能清除柱内残留的有机物。同时当淋洗液的流速>1.0mL/min时，系统压力较大，稳定性差，故流速以控制在0.85mL/min为宜。

典型图谱

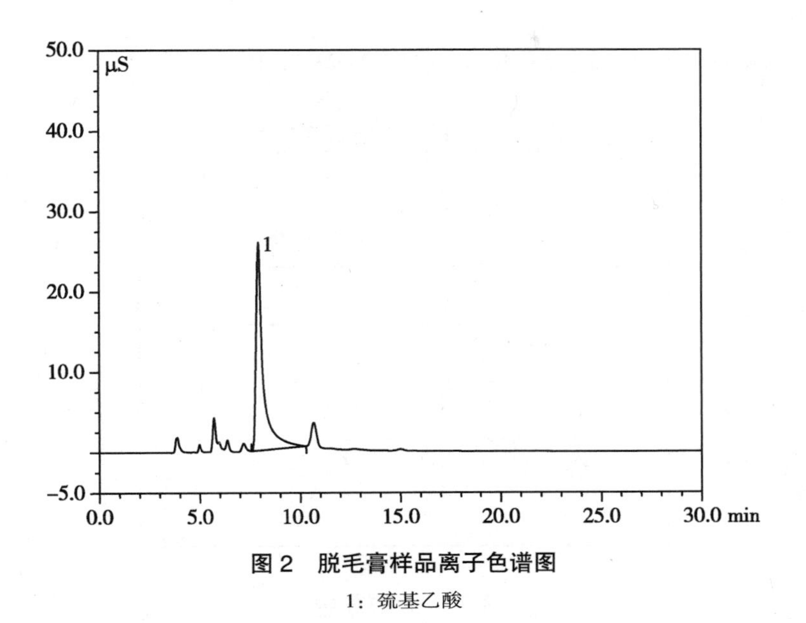

图 2　脱毛膏样品离子色谱图

1：巯基乙酸

第三法　化学滴定法

本方法的原理为样品中含有的巯基乙酸及其盐类和酯类经处理后，用碘标准溶液滴定定量。反应方程式如下：

$$2HSCH_2COOH + I_2 \longrightarrow HOOCH_2C-S-S-CH_2COOH + 2HI$$

本方法对巯基乙酸的检出限为 0.46mg；取样量为 2g 时，最低检出浓度为 0.023%（*W/W*）。

方法注释：

1）本方法操作简便，无须大型设备，但检出限较高，且易受化妆品配方中巯基丙酸、半胱氨酸等含有自由巯基的化合物或其他还原剂的干扰，结果误差较大。

2）半胱氨酸与碘反应的方程式如下：

$$2HSCH_2CH(NH_2)COOH + I_2 \longrightarrow HOOC(NH_2)HCH_2C-S-S-CH_2CH(NH_2)COOH + 2HI$$

参考文献

［1］ 张竞 . 巯基乙酸的合成与应用 . 化学推进剂与高分子材料，2002，（4）：1-3.

［2］ 秦前红，李百祥 . 巯基乙酸的毒性作用研究进展 . 中网公共卫生，2002，18（4）：499-500.

［3］ 张鹏祥，穆旻，刘洋，等 . 反相高效液相色谱法测定化妆品中巯基乙酸 . 日用化学工业，2011，41（3）：232-234.

［4］ 张卓娜，刘思然，杨艳伟，等 . 高效液相色谱法与离子色谱法测定化妆品中巯基乙酸的方法比对 . 环境与健康杂志，2014，31（9）：821-822.

[5] 钟志雄，杜达安，梁春穗，等. 离子色谱法测定化妆品中巯基乙酸的研究. 卫生研究，2004，33（4）：491–493.
[6] Tsui ME, Sherwin MB. Synthesis of thioglycolic acid. US5023371: 1991–7–11.

附表 1　巯基乙酸的基本信息

中文名称	巯基乙酸
英文名称	thioglycollic acid
分子式	$C_2H_4O_2S$
分子量	92.12
CAS 号	68–11–1
结构式	O, SH, OH

3.10　水杨酸

Salicylic acid

水杨酸，又称 B 柔酸（BHA），为脂溶性有机酸，外观为白色针状晶体或毛状结晶性粉末，熔点为 158~161℃，沸点为 211℃，密度为 1.44g/mL，易溶于乙醇、乙醚、三氯甲烷，微溶于水，在沸水中溶解。水杨酸的基本信息见附表 1。

水杨酸因其具有亲脂性，被广泛添加到很多皮肤制剂与美容产品中，以达到缩小毛孔、去除角质和消除青春痘等作用。在化妆品中添加水杨酸还可起到皮肤和头发调理、去屑等效果，但高浓度的水杨酸对人体具有一定的伤害性，当浓度高于 6%时则会对组织产生破坏性的损伤。

目前，化妆品中水杨酸的检测方法主要为高效液相色谱法。《化妆品安全技术规范》采用高效液相色谱法测定皮肤用和淋洗类发用化妆品中水杨酸的含量。此外，《化妆品安全技术规范》“4.11 水杨酸等 5 种组分”中收载了水杨酸等 5 种组分的液相色谱法，适用于发用化妆品中水杨酸等组分的含量测定。

本方法的原理为样品经甲醇水溶液提取后，高效液相色谱仪分离、二极管阵列检测器检测，根据保留时间和紫外光谱图定性、峰面积定量，以标准曲线法计算含量。

本方法对水杨酸的检出限为 0.0007μg，定量下限为 0.002μg；取样量为 0.25g 时，检出浓度为 15μg/g，最低定量浓度为 40μg/g。

方法注释：

1）本方法采用甲醇 – 水（75∶25）溶液作为提取溶剂。当提取溶剂中水的比例增大时，水杨酸色谱峰拖尾现象明显，当甲醇比例超过 90% 时则会发生明显的溶剂效应。

2）处理乳液等易乳化的化妆品样品时，超声强度的加强可以缩短破乳时间和提取时间，超声时间 >15 分钟提取率升高不明显，故样品处理中的超声时间以控制在 15 分钟

为宜。

3）本方法选择水杨酸的特征吸收波长 300nm 为检测波长，可以有效排除基质干扰。定性判断时，需结合保留时间和紫外光谱图进行判定。

4）当缓冲溶液的 pH>3.0 时，水杨酸的色谱峰存在较严重的拖尾现象，为获得良好的峰形，本方法根据水杨酸的 pK_a 值调整缓冲溶液的 pH 为 2.3~2.5。因流动相的酸性较强，为达到较好的分离效果，选用耐酸性 C_8 柱（250mm × 4.6mm × 5μm），实际应用过程中可采用等效色谱柱。

典型图谱

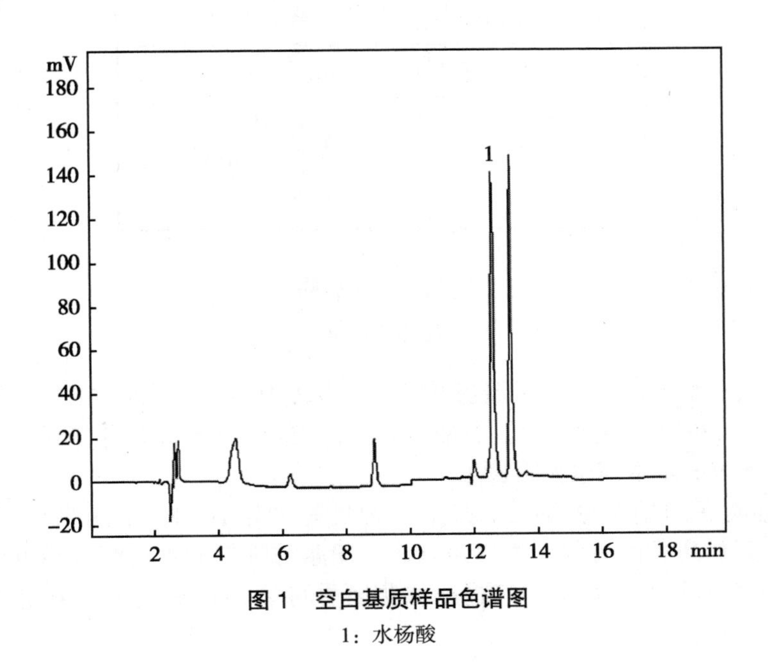

图 1　空白基质样品色谱图

1：水杨酸

参考文献

［1］国家药典委员会. 中华人民共和国药典（二部）. 北京：中国医药科技出版社，2015.

［2］高晓譞，穆旻，董银卯，等. 高效液相色谱法测定化妆品中间苯二酚和水杨酸. 日用化学工业，2011，41（2）：150–153.

［3］胡静，朱杰民，杨业，等. 化妆品中水杨酸的测定 –HPLC 法. 环境与健康杂志，1999，16（3）：172–173.

［4］刘福，吴功柱. HPLC 法测定复方间苯二酚洗剂中 2 组分的含量. 中国药房，2007，18（19）：1504–1505.

［5］张前莉. 食品、医药及化妆品中酚类化合物的高效液相色谱分析. 保定：河北大学，2007.

附表 1 水杨酸的基本信息

中文名称	水杨酸
英文名称	salicylic acid
分子式	$C_7H_6O_3$
分子量	138.12
CAS 号	69–72–7
中文化学名称	2- 羟基苯甲酸
英文化学名称	2–hydroxybenzoic acid
结构式	OH OH O

3.11 酮麝香

Musk ketone

酮麝香为白色至黄色晶体，常温易升华，具有优雅、浓郁的麝香香气，香气柔和，留香持久，熔点为 137℃，不溶于水、甘醇、甘油，难溶于乙醇，溶于苯甲酸苄酯、动物油和香精油。酮麝香的基本信息见附表 1。

酮麝香是最好的硝基麝香之一，是一种良好的定香剂，常用来调制化妆品用香精，有类似于天然麝香的香气，香气逼真。一般麝香香气的香精配方均可用之，特别是甜型、东方香型和重香型香精。有报道称酮麝香可能存在致癌、致突变或生殖毒性的危险。

目前，酮麝香的检测方法主要有气相色谱法、高效液相色谱法、气相色谱 – 质谱法。但气相色谱法仅适用于酮麝香的原料控制使用，在香水等产品中通常含有多种挥发性成分，对气相色谱测定产生严重干扰。《化妆品安全技术规范》采用高效液相色谱法对化妆品中的酮麝香进行检测，为化妆品中酮麝香的分析提供了准确、可靠、适用性广的实验方法。

本方法的原理为样品经乙腈水溶液提取后，采用高效液相色谱仪分离、紫外检测器或二极管阵列检测器检测，根据保留时间和紫外光谱图定性、峰面积定量，以标准曲线法计算含量。

本方法对酮麝香的检出限为 0.001μg，定量下限为 0.003μg；取样量为 0.25g 时，检出浓度为 15μg/g，最低定量浓度为 50μg/g。

方法注释：

1）称取膏霜乳液等黏稠样品时，应将其均匀涂布于比色管刻度线以下，以使样品能完全、有效地分散于提取溶剂中。

2）为避免酮麝香升华而造成损失，实验过程中均需避光操作，且应严格控制超声提取的时间和温度；涡旋混合时，应调节涡旋器至合适的频率，避免由于溶液溅出造成待测

组分的损失。

3）由于香水类产品的基质一般为乙醇，属于均匀体系，可用乙腈－水溶液直接稀释即可进行测定，无须超声提取。

4）实验中大量使用乙腈，由于乙腈的毒性较大且易燃，其蒸气与空气可形成爆炸性混合物，遇明火、高热或与氧化剂接触有爆炸的危险，故应特别注意个人防护和室内通风。

典型图谱

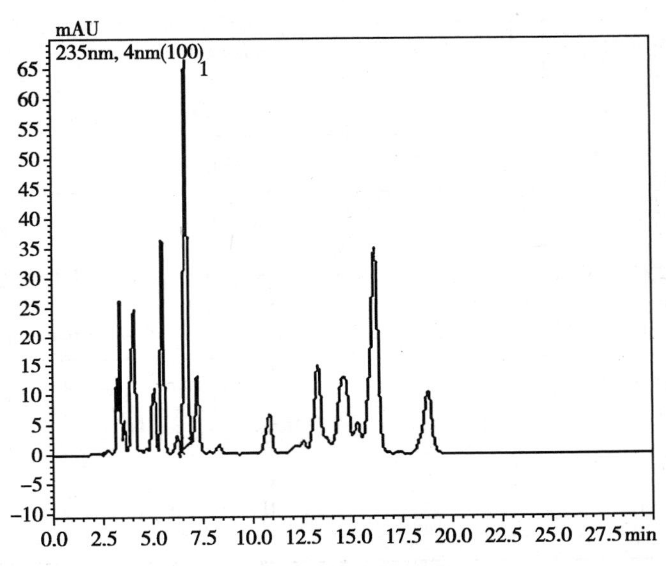

图 1　基质空白加标色谱图

1：酮麝香

参考文献

［1］陈志蓉，高晓譞，穆旻，等．反相高效液相色谱法测定化妆品中的酮麝香．科技导报，2011，29（21）：41.

［2］丁立平，蔡春平，林永辉，等．多重吸附同步净化－气相色谱－质谱联用法测定水产品中痕量的二甲苯麝香和酮麝香．色谱，2014，32（3）：309-313.

［3］曲红梅，周立山，白鹏．酮麝香与二甲苯麝香体系相平衡研究．日用化学工业，2005，35（3）：142-144.

［4］欧盟保健和环境科学委员会．欧盟对酮麝香的危险性分类听取意见．国内外香化信息，2006，（1）：22.

［5］阎俊秀，李琼，崔检杰，等．二甲苯麝香和酮麝香的分析方法进展．上海应用技术学院学报（自然科学版），2011，11（2）：103-107.

［6］李懿睿，王东辉，武晓剑．超高效液相色谱法测定化妆品中的酮麝香和二甲苯麝香．中国化学会第28届学术年会第9分会场摘要集，2012.

[7] Qu HM, Bai P, Yang ZC, et al. Solid-liquid equilibria of musk ketone, musk xylene and 1, 3-dimethyl-2, 4-dinitro-5-tert-butyl benzene. Chinese J Chem Eng, 2004, 12 (2): 294-296.
[8] Mottaleb MA, Zimmerman JH, Moy TW. Biological transformation,kinetics and dose-response assessments of bound musk ketone hemoglobin adducts in rainbow trout as biomarkers of environmental exposure. Journal of Environmental Sciences, 2008, 20: 874-878.

附表 1　酮麝香的基本信息

中文名称	酮麝香
英文名称	musk ketone
分子式	$C_{14}H_{18}N_2O_5$
分子量	294.30
CAS 号	81-14-1
中文化学名称	2，6- 二甲基 -3，5- 二硝基 -4- 叔丁基苯乙酮
英文化学名称	4′-tert-butyl-2′，6′-dimethyl-3′，5′-dinitroacetophenone
结构式	O　CH_3　H_3C　CH_3　O_2N　NO_2　H_3C　CH_3　CH_3

3.12　游离氢氧化物

Free hydroxide

烫直剂、烫卷剂以及脱毛剂中游离氢氧化物的存在有助于加快反应速度、缩短烫发时间，但碱性过高，会对头发产生过度损伤或对头皮产生腐蚀。

目前，游离氢氧化物的检测方法主要为滴定法。《化妆品安全技术规范》采用自动电位滴定法，该法操作简便快速、测量误差小、结果准确。

本方法的原理为样品中的氢氧化物与盐酸发生中和反应，电极电位发生变化，滴定终点确定为 pH 9.2，根据盐酸标准溶液的用量，计算样品中氢氧化物（氢氧化钠和氢氧化钾均以氢氧化钠计）的含量。

本方法对氢氧化物的检出限为 0.20mg；取样量为 2g 时，最低检出浓度为 0.01%。

方法注释：

1）《化妆品安全技术规范》中规定，在指（趾）甲护膜溶剂、头发烫直剂、脱毛剂等化妆品中允许使用游离氢氧化物，其中 NaOH、LiOH、KOH 的含量均以 NaOH 的重量计，如果是混合物，总量不能超过“化妆品中最大允许使用浓度”一栏中的要求。

2）挥发性氨类对测定结果有较大影响，为保证测定结果的准确性，在样品前处理时需用减压法除去该类组分，直至样品不再有氨味，方可进行测定。对于黏稠度较低的样品，超声 5~10 分钟即可；而对于黏稠度较高的样品，加入水后须放置 4 小时以上（将样品放到没有酸、碱影响的干燥器内），否则较难混匀。

3）在测定时，为防止滴定过量，滴定速度不宜快，要多搅拌，留足反应时间，当 pH 接近 9.6 时滴定要慢速进行。

[1] 周长美，李小娟，吴健. 自动电位滴定仪连续测定直发产品中游离氢氧化物方法的研究. 中国卫生检验杂志，2012，22（12）：2835–2836.

[2] 董玮玮，冯光，聂小春，等. 滴定法测定化妆品中游离氢氧化物的不确定度评定. 中国卫生检验杂志，2011，21（11）：2796–2797.

[3] 张炳坤，马丽. 电位滴定法测定脱毛霜（膏）类样品中氢氧化物. 预防医学文献信息，2003，9（3）：306–307.

[4] 郭瑞娣. 直发膏（剂）中氢氧化物电位滴定法测定. 中国公共卫生，2006，22（1）：119–120.

3.13　总硒

Total selenium

硒，外观为有灰色金属光泽的固体，是一种非金属元素，列于元素周期表第 34 位。其熔点为 217℃，沸点为 684.9℃，密度为 4.8g/cm^3，不溶于水、醇，溶于硫酸、硝酸、碱。硒的基本信息见附表 1。

硒是人体所必需的微量元素之一，硒缺乏时人可患克山病、大骨节病，使人体免疫力降低，癌症患病率升高，但过量的硒能引起中毒，出现脱发、脱甲、偏瘫等病症。化妆品中的硒主要以无机的六价硒、四价硒、负二价硒以及某些有机硒的形式存在。

目前化妆品中硒的检测方法主要有荧光分光光度法、原子吸收分光光度法和电感耦合等离子体质谱法。《化妆品卫生规范》(2007 年版）收载了荧光光度法，《化妆品安全技术规范》保留了该方法。

本方法的原理为样品经硝酸 – 高氯酸消解，使硒游离和氧化，再将六价硒还原为四价硒，与 2，3– 二氨基萘在 pH 1.5~2.0 条件下反应生成 4，5– 苯并苤硒脑的绿色荧光物质，以环己烷萃取，用荧光分光光度法测定其荧光强度，与标准溶液比较、定量。

本方法对硒的检出限为 2.1×10^{-3}μg，定量下限为 7.0×10^{-3}μg；取样量为 1g 时，检出浓度为 2.1×10^{-3}μg/g，最低定量浓度为 7.0×10^{-3}μg/g。

方法注释：

1）本方法的样品预处理仅将化妆品中的有机物破坏并将有机硒转化为无机硒，因化妆品中含有各种价态的硒，而二氨基萘只是与四价硒反应，因此先将低于四价的硒和六价硒转化为四价硒。

2）样品消解时，需要将消解液不断摇动，若消解过程中溶液颜色变为黄褐色，且逐

渐加深，需补加硝酸与高氯酸再消解，继续加热至冒白烟时，表示消解液中剩余的高氯酸和硝酸被驱赶完全，此时方可进行剩余的测定步骤。需要注意的是因无水高氯酸在无水条件下易引起爆炸，所以在消解时所用的高氯酸必须为 ρ_{20}（$HClO_4$）= 1.66g/ml，同时应注意加热时不得将溶液蒸干。

3）四价硒与 2，3- 二氨基萘反应形成 4，5- 苯并苤硒脑的绿色荧光物质，反应式为：

4）2，3- 二氨基萘对光不稳定，易分解产生具有荧光的杂质，会使空白值增高，因此二氨基萘溶液应储存于棕色瓶中，使用时需注意尽量避光操作。而 4，5- 苯苤硒脑的环己烷溶液荧光强度则比较稳定，于 4℃下可保存 24 小时。

参考文献

[1] 郑星泉，周淑玉，周世伟. 化妆品卫生检验手册. 北京：化学工业出版社，2003.

[2] 王国玲，姜颖虹，刘文杰，等. 微波消解 – 原子荧光光谱法测定化妆品中总硒. 微量元素与健康研究，2009，26（1）：192–193.

[3] 章映娴，舒春花. 双道原子荧光光度法测定化妆品中总硒. 国际病理科学与临床杂志，2010，30（5）：384–386.

[4] 吕化鹏，时圣勇，颜秉浩. 氢化物发生 – 原子荧光光谱法测定化妆品中的硒. 光谱实验室，2007，24（6）：1037–1040.

附表 1　硒的基本信息

中文名称	硒
英文名称	selenium
元素符号	Se
原子量	78.96
CAS 号	7782-49-2
原子序数	34

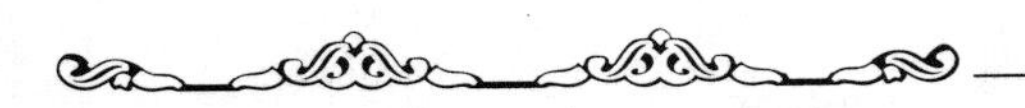

4 防腐剂检验方法

4.1 苯甲醇

Benzyl alcohol

苯甲醇，又名苄醇，为有微弱芳香气味的无色透明黏稠液体，熔点为 –15.4℃，沸点为 205.4℃、189℃（66.67kPa）、141℃（13.33kPa）、93℃（1.33kPa），相对密度为 1.0419（24/4℃），折射率为 1.5395 5，闪点为 100.4℃，可燃，自燃点为 436℃，稍溶于水，能与乙醇、乙醚、丙酮和苯等溶剂混溶。久置后，会氧化而微带苯甲醛的苦杏仁气味，有极性，低毒，蒸气压低，常用作醇类溶剂。苯甲醇的基本信息见附表 1。

苯甲醇通常用于化妆品中作为防腐剂、添香剂、溶剂和黏度降低剂等。

《化妆品安全技术规范》收载了气相色谱法和高效液相色谱法测定化妆品中苯甲醇的含量。

第一法 气相色谱法

本方法的原理为样品经处理后，通过气相色谱仪分离、氢火焰离子化检测器检测，根据保留时间定性、峰面积定量，以标准曲线法计算含量。

本方法对苯甲醇的检出限为 0.0012μg，定量下限为 0.0039μg；取样量为 1.0g 时，检出浓度为 0.0012%，最低定量浓度为 0.004%。

方法注释：

1）在色谱条件的选择上，为兼顾使用同一色谱条件测定苯甲酸，选用了适于有机酸测定的且耐水性良好的硝基对苯二酸改性的聚乙二醇色谱柱（HP–FFAP）。同时，根据苯甲醇的性质、化妆品基质特点及所选的色谱柱特性，选择了较高的进样口温度及检测器温度；在样品的提取方式上对于膏霜剂型化妆品增加了超声前的水浴，更有利于目标待测物进入提取溶剂中。

2）必要时，可采用气相色谱 – 质谱确证阳性检测结果，以检查化妆品中是否有其他组分干扰苯甲醇的测定。“必要时”是指当检测样品中的苯甲醇含量超出限度值，且色谱图中的相应位置可能存在干扰无法判定时，用气相色谱 – 质谱确证。

典型图谱

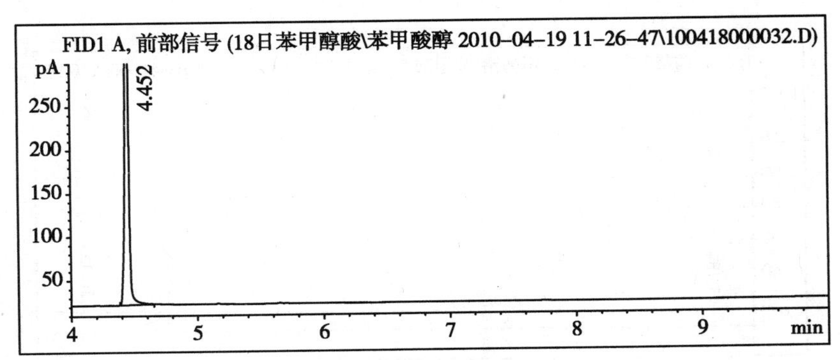

图 1 水剂型空白样品

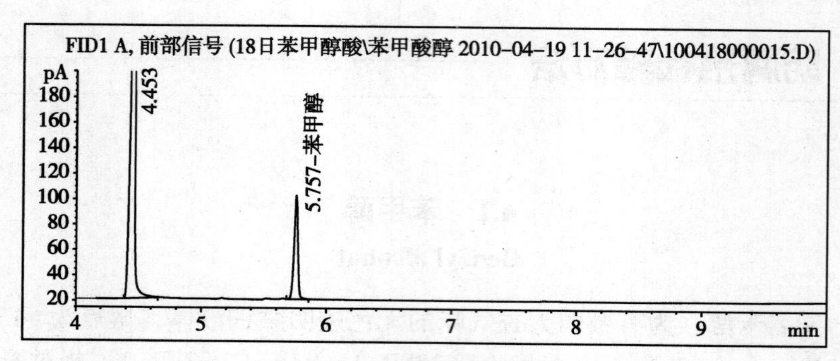

图 2　水剂型样品加标

苯甲醇（5.757 分钟）

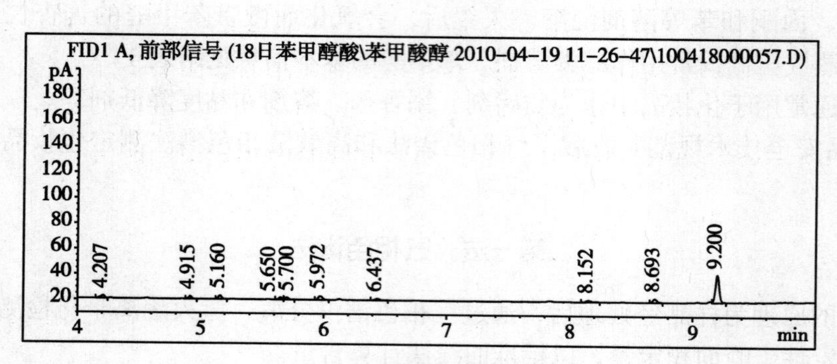

图 3　膏乳剂型空白样品

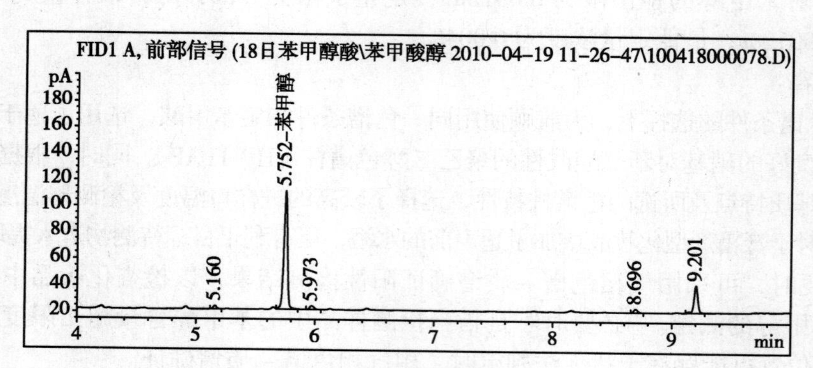

图 4　膏乳剂型样品加标

苯甲醇（5.752 分钟）

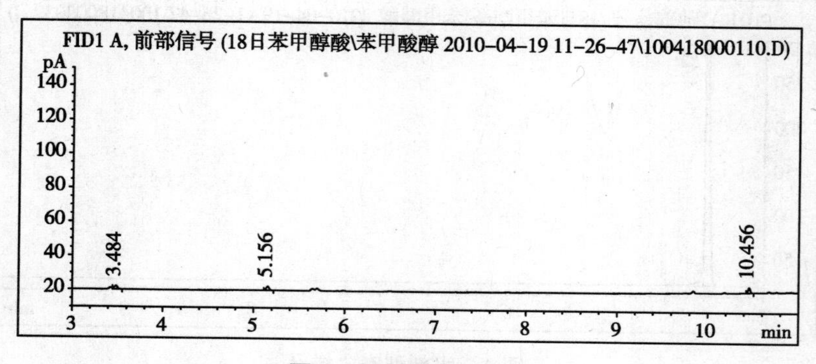

图 5　粉剂型空白样品

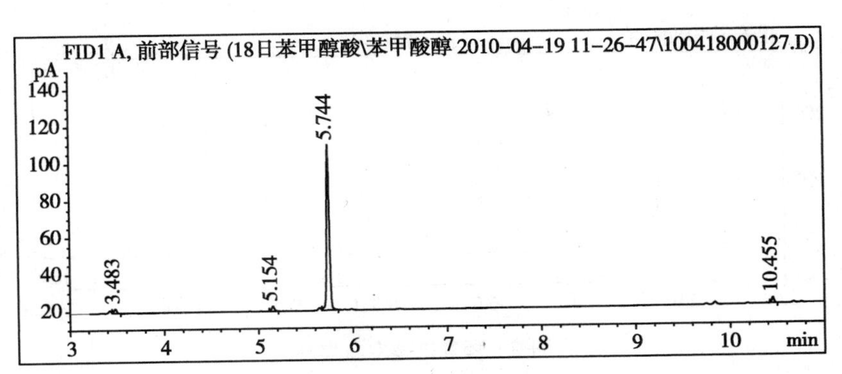

图 6　粉剂型样品加标

苯甲醇（5.744 分钟）

第二法　高效液相色谱法

本方法的原理为样品经处理后，通过液相色谱仪分离、紫外检测器检测，根据保留时间定性、峰面积定量，以标准曲线法计算含量。

本方法对苯甲醇的检出限为 0.000 005μg，定量下限为 0.000 02μg；取样量为 1.0g 时，检出浓度为 0.000 000 5%，最低定量浓度为 0.000 002%。

方法注释：

本方法的检测波长按照苯甲醇的最佳波长选择；在样品提取方式上将振摇与超声相结合，更利于样品中目标待测物的提取。

典型图谱

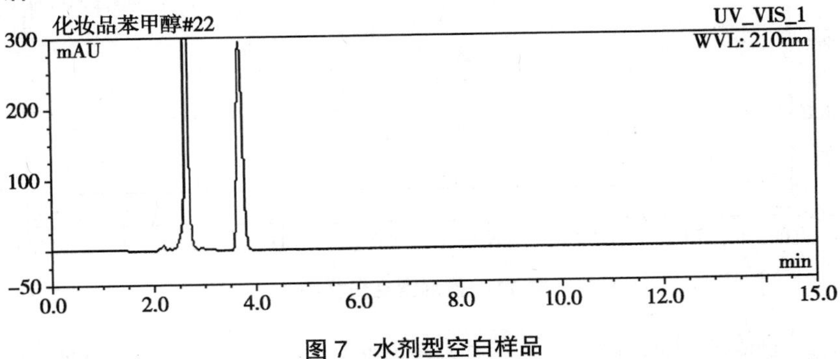

图 7　水剂型空白样品

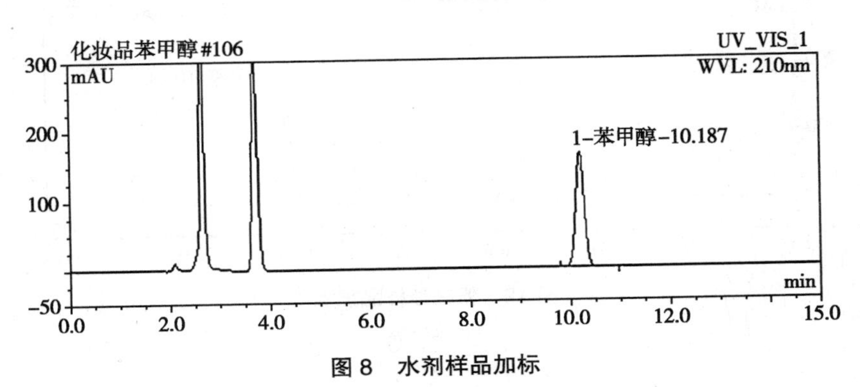

图 8　水剂样品加标

1：苯甲醇

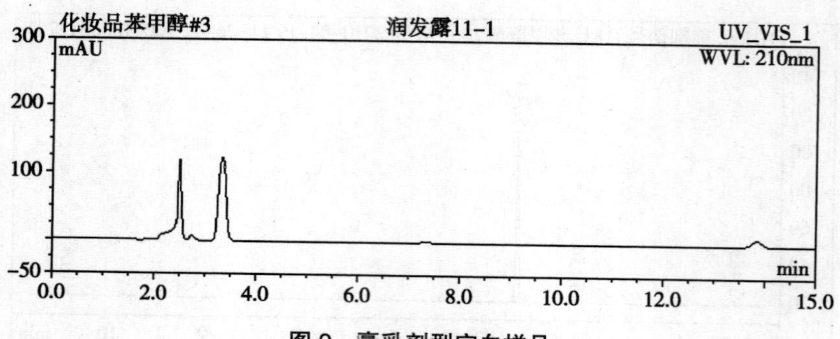

图 9　膏乳剂型空白样品

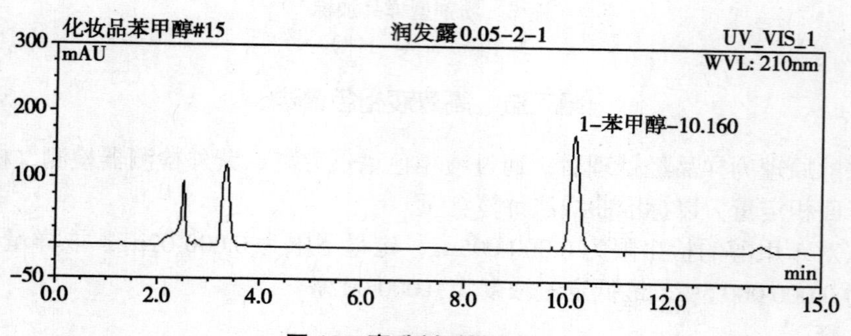

图 10　膏乳剂型样品加标

1：苯甲醇

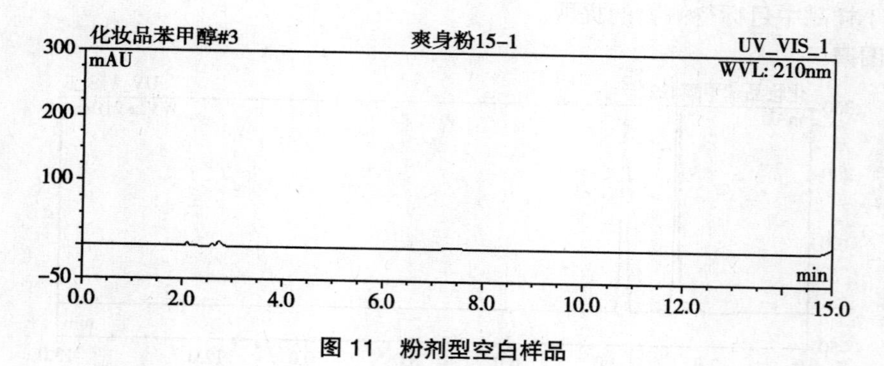

图 11　粉剂型空白样品

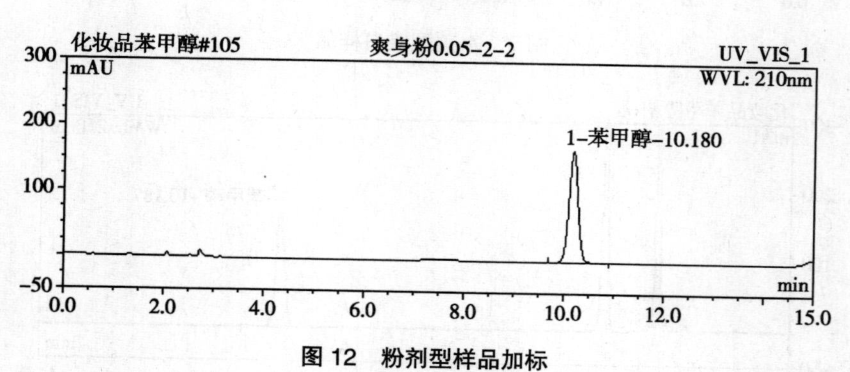

图 12　粉剂型样品加标

1：苯甲醇

参考文献

［1］中华人民共和国国家质量监督检验检疫总局. GB/T 24800.11—2009 化妆品中苯甲醇的测定——气相色谱法. 北京：中国标准出版社，2009.

［2］白艳玲，张彩虹，陈剑刚. 化妆品中 8 种防腐剂同时测定的气相色谱法. 环境与健康杂志，2004，21（3）：170-171.

［3］中华人民共和国卫生部. 化妆品卫生规范. 北京：军事医学科技出版社，2007.

［4］曾铭，喻零春，尹君玲，等. 高效液相色谱法测定化妆品中防腐剂. 理化检验 - 化学分册，2012，10（10）：1203-1205.

附表 1　苯甲醇的基本信息

中文名称	苯甲醇
英文名称	benzyl alcohol
分子式	C_7H_8O
CAS 号	100-51-6
中文化学名称	α- 羟基甲苯
英文化学名称	alpha-hydroxytoluene
结构式	OH

4.2　苯甲酸及其钠盐

Benzoic acid and sodium benzoate

苯甲酸，INCI 名称 benzoic acid，CAS 编号 65-85-0，分子式 $C_7H_6O_2$，分子量 122.13，熔点 122 ℃，沸点 249 ℃，20 ℃下的溶解度为 2.9g/L，其水溶液显弱酸性。苯甲酸钠，INCI 名称 sodium benzoate，CAS 编号 532-32-1，分子式 $C_7H_5O_2Na$，分子量 144.11，熔点 300℃，易溶于水（20℃下的溶解度为 550~630g/L），其水溶液呈碱性。两者的基本信息见附表 1。

苯甲酸及其盐在化妆品中主要作防腐剂用。由于化妆品在生产、使用和保存过程中易被微生物污染，为了防止化妆品在保质期内受到微生物污染，化妆品生产企业主要采取添加一定量的防腐剂来预防。苯甲酸及其钠盐是常用的防腐剂之一，其毒理学资料表明，在慢性接触动物实验中，苯甲酸和苯甲酸钠的影响仅限于减少实验动物的摄食量和减慢生长，致癌性试验是阴性的。2% 以下的苯甲酸不是致敏剂。

《化妆品安全技术规范》收载了高效液相色谱法和气相色谱法测定化妆品中苯甲酸及其钠盐的含量。

第一法　高效液相色谱法

本方法的原理为样品经酸化后，用乙醇和水的混合溶液，水浴、超声提取，经高效液相色谱仪分离、紫外检测器检测，根据保留时间定性、峰面积定量，以标准曲线法计算含量。

本方法对苯甲酸及其钠盐的检出限为 0.000 225μg，定量下限为 0.000 75μg；取样量为 1.0g 时，检出浓度为 0.0001%，最低定量浓度为 0.0004%。

方法注释：

在样品提取方式上，将涡旋振荡与超声相结合，更有利于样品中目标待测物的提取；同时，选择甲醇与磷酸二氢钠缓冲液为流动相，配制简便，在选定的检测波长条件下背景吸收较低。

典型图谱

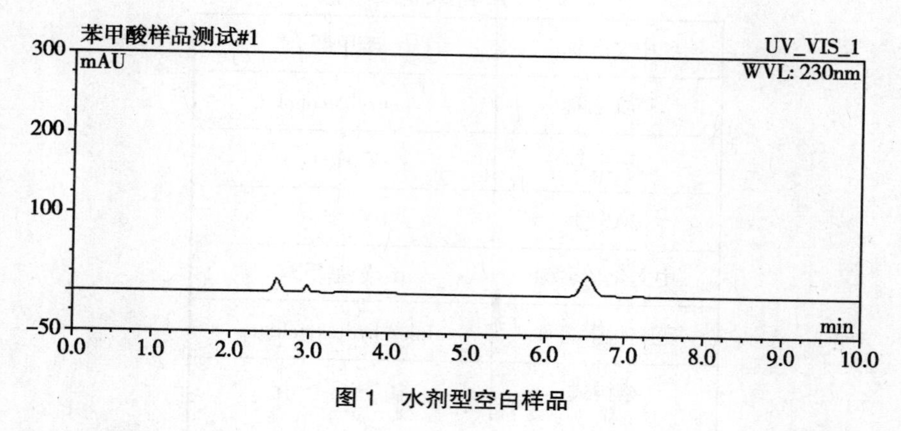

图 1　水剂型空白样品

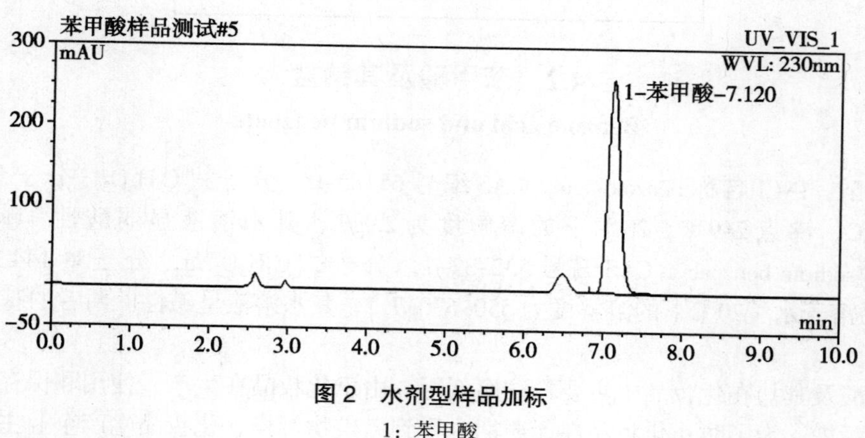

图 2　水剂型样品加标

1：苯甲酸

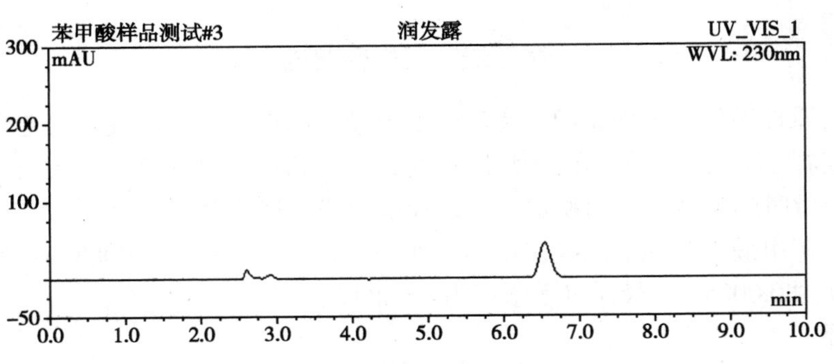

图 3　膏乳剂型空白样品

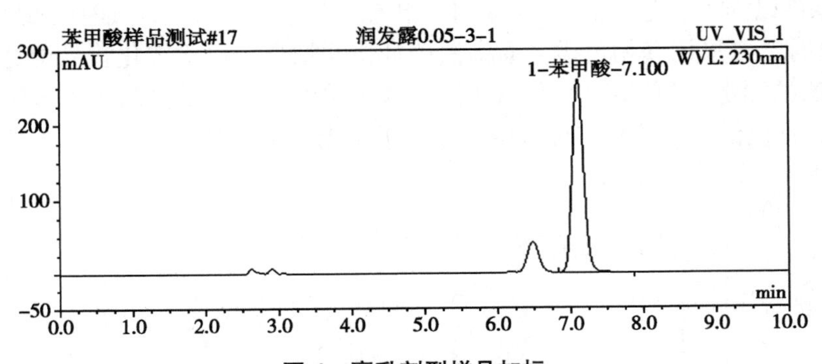

图 4　膏乳剂型样品加标

1：苯甲酸

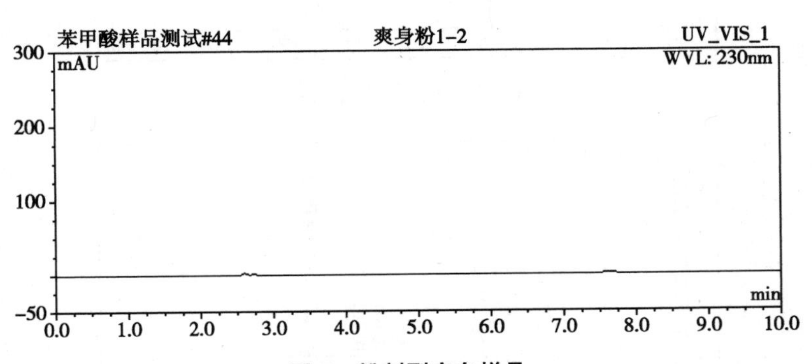

图 5　粉剂型空白样品

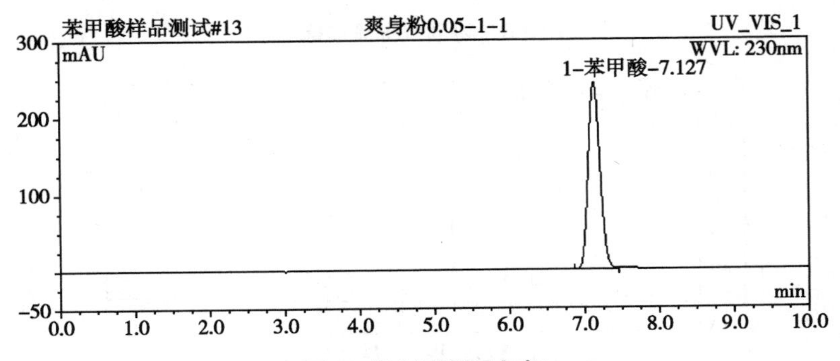

图 6　粉剂型样品加标

1：苯甲酸

第二法　气相色谱法

本方法的原理为样品经酸化后，用乙醚低温超声提取，提取溶液除去乙醚，残渣用无水乙醇溶解定容，离心，取上清液经滤膜过滤，经气相色谱仪分离、氢火焰离子化检测器检测，根据保留时间定性、峰面积定量，以标准曲线法计算含量。

本方法对苯甲酸及其钠盐的检出限为0.0025μg，定量下限为0.0083μg；取样量为1.0g时，检出浓度为0.0025%，最低定量浓度为0.0083%。

方法注释：

1）由于化妆品中的挥发性组分较多，色谱图中的相应位置可能存在干扰，故测定中应注意调整色谱条件以排除干扰，必要时可采用液相色谱法进行验证，以保证测定结果的准确性。

2）必要时，可采用气相色谱－质谱法确证检测结果，以检查化妆品中是否有其他组分干扰苯甲酸的测定。“必要时”是指当检测样品中的苯甲酸及其盐（以苯甲酸计）含量超出限度值，且色谱图中的相应位置可能存在干扰无法判定时。

典型图谱

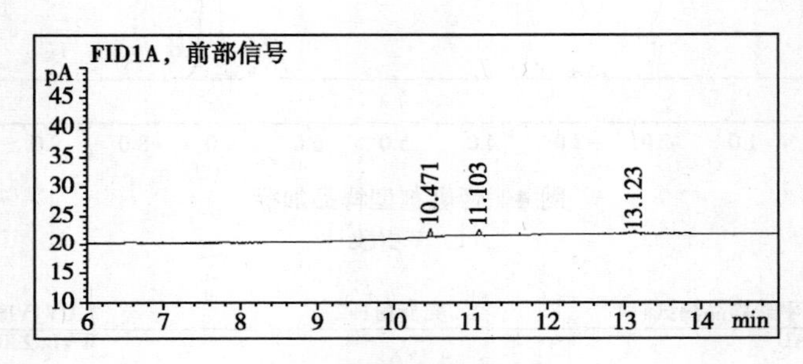

图7　粉剂型空白样品

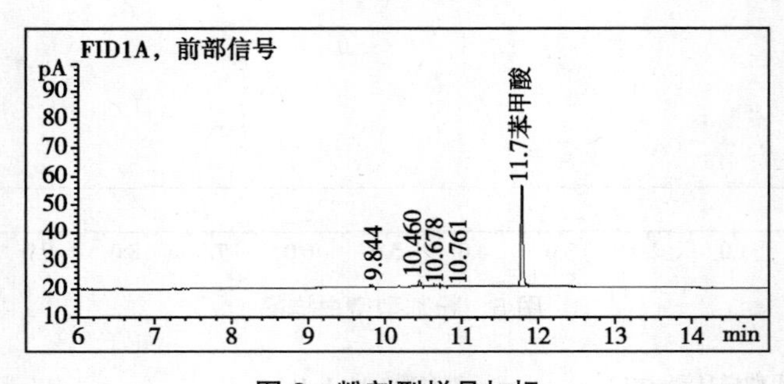

图8　粉剂型样品加标

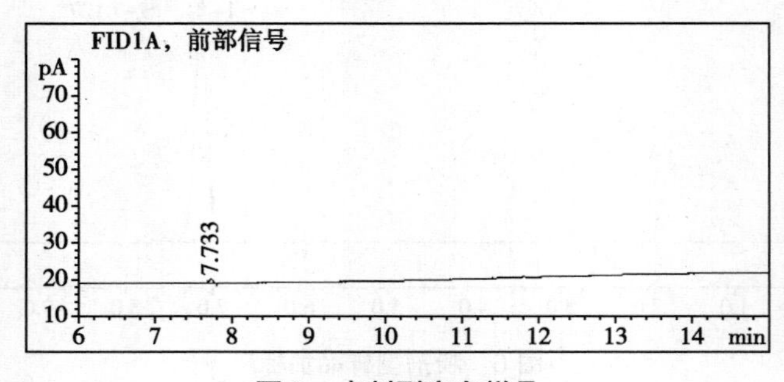

图9　水剂型空白样品

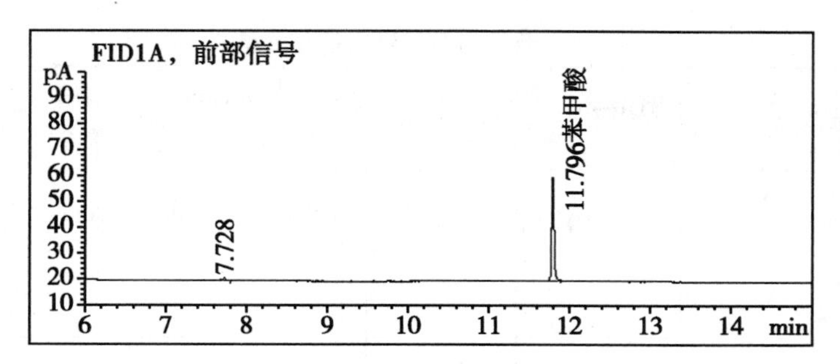

图 10　水剂型样品加标

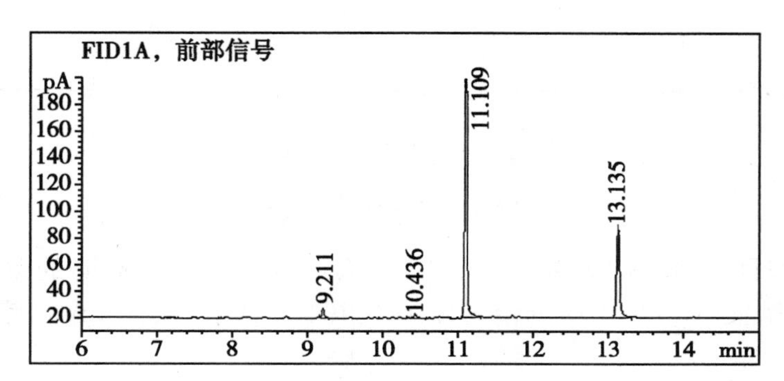

图 11　膏乳剂型空白样品

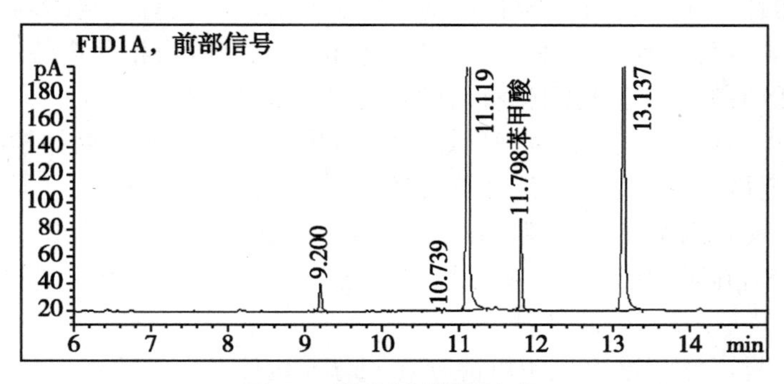

图 12　膏乳剂型样品加标

参考文献

[1] 白艳玲，张彩虹，陈剑刚．化妆品中 8 种防腐剂同时测定的气相色谱法．环境与健康杂志，2004，21（3）：170-171.

[2] 中华人民共和国卫生部．化妆品卫生规范（2007 版）．北京：军事医学科技出版社，2007.

[3] 曾铭，喻零春，尹君玲，等．高效液相色谱法测定化妆品中防腐剂．理化检验 - 化学分册，2012，10（10）：1203-1205.

[4] 沈红辉，袁国琴．常用防腐剂苯甲酸及其钠盐及其检测方法综述．中国科技博览，2010，（36）：320.

附表 1 苯甲酸及其钠盐的基本信息

中文名称	英文名称	分子式	CAS 号	中文化学名称	英文化学名称	结构式
苯甲酸	benzoic acid	C_6H_5COOH	65-85-0	苯甲酸	benzoic acid	
苯甲酸钠	sodium benzoate	$C_7H_5O_2Na$	532-32-1	苯甲酸钠	sodium benzoate	

4.3 苯氧异丙醇

Phenoxyisopropanol

苯氧异丙醇即 1- 苯氧基 -2- 丙醇，又名丙二醇苯醚，为透明的黏稠液体，熔点为 11℃，沸点为 243℃，在水中的溶解度为 2g/100g（25℃）。苯氧异丙醇的基本信息见附表 1。

苯氧异丙醇在化妆品中主要用作防腐剂和溶剂，是苯氧苄胺（酚苄明）的中间体，对眼睛有较强的刺激性。同时，苯氧异丙醇对消化道和皮肤亦具有一定的刺激性。

目前，苯氧异丙醇的检测方法主要有气相色谱法和高效液相色谱法。《化妆品安全技术规范》采用高效液相色谱法检测化妆品中苯氧异丙醇的含量。

本方法的原理为样品提取后，经高效液相色谱仪分离、紫外检测器检测，根据保留时间定性、峰面积定量，以标准曲线法计算含量。

本方法对苯氧异丙醇的检出限为 0.0008μg，定量下限为 0.0012μg；取样量为 0.25g 时，检出浓度为 5.0μg/g，最低定量浓度为 8.0μg/g。

方法注释：

1）因在苯氧异丙醇标准物质中可能存在同分异构体苯氧基丙醇，故检测时应注意色谱峰纯度，当发现有该组分存在时应保证两者有效分离，即分离度 >1.5。

2）由于流动相中使用毒性较大的乙腈和四氢呋喃，乙腈和四氢呋喃均属中等毒类，易燃，其蒸气与空气可形成爆炸性混合物，遇明火、高热或与氧化剂接触有引起燃烧爆炸的危险，故应做好个人防护和实验室通风。

3）为保证样品在超声过程中分散均匀、被测组分提取完全，在处理某些黏稠样品时，应将其均匀涂布于比色管刻度线以下；且由于样品处理中涡旋前未定容，为保证测定结果的准确性，应注意涡旋频率，不得有溶液溅出。对于某些经超声处理后溶液较难过滤的样品，应在适当离心后，取上清液用滤膜过滤。若样品中被测组分的含量过高，应适当稀释后再进行检测。

4）由于流动相组成较为复杂，建议将流动相适当预混合后再用于检测，以便提高仪器的稳定性。且四氢呋喃会损害色谱仪及影响色谱柱的使用寿命，故实验结束后应延长色谱柱与仪器管路的冲洗时间。

典型图谱

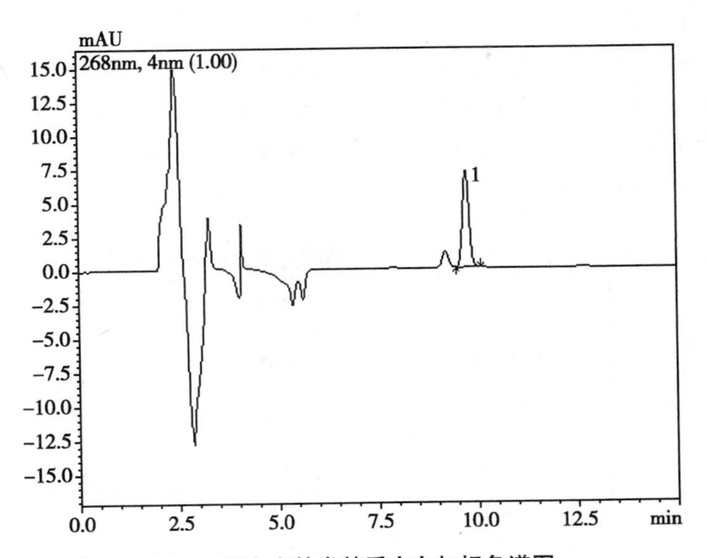

图 1　液态水基类基质空白加标色谱图

1：苯氧异丙醇

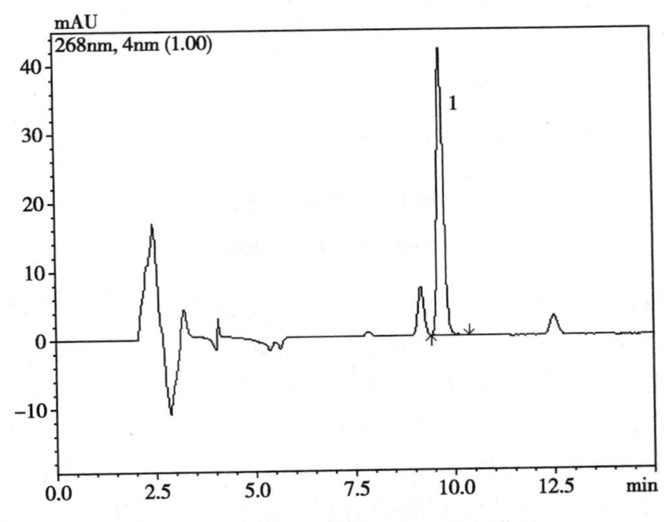

图 2　膏霜乳液类基质空白加标色谱图

1：苯氧异丙醇

参考文献

[1] 陈志蓉，高晓謜，刘洋，等．高效液相色谱法测定化妆品中的苯氧异丙醇．日用化学工业，2011，41（4）：310-312.

[2] Fialkov AB, Steiner U, Jones L, et al. A new type of GC-MS with advanced capabilities. International Journal of Mass Spectrometry, 2006, 251 (1): 47-58.

[3] 王萍，李杰，郑和辉. 超高效液相色谱法测定化妆品中22种防腐剂. 中国卫生检验杂志，2009，19（6）：1291-1293.
[4] The cosmetic Directive of Council European Communities, 76/768/EEC.
[5] Borremans M, Loco JV, Roos P, et al. Validation of HPLC analysis of 2-phenoxyethanol, 1-phenoxypropan-2-ol, methyl, ethyl, propyl, butyl and benzyl 4-hydroxybenzoate (parabens) in cosmetic products, with emphasis on decision limit and detection capability. Chromatographia, 2004, (59): 47-53.

附表1 苯氧异丙醇的基本信息

中文名称	苯氧异丙醇
英文名称	phenoxyisopropanol
分子式	$C_9H_{12}O_2$
分子量	152.19
CAS号	770-35-4
中文化学名称	1-苯氧基-2-丙醇
英文化学名称	1-phenoxy-2-propanol
结构式	HO O

4.4 苯扎氯铵

Benzalkonium chloride

苯扎氯铵为白色结晶性粉末，沸点为100℃，闪点为41℃，易溶于水，可溶于乙醇、乙醚，稳定性较好。苯扎氯铵主要由十二烷基二甲基苄基氯化铵（C_{12}-BAC）、十四烷基二甲基苄基氯化铵（C_{14}-BAC）和十六烷基二甲基苄基氯化铵（C_{16}-BAC）3种同系物组成，其中十二烷基二甲基苄基氯化铵易溶于水，微溶于乙醇，长期暴露空气中易吸潮，耐光、耐压、耐热、无挥发性；十四烷基二甲基苄基氯化铵为白色结晶，熔点为63~65℃，易溶于水，不溶于苯和醚等有机溶剂；十六烷基二甲基苄基氯化铵熔点为55~65℃。苯扎氯铵的基本信息见附表1。

苯扎氯铵又名洁尔灭，是具有杀菌作用的季铵盐类阳离子型表面活性剂，3种同系物的杀菌特性不同：C_{12}-BAC是有效的酵母菌和真菌抑制剂；C_{14}-BAC、C_{16}-BAC分别能够作用于革兰阳性菌和阴性菌。苯扎氯铵常作为表面活性剂和防腐剂应用于化妆品中。当用作表面活性剂时，起发泡、洗净等作用，长期使用会破坏皮肤表皮的皮脂保护膜，进而破坏角质层，溶解颗粒层的油脂，使肌肤表层的防护壁丧失作用而无法抵抗异物侵入，破坏毛囊，导致过敏性接触皮肤炎，用于发用类产品中易使头发干燥、变脆、出现掉发现象；当用作防腐剂时，可有效延长保存期限，避免在使用过程中内容物被污染，但长时间使用会导致角质细胞结构松散、肌肤粗糙、易敏感等问题。

目前，苯扎氯铵的检测方法主要有高效液相色谱法、滴定法、紫外分光光度法、示差

分光光度法、毛细管电泳法、液相色谱 - 质谱法、免疫法等。滴定法和紫外分光光度法只能测定总量；示差分光光度法需衍生，操作烦琐；免疫法专一性强，仅能测定其中的十二烷基二甲基苄基氯化铵。《化妆品安全技术规范》收载了高效液相色谱法，本方法操作简便、快捷，且仪器普及。

本方法的原理为样品处理后，经高效液相色谱仪分离、二极管阵列检测器检测，根据保留时间和紫外光谱图定性、峰面积定量，以标准曲线法计算含量。

本方法对苯扎氯铵的检出限为 0.02μg，定量下限为 0.07μg；取样量为 0.5g 时，检出浓度为 130μg/g，最低定量浓度为 435μg/g。

方法注释：

1）苯扎氯铵为十二烷基二甲基苄基氯化铵、十四烷基二甲基苄基氯化铵和十六烷基二甲基苄基氯化铵的混合物，实验中 3 个组分可达到有效分离，故应分别计算检出浓度和最低定量浓度。

2）称取膏霜乳液等黏稠样品时，应将其均匀涂布于比色管刻度线以下，以使样品能完全、有效地分散于提取溶剂中，保证样品中被测组分测定结果的准确性。超声处理后膏霜乳液等黏稠样品的溶液较难过滤，应适当离心后，取上清液用滤膜过滤。

3）为使样品尽可能均匀地分散于溶液中，在超声提取前应采用涡旋混合仪或人工充分振摇。涡旋混合时，应调节涡旋器至合适的频率，避免由于溶液溅出造成待测组分的损失。

4）通过比较氰基柱和 C_{18} 柱对苯扎氯铵分离效果的影响，发现氰基柱在峰形和选择性方面优于 C_{18} 柱。将苯扎氯铵混合溶液进行紫外全波长扫描，结果在 218nm 和 260nm 处有最大吸收，为尽量降低干扰，最终选择 260nm 为检测波长。

5）采用醋酸铵缓冲溶液作为水相，可以使流动相保持一定的 pH 及离子强度，有利于减少拖尾，改善峰形。但醋酸铵缓冲溶液可能造成色谱柱柱压升高、柱效下降以及使化合物的保留时间发生变化等影响，故实验完毕后应延长色谱柱与仪器管路的冲洗时间。

6）本方法中使用冰醋酸调节流动相的 pH，由于冰醋酸具有腐蚀性，对眼和鼻有刺激作用，故应做好个人防护和实验室通风。

7）由于化妆品基质复杂，仅采用液相定性可能出现假阳性结果，建议对阳性结果采用液相色谱 - 质谱进行确证，以保证检测结果的准确性。质谱参考条件见实例分析。

典型图谱

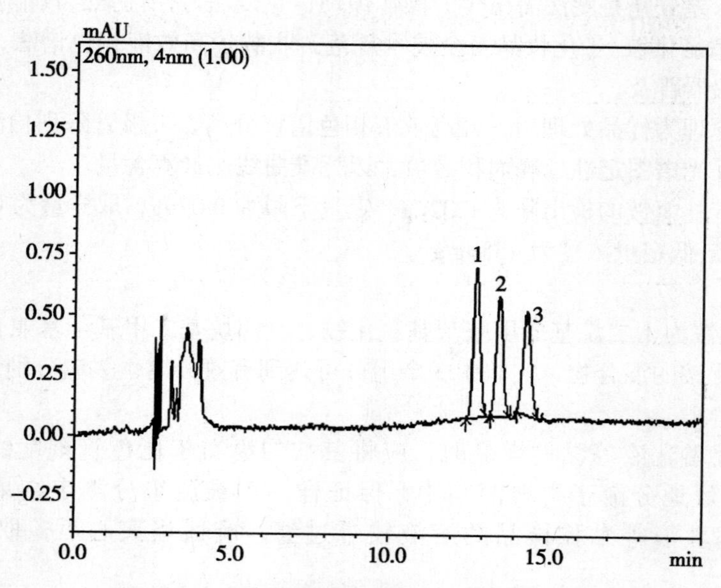

图 1　液态水基类基质空白加标色谱图

1：十二烷基二甲基苄基氯化铵；2：十四烷基二甲基苄基氯化铵；3：十六烷基二甲基苄基氯化铵

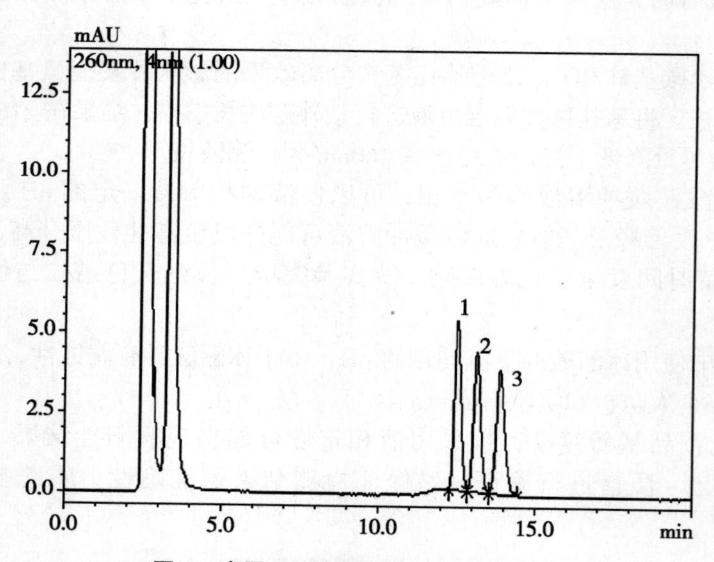

图 2　膏霜乳液类基质空白加标色谱图

1：十二烷基二甲基苄基氯化铵；2：十四烷基二甲基苄基氯化铵；3：十六烷基二甲基苄基氯化铵

实例分析

液相色谱 - 质谱方法确证条件如下：

仪器：Agilent 6495 液相色谱 - 质谱仪

色谱柱：Zorbax SB C_{18}（100mm × 2.1mm × 1.8μm）

流动相梯度洗脱程序：

t（分钟）	流动相 A（水，含 0.5mmol/L 甲酸铵）	流动相 B（甲醇，含 0.5mmol/L 甲酸铵）
0	95%	5%
1	95%	5%
6	40%	60%
7	5%	95%
11	5%	95%

流速：0.3mL/min

进样量：2μL

离子源：电喷雾离子源（ESI 源）

喷雾电压：2500V

干燥气温度：180℃

干燥气流速：14L/min

鞘气温度：400℃

鞘气流速：11L/min

扫描方式：正离子

监测模式：MRM

质谱参考特征离子：

被测组分名称	母离子	子离子	
十二烷基二甲基苄基氯化铵	304.4	212.3	91.1
十四烷基二甲基苄基氯化铵	332.3	240.3	91.0
十六烷基二甲基苄基氯化铵	360.3	268.3	91.0

[1] 张鹏祥，曹蕊，高晓譞，等．高效液相色谱法测定化妆品中苯扎氯铵．日用化学工业，2012，42（3）：230-232.

[2] 叶妙华．苯扎氯铵两种 HPLC 方法的比较与选择．亚太传统医药，2010，6（6）：23-25.

[3] 丁晓静，车宜平，赵海燕，等．反相高效液相色谱法测定复方化学消毒剂中苯扎氯铵．分析测试学报，2006，25（6）：63-66.

附表1 苯扎氯铵的基本信息

中文名称	英文名称	分子式	分子量	CAS号	中文化学名称	英文化学名称	结构式
十二烷基二甲基苄基氯化铵	dodecyl dimethyl benzyl ammonium chloride	$C_{21}H_{38}ClN$	339.99	139-07-1	*N*-十二烷基-*N*，*N*-二甲基苯甲铵氯化物	benzenemethanaminium，*N*-dodecyl-*N*，*N*-dimethyl-，chloride	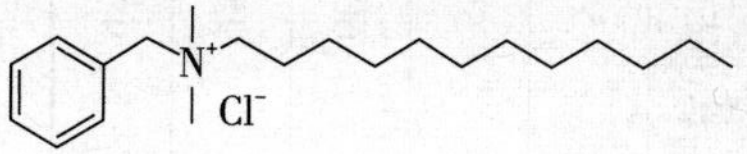 N^+ Cl^-
十四烷基二甲基苄基氯化铵	tetradecyl dimethyl benzyl ammonium chloride	$C_{23}H_{42}ClN$	368.04	139-08-2	*N*，*N*-二甲基-*N*-十四烷基苯甲铵氯化物	benzenemethanaminium，*N*，*N*-dimethyl-*N*-tetradecyl-，chloride	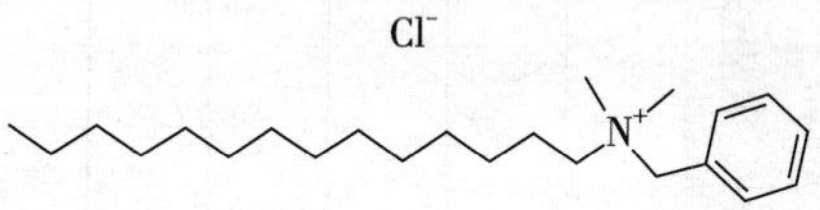 Cl^- N^+
十六烷基二甲基苄基氯化铵	benzenemethaminium	$C_{25}H_{46}ClN$	396.09	122-18-9	*N*-十六烷基-*N*，*N*-二甲基苄基氯化铵	benzenemethaminium，*N*-hexadecyl-*N*，*N*-dimethyl，chloride	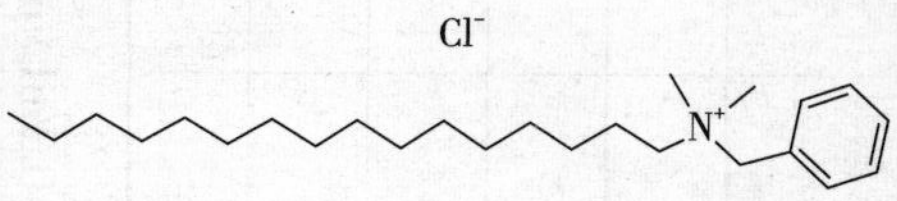 Cl^- N^+

4.5　劳拉氯铵、苄索氯铵和西他氯铵

Lauralkonium chloride, benzethonium chloride and cetalkonium chloride

劳拉氯铵又称十二烷基二甲基苄基氯化铵，微溶于乙醇，易溶于水，长期暴露空气中易吸潮，耐光、耐压、耐热、无挥发性。苄索氯铵为片状晶体，熔点为164~166℃，易溶于水形成泡沫状肥皂水样溶液，溶于乙醇、丙酮、三氯甲烷。西他氯铵又称十六烷基二甲基苄基氯化铵，熔点为55~65℃。苄索氯铵、劳拉氯铵和西他氯铵的基本信息见附表1。

苄索氯铵、劳拉氯铵和西他氯铵是新型的防腐剂，具有较好的表面活性，广泛用于日化、医药等领域作防腐、杀菌剂。当用作表面活性剂时，起发泡、洗净等作用，长期使用会破坏皮肤表皮的皮脂保护膜，进而破坏角质层，溶解颗粒层的油脂，使肌肤表层的防护壁丧失作用而无法抵抗异物侵入，破坏毛囊，导致过敏性接触皮肤炎，用于发用类产品中易使头发干燥、变脆、出现掉发现象；当用作防腐剂时，可有效延长保存期限，避免在使用过程中内容物被污染，但长时间使用会导致角质细胞结构松散、肌肤粗糙、易敏感等问题。

目前，劳拉氯铵等的检测方法主要有高效液相色谱法、滴定法、紫外分光光度法、示差分光光度法、毛细管电泳法、液相色谱－质谱法、免疫法等。滴定法和紫外分光光度法只能测定总量；示差分光光度法需衍生，操作烦琐；免疫法专一性强，仅能测定其中的十二烷基二甲基苄基氯化铵。《化妆品安全技术规范》收载了高效液相色谱法。本方法操作简便、快捷，且仪器普及，但由于化妆品基质复杂，可能出现假阳性结果，必要时可采用液相色谱－质谱法确证。

本方法的原理为样品处理后，经高效液相色谱仪分离、二极管阵列检测器检测，根据保留时间和紫外光谱图定性、峰面积定量，以标准曲线法计算含量。

本方法对劳拉氯铵、苄索氯铵和西他氯铵的检出限、定量下限及取样量为0.5g时的检出浓度和最低定量浓度见表1。

表1　各组分的检出限、定量下限、检出浓度和最低定量浓度

组分名称	劳拉氯铵	苄索氯铵	西他氯铵
检出限（μg）	0.04	0.07	0.03
定量下限（μg）	0.2	0.3	0.1
检出浓度（μg/g）	8	11	9
最低定量浓度（μg/g）	25	35	30

方法注释：

1）本方法所测的组分劳拉氯铵、西他氯铵分别为苯扎氯铵中的十二烷基二甲基苄基氯化铵、十六烷基二甲基苄基氯化铵，与苯扎氯铵的检验方法基本相同，仅将所用的乙腈换为甲醇，在实际检测时可同时检测4种组分，详见实例分析a）。

2）因苄索氯铵在 270nm 左右有最大吸收，而劳拉氯铵和西他氯铵在 260nm 左右有最大吸收，由于 260nm 处苄索氯铵仍有较大吸收，且干扰小，基线稳定，基于该原因本方法中选择 260nm 作为检测波长。

3）为保证样品在超声过程中分散均匀、提取完全，在称取某些黏稠样品时，应将其均匀涂布于比色管刻度线以下。对于某些经超声处理后溶液较难过滤的样品，应在适当离心后，取上清液用滤膜过滤。

4）氰基柱为氰基键合固定相，此柱可用于正相也可用于反相。对于碱性的药物选用氰基柱常优于 C_{18} 柱，尤其在峰形和选择性方面更是如此。

5）本方法流动相选择甲醇－缓冲溶液＝75∶25，一是基于在甲醇和缓冲液的比例为 75∶25 时保留时间较合适，能够排除溶剂和化妆品基质的干扰，而且峰形较好，目标峰之间的分离度都满足大于 1.5 的要求；二是醋酸铵缓冲溶液可使流动相保持一定的 pH 及离子强度，可以减少拖尾，改善峰形。但由于流动相中使用了醋酸铵缓冲溶液，可能造成色谱柱柱压升高、柱效下降以及使化合物的保留时间发生变化等影响，故实验完毕后应延长色谱柱与仪器管路的冲洗时间。

6）苄索氯铵、劳拉氯铵和西他氯铵均是弱碱性物质，实验结果表明 pH 的大小对这 3 种组分的出峰时间几乎没有影响，但保持适当的酸性能够保证对这 3 种组分的准确提取，最终选择了 pH 5。

7）由于冰醋酸具有腐蚀性，对眼和鼻有刺激作用，故应在实验操作过程中做好个人防护和实验室通风。

8）在测定过程中，若样品测定结果中被测组分的含量过高，应将样液适当稀释后再进行检测。在测定完成后，应将检出结果与标签标识进行核对，如检出标签未标示的组分，可采用质谱方法进行确认，质谱参考条件见实例分析 b）。

典型图谱

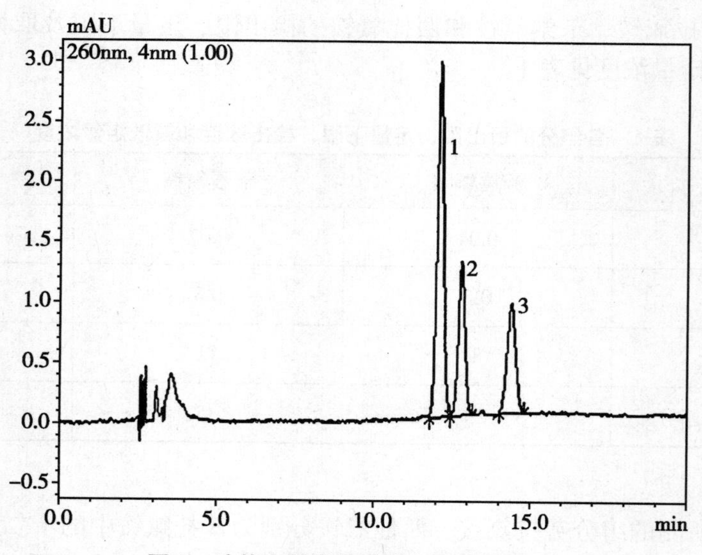

图 1　液体水基类基质空白加标色谱图

1：苄索氯铵；2：劳拉氯铵；3：西他氯铵

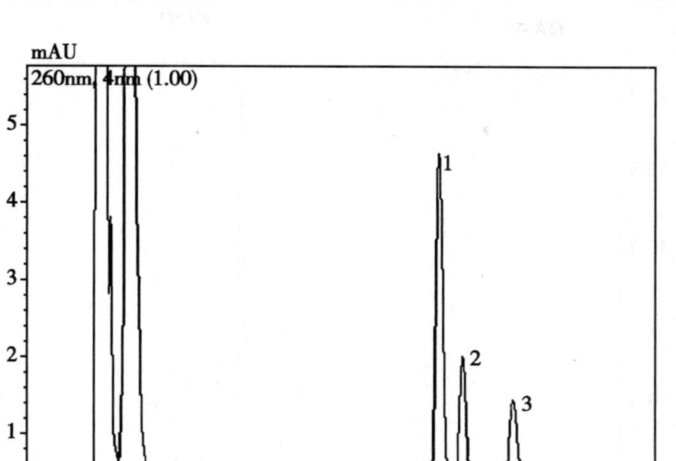

图 2　膏霜乳液类基质空白加标色谱图

1：苄索氯铵；2：劳拉氯铵；3：西他氯铵

实例分析

a）因本方法与苯扎氯铵的检测方法基本一致，通过实验得出可同时检测十二烷基二甲基苄基氯化铵（劳拉氯铵）、十四烷基二甲基苄基氯化铵、十六烷基二甲基苄基氯化铵（西他氯铵）和苄索氯铵。

色谱条件：

色谱柱：CN 柱（250mm × 4.6mm × 5μm）

流动相：乙腈 -0.1mol/L 醋酸铵缓冲溶液（冰醋酸调 pH 至 5.0）（70∶30）

流速：1.0mL/min

检测波长：260nm

柱温：25℃

进样量：20μL

结果：苄索氯铵等 4 个组分达到有效分离（图 3）。

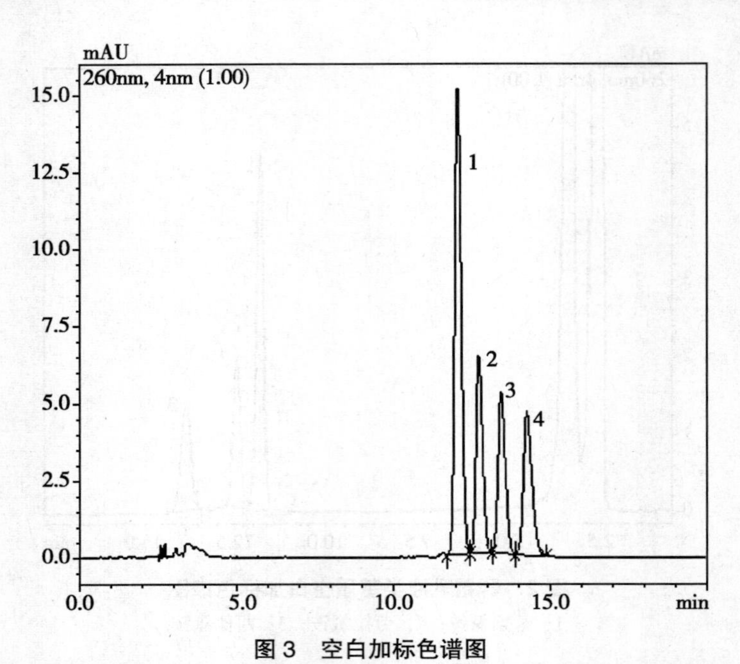

图3 空白加标色谱图

1：苄索氯铵；2：劳拉氯铵；3：十四烷基二甲基苄基氯化铵；4：西他氯铵

b）液相色谱－质谱法确证条件如下：

仪器：Agilent 6495 液相色谱－质谱仪

色谱柱：Zorbax SB C_{18}（100mm × 2.1mm × 1.8μm）

流动相梯度洗脱程序：

t（分钟）	流动相 A （水，含 0.5mmol/L 甲酸铵）	流动相 B （甲醇，含 0.5mmol/L 甲酸铵）
0	95%	5%
1	95%	5%
6	40%	60%
7	5%	95%
11	5%	95%

流速：0.3mL/min

进样量：2μL

离子源：电喷雾离子源（ESI 源）

喷雾电压：2500V

干燥气温度：180℃

干燥气流速：14L/min

鞘气温度：400℃

鞘气流速：11L/min

扫描方式：正离子

监测模式：MRM

质谱参考特征离子：

被测组分名称	母离子	子离子	
苄索氯铵	412.3	72.1	57.2
劳拉氯铵	304.4	212.3	91.1
西他氯铵	360.3	268.3	91.0

参考文献

[1] 张鹏祥，曹蕊，高晓譞，等. 高效液相色谱法测定化妆品中苯扎氯铵. 日用化学工业，2012，42（3）：230-233.

[2] 丁晓静，车宜平，赵海燕，等. 反相高效液相色谱法测定复方化学消毒剂中苯扎氯铵. 分析测试学报，2006，25（6）：63-66.

[3] 丁宏，张鹏祥，高晓譞，等. HPLC 法测定化妆品中防腐剂劳拉氯铵、苄索氯铵和西他氯铵的含量. 中国药事，2012，26（8）：830-834.

[4] 刘艳琴，王浩，杨红梅，等. 高效液相色谱法同时测定化妆品中 3 种苯扎氯铵同系物. 色谱，2011，29（5）：458-461.

[5] 叶思款，邱玉超，韦莉萍，等. 紫外分光光度法测定苄索氯铵插层蒙脱土中苄索氯铵的含量. 第一军医大学分校学报，2005，28（2）：190-191.

附表 1　苄索氯铵、劳拉氯铵和西他氯铵的基本信息

中文名称	劳拉氯铵	苄索氯铵	西他氯铵
英文名称	lauralkonium chloride	benzethonium chloride	cetalkonium chloride
分子式	$C_{21}H_{38}ClN$	$C_{27}H_{42}ClNO_2$	$C_{25}H_{46}ClN$
分子量	339.99	448.08	396.09
CAS 号	139–07–1	121–54–0	122–18–9
中文化学名称	*N*– 十二烷基 -*N*，*N*– 二甲基苯甲铵氯化物	苄基二甲基［2–［2–［4–（1，1，3，3– 四甲基丁基）苯氧基］乙氧基］乙基］氯化铵	*N*– 十六烷基 -*N*，*N*– 二甲基苄基氯化铵
英文化学名称	*N*–dodecyl–*N*，*N*–dimethyl–benzenem-ethanaminium chloride	benzyldimethyl［2–［2–［*p*–（1，1，3，3–tetramethylbutyl）phenoxy］ethoxy］ethyl］ethanaminium chloride	C_{16}–alkylbenzyld imethylammonium chloride
结构式	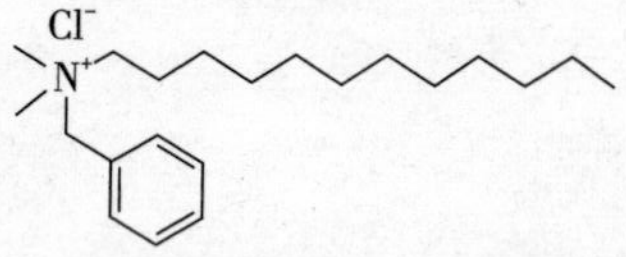 Cl^- N^+	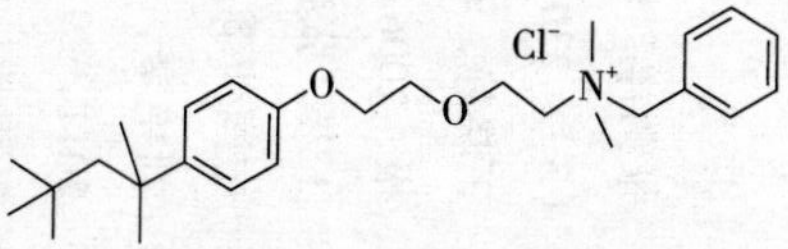 O O Cl^- N^+	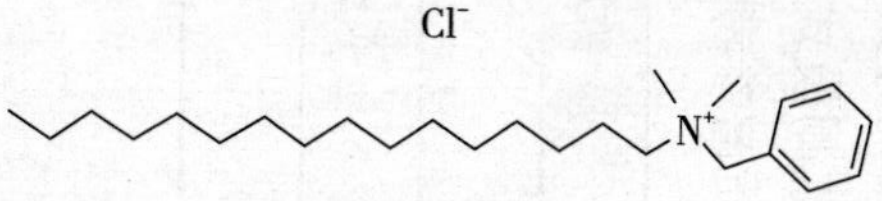 Cl^- N^+

4.6　甲醛

Formaldehyde

甲醛为无色水溶液或气体，有刺激性气味，熔点为 –92℃，沸点为 –19.5℃，能与水、乙醇、丙酮等有机溶剂按任意比例混溶，气体相对密度为 1.067（空气 = 1），液体密度为 0.815g/cm³（–20℃），易溶于水和乙醇。甲醛的基本信息见附表 1。

甲醛具有亲水性好、杀菌率高、价格低廉及不受酸碱度影响等优点，常作为防腐剂添加于化妆品中，也可由甲醛释放体类防腐剂产生，但其对皮肤和黏膜有强烈的刺激作用，对神经、肺、肝脏和内分泌等系统均有毒性，甚至可引发人体出现头晕、浮肿、色斑等现象。

目前，甲醛的检测方法主要有薄层色谱法、分光光度法、气相色谱法、高效液相色谱法、核磁共振法等。

第一法　乙酰丙酮分光光度法

本方法的原理为样品中的甲醛在过量铵盐存在下，与乙酰丙酮和氨作用生成黄色的 3，5- 二乙酰基 -1，4- 二氢卢剔啶，根据颜色深浅比色定量。反应方程式如下：

$$HCHO + NH_3 + 2CH_3-\overset{O}{\overset{\|}{C}}-CH_2-\overset{O}{\overset{\|}{C}}-CH_3 \longrightarrow CH_3-\overset{O}{\overset{\|}{C}}-\underbrace{C_5H_5N}_{\text{1,4-二氢吡啶环}}-\overset{O}{\overset{\|}{C}}-CH_3 + 3H_2O$$

本方法对甲醛的检出限为 1.8μg，定量下限为 6.0μg；取样量为 1g 时，检出浓度为 18μg/g，最低定量浓度为 60μg/g。

方法注释：

1）本方法采用乙酰丙酮分光光度法测定化妆品中的甲醛，在醋酸缓冲溶液中，乙酰丙酮与甲醛反应生成黄色产物，在 414nm 波长处的吸光度与甲醛浓度呈一定的比例关系，可对甲醛进行定量分析。该技术具有灵敏度高、重现性好、干扰少、显色稳定等特点，但样品预处理麻烦费时，且应注意当化妆品中含随温度升高而色度加深的成分时，应在同样温度下用校正液减小误差。

2）化妆品中常使用甲醛释放体类防腐剂，主要通过在体系中非常缓慢地释放出极少量的游离甲醛，发挥甲醛在杀灭微生物方面的作用，使化妆品免受微生物破坏。常见的有 DMDM 乙内酰脲、咪唑烷基脲、重氮咪唑烷基脲、2- 溴 -2- 硝基 -1，3- 丙二醇等，如果标签标示有以上组分，建议检测甲醛。本法所测的甲醛含量不仅包括样品中实际存在的游离甲醛，也包括样品中所含的甲醛释放体释放的甲醛。

3）配制硫酸溶液时，应将浓硫酸缓缓加入水中，不断搅拌，切不可将水加入浓硫酸中，以免引起飞溅，导致灼伤；稀释好的硫酸应冷却至室温后存放入试剂瓶中。

4）在配制标准物质溶液时，可直接购买中国科学计量研究院提供的甲醛标准物质水

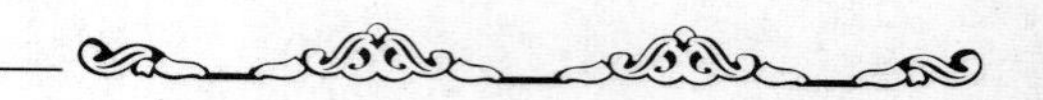

溶液进行稀释，节省实验时间，提高实验效率。

5）在样品处理过程中加硫酸钠溶液的目的是促进甲醛游离；40℃水浴中放置1小时、不时振摇的目的是促进甲醛释放更彻底；快速冷却可采用冰水浴，目的是防止甲醛挥发。对于某些在水中难以分散的样品需振摇或超声，容易起泡的样品要轻轻混合。

6）在实际测定中标准溶液、参比溶液和样品溶液需同时操作，室温放置30分钟后立即测定。且应先对样品溶液中甲醛的含量进行初测，然后配制浓度相当的标准溶液进行准确定量，若初测结果超出4mg/L，应适当稀释样品溶液。在初测时，若发现样品溶液加入乙酰丙酮醋酸铵溶液，经水浴显色后颜色过深，应立即用40℃的水稀释至与标准溶液颜色接近，否则，冷却后会产生晶体而包裹甲醛，影响测定结果。

7）本法分析结果的表述中“$A\text{–}A_0$”的目的是扣除乙酰丙酮醋酸铵溶液中乙酰丙酮的吸光度。

第二法　高效液相色谱法

本方法的原理为样品中的甲醛与2，4–二硝基苯肼反应生成黄色的2，4–二硝基苯腙衍生物，经高效液相色谱仪分离，紫外检测器在355nm波长下检测，根据保留时间定性、峰面积定量，以标准曲线法计算含量。反应方程式如下：

NO_2, O_2N, $NHNH_2$ + HCHO → NO_2, O_2N, $NHN{=}CH_2$

$C_6H_6N_4O_4$ 198.14　　　　$C_7H_6N_4O_4$ 210.15

本方法对甲醛的检出限为0.01μg，定量下限为0.052μg；取样量为0.2g时，检出浓度为0.001%，最低定量浓度为0.0052%。

方法注释：

1）在实验中使用三氯甲烷、乙腈，毒性较大、易挥发、易燃，且使用样品过程用量大，应注意个人防护及室内通风。

2）本方法所测的甲醛含量不仅包括样品中实际存在的游离甲醛，也包括样品中所含的甲醛释放体释放的甲醛。在样品处理前，配制2，4–二硝基苯肼盐酸溶液时需加入盐酸，必要时可超声助溶。

3）本法中色谱图应出现2，4–二硝基苯肼的峰，如未出现，可在样品处理中适当增加2，4–二硝基苯肼盐酸溶液的量或减少第二次上清液的体积，直到出现其色谱峰。

典型图谱

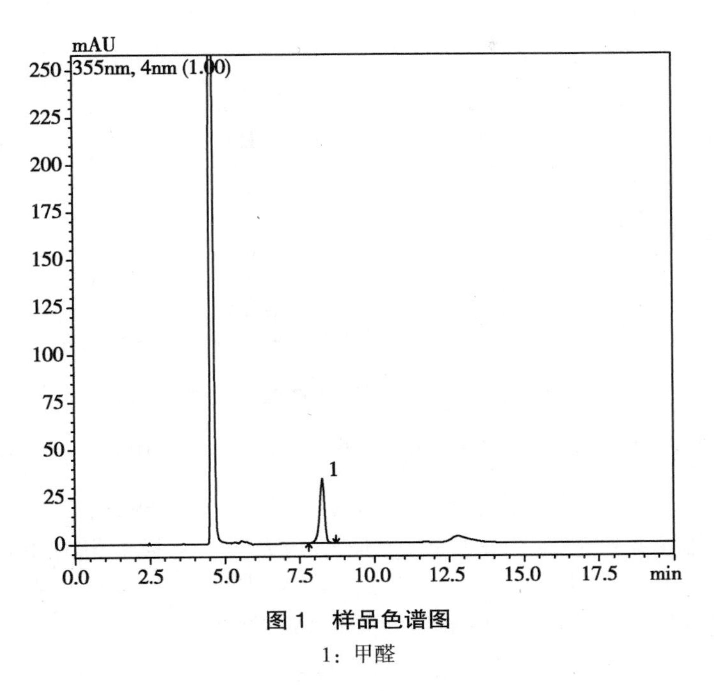

图 1　样品色谱图

1：甲醛

[1] 杨雪梅，周枝凤，马安德，等. 静态顶空 GC-MS 法测定化妆品中的甲醛. 分析试验室，2011，30（2）：92-94.

[2] 崔蓉，张巍，王洪玮，等. 化妆品中甲醛的高效液相色谱测定方法的研究. 中国卫生检验杂志，2002，12（6）：663-664.

[3] 王敏荣，李松青. 分光光度法测定化妆品中甲醛. 环境与健康杂志，1994，5：228-229.

[4] 王连珠，王登飞，梁鸣，等. 高效液相色谱法测定化妆品中甲醛. 理化检验 - 化学分册，2006，42（9）：723-725.

[5] 吕春华，黄超群，陈梅，等. 柱前衍生 - 萃取阻断反应 - 高效液相色谱法测定化妆品中游离甲醛. 色谱，2006，30（12）：1287-1291.

[6] 陈笑梅，施旭霞，朱卫建，等. 高效液相色谱直接测定甲醛衍生物反应条件的研究. 分析化学研究简报，2004，32（11）：1489-1491.

[7] 黄晓兰，黄芳，林晓珊，等. 气相色谱 - 质谱法测定食品中的甲醛. 分析化学研究报告，2004，32（12）：1617-1620.

[8] Detlef Emeis, Willem Anker, Klaus-Peter Wittern. Quantitative ^{13}C NMR spectroscopic studies on the equilibrium of formaldehyde with its releasing cosmetic preservatives. Anal Chem, 2007, 79(5): 2096-2100.

[9] 郑星泉. 化妆品卫生检验手册. 北京：化学工业出版社，2003.

附表 1　甲醛的基本信息

中文名称	甲醛
英文名称	formaldehyde
分子式	CH_2O
分子量	30.03
CAS 号	50–00–0
结构式	$O=CH_2$

4.7　甲基氯异噻唑啉酮等 12 种组分

Chloromethyl isothiazolinone and other 11 kinds of components

本方法所指的 12 种组分为防腐剂，包括甲基氯异噻唑啉酮、2– 溴 –2– 硝基丙烷 –1，3– 二醇、甲基异噻唑啉酮、苯甲醇、苯氧乙醇、4– 羟基苯甲酸甲酯、苯甲酸、4– 羟基苯甲酸乙酯、4– 羟基苯甲酸异丙酯、4– 羟基苯甲酸丙酯、4– 羟基苯甲酸异丁酯和 4– 羟基苯甲酸丁酯。甲基氯异噻唑啉酮为无色结晶性粉末，有一定的气味，可溶于水。2– 溴 –2– 硝基丙烷 –1，3– 二醇为无色或黄褐色结晶，熔点为 130~133℃，能溶于丙酮、2– 甲氧基乙醇、甲苯等有机溶剂，22℃时在水中的溶解度为 250g/L，有轻微的吸湿性。甲基异噻唑啉酮为淡黄色结晶性粉末，有一定的气味，熔点为 49.6℃，可溶于水。苯甲醇为无色透明的黏稠液体，有微弱的芳香气味，久置后，有时会因为氧化微带苯甲醛的苦杏仁气味，有极性，低毒，蒸气压低，可燃，熔点为 –15℃，沸点为 205℃，溶于水，可与乙醇、乙醚、苯、三氯甲烷等有机溶剂混溶。苯氧乙醇为无色油状液体，有芳香气味，并有烧灼味，熔点为 11~13℃，沸点为 245.2℃，易溶于醇、醚和氢氧化钠溶液，微溶于水，在酸或碱中稳定。4– 羟基苯甲酸甲酯为白色针状结晶，熔点为 125~128℃，沸点为 298.6℃，微溶于水，易溶于乙醇、乙醚、丙酮等有机溶剂。苯甲酸又称安息香酸，为鳞片状或针状结晶，具有苯或甲醛的气味，熔点为 121~125℃，沸点为 249℃，微溶于水，溶于乙醇、甲醇、乙醚、三氯甲烷、苯、甲苯、二硫化碳、四氯化碳和松节油等有机溶剂。4– 羟基苯甲酸乙酯为白色结晶或结晶性粉末，有特殊香味，熔点为 114~117℃，沸点为 297~298℃，易溶于乙醇、乙醚和丙酮，微溶于水、三氯甲烷、二硫化碳和石油醚。4– 羟基苯甲酸异丙酯为无色小晶体或白色结晶性粉末，无臭，熔点为 84~86℃，沸点为 160℃，难溶于水（0.088g/100mL，25℃），易溶于乙醇、乙醚、丙酮、冰醋酸等有机溶剂。4– 羟基苯甲酸丙酯为白色结晶，几乎无臭，稍有涩味，熔点为 95~98℃，沸点为 133℃，溶于乙醇、乙醚、丙酮等有机溶剂，微溶于水。4– 羟基苯甲酸异丁酯为无色细小晶体或白色结晶性粉末，无臭，熔点为 76℃，难溶于水（0.035g/100mL，25℃），易溶于乙醇、冰醋酸、丙二醇和丙酮。4– 羟基苯甲酸丁酯为白色结晶性粉末，稍有特殊臭味，熔点为 67~70℃，沸点为 156~157℃，微溶于水，溶于醇、醚和三氯甲烷。甲基氯异噻唑啉酮等 12 种组分的基本信息见附表 1。

甲基氯异噻唑啉酮等 12 种组分均为防腐剂，为避免化妆品在生产、使用和保存过程中受到微生物污染，被广泛添加于化妆品中。尽管化妆品中的防腐剂的剂量都在所谓的安全范围内，除了会引起过敏外，不会导致任何明显的伤害，但是长期重复积累使用后，还是会对人体造成一定伤害，尤其是对羟基苯甲酸酯类防腐剂，有刺激性及致癌性，有研究表明，对羟基苯甲酸酯类在乳腺中的积累可能会导致或促进乳腺癌发病，且能加强 UVB 对表皮细胞 DNA 的破坏。

目前，甲基氯异噻唑啉酮等的检测方法主要有红外光谱法、液相色谱法、气相色谱法、毛细管电泳法、气相色谱 - 质谱法、液相色谱 - 质谱法和全二维气相色谱 - 飞行时间质谱等。《化妆品安全技术规范》收载了高效液相色谱法。

本方法的原理为样品中的甲基氯异噻唑啉酮等 12 种组分经甲醇提取，用高效液相色谱仪分析，根据保留时间和紫外光谱图定性、峰面积定量，以标准曲线法计算含量。

本方法对各组分的检出限、定量下限及取样量为 1g 时的检出浓度和最低定量浓度见表 1。

表 1　各组分的检出限、定量下限、检出浓度和最低定量浓度

组分名称	甲基氯异噻唑啉酮	2- 溴 -2- 硝基丙烷 -1，3- 二醇	甲基异噻唑啉酮	苯甲醇	苯氧乙醇	4- 羟基苯甲酸甲酯	苯甲酸	4- 羟基苯甲酸乙酯	4- 羟基苯甲酸异丙酯	4- 羟基苯甲酸丙酯	4- 羟基苯甲酸异丁酯	4- 羟基苯甲酸丁酯
检出限（μg）	0.002	0.15	0.002	0.1	0.1	0.002	0.05	0.005	0.005	0.005	0.015	0.015
定量下限（μg）	0.007	0.5	0.007	0.34	0.34	0.007	0.17	0.017	0.017	0.017	0.05	0.05
检出浓度（μg/g）	4	300	4	200	200	4	100	10	10	10	30	30
最低定量浓度（μg/g）	13	1000	13	667	667	13	340	34	34	34	100	100

方法注释：

1）在实验过程中发现在称取甲基异噻唑啉酮标准物质的过程中，该标准物质极易出现“熔化”现象，无法进行有效称量，详见实例分析 a）。

2）根据实际检验情况，甲基氯异噻唑啉酮的实际检验结果远远低于方法规定的标准曲线最低浓度，而按其限值规定换算后，甲基异噻唑啉酮的浓度为 100mg/L，故在实际检验中，可自行选择合适的标准曲线。

3）本方法的样品前处理过程为称取后采用甲醇溶解超声提取，因此对于膏状、凝胶状等样品可用玻璃棒将其较为均匀地涂布于试管内壁上再进行称量，这样更有利于样品中被测组分的提取。

4）在实际检验时发现，当其他条件一定的情况下，由于所选的色谱柱和柱温条件不同，会引起 2- 溴 -2- 硝基丙烷 -1，3- 二醇和甲基异噻唑啉酮的出峰顺序发生颠倒，详见实例分析 b）。

5）在配制流动相时，应将 0.05mol/L 磷酸二氢钠、甲醇、乙腈按比例预先混合，加

入氯化十六烷三甲铵，并用磷酸调 pH 至 3.5 之后过滤使用，若采用在线混合方式，对 2-溴 -2- 硝基丙烷 -1，3- 二醇、甲基异噻唑啉酮出峰影响较大。若流动相中不添加氯化十六烷三甲铵，峰形变差，分离效果降低，但添加后起泡现象严重，需过滤后静置使用。需要注意的是由于流动相中大量使用了磷酸二氢钠溶液，且在流动相中加入了氯化十六烷三甲铵，故实验完毕后应延长色谱柱与仪器管路的冲洗时间。

6）方法中标准系列溶液仅有 3 个浓度，而在实际检验中，为使计算结果更加准确，标准曲线应至少选择 5 个浓度，但最高浓度不得超过方法规定。

7）因样品中某些防腐剂的量值比较高，虽然没有超过限值规定，却会超出标准曲线的线性范围，应将样品溶液稀释后进行测定，而不能扩大标准曲线范围。而当样品中某待测组分的含量低于所用标准曲线的最低点，应适当降低最低点的浓度，但要高于或等同于最低定量浓度。当样品中检出的待测组分与样品外包装标签标示不一致时，应对该检验结果进行进一步确证，详见实例分析 c）、d）。

8）各组分换算系数

组分	换算系数
苯甲酸及其盐类和酯类（以酸计）	122.12/ 苯甲酸盐或酯的分子量
4- 羟基苯甲酸甲酯（以酸计）	138.12/4- 羟基苯甲酸甲酯（152.15）
4- 羟基苯甲酸乙酯（以酸计）	138.12/4- 羟基苯甲酸乙酯（166.17）
4- 羟基苯甲酸异丙酯（以酸计）	138.12/4- 羟基苯甲酸异丙酯（180.20）
4- 羟基苯甲酸丙酯（以酸计）	138.12/4- 羟基苯甲酸丙酯（180.20）
4- 羟基苯甲酸异丁酯（以酸计）	138.12/4- 羟基苯甲酸异丁酯（194.23）
4- 羟基苯甲酸丁酯（以酸计）	138.12/4- 羟基苯甲酸丁酯（194.23）

9）高效液相色谱法主要依靠保留时间和紫外光谱图定性，可能出现假阳性结果，而采用色谱 - 质谱联用法，可以同时达到色谱分离和质谱鉴定的效果，不仅能够在线提供化合物的相对分子质量和分子碎片的信息，而且可以显著地缩短分析时间，提高分析通量，因此色谱 - 质谱联用法可以作为防腐剂未知物确认的方法。

典型图谱

色谱条件：

色谱柱：C_{18} 柱（250mm × 4.6mm × 10μm）；其余条件同方法原文。

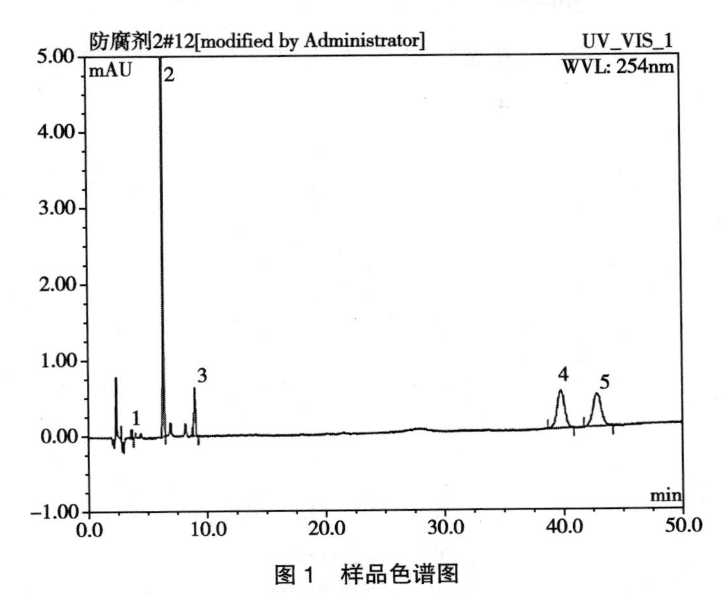

图 1　样品色谱图

1：2- 溴 -2- 硝基丙烷 -1，3- 二醇；2：苯氧乙醇；3：苯甲酸；
4：4- 羟基苯甲酸异丁酯；5：4- 羟基苯甲酸丁酯

实例分析

a）某面膜检验防腐剂时，发现甲基异噻唑啉酮的测定结果为 0.01%，属边缘数据，采用标准曲线法与两点法对检验结果进行了复检比对。

在复检实验过程中发现：①标准曲线法与两点法差别不大；②室温为 24℃、相对湿度为 40% 时，盛放甲基异噻唑啉酮标准物质的小瓶置于此环境中不到 2 分钟，标准物质黏于小瓶内壁，不易取出；③在上述条件下，称量过程中发现甲基异噻唑啉酮在称量纸上出现“熔化”现象，无法从称量纸转移至容量瓶；④通过环境进行控制，发现在温度为 20℃、相对湿度为 40% 时，取放置于阴凉环境中保存后的标准物质，进行快速称取，未出现上述现象。

结果分析：由于甲基异噻唑啉酮的熔点为 49.6℃，故推测出现此现象可能与环境温度有关。

色谱条件：

仪器：LC-20ADXR 超高效液相色谱仪

色谱柱：C_{18} 柱（250mm × 4.6mm × 10μm）

流动相：0.05mol/L 磷酸二氢钠 – 甲醇 – 乙腈（50∶35∶15），加氯化十六烷三甲胺至最终浓度为 0.002mol/L，并用磷酸调 pH 至 3.5

流速：0.8mL/min

检测波长：280nm

柱温：40℃

进样量：5μL

b）2- 溴 -2- 硝基丙烷 -1，3- 二醇、甲基异噻唑啉酮的出峰顺序颠倒

色谱条件：

仪器：LC-20AD 高效液相色谱仪

色谱柱：资生堂 UG120，C_{18} 柱（250mm × 4.6mm × 10μm）

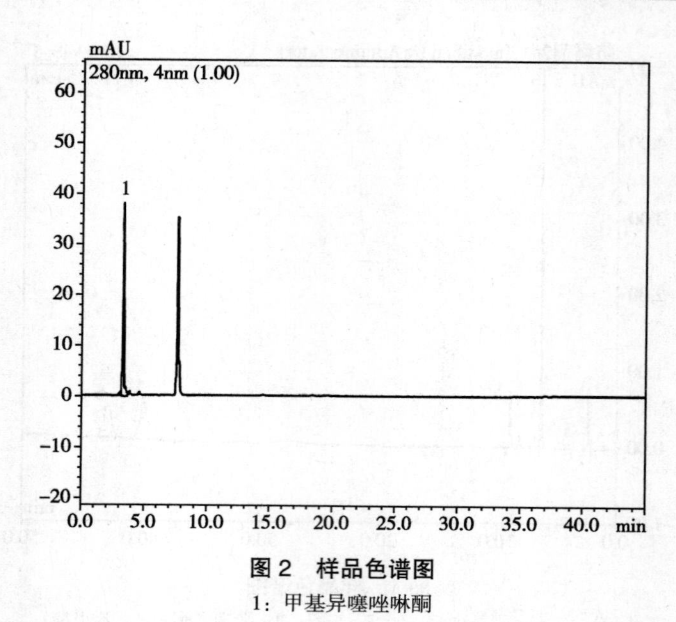

图 2　样品色谱图

1：甲基异噻唑啉酮

流动相：0.05mol/L 磷酸二氢钠 – 甲醇 – 乙腈（50∶35∶15），加氯化十六烷三甲胺至最终浓度为 0.002mol/L，并用磷酸调 pH 至 3.5

流速：1.0mL/min

检测波长：254nm

柱温：40℃

进样量：5μL

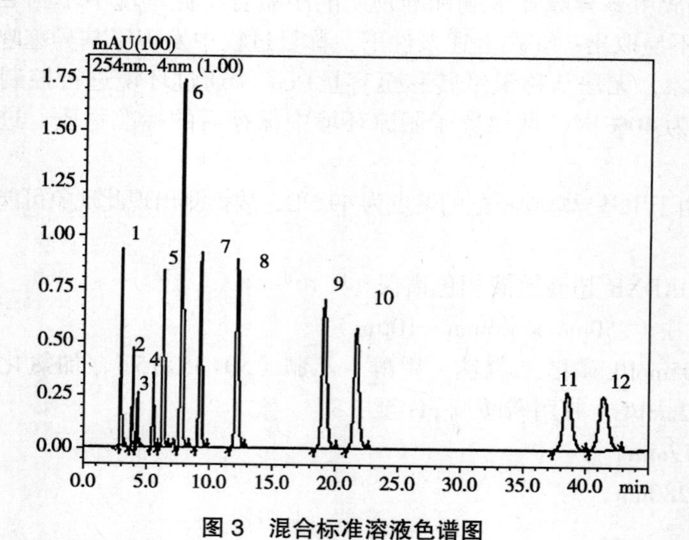

图 3　混合标准溶液色谱图

1：甲基氯异噻唑啉酮；2：甲基异噻唑啉酮；3：2– 溴 –2– 硝基丙烷 –1，3– 二醇；4：苯甲醇；5：苯氧乙醇；6：4– 羟基苯甲酸甲酯；7：苯甲酸；8：4– 羟基苯甲酸乙酯；9：4– 羟基苯甲酸异丙酯；10：4– 羟基苯甲酸丙酯；11：4– 羟基苯甲酸异丁酯；12：4– 羟基苯甲酸丁酯

结果：在上述条件下，2– 溴 –2– 硝基丙烷 –1，3– 二醇和甲基异噻唑啉酮的出峰顺序与方法中的顺序颠倒。

c）气相色谱－质谱法确证条件如下：

仪器：仪器：Aglient 6890–5975B 气相色谱－质谱仪

色谱柱：DB–5–MS（30m × 0.25mm × 0.25μm）

色谱柱温度：初始温度为 85℃，以每分钟 20℃升温至 180℃，保持 1 分钟；以每分钟 15℃升温至 210℃，保持 2 分钟；以每分钟 40℃升温至 280℃，保持 5 分钟

进样口温度：250℃

色谱－质谱接口温度：280℃

载气：氦气，纯度≥ 99.999%，流速 1.0mL/min

电离方式：EI

电离能量：70eV

测定方式：选择离子检测（SIM），选择检测离子（*m/z*）见表 1

进样方式：分流进样，分流比 1∶1

进样量：1μL

表 2　甲基氯异噻唑啉酮等 11 种组分的质谱参考特征离子

组分名称	特征离子（*m/z*）
甲基氯异噻唑啉酮	149，57，85
甲基异噻唑啉酮	115，87，58
苯甲醇	108，79，107
苯氧乙醇	94，77，138
4– 羟基苯甲酸甲酯	121，152，93
苯甲酸	105，122，77
4– 羟基苯甲酸乙酯	121，166，138
4– 羟基苯甲酸异丙酯	121，138，180
4– 羟基苯甲酸丙酯	121，138，180
4– 羟基苯甲酸异丁酯	121，138，65
4– 羟基苯甲酸丁酯	121，138，194

d）液相色谱－质谱确认条件如下：

色谱条件：

仪器：LCMS8030 液相色谱－质谱仪

色谱柱：C_{18}（100mm × 2.0mm × 3μm）

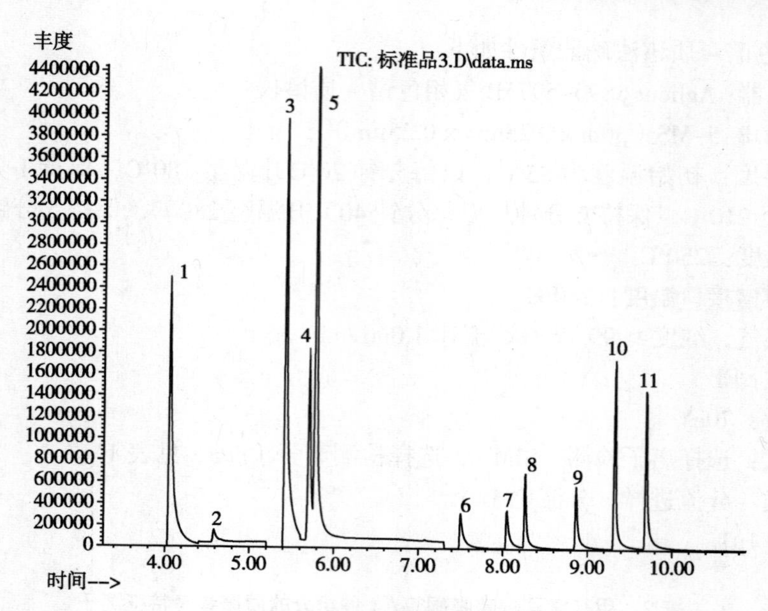

图 4　混合标准溶液色谱图

1：苯甲醇；2：苯甲酸；3：甲基异噻唑啉酮；4：苯氧乙醇；5：甲基氯异噻唑啉酮；6：4- 羟基苯甲酸甲酯；7：4- 羟基苯甲酸乙酯；8：4- 羟基苯甲酸异丙酯；9：4- 羟基苯甲酸丙酯；10：4- 羟基苯甲酸异丁酯；11：4- 羟基苯甲酸丁酯

流动相：

t（分钟）	流动相 A（水，含 0.5mmol/L 甲酸铵）	流动相 B（乙腈，含 0.5mmol/L 甲酸铵）
0	70%	30%
2	60%	40%
3	20%	80%
8	70%	30%
15	70%	30%

流速：0.3mL/min

柱温：30℃

进样量：2μL

质谱条件：

离子源：电喷雾离子源（ESI 源）

监测模式：MRM

质谱参考特征离子见下表：

苯氧乙醇等 6 种组分的质谱参考特征离子

被测组分名称	扫描方式	母离子（m/z）	子离子（m/z）	
苯氧乙醇	正离子	139.00	121.05	93.00
甲基异噻唑啉酮	正离子	115.90	101.00	71.00

续表

被测组分名称	扫描方式	母离子（m/z）	子离子（m/z）	
甲基氯异噻唑啉酮	正离子	150.00	135.00	87.00
苯甲酸	负离子	121.30	120.70	76.90
4- 羟基苯甲酸甲酯	负离子	150.70	135.70	91.60
4- 羟基苯甲酸丙酯	负离子	178.70	91.60	136.50

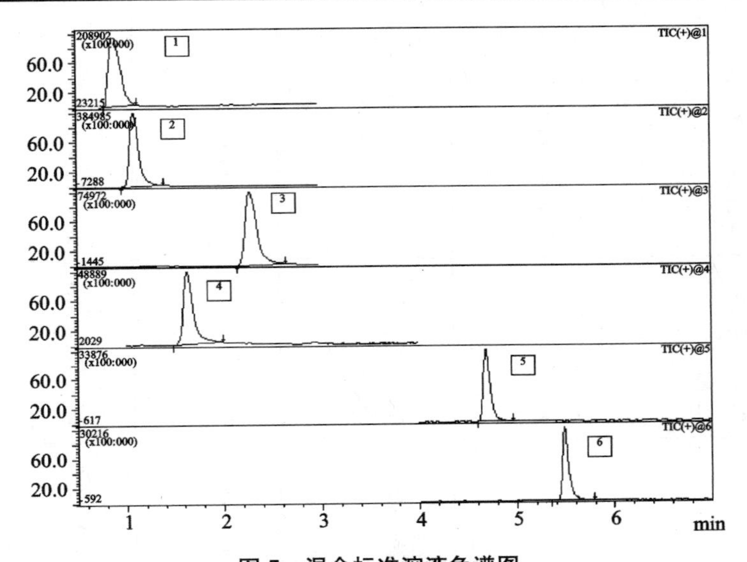

图 5　混合标准溶液色谱图

1：苯氧乙醇；2：甲基异噻唑啉酮；3：甲基氯异噻唑啉酮；
4：苯甲酸；5：4- 羟基苯甲酸甲酯；6：4- 羟基苯甲酸丙酯

参考文献

［1］王萍，丁晓静. 胶束电动毛细管色谱快速测定化妆品中的防腐剂. 色谱，2005,（3）：315.

［2］武婷，王超，王星，等. 反相高效液相色谱法测定化妆品中的 24 种防腐剂. 分析化学，2007，35（10）：1439-1443.

［3］李英，刘丽，刘志红. 气相色谱 - 质谱法测定化妆品中多种防腐剂. 色谱，2003，21（2）：170-173.

［4］陈安东，吴兆伟，余倩，等. GC/MS 法同时分析液体制剂及口服液型保健品中 31 种防腐剂和抗氧化剂. 质谱学报，2014，35（5）：438-446.

［5］王改香，张磊，唐晓军，等. 气相色谱 - 质谱法测定化妆品中 10 种防腐剂. 理化检验 - 化学分册，2015，51（1）：35-38.

［6］陈琦，黄峻榕，凌云，等. 全二维气相色谱 / 飞行时间质谱快速定性筛查食品中 32 种防腐剂和抗氧化剂. 分析化学，2011，39（5）：723-727.

［7］刘文娟，常志英. 无防腐剂护肤化妆品体系的防腐效能及安全性评价. 日用化学工业，2015，45（4）：214-217.

附表 1　甲基氯异噻唑啉酮等 12 种组分的基本信息

中文名称	英文名称	分子式	分子量	CAS 号	中文化学名称	英文化学名称	结构式
甲基氯异噻唑啉酮	methylchloroisothiazolinone	C_4H_4ClNOS	149.60	26172-55-4	5-氯-2-甲基-2H-异噻唑-3-酮	5-chloro-2-methyl-4-isothiazolin-3-one	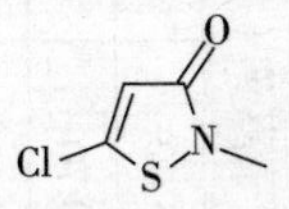
2-溴-2-硝基丙烷-1，3-二醇	2-bromo-2-nitro-1，3-propanediol	$C_3H_6BrNO_4$	199.99	52-51-7	2-溴-2-硝基-1，3-丙二醇	2-bromo-2-nitro-1，3-propanediol	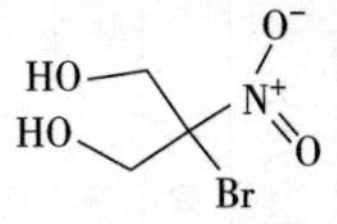
甲基异噻唑啉酮	methylisothiazolinone	C_4H_5NOS	115.16	2682-20-4	2-甲基-4-异噻唑啉-3-酮	2-methyl-4-isothiazolin-3-one	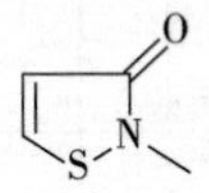
苯甲醇	benzyl alcohol	C_7H_8O	108.14	100-51-6	苄基醇	benzalalcohol	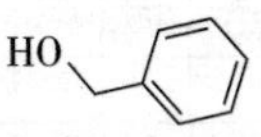
苯氧乙醇	phenoxyethanol	$C_8H_{10}O_2$	138.16	122-99-6	2-苯氧基乙醇	2-phenoxyethanol	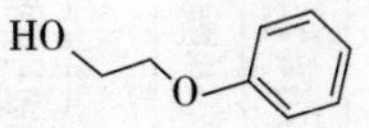
4-羟基苯甲酸甲酯	methyl 4-hydroxybenzoate	$C_8H_8O_3$	152.15	202-785-7	/	/	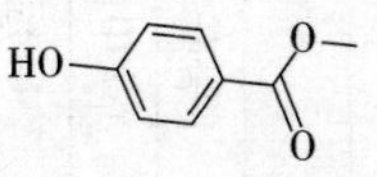

续表

中文名称	英文名称	分子式	分子量	CAS 号	中文化学名称	英文化学名称	结构式
苯甲酸	benzoic acid	$C_7H_6O_2$	122.12	65–85–0	安息香酸	/	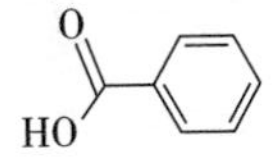
4–羟基苯甲酸乙酯	4–hydroxybenzoic acid ethyl ester	$C_9H_{10}O_3$	166.17	120–47–8	对羟基安息香酸乙酯	/	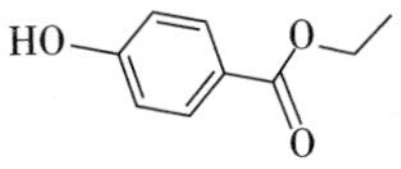
4–羟基苯甲酸异丙酯	isopropyl 4–hydroxybenzoate	$C_{10}H_{12}O_3$	180.20	4191–73–5	/	/	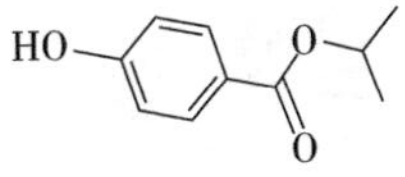
4–羟基苯甲酸丙酯	propyl 4–hydroxybenzoate	$C_{10}H_{12}O_3$	180.20	94–13–3	/	/	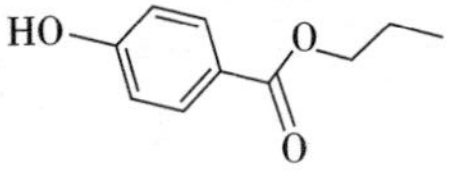
4–羟基苯甲酸异丁酯	sobutyl 4–hydroxybenzoate	$C_{11}H_{14}O_3$	194.23	4247–02–3	/	/	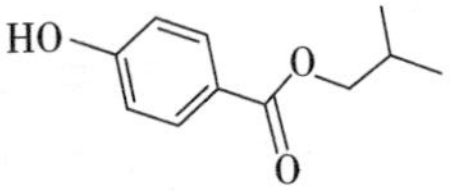
4–羟基苯甲酸丁酯	butyl 4–hydroxybenzoate	$C_{11}H_{14}O_3$	194.23	94–26–8	/	/	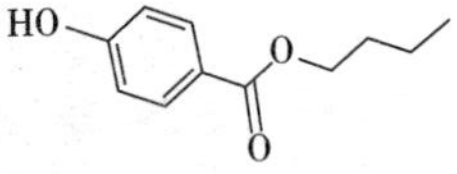

4.8 氯苯甘醚

Chlorphenesin

氯苯甘醚为白色细小的结晶性粉末，有轻微的“苯酚”味道，熔点为78~81.5℃。氯苯甘醚的基本信息见附表1。

氯苯甘醚对真菌和细菌具有广谱的抗菌作用，在化妆品中常作为防腐剂使用。近年来在全球范围内屡有文献报道消费者因为使用含有氯苯甘醚的化妆品而引发皮炎。氯苯甘醚还可使骨骼肌松弛，抑制中枢神经系统并引起呼吸困难。在我国，氯苯甘醚作为准用防腐剂使用，如超量使用可能引发各种健康安全问题。

关于氯苯甘醚的检测方法，早期的国外文献报道中有气相色谱法、光谱法。近年来的文献报道多为高效液相色谱法，目前国内有研究使用液相色谱法检测药品中的氯苯甘醚，但关于化妆品中氯苯甘醚的检测方法资料不多。《化妆品安全技术规范》收载了化妆品中氯苯甘醚的高效液相色谱检测方法，该方法灵敏、准确可靠、操作简单、实用性强、便于实际操作分析，保证检测方法的准确性和重现性。

本方法的原理为样品中的氯苯甘醚经甲醇－水（55∶45）提取后，经高效液相色谱仪分离，根据保留时间和紫外光谱图定性、峰面积定量，以标准曲线法计算含量。

本方法对氯苯甘醚的检出限为3ng，定量下限为10ng；取样量为0.5g时，检出浓度为6μg/g，最低定量浓度为20μg/g。

方法注释：

1）氯苯甘醚在228nm和280nm处有特征吸收。考虑到样品基质可能带来的干扰，方法选择280nm作为检测波长；且由于氯苯甘醚在228nm下紫外吸收更强，对于含量低的样品，可选择228nm作为检测波长。

2）在实际检验时考察了甲醇和乙腈两种有机相和水配比时氯苯甘醚的出峰情况，结果显示两种有机相下均能得到良好的峰形。考虑到乙腈的毒性较甲醇大，最终方法选择甲醇作为有机相。并考察了甲醇和水不同配比时氯苯甘醚的出峰情况，鉴于样品中的基质出峰及分析效率，最终选择甲醇－水（55∶45）作为本方法的流动相。

3）为保证样品在超声过程中分散均匀、提取完全，在处理膏霜乳液等黏稠样品时，应将样品均匀涂布于比色管刻度线以下；且由于样品处理中涡旋前未定容，为保证测定结果的准确性，应注意涡旋频率，不得有溶液溅出。

4）氯苯甘醚在1~500mg/L范围内呈现良好的线性关系，且不同的基质条件和标准溶液线性方程差异不大，因此方法中可直接使用溶液标准曲线。若样品中被测组分的含量过高，应适当稀释后再进行检测。

典型图谱

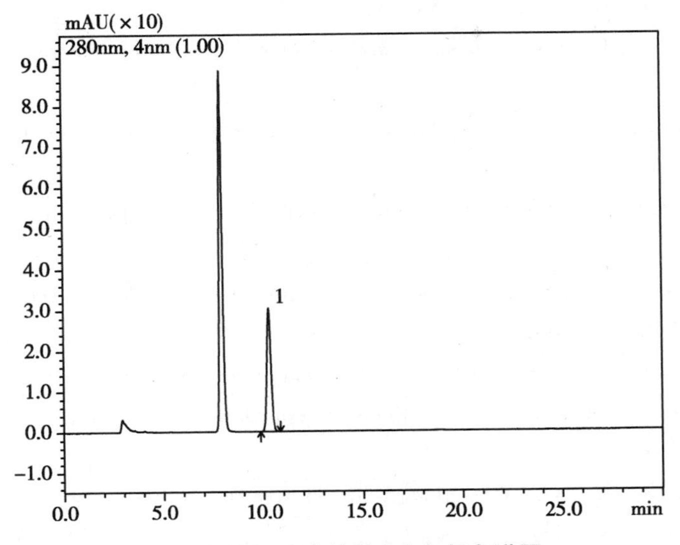

图1　膏霜乳液类基质空白加标色谱图

1：氯苯甘醚

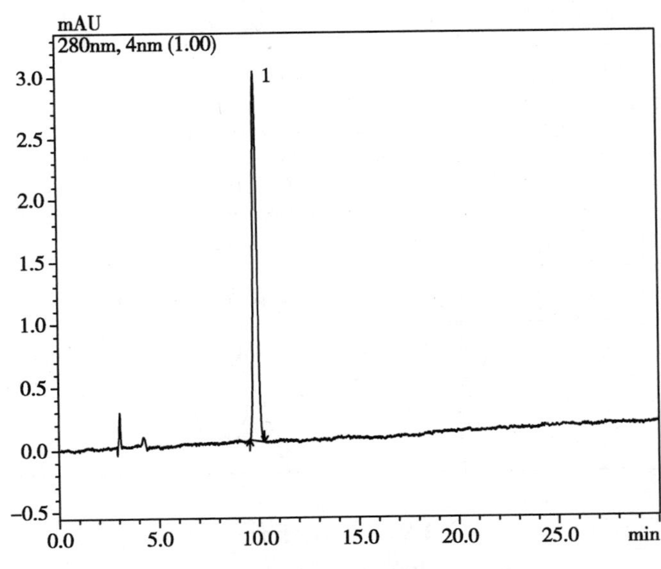

图2　液态水基类基质空白加标色谱图

1：氯苯甘醚

[1] 朱会卷，张卫强，杨艳伟，等. 高效液相色谱分析化妆品中的防腐剂氯苯甘醚. 色谱，2014，32(1)：95-99.

［2］ Lee E, An S, Choi D, et al. Comparison of objective and sensory skin irritations of several cosmetic preservatives. Contact Dermatitis, 2007, 56：131–136.

［3］ Brown VL, Orton DI. Two cases of facial dermatitis due to chlorphenesin in cosmetics. Contact Dermatitis, 2005, 52 (1)：48–49.

［4］ Wakelin SH,White IR. Dermatitis from chlorphenesin in a facial cosmetic. Contact Dermatitis, 1997, 37 (3)：138–139.

［5］ Douglas JF, Stockage JA, Smith NB. Gas chromatographic determination of chlorphenesin in plasma. Pharm Sci, 1970, 59 (1)：107–108.

［6］ Sastry BS, Rao JV, Sastry CS. Indirect spectrophotometric methods for the determination of chlorphenesin. Pharmazie, 1991, 46 (2)：140–141.

［7］ Ikarashi Y, Miyazawa N, Shimamura K, et al. Detection of the preservative chlorphenesin in cosmetics by high–performance liquid chromatography. Kokuritsu Iyakuhin Shokuhin Eisei Kenkyusho Hokoku, 2009, (127)：50–53.

［8］ 苏立强，张磊，高玉玲．高效液相色谱流动相手性添加剂法拆分氯苯甘醚对映体．理化检验 – 化学分册，2010，46：1163–1167.

附表 1　氯苯甘醚的基本信息

中文名称	氯苯甘醚
英文名称	chlorphenesin
分子式	$C_9H_{11}ClO_3$
分子量	202.64
CAS 号	104–29–0
中文化学名称	3– 对氯苯氧基 –1，2– 丙二醇
英文化学名称	3–（*p*–chlorophenoxy）propane–1，2–diol
结构式	HO, HO, O, Cl

4.9　三氯卡班

Triclocarban

三氯卡班为几乎白色的微细粉末，熔点为 254~256℃。三氯卡班的基本信息见附表 1。

三氯卡班是一种高效、广谱抗菌剂，与皮肤有极好的相溶性，并且对革兰阳性菌、革兰阴性菌、真菌、酵母菌、病毒等都具有高效抑菌作用，可作为防腐剂添加于化妆品中，但长期过量使用可能引发包括癌症、生殖功能障碍和发育异常等病症。

目前，在化妆品的检测标准中，仅有行业标准 SN/T 1786–2006 规定了三氯卡班的液相色谱检测方法。《化妆品安全技术规范》收载了高效液相色谱法测定化妆品中三氯卡班含量的方法。该方法对化妆品样品基质进行分类处理，充分考虑了不同样品基质对三氯卡

班提取的影响。

本方法的原理为样品提取后，经高效液相色谱仪分离、紫外检测器检测，根据保留时间定性、峰面积定量，以标准曲线法计算含量。

本方法对三氯卡班的检出限为0.0005μg，定量下限为0.001μg；取样量为0.25g时，检出浓度为4.5μg/g，最低定量浓度为7.5μg/g。

方法注释：

1）为保证样品在超声过程中分散均匀、提取完全，在处理膏霜乳液等黏稠样品时，应将样品均匀涂布于比色管刻度线以下。在称取固体皂类样品时，先刮弃表面层，取出足够量的待分析样品，然后将剩余样品严密封闭，待分析下一检测项目用。

2）由于样品处理中涡旋前未定容，为保证测定结果的准确性，应注意涡旋频率，不得有溶液溅出。而对于某些经超声处理后溶液较难过滤的样品，应在适当离心后，取上清液用滤膜过滤。若样品中被测组分的含量过高，应适当稀释后再进行检测。

3）实验所用到的丙酮属于易制毒试剂，具高度易燃性，实验室应储存于阴凉干燥处，并有良好通风，远离热源、火源。

典型图谱

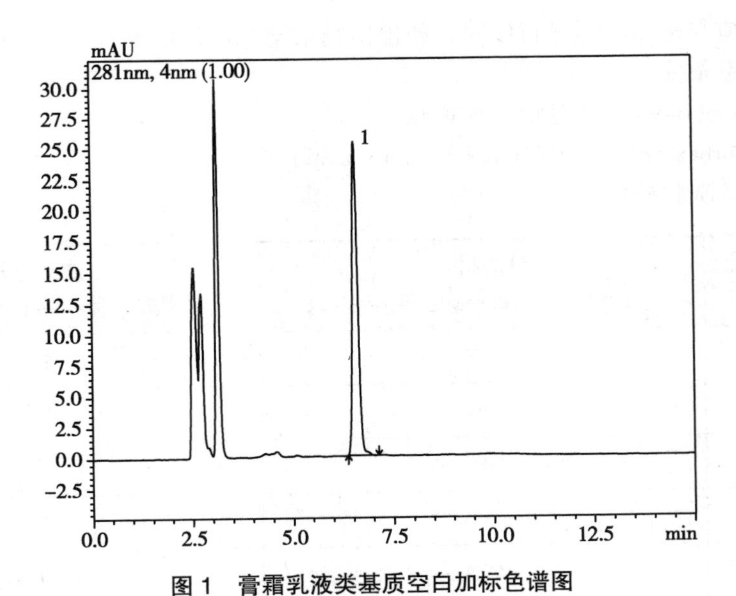

图1 膏霜乳液类基质空白加标色谱图

1：三氯卡班

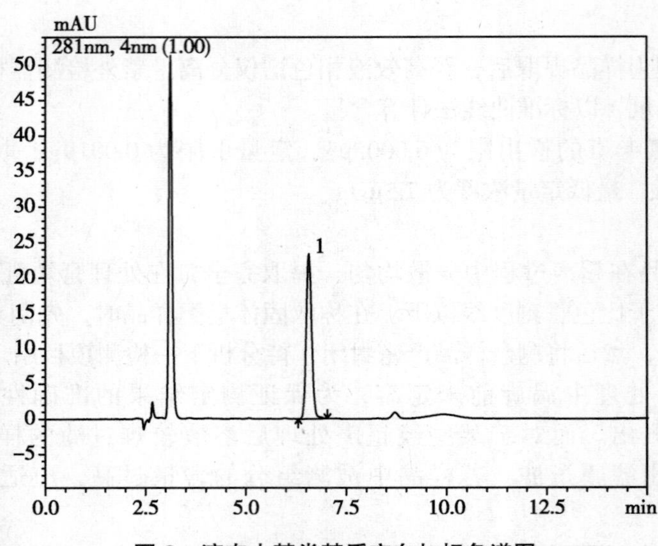

图 2　液态水基类基质空白加标色谱图

1：三氯卡班

实例分析

检出结果应与标签标识进行核对，如检出结果与标签标示不符，可采用质谱方法进行确认，质谱参考条件如下：

仪器：Agilent 6495 液相色谱 – 质谱仪

色谱柱：Zorbax SB C_{18}（100mm × 2.1mm × 1.8μm）

流动相梯度洗脱程序：

t（分钟）	流动相 A（水，含 0.5mmol/L 甲酸铵）	流动相 B（甲醇，含 0.5mmol/L 甲酸铵）
0	95%	5%
2	95%	5%
5	60%	40%
10	45%	55%
14	45%	55%
15	95%	5%
18	95%	5%

流速：0.3mL/min

进样量：2μL

离子源：电喷雾离子源（ESI 源）

喷雾电压：2500V

干燥气温度：180℃

干燥气流速：14L/min

鞘气温度：400℃

鞘气流速：11L/min

扫描方式：负离子

监测模式：MRM

质谱参考特征离子：

被测组分名称	母离子	子离子	
三氯卡班	313.00	160.10	126.20

参考文献

[1] 刘超. 反相高效液相色谱法测定化妆品或洗涤用品中对氯二甲苯酚、三氯卡班和三氯生. 色谱，2004，22（6）：659.

[2] Baranowska I. Reverse-phase HPLC method for the simultaneous analysis of triclosan and triclocarban in surface waters. Water Science & Technology: Water Supply, 2010, 10 (2): 173-180.

[3] Guo JH. Determination of triclosan, triclocarban and methyl-triclosan in aqueous samples by dispersive liquid-liquid microextraction combined with rapid liquid chromatography. Journal of Chromatography A, 2009,1216 (15): 3038-3043.

[4] 进出口化妆品中三氯生和三氯卡班的测定液相色谱法. 中华人民共和国出入境检验检疫行业标准.

附表 1 三氯卡班的基本信息

中文名称	三氯卡班
英文名称	triclocarban
分子式	$C_{13}H_9Cl_3N_2O$
分子量	315.58
CAS 号	101-20-2
中文化学名称	3，4，4′－三氯二苯脲
英文化学名称	3，4，4'-trichlorocarbanilide
结构式	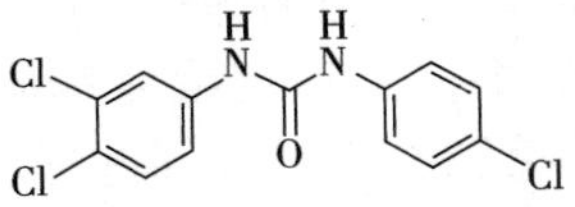 Cl, Cl, H N, H N, O, Cl (structure)

4.10　山梨酸和脱氢乙酸
Sorbic acid and dehydroacetic

山梨酸为白色针状或粉末状晶体，熔点为132~135℃，溶于乙醇和乙醚，不溶于水，其化学性质与一元酸类似，可与碱反应生成盐。脱氢乙酸为无色至白色针状或板状结晶或白色结晶性粉末，无臭，略带酸味，熔点为108~111℃（升华），易溶于碱的水溶液，难溶于水，1g约溶于35ml乙醇或5ml丙酮。山梨酸和脱氢乙酸的基本信息见附表1。

山梨酸是国际粮农组织和卫生组织推荐的高效安全的防腐保鲜剂，属于酸性防腐剂，对霉菌、酵母、好气性细菌和丝状菌等均具有抑制作用，其防腐效果受pH影响，一般pH愈低，防腐能力愈强；其防腐原理是它能与微生物酶系统中的巯基（–SH）结合，形成共价键，使微生物失去活力从而达到抑制微生物增殖的作用；山梨酸广泛应用于食品、饮料、烟草、农药、化妆品等行业，其抑菌作用比杀菌作用强。脱氢乙酸是一种低毒高效防腐、防霉剂，在酸、碱条件下均有一定的抗菌作用，尤其对霉菌的抑制作用最强。

目前，山梨酸和脱氢乙酸的检测方法主要有高效液相色谱法、气相色谱法、电位滴定法和紫外分光光度法等。电位滴定和紫外分光光度法比较适合成分简单、纯度较高的药品分析；气相色谱法灵敏度较高、方便，但是前处理较复杂以及杂质影响较大；高效液相色谱法的适用范围较广，适用于多种组分的同时测定，并且结果准确、可靠。由于化妆品的剂型较多，所包含的组分也较复杂，对于多种组分的含量测定，选用高效液相色谱法是一种比较合适的方法。《化妆品安全技术规范》收载了高效液相色谱法测定膏霜乳液类、液态水基类和凝胶类化妆品中山梨酸和脱氢乙酸含量的方法。

本方法的原理为样品经提取后，采用高效液相色谱仪分离、二极管阵列检测器检测，根据保留时间和紫外吸收光谱图定性、峰面积定量，以标准曲线法计算含量。

本方法对山梨酸和脱氢乙酸的检出限均为6ng，定量下限均为15ng；取样量为0.2g时，检出浓度均为0.006%，最低定量浓度均为0.015%。

方法注释：

1）本方法条件下山梨酸和脱氢乙酸溶液较稳定，在保存条件下标准溶液至少可以5日内使用。

2）为保证样品在超声过程中分散均匀、提取完全，在处理膏霜乳液等黏稠样品时，应将样品均匀涂布于比色管刻度线以下，且应注意涡旋频率，不得有溶液溅出。而对于某些经超声处理后溶液较难过滤的样品，应在适当离心后，取上清液用滤膜过滤。若测定时样品中被测组分的含量过高，可适当稀释后再进行检测。

3）在实际测定过程中，由于化妆品基质较为复杂，如果仪器灵敏度差或样品测定有干扰时，山梨酸、脱氢乙酸可分别选择其最大吸收波长260nm和310nm作为检测波长。

4）山梨酸和脱氢乙酸均为弱酸性物质，在流动相中会发生电离，从而使色谱峰产生较严重的拖尾，甲酸溶液可降低山梨酸和脱氢乙酸在流动相中的电离，避免了色谱峰出现严重的拖尾。

5）当样品中检出的待测组分与样品外包装标签标示不一致时，应对该检验结果进行进一步确证，详见实例分析。

典型图谱

检测条件同方法原文。

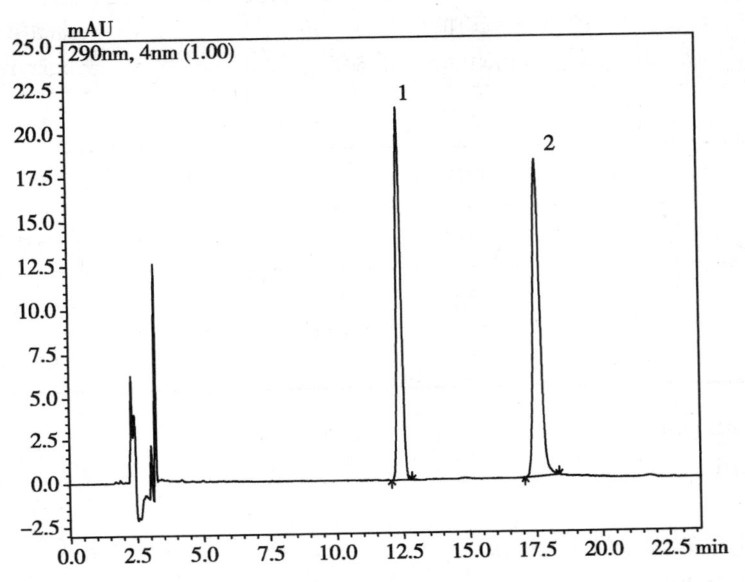

图 1　液态水基类基质空白加标色谱图

1：山梨酸；2：脱氢乙酸

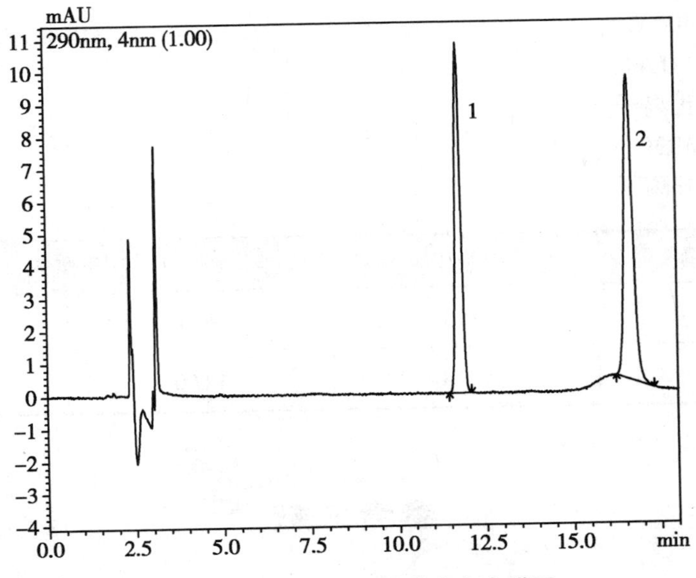

图 2　膏霜乳液类基质空白加标色谱图

1：山梨酸；2：脱氢乙酸

实例分析

采用液相色谱－质谱法确证。

色谱条件：Agilent 6495 液相色谱－质谱仪

色谱柱：Zorbax SB C_{18}（2.1mm × 100mm × 1.8μm）

流动相洗脱程序：

t（分钟）	流动相 A（水，含 0.5mmol/L 甲酸铵）	流动相 B（甲醇，含 0.5mmol/L 甲酸铵）
0	95%	5%
1	95%	5%
6	40%	60%
7	5%	95%
11	5%	95%

流速：0.3mL/min

进样量：2μL

质谱条件：

离子源：电喷雾离子源（ESI 源）

喷雾电压：2500V

干燥气温度：180℃

干燥气流速：14L/min

鞘气温度：400℃

鞘气流速：11L/min

扫描方式：正离子

监测模式：MRM

质谱参考特征离子：

被测组分名称	母离子	子离子	
山梨酸	113.1	95.0	67.0
脱氢乙酸	169.1	127.0	85.0

参考文献

［1］ Mikami E, Goto T, Ohno T, et al. Simultaneous analysis of dehydroacetic acid, benzoic acid, sorbic acid and salicylic acid in cosmetic products by solid-phase extraction and high-performance liquid chromatography.

Journal of Pharmaceutical and Biomedical Analysis, 2002, 28 (2): 261–267.

[2] Uchida O, Naito K, Yasuhara K, et al. Studies on the acute oral toxicity of dehydroacetic acid, sorbic acid and their combination compound in rats. Bulletin of National Institute of Hygienic Sciences, 1985, 103: 166–171.

[3] Shibazaki T. Fluorometric determination of dehydroacetic acid and its sodium salt with boric acid in acetic anhydride. Journal of the Pharmaceutical Society of Japan, 1968, 88 (5): 601–605.

[4] 陈伟光，刘亚苓，韩青. 化妆品中 7 种防腐剂同时测定的气相色谱法. 环境与健康杂志，2006，23（2）：171–173.

[5] 姚浔平，李小平，姚姗姗，等. 高效液相色谱法同时测定食品中 10 种添加剂. 中国卫生检验杂志，2009，19（1）：9–11.

[6] 蔡志斌，张英，刘丽. 超高效液相色谱法同时测定冷饮中 12 种食品添加剂. 实用预防医学，2011，18（1）：138–141.

[7] 王立媛，王若燕. 高效液相色谱法测定食品中的脱氢乙酸的研究. 卫生检验杂志，2003，13（5）：628.

[8] 罗晓燕，刘莉治，李晓东，等. HPLC 测定月饼中的脱氢乙酸钠. 卫生检验杂志，2003，13（3）：301–302.

[9] 陆军，矫筱曼，佟晓波，等. 气相色谱法同时测定化妆品中 15 种防腐剂. 日用化学工业，2012，42（2）：146–149.

附表 1　山梨酸和脱氢乙酸的基本信息

中文名称	山梨酸	脱氢乙酸
英文名称	sorbic acid	dehydroacetic acid
分子式	$C_6H_8O_2$	$C_8H_8O_4$
分子量	112.13	168.15
CAS 号	110–44–1	520–45–6
中文化学名称	（*E*，*E*）–2，4– 己二烯酸	3– 乙酰基 –6– 甲基 –2*H*– 吡喃 –2，4（3*H*）– 二酮
英文化学名称	2，4–hexadienoic acid	3–acetyl–6–methyl–2，4–pyrandione; 3–acetyl–6–methyl–2*H*–pyran–2，4（3*H*）–dione
结构式	HO, O	O, O, O, O

4.11 水杨酸等 5 种组分

Salicylic acid and other 4 kinds of components

本方法所指的 5 种组分为水杨酸、吡硫鎓锌、酮康唑、氯咪巴唑和吡罗克酮乙醇胺盐。水杨酸为白色针状结晶或单斜棱晶，有特殊的酚酸味，熔点为 158~161℃，在空气中稳定，但遇光渐渐改变颜色。吡硫鎓锌为白色至黄色结晶状粉末，略有特征气味，不溶于水。酮康唑为类白色结晶性粉末，无臭，无味，熔点为 147~151℃，易溶于三氯甲烷，微溶于甲醇、乙醇中，几乎不溶于水。氯咪巴唑为白色或灰白色结晶性粉末，熔点为 96.5~99.0℃，易溶于甲苯、醇中，难溶于水。吡罗克酮乙醇胺盐为白色或浅黄色结晶性粉末，熔点为 130~135℃，易溶于乙醇，可溶于含表面活性剂的水溶液或乙醇 / 水混合液，微溶于水，有很好的热稳定性。水杨酸等 5 种组分的基本信息见附表 1。

水杨酸等 5 种组分具有去屑、抑菌和止痒作用，常被作为去屑剂添加于宣称去屑止痒作用的洗护类发用化妆品中，添加的这些去屑剂的种类决定去屑效果优劣，但对消费者的健康有一定的影响。如水杨酸、氯咪巴唑和吡罗克酮乙醇胺盐在一定的浓度范围内可发挥出很好的去屑止痒效果，但浓度过高则会对人体造成一定的副作用，出现耳鸣、眩晕、恶心等症状；吡硫鎓锌是使用最广泛的一种去屑剂，能抗皮脂溢出、去除头屑和防止头屑再生，常规用量下对人体无毒无害，但超量使用会对人体产生伤害，有研究表明使用含有吡硫鎓锌的洗发产品可能导致变应性接触性皮炎的发生；酮康唑作为一种广谱咪唑类抗真菌药，对人体容易造成肝毒性损害。

目前，去屑剂的检测方法主要有滴定法、高效液相色谱法、气相色谱法等。《化妆品安全技术规范》收载了高效液相色谱法测定化妆品中水杨酸等 5 种组分含量的方法。

本方法的原理为样品提取后，经高效液相色谱分离、二极管阵列检测器检测，根据保留时间和紫外光谱图定性、峰面积定量，以标准曲线法计算含量。

本方法对水杨酸等 5 种组分的检出限、定量下限及取样量 0.5g 时的检出浓度和最低定量浓度见表 1。

表 1 5 种组分的检出限、定量下限、检出浓度和最低定量浓度

组分名称	水杨酸	吡硫鎓锌	酮康唑	氯咪巴唑	吡罗克酮乙醇胺盐
检出限（ng）	3	12	4	3	5
定量下限（ng）	10	40	15	10	20
检出浓度（%）	0.006	0.02	0.008	0.006	0.01
最低定量浓度（%）	0.02	0.08	0.03	0.02	0.04

注：以上数据是使用二极管阵列检测器，检测波长为230nm时获取的。

方法注释：

1）本方法为同时测定 5 种组分，选择 230nm 为通用检测波长，但很多有机物在此检测波长下有吸收，会干扰样品的测定，为此对于有干扰的样品，测定水杨酸和吡罗克酮乙

醇胺盐时检测波长调整为 300nm，测定吡硫鎓锌时检测波长调整为 340nm。

2）因水杨酸遇光颜色改变、吡罗克酮乙醇胺盐需避光贮存，应在实验过程中注意光的影响。

3）在配制标准溶液时应注意，由于吡硫鎓锌在乙腈中的溶解性有限，其浓度超过 200mg/L 时可能会出现溶解不完全的现象。因此最高浓度混合标准溶液中吡硫鎓锌的浓度不宜超过 200mg/L，同时为确保吡硫鎓锌的溶解，在配制时必须先用大量的流动相溶解后再定容。

4）本方法流动相中大量使用了磷酸二氢钾溶液，在实验完毕后应延长色谱柱与仪器管路的冲洗时间。且在实际检测时发现，流动相的 pH 对同时测定 5 种去屑剂的影响较大，不仅会影响它们的保留时间，也会影响它们的出峰顺序，故在实验时应严格控制 pH。

5）为保证测定结果的准确性，在称取膏霜乳液等黏稠样品时，应将其均匀涂布于比色管刻度线以下。

6）当样品中检出酮康唑后，如需进行阳性结果确证，可参考《化妆品安全技术规范》收载的“2.1 氟康唑等 9 种组分”检验方法。

典型图谱

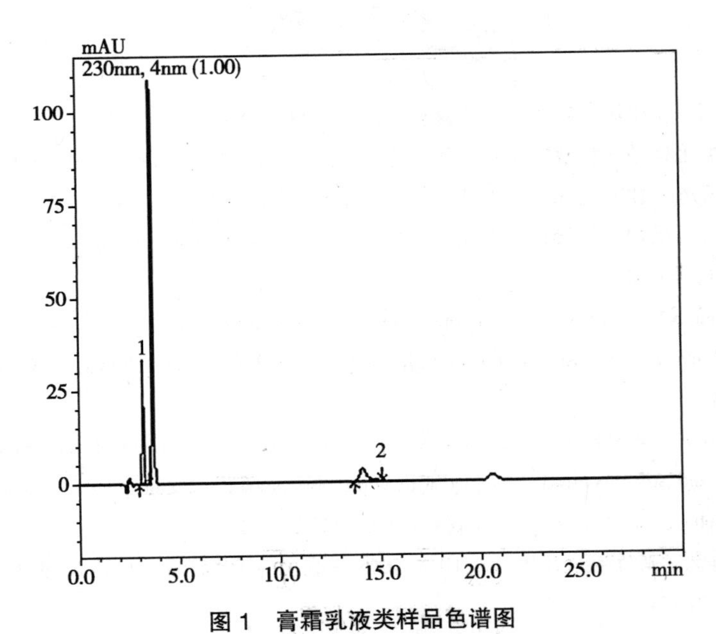

图 1　膏霜乳液类样品色谱图

1：水杨酸；2：吡罗克酮乙醇胺盐

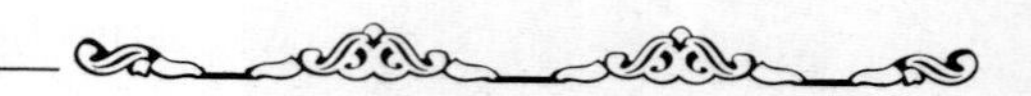

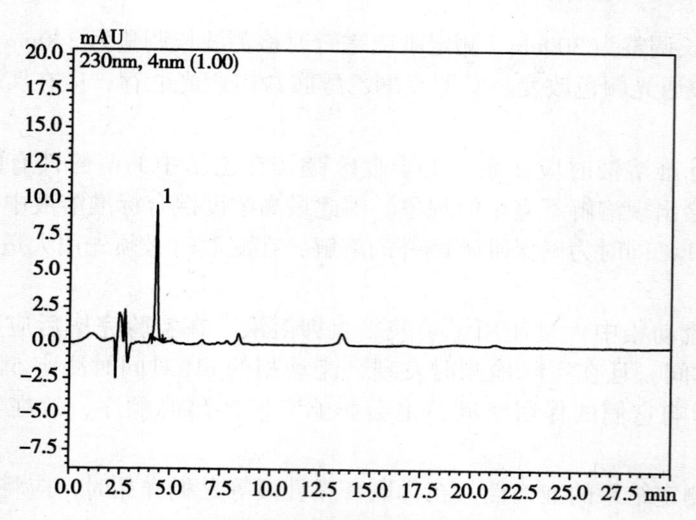

图 2 膏霜乳液类样品色谱图

1：酮康唑

参考文献

[1] 肖子英. 中国香波市场. 日用化学品科学，2001，24（2）：11-13.

[2] 李彤. 洗发类化妆品的刺激性研究. 环境与健康杂志，2001，18（6）：364-366.

[3] 邬宁昆，罗云杰. 甘宝素气相色谱分析. 宁波高等专科学校校报，2000，12（14）：24-26.

[4] 刘超，何学民. 反相高效液相色谱法测定去屑香波中去屑止痒剂 Octopirox 的含量. 日用化学工业，2001，2（1）：47-48.

[5] Chao L, Thomas KV, Paull B. Simultaneous determination of four anti-dandruff agents including octopirox in shampoo products by reversed-phase liquid chromatography. International Journal of Cosmetic Science, 2001, 23：183-188.

[6] Bones J. Improved method for the determination of zinc pyrithione in environmental water samples incorporating on line extraction and preconcentration coupled with liquid chromatography atmospheric pressure chemical ionisation mass spectrometry. Journal of Chromatography A, 2006, 1132(1)：157-164.

[7] 王庆贺，周泽琳，顾宇翔. HPLC-APCI-MS/MS 法测定洗护发产品中的吡硫鎓锌. 香料香精化妆品，2012，（5）：21-24.

附表 1 水杨酸等 5 种组分的基本信息

中文名称	英文名称	分子式	分子量	CAS 号	中文化学名称	英文化学名称	结构式
水杨酸	salicylic acid	$C_7H_6O_3$	138.12	69-72-7	2-羟基苯甲酸	2-hydroxybenzoic acid	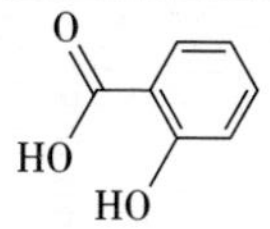
吡硫鎓锌	zinc pyrithione	$C_{10}H_8N_2O_2S_2Zn$	317.70	13463-41-7	1-羟基吡啶-2-硫酮；1-氮氧化-2-巯基吡啶锌盐	1-hydroxy-2-pyridine thione, zn salt；1-hydroxypyridine-2-thione zinc	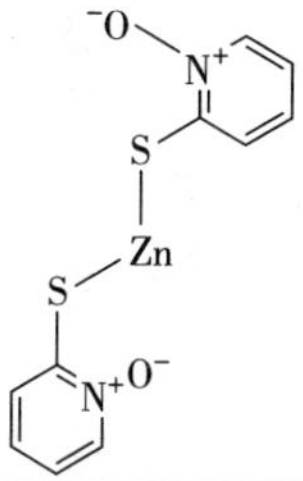
酮康唑	ketoconazole	$C_{26}H_{28}Cl_2N_4O_4$	531.43	65277-42-1	顺-1-乙酰基-4-[4-[[2-（2，4-二氯苯基）-2-（1*H*-咪唑-1-基甲基）-1，3-二氧戊环-4-基]甲氧基]苯基]哌嗪	1-（4-（4（（2*R*，4*S*）-2-（2，4-dichlorophenyl）-2-（1*H*-imidazol-1-ylmethyl）-1，3-dioxolan-4-yl）methoxy）phenyl）piperazine	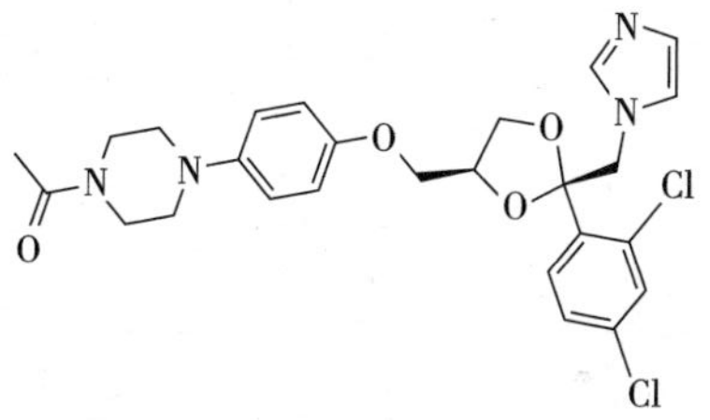
氯咪巴唑	climbazole	$C_{15}H_{17}ClN_2O_2$	292.76	253-775-4	1-（4-氯代苯氧基）-1-（1*H*-咪唑-1-基)-3，3-二甲基-2-丁酮	1-（*p*-chlorophenoxy）-3，3-dimethyl-1-(1-imidazolyl)-2-butanone	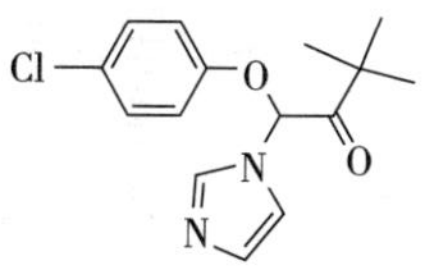
吡罗克酮乙醇胺盐	piroctone olamine	$C_{16}H_{30}N_2O_3$	298.42	68890-66-4	1-羟基-4-甲基-6-（2，4，4-三甲苯基）吡啶酮乙醇胺复合盐（1:1）	1-hydroxy-4-methyl-6-（2，4，4-trimethylpentyl）-2（1*H*）-pyridinoncompd.with2-aminoethanol（1:1）	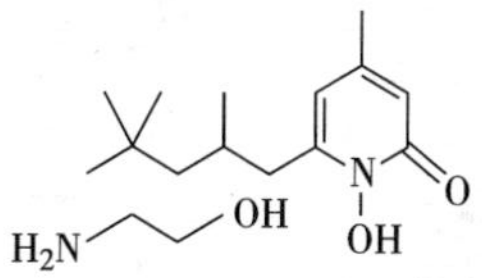

5 防晒剂检验方法

5.1 苯基苯并咪唑磺酸等 15 种组分

Phenylbenzimidazole sulfonic acid and other 14 kinds of components

本方法所指的 15 种组分为防晒剂，包括苯基苯并咪唑磺酸、二苯酮 –4 和二苯酮 –5、对氨基苯甲酸、二苯酮 –3、对甲氧基肉桂酸异戊酯、4– 甲基苄亚基樟脑、PABA 乙基己酯、丁基甲氧基二苯甲酰基甲烷、奥克立林、甲氧基肉桂酸乙基己酯、水杨酸乙基己酯、胡莫柳酯、乙基己基三嗪酮、亚甲基双 – 苯并三唑基四甲基丁基酚和双 – 乙基己氧苯酚甲氧苯基三嗪。苯基苯并咪唑磺酸为白色粉末，几乎无味，熔点为 300℃，溶于乙醇、异丙醇，微溶于水，不溶于凡士林、橄榄油、棕榈酸异丙酯，无毒，低刺激性。二苯酮 –4（二苯酮 –5）为淡黄色结晶体，熔点为 170℃，对光、热稳定。对氨基苯甲酸为无色针状晶体，熔点为 187~189℃，易溶于热水、乙醚、乙酸乙酯、乙醇和冰醋酸，难溶于水、苯，不溶于石油醚，在空气中或光照下变为浅黄色，具有中等毒性。二苯酮 –3 为淡黄色结晶性粉末，熔点为 62~64℃，易溶于乙醇、丙酮等有机溶剂，不溶于水，对光、热稳定。*p*– 甲氧基肉桂酸异戊酯为淡黄色黏稠液体，微臭，熔点为 –30℃，沸点为 170℃，不溶于水。4– 甲基苄亚基樟脑为白色或类白色结晶性粉末，有轻微的芳香味，熔点为 66~70℃，易溶于多数有机溶剂及脂类，不溶于水。二甲基 PABA 乙基己酯为淡黄色液体，沸点为 325℃，不溶于水。丁基甲氧基二苯甲酰基甲烷为白色至淡黄色结晶性粉末，熔点为 81~84℃。奥克立林为黏稠的浅黄色澄清油状液体，有特征性气味，熔点为 –10℃，无毒。甲氧基肉桂酸乙基己酯为无色至淡黄色黏稠液体，熔点为 31~32℃，溶于乙醇等有机溶剂中，油溶性好，不溶于水。水杨酸乙基己酯为无色至淡黄色液体，溶于乙醇等有机溶剂，不溶于水。胡莫柳酯为无色透明液体，不溶于水。乙基己基三嗪酮为类白色至淡黄色粉末，微臭，熔点为 124~130℃，可溶于大多数有机溶剂，易溶于极性油中，不溶于水。亚甲基双 – 苯并三唑基四甲基丁基酚为淡黄色固体，熔点为 195℃，可溶于水。双 – 乙基己氧苯酚甲氧苯基三嗪为淡黄色粉末，无臭，熔点为 80.4℃，不溶于水。苯基苯并咪唑磺酸等 15 种组分的基本信息见附表 1。

在化妆品中，防晒化妆品因具有保护人体免受紫外线辐射损伤的功能而广受消费者的青睐，其中的有效成分为防晒剂。防晒剂是为防止有害波长的紫外线直接侵害皮肤而在化妆品中所添加的组分，最初仅用于防晒护肤品，现在已广泛应用于保湿日霜、护发产品、口红及彩妆等中。化妆品防晒剂从防晒机制可以分为物理阻挡剂和化学吸收剂，物理阻挡剂是能反射或散射紫外辐射的化合物，这类防晒剂只要用量足够就可反射紫外、可见和红外辐射；化学吸收剂是指能吸收有害紫外辐射的有机化合物，通常称为紫外线吸收剂。苯基苯并咪唑磺酸等 15 种组分均为紫外线吸收剂，对紫外线的吸收性能比较高，在一定程度上对皮肤起到保护作用，但使用过量也会影响皮肤的健康，使皮肤过敏、光敏、起红疹、发炎、老化、变黑等。因此，国内外对化学防晒剂的使用种类及使用量均有严格的管理和限制。

目前，防晒剂的检测方法主要有薄层色谱法、气相色谱法、高效液相色谱法、气相色谱－质谱法、液相色谱－质谱法等。《化妆品安全技术规范》收载了高效液相色谱－二极管阵列检测器法和高效液相色谱－紫外检测器法。由于防晒剂种类繁多，单溶液系统不能使它们很好分离，往往需要多溶液系统，本方法采用梯度洗脱可使15种组分达到有效分离。选用流动相提取样品中的防晒剂，一是在色谱分析时不会产生另外的溶剂峰，二是流动相对各防晒剂都有很好的溶解性。

第一法　高效液相色谱－二极管阵列检测器法

本方法的原理为样品经过溶剂破乳、超声提取后，采用梯度洗脱－高效液相色谱仪分离、二极管阵列检测器检测，根据其保留时间和紫外吸收光谱图定性、峰面积定量，以标准曲线法计算含量。

本方法对各组分的检出限、检出浓度、定量下限和最低定量浓度见表1。

表1　本方法的检出限、检出浓度、定量下限和最低定量浓度

序号	防晒剂名称	检出限（ng）	检出浓度（%）	定量下限（ng）	最低定量浓度（%）
1	苯基苯并咪唑磺酸	2	0.02	7	0.07
2	二苯酮-4和二苯酮-5	3	0.03	10	0.10
3	对氨基苯甲酸	2	0.02	7	0.07
4	二苯酮-3	3	0.03	10	0.10
5	对甲氧基肉桂酸异戊酯	3	0.03	10	0.10
6	4-甲基苄亚基樟脑	2.5	0.025	8	0.08
7	二甲基PABA乙基己酯	3	0.03	10	0.10
8	丁基甲氧基二苯甲酰基甲烷	12	0.12	40	0.40
9	奥克立林	5	0.05	17	0.17
10	甲氧基肉桂酸乙基己酯	3	0.03	10	0.10
11	水杨酸乙基己酯	20	0.20	67	0.67
12	胡莫柳酯	20	0.20	67	0.67
13	乙基己基三嗪酮	2	0.02	7	0.07
14	亚甲基双－苯并三唑基四甲基丁基酚	5	0.05	17	0.17
15	双－乙基己氧苯酚甲氧苯基三嗪	5	0.05	17	0.17

方法注释：

1）在配制标准物质溶液时应注意：一是苯基苯并咪唑磺酸在水相和有机相中的溶解度较小，直接用混合溶液提取不完全，建议单独称量，用适量氢氧化钠溶液使其转化成易

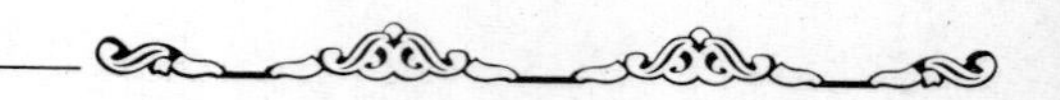

溶于混合溶液的盐；二是乙基己基三嗪酮、亚甲基双－苯并三唑基四甲基丁基酚、双－乙基己氧苯酚甲氧苯基三嗪均为脂溶性非常强的物质，应用少许四氢呋喃溶解后，再用混合溶液定容；三是丁基甲氧基二苯酰基甲烷、奥克立林、甲氧基肉桂酸乙基己酯、水杨酸乙基己酯、亚甲基双－苯并三唑基四甲基丁基酚在混合溶液中保存容易沉淀析出，导致含量下降，建议混合标准系列溶液临用新配。

2）在本方法中用到大量四氢呋喃，其毒性较大，且易挥发、易燃，在实际检验时应注意个人防护及室内通风。

3）本方法流动相中添加了四氢呋喃、高氯酸，会损害色谱仪并影响色谱柱的使用寿命，实验完毕后应延长色谱柱与仪器管路的冲洗时间。

4）在实际检验时，个别溶解不好的蜡状化妆品可用纯的四氢呋喃溶解样品后再用流动相进行稀释。

5）实验表明色谱柱及梯度洗脱程序对苯基苯并咪唑磺酸等 15 种组分的分离效果影响较大，详见实例分析 a），但柱温对其分离效果影响甚微。

6）在检验完成后应将检出结果与标签标识进行核对，如检出标签上未标示的防晒组分，应采用其他方法进行确认，详见实例分析 b）。

7）各组分换算系数见下表。

组分	换算系数
二苯酮－4/ 二苯酮－5（以酸计）	308.31/330.29
奥克立林（以酸计）	249.27/361.48
苯基苯并咪唑磺酸（以酸计）	274.30/ 苯基苯并咪唑磺酸及其钾、钠和三乙醇胺盐

典型图谱

色谱条件：

色谱柱：C_{18} 柱（250mm × 4.6mm × 10μm）

流动相梯度程序：

t（分钟）	甲醇（%）	四氢呋喃（%）	水－高氯酸（300∶0.2）（%）
0	20	30	50
3	20	30	50
4	25	45	30
20	25	45	30
21	45	50	5
40	45	50	5
50	20	30	50

其余条件同原方法。

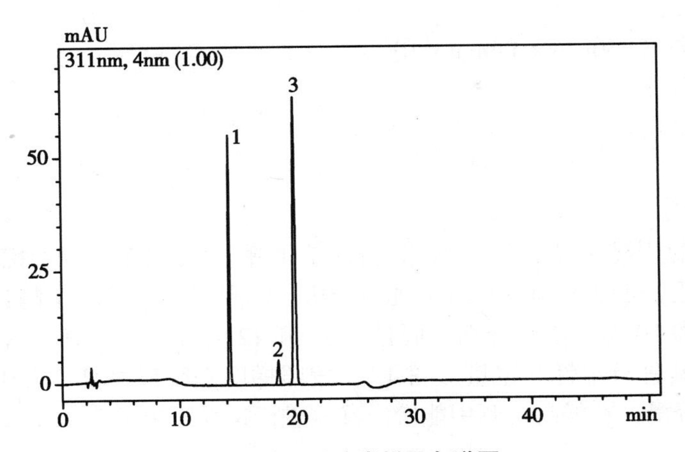

图 1　膏霜乳液类样品色谱图

1：4- 甲基苄亚基樟脑；2：丁基甲氧基二苯酰基甲烷；3：甲氧基肉桂酸乙基己酯

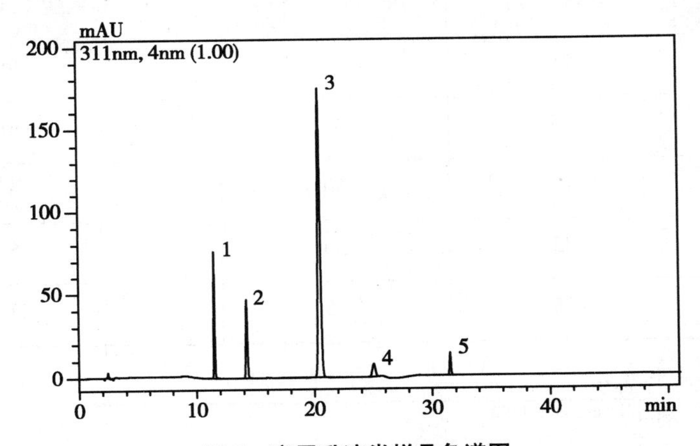

图 2　膏霜乳液类样品色谱图

1：二苯酮 -3；2：对甲氧基肉桂酸异戊酯；3：甲氧基肉桂酸乙基己酯；
4：水杨酸乙基己酯；5：双 – 乙基己氧苯酚甲氧苯基三嗪

第二法　高效液相色谱 – 紫外检测器法

本方法的原理为样品经过溶剂破乳、超声提取后，采用等度洗脱 – 高效液相色谱仪分离、紫外检测器检测，根据其保留时间定性、峰面积定量，以标准曲线法计算含量。本方法对各组分的检出限、检出浓度、定量下限和最低定量浓度同第一法。

方法注释：

本方法将 15 种组分分两次进行分离，采用水相比例较高的流动相分离前 12 个组分，采用有机相比例较高的流动相分离后 3 个组分，与第一法比较，缩短了后 3 个组分的出峰时间。

实例分析

a）通过对不同厂家型号的色谱柱进行比较，使用资生堂 CAPCELL PAK MG Ⅱ色谱柱

对 15 种组分的分离效果较好。

色谱条件：

色谱柱：C_{18} 柱（250mm × 4.6mm × 10μm）

流速：1.0mL/min

检测波长：311nm

柱温：30℃

进样量：10μL

按照梯度洗脱程序Ⅰ（表 2）进行分析，结果峰 1、2 和 3 相互干扰，不能有效分离（图 3）；按照梯度洗脱程序Ⅱ（表 3）进行分析，结果虽然使前 3 个峰达到很好的分离，但是峰 7、8、9 和 10 无法达到分离，而且峰 11 和 12 的分离度不好，这些情况使样品在检测时无法准确地进行定性和定量（图 4）；按照梯度洗脱程序Ⅲ（表 3）进行分析，15 种组分达到有效分离，在样品检测中能较准确地进行定性定量（图 5）。

表 2 梯度洗脱程序Ⅰ

t（分钟）	甲醇（%）	四氢呋喃（%）	水 – 高氯酸（300：0.2）（%）
0.00	25	45	30
13.00	25	45	30
14.00	45	50	5
20.00	45	50	5
22.00	25	45	30

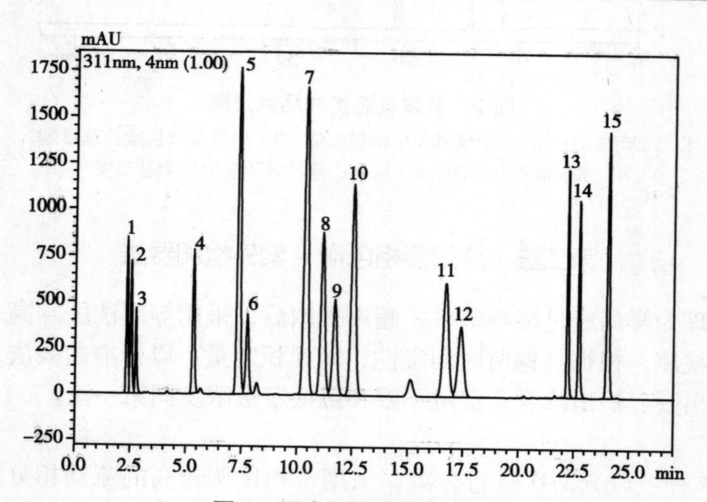

图 3 混合标准溶液色谱图

1：苯基苯并咪唑磺酸；2：二苯酮 –4 和二苯酮 –5；3：对氨基苯甲酸；4：二苯酮 –3；5：对甲氧基肉桂酸异戊酯；6：4– 甲基苄亚基樟脑；7：二甲基 PABA 乙基己酯；8：丁基甲氧基二苯甲酰基甲烷；9：奥克立林；10：甲氧基肉桂酸乙基己酯；11：水杨酸乙基己酯；12：胡莫柳酯；13：乙基己基三嗪酮；14：亚甲基双 – 苯并三唑基四甲基丁基酚；15：双 – 乙基己氧苯酚甲氧苯基三嗪

表 3 梯度洗脱程序Ⅱ

t（分钟）	甲醇（%）	四氢呋喃（%）	水－高氯酸（300∶0.2）（%）
0	20	30	50
5	20	30	50
6	65	30	5
20	65	30	5
22	20	30	50
35	20	30	50

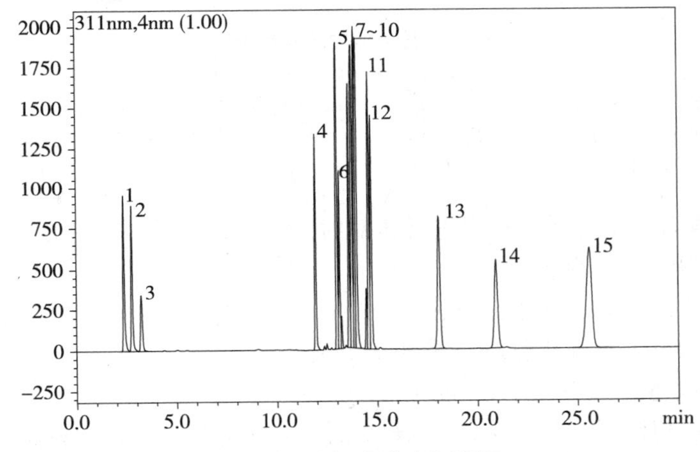

图 4 混合标准溶液色谱图

1：苯基苯并咪唑磺酸；2：二苯酮 -4 和二苯酮 -5；3：对氨基苯甲酸；4：二苯酮 -3；5：对甲氧基肉桂酸异戊酯；6：4- 甲基苄亚基樟脑；7：二甲基 PABA 乙基己酯；8：丁基甲氧基二苯甲酰基甲烷；9：奥克立林；10：甲氧基肉桂酸乙基己酯；11：水杨酸乙基己酯；12：胡莫柳酯；13：乙基己基三嗪酮；14：亚甲基双 – 苯并三唑基四甲基丁基酚；15：双 – 乙基己氧苯酚甲氧苯基三嗪

表 4 梯度洗脱程序Ⅲ

t（分钟）	甲醇（%）	四氢呋喃（%）	水－高氯酸（300∶0.2）（%）
0	20	30	50
3	20	30	50
4	25	45	30
20	25	45	30
21	45	50	5
40	45	50	5
50	20	30	50

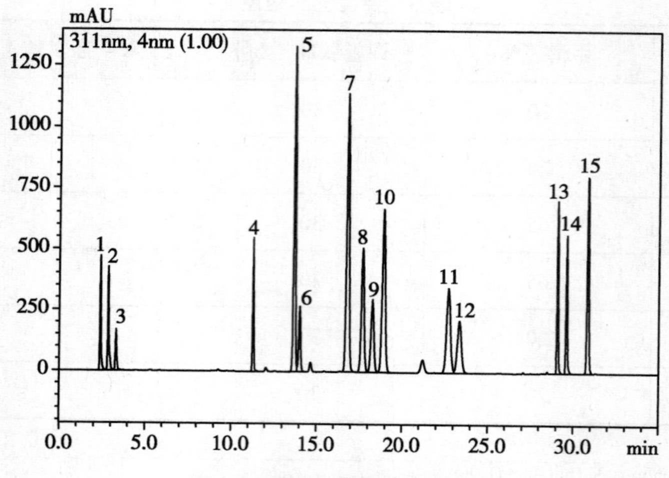

图 5　混合标准溶液色谱图

1：苯基苯并咪唑磺酸；2：二苯酮 -4 和二苯酮 -5；3：对氨基苯甲酸；4：二苯酮 -3；5：对甲氧基肉桂酸异戊酯；6：4- 甲基苄亚基樟脑；7：二甲基 PABA 乙基己酯；8：丁基甲氧基二苯甲酰基甲烷；9：奥克立林；10：甲氧基肉桂酸乙基己酯；11：水杨酸乙基己酯；12：胡莫柳酯；13：乙基己基三嗪酮；14：亚甲基双 - 苯并三唑基四甲基丁基酚；15：双 - 乙基己氧苯酚甲氧苯基三嗪

b）在对防晒剂产品的标签标识进行核对时，发现部分检测出来的防晒剂组分标签未标示，故需用质谱法进行确证。

气相色谱 - 质谱法确证条件如下：

仪器：6890N-5975B 气相色谱 - 质谱联用仪

色谱柱：DB-5-MS（30m × 0.25mm × 0.25μm）

色谱柱温度：初始温度为 120℃，以每分钟 5℃升温至 250℃，保持 10 分钟

进样口温度：250℃

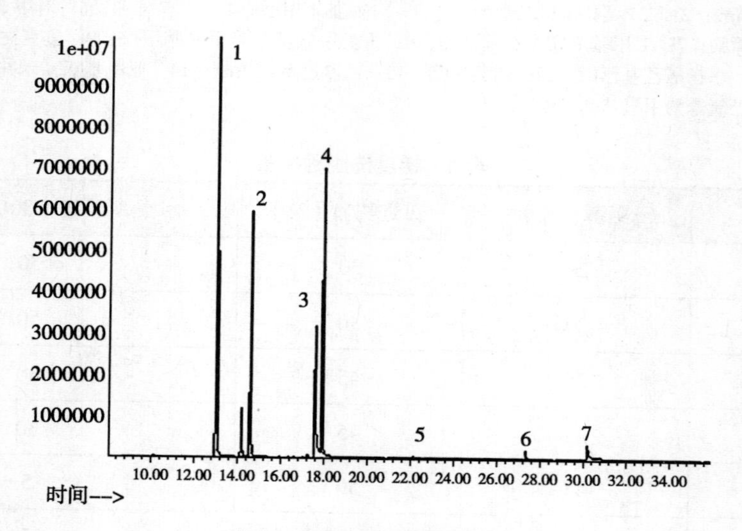

图 6　混合标准溶液色谱图

1：水杨酸乙基己酯；2：胡莫柳酯；3：二苯酮 -3；4：4- 甲基苄亚基樟脑；
5：甲氧基肉桂酸乙基己酯；6：奥克立林；7：丁基甲氧基二苯甲酰基甲烷

色谱 – 质谱接口温度：280℃

载气：氦气，纯度≥ 99.999%，流速 1.0ml/min

电离方式：EI

电离能量：70eV

测定方式：全扫描方式（Scan）

进样方式：分流进样，分流比 1∶1

进样量：1μl

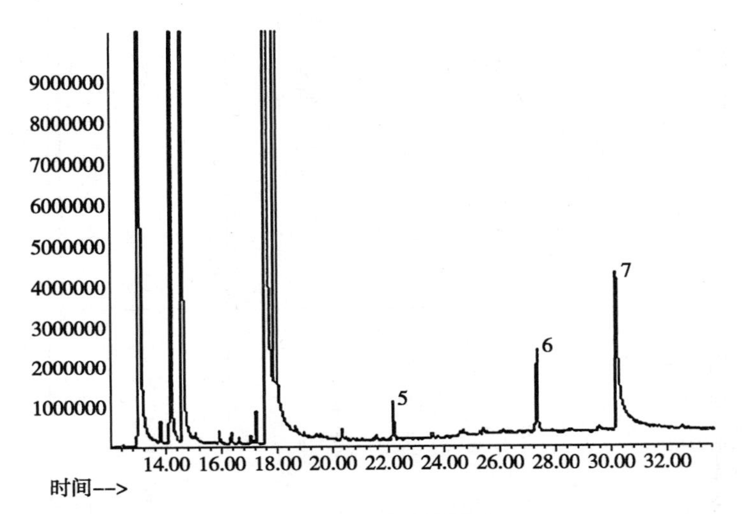

图 7　混合标准溶液色谱图

5：甲氧基肉桂酸乙基己酯；6：奥克立林；7：丁基甲氧基二苯甲酰基甲烷

参考文献

［1］ 许秀敏，高燕红，龙朝阳，等. 高效液相色谱法测定化妆品中 15 种化学防晒剂. 中国卫生检验杂志，2011，21（7）：1601–1606.

［2］ 何乔桑，徐娜，李晶，等. 高效液相色谱法测定化妆品中的 12 种紫外吸收剂. 色谱，2001，29（8）：762–767.

［3］ 林维宣，孙兴权，马杰. 液相色谱串联质谱法同时检测防晒化妆品中的 11 种紫外吸收. 色谱，2013，31（5）：410–415.

［4］ 李英，王成云. 气相色谱质谱选择离子法测定化妆品中防晒剂. 香料香精化妆品，2002，8（4）：19–21.

附表 1 苯基苯并咪唑磺酸等 15 种组分的基本信息

中文名称	英文名称	分子式	分子量	CAS 号	中文化学名称	英文化学名称	结构式
苯基苯并咪唑磺酸	phenyl enzimidazole sulfonic acid	$C_{13}H_{10}O_3N_2S$	274.30	27503-81-7	2-苯基-1*H*-苯并[d]咪唑-5-磺酸	2-phenyl-1*H*-benzo [d] imidazole-5-sulfonic acid	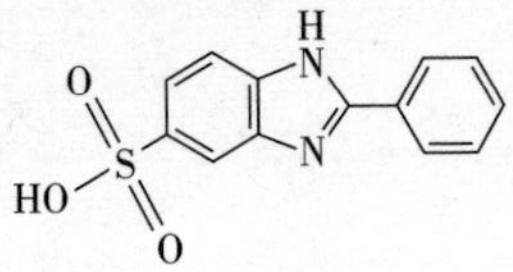
二苯酮-4（二苯酮-5）	benzophenone-4	$C_{14}H_{12}O_6S$	308.31	4065-45-6	2-羟基-4-甲氧基-5-磺酸二苯甲酮	2-hydroxy-4-methoxy-benzophenone-5-sulfonic acid	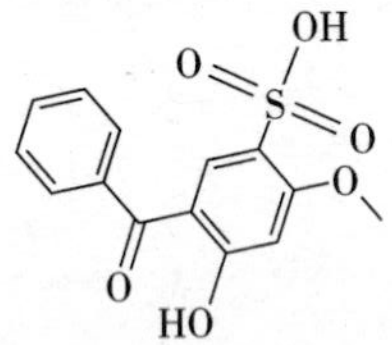
对氨基苯甲酸	*p*-aminobenzoic acid	$C_7H_7NO_2$	137.14	150-13-0	4-氨基苯甲酸	4-aminobenzoic acid	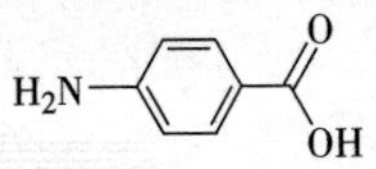
二苯酮-3	benzophenone-3	$C_{14}H_{12}O_3$	228.25	131-57-7	2-羟基-4-甲氧基二苯甲酮	2-hydroxy-4-methoxy benzophenone	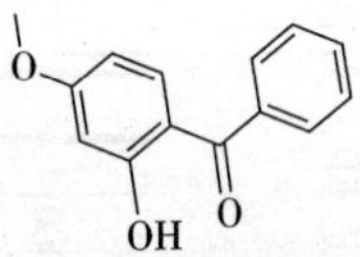
p-甲氧基肉桂酸异戊酯	isoamyl-4-methoxy-ycinnamate	$C_{15}H_{20}O_3$	248.32	71617-10-2	3-(4-甲氧基苯基)-2-丙酸-3-甲基丁基酯	3-（4-methoxyphenyl）-2-propenoicaci-3-methy-lbutylester	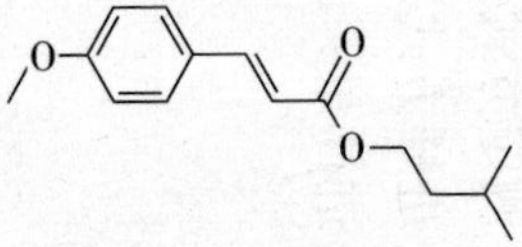

续表

中文名称	英文名称	分子式	分子量	CAS 号	中文化学名称	英文化学名称	结构式
4-甲基苄亚基樟脑	4-methylbenzylidene camphor	$C_{18}H_{22}O$	254.38	36861-47-9	(±)-1，7，7-三甲基-[(4-甲基苯基)亚甲基]-双环[2.2.1]庚烷-2-酮	1，7，7-trimethyl-3-(4-methylbenzylidene) bicyclo[2.2.1] heptan-2-one	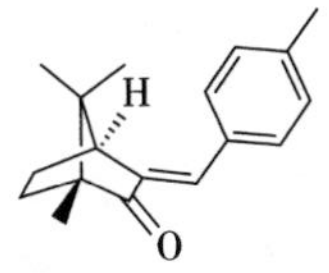
二甲基PABA乙基己酯	ethylhexyl dimethyl PABA	$C_{17}H_{27}NO_2$	277.41	21245-02-3	2-乙基己基-4-二甲基氨基苯甲酸酯	2-ethylhexyl-4-dimethylaminobenzoate	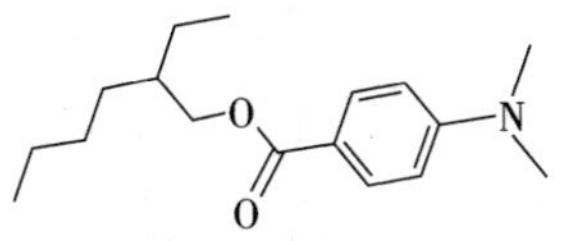
丁基甲氧基二苯甲酰基甲烷	butyl methoxydibenzoylm ethane	$C_{20}H_{22}O_3$	310.39	70356-09-1	1-(4-叔丁基苯基)-3-(4-甲氧基苯基)丙烷-1，3-二酮	1-(4-tert-butylphenyl)-3-(4-methoxyphenyl) propane-1，3-dione	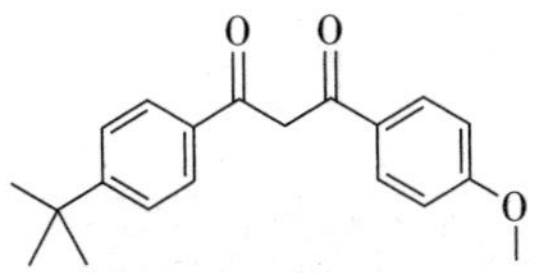

续表

中文名称	英文名称	分子式	分子量	CAS 号	中文化学名称	英文化学名称	结构式
奥克立林	octocrilene	$C_{24}H_{27}NO_2$	361.48	6197-30-4	2-氰基-3，3-二苯基丙烯酸异辛酯	2-ethylhexyl 2-cyano-3，3-diphenylpropenoate	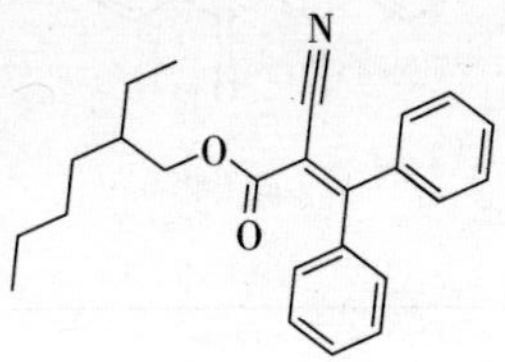
甲氧基肉桂酸乙基己酯	ethylhexyl methoxy-cinnamate	$C_{18}H_{26}O_3$	290.40	5466-77-3	4-甲氧基肉桂酸-2-乙基己酯	4-methoxycinnamic acid 2-ethylhexyl ester	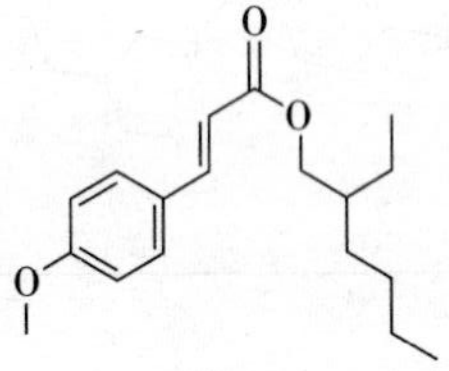
水杨酸乙基己酯	ethylhexyl salicylate	$C_{15}H_{22}O_3$	250.33	118-60-5	水杨酸-2-乙基己基酯	2-ethylhexyl salicylate	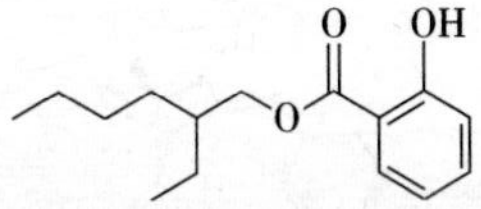
胡莫柳酯	homosalate	$C_{16}H_{22}O_3$	262.34	118-56-9	2-羟基苯甲酸-3，3，5-三甲基环己酯	2-hydroxy-，3，3，5-trimethylcyclohexyl ester	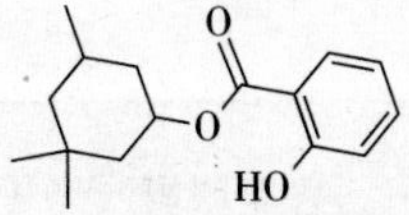

续表

中文名称	英文名称	分子式	分子量	CAS 号	中文化学名称	英文化学名称	结构式
乙基己基三嗪酮	ethylhexyl triazone	$C_{48}H_{66}N_6O_6$	823.07	88122–99–0	4，4′，4″–（1，3，5–三嗪–2，4，6–三亚氨基）三苯甲酸三（2–乙基己基）酯	4，4，4–（1，3，5–triazine–2，4，6–triyltriimino）tris–，tris（2–ethylhexyl）ester	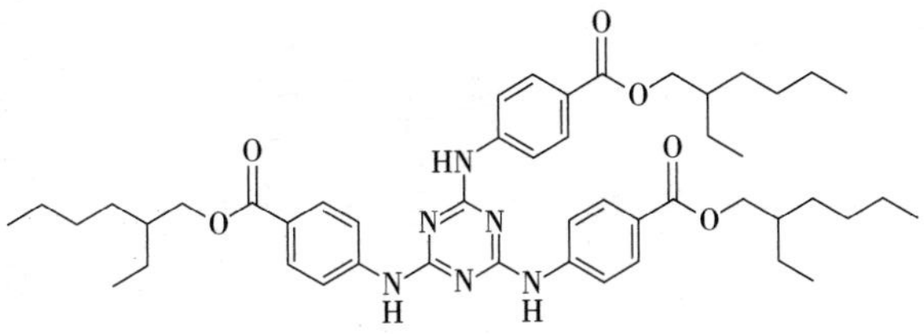
亚甲基双–苯并三唑基四甲基丁基酚	methylene bis–benzotriazolyl tetramethyl–butylphenol	$C_{41}H_{50}N_6O_2$	658.87	103597–45–1	2，2′–亚甲基双（4–叔辛基–6–苯并三唑苯酚）	2，2′–methylene–bis（6–（2*H*–benzotriazol–2–yl）–4–（1，1，3，3–tetramethyl–butyl）phenol）	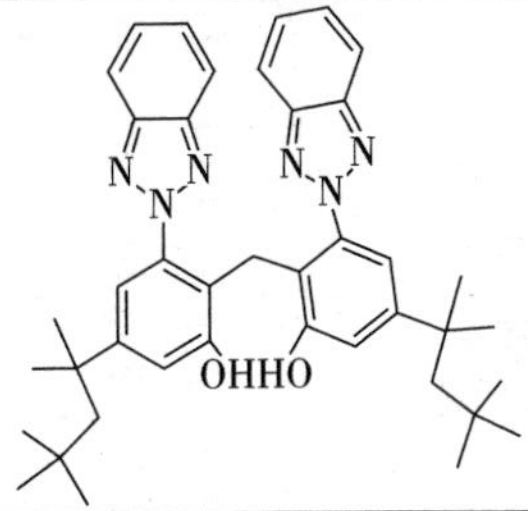
双–乙基己氧苯酚甲氧苯基三嗪	bis–ethylhexyloxyphenol methoxyphenyl triazine	$C_{38}H_{49}N_3O_5$	627.81	187393–00–6	2，4–双((4–(2–乙基–己氧基)2–羟基)–苯基)6–(4–甲氧基苯基)–1，3，5–三嗪	2，4–bis［4–（2–ethylhexyloxy）–2–hydroxyphenyl］–6–（4–methoxyphenyl）–1，3，5–triazine	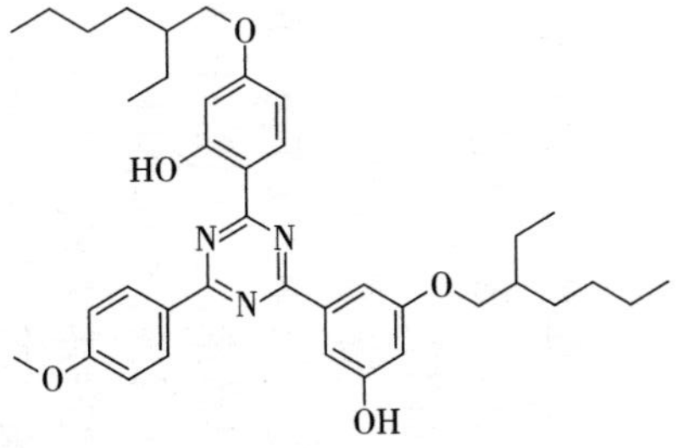

5.2　二苯酮 –2

Denzophenone

二苯酮 –2 为白色有光泽的棱形结晶，似玫瑰香，味甜，熔点为 48.5℃，沸点为 305.4℃，易溶于乙醇、乙醚，溶于三氯甲烷，不溶于水，有刺激性。二苯酮 –2 的基本信息见附表 1。

二苯酮 –2 属于芳香酮类化合物，具有吸收紫外线的作用，在使用中会存在诸多问题：一是二苯酮类属于芳香酮类化合物，产生的副产物无法在体内代谢；二是二苯酮也是一种环境激素，会干扰人体内分泌，造成精子数量减少，并导致男性不育症。

目前，二苯酮类化合物的检测方法主要有高效液相色谱法、气相色谱法、气相色谱 – 质谱联用法等。《化妆品安全技术规范》收载了高效液相色谱法，该法操作简便、快捷，较为常用。但由于化妆品基质多样、成分复杂，可能出现假阳性结果，采用质谱法确证可提高定性的准确性。

本方法的原理为样品经乙腈 – 水（90∶10）超声提取后，过滤，经高效液相色谱仪分离、紫外检测器检测，根据保留时间定性、峰面积定量，以标准曲线法计算含量。

本方法对二苯酮 –2 的检出限为 1.5μg，定量下限为 5μg；取样量为 0.1g 时，检出浓度为 0.03%，最低定量浓度为 0.1%。

方法注释：

1）因二苯酮 –2 的醇溶液在光照下不稳定，可生成频哪醇类化合物，因此实验过程中应注意避光操作。

2）在样品前处理时，为保证样品在超声过程中分散均匀、提取完全，称样过程中应将其较为均匀地涂布于试管刻度线以下的内壁上。若测定时发现样品中被测组分的含量过高，可适当稀释后再进行检测。

3）样品中的其他组分可能对其测定产生干扰，必要时需进行进一步确认，详见实例分析。

典型图谱

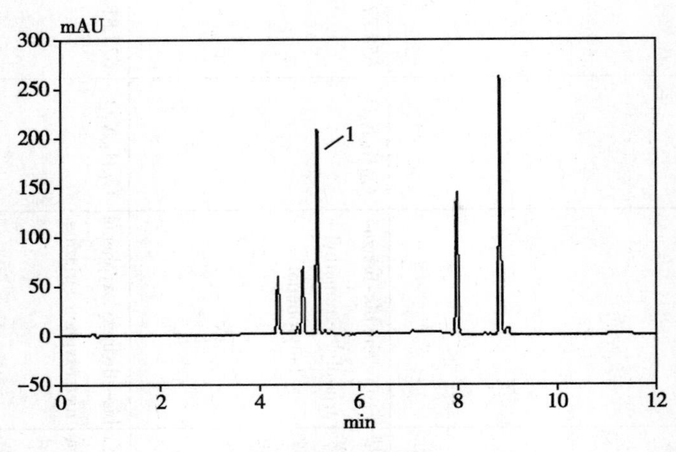

图 1　香水色谱图

1：二苯酮 –2

实例分析

二苯酮 –2 确认的质谱参考条件：

仪器：AB Sciex QTRAP 5500 型液相色谱 – 质谱仪

离子源：ESI 源，负离子模式

扫描模式：多反应监测（MRM）

去溶剂温度（TEM）：600℃

离子源电压（IS）：4500V

色谱柱：Agilent XDB–C_{18}（4.6mm × 50mm × 1.8μm）

流动相：A：水溶液（含 0.1% 甲酸及 10mmol/L 醋酸铵）；B：甲醇（含 0.1% 甲酸）

流速：0.3mL/min

二苯酮 –2 的母离子（*m/z*）为 244.9，实验过程中选择的两个子离子（*m/z*）分别为 134.9 和 109.0。

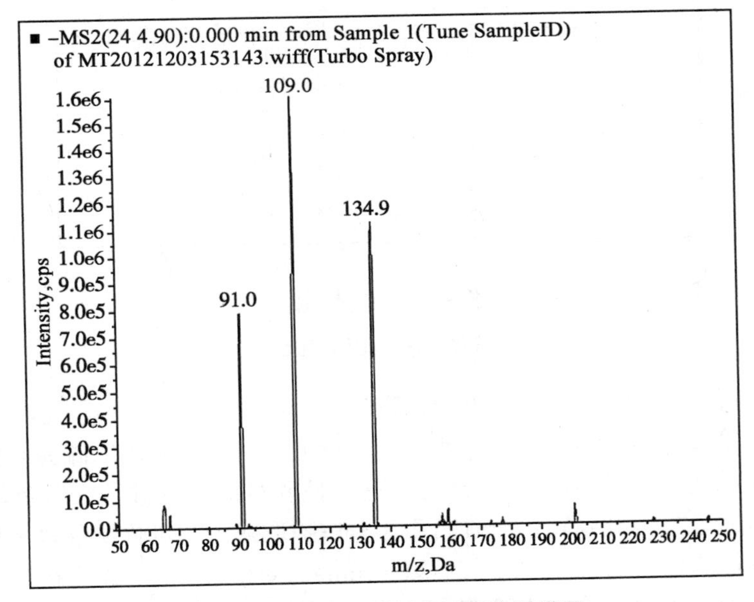

图 2 二苯酮 –2 的子离子扫描质谱图

参考文献

[1] 中华人民共和国卫生部. 化妆品卫生规范. 北京：军事医学科技出版社，2007.

[2] Weisbrod CJ, Kunz PY, Zenker AK, et al. Effects of the UV filter benzophenone–2 on reproduction in fish. Toxicology and Applied Pharmacology, 2007, 225(3)：255–266.

[3] 陈蓓，李莉，吉文亮. 高效液相色谱法测定化妆品中二苯酮 –2、二苯酮 –3 与甲氧基肉桂酸乙基己酯. 环境监测管理与技术，2010，6：61–63.

[4] 王帆，季思伟，马辰. 化妆品中二苯酮 –2 和二苯酮 –3 的高效液相色谱测定法. 环境与健康，

2012，29（1）：69–71.

［5］曲宝成，边海涛，毛希琴，等. 高效液相色谱法测定化妆品中 11 种二苯酮类紫外线吸收剂. 色谱，2015，33（12）：1327–1333.

［6］李建，徐兰英，薛舒文，等. 分散液液微萃取 – 在线衍生化 – 气相色谱 – 质谱联用法检测环境水样品中紫外吸收剂. 色谱，2014，10（32）：1138–1143.

附表 1　二苯酮 -2 的基本信息

中文名称	二苯酮 -2
英文名称	denzophenone–2
分子式	$C_{13}H_{10}O_5$
分子量	246.22
CAS 号	131–55–5
中文化学名称	2，2′，4，4′ – 四羟基二苯酮
英文化学名称	α–oxodiphenylmethane
结构式	O OH OH OH OH

5.3　二氧化钛

Titanium dioxide

二氧化钛为白色固体或粉末状的两性氧化物，是一种无机颜料，无毒、无味、无刺激性。二氧化钛具有亲水性，但不溶于水或者稀硫酸，可以溶于热浓硫酸或熔融的硫酸氢钾，具有优异的化学稳定性、热稳定性与非迁移性和良好的分散性，以及较好的不透明性、白度和光亮度。二氧化钛可由金红石用酸分解提取或由四氯化钛分解得到，一般分为锐钛矿型（anatase，简称 A 型）和金红石型（rutile，简称 R 型），A 型在高温下会转变成 R 型，故 A 型的熔点和沸点实际上不存在。二氧化钛的基本信息见附表 1。

二氧化钛的黏附力强，不易发生化学变化，广泛应用于化妆品、涂料、塑料、造纸、印刷油墨、化纤、橡胶等工业。二氧化钛有较好的紫外线掩蔽作用，常作为防晒剂掺入纺织纤维中，超细的二氧化钛粉末也被加入进防晒霜膏中制成防晒化妆品。二氧化钛在化妆品中主要作为填充剂和乳浊剂使用。

目前，二氧化钛的检测方法主要有滴定法、分光光度法、电感耦合等离子体发射光谱法、电感耦合等离子体质谱法。《化妆品卫生规范》（2007 年版）未收载此项目，《化妆品安全技术规范》中增收了二氧化钛的分光光度法。

本方法的原理为样品预处理后，使钛以离子状态存在于样品溶液中，加入抗坏血酸溶液掩蔽干扰，在酸性环境下样品溶液中的钛与二安替比林甲烷溶液生成黄色络合物，用分光光度法在 388nm 处检测，以标准曲线法计算含量。

本方法对二氧化钛的检出限为 0.068μg/mL，定量下限为 0.2μg/mL；取样量为 0.1g 时，

检出浓度为 0.0068%，最低定量浓度为 0.02%。

方法注释：

1）二氧化钛颗粒很难溶解，可参照 GB/T 602—2002《化学试剂杂质测定用标准溶液的制备》中的配制方法，先经过高温灼烧，然后再用硫酸溶液溶解。

2）Fe^{3+}、Al^{3+}、Cu^{2+} 等杂离子会对二氧化钛的测定产生干扰，加入抗坏血酸能够较好地消除干扰，使测定结果更为准确，抗坏血酸的加入量可以根据实验情况进行部分调整。

3）10 000 倍的钾、钠、铷、钙、镁、锶、磷，1000 倍的锰、铅、锌、铝、锆、砷、铁，50 倍的铌、锡，20 倍的铬，10 倍的铋、钼对钛的测定一般不会产生干扰。

4）用不同浓度、不同种类的酸对显色剂的影响，结果显示硫酸浓度为 0.5%~10% 时，吸光度无明显变化；但是 0.5% 的高氯酸显色后可见白色絮状沉淀，故方法检测禁止使用高氯酸。

5）本方法检测的是化妆品中的总钛，以二氧化钛计。不适用于其他含钛及其化合物的产品。

参考文献

[1] 中华人民共和国卫生部. 化妆品卫生规范. 北京：军事医学科技出版社，2007.

[2] 中华人民共和国国家标准. GB/T 602—2002 化学试剂杂质测定用标准溶液的制备. 北京：中国标准出版社，2002.

[3] 中华人民共和国国家标准. GB/T 21912—2008 食品中二氧化钛的测定. 北京：中国标准出版社，2008.

[4] 中华人民共和国出入境检验检疫行业标准. SN/T 1478—2004 化妆品中二氧化钛含量的检测方法. 北京：中国标准出版社，2004.

[5] Qasim C. Opinion of the Scientific Committee on Consumer safety(SCCS)–Revision of the opinion on the safety of the use of titanium dioxide, nano form, in cosmetic products. Regulatory Toxicology and Pharmacology, 2015, 73(2)：669–670.

[6] Landsiedel R, Mahock L, Van RB, et al. Gene toxicity studies on titanium dioxide and zinc oxide nanomaterials used for UV–protection in cosmetic formulations. Nanotoxicology, 2010, 4(4)：364–381.

[7] 郭瑞娣. 化妆品防晒剂中二氧化钛的分光光度测定法. 环境与健康杂志，2009, 11：1007–1008.

[8] Kim YS, Kim BM, Park SC, et al. A novel volumetric method for quantitation of titanium dioxide in cosmetics. International Journal of Cosmetic Science, 2007, 29(2)：139–140.

[9] Lomer MCE, Thompson RPH, Commisso J, et al. Determination of titanium dioxide in foods using inductively coupled plasma optical emission spectrometry. The Analyst, 2001, 125(12)：2339–2343.

[10] Boguhn J, Baumgartel T, Dieckmann A, et al. Determination of titanium dioxide supplements in different matrices using two methods involving photometer and inductively coupled plasma optical emission spectrometer measurements. Archives of Animal Nutrition, 2009, 63(4)：337–342.

附表 1　二氧化钛的基本信息

中文名称	二氧化钛
英文名称	titanium dioxide
分子式	TiO_2
分子量	79.87
CAS 号	13463-67-7
中文化学名称	二氧化钛
英文化学名称	titanium（Ⅳ）oxide
结构式	O═Ti═O

5.4　二乙氨羟苯甲酰基苯甲酸己酯

Diethylamino hydroxybenzoyl hexyl benzoate

二乙氨基羟苯甲酰基苯甲酸己酯为白色至微黄色粉末，熔点为 295℃。二乙氨基羟苯甲酰基苯甲酸己酯的基本信息见附表 1。

二乙氨基羟苯甲酰基苯甲酸己酯和其他 UVA 吸收剂比较，它对 UVA Ⅰ波段（340~400nm）的防护更有效，作为新型防晒剂在化妆品中已有应用，但含量过高可能引起皮肤损害。

目前，化妆品中二乙氨基羟苯甲酰基苯甲酸己酯的检测方法主要有高效液相色谱法、高效液相色谱 - 串联质谱法和薄层色谱法。《化妆品安全技术规范》收载了高效液相色谱法，该法操作简便、快捷，较为常用。

本方法的原理为样品经甲醇提取后，采用高效液相色谱仪分离、紫外检测器检测，根据保留时间定性、峰面积定量，以标准曲线法计算含量。

本方法对二乙氨羟苯甲酰基苯甲酸己酯的检出限为 0.001μg，定量下限为 0.003μg；取样量为 0.1g 时，检出浓度为 0.01%，最低定量浓度为 0.03%。

方法注释：

1）整个实验过程，包括标准物质溶液的配制和样液的制备，都应该在避光条件下进行。

2）方法规定了用保留时间定性，但是由于不同的化妆品配方各异，基质复杂，产品中往往也同时加入多种防晒剂，在色谱图上可能出现多个色谱峰，有时可能存在干扰峰，因此在配有 DAD 检测器的情况下，定性时可以同时采用保留时间和 DAD 图谱进行定性，提高定性的准确性。

3）在实际检测时，若发现样品中被测组分的含量过高，可将被测样溶液适当稀释后再进行检测。

典型图谱

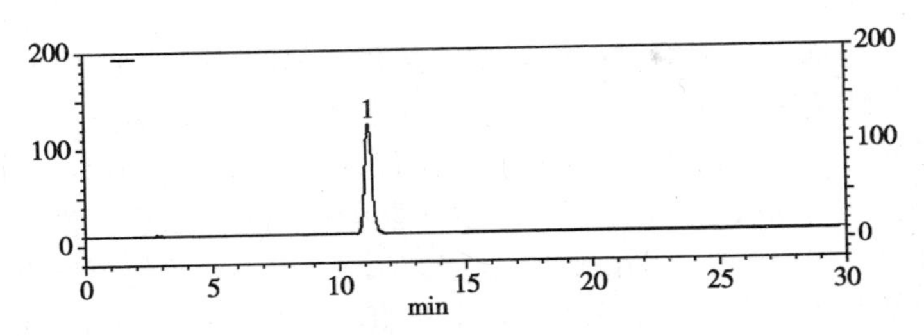

图 1　标准溶液色谱图

1：二乙氨基羟苯甲酰基苯甲酸己酯

[1] 武婷，赵小珍，张洪. 化妆品中防晒剂的检测方法研究进展. 日用化学品科学，2015，38(12)：35-38.

[2] Baumgartner V, Hohl C, Hauri U. Bioactivity-based analysis of sunscreens using the luminescent bacteria Vibrio fischeri. Journal of Planar Chromatography—Modern TLC, 2009, 22(1)：19-23.

[3] Ikarashi Yoshiaki, et al. Analysis of ultraviolet absorber benzoic acid 2-[4-(diethylamino)-2-hydroxybenzoyl] hexyl ester in cosmetics by high-performance liquid chromatography. National Institute of Health Science, 2008, 126：82-87.

[4] Orsi DD, Giannini G, Gagliardi L, et al. Simple extraction and HPLC determination of UV-A and UV-B filters in sunscreen products. Chromatographia, 2006, 64(9-10)：509-515.

附表 1　二乙氨基羟苯甲酰基苯甲酸己酯的基本信息

中文名称	二乙氨基羟苯甲酰基苯甲酸己酯
英文名称	diethylamino hydroxybenzoyl hexyl benzoate
分子式	$C_{24}H_{31}NO_4$
分子量	397.51
CAS 号	302776-68-7
结构式	

5.5　二乙基己基丁酰胺基三嗪酮

Diethylhexyl butamido triazone

二乙基己基丁酰胺基三嗪酮，又名三嗪酮，因其分子尺寸较大以及被酯化了的羧基使其水溶性极大地降低，故在水中几乎不溶解，并且仅在有限的几种极性油脂中具有较低的溶解

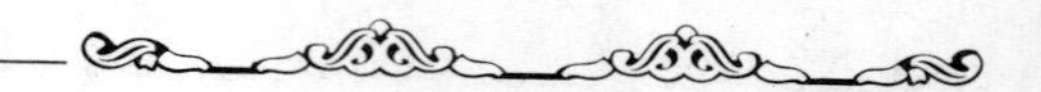

性，其分子内的氮氢内氢键以及对称分布的 3 组对 UVB 吸收的官能团结构使得三嗪酮具有非常优异的光稳定性及强紫外线吸收性。二乙基己基丁酰胺基三嗪酮的基本信息见附表 1。

二乙基己基丁酰胺基三嗪酮是一种新型的防晒添加剂，是典型的短波紫外线 UVB 吸收剂，吸收的紫外线范围较宽（280~380nm）。虽然分子中的 *N*– 叔丁基有助于改善其油溶性，但其在很多油脂中的溶解度仍然很低，一定程度上限制了它的使用，但低油溶性赋予了它低透皮性即更高的皮肤安全性。防晒剂除了防晒作用外也会引起许多不良反应，如接触性皮炎、类雌激素作用；在斑贴试验时作为变应原，可引起荨麻疹反应，诱发系统性红斑狼疮及干扰甲状腺素代谢等。液态类防晒品较膏类、粉饼类防晒品对皮肤的影响更大，且高 SPF 值防晒化妆品对皮肤损害的程度随 SPF 值增加呈加重趋势。

目前，国内尚无关于化妆品中二乙基己基丁酰胺基三嗪酮的检测标准。有关的分析方法报道主要为高效液相色谱法，采用乙醇 – 水或乙醇 –1% 酸的混合溶液作为流动相进行梯度洗脱。《化妆品安全技术规范》收载了高效液相色谱法。

本方法的原理为样品经甲醇提取后，采用高效液相色谱仪分离、紫外检测器或二极管阵列检测器检测，根据保留时间及紫外光谱定性、峰面积定量，以标准曲线法计算含量。

本方法对二乙基己基丁酰胺基三嗪酮的检出限为 0.0006μg，定量下限为 0.0016μg；取样量为 0.1g 时，检出浓度为 0.006%，最低定量浓度为 0.016%。

方法注释：

实验结果表明采用本方法条件检测时，“5.1 苯基苯并咪唑磺酸等 15 种组分”中的 15 种防晒剂均不干扰二乙基己基丁酰胺基三嗪酮的测定，但值得注意的是若检验结果与标签标示不符，应采用色谱 – 质谱法进行进一步确证。

典型图谱

色谱柱：资生堂 CAPCELL PAK–C_{18}（250mm × 4.6mm × 5μm），甲醇 – 水 = 60∶40，其余条件同方法原文。

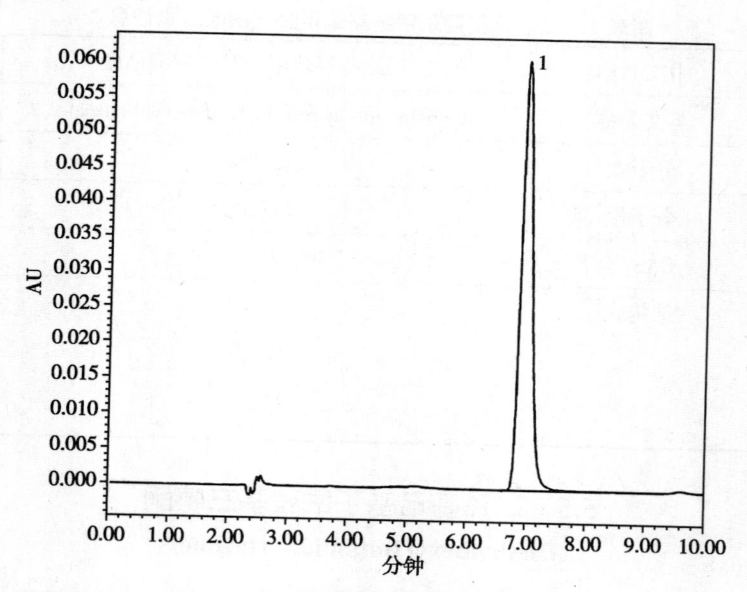

图 1　液态油基类基质空白加标色谱图

1：二乙基己基丁酰胺基三嗪酮

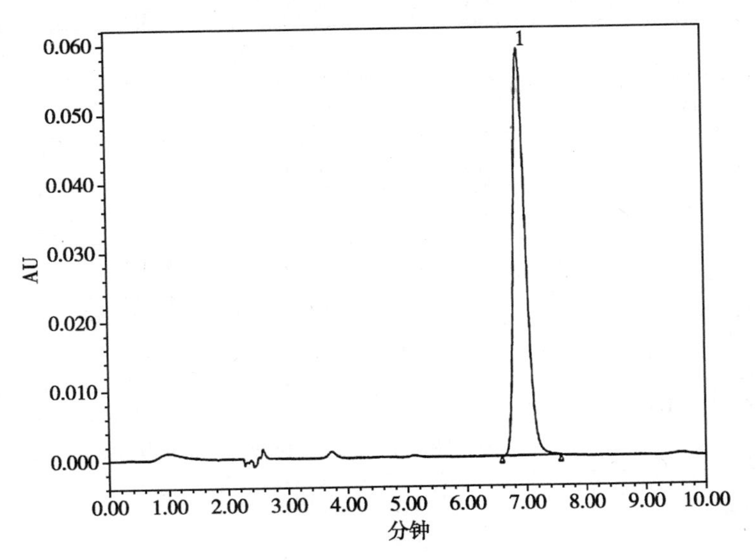

图2　膏霜乳液类基质空白加标色谱图

1：二乙基己基丁酰胺基三嗪酮

参考文献

[1] 戚燕，王志鹏，吴松. 防晒类化妆品中二乙基己基丁酰胺基三嗪酮的高效液相色谱测定法. 环境与健康杂志，2013，30（9）：818-820.

[2] Salvador A, Chisvert A. An environmentally friendly(“green”)reversed-phase liquid chromatography method for UV filters determination in cosmetics. Analytica Chimica Acta, 2005, 537(1-2)：15-24.

[3] Balaguer A, Talamentes S, Giner E, et al. Rapid LC determination of UV filters in cosmetics using ethanol as the mobile phase. LC-GC Europe, 2009, 22(11)：562, 564-568.

[4] Schakel DJ, Kalsbeek D, Boer K. Determination of sixteen UV flters in suncare formulations by high-performance liquid chromatography. Journal of Chromatography A, 2004, 1049(1-2)：127-130.

[5] Chisvert A, Tarazona I, Salvador A. A reliable and environmentally-friendly liquid-chromatographic method for multi-class determination of fat-soluble UV filters in cosmetic products. Analytica Chimica Acta, 2013, 79(15)：61-67.

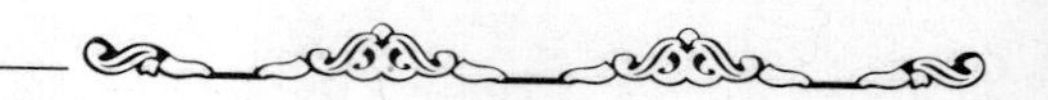

附表 1 二乙基己基丁酰胺基三嗪酮的基本信息

中文名称	二乙基己基丁酰胺基三嗪酮
英文名称	diethylhexyl butamido triazone
分子式	$C_{44}H_{59}N_7O_5$
分子量	765.98
CAS 号	154702-15-5
中文化学名称	双（2- 乙基己基）4，4′ -（（6（（4（叔丁基氨基甲酰基）苯基）氨基）-1，3，5- 三嗪 -2，4- 二基）二亚氨基）苯甲酸
英文化学名称	Bis（2-ethylhexyl）4，4′-（（6-（（4-（tert-butylcarbamoyl）phenyl）amino）-1，3，5-triazine-2，4-diyl）diimino）dibenzoate
结构式	

5.6 亚苄基樟脑磺酸

Benzylidene camphor sulfonic acid

亚苄基樟脑磺酸（Colipa S59）是一种水溶性化学防晒剂，我国在《化妆品卫生规范》（2007 年版）中规定允许使用。樟脑类衍生物（camphor derivatives）防晒剂是亚苄基樟脑磺酸系的一种。樟脑类衍生物防晒剂最初由欧莱雅公司申请了几项合成专利而限制了其他公司的使用，随着其专利过期，近几年这方面的衍生物研究异常活跃。这类物质主要是 UVB 紫外线吸收剂。亚苄基樟脑磺酸为黄色油状物，暂无其理化常数数据。亚苄基樟脑磺酸的基本信息详见附表 1。

亚苄基樟脑磺酸含两个六元环结构（亚苄基樟脑结构），可形成感光异构化摆动。这种摆动是可以逆转的，既能保证光稳定性，又能保证使用的安全。由于这种结构的稳定性和化学惰性比较好，皮肤吸收少，因而刺激性小，无光致敏性和致突变性，易与其他防晒剂配伍，提高防晒指数。紫外线辐射对人类的健康有诸多不利的影响，其主要表现为可能引起短期和长期的严重效应，短期效应主要表现为晒伤，长期效应往往是积聚性的，表现为皮肤红斑、光致老化、组织破坏和皮肤癌等。加了防晒剂的防晒产品可减少紫外线给人类健康带来的不利影响。亚苄基樟脑磺酸应在本规范规定的限量和使用条件下加入化妆品产品中。

目前，化妆品中亚苄基樟脑磺酸的检测方法主要高效液相色谱法、液相色谱 - 质谱法等。《化妆品安全技术规范》收载了高效液相色谱法。

本方法的原理为样品提取后，经高效液相色谱仪分离、紫外检测器检测，根据保留时间定性、峰面积定量，以标准曲线法计算含量。

本方法对亚苄基樟脑磺酸的检出限为 0.0005μg，定量下限为 0.0015μg；取样量为 0.1g

时，检出浓度为 0.0001%，最低定量浓度为 0.0003%。

方法注释：

1）本方法的标准物质不易购得，可采用原料自制，用归一化法测定纯度（HPLC 纯度 >99.0%）。

2）为保证测定结果的准确性，在对膏霜乳液类样品进行前处理时务必对其涡旋使之分散，在超声提取时，如果时间太长，水温升高后可适当加冰处理。

3）若测定结果中亚苄基樟脑磺酸的质量浓度超过了标准曲线范围的上限，需对待测溶液进行适当稀释。

典型图谱

色谱柱：Poroshell EC-C_{18}（250mm × 4.6mm × 10μm）；其余条件同方法原文。

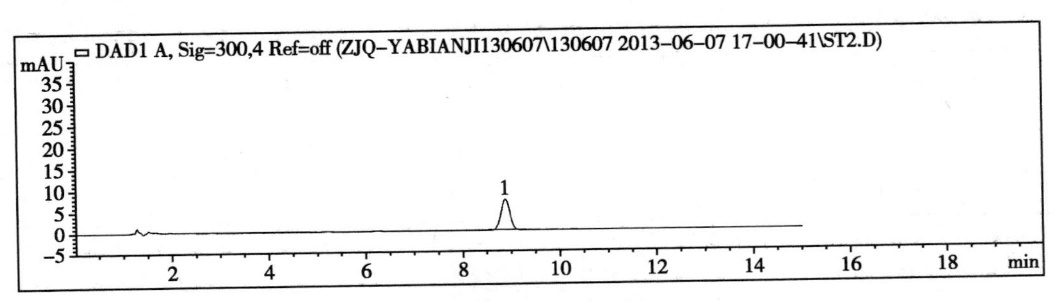

图 1　乳液阳性样品色谱图

1：亚苄基樟脑磺酸

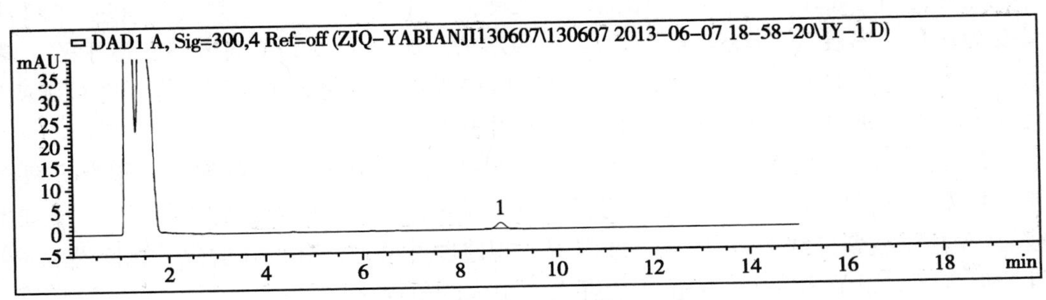

图 2　液态水基类加标样品色谱图

1：亚苄基樟脑磺酸

[1] 马杰. 防晒化妆品中紫外吸收剂的检测和确证方法的研究. 大连：大连工业大学，2010.

[2] 张贵民. 化妆品防晒剂的研究进展及其安全性问题（待续）. 日用化学品科学，2003，26（3）：23-25.

[3] 程双印，黄劲松，陈岱宜，等. 防晒剂的研究进展. 香料香精化妆品，2014，（4）：67-72.

[4] 武婷，赵小珍，张洪. 化妆品中防晒剂的检测方法研究进展. 日用化学品科学，2015，38（12）：35-38.

附表 1　亚苄基樟脑磺酸的基本信息

中文名称	亚苄基樟脑磺酸
英文名称	benzylidene camphor sulfonic acid
分子式	$C_{17}H_{20}O_4S$
分子量	320.4033
CAS 号	56039–58–8
中文化学名称	/
英文化学名称	alpha–（2–oxoborn–3–ylidene）–toluene–4–sulfonic acid and its salts
结构式	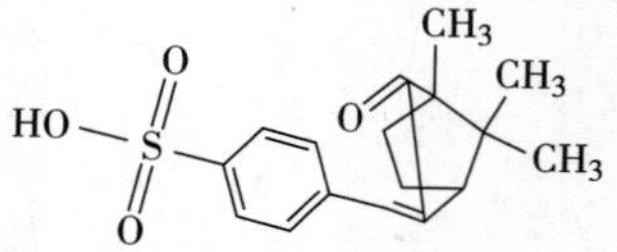

5.7　氧化锌

Zinc oxide

氧化锌为白色粉末或六角晶系结晶体，无臭，无味，无砂性，受热变为黄色，冷却后重又变为白色，密度为 5.606g/cm³，熔点为 1975℃，加热至 1800℃时升华，溶于酸、碱、氨水，不溶于水和醇。是两性氧化物，易从空气中吸收二氧化碳生成碳酸锌，能被碳或一氧化碳还原为金属锌。氧化锌的基本信息详见附表 1。

在化妆品中，氧化锌可作为填充剂、皮肤保护剂、防晒剂和着色剂等。作为防晒剂，它能吸收和散射紫外线。纳米氧化锌的有效作用时间长，对紫外屏蔽的波段长，对长波紫外线 UVA 和中波紫外线 UVB 均有屏蔽作用，能透过可见光，有很高的化学稳定性和热稳定性，但各国对于纳米氧化锌的使用也存在着很大的争议。

《化妆品卫生规范》（2007 年版）和《化妆品安全技术规范》均收载了火焰原子吸收分光光度法测定可溶性锌盐的方法，《化妆品安全技术规范》增收了火焰原子吸收法测定化妆品中总锌的方法。

本方法的原理为样品经预处理后，使锌以离子状态存在于样品溶液中，样品溶液中的锌离子被原子化后，基态锌原子吸收来自于锌空心阴极灯的共振线，其吸收量与样品中锌的含量成正比。根据测量的吸收值，以标准曲线法计算含量。

本方法对氧化锌的检出限为 0.012μg/mL，定量下限为 0.04μg/mL；取样量为 0.1g 时，检出浓度为 0.0012%，最低定量浓度为 0.004%。

方法注释：

1）本方法仅适用于膏霜、乳、液等化妆品中氧化锌的测定，不适于配方中同时含有锌或含锌化合物的化妆品的测定。

2）在进行样品处理之前，为避免污染，测定用到的所有容器均需用酸浸泡。在样品

处理时，为保证测定结果准确，务必使其消解至溶液澄清。

3）本方法测得的结果为化妆品中的总锌（以氧化锌计）。

参考文献

[1] 郑星泉. 化妆品卫生检验手册. 北京：化学工业出版社，2003.

[2] 吴超，吴凤芹，林西平，等. 纳米氧化锌在防晒化妆品中的应用. 日用化学工业，2013，33（6）：393-397.

附表 1　氧化锌的基本信息

中文名称	氧化锌
英文名称	zinc oxide
分子式	ZnO
分子量	81.39
CAS 号	1314-13-2
中文化学名称	/
英文化学名称	/
结构式	/

6　着色剂检验方法

6.1　碱性橙 31 等 7 种组分

Basic orange 31 and other 6 kinds of components

本方法所指的 7 种组分为碱性橙 31、碱性黄 87、碱性红 51、碱性紫 14（CI 42510）、酸性橙 3（CI 10385）、酸性紫 43（CI 60730）、碱性蓝 26（CI 44045）。碱性橙 31，红紫色粉末。碱性黄 87，橘黄色粉末。碱性红 51，蓝紫色粉末。酸性橙 3，棕色至深棕色粉末，极易溶于冷水和热水中，在水中的溶解度为 50g/L（90℃），水溶液呈黄色，易溶于乙醇，呈橙棕色，浓硫酸中呈黄色，稀释后转呈暗黄色，有沉淀产生。碱性紫 14，黄绿色闪光结晶块状或砂状物，三苯甲烷衍生的染料，溶于冷、热水中呈红紫色，极易溶于乙醇中呈红色，微溶于水，遇浓硫酸呈黄棕色，稀释后几乎无色，其水溶液加氢氧化钠溶液呈带有红色沉淀的几乎无色液体。酸性紫 43，溶于乙醇，于浓硫酸中呈蓝色，稀释后呈橄榄棕色，并伴有紫色沉淀产生。碱性蓝 26，为深紫色（或灰绿色闪光）粉末，溶于冷水、热水均呈蓝色，溶于乙醇呈蓝色，于浓硫酸中呈红光棕色。碱性橙 31 等 7 种组分的

基本信息见附表 1。

着色剂在化妆品中的应用非常普遍，是化妆品的重要组成成分。着色剂主要应用于彩妆类产品。化妆品使用的着色剂多数是有机合成染料，长期或过量使用都会对人体健康产生潜在的危害，有的着色剂会引起人的过敏反应，有的着色剂会引起眼睛、口腔等器官发炎，还有的会透过皮肤被人体吸收，其中某些有明显的致突变作用，长期使用甚至可以诱发癌症。

目前，着色剂的检测方法主要有高效液相色谱法、液相色谱 - 质谱法、气相色谱 - 质谱法等。其中高效液相色谱法因仪器普及、灵敏度高以及分析速度快等特点而被广泛应用于化妆品中着色剂的分析测定。《化妆品卫生规范》（2007 年版）未收载着色剂的检测方法，《化妆品安全技术规范》中收载了高效液相色谱法测定碱性橙 31 等 7 种组分含量的方法。

本方法的原理为样品提取后，经高效液相色谱仪分离、二极管阵列检测器进行检测，根据保留时间和紫外光谱图定性、峰面积定量，以标准曲线法计算含量。

本方法的检出限、定量下限和取样量为 5.0g 时的检出浓度、最低定量浓度见表 1。

表 1　7 种组分的检出限、定量下限、检出浓度和最低定量浓度

组分名称	检出限（μg）	定量下限（μg）	检出浓度（μg/g）	最低定量浓度（μg/g）	备注
酸性紫 43（CI 60730）	3.0	10.0	0.6	2.0	收录于着色剂表
碱性紫 14（CI 42510）	0.3	1.0	0.06	0.2	收录于着色剂表
酸性橙 3（CI 10385）	6.0	17.5	1.2	3.5	禁用组分
碱性黄 87	15.0	50.0	3.0	10	收录于染发剂表
碱性蓝 26（CI 44045）	3.0	10.0	0.6	2.0	收录于着色剂表
碱性红 51	0.3	1.0	0.06	0.2	收录于染发剂表
碱性橙 31	6.0	17.5	1.2	3.5	收录于染发剂表

方法注释：

1）碱性黄 87 有两个 CAS 号，在购买标准物质时可参照“附表 1 碱性橙 31 等 7 种组分的基本信息”。

2）分别以乙醇、甲醇、乙腈、四氢呋喃 - 水（1∶1）和异丙醇 - 水（1∶1）等作为溶剂对加标样品进行超声提取。结果表明，甲醇和四氢呋喃 - 水（1∶1）对 7 种着色剂的提取率均在 85% 以上，优于其他 3 种溶剂。本方法样品前处理时，“先加入 1.0mL 四氢呋喃，再加 20mL 甲醇”是考虑到化妆品的分散性以及 7 种着色剂的溶解性，先以四氢呋喃将样品分散，然后加入甲醇来增加体系的极性并溶解目标成分，使样品中的非极性成分析出，从而可以避免这些物质对反相色谱柱的损害，延长色谱柱的使用寿命。为保证被测组分能够提取完全，超声萃取时间应在 30 分钟或 30 分钟以上。

3）通过采用二极管阵列检测器对 7 种着色剂分别进行全波长扫描，光谱图结果显

示碱性橙 31、碱性黄 87、酸性橙 3 的最大吸收波长在 480nm 附近；碱性红 51、碱性紫 14、酸性紫 43 的最大吸收波长在 520nm 附近；碱性蓝 26 的最大吸收波长在 616nm 附近。

典型图谱

色谱柱：C_{18} Aglient SB-Aq 柱（250mm × 4.6mm × 5μm），其他条件同原文。

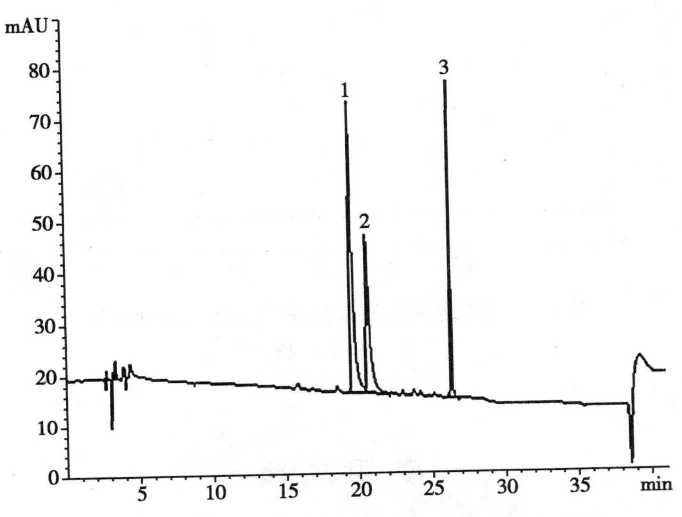

图 1　膏霜乳液类基质加标在 480nm 下的色谱图

1：碱性橙 31；2：碱性黄 87；3：酸性橙 3

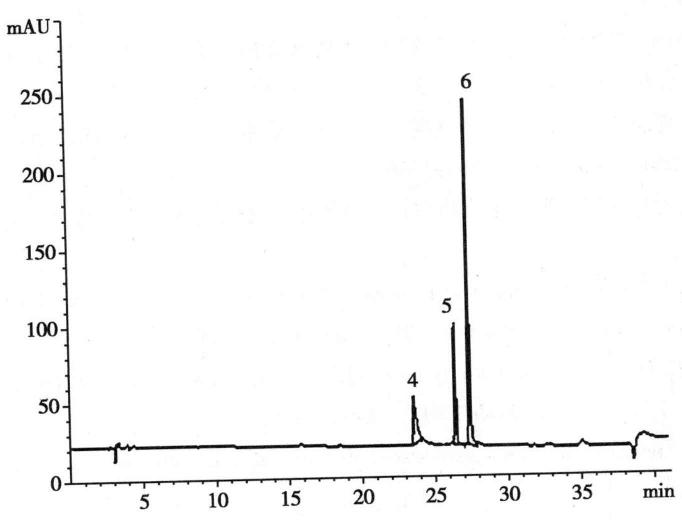

图 2　膏霜乳液类基质加标在 520nm 下的色谱图

4：碱性红 51；5：碱性紫 14；6：酸性紫 43

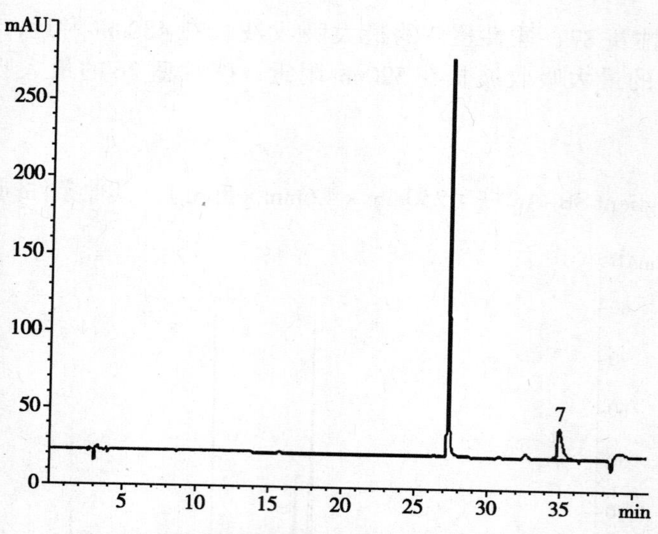

图 3 膏霜乳液类基质加标在 616nm 下的色谱图

7：碱性蓝 26

参考文献

[1] 毛希琴，李春玲，任国杰，等. 高效液相色谱法同时检测化妆品中 38 种限用着色剂. 色谱，2015，33（3）：282-290.

[2] 钱晓燕，刘海山，朱晓雨，等. 固相萃取 / 超高效液相色谱 - 串联质谱法同时测定化妆品中 12 种合成着色剂. 分析测试学报，2014，33（5）：527-532.

[3] 刘丽，李英，刘志红，等. 超声波抽提气相色谱 - 质谱法测定氧化型染发剂中 16 种染料. 分析化学研究简报，2004，32（10）：1333-1336.

[4] 杨艳伟，朱英，刘思然，等. 化妆品中着色剂使用情况的调查. 环境与健康杂志，2012，19（2）：170-172.

[5] Tafurt-Cardona Y, Suares-Rocha P, Marin-Morales MA. Cytotoxic and genotoxic effects of two hair dyes used in the formulation of black color. Food and Chemical Toxicology, 2015, 86：9-15.

[6] Shen B, Liu HC, Ou WB, et al. Toxicity induced by Basic Violet 14, Direct Red 28 and Acid Red 26 in zebrafish larvae. J Appl Toxicol, 2015, 35(12)：1473-1480.

[7] Fiume MZ. Final report on the safety assessment of Acid Violet 43. International Journal of Toxicology, 2002, 20(3)：1-6.

[8] 贾丽，曹英华，冯月超，等. HPLC-DAD 法测定化妆品中的限用着色剂. 现代科学仪器，2012，6：140-143.

[9] 贾丽，许雯，刘希诺，等. 超高效液相色谱 / 串联质谱法测定化妆品中 15 种色素. 香料香精化妆品，2013，（1）：36-41.

[10] 廖军海. 头发中 9 种碱性染料的 HPLC-DAD 检测方法. 质量技术监督研究，2014，（4）：1-5.

附表 1 酸性紫 43 等 7 种组分的基本信息

着色剂索引号	中文名称	英文名称	分子式	分子量	CAS 号	中文化学名称	英文化学名称	结构式
—	碱性橙 31	basic orange 31	$C_{11}H_{14}ClN_5$	251.72	97404-02-9	2-((4-氨基苯基)偶氮)-1，3-二甲基-1*H*-咪唑鎓氯化物	2-((4-aminophenyl) azo)-1，3-dimethyl-1*H*-imidazolium chloride	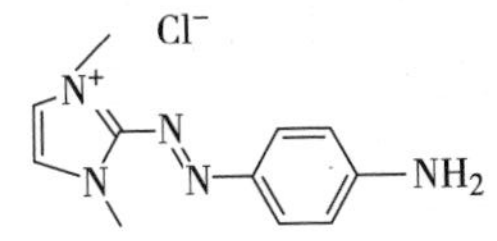
—	*碱性黄 87	basic yellow 87	$C_{15}H_{19}N_3O_4S$	337.39	116844-55-4	1-甲基-4-[(2-甲基-2-苯基亚肼基)甲基]吡啶甲基硫酸	1-methyl-4-(methylbenzenecarbohydrazonoyl) pyridinium methyl sulfate	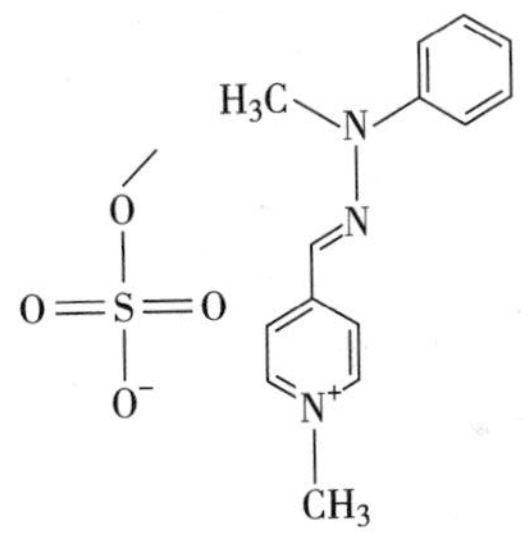
—	*碱性黄 87	basic yellow 87	$C_{15}H_{19}N_3O_4S$	337.39	68259-00-7	1-甲基-4-[(甲基苯基亚肼基)甲基]吡啶鎓硫酸甲酯盐	methyl 1-methyl-4-[(methylphenylhydrazono) methyl] pyridinium sulphate	

续表

着色剂索引号	中文名称	英文名称	分子式	分子量	CAS 号	中文化学名称	英文化学名称	结构式
—	碱性红51	basic red 51	$C_{14}H_{18}ClN_5$	279.77	77061-58-6	—	2-{(*E*)-[4-(dimethylamino)phenyl]diazenyl}-1,3-dimethyl-1*H*-imidazol-3-ium chloride	
CI 10385	酸性橙 3	acid orange 3	$C_{18}H_{13}N_4NaO_7S$	452.37	6373-74-6	2-苯胺基-5-[(2，4-二硝基苯基)氨基]苯磺酸钠	2-anilino-5-(2，4-dinitroanilino)-benzenesulfonic aci monosodium salt	
CI 42510	碱性紫14	basic fuchsin	$C_{20}H_{20}ClN_3$	337.85	632-99-5	(4-(4-氨基苯基)(4-亚氨基环已-2，5-二烯亚基)甲基)-2-甲基苯胺盐酸盐	(4-(4-aminophenyl)(4-iminocyclohexa-2，5-dienylidene)methyl)-2-methylaniline hydrochloride	

续表

着色剂索引号	中文名称	英文名称	分子式	分子量	CAS 号	中文化学名称	英文化学名称	结构式
CI 60730	酸性紫43	acid violet 43	$C_{21}H_{14}NNaO_6S$	431.39	4430-18-6	2-[(4-羟基-9，10-二氧-9，10-二氢蒽-1-基)氨基]-5-对甲苯磺酸钠	monosidium salt of 2-[(9，10-dihydro-4-hydroxy-9，10-dioxo-1-anteracenyl) amino]-5-methyl-benzenesulfonic acid	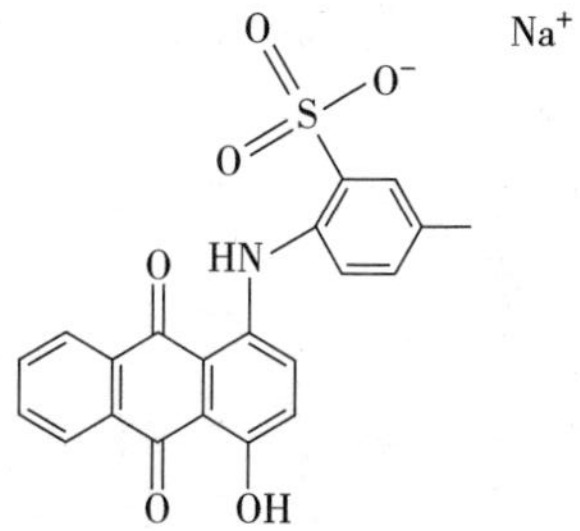 Na^+
CI 44045	碱性蓝26	basic blue 26	$C_{33}H_{32}ClN_3$	506.09	2580-56-5	[4-[[4-苯胺基-1-萘基][4-(二甲氨基)苯]亚甲基]环己酮-2，5-二亚乙基三胺-1-亚基]二甲胺盐酸盐	[4-[[4-anilino-1-naphthyl][4-(dimethylamino) phenyl] methylene] cyclohexa-2，5-dien-1-ylidene] dimethylammonium chloride	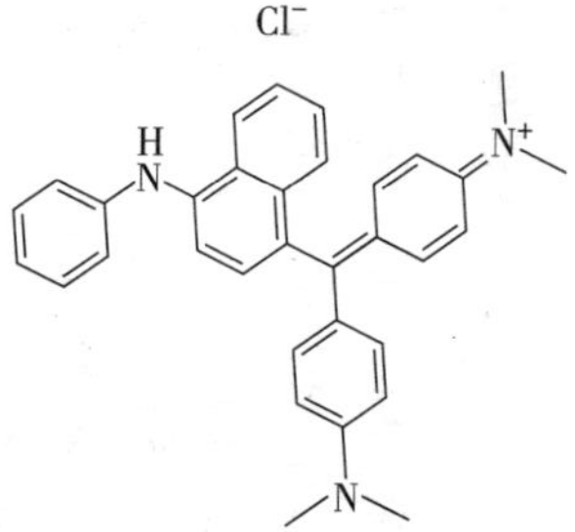 Cl^-

注：*碱性黄87有两个CAS号

6.2 着色剂 CI 59040 等 10 种组分

CI 59040 and other 9 kinds of components

本方法所指的 10 种组分包括 CI 59040（溶剂绿 7）、CI 16185（食品红 9）、CI 16255（食品红 7）、CI 10316（酸性黄 1）、CI 15985（食品黄 3）、CI 16035（食品红 17）、CI 14700（食品红 1）、橙黄Ⅰ、CI 45380（酸性红 87）、CI 15510（酸性橙 7）。溶剂绿 7 为黄色粉末，熔点 62~63.5℃，沸点 171℃，相对密度（水 = 1）2.15，相对蒸气密度（空气 = 1）3.79，水溶性 300g/L（25℃）。食品红 9（别名酸性红 27，苋菜红）为红褐色或暗红褐色均匀粉末或颗粒，无臭，熔点 300℃，相对密度（水 = 1）1.5，水溶性 50g/L（25℃），耐光、耐热性（105℃）强。食品红 7（别名酸红 18、胭脂红）为红色至深红色粉末，略有特殊臭味，无特定熔点，加热至 120℃时变黑，溶于水、乙醇、浓硫酸，微溶于乙醚，几乎不溶于石油醚、苯、三氯甲烷，水溶液呈深红色，pH 4.8 溶液呈黄色，pH 6.2 溶液呈紫色，对热、光非常稳定，特别是在酸性条件下。酸性黄 1 为黄色或橙色结晶性粉末，溶于水，不溶于乙醇。食品黄 3（别名日落黄）为红黄色粉末，易溶于水、甲醇、乙醇。食品红 17（别名诱惑红）为暗红色粉末，无臭，溶于水、甘油和丙二醇，微溶于乙醇，不溶于油脂，中性和酸性水溶液中呈红色，碱性条件下则暗红色，耐光、耐热性好，耐碱、耐氧化还原性差。食品红 1 为颗粒或粉末，能溶解于水，微溶于乙醇，不溶于植物油中，耐光、耐热、耐碱性较差。橙黄Ⅰ（别名酸性橙Ⅰ、金橙Ⅰ）为红棕色粉末，溶于水成橙红色溶液，溶于乙醇成橙色溶液，酸类可沉淀其水溶液，氢氧化钠可增加其水溶液的红色。酸性红 87（别名伊红 T）为暗红色粉末，密度 1.02g/mL（20℃），水溶性 0.1g/mL。酸性橙 7（橙黄Ⅱ、酸性橙Ⅱ）为金黄色粉末，溶于水呈红光黄色，溶于乙醇呈橙色，溶于浓硫酸中为品红色，将其稀释后生成棕黄色沉淀，其水溶液加盐酸生成棕黄色沉淀，加氢氧化钠呈深棕色。着色剂 CI 59040 等 10 种组分的基本信息见附表 1。

着色剂可应用于化妆品，尤其是彩妆产品（如口红、胭脂、眼影、睫毛膏等）。化妆品中使用的着色剂多数是合成染料，长期或过量使用都会对人体健康产生潜在危害，有的着色剂会引起人的过敏反应，有的着色剂会引起眼睛、口腔等器官发炎，还有的会透过皮肤被人体吸收，有明显的致突变作用，长期接触甚至可以诱发癌症。

目前，化妆品中着色剂的检测方法主要有高效液相色谱法、液相色谱 – 串联质谱法、气相色谱 – 质谱法，其中高效液相色谱法因仪器普及、灵敏度高以及分析速度快等特点而被广泛应用于化妆品中着色剂的分析测定。《化妆品安全技术规范》收载了高效液相色谱法测定 CI 16185 等 10 种水溶性色素含量的方法，但由于化妆品基质多样、成分复杂，可能出现假阳性结果，采用质谱法确证可提高定性的准确性。

本方法的原理为样品提取后，经高效液相色谱仪分离、二极管阵列检测器进行检测，根据保留时间和紫外光谱图定性、峰面积定量，以标准曲线法计算含量。

本方法的检出限、定量下限和取样量为 5.0g 时的检出浓度、最低定量浓度见表 1。

表1　10种组分的检出限、定量下限、检出浓度和最低定量浓度

着色剂索引号	着色剂索引通用中文名	检出限（μg）	定量下限（μg）	检出浓度（μg/g）	最低定量浓度（μg/g）
CI 16185	食品红 9	0.3	1.0	0.06	0.20
CI 16255	食品红 7	0.3	1.0	0.06	0.20
CI 16035	食品红 17	0.3	1.0	0.06	0.20
CI 14700	食品红 1	0.3	1.0	0.06	0.20
CI 45380	酸性红 87	0.3	1.0	0.06	0.20
CI 15510	酸性橙 7	0.3	1.0	0.06	0.20
CI 59040	溶剂绿 7	5.0	16.5	1.0	3.3
—	橙黄 I	5.0	16.5	1.0	3.3
CI 15985	食品黄 3	15.0	50.0	3.0	10.0
CI 10316	酸性黄 1	15.0	50.0	3.0	10.0

方法注释：

1）在样品前处理时，“先加入 1.0mL 四氢呋喃，再加 20mL 甲醇”是考虑到化妆品的分散性以及 7 种着色剂的溶解性，先以四氢呋喃将样品分散，然后加入甲醇来增加体系的极性并溶解目标成分，使样品中的非极性成分析出，从而可以避免这些物质对反相色谱柱的损害，延长色谱柱的使用寿命。同时四氢呋喃会损害色谱仪及影响色谱柱的使用寿命，故实验完毕后应延长色谱柱与仪器管路的冲洗时间。另外，由于四氢呋喃的毒性较大、易挥发、易燃，故应注意个人防护及室内通风。

2）为保证样品在超声过程中分散均匀、提取完全，在处理膏霜乳液等黏稠样品时，应将样品均匀涂布于比色管刻度线以下。为使样品尽可能均匀地分散于溶液中，在超声提取前应采用涡旋混合仪或人工充分振摇，且由于样品处理中涡旋前未定容，为保证测定结果的准确性，应注意涡旋频率或振摇力度，尽量避免起泡，不得有溶液溅出。而对于某些经超声处理后溶液较难过滤的样品，应在适当离心后，取上清液用滤膜过滤。若样品中被测组分的含量过高，应适当稀释后再进行检测。

3）样品中待测组分的提取效果随超声提取随时间的延长而提高，但实验结果表明在 30 分钟时即可将待测组分提取完全，此后提取率无明显变化。

4）本方法所测 10 种组分的化学结构和酸碱性有一定差异，在这些化合物和固定相之间可能同时存在非极性吸附和离子相互作用双重机制，为了要得到良好的峰形和理想的分离效果，可加入醋酸铵，同时用醋酸调节 pH，使流动相形成缓冲体系，保证了保留时间的稳定。

5）通过对 10 种着色剂采用二极管阵列检测器进行全波长扫描光谱图，9 种着色剂在

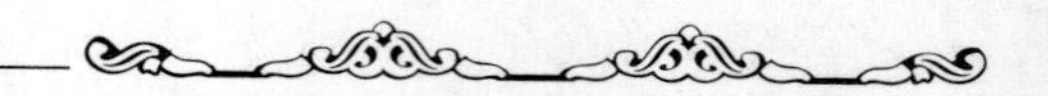

20~230nm 和 400~520nm 范围内都有较强吸收。但是实际化妆品成分较为复杂，最大吸收在 200~230nm 范围内的物质很多，为防止干扰，溶剂绿 7 采用 245nm；食品黄 3、酸性黄 1、橙黄Ⅰ、酸性橙 7 采用 480nm；食品红 9、食品红 7、食品红 17、食品红 1、酸性红 87 采用 520nm 波长检测。

参考文献

[1] 毛希琴，李春玲，任国杰，等. 高效液相色谱法同时检测化妆品中 38 种限用着色剂. 色谱，2015，33（3）：282-290.

[2] 钱晓燕，刘海山，朱晓雨，等. 固相萃取 / 超高效液相色谱 - 串联质谱法同时测定化妆品中 12 种合成着色剂. 分析测试学报，2014，33（5）：527-532.

[3] 刘丽，李英，刘志红，等. 超声波抽提气相色谱 - 质谱法测定氧化型染发剂中 16 种染料. 分析化学研究简报，2004，32（10）：1333-1336.

[4] 刘海山，钱晓燕，吕春华，等. 高效液相色谱法同时测定化妆品中的 10 种合成着色剂. 色谱，2013，11（31）：1103-1111.

[5] 王烨，马强，白桦，等. 化妆品中 5 种禁用着色剂的高效液相色谱检测及质谱确证. 分析测试学报，2012，10（31）：1288-1293.

附表 1　着色剂 CI 16185 等 10 种组分的基本信息

着色剂索引号	中文名称	英文名称	分子式	分子量	CAS 号	中文化学名称	英文化学名称	结构式
CI 59040	溶剂绿 7	solvent green 7	$C_{16}H_7Na_3O_{10}S_3$	524.39	6358–69–6	8–羟基芘–1，3，6–三磺酸三钠盐	8–hydroxy–1，3，6–pyrenetrisulfonic acid trisodium salt	^-O Na^+ O S O OH O ^-O S Na^+ O O S O Na^+ O^-
CI 16185	食品红 9	acid red 27	$C_{20}H_{11}N_2Na_3O_{10}S_3$	604.47	915–67–3	1–(4–磺酸–1–萘偶氮)–2–羟基–3，6–萘二磺酸三钠盐	trisodium 3–hydroxy–4–(4–sulfonato–1–naphthylazo)–2，7–naphthalenedisulfonate	^-O Na^+ O S O OH N N O S O^- O Na^+ O Na^+ S O ^-O
CI 16255	食品红 7	acid red 18	$C_{20}H_{11}N_2Na_3O_{10}S_3$	604.47	2611–82–7	1–（4–磺基–1–萘基偶氮）–2–萘酚–6，8–二磺酸三钠盐	1–(4–sulfo–1–naphthylazo)–2–hydroxy–6，8–naphthalene disulfonic acid trisodium salt acid	Na^+ Na^+ Na^+ O^- O S O O O^- S O ^-O S O O N N HO

续表

着色剂索引号	中文名称	英文名称	分子式	分子量	CAS 号	中文化学名称	英文化学名称	结构式
CI 10316	酸性黄 1	acid yellow 1	$C_{10}H_4N_2Na_2O_8S$	358.19	846-70-8	2，4-二硝基-1-萘酚-7-磺酸二钠盐	2，4-dinitro-1-naphthol-7-sulfonic acid disodium Salt	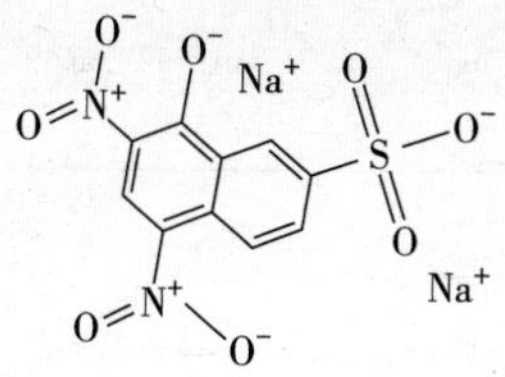
CI 15985	食品黄 3	food yellow 3	$C_{16}H_{10}N_2Na_2O_7S_2$	452.37	2783-94-0	1-对磺酸苯基偶氮-2-羟基萘-6-磺酸二钠盐	disodium 6-hydroxy-5-[（4-sulphonatophenyl）azo] naphthalene-2-sulphonate	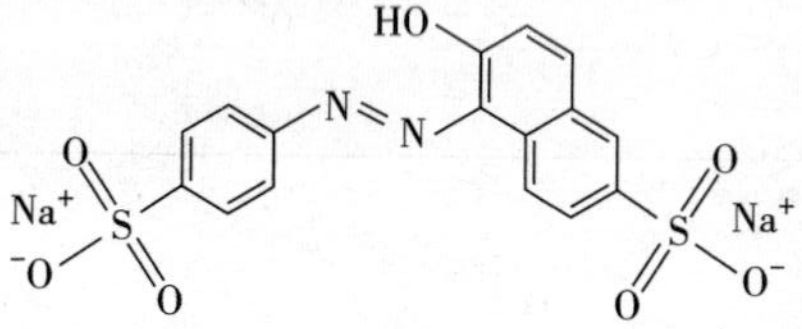
CI 16035	食品红 17	food red 17	$C_{18}H_{14}N_2Na_2O_8S_2$	496.42	25956-17-6	6-羟基-5-[（2-甲氧基-5-甲基-4-磺苯基）偶氮]2-萘磺酸二钠盐	2-naphthalenesulfonic acid，6-hydroxy-5-[（2-methoxy-5-methyl-4-sulfophenyl）azo]-，disodium salt	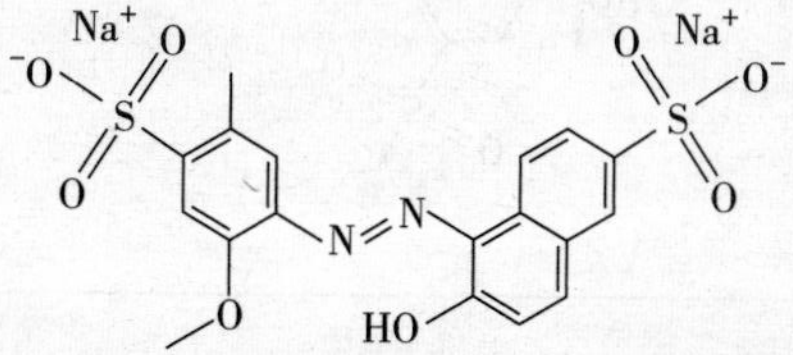

续表

着色剂索引号	中文名称	英文名称	分子式	分子量	CAS 号	中文化学名称	英文化学名称	结构式
CI14700	食品红 1	food red 1	$C_{18}H_{14}N_2O_7S_2Na$	480.42	4548-53-2	3-[(2，4-二甲基-5-磺苯基)偶氮]-4-羟基-二钠盐	3-[(2，4-dimethyl-5-sulfophenyl)azo]-4-hydroxy-，disodium salt	
—	橙黄 I	orange I	$C_{16}H_{11}N_2NaO_4S$	350.32	523-44-4	4-[(4-羟基-1-萘基)偶氮基]苯磺酸单钠盐	4-((4-hydroxy-1-naphthalenyl)azo)benzenesulfonic acid，monosodium salt	
CI 45380	酸性红 87	acid red 87	$C_{20}H_8Br_4O_5$	647.89	548-26-5	2-(2，4，5，7-四溴-6-羟基-3-氧-3*H*-咕吨-9-基)-苯甲酸	2-(2，4，5，7-Tetrabromo-6-hydroxy-3-oxo-3*H*-xanthen-9-yl)-benzoic acid	
CI 15510	酸性橙 7	acid orange II	$C_{16}H_{11}N_2NaO_4S$	350.32	633-96-5	4-(2-羟基-1-萘偶氮)苯磺酸钠盐	4-(2-hydroxy-1-naphthylazo)benzenesulfonic acid sodium salt	

7 染发剂检验方法

染发剂依据染发效果可分为3类：暂时性、半永久性和永久性。其中以氧化型染发剂最为流行，属于永久性染发剂，其含有染料中间体和偶合剂，渗透进入头发的皮质后可发生氧化反应、偶合和缩合反应形成较大的染料分子，被封闭在头发纤维内而达到染发作用。染料中间体多是苯胺类等成分，特别是对苯二胺及其衍生物等有毒物质，染发时易通过发髓、皮肤或呼吸等多种方式被人体吸收，一旦进入人体内很难排出，容易蓄积中毒，而且可能具有诱导基因突变致癌和引发皮肤过敏反应等不良反应。

基于染发剂的安全问题，各国都出台了相关法规［如欧盟化妆品法规（EC）No.1223/2009、美国FDA的联邦法例第21章以及加拿大的食品和药物法令中的化妆品条例等］限制其含量，并推荐了相关检测方法。我国《化妆品安全技术规范》中规定了75种允许使用的染料成分，且对其最大允许使用浓度、其他限制和要求等做了严格的规定。

染发剂中染料的检测方法有很多，主要包括液相色谱法、液相色谱－质谱法、气相色谱法、气相色谱－质谱法、离子色谱法和毛细管电泳法等。《化妆品安全技术规范》收载了对苯二胺等8种组分和对苯二胺等32种组分的检测方法，均为高效液相色谱法。

7.1 对苯二胺等8种组分

p-Phenylenediamine and other 7 kinds of components

本方法所指的8种组分为氧化型染料，包括对苯二胺、对氨基苯酚、氢醌、甲苯2，5-二胺、间氨基苯酚、邻苯二胺、间苯二酚和对甲氨基苯酚。对苯二胺，又名乌尔丝D，是最简单的芳香二胺之一，纯品为白色至淡紫红色晶体，暴露在空气中变紫红色或深褐色，熔点140℃，沸点267℃，稍溶于冷水，溶于乙醇、乙醚、三氯甲烷和苯。对氨基苯酚，又称4-氨基苯酚、对羟基苯胺，有两种型态：从水、乙醇和乙酸乙酯中析出者为α-型，为白色至浅黄色正交晶系片状结晶；从丙酮中析出者为双锥形晶体，有强还原性，易被空气氧化，遇光和在空气中颜色变灰褐，在湿空气中尤甚。对氨基苯酚为白色或浅黄棕色结晶，熔点189.6~190.2℃，稍溶于水和乙醇，不溶于苯和三氯甲烷，溶于碱液后很快变褐色。氢醌，又名对苯二酚，为无色晶体，熔点172℃，沸点286.2℃，易溶于热水、乙醇及乙醚，难溶于苯，水溶液在空气中因氧化而呈褐色，碱性溶液更易氧化，有特殊臭味。甲苯2，5-二胺硫酸盐，又名2，5-二氨基甲苯硫酸盐，为白色结晶性粉末，可燃，有毒，具刺激性，熔点300℃，易溶于水、乙醇。间氨基苯酚为白色晶体，有还原性，熔点122~123℃，沸点为271℃，易溶于热水、乙醇和乙醚，溶于冷水，难溶于苯和汽油，长时间暴露在空气中或者被阳光照射容易变质成黑色物质，具有胺基和酚两个官能团，兼具有苯酚和苯胺类化合物的性质。邻苯二胺为白色细小片状晶体，在空气和光中颜色变深，熔点103~104℃，沸点256~258℃，微溶于冷水，较多溶于热水，易溶于乙醇、乙醚和三氯甲烷。间苯二酚，俗称雷锁辛，为无色晶体，

熔点 109~111℃，沸点 280~281℃，有甜味，易溶于水、乙醇和乙醚，略溶于苯，几乎不溶于三氯甲烷，暴露于光和空气或与铁接触变为粉红色。对甲基氨基苯酚硫酸盐，又名 *N*– 甲基对氨基苯酚硫酸盐，为无色针状结晶体，熔点 259~260℃，溶于 20 份冷水、6 份沸水，微溶于醇，不溶于醚，在空气中变色。对苯二胺等 8 种组分的基本信息见附表 1。

本方法的原理为以 95% 乙醇 – 水（1∶1）提取化妆品中的对苯二胺等 8 种染料组分，用高效液相色谱仪进行分析，以保留时间和紫外光谱定性、峰面积定量。

本方法中对苯二胺等 8 种染料组分的检出限、定量下限及取样量为 0.5g 时的检出浓度和最低定量浓度见表 1。

表 1　对苯二胺等 8 种染料组分的检出限、定量下限、检出浓度、最低定量浓度

染料组分	对苯二胺	氢醌	间氨基苯酚	邻苯二胺	对氨基苯酚	甲苯 2，5– 二胺	间苯二酚	对甲氨基苯酚
检出限（μg）	0.08	0.015	0.02	0.03	0.025	0.05	0.025	0.05
定量下限（μg）	0.27	0.05	0.067	0.10	0.083	0.17	0.083	0.17
检出浓度（μg/g）	800	150	200	300	250	500	250	500
最低定量浓度（μg/g）	2700	500	670	1000	830	1700	830	1700

方法注释：

1）取样时应注意管口前段样品可能已被氧化，应弃去前段，取用中段。样品处理过程中注意分散均匀，以利于提取完全，同时超声时间不宜过长，并避免水温升高，以保持染料组分的稳定性，提取后应尽快测定。

2）因染发剂组分的稳定性较差，易于氧化，样品溶液中需加入抗氧化剂，本方法以亚硫酸钠作为抗氧化剂。

3）对苯二胺、对氨基苯酚、氢醌、间氨基苯酚、间苯二酚和邻苯二胺易溶于乙醇，2，5– 二氨基甲苯硫酸盐和对甲基氨基苯酚硫酸盐难溶于乙醇、易溶于水，所以单个组分配制标准品溶液时应分别用乙醇和水溶解定容。

4）本方法检测的 8 种染料组分的最大吸收波长不同，如对苯二胺的最大吸收波长为 240nm、对氨基苯酚为 270nm、邻苯二胺为 280nm 等。综合考虑，选择 280nm 作为本方法的测定波长，在此波长下，各染料组分均可获得较高的灵敏度和较好的分离度。

5）本方法测定的组分均为碱性物质，色谱行为易产生拖尾现象，方法中使用的乙腈 – 磷酸 – 三乙醇胺系统可抑制碱性化合物的解离，使其全部呈分子状态，从而达到改善峰形、减少拖尾的目的。

6）本方法无法区分所涉及染料成分的游离态和结合态（如硫酸盐和盐酸盐），当化妆品中各种形态同时存在时，应换算成一种形态，以总量表示。其中甲苯 2，5– 二胺硫酸盐的换算系数为 122.17/220.25，对甲氨基苯酚硫酸盐的换算系数为 246.30/344.38。

典型图谱

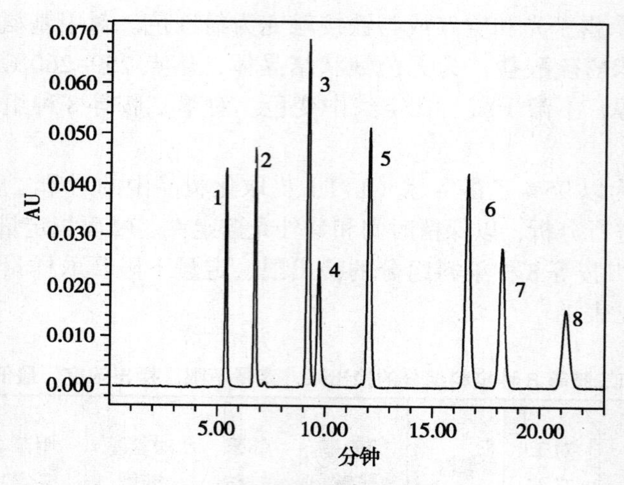

图 1　8 种染料液相色谱图

1：对苯二胺；2：对氨基苯酚；3：氢醌；4：甲苯 2，5- 二胺；
5：间氨基苯酚；6：邻苯二胺；7：间苯二酚；8：对甲氨基苯酚

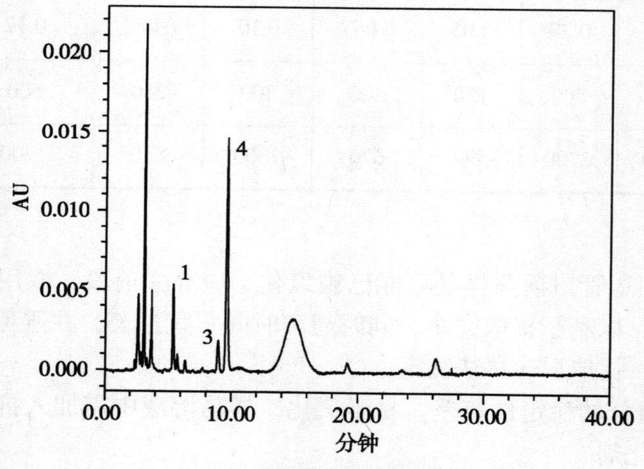

图 2　染发膏液相色谱图

1：对苯二胺；3：氢醌；4：甲苯 2，5- 二胺

实例分析

采用本方法检测染发剂，如检出邻苯二胺时，可使用气相色谱 - 质谱法进行确证。

色谱条件：

仪器：7890A+7000GC/MS Triple Quad 气相色谱 - 质谱仪

色谱柱：HP-5MS 毛细管柱（30m × 0.25mm × 0.25μm）

进样口温度：210℃

程序升温：初始 100℃，保持 1 分钟，以 10℃ /min 的速率升至 200℃，再以 18℃ /min 的速率升至 280℃保持 15 分钟

载气：氦气；流速 1.0mL/min；溶剂延迟 3 分钟

进样方式：分流进样，分流比 50∶1

进样量：1μL

质谱条件：

色谱－质谱接口温度：280℃

电离源：EI

监测方式：全扫描（Scan，范围 40~150）

标准品溶液的制备：分别取对苯二胺、间苯二胺、邻苯二胺标准品适量置于 10mL 量瓶中，加乙酸乙酯定容至刻度，即得标准品溶液。因对苯二胺、间苯二胺、邻苯二胺互为同分异构体，为避免确证结果有误，应保证三者的分离度满足要求。

样品预处理：称取样品约 1.0g，置于 10mL 量瓶中，加乙酸乙酯适量，混匀，超声提取 15 分钟，取上清液过 0.45μm 滤膜，即得待测样品液。

结果确证：如样品溶液中检出与邻苯二胺、间苯二胺标准品保留时间相一致的色谱峰，并且在扣除背景的质谱图中，所选择的监测离子均出现，相对离子丰度比在允许偏差范围内，则可判定为阳性。

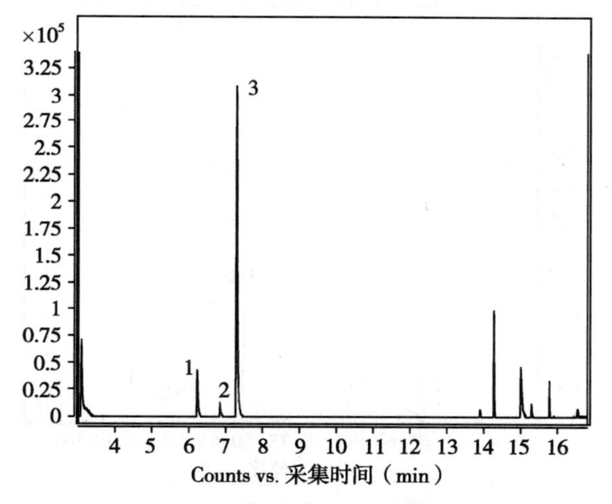

图 3　苯二胺混标色谱图

1：邻苯二胺；2：对苯二胺；3：间苯二胺

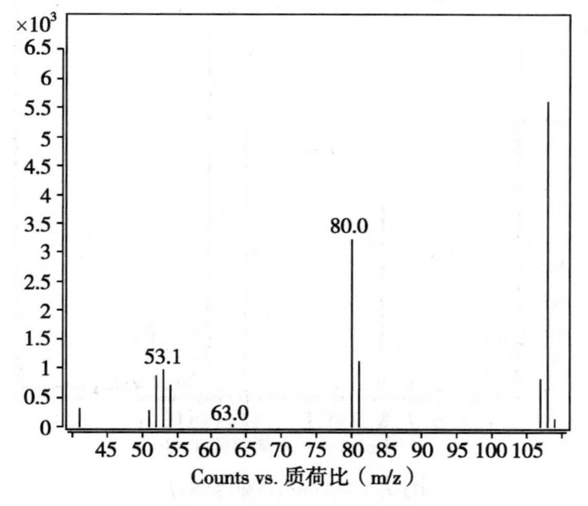

图 4　邻苯二胺质谱图

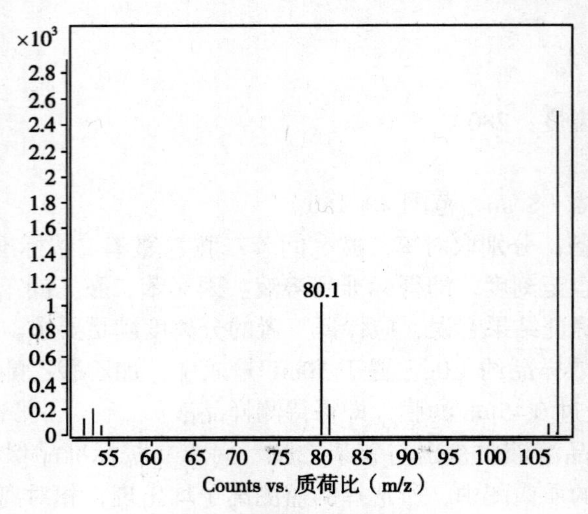

图 5 对苯二胺质谱图

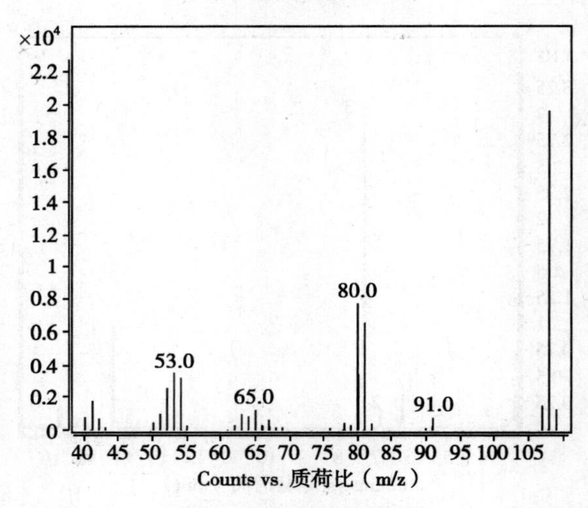

图 6 间苯二胺质谱图

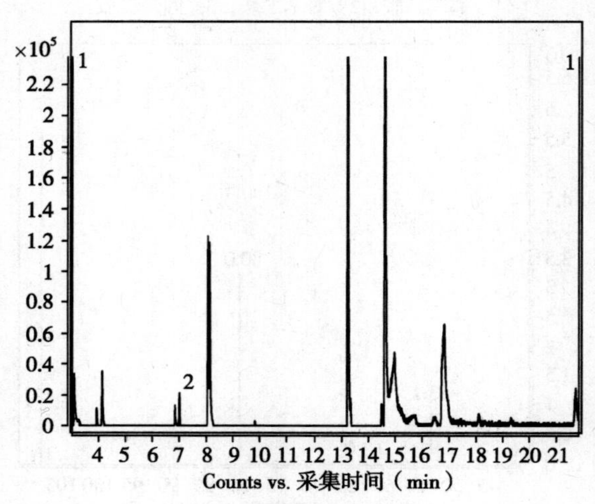

图 7 某样品溶液色谱图

2：对苯二胺

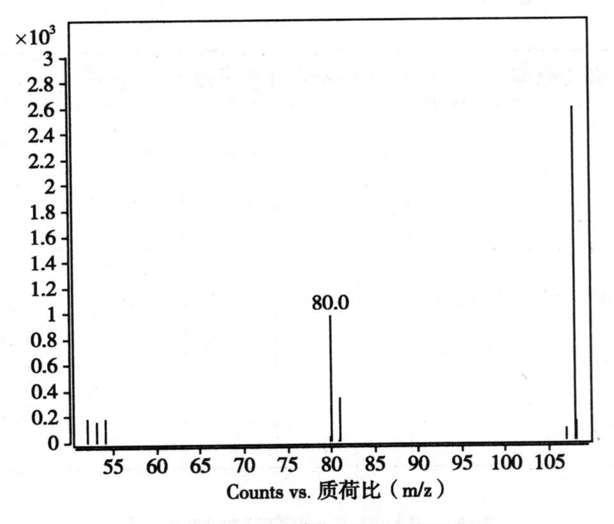

图 8　样品溶液中的对苯二胺质谱图

附表 1　对苯二胺等 8 种组分的基本信息

中文名称	英文名称	分子式	分子量	CAS 号	结构式
对苯二胺	*p*–phenylenediamine	$C_6H_8N_2$	108.14	106–50–3	NH_2, H_2N
氢醌	hydroquinone	$C_6H_6O_2$	110.11	123–31–9	HO, OH
间氨基苯酚	*m*–aminophenol	C_6H_7NO	109.13	591–27–5	H_2N, OH
邻苯二胺	*o*–phenylenediamine	$C_6H_8N_2$	108.14	95–54–5	H_2N, H_2N
对氨基苯酚	*p*–aminophenol	C_6H_7NO	109.13	123–30–8	H_2N, OH
甲苯 2，5–二胺硫酸盐	toluene–2，5–diamine sulfate	$C_7H_{12}N_2O_4S$	220.25	615–50–9	$NH_2 \cdot H_2SO_4$, H_2N

续表

中文名称	英文名称	分子式	分子量	CAS 号	结构式
间苯二酚	resorcinol	$C_6H_6O_2$	110.11	108-46-3	HO OH
对甲基氨基苯酚硫酸盐	*p*-methylaminophenol sulfate	$C_{14}H_{20}N_2O_6S$	344.38	55-55-0	HO H N; HO H N · H_2SO_4

7.2 对苯二胺等 32 种组分

p-Phenylenediamine and other 31 kinds of components

本方法所指的32种组分为染料包括对苯二胺、对氨基苯酚、甲苯-2，5-二胺硫酸盐、间氨基苯酚、邻苯二胺、2-氯对苯二胺硫酸盐、邻氨基苯酚、间苯二酚、2-硝基对苯二胺、甲苯-3，4-二胺、4-氨基-2-羟基甲苯、2-甲基间苯二酚、6-氨基间甲酚、苯基甲基吡唑啉酮、*N*，*N*-二乙基甲苯-2，5-二胺盐酸盐、4-氨基-3-硝基苯酚、间苯二胺、2，4-二氨基苯氧基乙醇盐酸盐、氢醌、4-氨基间甲酚、2-氨基-3-羟基吡啶、*N*，*N*-双（2-羟乙基）对苯二胺硫酸盐、对甲基氨基苯酚硫酸盐、4-硝基邻苯二胺、2，6-二氨基吡啶、*N*，*N*-二乙基对苯二胺硫酸盐、6-羟基吲哚、4-氯间苯二酚、2，7-萘二酚、*N*-苯基对苯二胺、1，5-萘二酚和1-萘酚。对苯二胺，又名乌尔丝D，是最简单的芳香二胺之一，纯品为白色至淡紫红色晶体，暴露在空气中变紫红色或深褐色，熔点140℃，沸点267℃，稍溶于冷水，溶于乙醇、乙醚、三氯甲烷和苯。对氨基苯酚，又称4-氨基苯酚、对羟基苯胺，有两种型态：从水、乙醇和乙酸乙酯中析出者为α-型，为白色至浅黄色正交晶系片状结晶；从丙酮中析出者为双锥形晶体，有强还原性，易被空气氧化，遇光和在空气中颜色变灰褐，在湿空气中尤甚。对氨基苯酚为白色或浅黄棕色结晶，熔点189.6~190.2℃，稍溶于水和乙醇，不溶于苯和三氯甲烷，溶于碱液后很快变褐色。甲苯2，5-二胺硫酸盐，又名2，5-二氨基甲苯硫酸盐，为白色结晶性粉末，可燃，有毒，具刺激性，熔点300℃，易溶于水、乙醇，用于染发剂及有机中间体。间氨基苯酚为白色晶体，有还原性，熔点122~123℃，沸点271℃，易溶于热水、乙醇和乙醚，溶于冷水，难溶于苯和汽油，长时间暴露在空气中或者被阳光照射容易变质成黑色物质，具有胺基和酚两个官能团，兼具有苯酚和苯胺类化合物的性质。邻苯二胺为白色细小片状晶体，在空气和光中颜色变深，熔点103~104℃，沸点256~258℃，微溶于冷水，较多溶于热水，易溶于乙醇、乙醚和三氯甲烷。2-氯对苯二胺硫酸盐为淡红色到灰白色粉末，熔点251~253℃。邻氨基苯酚为白色针状晶体，熔点174℃，久置时转变为棕色或黑色，溶于水、乙醇和乙醚，微溶于苯。间苯二酚俗称雷锁辛，为无色晶体，熔点109~111℃，沸点280~281℃，有甜味，易溶于水、乙醇和乙醚，略溶于苯，几乎不溶

于三氯甲烷，暴露于光和空气或与铁接触变为粉红色。2–硝基对苯二胺为黑色针状晶体并有深绿色光泽，熔点137℃。甲苯–3，4–二胺，又名3，4–二氨基甲苯，为棕色至棕灰色结晶或薄片，熔点89~90℃，微溶于冷水。4–氨基–2–羟基甲苯为无色片状或针状结晶，熔点161℃，加热升华，易溶于乙醚和乙醇，溶于热水，微溶于冷水。2–甲基间苯二酚，又名2–甲基雷琐辛，为灰色或浅棕色结晶性粉末，熔点118℃，可溶于水。6–氨基间甲酚为类白色至浅棕色结晶，熔点160~162℃，可溶于水。苯基甲基吡唑啉酮为白色结晶或粉末，熔点172℃，沸点287℃，溶于水、微溶于醇和苯，不溶于醚、石油醚及冷水。*N*，*N*–二乙基甲苯–2，5–二胺盐酸盐为白色或灰白色结晶性粉末，熔点250℃，易溶于水，在空气中易氧化变深。4–氨基–3–硝基苯酚为红色至棕色粉末或结晶，熔点151~152℃，溶于水、甲醇、乙醇、丙酮、三氯甲烷、乙醚。间苯二胺为白色晶体，熔点65℃，沸点282~284℃，溶于水和乙醇，较少溶于乙醚和苯。2，4–二氨基苯氧基乙醇盐酸盐为浅黄色结晶，熔点222~224℃。氢醌，又名对苯二酚，为无色晶体，熔点172℃，沸点286.2℃，易溶于热水、乙醇及乙醚，难溶于苯，水溶液在空气中因氧化而呈褐色，碱性溶液更易氧化，有特殊臭味。4–氨基间甲酚为类白色结晶性粉状，熔点176~179℃，不溶于水，对空气和光线敏感。2–氨基–3–羟基吡啶为白色或淡灰白色结晶或粉末，熔点169~172℃，能溶于甲醇、乙醇，难溶于水，对眼睛、呼吸系统及皮肤具有刺激性。*N*，*N*–双（2–羟乙基）对苯二胺硫酸盐为白色结晶性粉末，熔点168~171℃。对甲基氨基苯酚硫酸盐，又名N–甲基对氨基酚硫酸盐，为无色针状结晶体，熔点259~260℃，溶于20份冷水、6份沸水，微溶于醇，不溶于醚，在空气中变色。4–硝基邻苯二胺为暗红色针状结晶，熔点201℃，溶于乙醇、丙酮及盐酸溶液，难溶于水。2，6–二氨基吡啶为白色或微黄色片状晶体，熔点119~121℃，在空气易被氧化而变黑，水溶解性（20℃）9.9g/100mL。*N*，*N*–二乙基对苯二胺硫酸盐为白色或淡红色结晶，熔点184~186℃，易溶于水，微溶于醇，易氧化呈粉红色。6–羟基吲哚为白色至浅棕色结晶或结晶性粉末，熔点124~130℃。4–氯间苯二酚为无色结晶，熔点106.5~107.5℃，沸点147℃，溶于水、醇、醚、苯和二硫化碳，能升华，与氯化铁作用生成蓝紫色。2，7–萘二酚，又名2，7–二羟基萘，为亮灰色到灰白色粉末，熔点186~192℃，溶于乙醇、乙醚和热水，微溶于苯和三氯甲烷，几乎不溶于轻石油，溶液在空气中迅速变深。*N*–苯基对苯二胺为无色至灰色针状结晶，久贮颜色变深，熔点75℃，沸点354℃，易溶于乙醇、乙醚，亦可溶于酸、碱溶液，微溶于水，有毒，有刺激性，有致癌的可能性。1，5–萘二酚，又名1，5–二羟基萘，为白色晶体，熔点265℃，溶于水，易溶于碱性溶液。1–萘酚，又名α–萘酚，为白色晶体，略有难闻的苯酚气味，熔点96℃，沸点278~280℃，能升华，微溶于水，易溶于乙醇、乙醚、苯、三氯甲烷及碱性溶液。对苯二胺等32种组分的基本信息见附表1。

本方法的原理为样品经无水乙醇–水（1∶1）提取后，采用高效液相色谱仪分离、二极管阵列检测器检测，根据保留时间和紫外光谱定性、峰面积定量，以标准曲线法计算含量。

本方法中对苯二胺等32种组分的检出限、定量下限及取样量为0.5g时的检出浓度和最低定量浓度见表1。

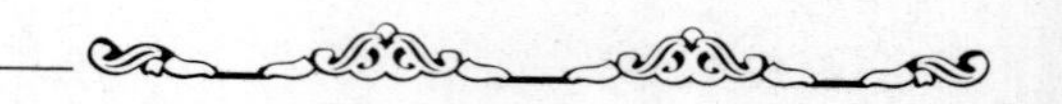

表 1　32 种组分的检出限、检出浓度、定量下限、最低定量浓度

序号	组分名称	检出限（μg）	检出浓度（μg/g）	定量下限（μg）	最低定量浓度（μg/g）
1	1，5- 萘二酚	5.0×10^{-3}	20	1.5×10^{-2}	60
2	1- 萘酚	3.0×10^{-3}	12	1.0×10^{-2}	40
3	2，4- 二氨基苯氧基乙醇盐酸盐	8.0×10^{-3}	32	2.5×10^{-2}	100
4	2，6- 二氨基吡啶	1.5×10^{-3}	60	5.0×10^{-2}	200
5	2，7- 萘二酚	3.0×10^{-3}	12	1.0×10^{-2}	40
6	2- 氨基 -3- 羟基吡啶	1.3×10^{-2}	52	4.0×10^{-2}	160
7	2- 氯对苯二胺硫酸盐	1.5×10^{-2}	60	5.0×10^{-2}	200
8	2- 甲基间苯二酚	1.3×10^{-2}	52	4.0×10^{-2}	160
9	2- 硝基对苯二胺	5.0×10^{-3}	20	1.5×10^{-2}	60
10	4- 氨基 -2- 羟基甲苯	6.5×10^{-3}	26	2.0×10^{-2}	80
11	4- 氨基 -3- 硝基苯酚	6.5×10^{-3}	26	2.0×10^{-2}	80
12	4- 氨基间甲酚	8.0×10^{-3}	32	2.5×10^{-2}	100
13	4- 氯间苯二酚	5.0×10^{-3}	20	1.5×10^{-2}	60
14	4- 硝基邻苯二胺	1.5×10^{-2}	60	5.0×10^{-2}	200
15	6- 氨基间甲酚	1.0×10^{-2}	40	3.0×10^{-2}	120
16	6- 羟基吲哚	3.0×10^{-3}	12	1.0×10^{-2}	40
17	氢醌	3.0×10^{-3}	12	1.0×10^{-2}	40
18	间氨基苯酚	6.5×10^{-3}	26	2.0×10^{-2}	80
19	间苯二胺	8.0×10^{-3}	32	2.5×10^{-2}	100
20	*N*，*N*- 双（2- 羟乙基）对苯二胺硫酸盐	2.5×10^{-2}	100	7.5×10^{-2}	300
21	*N*，*N*- 二乙基对苯二胺硫酸盐	2.5×10^{-2}	100	7.5×10^{-2}	300
22	*N*，*N*- 二乙基甲苯 -2，5- 二胺盐酸盐	2.0×10^{-2}	80	6.0×10^{-2}	240
23	*N*- 苯基对苯二胺	2.5×10^{-3}	10	8.0×10^{-3}	32
24	邻氨基苯酚	6.5×10^{-3}	26	2.0×10^{-2}	80
25	对氨基苯酚	6.5×10^{-3}	26	2.0×10^{-2}	80
26	苯基甲基吡唑啉酮	2.0×10^{-2}	80	6.0×10^{-2}	240
27	对甲基氨基苯酚硫酸盐	1.0×10^{-2}	40	3.0×10^{-2}	120
28	对苯二胺	1.2×10^{-2}	48	3.5×10^{-2}	140
29	间苯二酚	8.0×10^{-3}	32	2.5×10^{-2}	100
30	甲苯 -2，5- 二胺硫酸盐	2.0×10^{-2}	80	6.0×10^{-2}	240
31	甲苯 -3，4- 二胺	8.0×10^{-3}	32	2.5×10^{-2}	100
32	邻苯二胺	8.0×10^{-3}	32	2.5×10^{-2}	100

方法注释：

1）本方法的32种染料类化合物在220~242nm和270~310nm均有特征吸收，可选择230和280nm为通用检测波长，但280nm处的吸收低于230nm。考虑到280nm的抗干扰能力较230nm强，且该波长下的检出限完全能够满足检测要求，故选择280nm作为统一检测波长。

2）本方法选择DISCOVERY RP-AMIDE C_{16}柱作为分析柱，使用ODS-2 HYPERSIL柱时峰形大多不规则，使用ZORBAX SB C_8柱时有部分组分的峰形较差，使用DISCOVERY RP-AMIDE C_{16}柱时多数组分的峰形都能得到较好的改善，因其含有酰胺结构，适宜分离胺类化合物。

3）水相的选择：分别试验了乙腈－磷酸盐体系和甲醇－醋酸盐体系。结果显示，磷酸盐体系的峰形及分离效果较好，后者分离尚可、峰形稍差，故确定乙腈－磷酸盐体系＝10∶90为流动相体系。在此基础上对水相中的对离子试剂浓度及pH进行了进一步优化。通过在磷酸盐体系中加入0~1.5g/L庚烷磺酸钠及改变pH来优化流动相体系。结果发现，不加庚烷磺酸钠时，峰形稍有拖尾，加入后有较好改善，加入量为1.0~1.5g/L时效果均较好，确定1.0g/L为最佳浓度。当流动相的pH为5时，峰形稍有不规则，pH为6和7时均较好，考虑到该色谱柱最高允许使用的pH为7.5，故最后确定的pH为6。

4）有机相的选择：由于染料种类多，单独用乙腈－磷酸盐一套体系难以完全分离，有些组分会重叠出峰，所以同时选择了洗脱能力不同的另一种有机相甲醇和磷酸盐的混合体系，两者结合进行分离。由于乙腈和甲醇的洗脱能力不同，两者结合基本上能分离所有的32种染料成分，但是其中的6－羟基吲哚、4－氯间苯二酚、2，7－萘二酚、1，5－萘二酚、*N*－苯基对苯二胺和1－萘酚6种成分由于保留时间太长、效率低，故在此基础上进一步提高有机相比例以提高对上述6种成分的洗脱。

5）在实际测定时，可根据色谱柱的实际分离情况，以基线分离为前提原则，对32种染料成分进行合理分组，使各染料成分获得完全分离。值得注意的是染料成分的稳定性较差，分别考察在标准溶液中不加抗氧化剂和加入亚硫酸氢钠（1g/L）作为抗氧化剂的稳定性情况。结果表明，加入抗氧化剂后，32种染料类化合物中仅2，4－二氨基苯氧基乙醇盐酸盐、*N*，*N*－双（2－羟乙基）对苯二胺硫酸盐、*p*－甲基氨基苯酚硫酸盐3种染料成分的响应值降低较明显，故其储备溶液最多只能使用2天（保存于4℃冰箱中），其余较稳定，可保存约7天。样品溶液配制后应尽快测定。

6）在配制标准物质溶液时应注意以下几种组分在溶剂中的溶解性较差，可分别按以下方法配制：甲苯－2，5－二胺硫酸盐和2－氯对苯二胺硫酸盐2种组分直接用2g/L亚硫酸氢钠水溶液溶解并定容；甲苯－3，4－二胺直接用无水乙醇定容；2－硝基对苯二胺和4－硝基邻苯二胺需将称样量减至25mg，再用无水乙醇定容，配成约2.5g/L的单标溶液。

7）因染发剂多呈膏状或粉状，在液体介质中的分散性差，在实际检验时可先采用涡旋振荡使样品与溶剂充分接触，再进行超声抽提效果较好。但需注意的是，由于对苯二胺等32种组分的稳定性较差，因此在超声过程中，当水温高于40℃度应停止，降温，冷却后继续超声，直至样品溶液完全均一化。

8）化妆品中的染料成分以多种形式存在，如游离态、硫酸盐、盐酸盐等，当多种形式同时存在时，应换算成一种形式，以总量表示。

典型图谱：

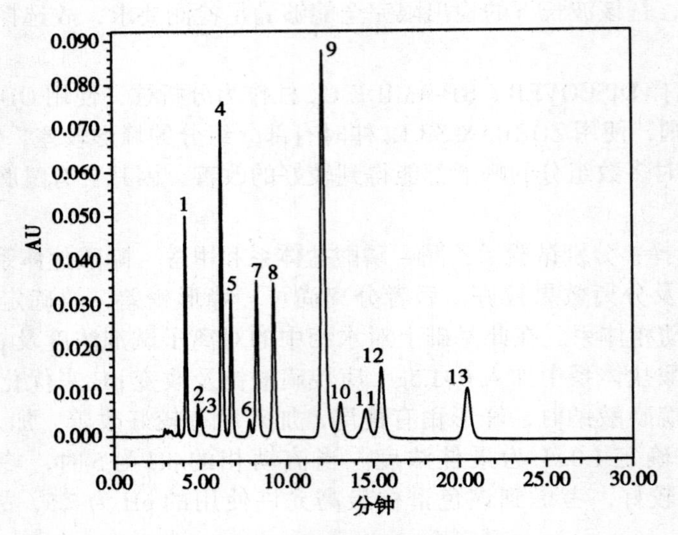

图1 系统1染料对照品液相色谱图

1：对苯二胺；2：对氨基苯酚；3：甲苯-2，5-二胺硫酸盐；4：间氨基苯酚；5：邻苯二胺；6：2-氯对苯二胺硫酸盐；7：邻氨基苯酚；8：间苯二酚；9：甲苯-3，4-二胺；10：2-甲基间苯二酚；11：*N*，*N*-二乙基甲苯-2，5-二胺盐酸盐；12：6-氨基间甲酚；13：4-氨基-3-硝基苯酚

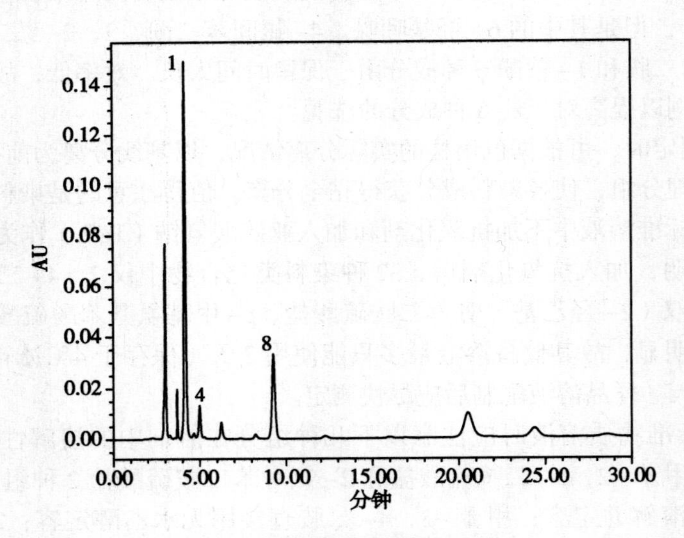

图2 系统1染发膏液相色谱图

1：对苯二胺；4：间氨基苯酚；8：间苯二酚

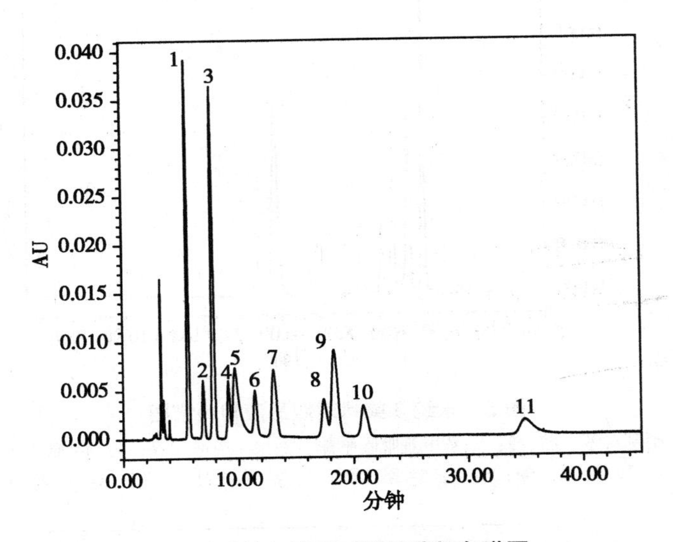

图 3　系统 2 染料对照品液相色谱图

1：间苯二胺；2：2，4–二氨基苯氧基乙醇盐酸盐；3：氢醌；4：4–氨基间甲酚；5：2–氨基–3–羟基吡啶；6：*N*，*N*–双（2–羟乙基）对苯二胺硫酸盐；7：对甲基氨基苯酚硫酸盐；8：4–氨基–2–羟基甲苯；9：2，6–二氨基吡啶；10：4–硝基邻苯二胺；11：*N*，*N*–二乙基对苯二胺硫酸盐

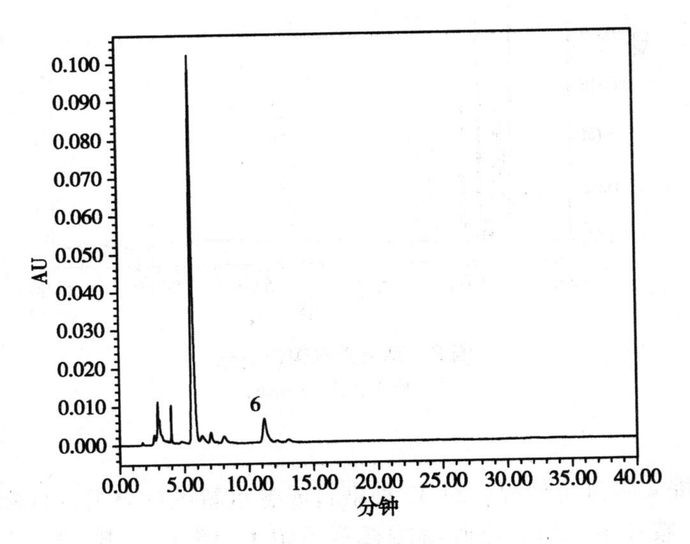

图 4　系统 2 染发膏液相色谱图

6：*N*，*N*–双（2–羟乙基）对苯二胺硫酸盐

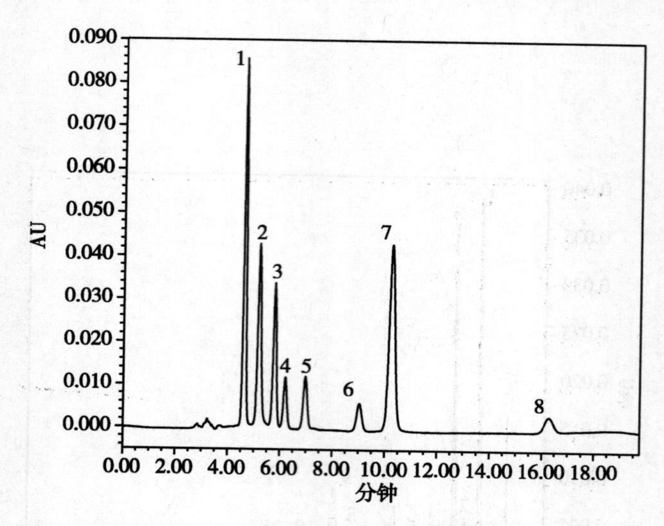

图 5　系统 3 染料对照品液相色谱图

1：2- 硝基对苯二胺；2：苯基甲基吡唑啉酮；3：6- 羟基吲哚；4：4- 氯间苯二酚；5：2，7- 萘二酚；6：1，5- 萘二酚；7：*N*- 苯基对苯二胺；8：1- 萘酚

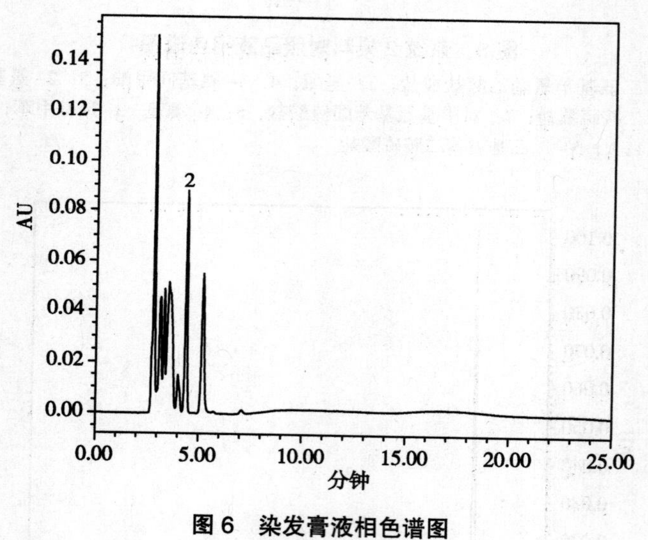

图 6　染发膏液相色谱图

2：苯基甲基吡唑啉酮

实例分析

本实验室根据实际测定情况，对 32 种染料成分重新进行分组，将标准中系统 1 的组分 2- 硝基对苯二胺和苯基甲基吡唑啉酮移至系统 3、将 4- 氨基 -2- 羟基甲苯移至系统 2，使各染料成分获得完全分离。

系统 1（13 种染料）：1. 对苯二胺；2. 对氨基苯酚；3. 甲苯 -2，5- 二胺硫酸盐；4. 间氨基苯酚；5. 邻苯二胺；6. 2- 氯对苯二胺硫酸盐；7. 邻氨基苯酚；8. 间苯二酚；9. 甲苯 -3，4- 二胺；10. 2- 甲基间苯二酚；11. 6- 氨基间甲酚；12. *N*，*N*- 二乙基甲苯 -2，5- 二胺盐酸盐；13. 4- 氨基 -3- 硝基苯酚。

色谱柱：RP-AMIDE C_{16} 柱（250mm × 4.6mm × 5μm）

色谱保护柱：RP-AMIDE C_{16} 保护柱（20mm × 4.0mm × 5μm）

流动相 1：乙腈 – 磷酸盐混合溶液［称取十二水合磷酸氢二钠 1.8g、磷酸二氢钾 2.8g 和庚烷磺酸钠 1.0g，用水稀释至 1L，混匀，用磷酸溶液（1∶9）调节 pH 至 6］= 11∶89

流量：1.0mL/min

检测器：二极管阵列检测器

检测波长：280nm

柱温：30℃

色谱图见图 1。

系统 2（11 种染料）：1. 间苯二胺；2. 2，4– 二氨基苯氧基乙醇盐酸盐；3. 氢醌；4. 4– 氨基间甲酚；5. 2– 氨基 –3– 羟基吡啶；6. *N*，*N*– 双（2– 羟乙基）对苯二胺硫酸盐；7. 对甲基氨基苯酚硫酸盐；8. 4– 硝基邻苯二胺；9. 2，6– 二氨基吡啶；10. *N*，*N*– 二乙基对苯二胺硫酸盐；11. 4– 氨基 –2– 羟基甲苯。

流动相 2：甲醇 – 磷酸盐混合溶液［称取十二水合磷酸氢二钠 1.8g、磷酸二氢钾 2.8g 和庚烷磺酸钠 1.0g，用水稀释至 1L，混匀，用磷酸溶液（1∶9）调节 pH 至 6］= 7.2∶92.8

其他色谱条件、色谱柱和保护柱同系统 1。

色谱图见图 3。

系统 3（8 种染料）：1. 2– 硝基对苯二胺；2. 苯基甲基吡唑啉酮；3. 6– 羟基吲哚；4. 4– 氯间苯二酚；5. 2，7– 萘二酚；6. *N*– 苯基对苯二胺；7. 1，5– 萘二酚；8. 1– 萘酚。

流动相 3：乙腈 – 磷酸盐混合溶液［称取十二水合磷酸氢二钠 1.8g、磷酸二氢钾 2.8g 和庚烷磺酸钠 1.0g，用水稀释至 1L，混匀，用磷酸溶液（1∶9）调节 pH 至 6］= 40∶60

其他色谱条件、色谱柱和保护柱同系统 1。

色谱图见图 5。

参考文献

［1］王培义. 化妆品 – 原理 · 配方 · 生产工艺. 第 3 版. 北京：化学工业出版社，2015.

［2］朱会卷，朱英. 染发剂的安全性及其检测方法研究进展. 中国卫生检疫杂志，2006，16（5）：888–890.

［3］迟少云，徐慧，王尊文. 氧化型染发剂中 8 种染料测定方法的改进. 中国卫生检验杂志，2013，23（6）：1373–1375.

［4］邵超英，秦婷，孙多志，等. 高效液相色谱 – 串联质谱法测定染发剂中 11 种苯胺和苯酚类染料. 分析化学，2014，42（5）：781–782.

［5］陈翊，孙珏，李正，等. 气质联用法同时测定氧化型染发剂中 13 种染料中间体方法建立. 中国卫生检验杂志，2014，24（6）：779–781.

［6］Rastogi SC. A method for the analysis of intermediates of oxidative hair dyes in cosmetic products. J Sep Sci, 2001, 24：173–178.

附表 1　对苯二胺等 32 种组分的基本信息

中文名称	英文名称	分子式	分子量	CAS 号	结构式
对苯二胺	*p*-phenylenediamine	$C_6H_8N_2$	108.14	106-50-3	
对氨基苯酚	*p*-aminophenol	C_6H_7NO	109.13	123-30-8	
甲苯-2，5-二胺硫酸盐	toluene-2，5-diamine sulfate	$C_7H_{12}N_2O_4S$	220.25	615-50-9	
间氨基苯酚	*m*-aminophenol	C_6H_7NO	109.13	591-27-5	
邻苯二胺	*o*-phenylenediamine	$C_6H_8N_2$	108.14	95-54-5	
2-氯对苯二胺硫酸盐	2-chloro-*p*-phenylenediamine sulfate	$C_6H_9ClN_2O_4S$	240.66	61702-44-1	

续表

中文名称	英文名称	分子式	分子量	CAS 号	结构式
邻氨基苯酚	*o*–aminophenol	C_6H_7NO	109.13	95–55–6	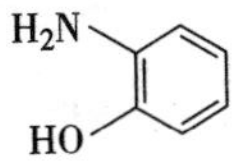
间苯二酚	resorcinol	$C_6H_6O_2$	110.11	108–46–3	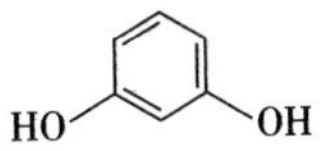
2– 硝基对苯二胺	2–nitro–*p*–phenylenediamine	$C_6H_7N_3O_2$	153.14	5307–14–2	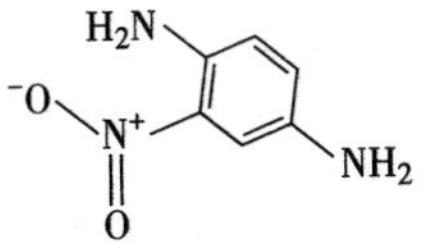
甲苯 –3，4– 二胺	toluene–3，4–diamine	$C_7H_{10}N_2$	122.17	496–72–0	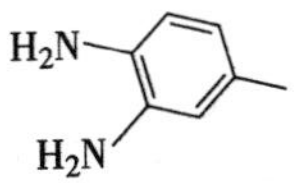
4– 氨基 –2– 羟基甲苯	4–amino–2–hydroxytoluene	C_7H_9NO	123.15	2835–95–2	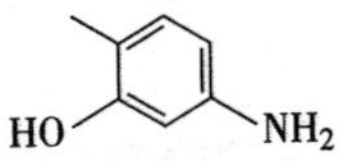

续表

中文名称	英文名称	分子式	分子量	CAS 号	结构式
2- 甲基间苯二酚	2-methylresorcinol	$C_7H_8O_2$	124.14	608-25-3	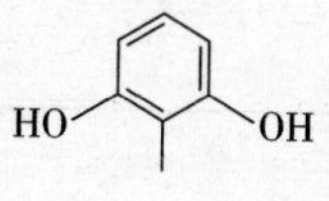
6- 氨基间甲酚	6-amino-*m*-cresol	C_7H_9NO	123.15	2835-98-5	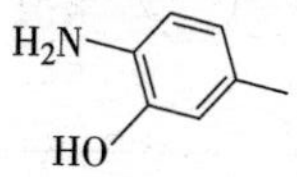
苯基甲基吡唑啉酮	phenyl methyl pyrazolone	$C_{10}H_{10}N_2O$	174.2	89-25-8	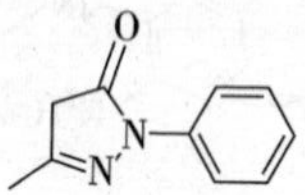
N，*N*- 二乙基甲苯 -2，5- 二胺盐酸盐	*N*，*N*-diethyltoluene-2，5-diamine HCl	$C_{11}H_{19}ClN_2$	214.73	2051-79-8	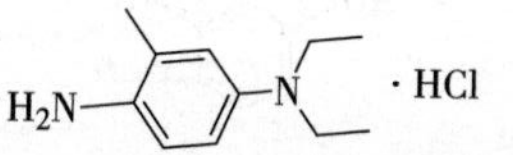
4- 氨基 -3- 硝基苯酚	4-amino-3-nitrophenol	$C_6H_6N_2O_3$	154.12	610-81-1	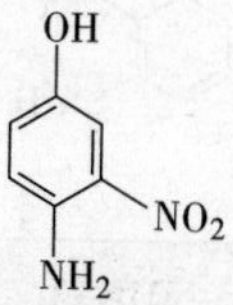

续表

中文名称	英文名称	分子式	分子量	CAS 号	结构式
间苯二胺	*m*–phenylenediamine	$C_6H_8N_2$	108.14	108–45–2	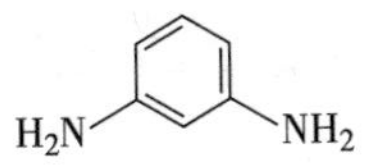
2，4–二氨基苯氧基乙醇盐酸盐	2，4–diaminophenoxyethanol HCl	$C_8H_{14}Cl_2N_2O_2$	241.11	66422–95–5	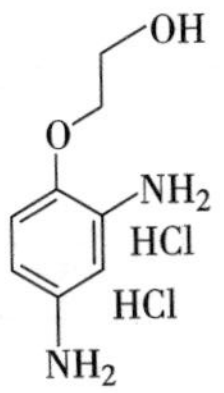
氢醌	hydroquinone	$C_6H_6O_2$	110.11	123–31–9	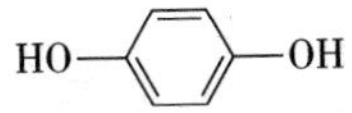
4–氨基间甲酚	4–amino–*m*–cresol	C_7H_9NO	123.15	2835–99–6	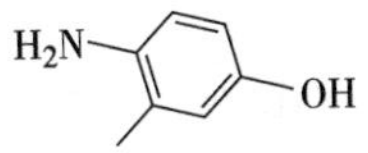
2–氨基–3–羟基吡啶	2–amino–3–hydroxypyridine	$C_5H_6N_2O$	110.11	16867–03–1	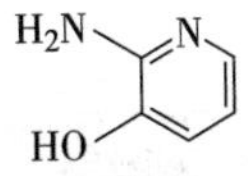

续表

中文名称	英文名称	分子式	分子量	CAS 号	结构式
N，*N*-双（2-羟乙基）对苯二胺硫酸盐	*N*，*N*-bis(2-hydroxyethyl)-*p*-phenylenediamine sulfate	$C_{10}H_{18}N_2O_6S$	294.32	54381-16-7	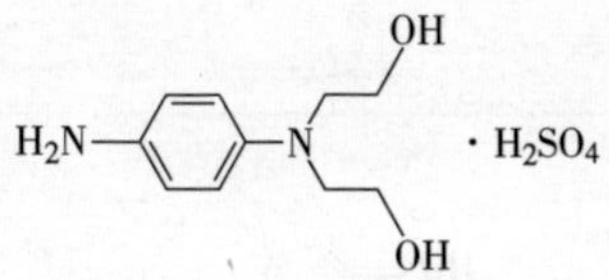
对甲基氨基苯酚硫酸盐	*p*-methylaminophenol sulfate	$C_{14}H_{20}N_2O_6S$	344.38	55-55-0	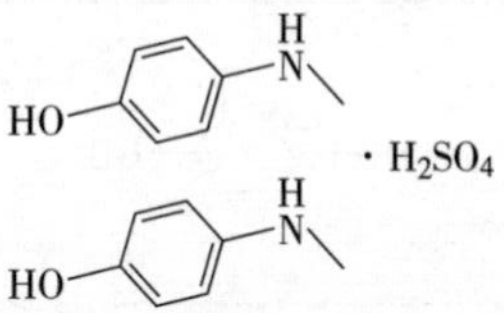
4-硝基邻苯二胺	4-nitro-*o*-phenylenediamine	$C_6H_7N_3O_2$	153.14	99-56-9	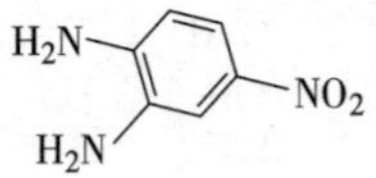
2，6-二氨基吡啶	2，6-diaminopyridine	$C_5H_7N_3$	109.13	141-86-6	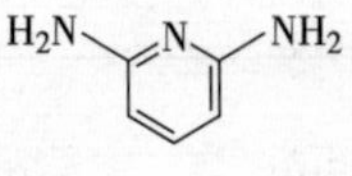
N，*N*-二乙基对苯二胺硫酸盐	*N*，*N*-diethyl-*p*-phenylenediamine sulfate	$C_{10}H_{18}N_2O_4S$	262.33	6283-63-2	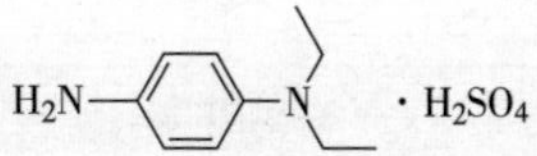

续表

中文名称	英文名称	分子式	分子量	CAS 号	结构式
6-羟基吲哚	6-hydroxyindole	C_8H_7NO	133.15	2380-86-1	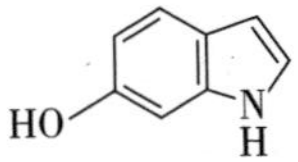
4-氯间苯二酚	4-chlororesorcinol	$C_6H_5ClO_2$	144.56	95-88-5	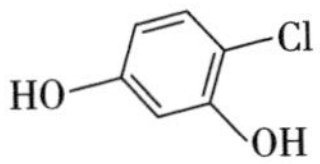
2，7-萘二酚	2，7-naphthalenediol	$C_{10}H_8O_2$	160.17	582-17-2	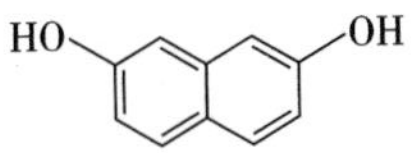
N-苯基对苯二胺	*N*-phenyl-*p*-phenylenediamine	$C_{12}H_{12}N_2$	184.24	101-54-2	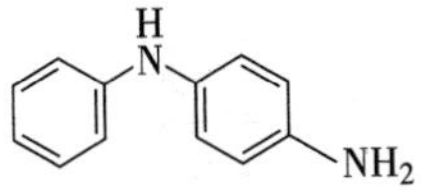
1，5-萘二酚	1，5-naphthalenediol	$C_{10}H_8O_2$	160.17	83-56-7	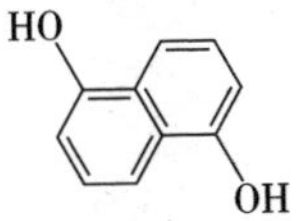
1-萘酚	1-naphthol	$C_{10}H_8O$	144.17	90-15-3	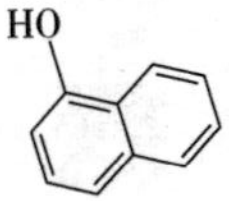

第五章

微生物检验方法

化妆品是人们生活中不可缺少的消费品，大多数化妆品中都含有丰富的营养物质和水分，在生产、储藏和使用过程中难免受到微生物的污染。微生物污染化妆品后可危害使用者的健康并引起化妆品质量下降，表现为色泽、气味、性状及功能的变化。其中，化妆品色泽的变化是由于有些微生物在代谢或增殖过程中产生色素并溶解到化妆品中，例如铜绿假单胞菌可产生绿色的绿脓菌素、类蓝色假单胞菌可产生蓝色的水溶性色素；气味的变化主要是由于微生物的作用而产生挥发性胺、硫化物等，例如大肠埃希菌能将氨基酸脱羧生成有机胺；性状的变化则是由于淀粉、蛋白质等成分的水解而使化妆品水分析出、分层等，从而使其功能也发生变化。化妆品微生物污染对使用者的健康危害主要为化脓性细菌污染可以引起皮肤、眼部的感染，如金黄色葡萄球菌、铜绿假单胞菌等污染引起的感染。当人体抵抗力降低时，某些非病原菌或条件致病菌也会引起感染，如白念珠菌，可通过化妆品的使用过程接触甚至进入人体而引起疾病。此外有些微生物的代谢产物也具有毒性甚至致癌性，如金黄色葡萄球菌肠毒素、黄曲霉毒素等。

随着化妆品在日常生活中的广泛使用，化妆品的安全性问题日益得到重视，许多国家和组织都规定了关于化妆品中微生物的检测方法、限值和不得检出的特定菌，例如世界卫生组织（WHO）规定化妆品的生产商应遵循《良好生产操作规程》，严格控制微生物的污染，对化妆品成品按 ISO 标准方法进行微生物学检测，ISO 要求眼部及婴儿化妆品的菌落总数不得超过 100CFU/g，其他化妆品不得超过 1000CFU/g，不得检出大肠埃希菌、铜绿假单胞菌、金黄色葡萄球菌和白念珠菌。近年来国内有关部门和研究单位对化妆品市场的微生物污染状况进行了大量调查，结果显示随着对化妆品监管力度的增加，化妆品的卫生状况已经提高，但是微生物污染问题始终存在，仍有条件致病菌检出，对消费者的健康存在威胁，可见化妆品微生物污染仍是一个不容忽视的问题。检测化妆品微生物指标对于控制化妆品的微生物污染，保护使用者的健康至关重要。

化妆品微生物检验方法的研究对于了解化妆品微生物污染的状况，制定化妆品微生物学标准，消除可能对人群存在的危害都具有重要意义。随着对检测方法研究的不断深入，为提高化妆品微生物检测的标准化和准确性，结合我国的实际情况对《化妆品卫生规范》（2007 年版）微生物检测方法中的部分内容进行了修订，并收入了《化妆品安全技术规范》。

《化妆品安全技术规范》中的化妆品微生物检测指标有菌落总数、耐热大肠菌群、铜绿假单胞菌、金黄色葡萄球菌、霉菌和酵母菌。

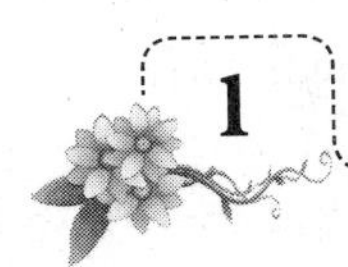

1　微生物检验方法总则
General Principles

《化妆品安全技术规范》微生物检验方法的总则部分明确规范了化妆品微生物检验的基本要求，阐述了化妆品样品的采集、保存和制备的方法，确保实验过程不对检测人员健康产生危害，同时保证样品不被污染。

化妆品种类繁多，大部分都含有丰富的营养物质、适宜的水分和pH，有利于微生物的生长，因此要对化妆品进行微生物指标检测。但是有些化妆品由于其特殊的理化性状，或者含有抑制微生物生长的成分，因而不适宜微生物生长，可不进行微生物指标检测。如乙醇浓度在70%以上的香水类化妆品、主要成分为对苯二胺和氧化剂的染发类化妆品、含有抑菌剂和收敛剂的除臭类化妆品、强碱性的烫发和脱毛类化妆品、主要成分为丙酮的指甲油卸除液等不需要进行微生物检测。因此是否需要进行微生物检测，需根据化妆品的实际情况确定。

化妆品中含有防腐剂，可以使污染的微生物处于抑制状态，按照常规的检测方法进行检验可能出现假阴性的结果，因此对化妆品微生物检测时在培养基中加入了卵磷脂和吐温80作为中和剂。卵磷脂和吐温80可以中和残留的防腐剂，提高检出率，减少假阴性结果的出现。

1　方法简述

本方法规定样品制备时取10g或10mL样品，制成1:10的检液，利用均质器混匀，以备后续检测使用。

2　方法注释

2.1　为保证样品称量及结果的准确性，称量样品的天平要精确到0.1g。

2.2　由于采样关系到结果的准确性，因此采样应有代表性，样品量要足够。取样时分别从两个包装单位以上的样品中共取10g或10mL。包装量<20g的样品，采样时可适当增加样品包装数量。有些化妆品不易从包装中取出，包装内残留较多，例如睫毛膏等，采样时也应适当增加样品包装数量。

2.3　样品如不能及时检验，应置于室温阴凉干燥处，不要冷藏或冷冻。由于冷冻或冷藏会影响化妆品的性状，尤其是冷冻的化妆品解冻后出现油水分离不利于微生物检测。

2.4　若只有一个样品而同时需做多种分析，如微生物、毒理、化学等，则宜先取出部分样品做微生物检验，再将剩余样品做其他分析。尤其是抽检时，一个样品要同时做几个指标的检测，先做微生物指标可避免对样品造成污染，从而出现假阳性的结果。

2.5　新修订的规范中规定液体石蜡和吐温80要经121℃高压灭菌20分钟，以确保不

会引起样品的污染。

2.6 由于微生物存活情况受环境影响较大，保存污染的化妆品备查无意义，因此删除“4.6 如检出粪大肠菌群或其他致病菌，自报告之日起该菌种及被检样品应保存1个月备查”。

2.7 在检验过程中，从打开包装到全部检验操作结束，均须防止微生物的再污染和扩散，所用器皿及材料均应事先灭菌，全部操作应在符合生物安全要求的实验室中进行。根据《实验室生物安全通用要求》实验要在BSL–2以上级别的实验室进行。

2.8 样品检液制备时要注意区分样品是水溶性还是油溶性的样品，根据性状采取不同的稀释方式。

2 菌落总数检验方法

菌落总数是指化妆品样品经过处理，在一定条件下培养后（如培养基成分、培养温度、培养时间、pH、需氧性质等），1g（1mL）检样中所含菌落的总数。所得结果只包括一群本方法规定的条件下生长的嗜中温的需氧性和兼性厌氧菌落总数。测定菌落总数便于判明样品被细菌污染的程度，是对样品进行卫生学总评价的综合依据。

1 方法简述

本方法取供检样品稀释液2mL，分别加入两个灭菌平皿内，加入卵磷脂吐温80营养琼脂培养基混匀，待凝固后于36℃ ±1℃培养48小时 ±2小时，计数报告生长的菌落数。

2 方法注释

2.1 每个稀释度要做两个平行样，取平均数为菌落总数的结果。同时做空白对照作为整个实验过程的质量控制。

2.2 为保证检测结果的准确性，每测一个稀释度要更换一支吸管。

2.3 稀释检样时要充分振荡混匀，尽量使菌细胞分散开，使每个菌细胞生成一个菌落。

2.4 在制成供试液后，应尽快稀释，注皿，一般稀释后应在1小时内操作完毕。

2.5 为防止温度过高影响样品中菌落的生长，卵磷脂吐温80营养琼脂培养基倾倒入加有样品的平皿时温度应控制在45~50℃。

2.6 琼脂凝固后的培养皿，培养时要翻转平皿放置于培养箱内，防止因水蒸气凝结而影响计数结果。

2.7 为便于观察计数，区分于化妆品中的杂质，可于每100mL卵磷脂吐温80营养琼脂培养基中加入1mL 0.5%氯化三苯四氮唑（2，3，5–triphenyl tetrazolium chloride，TTC）溶液。加入TTC溶液的菌落培养后呈红色，便于与培养基中化妆品的杂质进行区分。原理是细菌的脱氢酶能使相应的作用物脱氢，TTC作为受氢体接受氢后成为红色非溶解性的三苯甲臜。

2.8 计数时先用肉眼观察，点数菌落数，然后再用5~10倍的放大镜检查，以防

遗漏。

2.9 选取平均菌落数在30~300的平皿作为菌落总数测定的范围。若有两个稀释度，其平均菌落数均在30~300，则应求出两菌落总数之比值来决定，以较小的数值作分母进行比较，若其比值小于或等于2，应报告其平均数；若大于2则报告其中稀释度较低的平皿的菌落数。若所有稀释度的平均菌落数均大于300，则应按稀释度最高的平均菌落数乘以稀释倍数报告之。若所有稀释度的平均菌落数均小于30，则应按稀释度最低的平均菌落数乘以稀释倍数报告之。若所有稀释度的平均菌落数均不在30~300，其中一个稀释度大于300，而相邻的另一稀释度小于30时，则以接近30或300的平均菌落数乘以稀释倍数报告之。

2.10 样品若按重量取样则以CFU/g为单位报告；按体积取样以CFU/mL为单位报告。

3 耐热大肠菌群检验方法

耐热大肠菌群系一群需氧及兼性厌氧革兰阴性无芽孢杆菌，在44.5℃培养24~48小时能发酵乳糖产酸并产气。该菌主要来自于人和温血动物的粪便，可作为粪便污染指标来评价化妆品的卫生质量，推断化妆品中是否有污染肠道致病菌的可能性。

1 方法简述

本方法取化妆品样品1:10稀释液10mL，加到10mL双倍乳糖胆盐（含中和剂）培养基中，置44℃ ±0.5℃培养箱中培养24~48小时，如不产酸也不产气，则报告为耐热大肠菌群阴性。如产酸产气用伊红－亚甲蓝琼脂平板培养基分离，进行镜检和靛基质试验。根据发酵乳糖产酸产气，平板上有典型菌落，并经证实为革兰阴性短杆菌，靛基质试验阳性，则可报告被检样品中检出耐热大肠菌群。

2 方法注释

2.1 本次修订将“粪大肠菌群”改为“耐热大肠菌群”。由于天然环境中也存在于44.5℃培养24~48小时能发酵乳糖产酸并产气的革兰阴性无芽孢杆菌，并不是全部来自于人和温血动物的粪便，因此改为“耐热大肠菌群”更符合实际情况。

2.2 本实验在配制培养基时要注意使用的培养基为双倍乳糖胆盐培养基。

2.3 观察产酸产气时常可见到发酵管内有极微量的气泡，一般情况下，产气量与耐热大肠菌群的检出呈正相关，但产气量小并非都是阴性。当倒管中有极少量的气泡或无气泡，但从液面和管壁可看到缓缓上升的小气泡时，均应做进一步的观察和鉴别。

2.4 耐热大肠菌群在伊红－亚甲蓝琼脂培养基上的典型菌落呈深紫黑色，圆形，边缘整齐，表面光滑湿润，常具有金属光泽。也有的呈紫黑色，不带或略带金属光泽，或粉紫色，中心较深的菌落，亦常为耐热大肠菌群，应注意挑选。

2.5 当菌落特征不典型时，如只挑选一个菌落，很难避免出现假阴性结果，因此挑

选菌落时应选择典型菌落；若无典型菌落，则应多挑几个，以避免出现假阴性结果。

2.6　靛基质试验时因蛋白胨应含有丰富的色氨酸，每批蛋白胨买来后，应先用已知菌种鉴定后方可使用。

4　铜绿假单胞菌检验方法

铜绿假单胞菌属于假单胞菌属，为革兰阴性杆菌，氧化酶阳性，能产生绿脓菌素。此外还能液化明胶，还原硝酸盐为亚硝酸盐，在42℃ ±1℃条件下能生长。一般情况下该菌不致病，在特殊条件下可引起皮肤化脓性感染、泌尿道感染、中耳炎等。外伤及烧伤患者感染后最易引起化脓，并可引起败血症。

1　方法简述

本方法取1 ∶ 10样品稀释液10mL加到90mL SCDLP液体培养基中，置36℃ ±1℃培养18~24小时增菌。如有铜绿假单胞菌生长，培养液表面多有一层薄菌膜，培养液常呈黄绿色或蓝绿色。从培养液的薄膜处挑取培养物，划线接种在十六烷三甲基溴化铵琼脂平板或乙酰胺培养基平板上，置36℃ ±1℃培养18~24小时。挑取可疑的菌落进行镜检，并进行氧化酶试验、绿脓菌素试验、硝酸盐还原产气试验、明胶液化试验和42℃生长试验。

被检样品经增菌分离培养后，经证实为革兰阴性杆菌，氧化酶及绿脓菌素试验皆为阳性者，即可报告被检样品中检出铜绿假单胞菌；如绿脓菌素试验阴性而液化明胶、硝酸盐还原产气和42℃生长试验三者皆为阳性时，仍可报告被检样品中检出铜绿假单胞菌。

2　方法注释

2.1　如有铜绿假单胞菌生长，培养液表面多有一层薄菌膜，培养液常呈黄绿色或蓝绿色。

2.2　铜绿假单胞菌在十六烷三甲基溴化铵琼脂平板上其菌落扁平无定型，向周边扩散或略有蔓延，表面湿润，菌落呈灰白色，菌落周围培养基常扩散有水溶性色素。

2.3　铜绿假单胞菌在乙酰胺平板培养基上生长良好，菌落扁平，边缘不整，菌落周围培养基呈红色，其他菌不生长。

2.4　氧化酶试验挑取菌落时，避免与铁、镍等金属接触，以免出现假阳性结果。

2.5　绿脓菌素是铜绿假单胞菌的特有产物，但也有不产生绿脓菌素的菌株，特别是在化妆品中检出的菌株容易出现不产生绿脓菌素现象。因此对于选择培养基上能生长但无色素产生的可疑菌落，应进一步做其他试验进行鉴定。

2.6　明胶液化试验应取铜绿假单胞菌可疑菌落的纯培养物，穿刺接种在明胶培养基内，置36℃ ±1℃培养24小时 ±2小时，取出放置于4℃ ±2℃冰箱10~30分钟，观察。

5 金黄色葡萄球菌检验方法

金黄色葡萄球菌为革兰阳性球菌，呈葡萄状排列，无芽孢，无荚膜，能分解甘露醇，血浆凝固酶阳性。金黄色葡萄球菌可引起化脓性感染等，还可以产生毒素致病。

1　方法简述

本方法取 1∶10 稀释的样品 10mL 接种到 90mL SCDLP 液体培养基中，置 36℃ ±1℃培养箱，培养 24 小时 ±2 小时。自上述增菌培养液中取 1~2 接种环，划线接种在 Baird-Parker 平板培养基，如无此培养基也可划线接种到血琼脂平板，置 36℃ ±1℃培养 24~48 小时。挑取分纯菌落进行染色镜检、甘露醇发酵试验、血浆凝固酶试验。

凡在上述选择平板上有可疑菌落生长，经染色镜检，证明为革兰阳性葡萄球菌，并能发酵甘露醇产酸、血浆凝固酶试验阳性者，可报告被检样品检出金黄色葡萄球菌。

2　方法注释

2.1　卵黄亚碲酸钾增菌液要在 Baird-Parker 培养基灭菌后温度降到 50℃左右时加入。亚碲酸钾可被金黄色葡萄球菌还原，使菌落呈现黑色。亚碲酸钾可以与蛋白胨中的含硫氨基酸结合，形成亚碲酸与硫的化合物，具有抗细菌硫源代谢作用，因而可以抑制其他细菌的生长繁殖。

2.2　金黄色葡萄球菌在血琼脂平板上菌落呈金黄色，圆形，不透明，表面光滑，周围有溶血圈。

2.3　金黄色葡萄球菌在 Baird-Parker 平板培养基上为圆形，光滑，凸起，湿润，颜色呈灰色到黑色，边缘为淡色，周围为一浑浊带，在其外层有一透明带。用接种针接触菌落似有奶油树胶的软度。偶然会遇到非脂肪溶解的类似菌落，但无浑浊带及透明带。

2.4　甘露醇发酵试验：取上述分纯菌落接种到甘露醇发酵培养基中，在培养基液面上加入高度为 2~3mm 的灭菌液体石蜡，置 36℃ ±1℃培养 24 小时 ±2 小时，金黄色葡萄球菌应能发酵甘露醇产酸。多数葡萄球菌菌株分解葡萄糖、麦芽糖、蔗糖产酸不产气，致病性葡萄球菌在厌氧条件下分解甘露醇产酸，非致病性葡萄球菌无此反应，因此在甘露醇培养基液面上加液体石蜡。

2.5　血浆凝固酶试验采用的是试管法。因为葡萄球菌可以产生两种凝固酶：一种是与细胞壁结合的结合凝固酶；另一种是菌细胞释放到培养基中的游离凝固酶。两者的抗原性不同，玻片法只能测试结合凝固酶，金黄色葡萄球菌检测过程中有 10%~15% 的阴性反应；试管法可测试以上两种酶，因此选用试管法。

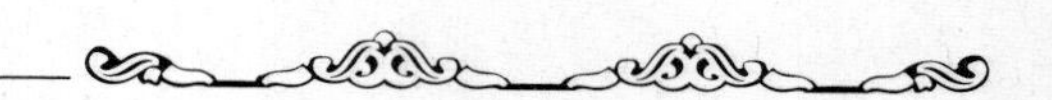

6　霉菌和酵母菌检验方法

霉菌和酵母菌数测定是指化妆品检样在一定条件下培养后，1g 或 1mL 化妆品中所污染的活的霉菌和酵母菌数量，藉以判明化妆品被霉菌和酵母菌污染的程度及其一般卫生状况。霉菌和酵母菌在自然界中存在广泛，种类极多，多数化妆品的 pH、湿度、存储条件等适合霉菌和酵母菌的生长。化妆品被霉菌和酵母菌污染后，会引起产品质量下降，且有些霉菌和酵母菌及其毒素可对使用者致病，危害极大。

1　方法简述

本方法取稀释后的检液各 1mL 分别注入灭菌平皿内，每个稀释度各用 2 个平皿，注入融化并冷至 45℃ ±1℃的虎红培养基，充分摇匀。凝固后，翻转平板，置 28℃ ±2℃培养，3 天开始观察，共培养观察 5 天。计数所生长的霉菌和酵母菌数。

2　方法注释

2.1　检测时注意每个稀释度要做两个平行样，取平均数为菌落总数的结果，且要做空白对照。

2.2　为保证检测结果的准确性，每测一个稀释度要更换一支吸管。

2.3　由于霉菌孢子多聚积成团，因此制备化妆品检液时要充分振荡混匀，以保证孢子团分散。

2.4　琼脂凝固后的培养皿，培养时要翻转平皿放置于培养箱内，防止因水蒸气凝结而影响计数结果。

2.5　霉菌和酵母菌培养时湿度应适宜，湿度过低会影响霉菌和酵母菌的生长发育。霉菌培养时不要反复翻转平皿观察，以防有先成熟的孢子脱落，形成菌落，影响菌落计数的准确性。

2.6　菌落计数时应选取菌落数在 5~50 个范围之内的平皿计数，乘以稀释倍数后，即为每 g（或每 mL）检样中所含的霉菌和酵母菌数。

2.7　由于有的产品中的霉菌生长缓慢，在检测的第 3 天时生长还不充分，可能影响检测结果，因此视实验具体情况可放至第 5 天补充观察。

参考文献

[1] 秦钰慧．化妆品安全性及管理法规．北京：化学工业出版社，2013.

[2] ISO 17516 Cosmetics–Microbiology–Microbiological limits. 2014.

[3] 韩伟，谢小珏，袁辰刚，等．进出口化妆品的卫生状况及微生物种群分析．香精香料化妆品，

2013，6（3）：37–42.

［4］ 陈求欢．海南省化妆品微生物检测情况分析．现代医药卫生，2014，30（2）：307–308.

［5］ 刘建琪，王岚，张红，等．2006~2009 湖南省健康相关产品微生物检测结果分析．中国卫生检验杂志，2010，20（5）：1171–1173.

［6］ 郝玉娥，陈旭，何爱桃，等．日常化妆品中微生物的检测分析．卫生研究，2011，49（35）：110–111.

［7］ 郑星泉，周淑玉，周世伟．化妆品卫生检验手册．北京：化学工业出版社，2003.

第六章

毒理学试验方法

1 毒理学试验方法总则

General principles

本总则规定了化妆品原料及其产品安全性评价的毒理学检测要求，主要包括化妆品原料和产品评价毒理学检测的评价原则和检测项目的选择原则。

化妆品的许可（备案）包括化妆品新原料使用、国产特殊用途化妆品生产、化妆品首次进口和国产非特殊用途化妆品生产。根据化妆品原料和产品的类型不同，需进行的毒理学检测项目也不同。

1 化妆品新原料

《关于印发化妆品新原料申报与审评指南的通知》（国食药监许〔2011〕207号）明确规定了化妆品新原料的申报要求，根据不同的情形提交相应的毒理学试验资料。

化妆品新原料毒理学评价资料应当包括毒理学安全性评价综述、必要的毒理学试验资料和可能存在安全性风险物质的有关安全性评估资料。根据原料的特性和用途，必要时，可要求补充相关的其他试验资料。化妆品新原料一般需进行下列毒理学试验：

（一）急性经口和急性经皮毒性试验；

（二）皮肤和急性眼刺激性/腐蚀性试验；

（三）皮肤变态反应试验；

（四）皮肤光毒性和光敏感性试验（原料具有紫外线吸收特性时需做该项试验）；

（五）致突变试验（至少应包括一项基因突变试验和一项染色体畸变试验）；

（六）亚慢性经口和经皮毒性试验；

（七）致畸试验；

（八）慢性毒性/致癌性结合试验；

（九）毒物代谢及动力学试验；

（十）根据原料的特性和用途，还可考虑其他必要的试验。如果该新原料与已用于化妆品的原料化学结构及特性相似，则可考虑减少某些试验。

以上为原则性要求，可以根据该原料的理化特性、定量构效关系、毒理学资料、临床研究、人群流行病学调查以及类似化合物的毒性等资料情况，增加或减免试验项目。

1.1　凡不具有防腐剂、防晒剂、着色剂和染发剂功能的原料以及从安全角度考虑不需要列入《化妆品卫生规范》限用物质表中的化妆品新原料，需要有以下毒理学试验结果：

（1）急性经口和急性经皮毒性试验；

（2）皮肤和急性眼刺激性 / 腐蚀性试验；

（3）皮肤变态反应试验；

（4）皮肤光毒性和光敏感试验（原料具有紫外线吸收特性时需做该两项试验）；

（5）致突变试验（至少应包括一项基因突变试验和一项染色体畸变试验）；

（6）亚慢性经口或经皮毒性试验。如果该原料在化妆品中使用，经口摄入可能性大时，应提供亚慢性经口毒性试验。

1.2　符合第 1 条情形，且被国外（地区）权威机构有关化妆品原料目录收载 4 年以上的，未见涉及可能对人体健康产生危害相关文献的，需要有以下毒理学试验结果：

（1）急性经口和急性经皮毒性试验；

（2）皮肤和急性眼刺激性 / 腐蚀性试验；

（3）皮肤变态反应试验；

（4）皮肤光毒性和光敏感试验（原料具有紫外线吸收特性时需做该两项试验）；

（5）致突变试验（至少应包括一项基因突变试验和一项染色体畸变试验）。

1.3　凡有安全食用历史的，如国内外政府官方机构或权威机构发布的或经安全性评估认为安全的食品原料及其提取物、国务院有关行政部门公布的既是食品又是药品的物品等，需要有以下毒理学试验结果：

（1）皮肤和急性眼刺激性 / 腐蚀性试验；

（2）皮肤变态反应试验；

（3）皮肤光毒性和光敏感试验（原料具有紫外线吸收特性时需做该项试验）。

1.4　由一种或一种以上结构单元通过共价键连接，相对平均分子质量 >1000D 的聚合物作为化妆品新原料，需要有以下毒理学试验结果：

（1）皮肤和急性眼刺激性 / 腐蚀性试验；

（2）皮肤光毒性试验（原料具有紫外线吸收特性时需做该项试验）。

1.5　凡已有国外（地区）权威机构评价结论认为在化妆品中使用是安全的新原料，不需提供毒理学试验资料，但应提交国外（地区）评估的结论、评价报告及相关资料。国外（地区）批准的化妆品新原料，还应提交批准证明。

2　化妆品产品

在中国，化妆品分为特殊用途化妆品和非特殊用途化妆品，毒理学检测项目的选择主要依据为产品所属类别、使用部位和使用方式。2010 年 2 月 11 日，原国家食品药品监督管理局印发了《关于印发化妆品行政许可检验管理办法的通知》（国食药监许〔2010〕82 号），其中规定了化妆品许可检验的毒理学检验要求。

2.1　非特殊用途化妆品的毒理学试验项目

（1）多色号系列非特殊用途化妆品是指产品配方除着色剂（色调调整部分）种类或含量不同外，基础配方成分含量（配合色调调整部分除外）、种类相同，且其系列名称相同的非特殊用途化妆品。此类产品毒理学试验可以采取抽样检验方式进行。抽检比例为30%，总数不足10个以10个计。抽检时应当首选含有机着色剂总量最高的产品进行检验；有机着色剂总量相同时，应当选有机着色剂种类最多的产品进行检验；有机着色剂总量和种类均相同时，应当选总着色剂含量最高的产品进行检验；总着色剂含量相同时，应当选总着色剂种类最多的产品进行检验。

（2）根据产品的非特殊用途化妆品毒理学检测项目见表1。对于表1中未涉及的产品，在选择试验项目时应根据实际情况确定，可按具体产品用途和类别增加或减少检验项目。

表1　非特殊用途化妆品毒理学试验项目

试验项目	发用类	护肤类		彩妆类			指（趾）甲类	芳香类
	易触及眼睛的发用产品	一般护肤产品	易触及眼睛的护肤产品	一般彩妆品	眼部彩妆品	护唇及唇部彩妆品		
急性皮肤刺激性试验	○						○	○
急性眼刺激性试验	○		○		○			
多次皮肤刺激性试验		○	○	○	○	○		

（3）修护类指（趾）甲产品和涂彩类指（趾）甲产品不需要进行毒理学试验。

（4）对于防晒剂（二氧化钛和氧化锌除外）含量≥0.5%（*W/W*）的产品，除表1中所列的项目外，还应进行皮肤光毒性试验和皮肤变态反应试验。

（5）沐浴类、面膜（驻留类面膜除外）类和洗面类护肤产品只需要进行急性皮肤刺激性试验，不需要进行多次皮肤刺激性试验。

（6）免洗护发类产品和描眉类眼部彩妆品不需要进行急性眼刺激性试验。

（7）沐浴类产品应进行急性眼刺激性试验。

（8）一个样品包装内有两个以上独立小包装或分隔（如粉饼、眼影、腮红等），且只有一个产品名称，原料成分不同的样品，应分别检验相应项目；非独立小包装或无分隔部分，且各部分除着色剂以外的其他原料成分相同的样品，应按说明书使用方法确定是否分别进行检验。

2.2　特殊用途化妆品的毒理学试验项目

（1）特殊用途化妆品毒理学试验项目见表2，对于表2中未涉及的产品，在选择试验项目时应根据实际情况确定，可按具体产品用途和类别增加或减少检验项目。

（2）除育发类、防晒类和祛斑类产品外，防晒剂（二氧化钛和氧化锌除外）含量≥0.5%（*W/W*）的产品还应进行皮肤光毒性试验。

表 2　特殊用途化妆品毒理学试验项目

试验项目	育发类	染发类	烫发类	脱毛类	美乳类	健美类	除臭类	祛斑类	防晒类
急性眼刺激性试验	○	○	○						
急性皮肤刺激性试验			○						
多次皮肤刺激性试验	○				○	○	○	○	○
皮肤变态反应试验	○	○	○	○	○	○	○	○	○
皮肤光毒性试验	○							○	○
鼠伤寒沙门菌 / 回复突变试验	○	○			○	○			
体外哺乳动物细胞染色体畸变试验	○	○			○	○			

（3）即洗类产品不需要进行多次皮肤刺激性试验，只进行急性皮肤刺激性试验。

（4）进行鼠伤寒沙门菌 / 回复突变试验的产品，可选用体外哺乳动物细胞基因突变试验替代。

（5）涂染型暂时性染发产品不进行鼠伤寒沙门菌 / 回复突变试验和体外哺乳动物细胞染色体畸变试验。

（6）染发类产品为两剂或两剂以上配合使用的产品，应按说明书中使用方法进行试验。

（7）一个样品包装内有两个以上独立小包装或分隔（如粉饼、眼影、腮红等），且只有一个产品名称，原料成分不同的样品，应分别检验相应项目；非独立小包装或无分隔部分，且各部分除着色剂以外的其他原料成分相同的样品，应按说明书使用方法确定是否分别进行检验。

进行人体安全性检验之前，应当先完成必要的毒理学试验并出具书面证明，毒理学试验不合格的样品不得进行人体安全性检验。

3　研究进展

化妆品的安全性评价是保障化妆品质量安全的重要环节。我国现行的安全评价体系包括动物实验、体外试验和人体试验，其中以动物实验为主。动物实验不仅需要大量的动物、耗时长和成本高，而且存在敏感性不够、种属差异等缺点，动物实验不能完全反映人体结果。

贯彻动物实验替代的 3R 原则（替代、减少和优化），特别是开展替代试验方法在化妆品中的研究和推广是国际上备受关注的问题。欧盟规定，自 2009 年 3 月 11 日起禁止使用动物进行化妆品急性毒性、眼刺激和过敏试验，自 2013 年 3 月 11 日起全面禁止在动物身上进行化妆品和原料的安全性测试，不允许成员国从外国进口和销售违反上述禁令的化妆品，并列入 WTO 双边协议。已出台法规或正在讨论禁止化妆品动物实验的国家和地区还有美国、印度、以色列、越南、挪威和新西兰等。很多国家和地区建立了替代试验方法

验证中心，发布实施了大量的替代试验方法。经过验证的评价局部毒性的替代方法较多，包括皮肤刺激（腐蚀）性、眼刺激（腐蚀）性、皮肤光毒性、皮肤致敏性等，可以实现通过单一方法或几种替代方法的组合策略评价化妆品产品或原料的安全性，在评价过程中完全不使用整体动物实验。但是在重复染毒毒性试验方面，依然依赖整体动物实验来提供可靠的数据。根据替代方法的研究和使用经验，科学界逐步形成了根据特定的毒理学终点，"自上而下"或"自下而上"地有序选择一系列试验形成"组合策略"，达到有效筛选毒性目的的观点，也可以弥补单一试验的局限性问题。

目前，美国和欧盟等发达国家和地区已经广泛运用风险评估手段进行化妆品安全性评价。化妆品安全风险评估是指利用现有的科学资料对化妆品中危害人体健康的已知或潜在的不良影响进行科学评价。化妆品安全风险评估能有效地反映出化妆品的潜在风险，一定程度上可以替代终产品毒理学试验。

为建立与国际接轨的化妆品安全评价体系，我国在持续有序地推进化妆品的风险评估和替代试验研究工作，包括政策调整。我国发布了《化妆品安全风险评估指南》（征求意见稿）指导开展化妆品风险评估工作，国产非特殊用途化妆品的风险评估结果能够充分确认产品安全性的，可免予产品的相关动物毒理学试验，启动了系列与化妆品体外替代试验研究相关的工作，积极推进开展国际交流与合作，经过验证或转移的替代试验方法纳入现行的化妆品安全技术规范中。

无论从检测的科学角度，还是贸易需求的方面，我国应尽快建立与国际接轨的化妆品安全评价体系，通过开展与国外相关机构的合作研究，借鉴国际先进的科技经验，培养从事替代方法研究和风险评估工作的人才队伍，建立专业实验室和技术体系，研发风险评估新技术和评估模型，推进替代方法和风险评估在化妆品安全评价体系的应用。积极参加替代试验和风险评估方面的学术活动，组织开展国际合作和技术交流，以期推动我国替代方法和风险评估科技水平的提升。

参考文献

[1] 卫生部. 化妆品卫生监督条例，卫生部令第3号（1989年9月26日国务院批准1989年11月13日卫生部令第3号发布）.

[2] 国家食品药品监督管理局. 化妆品新原料申报与审评指南，国食药监许〔2011〕207号.

[3] 国家食品药品监督管理局. 关于印发化妆品行政许可检验管理办法的通知，国食药监许〔2010〕82号.

[4] 国家食品药品监督管理总局. 关于调整化妆品注册备案管理有关事宜的通告，2013年第10号.

[5] 国家食品药品监督管理总局. 食品药品监管总局药化注册司公开征求《化妆品安全风险评估指南》意见，2015.

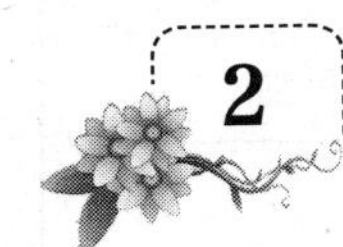

2 急性经口毒性试验

Acute oral toxicity test

急性经口毒性试验结果可作为化妆品原料毒性分级、标签标识以及确定亚慢性毒性试验和其他毒理学试验剂量的依据，主要应用于化妆品原料的毒性测定。

1 方法简述

急性经口毒性是指一次或在 24 小时内多次经口给予实验动物受试物后，动物在短期内出现的健康损害效应。

2 方法注释

2.1 受试物

受试物应溶解或悬浮于适宜的介质中。应根据受试物的理化性质选择合适的介质，介质与受试物成分之间应不发生化学反应，且保持其稳定性，无特殊的刺激性或气味。不能采取有明显毒性的有机溶剂，若需选用应单设溶剂对照组观察。介质首选水，也可选用植物油、羧甲基纤维素（羧甲基纤维素的浓度一般选 0.5%，或根据受试物的比重调整介质浓度，建议配制后高压灭菌使用）、明胶、淀粉等。每次经口染毒的最大容量，大鼠一般为 10mL/kg BW，小鼠为 20mL/kg BW。

2.2 实验动物

选用实验动物时，大鼠的初始体重为 180~220g，小鼠为 18~22g。根据动物的代谢情况确定禁食时间，大、小鼠一般需禁食过夜。

2.3 剂量设置

组距可按等比或等差级设置剂量，以使各剂量组实验动物产生的毒性反应和死亡率呈现剂量 - 反应关系。可根据受试物的性质和已知资料，例如选用下述方法：采用 10、100 和 1000mg/kg BW 的剂量，各以 2~3 只动物预试，根据 24 小时内的死亡情况，估计 LD_{50} 的可能范围，确定正式试验的剂量组。也可简单地直接采用 1 个剂量，如 215mg/kg BW，用 5 只动物预试，观察 2 小时内动物的中毒表现。如中毒体征严重，估计多数动物可能死亡，即可采用低于 215mg/kg BW 的剂量系列进入正式试验；反之中毒体征较轻，则可采用高于此剂量的剂量系列。如有相应的文献资料时可不进行预试。

2.4 动物观察

应全面观察动物的健康损害效应，啮齿类动物中毒表现可参照食品安全国家标准 GB 15193.3—2014 急性经口毒性试验，见表 1。

2.5 测定方法

根据给予受试物后动物的死亡情况，可采用多种方法测定 LD_{50}，主要有霍恩（Horn）法、上 - 下法（up–down procedure）、概率单位 - 对数图解法、寇氏（Korbor）法等，这 4 种方法简要介绍如下。

表 1　啮齿类动物中毒表现观察项目表

器官系统	观察及检查项目	中毒后的一般表现
中枢神经系统及躯体运动	行为	体外异常，叫声异常，不安或呆滞
	动作	痉挛，麻痹，震颤，运动失调
	各种刺激的反应	易兴奋，知觉过敏或缺乏知觉
	大脑及脊髓反射	减弱或消失
	肌肉张力	强直，弛缓
自主神经系统	瞳孔大小	扩大或缩小
	分泌	流涎，流泪
呼吸系统	鼻孔	流液，鼻翼翕动
	呼吸性质和速率	深缓，过速
心血管系统	心区触诊	心动过缓，心律不齐，心跳过强或过弱
胃肠系统	腹形	气胀或收缩，腹泻或便秘
	粪便硬度和颜色	粪便不成形，黑色或灰色
生殖泌尿系统	阴户，乳腺	膨胀
	阴茎	脱垂
	会阴部	污秽，有分泌物
皮肤和毛	颜色，张力	发红，皱褶，松弛，皮疹血
	完整性	竖毛
黏膜	黏膜	流黏液，充血，出血性发绀，苍白
	口腔	溃疡
眼	眼睑	上睑下垂
	眼球	眼球突出或震颤，结膜充血
	透明度	混浊
其他	直肠或皮肤温度	降低或升高
	一般情况	消瘦

（1）霍恩（Horn）法：试验一般每组 10 只动物，雌雄各半。给予受试物后一般观察 14 天，必要时延长到 28 天。记录动物死亡数、死亡时间及中毒表现等，根据每组死亡动物数和所采用的剂量系列，查表求得 LD_{50}（参照 GB 15193.3—2014 食品安全国家标准急性经口毒性试验附录 A）。

常用剂量系列

$$\left.\begin{matrix}1.00\\2.15\\4.64\end{matrix}\right\}\times 10^{t}\quad t=0,\ \pm 1,\ \pm 2,\ \pm 3$$

因为剂量间距较 $\left.\begin{matrix}1.00\\3.16\end{matrix}\right\}\times 10^{t}\quad t=0,\ \pm 1,\ \pm 2,\ \pm 3$ 为小，所以结果较为精确。一般试验时，可根据上述剂量系列设计5个组，即较原来的方法在最低剂量组以下或最高剂量组以上各增设1组，这样在查表时容易得出结果。

（2）上－下法（up-down procedure）：该方法主要适用于纯度较高、毒性较大、摄入量小且在动物给予受试物后1~2天内死亡的受试物，对预期给予受试物后死亡延迟至5天及5天以上的受试物不适用。可按照试验者选择的剂量序列或在美国EPA公布的软件包（AOT425 StatPgm）指导下选择试验，并对试验结果进行统计。

以2000mg/kg BW的剂量先给1只动物受试物，如果动物在48小时内死亡，应进行正式试验。如果动物在48小时内存活，另取4只动物以相同的剂量给予受试物，如5只动物中有3只死亡，应进行正式试验；如3只及3只以上的动物存活，结束试验，则该受试物的 LD_{50}>2000mg/kg BW。

如需要采用5000mg/kg BW的剂量时，给1只动物受试物，如动物在48小时内死亡，应进行正式试验。如在48小时内动物存活，另取2只动物，仍以相同剂量给予受试物，如在14天的观察期内动物全部存活，结束试验，则该受试物的 LD_{50}>5000mg/kg BW；如果14天的观察期内后2只动物中有1或2只死亡，再追加2只动物，给予受试物后在14天的观察期内5只动物中≥3只或3只以上的动物存活，结束试验，该受试物的 LD_{50}>5000mg/kg；如5只动物中3只或3只以上的动物分别在14天的观察期内死亡，应进行正式试验。

正式试验选用单一性别的实验动物，一般为6~9只。

选择起始剂量和剂量梯度系数时，如果没有受试物 LD_{50} 的估计值资料，默认的起始剂量为175mg/kg BW；如果没有受试物的剂量－反应曲线斜率的资料，默认的剂量梯度系数为3.2（是斜率为2时的梯度系数），所设定的剂量系列为1.75mg/kg、5.5mg/kg、17.5mg/kg、55mg/kg、175mg/kg、555mg/kg和2000mg/kg BW或1.75mg/kg、5.5mg/kg、17.5mg/kg、55mg/kg、75mg/kg、555mg/kg、1750mg/kg和5000mg/kg BW。对于剂量－反应曲线斜率比较平缓或较陡的受试物，剂量梯度系数可加大或缩小，起始剂量可进行适当调整（斜率为1~8的剂量梯度参照食品安全国家标准GB 15193.3—2014急性经口毒性试验附录B）。

根据禁食后动物体重，计算灌胃体积。经口灌胃，一次1只动物，每只动物的灌胃间隔时间为48小时。第二只动物的剂量取决于第一只动物的毒性结果，如动物呈濒死状态或死亡，剂量就下调一级；如动物存活，剂量就上调一级。

是否继续给予受试物取决于固定的时间间隔期内所有动物的生存状态，首次达到以下任何一种情况时，即可终止试验：在较高剂量给予受试物中连续有3只动物存活；连续6只动物给予受试物后出现5个相反结果；在第一次出现相反结果后，继续给予受试物至少4只动物，并且从第一次出现相反结果后计算每一个剂量的似然值，其给定的似然比超过临界值。

参照食品安全国家标准 GB 15193.3—2014 急性经口毒性试验，应用附录 C 所描述的方法，符合上述任何一项即可结束试验。依照试验结束时的动物生存状态即可计算受试物的 LD_{50}。附录 D 描述了正式试验 LD_{50} 估计值和可信限的计算方法及特殊情况的处理方法。

如果给予受试物后动物在试验的后期才死亡，而较该剂量高的试验组动物仍处于存活状态，应当暂时停止继续给予受试物，观察其他动物是否也出现延迟死亡。当所有已经给予受试物的动物其结局明确后再继续染毒。如果后面的动物也出现延迟死亡，表示所有染毒的剂量水平都超过了 LD_{50}，应当选择更适当的、低于已经死亡的最低剂量的两个剂量级重新开始试验，并要延长观察期限。统计时延迟死亡的动物按死亡来计算。

（3）概率单位 - 对数图解法：以每组 2~3 只动物进行预试验，找出全部死亡和未出现死亡的剂量。正式试验一般每组每种性别不少于 10 只，各组动物数不一定要求相等。

一般在预试验得到的 2 个剂量组之间拟出等比的 6 个剂量组或更多剂量组。此法不要求剂量组间呈等比关系，但等比可使各点距离相等，有利于作图。

给予受试物后一般观察 14 天，必要时延长到 28 天。记录动物死亡数、死亡时间及中毒表现等。

将各组按剂量及死亡百分率，在对数概率纸上作图。除死亡百分率为 0% 及 100% 外，也可将剂量化成对数，并将百分率查概率单位表（见食品安全国家标准 GB 15193.3—2014 急性经口毒性试验附录 E）得其相应的概率单位作点于普通算术格纸上，0% 及 100% 死亡率在理论上不存在，为计算需要。

$$0\%=\frac{0.25}{N}\times 100\% \quad \text{公式 6-1}$$

$$100\%=\frac{N-0.25}{N}\times 100\% \quad \text{公式 6-2}$$

式中，N 为该组动物数，相当于 0% 及 100% 的作图用概率单位（见食品安全国家标准 GB 15193.3—2014 急性经口毒性试验附录 E）。

画出直线，以透明尺目测，并照顾概率。

计算标准误：

$$SE=\frac{2S}{\sqrt{2N'}} \quad \text{公式 6-3}$$

式中，N' 为概率单位是 3.5~6.5（反应百分率为 6.7%~93.7%）的各组动物数之和；SE 为标准误；$2S$ 为 LD_{84} 与 LD_{16} 之差，即 $2S=LD_{84}-LD_{16}$（或 $ED_{84}-ED_{16}$）。

相当于 LD_{84} 及 LD_{16} 的剂量均可从所作的直线上找到。也可用普通方格纸作图，查表将剂量换算成对数值，将死亡率换算成概率单位，方格纸横坐标为剂量对数，纵坐标为概率单位，根据剂量对数及概率单位作点连成线，由概率单位 5 处作一水平线与直线相交，由相交点向横坐标作一垂直线，在横坐标上的相交点即为剂量对数值，求反对数 LD_{50} 值。

（4）寇氏（Korbor）法：此法易于了解，计算简便，可信限不大，结果可靠，特别是在试验前对受试物的急性毒性程度了解不多时，尤为适用。

除另有要求外，一般应在预试验中求得动物全死亡或 90%以上死亡的剂量和动物不死亡或 10%以下死亡的剂量，分别作为正式试验的最高与最低剂量。

正式试验一般设 5~10 个剂量组，每组每种性别以 6~10 只动物为宜。

将由预试验得出的最高、最低剂量换算为常用对数，然后将最高、最低剂量的对数差，按所需要的组数，分为几个对数等距（或不等距）的剂量组。

给予受试物后一般观察 14 天，必要时延长到 28 天。记录动物死亡数、死亡时间及中毒表现等。

试验结果的计算与统计：

①列出试验数据及其计算表：包括各组剂量（mg/kg BW、g/kg BW）、剂量对数（X）、动物数（n）、动物死亡数（r）、动物死亡百分比（P，以小数表示），以及统计公式中要求的其他计算数据项目。

② LD_{50} 的计算公式：根据试验条件及试验结果，可分别选用下列 3 个公式中的 1 个求出 $\log LD_{50}$，再查其自然数，即为 LD_{50}（mg/kg BW、g/kg BW）。

按本试验设计得出的任何结果，均可用公式 6-4：

$$\log LD_{50}=\sum\frac{1}{2}(X_i+X_{i+1})(P_{i+1}-P_i) \qquad \text{公式 6-4}$$

式中，X_i 与 X_{i+1}、P_{i+1} 与 P_i 分别为相邻两组的剂量对数以及动物死亡百分比。

按本试验设计且各组间剂量对数等距时，可用公式 6-5：

$$\log LD_{50}=XK-\frac{d}{2}(P_i+P_{i+1}) \qquad \text{公式 6-5}$$

式中，XK 为最高剂量对数；其他同公式 6-4。

按本试验设计且各组间剂量对数等距且最高、最低剂量组动物死亡百分比分别为 100（全部死亡）和 0（未出现死亡），则可用便于计算的公式 6-6：

$$\log LD_{50}=XK-d(\sum P-0.5) \qquad \text{公式 6-6}$$

式中，$\sum P$ 为各组动物死亡百分比之和；其他同公式 6-4。

③标准误与 95%可信限：$\log LD_{50}$ 的标准误（S）：

$$S_{\log LD_{50}}=\alpha\sqrt{\frac{\sum P_i(1-P_i)}{n}} \qquad \text{公式 6-7}$$

95%可信限（X）：

$$X=\log^{-1}(\log LD_{50}\pm 1.96\cdot S_{\log LD_{50}}) \qquad \text{公式 6-8}$$

根据急性经口毒性试验结果对受试物进行毒性分级，见表 2。

表 2 经口毒性分级

LD_{50}（mg/kg）	毒性分级
≤ 50	高毒
51~500	中等毒
501~5000	低毒
>5000	实际无毒

3 方法研究现状

传统的急性毒性试验方法可以获得比较精确的 LD_{50} 值，但需要使用大量动物，OECD《化学品测试方法》于 2002 年 12 月 20 日删除了传统的 LD_{50} 方法（test guidelines 401）。OECD 认可的方法有固定剂量程序法（FDP）、上 – 下程序法（UDP）、急性毒性分类法（ATC）以及 BALb/c 3T3 细胞法和 NHK 细胞法。USFDA《红皮书 2000- 食物成分安全性毒性评价原则》提供了 4 种急性毒性试验方法：限量试验（limit test）、剂量探针试验（dose–Probing Test）、上 – 下法（up–and–down procedure）和金字塔试验（pyramiding tests）。USEPA《健康效应测试指南》推荐使用的方法包括：上述 OECD 的 3 种替代方法；限量试验（limit tests）；传统的急性毒性试验。

参考文献

[1] OECD Guideline for the Testing of Chemicals. Acute Oral Toxicity–Fixed Dose Procedure. (No. 420, 08 February 2002).

[2] OECD Guideline for the Testing of Chemicals. Acute Oral Toxicity–Acute Toxic Class Method. (No. 423, 17 December 2001).

[3] OECD Guideline for the Testing of Chemicals. Acute Oral Toxicity–Up–and–Down Procedure. (No. 425, 16 October 2008).

[4] EPA Health Effects Test Guidelines. OPPTS 870 1100–Acute Dermal Toxicity (2002).

[5] 中华人民共和国国家卫生和计划生育委员会. 食品安全国家标准急性经口毒性试验 GB 15193.3—2014.

3 急性经皮毒性试验

Acute dermal toxicity test

急性经皮毒性试验可确定受试物是否经皮肤吸收和短期作用所产生的毒性反应，可为化妆品原料毒性分级和标签标识以及确定亚慢性毒性试验和其他毒理学试验剂量提供依据，主要应用于化妆品原料的毒性测定。

1 方法简述

急性经皮毒性是指经皮一次涂敷受试物后，动物在短期内出现的健康损害效应。

2 方法注释

2.1 受试物

不溶性或难溶的固体或颗粒状受试物应研磨，过 100 目筛。用适量无毒、无刺激性的赋形剂混匀，以保证受试物与皮肤良好地接触。常用的赋形剂有水、植物油、凡士林、羊毛脂等。

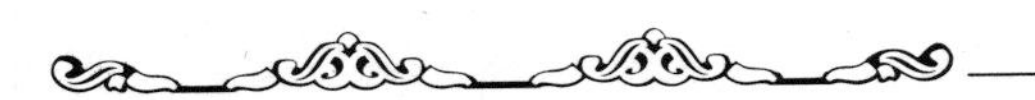

2.2　实验动物

首选大鼠，也可选用家兔或豚鼠。实验动物体重要求范围分别为大鼠200~300g、家兔2000~3000g、豚鼠350~450g。

试验期间，应尽可能采用单笼饲养，试验前24小时，在动物背部正中线两侧去毛，仔细检查皮肤，要求完整无损，以免改变皮肤的通透性。去毛面积不应少于试验动物体表面积的10%。

动物的体表面积按公式6–9进行计算，计算出来的体表面积仍是粗略估计，不一定完全符合实测数据。

$$A=kW^{2/3}/10\,000 \qquad \text{公式 6–9}$$

式中，A为体表面积，单位为平方米（m^2）；K为常数，随动物种类而不同，小鼠和大鼠9.1，豚鼠9.8，兔10.1，猫9.9，狗11.2，猴11.8，人10.6；W为动物体重，单位为克（g）。

2.3　剂量和分组

实验动物随机分为4~6个剂量组，若使用水、植物油、凡士林、羊毛脂以外的赋形剂和溶剂，则需要设赋形剂对照组。豚鼠或大鼠每一剂量组（单性别）不少于5只；家兔每一剂量组（单性别）最好为5只。各剂量组间要有适当的组距，可按等比或等差级设置剂量，以使各剂量组实验动物产生的毒性反应和死亡率呈现剂量–反应关系。可根据受试物的性质和已知资料设置，例如选用下述方法：采用22、218和2180mg/kg BW的剂量，各以2~3只动物预试，根据24小时内的死亡情况，估计LD_{50}的可能范围，确定正式试验的剂量组。也可简单地直接采用1个剂量，如215mg/kg BW，用5只动物预试，观察2小时内动物的中毒表现。如中毒体征严重，估计多数动物可能死亡，即可采用低于215mg/kg BW的剂量系列进入正式试验；反之中毒体征较轻，则可采用高于此剂量的剂量系列。如有相应的文献资料时可不进行预试。一般情况下，如果剂量达到2000mg/kg仍不出现试验动物死亡时，则不需要再进行进一步试验。

2.4　试验步骤

固定实验动物，将受试物均匀涂抹于实验动物的去毛区，并用塑料薄膜或玻璃纸和两层纱布覆盖，再用无刺激性胶布或绷带加以固定，以保证受试物和皮肤的密切接触，防止脱落和动物舔食受试物。24小时后取下固定物和覆盖物，用温水或适当的溶剂洗去残留的受试物。清洗残留的受试物时，使用的水或其他溶液的温度要适宜，一般以35~40℃为佳。

观察并记录染毒过程及观察期内的动物中毒和死亡情况。观察期限一般为14天，全面观察中毒的发生、发展过程和规律以及中毒特点和毒性作用的靶器官，观察指标可参照GB/T 21606—2008化学品急性经皮毒性试验方法，具体参考急性经口毒性试验。对死亡动物进行尸检。观察期结束后，处死存活动物并进行大体解剖，必要时，进行病理组织学检查。

2.5　结果评价

参考急性经口毒性试验测定方法计算LD_{50}。根据急性经皮毒性试验结果对受试物进行毒性分级，见表1。

表 1　皮肤毒性分级

LD_{50}（mg/kg）	毒性分级
<5	剧毒
5~43	高毒
44~349	中等毒
350~2179	低毒
≥ 2180	微毒

联合国 GHS、OECD 对化学品的急性经皮毒性的分级见表 2。

表 2　急性经皮毒性危险类别 LD_{50} 值

类别	经皮 LD_{50}（mg/kg BW）
类别 1	≤ 50
类别 2	≤ 200
类别 3	≤ 1000
类别 4	≤ 2000
类别 5	≤ 5000

注：引用联合国 GHS《化学品分类及标记全球协调系统》2003 年；OECD《分类和标签协调任务 – 急性毒性—3.1 章节修改建议》2004 年 7 月。

类别 5 的标准是能识别急性毒性危害相对较低，但在某些情况下对易感人群可能有一定危害的物质。该类物质估计经皮 LD_{50} 的范围为 2000~5000mg/kg。

类别 5 的特定标准为：①如果有可靠的证据表明 LD_{50} 是在类别 5 规定的范围内，或其他动物实验，或人类的毒性作用显示对人类健康的急性毒性应关注的；②通过数据的外推、评估或测定，该物质划分到类别 5。

虽然归到更高一级毒性类别缺乏依据，但有如下情况时，则不能划分到类别 5：有可靠资料表明对人类有明显的毒性作用；按类别 4、3、2、1 进行经口、吸入或经皮试验时，观察到任何的死亡；按类别 4、3、2、1 进行试验时，有除了腹泻、毛蓬松、污秽外观之外的明显的临床毒性表现；有可靠的资料显示其他动物实验研究时动物出现潜在的明显的急性毒性。

3　方法研究现状

急性毒性试验的体外替代试验主要为细胞毒性试验，主要有中性红摄取（neutral red uptake，NRU）试验、台盼蓝拒染（trypan blue exclusion）试验、乳酸脱氢酶（lactic dehydrogenase，LDH）释放试验、噻唑蓝（MTT）试验、Alamar blue 还原试验、脱氧胸苷嘧啶（^{3}H–TdR）掺入法、集落形成（colony formation）试验等几种方法。

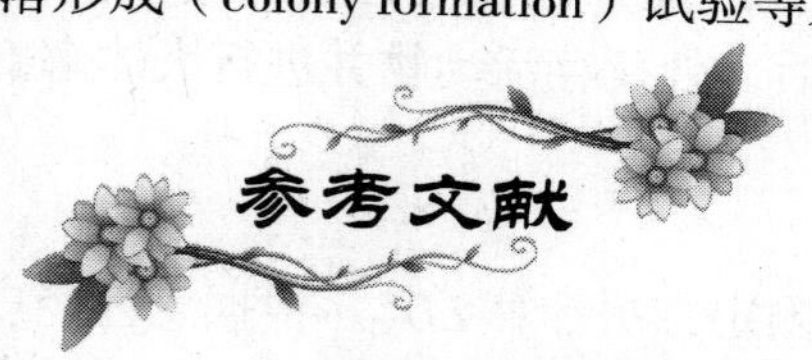

［1］ 中华人民共和国国家卫生和计划生育委员会. 食品安全国家标准急性经口毒性试验 GB 15193.3—2014.

［2］ 中华人民共和国国家质量监督检验检疫总局，中国国家标准化管理委员会. 化学品急性经口毒性试

验急性毒性分类法 GB/T 21757—2008.

[3] 中华人民共和国国家质量监督检验检疫总局，中国国家标准化管理委员会. 化学品急性经皮毒性试验方法 GB/T 21606—2008.

[4] OECD Guideline for the Testing of Chemicals. Acute Dermal Toxicity (No. 402, 24 Feb 1987).

[5] EPA Health Effects Test Guidelines. OPPTS 870 1200–Acute Dermal Toxicity (August 1998).

4　皮肤刺激性/腐蚀性试验

Dermal irritation/corrosion test

皮肤刺激性（dermal irritation）是指皮肤涂敷受试物后局部产生的可逆性炎性变化。皮肤腐蚀性（dermal corrosion）是指皮肤涂敷受试物后局部引起的不可逆性组织损伤。新开发的化妆品原料及新研发的化妆品产品在投入使用前或投放市场前，需进行皮肤刺激性 / 腐蚀性试验。一般每天使用的化妆品需进行多次皮肤刺激性 / 腐蚀性试验，通常包括非特殊用途化妆品中的护肤类（即洗型除外）、彩妆类和特殊用途化妆品中的育发类、美乳类、健美类、除臭类、祛斑类、防晒类。间隔使用或用后冲洗化妆品需进行急性皮肤刺激性 / 腐蚀性试验，通常包括非特殊用途化妆品中的即洗型护肤类、发用类、指（趾）甲类（修护和涂彩型除外）、芳香类和特殊用途化妆品中的烫发类。进行多次皮肤刺激性试验的，不再进行急性皮肤刺激性试验。

该方法参考了 GB 7919—87 化妆品安全性评价程序和方法及 OECD Guidelines for Testing of Chemicals Test No.404。

1　方法简述

急性皮肤刺激性 / 腐蚀性试验是将受试物 0.5mL（g）单次涂抹于皮肤上，封闭贴敷 4 小时（用后不冲洗化妆品）或 2 小时（用后冲洗化妆品），清除残留受试物后 1、24、48 和 72 小时观察涂抹部位的皮肤反应并评分，如出现刺激性反应，在 72 小时未恢复，应继续观察到刺激反应完全恢复，但一般不超过 14 天。根据 24、48 和 72 小时各观察时点的最高积分均值判定皮肤刺激强度。

多次皮肤刺激性 / 腐蚀性试验是将受试物 0.5mL（g）涂抹于皮肤上，每天 1 次，连续 14 天，从第 2 天开始，剪毛并清除残留受试物 1 小时后，观察涂抹部位的皮肤反应并评分。根据 14 天的评分计算每天每只动物的平均积分，判定皮肤刺激强度。

2　方法注释

2.1　受试物

一般使用原液或原膏，如果受试物为固体，选择水或其他无刺激性的溶剂湿润后使用，应在报告中注明受试物用量、使用溶剂及受试物配制后浓度等。

2.2　实验动物

应选用成年、健康、皮肤光滑细腻且无损伤的动物，首选白色家兔，记录试验时家兔的性别和体重。在季节性换毛期应留意脱毛后动物的皮肤状态，避免使用皮肤粗糙的动

物。动物背部去毛不能损伤皮肤，推荐使用宠物剃毛器，皮肤损伤的动物不能用于试验。

动物购入时间、饲养条件（温湿度、单笼饲养等）、检疫情况（检疫3天及3天以上）、动物质量合格证、饲料来源均要有原始记录，实验动物生产许可证和使用许可证要在有效期内。

2.3 试验操作

在进行急性皮肤刺激性/腐蚀性试验时，对用后冲洗化妆品产品如沐浴类、洗发类、洁面类等产品，仅进行2小时封闭试验；用后不冲洗产品如免洗护发素，进行4小时封闭试验；试验结束后用温水或无刺激性的溶剂（如植物油等）清除残留受试物，对照皮肤应相同处理。

2.4 结果评价

急性皮肤刺激性/腐蚀性试验根据24小时、48小时和72小时各观察时点的最高积分均值判定皮肤刺激强度，1小时评分不用于积分均值计算。当出现较严重的刺激性反应，恢复时间超过14天时，在14天即可结束试验，不必延长观察时间至刺激反应完全恢复。

多次皮肤刺激性/腐蚀性试验根据14天内每天每只动物的平均积分判定皮肤刺激强度。第0天仅涂抹受试物，在第1天去毛和清除受试物后1小时进行评分，评分后再次涂抹受试物，以此类推，在第14天去毛和清除受试物后进行评分，不再涂抹受试物，试验结束。

3 方法研究现状

目前，OECD认可的皮肤刺激（腐蚀）性的替代试验有3类：大鼠经皮电阻试验（TER）、体外皮肤刺激性/腐蚀性的重组人表皮模型试验（RHE）和体外皮肤腐蚀性膜屏障试验。其中，大鼠经皮电阻试验方法（TER）可以满足评价皮肤腐蚀性的需要，但因为其试验材料是实验大鼠的背部皮肤，因此该方法只能算对传统动物实验的优化，不能满足化妆品动物实验禁令的法规要求。人工皮肤模型材料为体外培养的人永生化细胞系，模拟表皮和真皮的生理结构进行培养，试验结果与人体结果的相关度较高。OECD标准中认可的皮肤模型有4种（EpiSkin、EpiDerm、SkinEthic和epiCS）。体外皮肤腐蚀性膜屏障试验主要用于评价可透皮吸收的化妆品原料的腐蚀性。

参考文献

[1] 中华人民共和国卫生部. 化妆品安全性评价程序和方法GB 7919—87. 北京：中国标准出版社，1988：195-196.

[2] OECD Guidelines for the Testing of Chemicals Test No. 404: Acute Dermal Irritation/Corrosion. 28 July 2015.

[3] 杨颖，杨杏芬，陈美芬，等. 3T3中性红摄取试验评价皮肤刺激性的初步研究. 中国卫生检验杂志，2011，(12)：2871-2874.

[4] OECD Guidelines for the Testing of Chemicals Test No. 430: In Vitro Skin Corrosion: Transcutaneous Electrical Resistance Test Method (TER). 28 July 2015.

[5] OECD Guidelines for the Testing of Chemicals Test No. 431: In Vitro Skin Corrosion: Reconstructed Human Epidermis (RHE) Test Method. 28 July 2015.
[6] OECD Guidelines for the Testing of Chemicals Test No. 439: In Vitro Skin Irritation: Reconstructed Human Epidermis Test Method. 28 July 2015.

5 急性眼刺激性/腐蚀性试验

Acute eye irritation/corrosion test

眼睛刺激性（eye irritation）是指眼球表面接触受试物后所产生的可逆性炎性变化。眼睛腐蚀性（eye corrosion）是指眼球表面接触受试物后引起的不可逆性组织损伤。新开发的化妆品原料及新研发的化妆品产品在投入使用前或投放市场前，且在实际应用中与眼睛接触的可能性较大，需进行急性眼刺激性/腐蚀性试验。通常包括非特殊用途化妆品中的易触及眼睛的护肤类和发用类（免洗型除外）、眼部彩妆类（描眉除外）和特殊用途化妆品中的育发类、染发类、烫发类。

该方法参考了 GB 7919—87 化妆品安全性评价程序和方法及 OECD Guidelines for Testing of Chemicals Test No.405。

1　方法简述

急性眼刺激性/腐蚀性试验（不冲洗）是将受试物 0.1mL（或 100mg）滴入（或涂入）一侧眼睛结膜囊中，使上、下眼睑被动闭合 1 秒，不冲洗眼睛，另一侧眼睛不处理作自身对照，在滴入受试物后 1 小时、24 小时、48 小时和 72 小时对动物眼睛进行检查并评分，在 24 小时观察后对所有动物眼睛应用荧光素钠进一步检查，如果 72 小时未出现刺激性反应，终止试验；如果出现刺激性反应，则延长观察时间至刺激性反应恢复，一般不超过 21 天，并提供第 4、7、14 和 21 天的观察结果。

急性眼刺激性/腐蚀性试验（冲洗）是在给予受试物后 30 秒或 4 秒，用足量、流速较快但又不会引起动物眼损伤的水流冲洗 30 秒以上，另一侧眼睛以相同方法冲洗作自身对照，其他处理与急性眼刺激性/腐蚀性试验（不冲洗）相同。

2　方法注释

2.1　受试物

一般使用原液或原膏进行试验；如果受试物为固体，要研磨成细粉，一般不需要配制，直接称量粉末 100mg 用于试验，并记录称量信息。

2.2　实验动物

动物购入时间、饲养条件（温湿度、单笼饲养等）、检疫情况（检疫 3 天及 3 天以上）、动物质量合格证、饲料来源均要有原始记录，实验动物生产许可证和使用许可证要在有效期内。

试验前 24 小时内对家兔眼睛进行检查，筛选眼睛无异常的家兔用于试验。荧光素钠检查可以使用临床眼科检查使用的荧光素钠试纸，也可以使用 0.2% 或其他浓度的荧光素

钠溶液（用生理盐水配制）。

2.3 试验操作

滴入受试物后，上、下眼睑要被动闭合1秒，使受试物与眼睛充分接触。

对照侧眼睛不滴入受试物，但试验侧眼睛进行冲洗时，对照侧也应进行相同时间的冲洗，冲洗时间可以用秒表计时。试验操作动作要轻柔，不能造成动物眼睛的人为损伤，眼睛冲洗要完全，可以使用洗瓶或洗眼器，避免残留受试物对眼睛的刺激。

用后冲洗产品（如洗面奶、发用品、育发冲洗类）只做30秒冲洗试验，染发剂类只做4秒冲洗试验，用后不冲洗产品一般做不冲洗试验，但当出现刺激性时，应再做30秒冲洗试验，报告中应注明是哪种试验（不冲洗、30秒冲洗、4秒冲洗）的结果。

出现眼刺激时，在72小时后应继续观察，记录1小时、24小时、48小时、72小时、4天、7天、14天和21天的刺激评分，4天、7天、14天和21天的任一时间刺激反应恢复，即可在该时间停止试验。仅24、48和72小时的评分用于计算积分均值。

2.4 结果评价

化妆品原料和化妆品产品的结果评价积分均值计算如下：原料以积分均值和恢复时间进行评价，产品以最高积分均值和恢复时间进行评价。

3 方法研究现状

眼部毒性的试验方法研究的很多，可用的替代方法也很多。OECD认可的试验主要有5个：牛眼角膜渗透性通透性试验（BCOP）、离体鸡眼试验（ICE）、细胞培养型的荧光素渗漏试验（FL）、体外短时间暴露试验、重组人角膜组织试验，还有1个正在验证中的细胞传感器微生理仪试验（CM）。除OECD和美国已经验证的方法外，欧盟ECVAM验证过的方法还有鸡胚尿囊膜－绒毛膜试验（HET-CAM）、红细胞溶血法（RBC）、中性红释放法和离体兔眼法。目前，国际上最常用的方法是BCOP。

眼刺激（腐蚀）性试验中，单一的替代方法是无法完全涵盖整体动物实验所适合的所有刺激性等级范围以及所有种类的物质和产品的，也无法覆盖动物实验的损伤及炎症的标准范围。由于每一个替代方法均有其局限性，因此通常采用组合策略来实现完全覆盖动物实验所显示的刺激性范围。

参考文献

[1] 中华人民共和国卫生部. 化妆品安全性评价程序和方法GB 7919—87. 北京：中国标准出版社，1988：196-199.

[2] OECD Guidelines for the Testing of Chemicals Test No. 405: Acute Eye Irritation/Corrosion. 02 Oct 2012.

[3] 王红梅，马玲，穆效群. Hela细胞MTT试验作为眼刺激替代试验的研究. 实验动物科学，2007，24（2）：65-68.

[4] 杨颖，杨杏芬，张文改，等. 五项眼刺激体外替代试验对于化学物质的安全性评价研究. 中国环境科学学会学术年会论文集，2014，（3）：1856-1865.

[5] 黄健聪，秦瑶，程树军，等. 牛角膜浑浊渗透试验方法预测眼刺激性的研究. 中国卫生检验杂志，

2014，24（14）：1980–1983.

［6］ OECD Guidelines for the Testing of Chemicals Test No. 437: Bovine Corneal Opacity and Permeability Test Method for Identifying i) Chemicals Inducing Serious Eye Damage and ii) Chemicals Not Requiring Classification for Eye Irritation or Serious Eye Damage. 26 July 2013.

［7］ OECD Guidelines for the Testing of Chemicals Test No. 492: Reconstructed human Cornea-like Epithelium (RhCE) Test Method for Identifying Chemicals Not Requiring Classification and Labelling for Eye Irritation or Serious Eye Damage. 28 July 2015.

6 皮肤变态反应试验

Skin sensitisation test

皮肤变态反应（过敏性接触性皮炎）是皮肤对一种物质产生的免疫源性皮肤反应。皮肤致敏是一种由皮肤接触致敏物导致的超敏反应，超敏反应有 4 个类型，其中和化学物质经皮接触较为相关的是Ⅳ型超敏反应，由于通常在接触后的 24~72 小时出现炎症反应，故又称为迟发型超敏反应。在人类这种反应可能以瘙痒、红斑、丘疹、水疱、融合性水疱为特征；动物的反应不同，可能只见到皮肤红斑和水肿。诱导接触（induction exposure）是指机体通过接触受试物而诱导出过敏状态的试验性暴露。诱导阶段（induction period）指机体通过接触受试物而诱导出过敏状态所需的时间，一般至少 1 周。激发接触（challenge exposure）指机体接受诱导暴露后，再次接触受试物的试验性暴露，以确定皮肤是否会出现过敏反应。

适用于化妆品原料及其产品的安全性毒理学检测，涉及的产品主要为特殊用途化妆品，包括育发类、染发类、烫发类、脱毛类、美乳类、健美类、除臭类、祛斑类、防晒类。

1 方法简述

实验动物通过多次皮肤涂抹（诱导接触）或皮内注射受试物 10~14 天（诱导阶段）后，给予激发剂量的受试物，观察实验动物并与对照动物比较接触受试物后的皮肤反应及强度。常用方法有局部封闭涂皮试验和豚鼠最大值试验。

2 方法注释

2.1 实验动物

实验动物购入时间、饲养环境、动物质量合格证、饲料来源、检疫情况等均要有原始记录，实验动物生产许可证和实验动物使用许可证要在有效期内。同一组别内（同一次试验内）的豚鼠按体重随机分组，使用时体重一般在 300~400g；试验期内不仅观察动物的局部反应，还应注意动物的全身反应，试验开始和结束记录动物的体重并报告。阴性对照组与受试物组应是同一批动物。

2.2 阳性对照物

至少每半年做 1 次阳性物检查，要保证报告完成日期距离上次阳性试验日期在半年以内；阳性物可使用 2，4– 二硝基氯代苯，用丙酮 – 麻油（V/V=1:1）配制成 1%（诱导）或

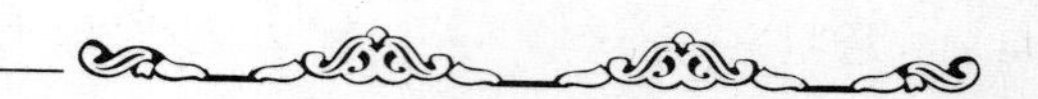

0.5%（激发），阳性对照物的配制方法和浓度可根据实验室试验情况调整。2，4-二硝基氯代苯为强刺激性化学物质，试验中应加强人员防护，避免实验人员皮肤等接触阳性对照物。

2.3 试验操作

正式试验前，应先进行预试验，通过不同浓度的受试物引起的刺激反应不同，设定受试物诱导和激发浓度；受试物诱导和激发浓度可以不同；如果受试物能达到的最高浓度仍无皮肤刺激性，诱导和激发可使用该最高浓度进行。受试物制备选择合适溶剂，阴性对照使用溶剂进行诱导，使用受试物进行激发。如果受试物的颜色能够遮盖皮肤，影响观察，需清洗残留的受试物，首选使用温水，也可用无刺激性的溶剂（如橄榄油等），应在观察前 1~2 小时进行。

3 方法研究现状

经典的皮肤变态反应试验采用 Buehler、豚鼠最大化试验等方法，试验周期长，使用动物数多，观察结果为主观判断。2002 年，OECD 将局部淋巴结分析试验（LLNA）列入指导原则 TG 429，成为一种新型的皮肤变态反应检查法。通过连续 3 天对小鼠双侧耳背部涂抹染毒，末次染毒后 72 小时静脉注射 ^{3}H-TDR，注射后 5 小时摘取颌下淋巴结，制备单细胞悬液，液闪仪测定细胞增殖，通过计算刺激指数（SI）判断受试物是否存在致敏性，通过计算 EC3 值评价致敏强度。LLNA 可以降低动物使用量、缩短试验周期、检测结果客观，但也存在使用放射性物质、实验结果准确性和特异性较差等缺点。因此，有许多改良的 LLNA 试验方法得到了研究和验证。

2010 年，OECD 列入了两种改良的 LLNA 试验方法，即 LLNA：DA 法（TG-442A）和 LLNA：BrdU-ELISA 法（TG-442B）。DA 法采用生物荧光法检测细胞中的 ATP 含量，反映活细胞的数量。该方法解决了 LLNA 采用放射性检测的问题，但由于动物死亡后细胞内的 ATP 含量会逐渐降低，该方法要求取材和检测时间在 20 分钟内，并且皮肤刺激会引起假阳性的结果。BrdU-ELISA 法采用末次染毒后 48 小时腹腔注射 BrdU 替代静脉注射 ^{3}H-TDR，24 小时后摘取淋巴结，采用 ELISA 方法检测细胞增殖。该方法避免了使用放射性检测，但存在假阳性等缺陷。

2015 年，OECD 又发布了 TG-442C 和 TG-442D 两种新的皮肤变态反应试验指导原则，分别为化学法皮肤敏感性试验：直接肽反应分析（In Chemico Skin Sensitisation：Direct Peptide Reactivity Assay，DPRA）法；体外皮肤敏感性试验：ARE-Nrf2 荧光素酶法（In Vitro Skin Sensitisation：ARE-Nrf2 Luciferase Test Method）。

DPRA 是利用抗原抗体结合的原理，直接测定致敏物与多肽（模拟体内的半抗原 / 半抗原前体 / 完全抗原）共价结合的情况。该方法假设多肽的损失都是由于与待测物产生共价修饰造成的，将合成的含半胱氨酸或赖氨酸的多肽与过量的待测物共孵育，然后用 HPLC 检测未经共价修饰的多肽的吸收量。

ARE-Nrf2 荧光素酶法采用一株通过转染获得荧光素酶表达的人源角质细胞株，致敏物可以通过促进一种含有 ARE 基序的基因表达，启动子转录调控荧光素酶的表达。受试物如果引起荧光素酶活性增加（如超过 1.5 倍或增加 50%），就可认为该受试物是阳性的。

参考文献

[1] GB 7919—87 化妆品安全性评价程序和方法 .

[2] OECD Guidelines for the Testing of Chemicals Test No. 406. Skin Sensitization. 17 July 1992.

[3] OECD (2010) Guideline for the Testing of Chemicals No. 429. Skin Sensitization: Local Lymph Node Assay. OECD Publishing, Paris.

[4] OECD (2010) Guideline for the Testing of Chemicals No. 442A. Skin Sensitization: Local Lymph Node Assay: DA, OECD Publishing, Paris.

[5] OECD (2010) Guideline for the Testing of Chemicals No. 442B. Skin Sensitization: Local Lymph Node Assay: BrdU-ELISA, OECD Publishing, Paris.

[6] OECD (2015) Guideline for the Testing of Chemicals No. 442C. In Chemico Skin Sensitisation: Direct Peptide Reactivity Assay (DPRA), OECD Publishing, Paris.

[7] OECD (2015) Guideline for the Testing of Chemicals No. 442D. In vitro Skin Sensitisation, OECD Publishing, Paris.

[8] OECD (2015). Test No. 442C: In Chemico Skin Sensitisation: Direct Peptide Reactivity Assay (DPRA), OECD Guidelines for the Testing of Chemicals, Section 4, OECD Publishing, Paris.

7 皮肤光毒性试验

Skin phototoxicity test

皮肤光毒性（phototoxicity）是皮肤一次接触化学物质后，继而暴露于紫外线照射下所引发的一种皮肤毒性反应；或者全身应用化学物质后，暴露于紫外线照射下发生的类似反应。本试验可检测受试物能否引起皮肤光毒性，以评价受试物皮肤光毒性的可能性。

本试验适用于化妆品原料及其产品的安全性毒理学检测。新研发的化妆品原料及育发类、祛斑类、防晒类等特殊用途化妆品产品，其他类别的化妆品中防晒剂（二氧化钛和氧化锌除外）含量≥ 0.5%（*W/W*）的产品，也应进行皮肤光毒性试验。

1 方法简述

本试验的试验原理为在试验动物皮肤一次接触受试物后，继而暴露于紫外线照射下所引发的一种皮肤毒性反应；或者全身应用化学物质后，暴露于紫外线照射下发生的类似反应。光毒效应的机制为具有光毒性的化学物（光毒物质）与机体接触后，在紫外线或可见光的照射下可形成两种电子激活状态：一种是单线态，半衰期较短；另一种是三线态，半衰期较长。三线态的光毒物质诱导两种反应：电子还原或氢离子转移的Ⅰ型反应（光敏－底物型）和自由基转移的Ⅱ型反应（光敏－需氧型）。Ⅰ和Ⅱ型反应的发生主要取决于光毒物质和反应底物的化学特性、试验条件（如溶质、酸碱度、光毒物质的浓度等），有时还取决于光毒物质的吸收光谱。光毒物质在特定波长光线的激发下，形成单线态和三线态

后，可迅速与细胞小分子物质结合形成特异性的光激活物质。这些特异性的光激活物质在体内降解为普通毒物或再次成为光毒物质，对机体造成伤害。光毒反应对机体的危害主要取决于光毒物质与细胞的结合及其光化学特性。影响光毒物质和细胞结合的理化因素很可能是烷 - 水分配系数、溶解度、离子性质和相对分子质量。

试验的基本原则是将一定量的受试物涂抹在动物背部去毛的皮肤上，经一定时间间隔后暴露于 UVA 光线下，观察受试动物的皮肤反应并确定该受试物有否光毒性。

2　方法注释

2.1　受试物

一般使用原霜或原液。若受试物为固体，应将其研磨成细粉状并用水或植物油等充分湿润，在使用溶剂时，应考虑到溶剂对受试动物皮肤刺激性的影响。所用受试物浓度不能引起皮肤刺激反应（可通过预试验确定）。供参考的预试验方法：选取健康成年白化豚鼠 2 只，试验前 24 小时将动物脊柱两侧去毛（2cm × 2cm），备 4 块去毛区；供试液浓度为原乳液、50%、25%（或其他合适的浓度），按左前、右前、左后顺序涂抹浓度从高到低的供试液，涂抹量为 0.2mL，右后不涂抹；作用时间为 30 分钟；观察时间约 24 小时，观察涂抹部位的皮肤反应，确定不引起皮肤刺激反应的浓度。若有其他证据表明受试物无刺激性者可以免预试验。

2.2　阳性对照物

选用 8- 甲氧基补骨脂（8–methoxypsoralen，8–Mop）。常以丙酮为溶剂，配制成适宜的浓度达到良好的阳性效果，各实验室可以根据实际情况调整浓度，应排除浓度过高引起的刺激性。至少每半年用阳性对照物检查 1 次，阳性对照物检查日期和结果需在报告中写明。

2.3　实验动物

使用成年白色家兔或白化豚鼠，优先推荐选用体重 300g 以上的白化豚鼠，成本低，操作方便。豚鼠固定盒大小要配套。豚鼠需注意补充适量维生素 C，可以在饮水中添加维生素 C，每天约 10mg/ 只，也可以每天给予胡萝卜或其他蔬菜约 50g/ 只。

2.4　UV 光源

波长为 320~400nm 的 UVA，如含有 UVB，其剂量不得超过 0.1J/cm^2。光源使用前进行强度测定，用辐射剂量仪在实验动物背部照射区设 6 个点测定光强度（mW/cm^2），以平均值计。照射剂量为 10J/cm^2，照射时间的计算举例如下：

波长	光强度（mW/cm^2）						平均强度（mW/cm^2）
	点位1	点位2	点位3	点位4	点位5	点位6	
UVA 365nm	3.7	3.8	4.0	3.7	3.8	3.6	3.8
UVB 297nm	0.0342	0.0325	0.0370	0.0345	0.0356	0.0341	0.03465
照射时间（s）= $\frac{\text{照射剂量（10 000mJ/cm}^2\text{）}}{\text{光强度（mJ/（cm}^2\cdot\text{s））}}$ =（10 000mJ/cm^2）/［3.8mJ/（cm^2 · s）］=2632s=44min							
UVB 照射剂量：0.03 465mJ/（cm^2 · s）× 2632s=91mJ/cm^2（标准规定 UVB ≤ 100mJ/cm^2）							

注意：辐照剂量仪的探头放置在实验时豚鼠皮肤所处的位置（特别是高度），尽量使检测的光强度和豚鼠所照射的光强度一致。

2.5　试验操作

进行正式光毒性试验前18~24小时给动物去毛，可选用宠物去毛器，需防止损伤皮肤，若有损伤皮肤的动物应该剔除。将动物装入和取出固定盒时要避免刮伤皮肤，避免胶布直接贴皮肤引起刺激性，动物在照射过程中务必固定良好，使动物不能转动身体，以避免照射位置错位。照射完毕可用无刺激性的溶剂去除受试物。

结束后分别于1小时、24小时、48小时和72小时观察皮肤反应，单纯涂受试物而未经照射的区域未出现皮肤反应，而涂受试物后经照射的区域出现皮肤反应分值之和为2或2以上的动物数为1只或1只以上时，判为受试物具有光毒性。当出现皮肤光毒性试验结果阳性时，需要排除受试物自身的皮肤刺激性及试验操作不当产生的红斑。

2.6　试验防护

①8-Mop和丙酮有损人体健康，注意密封储存，配制和试验过程中涂抹时试验人员需做好个人安全防护；②防止紫外线损伤，试验人员需通过仪器观察窗观察动物情况，在紫外线灯开启的情况下不得打开仪器传递窗，以免受到紫外线的直接照射；③试验人员必须经过培训和考核确认后才能使用皮肤光毒性实验仪。

3　方法研究现状

目前国内外用于化学物皮肤光毒性安全性评价的试验主要有人体斑贴试验、动物皮肤光照实验（豚鼠、兔等）和体外试验。人体斑贴试验的结果真实，能较理想地评价化学物质对人体的光毒效应，但样本难得、存在人群依从性和伦理学问题；动物实验具有操作简单、方法成熟的优点，但将动物实验结果外推到人存在种属差异，并且对动物存在一定的伤害，受到了动物保护组织和一些科研工作者的抨击。2004年11月23日OECD Guidelines for Testing of Chemicals Test No.432：In Vitro 3T3 NRU Phototoxicity Test中，采用3T3成纤维细胞中性红摄取光毒性（3T3 NRU PT）试验代替动物实验。有关皮肤光毒性试验的体外替代试验，目前国际上正在进行广泛研究，除3T3 NRU PT试验之外，还有酵母菌试验（yeast assay）、光－红细胞联合试验（combined photo-RBC test）、人三维皮肤模型（human 3-D dermal model）、人体角朊细胞试验（human kerationcytes assay）、肝细胞试验（hepatocytes assay）和组氨酸光氧化试验（histidine photooxidafion test）。有一些实验室还建立了一些其他的细胞试验或模型如人淋巴细胞、Jurkat人淋巴瘤细胞进行光毒性筛选，亚油酸过氧化反应进行光毒机制研究，但它们都尚未有标准的方法和验证，还需进一步研究。

参考文献

[1] OECD Guidelines for Testing of Chemicals Test No. 432: In Vitro 3T3 NRU Phototoxicity Test, 23 Nov 2004.

8　鼠伤寒沙门菌/回复突变试验

Salmonella typhimurium/reverse mutation assay

基因突变指在化学致突变物作用下细胞 DNA 中碱基对的排列顺序发生变化，包括碱基置换突变和移码突变。鼠伤寒沙门菌 / 回复突变试验是利用一组鼠伤寒沙门组氨酸缺陷型试验菌株测定引起细胞 DNA 碱基置换或移码突变的化学物质所诱发的组氨酸缺陷型（his-）→原养型（his+）回复突变的试验方法，主要用于化妆品原料及其染发、育发、美乳、健美类化妆品产品的致突变性检测。

鼠伤寒沙门菌 / 回复突变试验是由美国加利福尼亚大学的 Ames 教授和同事于 1975 年首先创立的，故又称 Ames 试验。长期的应用研究表明该方法比较稳定，重现性好，能较准确地预测受试物的致突变性及潜在的致癌性，是一种检测化合物遗传毒性的快速筛选方法，是目前世界范围内遗传毒性标准试验组合基因突变的首选试验项目，广泛应用于药物、食品、化妆品、医疗器械及化学品的遗传毒性评价。OECD 于 1997 年制定了 Ames 试验的指导原则，随后又进一步促进了该方法的标准化和应用，USEPA、USFDA 和 ICH 均有关于 Ames 试验的标准指导原则，我国现行的《药物遗传毒性研究技术指导原则》（2007 年）、《保健食品检验与评价技术规范》（2003 年版）、《化妆品安全技术规范》均将其收列其中，并作为体外基因突变试验的首选方法。

1　方法简述

本试验的实验原理为鼠伤寒沙门组氨酸营养缺陷型菌株不能合成组氨酸，故在缺乏组氨酸的培养基上，仅少数自发回复突变的细菌生长。假如有致突变物存在，则营养缺陷型的细菌回复突变成原养型，因而能生长形成菌落，据此判断受试物是否为致突变物。某些致突变物需要代谢活化后才能引起回复突变，故需加入经诱导剂诱导的大鼠肝制备的 S_9 混合液。

2　方法注释

2.1　剂量设计

对于原料，可溶性的无细菌毒性的受试物最高测试浓度一般为 5mg/ 皿或 5mL/ 皿，可溶性的有细菌毒性的受试物应根据杀菌或抑菌情况确定最高浓度，最高浓度应能显示明显的毒性；对于无毒的难溶性化学物，最高剂量应为琼脂中出现沉淀的最低剂量。对化妆品产品，无杀菌作用的最高剂量可为原液；有杀菌作用的，最高剂量可为最低抑菌浓度。

2.2　试验结果判断

试验结果的判定必须在实体显微镜下观察背景菌苔的生长状况，在背景菌苔生长良好的情况下，受试物的回变菌落数才是受试物致突变阴性和阳性判定的依据。对于有抑菌和杀菌作用的育发类、或组氨酸含量较高的丰胸健美类产品，应注意受试物的毒性作用或产

品本身组氨酸含量过高导致的 Ames 试验出现假阳性结果的鉴别，建议此类产品可选用其他同等遗传位点的致突变试验。

2.3　质量控制

每个实验室应建立本实验室自发回变和阳性诱变剂诱导回变的历史数据，当遇到以下情况时应鉴定测试菌株的基因型：在收到新菌株后或启用长期保存的菌株时；当制备一套新的冷冻保存或冷冻干燥菌株时；实验室使用菌株的自发回变和阳性诱变剂诱导回变菌落数超出本实验室的历史水平时。

试验过程中，为确保试验结果的准确性和科学性，应加强某些对试验结果有影响的因素的控制，如试剂的配制、菌液的浓度以及 S_9 的使用浓度等。试验中组氨酸 - 生物素溶液的灭菌温度及时间不能过高过长，避免其分解变性；试验菌株增菌振荡培养应根据不同的培养器皿选择不同的振荡频率，通过细菌生长曲线确定本实验室适宜的增菌培养条件，如培养器皿、振荡频率、接种量等；测试菌液需用当天孵育好的达到对数生长晚期或稳定期早期的新鲜菌液，并要求活菌数达到 1×10^9 个 /mL 以上；试验中 S_9 混合液的浓度可直接采用标准推荐的 10% S_9 混合液，也可通过 S_9 活性曲线确定 S_9 的最佳使用浓度。为确保试验体系的可靠性，试验过程中需同时设定阳性诱变剂对照，Ames 试验推荐使用的阳性诱变剂见下表：

各试验菌株所需加入阳性物的名称及剂量

阳性物	剂量（mg/皿）	试验菌株	S_9
2，4，7- 三硝基 -9- 芴酮	0.2	TA97，TA98	$-S_9$
叠氮化钠	2.5	TA100	$-S_9$
丝裂霉素	4.0	TA102	$-S_9$
2- 氨基芴	10.0	TA97，TA98，TA100	$+S_9$
1，8- 二羟基蒽醌	50.0	TA102	$+S_9$

2.4　实验室生物安全

Ames 试验是一种微生物实验，所使用的试验菌株鼠伤寒沙门菌按《人间传染的病原微生物名录》的分类危害程度属于第三类，实验活动类型及级别属于 BSL-2，要求实验室级别为 BSL-2。故 Ames 试验操作应该在生物安全柜中进行，并且实验室符合生物安全二级要求。

[1] 中华人民共和国国家卫生和计划生育委员会. 食品安全国家标准细菌回复突变试验 GB 15193.4—2014.

[2] OECD Guidelines for testing of chemicals (No. 471, 1997).

[3] USEPA OPPTS Health Effects Test Guidelines (Series 870. 5100, 1998).

9　体外哺乳动物细胞染色体畸变试验

In vitro mammalian cells chromosome aberration test

染色体畸变包括染色体结构畸变和数目异常两大类。染色体结构畸变包括染色体型畸变和染色单体型畸变，前者表现为在两个染色单体的相同位点均出现断裂或断裂重组的改变，后者表现为染色单体断裂或染色单体断裂重组的损伤。大部分的致突变剂导致染色单体型畸变，偶有染色体型畸变发生。染色体数目异常指染色体整倍体改变和非整倍体改变，虽然多倍体的增加可能预示着有染色体数目畸变的可能性，但本方法并不适合用于测定染色体的数目畸变。本试验适用于化妆品原料及其染发、育发、美乳、健美类化妆品产品致突变性的检测。

体外哺乳动物细胞染色体畸变试验是在加入和不加入代谢活化系统的条件下，使培养的哺乳动物细胞暴露于受试物中，用于检测培养的哺乳动物细胞染色体畸变，以评价受试物致突变的可能性。目前很多国家和组织将其列为遗传毒性标准试验组合体外染色体畸变的首选试验项目，广泛应用于药物、食品、化妆品、医疗器械及化学品的遗传毒性评价。OECD 于 1983 年制定了体外哺乳动物细胞染色体畸变试验的指导原则，并分别在 1997 和 2014 年经历 2 次修订，进一步细化了试验各项操作、技术要点和数据解释，促进了该方法的标准化和应用。USEPA、USFDA 和 ICH 均有关于体外哺乳动物细胞染色体畸变试验的标准指导原则，我国现行的《药物遗传毒性研究技术指导原则》(2007 年)、《化妆品安全技术规范》均将其收列其中，并作为体外染色体畸变的首选方法。

1　方法简述

本试验的试验原理为在加入和不加入代谢活化系统的条件下，使培养的哺乳动物细胞暴露于受试物中。用中期分裂象阻断剂（如秋水仙素或秋水仙胺）处理，使细胞停止在中期分裂象，随后收获细胞，制片，染色，分析染色体畸变。

2　方法注释

2.1　细胞株

本试验所用的细胞株必须确认核型稳定且无支原体污染。每个实验室应建立本试验的历史性阴性及阳性对照数据。

2.2　溶剂

本试验中溶剂的选择必须是非致突变物，不与受试物发生化学反应，不影响细胞存活和 S_9 活性。首选溶剂是培养液（不含血清）或水，二甲基亚砜（DMSO）也是常用溶剂。使用时有机溶剂不应超过总体积的 0.5%~1%，水溶剂不应超过总体积的 10%；若所用溶剂无背景数据，试验中应再设置未经任何处理的空白对照组来证实所选溶剂无细胞毒性或无断裂性。一般不建议选用乙醇作为溶剂，因为文献报道在培养基中乙醇被转化为乙醛可能出现假阳性结果。

2.3 剂量设定

受试物剂量设定时，对可溶性受试物，最大浓度应限制在 10mmol/L，因为通常在此浓度以上时，培养基中的渗透压开始增加，培养基的 pH 或渗透压的改变也许不会直接损伤染色体，但能间接地引起染色体畸变。

2.4 代谢活化系统

本试验中 S_9 的浓度可采用标准中推荐的浓度，每个实验室也可以根据本室的 S_9 代谢活性曲线选择最佳的 S_9 浓度。进行 24 小时不加 S_9 长时间细胞染毒时，为避免细胞的生长状态受影响，建议培养液中可以加入少量的血清，以 2%~5% 为宜。长时间染毒不必进行加 S_9 状态下试验。

2.5 结果判定

结果判定时，在任一处理条件下，除了满足以下两条中的任意一条外，还必须同时满足畸变率在历史阴性对照范围外方可判断为阳性。

（1）受试物引起染色体结构畸变数具有统计学意义，并有剂量相关性。

（2）受试物在任何一个剂量条件下引起具有统计学意义的增加，并有可重复性。

可疑结果可通过改变试验条件进行评价，如增加镜检细胞数、改变试验浓度、改变代谢活化系统等。

参考文献

[1] 中华人民共和国卫生部. 化学品毒性鉴定技术规范. 卫监督发〔2005〕272 号.

[2] 国家环境保护总局《化学品测试方法》编委会. 化学品测试方法：第四部分健康效应. 北京：中国环境科学出版社，2004.

[3] OECD Guidelines for Testing of Chemicals (No. 473, 2014).

[4] USEPA OPPTS Health Effects Test Guidelines (Series 870. 5375, August 1998).

[5] OECD. Introduction document to the OECD Test Guidelines on genotoxicity. 2015.

[6] Ishidate MJ. In vitro chromosomal aberration test current states//Obe G. chromosomal aberration basic and applied aspects. Berlin: Springer-Verlag, 1990: 260-272.

10 体外哺乳动物细胞基因突变试验

In vitro mammalian cell gene mutation test

基因突变指在化学致突变物作用下细胞 DNA 中碱基对的排列顺序发生变化，包括碱基置换突变和移码突变。本试验主要用于化妆品原料及染发、育发、美乳、健美类化妆品产品致突变性的检测。

HPRT 位点基因突变试验是基于细胞在正常培养条件下能够产生次黄嘌呤鸟嘌呤磷酸核糖转移酶，该基因产物在含有 6- 硫代鸟嘌呤（6-TG）的选择性培养液中能催化产生核苷 -5′- 单磷酸（NMP），NMP 掺入 DNA 合成引起细胞死亡。在化学致突变物作用下，某

些位于细胞 X 染色体上的 HPRT 基因位点发生突变，不再产生次黄嘌呤鸟嘌呤磷酸核糖转移酶，从而对 6-TG 产生抗性，能够在含有 6-TG 的选择性培养液中存活生长，通过计数突变集落数，计算突变频率以评价受试物的致突变性。

TK 基因突变试验是以小鼠淋巴瘤 L5178YTK$^{+/-}$ 细胞中胸苷激酶基因突变频率为指标的基因突变试验。TK 基因是哺乳类动物的胸苷激酶基因，该基因在人类位于 17 号染色体长臂远端，在小鼠位于 11 号染色体。TK 基因的产物胸苷激酶在体内催化从脱氧胸苷（TdR）生成胸苷酸（TMP）的反应。在正常情况下，此反应并非生命所必需，原因是体内的 TMP 主要来自于脱氧尿嘧啶核苷酸（dUMP），即由胸苷酸合成酶催化的 dUMP 甲基化反应生成 TMP。但如在细胞培养液中加入胸苷类似物（如三氟胸苷，即 TFT），TFT 在胸苷激酶的催化下可生成三氟胸苷酸，掺入 DNA 合成，造成细胞死亡。在化学致突变物作用下，TK 基因发生突变，表现出对 TFT 的抗性，故突变细胞在含有 TFT 的培养基中能够生长。根据突变集落形成数，计算突变频率，以评价受试物的致突变性。在 TK 基因突变试验结果观察中可发现两类明显不同的集落，即大集落和小集落。有研究表明，大集落主要由点突变或较小范围的缺失等引起，而小集落主要由较大范围的染色体畸变引起。

TK 基因突变试验由美国的 Dr.Clive 开发，其后，英国的 Dr.Cole 对其进一步完善，因其具有很高的灵敏度、检测的突变谱广，很多国家和组织先后把它列入了检测药品、食品、化妆品、农药致突变性的标准试验组合。1993 年 2 月在墨尔本，国际遗传毒性试验程序标准化协作组在充分讨论的基础上，推荐采用 L5178YTK$^{+/-}$、V79/HPRT 系统；1997 年 7 月 ICH 会议决定推荐 MLA 作为遗传毒性的标准试验组合。华西医大的张立实教授首先把 TK 基因突变试验方法引入国内，做了一系列深入细致的研究工作，并一直致力于该方法的推广，目前该方法已应用于保健食品、化妆品、消毒剂的安全性评价方面，成为检测某些产品致突变性的必选或备选项目。

1　方法简述

本试验的试验原理为在加入和不加入代谢活化系统的条件下，使细胞暴露于受试物一定时间，然后将细胞再传代培养，在含有 6-TG 或三氟胸苷的选择性培养液中，突变细胞可以继续分裂并形成集落。基于突变集落数，计算突变频率以评价受试物的致突变性。

2　方法注释

2.1　细胞株

本试验所用的细胞株必须确认核型稳定且无支原体污染；每个实验室应建立本试验的历史性阴性及阳性对照数据。

2.2　受试物

受试物应在使用前新鲜配制，否则就必须证实贮存过程不影响其稳定性。样品为粉末、颗粒、膏状、片剂等受试物时，需溶解于溶剂中，用前稀释至适合浓度。溶剂必须是非致突变物，不与受试物发生化学反应，不影响细胞存活和 S_9 活性。首选溶剂是水或水溶性溶剂，如使用非水溶性溶剂（如二甲基亚砜、丙酮、乙醇等），则需增设溶剂对照和空白对照。

2.3　试验操作

试验中，小鼠淋巴瘤细胞株（L5178Y）常规培养时，RPMI 1640 培养液需加入 10% 马血清，平板接种效率和 TFT 抗性突变频率（MF）测定时需加入 20% 马血清。培养液中的双抗最终浓度为青霉素 100IU/mL、链霉素 100μg/mL。试验中 6- 硫代鸟嘌呤（6–TG）建议使用终浓度为 5~10mg/mL，用 0.5% 碳酸氢钠溶液配制；三氟胸苷（TFT）建议使用终浓度为 3mg/mL，用双蒸水配制。

为避免在培养和传代期间自发突变的细胞对试验结果的影响，在正式试验前，应清除自发突变的细胞。本标准中的清除方法为清除 HPRT 位点基因突变细胞的方法，清除自发突变的 $tk^{-/-}$ 基因型细胞的方法是：①对于 L5178Y 细胞，使用含 3μg/mL 胸苷（thymidine，T）、5μg/mL 次黄嘌呤（hypoxanthine，H）、0.1μg/mL 甲氨蝶呤（methopterin，M）及 7.5μg/mL 甘氨酸（glycin，G）的 THMG 培养基处理 24 小时，以 800~1000r/min 的速度离心 4~6 分钟，洗涤后在不含甲氨蝶呤的 THG 培养基中培养 2 天；②对于 TK6 细胞，使用含 1×10^{-5}mol/L 脱氧胞苷（cytosine deoxyriboside，C）、2×10^{-4}mol/L 次黄嘌呤（hypoxanthine，H）、2×10^{-7}mol/L 氨基蝶呤（aminopterin，A）及 1.75×10^{-5}mol/L 胸苷（thymidine，T）的 CHAT 培养基处理 48 小时，以 800~1000r/min 的速度离心 4~6 分钟，洗涤后在不含氨基蝶呤的 CHT 培养基中继续培养 3 天。

HPRT 位点突变分析中，试验前 1 天细胞接种数量一般为（2.5~5）$\times10^5$ 个 /（25cm^2 培养瓶）或（直径为 100mm 的平皿），染色采用 Giemsa 染液。

2.4　结果计算及判定

HPRT 位点突变分析中，集落形成率计算公式 6–10 为：

$$D=E/F \qquad \text{公式 6–10}$$

式中，D 为集落形成率；E 为实际存活的细胞集落数；F 为接种细胞数。

突变率计算公式 6–11 为：

$$G=H/I\times1/D \qquad \text{公式 6–11}$$

式中，G 为突变率；H 为突变集落数；I 为接种细胞数；D 为集落形成率。

体外哺乳动物细胞基因突变试验结果的判定必须是在确保试验系统成立的条件下进行，即试验所用细胞的自发突变频率、阴性 / 溶剂对照的 PE_0 和 PE_2 值在正常范围之内。

［1］ 中华人民共和国国家卫生和计划生育委员会. 食品安全国家标准体外哺乳类细胞 HGPRT 基因突变试验 GB 15193. 12—2014.

［2］ 化学品测试方法第四部分健康效应 476（国家环境保护总局 2004 年发布）.

［3］ OECD Guidelines for Testing of Chemicals (No. 476, July 1997).

［4］ USEPA OPPTS Harmonized Test Guidelines (Series 870. 5300, August 1998).

［5］ 中华人民共和国国家卫生和计划生育委员会. 食品安全国家标准体外哺乳类细胞 TK 基因突变试验 GB 15193.20—2014.

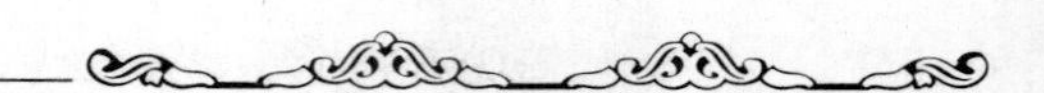

11 哺乳动物骨髓细胞染色体畸变试验

In vivo mammalian bone marrow cell chromosome aberration test

染色体畸变分为染色体结构畸变和染色体数目畸变。本试验可检测受试物能否引起整体动物骨髓细胞染色体畸变，以评价受试物致突变的可能性。本试验适用于检测化妆品原料及产品的遗传毒性。若有证据表明受试物或其代谢产物不能到达骨髓，则不适用于本方法。

本试验内容主要参考了OECD《化学品测试指南》[Guidelines for Testing of Chemicals（No.475，26 September 2014）Mammalian Bone Marrow Chromosome Aberration Test]，并且最大限度地做到与US EPA《健康效应测试指南》[OPPTS Health Effects Test Guidelines Mammalian Bone Marrow Chromosome Aberration Test（Series 870.5385，1998）]中的“哺乳动物骨髓细胞染色体畸变试验”、《哺乳动物骨髓细胞染色体畸变试验》（GB 15193.6—2014）和《化学品哺乳动物骨髓细胞染色体畸变试验》（GB/T 21772—2008）无原则性差异。

1 方法简述

本试验的试验原理为在试验动物给予受试物后，用中期分裂象阻断剂（如秋水仙素）处理，抑制细胞分裂时纺锤体的形成，以便增加中期分裂象细胞的比例，随后取材、制片、染色、分析染色体畸变。

2 方法注释

2.1 受试物

溶剂首选水，不溶于水的受试物可使用植物油（如橄榄油、玉米油等），不溶于水或油的受试物亦可使用羧甲基纤维素、淀粉等配成混悬液或糊状物等。受试物剂量设置时，以引起死亡或者抑制骨髓细胞有丝分裂指数（50%以上）为指标确定最高剂量，按等比级数2~4向下设置中、低剂量组。

2.2 试验操作

加入阻滞细胞分裂的秋水仙素的时间要适当，否则影响收集细胞分裂中期的数目。

低渗处理是本试验的关键，应控制好低渗时间，并将低渗液倒出后，应用纸吸干液体，避免细胞膨胀，才能获得分散良好的染色体标本，保证试验结果的准确性。由于每个实验室条件不同，因此低渗时间需要经反复预试验后确定，以便获得满意的染色体标本。

在制片前，应将载玻片处理干净后，放入盛有干净去离子水的容器中，置于冰箱中，制成冰片。此外，实验室温度与湿度对制片效果影响较大，温度不宜过高，湿度不宜过大。

3 方法研究现状

根据动物福利和动物保护的“3R”原则，目前很多国家和组织将“体外哺乳动物细胞染色体畸变试验”列为遗传毒性标准试验组合体外染色体畸变的首选试验项目。但因本

试验与“体外哺乳动物细胞染色体畸变试验”的毒理学终点不同，因此不能被“体外哺乳动物细胞染色体畸变试验”替代。

参考文献

[1] OECD Guideline for the Testing of Chemicals. No. 475, Mammalian Bone Marrow Chromosome Aberration Test, 26 September 2014.

[2] US EPA. Series 870. 5385, OPPTS Health Effects Test Guidelines Mammalian Bone Marrow Chromosome Aberration Test, 1998.

[3] 食品安全国家标准哺乳动物骨髓细胞染色体畸变试验 GB 15193.6—2014.

[4] 化学品哺乳动物骨髓细胞染色体畸变试验 GB/T 21772—2008.

12　体内哺乳动物细胞微核试验

Mammalian erythrocyte micronucleus test

染色单体或染色体的无着丝点断片，或因纺锤体受损而丢失的整个染色体，在细胞分裂后期，仍然遗留在细胞质中。细胞分裂末期之后，单独形成一个或几个规则的次核，被包含在子细胞的胞质内，因比主核小，故称为微核（micronucleus）。本试验通过分析啮齿类动物骨髓和（或）外周血中的嗜多染红细胞的微核发生率，可检测出该物质的致染色体畸变作用。本试验适用于检测化妆品新原料。

本试验内容主要参考了 OECD《化学品测试方法》[Guideline for the Testing of Chemicals（No.474，26 September 2014）Mammalian Erythrocyte Micronucleus Test]、《哺乳动物红细胞微核试验》（GB 15193.5—2014）和《化学品体内哺乳动物红细胞微核试验方法》（GB/T 21773—2008），并且最大限度地做到与美国 EPA《健康效应评估指南》[Health Effects Test Guidelines.OPPTS 870.5395 Mammalian Erythrocyte Micronucleus Test（August 1998）]中的“哺乳动物红细胞微核试验”无原则性差异。

1　方法简述

本试验的试验原理为通过适当的途径使动物接触受试物，一定时间后处死动物，取出骨髓，制备涂片，经固定、染色，在显微镜下计数含微核的嗜多染红细胞。

2　方法注释

2.1　受试物

适宜的哺乳动物均可使用。当使用骨髓样本时，则推荐使用小鼠和大鼠。当使用外周血样时，则推荐使用小鼠。

2.2　剂量

至少设 3 个剂量组，最高剂量组原则上为动物出现严重中毒表现和（或）个别动物出

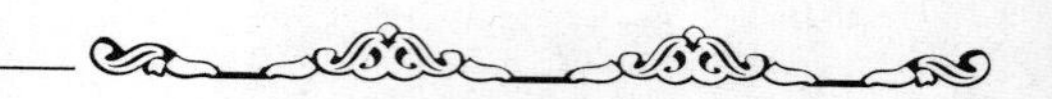

现死亡的剂量，一般可取 1/2 LD_{50}，低剂量组应不表现出毒性。当受试物的 LD_{50}>5g/kg 时，可取 5g/kg 为最高剂量。

2.3 阳性对照物

常用的阳性对照物为环磷酰胺，剂量为 40mg/kg；也可选用其他结构相关的能产生阳性反应的化合物，如甲磺酸乙酯、乙基亚硝基脲、丝裂霉素、三亚乙基蜜胺等。

2.4 阅片

阅片时，对每个动物的骨髓至少观察 200 个红细胞，对外周血至少观察 1000 个红细胞，计数嗜多染红细胞在总红细胞中的比例，嗜多染红细胞在总红细胞中的比例不应低于对照值的 20%。每个动物至少观察 2000 个嗜多染红细胞以计数有微核嗜多染红细胞频率，即含微核细胞率，以千分率表示。如 1 个嗜多染红细胞中有多个微核存在时，按 1 个细胞计。

3 方法研究现状

2008 年，欧洲替代方法验证中心（ECVAM）发布了体外微核试验可以替代体外染色体畸变试验用于遗传毒性检测的指导原则。2010 年，OECD 指导原则 TG487 收载了体外微核试验，作为体外遗传毒性试验的选择之一。2011 年，ICH 指导原则 S2R（1）列入了体外微核试验。体外微核试验以微核作为遗传毒性检测终点，可用于染色体断裂剂及非整倍体诱导剂的检测，方法简单，易于自动化，在化合物遗传毒性评价的体外试验系统中占据重要地位。

参考文献

[1] OECD Guidelines for Testing of Chemicals. No. 474, Mammalian Erythrocyte Micronucleus Test, 26 September 2014.

[2] OECD Guidelines for Testing of Chemicals. No. 487, In vitro mammalian cell micronucleus test, 20 May 2013.

[3] 食品安全国家标准哺乳动物红细胞微核试验 GB 15193.5—2014.

[4] 化学品体内哺乳动物红细胞微核试验方法 GB/T 21773—2008.

[5] US EPA. Series 870. 5395, OPPTS Health Effects Test Guidelines Mammalian Erythrocyte Micronucleus Test, August 1998.

13 睾丸生殖细胞染色体畸变试验

Testicle cells chromosome aberration test

染色体畸变包括染色体结构畸变（染色体型畸变和染色单体型畸变）和染色体数目畸变。染色体型畸变（chromosome-type aberration）：染色体结构损伤，表现为两个染色单体的相同位点均出现断裂或断裂重接。染色单体型畸变（chromatid-type aberration）：染色体结构损伤，表现为染色单体断裂或染色单体断裂重接。染色体数目畸变（numericaltype aberration）：染色体数目发生改变，不同于正常二倍体核型，包括整倍体和非整倍体。

本部分内容主要参考了OECD《化学品测试方法》中“哺乳动物精原细胞染色体畸变试验”“哺乳动物精原细胞染色体畸变试验”“细胞染色体畸变试验”的原则、要求和方法。本规范适用于化妆品原料的遗传毒性检测。

1　方法简述

本方法的试验原理是机体受到某种有害物质的作用引起生殖细胞染色体水平的变化。通过制备生殖细胞中期分裂象染色体标本，在光镜下可直接观察染色体数目和形态的改变，从而检测出该物质的生殖细胞染色体畸变作用。

试验推荐使用小鼠，设阴性对照组、阳性对照组，至少设3个剂量组，每组至少有5只能用于分析的动物。染毒途径建议使用经口灌胃方式，每日1次，连续5天。于第一次染毒后的第12~14天将受试动物处死，处死前6小时腹腔注射秋水仙素。处死后制备睾丸初级精母细胞染色体标本，在显微镜下观察染色体畸变。

2　方法注释

2.1　试验操作

秋水仙素的使用剂量、作用时间直接影响染色体标本制作的质量。秋水仙素的推荐剂量为4mg/kg，作用时间为6小时。在试验中，可对秋水仙素的使用剂量、作用时间进行探索，建立本实验室优化的试验条件。

取材也是实验成功的关键。取材要及时，否则染色体容易自溶。因为剥离分离的时间较长，可将摘取的睾丸置于生理盐水中冲洗剥离曲细精管，完成剥离后，再统一时间进行低渗。

低渗处理、固定、染色等时间可以根据本实验室条件进行优化选择。固定时间充足有助于除去中期分裂象中残存的蛋白，使染色体清晰和分散良好。建议冰箱（0~4℃）固定过夜。

滴片时，要调整好细胞浓度。载玻片可放在0~4℃冰水中。

2.2　阳性对照物

阳性对照物常选环磷酰胺或丝裂霉素，阳性对照组的染毒途径可不同于受试物的给予途径，一般为单次腹腔注射。阳性对照物均为遗传毒性物质，要严格存放和管理。在试验中应加强人员防护，避免接触阳性对照物及其溶液。实验室应建立阳性对照物质处理的程序，正确处理剩余的阳性对照物溶液。

［1］ OECD Guideline for the Testing of Chemicals. No. 483 Mammalian Spermatogonial Chromosome Aberration Test. 28 July 2015.

［2］ 中华人民共和国国家卫生和计划生育委员会．食品安全国家标准小鼠精原细胞或精母细胞染色体畸

变试验 GB 15193.8—2014.
[3] 中华人民共和国国家质量监督检验检疫总局，中国国家标准化管理委员会. 化学品哺乳动物精原细胞染色体畸变试验方法 GB/T 21751—2008.
[4] EPA Health Effects Test Guidelines. OPPTS 870. 5380 Mammalian Spermatogonial Chromosome Aberration Test. August 1998.

14 亚慢性经口毒性试验

Subchronic oral toxicity test

亚慢性经口毒性（subchronic oral toxicity）是指在实验动物部分生存期内，每日反复经口接触受试物后所引起的不良反应。

1981 年，OECD 起草并发布了 Guideline for the Testing of Chemicals No.408，啮齿类动物 90 天重复经口毒性试验方法。本试验方法与国际现行的 U.S.EPA《健康效应评估指南》：啮齿类动物 90 天经口毒性试验（OPPTS 870.3100，August 1998）; U.S.FDA《食物成分安全评价毒理学原则》：啮齿类动物亚慢性毒性试验（CFSAN Redbook 2000 IV.C.4a，November 2003）无原则性差异。我国涉及亚慢性经口毒性试验的标准、规范及指导原则包括《化学品啮齿类动物亚慢性经口毒性试验方法（GB/T 21763—2008）》《保健食品检验与评价技术规范（2003 版）》《食品安全国家标准 90 天经口毒性试验（GB 15193.13—2015）》。尽管各种规范适用的领域不一样，但是其受试对象、给予受试物的方法、检测的指标、结果判定的原则基本相同。

1 方法简述

以不同剂量的受试物每日经口给予各组实验动物，连续染毒 90 天，每组采用 1 个染毒剂量。染毒期间每日观察动物的毒性反应。在染毒期间死亡的动物要进行尸检。染毒结束后所有存活的动物均要处死，并进行尸检以及适当的病理组织学检查。亚慢性毒性试验是以急性毒性试验结果为依据进行的连续的、重复给予受试物的试验操作，采取多剂量组染毒的方式进行试验。试验期间需每日经口给予受试物，详细记录动物染毒前后出现的各种症状。对于染毒期间濒死及死亡的动物应进行尸体解剖，详细记录肉眼可见病变，必要时进行组织病理学检查。染毒结束后存活的动物需进行尸检及适当的组织病理学检查。

2 方法注释

2.1 动物

如果受试物进行亚慢毒性试验以后还需进行慢性毒性试验，且亚慢性毒性试验是作为慢性毒性试验的预试验时，两种试验应选择同一种属、同一品系、同一来源的实验动物作为受试对象。例如均选用 SD 大鼠或 Wistar 大鼠进行试验。

动物数量应能满足结果分析时的统计数量要求。测定的结果应按性别，雌、雄动物分别统计。通常试验每一剂量组至少应有雌、雄动物各 10 只。如果计划在试验中期处死动物，则应在试验开始时即增加动物的数量，以保证在试验结束时动物数量能够满足有效评价受试物毒性作用的要求。若设定追踪观察组，需选用20只动物（雌雄各半），给予最高剂量的受试物，每日染毒1次，连续染毒90天；应同时增设对照组，性别和数量与高剂量组一致。

试验期间，实验动物可单笼饲养（当受试物采用掺入饲料或饮水的方法给动物染毒时），也可按实验动物饲养空间相关要求按组分性别少量分笼群饲。

2.2　剂量

剂量设计可参考受试物急性经口毒性试验结果，并结合受试物或结构相关化合物已有的毒理学和毒代动力学的研究数据进行。原则上最高染毒剂量应使动物产生较明显的毒性，但不应引起（过多）动物死亡或承受明显的痛苦，低剂量不宜出现任何观察到的毒效应（相当于NOAEL），且高于人的实际接触水平；中剂量可出现轻度的毒效应，以得出NOAEL和（或）LOAEL。一般递减剂量的组间距以2~4倍为宜，若剂量总跨度过大可加设剂量组。

对于毒性较低的受试物，高剂量可采取最大溶解度、最大给药体积进行染毒。对于能够测定出LD_{50}的受试物，通常可以选择LD_{50}的5%~15%作为最高剂量组。此LD_{50}百分比的选择主要参考LD_{50}剂量–反应曲线的斜率，然后在此剂量下再设几个剂量组。为了检测不同的毒性反应，可在高剂量组和低剂量组之间设多个中间剂量组。

经口染毒可采用灌胃或者掺入饲料、饮水的方式。如果采用灌胃的方式染毒，受试物需要采用适当的介质制备成适宜灌胃的受试物–溶媒混合物。灌胃体积一般不超过10mL/kg BW，如为水溶液时，最大灌胃体积大鼠可达20mL/kg BW；如为油性液体，灌胃体积应不超过4mL/kg BW；各组的灌胃体积应一致。水溶性的受试物可选择灭菌注射用水、生理盐水进行溶解，非水溶性的受试物可以选择羧甲基纤维素钠、植物油等制备成混悬液。每日染毒的时间点应大致相同，每周按体重调整染毒剂量。如果采取掺入饲料的方式进行染毒，则受试物的掺入量应不影响饲料的正常营养成分。如果受试物的味道会影响动物饲料的摄入量，则不能采取掺入饲料或饮水的方法染毒。灌胃染毒及采用掺入饮水的方式进行染毒的，应每天配制受试物，有资料表明其溶液或混悬液储存稳定者除外。

2.3　试验观察

试验期间，应在每天的染毒前后观察记录动物的一般状态，如果发现有异常状态，则应详细记录所出现的症状、严重程度、症状出现的时间、症状持续的时间；并按要求每周称量动物的体重、饲料摄入量、饮水量（当受试物以掺入饮用水的方式进行染毒时）。计算食物利用率（实验动物每增长100g体重所摄入的食物克数）可用于鉴别食物的摄入量是否受到适口性的影响或者是真正毒性作用的影响。试验中设定的追踪观察组，在90天的试验期间与正常组别的动物一样每天染毒。90天染毒结束后停止染毒，正常饲养。每天记录动物的状态。追踪观察期至少为28天，也可根据受试物的特点延长观察期。

2.4　试验结果及评价

本试验方法中规定的临床检查项目均为最基本的检查项目，在具体操作时可根据不同的受试物特点增加检测指标。值得注意的是，本试验方法中要求在染毒前检测动物的血液

学、血液生化学指标，因此动物采血的方式需要注意，避免过多地采集血液样本对动物身体造成伤害。采血过程中注意无菌操作，避免动物感染。而针对啮齿类动物的亚慢性经口毒性试验，OECD、U.S.FDA、U.S.EPA 及 GB/T 21763—2008、GB 15193.13—2015 均不推荐在染毒前获取这些数据。

大体尸检中，所有称重的组织器官均应计算其脏器系数（又称脏体比值，即脏器重量 / 体重 ×100%），以 g/100g 体重或 mg/100g 体重表示。计算脏器系数的意义在于实验动物随着年龄（体重）的增长，在不同的年龄期各脏器与体重之间的比值有一定的规律。如果染毒组动物与对照组动物比较出现显著性差异，则有可能是受试物毒性作用的结果。脏器系数的增加可能是由于充血、水肿、增生或肿瘤等；脏器系数的降低可能是由于坏死、萎缩等原因。当受试物组动物的体重明显低于对照组，而脏器重量无明显差异时，也会出现脏器系数的增加。因此，当实验动物体重明显受到影响时，应同时比较受试物各组与对照组动物脏器的绝对重量，以排除可能出现的假象，也可使用脏 / 脑比值计算脏器系数。对于个别的异常数据，应根据所有检测指标及组织病理学检查结果加以分析。

试验中如果出现濒死动物，应尽量取血，测定相关的血液学及血液生化学指标后再进行剖检及组织病理学检查。

数据处理应采用适当的统计学方法。一般情况，计量资料采用方差分析，进行多个试验组与对照组之间的均数比较；分类资料采用 Fisher 精确分布检验、卡方检验、秩和检验；等级资料采用 Ridit 分析、秩和检验等。

对于试验结果的评价，不应单纯依赖于试验数据的统计结果，应根据其是否具有剂量 - 反应关系、同类指标的横向比较及本实验室的历史背景数据和文献数据等进行统计分析。此外还应结合组织病理学检查结果综合考虑指标差异是否具有生物学意义，具有统计学意义不一定代表具有生物学意义。由此建议每个实验室均应建立自己的历史背景数据，以便在进行结果分析时为试验人员提供依据。

3 方法研究现状

目前，亚慢性或长期毒性评估中，仍需要动物实验来提供可靠的数据。目前对亚慢性毒性试验进行的替代研究中，在体外已开展的预测靶器官毒性的模型研究集中在 6 个方面：肝毒性（hepatotoxicity）、肾毒性（nephrotoxicity）、心血管系统毒性（cardiovascular toxicity）、神经系统毒性（neurotoxicity）、肺毒性（pulmonary toxicity）、免疫毒性和骨髓毒性（immunotoxicity and myelotoxicity）。此外，一些计算机方法如定量构效关系（QSAR）模型也用于重复给药的毒性预测中，但仍处在不断优化应用的阶段，也主要用于药物研发中。基因组学和成像技术（omics and imaging technologies）的进步也有望在未来运用到人体或啮齿动物体外模型中来进行化妆品原料和产品的毒性预测。

参考文献

[1] OECD Guideline for the Testing of Chemicals No. 408, Repeated Dose 90-day Oral Toxicity Study in Rodents, 21st September 1998.

[2] US EPA. Series 870. 3100, OPPTS Health Effects Test Guidelines 90-Day Oral Toxicity in Rodents, August 1998.

[3] US FDA. CFSAN Redbook 2000: IV. C. 4. a Subchronic Toxicity Studies With Rodents, November 2003.

[4] 药物重复给药毒性研究技术指导原则. 2014-05-13.

[5] GB 15193. 13—2015. 食品安全国家标准 90 天经口毒性试验. 2015-08-07.

[6] GB/T 21763—2008. 化学品啮齿类动物亚慢性经口毒性试验方法. 2008-05-12.

[7] Adler S, Basketter D, Creton S, et al. Alternative (non-animal) methods for cosmetics testing: current status and future prospects-2010. Arch Toxicol, 2011, 85: 367-485.

15 亚慢性经皮毒性试验

Subchronic dermal toxicity test

亚慢性经皮毒性（subchronic dermal toxicity）是指在实验动物部分生存期内，每日反复经皮接触受试物后所引起的不良反应。

1981 年，OECD 即起草并发布了（Guideline for the Testing of Chemicals No.411）亚慢性经皮毒性试验方法，给出了化学品在啮齿类动物中亚慢性经皮毒性的试验指南。1996 年美国环境保护署农药和毒物防护办公室（EPA OPPTS）发布的“健康效应测试指南”（Health Effects Test Guidelines）包含有针对农药和有毒物质的亚慢性经皮毒性试验方法（OPPTS 870.3250：Subchronic Dermal Toxicity-90 days）。在我国，化学品的亚慢性经皮毒性试验方法（GB/T 21764—2008）于 2008 年 5 月 12 日发布，2008 年 9 月 1 日起实施。该标准等同采用了 OECD No.411 测试方法，规定了啮齿类动物亚慢性经皮毒性试验方法。2014 年 5 月 13 日，国家食品药品监督管理总局药品审评中心颁布的“药物重复给药毒性研究技术指导原则”，规定了新的适用于中药、天然药物和化学药物的研究方法。其中规定了动物的给药方式“应与临床使用方式一致”，由此包含了皮肤用药的范畴。尽管各种规范适用的领域不一样，但是其受试对象、给予受试物的方法、检测的指标、结果判定的原则基本相同。

1 方法简述

亚慢性毒性试验是以急性毒性试验结果为依据进行的连续的、重复给予受试物的试验操作，采取多剂量组染毒的方式进行试验。试验期间需每日经皮给予受试物，详细记录动物染毒前后出现的各种症状。对于染毒期间濒死及死亡的动物应进行尸体解剖，详细记录肉眼可见病变，必要时进行组织病理学检查。染毒结束后存活的动物需进行尸检及适当的组织病理学检查。

2 方法注释

2.1 受试物

若受试物为固体，应将其粉碎并用水（或适当的介质，如凡士林、羊毛脂或植物油）充分湿润，以保证受试物与皮肤有良好的接触。若采用介质，则该介质不应对受试物的皮

肤通透性造成影响。液体受试物一般不用稀释。

2.2　动物

如果受试物进行亚慢毒性试验以后还需进行慢性毒性试验，且亚慢性毒性试验是作为慢性毒性试验的预试验时，两种试验应选择同一种属、同一品系、同一来源的实验动物作为受试对象。例如均选用 SD 大鼠或 Wistar 大鼠进行试验。

动物数量应能满足结果分析时的统计数量要求。测定的结果应按性别，雌、雄动物分别统计。通常试验每一剂量组至少应有雌、雄动物各 10 只。如果计划在试验中期处死动物，则应在试验开始时即增加动物的数量，以保证在试验结束时动物数量能够满足有效评价受试物毒性作用的要求。若设定追踪观察组，需选用 20 只动物（雌雄各半），给予最高剂量的受试物，每日染毒 1 次，连续染毒 90 天；应同时增设对照组，性别和数量与高剂量组一致。

试验期间，实验动物可单笼饲养，也可按实验动物饲养空间相关要求按组分性别少量分笼群饲。

2.3　剂量

试验时要参考急性经皮毒性试验的结果进行设计。剂量设定的基本原则与经口亚慢性毒性试验相同。由于受试物染毒的方式不同于经口试验，因此试验设计中还需要考虑到受试物对动物皮肤的刺激性。若较大剂量的受试物引起严重的皮肤刺激反应，则应降低受试物的使用浓度，尽管这样可会导致无法观察到原来在高剂量下出现的毒性作用。若在试验早期动物的皮肤受到严重损伤，则有必要终止试验，并使用较低的浓度重新开始试验。

与亚慢性经口毒性试验的要求相同，在本项试验中，如果接触水平超过 1000mg/kg 时仍未产生可观测到的毒性效应，而且可以根据相关结构化合物预期受试物毒性时，可以考虑不必进行 3 个剂量水平的全面试验观察。

2.4　操作

受试物采用经皮的方式进行染毒，因此在首次染毒前 24 小时，需要将动物背部染毒区域的被毛采用适当的方法去除。通常采用的有物理方法（剪毛、剃毛）和化学方法（采用脱毛剂脱毛）去除。如果使用脱毛剂，脱毛剂不应对动物皮肤产生刺激性。采用宠物剃毛推子能够有效去除动物被毛，达到比较好的效果。采用剪、剃的方法去除被毛时注意避免损伤动物的皮肤。在试验期间应注意观察动物被毛生长情况，及时去除长长的被毛，以利于受试物的吸收及染毒局部皮肤状态的观察。试验期间应每周测定动物体重，调整去毛面积，根据去毛面积增加受试物给予量。试验中，可适当增加接触面积或每日的接触次数来达到增加染毒剂量。

为保证受试物与皮肤有良好的接触，并防止动物舔食，在染毒操作期间应使用玻璃纸和无刺激性的胶带将受试物固定。在 90 天的试验期间，实验动物每周 7 天每天染毒 6 小时。每天染毒结束后需将受试物用温水或其他适宜的方法洗净。对于毒性较大的受试物，动物涂敷受试物后最好进行固定，避免动物因舔食受试物而引起死亡。

试验中设定的追踪观察组，在 90 天的试验期间与正常组别的动物一样每天染毒。90 天染毒结束后停止染毒，正常饲养。每天记录动物的状态。追踪观察期至少为 28 天，也可根据受试物的特点延长观察期。

体表面积计算方法（Meeh-Rubner 公式）见急性经皮毒性试验中。

试验期间，应在每天的染毒前后观察记录动物的一般状态，重点观察染毒局部。如果发现有异常状态，则应详细记录所出现的症状、严重程度、症状出现的时间、症状持续的时间。

2.5　实验观察

本试验方法中规定的临床检查项目均为最基本的检查项目，在具体操作时可根据不同的受试物特点增加检测指标。值得注意的是，本试验方法中要求在染毒前检测动物的血液学、血液生化学指标，因此动物采血的方式需要注意，避免过多地采集血液样本对动物身体造成伤害。采血过程中注意无菌操作，避免动物感染。

大体尸检中，所有称重的组织器官均应计算其脏器系数（又称脏体比值，即脏器重量 / 体重 ×100%），以 g/100g 体重或 mg/100g 体重表示。计算脏器系数的意义在于实验动物随着年龄（体重）的增长，在不同的年龄期各脏器与体重之间的比值有一定的规律。如果染毒组动物与对照组动物比较出现显著性差异，则有可能是受试物毒性作用的结果。脏器系数的增加可能是由于充血、水肿、增生或肿瘤等；脏器系数的降低可能是由于坏死、萎缩等原因。当受试物组动物的体重明显低于对照组，而脏器重量无明显差异时，也会出现脏器系数的增加。因此，当实验动物体重明显受到影响时，应同时比较受试物各组与对照组动物脏器的绝对重量，以排除可能出现的假象，也可使用脏 / 脑比值计算脏器系数。对于个别的异常数据，应根据各项检测指标及组织病理学检查结果加以分析。

本试验中要求对于染毒部位的皮肤须进行组织病理学检查。

试验中如果出现濒死动物，应尽量取血，测定相关的血液学及血液生化学指标后再进行剖检及组织病理学检查。

2.6　结果评价

数据处理应采用适当的统计学方法。一般情况，计量资料采用方差分析，进行多个试验组与对照组之间的均数比较；分类资料采用 Fisher 精确分布检验、卡方检验、秩和检验；等级资料采用 Ridit 分析、秩和检验等。

对于试验结果的评价，不应单纯依赖于试验数据的统计结果，应根据其是否具有剂量 - 反应关系、同类指标的横向比较及本实验室的历史背景数据和文献数据等进行统计分析。此外，还应结合组织病理学检查结果综合考虑指标差异是否具有生物学意义，具有统计学意义不一定代表具有生物学意义。因此建议每个实验室均应建立自己的历史背景数据，以便在进行结果分析时为试验人员提供依据。

3　方法研究现状

目前，亚慢性或长期毒性评估中，仍需要动物实验提供可靠的数据。目前对亚慢性毒性试验进行的替代研究中，在体外已开展的预测靶器官毒性的模型研究集中在 6 个方面：肝毒性（hepatotoxicity）、肾毒性（nephrotoxicity）、心血管系统毒性（cardiovascular toxicity）、神经系统毒性（neurotoxicity）、肺毒性（pulmonary toxicity）、免疫毒性和骨髓毒性（immunotoxicity and myelotoxicity）。此外，一些计算机方法如定量构效关系（QSAR）模型也用于重复给药的毒性预测中，但仍处在不断优化应用的阶段，也主要用于药物研发

中。基因组学和成像技术（omics and imaging technologies）的进步也有望在未来运用到人体或啮齿动物体外模型中来进行化妆品原料和产品的毒性预测。

参考文献

[1] OECD Guideline for the Testing of Chemicals No. 411, "Subchronic Dermal Toxicity: 90-day Study", May 1981.

[2] US EPA. Health Effects Test Guidelines, OPPTS 870. 3250: Subchronic Dermal Toxicity-90 days, June 1996.

[3] GB/T 21764—2008. 化学品亚慢性经皮毒性试验方法. 2008-5-12.

[4] 药物重复给药毒性研究技术指导原则. 2014-5-13.

[5] GB 15193.13—2015. 食品安全国家标准 90 天经口毒性试验. 2015-08-07.

[6] Adler S, Basketter D, Creton S, et al. Alternative (non-animal) methods for cosmetics testing: current status and future prospects-2010. Arch Toxicol, 2011, 85: 367-485.

16 致畸试验

Teratogenicity test

通过检测妊娠动物接触化妆品原料后引起的胎鼠畸形情况，判断该物质的致畸可能性。本试验适用于检测化妆品新原料。

本部分内容主要参考了 OECD《化学品测试方法》(Guideline for the Testing of Chemicals (No.414，22nd January 2001) Prenatal Developmental Toxicity Study) 和《致畸试验》(GB 15193.14—2015)，并且最大限度地做到与美国 EPA《健康效应评估指南》(Health Effects Test Guidelines.OPPTS 870.3700 Prenatal Developmental Toxicity Study (August 1998)) 中的“出生前发育毒性试验”一致。

1 方法简述

本试验的试验原理为在胚胎发育的器官形成期给妊娠动物染毒，在胎鼠出生前将妊娠动物处死，取出胎鼠检查其骨骼和内脏畸形。

2 方法注释

2.1 阳性对照物

常用阳性对照物及参考剂量为敌枯双（0.5~1.0mg/kg BW）、维生素 A（7500~13 000μg/kg BW 视黄醇当量）等，还可用五氯酚钠（30mg/kg BW）和阿司匹林（250~300mg/kg BW）。

2.2 剂量

建议受试物递减剂量系列的组间距以 2~4 倍比较合适。受试物灌胃给予时，要将受试物溶解或悬浮于合适的溶媒中，首选溶媒为水、不溶于水的受试物可使用植物油（如橄榄

油、玉米油等），不溶于水或油的受试物亦可使用羧甲基纤维素、淀粉等配成混悬液或糊状物等。受试物应新鲜配制。应尽量每日在同一时间灌胃 1 次，根据体重调整灌胃体积。灌胃体积一般不超过 10mL/kg BW。

2.3　试验观察

每日对动物进行临床观察，包括皮肤、被毛、眼睛、黏膜、呼吸、神经行为、四肢活动等情况，及时记录各种中毒体征，包括发生时间、表现程度和持续时间，发现虚弱或濒死的动物应进行隔离或处死，母体有流产或早产征兆时应及时剖检。

为便于后续的骨骼透明，建议用生理盐水擦拭干净胎鼠身上的血迹，并在试验过程中维持胎鼠的正常体表温湿度。

因胎鼠个体较小，因此要控制每只胎鼠下刀的精准性和一致性，否则会影响后续观察。

致畸试验检验动物孕期经口重复暴露于受试物产生的子代致畸性和发育毒性。试验结果应该结合亚慢性、繁殖毒性、毒物动力学及其他试验结果综合解释。

3　方法研究现状

目前对致畸试验进行的替代研究中，研究较多的主要有 3 个体外的胚胎毒性实验，即大鼠全胚胎培养试验、大鼠胚胎细胞微团试验和小鼠胚胎干细胞试验。目前这些替代试验方法的验证仍然是无法解决的问题，由于缺乏公认的标准，试验的敏感性和结果的特异性评价都存在疑问。

[1] OECD Guideline for the testing of Chemicals. No. 414, Prenatal Developmental Toxicity Study, 22nd January 2001.

[2] 食品安全国家标准致畸试验 GB 15193.14—2015.

[3] US EPA. Series 870. 3700, OPPTS Health Effects Test Guidelines Prenatal Developmental Toxicity Study, August 1998.

17　慢性毒性/致癌性结合试验

Combined chronic toxicity/carcinogenicity test

慢性毒性（chronic toxicity）是指动物在正常生命期的大部分时间内接触受试物所引起的毒性作用。致癌性（carcinogenicity）是指实验动物长期重复给予受试物所引起的肿瘤（良性和恶性）病变发生。慢性毒性 / 致癌性结合试验可以替代单独的慢性毒性试验和致癌性试验，主要用于化妆品原料的慢性毒性和致癌性的检测。

本试验内容主要参考了 OECD《化学品测试指南》（Guidelines for Testing of Chemicals No.453 Combined Chronic Toxicity/Carcinogenicity Studies，7 September 2009）、美国 EPA《健

康效应评估指南》（Health Effects Test Guidelines.OPPTS 870.4300 Combined Chronic Toxicity/Carcinogenicity，August 1998）。此外，OECD、ICH 及我国对于慢性毒性试验、致癌性试验也有独立的试验方法和技术要求。一般与亚慢性毒性试验合称为重复给药毒性（repeated dose toxicity）。

1　方法简述

慢性毒性 / 致癌性结合试验是在一次研究中对受试物的慢性毒性和致癌性进行合并试验。经口、经皮、吸入是 3 种主要的受试物给予途径。试验一般采用大鼠，雌雄各半，最常使用刚断奶或已断奶的年幼动物来进行慢性毒性和致癌性的长期生物学试验。在啮齿类动物断奶和适应环境之后要尽快开始试验，最好在 6 周龄之前。

试验至少设 3 个剂量组和 1 个对照组。高剂量可以出现较轻的毒性反应，低剂量不能引起任何毒性反应。每一个剂量组和相应的对照组至少应该有 50 只雄性和 50 只雌性动物，不包括提前剖杀的动物数。如需观察肿瘤以外的病理变化可设附加剂量组，两种性别各 20 只动物，其相应的对照组两种性别各 10 只动物。

大鼠致癌性试验期限一般为 24 个月。附加组的动物用于评价长期毒性，一般维持到 12 个月以上。雌、雄如有差异可分别结束。

临床观察指标包括动物症状观察、体重、食物摄取等。检查项目包括血液学（3 个月、6 个月、以后每隔 6 个月及试验结束，每组每性别 20 只动物）、尿分析（每组每性别 10 只动物）、临床生化（每 6 个月及试验结束，每组每性别 10 只动物）、病理检查（所有动物）。测定时不同时间间隔应选择相同动物的样本。

致癌性试验结果的判断仍采用世界卫生组织（WHO）1969 年提出的标准。阴性结果的判断需要两种种属动物的实验结果。

2　方法注释

慢性毒性 / 致癌性结合试验因试验周期长，人力、物力成本高，应加强全过程质量控制，如加强动物实验室的环境控制、实验动物的来源和检疫、给受试物的途径和准确性、血液学和临床检验等分析过程的准确性等。

2.1　动物

致癌性评价试验周期长，开始试验时要选用年幼的动物，以保证动物在生命周期内能完成试验评价。选择受试物给予方式和频率，应注意能够充分暴露，受试物的配制、存储等过程要考虑受试物的稳定性。要注意给予受试物的连续性，一般每周 7 天均应给予受试物，否则应有毒代动力学等数据支持。

各试验组包括对照组的动物数至少应该有 50 只雄性和 50 只雌性动物。

2.2　试验观察

日常症状观察、大体解剖、病理学检查均为致癌性评价的重要手段，日常观察应特别注意肿瘤的发生，记录肿瘤发生的时间、部位、大小、形状和发展等情况。试验过程中观察要及时，及时处理濒死或死亡动物，避免数据损失。试验人员要经过严格培训，如动物存活期间的触诊可以发现一些体表部位的肿瘤。有经验的病理诊断人员对于致癌性试验的评价至关重要。

2.3 结果评价

如该受试物也进行了亚慢性毒性试验，试验设计时可不设重复时间的重复指标。用于评价毒性反应的附加组可以增加对照组和高剂量组的卫星组，用于评价毒性反应的可逆性。

长期毒性试验结论应明确毒性效应、量效关系、靶器官和可逆性，确定毒性的 NOAEL 和（或）LOAEL。致癌性应得出靶器官和致癌性的结论。致癌性阳性结论可根据本试验结果判断，阴性结论则需要满足两种种属动物等要求。

当最低剂量和对照组存活动物只有 25% 时，也可以结束试验。但应结合动物的品系和受试物的毒理学背景数据，合理设计试验，避免出现类似结果。

3 方法研究现状

20 世纪 80 年代以来，随着对癌症发生机制的进一步认识，以及转基因、基因敲除技术的发明，转基因或基因敲除的小鼠模型用于致癌性评价得到了发展。20 世纪末，ICH S1B 指导原则即收载可采用遗传修饰小鼠模型进行短 / 中期致癌试验作为临床前安全性评价中大鼠长期致癌性试验的附加试验。

目前，已经有多个基因修饰的小鼠模型经过实验验证，可作为替代模型在药物临床前安全性评价中应用。如 Tg RasH2、p53KO、TG.AC 小鼠等。近年来，我国自主研发的基因修饰小鼠用于致癌性试验的替代方法也得到了越来越多的重视和研究。

参考文献

[1] OECD Guideline for the Testing of Chemicals. No. 453 Combined Chronic Toxicity/Carcinogenicity Studies, 7 September 2009.

[2] US EPA. Health Effects Test Guidelines. OPPTS 870. 4300 Combined Chronic Toxicity/Carcinogenicity, August 1998.

[3] OECD Guideline for the Testing of Chemicals. No. 451 Carcinogenicity Studies, 7 September 2009.

[4] OECD Guideline for the Testing of Chemicals. No. 452 Chronic Toxicity Studies, 7 September 2009.

[5] ICH, Testing for Carcinogenicity of Pharmaceuticals. S1B. 16 July 1997.

[6] ICH, Guidance on Nonclinical Safety Studies for the Conduct of Human Clinical Trials and Marketing Authorization for Pharmaceuticals M3 (R2). 11 June 2009.

[7] 国家食品药品监督管理总局. 药物安全毒理学研究技术指导原则. 药物重复给药毒性研究技术指导原则. 2014 年 5 月.

[8] 食品安全国家标准慢性毒性和致癌性合并试验 GB 15193.17—2015.

[9] 吕建军，刘甦苏，左琴，等. C57-ras 转基因小鼠模型的 MNU 验证实验. 药物分析杂志，2013，33（1）：1935-1941.

18　体外3T3中性红摄取光毒性试验

3T3 NRU phototoxicity test

皮肤光毒性（phototoxicity）是指皮肤首次接触一些化学物质后暴露于光线下产生的毒性反应，或全身接触某种化学物后诱发的类似于皮肤的刺激反应。该反应具有剂量依赖性，当化学物质在体内累积到一定剂量后就会出现反应，其临床特征为出现晒斑、水疱等皮肤问题。发生皮肤光毒性反应有 3 个条件：①化合物或代谢产物能够到达活细胞；②适当波长的光能够穿透皮肤；③光感物质能够吸收能量。

3T3 成纤维细胞中性红光毒摄取试验（以下简称 3T3 中性红光毒性试验）通过比较化学物质或代谢产物在有光照和无光照下与细胞作用一段时间后，细胞吸收中性红的能力或细胞毒性的变化来评价受试物的光细胞毒性。3T3 细胞光毒性试验操作简单，重现性好，敏感度高，试验获得的阴性结果与体内试验结果的相关性高，适用于筛选化妆品用化学原料暴露于光照后诱导产生的潜在光毒性。

3T3 中性红光毒性试验于 1997 年经欧盟替代方法验证中心（Europe Center of Validation Alternative Methods，ECVAM）组织 11 个实验室验证后，1998 年 ECVAM 科学指导委员会（ECVAM Scientific Advisory Committee，ESAC）确认了该方法的高敏感性、高特异性、与人体试验结果的高相关性，推荐适用于化学品、药品和化妆品及其原料的光毒性检测，以替代急性皮肤光毒性的动物实验。2000 年该方法作为欧盟委员会官方认可的评价皮肤光毒性的唯一体外试验方法，将该方法纳入欧盟指令 EU 67/548/EEC 附录 V 中 B.42 方法《光毒性　体外中性红摄取光毒性试验》(2000 年)，2002 年经济合作和发展组织（Organization for Economic Cooperation and Development，OECD）发布该项试验的操作指南 No.432，将之作为测试光毒性的体外替代试验。2008 年中国质量检验检疫总局和中国标准化管理委员会发布了《GB/T 21769—2008—T 化学品体外 3T3 中性红摄取光毒性试验方法》作为化学品光毒性动物实验的替代方法之一，推荐适用于化学品潜在光毒性的筛选和检测。

1　方法简述

3T3 中性红光毒性试验以 BALB/c 小鼠 3T3 成纤维细胞株为细胞模型，将细胞株与化学物质共同培养 24 小时后，给予或不给予（对照）不引起细胞毒性的 UVA 照射，比较抑制细胞株摄取活体染料中性红 50% 的受试物浓度（IC_{50}）的细胞存活率，即以光刺激因子（PIF）=IC_{50}（-UV）/IC_{50}（+UV）的临界值或细胞毒性浓度 - 反应曲线的平均光效应临界值 MPE 的结果判断受试物的潜在光毒性。

中性红是一种弱的阳离子染料，常用作细胞活力标记物，极易以非离子扩散的方式穿透细胞膜并在细胞溶酶体内聚集，细胞表面的改变或敏感性溶酶体膜的改变导致溶酶体脆性增高等变化，这种变化由外来物质的作用引起，导致细胞摄取和吸收中性红的能力下降，并逐渐不可逆，如果细胞死亡则不能摄取中性红。所以，细胞摄取中性红的能力可以反映受试物对细胞膜性结构、细胞器功能、物质和能量代谢以及由此导致的细胞增殖和存活力的影响。

2 方法注释

2.1 光化学特性

多数能诱导产生光毒性效应的化学物质的共同特点是在光的波长范围内能吸收光能量，根据光化学第一定律（Grotthus-Draper 定律），吸收了足够的光能量就能发生光化学反应。因此，在试验前，应按 OECD 试验准则 no.101 测定或提供受试物的紫外 – 可见光吸收光谱，判断其是否具有光反应性。如果摩尔消光 / 吸收系数 <10L/（mol · cm），则该受试物不可能具有光化学反应性，该化学物质不必进行本项光毒性试验，或任何其他测定负光化学效应的生物学试验。

2.2 预测范围

3T3 中性红摄取光毒性试验能够定性预测动物和人体诱导生成的体内急性光毒性效应，不能定量评价光毒性，也不能预测光遗传毒性、光敏性或光致癌性。此外，本试验也不能阐明光毒性的间接机制、受试物的代谢作用或混合作用。

2.3 细胞株

推荐使用永生化 BALB/c 小鼠 3T3 成纤维细胞，该细胞是 G.T.Todaro1968 年从 BALB/c 小鼠胚胎培育出来的成纤维细胞。3T3 细胞代表着“在 $20cm^2$ 面积的平皿里 3 天消化接种 3×10^5 个细胞（3-day transfer，inoculum 3×10^5 cells）”。该细胞相对稳定，易于获得，易于生长。如果培养条件能满足细胞的特殊需要，皮肤成纤维细胞等其他细胞或细胞系也可以用于本试验，但必须证明其等同性。

由于细胞对 UVA 的敏感性随传代数的增多而增高，因此应使用可获得的最少传代数的细胞，传代数最好少于 100 次。

2.4 光源类型

选择合适的光源和滤光片是光毒性试验的关键因素。体内光毒性反应通常与 UVA 和可见光区域有关，与 UVB 的相关性小，但 UVB 却具有较高的细胞毒性。随着波长从 313nm 到 280nm 变化，细胞毒性增加 1000 倍。选择合适的光源必须符合的标准应包括光源发射的光波长能被受试物吸收（吸收光谱），光的剂量（在一个合理的暴露时间内能达到的剂量）能满足已知光毒性化学物质的检测。

模拟太阳自然光的太阳模拟器被认为是理想的人工光源，氙弧或（掺杂）汞金属卤灯常被用作太阳模拟器。由于所有的太阳光模拟器都发射出相当数量的 UVB，应经过适当的过滤使 $UVB<0.1J/cm^2$，以削弱 UVB 波长的高细胞毒性。透过 96 孔组织培养板盖的光强度建议为 $1.7mW/cm^2$（即 50 分钟的曝光时间必须达到 $5J/cm^2$）。

此外，如（红外区域）热量散发或类似于 UVB 波长的高细胞毒性的干扰等波长和剂量不能有损于试验系统，因此每次试验前应采用 UV 照度计检查光源及透过 96 孔板的紫外强度和波长，确保光源能够稳定地释放 UVA 和可见光波长。UV 照度计应经过校准，性能稳定。

2.5 受试物配制

除非有数据表明储存液可以接受，否则受试物应在试验前新鲜配制直接使用。建议所

有的化学物质操作和细胞处理初期都应避免受试物在光激活或光降解的光线条件下进行，如果可能出现快速光衰减现象，可能有必要在红光下准备。

由于3T3细胞光毒性试验中受试物需以溶液的形式加入细胞培养液中，所以需要注意受试物的处理，特别是不溶于水的样品的处理。在试验前，应首先评价受试物的溶解度，最好能根据样品的配方以选择最佳溶剂体系。溶剂必须不与受试物发生化学反应，体积一致，并不具有细胞毒性。推荐溶剂为EBSS、PBS或其他有机溶剂。能溶于水且浓度可以达到1000μg/mL的受试物可溶于灭菌的EBSS或PBS，EBSS或PBS最好预先加温至37℃。水中溶解度有限的受试物（<1000μg/mL）可用二甲基亚砜（DMSO）或乙醇（ETOH）溶解，浓度为所需终浓度的100倍，试验时按照1%的体积比加入。

中性红培养液的配制：1mL中性红原液加79mL含血清DMEM培养基。中性红培养液应该在37℃培养过夜，在用于细胞前以600×g离心10分钟以除去中性红晶体。也可使用其他方法（例如使用微孔过滤器过滤），只要它们能保证中性红培养液没有任何晶体。

2.6　受试物浓度

需通过预试验确定有光照和无光照条件下受试物的浓度范围。预试验可评估受试物在试验开始时及与细胞作用时间内的溶解性，因为溶解性可能在试验期间或暴露过程中发生变化。为避免产生不适当的培养条件，以及强酸性或强碱性化学物质产生的毒性，加有受试物的细胞培养基的pH范围应为6.5~7.8。

在预试验中，用适当溶剂将受试物以某一常数因子（例如3.16）稀释成8个浓度，覆盖一个大的浓度范围。根据预试验所获得的浓度－反应曲线的斜坡，正式试验中所使用的浓度系列的稀释因子应该小点（例如1.47），尽量覆盖相关浓度范围，避免包含无细胞毒性和100%细胞毒性的浓度。显示少于3种有细胞毒性的浓度的试验应该重复试验，如果有可能，使用更小的稀释因子。

受试物的最高浓度应在生理试验条件下确定，例如避免出现渗透性和极端的pH。视受试物性质不同，有必要考虑限制受试物最高浓度的其他物理化学因素。受试物的最高终浓度不应该超过1000μg/mL。每一种受试物经预试验后设立8个浓度组，溶剂在阴性对照组和所有8个受试物浓度组中保持相同的1%体积（*V/V*）。溶解性低的化学物质，最高浓度不能达到1000μg/mL，则以最大溶解度时的浓度作为最高浓度，避免受试物在任何浓度出现沉淀。

一般情况下受试物在+Irr和–Irr条件下采用相同的受试物浓度系列，但如果受试物在–Irr条件下浓度达到1000μg/mL时仍然没有显现出细胞毒性，但在+Irr条件下显现出较高的细胞毒性，那么就应该采用不同的浓度系列。

因为细胞的吞噬作用，为避免无光毒性物质出现假阳性的结果，因此也有学者提出最大的受试物浓度应为100μg/mL，因为大多数化学物质的毒性集中在1和10μg/mL，在安全系数为10的情况下，最大受试物浓度可为100μg/mL。这对于纯化妆品用化学原料来说也许已经足够，但对化妆品终产品来说，最高浓度100μg/mL是否恰当，仍有待于进一步研究。

2.7　质量控制

（1）定期检测细胞的光敏感性：每次试验前应检测细胞的光照敏感性，定期（约每传代15次）检查细胞对光线的敏感性。

（2）光源的质量控制：试验应符合的质量标准为紫外光源照射下（+Irr）阴性/溶

剂对照组的细胞活性与无紫外光源照射下（–Irr）阴性/溶剂对照组的细胞活性相比大于80%。

（3）溶剂对照的活性：未处理的阴性对照组获得的光密度绝对值（OD_{540} NRU）表示在测定的2天内随着正常的倍增时间每孔接种的1×10^4个细胞是否呈指数生长。如果未处理的阴性对照组的OD_{540} NRU ≥ 0.4（大约是空白对照OD_{540} NRU的20倍），那么试验方法符合认可标准。为了检测系统误差，未处理的阴性对照组放在96孔平板的左侧（第2行）和右侧（第11行）。

（4）阳性对照参考值：在完整的光毒性试验中，用两个平板测试氯丙嗪（CPZ），与受试化学物平行，作为阳性对照物。

如果CPZ的IC_{50}（+Irr）在0.1~2.0μg/mL范围内，IC_{50}（–Irr）在7.0~90.0μg/mL范围内，PIF至少为6，那么试验符合认可标准。

2.8　试验操作

（1）第1天：加100μL培养基于96孔组织培养板的外围孔（空白对照），在其余孔中加入100μL密度为1×10^5个细胞/mL的细胞悬液。每次试验都应制备两个板，包括相同的受试物浓度系列和溶剂对照，一个板用于确定细胞毒性（+Irr），另一个板用于确定光毒性（–Irr）。培养细胞24小时（5%~7.5% CO_2，36.5~37.5℃），直至它们形成半融合的单层细胞。该培养过程允许细胞恢复和粘连。

（2）第2天：去除培养液，用150μL EBSS/PBS洗细胞2次，洗细胞时不要直接对着细胞冲洗，应该沿着孔壁加入。轻柔拍打平板或用负压装置吸弃（吸力不能太大），去除冲洗溶液。加入100μL含适当浓度受试物或溶剂的缓冲液到孔中。培养细胞1小时（5%~7.5% CO_2，36.5~37.5℃）。在室温下将其中一个板进行+Irr暴露，以$1.7mW/cm^2$的光强度（即$5J/cm^2$）透过96孔板盖照射细胞50分钟；同时将另一个平板（–Irr）置于暗盒内50分钟（即光线暴露时间）。去除受试物溶液，用150μL EBSS/PBS洗细胞2~3次，去除冲洗溶液。用含血清培养液代替EBSS/PBS，37℃培养过夜（18~22小时）。

（3）第3天：在相差显微镜下检查细胞。记录受试物细胞毒性所致细胞形态学的改变，用于排除试验误差。用150μL预先加温的EBSS/PBS洗细胞2次，去除冲洗溶液。加入100μL中性红（NR）培养液，在36.5~37.5℃、5%~7.5% CO_2和湿度适宜的环境下培养细胞3小时。去除中性红培养液，用150μL EBSS/PBS洗细胞2~3次，去除冲洗溶液。准确加入150μL中性红解吸附溶液（用水、乙醇、醋酸按49∶50∶1的比例现配）。在微量滴定平板振荡器上快速振荡微量滴定平板10分钟，直至中性红已从细胞内被提取出来并形成均匀溶液。酶标仪测量溶液在540nm波长处的光密度，用空白孔作为参考对照。

2.9　结果评价

（1）3T3光毒性试验可通过同时分析有光照（+UVA）和无光照（–UVA）2种情况下获得的细胞毒性浓度–反应曲线，分别通过计算光刺激因子（PIF值）和平均光效应（MPE值）来进行评价。

PIF值主要通过分析在有光照（+Irr）和无光照（–Irr）2种情况下获得的细胞毒性浓度–反应曲线，确定能抑制50%的细胞活性的受试物浓度（IC_{50}）来计算。PIF较简便，任何适宜的方法都能用来计算IC_{50}，但主要的局限在于PIF是建立在有/无光照的等效应质量浓度（IC_{50}）比较的基础上，而IC_{50}不是在每个有/无光照例子中都能确定。当化学

物有光照有细胞毒性、无光照无细胞毒性，或者化学物在最高受试质量浓度时仍未显示任何光毒性时，PIF 无法计算，难以确定最佳阈值。

MPE 值主要通过 MPE 的预测模型通过在浓度网格上进行比较有 / 无光照 2 种情况下获得的细胞毒性剂量 - 反应曲线［浓度效应（CE_i）和反应效应（RE_i）］计算，通过将 MPE 与临界阈值 MPEc 比较，可精确预测每一种化学物的潜在光毒性，但需要通过专门的软件程序 PHOTO32 或更高版本（OECD 试验指南网站免费下载）进行分析。

目前有研究表明，PIF 一般较 MPE 敏感，在浓度低至 1μg/mL 时，也呈现光毒性阳性。而且由于在某些情况下 PIF 无法计算，难以确定最佳阈值。而 MPE 涵盖了所有可能的浓度 - 效应，可更准确地评价化学物质的潜在光毒性，因此推荐优先使用 MPE 值进行光毒性结果评价。

（2）任何一间实验室在初步建立 3T3 光毒性试验方法时，应先采用表 1 中的参考物质进行试验，如果得到的 PIF 值和 MPE 值接近于表 1 中的数值，再开展受试物的光毒性检测。

2.10 数据说明

（1）如果在受试物的浓度范围内细胞活性下降到 50%（IC_{50}），在有 / 无光照下得到的试验数据应符合一条由试验数据拟合成的曲线，可进行有意义的浓度 - 反应分析。

（2）如果试验结果为阴性（PIF<5 或 MPE<0.1），表明受试物在该试验条件下确定无潜在光毒性，除该试验外，再加上一个或多个浓度范围确定试验支撑就足够了，无须做重复试验进行确认。

表 1 参考物质的光毒性检测数据

化学物名称和CAS编号	PIF	MPE	吸收峰	溶剂
盐酸胺碘酮 Amiodarone HCL［19774-82-4］	>3.25	0.27-0.54	242nm 300nm（肩峰）	乙醇
盐酸氯丙嗪 Chloropromazine HCL［69-09-0］	>14.4	0.33-0.63	309nm	乙醇
诺氟沙星 Norfloxacin［70458-96-7］	>71.6	0.34-0.90	316nm	乙腈
蒽 Anthracene［120-12-7］	>18.5	0.19-0.81	356nm	乙腈
原卟啉 Protoporphyrin IX，Disodium［50865-01-5］	>45.3	0.54-0.74	402nm	乙醇
组氨酸 L-Histidine［7006-35-1］	no PIF	0.05-0.10	211nm	水
六氯酚 Hexachlorophene［70-30-4］	1.1-1.7	0.00-0.05	299nm 317nm（肩峰）	乙醇
十二烷基硫酸钠 Sodium lauryl sulfate［151-21-3］	1.0-1.9	0.00-0.05	无吸收	水

（3）如果试验结果为阳性，表明受试物可能具有体内光毒性，这种作用或者由于全身应用后分布于皮肤产生，或者经局部应用产生。由于该方法的高度敏感性，如果试验结果获得光毒性阳性，特别是只有最高浓度（特别是水溶性受试物）才有光毒性阳性结果，要评价此受试物的光毒性还需做进一步考虑，包括受试物的皮肤吸收性和累积的可能性，或进行其他试验，如重组人皮肤模型（H3D-PT）的检测。可能还需要进行进一步的光毒性测试。

（4）如果在有 / 无光照条件下都没有细胞毒性效应，则一种可能性是由于受试物的溶解度比较低，使受试物浓度受到限制不足以显示出细胞毒性；另一种可能性是受试物不一定适用于 3T3 中性红光毒摄取试验，应采用其他试验方法进行确认。

（5）模棱两可的、临界范围附近的和不清楚的结果需要进一步试验进行澄清，在这种情况下，应考虑改变试验条件，试验条件的改变可能包括浓度范围或间距、预孵育时间、照射暴露时间等。

19　离体皮肤腐蚀性大鼠经皮电阻试验

In vitro skin corrosion：transcutaneous electrical resistance test（TER）

皮肤腐蚀性（dermal corrosion）是指皮肤涂敷受试物后局部引起的不可逆性组织损伤。皮肤表面角质层形成的屏障会产生电阻，当皮肤涂敷受试物并产生不可逆的组织损伤后，皮肤屏障被破坏，电阻值变小甚至趋近于零。本方法利用皮肤屏障与电阻值大小的相关性，通过测量染毒 24 小时后的大鼠皮肤电阻值大小，并结合肉眼观察损伤情况和罗丹明 B 染色的结果，判断皮肤是否产生不可逆性损伤。大鼠经皮电阻试验采用离体的大鼠背部皮肤，操作简单，测试结果的特异性、再现性和稳定性良好，可有效替代动物实验。因该方法减少动物用量并减轻动物痛苦，符合 3R 原则，适用于筛选化妆品用化学原料的潜在皮肤腐蚀性。

大鼠经皮电阻试验于 1998 年经欧盟替代方法验证中心（Europe Center of Validation Alternative Methods，ECVAM) 验证后，因其符合 3R 中减少动物用量、减轻动物痛苦的原则，批准其作为化学物质皮肤腐蚀性的替代方法之一。2002 年，美国替代方法跨部门验证协调合作委员会（ICCVAM）对该方法进行了评估并将此方法作为化学品皮肤腐蚀性检测替代方法。2004 年经济合作和发展组织（OECD）正式发布皮肤腐蚀性体外试验方法大鼠经皮电阻操作指南［OECD guidelines for the testing of chemicals：In Vitro Skin Corrosion：Transcutaneous Electrical Resistance Test Method（TER）. No. 430］，将其用于化学物质皮肤腐蚀性的安全性评价，之后于 2013 年和 2015 年两次修订该方法的操作指南，现行的指南标准为 2015 年版。但由于该方法的皮肤来源为试验大鼠，目前已不能满足欧盟等国家和地区的化妆品动物试验禁令的要求。本方法不仅涵盖了 OECD No. 430 指南的要求，而且结合我国实验室特点，对实验操作中的重要质量控制条件进行了确认。

1　方法简述

大鼠经皮电阻试验取 28~30 日龄的大鼠背部皮肤，制成直径约 20mm 的小皮片固定于

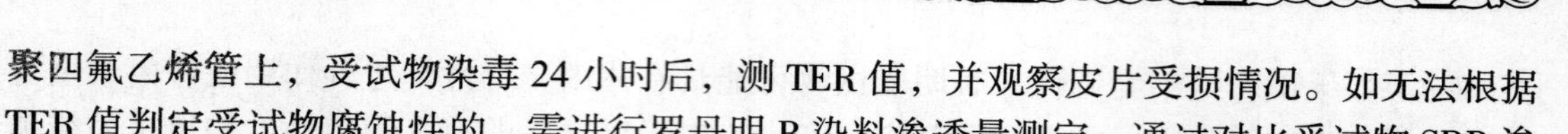

聚四氟乙烯管上，受试物染毒24小时后，测TER值，并观察皮片受损情况。如无法根据TER值判定受试物腐蚀性的，需进行罗丹明B染料渗透量测定，通过对比受试物SRB渗透量和阳性对照SRB渗透量的值，配合TER电阻值读数及皮片受损情况，判断受试物的腐蚀性。

2 方法注释

2.1 受试物

为防止受试物蒸发，可用封口膜将聚四氟乙烯管口封闭。阳性对照物为10M盐酸，但有时10M盐酸会蚀穿皮片，影响下一步罗丹明B染色的步骤。如出现上述情况，可选择不会蚀穿皮片的最高盐酸浓度作为阳性对照，如8M盐酸。

2.2 实验动物

大鼠皮肤应健康无破损。要求取离体皮肤时大鼠日龄为28~30日龄。大鼠背部去毛不能损伤皮肤，推荐使用宠物剃毛器，皮肤损伤的大鼠不能用于试验。由于剃毛会破坏皮肤角质层，因此需在21~24日时剃毛，可用抗生素液（如链霉素、青霉素或氯霉素等）擦拭去毛区域防止皮肤感染，3~4日后再次去毛，等到大鼠日龄为28~30日时处死取皮肤。

2.3 试验操作

（1）取大鼠背部皮肤，不要过分剔除造成皮肤损伤。可整体剥离大鼠背部皮肤，将皮肤固定在聚四氟乙烯管一端后再剪下多余皮肤，依次制备。为保证聚四氟乙烯管的封闭性，可以石蜡或凡士林将O型圈处将聚四氟乙烯管末端封闭。试验前，可用棉签拭干皮片表皮面。染毒时皮片的环境湿度对皮片状态影响较大，环境过于干燥会加速皮片破裂，因此建议试验时恒温恒湿静置。

（2）在测TER值前，需充分去除受试物，因为受试物残留会影响电阻值读数，必要时可用棉签协助去除皮片表面残留的受试物，但不能过分用力造成皮片脱落或破损。清洗时，清水或70%乙醇溶液不要直接冲在皮片上，应让液体顺聚四氟乙烯管壁流至皮片表面。阳性对照组需一同进行罗丹明B染色步骤。

（3）各实验室可根据自己使用的仪器，制作SRB–30% SDS水溶液吸光度值的标准曲线，例如：以30% SDS水溶液为溶剂，稀释10% SRB水溶液至质量分数为0，0.000 05%，0.000 1%，0.000 5%，0.001%的罗丹明B标准溶液，分别测定λ=565nm的罗丹明B标准溶液的吸光度值，以罗丹明B标准溶液的浓度为横坐标，OD_{565}值为纵坐标，绘制罗丹明B溶液浓度标准曲线并列出标准曲线的数学方程和相关系数。

（4）虽然TER值的大小与皮片屏障存在与否有直接关联，但由于受试物本身的理化性质，若清洗时无法完全去除干净，残留在皮片上的受试物会影响TER的结果。因此罗丹明B渗透量的结果可较好的辅助判断受试物的皮肤腐蚀性。必要时，还可将皮片制成病理切片，进一步观察皮片表皮角质层细胞的病理变化。

（5）实验室在最初建立方法时，应检测参考物质，确认大鼠经皮电阻仪的检测能力，再开展受试物腐蚀性检测。每次试验中，阴性对照及阳性对照的结果应满足质控要求。

参考文献

[1] OECD Guidelines for the Testing of Chemicals Test No. 430: In Vitro Skin Corrosion: Transcutaneous Electrical Resistance Test Method (TER). 28 July 2015.

[2] ICCVAM minimum performance standards: in vitro skin transcutaneous electrical resistance (TER) tests for skin corrosion. May 2003.

[3] 梁志明，杨杏芬，杨颖，等. 皮肤腐蚀性试验大鼠经皮电阻替代方法建立［J］. 中国公共卫生，2011，27（05）：574-576.

[4] 俞萍，胡启之，陆罗定，等. 大鼠透皮电阻实验替代皮肤腐蚀性实验的验证［J］. 毒理学杂志，2009（05）：360-363.

20　皮肤光变态反应试验

Skin photoallergy test

皮肤光变态反应（皮肤光过敏反应，skin photoallergy）是指皮肤接触受试物并经过紫外线照射，通过作用于机体免疫系统，诱导机体产生光致敏状态，经过一定间歇期后，皮肤再次接触同一受试物并在紫外线照射下，引起特定的皮肤反应，其反应形式包括：红斑，水肿等。

皮肤光变态反应是一种细胞介导的由光激活的皮肤免疫性反应，是Ⅳ型过敏反应的特殊类型，系光感物质经皮吸收或通过循环到达皮肤后与吸收的光线在皮肤细胞层发生的不良反应。目前较为公认的原理为：光感物质吸收光能后成激活状态，并以半抗原形式与皮肤中的蛋白结合成蛋白结合物，经表皮的郎罕氏细胞传递给免疫活性细胞，引起淋巴细胞致敏等免疫反应。致敏的淋巴细胞再次接触同一抗原时释放出淋巴因子，导致一系列有害反应。

本试验内容主要参考了日本化妆品工业连合会所编写的《化妆品安全性评价指南2015》中“光感作性”章节、美国EPA1982年编写的《皮肤毒性》一书中“光变态反应试验”章节、以及我国食品药品监督管理总局2015年5月13日所编写的《化学药物刺激性、过敏性和溶血性研究技术指导原则》。

1　方法简述

实验动物颈部去毛，通过多次皮肤涂抹诱导剂量的化妆品原料或产品后（可提前给予佐剂、皮肤损伤处理以增强敏感性）且多次暴露于一定剂量的紫外线下，诱导特定免疫系统（诱导阶段），经过一定间歇期后，在动物背部去毛皮肤给予激发剂量的受试物后暴露于一定剂量的紫外线下，观察实验动物并与对照动物比较对激发接触受试物的皮肤反应强度。

2 方法注释

2.1 受试物的光化学特性

进行光变态反应试验的前提是：化妆品原料或产品在紫外可见（UV/VIS）光谱（290~700nm）有吸收，具有光稳定性，以及根据SAR结果提示具有潜在的或不良的光效应。

如果某物质或产品在290~700nm的摩尔消光系数不超过1000L/mol·cm时，无需进行光变态试验。

2.2 实验动物

选用符合国家标准要求的成年雄性或雌性白色豚鼠，体重350~500g，雌性动物应选用未孕或未曾产仔的。

动物选择及实验环境、饲料选择豚鼠维持饲料，饮水为自来水。注意以合适的方式补充适量维生素C，例如，可通过喂饲洗净晾干的白菜补充维生素C。

2.3 光源类型

诱导阶段与激发阶段均选择波长为320~400nm的UVA，如含有UVB，其剂量不得超过$0.1J/cm^2$。光源可选用黑光灯管、超高压汞灯加滤光片或其他符合以上条件的UVA光源。

未选择UVA+UVB作为紫外照射光源的原因在于动物实验中发现UVB照射易导致豚鼠皮肤发生红斑，而通过预试验来获得最小红斑剂量（MED）在实际操作中较为复杂，为提高试验的可重复性和可操作性，本方法的光源规定为UVA，如含有UVB，其剂量不得超过$0.1J/cm^2$。

2.4 受试物配制

除非有数据表明储存液可以接受，否则受试物应在试验前新鲜配制直接使用。

进行试验前，应充分掌握受试物的理化特性，如pH、紫外吸收谱、在水中或其他溶剂中的溶解度。

溶剂选择无光感作用的丙酮、乙醇或二者按一定比例混合的混合物。

2.5 受试物浓度的选择

受试物浓度采用原液或按人类实际用浓度，光变态反应试验的激发接触浓度可采用适当的稀释浓度。

诱导接触阶段的受试物浓度为能引起皮肤轻度刺激反应的最高浓度，激发接触阶段的受试物浓度为不能引起皮肤刺激反应的最高浓度。试验浓度水平可以通过少量动物（2~3只）的预试验获得。

受试物诱导与激发浓度选择需要通过预试验，排除原发皮肤刺激性与光毒性后的合适的浓度。

诱导浓度：建议设置包含多个浓度的浓度系列，常用浓度包括：10%、7%、5%、2.5%等。

激发浓度：建议设置包含多个浓度的浓度系列，常用浓度包括：5%、2.5%等。

2.6 阳性物浓度的选择

阳性物诱导与激发浓度选择：通过预试验，排除原发皮肤刺激性与光毒性后的合适的

浓度。

通常选取的阳性物在所选取的诱导与激发浓度下，其致敏率应为轻度或中度。

选用 TCSA 为阳性物，诱导浓度推荐为 2% 或 1%，激发浓度推荐为 0.5% 或 0.25%。

选用 6– 甲基香豆素为阳性物，诱导浓度推荐为 5% 或 2.5%，激发浓度推荐为 0.5%。

2.7　试验操作

动物绑定：选用长方形木板或钢板，四角安装螺栓，将豚鼠四肢的踝部逐一用橡皮筋的一头捆紧，橡皮筋的另一头缠系在螺栓上，呈背部朝上的大字形状。绑定时注意松紧适度，既不能让四肢脱出，也不能因为绑系太紧而导致豚鼠足踝部受伤。

诱导阶段去角质的过程中使用 3M 透明胶带在颈部去毛中央取悦粘贴撕开反复 3~4 次即可。去角质后需要在 15 分钟内涂敷受试物。去角质的目的是提高皮肤通透性、增加光到达皮肤的量、去除部分黑色素细胞，从而达到提高检测的灵敏度。

光源照射前应使受试物有足够的时间穿透皮肤，一般大于 30 分钟，并确证受试物存留在皮肤内。

紫外线照射：UV 光源在照射过程中，较为容易产生的问题是皮肤表层发热导致灼伤，因而影响皮肤红斑、水肿反应的评价，因此，实验过程中，建议在保证照射剂量的前提下，尽量采用较高强度的 UVA 光照，从而缩短照射时间，减少因长时间照射所导致的皮肤灼伤。紫外线照射时会产生一定热量，照射箱或照射架应有良好的通风降温设备。豚鼠照射时应注意遮盖其双眼，避免造成眼部损伤。

激发阶段涂布受试物的取用量很微量，为 0.02ml 或 0.02g。如果对原料进行取样，可选择 BD 1ml 皮试注射器、Hamilton 玻璃微量注射器按体积取样或使用专用的有机玻璃称量舟以减量称重法进行质量取样。如果对膏霜类化妆品产品进行取样，需要选用粘稠液体专用的微量移液器及配套移液 Tip 头。

2.8　结果评价

2.8.1　光变态反应试验结果成立的条件

分以下两种情况：

每组动物数设定为 5 只条件下，阳性组动物中皮肤光变态反应阳性动物数 ≥ 1 只，且阴性（溶剂）对照组全部动物中无皮肤光变态反应阳性动物，判定该光变态反应试验系统成立；

每组动物数 10 只条件下，阳性组致敏率 ≥ 20%，且阴性对照组致敏率 <10% 时，判定该光变态反应试验系统成立。

2.8.2　受试物光变态反应性的判定

分以下两种情况：

每组动物数设定为 5 只条件下，受试物组动物中皮肤光变态反应阳性动物 ≥ 1 只时，或每组动物数 ≥ 10 只条件下，受试物组动物致敏率 ≥ 20% 时，判定该受试物在该浓度下具有光变态反应性。

皮肤光变态反应试验应根据比较对照组和受试物组的反应进行评价。阳性结果时应追加试验，如：与已知阳性物质的比较试验及用其他方法（不加佐剂）进行试验，其中非损伤性试验方法有利于进一步对光变态反应性进行评价。

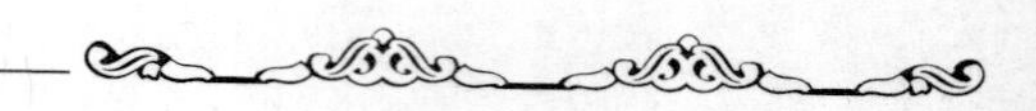

3　方法研究现状

对欧盟而言，目前皮肤光过敏反应检测并无有效体外方法可供采用。尽管如此，理论预期上，具有光变态特性的化学物可能在 3T3 NRU PT 试验中出现阳性结果。目前有文献报道的体外光过敏检测方法包括：人外周血单核细胞衍生树突状细胞（PBMDC）表面 CD86 分子表达试验、人单核细胞株 THP-1 表面巯基 / 胺类光化试验、人角质朊细胞株 NCTC 2544 细胞内 IL-18 含量测定等。此外，体外 ROS 分析用于光变态反应性的预测具有较高的灵敏度，但缺点是易得到一定比例的假阳性结果。

光变态反应动物试验现状：目前在欧洲，用于化妆品目的的动物测试已被禁止。一些文献报道了对化学品和（或）化妆品原料在动物皮肤上的光斑贴试验方法（Forbes，1977；Lovell，1992；Nilsson，1993）。选用的动物包括（按敏感程度的降序排列）无毛小鼠，豚鼠，兔，猪。 动物试验测试结果外推至人时存在一定问题，尽管无毛小鼠与豚鼠似乎比人更敏感。

参考文献

［1］ 光感作性。化粧品の安全性評価に関する指針 2015（日本化粧品工業連合会編，2015 年 11 月 27 日出版，薬事日報社）.

［2］ Photoallegy Testing. Dermototoxicity (US EPA, 1982).

［3］ 化学药物刺激性、过敏性和溶血性研究技术指导原则。【H】GPT4-1。国家食品药品监管总局。2015 年 5 月 13 日.

［4］ THE SCCS NOTES OF GUIDANCE FOR THE TESTING OF COSMETIC INGREDIENTS AND THEIR SAFETY EVALUATION (9 th revision, September 29th, 2015).

［5］ ICH Guidance S10 on Photosafety Evaluation of Pharmaceuticals Step5. ICH, January 2015.

［6］ 中药、天然药物免疫毒性（过敏性、光过敏反应）研究的技术指导原则。【Z】GPT5-1。国家食品药品监管总局。2005 年 3 月.

［7］ Guidance for Industry-Photosafety Testing. (CDER FDA US DHHS，2003).

［8］ Ichikawa H, Armstrong RB, Harber LC. Photoallergic contact dermatitis in guinea pigs: Improved induction technique using Freund's complete adjuvant. Journal of investigative Dermatology. 1981 Jun 30; 76(6): 498-501.

［9］ Kaidbey KH, Kligman AM. Photomaximization test for identifying photoallergic contact sensitizers. Contact Dermatitis. 1980 May 1; 6 (3): 161-9.

［10］ Jordan WP. The guinea pig as a model for predicting photoallergic contact dermatitis. Contact dermatitis. 1982 Apr 1; 8(2): 109-16.

［11］ Martínez V, Galbiati V, Corsini E, Martín-Venegas R, Vinardell MP, Mitjans M. Establishment of an in vitro photoassay using THP-1 cells and IL-8 to discriminate photoirritants from photoallergens. Toxicology in Vitro. 2013 Sep 30; 27(6): 1920-7.

［12］ Oeda S, Hirota M, Nishida H, Ashikaga T, Sasa H, Aiba S, Tokura Y, Kouzuki H. Development of an in vitro photosensitization test based on changes of cell-surface thiols and amines as biomarkers: the photo-SH/NH

2 test. The Journal of toxicological sciences. 2016; 41(1): 129–42.

[13] Haw–Yueh Thong, Howard I. Maibach. Photosensitivity Induced by Exogenous Agents: Phototoxicity and Photoallergy. Dermal Absorption and Toxicity Assessment, Second Edition (Drugs and the Pharmaceutical Sciences). 177–Informa Healthcare (2007) (1).

[14] Kobayashi I, Hosaka K, Mamo H, et al. Skin toxicity of propranolol in guinea pigs [J]. J Toxieol Sci, 1999, 24(2): 103–112.

[15] Obaza S, Mamyama K, Iehikawa N. et al. Skin sensitization and photosensitization studies of hydrophohically modified hydroxypropyl methyleeHulose in guinea pigs [J]. J Toxieol Sci, 1998, 23 Suppl 3: 553–560.

[16] 宋瑞霞，阮鸿洁，石莹，等. 两种光接触性变态反应试验方法的比较. 经济发展方式转变与自主创新——第十二届中国科学技术协会年会（第三卷）. 2010.

[17] 杨文祥，孙凡中，王成，侯学文，樊柏林. 豚鼠皮肤光过敏试验方法的建立. 中国比较医学杂志，2011 Oct 10；21（7）：67–70.

第七章

人体安全性检验方法

In vivo safety evaluation of cosmetics

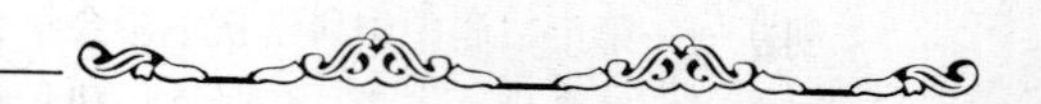

在日常使用化妆品中最可能发生的不良反应是引起皮炎，并可分为刺激性接触性皮炎和变态反应性接触性皮炎。刺激性接触性皮炎是非免疫性机制引起的皮肤局限性表浅性炎症反应，由刺激物所致，皮肤损害主要发生在化妆品接触部位，界限清楚，并有一定的剂量－反应关系，强刺激物一次接触即可致病（急性刺激），弱刺激物连续反复使用一段时间才会致病（累积刺激）。变应性接触性皮炎是通过免疫机制引起的皮肤炎症反应，有一定潜伏期，初次接触经 5~14 天或更长时间发病，致敏后再次接触常在 1~2 天内发病，和患者是否为过敏体质及对致敏物是否过敏有关，皮损主要发生在化妆品的接触部位，严重时可向周围或远隔部位扩散甚至泛发全身。另值得注意的是敏感性皮肤对化学物、外界环境等因素的不耐受程度比正常皮肤高得多，在使用化妆品时容易产生刺痛、灼热和瘙痒等主观刺激感觉，因而对化妆品的安全性有更高的要求。通常使用者在正常条件下，用正确方法使用化妆品而引起的皮肤问题可以提示可能和化妆品安全性有关，或消费者是否处于敏感状态。

鉴于伦理等问题，化妆品人体安全性检验是化妆品安全性评价的最终试验，也是化妆品终产品安全性评价体系中至关重要的部分。虽然许可检验中的毒理学检验可在一定程度上预测到多数不良反应，在一定程度上保证了化妆品的安全性，但对于防晒、祛斑等特殊产品，部分功效成分发生皮肤不良反应的潜在风险概率相对较高，故在这类产品上市之前有必要采用人体评价方法来确认其安全性。化妆品人体安全性评价应参考 ICH GCP（E6）原则和我国《药物临床试验质量管理规范》的要求，根据产品的特性选用不同的试验方法，具体有开放型皮肤单次或重复多次涂抹试验、封闭型 / 半封闭型皮肤单次或重复多次斑贴试验、安全性试用试验等。根据不同特殊用途化妆品可能引起的皮肤反应性，本规范中规定防晒类、祛斑类和除臭类化妆品一般情况下采用皮肤封闭型斑贴试验（单次），祛斑类化妆品和粉状（如粉饼、粉底等）防晒类化妆品进行皮肤封闭型斑贴试验出现刺激性结果或结果难以判断时，增加皮肤重复性开放型涂抹试验；育发类、健美类、美乳类、脱毛类和驻留类产品卫生安全性检验结果 pH ≤ 3.5 或企业标准中设定 pH ≤ 3.5 的产品及其他需要类似检验的化妆品进行人体安全性试用试验。

1　人体安全性检验方法总则

General principles

【规范原文】

> 1　范围
>
> 本部分规定了化妆品安全性人体检验项目和要求。
>
> 本部分适用于化妆品产品的人体安全性评价。

【注释】

需进行行政许可审批的不同类别的化妆品应按规定完成相应的检验项目。非行政许可的其他类别的化妆品安全性评价可参照使用。

【规范原文】

> 2.1　化妆品人体检验应符合国际赫尔辛基宣言的基本原则，要求受试者签署知情同意书并采取必要的医学防护措施，最大程度地保护受试者的利益。

【注释】

本条款为人体医学研究的伦理准则，具体见《世界医学协会赫尔辛基宣言（2013 年版）》，共 37 条。化妆品人体安全性检验在开始前，须让受试者了解检验流程，并在其完全自愿的情况下签署知情同意书。但要注意的是本规范规定的化妆品人体安全性检验是在正常人群中进行的，而且需要进行人体安全性检验的产品均已经通过理化、微生物和毒理学检验，因此对医学伦理的要求与临床试验药品有很大区别。目前国际惯例一般也要求开展化妆品人体安全性检验项目的机构设立伦理委员会，对可能引起人体皮肤明显损伤的检验产品 / 项目应向伦理委员会报批。

【规范原文】

> 2.4　化妆品人体斑贴试验适用于检验防晒类、祛斑类、除臭类及其他需要类似检验的化妆品。

【注释】

本条款中增加“其他需要类似检验的化妆品”，是根据国家食品药品监督管理总局 2013 年第 10 号通告“关于调整化妆品注册备案管理有关事宜”要求“美白类化妆品纳入祛斑类化妆品管理”，故美白类化妆品也需要进行此项检测。

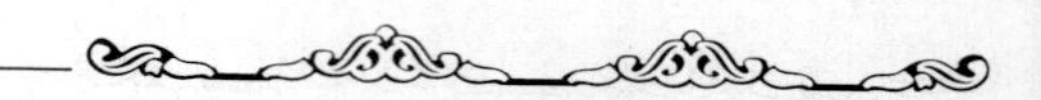

【规范原文】

2.5　化妆品人体试用试验适用于检验健美类、美乳类、育发类、脱毛类、驻留类产品卫生安全性检验结果 pH ≤ 3.5 或企业标准中设定 pH ≤ 3.5 的产品及其他需要类似检验的化妆品。

【注释】

本条款中增加“驻留类产品卫生安全性检验结果 pH ≤ 3.5 或企业标准中设定 pH ≤ 3.5 的产品”，根据《化妆品行政许可检验管理办法》（国家食品药品监督管理局国食药监许〔2010〕82 号文件）附件“化妆品行政许可检验规范”第二十三条修改。

参考文献

［1］秦钰慧. 化妆品安全性及管理法规. 北京：化学工业出版社，2013.

［2］Pauwels M, Rogiers V. Safety evaluation of cosmetics in the EU. Reality and challenges for the toxicologist. Toxicol Lett, 2004, 151 (1): 7–17.

［3］国家食品药品监督管理局令，第 3 号. 药物临床试验质量管理规范. 2003-08-06.

［4］Guidelines for the safety assessment of a cosmetic product. COLIPA DUIDLINES. Edition of 2004.

［5］Meloni M, Berardesca E. The impact of COLIPA guidelines for assessment of skin compatibility on the development of cosmetic products. Am J Clin Dermatol, 2001, 2 (2): 65–68.

2　人体皮肤斑贴试验

Human skin patch test

1　方法简述

《化妆品安全技术规范》收载的人体皮肤斑贴试验包括皮肤封闭型斑贴试验及皮肤重复性开放型涂抹试验。一般应先进行皮肤封闭型斑贴试验，祛斑类化妆品和粉状（如粉饼、粉底等）防晒类化妆品进行人体封闭型皮肤斑贴试验出现刺激性结果或结果难以判断时，增加皮肤重复性开放型涂抹试验。

皮肤封闭型斑贴试验是将一定量［0.020~0.025g（mL）］的产品置于规定大小的封闭性斑试小室（面积不超过 $50mm^2$、深度约 1mm）内，然后贴敷于人体背部或前臂屈侧皮肤 24 小时，通过观察去除贴敷物后 30 分钟、24 小时和 48 小时的皮肤反应情况来评价产品对人体皮肤安全性的一种方法。受试者个体皮肤反应结果判定以 3 次观察时间中的最高反应程度计，产品结果以至少 30 例受试者中出现不同反应程度相应例数的总和为依据。

皮肤重复性开放型涂抹试验是以一定数量［0.050g（mL）±0.005g（mL）］的产品每天2次、连续7天涂抹于规定面积（3cm×3cm）的前臂皮肤上，每次涂抹前观察皮肤反应，出现3分或3分以上的皮肤反应时，可根据具体情况决定是否中断试验，皮肤反应以出现的最高分计，并于第8~10天再3次观察停止涂抹产品后有无迟发型皮肤反应。受试者个体皮肤反应结果判定以所有观察的最高皮肤反应程度计，产品结果以至少30例受试者中出现不同反应程度相应例数的总和为依据。

2 方法注释

2.1 本方法中去除了即洗类产品进行人体皮肤斑贴试验的稀释浓度规定，《化妆品卫生规范》（2007年版）中对试验物浓度的规定有局限性，有可能会限制或误导某些新型化妆品产品试验浓度的选择，检验机构应根据产品的具体使用方法及相关文献确定人体皮肤斑贴试验物浓度，欧洲COLIPA的相关指南中提出可以选择不同的安全性评价方法。

2.2 本方法受试者入选时应排除近1周内使用抗组胺药或近1个月内使用免疫抑制剂者，因为在一定时间内使用过这些药物可能会抑制皮肤反应的发生，从而影响对产品安全性的真实评价。其中抗组胺类药物分H_1受体拮抗剂和H_2受体拮抗剂两大类。常见的第一代H_1受体拮抗剂有氯苯那敏、苯海拉明、赛庚啶、异丙嗪、酮替芬等，第二代H_1受体拮抗剂有阿司咪唑、非索非那定、特非那定、氯雷他定、西替利嗪、美喹他嗪、阿伐斯汀、咪唑斯汀等；常见的H_2受体拮抗剂有西咪替丁、雷尼替丁和法莫替丁等。免疫抑制剂即非特异性抑制机体免疫功能的药物，常见的有环磷酰胺、硫唑嘌呤、甲氨蝶呤、环孢素、他克莫司、霉酚酸酯等。

2.3 本方法受试者入选时应排除胰岛素依赖型糖尿病患者，即1型糖尿病患者，因其胰岛素分泌细胞严重损害或完全缺失，内源性胰岛素分泌极低，需用外源性胰岛素治疗，并易出现糖尿病酮症酸中毒（DKA），是糖尿病中严重的类型，故排除。

2.4 本方法受试者入选时应排除正在接受治疗的哮喘或其他慢性呼吸系统疾病患者，后者常见的有慢性阻塞性肺气肿、慢性肺源性心脏病、肺结核、慢性呼吸衰竭、硅沉着病、肺纤维化等，需排除。

2.5 本方法对“合格斑试材料”规格做了具体的规定（面积不超过$50mm^2$、深度约1mm），相对于只规定试验用量来说更为科学。

2.6 本方法将“开放型斑贴试验”名称改为“重复性开放型涂抹试验”，相对于英文原文“repeat open application test”的翻译更为准确。

2.7 本方法修改了重复性开放型涂抹试验的试验皮肤面积和产品用量。根据文献提示试验面积的大小不会影响重复性开放型涂抹试验的结果，同时结合《化妆品卫生规范》（2007年版）相关操作经验对此进行了修订。

2.8 本方法在《化妆品卫生规范》（2007年版）中的“结果解释”部分内容因涉及非技术规范用语而整体去除。特在此补充说明，当皮肤封闭型斑贴试验结果在30例受试者中出现1级皮肤不良反应的人数多于5例（不含5例，下同），或2级皮肤不良反应的人数多于2例（除臭产品斑贴试验1级皮肤不良反应的人数多于10例，或2级反应的人数多于5例），或出现任何1例3级或3级以上的皮肤不良反应时，提示该受试物可能会对

人体皮肤产生不良反应；当皮肤重复性开放型涂抹试验结果在 30 例受试者中若有 1 级皮肤不良反应多于 5 例（含 5 例，下同），或 2 级皮肤不良反应多于 2 例，或出现任何 1 例 3 级或 3 级以上的皮肤不良反应时，提示该受试物可能会对人体皮肤产生不良反应。

参考文献

［1］ Groot ACD, Frosch PJ. Patch test concentrations and vehicles for testing contact allergens. Springer Berlin Heidelberg, 2011: 1037–1072.

［2］ Guidelines for the safety assessment of a cosmetic product. COLIPA DUIDLINES. Edition of 2004.

［3］ 张学军. 皮肤性病学. 第 7 版. 北京：人民卫生出版社，2008.

［4］ Nakada T, Hostynek JJ, Maibach HI. Use tests: ROAT (repeated open application test)/PUT (provocative use test): an overview. Contact Dermatitis, 2000, 43 (1): 1–3.

［5］ Hannuksela A, Niinimäki A, Hannuksela M. Size of the test area does not affect the result of the repeated open application test. Contact Dermatitis, 1993, 28 (5): 299–300.

［6］ Hannuksela M, Salo H. The repeated open application test (ROAT). Contact Dermatitis, 1986, 14 (4): 221–227.

3　人体试用试验安全性评价

Safety evaluation of using tests of cosmetics on human body

1　方法简述

《化妆品安全技术规范》收载的人体试用试验安全评价方法为人体试用法。化妆品已被广泛用于一般人群的皮肤或黏膜上，偶尔也会出现局部的和全身的不良反应。相对于人体暴露，动物实验和替代方法的预测价值是有限的，因此在志愿者身上进行皮肤相容性试验，这是科学及伦理的需要。

本方法要求选择自愿受试者至少 30 例，根据数理统计学的基本原理和方法，在实践中一般以 n>30 即是大样本，用正态分布进行区间估计，其误差很小，可以忽略不计。

根据资料，化妆品的皮肤不良反应可能有急性的、累积或迟发性的刺激性接触性皮炎或变态反应性接触性皮炎，后者在初次接触化妆品时并不起反应，一般需经 4~20 天的潜伏期，再接触同类物质后，可于几小时至 1~2 天内在接触部位或邻近部位发生皮炎。因此，本方法根据不同特殊用途化妆品可能的反应性和使用特点，要求健美类、美乳类、育发类、驻留类产品卫生安全性检验结果 pH ≤ 3.5 或企业标准中设定 pH ≤ 3.5 的产品按照化妆品产品标签注明的使用特点和方法直接使用产品，每周 1 次观察或电话随访受试者的皮肤反应，按皮肤不良反应分级标准记录结果，试用时间不得少于 4 周；脱毛类产品让受试者直接使用受试产品后观察皮肤反应。

2　方法注释

2.1　本方法中增加"驻留类产品卫生安全性检验结果 pH ≤ 3.5 或企业标准中设定 pH ≤ 3.5 的产品"，是根据《化妆品行政许可检验管理办法》(国家食品药品监督管理局国食药监许〔2010〕82 号) 附件"化妆品行政许可检验规范"第二十三条修改的。

pH 是化妆品重要的质量指标，人体皮肤的 pH 通常在 4.2~6.5，如果使用的化妆品 pH 过小或过大，不仅影响化妆品功效的正常发挥，还可造成刺激性皮炎、皮疹、毛发损伤等，故有必要对 pH ≤ 3.5 的化妆品产品进行人体安全性试用试验。

2.2　本方法试验目的所述的皮肤不良反应定义是指由于正常使用化妆品而引起的皮肤或皮肤附属器发生病理生理改变，如皮肤红斑、丘疹、水肿、脱屑、色素改变或伴有刺痛、瘙痒等，甚至毛发及指(趾)甲等皮肤附属器病变。

2.3　本方法受试者性别要求除美乳类产品只限女性外，其他类产品的试用试验对象男女不限。

2.4　本方法受试者入选时应排除近 1 周内使用抗组胺药或近 1 个月内使用免疫抑制剂者，因为在一定时间内使用过这些药物可能会抑制皮肤反应的发生，从而影响对产品安全性的真实评价。其中抗组胺类药物有 H_1 受体拮抗剂和 H_2 受体拮抗剂两大类，常用的抗组胺药有阿司咪唑、特非那定、氯雷他定、西替利嗪、西咪替丁、雷尼替丁和法莫替丁等。免疫抑制剂常用药物有环磷酰胺、硫唑嘌呤、甲氨蝶呤、环孢素等。这类药物毒副作用较大，有胃肠道反应、可诱发感染和肿瘤、抑制造血系统、骨髓功能、造成肝损害、不育和致畸等。

2.5　本方法受试者入选时应排除胰岛素依赖型糖尿病患者，糖尿病是一组由于胰岛素分泌绝对不足和(或)胰岛素生物效应降低所致的以高血糖为特征的代谢紊乱综合征。胰岛素依赖型糖尿病患者因其胰岛素分泌细胞严重损害或完全缺失，内源性胰岛素分泌极低，需用外源性胰岛素治疗，并易出现糖尿病酮症酸中毒(DKA)，是糖尿病中严重的类型，故排除。

2.6　本方法在《化妆品卫生规范》(2007 年版)中的"结果解释"部分内容因涉及非技术规范用语而整体去除。特在此补充说明，育发类、健美类、美乳类、驻留类产品卫生安全性检验结果 pH ≤ 3.5 或企业标准中设定 pH ≤ 3.5 的产品 30 例受试者中出现 1 级皮肤不良反应的人数多于 2 例(不含 2 例，下同)，或 2 级皮肤不良反应的人数多于 1 例，或出现任何 1 例 3 级或 3 级以上的皮肤不良反应时，提示该受试物可能会对人体皮肤产生不良反应；脱毛类产品 30 例受试者中出现 1 级皮肤不良反应的人数多于 3 例，或 2 级皮肤不良反应的人数多于 2 例，或出现任何 1 例 3 级及 3 级以上的皮肤不良反应时，提示该受试物可能会对人体皮肤产生不良反应。

参考文献

[1]　秦钰慧. 化妆品安全性及管理法规. 北京：化学工业出版社，2013.

[2]　吴梅村. 数理统计学基本原理和方法. 成都：西南财经大学出版社，2006.

［3］ 赵丽. 美容化妆品学. 沈阳：东北大学出版社，2005.
［4］ 化妆品安全技术规范（征求意见稿）（食药监药化管便函〔2015〕876号）.
［5］ 阎世翔. 化妆品科学上册. 北京：科学文献出版社，1995.
［6］ 郑星泉，周淑玉，周世伟. 化妆品卫生检验手册. 北京：化学工业出版社，2003.
［7］ 刘玮，房军，蔡瑞康. 化妆品皮肤不良反应及其临床监测. 中国卫生监督杂志，2008，15（3）：183-187.
［8］ 国家食品药品监督管理局令，第3号. 药物临床试验质量管理规范. 2003-08-06.
［9］ 全国卫生专业技术资格考试专家委员会. 皮肤与性病学. 济南：山东大学出版社，2004.
［10］ Greenspan FS, Strewler GJ. 基础与临床内分泌学. 第5版. 施秉银译. 西安：世界图书出版西安公司，2001.

第八章

人体功效评价检验方法

In vivo efficacy evaluation of cosmetics

随着人们生活水平的提高以及对皮肤健康美丽的追求，化妆品因对皮肤有清洁、保护、美化、修饰和消除不良气味等作用而成为深受青睐的日常消费品，化妆品的特定功效是吸引消费者购买的重要因素。化妆品人体功效性评价是化妆品功效宣称的重要依据，一般要求在拥有专业经验、良好的实验室控制流程或条件的实验室内进行。评价过程是以一定样本的健康志愿者为受试对象，通过特定的主客观评价技术收集并分析相关数据来证实化妆品所宣称的功效。人体功效评价试验必须遵循安全性、伦理学和科学性的原则。欧洲化妆品及其他相关产品功效评价工作组（European Expert Group for Efficacy Measurements of Cosmetics and Other Topical Products，EEMCO）已发布的部分化妆品人体功效评价方法和具体评价技术的指南有化妆品抑汗和除臭功效评价指南、皮肤油脂、皮肤微循环测试指南等。日本化妆品工业联盟协会（Japan Cosmetic Industry Association，JCIA）发布了化妆品抗老化、美白和防晒功效评价的指南。

在众多影响皮肤美好外观的问题中皮肤老化是消费者最为关注的问题之一，造成皮肤老化的原因包括了内源性（如年龄等）和外源性（紫外线等）因素，由于紫外线辐射是环境因素中导致皮肤老化的主要因素，所以皮肤外源性老化又称为皮肤光老化（photoaging）。太阳光中的紫外线可分为长波紫外线UVA、中波紫外线UVB和短波紫外线UVC，UVC会被臭氧层阻隔而不能到达地面，而UVA和UVB可穿透云层到达人体皮肤，成为皮肤光老化的元凶。皮肤光老化主要表现为皮肤松弛、皱纹、色斑等，长期日光照射还可诱发一系列光线性疾病，严重者可能发生皮肤癌等恶性肿瘤，严重影响人类皮肤健康。UVA和UVB对皮肤的损伤有所不同，UVB在短期内能让皮肤产生红斑、水肿等炎症反应（晒伤），进而逐渐演变为皮肤色素沉着；UVA能够引起皮肤黑化，穿透表皮侵入真皮，导致脂质和胶原蛋白受损而使皮肤失去弹性。因此具有全面光防护作用的防晒化妆品的研发成为日化工业和皮肤科学的工作热点，鉴于光对皮肤的严重影响，对防晒化妆品防晒效果的正确评价尤为重要。美国FDA、欧盟、日本、澳大利亚、南非、新西兰、韩国、哥伦比亚等国相继建立了防晒化妆品防晒效果评价方法并不断修订，我国于2002年首次将防晒化妆品防护指数（SPF值）测定纳入我国化妆品卫生规范方法，2007年又将防晒化妆品防水性能测定方法和防晒化妆品长波紫外线防护指数（PFA值）测定方法纳入。国际标准化组织（International Organization for Standardization，ISO）也于2010和2011年相

继发布了防晒化妆品紫外线防护的两项人体功效评价标准。本规范在《化妆品卫生规范》（2007 年版）的基础上规定和完善了防晒化妆品的功效性评价方法。

1　人体功效评价检验方法总则

General principles

【规范原文】

> **1　范围**
>
> 本部分规定了化妆品功效评价的人体检验项目和要求。
>
> 本部分适用于化妆品产品的人体功效性评价。

【注释】

本规范主要规定了防晒类化妆品行政许可审批的防晒效果测定功效检验项目和方法，非行政许可的防晒类产品效果测定可参照使用。

【规范原文】

> **2　化妆品人体功效检验的基本原则**
>
> 2.1　化妆品人体功效评价检验应符合国际赫尔辛基宣言的基本原则，要求受试者签署知情同意书并采取必要的医学防护措施，最大程度地保护受试者的利益。

【注释】

本条款为人体医学研究的伦理准则，具体见《世界医学协会赫尔辛基宣言（2013 年版）》，共 37 条。化妆品人体功效评价检验应在检验开始前，必须让受试者了解检验流程，在受试者完全自愿的情况下签署知情同意书。但须注意的是本规范规定的化妆品人体功效检验是在正常人群中进行，而且需要进行人体功效检验的产品均已经通过理化、微生物、毒理学检验和人体皮肤斑贴试验，因此对医学伦理的要求与临床试验药品有很大区别。目前国际惯例一般也要求开展化妆品人体检验的机构设立伦理委员会，对可能引起人体皮肤明显损伤的检验样品 / 项目应向伦理委员会报批。

【规范原文】

> 2.2　选择适当的受试人群，并具有一定例数。

【注释】

应按照受试者入选标准选择参加检验的合格受试者，入选标准具体见检验方法中的“受试者的选择”，最终检验结果有效人数不少于 10 例。

【规范原文】

> 2.3 化妆品人体功效检验之前应先完成必要的毒理学检验及人体皮肤斑贴试验，并出具书面证明，人体皮肤斑贴试验不合格的产品不再进行人体功效检验。

【注释】

本条款在化妆品人体功效检验之前要求完成的检验中增加了人体皮肤斑贴试验，主要是本着化妆品人体功效评价试验必须首先遵循安全性原则的基础。

【规范原文】

> 2.4 化妆品功效性检验目前包括防晒化妆品防晒指数（sun protection factor，SPF 值）测定、防水性能测试以及长波紫外线防护指数（protection factor of UVA，PFA 值）的测定。

【注释】

根据产品拟标识内容进行相应的防晒功效评价检验。

参考文献

［1］ Guidelines for the evaluation of the efficacy of cosmetic products. COLIPA guidelines. May 2008.

［2］ Laying down common criteria for the justification of claims used in relation to cosmetic products. Guidelines to Commission Regulation (EU) No 655/2013. Version July 2013.

［3］ Guidelines for evaluation of cosmetic functions. Journal of Japanese Cosmetic Science Society, 2007, 31 (4): 411–447.

［4］ Cosmetics–Sun protection test methods–In vivo determination of the sun protection factor (SPF). International standard ISO 24444 First edition, 2010–11–15.

［5］ Cosmetics–Sun protection test methods–In vivo determination of sunscreen UVA protection. International standard ISO 24442 First edition, 2011–12–15.

2 防晒化妆品防晒指数（SPF值）测定方法

Sun protection test method for in vivo determination of the sun protection factor（SPF）

1 方法简述

防晒化妆品防晒指数（SPF 值）测定是控制紫外线波段在 290~400nm，选择合适的受试者，利用氙弧灯日光模拟器在无防晒化妆品防护和有防晒化妆品防护的皮肤部位分别

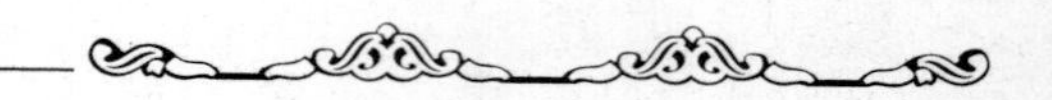

进行不同剂量的紫外线照射，照射后16~24小时观察皮肤最小红斑量（minimal erythema dose，MED）结果，防晒化妆品防护皮肤的MED与未防护皮肤的MED之比即为个体SPF值，产品SPF值为有效受试者个体SPF值算术均数的整数部分数值。

SPF值检测时出现的皮肤红斑主要由UVB（290~320nm）引起，因此可以说SPF值表述的是UVB防护效果。另外，SPF值是在实验室内的一定条件下，检测产品防晒能力的一个尺度，而实际使用过程中的防晒效果会因使用者个人的皮肤类型、使用方法以及使用量的不同而产生差异，同时水、汗及毛巾擦拭等也都会对其效果产生影响。因此，SPF值仅仅是了解某个产品UVB防护效果的一个参考值。

2 方法注释

本规范方法主要引用ISO 24444：2010方法。

2.1 有光感性疾病史的人群对紫外线过敏不能入选，近期内服用过光感性药物的人群不能入组。影响光感性的药物常见的有抗生素（环丙沙星、氧氟沙星、阿莫西林、金霉素等）、止痛剂（萘普生、吡罗昔康等）、利尿药（氢氯噻嗪、氨氯吡唑等）、心血管药（胺碘酮、硝苯地平等）、镇静剂（氯丙嗪、异丙嗪等）、避孕药（炔雌醇、左炔诺孕酮等）等。虽然规范中未提及光感性食物，但食用某些食物也容易引起植物性日光皮炎，例如灰菜、无花果、泥螺等。

2.2 根据Fitzpatrick皮肤分型，按初春日光暴露30~45分钟后的皮肤反应情况分为6种类型。Ⅰ型：总是灼伤，从不晒黑，肤色非常白；Ⅱ型：总是灼伤，有时晒黑，皮肤白；Ⅲ型：有时灼伤，有时晒黑，白至中等皮肤；Ⅳ型：很少灼伤，经常晒黑，中等肤色；Ⅴ型：从不灼伤，经常晒黑，较黑皮肤；Ⅵ型：从不灼伤，总是晒黑，黑色皮肤。因为SPF值测试需要通过紫外线照射使受试者背部产生红斑，所以选择容易灼伤、不易晒黑的Ⅰ、Ⅱ和Ⅲ型皮肤受试者。

2.3 受试者选择条件“4.2.7 同一受试者参加SPF试验的间隔时间不应短于2个月”中，2个月为同一受试者参加两次试验时间间隔的最基本要求，实际操作应以受试部位无色素沉着等影响试验结果判断的情况为准。

2.4 本方法中对于SPF值测试标准品的制备，《化妆品安全技术规范》中的方法与ISO 24444方法一致，要求其标准差较小。但是，该数值是在对标准品立项研究时进行的大样本试验得到的，是国外19个实验室共同测试的结果。因此，技术规范中所述的标准差只是对所采用标准品性能指标的要求，符合这样性能的标准品才能应用到试验中。在实际测定产品SPF值时的最低样本量只有10人，个体标准品SPF值检测值和样本均值均应在其可接受限内，但所用标准品标准差性能参数由于样本量小而不适用于实际检测，故实际判定标准品试验结果是否有效不应以标准品测定值的标准差大小为准，而是应以符合技术规范方法规定的样本统计学要求为准，即样本均数的95%可信区间（95%CI）不超过均数的17%即可。将均数的17%作为可接受误差范围是基于一项全球范围ring test的实验室间误差，并首次出现于由CTFA-SA、COLIPA、JCIA联合发布的2003年版《International SPF Test Method》中。

2.5 本方法中对于样品的涂布，根据引用的最新ISO 24444标准文件将《化妆品卫生规范》（2007年版）加以完善，按$2.00mg/cm^2 \pm 0.05mg/cm^2$的用量称取样品，对于很难涂

布均匀的黏性较强的产品、粉状产品等可直接使用手指涂布，每次涂布前洗净手指，等待15~30分钟。

2.6　本方法对于测定在产品防护情况下皮肤的MED，照射剂量按SPF值不同而递增幅度不同的SPF值划分界限由《化妆品卫生规范》（2007年版）中的15改为25，即对于SPF值≤25的产品，5个照射点的剂量递增推荐为25%，其他如20%、15%和12%也可使用；对于SPF值>25的产品，5个照射点的剂量递增不超过12%，主要依据引用的最新ISO 24444标准文件修改，为提高SPF值的精确性，照射剂量递增幅度可适当从小。

2.7　本方法对《化妆品卫生规范》（2007年版）中标准品的描述进行了完善，原方法虽提到高SPF值产品测试时最好选择高SPF标准品（P2或P3），但没有对配方信息及SPF值的具体描述和要求，新版规范根据ISO 24444标准的相应内容进行了完善，增加了P2和P3配方和制备方法等，并将试验选用低或高SPF值标准品的SPF值划分界限由《化妆品卫生规范》（2007年版）中的15改为20。

2.8　本方法对于光源总输出以及照射光斑间距、距涂样区边缘距离要求做了新的完善，根据引用的最新ISO 24444标准文件，将光源的总输出（包括紫外线、可见光和红外线等）限定在1600W/m^{2}以内，UV照射的光斑面积不小于0.5cm^2，光斑之间的距离不小于0.8cm，光斑距涂样区边缘不小于1cm，更利于保证检测质量。

2.9　本方法中测试个体SPF值、样本均值、标准差和95%CI的计算及统计要求详见ISO 24444附件D“calculations and statistics”，同时增加了对计算值精确到小数点后一位数字的要求，主要是根据引用的最新ISO 24444标准文件进行的修改。检验机构在具体计算过程中还需遵循《数值修约规则与极限数值的表示和判定（GB/T 8170—2008）》规定。产品SPF值取统计样本算术均数的整数部分数值主要是沿用了《化妆品卫生规范》（2007年版）和FDA方法的相应规定。

2.10　本方法在检验报告结果表格中增加姓名首字母和皮肤类型的信息，与ISO 24444标准给出的结果格式一致。

2.11　因防晒化妆品SPF值的标识属于管理要求，在本规范方法中未提及。但在国家食品药品监督管理总局发布的“总局关于发布防晒化妆品防晒效果标识管理要求的公告（2016年第107号）”和“总局办公厅关于进一步明确化妆品标签标识标注要求有关问题的复函（食药监办药化管函〔2016〕568号）”中明确了我国防晒化妆品防晒指数（SPF值）的标识，要求“防晒指数（SPF）的标识应当以产品实际测定的SPF值为依据”，并遵循以下原则：

（1）SPF值为2~5（包括2和5）时，标识实测SPF值。

（2）SPF值为6~50（包括6和50）时，标识上限为实测SPF值，标识下限为实测值95%可信区间下限值与小于实测值的5的最大整数倍两者间的较小值。

（3）SPF值>50，且实测值95%可信区间下限值>50时，防晒化妆品的防晒指数（SPF）应标注“50+”；当SPF值>50，且实测值95%可信区间下限值小于或等于50时，标识上限为“50+”，标识下限为实测值95%可信区间的下限值。

从公告规定看，将原最大允许标识SPF值从“30+”提升为“50+”，顺应了产品发展和国外法规趋势，并对消费者实际使用产品量和试验量的差异造成达不到既定防晒效果有

所考量。

而从对防晒化妆品 SPF 值测定的统计结果看，要求其均数的 95% 可信区间应落在其均数的 ±17% 范围内。可见，以 95% 可信区间作为标识下限是加强防晒化妆品防晒功效宣称管理的一种体现。

参考文献

[1] 刘玮，张怀亮．皮肤科学与化妆品功效评价．北京：化学工业出版社，2005.

[2] Fitzpatrick TB. The validity and practicability of sun-reactive skin types Ⅰ through Ⅵ. Archives Dermatol, 1988, 124 (6): 869-871.

[3] Cosmetics-Sun protection test methods-In vivo determination of the sun protection factor (SPF). International standard ISO 24444 First edition. 2010-11-15.

[4] CTFA-SA, COLIPA, JCIA: International Sun Protection Factor (SPF) Test Method. February 2003.

3　防晒化妆品防水性能测定方法

Test method for evaluating the sun product water resistance

1　方法简述

宣称防晒化妆品具有“防水防汗”或“适合游泳等户外活动”等相关性能时，需要进行防晒化妆品防水性能测试。

防晒化妆品防水性能测定是在 SPF 值测定方法的基础上，通过测定产品抗水性试验前后的 SPF 值，比较抗水试验后的 SPF 值是否比抗水性试验前的 SPF 值减少超过 50%，来判断防晒产品是否具有防水性能。因此，除了抗水性试验外，其对受试者的选择标准和日光模拟器设备等要求与 SPF 值测定完全一致。

防晒化妆品防水性能测定包括一般抗水性的测试和强抗水性的测试。

一般抗水性的测试——40 分钟抗水性试验过程如下：在皮肤受试部位涂抹防晒品，等待 15~30 分钟或按标签说明书要求进行；在水中中等量活动或水流以中等程度旋转 20 分钟；出水休息 20 分钟（勿用毛巾擦试验部位）；入水再中等量活动 20 分钟；结束水中活动，等待皮肤干燥后按照“防晒化妆品防晒指数（SPF 值）测定方法”测定 SPF 值。

强抗水性的测试——80 分钟抗水性试验过程如下：在皮肤受试部部位涂抹防晒品，等待 15~30 分钟或按标签说明书要求进行；在水中中等量活动 20 分钟；出水休息 20 分钟；入水再中等量活动 20 分钟；出水休息 20 分钟；入水再中等量活动 20 分钟；出水休息 20 分钟；入水再中等量活动 20 分钟；结束水中活动，等待皮肤干燥后测定 SPF 值。

防晒化妆品防水性能测定是在实验室条件下模拟抗水性试验后测得的 SPF 值，与产品实际使用环境会有一定程度的差异，同时由于使用者个人的皮肤类型、使用方法以及使用

量的不同或者由于毛巾擦拭等外因也会对产品的防晒效果产生一定程度的影响。因此，防晒产品抗水性能测定的 SPF 值只能作为某个产品防水性能大小的参考值。

2　方法注释

2.1 《化妆品安全技术规范》基本沿用了《化妆品卫生规范》(2007 年版）的相关方法内容，主要参考了美国 FDA 的方法。欧洲化妆品盥洗用品及香水协会（COLIPA）曾在 2005 年发布了防晒化妆品防水性能测试指南，本规范方法未将其作为引用文件主要考虑到防晒化妆品防水性能的 ISO 方法即将发布，待其发布后在规范的后续修改中引用。

2.2　本方法引言中需要明确的是，只有在防晒化妆品标识“防水防汗”“适合游泳等户外活动”等相关性能时才需要进行防晒化妆品防水性能测试。

2.3　本方法虽对设备要求进行了规定，但相对宽泛，在实际应用中可参考 COLIPA 指南。同时有研究表明水流速度在 0~200r/min 以及水浴温度在 25~35℃，对防晒产品抗水性 SPF 值的测定影响不大，因此建议旋转或水流浴缸的水流速度调节至中度流速、水温最好控制在适当的温度范围（29℃ ±2℃），使受试者有较为舒适的体感。另必须注意设备和水卫生，每次进行抗水试验前必须对设备进行彻底清洁和消毒；同时还要注意安全，对受试者的入水活动过程进行监督，做好放置安全垫等安全措施。

2.4　本方法对于涂抹防晒品等待时间，由《化妆品卫生规范》(2007 年版）中的 15 分钟修改为 15~30 分钟，主要是根据引用的最新 ISO 24444 标准文件修改的。

2.5　本方法在检验报告结果表格中增加姓名首字母和皮肤类型的信息，保持与 ISO 24444 标准结果格式的一致性。

2.6　因防晒化妆品防水性能的标识属于管理要求，在本规范方法中未提及。但在国家食品药品监督管理总局发布的“总局关于发布防晒化妆品防晒效果标识管理要求的公告（2016 年第 107 号）”明确规定“防晒化妆品未经防水性能测定，或产品防水性能测定结果显示洗浴后 SPF 值减少超过 50% 的，不得宣称防水效果”，主要参考了欧盟的法规。公告规定“宣称具有防水效果的防晒化妆品，可同时标注洗浴前及洗浴后 SPF 值，或只标注洗浴后 SPF 值，不得只标注洗浴前 SPF 值”。我国之前的标识规定中只允许标识洗浴后 SPF 值的条款主要参考了美国法规，而美国对于防晒化妆品防水性能测试的要求是可以不测洗浴前数值的，故无相应规定。而我国在同时参考了欧盟法规的情况下，需对宣称具有防水性能的防晒化妆品同时测定洗浴前和洗浴后的 SPF 值，故允许“同时标注洗浴前及洗浴后 SPF 值”是更加完善了防晒化妆品防水性能的标识管理。

［1］ Evaluating sun product water resistance. Cosmetics Europe: Guidelines. 2005.

［2］ 刘超，何学民. 防水产品抗水性的测定. 日用化学工业，2000，10（5）：52-54.

［3］ Cosmetics-Sun protection test methods-In vivo determination of the sun protection factor (SPF). International standard ISO 24444 First edition. 2010-11-15.

4 防晒化妆品长波紫外线防护指数（PFA值）测定方法

Test method for in vivo determination of the sunscreen UVA protection

1　方法简述

为了评估防晒化妆品是否具有防护长波紫外线（UVA）的性能，需要进行 PFA 值的测定。

PFA 值的测定是通过选择合适的受试者，采用氙弧灯日光模拟器控制紫外线波段在 320~400nm 范围内，在试验部位进行不同剂量的紫外线照射，2~4 小时内观察结果，获得受试者的最小持续性黑化量（MPPD），然后计算防晒化妆品防护皮肤的 MPPD 与未防护皮肤的 MPPD 比值即为个体 PFA 值，产品 PFA 值为全部受试者个体 PFA 值算术均数的整数部分数值。

判断 MPPD 时观察到的皮肤黑化主要由 UVA 照射引起，因此通过 MPPD 计算所得的 PFA 值代表的是防晒产品 UVA 的防护效果。但是，由于 PFA 值的测定是在实验室内的一定条件下，检测产品的防晒能力的一个尺度，而实际使用过程中的防晒效果会因使用者个人的皮肤类型、使用方法以及使用量的不同而产生差异，同时水、汗及毛巾擦拭等也都会对其效果产生影响。因此，PFA 值仅仅是了解某个防晒产品对长波紫外线防护能力大小的一个参考值。

2　方法注释

《化妆品安全技术规范》中防晒化妆品长波紫外线防护指数（PFA 值）测定方法主要引用了 ISO 24442：2011 方法。

2.1　长波紫外线（UVA）是指波段在 320~400nm 范围的紫外线，其穿透能力较强，能够穿透表皮直接损伤真皮层，它可以导致皮肤晒黑、失去弹性和形成皱纹，是公认的导致皮肤光老化的主要原因之一。此外，还能引起侵害皮肤的免疫系统，甚至导致皮肤癌。因此抵御 UVA 对皮肤所产生的危害非常重要，使用有 PFA 值或 PA 等级标识的防晒化妆品是一种非常有效的防护途径。

2.2　本方法引言中需要明确的是，在防晒化妆品标识和宣传 UVA 防护效果或广谱防晒时，需在其标签上标识 PFA 值或 PA 等级，应进行防晒化妆品长波紫外线防护指数（PFA 值）的测定。

2.3　经紫外线照射导致皮肤出现的色素沉着可分为 3 种类型：①即时性黑化（instant pigment darkening，IPD），照射后立即发生，通常表现为灰黑色，限于照射部位，色素沉着消退很快，一般可持续数分钟至数小时不等；②持续性黑化（persistent pigment darkening，PPD），随着紫外线照射剂量的增加，色素沉着可持续数小时至数天不消退，可与延迟性红斑反应重叠发生，一般表现为暂时性灰黑色或深棕色；③延迟性黑化

（delayed pigment darkening，DPD），照射后数天内发生，色素可持续数天至数月不等。研究表明紫外线照射后 2~24 小时期间，色素消退率缓慢并逐渐稳定下来，符合持续性黑化的特征，但 UVA 照射后 2~24 小时色素变化范围较大，为控制试验质量，本方法以照射后 2~4 小时观察的 MPPD 为终点，并将其作为 PFA 值计算依据。

2.4　有光感性疾病史的人群对紫外线过敏不能入选，近期内服用过光感性药物的人群不能入组。影响光感性的药物常见的有抗生素（环丙沙星、氧氟沙星、阿莫西林、金霉素等）、止痛剂（萘普生、吡罗昔康等）、利尿药（氢氯噻嗪、氨氯吡唑等）、心血管药（胺碘酮、硝苯地平等）、镇静剂（氯丙嗪、异丙嗪等）、避孕药（炔雌醇、左炔诺孕酮等）等。虽然规范中未提及光感性食物，但食用某些食物也容易引起植物性日光皮炎，例如灰菜、无花果、泥螺等。

2.5　根据 Fitzpatrick 皮肤分型，按初春日光暴露 30~45 分钟后的皮肤反应情况分为 6 种类型。Ⅰ型：总是灼伤，从不晒黑，肤色非常白；Ⅱ型：总是灼伤，有时晒黑，皮肤白；Ⅲ型：有时灼伤，有时晒黑，白至中等皮肤；Ⅳ型：很少灼伤，经常晒黑，中等肤色；Ⅴ型：从不灼伤，经常晒黑，较黑皮肤；Ⅵ型：从不灼伤，总是晒黑，黑色皮肤。因为 PFA 测试需要通过紫外线照射使受试者背部产生黑化，所以选择灼伤和晒黑能力中等的Ⅲ和Ⅳ型皮肤受试者。

2.6　本方法对于样品涂布，根据引用的最新 ISO 24442 标准文件将《化妆品卫生规范》（2007 年版）加以完善，按 $2.00mg/cm^2 \pm 0.05mg/cm^2$ 的用量称取样品。举例：按照涂抹面积为 $30cm^2$ 计算，使用样品总量应在 58.5~61.5mg 的允许范围内。

2.7　本方法根据规范性引用文件 ISO 24442，明确对人工紫外线光源，应将波长短于 320nm 的紫外线滤掉，波长 >400nm 的可见光和红外线也应过滤掉，必须小于光源输出能量的 5%，这对于取得正确的 MPPD 值及避免黑化效和致热效应具有重要意义。

2.8　本方法中增加了对个体 PFA 值小数点精确位数的要求，主要是根据引用的最新 ISO 24442 标准文件进行的修改。检验机构在具体计算过程中还需遵循《数值修约规则与极限数值的表示和判定（GB/T 8170—2008）》规定。

2.9　本方法根据规范性引用文件 ISO 24442，完善了对于样本误差的要求，要求均数的 95% 可信区间（95%CI）不超过均数的 17%，否则应增加受试者人数（不超过 25）直至符合上述要求。

2.10　本方法在检验报告结果表格中增加姓名首字母和皮肤类型的信息，保持与 ISO 24442 标准结果格式的一致性。

2.11　因本规范方法发布早于“总局关于发布防晒化妆品防晒效果标识管理要求的公告（2016 年第 107 号）”，未纳入预报 PFA 值≥ 12 时应采用的高 PFA 值标准品（S2）配方等相关信息，故在预报 PFA 值≥ 12 时，可根据公告要求参考国际标准组织（ISO）发布的相关检验方法（ISO 24442）进行测定。

2.12　因长波紫外线（UVA）防护效果的标识属于管理要求，在本规范方法中未提及。但在国家食品药品监督管理总局发布的“总局关于发布防晒化妆品防晒效果标识管理要求的公告（2016 年第 107 号）”明确规定“长波紫外线（UVA）防护效果的标识应当以 PFA 值的实际测定结果为依据，在产品标签上标识 UVA 防护等级 PA。当 PFA 值 <2 时，不得标识 UVA 防护效果；当 PFA 值为 2~3 时，标识为 PA+；当 PFA 值为 4~7 时，标识为

PA++；当 PFA 值为 8~15 时，标识为 PA+++；当 PFA 值≥16 时，标识为 PA++++”。这和我国之前的标识要求相比增加了“当 PFA 值≥16 时，标识为 PA++++”的规定，体现了我国防晒化妆品防晒功效宣称管理的前瞻性。

参考文献

[1] 步平. 长波紫外线防护的重要性及其市场发展. 日用化学品科学，2003，26（3）：28-30.

[2] 曹智，张治军. 防晒化妆品长波紫外线防护效果的仪器评价法. 日用化学工业，2009，39（3）：196-199.

[3] Schaefer H, Moyal D, Fourtanier A. Recent advances in sun protection. Journal of Dermatological Science, 2000, 23 (1): S57-S61.

[4] 张萍，田燕. 最小持续性黑化量用于长波紫外线防护效果评价的试验研究. 临床皮肤科杂志，2005，34（7）：433-435.

[5] Chardon A, Moyal D, Hourseau C. Persistent pigment darkening as a method for UVA protection assessment of sunscreens. Paris: John Libbey Eurotext, 1998: 131-136.

[6] 刘玮，张怀亮. 皮肤科学与化妆品功效评价. 北京：化学工业出版社，2005：69.

[7] Fitzpatrick TB. The validity and practicality of sun-reactive skin types Ⅰ through Ⅵ. Arch Demerol, 1988, 124(6): 869-871.

[8] Cosmetics-Sun protection test methods-In vivo determination of sunscreen UVA protection. International standard ISO 24442 First edition, 2011-12-15.

附录 I

化妆品禁限用组分、准用组分信息

表 1　化妆品禁用组分结构信息

序号	中文名称	英文名称	结构式	分子式
1	1-（1-萘基甲基）喹啉嗡	1-（1-Naphthylmethyl）quinolinium（CAS No.65322-65-8）	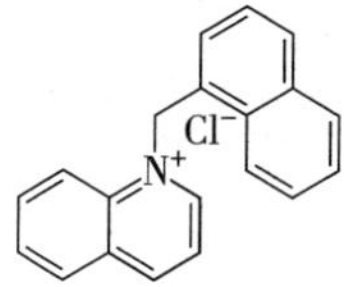	$C_{20}H_{16}ClN$
2	1-（(3-氨丙基）氨基）-4-（甲氨基）蒽醌及其盐类	1-（(3-Aminopropyl）amino）-4-（methylamino）anthraquinone（CAS No.22366-99-0）and its salts	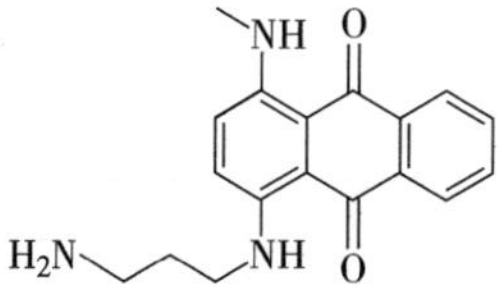	$C_{18}H_{19}N_3O_2$
3	1-(4-氯苯基)-4，4-二甲基-3-（1，2，4-三唑-1-基甲基）戊-3-醇	1-（4-Chlorophenyl）-4，4-dimethyl-3-（1，2，4-triazol-1-ylmethyl）pentan-3-ol（CAS No.107534-96-3）	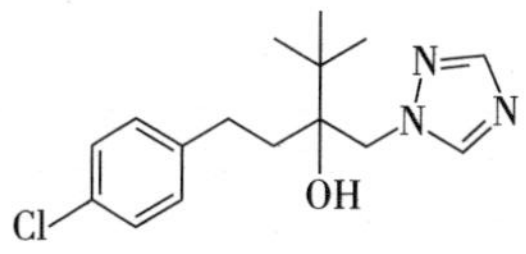	$C_{16}H_{22}ClN_3O$

续表

序号	中文名称	英文名称	结构式	分子式
4	1-（4-甲氧基苯基）-1-戊烯-3-酮	1-（4-Methoxyphenyl）-1-penten-3-one（α-Methylanisylideneacetone）（CAS No.104-27-8）	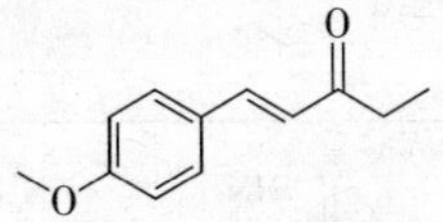	$C_{12}H_{14}O_2$
5	1，1，2-三氯乙烷	1，1，2-Trichloroethane（CAS No.79-00-5）	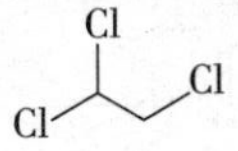	$C_2H_3Cl_3$
6	1，1，3，3，5-五甲基-4，6-二硝基茚满（伞花麝香）	1，1，3，3，5-Pentamethyl-4，6-dinitroindane（Moskene）（CAS No.116-66-5）	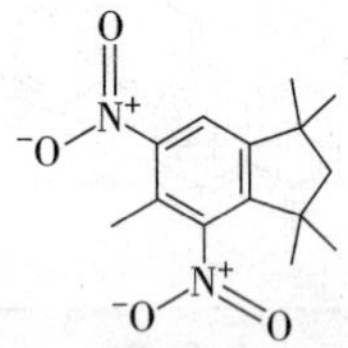	$C_{14}H_{18}N_2O_4$
7	硫酸（(1，1′-联苯)-4，4′-二基）二铵	((1，1′-Biphenyl)-4，4′-diyl) diammonium sulfate（CAS No.531-86-2）	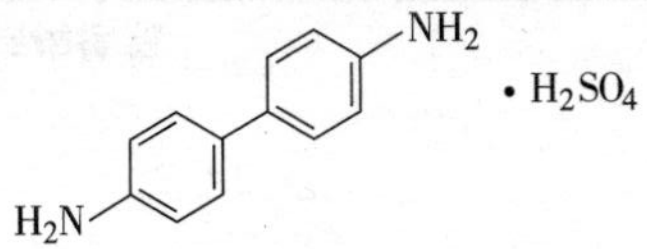	$C_{12}H_{14}N_2O_4S$
8	苯甲酸（1，1-双（二甲氨基甲基））丙酯（戊胺卡因，阿立平）及其盐类	1，1-Bis（dimethylaminomethyl）propyl benzoate（amydricaine，alypine）（CAS No.963-07-5）and its salts	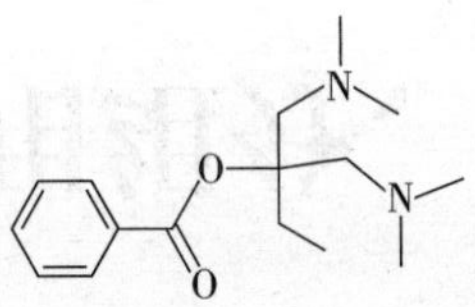	$C_{16}H_{26}N_2O_2$
9	1，2，3，4，5，6-六氯环己烷	1，2，3，4，5，6-Hexachlorocyclohexanes（BHC-ISO）（CAS No.58-89-9）	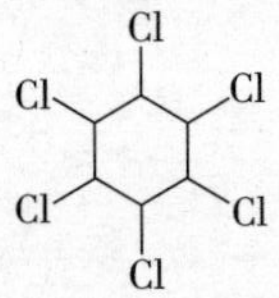	$C_6H_6Cl_6$

续表

序号	中文名称	英文名称	结构式	分子式
10	1，2，3-三氯丙烷	1，2，3-Trichloropropane（CAS No.96-18-4）	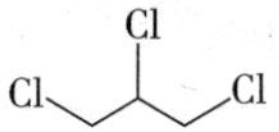 Cl, Cl, Cl	$C_3H_5Cl_3$
11	1，2，4-苯三酚三乙酸酯及其盐类	1，2，4-Benzenetriacetate and its salts（CAS No.613-03-6）	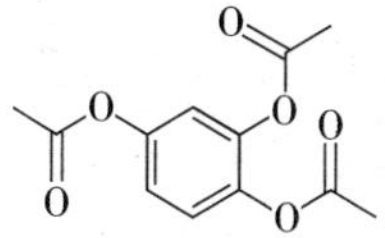 O, O, O, O, O, O	$C_{12}H_{12}O_6$
12	1，2，4-三唑	1，2，4-Triazole（CAS No.288-88-0）	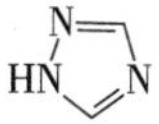 N, HN, N	$C_2H_3N_3$
13	1，2-苯基二羧酸支链和直链二C7-11基酯	1，2-Benzenedicarboxylic acid di-C7-11，branched and linear alkylesters（CAS No.68515-42-4）	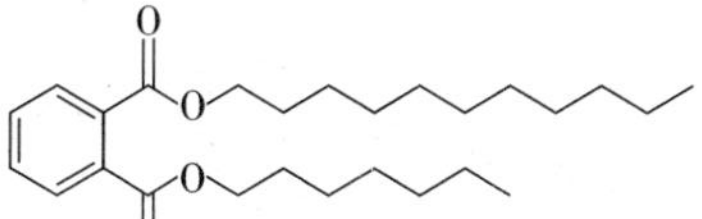 O, O, O, O, C7-11	
14	1，2-苯基二羧酸支链和直链二戊基酯，正戊基异戊基邻苯二甲酸酯，双正戊基邻苯二甲酸酯，双异戊基邻苯二甲酸酯	1，2-Benzenedicarboxylic acid，dipentylester，branched and linear（CAS No.84777-06-0），n-Pentyl-isopentylphthalate，di-n-Pentyl phthalate（CAS No.131-18-0），Diisopentylphthalate（CAS No.605-50-5）	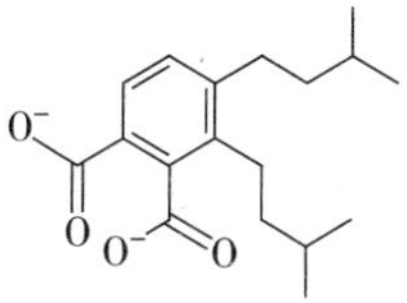 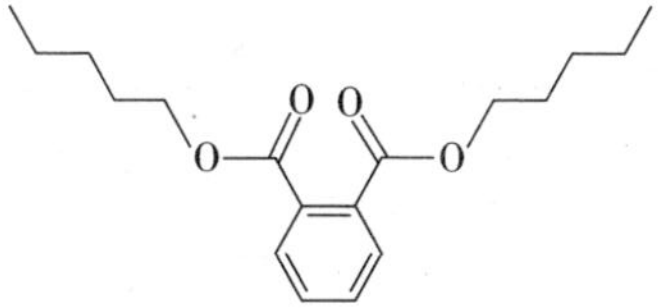 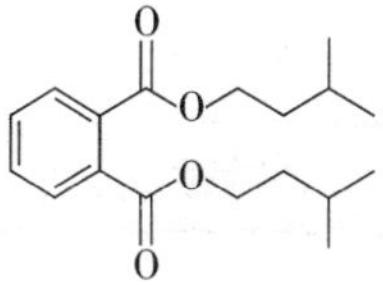 O^-, O, O^-, O; O, O, O, O; O, O, O, O	$C_{18}H_{26}O_4$ $C_{18}H_{26}O_4$

续表

序号	中文名称	英文名称	结构式	分子式
15	1，2-双（2-甲氧乙氧基）乙烷；三乙二醇二甲醚	1，2-bis（2-Methoxyethoxy）ethane; Triethylene glycol dimethyl ether（TEGDME）（CAS No.112-49-2）		$C_8H_{18}O_4$
16	1，2-二溴-3-氯丙烷	1，2-Dibromo-3-chloropropane（CAS No.96-12-8）		$C_3H_5Br_2Cl$
17	1，2-二溴乙烷	1，2-Dibromoethane（CAS No.106-93-4）		$C_2H_4Br_2$
18	1，2-环氧-3-苯氧基丙烷	1，2-Epoxy-3-phenoxypropane（Phenylglycidyl ether）（CAS No.122-60-1）		$C_9H_{10}O_2$
19	1，2-环氧丁烷	1，2-Epoxybutane（CAS No.106-88-7）		C_4H_8O
20	1，3-苯二胺，4-甲基-6-（苯偶氮基）-及其盐类	1，3-Benzenediamine，4-methyl-6-（phenylazo）-（CAS No.4438-16-8）and its salts		$C_{13}H_{15}ClN_4$
21	1，3，5-三羟基苯（间苯三酚）及其盐类	1，3，5-Trihydroxybenzene（Phloroglucinol）（CAS No.108-73-6）and its salts		$C_6H_6O_3$

续表

序号	中文名称	英文名称	结构式	分子式
22	1，3，5-三-（（2*S*和2*R*）-2，3-环氧丙基）-1，3，5三嗪-2，4，6-（1*H*，3*H*，5*H*）-三酮	1，3，5-tris-（（2*S* and 2*R*）-2，3-Epoxypropyl）-1，3，5-triazine-2，4，6-（1*H*，3*H*，5*H*）-trione（Teroxirone）（CAS No.59653-74-6）	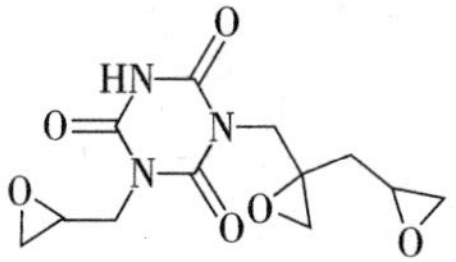	$C_{12}H_{15}N_3O_6$
23	1，3，5-三（环氧乙基甲基）-1，3，5-三嗪-2，4，6（1*H*，3*H*，5*H*）三酮	1，3，5-Tris（oxiranylmethyl）-1，3，5-triazine-2，4，6（1*H*，3*H*，5*H*）-trione（TGIC）（CAS No.2451-62-9）	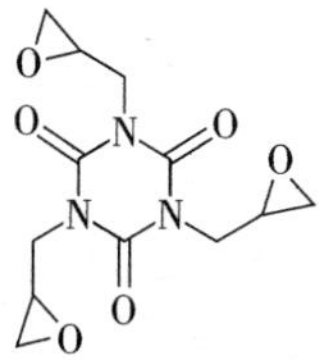	$C_{12}H_{15}N_3O_6$
24	1，3-双（乙烯基磺酰基乙酰氨基）-丙烷	1，3-bis（Vinylsulfonylacetamido）-propane（CAS No.93629-90-4）	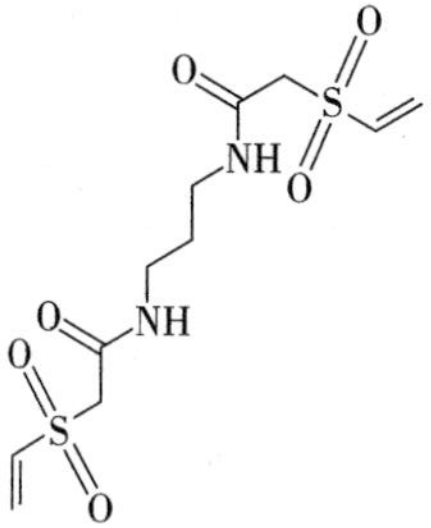	$C_{11}H_{18}N_2O_6S_2$
25	1，3-二氯-2-丙醇	1，3-Dichloropropan-2-ol（CAS No.96-23-1）	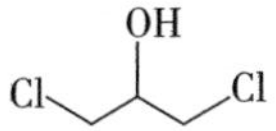	$C_3H_6Cl_2O$
26	1，3-二甲基戊胺及其盐类	1，3-Dimethylpentylamine（CAS No.105-41-9）and its salts	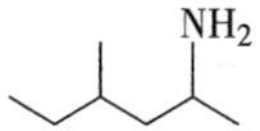	$C_7H_{17}N$
27	1，3-二苯胍	1，3-Diphenylguanidine（CAS No.102-06-7）	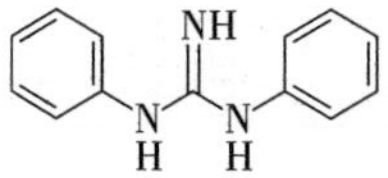	$C_{13}H_{13}N_3$

续表

序号	中文名称	英文名称	结构式	分子式
28	1，3- 丙磺酸内酯	1，3-Propanesultone(CAS No.1120-71-4)	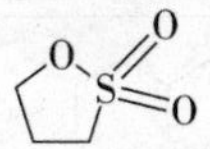	$C_3H_6O_3S$
29	1，4，5，8- 四氨基蒽醌（分散蓝 1）	1，4，5，8-Tetraaminoanthraquinone (Disperse Blue 1) (CAS No.2475-45-8)	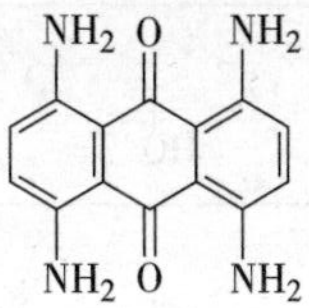	$C_{14}H_{12}N_4O_2$
30	1，4- 二氨基 -2- 甲氧基 -9，10- 蒽醌（分散红 11）及其盐类	1，4-Diamino-2-methoxy-9，10-anthracenedione (Disperse Red 11) (CAS No.2872-48-2) and its salts	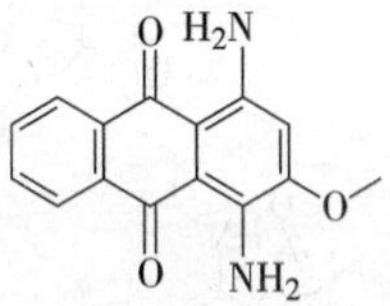	$C_{15}H_{12}N_2O_3$
31	1，4- 二氯苯（对 - 二氯苯）	1，4-Dichlorobenzene (p-Dichlorobenzene) (CAS No.106-46-7)	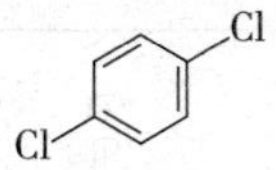	$C_6H_4Cl_2$
32	1，4- 二氯 -2- 丁烯	1，4-Dichlorobut-2-ene (CAS No.764-41-0)	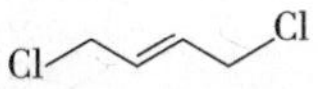	$C_4H_6Cl_2$
33	1，4- 二羟基 -5，8- 双（（2- 羟乙基）氨基）蒽醌（分散蓝 7）及其盐类	1，4-Dihydroxy-5，8-bis ((2-hydroxyethyl) amino) anthraquinone (Disperse Blue 7) (CAS No.3179-90-6) and its salts	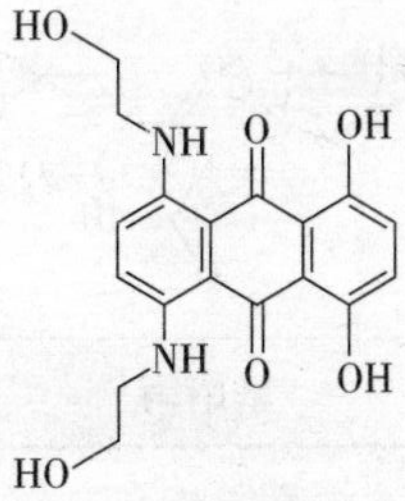	$C_{18}H_{18}N_2O_6$

续表

序号	中文名称	英文名称	结构式	分子式
34	氢醌	1, 4-Dihydroxybenzene(Hydroquinone), unless regulated elsewhere in this Standard	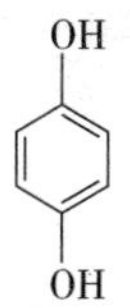	$C_6H_6O_2$
35	1，7-萘二酚	1，7-Naphthalenediol（CAS No.575-38-2）	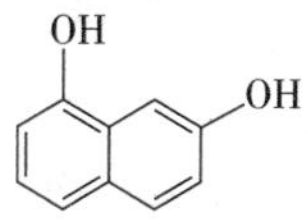	$C_{10}H_8O_2$
36	11-a-羟基孕（甾）-4-烯-3，20-二酮（羟基孕甾烯醇酮）及其酯类	11-a-Hydroxypregn-4-ene-3，20-dione（CAS No.80-75-1）and its esters	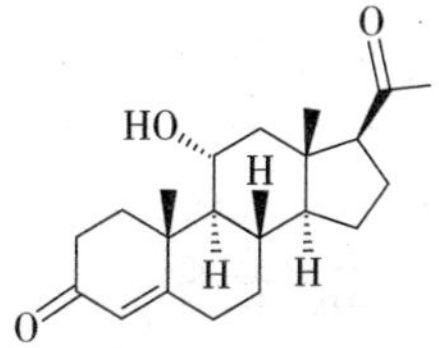	$C_{21}H_{30}O_3$
37	1-氨基-4-((4-((二甲氨基）甲基）苯基）氨基）蒽醌及其盐类	1-Amino-4-((4-((dimethylamino) methyl) phenyl) amino) anthraquinone and its salts（CAS No.67905-56-0/ CAS No.12217-43-5）	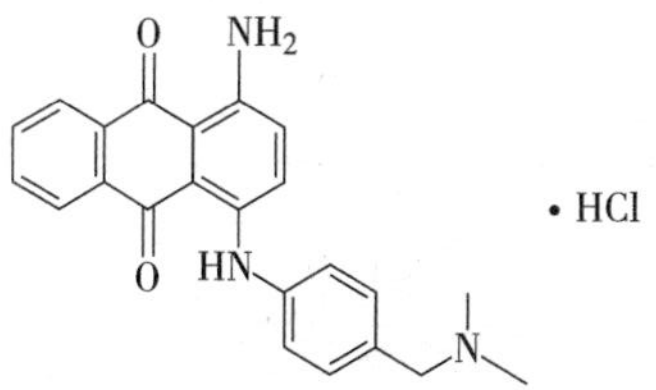 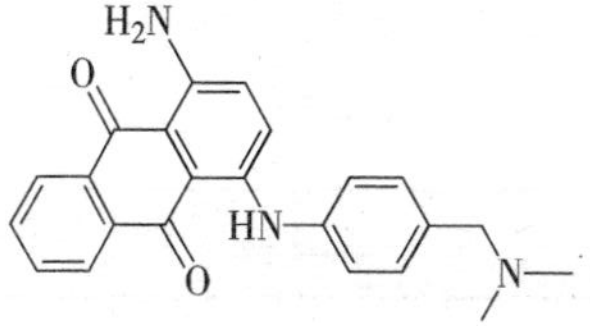 · HCl	$C_{23}H_{22}ClN_3O_2$ $C_{23}H_{21}N_3O_2$

续表

序号	中文名称	英文名称	结构式	分子式
38	1-氨基-4-(甲氨基)-9，10-蒽醌（分散紫4）及其盐类	1-Amino-4-（methylamino）-9，10-anthracenedione（Disperse Violet 4）（CAS No.1220-94-6）and its salts	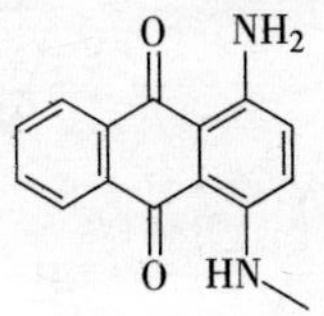	$C_{15}H_{12}N_2O_2$
39	1-萘胺和2-萘胺及其盐类	1-and 2-Naphthylamines（CAS No.134-32-7/CAS No.91-59-8）and their salts	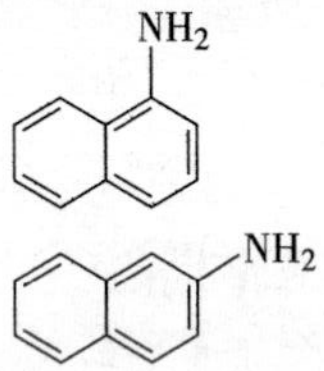	$C_{10}H_9N$
40	1-溴-3，4，5-三氟苯	1-Bromo-3，4，5-trifluorobenzene（CAS No.138526-69-9）	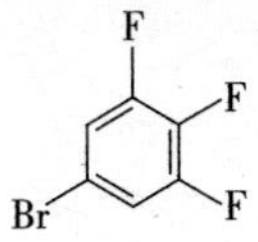	$C_6H_2BrF_3$
41	1-溴丙烷（正丙基溴化物）	1-Bromopropane（n-Propyl bromide）（CAS No.106-94-5）		C_3H_7Br
42	1-丁基-3-（*N*-巴豆酰对氨基苯磺酰）脲	1-Butyl-3-（*N*-crotonoylsulphanilyl）urea（CAS No.52964-42-8）	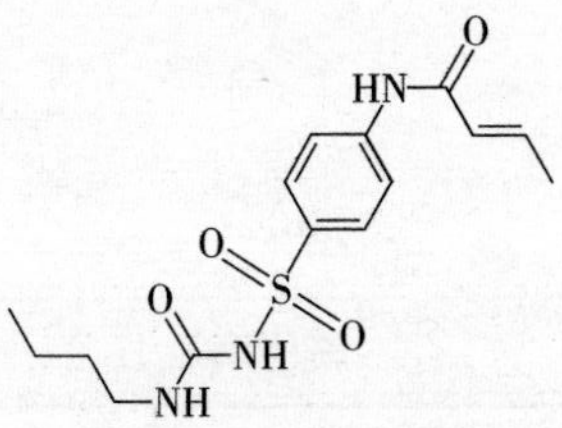	$C_{15}H_{21}N_3O_4S$

续表

序号	中文名称	英文名称	结构式	分子式
43	1-氯-2，3-环氧丙烷	1-Chloro-2，3-epoxypropane（Epichlorohydrin）（CAS No.106-89-8）	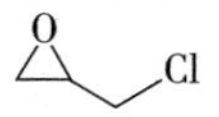	C_3H_5ClO
44	1-氯-4-硝基苯	1-Chloro-4-nitrobenzene（CAS No.100-00-5）	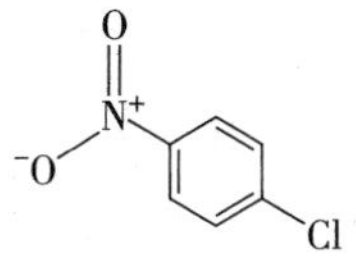	$C_6H_4ClNO_2$
45	1-二甲基氨基甲基-1-甲基丙基苯甲酸（阿米卡因）及其盐类	1-Dimethylaminomethyl-1-methylpropyl benzoate（amylocaine）（CAS No.644-26-8）and its salts	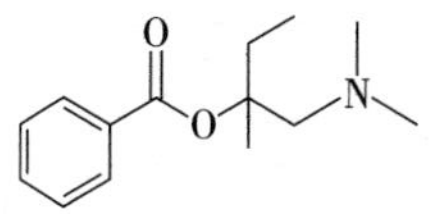	$C_{14}H_{21}NO_2$
46	1-乙基-1-甲基吗啉溴化物	1-Ethyl-1-methylmorpholinium bromide（CAS No.65756-41-4）	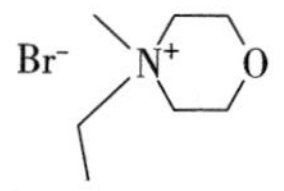	$C_7H_{16}NO^+ \cdot Br^-$
47	溴化1-乙基-1-甲基吡咯烷鎓（盐）	1-Ethyl-1-methylpyrrolidinium bromide（CAS No.69227-51-6）	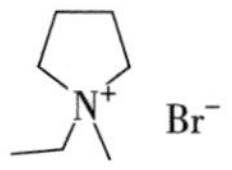	$C_7H_{16}N \cdot Br$
48	1-羟基-2，4-二氨基苯（2，4-二氨基苯酚）及其盐酸盐	1-Hydroxy-2，4-diaminobenzene（2，4-Diaminophenol）（CAS No.95-86-3）and its dihydrochloride salt（2，4-Diaminophenol HCl）（CAS No.137-09-7）	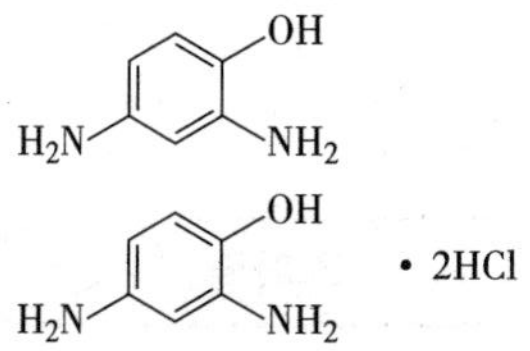	$C_6H_8N_2O$ $C_6H_{10}Cl_2N_2O$

续表

序号	中文名称	英文名称	结构式	分子式
49	1-甲氧基-2，4-二氨基苯（2，4-二氨基茴香-CI 76050）及其盐类	1-Methoxy-2，4-diaminobenzene（2，4-diaminoanisole-CI 76050）（CAS No.615-05-4）and its salts	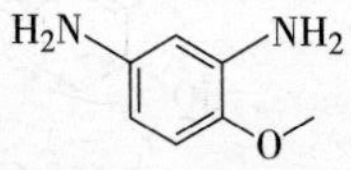	$C_7H_{10}N_2O$
50	1-甲氧基-2，5-二氨基苯（2，5-二氨基茴香）及其盐类	1-Methoxy-2，5-diaminobenzene（2，5-diaminoanisole）（CAS No.5307-02-8）and its salts	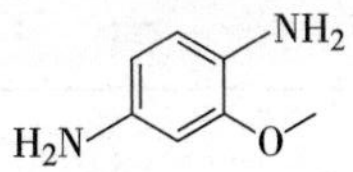	$C_7H_{10}N_2O$
51	1-甲基-2，4，5-三羟基苯及其盐类	1-Methyl-2，4，5-trihydroxybenzene（CAS No.1124-09-0）and its salts	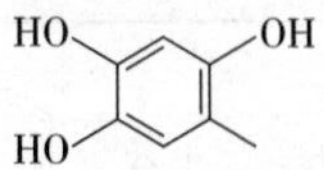	$C_7H_8O_3$
52	1-甲基-3-硝基-1-亚硝基胍	1-Methyl-3-nitro-1-nitrosoguanidine（CAS No.70-25-7）	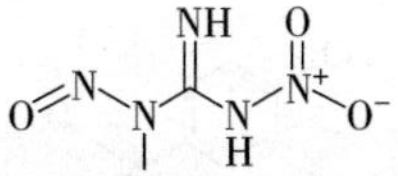	$C_2H_5N_5O_3$
53	异艾氏剂	（1*R*，4*S*，5*R*，8*S*）-1，2，3，4，10，10-Hexachloro-1，4，4a，5，8，8a-hexahydro-1，4：5，8-dimethanonaphthalene（isodrin-ISO）（CAS No.465-73-6）	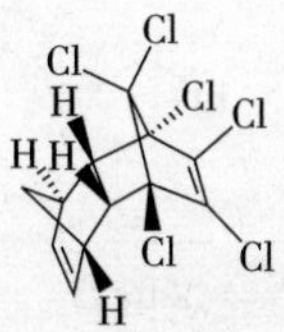	$C_{12}H_8Cl_6$

续表

序号	中文名称	英文名称	结构式	分子式
54	异狄氏剂	（1*R*，4*S*，5*R*，8*S*）-1，2，3，4，10，10-Hexachloro-6，7-epoxy-1，4，4a，5，6，7，8，8a-octahydro-1，4：5，8-dimethano-naphthalene（endrin-ISO）（CAS No.72-20-8）	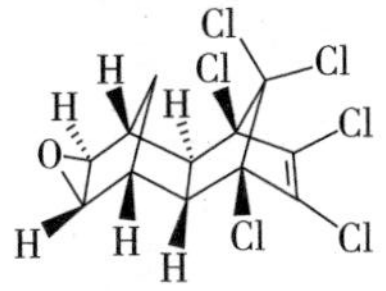	$C_{12}H_8C_{16}O$
55	1-乙烯基-2-吡咯烷酮	1-Vinyl-2-pyrrolidone（CAS No.88-12-0）	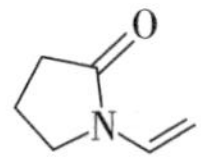	C_6H_9NO
56	2-((4-氯-2-硝基苯基）氨基）乙醇（HC 黄 No.12）及其盐类	2-((4-chloro-2-nitrophenyl) amino) ethanol（HC Yellow No.12）（CAS No.59320-13-7）and its salts	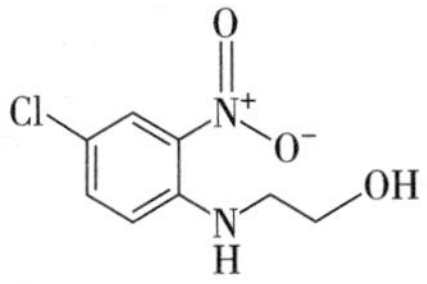	$C_8H_9ClN_2O_3$
57	颜料黄 73(2-((4-氯-2-硝基苯基）偶氮）-N-（2-甲氧基苯基）-3-氧代丁酰胺）及其盐类	2-((4-Chloro-2-nitrophenyl) azo) -*N*-（2-methoxyphenyl）-3-oxobutanamide（Pigment Yellow 73）（CAS No.13515-40-7）and its salts	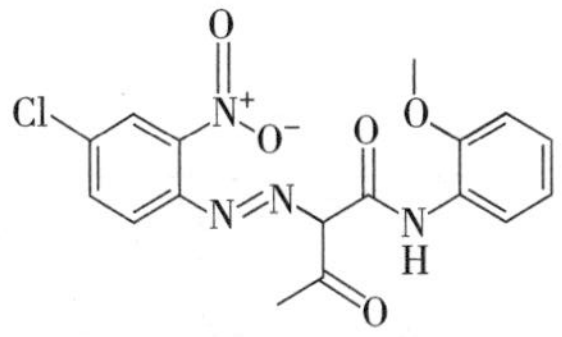	$C_{17}H_{15}ClN_4O_5$
58	氯鼠酮	2-（2-（4-Chlorophenyl）-2-phenylacetyl）indane-1，3-dione（chlorophacinone-ISO）（CAS No.3691-35-8）	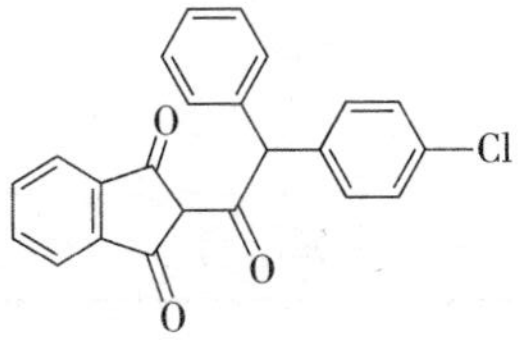	$C_{23}H_{15}ClO_3$

续表

序号	中文名称	英文名称	结构式	分子式
59	（+/-）-2-（2，4-二氯苯基）-3-（1*H*-1，2，4-三唑-1-基）丙基-1，1，2，2-四氟乙醚	（+/-）-2-（2，4-Dichlorophenyl）-3-（1*H*-1，2，4-triazol-1-yl）propyl-1，1，2，2-tetrafluoroethylether（Tetraconazole（ISO））（CAS No.112281-77-3）	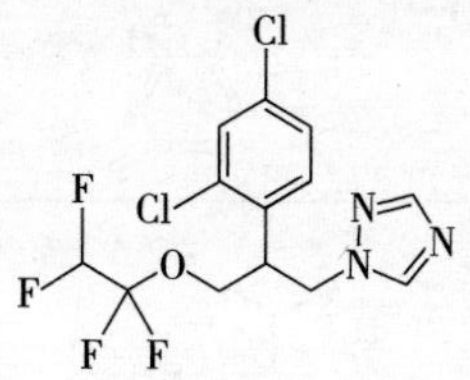	$C_{13}H_{11}Cl_2F_4N_3O$
60	2-（2-羟基-3-（2-氯苯基）氨基甲酰-1-萘基偶氮）-7-（2-羟基-3-（3-甲基苯基）-氨基甲酰-1-萘基偶氮）-芴-9-酮	2-（2-Hydroxy-3-（2-chlorophenyl）carbamoyl-1-naphthylazo）-7-（2-hydroxy-3-（3-methylphenyl）carbamoyl-1-naphthylazo）fluoren-9-one（EC No.420-580-2）		
61	2-（2-甲氧基乙氧基）乙醇	2-（2-Methoxyethoxy）ethanol（Diethylene glycol monomethyl ether; DEGME）（CAS No.111-77-3）	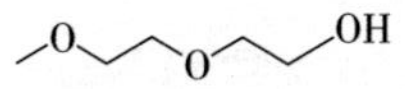	$C_5H_{12}O_3$
62	2-（4-烯丙基-2-甲氧苯氧基）-*N*，*N*-二乙基乙酰胺及其盐类	2-（4-Allyl-2-methoxyphenoxy）-*N*，*N*-diethylacetamide（CAS No.305-13-5）and its salts	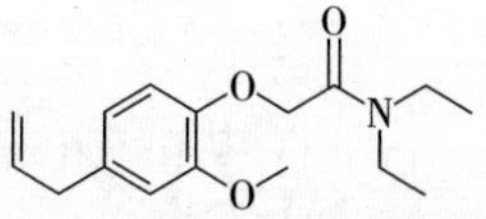	$C_{16}H_{23}NO_3$
63	2-（4-甲氧苄基-*N*-（2-吡啶基）氨基）乙基二甲胺马来酸盐	2-（4-Methoxybenzyl-*N*-（2-pyridyl）amino）ethyldimethylamine maleate（Mepyramine maleate; pyrilamine maleate）（CAS No.59-33-6）	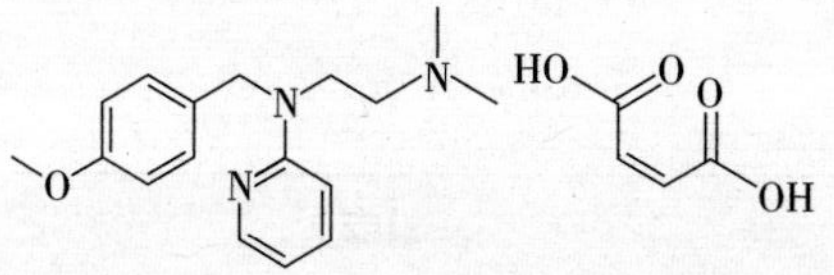	$C_{21}H_{27}N_3O_5$

续表

序号	中文名称	英文名称	结构式	分子式
64	2-（4-叔-丁苯基）乙醇	2-（4-tert-Butylphenyl）ethanol（CAS No.5406-86-0）	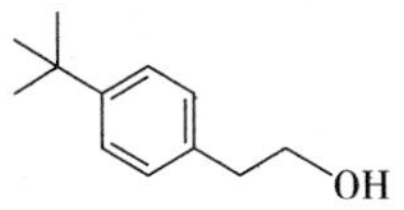	$C_{12}H_{18}O$
65	颜料黄12（2，2′-((3，3′-二氯（1，1′-双苯基）-4，4′-二基）双（偶氮））双（3-氧代-*N*-苯基丁酰胺））及其盐类	2，2′-((3，3′-Dichloro（1，1′-biphenyl）-4，4′-diyl）bis（azo））bis（3-oxo-*N*-phenylbutanamide）（Pigment Yellow 12）（CAS No.6358-85-6）and its salts	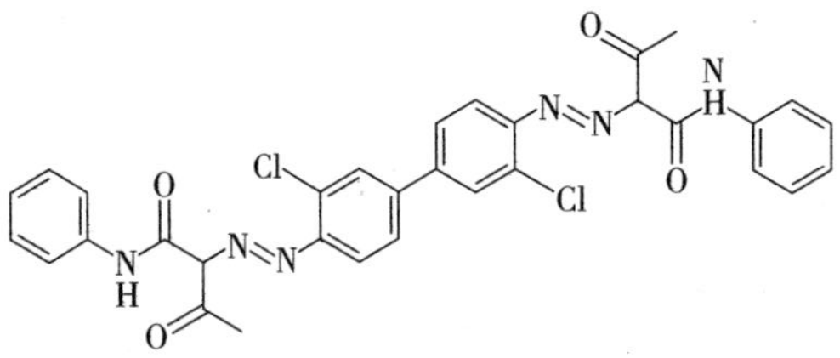	$C_{32}H_{26}Cl_2N_6O_4$
66	分散棕1（2，2′-((3-氯-4-((2，6-二氯-4-硝基酚）偶氮）苯基）亚氨基）双乙醇）及其盐类	2，2′-((3-Chloro-4-((2，6-dichloro-4-nitrophenyl）azo）phenyl）imino）bisethanol（Disperse Brown 1）（CAS No.23355-64-8）and its salts	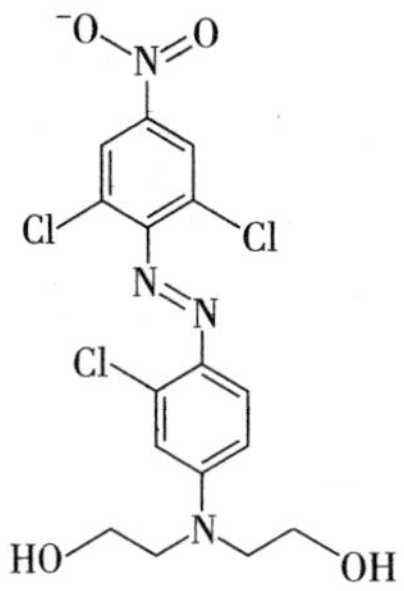	$C_{16}H_{15}Cl_3N_4O_4$
67	2，2′-（1，2-亚乙烯基）双（5-((4-乙氧基苯基）偶氮）苯磺酸）及其盐类	2，2′-（1，2-Ethenediyl）bis（5-((4-ethoxyphenyl）azo）benzenesulfonic acid）（CAS No.2870-32-8）and its salts	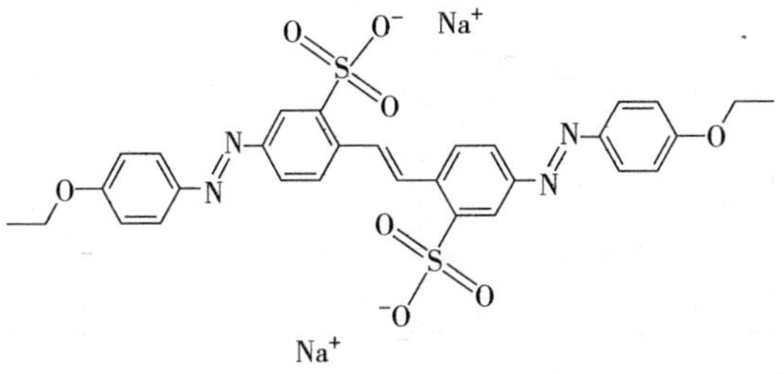	$C_{30}H_{26}N_4Na_2O_8S_2$

续表

序号	中文名称	英文名称	结构式	分子式
68	2，2，2-三溴乙醇	2，2，2-Tribromoethanol（tribromoethyl alcohol）（CAS No.75-80-9）	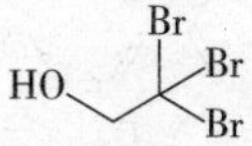	$C_2H_3Br_3O$
69	2，2，2-三氯乙-1，1-二醇	2，2，2-Trichloroethane-1，1-diol（CAS No.302-17-0）	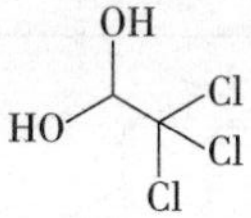	$C_2H_3Cl_3O_2$
70	2，2，6-三甲基-4-哌啶基苯甲酸（苯扎明）及其盐类	2，2，6-Trimethyl-4-piperidyl benzoate（benzamine）（CAS No.500-34-5）and its salts	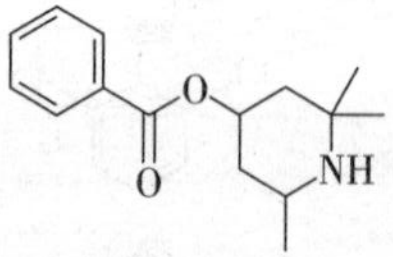	$C_{15}H_{21}NO_2$
71	2，2′-二环氧乙烷	2，2′-Bioxirane（1，2：3，4-Diepoxybutane）（CAS No.1464-53-5）	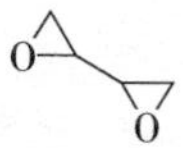	$C_4H_6O_2$
72	2，2-二溴-2-硝基乙醇	2，2-Dibromo-2-nitroethanol（CAS No.69094-18-4）	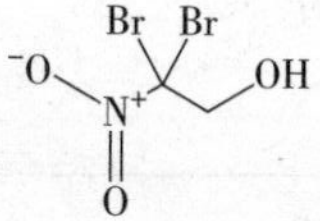	$C_2H_3Br_2NO_3$
73	2，3，4-三氯-1-丁烯	2，3，4-Trichlorobut-1-ene（CAS No.2431-50-7）	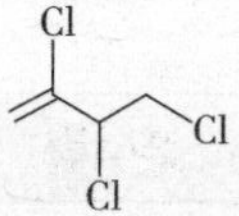	$C_4H_5Cl_3$

续表

序号	中文名称	英文名称	结构式	分子式
74	2，3，7，8-四氯二苯并对二噁英	2，3，7，8-Tetrachlorodibenzo-p-dioxin（TCDD）（CAS No.1746-01-6）	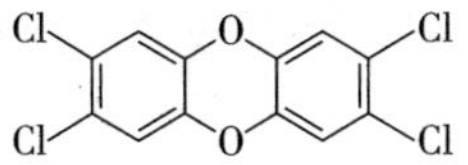	$C_{12}H_4Cl_4O_2$
75	2，3-二溴-1-丙醇	2，3-Dibromopropan-1-ol（CAS No.96-13-9）	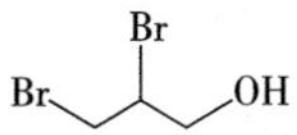	$C_3H_6Br_2O$
76	2，3-二氯-2-甲基丁烷	2，3-Dichloro-2-methylbutane（CAS No.507-45-9）	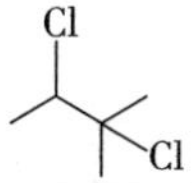	$C_5H_{10}Cl_2$
77	2，3-二氯丙烯	2，3-Dichloropropene（CAS No.78-88-6）	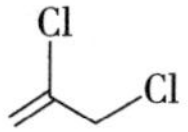	$C_3H_4Cl_2$
78	2，3-二氢化-2，2-二甲基-6-((4-(苯偶氮基)-1-萘基)偶氮)-1*H*-嘧啶（溶剂黑3）及其盐类	2，3-Dihydro-2，2-dimethyl-6-((4-(phenylazo)-1-naphthalenyl)azo)-1*H*-pyrimidine（Solvent Black 3）（CAS No.4197-25-5）and its salts	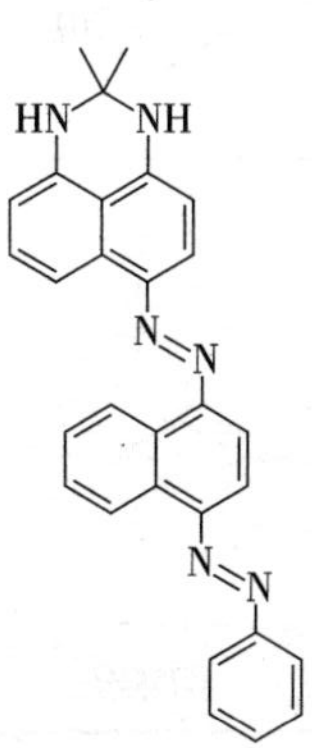	$C_{29}H_{24}N_6$

续表

序号	中文名称	英文名称	结构式	分子式
79	2，3-二硝基甲苯	2，3-Dinitrotoluene（CAS No.602-01-7）	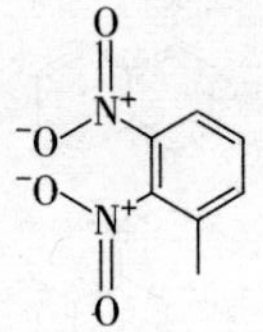	$C_7H_6N_2O_4$
80	2，3-环氧-1-丙醇	2，3-Epoxypropan-1-ol（Glycidol）（CAS No.556-52-5）	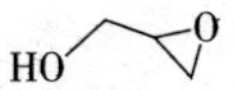	$C_3H_6O_2$
81	2，3-环氧丙基邻甲苯基醚	2，3-Epoxypropyl o-tolyl ether（CAS No.2210-79-9）	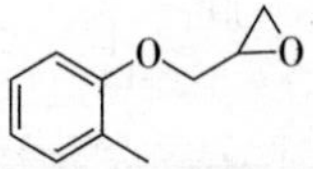	$C_{10}H_{12}O_2$
82	2，3-二羟基萘	2，3-Naphthalenediol（CAS No.92-44-4）	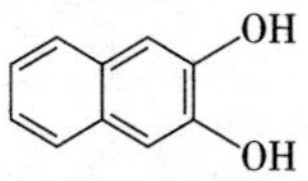	$C_{10}H_8O_2$
83	2，4-二硝基甲苯；工业级的二硝基甲苯	2，4-Dinitrotoluene；Dinitrotoluene，technical grade（CAS No.121-14-2/CAS No.25321-14-6）	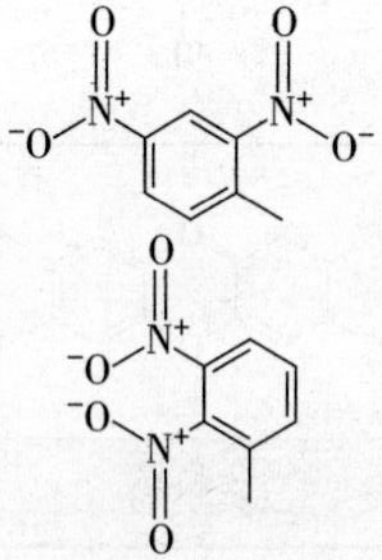	$C_7H_6N_2O_4$ $C_7H_6N_2O_4$

续表

序号	中文名称	英文名称	结构式	分子式
84	2，4，5-三甲基苯胺；2，4，5-三甲基苯胺盐酸盐	2，4，5-Trimethylaniline（CAS No.137-17-7），2，4，5-Trimethylaniline hydrochloride（CAS No.21436-97-5）	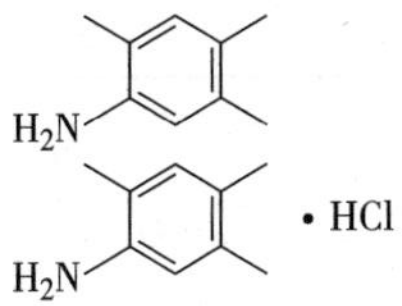	$C_9H_{13}N$ $C_9H_{14}ClN$
85	2，4，6-三氯苯酚	2，4，6-Trichlorophenol（CAS No.88-06-2）	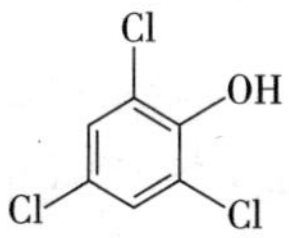	$C_6H_3Cl_3O$
86	2，4-二氨基-5-甲基苯乙醚及其盐酸盐	2，4-Diamino-5-methylphenetol and its HCl salt（CAS No.113715-25-6）	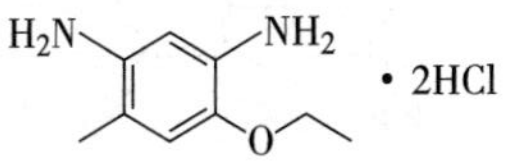	$C_9H_{16}Cl_2N_2O$
87	2，4-二氨基-5-甲基苯氧基乙醇及其盐类	2，4-Diamino-5-methylphenoxyethanol and its salts（CAS No.141614-05-3/CAS No.113715-27-8）	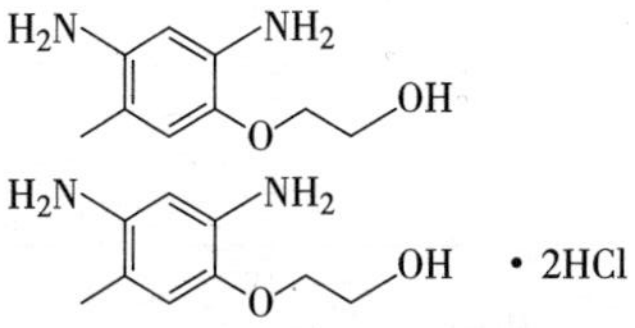	$C_9H_{14}N_2O_2$ $C_9H_{16}Cl_2N_2O_2$
88	2，4-二氨基二苯基胺	2，4-Diaminodiphenylamine（CAS No.136-17-4）	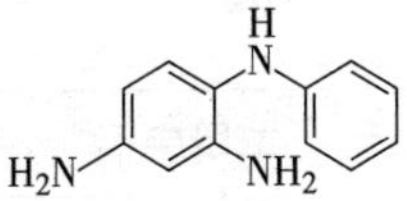	$C_{12}H_{13}N_3$

续表

序号	中文名称	英文名称	结构式	分子式
89	2，4–二氨基苯乙醇及其盐类	2，4–Diaminophenylethanol（CAS No.14572–93–1）and its salts	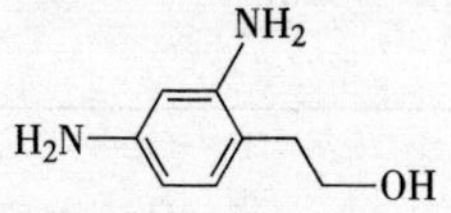	$C_8H_{12}N_2O$
90	2，4–二羟基–3–甲基苯甲醛	2，4–Dihydroxy–3–methylbenzaldehyde（CAS No.6248–20–0）	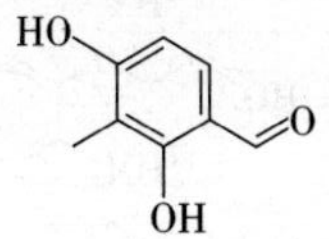	$C_8H_8O_3$
91	2，5–二硝基甲苯	2，5–Dinitrotoluene（CAS No.619–15–8）	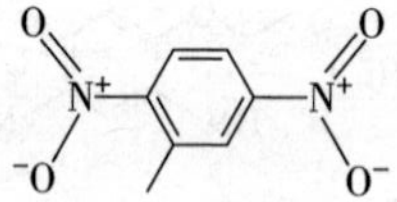	$C_7H_6N_2O_4$
92	2，6–双（2–羟乙氧基）–3，5–吡啶二胺及其盐酸盐	2，6–Bis（2–Hydroxyethoxy）–3，5–Pyridinediamine（CAS No.117907–42–3）and its HCl salt	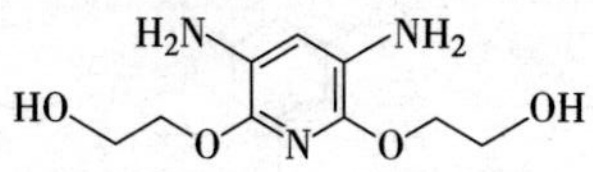	$C_9H_{15}N_3O_4$
93	辛酸2，6–二溴–4–氰苯酯	2，6–Dibromo–4–cyanophenyl octanoate（CAS No.1689–99–2）	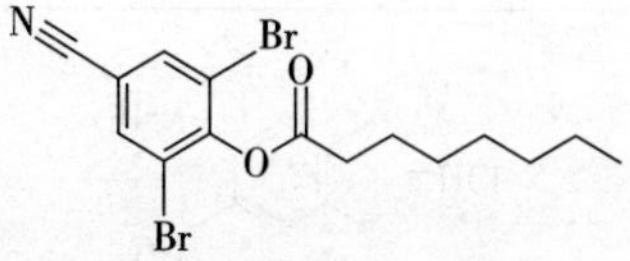	$C_{15}H_{17}NO_2Br_2$
94	2，6–二羟基–4–甲基吡啶及其盐类	2，6–Dihydroxy–4–methylpyridine（CAS No.4664–16–8）and its salts	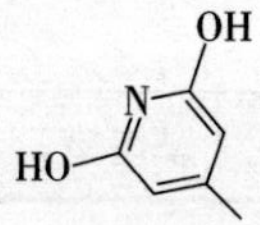	$C_6H_7NO_2$

续表

序号	中文名称	英文名称	结构式	分子式
95	（2，6-二甲基-1，3-二噁烷-4-基）乙酸酯	2，6-Dimethyl-1，3-dioxan-4-yl acetate（dimethoxane）（CAS No.828-00-2）	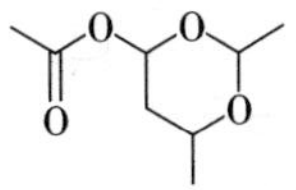	$C_8H_{14}O_4$
96	2，6-二硝基甲苯	2，6-Dinitrotoluene（CAS No.606-20-2）	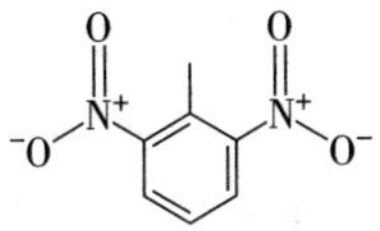	$C_7H_6N_2O_4$
97	2，7-萘二磺酸，5-（乙酰胺）-4-羟基-3-((2-甲苯基）偶氮）-及其盐类	2，7-Naphthalenedisulfonic acid，5-（acetylamino）-4-hydroxy-3-((2-methylphenyl）azo）-（CAS No.6441-93-6）and its salts	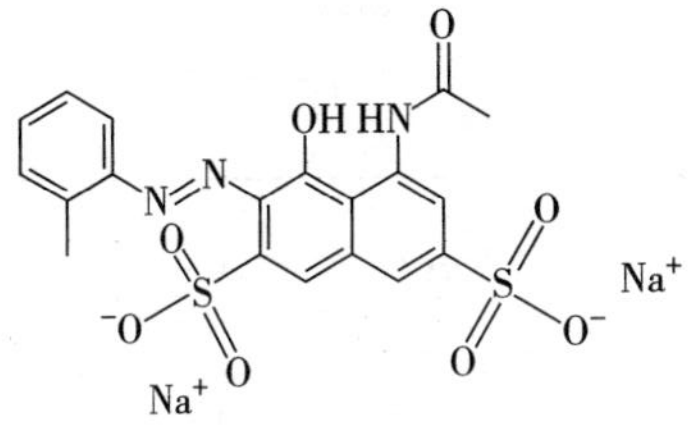	$C_{19}H_{15}N_3Na_2O_8S_2$
98	2-｛4-（2-氨丙基氨基)-6-(4-羟基-3-(5-甲基-2-甲氧基-4-氨磺酰苯基偶氮）-2-磺化萘-7-基氨基）-1，3，5-三嗪基氨基｝-2-氨基丙基甲酸盐	2-｛4-（2-Ammoniopropylamino）-6-（4-hydroxy-3-（5-methyl-2-methoxy-4-sulfamoylphenylazo）-2-sulfonatonaphth-7-ylamino）-1，3，5-triazin-2-ylamino｝-2-aminopropyl formate（EC No.424-260-3）		

续表

序号	中文名称	英文名称	结构式	分子式
99	乙酰胆碱及其盐类	(2-Acetoxyethyl)trimethylammonium (acetylcholine)(CAS No.51-84-3) and its salts		$C_7H_{16}NO_2$
100	2-氨基-1，2-双（4-甲氧苯基）乙醇及其盐类	2-Amino-1，2-bis（4-methoxyphenyl）ethanol（CAS No.530-34-7）and its salts		$C_{16}H_{19}NO_3$
101	2-氨基-3-硝基酚及其盐类	2-Amino-3-nitrophenol（CAS No.603-85-0）and its salts		$C_6H_6N_2O_3$
102	2-氨基-4-硝基苯酚	2-Amino-4-nitrophenol（CAS No.99-57-0）		$C_6H_6N_2O_3$
103	2-氨基-5-硝基苯酚	2-Amino-5-nitrophenol（CAS No.121-88-0）		$C_6H_6N_2O_3$

续表

序号	中文名称	英文名称	结构式	分子式
104	2-氨基甲基对氨基苯酚及其盐酸盐	2-Aminomethyl-p-aminophenol and its HCl salt（CAS No.79352-72-0）		$C_7H_{10}N_2O$
105	邻氨基苯酚及其盐类	2-Aminophenol（o-Aminophenol; CI 76520）and its salts（CAS No.95-55-6/CAS No.67845-79-8/CAS No.51-19-4）		C_6H_7NO $C_{12}H_{16}N_2O_6S$ C_6H_8ClNO
106	2-溴丙烷	2-Bromopropane（CAS No.75-26-3）		C_3H_7Br
107	2-丁酮肟	2-Butanone oxime（CAS No.96-29-7）		C_4H_9NO
108	2-氯-5-硝基-*N*-羟乙基对苯二胺及其盐类	2-Chloro-5-nitro-*N*-hydroxyethyl-p-phenylenediamine（CAS No.50610-28-1）and its salts		$C_8H_{10}ClN_3O_3$

续表

序号	中文名称	英文名称	结构式	分子式
109	2-氯-6-甲基嘧啶-4-基二甲基胺（杀鼠嘧啶）	2-Chloro-6-methylpyrimidin-4-yldimethylamine（crimidine-ISO）（CAS No.535-89-7）		$C_7H_{10}ClN_3$
110	3-羟基-4-苯基苯甲酸-2-二乙氨乙基酯（珍尼柳酯）及其盐类	2-Diethylaminoethyl 3-hydroxy-4-phenylbenzoate（Xenysalate（INN））（CAS No.3572-52-9）and its salts		$C_{19}H_{23}NO_3$
111	2-乙氧基乙醇及其乙酸酯	2-Ethoxyethanol and its acetate（2-Ethoxyethyl acetate）（CAS No.110-80-5/CAS No.111-15-9）		$C_4H_{10}O_2$ $C_6H_{12}O_3$
112	2-乙基己酸	2-Ethylhexanoic acid（CAS No.149-57-5）		$C_8H_{16}O_2$
113	乙酸2-乙基己基(((3，5-双（1，1-二甲基乙基）-4-羟苯基）-甲基）-硫代）酯	2-Ethylhexyl(((3，5-bis（1，1-dimethylethyl）-4-hydroxyphenyl）-methyl）thio）acetate（CAS No.80387-97-9）		$C_{25}H_{42}O_3S$

续表

序号	中文名称	英文名称	结构式	分子式
114	（2-异丙基戊-4-烯酰基）脲	(2-Isopropylpent-4-enoyl) urea (apronalide) (CAS No.528-92-7)		$C_9H_{16}N_2O_2$
115	4-硝基-2-甲氧基苯酚（4-硝基愈创木酚）及其盐类	2-Methoxy-4-nitrophenol (4-Nitroguaiacol) (CAS No.3251-56-7) and its salts		$C_7H_7NO_4$
116	2-甲氧基乙醇及其乙酸酯	2-Methoxyethanol and its acetate (2-Methoxyethyl acetate) (CAS No.109-86-4/CAS No.110-49-6)		$C_3H_8O_2$ $C_5H_{10}O_3$
117	2-甲氧基甲基对氨基苯酚	2-Methoxymethyl-p-Aminophenol and its HCl salt (CAS No.135043-65-1/CAS No.29785-47-5)	· HCl	$C_8H_{12}ClNO_2$ $C_8H_{11}NO_2$

续表

序号	中文名称	英文名称	结构式	分子式
118	2-甲氧基丙醇及其乙酸酯	2-Methoxypropanol and its acetate（2-Methoxypropyl acetate）（CAS No.1589-47-5/CAS No.70657-70-4）	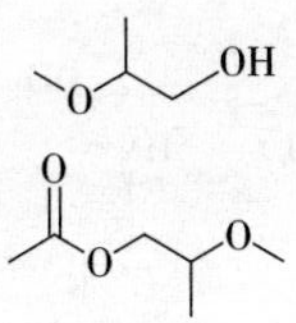	$C_4H_{10}O_2$ $C_6H_{12}O_3$
119	2-甲基氮丙啶	2-Methylaziridine（CAS No.75-55-8）		C_3H_7N
120	2-甲基庚胺及其盐类	2-Methylheptylamine（CAS No.540-43-2）and its salts	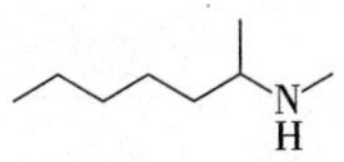	$C_8H_{19}N$
121	二异氰酸2-甲基-间-亚苯酯（甲苯-2，6-二异氰酸酯）	2-Methyl-m-phenylene diisocyanate（Toluene 2，6-diisocyanate）（CAS No.91-08-7）	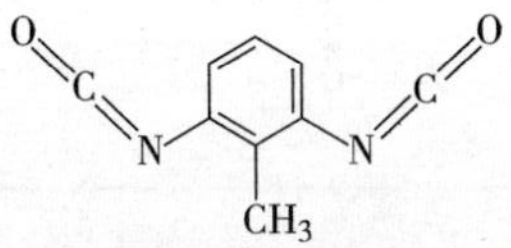	$C_9H_6N_2O_2$
122	2-甲基-间苯二胺（甲苯-2，6-二胺）	2-Methyl-m-phenylenediamine（Toluene-2，6-diamine）（CAS No.823-40-5）	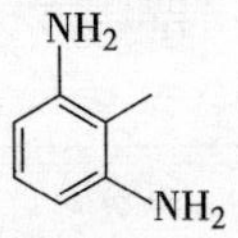	$C_7H_{10}N_2$

续表

序号	中文名称	英文名称	结构式	分子式
123	2-萘磺酸，7-（苯甲酰氨基）-4-羟基-3-（（4-（（4-磺酸苯基）偶氮）苯基）偶氮）-及其盐	2-Naphthalenesulfonic acid，7-（benzoylamino）-4-hydroxy-3-（（4-（（4-sulfophenyl）azo）phenyl）azo）-（CAS No.2610-11-9）and its salts	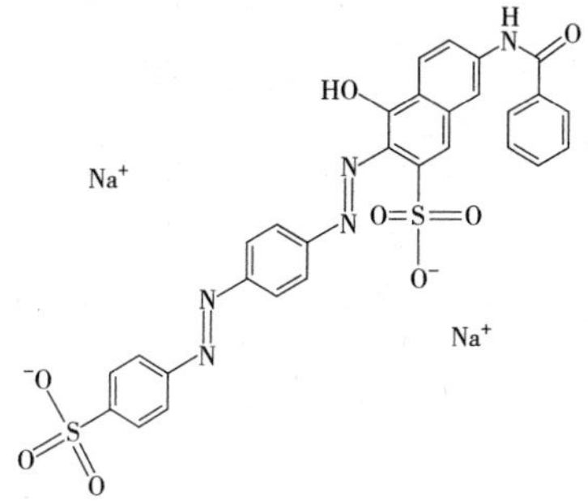	$C_{29}H_{19}N_5Na_2O_8S_2$
124	2-萘磺酸，7，7′-（羰二亚氨基）双（4-羟基-3-（（2-硫代-4-（（4-磺酸苯基）偶氮）苯基）偶氮）-及其盐类	2-Naphthalenesulfonic acid，7，7′-（carbonyldiimino）bis（4-hydroxy-3-（（2-sulfo-4-（（4-sulfophenyl）azo）phenyl）azo）-（CAS No.2610-10-8/CAS No.25188-41-4）and its salts	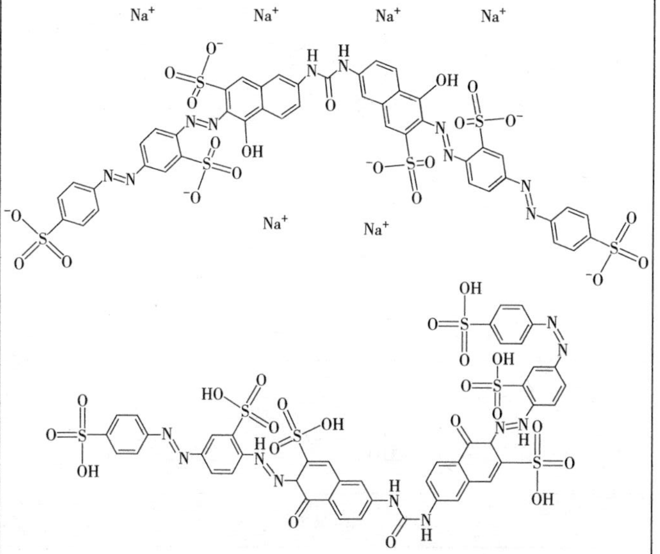	$C_{45}H_{26}N_{10}O_{21}S_6 \cdot 6Na$ $C_{45}H_{32}N_{10}O_{21}S_6$

续表

序号	中文名称	英文名称	结构式	分子式
125	2-萘酚	2-Naphthol（CAS No.135-19-3）	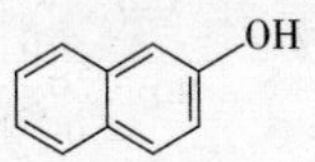	$C_{10}H_8O$
126	2-硝基茴香醚	2-Nitroanisole（CAS No.91-23-6）	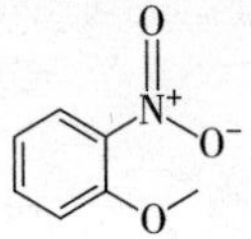	$C_7H_7NO_3$
127	2-硝基萘	2-Nitronaphthalene（CAS No.581-89-5）	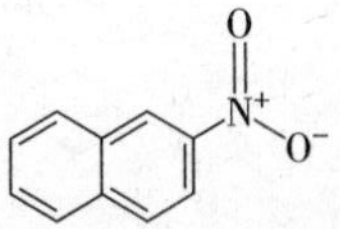	$C_{10}H_7NO_2$
128	2-硝基-*N*-羟乙基对茴香胺及其盐类	2-Nitro-*N*-hydroxyethyl-p-anisidine（CAS No.57524-53-5）and its salts	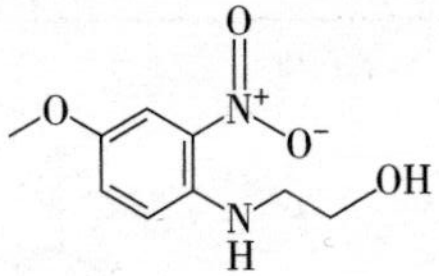	$C_9H_{12}N_2O_4$
129	2-硝基对苯二胺及其盐类	2-Nitro-p-phenylenediamine and its salts（CAS No.5307-14-2/18266-52-9）	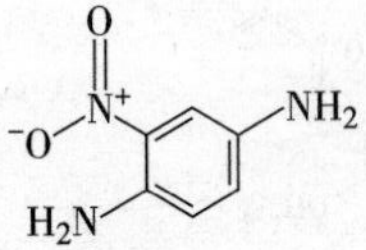 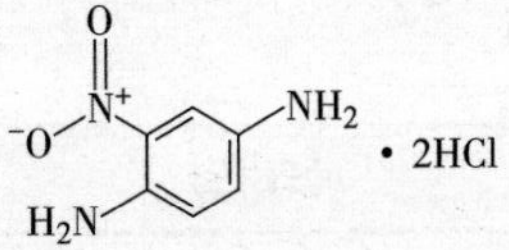	$C_6H_7N_3O_2$ $C_6H_9Cl_2N_3O_2$

续表

序号	中文名称	英文名称	结构式	分子式
130	2-硝基丙烷	2-Nitropropane（CAS No.79-46-9）	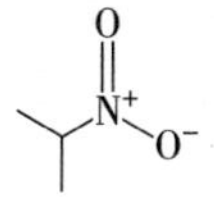	$C_3H_7NO_2$
131	2-硝基甲苯	2-Nitrotoluene（CAS No.88-72-2）	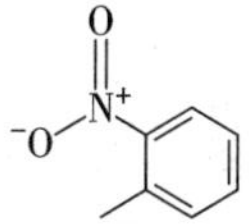	$C_7H_7NO_2$
132	2-亚戊基环己酮	2-Pentylidenecyclohexanone（CAS No.25677-40-1）	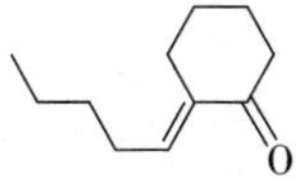	$C_{11}H_{18}O$
133	（2*RS*，3*RS*）-3-（2-氯苯基）-2-（4-氟苯基）-（（1*H*-1，2，4-三吡咯-1-基）甲基）环氧乙烷（氟环唑）	（2*RS*，3*RS*）-3-（2-Chlorophenyl）-2-（4-fluorophenyl）-（1*H*-1，2，4-triazol-1-yl）methyl）oxirane（Epoxiconazole）（CAS No.133855-98-8）	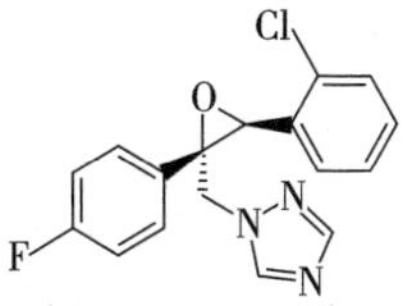	$C_{17}H_{13}ClFN_3O$
134	3-（（2-硝基-4-（三氟甲基）苯基）氨基）丙烷-1，2-二酮（HC 黄 No.6）及其盐类	3-（（2-Nitro-4-（trifluoromethyl）phenyl）amino）propane-1，2-diol（HC Yellow No.6）（CAS No.104333-00-8）and its salts	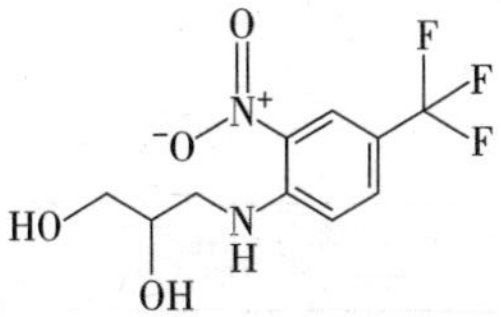	$C_{10}H_{11}F_3N_2O_4$

续表

序号	中文名称	英文名称	结构式	分子式
135	3-((4-((2-羟乙基)甲氨基)-2-硝基苯基)氨基)-1，2-丙二醇及其盐类	3-((4-((2-Hydroxyethyl)Methylamino)-2-Nitrophenyl)Amino)-1，2-Propanediol and its salts（CAS No.173994-75-7/CAS No.102767-27-1）	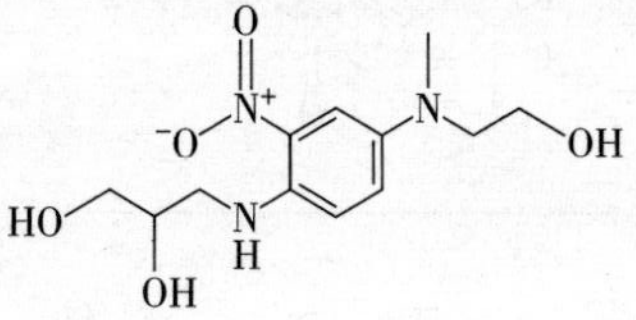 HC 蓝 No.10	$C_{12}H_{19}N_3O_5$
136	3-((4-(乙酰氨基)苯基)偶氮)-4-羟基-7-((((5-羟基-6-(苯偶氮基)-7-硫代-2-萘基)氨基)羰基)氨基)-2-萘磺酸及其盐类	3-((4-(Acetylamino)phenyl)azo)-4-hydroxy-7-((((5-hydroxy-6-(phenylazo)-7-sulfo-2-naphthalenyl)amino)carbonyl)amino)-2-naphthalenesulfonic acid（CAS No.3441-14-3）and its salts	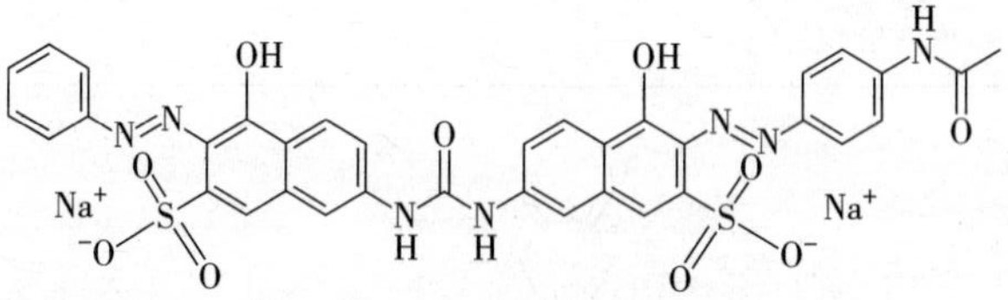	$C_{35}H_{25}N_7Na_2O_{10}S_2$
137	3-((4-(乙基(2-羟乙基)氨基)-2-硝基苯基)氨基)-1，2-丙二醇及其盐类	3-((4-(Ethyl(2-Hydroxyethyl)Amino)-2-Nitrophenyl)Amino)-1，2-Propanediol and its salts（CAS No.114087-41-1/CAS No.114087-42-2）	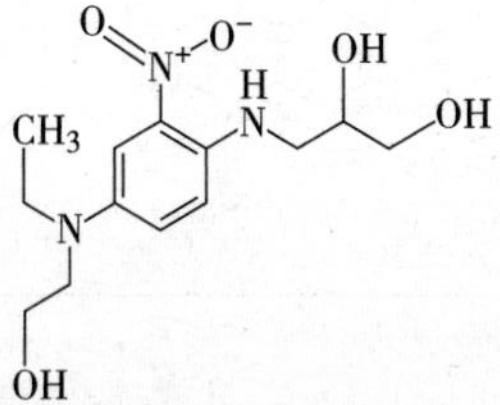	$C_{13}H_{21}N_3O_5$
138	3-(1-萘基)-4-羟基香豆素	3-(1-Naphthyl)-4-hydroxycoumarin（CAS No.39923-41-6）	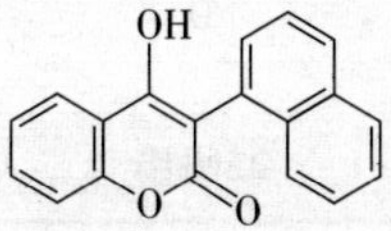	$C_{19}H_{12}O_3$

续表

序号	中文名称	英文名称	结构式	分子式
139	3-(4- 氯苯基)-1，1-二甲基尿素三氯乙酸盐（灭草隆 -TCA）	3-（4-Chlorophenyl）-1，1-dimethyluronium trichloroacetate（monuron-TCA）（CAS No.140-41-0）	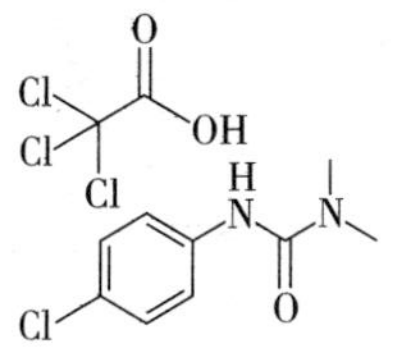	$C_{11}H_{12}Cl_4N_2O_3$
140	3-（4- 异丙苯基）-1，1- 二甲脲	3-（4-Isopropylphenyl）-1，1-dimethylurea（Isoproturon-ISO）（CAS No.34123-59-6）	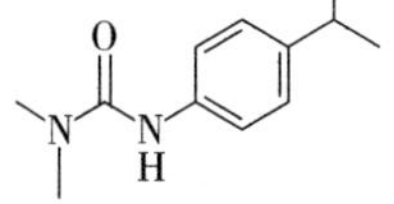	$C_{12}H_{18}N_2O$
141	3，3′-（磺酰基双（2-硝基-4，1-亚苯基）亚氨基）双（6-（苯胺基））苯磺酸及其盐类	3，3′-（Sulfonylbis（2-nitro-4，1-phenylene）imino）bis（6-（phenylamino））benzenesulfonic acid（CAS No.6373-79-1）and its salts	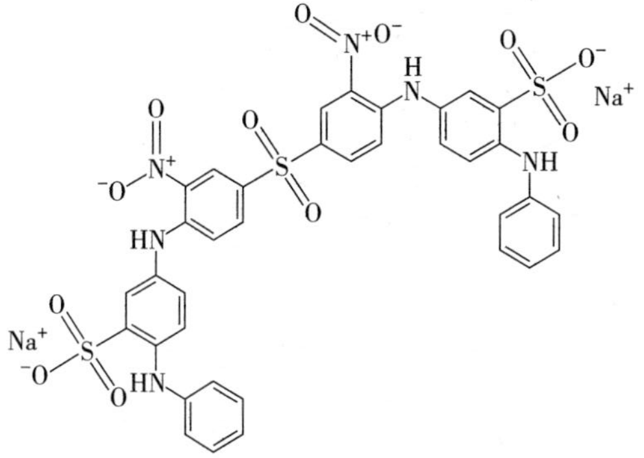	$C_{36}H_{26}N_6Na_2O_{12}S_3$
142	3，3′- 二氯联苯胺	3，3′-Dichlorobenzidine（CAS No.91-94-1）	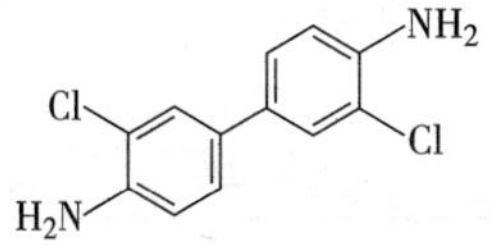	$C_{12}H_{10}Cl_2N_2$

续表

序号	中文名称	英文名称	结构式	分子式
143	3，3′－二氯联苯胺二盐酸盐	3,3′-Dichlorobenzidine dihydrochloride（CAS No.612-83-9）	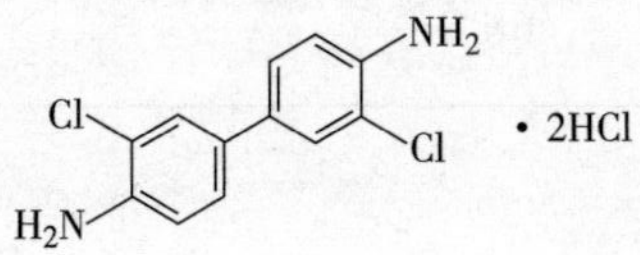	$C_{12}H_{12}Cl_4N_2$
144	二硫酸二氢 3，3′－二氯联苯胺	3，3′-Dichlorobenzidine dihydrogen bis（sulfate）（CAS No.64969-34-2）	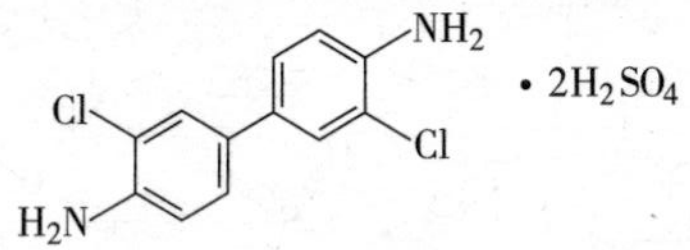	$C_{12}H_{14}Cl_2N_2O_8S_2$
145	3，3′－二氯联苯胺硫酸盐	3，3′-Dichlorobenzidine sulfate（CAS No.74332-73-3）	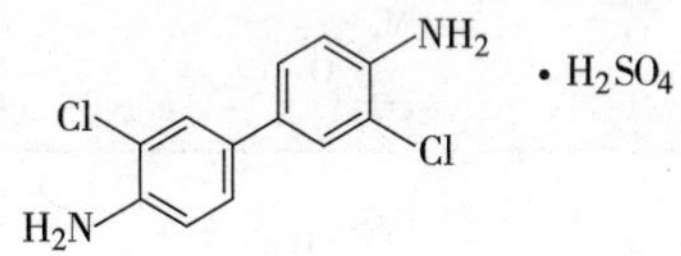	$C_{12}H_{12}Cl_2N_2O_4S$
146	3，3′－二甲氧基联苯胺及其盐类	3，3′-Dimethoxybenzidine（ortho-Dianisidine）（CAS No.119-90-4）and its salts	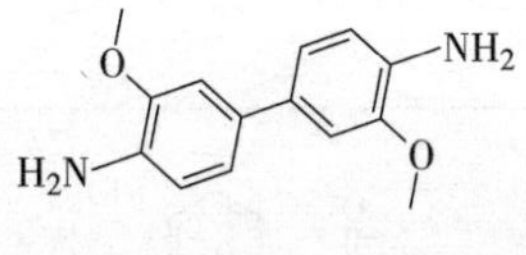	$C_{14}H_{16}N_2O_2$
147	二硫酸氢（3，3′－二甲基（1，1′－联苯）-4，4′－二基）二铵	（3，3′-Dimethyl（1，1′-biphenyl）-4，4′-diyl）diammonium bis（hydrogen sulfate）（CAS No.64969-36-4）	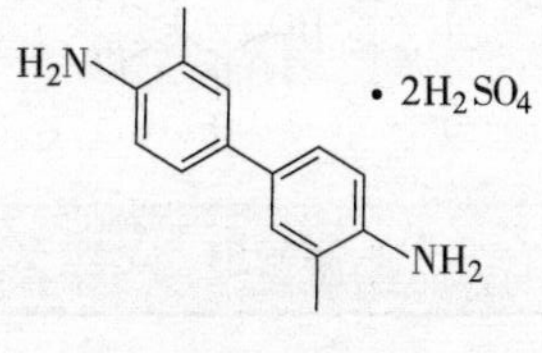	$C_{14}H_{20}N_2O_8S_2$

续表

序号	中文名称	英文名称	结构式	分子式
148	3，3-二（4-羟基苯基）2-苯并[c]呋喃酮（酚酞）	3，3-Bis（4-hydroxyphenyl）phthalide（Phenolphthalein）（CAS No.77-09-8）	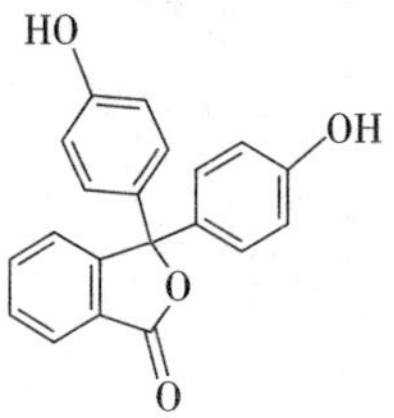	$C_{20}H_{14}O_4$
149	三溴沙仑	3，4′，5-Tribromosalicylanilide（Tribromsalan（INN）（CAS No.87-10-5）	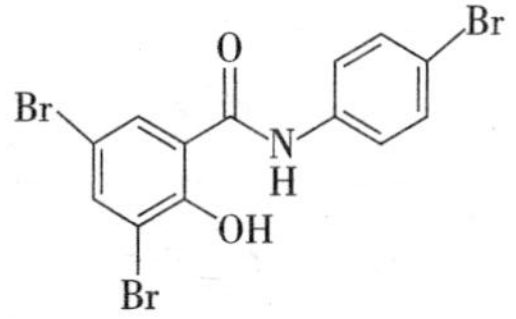	$C_{13}H_8Br_3NO_2$
150	3，4，5-三甲氧苯乙基胺及其盐类	3，4，5-Trimethoxyphenethylamine（Mescaline）（CAS No.54-04-6）and its salts	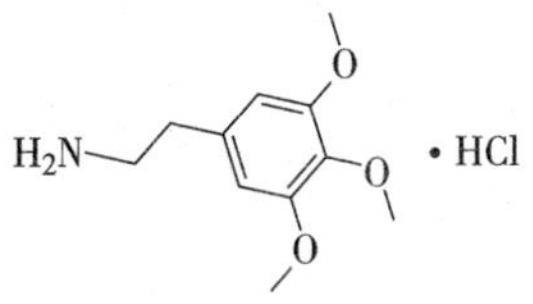	$C_{11}H_{17}NO_3$
151	3，4-二氨基苯甲酸	3，4-Diaminobenzoic acid（CAS No.619-05-6）	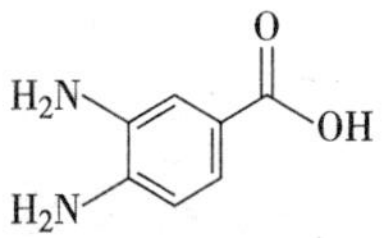	$C_7H_8N_2O_2$
152	3，4-二氢-2-甲氧基-2-甲基-4-苯基-2H-5H吡咯[3，2-c]-[1]苯并吡喃-5-酮（环香豆素）	3，4-Dihydro-2-methoxy-2-methyl-4-phenyl-2H，5H-pyrano[3，2-c]-[1]benzopyran-5-one（cyclocoumarol）（CAS No.518-20-7）	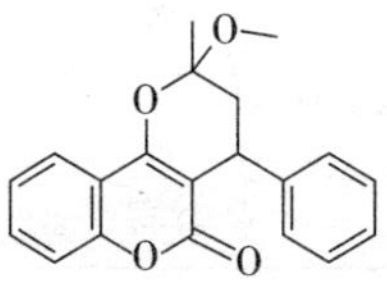	$C_{20}H_{18}O_4$

续表

序号	中文名称	英文名称	结构式	分子式
153	3，4- 二氢香豆素	3，4-Dihydrocoumarine（CAS No.119-84-6）	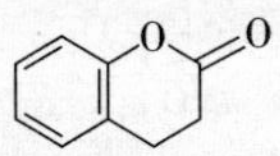	$C_9H_8O_2$
154	3，4- 二硝基甲苯	3，4-Dinitrotoluene（CAS No.610-39-9）	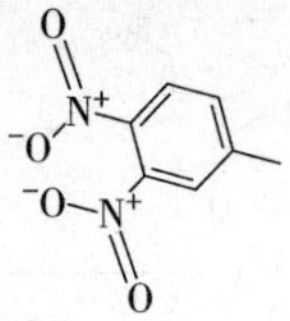	$C_7H_6N_2O_4$
155	3，4- 亚甲二氧基苯胺（胡椒胺）及其盐类	3，4-Methylenedioxyaniline（CAS No.14268-66-7）and its salts	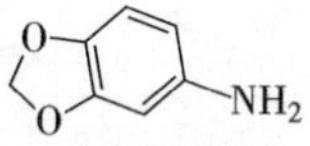	$C_7H_7NO_2$
156	3，4- 亚甲二氧基苯酚（芝麻酚）及其盐类	3，4-Methylenedioxyphenol（CAS No.533-31-3）and its salts	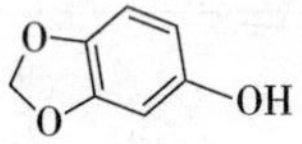	$C_7H_6O_3$
157	3，5，5- 三甲基环 -2- 己烯酮	3，5，5-Trimethylcyclohex-2-enone（Isophorone）（CAS No.78-59-1）	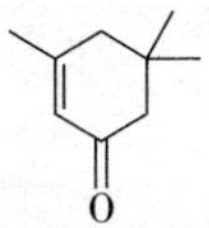	$C_9H_{14}O$
158	3，5- 二 溴 -4- 羟 基苄腈（溴苯腈）；溴苯腈庚酸酯	（3，5-Dibromo-4-hydroxybenzonitrile）Bromoxynil（ISO）and Bromoxynil heptanoate（ISO）（CAS No.1689-84-5/CAS No.56634-95-8）	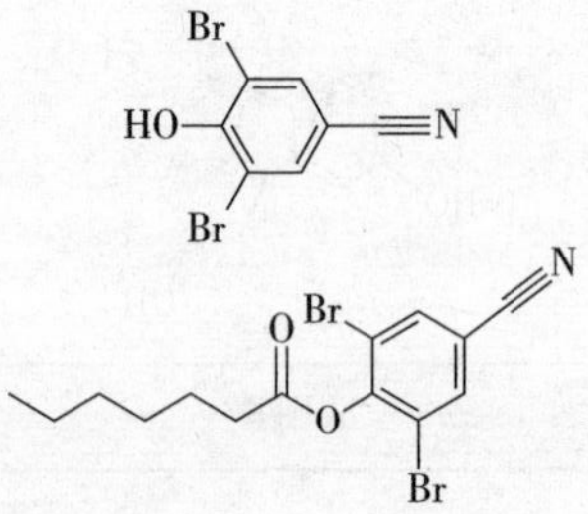	$C_7H_3Br_2NO$ $C_{14}H_{15}Br_2NO_2$

续表

序号	中文名称	英文名称	结构式	分子式
159	3（或 5）-（（4-（（7-氨基-1-羟基-3-磺基-2-萘基）偶氮）-1-萘基）偶氮）水杨酸及其盐类	3（or 5）-（（4-（（7-amino-1-hydroxy-3-sulfonato-2-naphthyl）azo）-1-naphthyl）azo）salicylic acid（CAS No.3442-21-5/CAS No.34977-63-4）and its salts	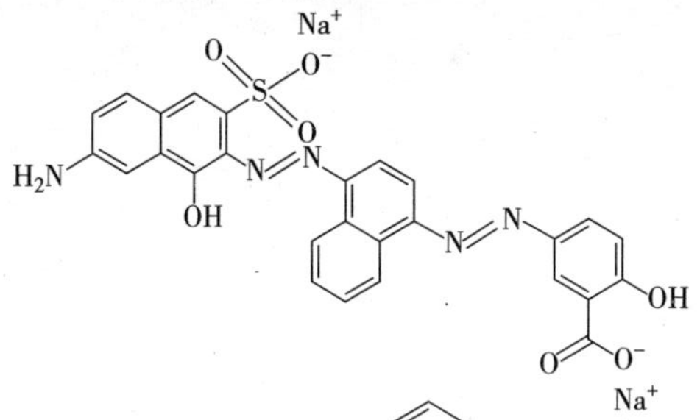 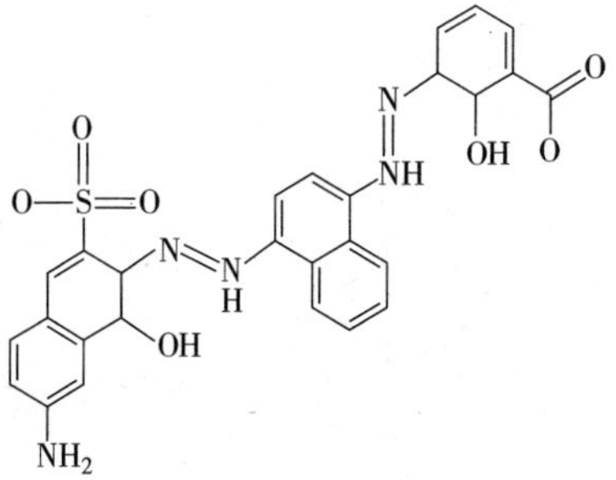	$C_{27}H_{17}N_5O_7S \cdot 2Na$ $C_{27}H_{17}N_5O_7S_{-2 \cdot 2}$［$Na^+$］
160	3（或 5）-（（4-（苯甲基甲氨基）苯基）偶氮）-1，2-（或 1，4）-二甲基-1*H*-1，2，4-三唑鎓及其盐类	3（or 5）-（（4-（Benzylmethylamino）phenyl）azo）-1，2-（or 1，4）-dimethyl-1*H*-1，2，4-triazolium（CAS No.89959-98-8/CAS No.12221-69-1）and its salts	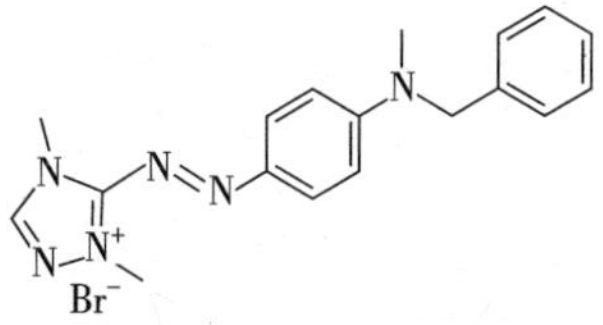	$C_{18}H_{23}N_6 \cdot Br$
161	3，5-二硝基甲苯	3，5-Dinitrotoluene（CAS No.618-85-9）	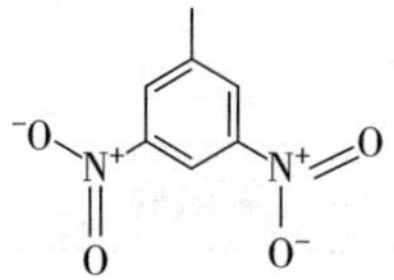	$C_7H_6N_2O_4$

续表

序号	中文名称	英文名称	结构式	分子式
162	3，6，10-三甲基-3，5，9-十一碳三烯-2-酮	3，6，10-Trimethyl-3，5，9-undecatrien-2-one（Pseudo-Isomethyl ionone）（CAS No.1117-41-5）	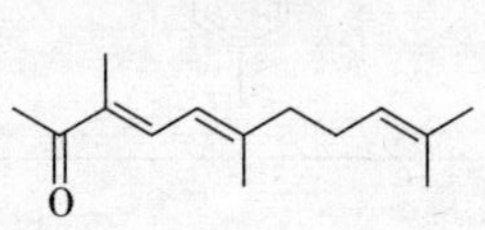	$C_{14}H_{22}O$
163	3，7-二甲基辛烯醇（6，7-二氢牻牛儿醇）	3，7-Dimethyl-2-octen-1-ol（6，7-Dihydrogeraniol）（CAS No.40607-48-5）	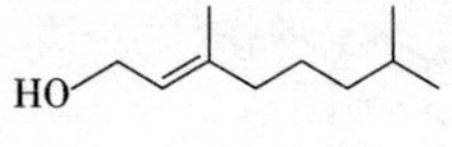	$C_{10}H_{20}O$
164	3′-乙基-5′，6′，7′，8′-四氢-5′，5′，8′，8′-四甲基-2′-乙酰萘或7-乙酰基-6-乙基-1，1，4，4-四甲基-1，2，3，4-四羟萘酚（AETT；Versalide）	3′-Ethyl-5′，6′，7′，8′-tetrahydro-5′，5′，8′，8′-tetramethyl-2′-acetonaphthone or 7-acetyl-6-ethyl-1，1，4，4-tetramethyl-1，2，3，4-tetrahydronaphtalen（AETT；Versalide）（CAS No.88-29-9）	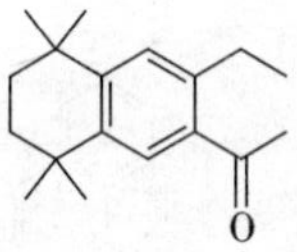	$C_{18}H_{26}O$
165	（3-氯苯基）-（4-甲氧基-3-硝基苯基）-2-甲基环乙酮	（3-Chlorophenyl）-（4-methoxy-3-nitrophenyl）methanone（CAS No.66938-41-8）	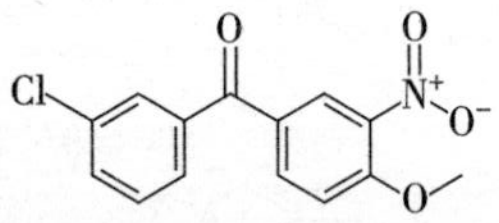	$C_{14}H_{10}ClNO_4$
166	肉桂酸-3-（二乙）氨基丙酯	3-Diethylaminopropyl cinnamate（CAS No.538-66-9）	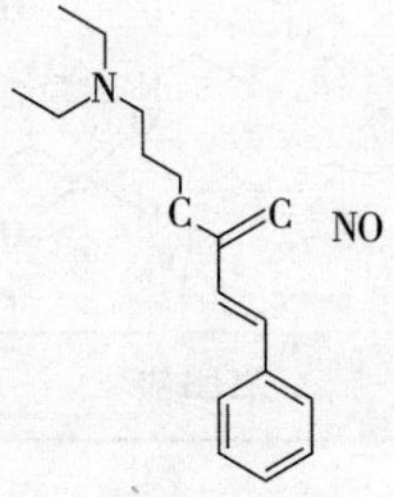	$C_{16}H_{23}NO_2 \cdot HCl$

续表

序号	中文名称	英文名称	结构式	分子式
167	3-乙基-2-甲基-2-（3-甲基丁基）-1，3-氧氮杂环戊烷	3-Ethyl-2-methyl-2-（3-methylbutyl）-1，3-oxazolidine（CAS No.143860-04-2）	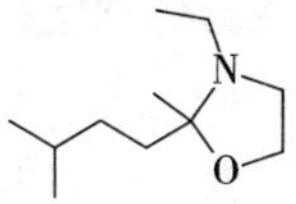	$C_{11}H_{23}NO$
168	3-羟基-4-（（2-羟基萘基）偶氮）-7-硝基萘-1-磺酸及其盐类	3-Hydroxy-4-（（2-hydroxynaphthyl）azo）-7-nitronaphthalene-1-sulfonic acid and its salts（CAS No.16279-54-2/CAS No.5610-64-0）	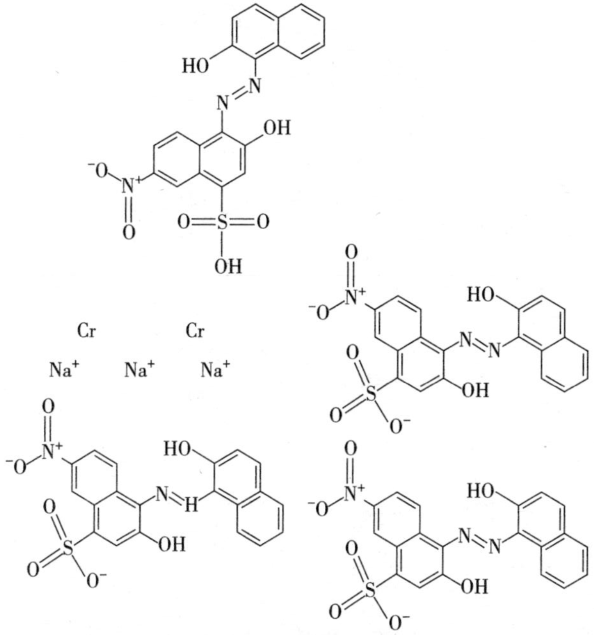	$C_{20}H_{13}N_3O_7S$ $C_{60}H_{36}N_9Na_3O_{21}S_3.Cr_2$
169	3*H*-吲哚鎓，2-（（（4-甲氧基苯基）甲基亚肼基）甲基）-1，3，3-三甲基-及其盐类	3*H*-Indolium，2-（（（4-methoxyphenyl）methylhydrazono）methyl）-1，3，3-trimethyl-（CAS No.54060-92-3）and its salts	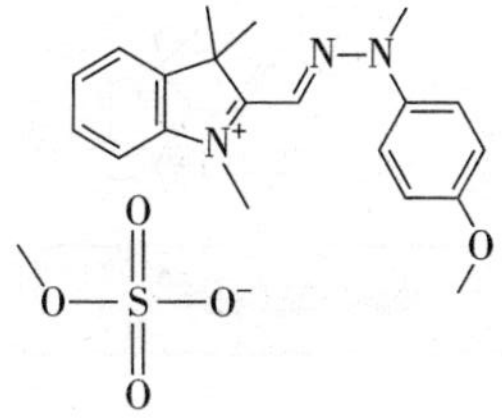	$C_{21}H_{27}N_3O_5S$

续表

序号	中文名称	英文名称	结构式	分子式
170	3*H*-吲哚鎓，2-（2-((2，4-二甲氧基苯基）氨基）乙基）-1，3，3-三甲基-及其盐类	3H-Indolium，2-（2-((2，4-dimethoxyphenyl）amino）ethenyl)-1，3，3-trimethyl-(CAS No.4208-80-4）and its salts	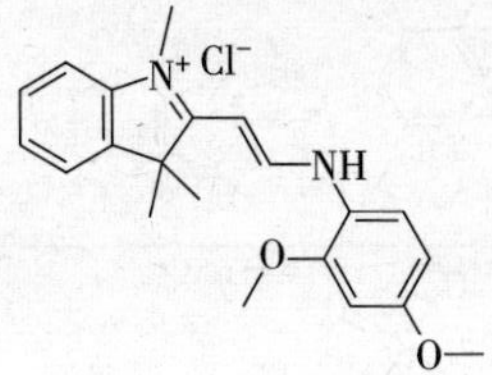	$C_{21}H_{25}ClN_2O_2$
171	3-咪唑-4-基丙烯酸及其乙酯	3-Imidazol-4-ylacrylic acid and its ethyl ester（urocanic acid）(CAS No.104-98-3/CAS No.27538-35-8）	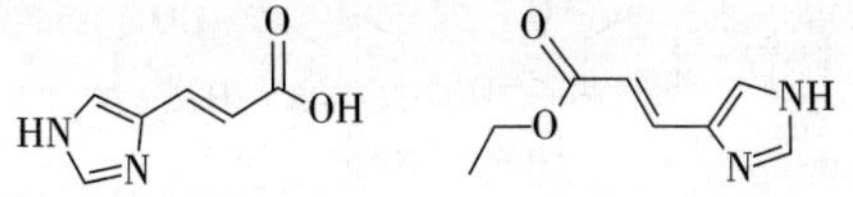	$C_6H_6N_2O_2$ $C_8H_{10}N_2O_2$
172	3-（*N*-甲基-*N*-（4-甲氨基-3-硝基苯基）氨基）丙烷-1，2-二酮及其盐类	3-(*N*-Methyl-*N*-(4-methylamino-3-nitrophenyl）amino）propane-1，2-diol（CAS No.93633-79-5）and its salts	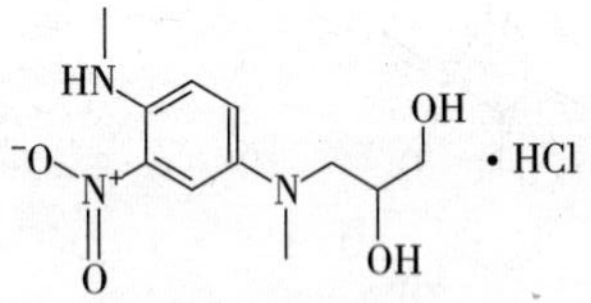	$C_{11}H_{17}N_3O_4$
173	3-硝基-4-氨基苯氧基乙醇及其盐类	3-Nitro-4-aminophenoxyethanol（CAS No.50982-74-6）and its salts	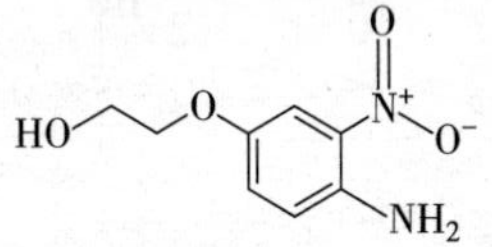	$C_8H_{10}N_2O_4$
174	4-((4-硝基苯基）偶氮）苯胺（分散橙3）及其盐类	4-((4-Nitrophenyl）azo）aniline（Disperse Orange 3）and its salts（CAS No.730-40-5）	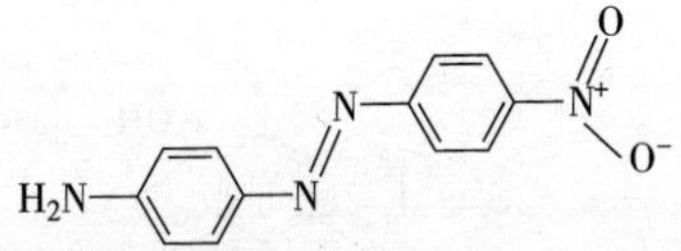	$C_{12}H_{10}N_4O_2$
175	4-(4-(1，3-二羟基丙-2-基)苯氨基)-1，8-二羟基-5-硝基蒽醌	4-(4-(1，3-Dihydroxyprop-2-yl）phenylamino）-1，8-dihydroxy-5-nitroanthraquinone（CAS No.114565-66-1）	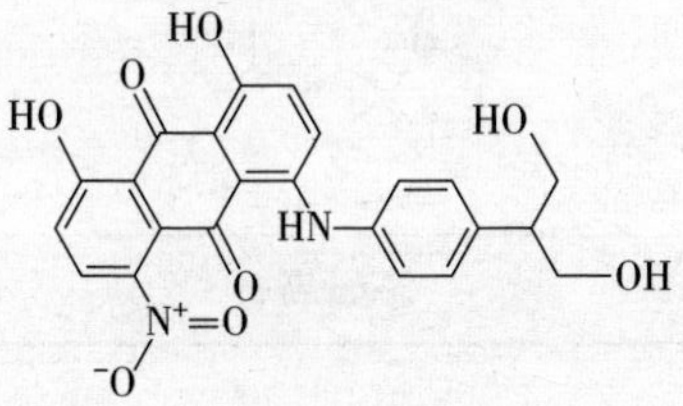	$C_{23}H_{18}N_2O_8$

续表

序号	中文名称	英文名称	结构式	分子式
176	4-(4-甲氧基苯基)-2-丁烯-2-酮	4-(4-Methoxyphenyl)-3-butene-2-one (Anisylidene acetone) (CAS No.943-88-4)	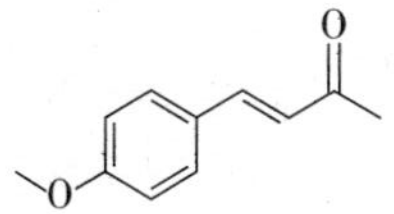	$C_{11}H_{12}O_2$
177	4，4′-((4-甲基-1，3-亚苯基)双(偶氮))双(6-甲基-1，3-苯二胺)(碱性棕4)及其盐类	4，4′-((4-Methyl-1，3-phenylene) bis (azo)) bis (6-methyl-1，3-benzenediamine) (Basic Brown 4) (CAS No.4482-25-1) and its salts	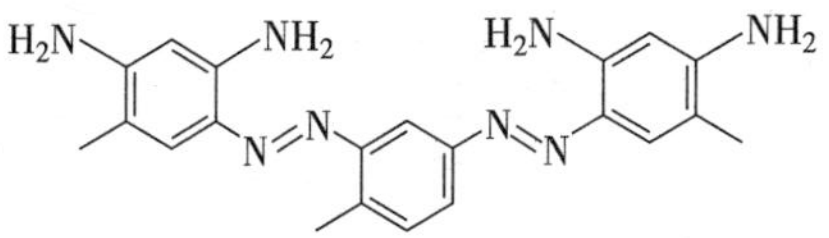	$C_{21}H_{24}N_8$
178	4，4′-(4-亚氨基-2，5-亚环己二烯基亚甲基)双苯胺盐酸盐	4，4′-(4-Iminocyclohexa-2，5-dienylidenemethylene) dianiline hydrochloride (CAS No.569-61-9)	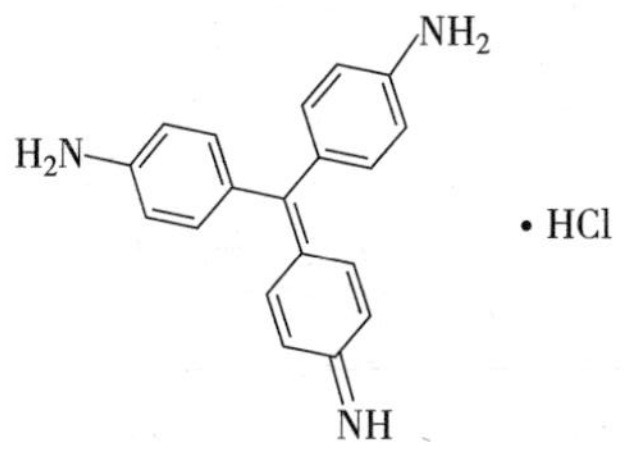 • HCl	$C_{19}H_{17}N_3.HCl$
179	4，4′-二邻甲苯胺	4，4′-Bi-o-toluidine (ortho-Tolidine) (CAS No.119-93-7)	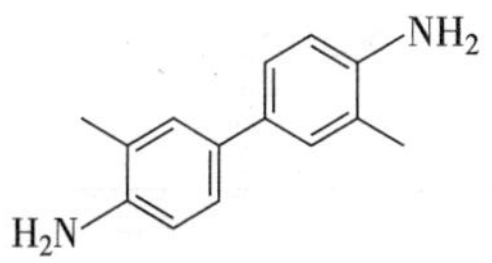	$C_{14}H_{16}N_2$
180	4，4′-二邻甲苯胺二盐酸盐	4，4′-Bi-o-toluidine dihydrochloride (CAS No.612-82-8)	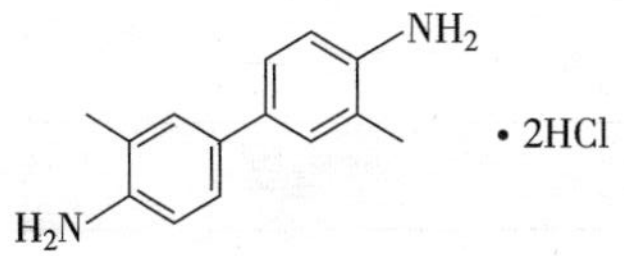 • 2HCl	$C_{14}H_{18}Cl_2N_2$

续表

序号	中文名称	英文名称	结构式	分子式
181	4，4'-二邻甲苯胺硫酸盐	4，4'-Bi-o-toluidine sulfate（CAS No.74753-18-7）	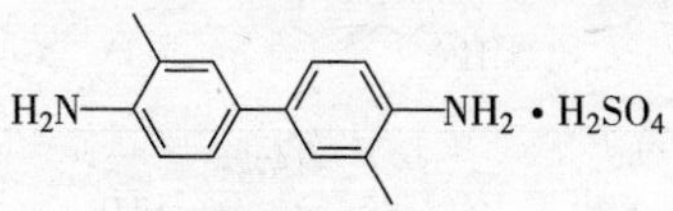	$C_{14}H_{18}N_2O_4S$
182	4，4'-双（二甲基氨基）苯甲酮	4，4'-bis（Dimethylamino）benzophenone（Michler's ketone）（CAS No.90-94-8）	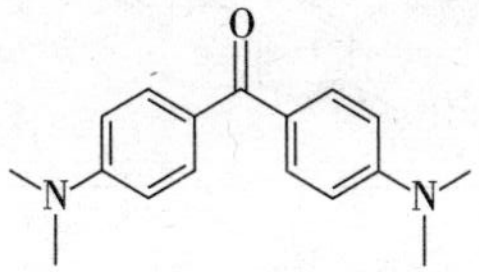	$C_{17}H_{20}N_2O$
183	4，4'-碳亚氨基双（*N*，*N*-二甲基苯胺）及其盐类	4，4'-Carbonimidoyl bis（*N*，*N*-dimethylaniline）（CAS No.492-80-8）and its salts	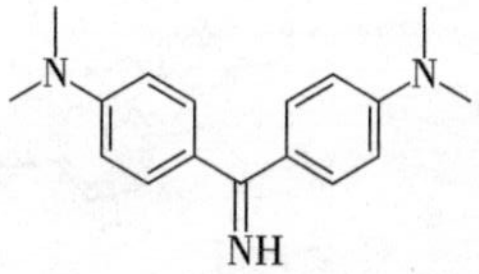	$C_{17}H_{21}N_3$
184	4，4'-二羟基-3，3'-（3-甲基硫代亚丙基）双香豆素	4，4'-Dihydroxy-3，3'-（3-methylthiopropylidene）dicoumarin		
185	4，4'-异丁基亚乙基联苯酚	4，4'-Isobutylethylidenediphenol（CAS No.6807-17-6）	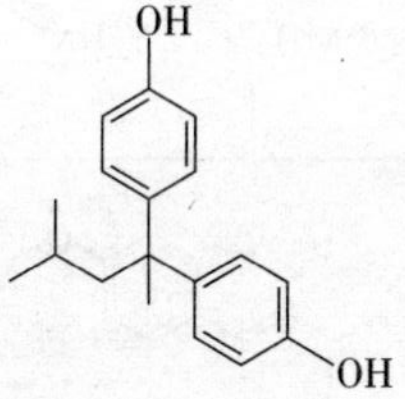	$C_{18}H_{22}O_2$
186	4，4'-亚甲基双（2-乙基苯胺）	4，4'-Methylene bis（2-ethylaniline）（CAS No.19900-65-3）	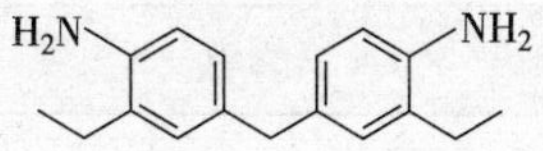	$C_{17}H_{22}N_2$

续表

序号	中文名称	英文名称	结构式	分子式
187	4，4′-二苯氨基甲烷	4，4′-Methylenedianiline（CAS No.101-77-9）	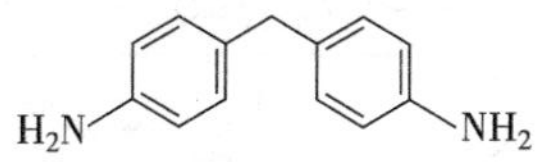	$C_{13}H_{14}N_2$
188	4，4′-亚甲基-二邻甲苯胺	4，4′-Methylenedi-o-toluidine（CAS No.838-88-0）	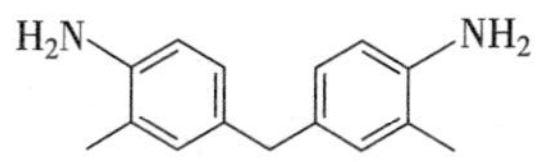	$C_{15}H_{18}N_2$
189	4，4′-二氨基二苯醚（对氨基苯基醚）及其盐类	4，4′-Oxydianiline（p-Aminophenyl ether）（CAS No.101-80-4）and its salts	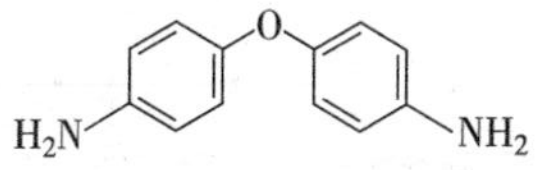	$C_{12}H_{12}N_2O$
190	4，4′-二氨基二苯硫醚及其盐类	4，4′-Thiodianiline（CAS No.139-65-1）and its salts	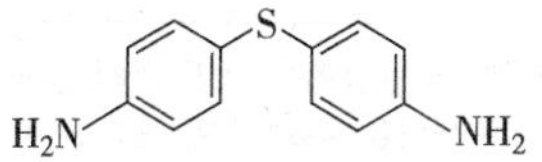	$C_{12}H_{12}N_2S$
191	4，4′-二氨基二苯胺及其盐类	4，4′-Diaminodiphenylamine（CAS No.537-65-5）and its salts	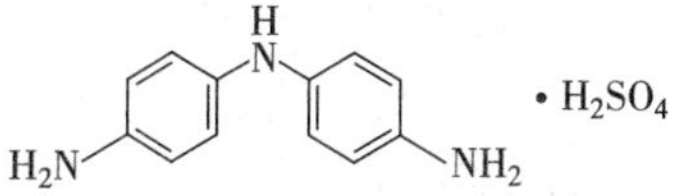 $\cdot H_2SO_4$	$C_{12}H_{15}N_3O_4S$
192	4，5-二氨基-1-((4-氯苯基）甲基）-1*H*-吡唑硫酸盐	4，5-Diamino-1-((4-Chlorophenyl) Methyl)-1H-Pyrazole Sulfate（CAS No.163183-00-4）	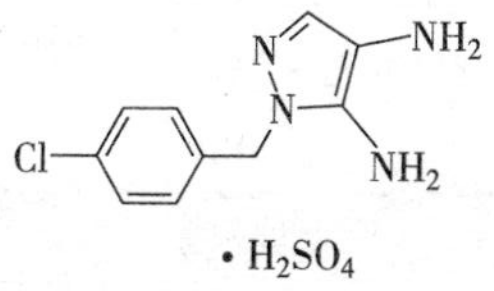 $\cdot H_2SO_4$	$C_{10}H_{13}ClN_4O_4S$

续表

序号	中文名称	英文名称	结构式	分子式
193	4，5-二氨基-1-甲基吡唑及其盐酸盐	4，5-Diamino-1-Methylpyrazole and its HCl salt（CAS No.20055-01-0/CAS No.21616-59-1）	NH_2 H_2N N · 2HCl N CAS No.21616-59-1 4，5-二氨基-1-甲基吡唑盐酸盐	$C_4H_{10}Cl_2N_4$
			H_2N H_2N N · H_2SO_4 N CAS No.20055-01-0 1-甲基-4，5-二氨基吡唑硫酸盐	$C_4H_{10}N_4O_4S$
194	4，6-双（2-羟乙氧基）-间苯二胺及其盐类	4，6-Bis（2-hydroxyethoxy）-m-phenylenediamine（CAS No.94082-85-6）and its salts	H_2N NH_2 HO O O OH · 2HCl	$C_{10}H_{18}Cl_2N_2O_4$
195	4，6-二甲基-8-特丁基香豆素	4，6-Dimethyl-8-tert-butylcoumarin（CAS No.17874-34-9）	O O	$C_{15}H_{18}O_2$
196	4′-乙氧基-2-苯并咪唑苯胺	4′-Ethoxy-2-benzimidazoleanilide（CAS No.120187-29-3）	H N HN O N O	$C_{16}H_{15}N_3O_2$
197	4-氨基-2-硝基酚	4-Amino-2-nitrophenol（CAS No.119-34-6）	O ^-O N^+ NH_2 HO	$C_6H_6N_2O_3$

续表

序号	中文名称	英文名称	结构式	分子式
198	3- 氟 -4- 氨基酚	4–Amino–3–fluorophenol（CAS No.399–95–1）		C_6H_6FNO
199	4- 氨基偶氮苯	4–Aminoazobenzene（CAS No.60–09–3）		$C_{12}H_{11}N_3$
200	对氨基苯磺酸（磺胺酸）及其盐类	4–Aminobenzenesulfonic acid(Sulfanilic acid)（CAS No.121–57–3/CAS No.515–74–2）and its salts		$C_6H_7NO_3S$ $C_6H_{10}NNaO_5S$
201	带游离氨基的 4- 氨基苯甲酸及其酯类	4–Aminobenzoic acid（CAS No.150–13–0）and its esters，with the free amino group		$C_7H_7NO_2$
202	4-氨基水杨酸及其盐类	4–Aminosalicylic acid（CAS No.65–49–6）and its salts		$C_7H_7NO_3$
203	4- 苄氧基苯酚；4- 乙氧基苯酚	4–Benzyloxyphenol and 4–ethoxyphenol（CAS No.103–16–2/CAS No.622–62–8）		$C_{13}H_{12}O_2$ $C_8H_{10}O_2$

续表

序号	中文名称	英文名称	结构式	分子式
204	4- 氯 -2- 氨基苯酚	4-Chloro-2-Aminophenol（CAS No.95-85-2）		C_6H_6ClNO
205	4- 二乙基氨基邻甲苯胺及其盐类	4-Diethylamino-o-toluidine and its salts（CAS No.148-71-0/CAS No.24828-38-4/CAS No.2051-79-8）	· HCl　Cl^-	$C_{11}H_{18}N_2$ $C_{11}H_{19}ClN_2$ $C_{11}H_{19}ClN_2$
206	4- 乙氧基间苯二胺及其盐类	4-Ethoxy-m-phenylenediamine（CAS No.5862-77-1）and its salts		$C_8H_{12}N_2O$
207	4- 乙氨基 -3- 硝基苯甲酸（*N*- 乙基 -3- 硝基 PABA）及其盐类	4-Ethylamino-3-nitrobenzoic acid（*N*-Ethyl-3-Nitro PABA）（CAS No.2788-74-1）and its salts		$C_9H_{10}N_2O_4$
208	（4- 肼基苯基）-*N*- 甲基甲烷磺酰胺盐酸盐	（4-Hydrazinophenyl）-*N*-methylmethanesulfonamide hydrochloride（CAS No.81880-96-8）	· HCl	$C_8H_{14}ClN_3O_2S$

续表

序号	中文名称	英文名称	结构式	分子式
209	4- 羟基吲哚	4-Hydroxyindole（CAS No.2380-94-1）	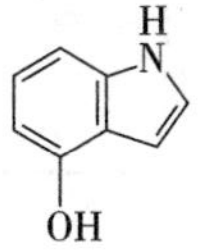	C_8H_7NO
210	4- 甲氧基甲苯 -2，5- 二胺及其盐酸盐	4-Methoxytoluene-2，5-Diamine（CAS No.56496-88-9）and its HCl salt	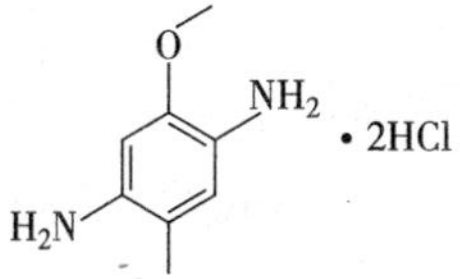	$C_8H_{14}C_{12}N_2O$
211	二异氰酸 4- 甲基间亚苯酯（甲苯 -2，4- 二异氰酸酯）	4-Methyl-m-phenylene diisocyanate（Toluene 2，4-diisocyanate）（CAS No.584-84-9）	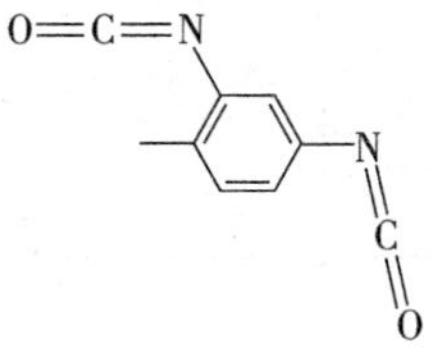	$C_9H_6N_2O_2$
212	4- 甲基间苯二胺（甲苯 -2，4- 二胺）及其盐类	4-Methyl-m-phenylenediamine（Toluene-2，4-diamine）（CAS No.95-80-7）and its salts	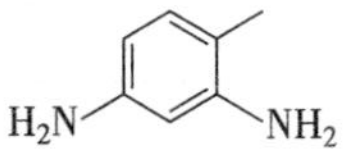	$C_7H_{10}N_2$
213	4- 硝基联苯	4-Nitrobiphenyl（CAS No.92-93-3）	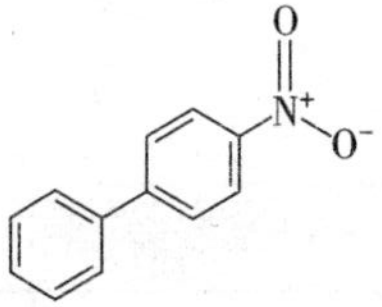	$C_{12}H_9NO_2$

续表

序号	中文名称	英文名称	结构式	分子式
214	4-硝基间苯二胺及其盐类	4-Nitro-m-phenylenediamine（CAS No.5131-58-8）and its salts	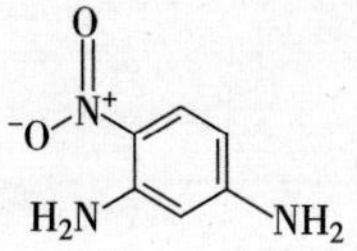 O ^-O N^+ H_2N NH_2	$C_6H_7N_3O_2$
215	4-亚硝基苯酚	4-Nitrosophenol（CAS No.104-91-6）	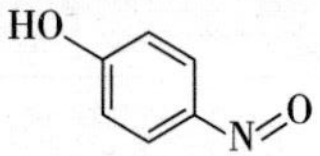 HO N=O	$C_6H_5NO_2$
216	4-邻甲苯基偶氮邻甲苯胺	4-o-Tolylazo-o-toluidine（CAS No.97-56-3）	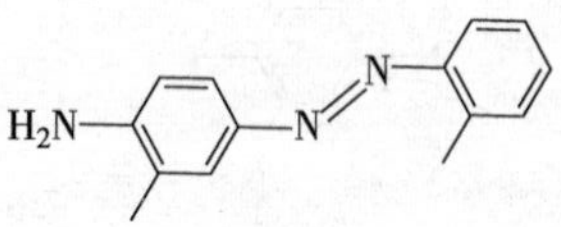 H_2N N=N	$C_{14}H_{15}N_3$
217	盐酸柠檬酸柯衣定盐	4-Phenylazophenylene-1，3-diamine citrate hydrochloride（chrysoidine citrate hydrochloride）（CAS No.5909-04-6）	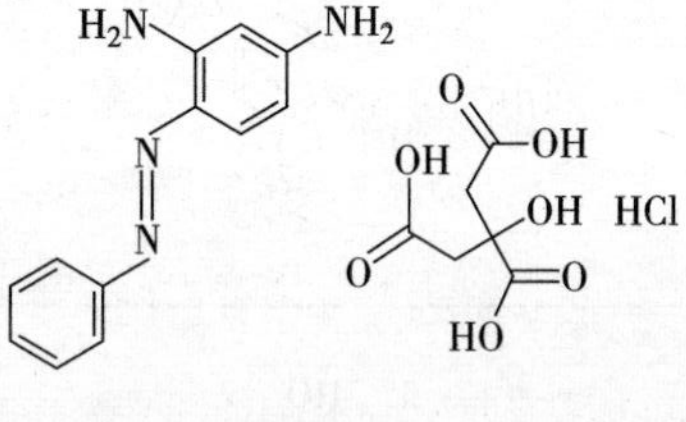 H_2N NH_2 N=N O OH OH OH HCl O O HO	$C_{12}H_{12}N_4 \cdot C_6H_8O_7 \cdot HCl$
218	4-苯基丁-3-烯-2-酮	4-Phenylbut-3-en-2-one（Benzylidene acetone）（CAS No.122-57-6）	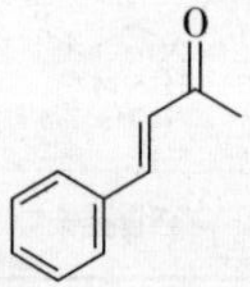 O	$C_{10}H_{10}O$

续表

序号	中文名称	英文名称	结构式	分子式
219	4-叔丁基-3-甲氧基-2，6-二硝基甲苯（葵子麝香）	4-tert-Butyl-3-methoxy-2，6-dinitrotoluene（Musk Ambrette）（CAS No.83-66-9）		$C_{12}H_{16}N_2O_5$
220	4-叔丁基苯酚	4-tert-Butylphenol（CAS No.98-54-4）		$C_{10}H_{14}O$
221	4-叔丁基邻苯二酚	4-tert-Butylpyrocatechol（CAS No.98-29-3）		$C_{10}H_{14}O_2$
222	5-((4-(二甲氨基)苯基)偶氮)-1，4-二甲基-1*H*-1，2，4-三唑鎓及其盐类	5-((4-(Dimethylamino) phenyl) azo)-1，4-dimethyl-1*H*-1，2，4-triazolium（CAS No.12221-52-2）and its salts		$C_{12}H_{17}N_6$
223	5-(2，4-二氧代-1，2，3，4-四氢嘧啶)-3-氟-2-羟基甲基四氢呋喃	5-(2，4-Dioxo-1，2，3，4-tetrahydropyrimidine)-3-fluoro-2-hydroxymethylterahydrofuran（CAS No.41107-56-6）		$C_9H_{11}FN_2O_4$

续表

序号	中文名称	英文名称	结构式	分子式
224	5-（3-丁酰基-2，4，6-甲基苯基）-2-（1-（乙氧基亚氨基）丙基）-3-羟基环已-2-烯-1-酮	5-（3-Butyryl-2，4，6-trimethylphenyl）-2-（1-（ethoxyimino）propyl）-3-hydroxycyclohex-2-en-1-one（CAS No.138164-12-2）		$C_{24}H_{33}NO_4$
225	5-（a，b-二溴苯乙基）-5-甲基乙内酰脲	5-（a，b-Dibromophenethyl）-5-methylhydantoin（CAS No.511-75-1）		$C_{12}H_{12}Br_2N_2O_2$
226	二次亚碘酸5，5′-二异丙基-2，2′-二甲基联苯-4，4′-二基酯	5，5′-Diisopropyl-2，2′-dimethylbiphenyl-4，4′-diyl dihypoiodite（thymol iodide）（CAS No.552-22-7）		$C_{20}H_{24}I_2O_2$
227	5，6，12，13-四氯蒽（2，1，9-d，e，f，：6，5，10-d′，e′，f′）二异喹啉-1，3，8，10（2*H*，9*H*）四酮	5，6，12，13-Tetrachloroanthra（2，1，9-def：6，5，10-d′e′f′）diisoquinoline-1，3，8，10（2*H*，9*H*）-tetrone（CAS No.115662-06-1）		$C_{24}H_6Cl_4N_2O_4$
228	5-氨基-2，6-二甲氧基-3-羟基吡啶及其盐类	5-Amino-2，6-dimethoxy-3-hydroxypyridine（CAS No.104333-03-1）and its salts		$C_7H_{10}N_2O_3$

续表

序号	中文名称	英文名称	结构式	分子式
229	5-氨基-4-氟-2-甲基苯酚硫酸盐	5-Amino-4-Fluoro-2-Methylphenol Sulfate（CAS No.163183-01-5）	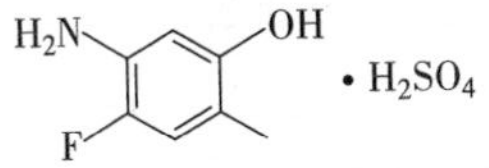	$C_7H_{10}FNO_5S$
230	5-氯-1，3-二氢-2H-吲哚-2-酮	5-Chloro-1，3-dihydro-2H-indol-2-one（CAS No.17630-75-0）	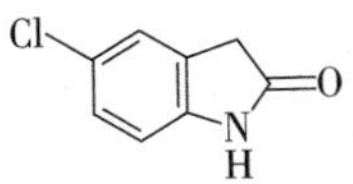	C_8H_6ClNO
231	5-乙氧基-3-三氯甲基-1，2，4-硫代二唑	5-Ethoxy-3-trichloromethyl-1，2，4-thiadiazole（Etridiazole（ISO））（CAS No.2593-15-9）	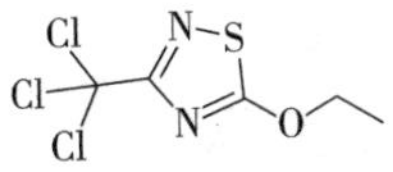	$C_5H_5Cl_3N_2OS$
232	5-羟基-1，4-苯并二噁烷及其盐类	5-Hydroxy-1，4-benzodioxane（CAS No.10288-36-5）and its salts	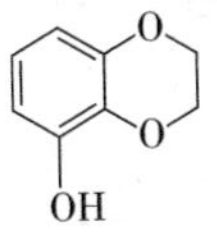	$C_8H_8O_3$
233	5-甲基-2，3-己二酮	5-Methyl-2，3-hexanedione（Acetyl isovaleryl）（CAS No.13706-86-0）	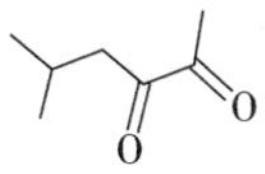	$C_7H_{12}O_2$
234	5-硝基二氢苊	5-Nitroacenaphthene（CAS No.602-87-9）	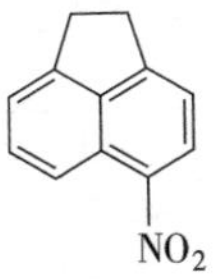	$C_{12}H_9NO_2$
235	5-硝基邻甲苯胺，5-硝基邻甲苯胺盐酸盐	5-Nitro-o-toluidine（CAS No.99-55-8），5-Nitro-o-toluidine hydrochloride（CAS No.51085-52-0）	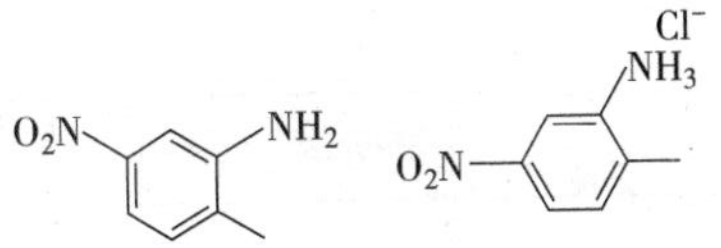	$C_7H_8N_2O_2$ $C_7H_9ClN_2O_2$

续表

序号	中文名称	英文名称	结构式	分子式
236	5-叔丁基-1，2，3-三甲基-4，6-二硝基苯（西藏麝香）	5-tert-Butyl-1，2，3-trimethyl-4，6-dinitrobenzene（Musk Tibetene）（CAS No.145-39-1）	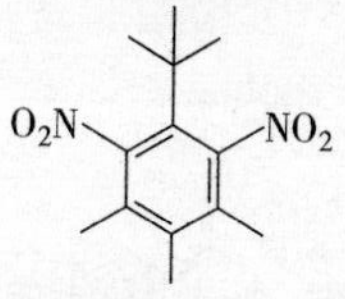	$C_{13}H_{18}N_2O_4$
237	6-(2-氯乙基)-6-(2-甲氧乙氧基)-2，5，7，10-四氧杂-6-硅杂十一烷	6-（2-Chloroethyl）-6-（2-methoxyethoxy）-2，5，7，10-tetraoxa-6-silaundecane（CAS No. 37894-46-5）	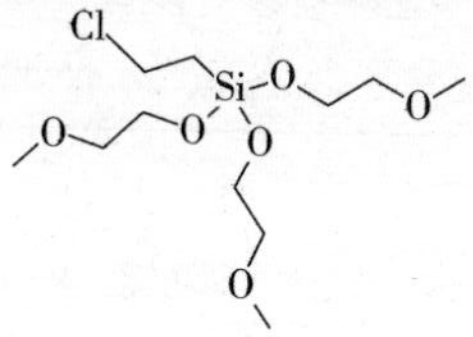	$C_{11}H_{25}ClO_6Si$
238	甲酸（6-（4-羟基-3-(2-甲氧基苯偶氮基）-2-磺基-7-萘胺基)-1，3，5-三嗪-2，4-基）双((氨基-1-甲基乙基）铵）	6-（4-Hydroxy-3-（2-methoxyphenylazo）-2-sulfonato-7-naphthylamino）-1，3，5-triazine-2，4-diyl）bis((amino-1-methylethyl）ammonium）formate（CAS No.108225-03-2）	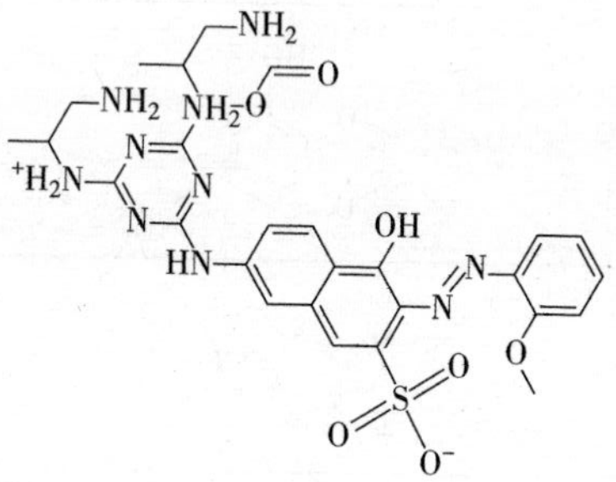	
239	6，10-二甲基-3，5，9-十二碳三烯-2-酮	6，10-Dimethyl-3，5，9-undecatrien-2-one(Pseudoionone）（CAS No.141-10-6）	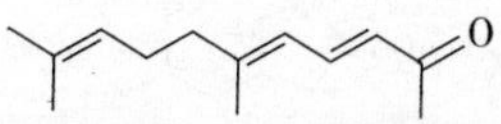	$C_{13}H_{20}O$
240	(6-((3-氯-4-（甲氨基）苯基）亚氨基)-4-甲基-3-氧代环己-1，4-二烯-1-基）脲（HC红No.9）及其盐类	(6-((3-Chloro-4-（methylamino）phenyl）imino）-4-methyl-3-oxocyclohexa-1，4-dien-1-yl）urea（HC Red No.9）（CAS No.56330-88-2）and its salts	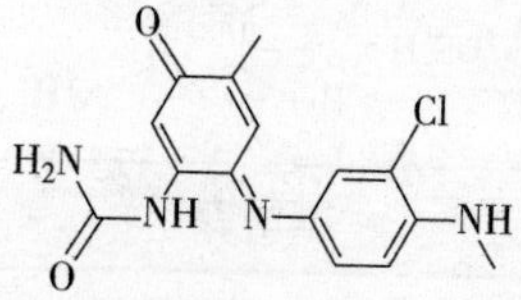	$C_{15}H_{15}ClN_4O_2$

续表

序号	中文名称	英文名称	结构式	分子式
241	6-氨基-2-（2，4-二甲苯基）-1*H*-苯基［de］异喹啉-1，3（2*H*）-二酮（溶剂黄44）及其盐类	6-Amino-2-（2，4-dimethylphenyl）-1H-benz［de］isoquinoline-1，3（2H）-dione（Solvent Yellow 44）（CAS No.2478-20-8）and its salts，when used as a substance in hair dye products	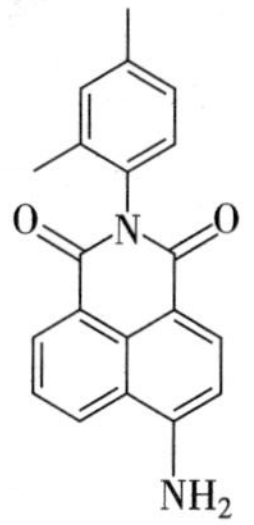	$C_{20}H_{16}N_2O_2$
242	6-氨基邻甲酚及其盐类	6-Amino-o-cresol（CAS No.17672-22-9）and its salts	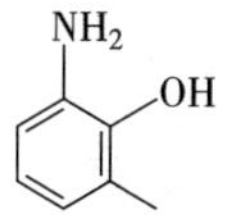	C_7H_9NO
243	6-羟基-1-（3-异丙氧基丙基）-4-甲基-2-氧-5-（4-（苯偶氮基）苯偶氮基）-1，2-二氢-3-吡啶腈	6-Hydroxy-1-（3-isopropoxypropyl）-4-methyl-2-oxo-5-（4-（phenylazo）phenylazo）-1，2-dihydro-3-pyridinecarbo-nitrile（CAS No.85136-74-9）	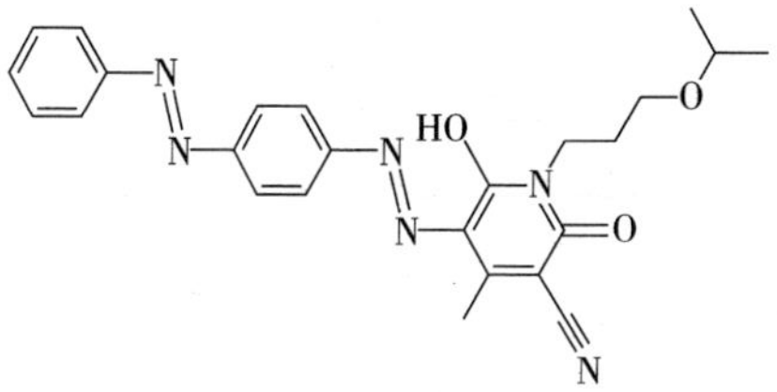	$C_{25}H_{26}N_6O_3$
244	6-异丙基-2-十氢萘酚	6-Isopropyl-2-decahydronaphthalenol（CAS No.34131-99-2）	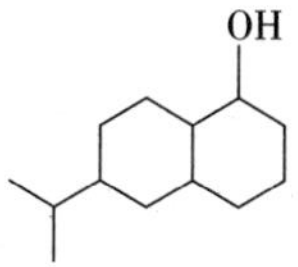	$C_{13}H_{24}O$
245	6-甲氧基-2，3-二氨基吡啶及其盐酸盐	6-Methoxy-2，3-Pyridinediamine（CAS No.94166-62-8）and its HCl salt	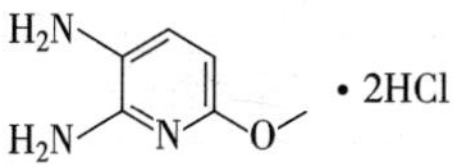	$C_6H_{11}Cl_2N_3O$

续表

序号	中文名称	英文名称	结构式	分子式
246	2–甲氧基–5–甲基苯胺	6–Methoxy–m–toluidine；(p–Cresidine)(CAS No.120–71–8)	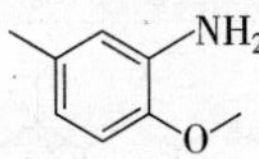	$C_8H_{11}NO$
247	6–硝基–2，5–吡啶二胺及其盐类	6–Nitro–2，5–pyridinediamine (CAS No.69825–83–8) and its salts	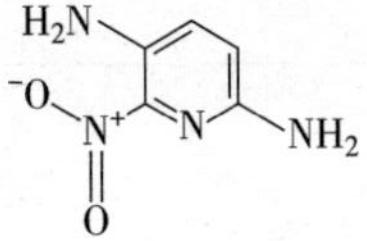	$C_5H_6N_4O_2$
248	2–甲基–6–硝基苯胺	6–Nitro–o–Toluidine (CAS No.570–24–1)	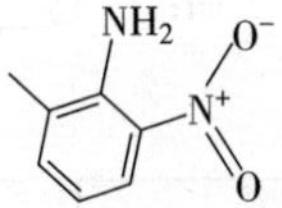	$C_7H_8N_2O_2$
249	7–(2–羟基–3–(2–羟乙基–*N*–甲氨基)丙基)茶碱	7–(2–Hydroxy–3–(2–hydroxyethyl–*N*–methylamino) propyl) theophylline (xanthinol)(CAS No.2530–97–4)	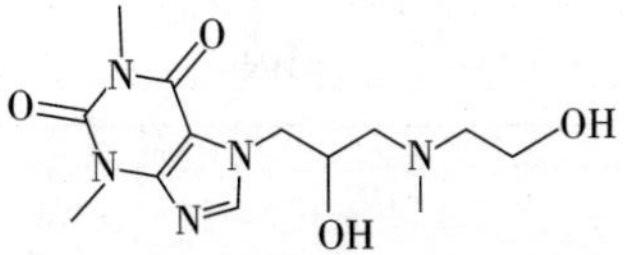	$C_{13}H_{21}N_5O_4$
250	7，11–二甲基–4，6，10–十二碳三烯–3–酮	7，11–Dimethyl–4，6，10–dodecatrien–3–one (Pseudomethylionone)(CAS No.26651–96–7)	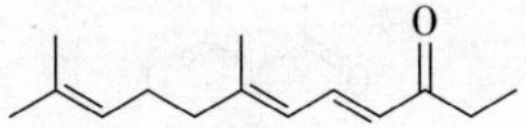	$C_{14}H_{22}O$
251	7–乙氧基–4–甲基香豆素	7–Ethoxy–4–methylcoumarin (CAS No.87–05–8)	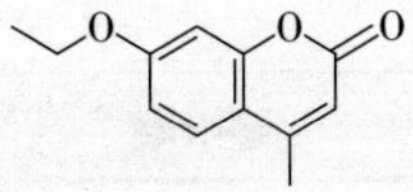	$C_{12}H_{12}O_3$

续表

序号	中文名称	英文名称	结构式	分子式
252	7- 甲氧基香豆素	7-Methoxycoumarin（CAS No.531-59-9）	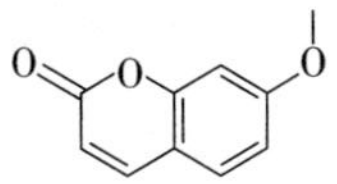	$C_{10}H_8O_3$
253	7- 甲基香豆素	7-Methylcoumarin（CAS No.2445-83-2）	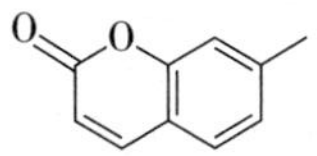	$C_{10}H_8O_2$
254	（8-（（4- 氨基 -2- 硝基苯基）偶氮）-7- 羟基 -2- 萘基）三甲铵及其盐类（在碱性棕 17 中作为杂质存在的碱性红 118 除外）	（8-（（4-Amino-2-nitrophenyl）azo）-7-hydroxy-2-naphthyl）trimethylammonium（CAS No.71134-97-9）and its salts，except Basic Red 118 as impurity in Basic Brown 17	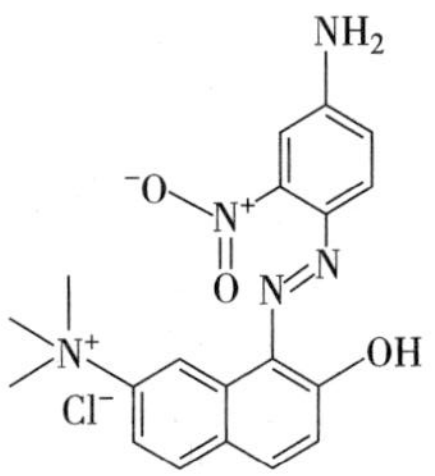	$C_{19}H_{20}ClN_5O_3$
255	9，10- 蒽醌，1-（（2- 羟乙基）氨基）-4-（甲氨基）- 及其衍生物和盐类	9，10-Anthracenedione，1-（（2-hydroxyethyl）amino）-4-（methylamino）-and its derivatives and salts（CAS No.2475-46-9/CAS No.86722-66-9）	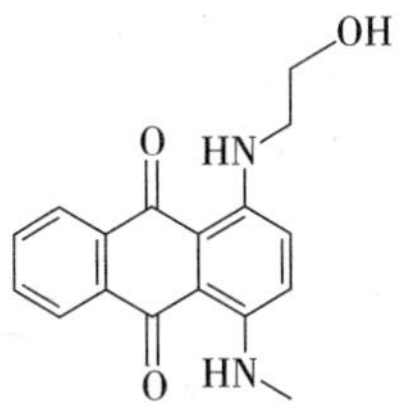	$C_{17}H_{16}N_2O_3$
256	9- 乙烯基咔唑	9-Vinylcarbazole（CAS No.1484-13-5）	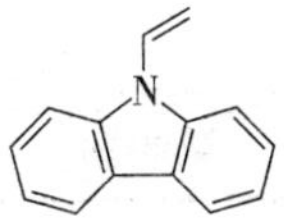	$C_{14}H_{11}N$

续表

序号	中文名称	英文名称	结构式	分子式
257	α，α，α–三氯甲苯	α，α，α–Trichlorotoluene（CAS No.98–07–7）	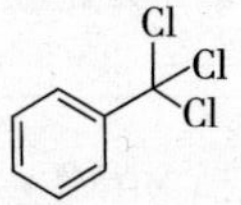	$C_7H_5Cl_3$
258	α，α–二氯甲苯	α，α–Dichlorotoluene（CAS No.98–87–3）	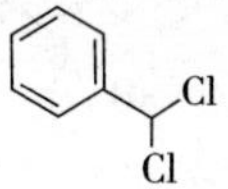	$C_7H_6Cl_2$
259	α–氯甲苯	α–Chlorotoluene（Benzyl chloride）（CAS No.100–44–7）	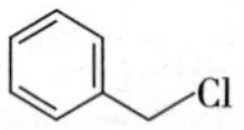	C_7H_7Cl
260	4–（7–羟基–2，4，4–三甲基–2–苯并二氢吡喃基）间苯二酚–4–基–三（6–重氮基–5，6–二氢化–5–氧代萘–1–磺酸盐）和4–（7–羟基–2，4，4–三甲基–2–苯并二氢吡喃基）间苯二酚双（6–重氮基–5，6–二氢化–5–氧代萘–1–磺酸盐）的2∶1混合物	A2∶1 mixture of：4–（7–hydroxy–2，4，4–trimethyl–2–chromanyl）resorcinol–4–yl–tris（6–diazo–5，6–dihydro–5–oxonaphthalen–1–sulfonate）and 4–（7–hydroxy–2，4，4–trimethyl–2–chromanyl）resorcinolbis（6–diazo–5，6–dihydro–5–oxonaphthalen–1–sulfonate）（CAS No.140698–96–0）		

续表

序号	中文名称	英文名称	结构式	分子式
261	1，3，5-三（3-氨基甲基苯基）-1，3，5-（1*H*，3*H*，5*H*）-三嗪-2，4，6-三酮和3，5-双（3-氨基甲基苯基)-1-聚（3，5-双（3-氨基甲基苯基）-2，4，6-三氧代-1，3，5-（1*H*，3*H*，5*H*）-三 嗪-1-基）-1，3，5-（1*H*，3*H*，5*H*）-三嗪-2，4，6-三酮混合低聚物的混合物	A mixture of：1，3，5-tris（3-aminomethylphenyl）-1，3，5-（1*H*，3*H*，5*H*）-triazine-2，4，6-trione and a mixture of oligomers of 3，5-bis（3-aminomethylphenyl）-1-poly（3，5-bis（3-aminomethylphenyl）-2，4，6-trioxo-1，3，5-（1*H*，3*H*，5*H*）-triazin-1-yl）-1，3，5-（1*H*，3*H*，5*H*）-triazine-2，4，6-trione（EC No.421-550-1）		
262	4-（（双-（4-氟苯基）甲基甲硅烷基）甲基）-4*H*-1，2，4-三唑和1-（（双-（4-氟苯基）甲基甲硅烷基）甲基）-1*H*-1，2，4-三唑的混合物	A mixture of：4-（（bis-（4-Fluorophenyl）methylsilyl）methyl）-4*H*-1，2，4-triazole and 1-（（bis-（4-fluorophenyl）methylsilyl）methyl）-1*H*-1，2，4-triazole（EC No.403-250-2）		
263	下列化合物的混合物：4-烯丙基-2，6-双（2，3-环氧丙基）苯酚，4-烯丙基-6-（3-（6-（3-（6-（3-（4-	A mixture of：4-allyl-2，6-bis（2，3-epoxypropyl）phenol，4-allyl-6-（3-（6-（3-（6-（3-（4-allyl-2，6-bis（2，3-epoxypropyl）-phenoxy）-2-hydroxypropyl）-4-		

续表

序号	中文名称	英文名称	结构式	分子式
263	烯丙基-2，6-双（2，3-环氧丙基）-苯氧基）2-羟基丙基）-4-烯丙基-2-（2，3-环氧丙基）-苯氧基-2-羟基丙基）-4-烯丙基-2-（2，3-环氧丙基）-苯氧基-2-羟基丙基-2-（2，3-环氧丙基）苯酚，4-烯丙基-6-（3-（4-烯丙基-2，6-双（2，3-环氧丙基）-苯氧基-2-羟基丙基）-2-（2，3-环氧丙基）苯氧基）苯酚和4-烯丙基-6-(3-(6-(3-(4-烯丙基-2，6-双（2，3-环氧丙基）-苯氧基)-2-羟基丙基)-4-烯丙基-2-（2，3-环氧丙基）苯氧基）2-羟基丙基)-2-(2，3-环氧丙基）苯酚	allyl-2-（2，3-epoxypropyl）phenoxy）-2-hydroxypropyl）-4-allyl-2-（2，3-epoxypropyl）-phenoxy）-2-hydroxypropyl）-2-（2，3-epoxypropyl）phenol，4-allyl-6-（3-（4-allyl-2，6-bis（2，3-epoxypropyl）phenoxy）-2-hydroxypropyl）-2-(2，3-epoxypropyl）phenoxy）phenol and 4-allyl-6-（3-（6-（3-（4-allyl-2，6-bis（2，3-epoxypropyl）-phenoxy）-2-hydroxypropyl）-4-allyl-2-（2，3-epoxypropyl）phenoxy）2-hydroxypropyl）-2-（2，3-epoxypropyl）phenol（EC No.417-470-1）		

续表

序号	中文名称	英文名称	结构式	分子式
264	5-((4-((7-氨基-1-羟基-3-硫代-2-萘基)偶氮)-2,5-二乙氧基苯基)偶氮)-2-((3-膦酰基苯基)偶氮)苯甲酸和5-((4-((7-氨基-1-羟基-3-硫代-2-萘基)偶氮)-2,5-二乙氧基苯基)偶氮)-3-((3-膦酰基苯基)偶氮)苯甲酸的混合物	A mixture of: 5-((4-((7-amino-1-hydroxy-3-sulfo-2-naphthyl)azo)-2, 5-diethoxyphenyl)azo)-2-((3-phosphonophenyl)azo)benzoic acid and 5-((4-((7-amino-1-hydroxy-3-sulfo-2-naphthyl)azo)-2, 5-diethoxyphenyl)azo)-3-((3-phosphonophenyl)azo)benzoic acid (CAS No.163879-69-4)		
265	4-(3-乙氧基羰基-4-(5-(3-乙氧基羰基-5-羟基-1-(4-磺酸基苯基)吡唑-4-基)戊-2,4-二烯基)-4,5-二氢化-5-氧代吡唑-1-基)苯磺酸二钠盐和4-(3-乙氧基羰基-4-(5-(3-乙氧基羰基-5-环氧基-1-(4-磺酸基苯基)吡唑-4-基)戊-2,4-二烯基)-4,5-二氢化-5-氧代吡唑-1-基)苯磺酸三钠盐的混合物	A mixture of: disodium 4-(3-ethoxycarbonyl-4-(5-(3-ethoxycarbonyl-5-hydroxy-1-(4-sulfonatophenyl)pyrazol-4-yl)penta-2, 4-dienylidene)-4, 5-dihydro-5-oxopyrazol-1-yl)benzenesulfonate and trisodium 4-(3-ethoxycarbonyl-4-(5-(3-ethoxycarbonyl-5-oxido-1-(4-sulfonatophenyl)pyrazol-4-yl)penta-2, 4-dienylidene)-4, 5-dihydro-5-oxopyrazol-1-yl)benzenesulfonate (EC No.402-660-9)		

续表

序号	中文名称	英文名称	结构式	分子式
266	*N*-（3-羟基-2-（2-甲基丙烯酰氨基甲氧基）丙氧基甲基）-2-甲基丙烯酰胺和*N*-（2，3-双-（2-甲基丙烯酰氨基甲氧基）丙氧基甲基）-2-甲基丙烯酰胺和甲基丙烯酰胺和2-甲基-*N*-（2-甲基丙烯酰氨基甲氧基甲基）-丙烯酰胺和*N*-（2，3-二羟基丙氧基甲基）-2-甲基丙烯酰胺的混合物	A mixture of: *N*-（3-Hydroxy-2-（2-Methylacryloylaminomethoxy）propoxymethyl）-2-methylacrylamide and *N*-（2，3-bis-（2-Methylacryloylaminomethoxy）propoxymethyl）-2-methylacrylamide and methacrylamide and 2-methyl-*N*-（2-methylacryloylaminomethoxymethyl）-acrylamide and *N*-（2，3-dihydroxypropoxymethyl）-2-methylacrylamide（EC No.412-790-8）		
267	4，4′-亚甲基双（2-（4-羟基苄基）-3，6-二甲基苯酚）和6-重氮基-5，6-二氢化-5-氧代-萘磺酸盐的1∶2反应产物及4，4′-亚甲基双（2-（4-羟基苄基）-3，6-二甲基苯酚）和6-重氮基-5，6-二氢化-5-氧代萘磺酸盐的1∶3反应产物的混合物	A mixture of: reaction product of 4，4′-methylenebis（2-（4-hydroxybenzyl）-3，6-dimethylphenol）and 6-diazo-5，6-dihydro-5-oxo-naphthalenesulfonate（1∶2）and reaction product of 4，4′-methylenebis（2-（4-hydroxybenzyl）-3，6-dimethylphenol）and 6-diazo-5，6-dihydro-5-oxonaphthalenesulfonate（1∶3）（EC No.417-980-4）		

续表

序号	中文名称	英文名称	结构式	分子式
269	醋硝香豆素	Acenocoumarol（INN）（CAS No.152-72-7）	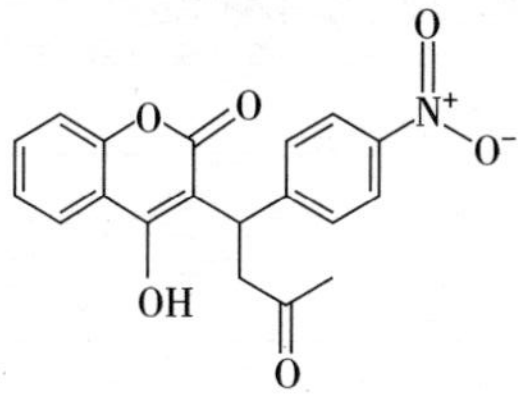	$C_{19}H_{15}NO_6$
270	乙酰胺	Acetamide（CAS No.60-35-5）	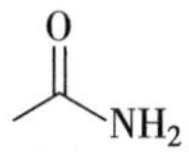	C_2H_5NO
271	乙腈	Acetonitrile（CAS No.75-05-8）		C_2H_3N
272	酸性黑 131 及其盐类	Acid Black 131（CAS No.12219-01-1）and its salts	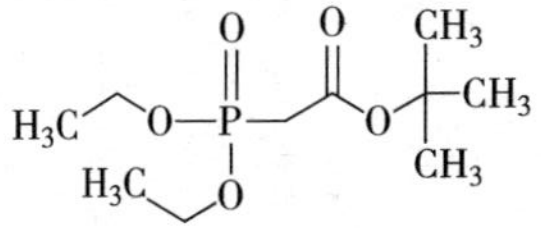	$(C_2H_5O)_2P(O)CH_2CO_2C(CH_3)_3$
273	酸性橙 24（CI 20170）	Acid Orange 24（CI 20170）（CAS No.1320-07-6）	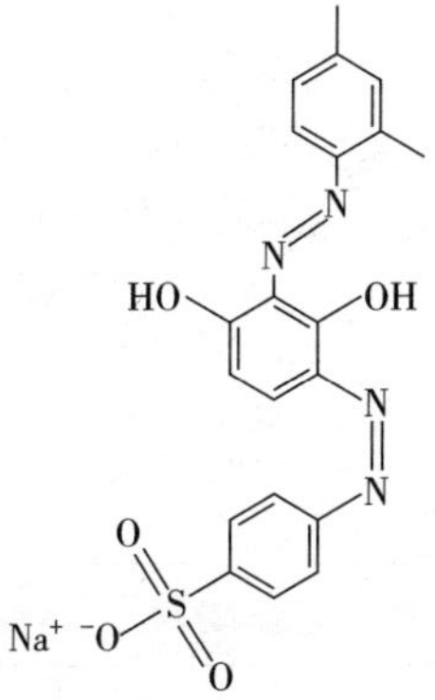	$C_{20}H_{17}N_4NaO_5S$

续表

序号	中文名称	英文名称	结构式	分子式
274	酸性红 73（CI 27290）	Acid Red 73（CI 27290）（CAS No.5413-75-2）	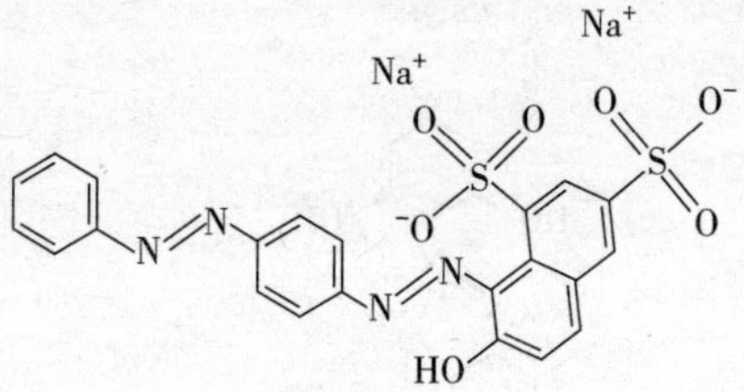	$C_{22}H_{14}N_4Na_2O_7S_2$
275	乌头碱（欧乌头主要生物碱）及其盐类	Aconitine（principal alkaloid of Aconitum napellus L.）（CAS No.302-27-2）and its salts	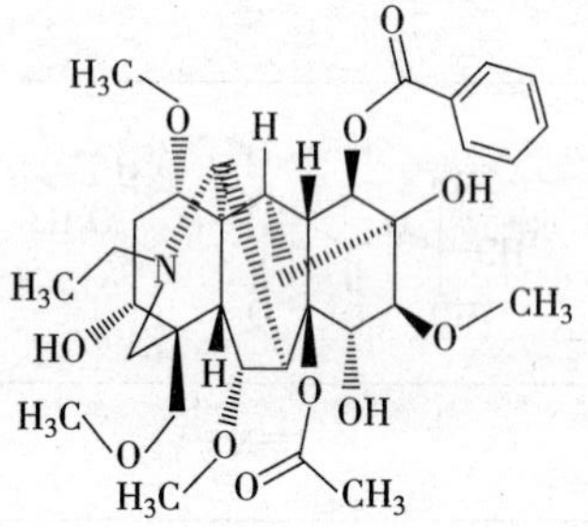	$C_{34}H_{47}NO_{11}$
276	丙烯酰胺，在本规范别处规定的除外	Acrylamide（CAS No.79-06-1），unless regulated elsewhere in this Standard	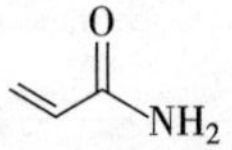	C_3H_5NO
277	丙烯腈	Acrylonitrile（CAS No.107-13-1）	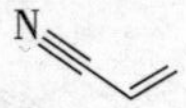	C_3H_3N
278	甲草胺（草不绿）	Alachlor（ISO）（CAS No.15972-60-8）	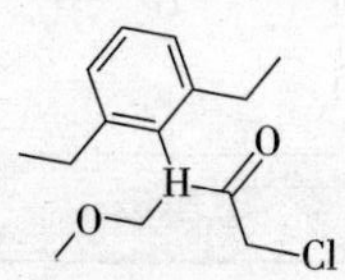	$C_{14}H_{20}ClNO_2$

续表

序号	中文名称	英文名称	结构式	分子式
279	艾氏剂	Aldrin（ISO）（CAS No.309-00-2）	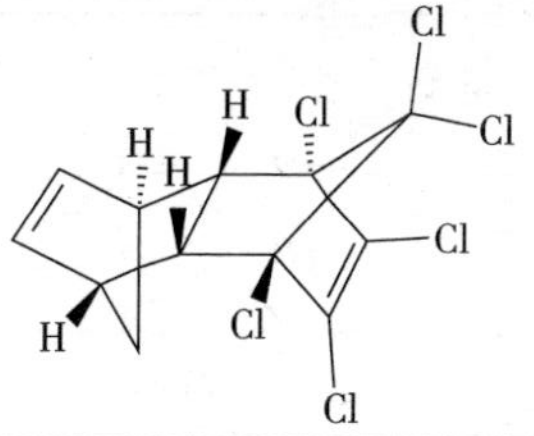	$C_{12}H_8Cl_6$
280	五氰亚硝酰基高铁酸碱金属盐类	Alkali pentacyanonitrosylferrate（2-），e.g.（CAS No.14402-89-2/CAS No.13755-38-9）	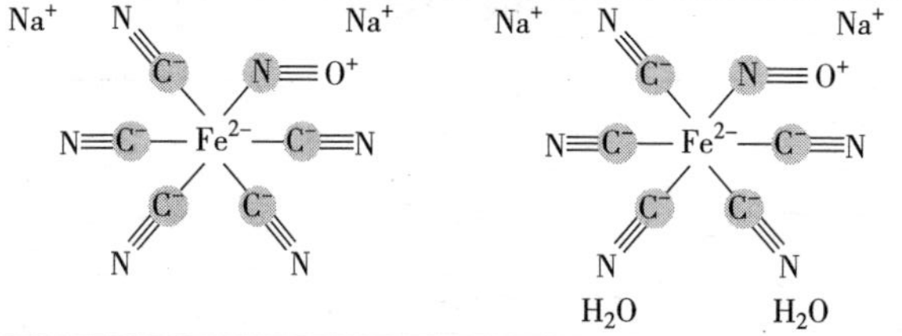	$C_5FeN_6Na_2O$ $C_5H_4FeN_6Na_2O_3$
282	C_{12-26}支链和直链烷烃，除非清楚全部精炼过程并且能够证明所获得的物质不是致癌物	Alkanes，C_{12-26}-branched and linear（CAS No.90622-53-0），except if the full refining history is known and it can be shown that the substance from which it is produced is not a carcinogen		
287	氯代C_{10-13}烷烃	Alkanes，C_{10-13} monochloro（CAS No.85535-84-8）		
288	炔醇类以及它们的酯类、醚类、盐类	Alkyne alcohols，their esters、ethers and salts	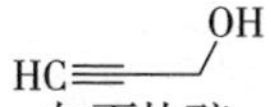 如丙炔醇	C_3H_4O
289	阿洛拉胺及其盐类	Alloclamide（INN）（CAS No.5486-77-1）and its salts	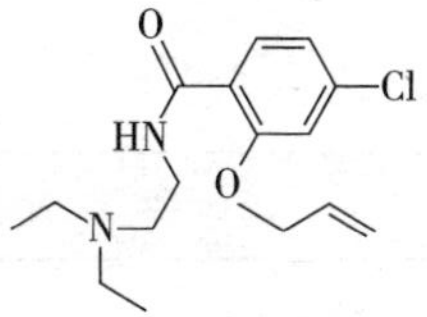	$C_{16}H_{23}ClN_2O_2$

续表

序号	中文名称	英文名称	结构式	分子式
290	烯丙基氯（3- 氯丙烯）	Allyl chloride（3-chloropropene）（CAS No.107-05-1）	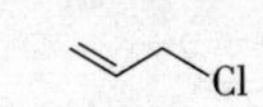	C_3H_5Cl
291	烯丙缩水甘油醚	Allyl glycidyl ether（CAS No.106-92-3）	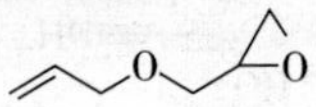	$C_6H_{10}O_2$
292	烯丙基芥子油（异硫氰酸烯丙酯）	Allyl isothiocyanate（CAS No.57-06-7）	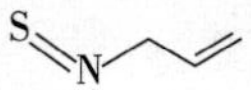	C_4H_5NS
293	氨基己酸及其盐类	Aminocaproic acid（INN）（CAS No.60-32-2）and its salts	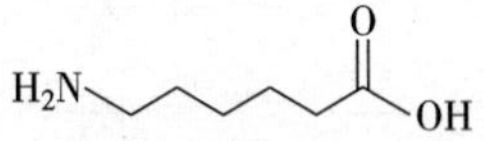	$C_6H_{13}NO_2$
294	阿米替林及其盐类	Amitriptyline（INN）（CAS No.50-48-6）and its salts	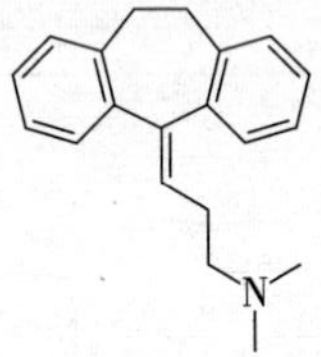	$C_{20}H_{23}N$
295	杀草强（氨三唑）	Amitrole（CAS No.61-82-5）	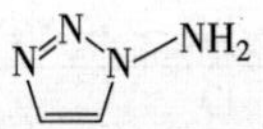	$C_2H_4N_4$
296	4-二甲氨基苯甲酸戊酯，混合的异构体（帕地马酯）	Amyl 4-dimethylaminobenzoate, mixed isomers（padimate A（INN））（CAS No.14779-78-3）	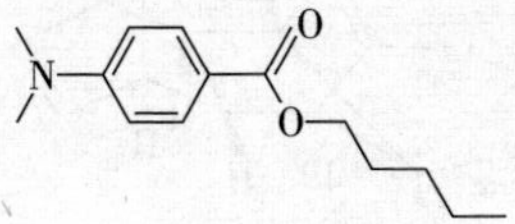	$C_{14}H_{21}NO_2$
297	亚硝酸戊酯类	Amyl nitrites（CAS No.110-46-3）	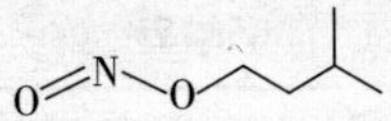	$C_5H_{11}NO_2$

续表

序号	中文名称	英文名称	结构式	分子式
298	苯胺及其盐类以及卤化、磺化的衍生物类	Aniline，its salts and its halogenated and sulfonated derivatives（CAS No.62–53–3）	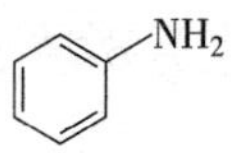	C_6H_7N
299	蒽油	Anthracene oil（CAS No.120–12–7）	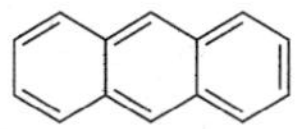	$C_{14}H_{10}$
300	甾族结构的抗雄激素物质	Anti–androgens of steroidal structure	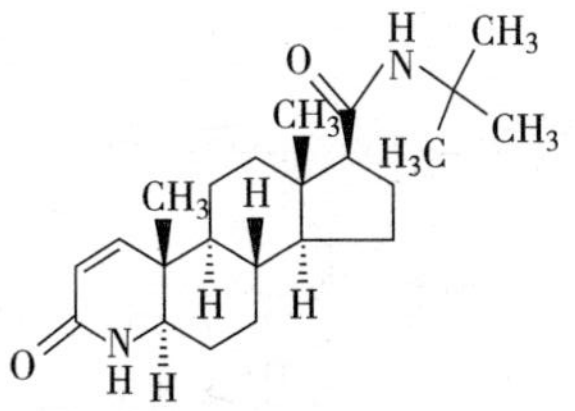 如非那雄胺	$C_{23}H_{36}N_2O_2$
301	抗生素类	Antibiotics	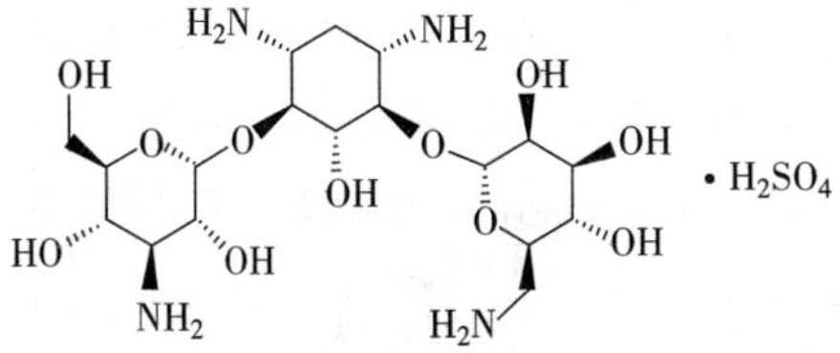 如硫酸卡那霉素	$C_{18}H_{38}N_4O_{15}S$
302	锑及其化合物	Antimony（CAS No.7440–36–0）and its compounds		Sb

续表

序号	中文名称	英文名称	结构式	分子式
303	阿扑吗啡及其盐类	Apomorphine((R)5,6,6a,7-tetrahydro-6-methyl-4H-dibenzo(de,g)-quinoline-10,11-diol)(CAS No.58-00-4) and its salts	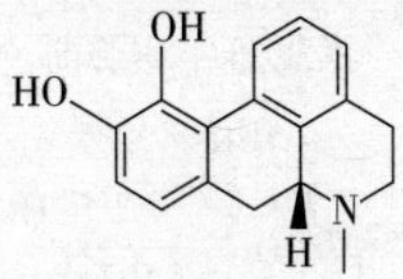	$C_{17}H_{17}NO_2$
304	槟榔碱	Arecoline(CAS No.63-75-2)	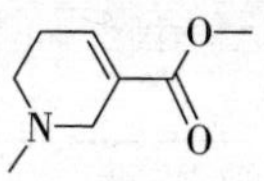	$C_8H_{13}NO_2$
305	马兜铃酸及其酯(盐)	Aristolochic acid and its salts(CAS No.475-80-9/CAS No.313-67-7/CAS No.15918-62-4)	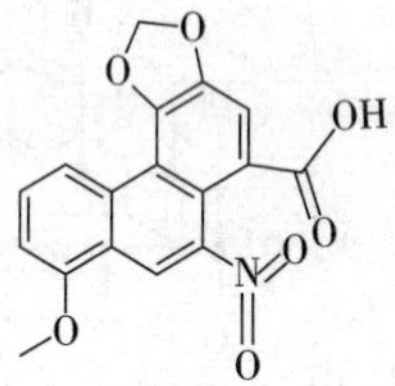 马兜铃酸 A 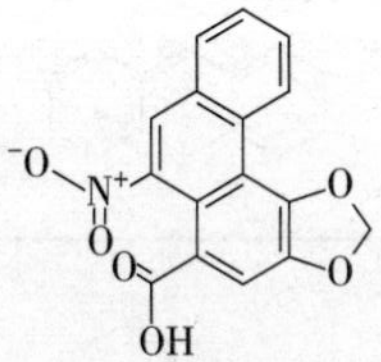 马兜铃酸 B	$C_{17}H_{11}NO_7$ $C_{16}H_9NO_6$
309	砷及其化合物	Arsenic(CAS No.7440-38-2) and its compounds		As

续表

序号	中文名称	英文名称	结构式	分子式
310	a- 山道年	a-santonin（(3*S*，5a*R*，9b*S*)-3，3a，4，5，5a，9b-hexahydro-3，5a，9-trimethylnaphto[1，2-b]furan-2，8-dione)（CAS No.481-06-1）	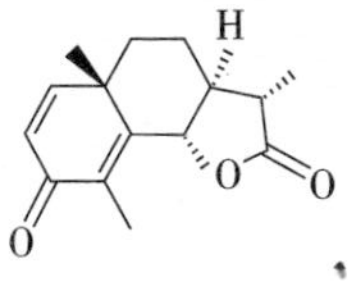	$C_{15}H_{18}O_3$
311	石棉	Asbestos		$CaMg_3(SiO_3)_4$
312	阿托品及其盐类和衍生物	Atropine（CAS No.51-55-8），its salts and derivatives	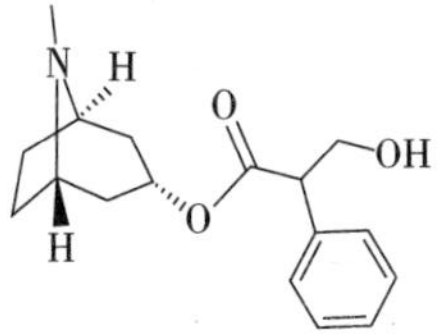	$C_{17}H_{23}NO_3$
313	阿扎环醇及其盐类	Azacyclonol（INN）（CAS No.115-46-8）and its salts	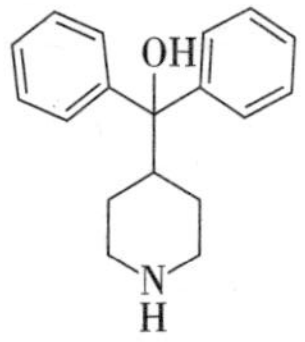	$C_{18}H_{21}NO$
314	唑啶草酮	Azafenidin（CAS No.68049-83-2）	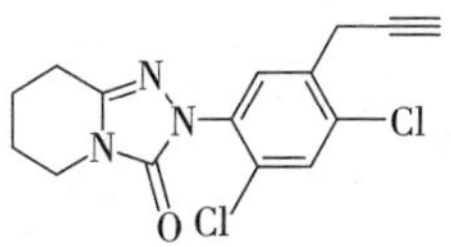	$C_{15}H_{13}Cl_2N_3O$
315	吖丙啶（1- 氮杂环丙烷；环乙亚胺）	Aziridine（CAS No.151-56-4）		C_2H_5N

续表

序号	中文名称	英文名称	结构式	分子式
316	偶氮苯	Azobenzene（CAS No.103-33-3）	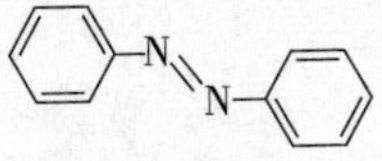	$C_{12}H_{10}N_2$
317	巴比妥酸盐类	Barbiturates	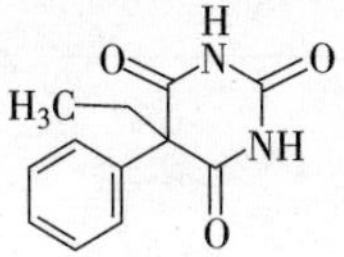 如苯巴比妥	$C_{12}H_{12}N_2O_3$
318	钡盐类（除硫酸钡，表 3 中的硫化钡及表 6 中着色剂的不溶性钡盐，色淀和颜料外）	Barium salts，with the exception of barium sulfate，barium sulfide under the conditions laid down in table 3，and lakes，salts and pigments prepared from the colouring agents listed in table 6		Ba^{2+}
319	贝美格及其盐类	Bemegride（INN）and its salts（CAS No.64-65-3）	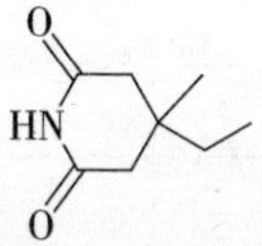	$C_8H_{13}NO_2$
320	贝那替秦	Benactyzine（INN）（CAS No.302-40-9）	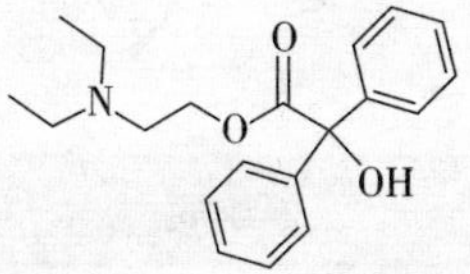	$C_{20}H_{25}NO_3$

续表

序号	中文名称	英文名称	结构式	分子式
321	苄氟噻嗪及其衍生物	Bendroflumethiazide（INN）（CAS No.73–48–3）and its derivatives	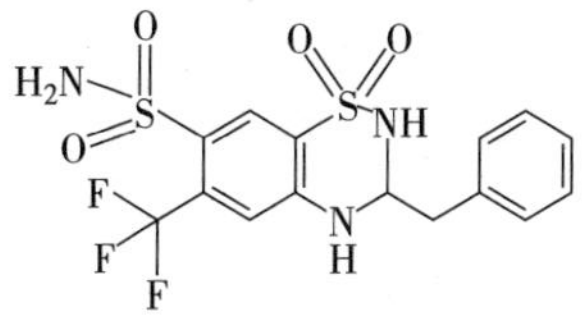	$C_{15}H_{14}F_3N_3O_4S_2$
322	苯菌灵（苯雷特）	Benomyl（CAS No.17804–35–2）	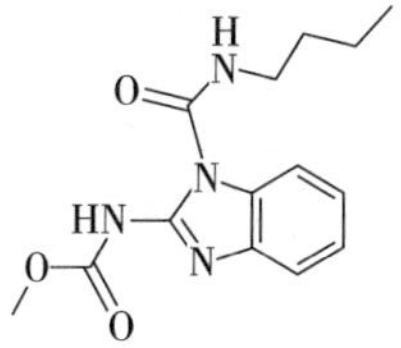	$C_{14}H_{18}N_4O_3$
323	苯并［a］蒽	Benz［a］anthracene（CAS No.56–55–3）	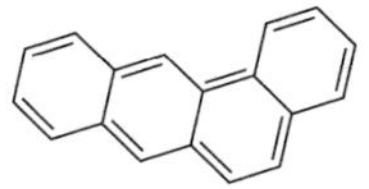	$C_{18}H_{12}$
324	苯并［e］荧蒽	Benz［e］acephenanthrylene（CAS No.205–99–2）	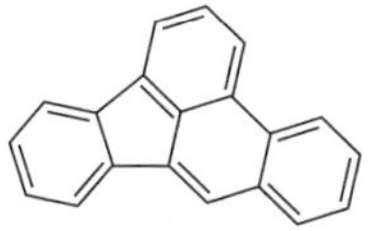	$C_{20}H_{12}$
325	苯扎托品及其盐类	Benzatropine（INN）（CAS No.86–13–5）and its salts	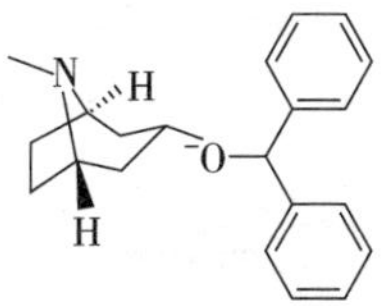	$C_{21}H_{25}NO$

续表

序号	中文名称	英文名称	结构式	分子式
326	苯并吖庚因及苯并二吖庚因	Benzazepines and benzodiazepines（CAS No.12794-10-4）	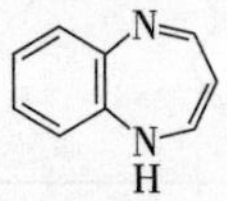	$C_9H_8N_2$
327	苯胺，3-((4-((二氨基（苯偶氮基）苯基）偶氮）-1-萘基）偶氮）-*N*，*N*，*N*-三甲基-及其盐类	Benzenaminium，3-((4-((diamino（phenylazo）phenyl）azo）-1-naphthalenyl）azo）-*N*，*N*，*N*-trimethyl-（CAS No.83803-98-9）and its salts	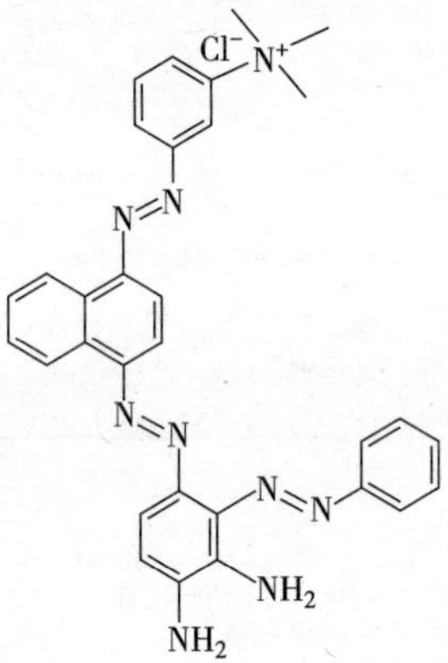	$C_{31}H_{30}ClN_9$
328	苯胺，3-((4-((二氨基（苯偶氮基）苯基）偶氮）-2-甲苯基）偶氮）-*N*，*N*，*N*-三甲基-及其盐类	Benzenaminium，3-((4-((diamino（phenylazo）phenyl）azo）-2-methylphenyl）azo）-*N*，*N*，*N*-trimethyl-（CAS No.83803-99-0）and its salts	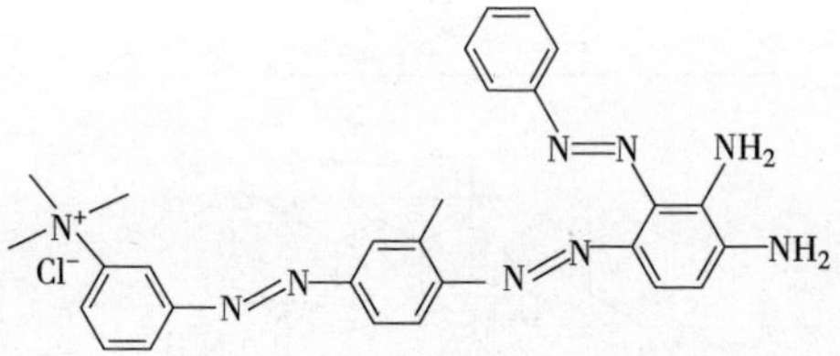	$C_{28}H_{30}ClN_9$
329	苯	Benzene（CAS No.71-43-2）		C_6H_6

续表

序号	中文名称	英文名称	结构式	分子式
330	苯磺酸，5-((2，4-二硝基苯基)氨基)-2-(苯胺基)-及其盐类	Benzenesulfonic acid，5-((2，4-dinitrophenyl) amino)-2-(phenylamino)-and its salts (CAS No.6373-74-6/CAS No.15347-52-1)	NH O S O^- Na^+ O NH ^-O N^+ O N^+ O^- O; HN O HO—S O HN O^- N^+ O O=N^+ O^-	$C_{18}H_{13}N_4NaO_7S$ $C_{18}H_{14}N_4O_7S$
331	联苯胺	Benzidine (CAS No.92-87-5)	H_2N— —NH_2	$C_{12}H_{12}N_2$
332	乙酸联苯胺	Benzidine acetate (CAS No.36341-27-2)	NH_2 H_2N O HO	$C_{14}H_{16}N_2O_2$
333	联苯胺基偶氮染料	Benzidine based azo dyes	Ar—N=N— —N=N—Ar^+	
334	二盐酸联苯胺	Benzidine dihydrochloride (CAS No.531-85-1)	H_2N— —NH_2 • 2HCl	$C_{12}H_{14}Cl_2N_2$

续表

序号	中文名称	英文名称	结构式	分子式
335	硫酸联苯胺	Benzidine sulfate（CAS No.21136-70-9）	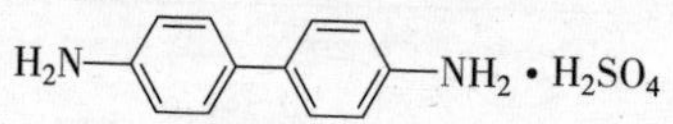	$C_{12}H_{12}N_2 \cdot H_2SO_4$
336	苯咯溴铵	Benzilonium bromide（INN）（CAS No.1050-48-2）	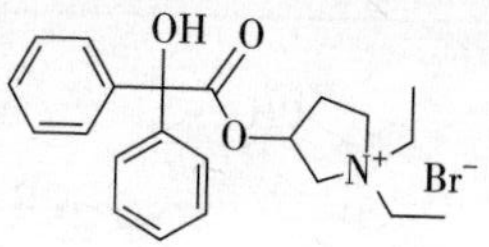	$C_{22}H_{28}BrNO_3$
337	苯并咪唑-2（3*H*）-酮	Benzimidazol-2（3*H*）-one（CAS No.615-16-7）	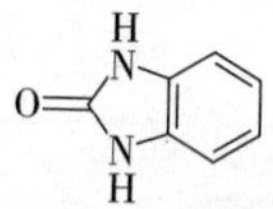	$C_7H_6N_2O$
338	苯并［k］荧蒽	Benzo（k）fluoranthene（CAS No.207-08-9）	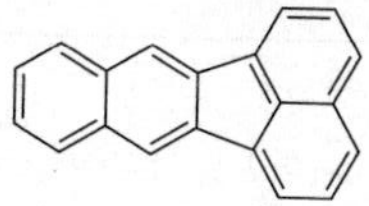	$C_{20}H_{12}$
339	苯并[a]吩噁嗪-7-鎓，9-（二甲氨基）-及其盐类	Benzo［a］phenoxazin-7-ium，9-（dimethylamino）-（CAS No.7057-57-0/CAS No.966-62-1）and its salts	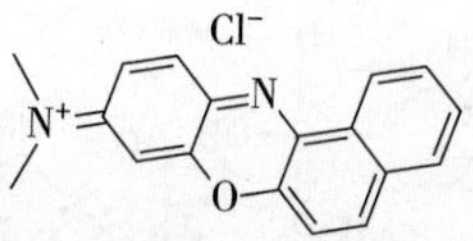	$C_{18}H_{15}ClN_2O$
340	苯并［a］芘	Benzo［def］chrysene（=benzo［a］pyrene）（CAS No.50-32-8）	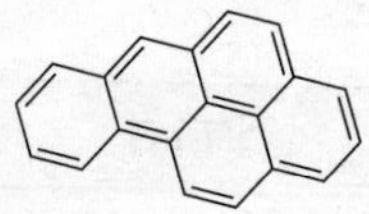	$C_{20}H_{12}$

续表

序号	中文名称	英文名称	结构式	分子式
341	苯并［e］芘	Benzo［e］pyrene（CAS No.192-97-2）	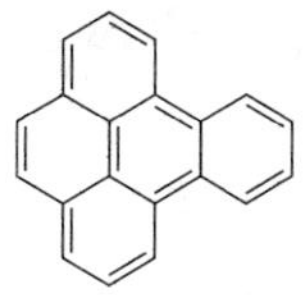	$C_{20}H_{12}$
342	苯并［j］荧蒽	Benzo［j］fluoranthene（CAS No.205-82-3）	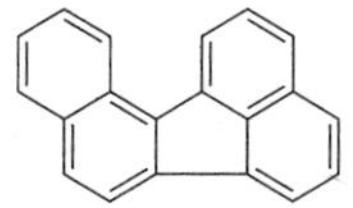	$C_{20}H_{12}$
343	4-羟基-3-甲氧基肉桂醇的苯甲酸酯（天然香料中的正常含量除外）	Benzoates of 4-hydroxy-3-methoxycinnamyl alcohol（coniferyl alcohol）except for normal content in natural essences used	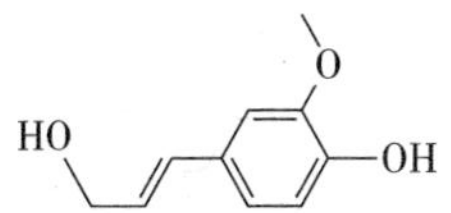 4-羟基-3-甲氧基肉桂醇	$C_{10}H_{12}O_3$
344	苯并噻唑，2-((4-(乙基(2-羟乙基)氨基)苯基)偶氮)-6-甲氧基-3-甲基-及其盐类	Benzothiazolium，2-((4-(ethyl(2-hydroxyethyl)amino)phenyl)azo)-6-methoxy-3-methyl-（CAS No.12270-13-2）and its salts	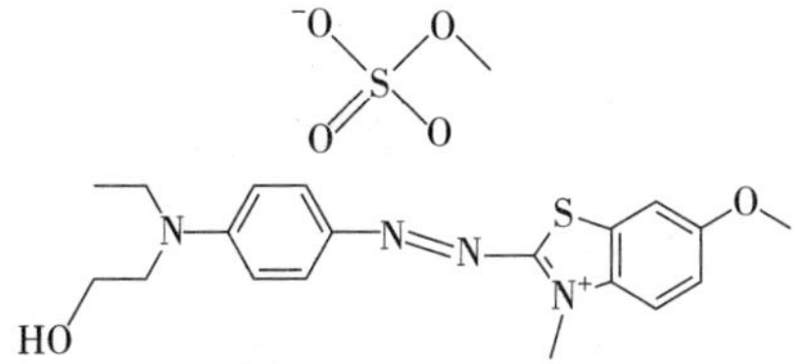	$C_{20}H_{26}N_4O_6S_2$
345	2，4-二溴-丁酸苄酯	Benzyl 2，4-dibromobutanoate（CAS No.23085-60-1）	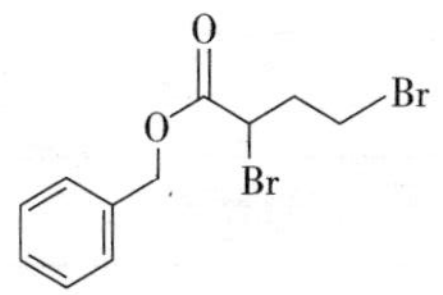	$C_{11}H_{12}Br_2O_2$

续表

序号	中文名称	英文名称	结构式	分子式
346	羟苯苄酯	Benzyl 4-hydroxybenzoate（INCI：Benzylparaben）	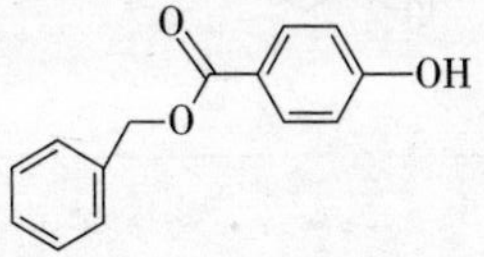	$C_{14}H_{12}O_3$
347	苯基丁基邻苯二甲酸酯	Benzyl butyl phthalate（BBP）（CAS No.85-68-7）	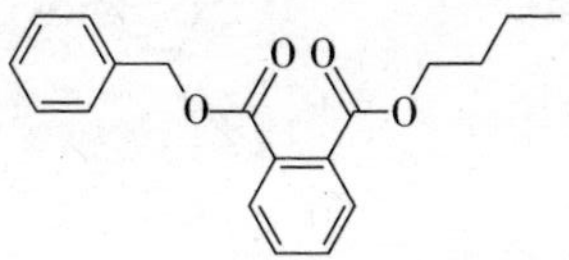	$C_{19}H_{20}O_4$
348	苄基氰	Benzyl cyanide（CAS No.140-29-4）	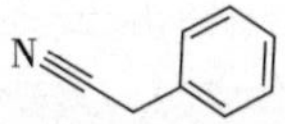	C_8H_7N
349	铍及其化合物	Beryllium（CAS No.7440-41-7）and its compounds		Be
350	贝托卡因及其盐类	Betoxycaine（INN）（CAS No.3818-62-0）and its salts	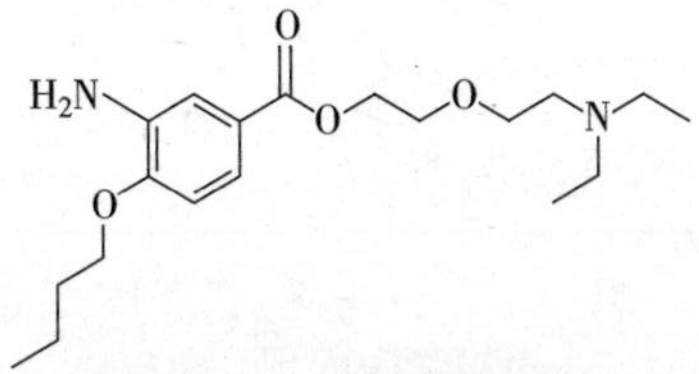	$C_{19}H_{32}N_2O_4$
351	比他维林	Bietamiverine（INN）（CAS No.479-81-2）	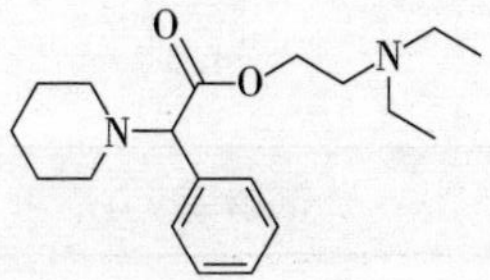	$C_{19}H_{30}N_2O_2$

续表

序号	中文名称	英文名称	结构式	分子式
352	乐杀螨	Binapacryl（CAS No.485-31-4）	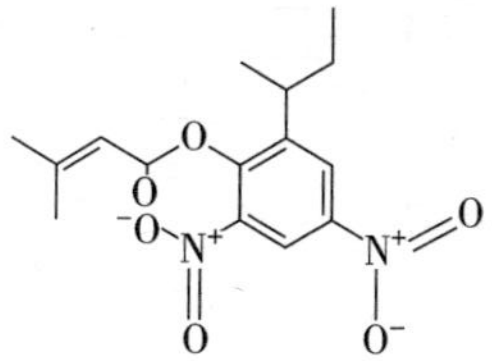	$C_{15}H_{18}N_2O_6$
353	联苯 -2- 基胺	Biphenyl-2-ylamine（CAS No.90-41-5）	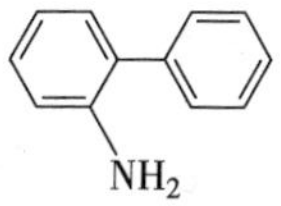	$C_{12}H_{11}N$
354	4- 氨基联苯及其盐	Biphenyl-4-ylamine（4-Aminobiphenyl）（CAS No.92-67-1）and its salts	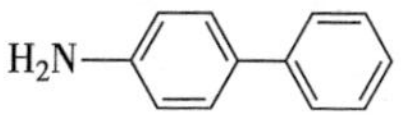	$C_{12}H_{11}N$
355	邻苯二甲酸双（2- 乙基己基）酯	Bis（2-ethylhexyl）phthalate（Diethylhexyl phthalate）（CAS No.117-81-7）	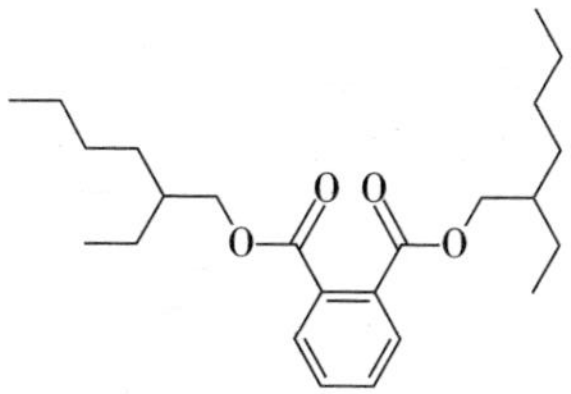	$C_{24}H_{38}O_4$
356	邻苯二甲酸双（2- 甲氧乙基）酯	Bis(2-methoxyethyl)phthalate(CAS No.117-82-8）	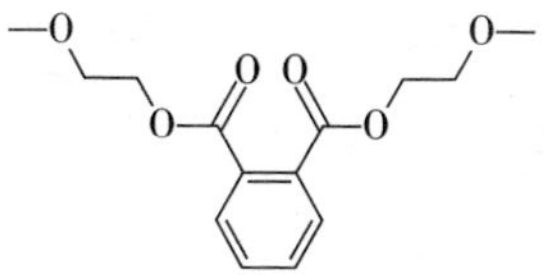	$C_{14}H_{18}O_6$
357	双（2- 甲氧基乙基）醚	Bis（2-methyoxyethyl）ether（Dimethoxydiglycol）（CAS No.111-96-6）	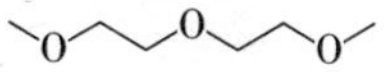	$C_6H_{14}O_3$

续表

序号	中文名称	英文名称	结构式	分子式
358	双 -（2- 氯乙基）醚	Bis（2-chloroethyl）ether（CAS No. 111-44-4）		$C_4H_8Cl_2O$
359	双（环戊二烯基）- 双（2，6- 二氟 -3-（吡咯 -1- 基）- 苯基）钛	Bis（cyclopentadienyl）-bis（2，6-difluoro-3-（pyrrol-1-yl）-phenyl）titanium（CAS No.125051-32-3）		$C_{30}H_{22}F_4N_2Ti$
360	双酚 A（二酚基丙烷）	Bisphenol A（4，4′-Isopropylidenedi-phenol）（CAS No. 80-05-7）		$C_{15}H_{16}O_2$
361	硫氯酚	Bithionol（INN）（CAS No. 97-18-7）		$C_{12}H_6Cl_4O_2S$
362	托西溴苄铵	Bretylium tosilate（INN）（CAS No. 61-75-6）		$C_{18}H_{24}BrNO_3S$
363	溴（单质）	Bromine，elemental（CAS No. 7726-95-6）	Br—Br	Br_2

续表

序号	中文名称	英文名称	结构式	分子式
364	溴米索伐	Bromisoval（INN）（CAS No. 496–67–3）	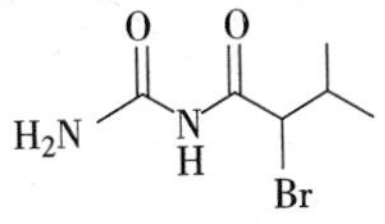	$C_6H_{11}BrN_2O_2$
365	溴乙烷	Bromoethane（ethyl bromide）（CAS No. 74–96–4）	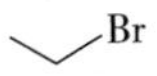	C_2H_5Br
366	溴乙烯	Bromoethylene（Vinyl bromide）（CAS No. 593–60–2）	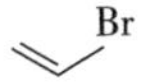	C_2H_3Br
367	溴代甲烷	Bromomethane（Methyl bromide（ISO））（CAS No. 74–83–9）		CH_3Br
368	溴苯那敏及其盐类	Brompheniramine（INN）（CAS No. 86–22–6）and its salts	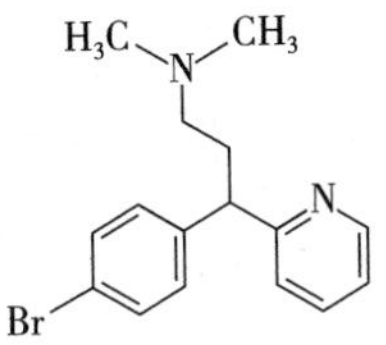	$C_{16}H_{19}BrN_2$
369	番木鳖碱及其盐类	Brucine（CAS No. 357–57–3）and its salts	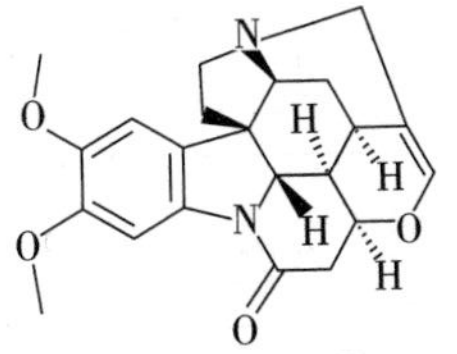	$C_{23}H_{26}N_2O_4$
370	丁二烯	Buta–1，3–diene（CAS No. 106–99–0）	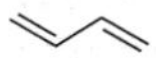	C_4H_6

续表

序号	中文名称	英文名称	结构式	分子式
371	丁二烯含量大于或等于 0.1%（W/W）的丁烷	Butane（CAS No. 106-97-8），if it contains ≥ 0.1%（W/W）butadiene		C_4H_{10}
372	布坦卡因及其盐类	Butanilicaine（INN）（CAS No. 3785-21-5）and its salts	H N O N H Cl ·HCl	$C_{13}H_{20}Cl_2N_2O$
373	布托哌啉及其盐类	Butopiprine（INN）（CAS No. 55837-15-5）and its salts	O O O N	$C_{19}H_{29}NO_3$
374	缩水甘油丁醚	Butyl glycidyl ether（CAS No. 2426-08-6）	O O	$C_7H_{14}O_2$
375	镉及其化合物	Cadmium（CAS No. 7440-43-9）and its compounds		Cd
376	斑蝥素	Cantharidine（CAS No. 56-25-7）	O H O O H O	$C_{10}H_{12}O_4$
377	敌菌丹	Captafol（CAS No. 2425-06-1）	Cl Cl Cl Cl S N O O	$C_{10}H_9Cl_4NO_2S$

续表

序号	中文名称	英文名称	结构式	分子式
378	卡普托胺	Captodiame（INN）（CAS No. 486-17-9）	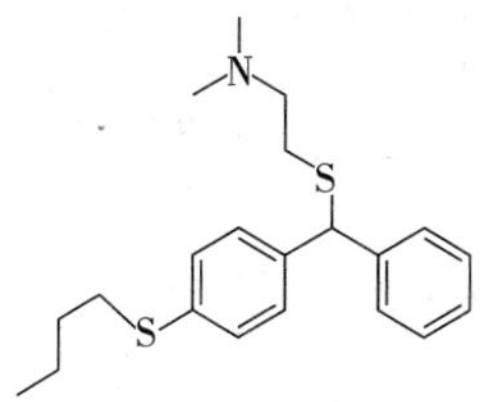	$C_{21}H_{29}NS_2$
379	卡拉美芬及其盐类	Caramiphen（INN）（CAS No. 77-22-5）and its salts	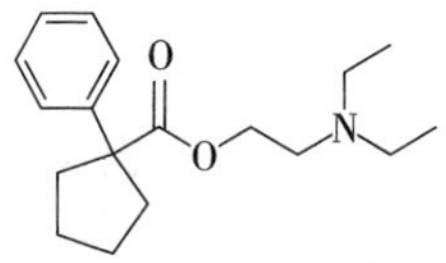	$C_{18}H_{27}NO_2$
380	卡巴多司	Carbadox（CAS No. 6804-07-5）	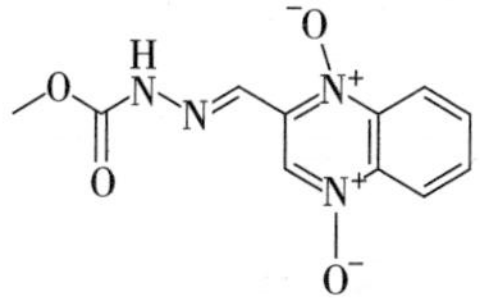	$C_{11}H_{10}N_4O_4$
381	甲萘威（甲氨甲酸萘酯）	Carbaryl（CAS No. 63-25-2）	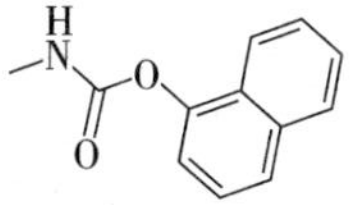	$C_{12}H_{11}NO_2$
382	多菌灵	Carbendazim（CAS No. 10605-21-7）	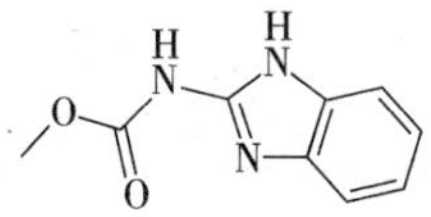	$C_9H_9N_3O_2$
383	二硫化碳	Carbon disulfide（CAS No. 75-15-0）	S=C=S	CS_2

续表

序号	中文名称	英文名称	结构式	分子式
384	一氧化碳	Carbon monoxide（CAS No. 630-08-0）	$^{+}O\equiv C^{-}$	CO
385	四氯化碳	Carbon tetrachloride（CAS No. 56-23-5）	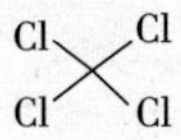 Cl Cl Cl Cl	CCl_4
386	卡溴脲	Carbromal（INN）（CAS No. 77-65-6）	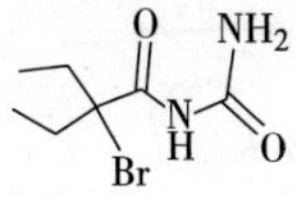 O NH_2 N H Br O	$C_7H_{13}BrN_2O_2$
387	氨磺丁脲	Carbutamide （INN）（CAS No. 339-43-5）	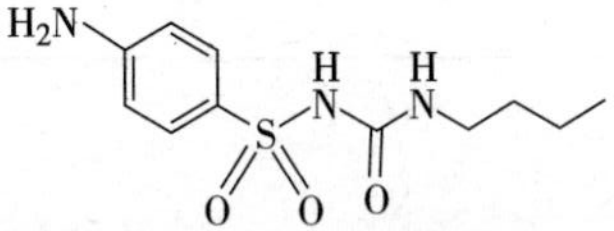 H_2N H H N N S O O O	$C_{11}H_{17}N_3O_3S$
388	卡立普多	Carisoprodol（INN）（CAS No. 78-44-4）	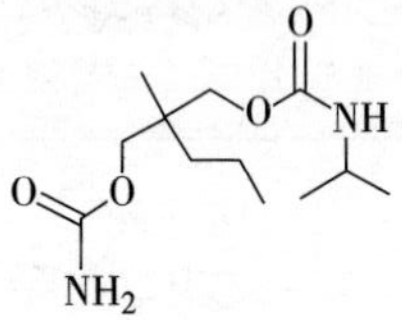 O O NH O O NH_2	$C_{12}H_{24}N_2O_4$
389	过氧化氢酶	Catalase（CAS No. 9001-05-2）	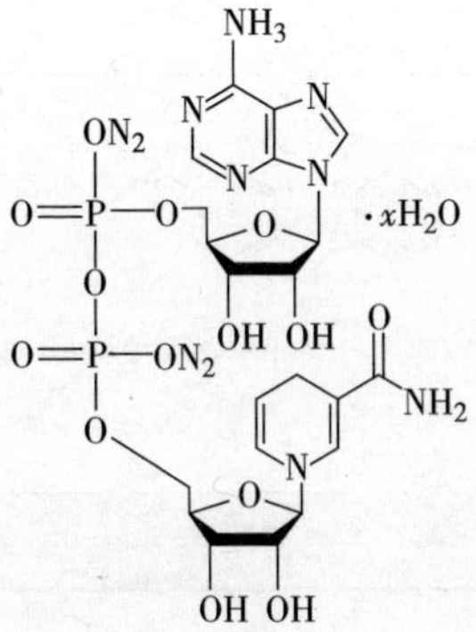 NH_3 N N ON_2 N N O=P—O O $\cdot xH_2O$ O OH OH O O=P—ON_2 NH_2 O N O OH OH	$C_{12}H_{24}N_2O_4$

续表

序号	中文名称	英文名称	结构式	分子式
390	人的细胞、组织或人源产品	Cells，tissues or products of human origin	如重组人表皮细胞生长因子（EGF） a–Epidermal growth factor（human）	$C_{270}H_{395}N_{73}O_{83}S_7$
391	吐根酚碱及其盐	Cephaeline（CAS No. 483–17–0）and its salts	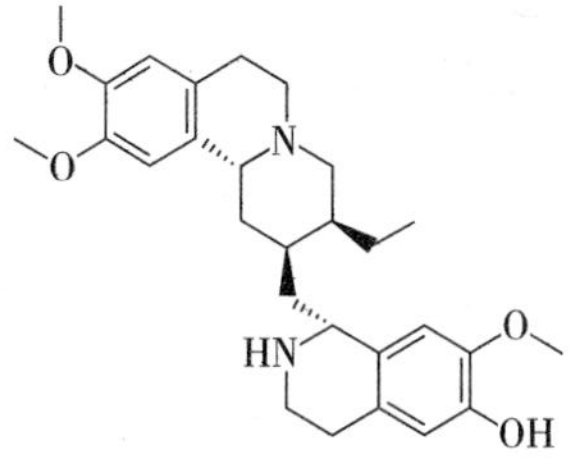	$C_{28}H_{38}N_2O_4$
392	灭螨猛	Chinomethionate（CAS No. 2439–01–2）	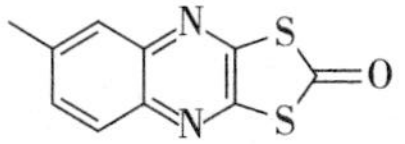	$C_{10}H_6N_2OS_2$
393	纯氯丹	Chlordane，pur（CAS No. 57–74–9）	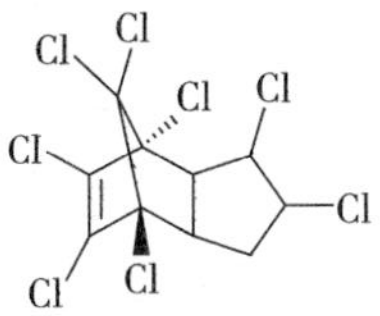	$C_{10}H_6Cl_8$
394	开蓬（十氯酮）	Chlordecone（CAS No. 143–50–0）	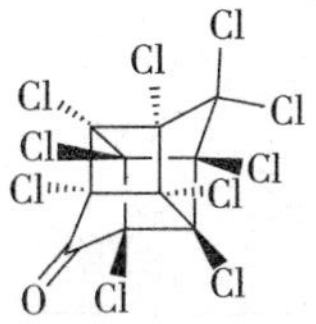	$C_{10}Cl_{10}O$

续表

序号	中文名称	英文名称	结构式	分子式
395	氯苯脒	Chlordimeform（CAS No. 6164–98–3）	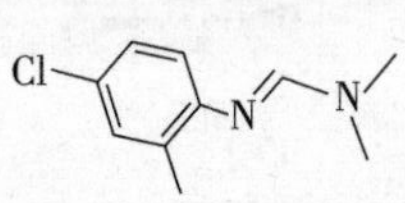	$C_{10}H_{13}ClN_2$
396	氯	Chlorine（CAS No. 7782–50–5）	Cl—Cl	Cl_2
397	氮芥及其盐类	Chlormethine（INN）（CAS No. 51–75–2）and its salts	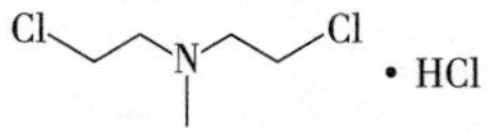	$C_5H_{11}Cl_2N$
398	氯美扎酮	Chlormezanone（INN）（CAS No. 80–77–3）	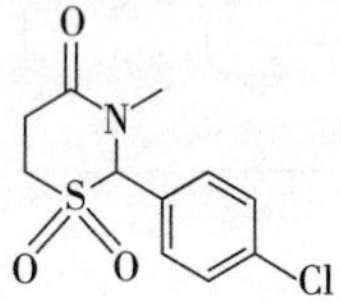	$C_{11}H_{12}ClNO_3S$
399	氯乙醛	Chloroacetaldehyde（CAS No. 107–20–0）	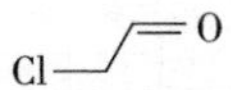	C_2H_3ClO
400	氯乙酰胺	Chloroacetamide（CAS No. 79–07–2）	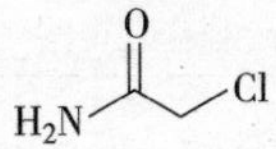	C_2H_4ClNO
401	氯乙烷	Chloroethane（CAS No. 75–00–3）		C_2H_5Cl

续表

序号	中文名称	英文名称	结构式	分子式
402	氯仿	Chloroform（CAS No. 67–66–3）		$CHCl_3$
403	氯代甲烷	Chloromethane（Methyl chloride）（CAS No. 74–87–3）		CH_3Cl
404	氯甲基甲基醚	Chloromethyl methyl ether（CAS No. 107–30–2）		C_2H_5ClO
405	稳定的氯丁二烯（2–氯–1，3–丁二烯）	Chloroprene（stabilized）；（2–chlorobuta–1，3–diene）（CAS No. 126–99–8）		C_4H_5Cl
406	四氯二氰苯（百菌清）	Chlorothalonil（CAS No. 1897–45–6）		$C_8Cl_4N_2$
407	绿麦隆（*N'*–（3–氯–4–甲苯基）–*N*，*N*–甲基脲）	Chlorotoluron（3–（3–chloro–p–tolyl）–1，1–dimethylurea）（CAS No. 15545–48–9）		$C_{10}H_{13}ClN_2O$
408	氯苯沙明	Chlorphenoxamine（INN）（CAS No. 77–38–3）		$C_{18}H_{22}ClNO$

续表

序号	中文名称	英文名称	结构式	分子式
409	氯磺丙脲	Chlorpropamide（INN）（CAS No. 94-20-2）	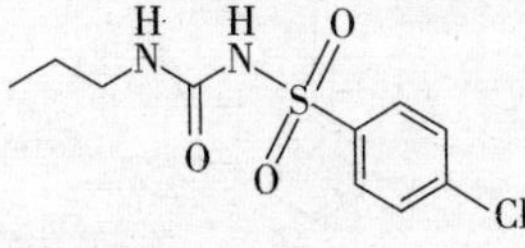	$C_{10}H_{13}ClN_2O_3S$
410	氯普噻吨及其盐类	Chlorprothixene（INN）（CAS No. 113-59-7）and its salts	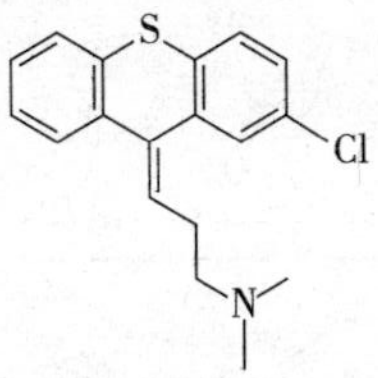	$C_{18}H_{18}ClNS$
411	氯噻酮	Chlortalidone（INN）（CAS No. 77-36-1）	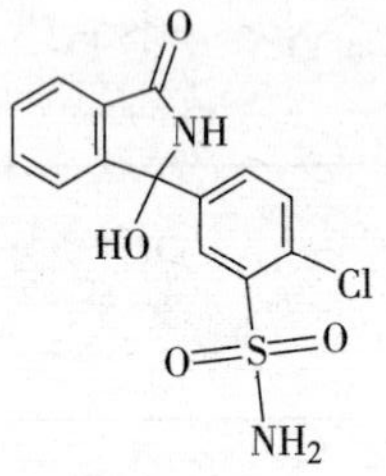	$C_{14}H_{11}ClN_2O_4S$
412	氯唑沙宗	Chlorzoxazone（INN）（CAS No. 95-25-0）	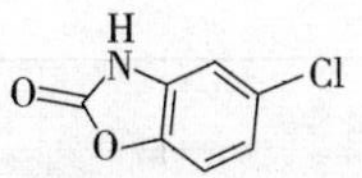	$C_7H_4ClNO_2$
413	乙菌利	Chlozolinate（CAS No. 84332-86-5）	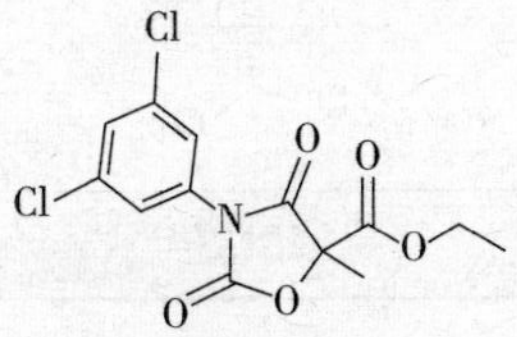	$C_{13}H_{11}Cl_2NO_5$

续表

序号	中文名称	英文名称	结构式	分子式
414	胆碱的盐类及它们的酯类，包括氯化胆碱、非诺贝特胆碱、胆碱水杨酸盐、胆碱葡萄糖酸盐、胆茶碱、硬脂酸等长链烷烃羧酸胆碱酯；不包括卵磷脂、甘油磷酸胆碱、氢化溶血卵磷酸酯酰胆碱、氢化卵磷酰胆碱、卵磷酰胆碱类；其他相关原料需经安全风险评估方可确定	Choline salts and their esters, including choline chloride (INN) (CAS No. 67-48-1), choline fenofibrate (CAS No. 856676-23-8), choline salicylate (CAS No. 2016-36-6), choline gluconate (CAS No. 507-30-2), choline theophylline (CAS No. 4499-40-5), choline esters of stearic acid and other long alkyl chain carboxylic acids; excluding lecithin (CAS No. 93685-90-6), glycerophosphocholine (CAS No. 28319-77-9), hydrogenated lysophosphatidylcholine (CAS No. 9008-30-4), hydrogenated phosphatidylcholine (CAS No. 97281-48-6), phosphatidylcholine (CAS No. 8002-43-5); the usage of other relevant ingredients requires safety assessment	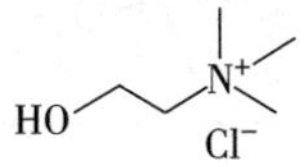 氯化胆碱（CAS No. 67-48-1） 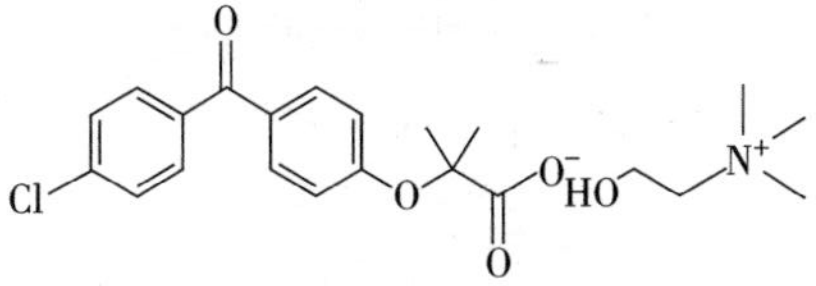非诺贝特胆碱（CAS No. 856676-23-8） 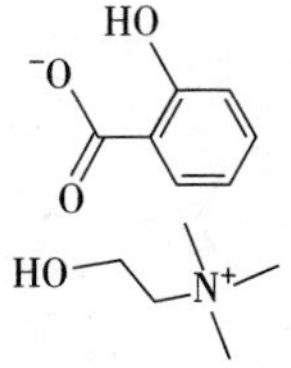胆碱水杨酸盐（CAS No. 2016-36-6） 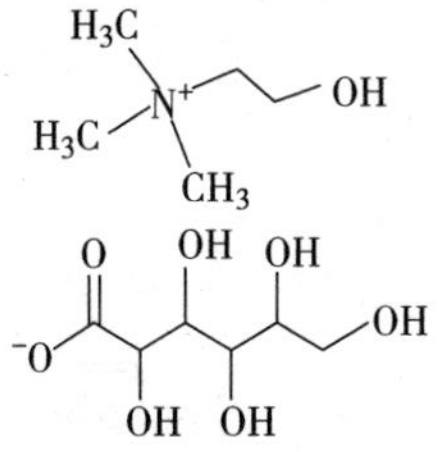胆碱葡萄糖酸盐（CAS No. 507-30-2） 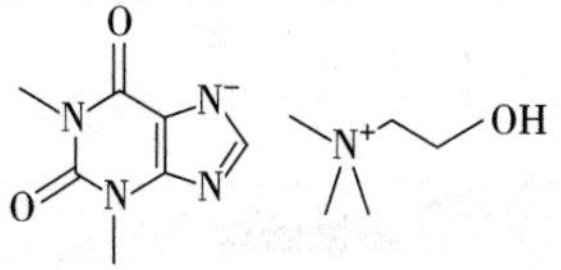胆茶碱（CAS No. 4499-40-5）	$C_5H_{14}ClNO_5$ $C_{22}H_{28}ClNO_5$ $C_{12}H_{19}NO_4$ $C_{11}H_{25}NO_8$ $C_{12}H_{21}N_5O_3$

续表

序号	中文名称	英文名称	结构式	分子式
415	铬、铬酸及其盐类，以 Cr^{6+} 计	Chromium（CAS No. 7440-47-3）；chromic acid and its salts（Cr^{6+}）		Cr，Cr^{6+}
416	苯并［a］菲	Chrysene（CAS No. 218-01-9）	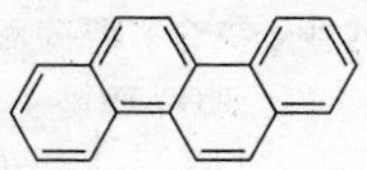	$C_{18}H_{12}$
417	辛可卡因及其盐类	Cinchocaine(INN)and its salts(CAS No.85-79-0）	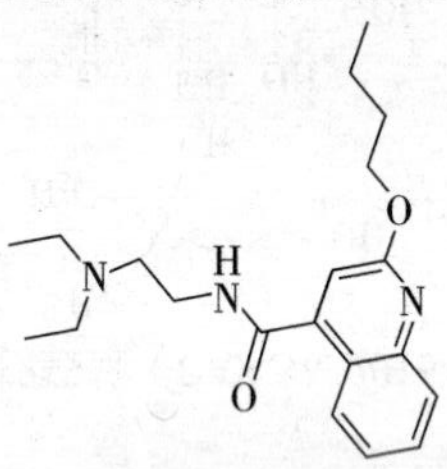	$C_{20}H_{29}N_3O_2$
418	辛可芬及其盐类，衍生物以及衍生物的盐类	Cinchophen（INN）（CAS No. 132-60-5），its salts，derivatives and salts of these derivatives	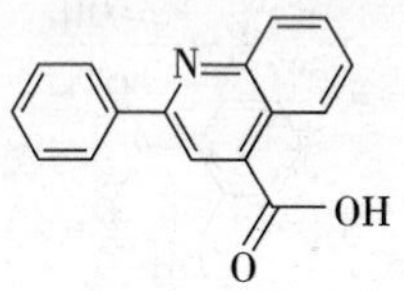	$C_{16}H_{11}NO_2$
421	氯非那胺	Clofenamide（INN）（CAS No. 671-95-4）	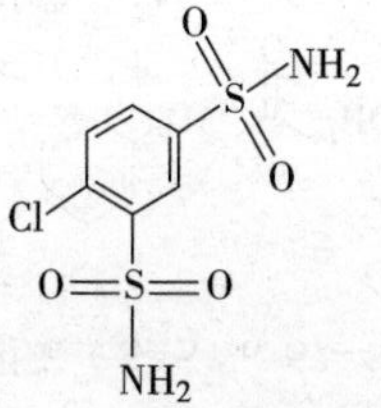	$C_6H_7ClN_2O_4S_2$
422	滴滴涕	Clofenotane（INN）；DDT（ISO）（CAS No. 50-29-3）	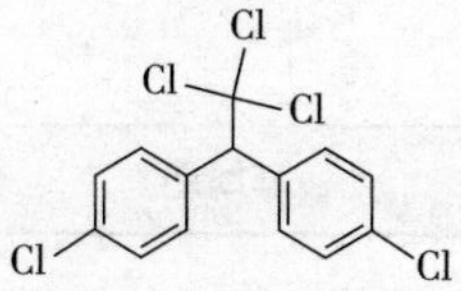	$C_{14}H_9Cl_5$

续表

序号	中文名称	英文名称	结构式	分子式
425	苯磺酸钴	Cobalt benzenesulphonate（CAS No. 23384-69-2）		
426	二氯化钴	Cobalt dichloride（CAS No. 7646-79-9）	$CoCl_2$	$CoCl_2$
427	硫酸钴	Cobalt sulfate（CAS No. 10124-43-3）	$CoSO_4$	$CoSO_4$
428	秋水仙碱及其盐类和衍生物	Colchicine，its salts and derivatives（CAS No. 64-86-8）	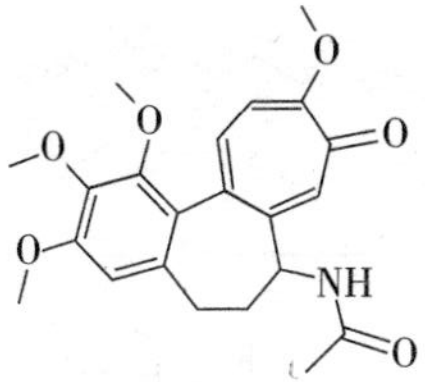	$C_{22}H_{25}NO_6$
429	秋水仙碱苷及其衍生物	Colchicoside（CAS No. 477-29-2）and its derivatives	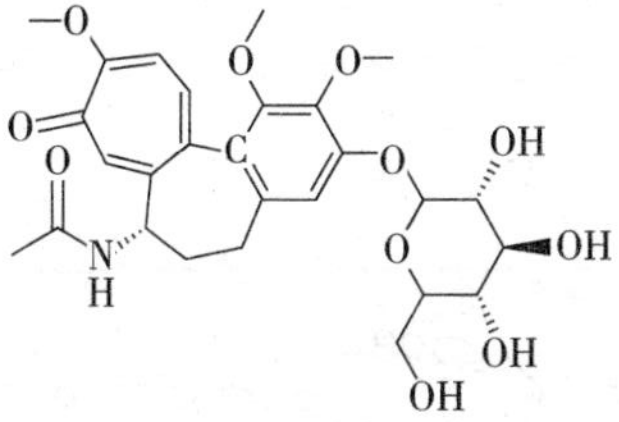	$C_{27}H_{33}NO_{11}$
430	着色剂 CI 12055（溶剂黄 14）	Coloring agent CI 12055（Solvent Yellow 14）（CAS No. 842-07-9）	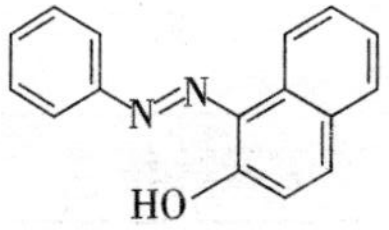	$C_{16}H_{12}N_2O$

续表

序号	中文名称	英文名称	结构式	分子式
431	着色剂 CI 12075（颜料橙 5）及其色淀、颜料及盐类	Colouring agent CI 12075（Pigment Orange 5）and its lakes，pigments and salts（CAS No. 3468-63-1）	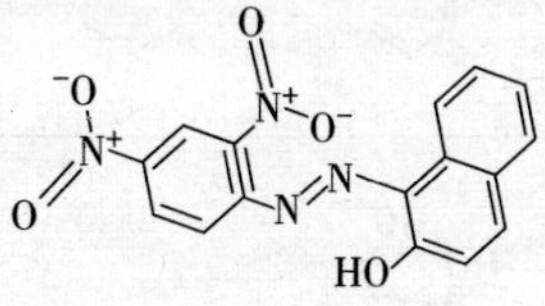	$C_{16}H_{10}N_4O_5$
432	着色剂 CI 12140	Colouring agent CI 12140（CAS No. 3118-97-6）	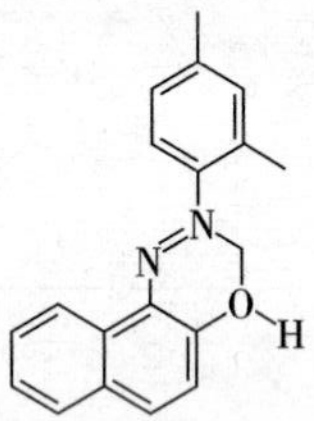	$C_{18}H_{16}N_2O$
433	着色剂 CI 13065	Colouring agent CI 13065（CAS No. 587-98-4）	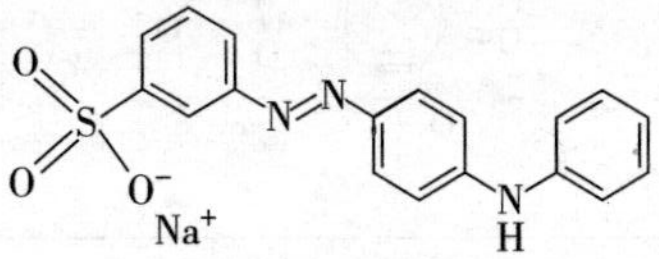	$C_{18}H_{14}N_3NaO_3S$
434	着色剂 CI 15585	Colouring agent CI 15585（CAS No. 5160-02-1 / CAS No. 2092-56-0）	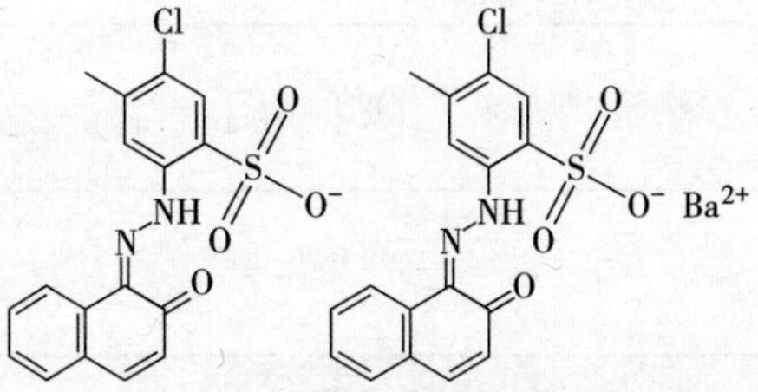 CAS No. 5160-02-1	$C_{34}H_{24}BaCl_2N_4O_8S_2$

续表

序号	中文名称	英文名称	结构式	分子式
434	着色剂 CI 15585	Colouring agent CI 15585（CAS No. 5160-02-1 / CAS No. 2092-56-0）	CAS No. 2092-56-0	$C_{17}H_{12}ClN_2NaO_4S$
435	着色剂 CI 26105	Colouring agent CI 26105（Solvent Red 24）（CAS No. 85-83-6）		$C_{24}H_{20}N_4O$
436	着色剂 CI 42535	Colouring agent CI 42535（Basic Violet 1）（CAS No. 8004-87-3）	· HCl	$C_{24}H_{28}ClN_3$
437	着色剂 CI 42555，着色剂 CI 42555∶1，着色剂 CI 42555∶2	Colouring agent CI 42555（Basic Violet 3）（CAS No. 548-62-9/ CAS No. 467-63-0），Colouring agent CI 42555∶1，Colouring agent CI 42555∶2	Cl^- CAS No. 548-62-9	$C_{25}H_{30}ClN_3$

续表

序号	中文名称	英文名称	结构式	分子式
437	着色剂 CI 42555，着色剂 CI 42555:1，着色剂 CI 42555:2	Colouring agent CI 42555（Basic Violet 3）（CAS No. 548-62-9/CAS No. 467-63-0），Colouring agent CI 42555:1，Colouring agent CI 42555:2	CAS No. 467-63-0	$C_{25}H_{31}N_3O$
438	着色剂 CI 42640，（4-((4-（二甲基氨基）苯基)(4-（乙基（3-磺苯基）氨基）苯基）亚甲基)-2，5-亚环己二烯-1-亚基)（乙基)（3-磺苯基）铵、钠盐	Colouring agent CI 42640，（4-((4-(Dimethylamino)phenyl)(4-(ethyl(3-sulfonatobenzyl)amino)phenyl)methylene)cyclohexa-2，5-dien-1-ylidene)(ethyl)(3-sulfonatobenzyl)ammonium，sodium salt（CAS No. 1694-09-3）		$C_{39}H_{40}N_3NAO_6S_2$
439	着色剂 CI 45170 和 CI 45170:1	Colouring agent CI 45170 and CI 45170:1（Basic Violet 10）（CAS No. 81-88-9 / CAS No. 509-34-2）		$C_{28}H_{31}ClN_2O_3$ $C_{28}H_{30}N_2O_3$

续表

序号	中文名称	英文名称	结构式	分子式
440	着色剂 CI 61554	Colouring agent CI 61554（Solvent Blue 35）（CAS No. 17354-14-2）	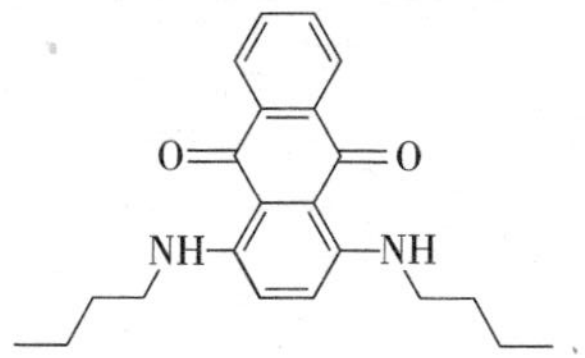	$C_{22}H_{26}N_2O_2$
441	毒芹碱	Coniine（CAS No. 458-88-8）	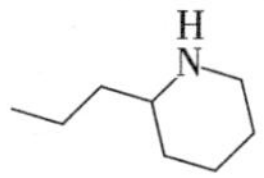	$C_8H_{17}N$
442	铃兰毒苷	Convallatoxin（CAS No. 508-75-8）	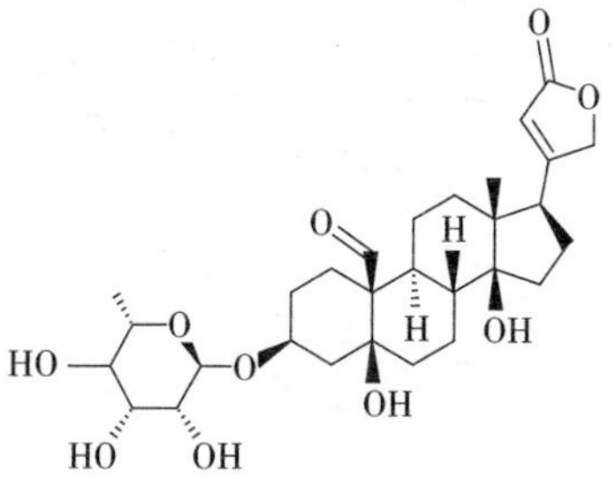	$C_{29}H_{42}O_{10}$
443	库美香豆素	Coumetarol（INN）（CAS No. 4366-18-1）	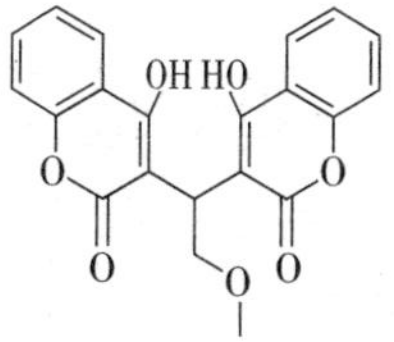	$C_{21}H_{16}O_7$
450	巴豆醛	Crotonaldehyde（CAS No. 4170-30-3）	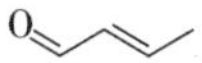	C_4H_6O
451	粗制和精制煤焦油	Crude and refined coal tars（CAS No. 8007-45-2）		

续表

序号	中文名称	英文名称	结构式	分子式
452	箭毒和箭毒碱	Curare（CAS No. 8063-06-7）and curarine（CAS No. 22260-42-0）	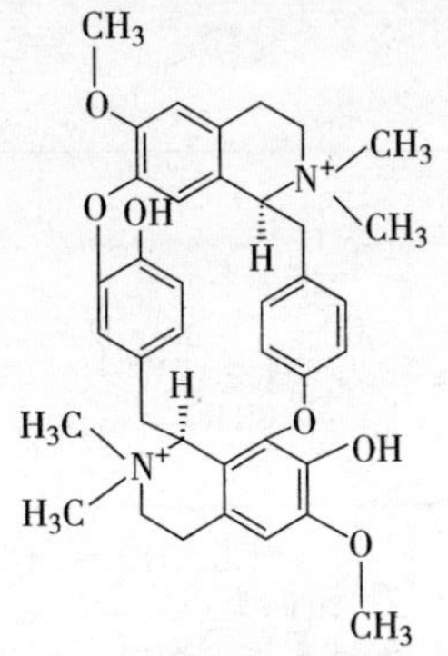 箭毒碱	$C_{39}H_{46}N_2O_5{}^{+}{}_2$ $C_{38}H_{44}N_2O_6$
453	仙客来醇	Cyclamen alcohol（CAS No. 4756-19-8）	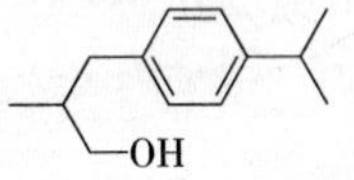	$C_{13}H_{20}O$
454	环拉氨酯	Cyclarbamate（INN）（CAS No. 5779-54-4）	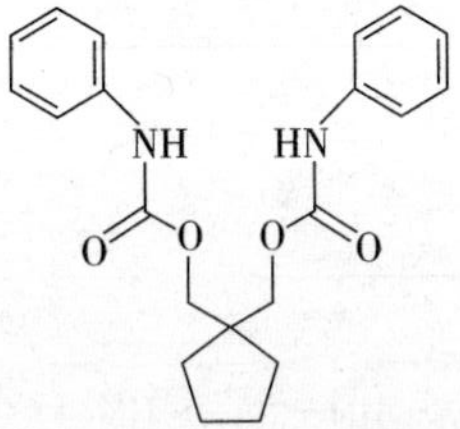	$C_{21}H_{24}N_2O_4$
455	赛克利嗪及其盐类	Cyclizine（INN）（CAS No. 82-92-8）and its salts	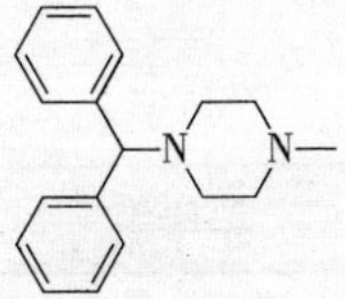	$C_{18}H_{22}N_2$

续表

序号	中文名称	英文名称	结构式	分子式
456	放线菌酮	Cycloheximide（CAS No. 66-81-9）	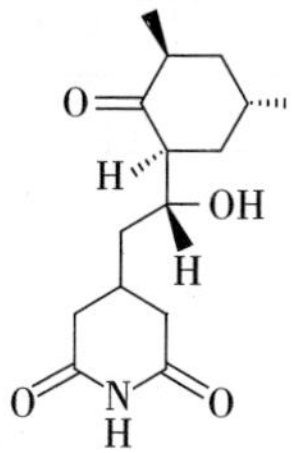	$C_{15}H_{23}NO_4$
457	环美酚及其盐类	Cyclomenol（INN）（CAS No. 5591-47-9）and its salts	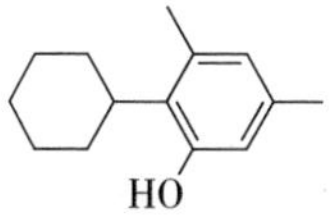	$C_{14}H_{20}O$
458	环磷酰胺及其盐类	Cyclophosphamide（INN）（CAS No. 50-18-0）and its salts	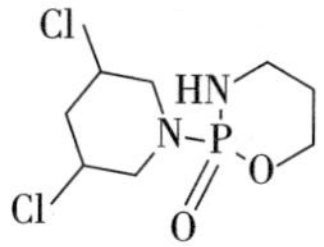	$C_7H_{15}Cl_2N_2O_2P$
459	*N*-二甲氨基琥珀酰胺酸（丁酰肼）	Daminozide（CAS No. 1596-84-5）	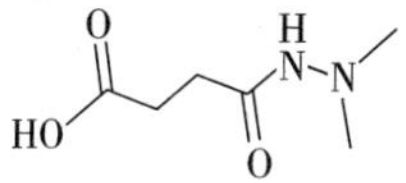	$C_6H_{12}N_2O_3$
460	醋谷地阿诺	Deanol aceglumate（INN）（CAS No. 3342-61-8）	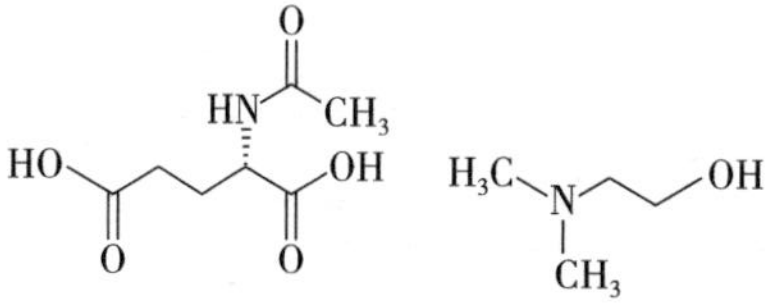	$C_7H_{11}NO_5.C_4H_{11}NO$
461	癸亚甲基双（三甲铵）盐类，如十烃溴铵	Decamethylenebis（trimethylammonium）salts，e.g.decamethonium bromide（CAS No. 541-22-0）	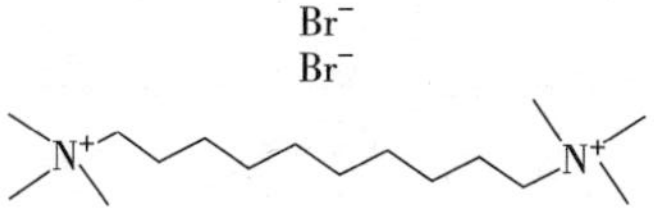	$C_{16}H_{38}Br_2N_2$

续表

序号	中文名称	英文名称	结构式	分子式
462	右美沙芬及其盐类	Dextromethorphan（INN）（CAS No. 125-71-3）and its salts		$C_{18}H_{25}NO$
463	右丙氧芬	Dextropropoxyphene（a-（+）-4-dimethylamino-3-methyl-1，2-diphenyl-2-butanol propionate ester）		$C_{22}H_{29}NO_2$
464	燕麦敌	Di-allate（CAS No. 2303-16-4）		$C_{10}H_{17}Cl_2NOS$
465	工业级的二氨基甲苯（甲基苯二胺，4-甲基-间-苯二胺和2-甲基-间-苯二胺的混合物）	Diaminotoluene，technical product-mixture of（4-methyl-m-phenylene diamine and 2-methyl-m-phenyl-enediamine）2 methyl-phenylene-diamine（CAS No. 25376-45-8）		$C_7H_{10}N_2$
466	重氮甲烷	Diazomethane（CAS No. 334-88-3）	$^{+}N{=}N^{+}{=}$	CH_2N_2
467	二苯并［a，h］蒽	Dibenz［a，h］anthracene（CAS No. 53-70-3）		$C_{22}H_{14}$

续表

序号	中文名称	英文名称	结构式	分子式
468	二溴 *N*- 水杨酰苯胺类	Dibromosalicylanilides	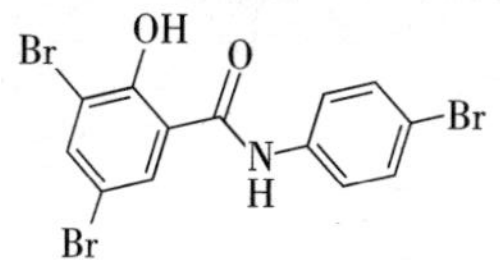 如 3，5- 二溴 -*N*-（4- 溴代苯基）-2- 羟基苯甲酰胺	$C_{13}H_8Br_3NO_2$
469	邻苯二甲酸二丁酯	Dibutyl phthalate（CAS No. 84-74-2）	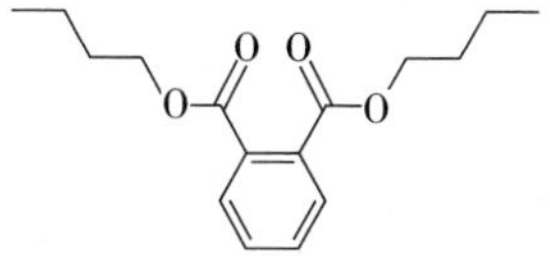	$C_{16}H_{22}O_4$
470	二氯乙烷类（乙烯基氯类），如 1，2- 二氯乙烷	Dichloroethanes（ethylene chlorides）e.g. 1，2-Dichloroethane（CAS No. 107-06-2）	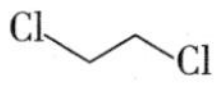	$C_2H_4Cl_2$
471	二氯乙烯类（乙炔基氯类），如偏氯乙烯（1，1- 二氯乙烯）	Dichloroethylenes（acetylene chlorides）e.g. Vinylidene chloride（1，1-Dichloroethylene）（CAS No. 75-35-4）	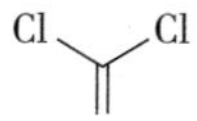	$C_2H_2Cl_2$
472	二氯 *N*- 水杨酰苯胺类	Dichlorosalicylanilides（CAS No. 1147-98-4）	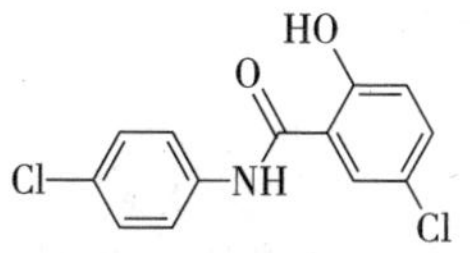	$C_{13}H_9Cl_2NO_2$
473	双香豆素	Dicoumarol（INN）（CAS No. 66-76-2）	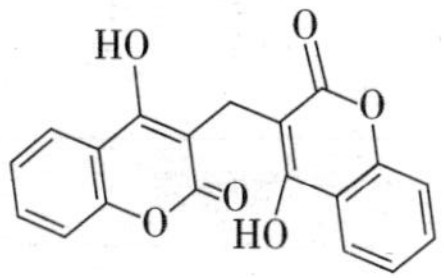	$C_{19}H_{12}O_6$

续表

序号	中文名称	英文名称	结构式	分子式
474	狄氏剂	Dieldrin（CAS No. 60-57-1）	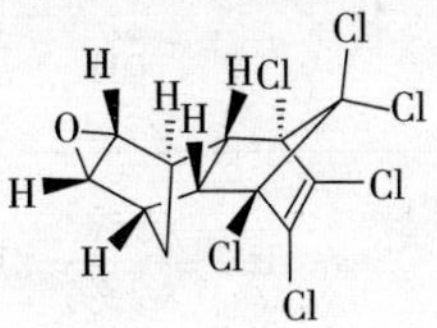	$C_{12}H_8Cl_6O$
475	磷酸 4- 硝基苯酚二乙醇酯	Diethyl 4-nitrophenyl phosphate（Paraoxon（ISO））（CAS No. 311-45-5）	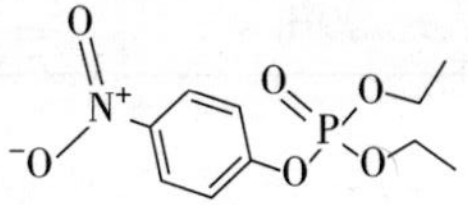	$C_{10}H_{14}NO_6P$
476	马来酸二乙酯	Diethyl maleate（CAS No. 141-05-9）	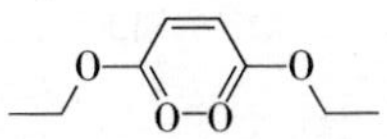	$C_8H_{12}O_4$
477	硫酸二乙酯	Diethyl sulfate（CAS No. 64-67-5）	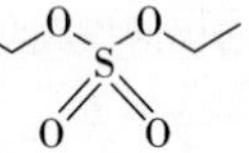	$C_4H_{10}O_4S$
478	二乙基氨基甲酰氯	Diethylcarbamoyl-chloride（CAS No. 88-10-8）	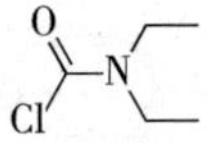	$C_5H_{10}ClNO$
479	二甘醇	Diethylene glycol（DEG）（CAS No. 111-46-6）	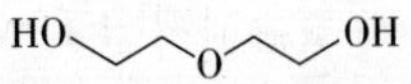	$C_4H_{10}O_3$
480	二苯沙秦	Difencloxazine（INN）（CAS No. 5617-26-5）	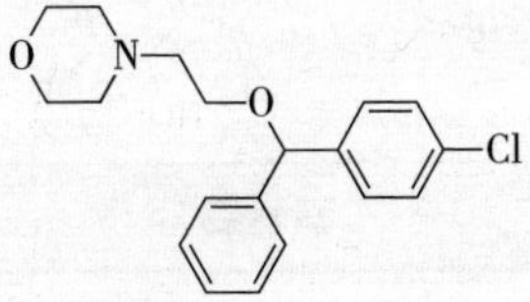	$C_{19}H_{22}ClNO_2$

续表

序号	中文名称	英文名称	结构式	分子式
481	毛地黄苷和洋地黄所含的各种苷	Digitaline and all heterosides of digitalis purpurea L.（CAS No. 752-61-4）		$C_{36}H_{56}O_{14}$
482	二氢速甾醇	Dihydrotachysterol（INN）（CAS No. 67-96-9）		$C_{28}H_{46}O$
483	二甲基柠康酸酯	Dimethyl citraconate（CAS No. 617-54-9）		$C_7H_{10}O_4$
484	硫酸二甲酯	Dimethyl sulfate（CAS No. 77-78-1）		$C_2H_6O_4S$
485	二甲基亚砜	Dimethyl sulfoxide（INN）（CAS No. 67-68-5）		C_2H_6OS

续表

序号	中文名称	英文名称	结构式	分子式
486	二甲胺	Dimethylamine（CAS No. 124–40–3）	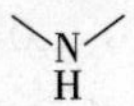	C_2H_7N
487	二甲基氨基甲酰氯	Dimethylcarbamoyl chloride（CAS No. 79–44–7）	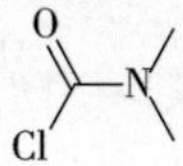	C_3H_6ClNO
488	二甲基甲酰胺（*N*，*N*–二甲基甲酰胺）	Dimethylformamide（*N*，*N*–Dimethylformamide）（CAS No. 68–12–2）	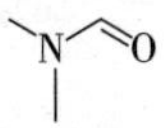	C_3H_7NO
489	二甲基氨磺酰氯化物	Dimethylsulfamoyl–chloride（CAS No. 13360–57–1）	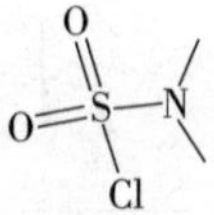	$C_2H_6ClNO_2S$
490	地美戊胺及其盐类	Dimevamide（INN）（CAS No. 60–46–8）and its salts	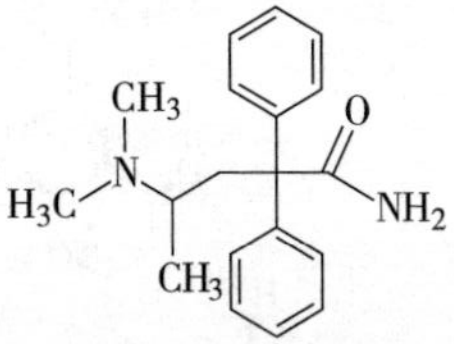	$C_{19}H_{24}N_2O$
491	三氧化二镍	Dinickel trioxide（CAS No. 1314–06–3）	Ni_2O_3	Ni_2O_3
492	二硝基苯酚同分异构体	Dinitrophenol isomers（CAS No. 51–28–5 / CAS No. 329–71–5 / CAS No. 573–56–8/CAS No. 25550–58–7）	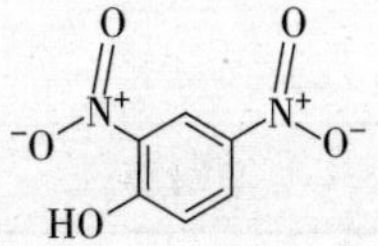	$C_6H_4N_2O_5$

续表

序号	中文名称	英文名称	结构式	分子式
493	敌螨普	Dinocap（ISO）（CAS No. 39300-45-3）	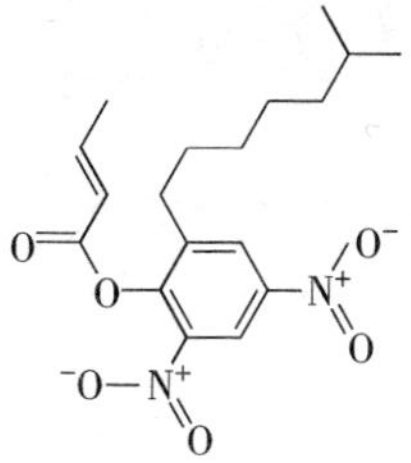	$C_{18}H_{24}N_2O_6$
494	地乐酚（2-（1-甲基正丙基）-4，6-二硝基苯酚）及其盐类和酯类，在本规范的别处规定的除外	Dinoseb（CAS No. 88-85-7），its salts and esters with the exception of those specified elsewhere in this Standard	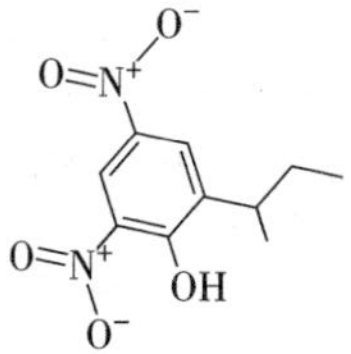	$C_{10}H_{12}N_2O_5$
495	地乐硝酚及其盐类和酯类	Dinoterb（CAS No.1420-07-1），its salts and esters	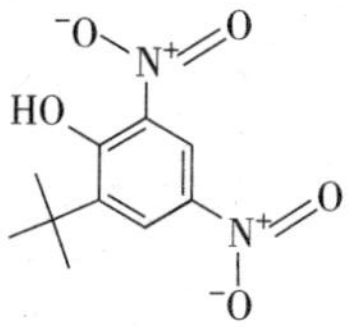	$C_{10}H_{12}N_2O_5$
496	二噁烷	Dioxane（CAS No. 123-91-1）	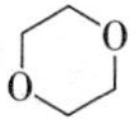	$C_4H_8O_2$
497	二羟西君及其盐类	Dioxethedrin（INN）（CAS No. 497-75-6）and its salts	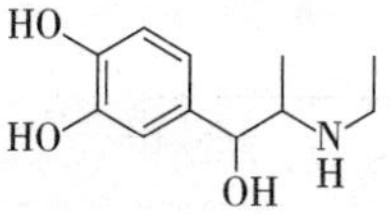	$C_{11}H_{17}NO_3$

续表

序号	中文名称	英文名称	结构式	分子式
498	苯海拉明及其盐类	Diphenhydramine（INN）（CAS No. 58-73-1）and its salts	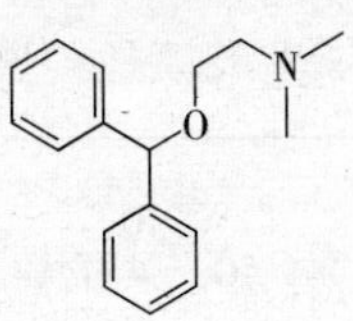	$C_{17}H_{21}NO$
499	地芬诺酯	Diphenoxylate hydrochloride（ethyl ester of 1-（3-cyano-3，3-diphenyl-propyl）-4-phenylisonipecotic acid）	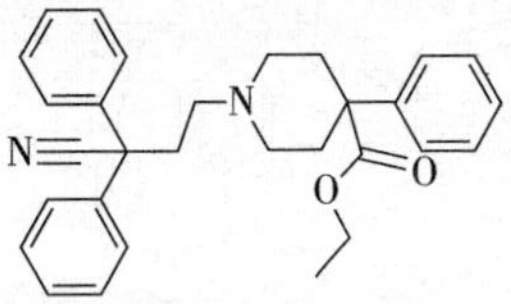	$C_{30}H_{32}N_2O_2$
500	二苯胺	Diphenylamine（CAS No. 122-39-4）	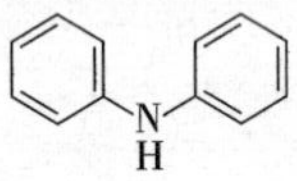	$C_{12}H_{11}N$
501	二苯醚的八溴衍生物	Diphenylether；octabromo derivate（CAS No. 32536-52-0）	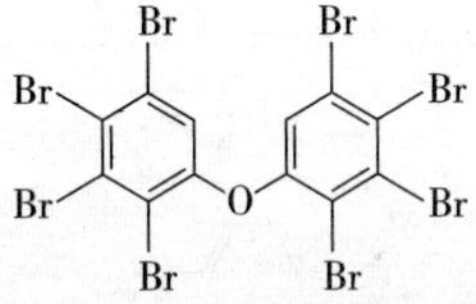	$C_{12}H_2Br_8O$
502	二苯拉林及其盐类	Diphenylpyraline（INN）（CAS No. 147-20-6）and its salts	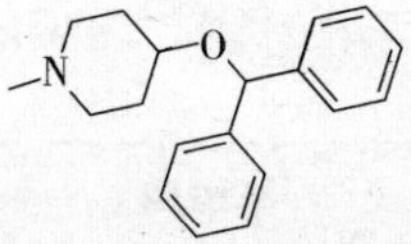	$C_{19}H_{23}NO$

续表

序号	中文名称	英文名称	结构式	分子式
503	3，3′–((1，1′–联苯)–4，4′–二基双(偶氮))双(4–萘胺–1–磺酸)二钠	Disodium 3，3′–((1，1′–biphenyl)–4，4′–diyl bis(azo))bis(4–aminonaphthalene–1–sulfonate)(CAS No. 573–58–0)	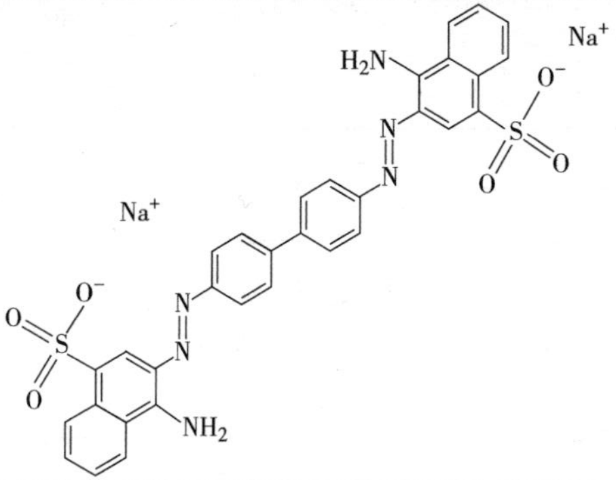 H_2N Na^+ O^- N N S O O Na^+ O^- O S N N O NH_2	$C_{32}H_{22}N_6Na_2O_6S_2$
504	4–氨基–3–((4′–((2，4–二氨基苯)偶氮)(1，1′–联苯)–4–基)偶氮)–5–羟基–6–(苯偶氮基)萘–2，7–二磺酸二钠	Disodium 4–amino–3–((4′–((2，4–diaminophenyl)azo)(1，1′–biphenyl)–4–yl)azo)–5–hydroxy–6–(phenylazo)naphthalene–2，7–disulfonate(CAS No. 1937–37–7)	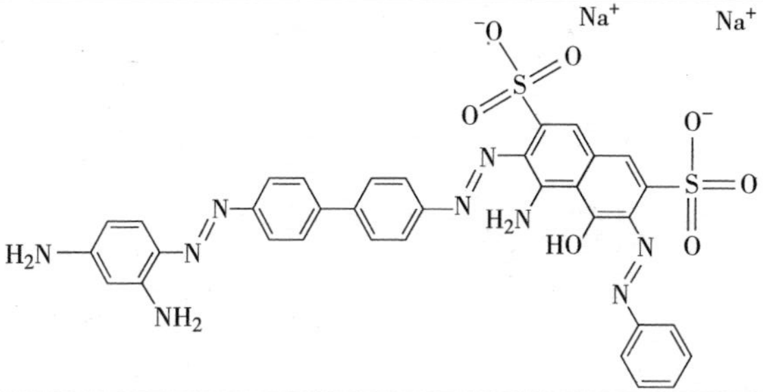 ^-O Na^+ Na^+ S O O O^- N N H_2N S O O N N H_2N HO N N NH_2	$C_{34}H_{25}N_9Na_2O_7S_2$
505	(5–((4′–((2，6–二羟基–3–((2–羟基–5–磺苯基)偶氮)苯基)偶氮)(1，1′–联苯)–4–基)偶氮)水杨酰(4–))铜酸(2–)二钠	Disodium(5–((4′–((2，6–dihydroxy–3–((2–hydroxy–5–sulfophenyl)azo)phenyl)azo)(1，1′–biphenyl)–4–yl)azo)salicylato(4–))cuprate(2–)(CAS No. 16071–86–6)	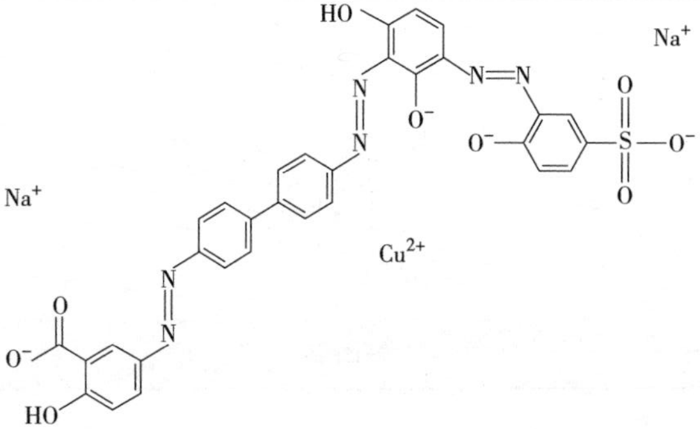 HO Na^+ N=N O N N O^- O^- S O^- O Na^+ Cu^{2+} N N O O^- HO	$C_{31}H_{18}CuN_6O_9S.2Na$

续表

序号	中文名称	英文名称	结构式	分子式
506	分散红 15，作为杂质存在于分散紫 1 中的除外	Disperse Red 15（CAS No. 116-85-8），except as impurity in Disperse Violet 1	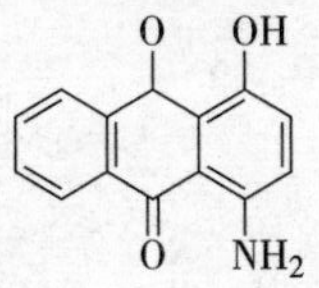	$C_{14}H_9NO_3$
507	分散黄 3	Disperse Yellow 3（CAS No. 2832-40-8）	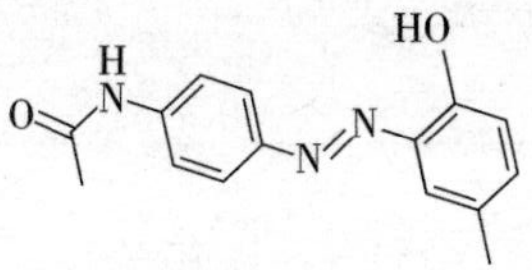	$C_{15}H_{15}N_3O_2$
589	双硫仑；塞仑	Disulfiram（INN）（CAS No. 97-77-8）；thiram （INN）（CAS No. 137-26-8）	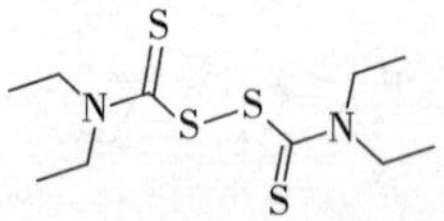 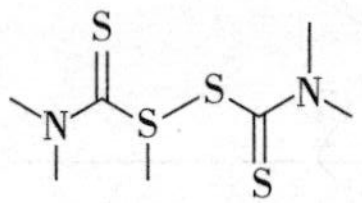	$C_{10}H_{20}N_2S_4$ $C_6H_{12}N_2S_4$
590	二硫代-2，2′-双吡啶-二氧化物 1，1′（添加三水合硫酸镁）-（双吡硫酮 + 硫酸镁）	Dithio-2，2′-bispyridine-dioxide 1，1′（additive with trihydrated magnesium sulfate）-（pyrithione disulfide+ magnesium sulfate）（CAS No. 43143-11-9）	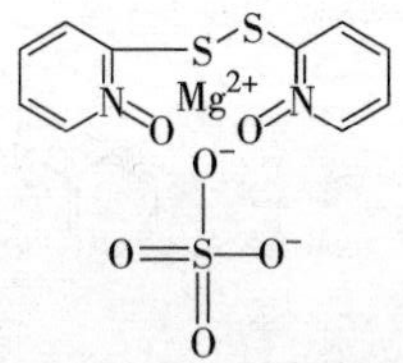	$C_{10}H_8MgN_2O_6S_3$
591	敌草隆	Diuron（ISO）（CAS No. 330-54-1）	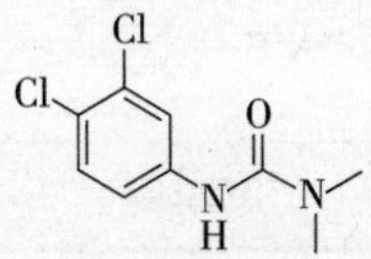	$C_9H_{10}Cl_2N_2O$

续表

序号	中文名称	英文名称	结构式	分子式
592	五氧化二钒	Divanadium pentaoxide（CAS No. 1314–62–1）	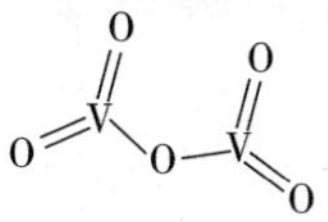	V_2O_5
593	4，6–二硝基邻甲酚	DNOC（ISO）（CAS No. 534–52–1）	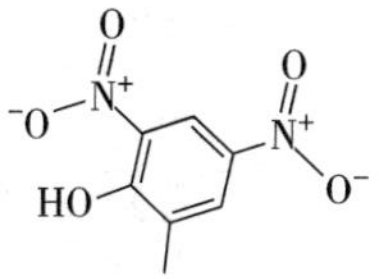	$C_7H_6N_2O_5$
594	十二氯五环［5.2.1.02，6.03，9.05，8］癸烷	Dodecachloropentacyclo［5.2.1.02，6.03，9.05，8］decane（Mirex）（CAS No. 2385–85–5）	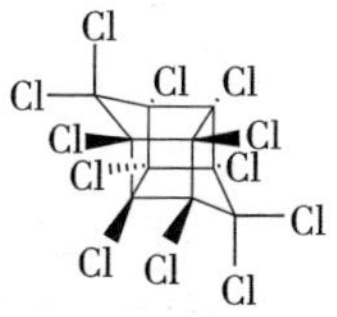	$C_{10}Cl_{12}$
595	去氧苯妥英	Doxenitoin（INN）（CAS No. 3254–93–1）	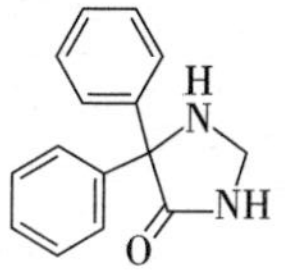	$C_{15}H_{14}N_2O$
596	多西拉敏及其盐类	Doxylamine（INN）（CAS No. 469–21–6）and its salts	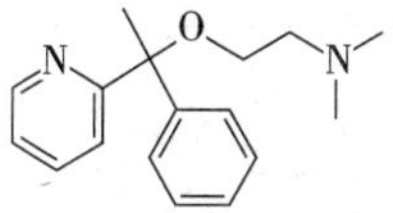	$C_{17}H_{22}N_2O$
597	依米丁及其盐类和衍生物	Emetine（CAS No. 483–18–1），its salts and derivatives	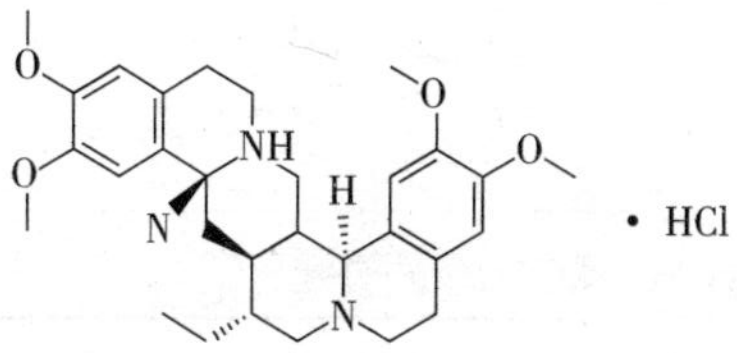 · HCl	$C_{29}H_{40}N_2O_4$

续表

序号	中文名称	英文名称	结构式	分子式
598	麻黄碱及其盐类	Ephedrine（CAS No. 299-42-3）and its salts		$C_{10}H_{15}NO$
599	肾上腺素	Epinephrine（INN）（CAS No. 51-43-4）		$C_9H_{13}NO_3$
600	（环氧乙基）苯	（Epoxyethyl）benzene（Styrene oxide）（CAS No. 96-09-3）		C_8H_8O
601	骨化醇和胆骨化醇（维生素 D_2 和 D_3）	Ergocalciferol（INN）and cholecalciferol（vitamins D_2 and D_3）（CAS No. 50-14-6 / CAS No. 67-97-0）	D_2 D_3	D_2：$C_{28}H_{44}O$ D_3：$C_{27}H_{44}O$
602	毛沸石	Erionite（CAS No. 12510-42-8）	O^{2-} $[H_2O]^+_{30}$ Ca^{2+} Na^+ K^+ Al^{3+}	$Al \cdot Ca \cdot 30H_2O \cdot K \cdot Na \cdot O_5Si_2 \cdot O$

续表

序号	中文名称	英文名称	结构式	分子式
603	依色林（或称毒扁豆碱）及其盐类	Eserine or physostigmine（CAS No. 57-47-6）and its salts	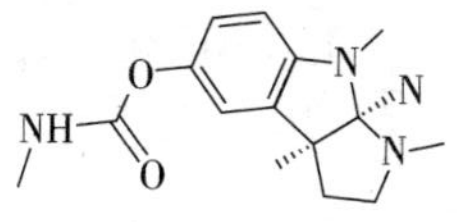	$C_{15}H_{21}N_3O_2$
604	*N*-（4-((4-（二乙基氨基）苯基)(4-（乙基氨基）-1-萘基）亚甲基）-2，5-环己二烯-1-亚基）-*N*-乙基-乙铵及其盐类	Ethanaminium，*N*-（4-((4-（diethylamino）phenyl)(4-（ethylamino）-1-naphthalenyl）methylene）-2，5-cyclohexadien-1-ylidene）-*N*-ethyl-（CAS No. 2390-60-5）and its salts	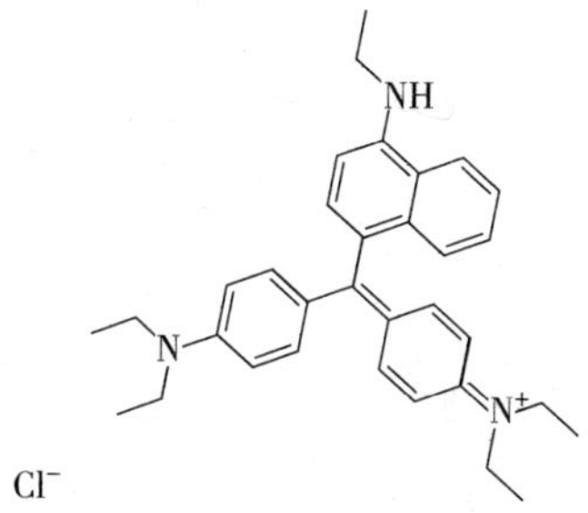	$C_{33}H_{40}N_3.Cl$
605	*N*-（4-((4-（二乙胺）苯基）苯亚甲基）-2，5-环己二烯-1-亚基）-*N*-乙基-乙铵及其盐类	Ethanaminium，*N*-（4-((4-（diethylamino）phenyl）phenyl-methylene）-2，5-cyclohexadien-1-ylidene）-*N*-ethyl-（CAS No. 633-03-4）and its salts	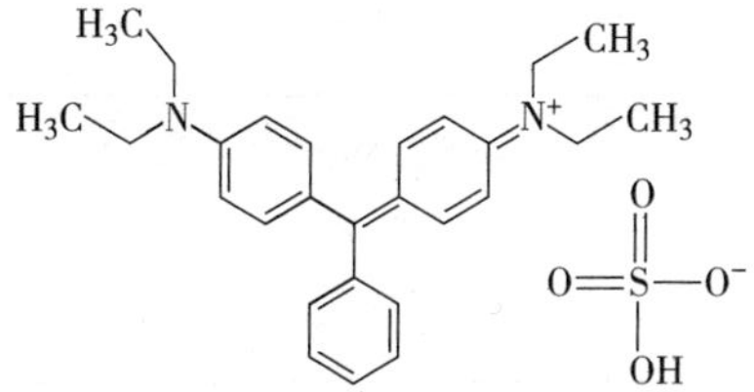	$C_{27}H_{34}N_2O_4S$
606	*N*-（4-（双(4-（二乙胺基）苯基）亚甲基）-2，5-环己二烯-1-亚基）-*N*-乙基-乙铵及其盐类	Ethanaminium，*N*-（4-（bis（4-（diethylamino）phenyl）methylene）-2，5-cyclohexadien-1-ylidene）-*N*-ethyl-（CAS No. 2390-59-2）and its salts	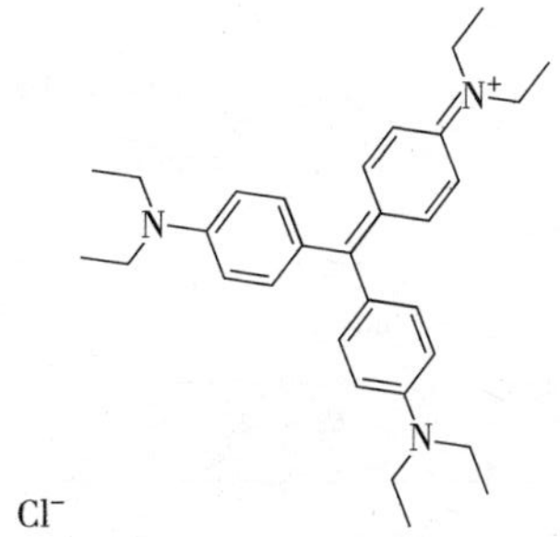	$C_{31}H_{42}ClN_3$

续表

序号	中文名称	英文名称	结构式	分子式
607	HC 蓝 No. 5（二乙醇胺和表氯醇、2-硝基-1，4-苯二胺的反应产物）及其盐类	Ethanol，2，2′-iminobis-，reaction products with epichlorohydrin and 2-nitro-1，4-benzenediamine（HC Blue No. 5）（CAS No. 68478-64-8/CAS No. 158571-58-5）and its salts		$C_{31}H_{42}ClN_3$
608	乙硫异烟胺	Ethionamide（INN）（CAS No. 536-33-4）		$C_8H_{10}N_2S$
609	依索庚嗪及其盐类	Ethoheptazine（INN）（CAS No. 77-15-6）and its salts		$C_{16}H_{23}NO_2$
610	丙烯酸乙酯	Ethyl acrylate（CAS No. 140-88-5）		$C_5H_8O_2$
611	双（4-羟基-2-氧代-1-苯并吡喃-3-基）乙酸乙酯及酸的盐类	Ethyl bis（4-hydroxy-2-oxo-1-benzopyran-3-yl）acetate（CAS No. 548-00-5）and salts of the acid		$C_{22}H_{16}O_8$
612	乙二醇二甲醚（EGDME）	Ethylene glycol dimethyl ether（EGDME）（CAS No. 110-71-4）		$C_4H_{10}O_2$

续表

序号	中文名称	英文名称	结构式	分子式
613	环氧乙烷	Ethylene oxide（CAS No. 75-21-8）	O	C_2H_4O
614	苯丁酰脲	Ethylphenacemide（pheneturide）（INN）（CAS No. 90-49-3）	O HN NH$_2$ O	$C_{11}H_{14}N_2O_2$
640	非克立明	Feclemine（INN）（CAS No. 3590-16-7）	N N	$C_{24}H_{42}N_2$
641	酚二唑	Fenadiazole（INN）（CAS No. 1008-65-7）	O N N HO	$C_8H_6N_2O_2$
642	异嘧菌醇	Fenarimol（CAS No. 60168-88-9）	Cl OH N N Cl	$C_{17}H_{12}Cl_2N_2O$
643	非诺唑酮	Fenozolone（INN）（CAS No. 15302-16-6）	O H N N O	$C_{11}H_{12}N_2O_2$

续表

序号	中文名称	英文名称	结构式	分子式
644	丁苯吗啉	Fenpropimorph（CAS No. 67564-91-4）	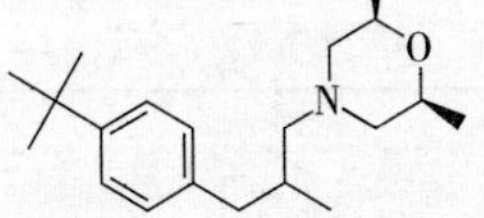	$C_{20}H_{33}NO$
645	倍硫磷	Fenthion（CAS No. 55-38-9）	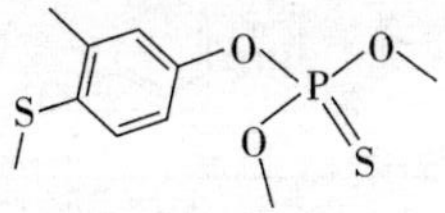	$C_{10}H_{15}O_3PS_2$
646	薯瘟锡	Fentin acetate（CAS No. 900-95-8）	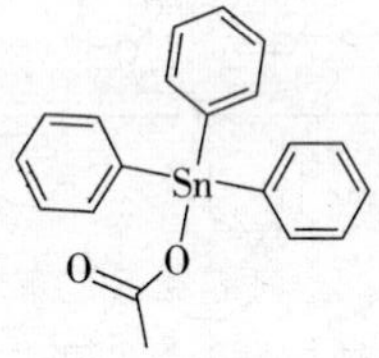	$C_{20}H_{18}O_2Sn$
647	毒菌锡	Fentin hydroxide（CAS No. 76-87-9）	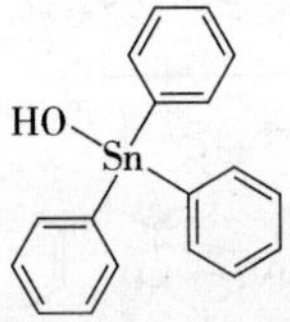	$C_{18}H_{16}OSn$
648	非尼拉朵	Fenyramidol（INN）（CAS No. 553-69-5）	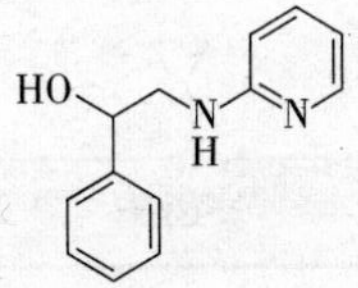	$C_{13}H_{14}N_2O$

续表

序号	中文名称	英文名称	结构式	分子式
649	氟阿尼酮	Fluanisone（INN）（CAS No. 1480-19-9）	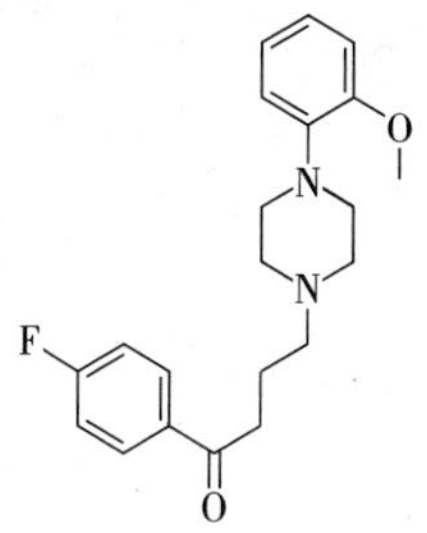	$C_{21}H_{25}FN_2O_2$
650	吡氟禾草灵（丁酯）	Fluazifop-butyl（CAS No. 69806-50-4）	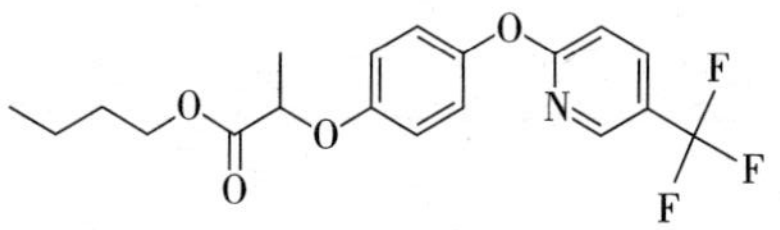	$C_{19}H_{20}F_3NO_4$
651	精吡氟乐草灵	Fluazifop-P-butyl（ISO）（CAS No. 79241-46-6）	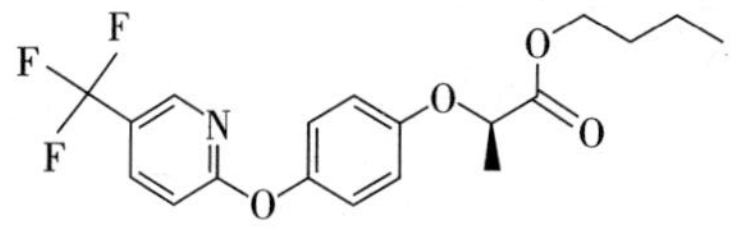	$C_{19}H_{20}F_3NO_4$
652	氟噁嗪酮	Flumioxazin（CAS No. 103361-09-7）	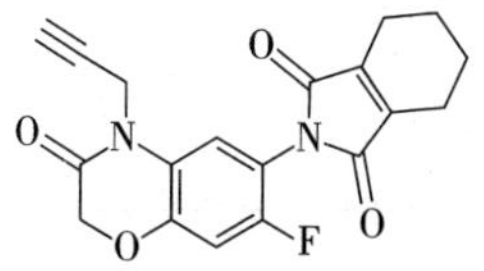	$C_{19}H_{15}FN_2O_4$
653	氟苯乙砜	Fluoresone（INN）（CAS No. 2924-67-6）	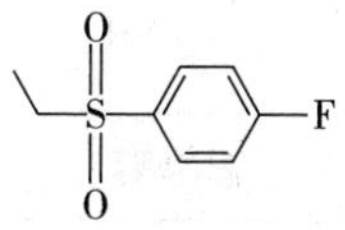	$C_8H_9FO_2S$

续表

序号	中文名称	英文名称	结构式	分子式
654	氟尿嘧啶	Fluorouracil（INN）（CAS No. 51–21–8）		$C_4H_3FN_2O_2$
655	氟硅唑	Flusilazole（CAS No. 85509–19–9）		$C_{16}H_{15}F_2N_3Si$
662	甲酰胺	Formamide（CAS No. 75–12–7）		CH_3NO
675	呋喃	Furan（CAS No. 110–00–9）		C_4H_4O
676	呋喃唑酮	Furazolidone（INN）（CAS No. 67–45–8）		$C_8H_7N_3O_5$
677	糠基三甲基铵盐类，如呋嗪碘铵	Furfuryltrimethylammonium salts, e.g. furtrethonium iodide（INN）（CAS No. 541–64–0）	呋嗪碘铵	$C_8H_{14}NOI$

续表

序号	中文名称	英文名称	结构式	分子式
678	呋喃香豆素类［如三甲沙林，8-甲氧基补骨脂素（花椒毒素），5-甲氧基补骨脂素（佛手柑内酯）等］，天然香料中存在的正常含量除外。在防晒和晒黑产品中，呋喃香豆素的含量应小于1mg/kg	Furocoumarines（e.g. Trioxysalen（INN）（CAS No. 3902-71-4），8-methoxypsoralen（CAS No. 298-81-7），5-methoxypsoralen（CAS No. 484-20-8））except for normal content in natural essences used. In sun protection and in bronzing products，furocoumarines shall be below 1mg/kg	三甲沙林 8-甲氧基补骨脂素 5-甲氧基补骨脂素	$C_{14}H_{12}O_3$ $C_{12}H_8O_4$ $C_{12}H_8O_4$
679	加兰他敏	Galantamine（INN）（CAS No. 357-70-0）		$C_{17}H_{21}NO_3$
680	戈拉碘铵	Gallamine triethiodide（INN）（CAS No. 65-29-2）		$C_{30}H_{60}I_3N_3O_3$

续表

序号	中文名称	英文名称	结构式	分子式
783	糖皮质激素类（皮质类固醇）	Glucocorticoids（Corticosteroids）	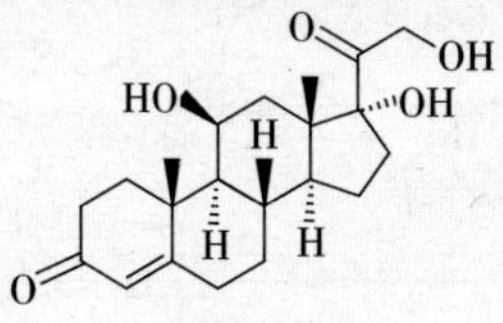 如氢化可的松	$C_{21}H_{30}O_5$
784	格鲁米特及其盐类	Glutethimide（INN）（CAS No. 77–21–4）and its salts	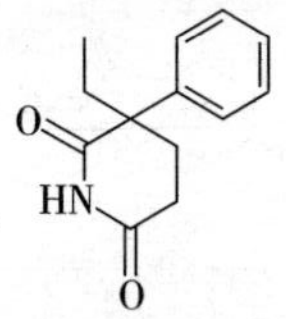 格鲁米特	$C_{13}H_{15}NO_2$
785	格列环脲	Glycyclamide（INN）（CAS No. 664–95–9）	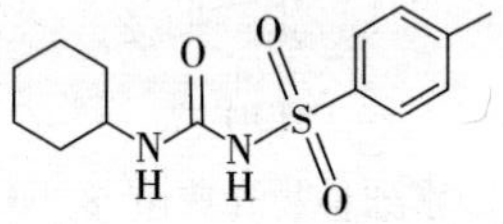	$C_{14}H_{20}N_2O_3S$
786	金盐类	Gold salts		
787	愈创甘油醚	Guaifenesin（INN）（CAS No. 93–14–1）	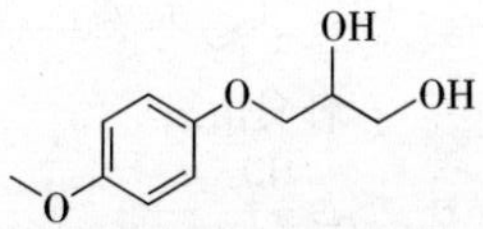	$C_{10}H_{14}O_4$
788	胍乙啶及其盐类	Guanethidine（INN）（CAS No. 55–65–2）and its salts	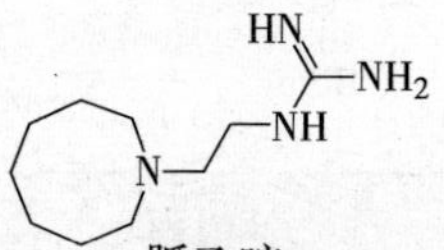 胍乙啶	$C_{10}H_{22}N_4$

续表

序号	中文名称	英文名称	结构式	分子式
789	氟哌啶醇	Haloperidol（INN）（CAS No. 52-86-8）	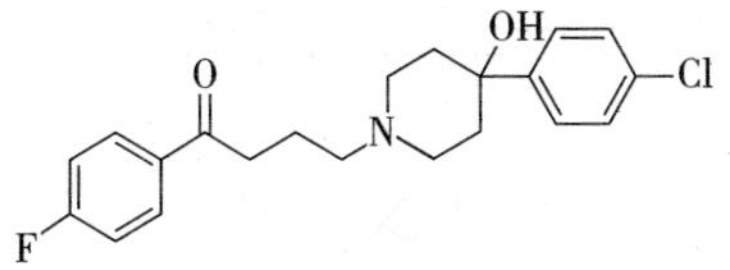	$C_{21}H_{23}ClFNO_2$
790	HC 绿 No 1	HC Green No 1（CAS No. 52136-25-1）	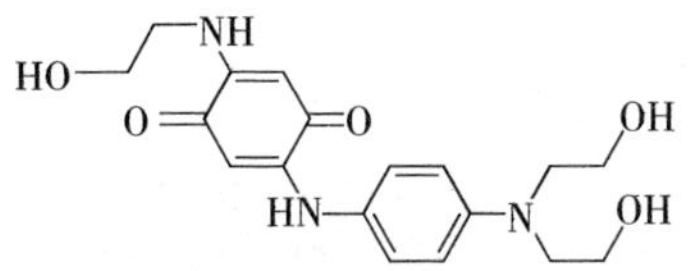	$C_{18}H_{23}N_3O_5$
791	HC 橙 No 3	HC Orange No 3（CAS No. 81612-54-6）	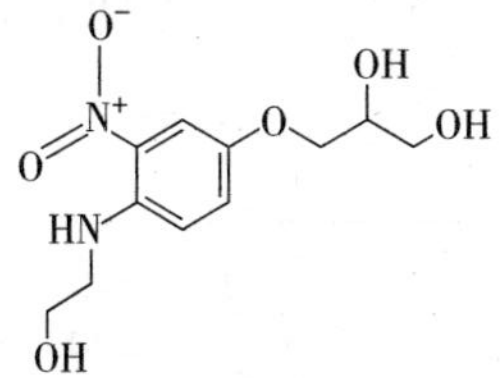	$C_{11}H_{16}N_2O_6$
792	HC 红 No 8 及其盐类	HC Red No 8 and its salts（CAS No. 13556-29-1 / CAS No. 97404-14-3）	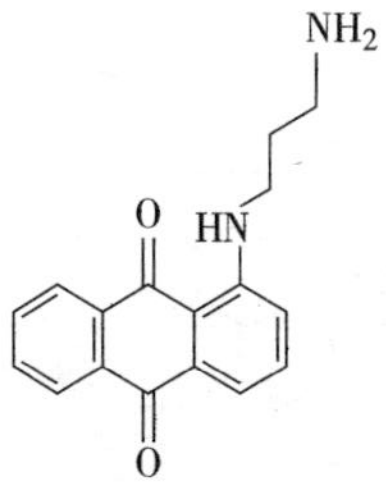 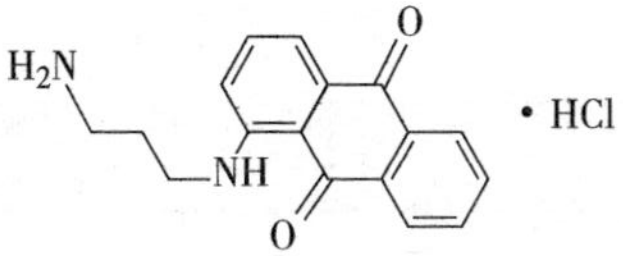	$C_{17}H_{16}N_2O_2$ $C_{17}H_{17}ClN_2O_2$（盐酸盐）

续表

序号	中文名称	英文名称	结构式	分子式
793	HC 黄 No 11	HC Yellow No 11（CAS No. 73388-54-2）	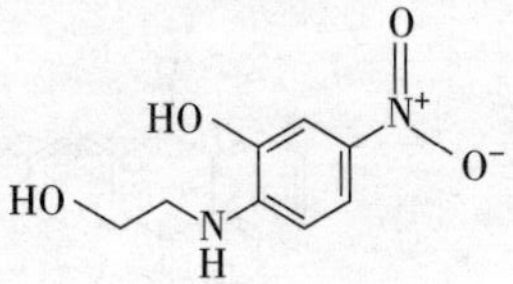 HO, HO, N, H, N+, O, O-	$C_8H_{10}N_2O_4$
794	七氯	Heptachlor（CAS No. 76-44-8）	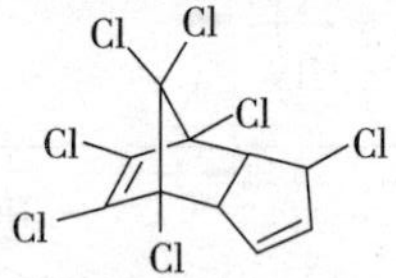 Cl, Cl, Cl, Cl, Cl, Cl, Cl	$C_{10}H_5Cl_7$
795	七氯一环氧化物	Heptachlor-epoxide（CAS No. 1024-57-3）	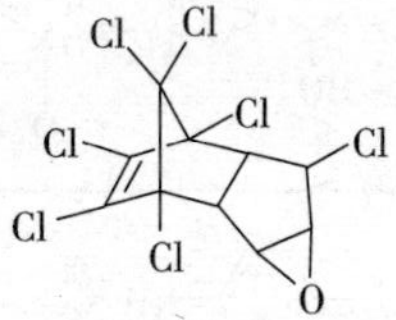 Cl, Cl, Cl, Cl, Cl, Cl, Cl, O	$C_{10}H_5Cl_7O$
796	六氯苯	Hexachlorobenzene（CAS No. 118-74-1）	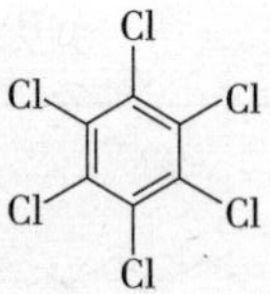 Cl, Cl, Cl, Cl, Cl, Cl	C_6Cl_6
797	六氯乙烷	Hexachloroethane（CAS No. 67-72-1）	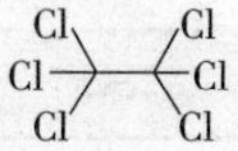 Cl, Cl, Cl, Cl, Cl, Cl	C_2Cl_6

续表

序号	中文名称	英文名称	结构式	分子式
798	六氯酚	Hexachlorophene（INN）（CAS No. 70-30-4）	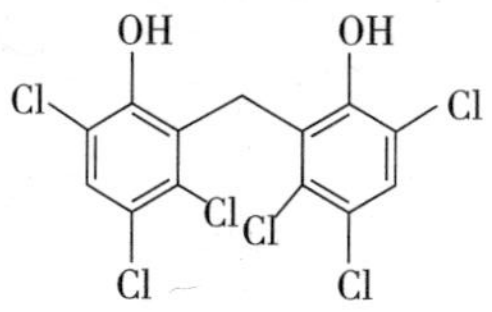	$C_{13}H_6Cl_6O_2$
799	四磷酸六乙基酯	Hexaethyl tetraphosphate（CAS No. 757-58-4）	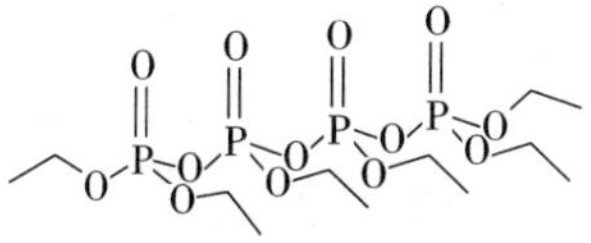	$C_{12}H_{30}O_{13}P_4$
800	六氢化香豆素	Hexahydrocoumarin（CAS No. 700-82-3）	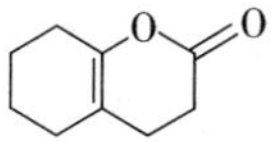	$C_9H_{12}O_2$
801	六氢化环戊（c）吡咯-1-（1*H*）-铵 N-乙氧基羰基-*N*-（聚砜基）氮烷化物	Hexahydrocyclopenta（c）pyrrole-（1*H*）-ammonium *N*-ethoxycarbonyl-*N*-（polylsulfonyl）azanide（EC No. 418-350-1）		
802	六甲基磷酸-三酰胺	Hexamethylphosphoric-triamide（CAS No. 680-31-9）	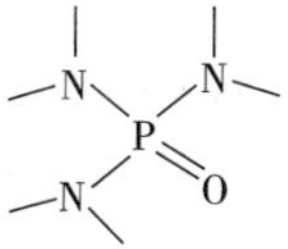	$C_6H_{18}N_3OP$
803	2-己酮	Hexan-2-one（Methyl butyl ketone）（CAS No. 591-78-6）	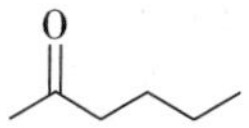	$C_6H_{12}O$
804	己烷	Hexane（CAS No. 110-54-3）		C_6H_{14}

续表

序号	中文名称	英文名称	结构式	分子式
805	己丙氨酯	Hexapropymate（INN）（CAS No. 358-52-1）		$C_{10}H_{15}NO_2$
806	北美黄连碱和北美黄连次碱以及它们的盐类	Hydrastine（CAS No. 118-08-1），hydrastinine（CAS No. 6592-85-4）and their salts	北美黄连碱 北美黄连次碱	北美黄连碱 $C_{21}H_{21}NO_6$ 北美黄连次碱 $C_{11}H_{13}NO_3$
807	酰肼类及其盐类，如异烟肼	Hydrazides and their salts e.g. Isoniazid（CAS No. 54-85-3）	酰肼 异烟肼	$C_6H_7N_3O$

续表

序号	中文名称	英文名称	结构式	分子式
808	肼，肼的衍生物以及它们的盐类	Hydrazine（CAS No. 302-01-2），its derivatives and their salts	$H_2N—NH_2$ 肼	H_4N_2
809	氢化松香基醇	Hydroabietyl alcohol（CAS No. 26266-77-3）	 	$C_{20}H_{36}O$
810	来自溶剂萃取的轻环烷烃 C_{11-17} 碳氢化合物，除非清楚全部精炼过程并且能够证明所获得的物质不是致癌物	Hydrocarbons，C_{11-17}，solvent-extd light naphthenic（CAS No. 97722-08-2），except if the full refining history is known and it can be shown that the substance from which it is produced is not a carcinogen		
811	来自于加氢石蜡轻馏分的 C_{12-20} 碳氢化合物，除非清楚全部精炼过程并且能够证明所获得的物质不是致癌物	Hydrocarbons，C_{12-20}，hydrotreated paraffinic，distn lights（CAS No. 97675-86-0），except if the full refining history is known and it can be shown that the substance from which it is produced is not a carcinogen		
819	来自于加氢中间馏分的轻 C_{16-20} 碳氢化合物，除非清楚全部精炼过程并且能够证明所获得的物质不是致癌物	Hydrocarbons，C_{16-20}，hydrotreated middle distillate，distn Lights（CAS No. 97675-85-9），except if the full refining history is known and it can be shown that the substance from which it is produced is not a carcinogen		

续表

序号	中文名称	英文名称	结构式	分子式
829	富含芳烃的 C_{26-55} 碳氢化合物	Hydrocarbons，C_{26-55}，arom.Rich（CAS No. 97722-04-8）		
844	C_{16-20} 碳氢化合物，来自溶剂脱蜡、加氢裂解的烷烃蒸馏残液	Hydrocarbons，C_{16-20}，solvent-dewaxed hydrocracked paraffinic distn. Residue（CAS No. 97675-88-2）		
845	氢氟酸及其正盐，配合物以及氢氟化物	Hydrofluoric acid（CAS No. 7664-39-3），its normal salts，its complexes and hydrofluorides		HF
846	氢氰酸及其盐类	Hydrogen cyanide（CAS No. 74-90-8）and its salts		HCN
847	8-羟基喹啉及其硫酸盐（表 3 中的 8-羟基喹啉及其硫酸盐除外）	Hydroxy-8-quinoline（CAS No. 148-24-3）and its sulfate（CAS No. 134-31-6），except for the uses provided in table 3	8-羟基喹啉	C_9H_7NO
848	羟乙基-2，6-二硝基对茴香胺及其盐类	Hydroxyethyl-2，6-dinitro-p-anisidine（CAS No. 122252-11-3）and its salts	羟乙基-2，6-二硝基对茴香胺	$C_9H_{11}N_3O_6$

续表

序号	中文名称	英文名称	结构式	分子式
849	羟乙氨甲基对氨基苯酚及其盐类	Hydroxyethylaminomethyl-p-aminophenol and its salts (CAS No. 110952-46-0/CAS No. 135043-63-9)	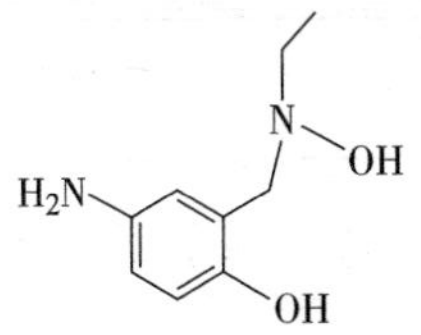 羟乙氨甲基对氨基苯酚	$C_9H_{14}N_2O_2$
850	羟吡啶酮及其盐类	Hydroxypyridinone (CAS No. 822-89-9) and its salts	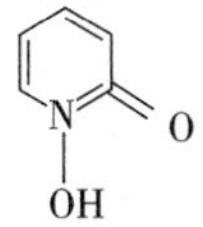 羟吡啶酮	$C_5H_5NO_2$
851	羟嗪	Hydroxyzine (INN) (CAS No. 68-88-2)	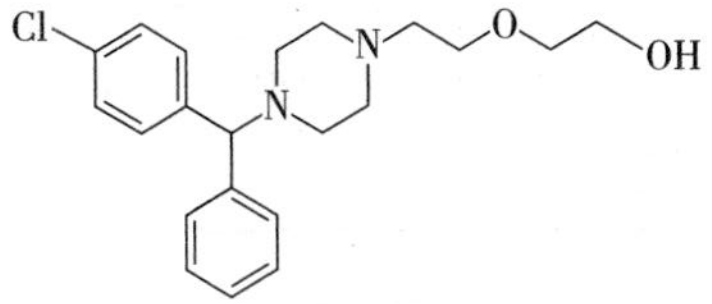	$C_{21}H_{27}ClN_2O_2$
852	东莨菪碱及其盐类和衍生物	Hyoscine (CAS No. 51-34-3), its salts and derivatives	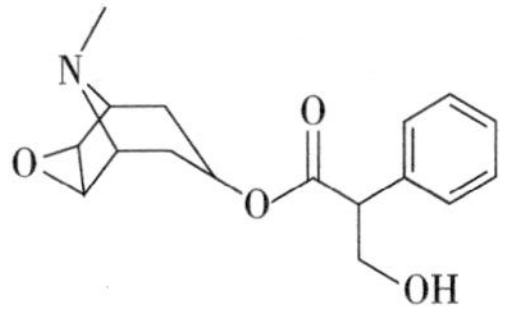 东莨菪碱	$C_{17}H_{21}NO_4$
853	莨菪碱及其盐类和衍生物	Hyoscyamine (CAS No. 101-31-5), its salts and derivatives	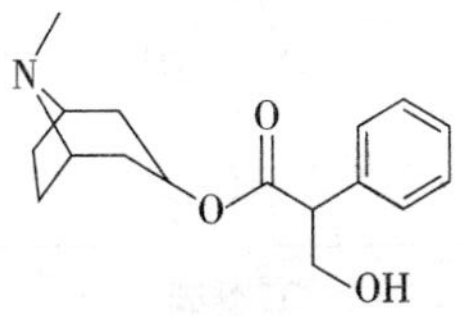 莨菪碱	$C_{17}H_{23}NO_3$

续表

序号	中文名称	英文名称	结构式	分子式
854	咪唑啉 -2- 硫酮	Imidazolidine-2-thione（Ethylene thiourea）（CAS No. 96-45-7）	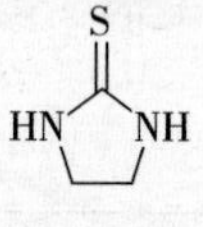	$C_3H_6N_2S$
855	欧前胡内酯	Imperatorin（CAS No. 482-44-0）	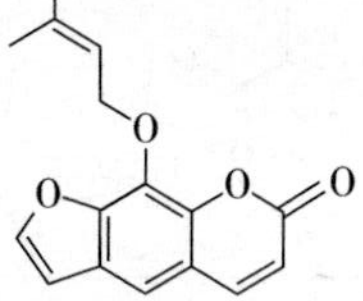	$C_{16}H_{14}O_4$
856	无机亚硝酸盐类（亚硝酸钠除外）	Inorganic nitrites（CAS No. 14797-65-0），with the exception of sodium nitrite	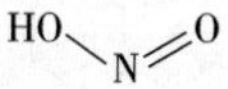	HNO_2
857	双丙氧亚胺醌（英丙醌）	Inproquone（INN）（CAS No. 436-40-8）	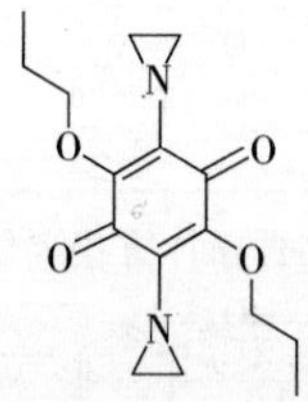	$C_{16}H_{22}N_2O_4$
858	碘	Iodine（CAS No. 7553-56-2）		I_2
859	碘代甲烷	Iodomethane（Methyl iodide）（CAS No. 74-88-4）		CH_3I

续表

序号	中文名称	英文名称	结构式	分子式
860	碘苯腈，碘苯腈辛酸酯	Ioxynil and Ioxynil octanoate（ISO）（CAS No. 1689–83–4 / CAS No. 3861–47–0）	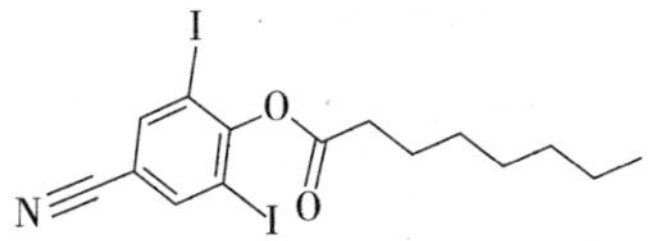	$C_{15}H_{17}I_2NO_2$
861	异丙二酮 异菌脲（上面的名可能不对）	Iprodione（CAS No. 36734–19–7）	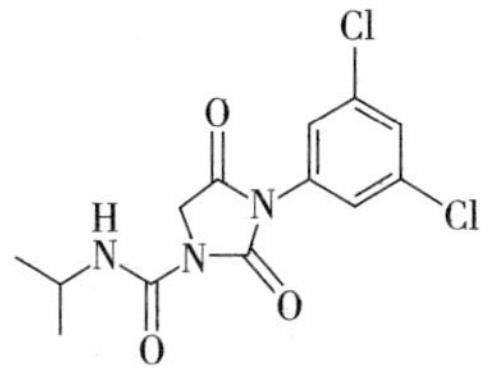	$C_{13}H_{13}Cl_2N_3O_3$
862	丁二烯含量大于或等于 0.1%（W/W）的异丁烷	Isobutane（CAS No. 75–28–5），if it contains ≥ 0.1%（W/W）butadiene		C_4H_{10}
863	羟苯异丁酯及其盐	Isobutyl 4–hydroxybenzoate（INCI: Isobutylparaben）; Sodium salt or Salts of Isobutylparaben	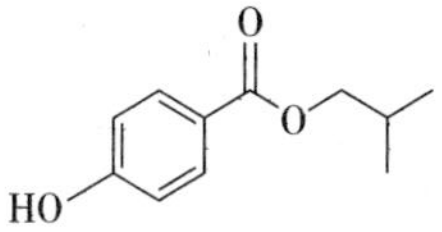 羟苯异丁酯	$C_{11}H_{14}O_3$
864	亚硝酸异丁酯	Isobutyl nitrite（CAS No. 542–56–2）	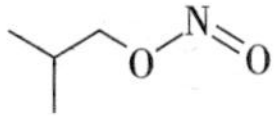	$C_4H_9NO_2$
865	异卡波肼	Isocarboxazid（INN）（CAS No. 59–63–2）	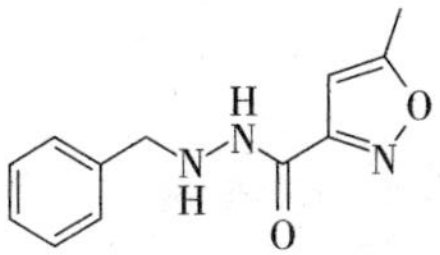	$C_{12}H_{13}N_3O_2$

续表

序号	中文名称	英文名称	结构式	分子式
866	异美汀及其盐类	Isometheptene（INN）（CAS No. 503-01-5）and its salts	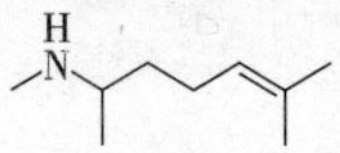 异美汀	$C_9H_{19}N$
867	异丙肾上腺素	Isoprenaline（INN）（CAS No. 7683-59-2）	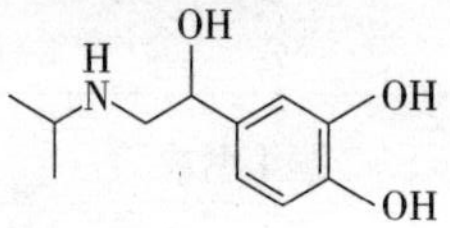	$C_{11}H_{17}NO_3$
868	稳定的橡胶基质（2-甲基 -1，3- 丁二烯）	Isoprene（stabilized）；（2-methyl-1，3-butadiene）（CAS No. 78-79-5）	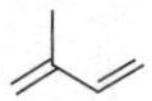	C_5H_8
869	羟苯异丙酯及其盐	Isopropyl 4-hydroxybenzoate（INCI：Isopropylparaben）Sodium salt or Salts of Isopropylparaben	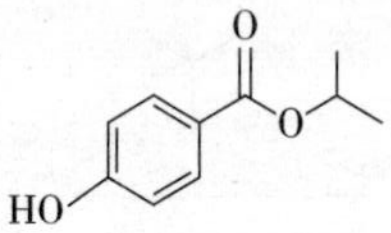 羟苯异丙酯	$C_{10}H_{12}O_3$
870	硝酸异山梨酯	Isosorbide dinitrate（INN）（CAS No. 87-33-2）	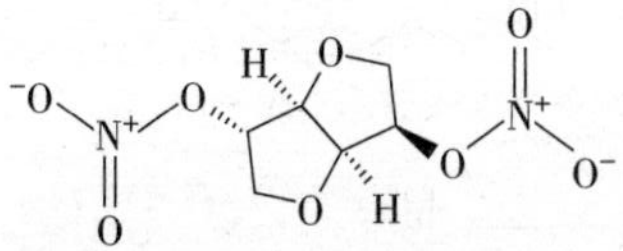	$C_6H_8N_2O_8$
871	异噁氟草	Isoxaflutole（CAS No. 141112-29-0）	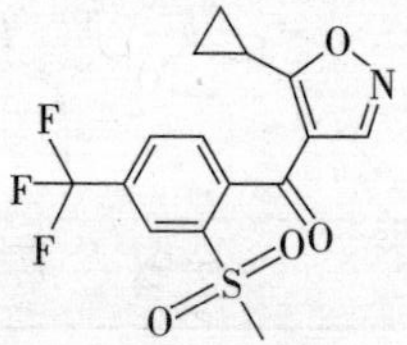	$C_{15}H_{12}F_3NO_4S$

续表

序号	中文名称	英文名称	结构式	分子式
872	酮康唑	Ketoconazole（CAS No.65277-42-1）	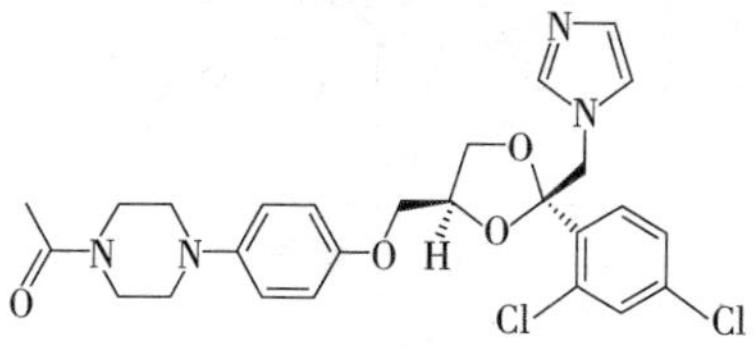	$C_{26}H_{28}Cl_2N_4O_4$
873	亚胺菌	Kresoxim-methyl（CAS No.143390-89-0）	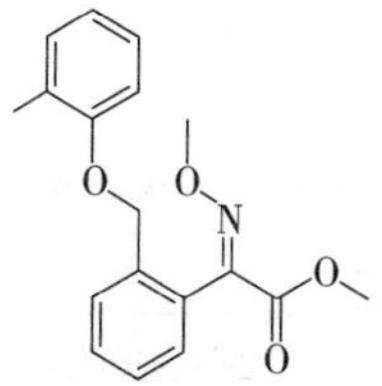	$C_{18}H_{19}NO_4$
874	紫胶色酸（自然红 25）及其盐类	Laccaic Acid（Natural Red 25）（CAS No.60687-93-6）and its salts	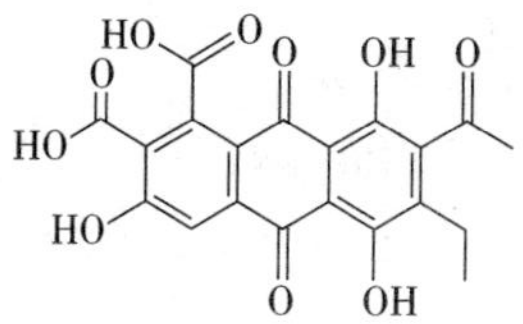 自然红 25	$C_{20}H_{14}O_{10}$
875	铅及其化合物	Lead（CAS No.7439-92-1）and its compounds		Pb
876	左法哌酯及其盐类	Levofacetoperane（INN）（CAS No.24558-01-8）and its salts	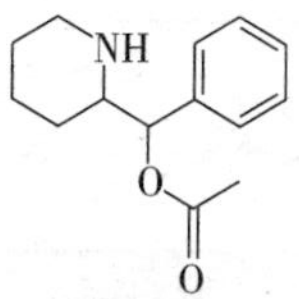 左法哌酯	$C_{14}H_{19}NO_2$

续表

序号	中文名称	英文名称	结构式	分子式
877	利多卡因	Lidocaine（INN）（CAS No.137-58-6）	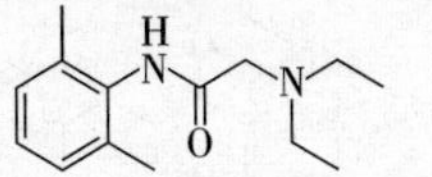	$C_{14}H_{22}N_2O$
878	利农伦	Linuron（ISO）（CAS No.330-55-2）	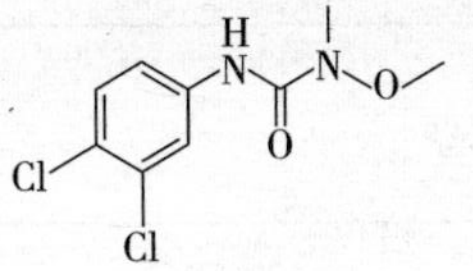	$C_9H_{10}Cl_2N_2O_2$
879	洛贝林及其盐类	Lobeline（INN）（CAS No.90-69-7）and its salts	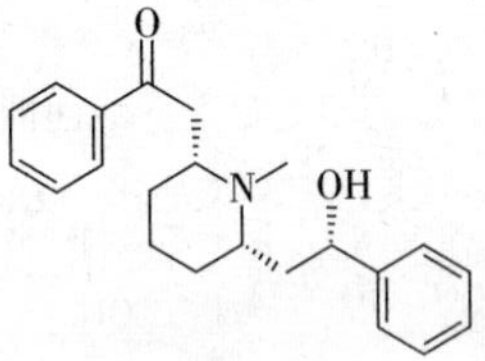 洛贝林	$C_{22}H_{27}NO_2$
895	麦角二乙胺及其盐类	Lysergide（INN）（LSD）（CAS No. 50-37-3）and its salts	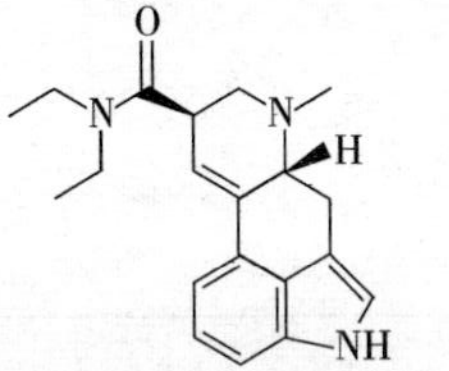 麦角二乙胺	$C_{20}H_{25}N_3O$
896	孔雀石绿的盐酸盐和草酸盐	Malachite green hydrochloride（CAS No.569-64-2），Malachite green oxalate（CAS No.18015-76-4）	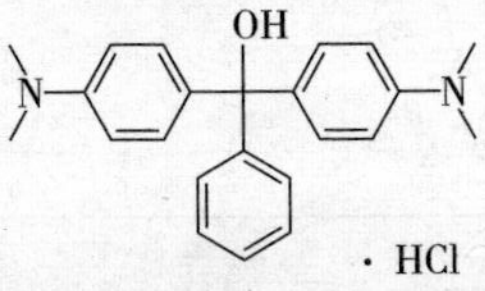 · HCl 孔雀石绿的盐酸盐	$C_{23}H_{27}ClN_2O$

续表

序号	中文名称	英文名称	结构式	分子式
897	丙二腈	Malononitrile（CAS No.109-77-3）	N≡C–CH₂–C≡N	$C_3H_2N_2$
898	甘露莫司汀及其盐类	Mannomustine（INN）（CAS No.576-68-1）and its salts	甘露莫司汀	$C_{10}H_{22}Cl_2N_2O_4$
899	牛源性物质：脑、眼、脊髓、头骨、脊椎骨（不包括尾椎骨）、脊柱、扁桃体、回肠末端、背根神经节、三叉神经节、血液和血液制品、舌（指舌肌含有杯状乳突）；羊源性物质：头骨（包括脑、神经节和眼）、脊柱（包括神经节和脊髓）、扁桃体、胸腺、脾脏、小肠、肾上腺、胰腺、肝脏以及这些组织制备的蛋白制品，血液和血液制品、舌（指舌肌含有杯状乳突）；但是，卫生部2007年第116号公告	Materials with bovine source: brain, eyes, spinal cord, skull, vertebra (not including caudal vertebrae), spinal column, tonsil, terminal ileum, dorsal root ganglion, ganglion nervi trigemini, blood and blood products, tongue (tongue muscle with calicle mamillary process). Materials with ovine source: skull (including brain, ganglion and eyes), spinal column (including ganglion and spinal cord), tonsil, thymus, spleen, small intestine, adrenal gland, pancreatic gland, liver and their proteinic products, blood and blood products, tongue (tongue muscle with calicle mamillary process). However, the restricted materials listed in Notification No 116 issued		

续表

序号	中文名称	英文名称	结构式	分子式
899	中的限用牛源性物质（骨制明胶和胶原、含蛋白的牛油脂和磷酸二钙、含蛋白的牛油脂衍生物）可以使用，如果生产者使用下述方法，并且是严格保证的：1. 骨制明胶和胶原，原料骨（不包括头骨和椎骨）需经以下程序进行加工处理：（1）高压冲洗（脱脂）；（2）酸洗软化，去除矿物质；（3）长时间碱处理；（4）过滤；（5）138℃以上至少灭菌消毒4秒，或使用可降低感染性的其他等效方法。2. 含蛋白的牛油脂和磷酸二钙，须来源于经过宰前和宰后检验的牛，并剔除了脑、眼、脊髓、脊柱、扁桃体、回肠末端等特殊风险物质。3. 含	by Ministry of Health in 2007 (gelatin and collagen derived from bovine bones, beef tallow and dicalcium phosphate containing proteins, derivatives of beef tallow containing proteins) may be used, if the following have been processed during their manufacturing and can be strictly certified by the producer: a) Gelatin and collagen derived from bovine bones, the bones (not including skull and vertebra) must go through the following process: 1) High pressure washing (degreasing); 2) Acid washing to intenerate and remove minerals; 3) Long-time alkali processing; 4) Filtration; 5) Continue sterilizing at or above 138 ℃ for no less than 4 seconds, or other equivalent disinfecting methods. b) Beef tallow and dicalcium phosphate containing proteins, they must go through pre-killing and post-killing quarantines and are obtained after removing		

续表

序号	中文名称	英文名称	结构式	分子式
899	蛋白的牛油脂衍生物，需经高温、高压的水解、皂化和酯交换方法生产	specific high-risk materials such as brain, eyes, spinal cord, spinal column, tonsil, and terminal ileum. c) Derivatives of beef tallow containing proteins, they must be produced in high-temperature and high-pressure hydrolyzed, saponified and transesterification methods		
900	美卡拉明（3-甲氨基异莰烷）	Mecamylamine (INN) (CAS No.60-40-2)	HN · HCl	$C_{11}H_{22}ClN$
901	美非氯嗪及其盐类	Mefeclorazine (INN) (CAS No.1243-33-0) and its salts	美非氯嗪	$C_{20}H_{25}ClN_2O_2$
902	美芬新及其酯类	Mephenesin (INN) (CAS No.59-47-2) and its esters	美芬新	$C_{10}H_{14}O_3$

续表

序号	中文名称	英文名称	结构式	分子式
903	甲丙氨酯	Meprobamate（INN）（CAS No.57-53-4）	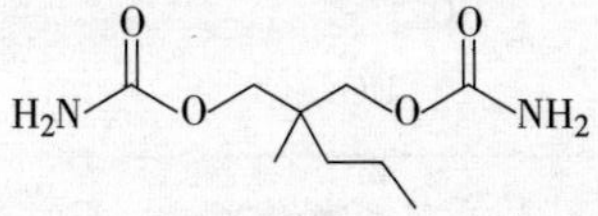 H_2N … NH_2	$C_9H_{18}N_2O_4$
904	汞及其化合物（中的汞化合物除外）	Mercury（CAS No.7439-97-6）and its compounds，except those special cases included in table 4		Hg
905	聚乙醛	Metaldehyde（CAS No.9002-91-9）	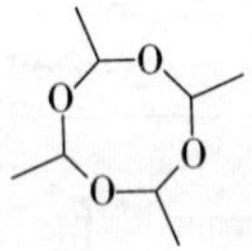	$C_8H_{16}O_4$
906	甲胺苯丙酮及其盐类	Metamfepramone（INN）（CAS No.15351-09-4）and its salts	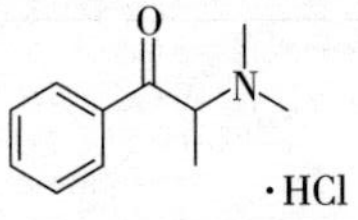 ·HCl 甲胺苯丙酮	$C_{11}H_{16}ClNO$
907	美索庚嗪及其盐类	Metethoheptazine（INN）（CAS No.509-84-2）and its salts	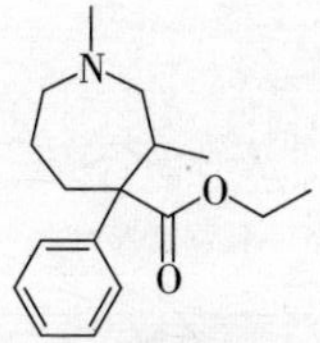 美索庚嗪	$C_{17}H_{25}NO_2$

续表

序号	中文名称	英文名称	结构式	分子式
908	二甲双胍及其盐类	Metformin（INN）（CAS No.657-24-9）and its salts	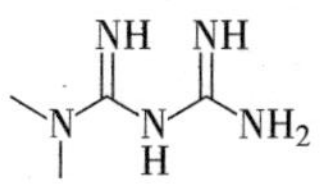 二甲双胍	$C_4H_{11}N_5$
909	甲醇	Methanol（CAS No.67-56-1）		CH_4O
910	美沙吡林及其盐类	Methapyrilene（INN）（CAS No.91-80-5）and its salts	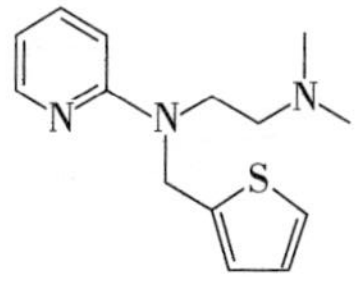 美沙吡林	$C_{14}H_{19}N_3S$
911	美庚嗪及其盐类	Metheptazine（INN）（CAS No.469-78-3）and its salts	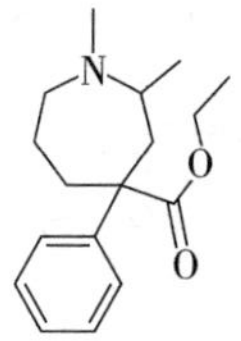 美庚嗪	$C_{16}H_{23}NO_2$
912	美索巴莫	Methocarbamol（INN）（CAS No.532-03-6）	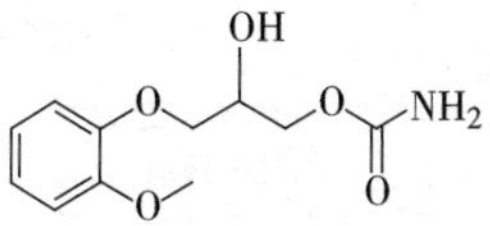	$C_{11}H_{15}NO_5$

续表

序号	中文名称	英文名称	结构式	分子式
913	甲氨蝶呤	Methotrexate (INN) (CAS No.59-05-2)	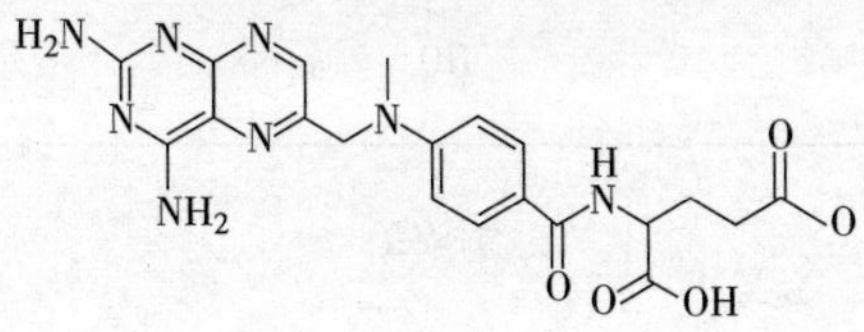	$C_{20}H_{22}N_8O_5$
914	甲氧基乙酸	Methoxyacetic acid (CAS No.625-45-6)	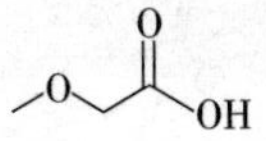	$C_3H_6O_3$
915	甲基二溴戊二腈	Methyldibromo glutaronitrile (CAS No.35691-65-7)	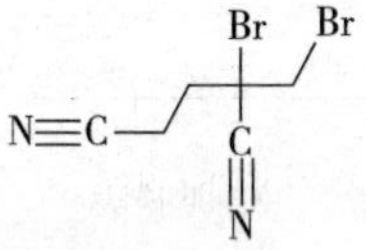	$C_6H_6Br_2N_2$
916	异氰酸甲酯	Methyl isocyanate (CAS No.624-83-9)	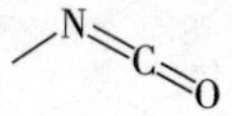	C_2H_3NO
917	反式-2-丁烯酸甲基酯 2-丁烯酸甲基酯	Methyl trans-2-butenoate (CAS No.623-43-8)	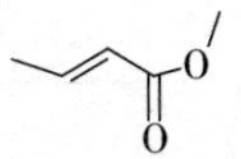	$C_5H_8O_2$
918	(亚甲基双(4，1-亚苯基偶氮(1-(3-(二甲基氨基)丙基)-1，2-二氢化-6-羟基-4-甲基-2-氧代嘧啶-5，3-二基)))-1，1′-二吡啶盐的二氯化物二盐酸化物	(Methylenebis (4，1-phenylenazo (1-(3-(dimethylamino) propyl)-1，2-dihydro-6-hydroxy-4-methyl-2-oxopyridine-5，3-diyl)))-1，1′-dipyridinium dichloride dihydrochloride (EC No.401-500-5)		

续表

序号	中文名称	英文名称	结构式	分子式
919	甲基丁香酚，天然香料含有的除外	Methyleugenol（CAS No.93-15-2）except for normal content in the natural essences used	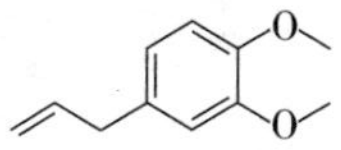	$C_{11}H_{14}O_2$
920	乙酸（甲基-ONN-氧化偶氮基）甲酯	（Methyl-ONN-azoxy）methyl acetate（CAS No.592-62-1）	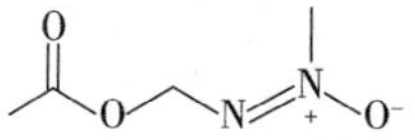	$C_4H_8N_2O_3$
921	甲基环氧乙烷	Methyloxirane（Propylene oxide）（CAS No.75-56-9）		C_3H_6O
922	哌甲酯及其盐类	Methylphenidate（INN）（CAS No.113-45-1）and its salts	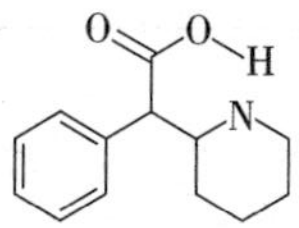 哌甲酯	$C_{14}H_{19}NO_2$
923	甲乙哌酮及其盐类	Methyprylon（INN）（CAS No.125-64-4）and its salts	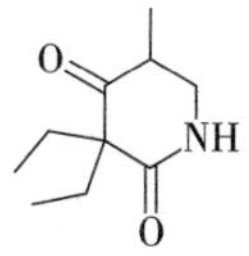 甲乙哌酮	$C_{10}H_{17}NO_2$
924	甲硝唑	Metronidazole（CAS No.443-48-1）	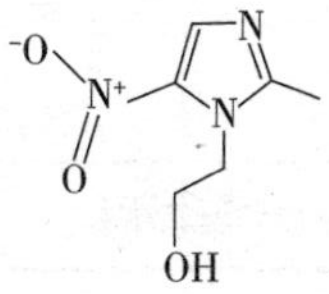	$C_6H_9N_3O_3$

续表

序号	中文名称	英文名称	结构式	分子式
925	美替拉酮	Metyrapone（INN）（CAS No.54-36-4）		$C_{14}H_{14}N_2O$
926	矿石棉［不规则晶体排列，且碱金属氧化物和碱土金属氧化物（$Na_2O + K_2O + CaO + MgO + BaO$）含量大于18%（以重量计）的人造玻璃质（硅酸盐）纤维］，在本规范中别处详细说明的那些除外	Mineral wool, with the exception of those specified elsewhere in this Standard;（Man-made vitreous（silicate）fibres with random orientation with alkaline oxide and alkali earth oxide（$Na_2O+K_2O+CaO+MgO+BaO$）content greater than 18% by weight）		
927	米诺地尔及其盐	Minoxidil（INN）（CAS No.38304-91-5）and its salts	米诺地尔	$C_9H_{15}N_5O$
928	莫非布宗	Mofebutazone（INN）（CAS No.2210-63-1）		$C_{13}H_{16}N_2O_2$

续表

序号	中文名称	英文名称	结构式	分子式
929	禾草敌	Molinate（ISO）（CAS No.2212-67-1）	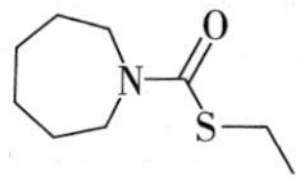	$C_9H_{17}NOS$
930	久效磷	Monocrotophos（CAS No.6923-22-4）	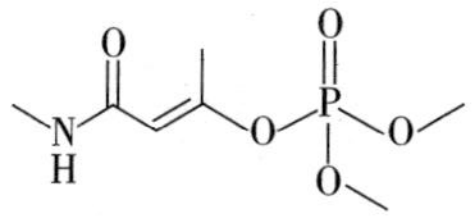	$C_7H_{14}NO_5P$
931	灭草隆	Monuron（CAS No.150-68-5）	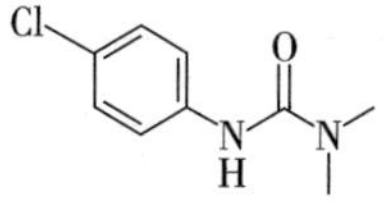	$C_9H_{11}ClN_2O$
932	吗啉及其盐类	Morpholine（CAS No.110-91-8）and its salts	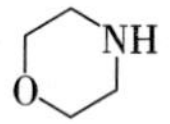 吗啉	C_4H_9NO
933	吗啉 -4- 碳酰氯	Morpholine-4-carbonyl chloride（CAS No.15159-40-7）	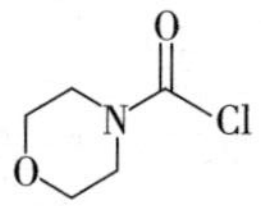	$C_5H_8ClNO_2$
934	间苯二胺及其盐类	m-Phenylenediamine（CAS No.108-45-2）and its salts	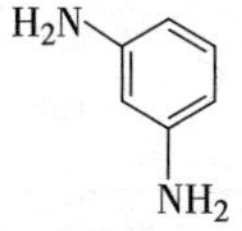 间苯二胺	$C_6H_8N_2$

续表

序号	中文名称	英文名称	结构式	分子式
935	间苯二胺，4-（苯偶氮基）-及其盐类	m-Phenylenediamine，4-(phenylazo)-(CAS No.495-54-5) and its salts	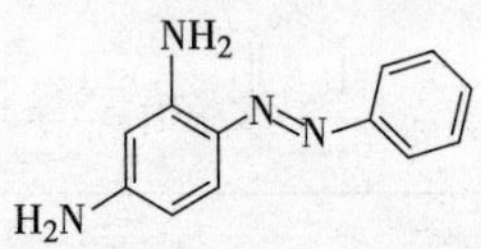 间苯二胺，4-（苯偶氮基）-	$C_{12}H_{12}N_4$
936	二异氰酸间甲苯亚基酯	m-Tolylidene diisocyanate (Toluene diisocyanate) (CAS No.26471-62-5)	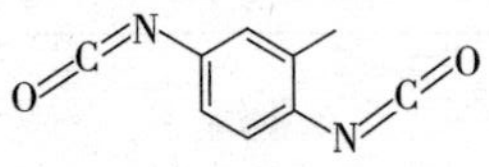	$C_9H_6N_2O_2$
937	((间甲苯氧基)甲基)环氧乙烷	((m-Tolyloxy) methyl) oxirane (CAS No.2186-25-6)	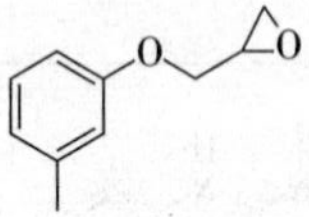	$C_{10}H_{12}O_2$
938	腈菌唑，2-(4-氯苯基)-2-(1*H*-1，2，4-三唑-1-基甲基)乙腈	Myclobutanil (ISO)，2-(4-chlorophenyl)-2-(1*H*-1，2，4-triazol-1-ylmethyl) hexanenitrile (CAS No.88671-89-0)	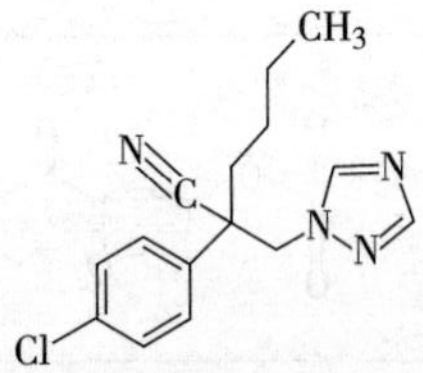	$C_{15}H_{17}ClN_4$
939	*N*-(2-(3-乙酰基-5-硝基噻吩-2-基偶氮)-5-二乙基氨基苯基)乙酰胺	*N*-(2-(3-acetyl-5-nitrothiophen-2-ylazo)-5-diethylaminophenyl) acetamide (EC No.416-860-9)		

续表

序号	中文名称	英文名称	结构式	分子式
940	*N*–（2–甲氧基乙基）–对苯二胺及其盐酸盐	*N*–（2–Methoxyethyl）–p–phenylenediamine and its HCl salt（CAS No.72584–59–9/CAS No.66566–48–1）	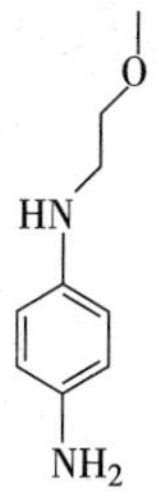 HN, NH$_2$ *N*–（2–甲氧基乙基）–对苯二胺	$C_9H_{14}N_2O$
941	*N*–（2–硝基–4–氨基苯基）–烯丙胺（HC红No 16）及其盐类	*N*–（2–Nitro–4–aminophenyl）–allylamine（HC Red No 16）and its salts（CAS No.160219–76–1）	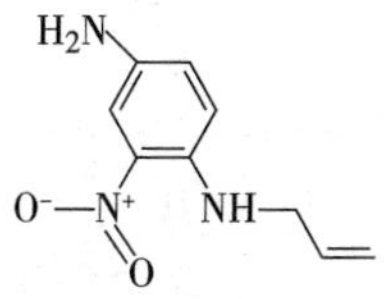 H_2N, O^-—N^+, O, NH HC红No 16	$C_9H_{11}N_3O_2$
942	*N*–（3–氨甲酰基–3，3–二苯丙基）–*N*，*N*–二异丙基甲基铵盐类，如异丙碘铵	*N*–（3-carbamoyl-3，3-diphenylpropyl）–*N*，*N*-diisopropylmethyl-ammonium salts，e.g. Isopropamide iodide（INN）（CAS No.71–81–8）	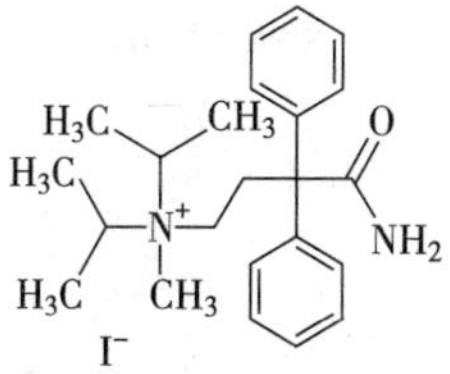 H_3C, CH_3, H_3C, N^+, H_3C, CH_3, O, NH_2, I^-	$C_{23}H_{33}IN_2O$
943	*N*–5–氯苯噁唑–2–基乙酰胺	*N*–（5–chlorobenzoxazol–2–yl）acetamide（CAS No.35783–57–4）	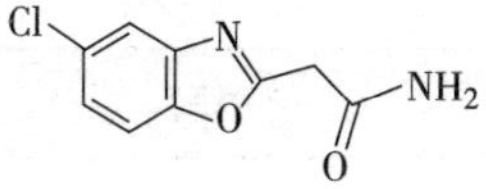 Cl, N, O, NH_2, O	$C_9H_7ClN_2O_2$

续表

序号	中文名称	英文名称	结构式	分子式
944	*N*-（6-（（2-氯-4-羟基苯基）亚氨基）-4-甲氧基-3-氧代-1，4-环己二烯-1-基）乙酰胺（HC 黄 No.8）及其盐类	*N*-（6-（（2-Chloro-4-hydroxyphenyl）imino）-4-methoxy-3-oxo-1，4-cyclohexadien-1-yl）acetamide（HC Yellow No.8）（CAS No.66612-11-1）and its salts	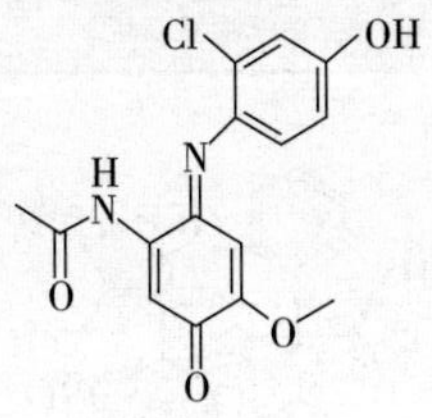 HC 黄 No.8	$C_{15}H_{13}ClN_2O_4$
945	*N*-（三氯甲基硫代）-4-环己烯-1，2-联羧酰胺（克霉丹）	*N*-（trichloromethylthio）-4-cyclohexene-1，2-dicarboximide（captan-ISO）（CAS No.133-06-2）	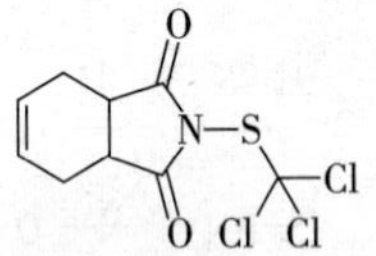	$C_9H_8Cl_3NO_2S$
946	*N*-（三氯甲硫基）邻苯二甲酰亚胺（灭菌丹）	*N*-（trichloromethylthio）phthalimide（Folpet（ISO））（CAS No.133-07-3）	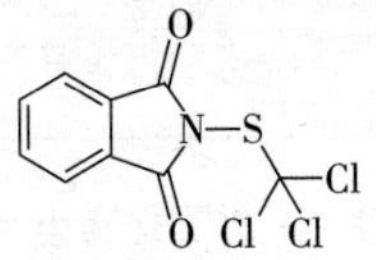	$C_9H_4Cl_3NO_2S$
947	*N*，*N*，*N'*，*N'*-四缩水甘油基-4，4'-二氨基-3，3'-二乙基二苯基甲烷	*N*，*N*，*N'*，*N'*-tetraglycidyl-4，4'-diamino-3，3'-diethyldiphenylmethane（CAS No.130728-76-6）	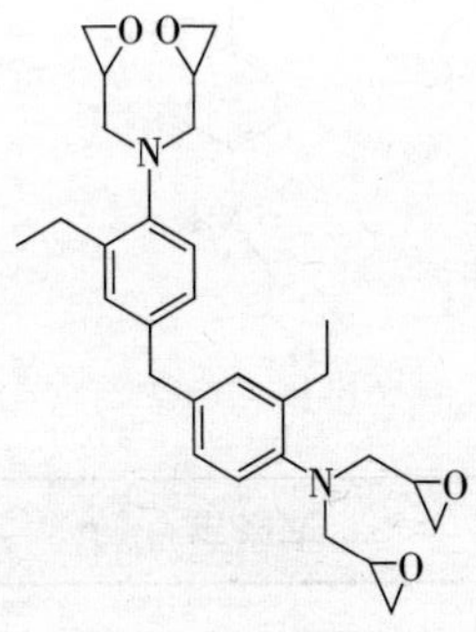	$C_{29}H_{38}N_2O_4$

续表

序号	中文名称	英文名称	结构式	分子式
948	*N*，*N*，*N*′，*N*′－四甲基-4，4′－二苯氨基甲烷	*N*, *N*, *N*′, *N*′-tetramethyl-4, 4′-methylendianiline (CAS No.101-61-1)	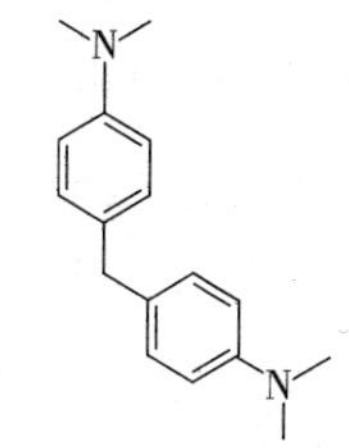	$C_{17}H_{22}N_2$
949	*N*，*N*′－((甲基亚氨基)二乙烯)双(乙基二甲基铵)盐，如阿扎溴铵	*N*, *N*′-((methylimino) diethylene) bis(ethyldimethylammonium) salts, e.g. Azamethonium bromide (INN) (CAS No.306-53-6)	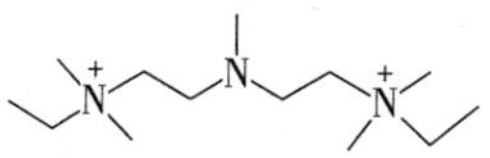	$C_{13}H_{33}N_{32}{}^{+}$
950	双羟乙基双鲸蜡基马来酰胺	*N*, *N*′-dihexadecyl-*N*, *N*′-bis(2-hydroxyethyl) propanediamide, Bishydroxyethyl Biscetyl Malonamide (CAS No.149591-38-8)	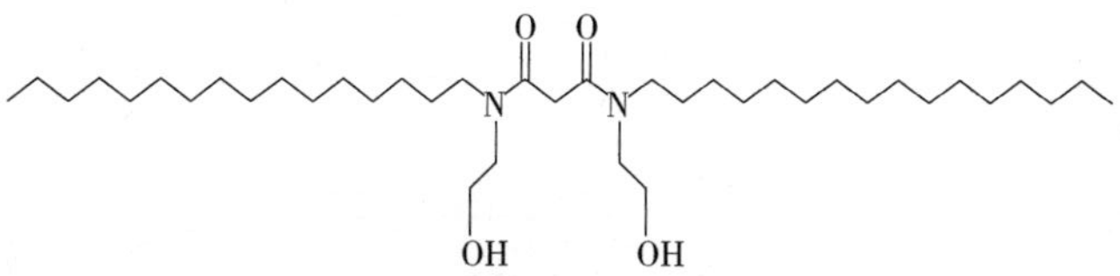	$C_{39}H_{78}N_2O_4$
951	*N*，*N*′－五亚甲基双(三甲基铵)盐，如五甲溴铵	*N*, *N*′-pentamethylenebis (trimethylammonium) salts, e.g. Pentamethonium bromide (INN) (CAS No.541-20-8)	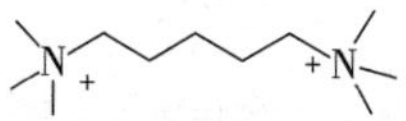	$C_{11}H_{28}N_{22}^{+}$

续表

序号	中文名称	英文名称	结构式	分子式
952	*N*，*N*-双（2-氯乙基）甲胺-*N*-氧化物及其盐类	*N*，*N*-bis（2-chloroethyl）methylamine *N*-oxide（CAS No.126-85-2）and its salts	*N*，*N*-双（2-氯乙基）甲胺-*N*-氧化物	$C_5H_{11}Cl_2NO$
953	*N*，*N*-二乙基间氨基苯酚	*N*，*N*-Diethyl-m-Aminophenol（CAS No.91-68-9/CAS No.68239-84-9）		$C_{10}H_{15}NO$
954	*N*，*N*-二乙基对苯二胺及其盐类	*N*，*N*-Diethyl-p-phenylenediamine and its salts（CAS No.93-05-0/CAS No.6065-27-6/CAS No.6283-63-2）	*N*，*N*-二乙基对苯二胺	$C_{10}H_{16}N_2$
955	*N*，*N*-二甲基-2，6-嘧啶二胺及其氯化氢盐	*N*，*N*-Dimethyl-2，6-Pyridinediamine and its HCl salt	*N*，*N*-二甲基-2，6-嘧啶二胺	$C_7H_{11}N_3$
956	*N*，*N*-二甲基乙酰胺	*N*，*N*-dimethylacetamide（CAS No.127-19-5）		C_4H_9NO

续表

序号	中文名称	英文名称	结构式	分子式
957	*N*，*N*-二甲基苯胺	*N*，*N*-dimethylaniline（CAS No.121-69-7）	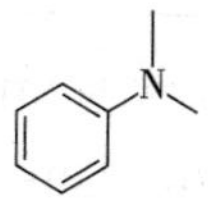	$C_8H_{11}N$
958	*N*，*N*-二甲基苯胺四（戊氟化苯基）硼酸盐	*N*，*N*-dimethylanilinium tetrakis（pentafluorophenyl）borate（CAS No.118612-00-3）	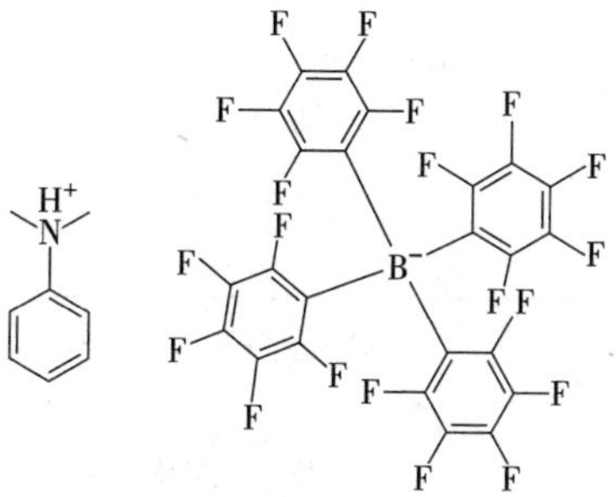	$C_{32}H_{12}BF_{20}N$
959	*N*，*N*′-二甲基-*N*-羟乙基-3-硝基对苯二胺及其盐类	*N*，*N*′-Dimethyl-N-Hydroxyethyl-3-nitro-p-phenylenediamine（CAS No.10228-03-2）and its salts	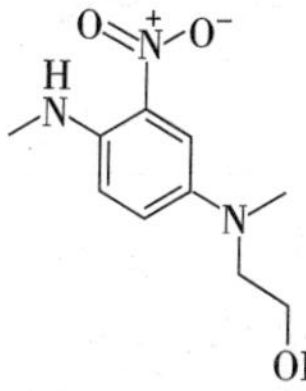 *N*，*N*′-二甲基-*N*-羟乙基-3-硝基对苯二胺	$C_{10}H_{15}N_3O_3$
960	*N*，*N*-二甲基-对苯二胺及其盐类	*N*，*N*-Dimethyl-p-phenylenediamine and its salts（CAS No.99-98-9/CAS No.6219-73-4）	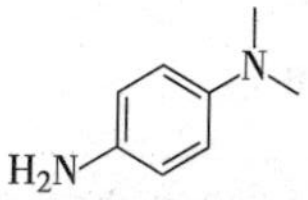 *N*，*N*-二甲基-对苯二胺	$C_8H_{12}N_2$

续表

序号	中文名称	英文名称	结构式	分子式
961	*N*，*N′*–六甲亚基双（三甲基铵）盐，如六甲溴铵	*N*，*N'*–hexamethylenebis(trimethyl-ammonium) salts，e g hexamethonium bromide (INN)(CAS No.55–97–0)	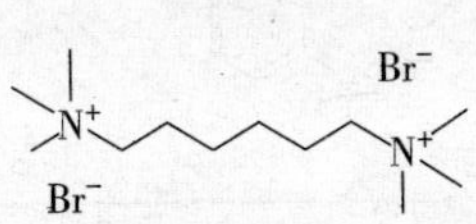	$C_{12}H_{30}Br_2N_2$
962	*N′*–（4–氯–邻甲苯基）*N*，*N*–二甲基甲脒–氢氯化物	*N′*–（4–chloro–o–tolyl）–*N*，*N*–dimethylformamidine monohydrochloride (CAS No.19750–95–9)	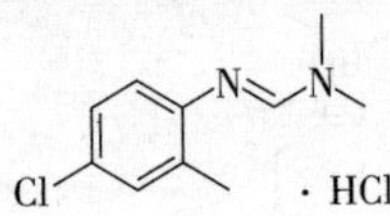	$C_{10}H_{14}Cl_2N_2$
963	*N*1–（2–羟乙基）–4–硝基–邻–苯二胺（HC 黄 No.5）及其盐类	*N*1–（2–Hydroxyethyl）–4–nitro–o–phenylenediamine (HC Yellow No.5)(CAS No.56932–44–6) and its salts	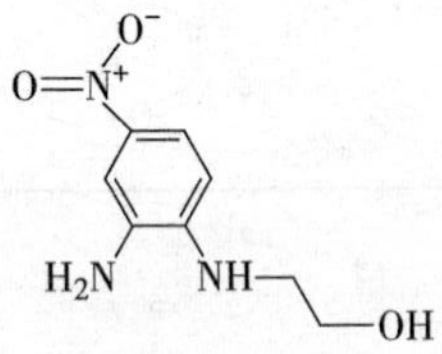 HC 黄 No.5	$C_8H_{11}N_3O_3$
964	*N*1–（三（羟甲基））甲基–4–硝基–1，2–苯二胺（HC 黄 No.3）及其盐类	*N*1–(Tris (hydroxymethyl)) methyl–4–nitro–1，2–phenylenediamine (HC Yellow No.3)(CAS No.56932–45–7) and its salts	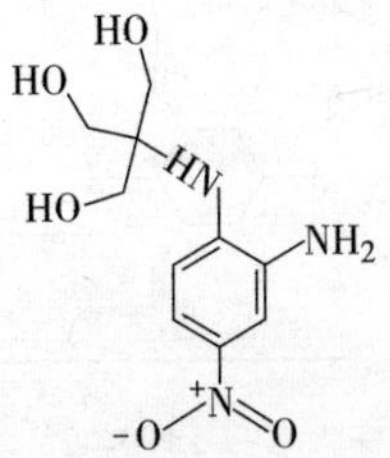 HC 黄 No.3	$C_{10}H_{15}N_3O_5$
965	*N*–2–萘基苯胺	*N*–2–naphthylaniline (CAS No.135–88–6)	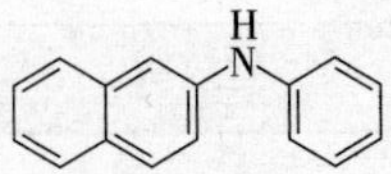	$C_{16}H_{13}N$

续表

序号	中文名称	英文名称	结构式	分子式
966	烯丙吗啡及其盐类和醚类	Nalorphine (INN) (CAS No.62-67-9), its salts and ethers	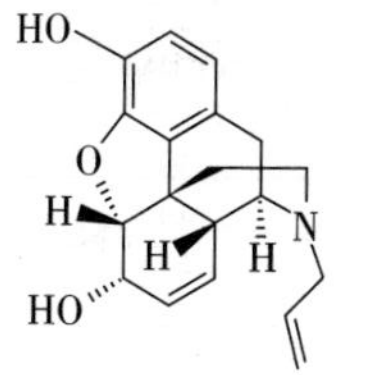 HO O H H H N HO 烯丙吗啡	$C_{19}H_{21}NO_3$
967	萘甲唑啉及其盐类	Naphazoline (INN) (CAS No.835-31-4) and its salts	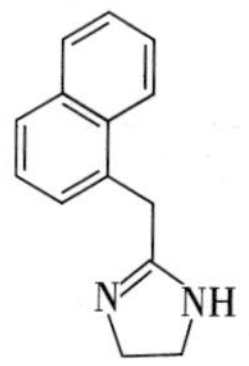 N NH 萘甲唑啉	$C_{14}H_{14}N_2$
969	萘	Naphthalene (CAS No.91-20-3)	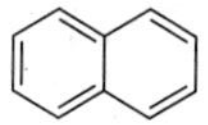	$C_{10}H_8$
974	麻醉药类（凡是中国药政法规定管制的麻醉药品品种）	Narcotics, natural and synthetic controlled by the Drug Administration Law of China	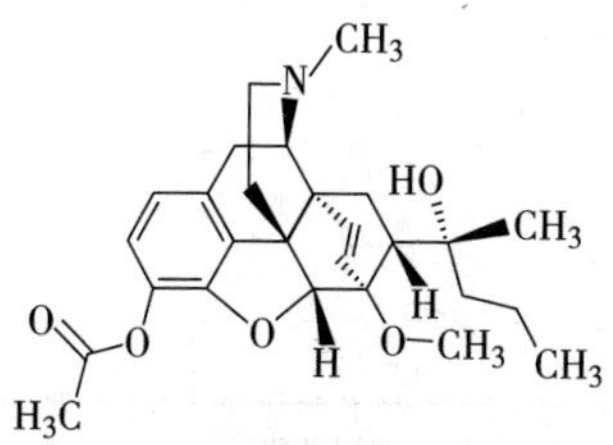 N CH_3 HO CH_3 H O O O H O-CH_3 CH_3 H_3C 如醋托啡	$C_{27}H_{35}NO_5$

续表

序号	中文名称	英文名称	结构式	分子式
975	*N*-环己基-*N*-甲氧基-2，5-二甲基-3-糠酰胺（拌种胺）	*N*-cyclohexyl-*N*-methoxy-2，5-dimethyl-3-furamide（Furmecyclox（ISO））（CAS No.60568-05-0）		$C_{14}H_{21}NO_3$
976	*N*-环戊基间氨基苯酚	*N*-Cyclopentyl-m-Aminophenol（CAS No.104903-49-3）		$C_{11}H_{15}NO$
977	钕及其盐类	Neodymium（CAS No.7440-00-8）and its salts		Nd
978	新斯的明及其盐类，如溴新斯的明	Neostigmine and its salts（e.g.neostigmine bromide（INN）（CAS No.114-80-7））	新斯的明	$C_{12}H_{19}N_2O_2^+$
979	镍	Nickel（CAS No.7440-02-0）		Ni
980	碳酸镍	Nickel carbonate（CAS No.3333-67-3）	$NiCO_3$	$NiCO_3$
981	二氢氧化镍	Nickel dihydroxide（CAS No.12054-48-7）		Ni（OH）$_2$

续表

序号	中文名称	英文名称	结构式	分子式
982	二氧化镍	Nickel dioxide（CAS No.12035-36-8）	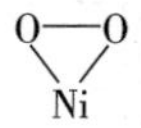	NiO_2
983	一氧化镍	Nickel monoxide（CAS No.1313-99-1）	Ni=O	NiO
984	硫酸镍	Nickel sulfate（CAS No.7786-81-4）	$NiSO_4$	$NiSO_4$
985	硫化镍	Nickel sulfide（CAS No.16812-54-7）	Ni=S	NiS
986	尼古丁及其盐类	Nicotine（CAS No.54-11-5）and its salts	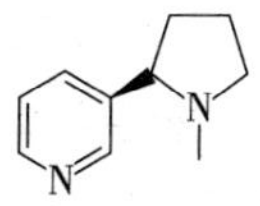 尼古丁	$C_{10}H_{14}N_2$
987	醇溶黑（溶剂黑 5）	Nigrosine spirit soluble（Solvent Black 5）（CAS No.11099-03-9）	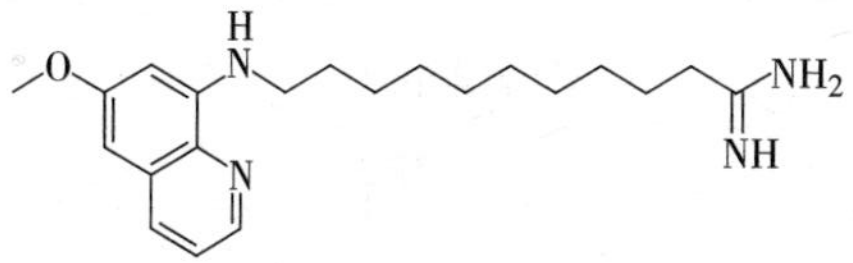	$C_{21}H_{32}N_4O$
988	硝基苯	Nitrobenzene（CAS No.98-95-3）	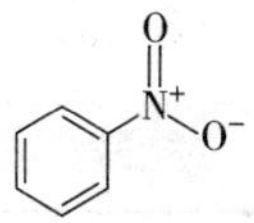	$C_6H_5NO_2$

续表

序号	中文名称	英文名称	结构式	分子式
989	硝基甲酚类及其碱金属盐	Nitrocresols（CAS No.12167-20-3）and their alkali metal salts	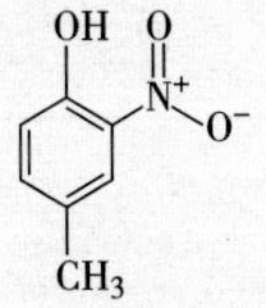 硝基甲酚	$C_7H_7NO_3$
990	咔唑的硝基衍生类	Nitroderivatives of carbazole	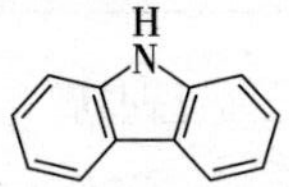 咔唑	$C_{12}H_9N$
991	除草醚	Nitrofen（CAS No.1836-75-5）	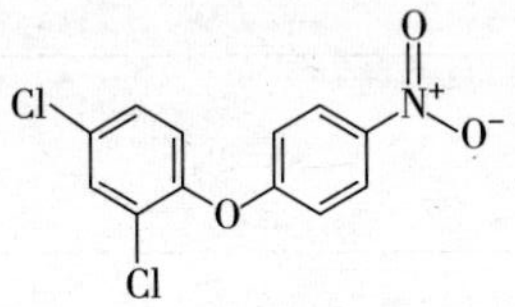	$C_{12}H_7Cl_2NO_3$
992	呋喃妥因	Nitrofurantoin（INN）（CAS No.67-20-9）	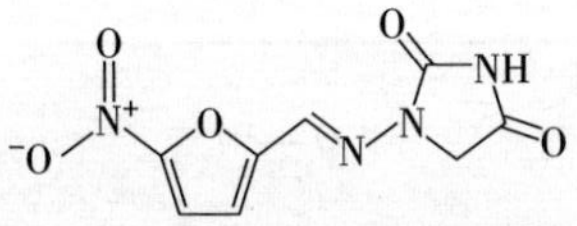	$C_8H_6N_4O_5$
993	硝酸甘油（丙三醇三硝酸酯）	Nitroglycerin；Propane-1，2，3-triyl trinitrate（CAS No.55-63-0）	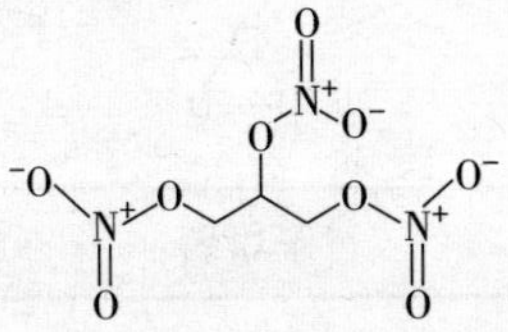	$C_3H_5N_3O_9$

续表

序号	中文名称	英文名称	结构式	分子式
994	亚硝胺类，如 *N*- 亚硝基二甲胺、*N*- 亚硝基二丙胺、*N*- 亚硝基二乙醇胺	Nitrosamines e.g. Dimethylnitrosoamine; Nitrosodipropylamine; 2，2′-Nitrosoimino）bisethanol（CAS No.62-75-9/CAS No.621-64-7/CAS No.1116-54-7）	R₂N–N=O	
995	硝基芪（硝基 1，2 二苯乙烯）类，它们的同系物和衍生物	Nitrostilbenes，their homologues and their derivatives	$O_2N-C_6H_4-CH=CH-C_6H_4-NO_2$ 如 4- 甲氧基 -4- 硝基芪	$C_{15}H_{13}NO_3$
996	硝羟喹啉及其盐类	Nitroxoline（INN）（CAS No.4008-48-4）and its salts	硝羟喹啉	$C_9H_6N_2O_3$
997	HC 蓝 NO.4（*N*- 甲基 -1，4- 二氨基蒽醌和乙醇胺、表氯醇的反应产物）及其盐类	*N*-Methyl-1，4-diaminoanthraquinone，reaction products with epichlorohydrin and monoethanolamine（HC Blue No.4）（CAS No.158571-57-4）and its salts		
998	*N*- 甲基 -3- 硝基对苯二胺及其盐类	*N*-Methyl-3-nitro-p-phenylenediamine（CAS No.2973-21-9）and its salts	*N*- 甲基 -3- 硝基对苯二胺	$C_7H_9N_3O_2$

续表

序号	中文名称	英文名称	结构式	分子式
999	N- 甲基乙酰胺	N–Methylacetamide（CAS No.79–16–3）		C_3H_7NO
1000	N- 甲基甲酰胺	N–Methylformamide（CAS No.123–39–7）		C_2H_5NO
1001	壬基苯酚，支链 4- 壬基苯酚	Nonylphenol（CAS No.25154–52–3），4–nonylphenol，branched（CAS No.84852–15–3）		$C_{15}H_{24}O$
1002	去甲肾上腺素及其盐类	Noradrenaline（CAS No.51–41–2）and its salts	去甲肾上腺素	$C_8H_{11}NO_3$
1003	那可丁及其盐类	Noscapine（INN）（CAS No.128–62–1）and its salts	那可丁	$C_{22}H_{23}NO_7$

续表

序号	中文名称	英文名称	结构式	分子式
1004	*O*，*O*′ –（乙烯基甲基硅烯）二（（4–甲基 -2- 酮）肟）	*O*，*O*′ –（ethenylmethylsilylene）di（（4–methylpentan–2–one）oxime）（EC No.421–870–1）		
1005	*O*，*O*′ – 二乙酰基 -*N*- 烯丙基 -*N*- 去甲基吗啡	*O*，*O*′ –diacetyl–*N*–allyl–*N*–normorphine（CAS No.2748–74–5）	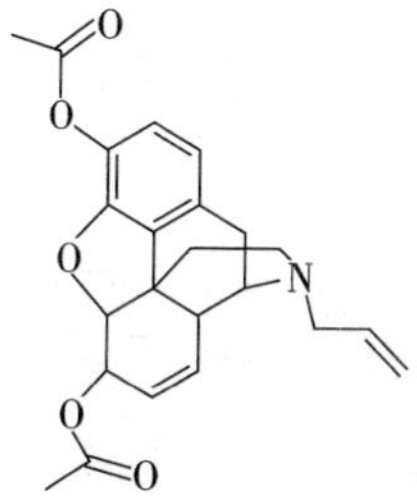	$C_{23}H_{25}NO_5$
1006	*O*，*O*′ – 二乙基邻（4–硝基苯基）硫代磷酸酯（对硫磷）	*O*，*O*′ –diethyl–O–4–nitrophenyl phosphorothioate（parathion–ISO）（CAS No.56–38–2）	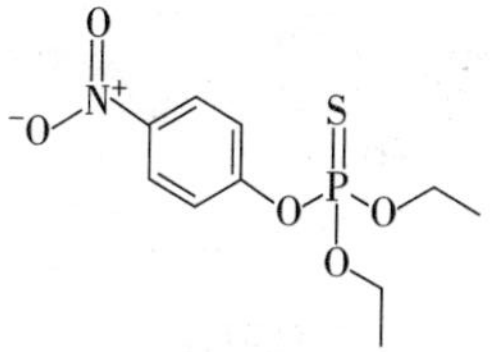	$C_{10}H_{14}NO_5PS$
1007	邻茴香胺（甲氧基苯胺；氨基苯甲醚）	o–Anisidine（CAS No.90–04–0）	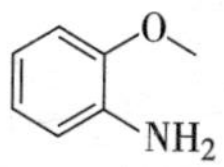	C_7H_9NO
1008	奥他莫辛及其盐类	Octamoxin（INN）（CAS No.4684–87–1）and its salts	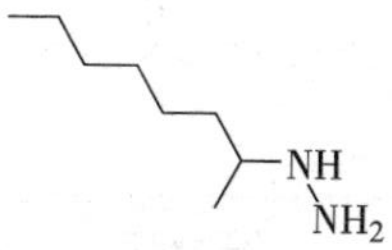 奥他莫辛	$C_8H_{20}N_2$

续表

序号	中文名称	英文名称	结构式	分子式
1009	辛戊胺	Octamylamine（INN）（CAS No.502–59–0）and its salts	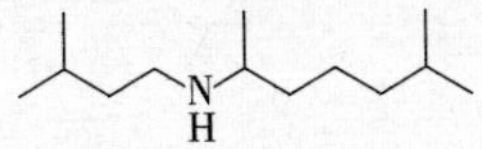	$C_{13}H_{29}N$
1010	奥托君及其盐类	Octodrine（INN）（CAS No.543–82–8）and its salts	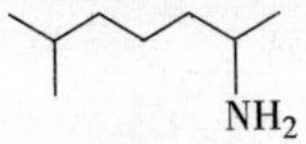 奥托君	$C_8H_{19}N$
1011	邻联（二）茴香胺基偶氮染料	o–Dianisidine based azo dyes	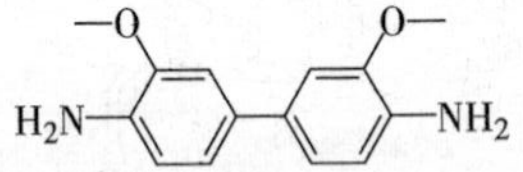	$C_{14}H_{16}N_2O_2$
1012	雌激素类	Oestrogens	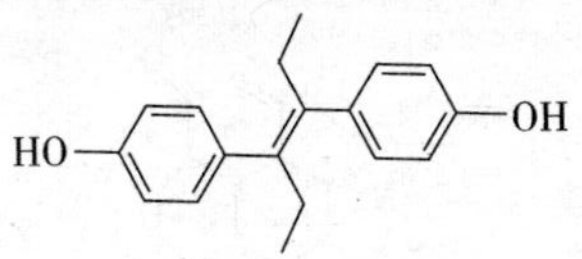 己烯雌酚	$C_{18}H_{20}O_2$
1013	欧夹竹桃苷	Oleandrin（CAS No.465–16–7）	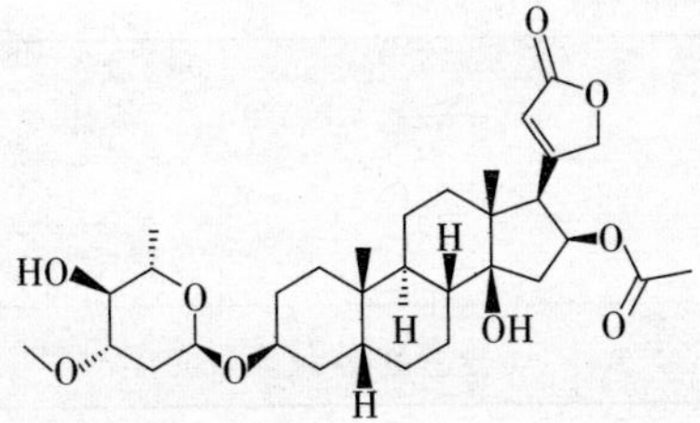	$C_{32}H_{48}O_9$

续表

序号	中文名称	英文名称	结构式	分子式
1014	邻苯二胺及其盐类	o-Phenylenediamine (CAS No.95-54-5) and its salts	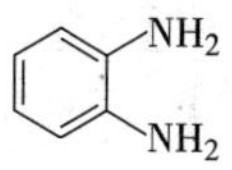 邻苯二胺	$C_6H_8N_2$
1015	联邻甲苯胺基染料	o-Tolidine based dyes	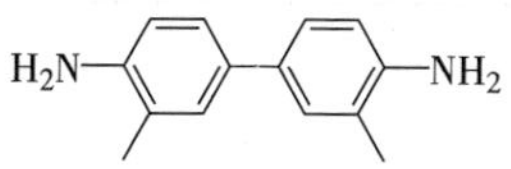	$C_{14}H_{16}N_2$
1016	稻思达	Oxadiargyl (ISO) (CAS No.39807-15-3)	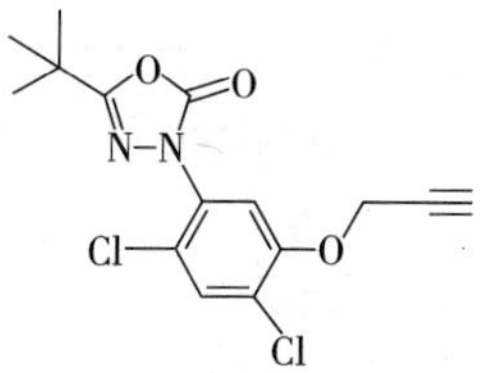	$C_{15}H_{14}Cl_2N_2O_3$
1017	(乙二酰双亚氨乙烯)双((邻-氯苯基)二乙基铵)盐，如安贝氯铵	(Oxalylbis (iminoethylene)) bis ((o-chlorobenzyl) diethylammonium) salts, e.g. ambenonium chloride (INN) (CAS No.115-79-7)	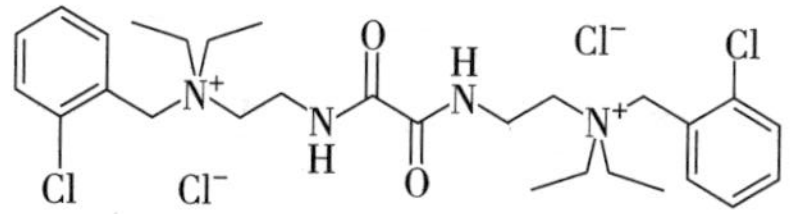	$C_{28}H_{42}Cl_4N_4O_2$
1018	奥沙那胺及其衍生物	Oxanamide (INN) (CAS No.126-93-2) and its derivatives	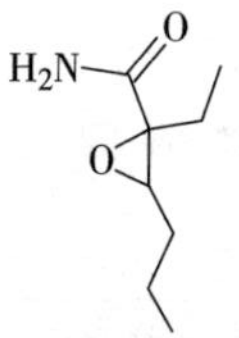 奥沙那胺	$C_8H_{15}NO_2$

续表

序号	中文名称	英文名称	结构式	分子式
1019	环氧乙烷甲醇，4-甲苯磺酸盐，(*S*)-	Oxiranemethanol，4-methylbenzene-sulfonate，(*S*)-(CAS No.70987-78-9)		$C_{10}H_{12}O_4S$
1020	羟芬利定及其盐类	Oxpheneridine(INN)(CAS No.546-32-7) and its salts	羟芬利定	$C_{22}H_{27}NO_3$
1021	氧代双(氯甲烷)，双(氯甲基)醚	Oxybis(chloromethane)，bis(Chloromethyl) ether(CAS No.542-88-1)		$C_2H_4Cl_2O$
1030	帕拉米松	Paramethasone(INN)(CAS No.53-33-8)		$C_{22}H_{29}FO_5$

续表

序号	中文名称	英文名称	结构式	分子式
1031	对乙氧卡因及其盐类	Parethoxycaine（INN）（CAS No.94–23–5）and its salts	对乙氧卡因	$C_{15}H_{23}NO_3$
1032	对氯三氯甲基苯	p–Chlorobenzotrichloride（CAS No.5216–25–1）		$C_7H_4Cl_4$
1033	PEG–3，2′，2′–二–对苯二胺	PEG–3，2′，2′–di–p–Phenylene-diamine（CAS No.144644–13–3）		$C_{18}H_{26}N_4O_4 \cdot 4HCl$
1034	石榴皮碱及其盐类	Pelletierine（CAS No.2858–66–4/CAS No.4396–01–4）and its salts	石榴皮碱	$C_8H_{15}NO$

续表

序号	中文名称	英文名称	结构式	分子式
1035	匹莫林及其盐类	Pemoline (INN) (CAS No.2152-34-3) and its salts	匹莫林	$C_9H_8N_2O_2$
1036	五氯乙烷	Pentachloroethane (CAS No.76-01-7)		C_2HCl_5
1037	五氯苯酚及其碱金属盐类	Pentachlorophenol and its alkali salts (CAS No.87-86-5/CAS No.131-52-2/CAS No.7778-73-6)	五氯苯酚	C_6HCl_5O
1038	戊四硝酯	Pentaerithrityl tetranitrate (INN) (CAS No.78-11-5)		$C_5H_8N_4O_{12}$
1039	羟苯戊酯	Pentyl 4-hydroxybenzoate (INCI: Pentylparaben)		$C_{12}H_{16}O_3$

续表

序号	中文名称	英文名称	结构式	分子式
1040	陪曲氯醛	Petrichloral（INN）（CAS No.78-12-6）	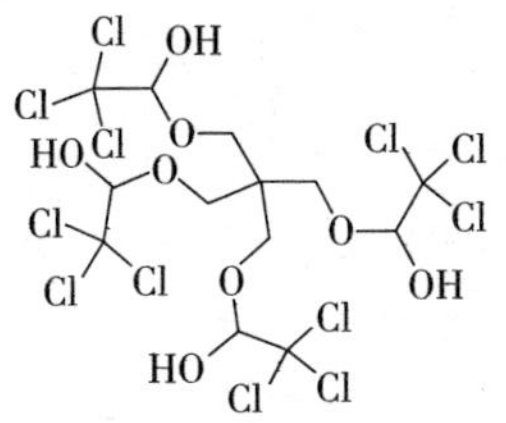	$C_{13}H_{16}Cl_{12}O_8$
1053	苯乙酰脲	Phenacemide（INN）（CAS No.63-98-9）	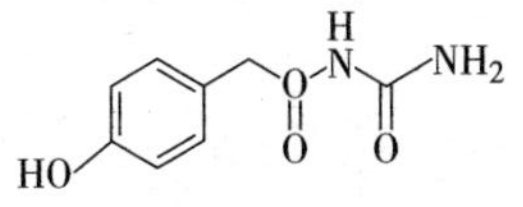	$C_9H_{10}N_2O_2$
1054	非那二醇	Phenaglycodol（INN）（CAS No.79-93-6）	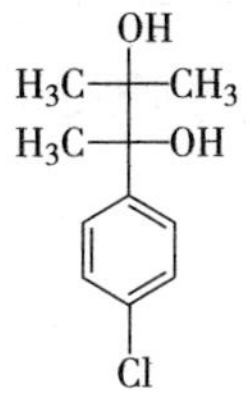	$C_{11}H_{15}ClO_2$
1055	酚嗪鎓，3，7-二氨基-2，8-二甲基-5-苯基-及其盐类	Phenazinium，3，7-diamino-2，8-dimethyl-5-phenyl-（CAS No.477-73-6）and its salts	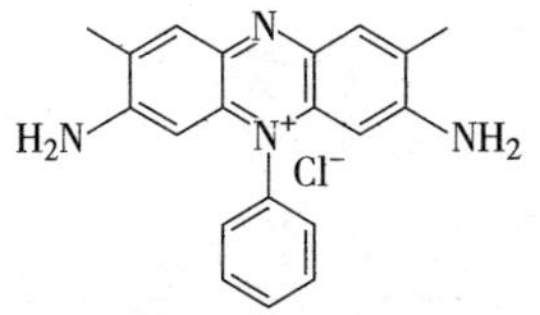 酚嗪鎓，3，7-二氨基-2，8-二甲基-5-苯基	$C_{20}H_{19}ClN_4$

续表

序号	中文名称	英文名称	结构式	分子式
1056	苯茚二酮	Phenindione（INN）（CAS No.83-12-5）	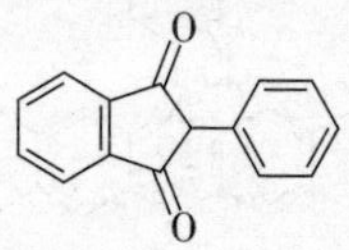	$C_{15}H_{10}O_2$
1057	芬美曲秦及其衍生物和盐类	Phenmetrazine（INN）（CAS No.134-49-6），its derivatives and salts	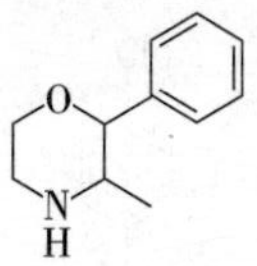 芬美曲秦	$C_{11}H_{15}NO$
1058	苯酚	Phenol（CAS No.108-95-2）	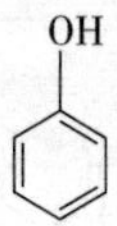	C_6H_6O
1059	吩噻嗪-5-鎓，3，7-双（二甲氨）及其盐类	Phenothiazin-5-ium，3，7-bis（dimethylamino）（CAS No.61-73-4）and its salts	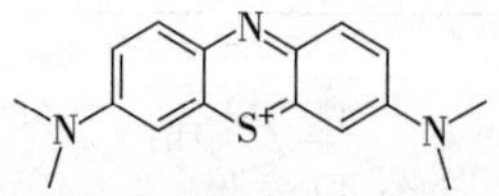 吩噻嗪-5-鎓3，7-双（二甲氨）	$C_{16}H_{18}N_3S^+$
1060	吩噻嗪及其化合物	Phenothiazine（INN）（CAS No.92-84-2）and its compounds	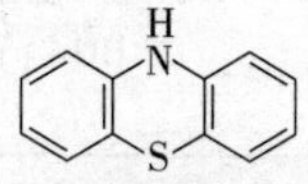 吩噻嗪	$C_{12}H_9NS$

续表

序号	中文名称	英文名称	结构式	分子式
1061	吩噁嗪-5-鎓，3，7-双（二乙氨基）-及其盐类	Phenoxazin-5-ium，3，7-bis（diethylamino）- and its salts（CAS No.47367-75-9/CAS No.33203-82-6）	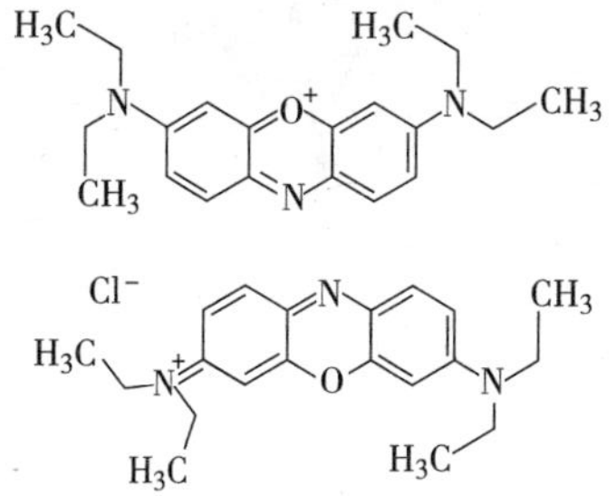	$C_{20}H_{26}ClN_3O$
1062	苯丙氨酯	Phenprobamate（INN）（CAS No.673-31-4）	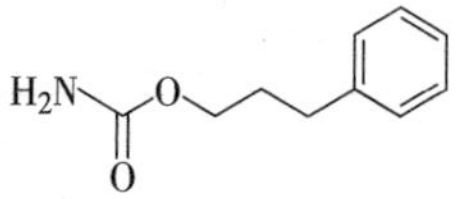	$C_{10}H_{13}NO_2$
1063	苯丙香豆素	Phenprocoumon（INN）（CAS No.435-97-2）	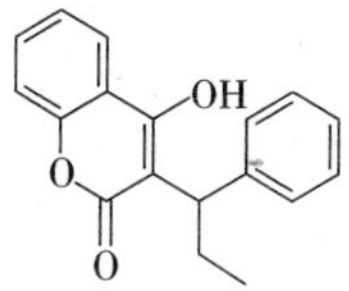	$C_{18}H_{16}O_3$
1064	羟苯苯酯	Phenyl 4-hydroxybenzoate（INCI：Phenylparaben）	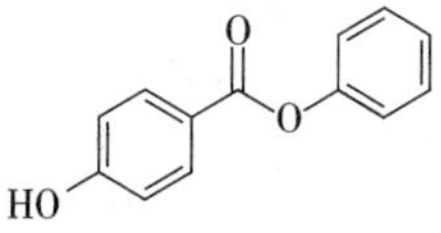	$C_{13}H_{10}O_3$
1065	保泰松	Phenylbutazone（INN）（CAS No.50-33-9）	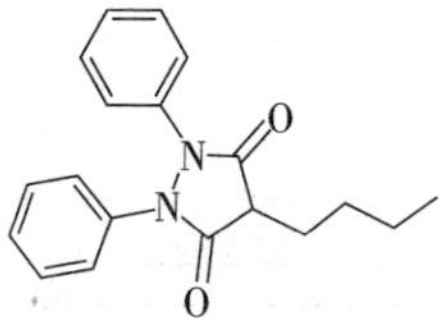	$C_{19}H_{20}N_2O_2$

续表

序号	中文名称	英文名称	结构式	分子式
1066	磷胺（大灾虫）	Phosphamidon（CAS No.13171-21-6）		$C_{10}H_{19}ClNO_5P$
1067	磷及金属磷化物	Phosphorus（CAS No.7723-14-0）and metal phosphides		P
1068	维生素 K-1	Phytonadione（INCI）; phytomenadione（INN）（CAS No.84-80-0/ CAS No.81818-54-4）		$C_{31}H_{46}O_2$
1069	苦味酸（2，4，6-三硝基苯酚）	Picric acid（CAS No.88-89-1）		$C_6H_3N_3O_7$
1070	印防己毒素	Picrotoxin（CAS No.124-87-8）		$C_{15}H_{18}O_7$

续表

序号	中文名称	英文名称	结构式	分子式
1071	毛果芸香碱及其盐类	Pilocarpine (CAS No.92-13-7) and its salts	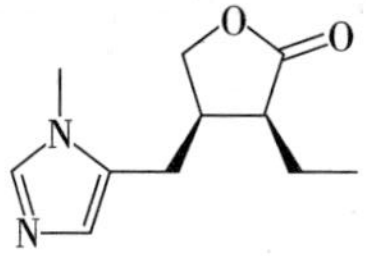 毛果芸香碱	$C_{11}H_{16}N_2O_2$
1072	匹哌氮酯及其盐类	Pipazetate (INN) (CAS No.2167-85-3) and its salts	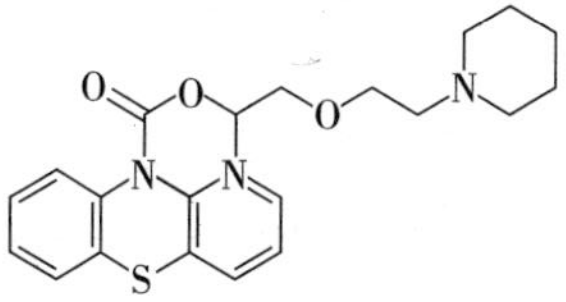 匹哌氮酯	$C_{21}H_{25}N_3O_3S$
1073	哌苯甲醇及其盐类	Pipradrol (INN) (CAS No.467-60-7) and its salts	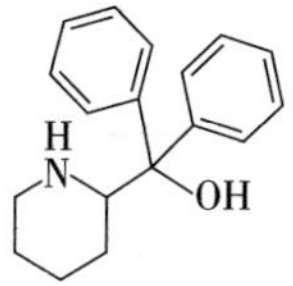 哌苯甲醇	$C_{18}H_{21}NO$
1074	哌库碘铵	Piprocurarium iodide (INN) (CAS No.3562-55-8)	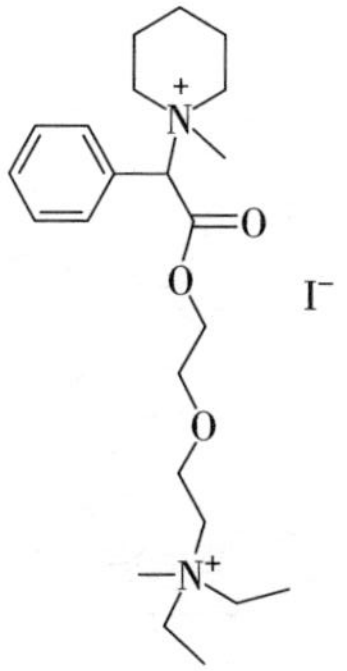	$C_{23}H_{40}IN_2O_3^+$

续表

序号	中文名称	英文名称	结构式	分子式
1082	甲硫泊尔定	Poldine metilsulfate（INN）（CAS No.545-80-2）	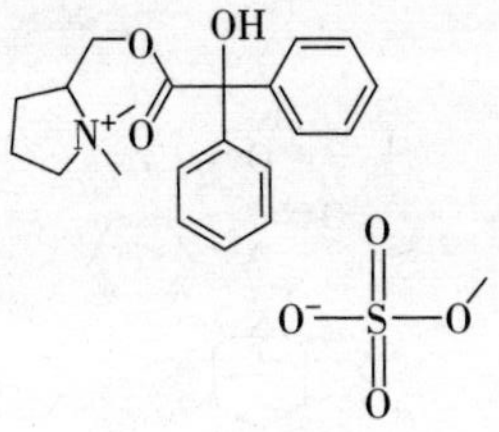	$C_{22}H_{29}NO_7S$
1083	溴酸钾	Potassium bromate（CAS No.7758-01-2）	$KBrO_3$	$KBrO_3$
1084	对氨基苯乙醚（4-乙氧基苯胺）	p-Phenetidine（4-ethoxyaniline）（CAS No.156-43-4）	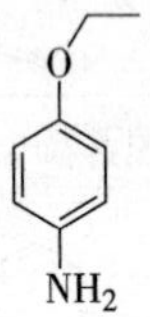	$C_8H_{11}NO$
1085	普莫卡因	Pramocaine（INN）（CAS No.140-65-8）	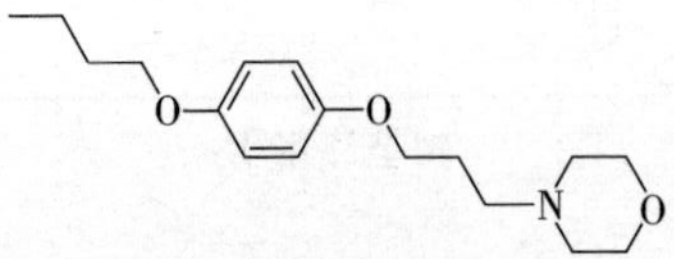	$C_{17}H_{27}NO_3$
1086	丙磺舒	Probenecid（INN）（CAS No.57-66-9）	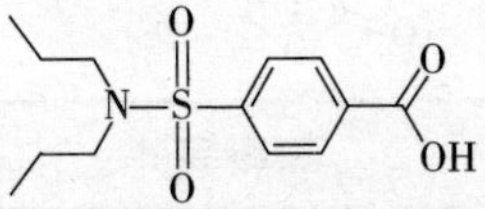	$C_{13}H_{19}NO_4S$

续表

序号	中文名称	英文名称	结构式	分子式
1087	普鲁卡因胺及其盐类和衍生物	Procainamide（INN）（CAS No.51-06-9），its salts and derivatives	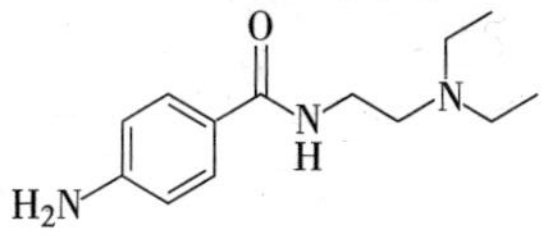 普鲁卡因胺	$C_{13}H_{21}N_3O$
1088	孕激素类	Progestogens	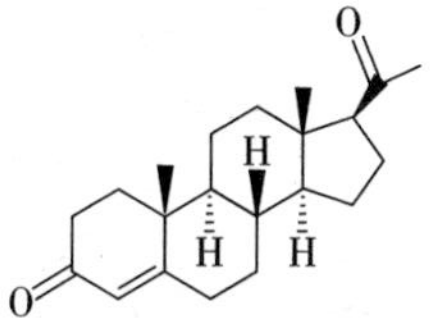 如黄体酮	$C_{21}H_{30}O_2$
1089	克螨特	Propargite（ISO）（CAS No.2312-35-8）	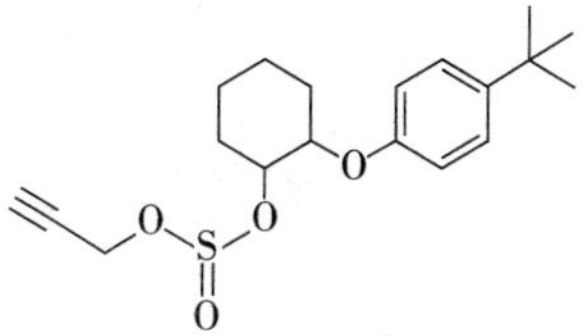	$C_{19}H_{26}O_4S$
1090	丙帕硝酯	Propatylnitrate（INN）（CAS No. 2921-92-8）	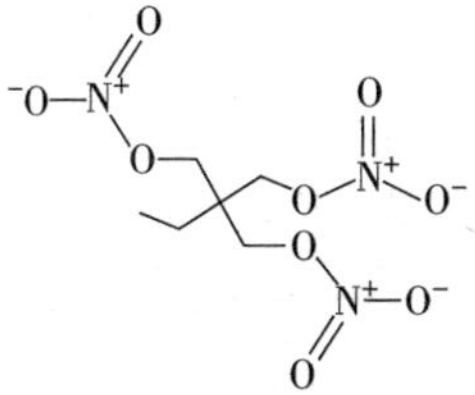	$C_6H_{11}N_3O_9$
1091	丙唑嗪	Propazine（CAS No.139-40-2）	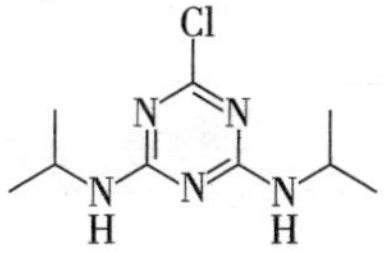	$C_9H_{16}ClN_5$

续表

序号	中文名称	英文名称	结构式	分子式
1092	丙醇酸内酯	Propiolactone（CAS No.57-57-8）	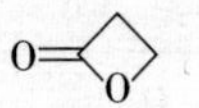	$C_3H_4O_2$
1093	异丙安替比林	Propyphenazone（INN）（CAS No.479-92-5）	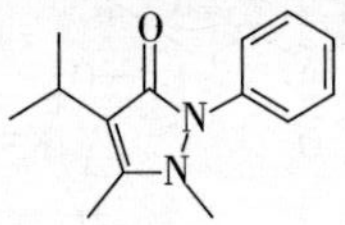	$C_{14}H_{18}N_2O$
1094	炔苯酰草胺（氯甲丙炔基苯甲酰胺）	Propyzamide（CAS No.23950-58-5）	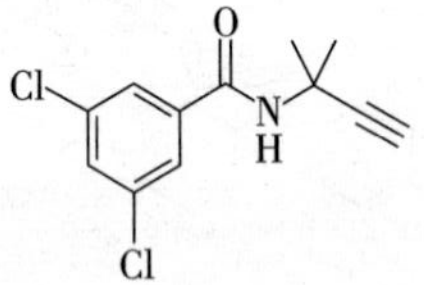	$C_{12}H_{11}Cl_2NO$
1095	赛洛西宾	Psilocybine（INN）（CAS No.520-52-5）	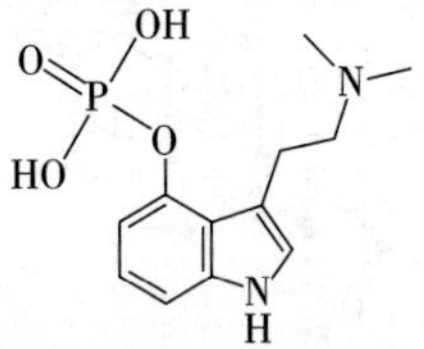	$C_{12}H_{17}N_2O_4P$
1096	（（对甲苯氧基）甲基）环氧乙烷	（（p-Tolyloxy）methyl）oxirane（CAS No.2186-24-5）	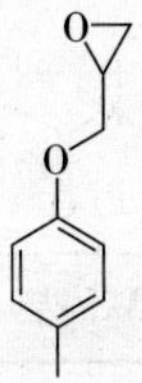	$C_{10}H_{12}O_2$

续表

序号	中文名称	英文名称	结构式	分子式
1097	吡蚜酮	Pymetrozine（ISO）（CAS No. 123312-89-0）	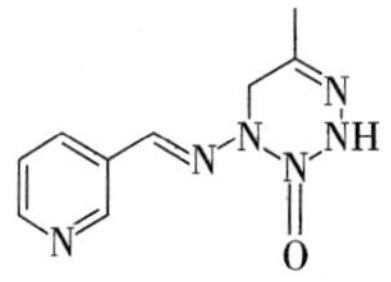	$C_{10}H_{11}N_5O$
1098	吡硫鎓钠	Pyrithione sodium（INNM）（CAS No.3811-73-2）	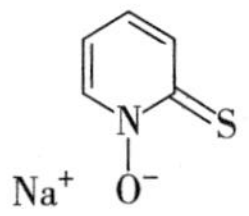	C_5H_4NNaOS
1099	邻苯二酚（儿茶酚）	Pyrocatechol（Catechol）（CAS No.120-80-9）	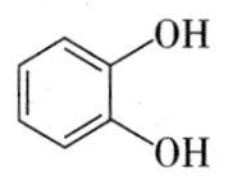	$C_6H_6O_2$
1100	焦棓酚	Pyrogallol（CAS No.87-66-1）	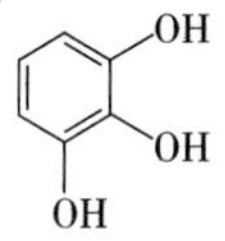	$C_6H_6O_3$
1101	季铵盐 -15	Quaternium-15（CAS No.51229-78-8）	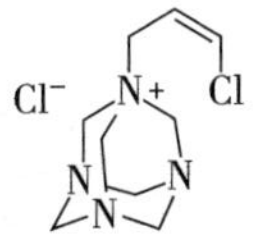	$C_9H_{16}Cl_2N_4$
1102	一水化膦酸（*R*）-a-苯乙铵（-）-（1*R*，2*S*）-（1，2-环丙）酯	（*R*）-a-phenylethylammonium（-）-（1*R*，2*S*）-（1，2-epoxypropyl）phosphonate monohydrate（CAS No.25383-07-7）	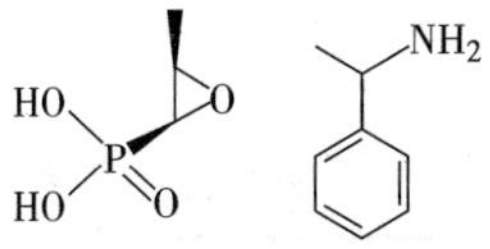	$C_{11}H_{18}NO_4P$

续表

序号	中文名称	英文名称	结构式	分子式
1103	（*R*）-5-溴-3-（1-甲基-2-吡咯烷基甲基）-1*H*-吲哚	（*R*）-5-bromo-3-（1-methyl-2-pyrrolidinylmethyl）-1*H*-indole（CAS No.143322-57-0）	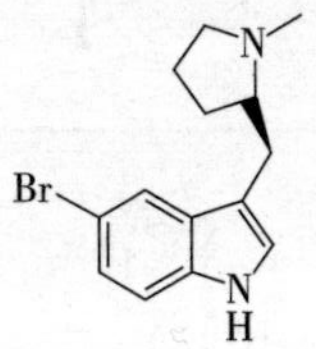	$C_{14}H_{17}BrN_2$
1104	*R*-1-氯-2，3-环氧丙烷	*R*-1-Chloro-2，3-epoxypropane（CAS No.51594-55-9）	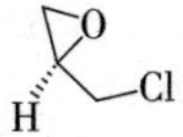	C_3H_5ClO
1105	*R*-2，3-环氧-1-丙醇	*R*-2，3-Epoxy-1-propanol（CAS No.57044-25-4）	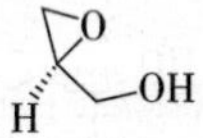	$C_3H_6O_2$
1106	放射性物质	Radioactive substances		
1108	苯乙酮，甲醛，环己胺，甲醇和乙酸的反应产物	Reaction product of acetophenone，formaldehyde，cyclohexylamine，methanol and acetic acid（EC No.406-230-1）		
1145	间苯二酚二缩水甘油醚	Resorcinol diglycidyl ether（CAS No.101-90-6）	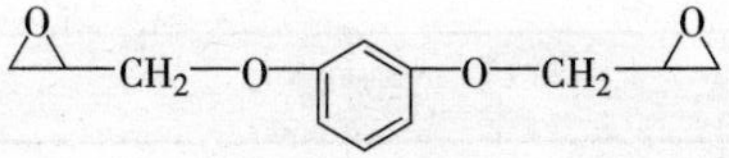	$C_{12}H_{14}O_4$

续表

序号	中文名称	英文名称	结构式	分子式
1146	(*S*)-2，3-二氢-1*H*-吲哚-羧酸	(*S*)-2，3-Dihydro-1*H*-indole-carboxylic acid (CAS No.79815-20-6)	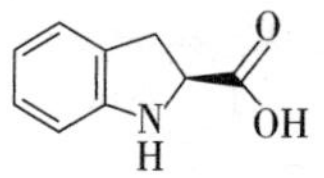 O, OH, N, H	$C_9H_9NO_2$
1147	黄樟素（黄樟脑）(当加入化妆品中的天然香料中含有，且不超过如下浓度时除外：化妆品成品中100mg/kg)	Safrole except for normal content in the natural essences used and provided the concentration does not exceed: 100mg/kg in the finished product (CAS No.94-59-7)	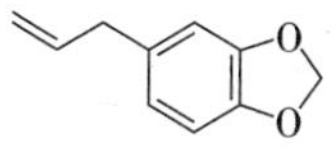 O, O	$C_{10}H_{10}O_2$
1148	邻烷基二硫代碳酸的盐类（黄原酸盐）	Salts of *O*-alkyldithiocarbonic acids (xanthates)	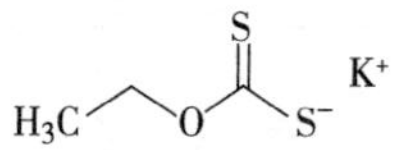 S, K^+, H_3C, O, S^- 黄原酸钾	$C_3H_5OS_2K$
1149	仲链烷胺和仲链烷醇胺类及其盐类	Secondary alkyl and alkanolamines and their salts	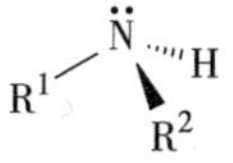 N, H, R^1, R^2 仲链烷胺 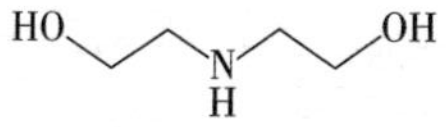 HO, OH, N, H 仲链烷醇胺，如二乙醇胺	

续表

序号	中文名称	英文名称	结构式	分子式
1150	硒及其化合物（在限定条件下使用的二硫化硒除外）	Selenium （CAS No.7782-49-2）and its compounds with the exception of selenium disulfide under the conditions set out under the reference in table 3		Se
1151	西玛津	Simazine（CAS No.122-34-9）	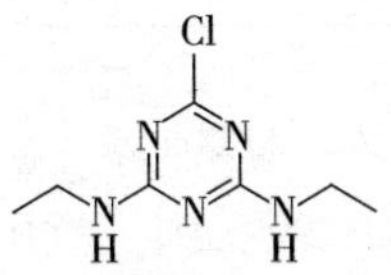	$C_7H_{12}ClN_5$
1162	己环酸钠	Sodium hexacyclonate（INN）（CAS No.7009-49-6）	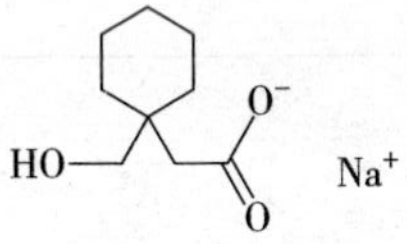	$C_9H_{15}NaO_3$
1163	碘酸钠	Sodium iodate（CAS No.7681-55-2）	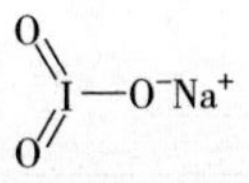	$NaIO_3$
1164	溶剂红 1（CI 12150）	Solvent Red 1（CI 12150）（CAS No.1229-55-6）	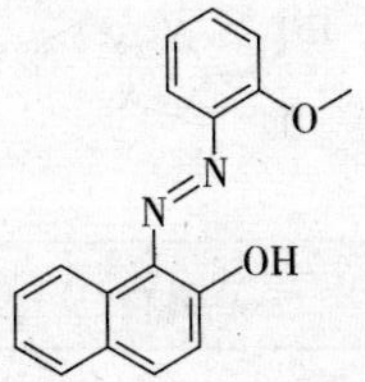	$C_{17}H_{14}N_2O_2$

续表

序号	中文名称	英文名称	结构式	分子式
1165	1-((4-苯偶氮)苯偶氮)-2-萘酚(溶剂红 23; CI 26100)	Solvent Red 23 (CI 26100) (CAS No.85-86-9)	OH N N N N	$C_{22}H_{16}N_4O$
1166	司巴丁及其盐类	Sparteine (INN) (CAS No.90-39-1) and its salts	N N 司巴丁	$C_{15}H_{26}N_2$
1167	螺内酯	Spironolactone (INN) (CAS No.52-01-7)	O O H H H O O S	$C_{24}H_{32}O_4S$
1168	乳酸锶	Strontium lactate (CAS No.29870-99-3)	$[CH_3CH(OH)COO]_2Sr$	$C_6H_{10}O_6Sr$
1169	硝酸锶	Strontium nitrate (CAS No.10042-76-9)	$Sr(NO_3)_2$	N_2O_6Sr
1170	多羧酸锶	Strontium polycarboxylate		

续表

序号	中文名称	英文名称	结构式	分子式
1171	羊角拗质素及其糖苷配基以及相应的衍生物	Strophantines（CAS No.11005-63-3），their aglucones and their respective derivatives	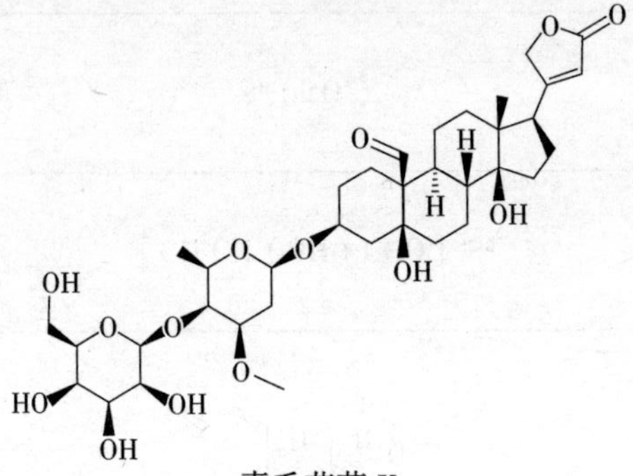 毒毛花苷 K	$C_{36}H_{54}O_{14}$
1172	士的宁及其盐类	Strychnine（CAS No.57-24-9）and its salts	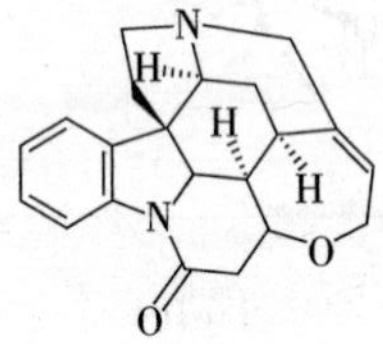 士的宁	$C_{21}H_{22}N_2O_2$
1173	具有雄激素效应的物质	Substances with androgenic effect	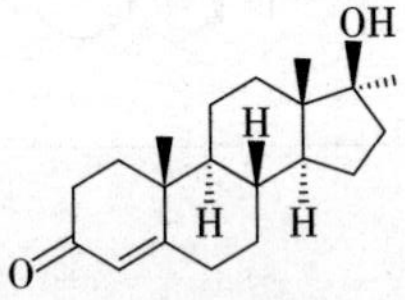 17-甲睾酮	$C_{20}H_{30}O_2$
1174	丁二腈（琥珀腈）	Succinonitrile（CAS No.110-61-2）	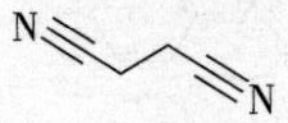	$C_4H_4N_2$
1175	草克死	Sulfallate（CAS No.95-06-7）	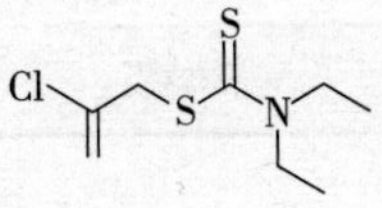	$C_8H_{14}ClNS_2$

续表

序号	中文名称	英文名称	结构式	分子式
1176	磺吡酮	Sulfinpyrazone（INN）（CAS No. 57-96-5）	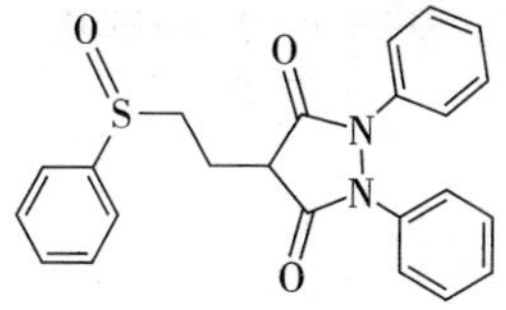	$C_{23}H_{20}N_2O_3S$
1177	磺胺类药物（磺胺和其氨基的一个或多个氢原子被取代的衍生物）及其盐类	Sulphonamides（sulphanilamide and its derivatives obtained by substitution of one or more H-atoms of the $-NH_2$ groups）and their salts	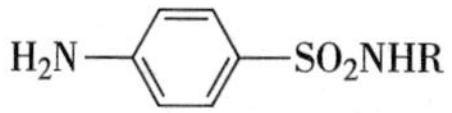	
1178	舒噻美	Sultiame（INN）（CAS No.61-56-3）	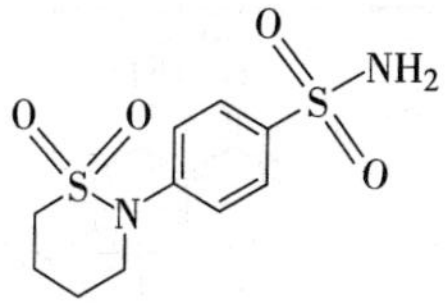	$C_{10}H_{14}N_2O_4S_2$
1179	对中枢神经系统起作用的拟交感胺类和中国卫生部发布的管制精神类药品（咖啡因除外）	Sympathicomimetic amines acting on the central nervous system and the medicins, natural and synthetic, controlled by the Drug Administration Law of China（except caffien（CAS No.300-62-9））	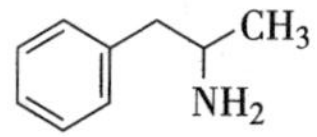 苯丙胺	$C_9H_{13}N$
1180	合成箭毒类	Synthetic curarizants		
1212	替法唑啉及其盐类	Tefazoline（INN）（CAS No.1082-56-0）and its salts	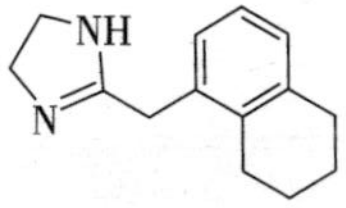 替法唑啉	$C_{14}H_{18}N_2$

续表

序号	中文名称	英文名称	结构式	分子式
1213	碲及其化合物	Tellurium（CAS No.13494-80-9）and its compounds		Te
1214	丁苯那嗪及其盐类	Tetrabenazine（INN）（CAS No.58-46-8）and its salts	丁苯那嗪	$C_{19}H_{27}NO_3$
1215	四溴 *N*- 水杨酰苯胺	Tetrabromosalicylanilides		$C_{13}H_7Br_4NO_2$
1216	丁卡因及其盐类	Tetracaine（INN）（CAS No.94-24-6）and its salts	丁卡因	$C_{15}H_{24}N_2O_2$
1217	四羰基镍	Tetracarbonylnickel（CAS No. 13463-39-3）		C_4NiO_4

续表

序号	中文名称	英文名称	结构式	分子式
1218	四氯乙烯	Tetrachloroethylene（CAS No.127-18-4）	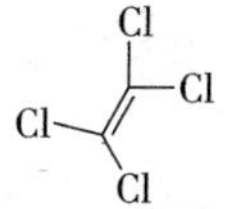	C_2Cl_4
1219	四氯 *N*- 水杨酰苯胺	Tetrachlorosalicylanilides（CAS No.7426-07-5）	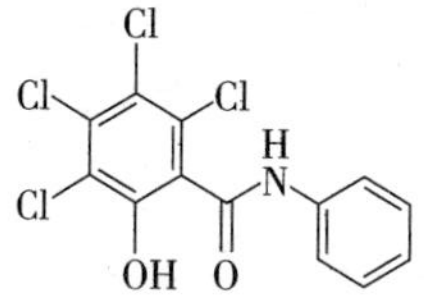	$C_{13}H_7Cl_4NO_2$
1220	焦磷酸四乙酯	Tetraethyl pyrophosphate;（TEPP-ISO）（CAS No.107-49-3）	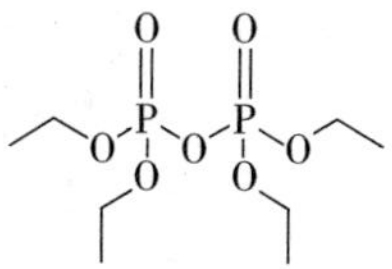	$C_8H_{20}O_7P_2$
1221	四氢 -6- 硝基喹喔啉及其盐类	Tetrahydro-6-nitroquinoxaline and its salts（CAS No.158006-54-3/CAS No.41959-35-7/CAS No.73855-45-5）	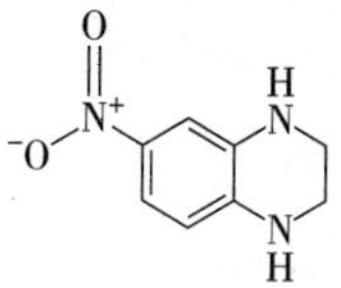 四氢 -6- 硝基喹喔啉	$C_8H_9N_3O_2$
1222	丙酸（+/-）- 四羟糠基 -（*R*）-2-（4-（6- 氯 -2- 喹喔啉氧基）苯氧基）酯	（+/-）-Tetrahydrofurfuryl-（*R*）-2-（4-（6-chloroquinoxalin-2-yloxy）phenyloxy）propionate（CAS No.119738-06-6）	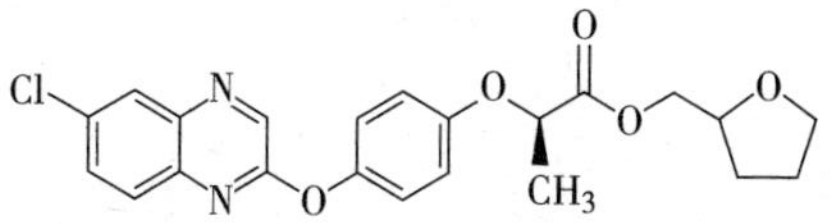	$C_{22}H_{21}ClN_2O_5$
1223	四氢化噻喃 -3- 甲醛	Tetrahydrothiopyran-3-carboxaldehyde（CAS No.61571-06-0）	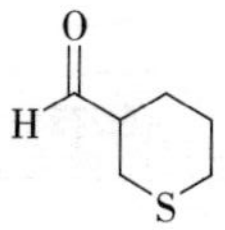	$C_6H_{10}OS$

续表

序号	中文名称	英文名称	结构式	分子式
1224	四氢咪唑啉及其盐类	Tetrahydrozoline Tetryzoline（INN）（CAS No.84-22-0）and its salts	HN N 四氢咪唑啉	$C_{13}H_{16}N_2$
1225	3，3′-((1，1′-联苯)-4，4′-二基-双(偶氮))双(5-氨基-4-羟基萘-2，7-二磺酸)四钠	Tetrasodium3，3′-((1，1′-biphenyl)-4，4′-diyl bis(azo)) bis(5-amino-4-hydroxynaphthalene-2，7-disulfonate)（CAS No.2602-46-2）	NaO S O O N=N OH NH2 S O O NaO NH2 OH N N NaO S O O NaO S O O	$C_{32}H_{20}N_6Na_4O_{14}S_4$
1226	四乙溴铵	Tetrylammonium bromide（INN）（CAS No.71-91-0）	Br^- N^+	$C_8H_{20}BrN$
1227	沙利度胺及其盐类	Thalidomide（INN）（CAS No.50-35-1）and its salts	O O HN O N O 沙利度胺	$C_{13}H_{10}N_2O_4$
1228	铊及其化合物	Thallium（CAS No.7440-28-0）and its compounds		Tl

续表

序号	中文名称	英文名称	结构式	分子式
1229	黄花夹竹桃苷提取物	Thevetia neriifolia juss.Glycoside extract（CAS No.90147-54-9）		
1230	甲巯咪唑	Thiamazole（INN）（CAS No.60-56-0）	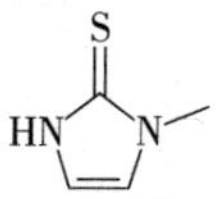	$C_4H_6N_2S$
1231	硫代乙酰胺	Thioacetamide（CAS No.62-55-5）	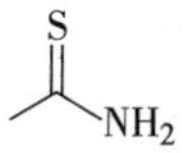	C_2H_5NS
1232	噻吩甲酸甲酯	Thiophanate-methyl（CAS No. 23564- 05-8）	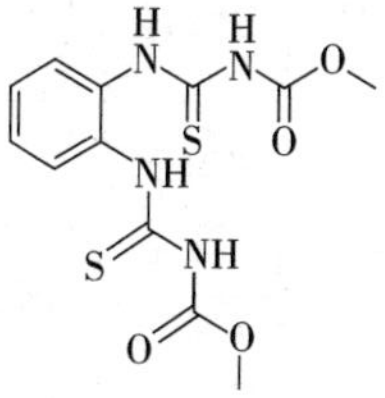	$C_{12}H_{14}N_4O_4S_2$
1233	噻替派	Thiotepa（INN）（CAS No.52-24-4）		$C_6H_{12}N_3PS$
1234	硫脲及其衍生物（表 3 中限用的除外）	Thiourea（CAS No.62-56-6） and its derivatives，with the exception of the one listed in table 3	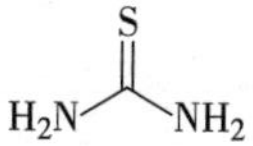 硫脲	CH_4N_2S
1235	秋兰姆二硫化物类	Thiuram disulphides	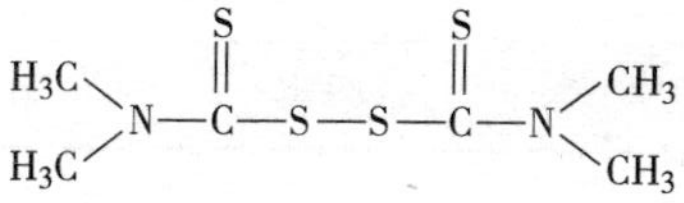	$C_6H_{12}N_2S_4$

续表

序号	中文名称	英文名称	结构式	分子式
1236	秋兰姆单硫化物类	Thiuram monosulfides（CAS No.97-74-5）	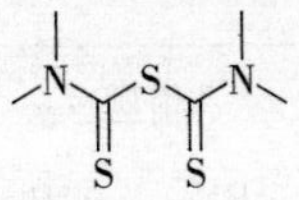	$C_6H_{12}N_2S_3$
1237	甲状丙酸及其盐类	Thyropropic acid（INN）（CAS No.51-26-3）and its salts	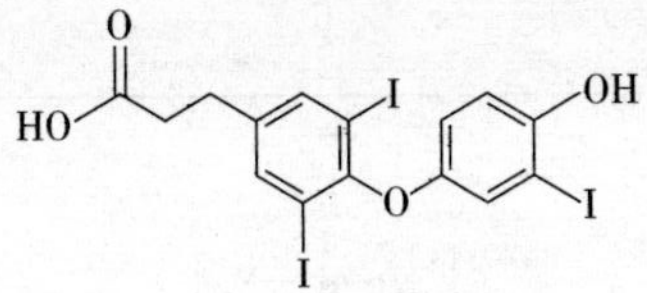 甲状丙酸	$C_{15}H_{11}I_3O_4$
1238	短杆菌素	Thyrothricine	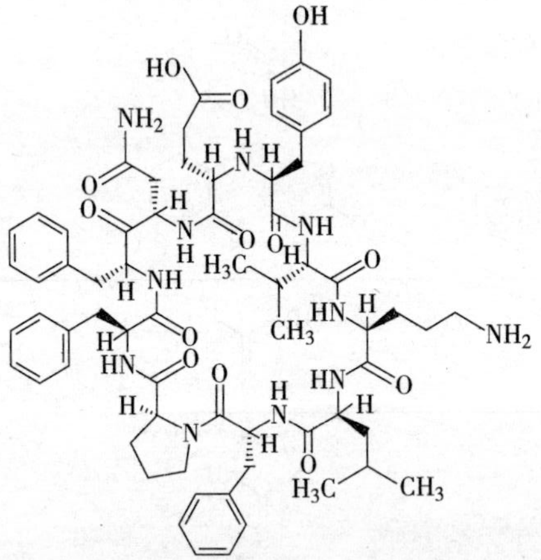	$C_{65}H_{85}N_{11}O_{13}$
1239	替拉曲可及其盐类	Tiratricol（INN）（CAS No.51-24-1）and its salts	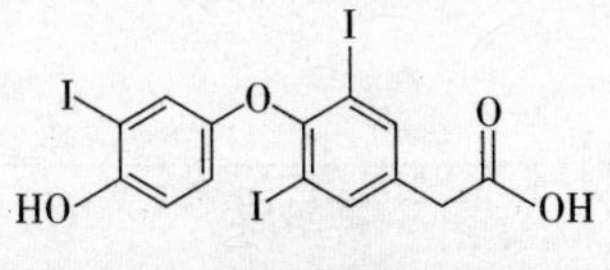 替拉曲可	$C_{14}H_9I_3O_4$

续表

序号	中文名称	英文名称	结构式	分子式
1240	托硼生	Tolboxane（INN）（CAS No.2430–46–8）	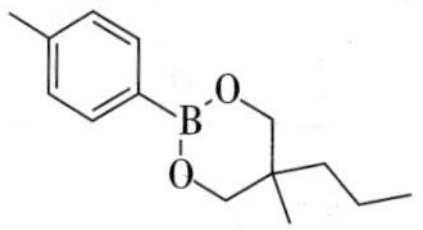	$C_{14}H_{21}BO_2$
1241	甲苯磺丁脲	Tolbutamide（INN）（CAS No.64–77–7）	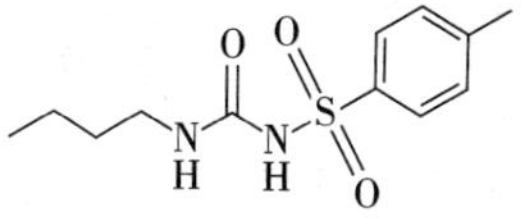	$C_{12}H_{18}N_2O_3S$
1242	甲苯 -3，4- 二胺及其盐类	Toluene-3，4-Diamine and its salts（CAS No.496–72–0）	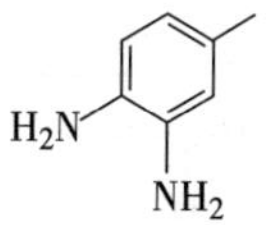 甲苯 -3，4- 二胺	$C_7H_{10}N_2$
1243	硫酸甲苯胺（1:1）	Toluidine sulfate（1：1）（CAS No. 540–25–0）	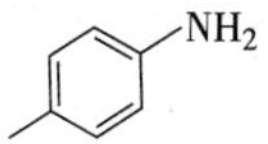 甲苯胺	C_7H_9N
1244	甲苯胺类及其同分异构体，盐类以及卤化和磺化衍生物	Toluidines（CAS No.26915–12–8），their isomers，salts and halogenated and sulfonated derivatives	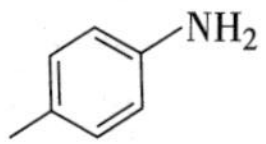 甲苯胺	C_7H_9N
1245	4- 甲苯胺盐酸盐	Toluidinium chloride（CAS No.540–23–8）	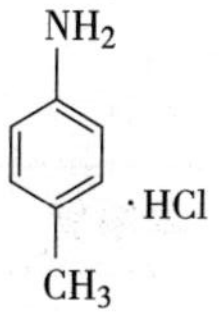 ·HCl	$C_7H_{10}ClN$

续表

序号	中文名称	英文名称	结构式	分子式
1246	((甲苯氧基)甲基)环氧乙烷，羟甲苯基缩水甘油醚	((Tolyloxy)methyl)oxirane，cresyl glycidyl ether(CAS No.26447-14-3)	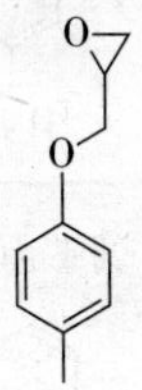 O O	$C_{10}H_{12}O_2$
1247	毒杀芬	Toxaphene(CAS No.8001-35-2)	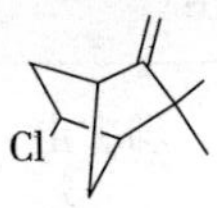 Cl	$C_{10}H_{15}Cl$
1248	反式-2-庚烯醛	Trans-2-heptenal(CAS No.18829-55-5)	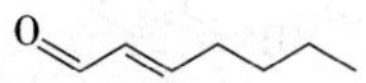 O	$C_7H_{12}O$
1249	反式-2-己烯醛二乙基乙缩醛	Trans-2-hexenal diethyl acetal(CAS No.67746-30-9)	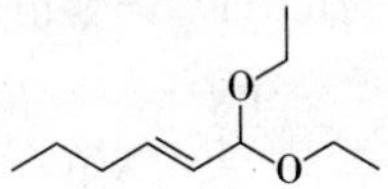 O O	$C_{10}H_{20}O_2$
1250	反式-2-己烯醛二甲基乙缩醛	Trans-2-hexenal dimethyl acetal(CAS No.18318-83-7)	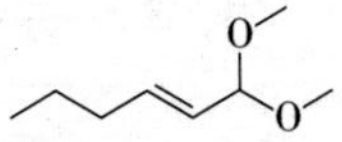 O O	$C_8H_{16}O_2$
1251	反式-4-环己基-L-脯氨酸-盐酸盐	Trans-4-cyclohexyl-L-proline monohydro-chloride(CAS No.90657-55-9)	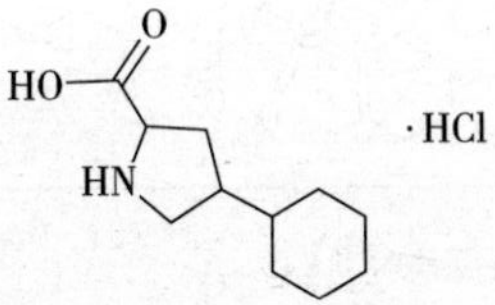 O HO HN ·HCl	$C_{11}H_{20}ClNO_2$
1252	反式-4-苯基-L-脯氨酸	Trans-4-Phenyl-L-proline(CAS No.96314-26-0)	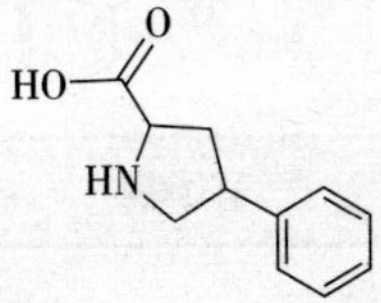 O HO HN	$C_{11}H_{13}NO_2$

续表

序号	中文名称	英文名称	结构式	分子式
1253	反苯环丙胺及其盐类	Tranylcypromine（INN）（CAS No.155-09-9）and its salts	H_2N 反苯环丙胺	$C_9H_{11}N$
1254	曲他胺	Tretamine（INN）（CAS No.51-18-3）	N N N N N N	$C_9H_{12}N_6$
1255	维甲酸（视黄酸）及其盐类	Tretinoin（INN）（retinoic acid）（CAS No.302-79-4）and its salts	OH O 维甲酸（视黄酸）	$C_{20}H_{28}O_2$
1256	氨苯蝶啶及其盐类	Triamterene（INN）（CAS No.396-01-0）and its salts	NH_2 N N H_2N N N NH_2 氨苯蝶啶	$C_{12}H_{11}N_7$
1257	磷酸三丁酯	Tributyl phosphate（CAS No.126-73-8）	O P O O O	$C_{12}H_{27}O_4P$

续表

序号	中文名称	英文名称	结构式	分子式
1258	三氯氮芥及其盐类	Trichlormethine (INN) (CAS No.817-09-4) and its salts	Cl N Cl Cl 三氯氮芥	$C_6H_{12}Cl_3N$
1259	三氯乙酸	Trichloroacetic acid (CAS No.76-03-9)	CCl_3COOH	$C_2HCl_3O_2$
1260	三氯乙烯	Trichloroethylene (CAS No.79-01-6)	Cl Cl Cl	C_2HCl_3
1261	三氯硝基甲烷(氯化苦)	Trichloronitromethane (chloropicrine) (CAS No.76-06-2)	O N^+ O^- Cl Cl Cl	CCl_3NO_2
1262	克啉菌(十三吗啉)	Tridemorph (CAS No.24602-86-6)	O N	$C_{19}H_{39}NO$
1263	三氟碘甲烷	Trifluoroiodomethane (CAS No. 2314-97-8)	I F F F	CF_3I
1264	三氟哌多	Trifluperidol (INN) (CAS No.749-13-3)	O F F F HO N F	$C_{22}H_{23}F_4NO_2$

续表

序号	中文名称	英文名称	结构式	分子式
1265	二硫化三镍	Trinickel disulfide（CAS No.12035-72-2）	Ni_3S_2	Ni_3S_2
1266	三聚甲醛（1，3，5-三噁烷）	Trioxymethylene（1，3，5-trioxan）（CAS No.110-88-3）	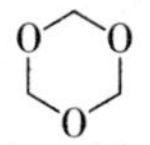	$C_3H_6O_3$
1267	曲帕拉醇	Triparanol（INN）（CAS No.78-41-1）	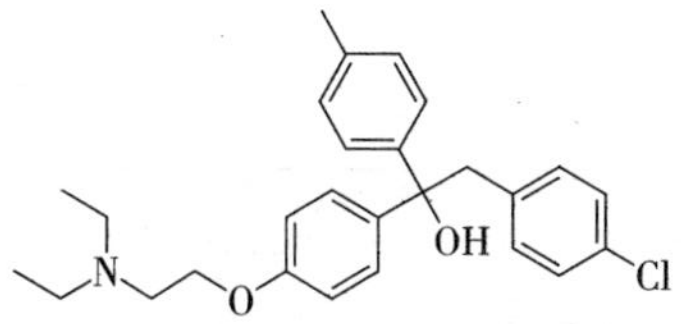	$C_{27}H_{32}ClNO_2$
1268	曲吡那敏	Tripelennamine（INN）（CAS No.91-81-6）	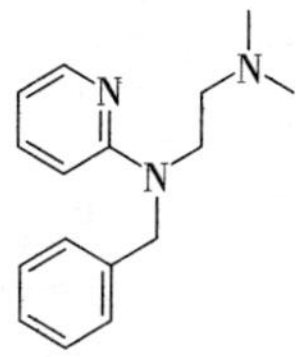	$C_{16}H_{21}N_3$
1269	磷酸三（2-氯乙）酯	Tris(2-chloroethyl)phosphate(CAS No.115-96-8)	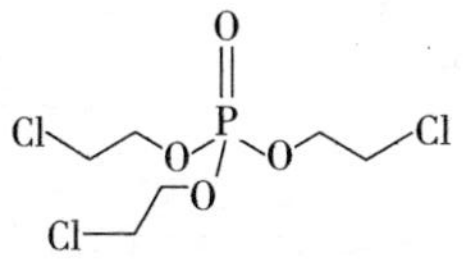	$C_6H_{12}Cl_3O_4P$
1270	双（7-乙酰氨基-2-（4-硝基-2-氧苯偶氮基）-3-磺基-1-萘酚基）-1-铬酸三钠	Trisodium bis（7-acetamido-2-（4-nitro-2-oxidophenylazo）-3-sulfonato-1-naphtholato）chromate（1-）（EC No.400-810-8）		

续表

序号	中文名称	英文名称	结构式	分子式
1271	三钠（4′-（8-乙酰氨基-3，6-二磺基-2-萘偶氮基）-4″-（6-苯甲酰氨基-3-磺基-2-萘偶氮基）-联苯-1，3′，3″，1‴-四羟连-O，O′，O″，O‴）铜（Ⅱ）（EC No.413-590-3）	Trisodium（4′-（8-acetylamino-3，6-disulfonato-2-naphthylazo）-4″-（6-benzoylamino-3-sulfonato-2-naphthylazo）-biphenyl-1，3′，3″，1‴-tetraolato-O，O′，O″，O‴）copper（Ⅱ）（EC No.413-590-3）		
1272	磷酸三甲酚酯	Tritolyl phosphate（CAS No.1330-78-5）	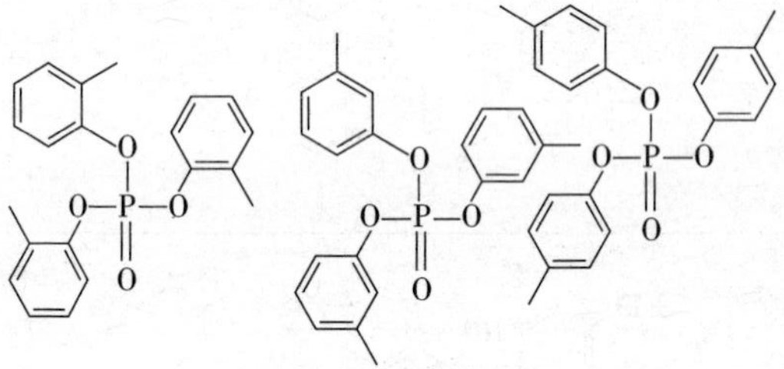	$C_{21}H_{21}O_4P$
1273	异庚胺及其同分异构体和盐类	Tuaminoheptane（INN）（CAS No.123-82-0），its isomers and salts	 异庚胺	$C_7H_{17}N$
1274	尿烷（氨基甲酸乙酯）	Urethane（Ethyl carbamate）（CAS No.51-79-6）	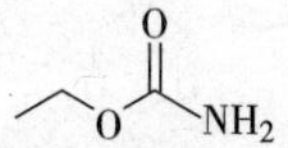	$C_3H_7NO_2$
1275	以下化合物的 UVCB 缩合产物：四倍-氯化羟基甲基膦，尿素和蒸馏的氢化 C_{16-18} 牛油烷基胺	UVCB condensation product of：tetrakis-hydroxymethylphosphonium chloride，urea and distilled hydrogenated C_{16-18} tallow alkylamine（CAS No.166242-53-1）		

续表

序号	中文名称	英文名称	结构式	分子式
1276	人类药用的疫苗、毒素或血清，尤其包括下述几种:（1）用于产生主动免疫力的制剂，如霍乱疫苗、卡介苗、脊髓灰质炎疫苗、天花疫苗;（2）用于诊断免疫功能状态的制剂，尤其包括结核菌素和结核菌素纯蛋白衍生物、锡克试验毒素、迪克试验毒素、布氏菌素;（3）白喉抗毒素、抗天花球蛋白、抗淋巴细胞球蛋白等用于产生被动免疫力的药物制剂	Vaccines，toxins and serums that used as human medicines shall cover in particular：（1）agents used to produce active immunity，such as cholera vaccine，BCG，polio vaccines，smallpox vaccine;（2）agents used to diagnose the state of immunity，including in particular tuberculin and tuberculin PPD，toxins for the Schick and Dick Tests，brucellin;（3）medicine agents used to produce passive immunity，such as diphtheria antitoxin，anti-smallpox globulin，antilymphocytic globulin		
1277	a-氨基异戊酰胺	Valinamide（CAS No.20108-78-5）		$C_5H_{12}N_2O$
1278	戊诺酰胺	Valnoctamide（INN）（CAS No. 4171-13-5）		$C_8H_{17}NO$

续表

序号	中文名称	英文名称	结构式	分子式
1279	藜芦碱及其盐类	Veratrine（CAS No.8051-02-3）and its salts	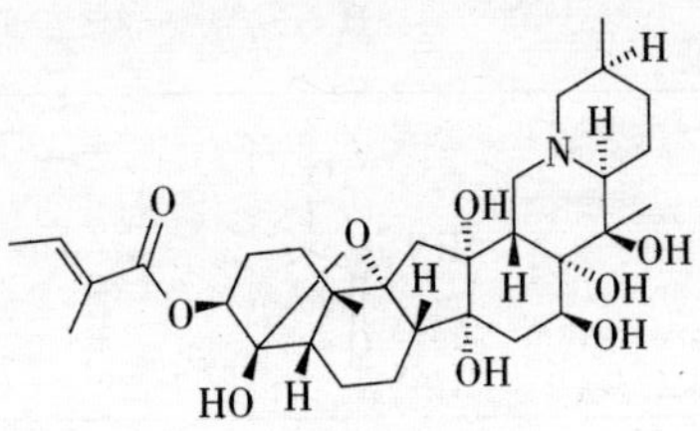 藜芦碱	$C_{36}H_{51}NO_{11}$
1280	烯菌酮	Vinclozolin（CAS No.50471-44-8）	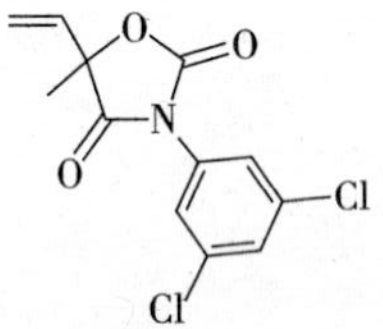	$C_{12}H_9Cl_2NO_3$
1281	氯乙烯单体	Vinyl chloride monomer（CAS No.75-01-4）	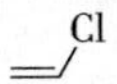	C_2H_3Cl
1282	华法林及其盐类	Warfarin（INN）（CAS No.81-81-2）and its salts	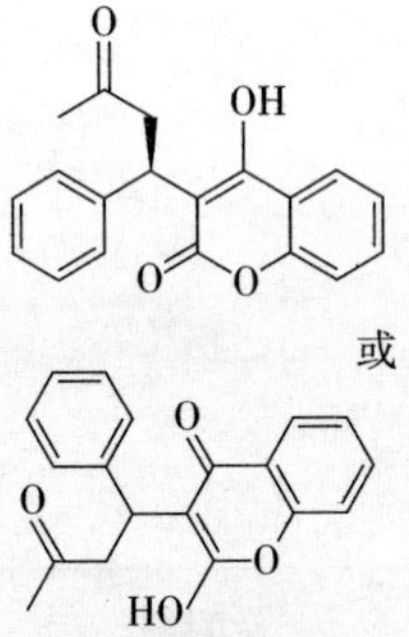 或 华法林	$C_{19}H_{16}O_4$

续表

序号	中文名称	英文名称	结构式	分子式
1284	二甲苯胺类及其同分异构体，盐类以及卤化的和磺化的衍生物	Xylidines（CAS No.1300-73-8），their isomers，salts and halogenated and sulfonated derivatives	NH_2 NH_2 NH_2 NH_2 NH_2 NH_2 二甲苯胺	$C_8H_{11}N$
1285	赛洛唑啉及其盐类	Xylometazoline（INN）（CAS No.526-36-3）and its salts	H N N 赛洛唑啉	$C_{16}H_{24}N_2$
1286	育亨宾及其盐类	Yohimbine（CAS No.146-48-5）and its salts	N H H N H H O O OH 育亨宾	$C_{21}H_{26}N_2O_3$
1287	二甲基二硫代氨基甲酸锌（福美锌）	Ziram（CAS No.137-30-4）	N S^- S ^-S Zn^{2+} S N	$C_6H_{12}N_2S_4Zn$

续表

序号	中文名称	英文名称	结构式	分子式
1288	锆及其化合物（表3中的物质，以及表6中着色剂的锆色淀，盐和颜料除外）	Zirconium（CAS No.7440-67-7）and its compounds, with the exception of the substances listed in table 3 and of zirconium lakes, salts and pigments of colouring agents listed in table 6		Zr
1289	氯苯唑胺	Zoxazolamine（INN）（CAS No.61-80-3）	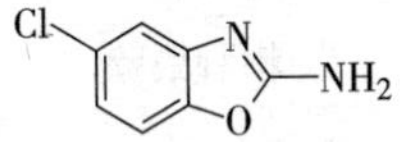	$C_7H_5ClN_2O$
1290	（μ-（（7，7′-亚胺双（4-羟基-3-（（2-羟基-5-（*N*-甲基氨磺酰）苯基）偶氮）萘-2-磺基））（6-）））二铜酸盐（2-）及其盐类	（μ-（（7，7′-Iminobis（4-hydroxy-3-（（2-hydroxy-5-（*N*-methylsulfamoyl）phenyl）azo）naphthalene-2-sulfonato））（6-）））dicuprate（2-）（CAS No.37279-54-2）and its salts	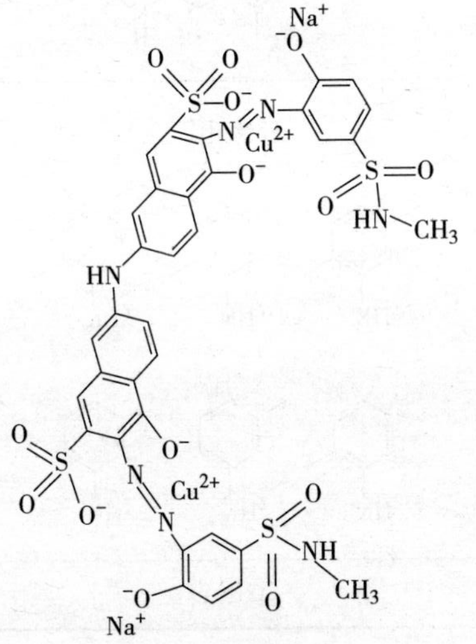	$C_{34}H_{23}Cu_2N_7Na_2O_{14}S_4$

其他信息：

（1）根据 EC No. 查询得到的信息：

序号	中文名称	英文名称	CAS No.	熔点	沸点（101.3kPa）	相对密度（20℃）	水溶性
98	2-｛4-（2-氨丙基氨基）-6-（4-羟基-3-（5-甲基-2-甲氧基-4-氨磺酰苯基偶氮）-2-磺化萘-7-基氨基）-1，3，5-三嗪基氨基｝-2-氨基丙基甲酸盐	2-｛4-（2-Ammoniopropylamino）-6-（4-hydroxy-3-（5-methyl-2-methoxy-4-sulfamoylphenylazo）-2-sulfonatonaphth-7-ylamino）-1，3，5-triazin-2-ylamino｝-2-aminopropyl formate（EC No.424-260-3）	784157-49-9	>400℃	695℃	1.42	≥ 207 000mg/L（20℃）
265	4-（3-乙氧基羰基-4-（5-（3-乙氧基羰基-5-羟基-1-（4-磺酸基苯基）吡唑-4-基）戊-2，4-二烯基）-4，5-二氢化-5-氧代吡唑-1-基）苯磺酸二钠盐和4-（3-乙氧基羰基-4-（5-（3-乙氧基羰基-5-环氧基-1-（4-磺酸基苯基）吡唑-4-基）戊-2，4-二烯基）-4，5-二氢化-5-氧代吡唑-1-基）苯磺酸三钠盐的混合物	A mixture of: disodium 4-（3-etho xycarbonyl-4-（5-（3-ethoxycarbonyl-5-hydroxy-1-（4-sulfonatophenyl）pyrazol-4-yl）penta-2，4-dienylidene）-4，5-dihydro-5-oxopyrazol-1-yl）benzenesulfonate and trisodium 4-（3-ethoxycarbonyl-4-（5-（3-ethoxycarbonyl-5-oxido-1-（4-sulfonatophenyl）pyrazol-4-yl）penta-2，4-dienylidene）-4，5-dihydro-5-oxopyrazol-1-yl）benzenesulfonate（EC No.402-660-9）		>274℃		1.49	408 000mg/L（19℃，pH 6）

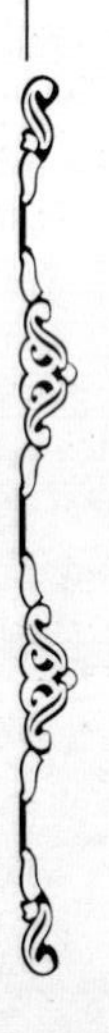

续表

序号	中文名称	英文名称	CAS No.	熔点	沸点（101.3kPa）	相对密度（20℃）	水溶性
267	4，4′-亚甲基双（2-（4-羟基苄基）-3，6-二甲基苯酚）和6-重氮基-5，6-二氢化-5-氧代-萘磺酸盐的1:2反应产物及4，4′-亚甲基双（2-（4-羟基苄基）-3，6-二甲基苯酚）和6-重氮基-5，6-二氢化-5-氧代萘磺酸盐的1:3反应产物的混合物	A mixture of: reaction product of 4，4′-methylenebis（2-（4-hydroxybenzyl）-3，6-dimethylphenol）and 6-diazo-5，6-dihydro-5-oxo-naphthalenesulfonate（1：2）and reaction product of 4，4′-methylenebis（2-（4-hydroxy benzyl）-3，6-dimethylphenol）and 6-diazo-5，6-dihydro-5-oxonaphthalenesulfonate（1：3）（EC No.417-980-4）	157321-59-0	111~175℃			<0.263mg/L（20℃）
801	六氢化环戊（c）吡咯-1-（1*H*）-铵*N*-乙氧基羰基-*N*-（聚砜基）氮烷化物	Hexahydrocyclopenta（c）pyrrole-（1*H*）-ammonium *N*-ethoxycarbonyl-*N*-（polyl sulfonyl）azanide（EC No.418-350-1）		95℃		1.3	92.78mg/L（30℃）
918	（亚甲基双（4，1-亚苯基偶氮（1-（3-（二甲基氨基）丙基)-1，2-二氢化-6-羟基-4-甲基-2-氧代嘧啶-5，3-二基)））-1，1′-二吡啶盐的二氯化物二盐酸化物	（Methylenebis（4，1-phenylenazo（1-（3-（dimethylamino）propyl）-1，2-dihydro-6-hydroxy-4- methyl-2-oxopyridine-5，3-diyl)））-1，1′-dipyridinium dichloride dihydrochloride（EC No.401-500-5）	118658-99-4	>270℃		1.19	380 000mg/L（20℃）
939	*N*-（2-（3-乙酰基-5-硝基噻吩-2-基偶氮）-5-二乙基氨基苯基）乙酰胺	*N*-（2-（3-acetyl-5-nitrothiophen-2-ylazo）-5-diethylaminophenyl）acetamide（EC No.416-860-9）	777891-21-1	192.9~193.6℃	>200℃	1.39	<0.2mg/L（25℃，pH 6.5）

续表

序号	中文名称	英文名称	CAS No.	熔点	沸点（101.3kPa）	相对密度（20℃）	水溶性
1004	*O*，*O′*－（乙烯基甲基硅烯）二（（4-甲基-2-酮）肟）	*O*，*O′*－（ethenylmethylsilylene）di（（4-methylpentan-2-one）oxime）（EC No.421-870-1）	156145-66-3	<-25℃	268.5~278℃	0.9	
1108	苯乙酮，甲醛，环已胺，甲醇和乙酸的反应产物	Reaction product of acetophenone，formaldehyde，cyclohexylamine，methanol and acetic acid（EC No.406-230-1）		-54℃	71~97℃	1.06	
1270	双（7-乙酰氨基-2-（4-硝基-2-氧苯偶氮基）-3-磺基-1-萘酚基）-1-铬酸三钠	Trisodium bis（7-acetamido-2-（4-nitro-2-oxidophenylazo）-3-sulfonato-1-naphtholato）chromate（1-）（EC No.400-810-8）	106084-79-1	>269℃		1.69	4250mg/L（20℃）
1271	三钠（4′－（8-乙酰氨基-3，6-二磺基-2-萘偶氮基）-4″－（6-苯甲酰氨基-3-磺基-2-萘偶氮基）－联苯-1，3′ 3″ 1‴-四羟连-O，O′O″ O‴）铜（Ⅱ）（EC No.413-590-3）	Trisodium（4′－（8-acetylamino-3，6-disulfonato-2-naphthylazo）-4″－（6-benzoylamino-3-sulfonato-2-naphthylazo）-biphenyl-1，3′，3″ 1‴-tetraolato-O，O′ O″ O‴）copper（Ⅱ）（EC No.413-590-3）	164058-22-4	>300℃			20 000mg/L（25℃）

（2）序号为 281、283~286、511、663、664、695~782、812、815~817、827、828、834~836、839~842、1049~1052、1107、1122、1181~1211 的 146 种禁用组分，其限制组分为丁二烯。丁二烯的含量 >0.1%（*W/W*）的这些物质禁止用于化妆品中。

丁二烯结构式： 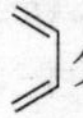　分子式：C_4H_6

（3）序号为 268、306~308、423、424、444~449、508、615、616、1025~1029、1075~1081、1120、1121、1283 的 30 种禁用组分，其限制组分为苯并［a］芘。苯并［a］芘的含量 >0.005%（*W/W*）的这些物质禁止用于化妆品中。

苯并［a］芘结构式： 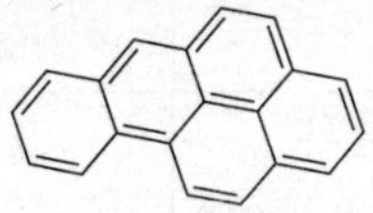　分子式：$C_{20}H_{12}$

（4）序号为 518~521、523~530、535~538、543~557、617~634、656~661、813、814、818、820~826、830~833、837、838、843、881~894、970~973、1022~1024、1110~1119 的 102 种禁用组分，其限制组分为二甲基亚砜。二甲基亚砜提取物的含量 >3%（*W/W*）的这些物质禁止用于化妆品中。

二甲基亚砜结构式：S=O　分子式：C_2H_6OS

（5）序号为 419、420、509、510、512~517、522、528、531~534、539~541、558~588、635~639、665~674、681~694、880、899、926、968、997、1041~1048、1109、1123~1144、1152~1161 的 125 种禁用组分为来源于石油的制品，在此不做举例，这部分物质极少可能加入或带入化妆品中。

表 2　化妆品限用组分结构信息

序号	中文名称	英文名称	结构式	化学式
1	烷基（C_{12}–C_{22}）三甲基铵氯化物	Alkyl（C_{12}–C_{22}）trimethyl ammonium Chloride（CAS：17301-53-0；57-09-0；112-02-7；1119-94-4；112-00-5；1120-02-1；112-03-8）	$[R-N^+(CH_3)_3]\ Cl^-$ R：C_{12}–C_{22} 如：月桂基三甲基溴化铵（CAS：1119-94-4） N^+ Br^-	$C_{15}H_{34}BrN$
2	苯扎氯铵，苯扎溴铵，苯扎糖精铵	Benzalkonium chloride，bromide and saccharinate（CAS：8001-54-5）	N^+ Cl^- 苯扎氯铵	$C_{17}H_{30}ClN$
3	（1）硼酸，硼酸盐和四硼酸盐（禁用物质表所列成分除外）	（1）Boric acid（CAS：11113-50-1），borates and tetraborates with the exception of substances in table of prohibited substances	HO—B(OH)—OH 硼酸	B（OH）$_3$
	（2）四硼酸盐	（2）Tetraborates（四硼酸钠 CAS：1330-43-4）	H_2O H_2O H_2O Na^+ Na^+ O^- O^- H_2O B B B B H_2O O O O O O H_2O H_2O H_2O H_2O H_2O 四硼酸钠	$Na_2B_4O_7 \cdot 10H_2O$

续表

序号	中文名称	英文名称	结构式	化学式
4	苯甲酸及其钠盐	Benzoic acid（CAS：65-85-0） Sodium benzoate	O HO 苯甲酸	$C_7H_6O_2$
5	8- 羟基喹啉，羟基喹啉硫酸盐	Oxyquinoline（CAS：148-24-3），oxyquinoline sulfate	OH N 8- 羟基喹啉	C_9H_7NO
6	苯氧异丙醇	Phenoxyisopropanol（CAS：770-35-4）	O OH	$C_9H_{12}O_2$
7	聚丙烯酰胺类	Polyacrylamides（CAS：9003-05-8）	$-[CH_2-CH]_n-$ C=O NH_2	$(C_2H_3)_nCH_2NO$
8	水杨酸	Salicylic acid（CAS：69-72-7）	O HO HO	$C_7H_6O_3$
9	过氧化锶	Strontium peroxide（CAS：1314-18-7）	Sr O—O	SrO_2
10	月桂醇聚醚 -9	Laureth-9（CAS No.3055-99-0）	O O O O O O O O O OH	$C_{30}H_{62}O_{10}$

续表

序号	中文名称	英文名称	结构式	化学式
11	三链烷胺，三链烷醇胺及其盐类	Trialkylamines，trialkanolamines and their salts	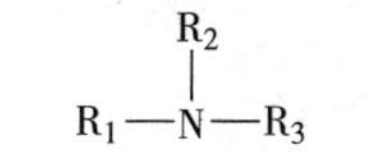 $R_1—N(R_2)—R_3$ 三链烷胺 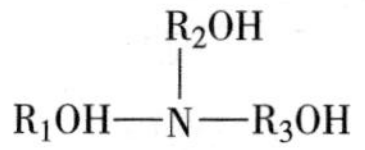 $R_1OH—N(R_2OH)—R_3OH$ 三链烷醇胺	
12	奎宁及其盐类	Quinine and its salts（CAS：130-95-0）	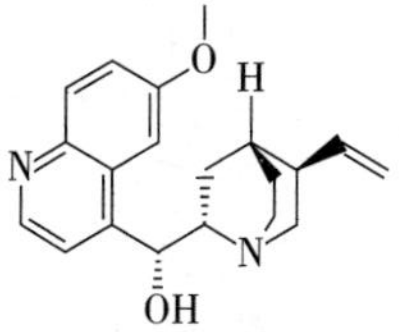	$C_{20}H_{24}N_2O_2$
13	间苯二酚	Resorcinol（CAS：108-46-3）	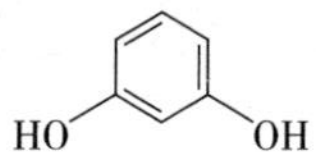	$C_6H_6O_2$
14	二硫化硒	Selenium disulfide（CAS：56093-45-9）	S∶Se=S	SeS_2
15	氯化锶	Strontium chloride（CAS：10476-85-4）	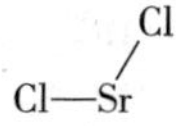 Cl—Sr—Cl	$SrCl_2$
16	二氨基嘧啶氧化物	Diaminopyrimidine oxide（CAS：74638-76-9）	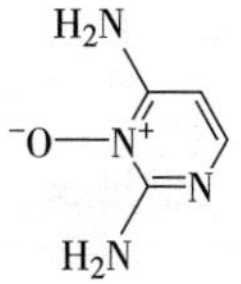	$C_4H_6N_4O$

续表

序号	中文名称	英文名称	结构式	化学式
17	二（羟甲基）亚乙基硫脲	Dimethylol ethylene thiourea（CAS：15534-95-9）		$C_5H_{10}N_2O_2S$
18	羟乙二磷酸及其盐类	Etidronic acid（CAS：2809-21-4）and its salts（1-hydroxyethylidene-di-phosphonic acid and its salts）	羟乙二磷酸	$C_2H_8O_7P_2$
19	过氧化氢和其他释放过氧化氢的化合物或混合物，如过氧化脲和过氧化锌	Hydrogen peroxide（CAS：7722-84-1），and other compounds or mixtures that release hydrogen peroxide，including carbamide peroxide and zinc peroxide	HO—OH 过氧化氢	H_2O_2
20	草酸及其酯类和碱金属盐类	Oxalic acid（CAS：6153-56-6），its esters and alkaline salts	草酸	$C_2H_6O_6$
21	吡硫鎓锌	Zinc pyrithione（CAS：13463-41-7）		$C_{10}H_8N_2O_2S_2Zn$

续表

序号	中文名称	英文名称	结构式	化学式
22	氢氧化钙	Calcium hydroxide（CAS：1305-62-0）	HO—Ca—OH	CaH_2O_2
23	无机亚硫酸盐类和亚硫酸氢盐类	Inorganic sulfites and hydrogen sulfites	$[SO_3]^{2-}$ $[Na^+]_2$（O、S、O、O） 亚硫酸钠 HO—S(=O)—O^-Na^+ 亚硫酸氢钠 $2Na^+$ $[O_2S—SO_3]^{2-}$（O、O、S、S、O、O、O） 焦亚硫酸钠	
24	氢氧化锂	Lithium hydroxide（CAS：1310-65-2）	Li^+　OH^-	LiOH
25	（1）巯基乙酸及其盐类	（1）Thioglycollic acid（CAS：68-11-1）and its salts	O、SH、OH 巯基乙酸	$C_2H_4O_2S$
	（2）巯基乙酸酯类	（2）Thioglycollic acid esters	$SH—CH_2—C(=O)—OR$	$C_2H_4O_2S$

续表

序号	中文名称	英文名称	结构式	化学式
26	硝酸银	Silver nitrate（CAS：7761-88-8）	$^{-}O-N^{+}(=O)-O^{-}$ Ag^{+}	$AgNO_3$
27	（1）碱金属的硫化物类	（1）Alkali sulfides	Na—S—Na 硫化钠	
	（2）碱土金属的硫化物类	（2）Alkaline earth sulfides	Ca–S 硫化钙	
28	氢氧化锶	Strontium hydroxide（CAS：18480-07-4）	HO—Sr—OH	Sr（OH）$_2$
29	氯化羟锆铝配合物（$Al_xZr(OH)_yCl_z$）和氯化羟锆铝甘氨酸配合物	Aluminium zirconium chloride hydroxide complexes；$Al_xZr(OH)_yCl_z$ and the aluminium zirconium chloride hydroxide glycine complexes	氯化羟锆铝配合物	
30	苯酚磺酸锌	Zinc 4-hydroxybenzene sulfonate（CAS：127-82-2）	Zn^{2+} 2 × [$HO-C_6H_4-S(=O)_2-O^{-}$]	$C_{12}H_{10}O_8S_2Zn$

续表

序号	中文名称	英文名称	结构式	化学式
31	甲醛	Formaldehyde（CAS：50–00–0）	$O{=}CH_2$	CH_2O
32	氢氧化钾（或氢氧化钠）	Potassium or sodium hydroxide（CAS：1310–58–3）	$K^+ \quad OH^-$	KOH
33	硝基甲烷	Nitromethane（CAS：75–52–5）	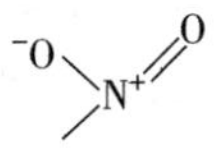	CH_3NO_2
34	亚硝酸钠	Sodium nitrite（CAS：7632–00–0）	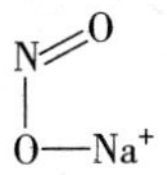	$NaNO_2$
35	滑石：水合硅酸镁	Talc：hydrated magnesium silicate（CAS：14807–96–6）	$3MgO \cdot 4SiO_2 \cdot H_2O$	$3MgO \cdot 4SiO_2 \cdot H_2O$
36	苯甲醇	Benzyl alcohol（CAS：100–51–6）	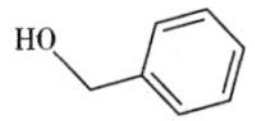	C_7H_8O
37	a–羟基酸及其盐类和酯类	a–Hydroxy acids（CAS：6064–63–7）and their salts，esters	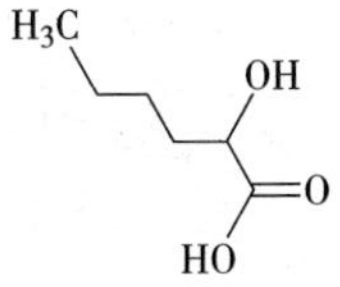	$C_{16}H_{12}O_3$
38	氨	Ammonia（CAS：7664–41–7）	NH_3	NH_3

续表

序号	中文名称	英文名称	结构式	化学式
39	氯胺 T	Chloramine T（CAS：127-65-1）		$C_7H_7ClNNaO_2S$
40	碱金属的氯酸盐类	Chlorates of alkali metals	$KClO_3$ 氯酸钾	氯酸钾 $KClO_3$
41	二氯甲烷	Dichloromethane（CAS：75-09-2）		CH_2Cl_2
42	双氯酚	Dichlorophen（CAS：97-23-4）		$C_{13}H_{10}Cl_2O_2$
43	脂肪酸双链烷酰胺及脂肪酸双链烷醇酰胺	Fatty acid dialkylamides and dialkanolamides	脂肪酸双链烷酰胺 脂肪酸双链烷醇酰胺	

续表

序号	中文名称	英文名称	结构式	化学式
44	单链烷胺，单链烷醇胺及其盐类	Monoalkylamines，monoalkanolamines and their salts	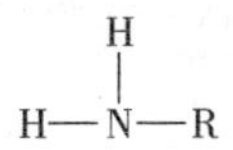 H—N(H)—R 单链烷胺；H—N(H)—R—OH 单链烷醇胺 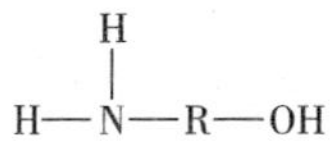	
45	酮麝香	Musk ketone（CAS：81-14-1）	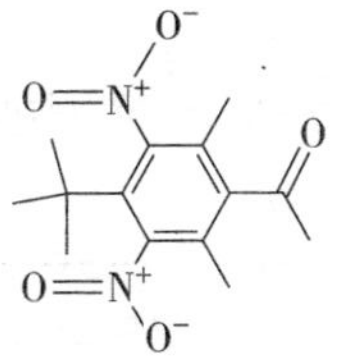	$C_{14}H_{18}N_2O_5$
46	麝香二甲苯	Musk xylene（CAS：81-15-2）	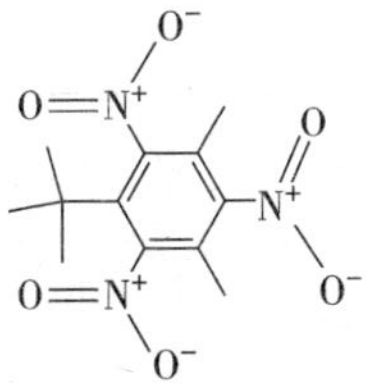	$C_{12}H_{15}N_3O_6$
47	水溶性锌盐（苯酚磺酸锌和吡硫鎓锌除外）	Water-soluble zinc salts with the exception of zinc 4-hydroxyben zenesulphonate and zinc pyrithione	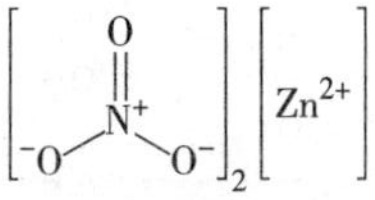 $[O=N^+(O^-)O^-]_2[Zn^{2+}]$ 硝酸锌	ZnN_2O_6

表 3　化妆品准用防腐剂结构信息

序号	中文名称	英文名称	结构式	化学式
1	2–溴–2–硝基丙烷–1，3 二醇	2–Bromo–2–nitropropane–1，3–diol（CAS：52–51–7）	HO　HO　N^+　O^-　O　Br	$C_3H_6BrNO_4$
2	5–溴–5–硝基–1，3–二噁烷	5–Bromo–5–nitro–1，3–dioxane（CAS：30007–47–7）	O　Br　N^+　O^-　O　O	$C_4H_6BrNO_4$
3	7–乙基双环噁唑烷	7–Ethylbicyclooxazolidine（CAS：7747–35–5）	O　N　O	$C_7H_{13}NO_2$
4	烷基（C_{12}–C_{22}）三甲基铵溴化物或氯化物	Alkyl（C_{12}–C_{22}）trimethyl ammonium，bromide and chloride	$[CH_3(CH_2)_{14}CH_2N(CH_3)_3]^+Cl^-$ 西曲氯铵（CAS：112–02–7） $[CH_3(CH_2)_{17}N(CH_3)_3]^+Cl^-$ 硬脂基三甲基氯化铵（CAS：112–03–8） $[CH_3(CH_2)_{20}CH_2N(CH_3)_3]^+Cl^-$ 山嵛基三甲基氯化铵（CAS：17301–53–0）	$C_{19}H_{42}ClN$ $C_{21}H_{46}ClN$ $C_{25}H_{54}ClN$

续表

序号	中文名称	英文名称	结构式	化学式
5	苯扎氯铵，苯扎溴铵，苯扎糖精铵	Benzalkonium chloride（CAS：63449-41-2），bromide and saccharinate	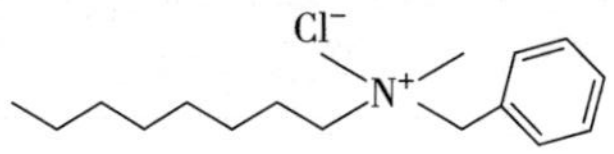 苯扎氯铵	$C_{17}H_{30}ClN$
6	苄索氯铵	Benzethonium chloride（CAS：121-54-0）	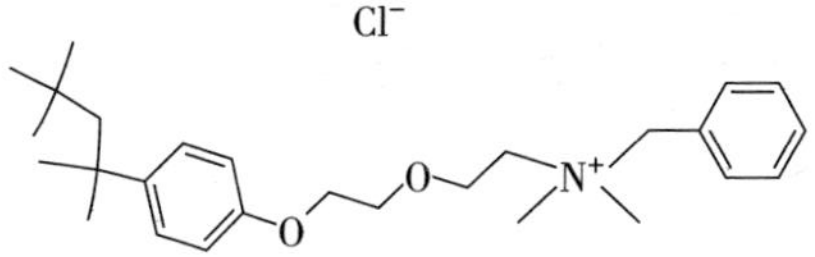	$C_{27}H_{42}ClNO_2$
7	苯甲酸及其盐类和酯类	Benzoic acid（CAS：65-85-0），its salts and esters	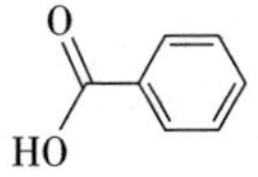 苯甲酸	$C_7H_6O_2$
8	苯甲醇	Benzyl alcohol（CAS：100-51-6）	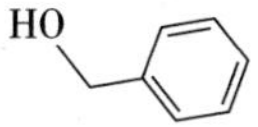	C_7H_8O
9	甲醛苄醇半缩醛	Benzylhemiformal（CAS：14548-60-8）	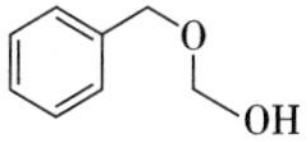	$C_8H_{10}O_2$
10	溴氯芬	Bromochlorophene（CAS：15435-29-7）	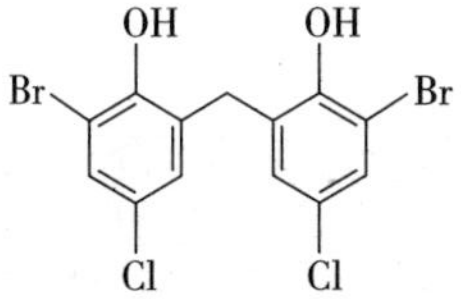	$C_{13}H_8Br_2Cl_2O_2$
11	氯己定及其二葡萄糖酸盐，二醋酸盐和二盐酸盐	Chlorhexidine（CAS：55-56-1）and its digluconate，diacetate and dihydrochloride	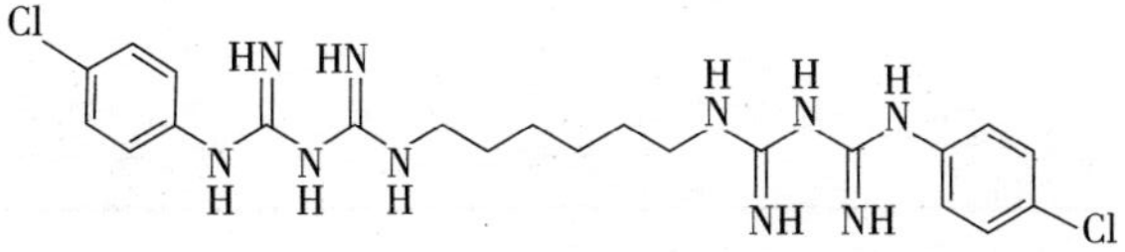	$C_{22}H_{30}Cl_2N_{10}$

续表

序号	中文名称	英文名称	结构式	化学式
12	三氯叔丁醇	Chlorobutanol（CAS：57–15–8）	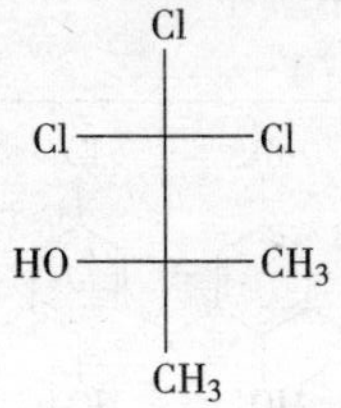	$C_4H_7Cl_3O$
13	苄氯酚	Chlorophene（CAS：120–32–1）	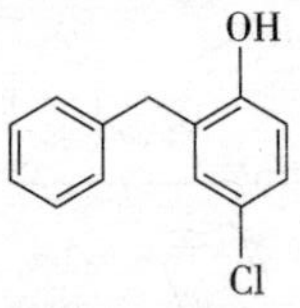	$C_{13}H_{11}ClO$
14	氯二甲酚	Chloroxylenol（CAS：1321–23–9）	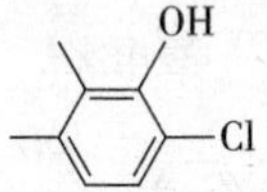	C_8H_9ClO
15	氯苯甘醚	Chlorphenesin（CAS：104–29–0）	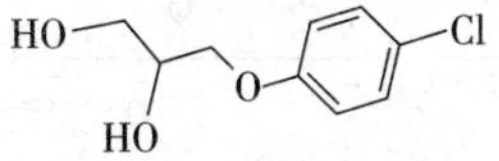	$C_9H_{11}ClO_3$
16	氯咪巴唑	Climbazole（CAS：38083–17–9）	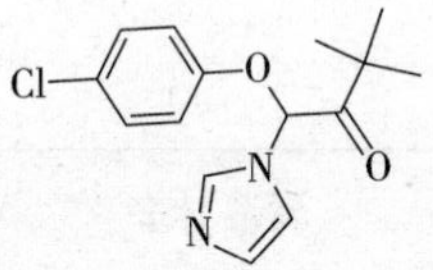	$C_{15}H_{17}ClN_2O_2$
17	脱氢乙酸及其盐类	3–Acetyl–6–methylpyran–2（CAS：520–45–6），4（3*H*）–dione and its salts	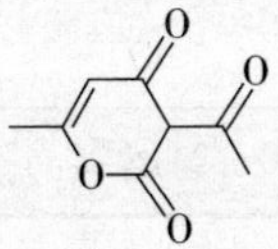	$C_8H_8O_4$

续表

序号	中文名称	英文名称	结构式	化学式
18	双（羟甲基）咪唑烷基脲	Diazolidinyl urea（CAS：78491-02-8）	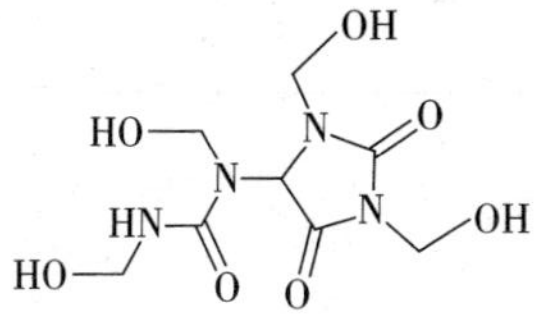 OH; HO; N; N; O; HN; N; OH; HO; O; O	$C_8H_{14}N_4O_7$
19	二溴己脒及其盐类，包括二溴己脒羟乙磺酸盐	3，3′-Dibromo-4，4′-hexamethylenedioxydibenzamidine（CAS：93856-82-7）and its salts（including isethionate）	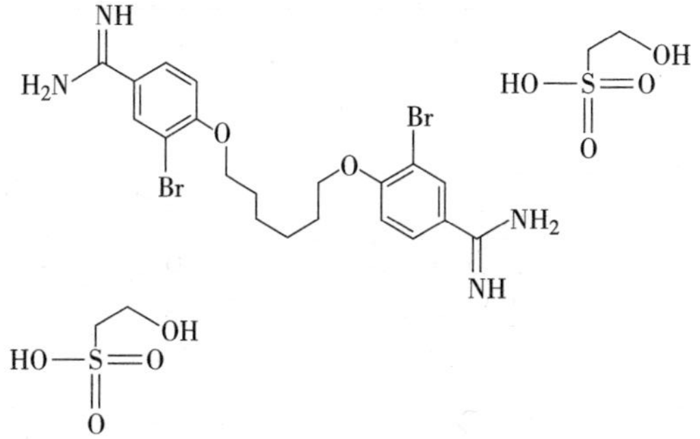 NH; H_2N; O; Br; O; Br; NH_2; NH; HO—S=O, O, OH; HO—S=O, O, OH	$C_{20}H_{24}Br_2N_4O_2 \cdot 2C_2H_6O$
20	二氯苯甲醇	Dichlorobenzyl alcohol（CAS：1777-82-8）	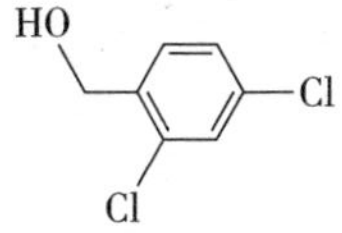 HO; Cl; Cl	$C_7H_6Cl_2O$
21	二甲基噁唑烷	Dimethyl oxazolidine（CAS：51200-87-4）	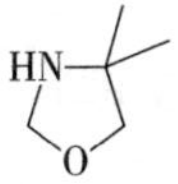 HN; O	$C_5H_{11}NO$
22	DMDM 乙内酰脲	DMDM hydantoin（CAS：6440-58-0）	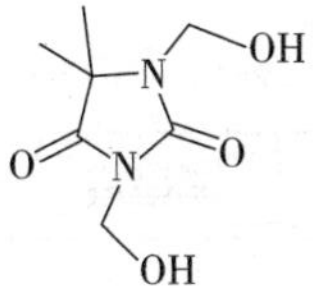 N; OH; O; N; O; OH	$C_7H_{12}N_2O_4$

续表

序号	中文名称	英文名称	结构式	化学式
23	甲醛和多聚甲醛	Formaldehyde（CAS：50-00-0）and paraformaldehyde（CAS：30525-89-4）	$O=CH_2$ 甲醛 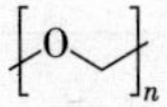 多聚甲醛	CH_2O $(CH_2O)_n$
24	甲酸及其钠盐	Formic acid（CAS：64-18-6）and its sodium salt	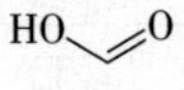 甲酸	CH_2O_2
25	戊二醛	Glutaral（CAS：111-30-8）		$C_5H_8O_2$
26	己脒定及其盐，包括己脒定两个羟乙基磺酸盐和己脒定对羟基苯甲酸盐	1，6-Di（4-amidinophenoxy）-n-hexane（CAS：3811-75-4）and its salts（including isethionate and p-hydroxybenzoate）	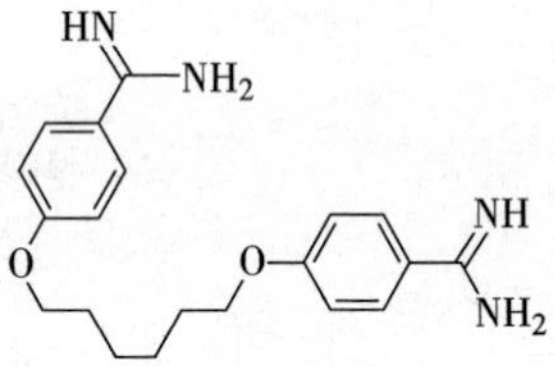	$C_{20}H_{26}N_4O_2$
27	海克替啶	Hexetidine（CAS：141-94-6）	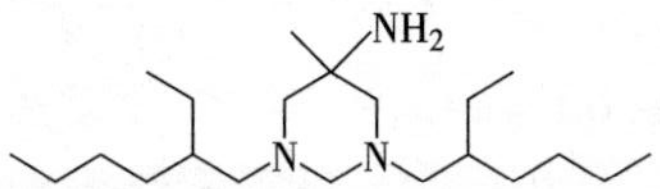	$C_{21}H_{45}N_3$
28	咪唑烷基脲	Imidazolidinyl urea（CAS：39236-46-9）	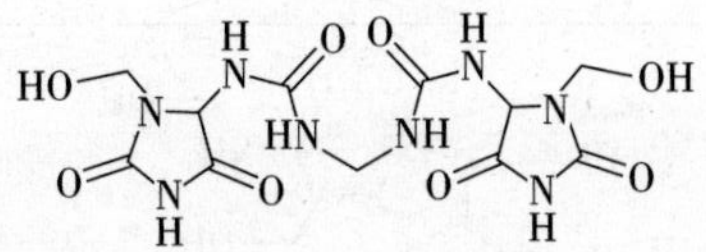	$C_{11}H_{16}N_8O_8$
29	无机亚硫酸盐类和亚硫酸氢盐类	Inorganic sulfites and hydrogensulfites	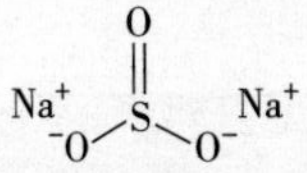 亚硫酸钠 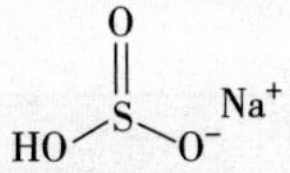　亚硫酸氢钠	

续表

序号	中文名称	英文名称	结构式	化学式
30	碘丙炔醇丁基氨甲酸酯	Iodopropynyl butylcarbamate（CAS：55406-53-6）	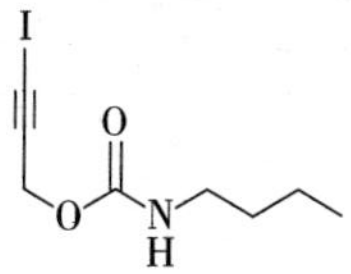	$C_8H_{12}O_2NI$
31	甲基异噻唑啉酮	Methylisothiazolinone（CAS：2682-20-4）	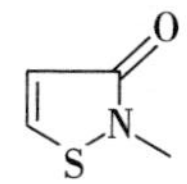	C_4H_5NOS
32	甲基氯异噻唑啉酮和甲基异噻唑啉酮与氯化镁及硝酸镁的混合物（甲基氯异噻唑啉酮：甲基异噻唑啉酮为 3:1）	Mixture of methylchloroisothiazolinone and methylisothiazolinone（CAS：2682-20-4）with magnesium chloride（CAS：7786-30-3）and magnesium nitrate（CAS：10377-60-3）	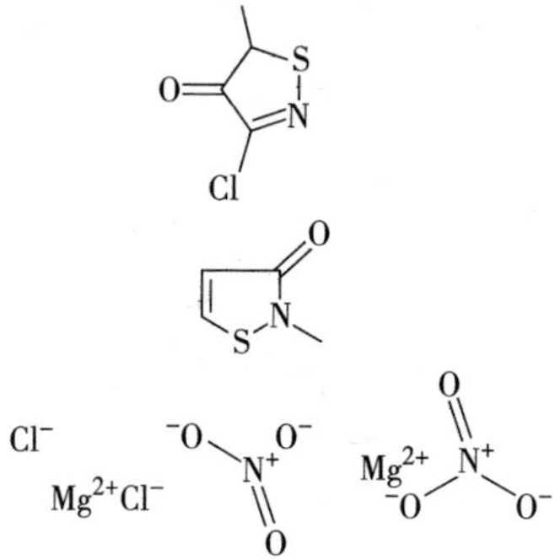	C_4H_4ClNOS C_4H_5NOS MgCl Mg（NO_3）$_2$
33	邻伞花烃 -5- 醇	*o*-Cymen-5-ol（CAS：3228-02-2）	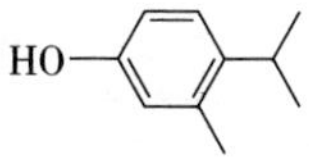	$C_{10}H_{14}O$
34	邻苯基苯酚及其盐类	Biphenyl-2-ol（CAS：90-43-7）and its salts	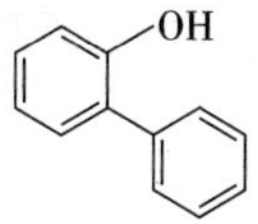	$C_{12}H_{10}O$
35	4- 羟基苯甲酸及其盐类和酯类	4-Hydroxybenzoic acid（CAS：99-96-7）and its salts and esters	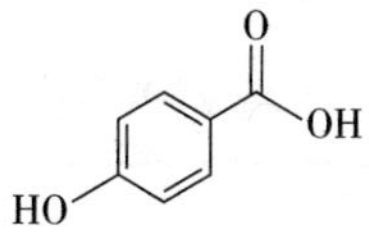	$C_7H_6O_3$

续表

序号	中文名称	英文名称	结构式	化学式
36	对氯间甲酚	*p*-Chloro-*m*-cresol（CAS：59-50-7）	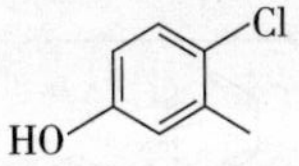 HO, Cl	C_7H_7ClO
37	苯氧乙醇	Phenoxyethanol（CAS：122-99-6）	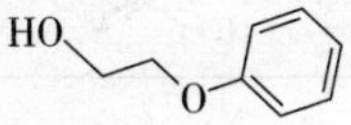 HO, O	$C_8H_{10}O_2$
38	苯氧异丙醇	Phenoxyisopropanol（CAS：770-35-4）	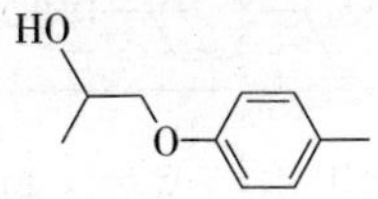 HO, O	$C_9H_{12}O_2$
39	吡罗克酮和吡罗克酮乙醇胺盐	1-Hydroxy-4-methyl-6（2，4，4-trimethylpentyl）2-pyridon（CAS：50650-76-5）and its monoethanolamine salt	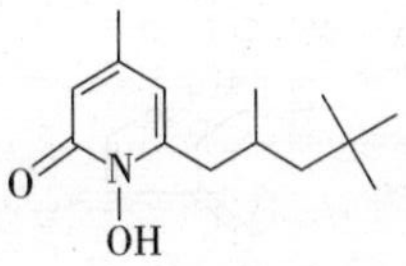 O, N, OH	$C_{14}H_{23}NO_2$
40	聚氨丙基双胍	Polyaminopropyl biguanide（CAS：133029-32-0）	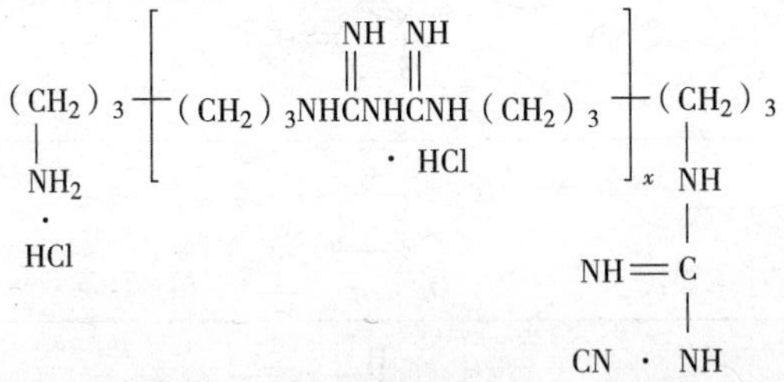 $(CH_2)_3-[(CH_2)_3NHC(=NH)NHC(=NH)NH(CH_2)_3 \cdot HCl]_x-(CH_2)_3$；$NH_2 \cdot HCl$；$NH-C(=NH)-NH \cdot CN$ 聚氨丙基双胍	$(C_5H_{14}N_6)_x$
41	丙酸及其盐类	Propionic acid and its salts（CAS：79-09-4）	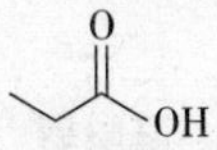 O, OH 丙酸	$C_3H_6O_2$

续表

序号	中文名称	英文名称	结构式	化学式
42	水杨酸及其盐类	Salicylic acid（CAS：69-72-7）and its salts	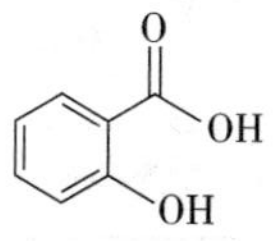 水杨酸	$C_7H_6O_3$
43	苯汞的盐类，包括硼酸苯汞	Phenylmercuric salts（including borate（CAS：102-98-7））	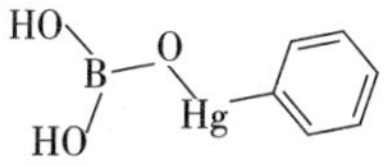	$C_6H_7BHgO_3$
44	沉积在二氧化钛上的氯化银	Silver chloride deposited on titanium dioxide（CAS：7783-90-6）	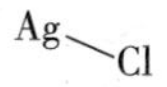 氯化银	AgCl
45	羟甲基甘氨酸钠	Sodium hydroxymethylglycinate（CAS：70161-44-3）	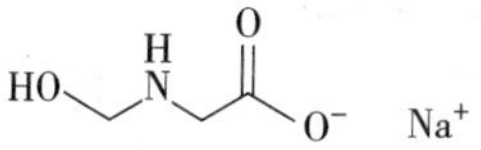	$C_3H_6NNaO_3$
46	山梨酸及其盐类	Sorbic acid（CAS：110-44-1）（hexa-2，4-dienoic acid）and its salts	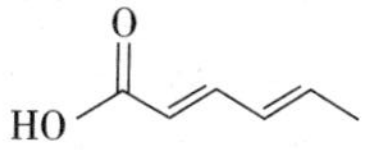 山梨酸	$C_6H_8O_2$
47	硫柳汞	Thimerosal（CAS：54-64-8）	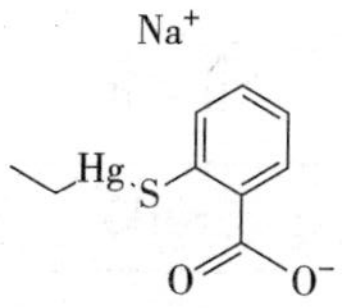	$C_9H_9HgNaO_2S$

续表

序号	中文名称	英文名称	结构式	化学式
48	三氯卡班	Triclocarban（CAS：101-20-2）	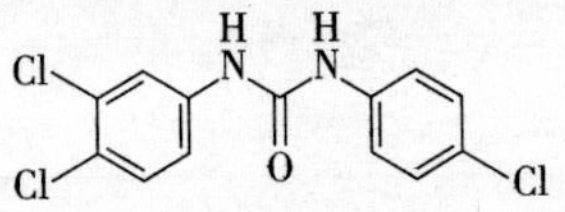	$C_{13}H_9Cl_3N_2O$
49	三氯生	Triclosan（CAS：3380-34-5）	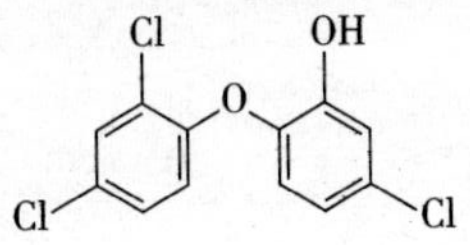	$C_{12}H_7C_{13}O_2$
50	十一烯酸及其盐类	Undec-10-enoic acid（CAS：112-38-9）and its salts	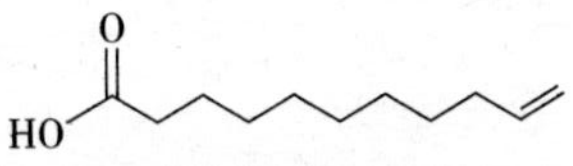	$C_{11}H_{20}O_2$
51	吡硫鎓锌	Zinc pyrithione（CAS：13463-41-7）	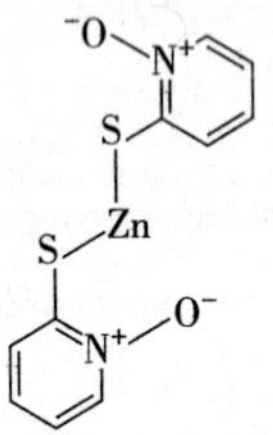	$C_{10}H_8N_2O_2S_2Zn$

表 4　化妆品准用防晒剂结构信息

序号	中文名称	英文名称	结构式	化学式
1	3- 亚苄基樟脑	3-Benzylidene camphor（CAS：15087-24-8）	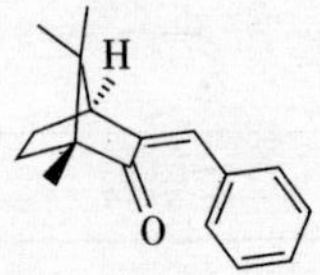	$C_{17}H_{20}O$

续表

序号	中文名称	英文名称	结构式	化学式
2	4- 甲基苄亚基樟脑	4-Methylbenzylidene camphor（CAS：36861-47-9）	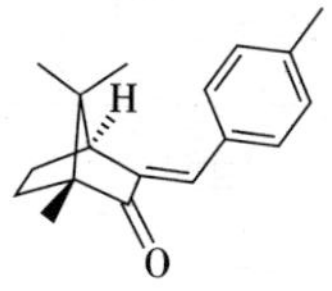	$C_{18}H_{22}O$
3	二苯酮 -3	Benzophenone-3（CAS：131-57-7）	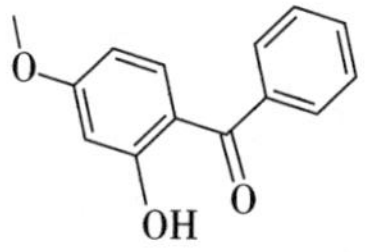	$C_{14}H_{12}O_3$
4	二苯酮 -4 二苯酮 -5	Benzophenone-4（CAS：4065-45-6） Benzophenone-5（CAS：6628-37-1）	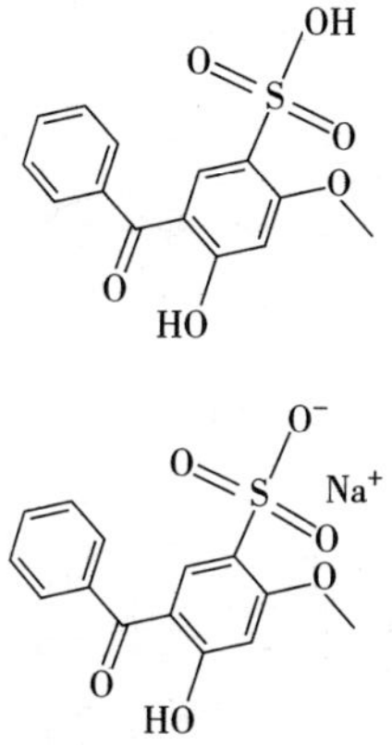	$C_{14}H_{12}O_6S$ $C_{14}H_{11}O_6S \cdot Na$
5	亚苄基樟脑磺酸及其盐类	Alpha-（2-oxoborn-3-ylidene）-toluene-4-sulfonic acid（CAS：56039-58-8）and its salts	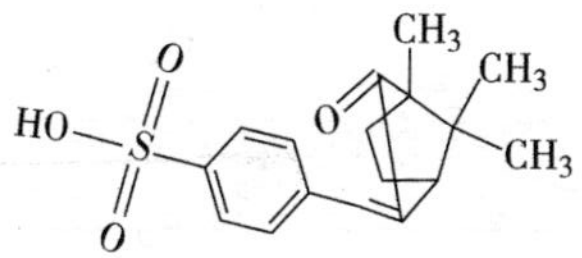	$C_{17}H_{20}O_4S$

续表

序号	中文名称	英文名称	结构式	化学式
6	双－乙基己氧苯酚甲氧苯基三嗪	Bis-ethylhexyloxyphenol methoxyphenyl triazine（CAS：187393-00-6）	O HO N N N O O OH	$C_{38}H_{49}N_3O_5$
7	丁基甲氧基二苯甲酰基甲烷	Butyl methoxydibenzoylmethane（CAS：70356-09-1）	O O O	$C_{20}H_{22}O_3$
8	樟脑苯扎铵甲基硫酸盐	Camphor benzalkonium methosulfate	CH_3 O H_3C H_3C CH_2 CH_3 CH_2-N-CH_3 CH_3 + $CH_2OSO_3^-$	$C_{20}H_{28}NO \cdot CH_3O_4S$
9	二乙氨羟苯甲酰基苯甲酸己酯	Diethylamino hydroxybenzoyl hexyl benzoate（CAS：302776-68-7）	OH N O O O	$C_{24}H_{31}NO_4$

续表

序号	中文名称	英文名称	结构式	化学式
10	二乙基己基丁酰胺基三嗪酮	Diethylhexyl butamido triazone（CAS：154702-15-5）	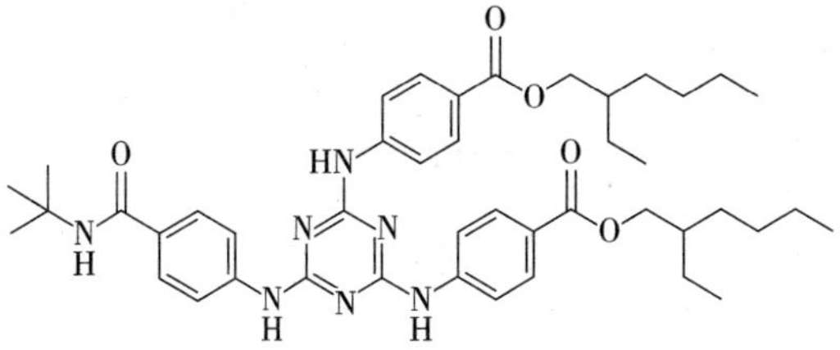	$C_{44}H_{59}N_7O_5$
11	苯基二苯并咪唑四磺酸酯二钠	Disodium phenyl dibenzimidazole tetrasulfonate（CAS：180898-37-7）	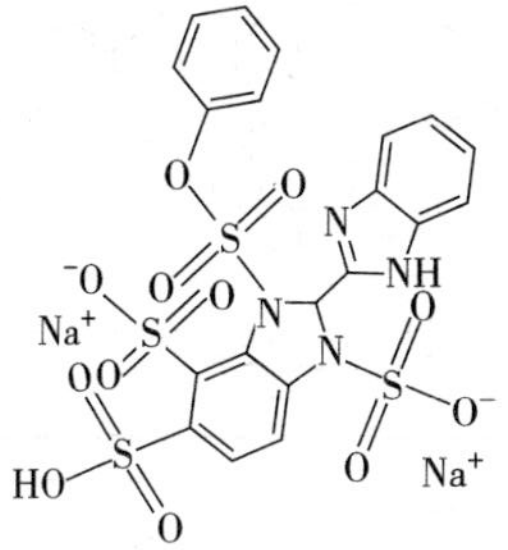	$C_{20}H_{14}N_4Na_2O_{12}S_4$
12	甲酚曲唑三硅氧烷	Drometrizole trisiloxane（CAS：155633-54-8）	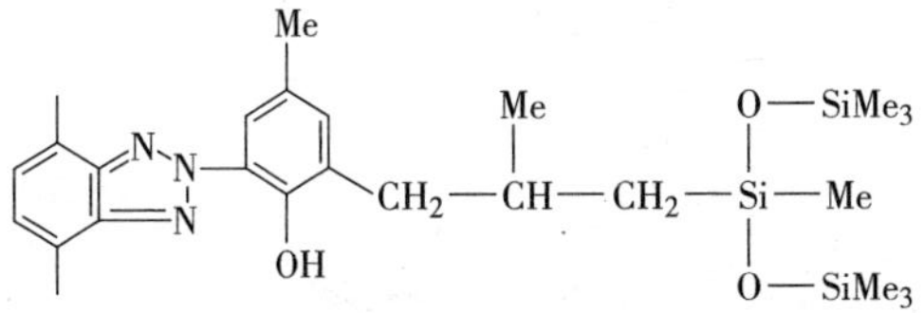	
13	二甲基PABA乙基己酯	Ethylhexyl dimethyl PABA（CAS：21245-02-3）	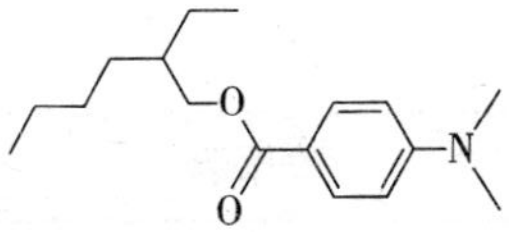	$C_{17}H_{27}NO_2$

续表

序号	中文名称	英文名称	结构式	化学式
14	甲氧基肉桂酸乙基己酯	Ethylhexyl methoxycinnamate(CAS: 5466–77–3)		$C_{18}H_{26}O_3$
15	水杨酸乙基己酯	Ethylhexyl salicylate（CAS：118–60–5）		$C_{15}H_{22}O_3$
16	乙基己基三嗪酮	Ethylhexyl triazone（CAS：88122–99–0）		$C_{48}H_{66}N_6O_6$
17	胡莫柳酯	Homosalate（CAS：118–56–9）		$C_{16}H_{22}O_3$
18	对甲氧基肉桂酸异戊酯	Isoamyl *p*–methoxycinnamate(CAS: 71617–10–2)		$C_{15}H_{20}O_3$

续表

序号	中文名称	英文名称	结构式	化学式
19	亚甲基双 - 苯并三唑基四甲基丁基酚	Methylene bis-benzotriazolyl tetramethylbutylphenol（CAS：103597-45-1）		$C_{41}H_{50}N_6O_2$
20	奥克立林	Octocrylene（CAS：6197-30-4）		$C_{24}H_{27}NO_2$
21	PEG-25 对氨基苯甲酸	PEG-25 PABA（CAS：113010-52-9）		
22	苯基苯并咪唑磺酸及其钾、钠和三乙醇胺盐	2-Phenylbenzimidazole-5-sulfonic acid（CAS：27503-81-7）and its potassium，sodium，and triethanolamine salts		$C_{13}H_{10}N_2O_3S$
23	聚丙烯酰胺甲基亚苄基樟脑	Polyacrylamidomethyl benzylidene camphor（CAS：113783-61-2）		$C_{21}H_{25}NO_2$

续表

序号	中文名称	英文名称	结构式	化学式
24	聚硅氧烷 -15	Polysilicone-15（CAS：207574-74-1）	$(CH_3)_3SiO-[Si(CH_3)_2O]_x-[Si(CH_3)(C(=CH_2)CH_2O-C_6H_4-CH=C(COOC_2H_5)_2)O]_y-[Si(CH_3)(CH=CHCH_2O-C_6H_4-CH=C(COOC_2H_5)_2)O]_z-Si(CH_3)_3$	
25	对苯二亚甲基二樟脑磺酸及其盐类	3，3′-（1，4-Phenylenedimethylene）bis（7，7-dimethyl-2-oxobicyclo-［2.2.1］hept-1-yl-methanesulfonic acid）（CAS：90457-82-2）and its salts		$C_{28}H_{34}O_8S_2$
26	二氧化钛	Titanium dioxide（CAS：1317-80-2）	O=Ti=O	TiO_2
27	氧化锌	Zinc oxide（CAS：1314-13-2）	O=Zn	ZnO

表5 化妆品准用着色剂结构信息

序号	中文名称（着色剂索引号）	着色剂索引通用名	结构式	化学式
1	颜料绿 8 CI 10006	PIGMENT GREEN 8（CAS：16143-80-9）	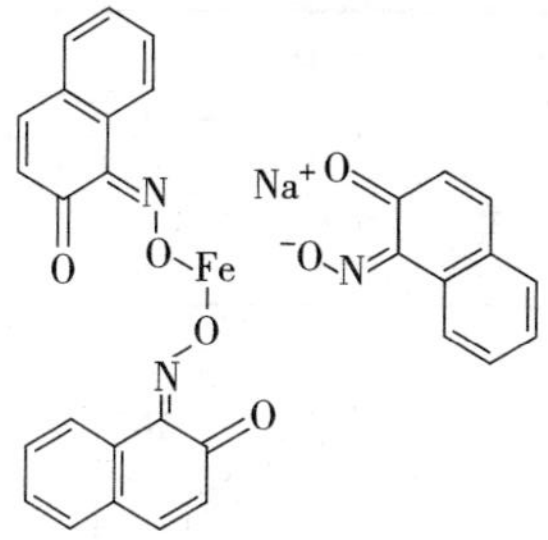	$C_{20}H_{12}FeN_2O_4 \cdot C_{10}H_6NO_2 \cdot Na$
2	酸性绿 1 CI 10020	ACID GREEN 1（CAS：19381-50-1）	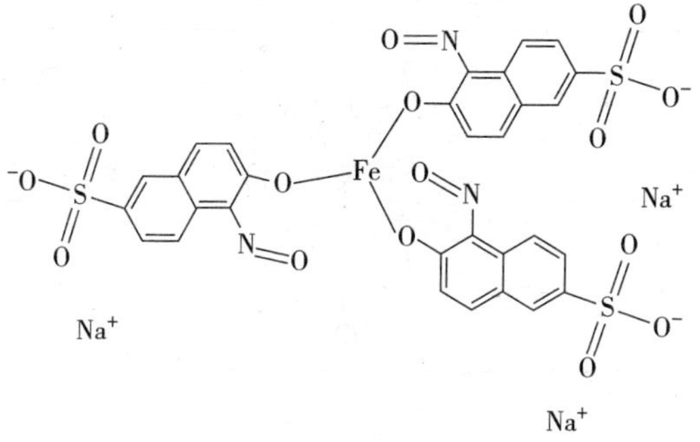	$C_{30}H_{15}FeN_3Na_3O_{15}S_3$
3	酸性黄 1 CI 10316（2）	ACID YELLOW 1（CAS：846-70-8）	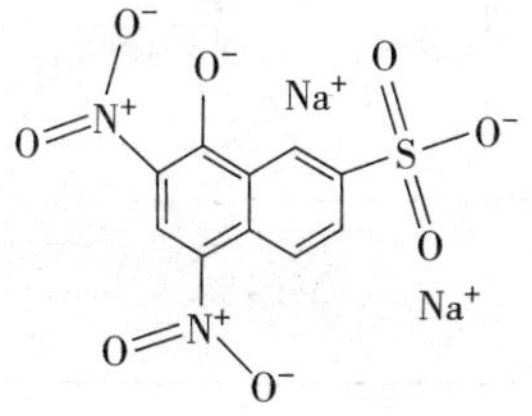	$C_{10}H_4N_2Na_2O_8S$

续表

序号	中文名称（着色剂索引号）	着色剂索引通用名	结构式	化学式
4	食品黄 1 CI 11680	FOOD YELLOW 1（CAS：2512-29-0）	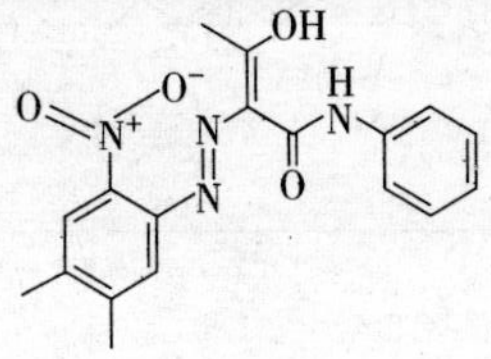	$C_{17}H_{16}N_4O_4$
5	颜料黄 3 CI 11710	PIGMENT YELLOW 3（CAS：6486-23-3）	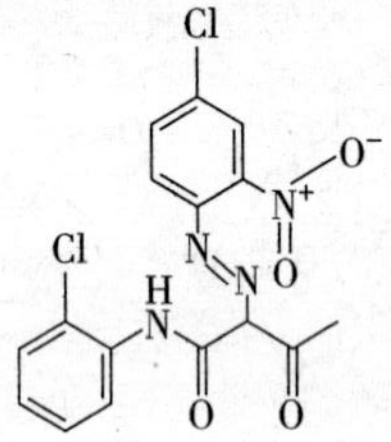	$C_{16}H_{12}C_{12}N_4O_4$
6	颜料橙 1 CI 11725	PIGMENT ORANGE 1（CAS：6371-96-6）	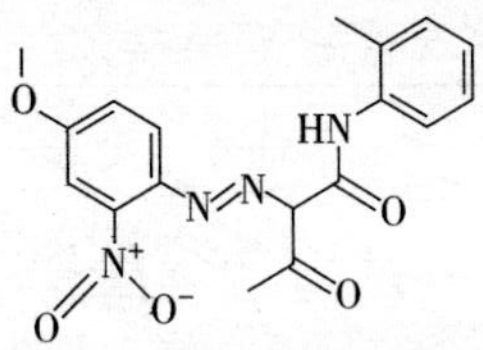	$C_{18}H_{18}N_4O_5$
7	食品橙 3 CI 11920	FOOD ORANGE 3（CAS：2051-85-6）	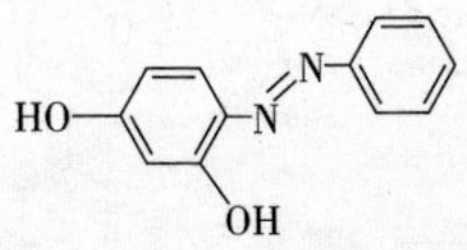	$C_{12}H_{10}N_2O_2$
8	溶剂红 3 CI 12010	SOLVENT RED 3（CAS：6535-42-8）	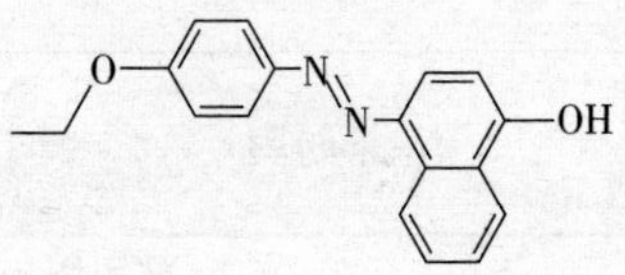	$C_{18}H_{16}N_2O_2$

续表

序号	中文名称（着色剂索引号）	着色剂索引通用名	结构式	化学式
9	颜料红 4 CI 12085[2]	PIGMENT RED 4（CAS：2814-77-9）	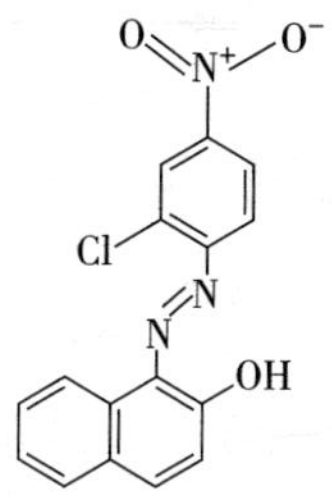	$C_{16}H_{10}ClN_3O_3$
10	颜料红 3 CI 12120	PIGMENT RED 3（CAS：2425-85-6）	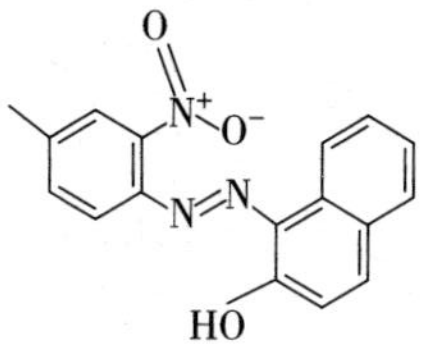	$C_{17}H_{13}N_3O_3$
11	颜料红 112 CI 12370	PIGMENT RED 112（CAS：6535-46-2）	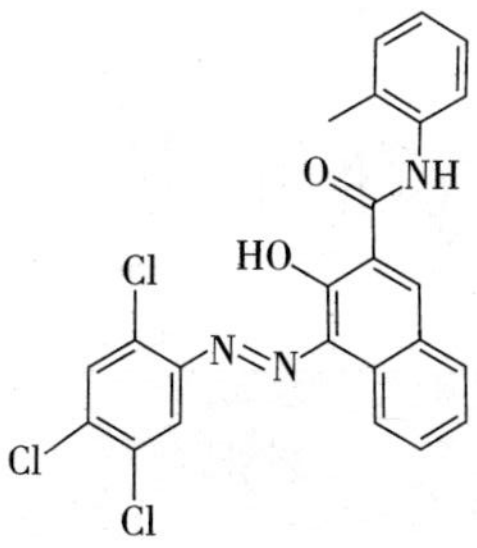	$C_{24}H_{16}C_{13}N_3O_2$

续表

序号	中文名称（着色剂索引号）	着色剂索引通用名	结构式	化学式
12	颜料红 7 CI 12420	PIGMENT RED 7（CAS：6471-51-8）	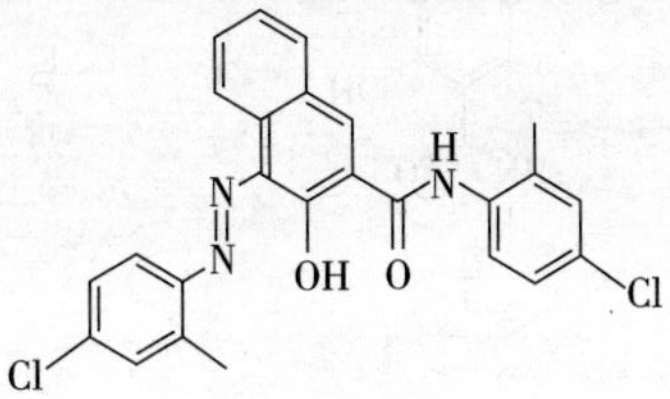	$C_{25}H_{19}C_{12}N_3O_2$
13	颜料棕 1 CI 12480	PIGMENT BROWN 1（CAS：6410-40-8）	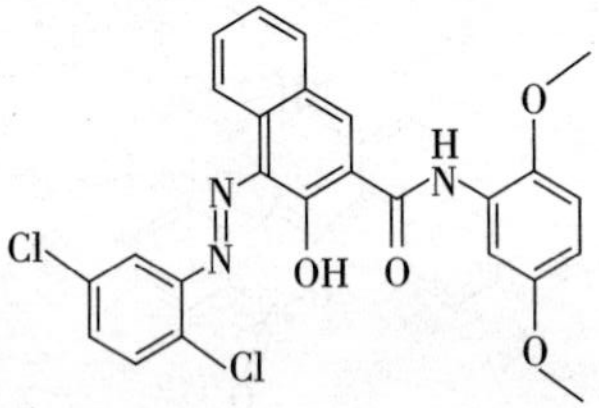	$C_{25}H_{19}Cl_2N_3O_4$
14	颜料红 5 CI 12490	PIGMENT RED 5（CAS：6410-41-9）	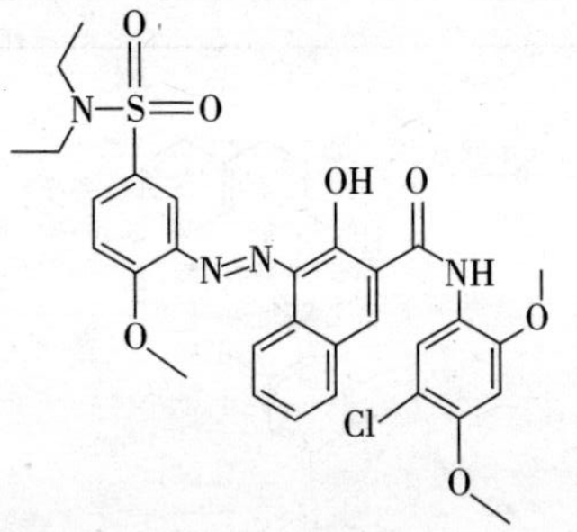	$C_{30}H_{31}ClN_4O_7S$
15	分散黄 16 CI 12700	DISPERSE YELLOW 16（CAS：4314-14-1）	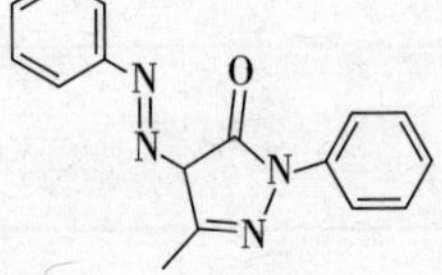	$C_{16}H_{14}N_4O$

续表

序号	中文名称（着色剂索引号）	着色剂索引通用名	结构式	化学式
16	食品黄 2 CI 13015	FOOD YELLOW 2（CAS：2706-28-7）	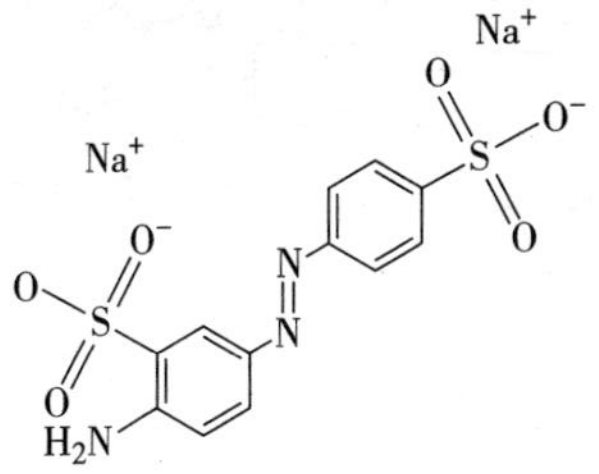 Na^+ O O^- S O Na^+ O^- N N O S O H_2N	$C_{12}H_9N_3Na_2O_6S_2$
17	酸性橙 6 CI 14270	ACID ORANGE 6（CAS：10378-23-1）	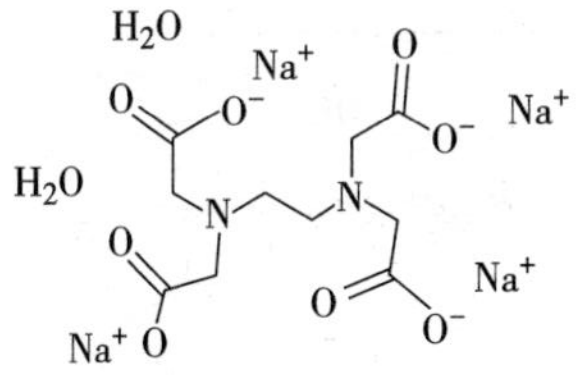 H_2O Na^+ O O O^- O O^- Na^+ H_2O N N O O Na^+ Na^+ O O^-	$C_{10}H_{16}N_2Na_4O_{10}$
18	食品红 1 CI 14700	FOOD RED 1（CAS：4548-53-2）	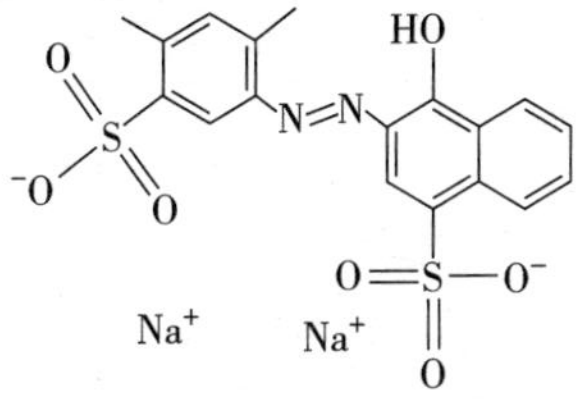 HO O S N=N ^-O O O=S—O^- Na^+ Na^+ O	$C_{18}H_{14}N_2Na_2O_7S_2$
19	食品红 3 CI 14720	FOOD RED 3（CAS：3567-69-9）	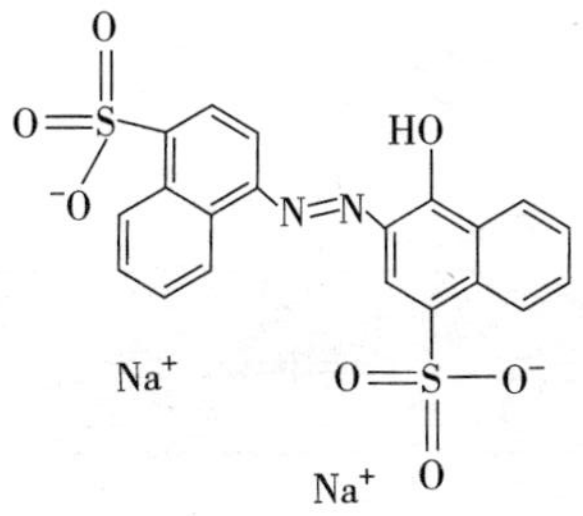 O O=S HO ^-O N=N Na^+ O=S—O^- Na^+ O	$C_{20}H_{12}N_2Na_2O_7S_2$

续表

序号	中文名称（着色剂索引号）	着色剂索引通用名	结构式	化学式
20	食品红 2 CI 14815	FOOD RED 2（CAS：3257-28-1）	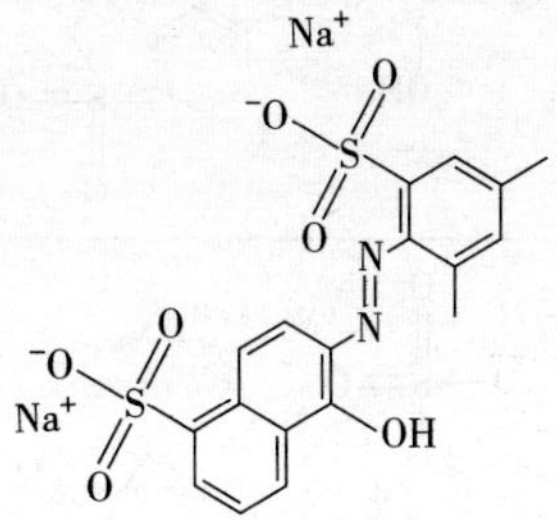 Na^+ ^-O S O O N N ^-O Na^+ O S O OH	$C_{18}H_{14}N_2Na_2O_7S_2$
21	酸性橙 7 CI 15510	ACID ORANGE 7（CAS：633-96-5）	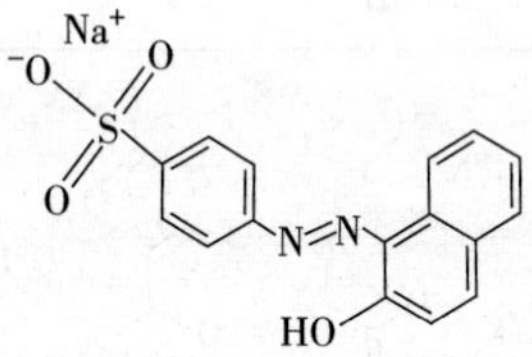 Na^+ ^-O O S O N=N HO	$C_{16}H_{11}N_2NaO_4S$
22	颜料红 68 CI 15525	PIGMENT RED 68（CAS：5850-80-6）	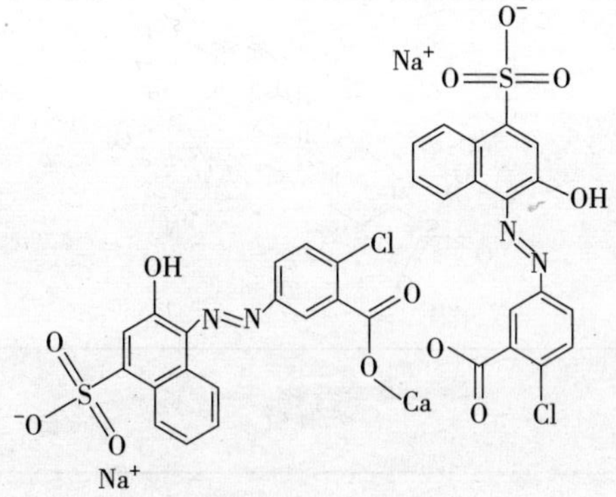 O^- Na^+ O=S=O OH N N Cl OH N=N O O O O Ca O Cl O S O ^-O Na^+	$C_{34}H_{18}CaCl_2N_4Na_2O_{12}S_2$

续表

序号	中文名称 （着色剂索引号）	着色剂索引通用名	结构式	化学式
23	颜料红 51 CI 15580	PIGMENT RED 51（CAS：5850-87-3）	OH N=N S O O O⁻ Ba⁺ O O S O N=N HO	$C_{34}H_{26}BaN_4O_8S_2$
24	酸性红 88 CI 15620	ACID RED 88（CAS：1658-56-6）	O O S ⁻O Na⁺ N=N HO	$C_{20}H_{13}N_2NaO_4S$
25	颜料红 49 CI 15630	PIGMENT RED 49（CAS：1248-18-6）	Na⁺ O⁻ O=S=O HO N N	$C_{20}H_{13}N_2NaO_4S$
26	颜料红 64 CI 15800	PIGMENT RED 64（CAS：1248-18-6）	Na⁺ O⁻ O=S=O HO N N	$C_{20}H_{13}N_2NaO_4S$

续表

序号	中文名称（着色剂索引号）	着色剂索引通用名	结构式	化学式
27	颜料红 57 CI 15850	PIGMENT RED 57（CAS：1248-18-6）	O Na^+ ^-O HO N O N ^-O—S Na^+ O	$C_{18}H_{12}N_2Na_2O_6S$
28	颜料红 48 CI 15865（2）	PIGMENT RED 48（CAS：3564-21-4）	Cl N=N O O S OH O^- Na^+ O^- O Na^+	$C_{18}H_{11}ClN_2Na_2O_6S$
29	颜料红 63 CI 15880	PIGMENT RED 63（CAS：21416-46-6）	SO_3^- HO COO^- N=N Ca^{2+}	$C_{21}H_{14}N_2O_6S$
30	食品橙 2 CI 15980	FOOD ORANGE 2（CAS：2347-72-0）	O^- Na^+ O=S=O O Na^+ ^-O S O N=N OH	$C_{16}H_{10}N_2Na_2O_7S_2$

续表

序号	中文名称（着色剂索引号）	着色剂索引通用名	结构式	化学式
31	食品黄 3 CI 15985	FOOD YELLOW 3（CAS：2783-94-0）		$C_{16}H_{10}N_2Na_2O_7S_2$
32	食品红 17 CI 16035	FOOD RED 17（CAS：25956-17-6）		$C_{18}H_{14}N_2Na_2O_8S_2$
33	食品红 9 CI 16185	FOOD RED 9（CAS：915-67-3）		$C_{20}H_{11}N_2Na_3O_{10}S_3$
34	酸性橙 10 CI 16230	ACID ORANGE 10（CAS：1936-15-8）		$C_{16}H_{10}N_2Na_2O_7S_2$

续表

序号	中文名称（着色剂索引号）	着色剂索引通用名	结构式	化学式
35	食品红 7 CI 16255	FOOD RED 7（CAS：2611-82-7）	Na^+ Na^+ Na^+ O^- O ^-O O S O O S O S O O O N=N HO	$C_{20}H_{11}N_2Na_3O_{10}S_3$
36	食品红 8 CI 16290	FOOD RED 8（CAS：5850-44-2）	Na^+ Na^+ O^- O O^- O S O O^- O S S O O ^-O N=N Na^+ HO O=S=O Na^+ ^-O	$C_{20}H_{10}N_2Na_4O_{13}S_4$
37	食品红 12 CI 17200	FOOD RED 12（CAS：3567-66-6）	Na^+ Na^+ NH_2 OH ^-O N=N O=S O O S O ^-O	$C_{16}H_{11}N_3Na_2O_7S_2$

续表

序号	中文名称（着色剂索引号）	着色剂索引通用名	结构式	化学式
38	食品红 10 CI 18050	FOOD RED 10（CAS：3734-67-6）	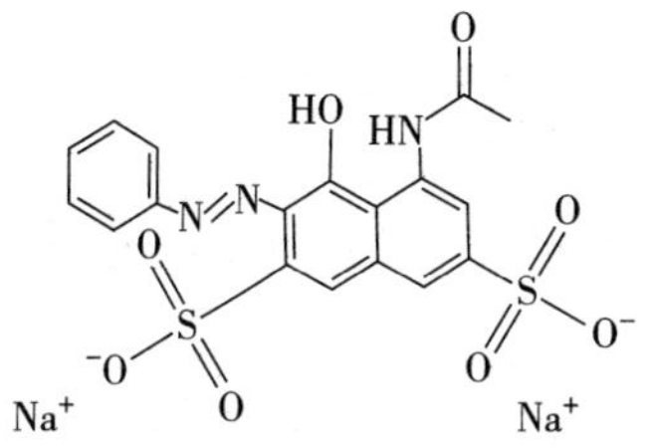	$C_{18}H_{13}N_3Na_2O_8S_2$
39	酸性红 155 CI 18130	ACID RED 155（CAS：10236-37-0）	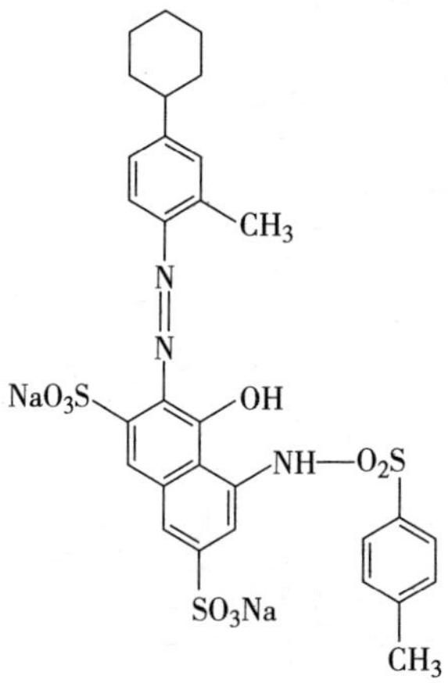	
40	酸性黄 121 CI 18690	ACID YELLOW 121		

续表

序号	中文名称（着色剂索引号）	着色剂索引通用名	结构式	化学式
41	酸性红 180 CI 18736	ACID RED 180（CAS：6408-26-0）	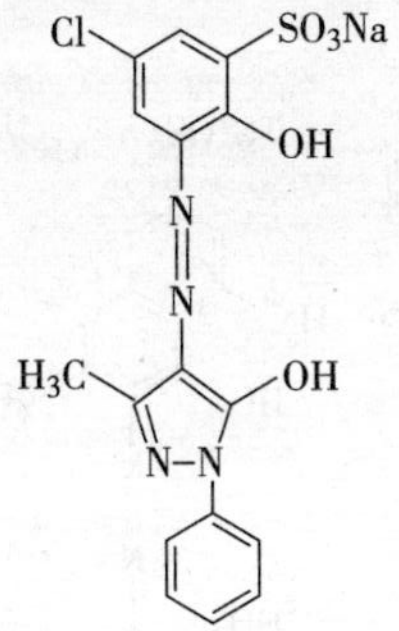	$C_{16}H_{12}ClN_4NaO_5S$
42	酸性黄 11 CI 18820	ACID YELLOW 11（CAS：6359-82-6）	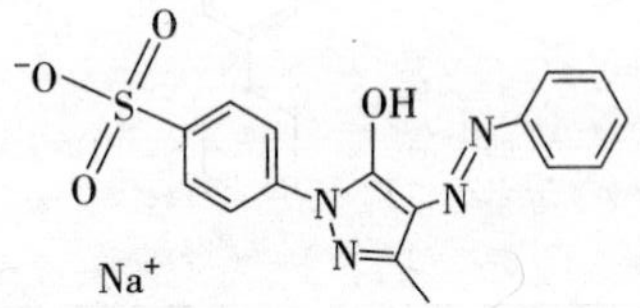	$C_{16}H_{13}N_4NaO_4S$
43	食品黄 5 CI 18965	FOOD YELLOW 5（CAS：6359-98-4）	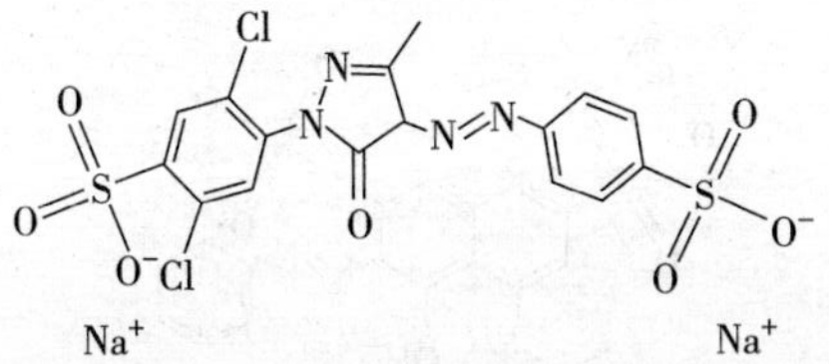	$C_{16}H_{10}Cl_2N_4Na_2O_7S_2$
44	食品黄 4 CI 19140	FOOD YELLOW 4（CAS：6359-98-4）	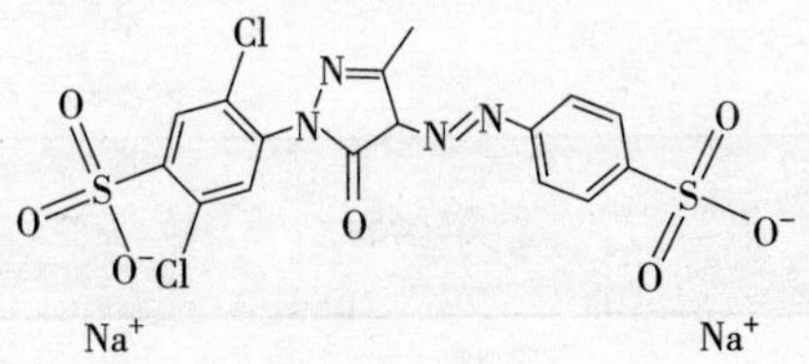	$C_{16}H_{10}Cl_2N_4Na_2O_7S_2$

续表

序号	中文名称（着色剂索引号）	着色剂索引通用名	结构式	化学式
45	颜料黄 16 CI 20040	PIGMENT YELLOW 16（CAS：5979-28-2）	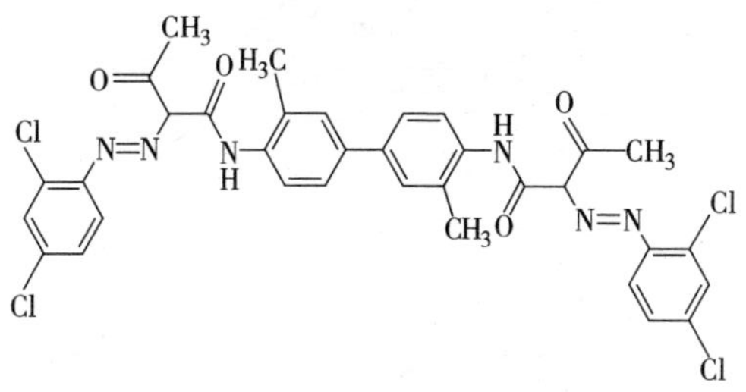	$C_{34}H_{28}Cl_4N_6O_4$
46	酸性黑 1 CI 20470	ACID BLACK 1（CAS：1064-48-8）	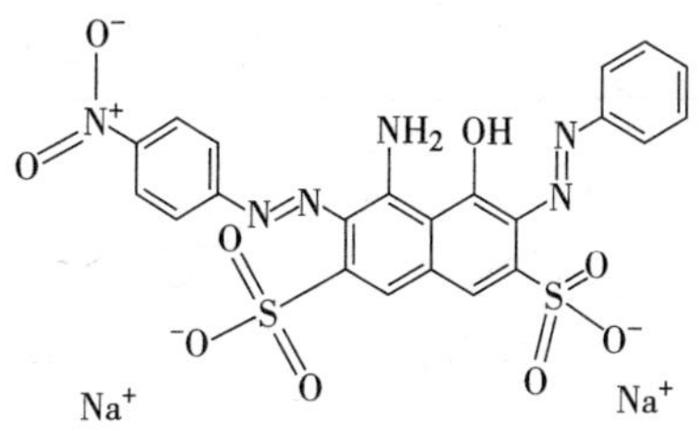	$C_{22}H_{14}N_6Na_2O_9S_2$
47	颜料黄 13 CI 21100	PIGMENT YELLOW 13（CAS：5102-83-0）	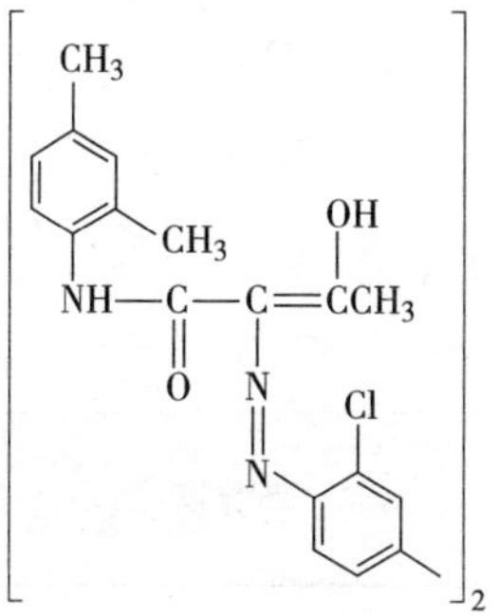	$C_{32}H_{26}Cl_2N_6O_4$

续表

序号	中文名称（着色剂索引号）	着色剂索引通用名	结构式	化学式
48	颜料黄 83 CI 21108	PIGMENT YELLOW 83（CAS：5567-15-7）	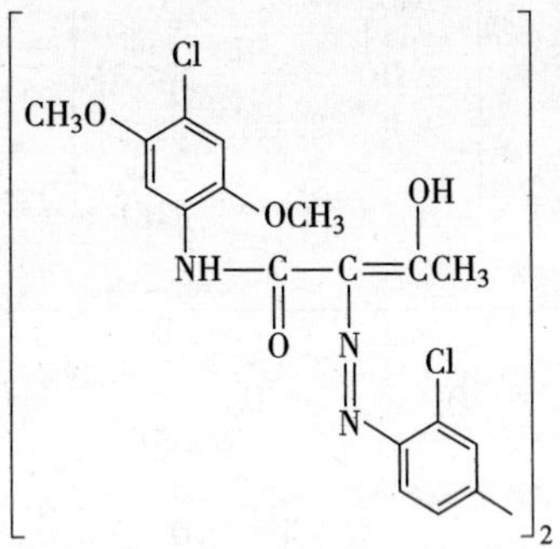 Cl CH_3O OCH_3　OH NH—C—C═CCH_3 O　N N　Cl 2	$C_{36}H_{32}Cl_4N_6O_8$
49	溶剂黄 29 CI 21230	SOLVENT YELLOW 29（CAS：6706-82-7）	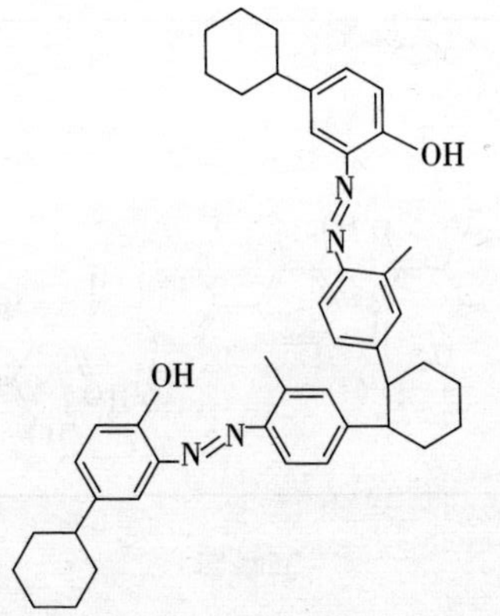 OH N═N OH N═N	$C_{44}H_{52}N_4O_2$

续表

序号	中文名称（着色剂索引号）	着色剂索引通用名	结构式	化学式
50	酸性红 163 CI 24790	ACID RED 163（CAS：13421-53-9）	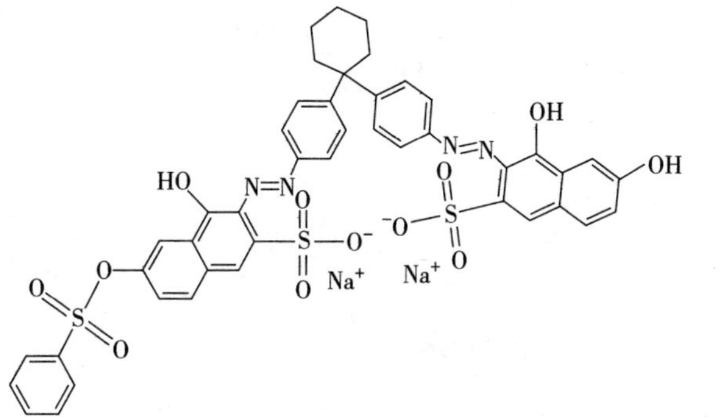	$C_{44}H_{34}N_4Na_2O_{12}S_3$
51	食品黑 2 CI 27755	FOOD BLACK 2（CAS：CI 27755）	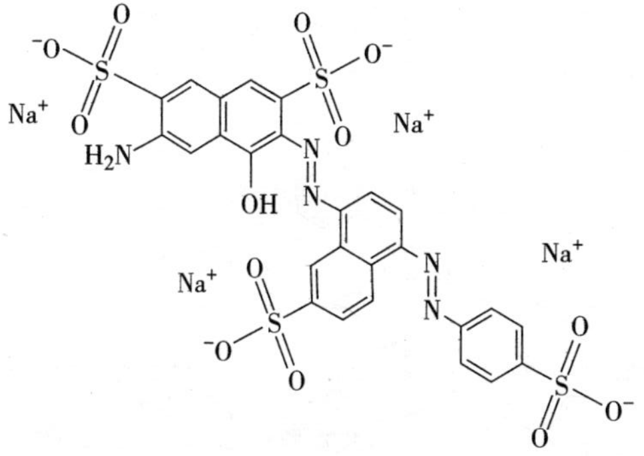	$C_{26}H_{15}N_5Na_4O_{13}S_4$

续表

序号	中文名称（着色剂索引号）	着色剂索引通用名	结构式	化学式
52	食品黑 1 CI 28440	FOOD BLACK 1（CAS：2519-30-4）	O^- O=S=O Na^+ ^-O O S O Na^+ Na^+ ^-O O S O N N OH HN O O Na^+ O S O^- O N=N	$C_{28}H_{17}N_5Na_4O_{14}S_4$
53	直接橙 39 CI 40215	DIRECT ORANGE 39（CAS：1325-54-8）	NH_2 O ^-O S N=N Na^+ O	
54	食品橙 5（β- 胡萝卜素） CI 40800	FOOD ORANGE 5（CAS：116-32-5）	H_3C CH_3 CH_3 CH_3 H_3C CH_3 CH_3 CH_3 H_3C CH_3 CH_3 β- 胡萝卜素	
55	食品橙 6（8′-apo-β-胡萝卜素 -8′- 醛） CI 40820	FOOD ORANGE 6（CAS：1107-26-2）	O	$C_{30}H_{40}O$
56	食品橙 7（8′-apo-β-胡萝卜素 -8′- 酸乙酯） CI 40825	FOOD ORANGE 7（CAS：1109-11-1）	O O	$C_{32}H_{44}O_2$

续表

序号	中文名称（着色剂索引号）	着色剂索引通用名	结构式	化学式
57	食品橙 8（斑蝥黄） CI 40850	FOOD ORANGE 8（CAS：514-78-3）	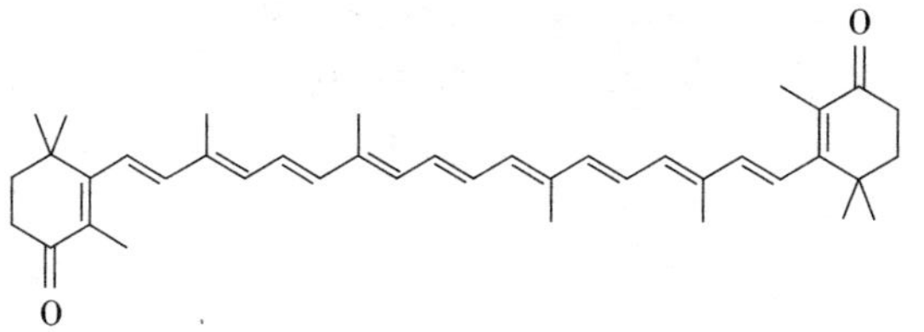	$C_{40}H_{52}O_2$
58	酸性蓝 1 CI 42045	ACID BLUE 1（CAS：129-17-9）	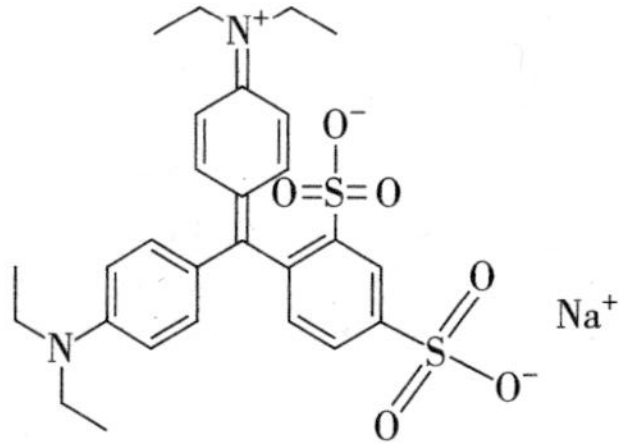	$C_{27}H_{31}N_2NaO_6S_2$
59	食品蓝 5 CI 42051（2）	FOOD BLUE 5（CAS：3536-49-0）	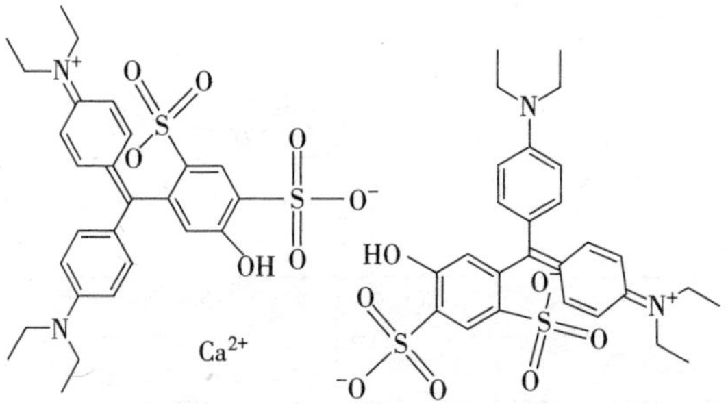	$C_{54}H_{62}CaN_4O_{14}S_4$

续表

序号	中文名称（着色剂索引号）	着色剂索引通用名	结构式	化学式
60	食品绿 3 CI 42053	FOOD GREEN 3（CAS：2353-45-9）	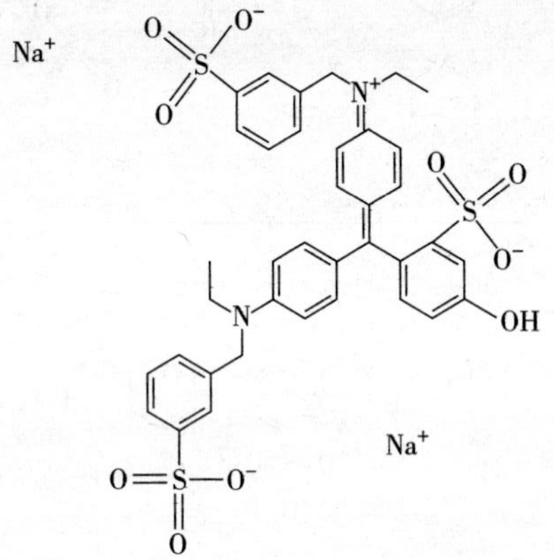	$C_{37}H_{34}N_2O_{10}S_3 \cdot 2Na$
61	酸性蓝 7 CI 42080	ACID BLUE 7（CAS：3486-30-4）	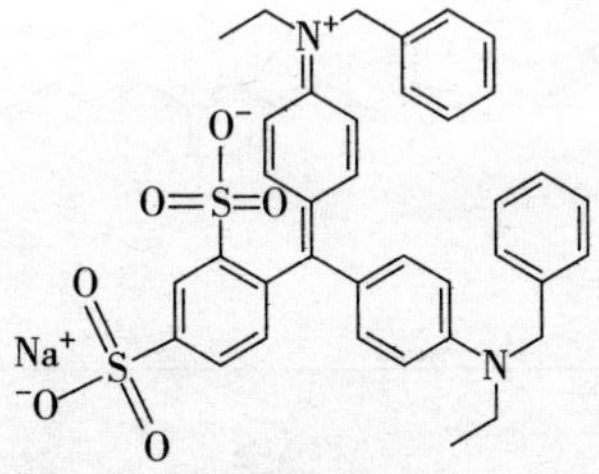	$C_{37}H_{35}N_2NaO_6S_2$

续表

序号	中文名称（着色剂索引号）	着色剂索引通用名	结构式	化学式
62	食品蓝 2 CI 42090	FOOD BLUE 2（CAS：3844-45-9）	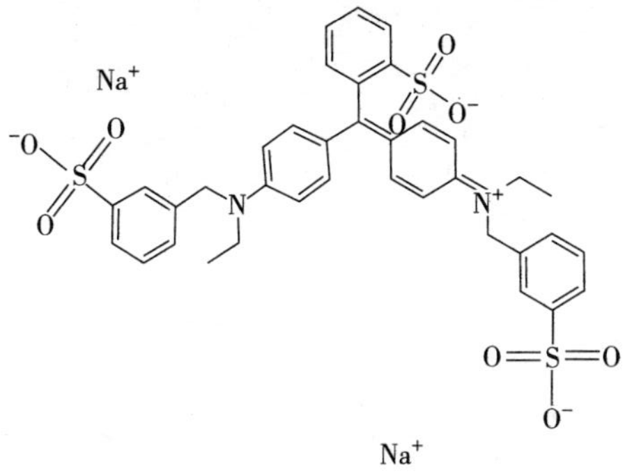	$C_{37}H_{34}N_2Na_2O_9S_3$
63	酸性绿 9 CI 42100	ACID GREEN 9（CAS：4857-81-2）	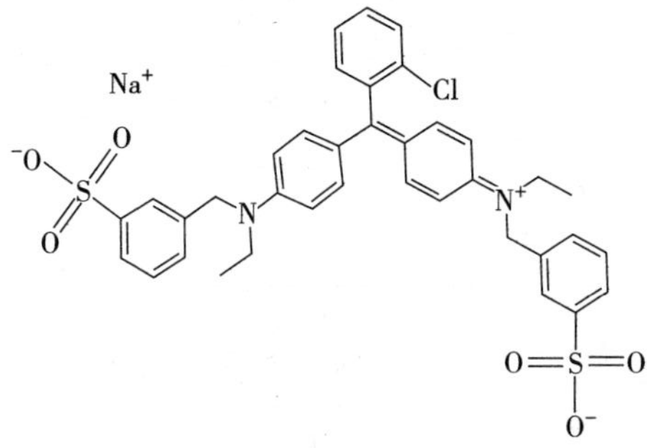	$C_{37}H_{34}ClN_2NaO_6S_2$
64	酸性绿 22 CI 42170	ACID GREEN 22（CAS：5863-51-4）	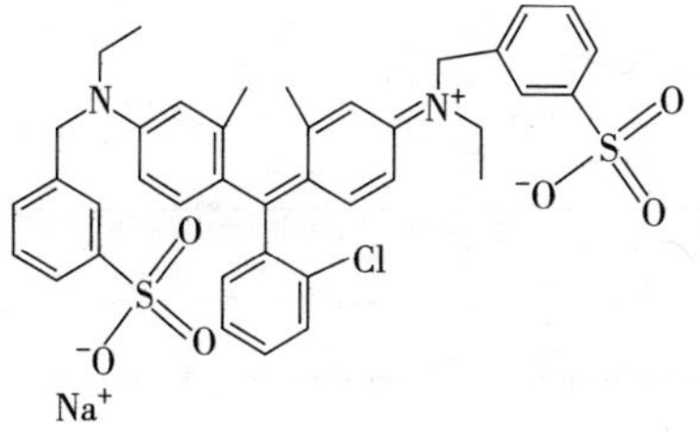	$C_{39}H_{38}ClN_2NaO_6S_2$

续表

序号	中文名称（着色剂索引号）	着色剂索引通用名	结构式	化学式
65	碱性紫 14 CI 42510	BASIC VIOLET 14（CAS：632-99-5）	H_2N NH · HCl NH_2	$C_{20}H_{20}ClN_3$
66	碱性紫 2 CI 42520	BASIC VIOLET 2（CAS：3248-91-7）	H_2N · HCl HN NH_2	$C_{22}H_{24}ClN_3$
67	酸性蓝 104 CI 42735	ACID BLUE 104（CAS：6505-30-2）	O HO—S=O N^+ H_3C H_3C N CH_3 O S O O^- Na^+ CH_3 N CH_3 CH_3	$C_{43}H_{49}N_3O_6S_2 \cdot Na$

续表

序号	中文名称（着色剂索引号）	着色剂索引通用名	结构式	化学式
68	碱性蓝 26 CI 44045	BASIC BLUE 26（CAS：2580-56-5）	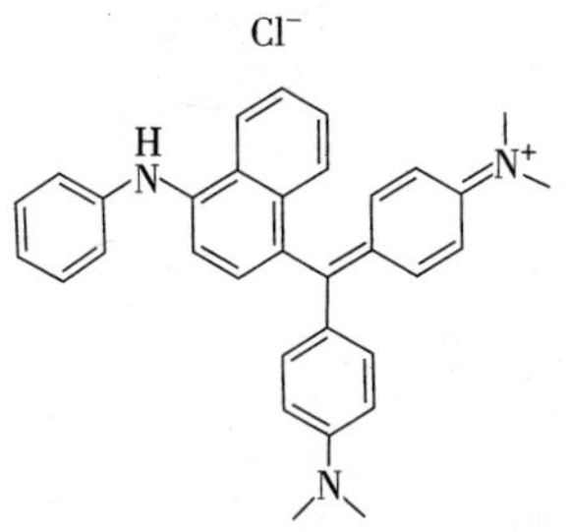	$C_{33}H_{32}N_3 \cdot Cl$
69	食品绿 4 CI 44090	FOOD GREEN 4（CAS：3087-16-9）	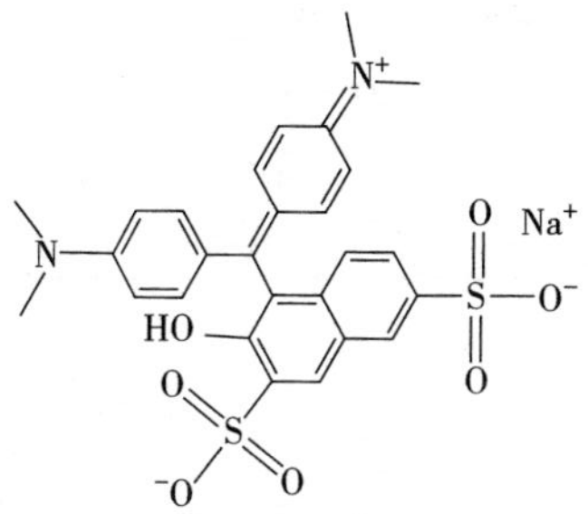	$C_{27}H_{25}N_2NaO_7S_2$
70	酸性红 52 CI 45100	ACID RED 52（CAS：60311-02-6）	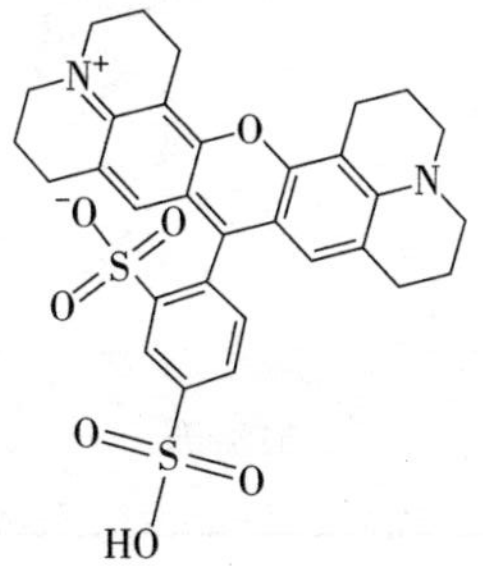	$C_{31}H_{30}N_2O_7S_2$

续表

序号	中文名称（着色剂索引号）	着色剂索引通用名	结构式	化学式
71	酸性紫 9 CI 45190	ACID VIOLET 9（CAS：6252-76-2）	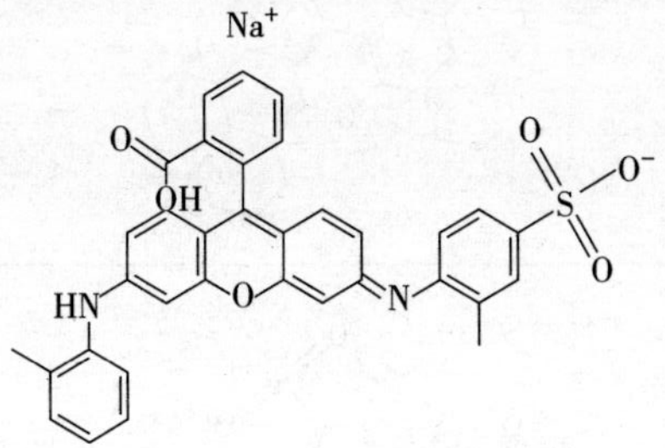	$C_{34}H_{25}N_2NaO_6S$
72	酸性红 50 CI 45220	ACID RED 50（CAS：5873-16-5）	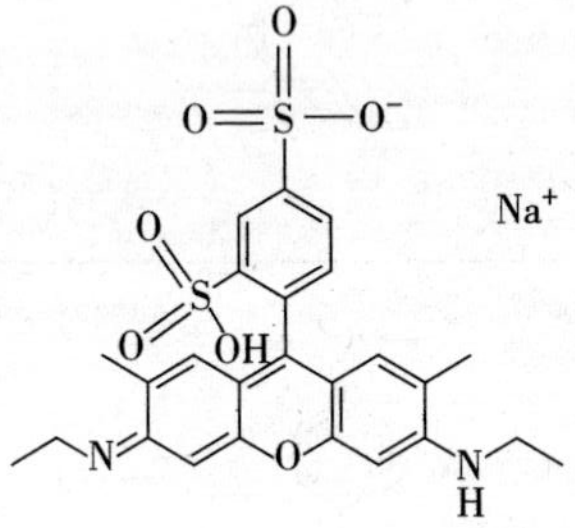	$C_{25}H_{25}N_2NaO_7S_2$
73	酸性黄 73 CI 45350	ACID YELLOW 73（CAS：518-47-8）	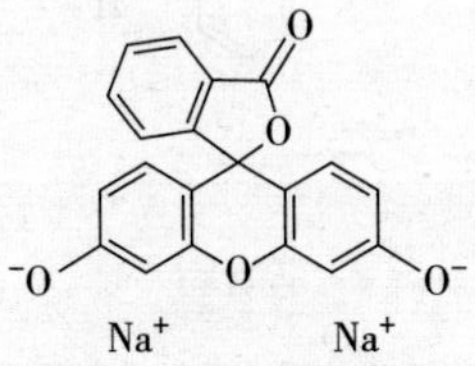	$C_{20}H_{10}Na_2O_5$

续表

序号	中文名称（着色剂索引号）	着色剂索引通用名	结构式	化学式
74	酸性橙 11 CI 45370	ACID ORANGE 11（CAS：596-03-2）	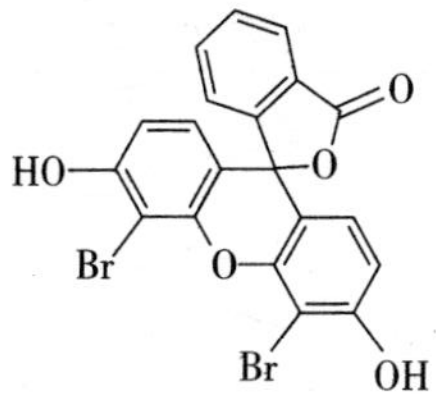	$C_{20}H_{10}Br_2O_5$
75	酸性红 87 CI 45380	ACID RED 87（CAS：548-26-5）	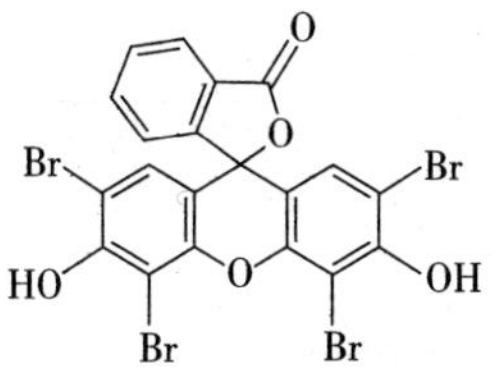	$C_{20}H_8Br_4O_5$
76	溶剂橙 16 CI 45396	SOLVENT ORANGE 16（CAS：24545-86-6）	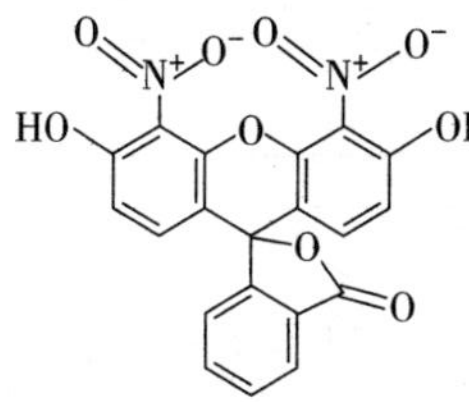	$C_{20}H_{10}N_2O_9$
77	酸性红 98 CI 45405	ACID RED 98（CAS：18472-87-2）	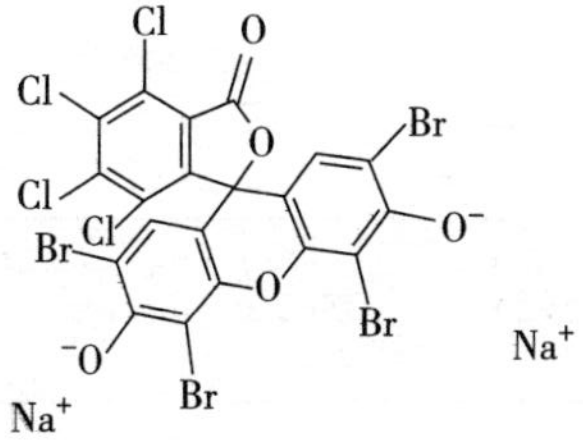	$C_{20}H_2Br_4Cl_4Na_2O_5$

续表

序号	中文名称 （着色剂索引号）	着色剂索引通用名	结构式	化学式
78	酸性红 92 CI 45410	ACID RED 92（CAS：18472-87-2）	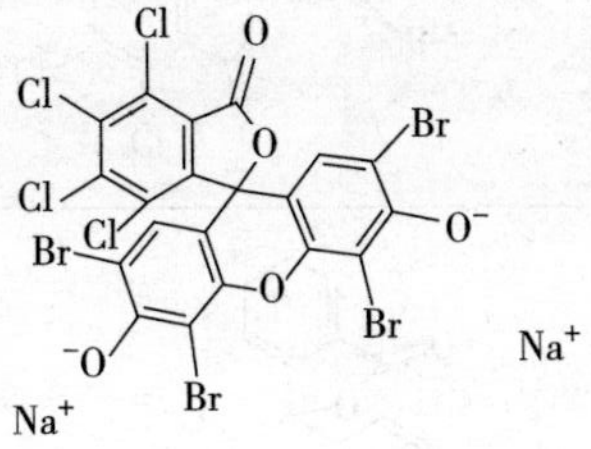	$C_{20}H_2Br_4Cl_4O_5 \cdot 2Na$
79	酸性红 95 CI 45425	ACID RED 95（CAS：33239-19-9）	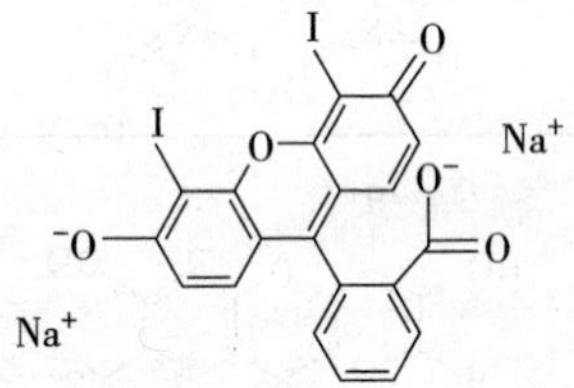	$C_{20}H_8I_2O \cdot 2Na$
80	食品红 14 CI 45430	FOOD RED 14（CAS：568-63-8）	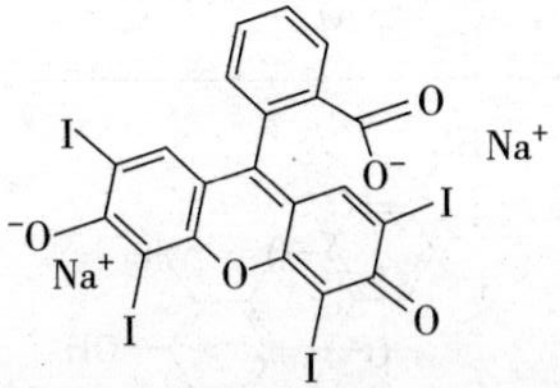	$C_{20}H_6I_4Na_2O_5$
81	溶剂黄 33 CI 47000	SOLVENT YELLOW 33（CAS：8003-22-3）	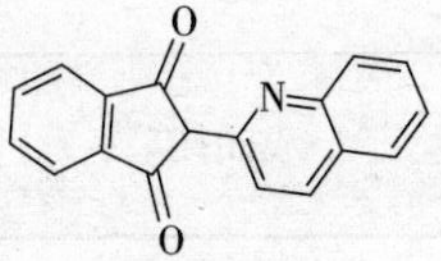	$C_{18}H_{11}NO_2$

续表

序号	中文名称（着色剂索引号）	着色剂索引通用名	结构式	化学式
82	食品黄 13 CI 47005	FOOD YELLOW 13（CAS：8004-92-0）	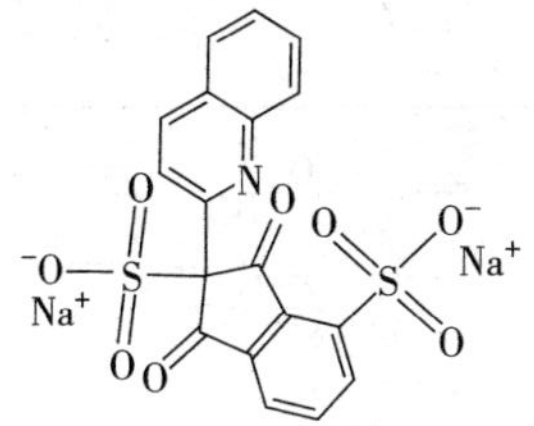 N O O O^- Na^+ ^-O—S Na^+ O O O O	$C_{18}H_9NNa_2O_8S_2$
83	酸性紫 50 CI 50325	ACID VIOLET 50（CAS：6837-46-3）	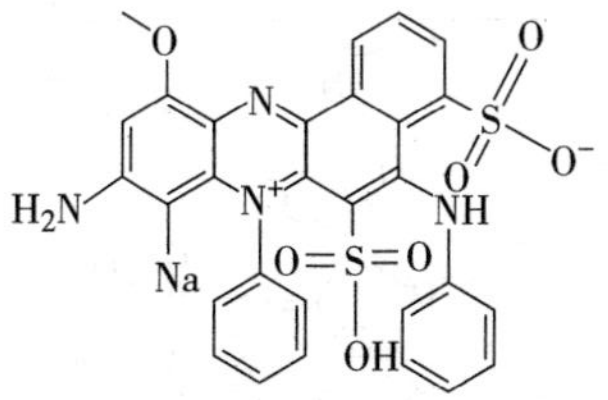 O N O S O^- H_2N N^+ O NH Na O=S=O OH	$C_{29}H_{22}N_4O_7S_2$ · Na
84	酸性黑 2 CI 50420	ACID BLACK 2（CAS：8005-03-6）	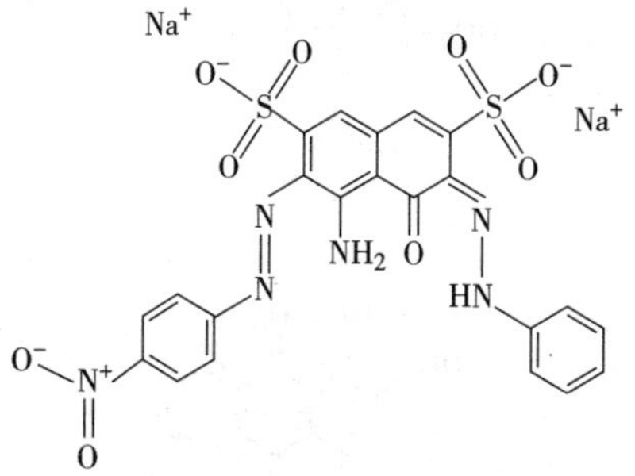 Na^+ O^- O O O^- S S Na^+ O O N NH_2 O N N HN O^- N^+ O	$C_{22}H_{14}N_6O_9S_2Na_2$
85	颜料紫 23 CI 51319	PIGMENT VIOLET 23（CAS：6358-30-1）	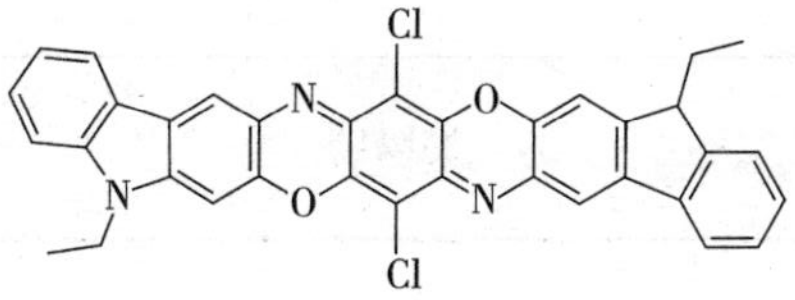 Cl N O N O N Cl	$C_{35}H_{23}Cl_2N_3O_2$

续表

序号	中文名称（着色剂索引号）	着色剂索引通用名	结构式	化学式
86	颜料红 83 CI 58000	PIGMENT RED 83（CAS：72–48–0）	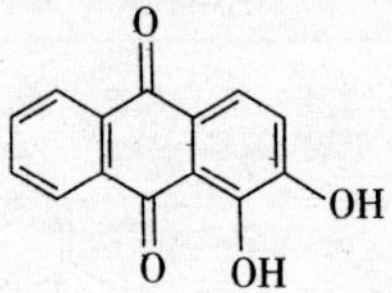	$C_{14}H_8O_4$
87	溶剂绿 7 CI 59040	SOLVENT GREEN 7（CAS：6358–69–6）	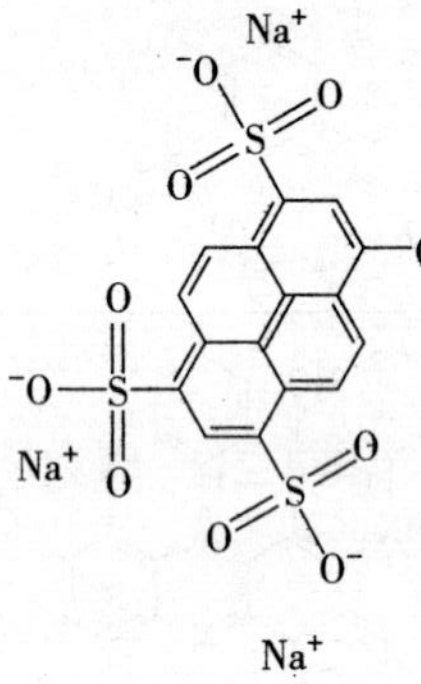	$C_{16}H_7Na_3O_{10}S_3$
88	分散紫 27 CI 60724	DISPERSE VIOLET 27（CAS：19286–75–0）	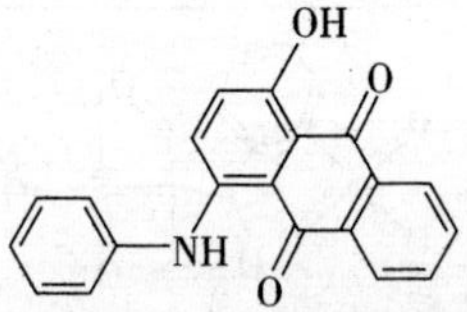	$C_{20}H_{13}NO_3$
89	溶剂紫 13 CI 60725	SOLVENT VIOLET 13（CAS：81–48–1）	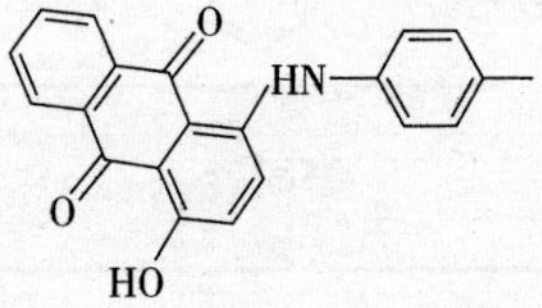	$C_{21}H_{15}NO_3$

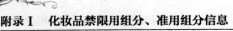

续表

序号	中文名称 （着色剂索引号）	着色剂索引通用名	结构式	化学式
90	酸性紫 43 CI 60730	ACID VIOLET 43（CAS：4430-18-6）	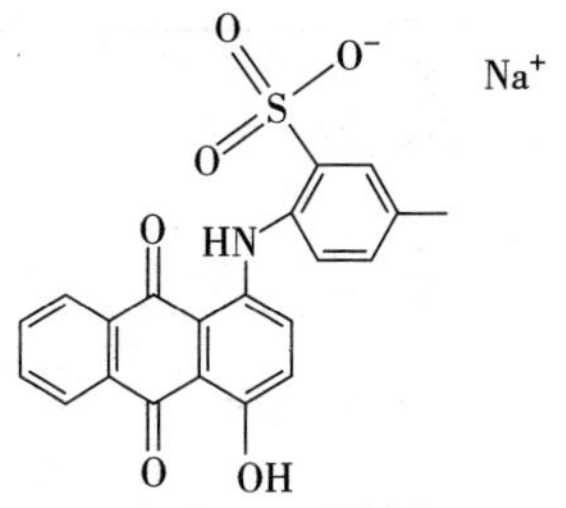 O O⁻ Na⁺ S O HN O O OH	$C_{21}H_{14}NNaO_6S$
91	溶剂绿 3 CI 61565	SOLVENT GREEN 3（CAS：128-80-3）	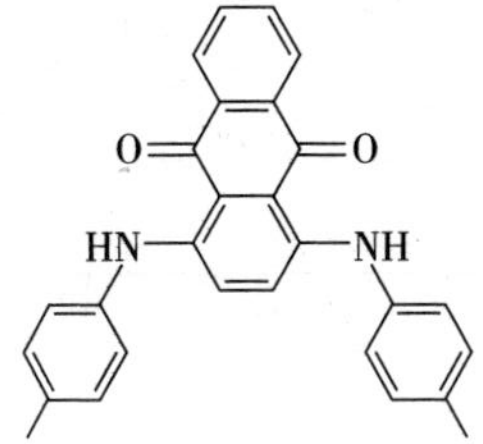 O O HN NH	$C_{28}H_{22}N_2O_2$
92	酸性绿 25 CI 61570	ACID GREEN 25（CAS：4403-90-1）	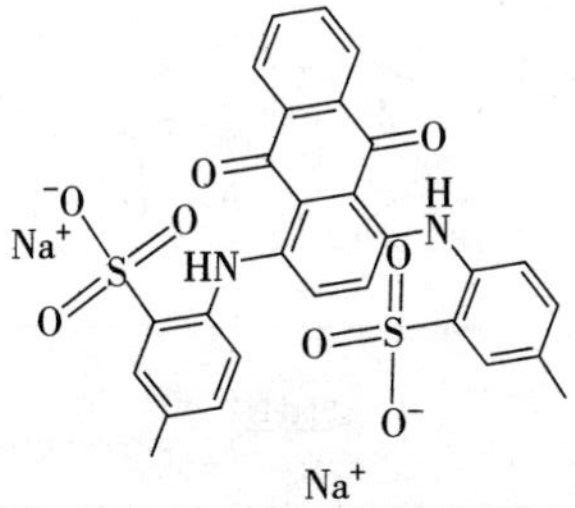 O O ⁻O Na⁺ O S O HN H N O O S O O⁻ Na⁺	$C_{28}H_{20}N_2Na_2O_8S_2$

续表

序号	中文名称（着色剂索引号）	着色剂索引通用名	结构式	化学式
93	酸性蓝 80 CI 61585	ACID BLUE 80（CAS：4474–24–2）	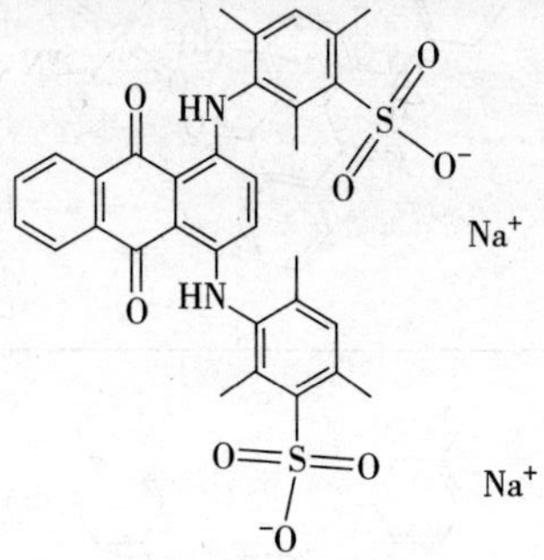	$C_{32}H_{28}N_2Na_2O_8S_2$
94	酸性蓝 62 CI 62045	ACID BLUE 62（CAS：4368–56–3）	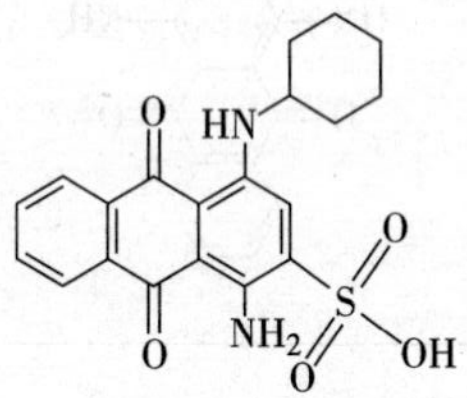	$C_{20}H_{20}N_2O_5S$
95	食品蓝 4 CI 69800	FOOD BLUE 4（CAS：81–77–6）	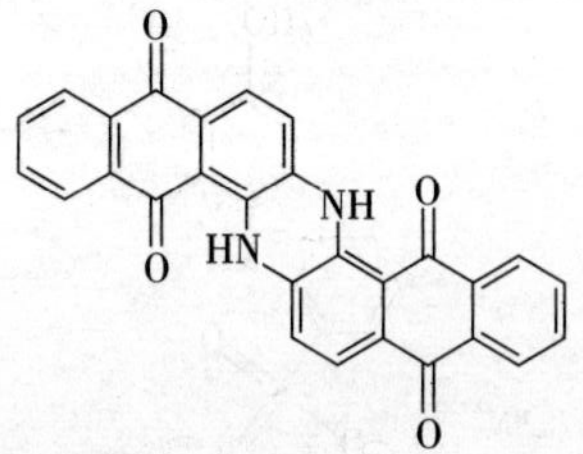	$C_{28}H_{14}N_2O_4$
96	还原蓝 6 CI 69825	VAT BLUE 6（CAS：130–20–1）	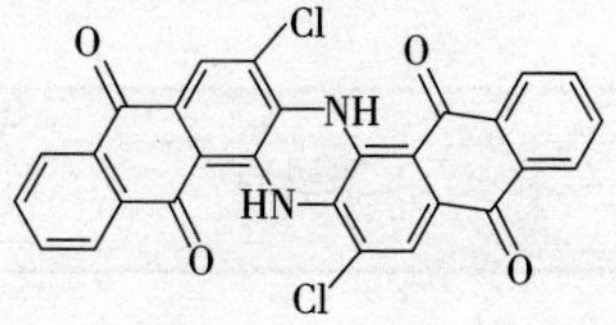	$C_{28}H_{12}C_{12}N_2O_4$

续表

序号	中文名称（着色剂索引号）	着色剂索引通用名	结构式	化学式
97	还原橙 7 CI 71105	VAT ORANGE 7（CAS：4424-06-0）	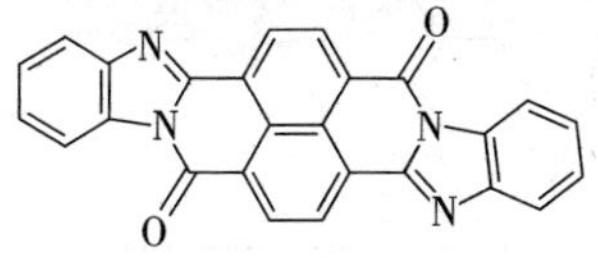	$C_{26}H_{12}N_4O_2$
98	还原蓝 1 CI 73000	VAT BLUE 1（CAS：482-89-3）	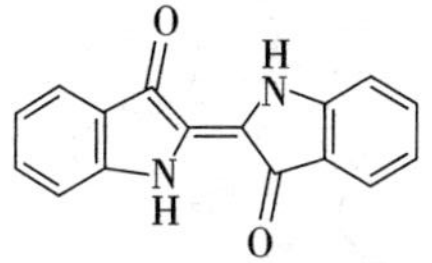	$C_{16}H_{10}N_2O_2$
99	食品蓝 1 CI 73015	FOOD BLUE 1（CAS：860-22-0）	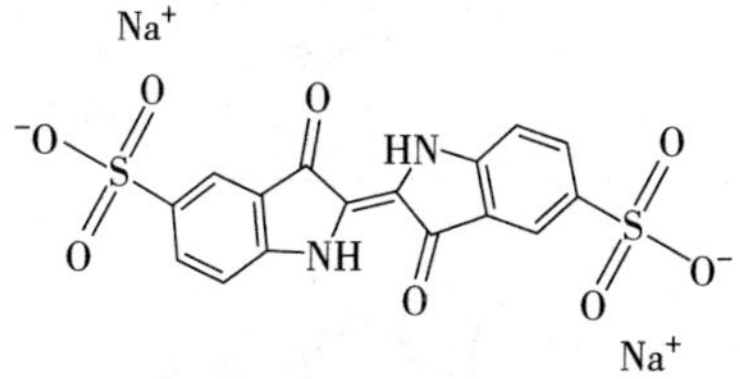	$C_{16}H_8N_2Na_2O_8S_2$
100	还原红 1 CI 73360	VAT RED 1（CAS：2379-74-0）	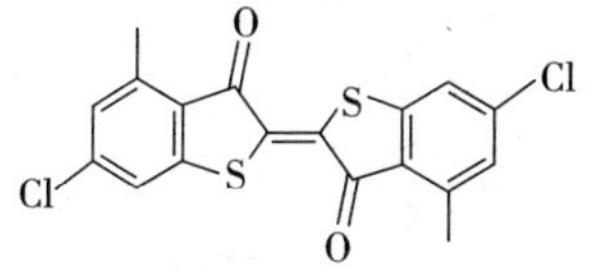	$C_{18}H_{10}Cl_2O_2S_2$
101	还原紫 2 CI 73385	VAT VIOLET 2（CAS：5462-29-3）	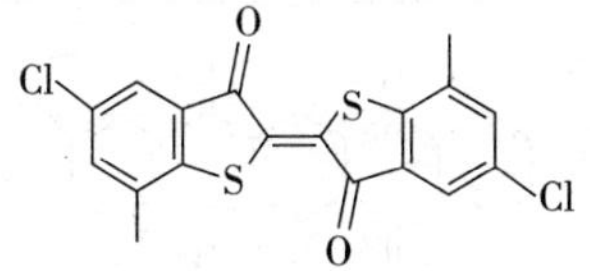	$C_{18}H_{10}Cl_2O_2S_2$
102	颜料紫 19 CI 73900	PIGMENT VIOLET 19（CAS：1047-16-1）	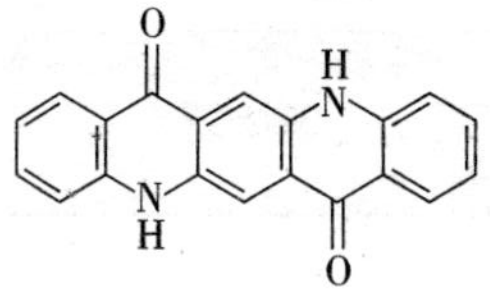	$C_{20}H_{12}N_2O_2$

续表

序号	中文名称（着色剂索引号）	着色剂索引通用名	结构式	化学式
103	颜料红 122 CI 73915	PIGMENT RED 122（CAS：980-26-7）	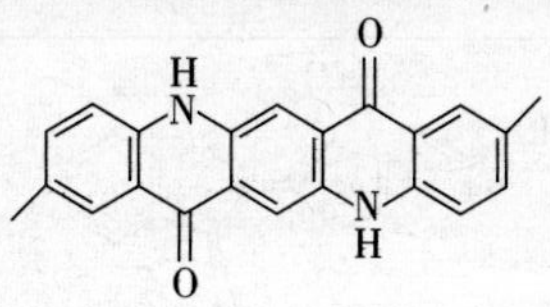	$C_{22}H_{16}N_2O_2$
104	颜料蓝 16 CI 74100	PIGMENT BLUE 16（CAS：574-93-6）	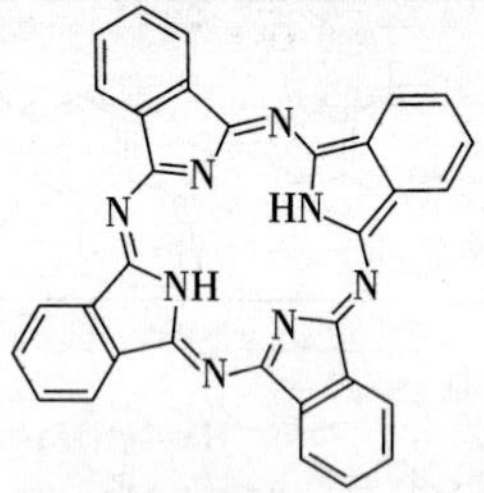	$C_{32}H_{18}N_8$
105	颜料蓝 15 CI 74160	PIGMENT BLUE 15（CAS：147-14-8）	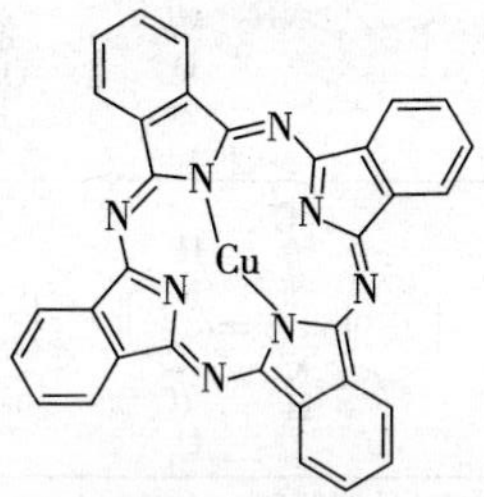	$C_{32}H_{16}CuN_8$
106	直接蓝 86 CI 74180	DIRECT BLUE 86（CAS：1330-38-7）	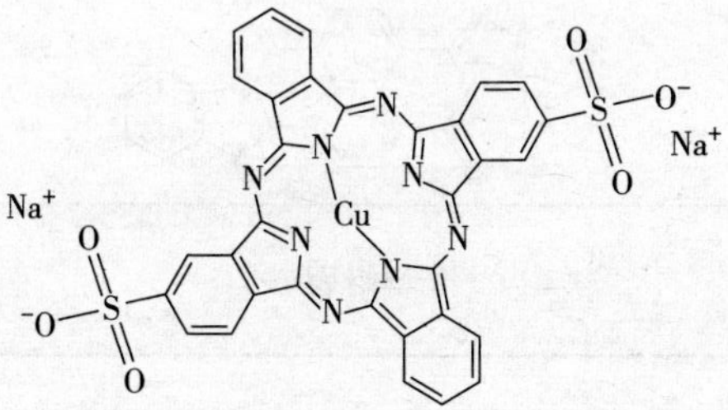	$C_{32}H_{14}CuN_8Na_2O_6S_2$

续表

序号	中文名称（着色剂索引号）	着色剂索引通用名	结构式	化学式
107	颜料绿 7 CI 74260	PIGMENT GREEN 7（CAS：1328-53-6）	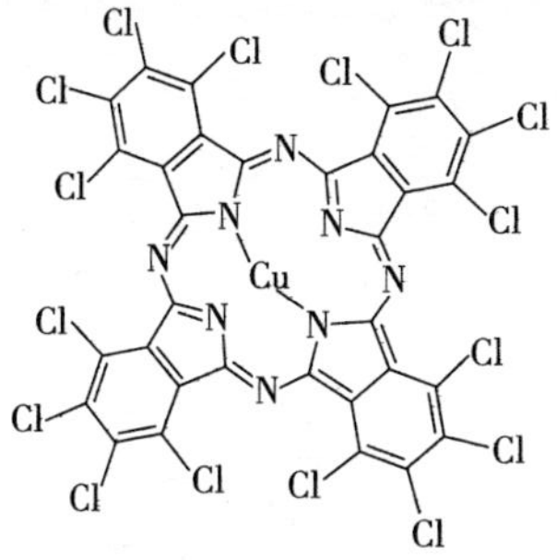	$C_{32}Cl_{16}CuN_8$
108	天然黄 6(8，8′-diapo，psi，psi- 胡萝卜二酸） CI 75100	NATURAL YELLOW 6（CAS：8022-19-3）	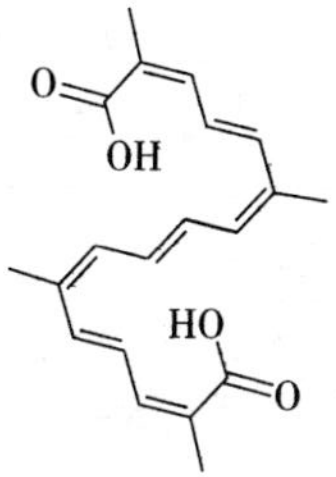	$C_{20}H_{24}O_4$
109	天然橙 4（胭脂树橙） CI 75120	NATURAL ORANGE 4（CAS：1393-63-1）	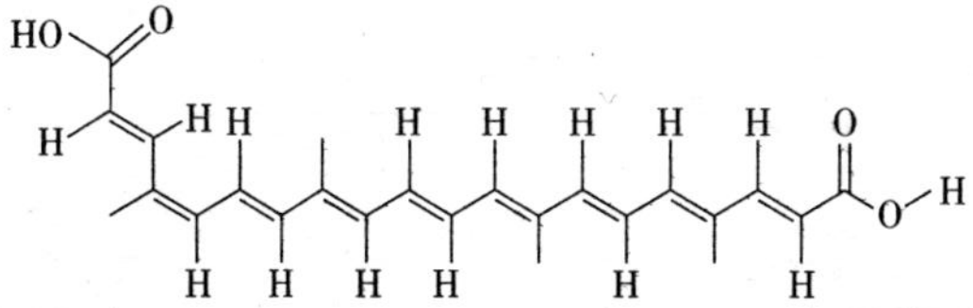	$C_{24}H_{28}O_4$
110	天然黄 27（番茄红素） CI 75125	NATURAL YELLOW 27（CAS：502-65-8）	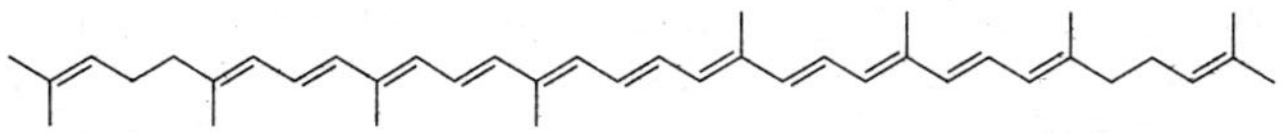	$C_{40}H_{56}$
111	天然黄 26（β- 阿朴胡萝卜素醛） CI 75130	NATURAL YELLOW 26（CAS：7235-40-7）	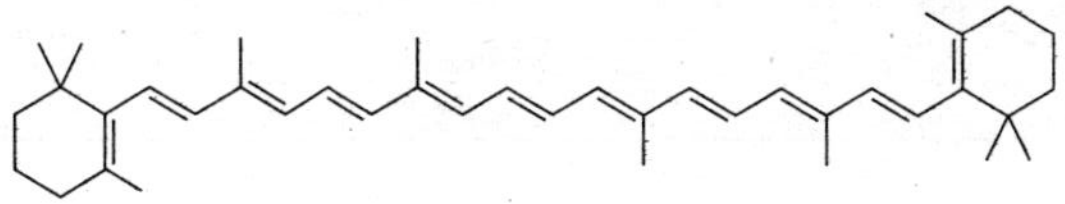	$C_{40}H_{56}$

续表

序号	中文名称（着色剂索引号）	着色剂索引通用名	结构式	化学式
112	玉红黄（3R-β-胡萝卜-3-醇） CI 75135	RUBIXANTHIN（CAS：3763-55-1）	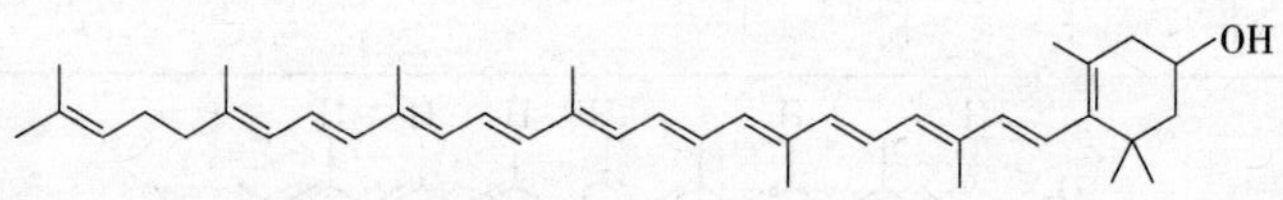	$C_{40}H_{56}O$
113	天然白 1（2-氨基-1,7-二氢-6*H*-嘌呤-6-酮） CI 75170	NATURAL WHITE 1（CAS：73-40-5）	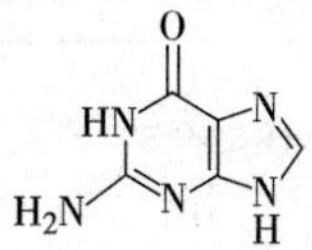	$C_5H_5N_5O$
114	天然黄 3（姜黄素） CI 75300	NATURAL YELLOW 3（CAS：458-37-7）	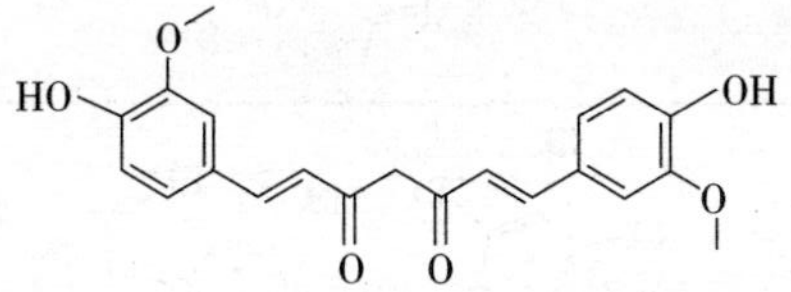	$C_{21}H_{20}O_6$
115	天然红 4（胭脂红） CI 75470	NATURAL RED 4（CAS：93062-68-1）	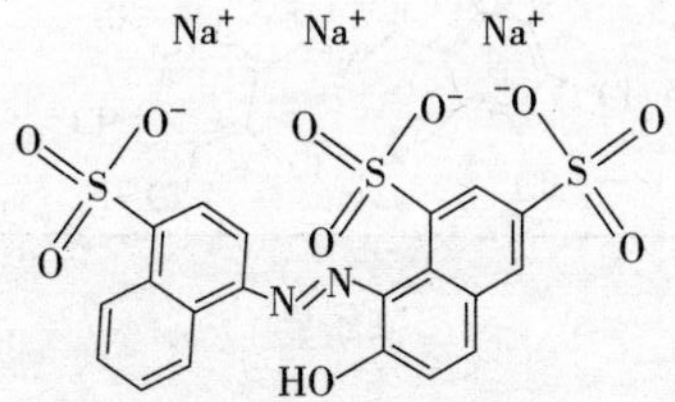	$C_{20}H_{11}N_2Na_3O_{10}S_3$

续表

序号	中文名称（着色剂索引号）	着色剂索引通用名	结构式	化学式
116	天然绿 3（叶绿酸 – 铜络合物） CI 75810	NATURAL GREEN 3（CAS：11006–34–1）		$C_{34}H_{29}CuN_4Na_3O_6$
117	颜料金属 1（铝，Al） CI 77000	PIGMENT METAL 1（CAS：7429–90–5）		Al
118	颜料白 24（碱式硫酸铝） CI 77002	PIGMENT WHITE 24（CAS：21645–51–2）	$Al(OH)_3$	$Al(OH)_3$
119	颜料白 19 天然水合硅酸铝，$Al_2O_3 \cdot 2SiO_2 \cdot 2H_2O$（所含的钙，镁或铁碳酸盐类，氢氧化铁，石英砂，云母等等，属于杂质） CI 77004	PIGMENT WHITE 19（CAS：8047–76–5）		$Al_2O_3 \cdot 4(SiO_2) \cdot H_2O$

续表

序号	中文名称 （着色剂索引号）	着色剂索引通用名	结构式	化学式
120	颜料蓝 29（天青石） CI 77007	PIGMENT BLUE 29（CAS：57455-37-5）	Al^{3+} $O^-{-}Si(O^-)_2{-}O^-$ $O^-{-}Si(O^-)_2{-}O^-$ $O^-{-}Si(O^-)_2{-}O^-$ Al^{3+} Al^{3+} $O^-{-}Si(O^-)_2{-}O^-$ $O^-{-}Si(O^-)_2{-}O^-$ Na^+ Na^+ Na^+ Na^+ Na^+ Na^+ $S^-{-}S{-}S^-$ Na^+ Al^{3+} Na^+ Al^{3+} Al^{3+} O^-	$Na_6Al_4Si_6S_4O_{20}$
121	颜料红 101，102（氧化铁着色的硅酸铝） CI 77015	PIGMENT RED 101，102（CAS：1309-37-1）	Fe_2O_3	Fe_2O_3
122	颜料白 20（云母） CI 77019	PIGMENT WHITE 20（CAS：12001-26-2）	$K_2O \cdot Al_2O_3 \cdot SiO_2$	$Al_2K_2O_6Si$
123	颜料白 21，22（硫酸钡，$BaSO_4$） CI 77120	PIGMENT WHITE 21，22（CAS：7727-43-7）	$BaSO_4$	$BaSO_4$
124	颜料白 14（氯氧化铋，BiOCl） CI 77163	PIGMENT WHITE 14（CAS：7787-59-9）	BiClO	BiClO

续表

序号	中文名称（着色剂索引号）	着色剂索引通用名	结构式	化学式
125	颜料白 18 （碳酸钙，$CaCO_3$） CI 77220	PIGMENT WHITE 18（CAS：471–34–1）	$CaCO_3$	$CaCO_3$
126	颜料白 25 （硫酸钙，$CaSO_4$） CI 77231	PIGMENT WHITE 25（CAS：CI 77231）	$CaSO_4 \cdot 2H_2O$	CaH_4O_6S
127	颜料黑 6，7（炭黑） CI 77266	PIGMENT BLACK 6，7（CAS：1333–86–4）	C	C
128	颜料黑 9 骨炭（在封闭容器内，灼烧动物骨头获得的细黑粉。主要由磷酸钙组成） CI 77267	PIGMENT BLACK 9（CAS：8021–99–6）	$Ca_3(PO_4)_2$ 磷酸钙	
129	食品黑 3（焦炭黑） CI 77268：1	FOOD BLACK 3（CAS：1345–12–6）	INCI 字典未提供	C
130	颜料绿 17（三氧化二铬，Cr_2O_3） CI 77288	PIGMENT GREEN 17（CAS：1308–38–9）	Cr_2O_3	Cr_2O_3

续表

序号	中文名称（着色剂索引号）	着色剂索引通用名	结构式	化学式
131	颜料绿 18 [$Cr_2O(OH)_4$] CI 77289	PIGMENT GREEN 18（CAS：12001-99-9）	Cr_2O_3	Cr_2O_3
132	颜料蓝 28（氧化铝钴） CI 77346	PIGMENT BLUE 28（CAS：1345-16-0）	$Co \cdot O \cdot Al_2O_3$	$CoO \cdot Al_2O_3$
133	颜料金属 2（铜，Cu） CI 77400	PIGMENT METAL 2（CAS：7440-50-8）	Cu	Cu
134	颜料金属 3（金，Au） CI 77480	PIGMENT METAL 3（CAS：7440-57-5）	Au	Au
135	颜料红 101，102 （氧化铁，Fe_2O_3） CI 77489	FERROUS OXIDE（CAS：1345-25-1）	H–O–H　$Fe_2O_3 \cdot H_2O$	Fe_2O_3
136	颜料红 101，102 （氧化铁，Fe_2O_3） CI 77491	PIGMENT RED 101，102（CAS：1309-37-1）	Fe_2O_3	Fe_2O_3
137	颜料黄 42，43 [$FeO(OH) \cdot nH_2O$] CI 77492	PIGMRNT YELLOW 42，43(CAS：51274-00-1）	Fe_2O_3	Fe_2O_3
138	颜料黑 11 （$FeO+Fe_2O_3$） CI 77499	PIGMENT BLACK 11（CAS：CI 77499）	Fe_2O_3	Fe_3O_4

续表

序号	中文名称（着色剂索引号）	着色剂索引通用名	结构式	化学式
139	颜料蓝 27 ［Fe_4（Fe（CN）$_6$）$_3$+ $FeNH_4Fe$（CN）$_6$］ CI 77510	PIGMENT BLUE 27（CAS：14038-43-8）	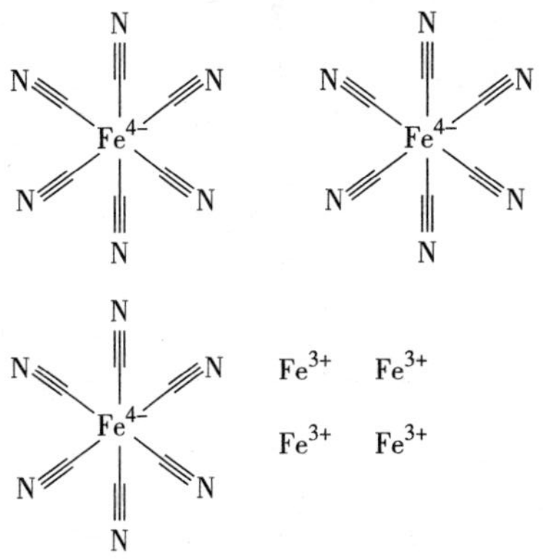 Fe^{4-} Fe^{4-} Fe^{4-} Fe^{3+} Fe^{3+} Fe^{3+} Fe^{3+}	$C_{18}Fe_7N_{18}$
140	颜料白 18（碳酸镁，$MgCO_3$） CI 77713	PIGMENT WHITE 18（CAS：546-93-0）	$MgCO_3$	$MgCO_3$
141	颜料白 26（滑石） CI 77718	PIGMENT WHITE 26（CAS：8005-37-6）	INCI 字典未提供	
142	颜料紫 16 （$NH_4MnP_2O_7$） CI 77742	PIGMENT VIOLET 16（CAS：10101-66-3）	$NH_4MnP_2O_7$	$H_4MnNO_7P_2$

续表

序号	中文名称（着色剂索引号）	着色剂索引通用名	结构式	化学式
143	磷酸锰，$Mn_3(PO_4)_2 \cdot 7H_2O$ CI 77745	MANGANESE PHOSPHATE（CAS：39041-31-1）	$Mn_3(PO_4)_2$	$Mn_3O_8P_2$
144	银，Ag CI 77820	SILVER（CAS：7440-22-4）	Ag	Ag
145	颜料白 6 （二氧化钛，TiO_2） CI 77891	PIGMENT WHITE 6（CAS：1317-70-0）	O═Ti═O	TiO_2
146	酸性红 195 CI 77947	PIGMENT WHITE 4（CAS：91315-44-5）	ZnO	
147	酸性红 195	ACID RED 195（CAS：12220-24-5）	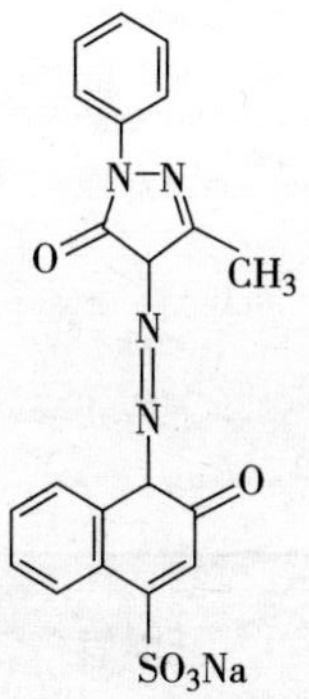	

续表

序号	中文名称（着色剂索引号）	着色剂索引通用名	结构式	化学式
148	硬脂酸铝、锌、镁、钙盐	ALUMINUM，ZINC，MAGNESINM AND CALCIUM STEARATE	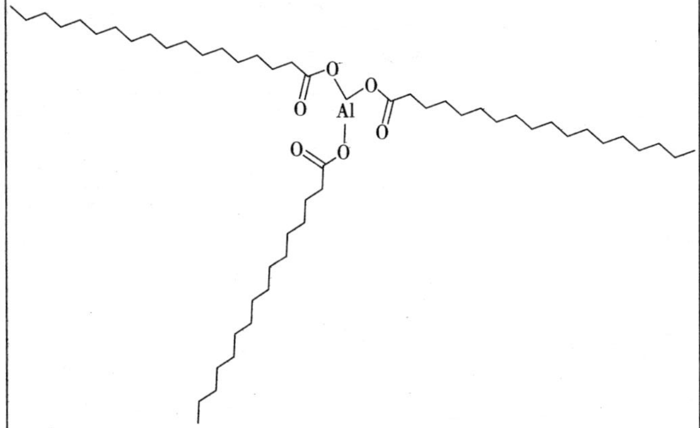 硬脂酸铝	$C_{54}H_{105}AlO_6$
149	花色素苷（矢车菊色素、芍药花色素、锦葵色素、飞燕草色素、牵牛花色素、天竺葵色素）	ANTHOCYANINS（CAS：11029-12-2）	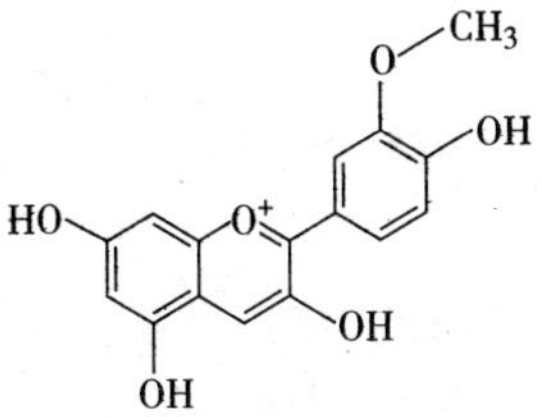	$C_{16}H_{13}O_6^+$

续表

序号	中文名称（着色剂索引号）	着色剂索引通用名	结构式	化学式
150	甜菜根红	BEET ROOT RED（CAS：7659-95-2）	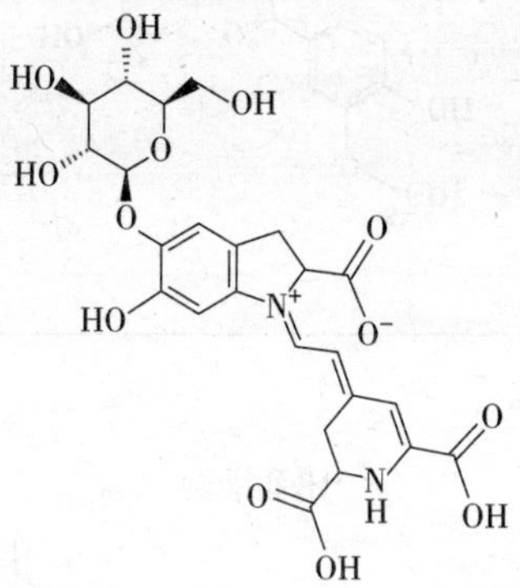	$C_{24}H_{26}N_2O_{13}$
151	溴甲酚绿	BROMOCRESOL GREEN（CAS：62625-32-5）	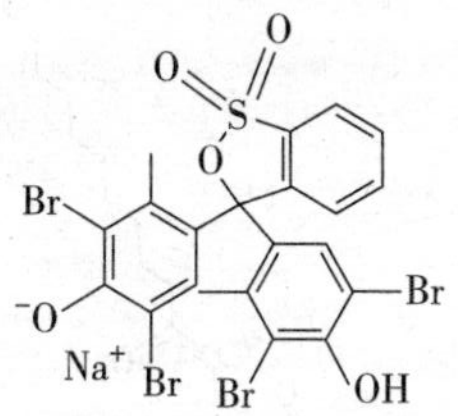	$C_{21}H_{13}Br_4NaO_5S$
152	溴百里酚蓝	BROMOTHYMOL BLUE（CAS：76-59-5）	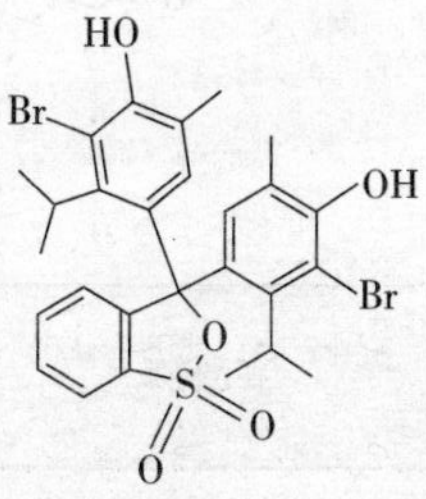	$C_{27}H_{28}Br_2O_5S$

续表

序号	中文名称（着色剂索引号）	着色剂索引通用名	结构式	化学式
153	辣椒红 / 辣椒玉红素	CAPSANTHIN（CAS：465-42-9）/ CAPSORUBIN		$C_{40}H_{56}O_3$
154	焦糖	CARAMEL（CAS：8028-89-5）		$C_{12}H_{22}O_{11}$
155	乳黄素	LACTOFLAVIN（CAS：83-88-5）		$C_{17}H_{20}N_4O_6$
156	高粱红	SORGHUM RED	INCI 字典未提供	
157	五倍子（GALLA RHOIS）提取物	GALLA RHOIS GALLNUT EXTRACT		

表 6　化妆品准用染发剂结构信息

序号	中文名称	英文名称	结构式	化学式
1	1，3- 双 -（2，4- 二氨基苯氧基）丙烷盐酸盐	1，3-Bis-（2，4-diaminophenoxy）propane HCl（CAS：74918-21-1）	$O(CH_2)_3O$ H_2N NH_2 H_2N NH_2 ·4HCl	$C_{15}H_{24}Cl_4N_4O_2$
2	1，3- 双 -（2，4- 二氨基苯氧基）丙烷	1，3-Bis-（2，4-diaminophenoxy）propane（CAS：81892-72-0）	NH_2 O O NH_2 H_2N NH_2	$C_{15}H_{20}N_4O_2$
3	1，5- 萘二酚（CI 76625）	1，5-Naphthalenediol（CAS：83-56-7）	HO OH	$C_{10}H_8O_2$
4	1- 羟乙基 -4，5- 二氨基吡唑硫酸盐	1-Hydroxyethyl 4，5-diaminopyrazole sulfate（CAS：155601-30-2）	NH_2 N N NH_2 OH HO—S—OH O O	$C_5H_{12}N_4O_5S$
5	1- 萘酚（CI 76605）	1-Naphthol（CAS：90-15-3）	HO	$C_{10}H_8O$
6	2，4- 二氨基苯氧基乙醇盐酸盐	2，4-Diaminophenoxyethanol HCl（CAS：66422-95-5）	OH O NH_2 HCl HCl NH_2	$C_8H_{14}C_{12}N_2O_2$

续表

序号	中文名称	英文名称	结构式	化学式
7	2，4-二氨基苯氧基乙醇硫酸盐	2，4-Diaminophenoxyethanol sulfate（CAS：70643-20-8）	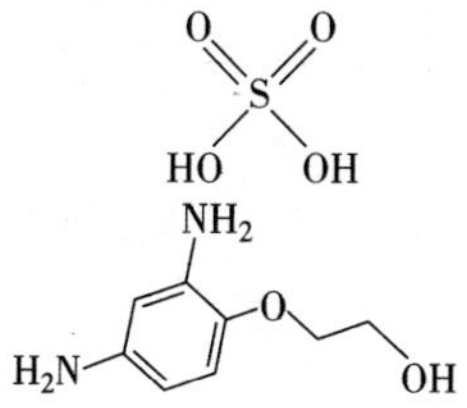 O O S HO OH NH$_2$ O H_2N OH	$C_8H_{14}N_2O_6S$
8	2，6-二氨基吡啶	2，6-Diaminopyridine（CAS：141-86-6）	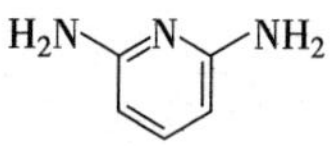 H_2N N NH_2	$C_5H_7N_3$
9	2，6-二氨基吡啶硫酸盐	2，6-Diaminopyridine sulfate（CAS：146997-97-9）	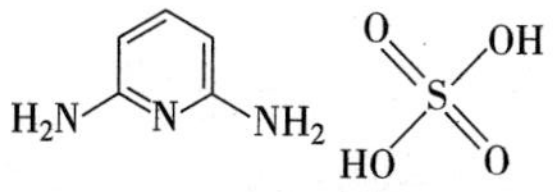 H_2N N NH_2 O OH S HO O	$C_5H_9N_3O_4S$
10	2，6-二羟乙基氨甲苯	2，6-Dihydroxyethylaminotoluene	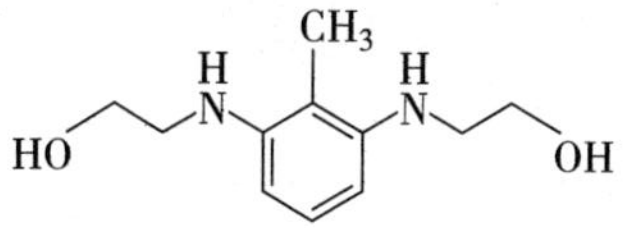 CH_3 H N H N HO OH	$C_{11}H_{20}N_2O_6S$
11	2，6-二甲氧基-3，5-吡啶二胺盐酸盐	2，6-Dimethoxy-3，5-pyridinediamine HCl（CAS：56216-28-5）	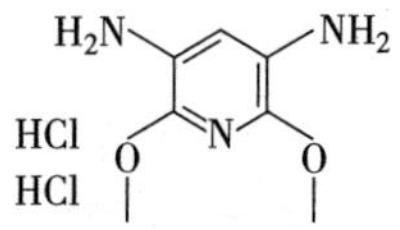 H_2N NH_2 HCl HCl O N O	$C_7H_{12}ClN_3O_2$
12	2，7-萘二酚（CI 76645）	2，7-Naphthale Nediol（CAS：582-17-2）	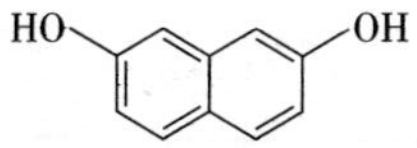 HO OH	$C_{10}H_8O_2$

续表

序号	中文名称	英文名称	结构式	化学式
13	2- 氨基 -3- 羟基吡啶	2-Amino-3-hydroxypyridine（CAS：16867-03-1）		$C_5H_6N_2O$
14	2- 氨基 -4- 羟乙氨基茴香醚	2-Amino-4-hydroxyethylaminoanisole（CAS：83763-47-7）		$C_9H_{14}N_2O_2$
15	2- 氨基 -4- 羟乙氨基茴香醚硫酸盐	2-Amino-4-hydroxyethylaminoanisole sulfate（CAS：83763-48-8）		$C_9H_{16}N_2O_6S$
16	2- 氨基 -6- 氯 -4- 硝基苯酚	2-Amino-6-chloro-4-nitrophenol（CAS：6358-09-4）		$C_6H_5ClN_2O_3$
17	2- 氨基 -6- 氯 -4- 硝基苯酚盐酸盐	2-Amino-6-chloro-4-nitrophenol HCl（CAS：62625-14-3）		$C_6H_5ClN_2O_3$
18	2- 氯对苯二胺	2-Chloro-*p*-phenylenediamine（CAS：615-66-7）		$C_6H_7ClN_2$

续表

序号	中文名称	英文名称	结构式	化学式
19	2- 氯对苯二胺硫酸盐	2-Chloro-*p*-phenylenediamine sulfate（CAS：61702-44-1）	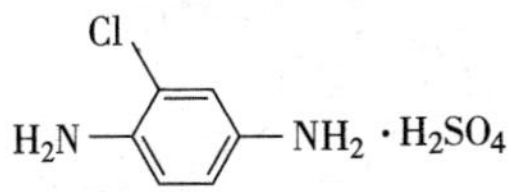	$C_6H_9ClN_2O_4S$
20	2- 羟乙基苦氨酸	2-Hydroxyethyl picramic acid（CAS：99610-72-7）	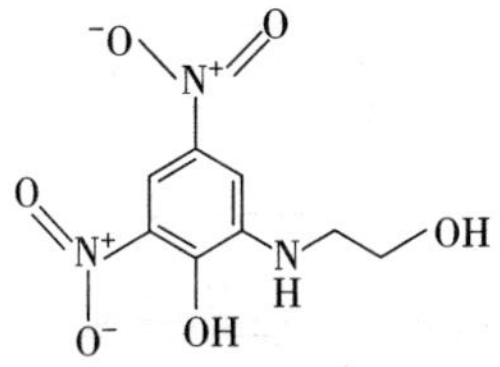	$C_8H_9N_3O_6$
21	2- 甲基 -5- 羟乙氨基苯酚	2-Methyl-5-hydroxyethylaminophenol（CAS：55302-96-0）	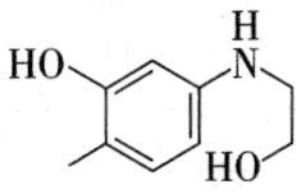	$C_9H_{13}NO_2$
22	2- 甲基间苯二酚	2-Methylresorcinol（CAS：608-25-3）	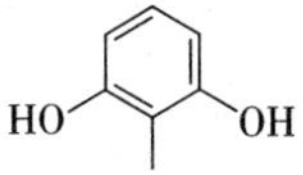	$C_7H_8O_2$
23	3- 硝基对羟乙氨基酚	3-Nitro-*p*-hydroxyethylaminophenol（CAS：65235-31-6）	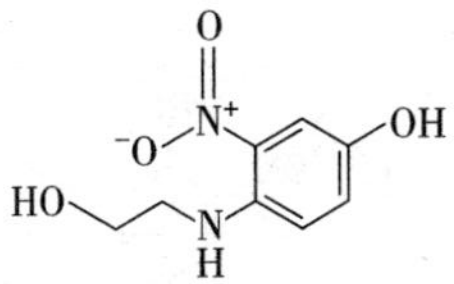	$C_8H_{10}N_2O_4$
24	4- 氨基 -2- 羟基甲苯	4-Amino-2-hydroxytoluene（CAS：2835-95-2）	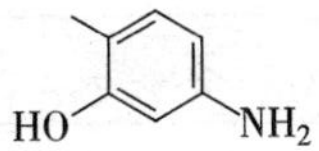	C_7H_9NO

续表

序号	中文名称	英文名称	结构式	化学式
25	4- 氨基 -3- 硝基苯酚	4-Amino-3-nitrophenol（CAS：610-81-1）		$C_6H_6N_2O_3$
26	4- 氨基间甲酚	4-Amino-*m*-cresol（CAS：2835-99-6）		C_7H_9NO
27	4- 氯间苯二酚	4-Chlororesorcinol（CAS：95-88-5）		$C_6H_5ClO_2$
28	4- 羟丙氨基 -3- 硝基苯酚	4-Hydroxypropylamino-3-nitrophenol（CAS：92952-81-3）		$C_9H_{12}N_2O_4$
29	4- 硝基邻苯二胺	4-Nitro-*o*-phenylenediamine（CAS：99-56-9）		$C_6H_7N_3O_2$
30	4- 硝基邻苯二胺硫酸盐	4-Nitro-*o*-phenylenediamine sulfate（CAS：68239-82-7）		$C_6H_9N_3O_6S$

续表

序号	中文名称	英文名称	结构式	化学式
31	5-氨基-4-氯邻甲酚	5-Amino-4-chloro-*o*-cresol（CAS：110102-86-8）	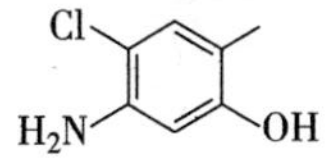	C_7H_8ClNO
32	5-氨基-4-氯邻甲酚盐酸盐	5-Amino-4-Chloro-*o*-Cresol HCl（CAS：110102-85-7）	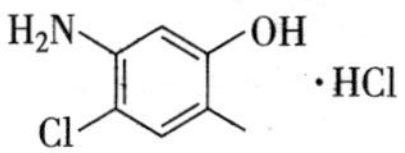	$C_7H_9Cl_2NO$
33	5-氨基-6-氯-邻甲酚	5-Amino-6-chloro-*o*-cresol（CAS：84540-50-1）	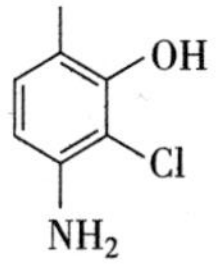	C_7H_8ClNO
34	6-氨基间甲酚	6-Amino-*m*-cresol（CAS：2835-98-5）	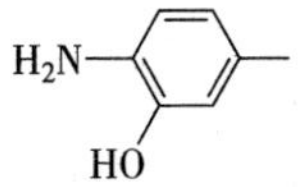	C_7H_9NO
35	6-羟基吲哚	6-Hydroxyindole（CAS：2380-86-12380-86-1）	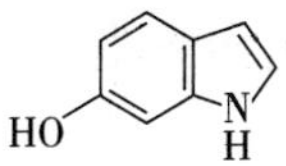	C_8H_7NO
36	6-甲氧基-2-甲氨基-3-氨基吡啶盐酸盐（HC蓝7号）	6-Methoxy-2-methylamino-3-aminopyridine HCl（CAS：90817-34-8）	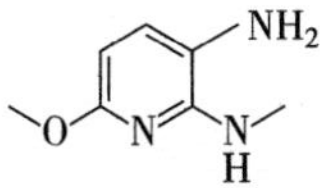	$C_7H_{11}N_3O$
37	酸性紫43号（CI 60730）	Acid Violet 43（CAS：4430-18-6）	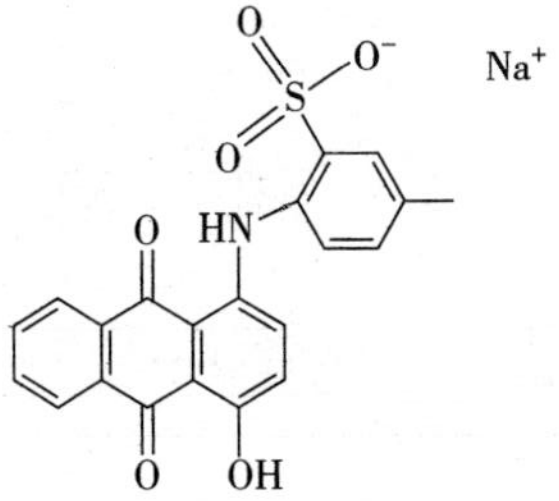	$C_{21}H_{14}NNaO_6S$

续表

序号	中文名称	英文名称	结构式	化学式
38	碱性橙 31 号	Basic orange 31（CAS：97404-02-9）	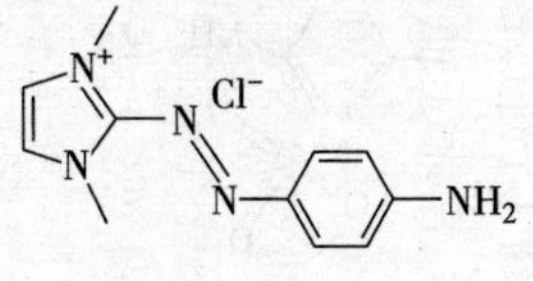	$C_{11}H_{14}ClN_5$
39	碱性红 51 号	Basic red 51（CAS：12270-25-6）	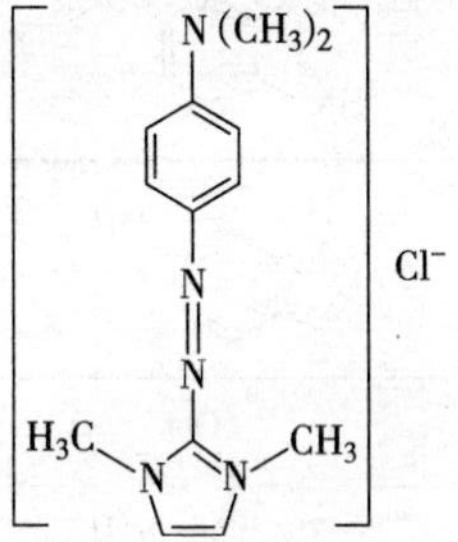	$C_{13}H_{18}N_5^+Cl^-$
40	碱性红 76 号（CI 12245）	Basic red 76（CAS：68391-30-0）	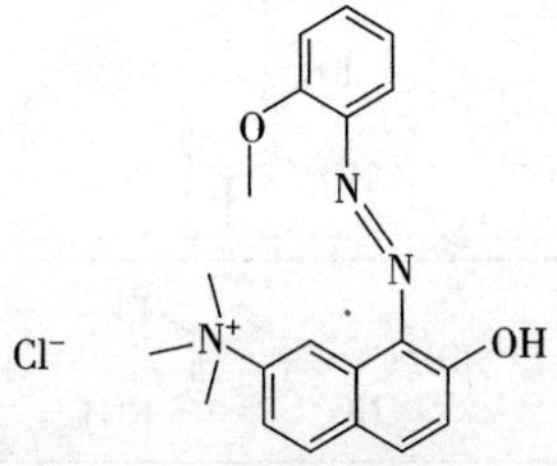	$C_{20}H_{22}ClN_3O_2$
41	碱性黄 87 号	Basic yellow 87（CAS：116844-55-4）	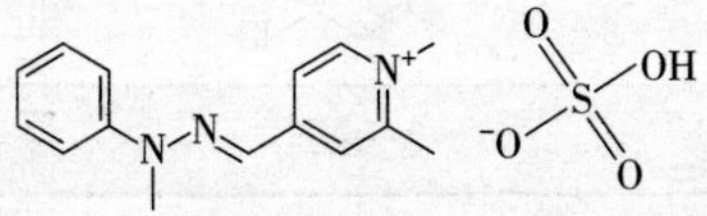	$C_{15}H_{19}N_3O_4S$

续表

序号	中文名称	英文名称	结构式	化学式
42	分散黑 9 号	Disperse Black 9（CAS：12222-69-4）	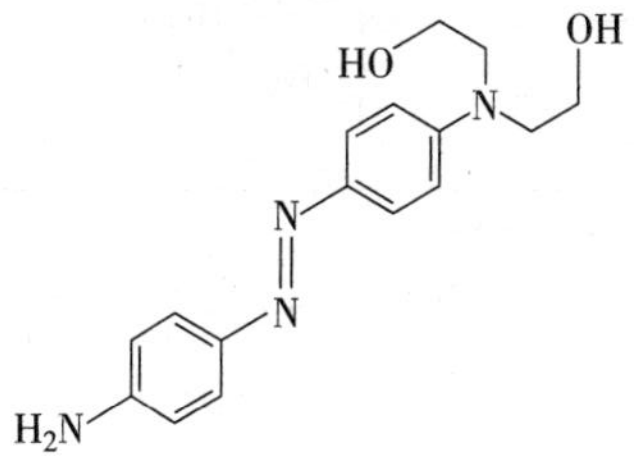	$C_{16}H_{20}N_4O_2$
43	分散紫 1 号	Disperse Violet 1（CAS：128-95-0）	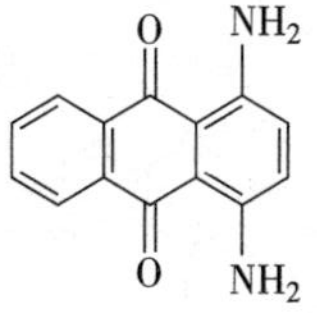	$C_{14}H_{10}N_2O_2$
44	HC 橙 1 号	HC Orange No.1（CAS：54381-08-7）	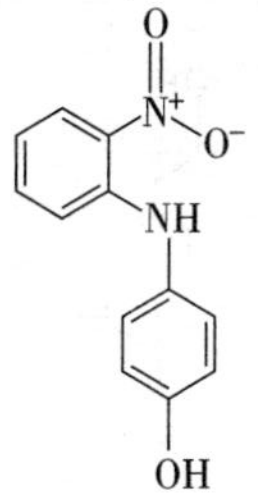	$C_{12}H_{10}N_2O_3$
45	HC 红 1 号	HC Red No.1（CAS：2784-89-6）	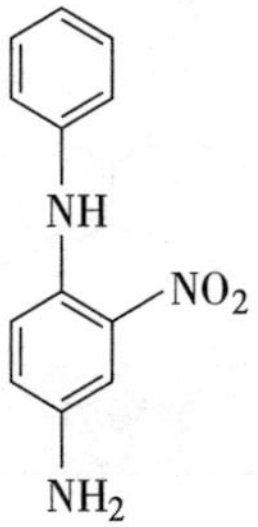	$C_{12}H_{11}N_3O_2$

续表

序号	中文名称	英文名称	结构式	化学式
46	HC 红 3 号	HC Red No.3（CAS：2871-01-4）		$C_8H_{11}N_3O_3$
47	HC 黄 2 号	HC Yellow No.2（CAS：4926-55-0）		$C_8H_{10}N_2O_3$
48	HC 黄 4 号	HC Yellow No.4（CAS：59820-43-8）		$C_{10}H_{15}N_2O_5$
49	羟苯并吗啉	Hydroxybenzomorpholine（CAS：26021-57-8）		$C_8H_9NO_2$
50	羟乙基-2-硝基对甲苯胺	Hydroxyethyl-2-nitro-*p*-toluidine（CAS：100418-33-5）		$C_9H_{12}N_2O_3$

续表

序号	中文名称	英文名称	结构式	化学式
51	羟乙基-3，4-亚甲二氧基苯胺盐酸盐	Hydroxyethyl-3，4-methylenedioxyaniline HCl（CAS：94158-14-2）	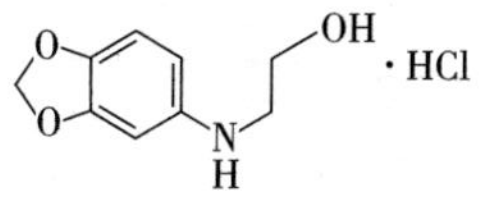	$C_9H_{12}ClNO_3$
52	羟乙基对苯二胺硫酸盐	Hydroxyethyl-*p*-phenylenediamine sulfate（CAS：93841-25-9）	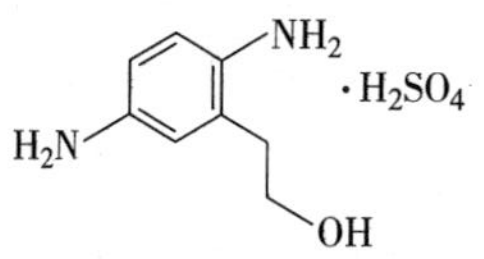	$C_8H_{12}N_2O.H_2O_4S$
53	羟丙基双（*N*-羟乙基对苯二胺）盐酸盐	Hydroxypropyl bis(*N*-hydroxyethyl-*p*-phenylenediamine）HCl（CAS：128729-28-2）	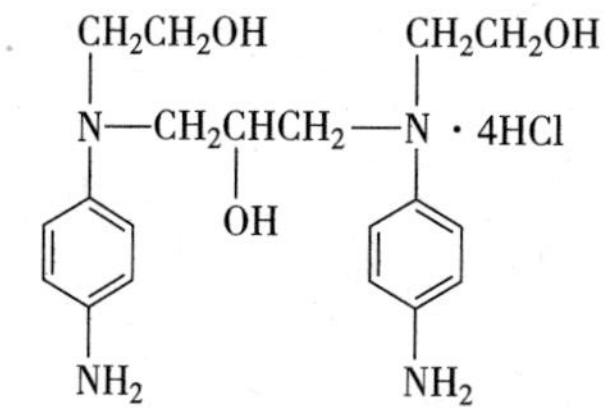	
54	间氨基苯酚	*m*-Aminophenol（CAS：591-27-5）	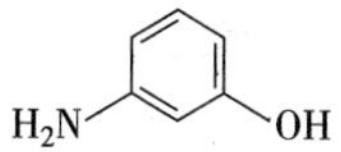	C_6H_7NO
55	间氨基苯酚盐酸盐	*m*-Aminophenol HCl（CAS：51-81-0）	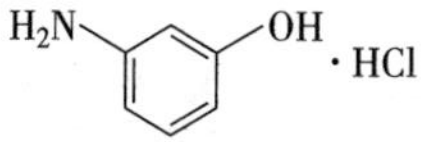	C_6H_8ClNO
56	间氨基苯酚硫酸盐	*m*-Aminophenol sulfate（CAS：68239-81-6）	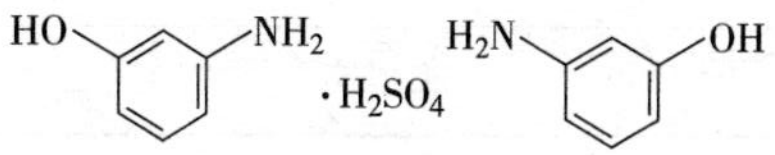	$C_{12}H_{16}N_2O_6S$

续表

序号	中文名称	英文名称	结构式	化学式
57	*N*, *N*- 双（2- 羟乙基）对苯二胺硫酸盐	*N*, *N*-bis（2-hydroxyethyl）-*p*-phenylenediamine sulfate（CAS: 54381-16-7）	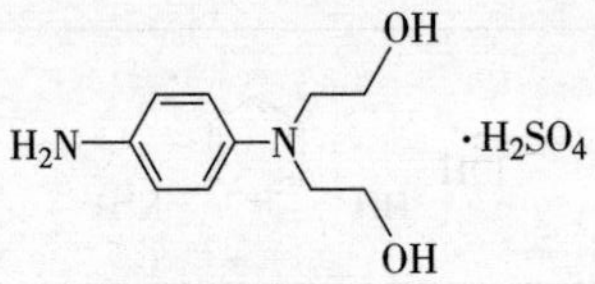	$C_{10}H_{18}N_2O_6S$
58	*N*- 苯基对苯二胺（CI 76085）	*N*-phenyl-*p*-phenylenediamine（CAS：101-54-2）	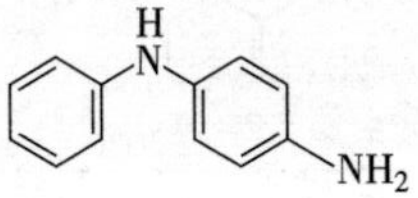	$C_{12}H_{12}N_2$
59	*N*- 苯基对苯二胺盐酸盐（CI 76086）	*N*-phenyl-*p*-phenylenediamine HCl（CAS：2198-59-6）	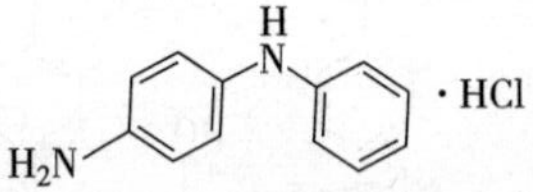	$C_{12}H_{13}ClN_2$
60	*N*- 苯基对苯二胺硫酸盐	*N*-phenyl-*p*-phenylenediamine sulfate（CAS：71005-33-9）	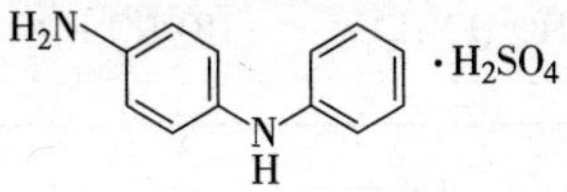	$C_{12}H_{14}N_2O_4S$
61	对氨基苯酚	*p*-Aminophenol（CAS：123-30-8）	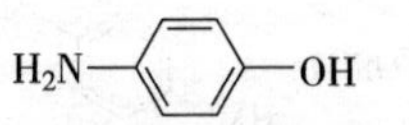	C_6H_7NO
62	对氨基苯酚盐酸盐	*p*-Aminophenol HCl（CAS：51-78-5）	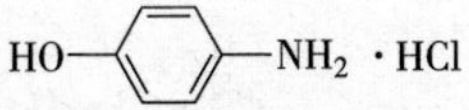	C_6H_8ClNO
63	对氨基苯酚硫酸盐	*p*-Aminophenol sulfate（CAS：63084-98-0）	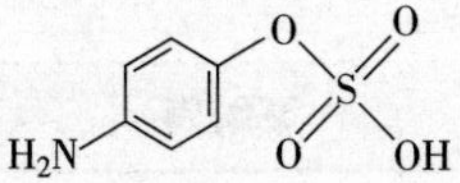	$C_6H_9NO_5S$

续表

序号	中文名称	英文名称	结构式	化学式
64	苯基甲基吡唑啉酮	Phenyl methyl pyrazolone（CAS：89–25–8）	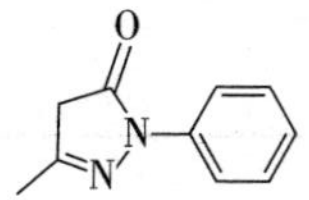 O N N	$C_{10}H_{10}N_2O$
65	对甲基氨基苯酚	*p*–Methylaminopheno（CAS：150–75–4）	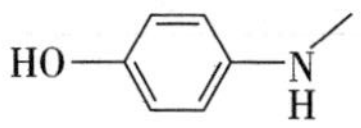 HO N H	C_7H_9NO
66	对甲基氨基苯酚硫酸盐	*p*–Methylaminophenol sulfate（CAS：1936–57–8）	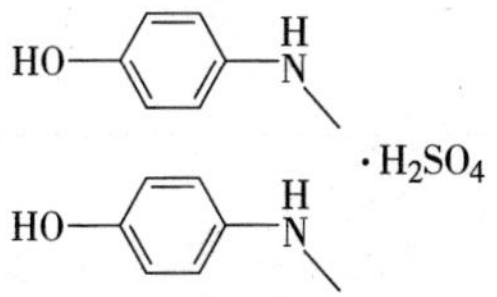 HO H N ·H_2SO_4 HO H N	$C_{14}H_{20}N_2O_6S$
67	对苯二胺	*p*–Phenylenediamine（CAS：106–50–3）	 H_2N NH_2	$C_6H_8N_2$
68	对苯二胺盐酸盐	*p*–Phenylenediamine HCl（CAS：624–18–0）	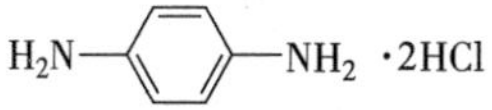 H_2N NH_2 ·2HCl	$C_6H_{10}Cl_2N_2$
69	对苯二胺硫酸盐	*p*–Phenylenediamine sulfate（CAS：16245–77–5）	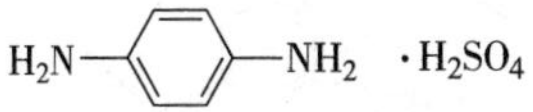 H_2N NH_2 ·H_2SO_4	$C_6H_{10}N_2O_4S$
70	间苯二酚	Resorcinol（CAS：108–46–3）	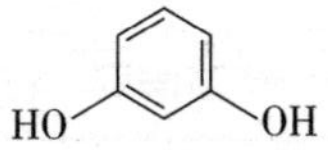 HO OH	$C_6H_6O_2$

续表

序号	中文名称	英文名称	结构式	化学式
71	苦氨酸钠	Sodium picramate（CAS：831-52-7）		$C_6H_4N_3NaO_5$
72	四氨基嘧啶硫酸盐	Tetraaminopyrimidine sulfate（CAS：5392-28-9）		$C_4H_{10}N_6O_4S$
73	甲苯 -2，5- 二胺	Toluene-2，5-diamine（CAS：95-70-5）		$C_7H_{10}N_2$
74	甲苯 -2，5- 二胺硫酸盐	Toluene-2，5-diamine sulfate（CAS：615-50-9）		$C_7H_{12}N_2O_4S$
75	其他允许用于染发产品的着色剂	应符合表 6 要求		

附录II

GB/T 8170—2008 数值修约规则与极限数值的表示和判定

ICS 03.120.30
A 41

中华人民共和国国家标准

GB/T 8170—2008
代替 GB/T 1250—1989，GB/T 8170—1987

数值修约规则与极限数值的表示和判定

Rules of rounding off for numerical values & expression and judgement of limiting values

2008-07-16 发布　　2009-01-01 实施

中华人民共和国国家质量监督检验检疫总局
中国国家标准化管理委员会　发布

前 言

本标准是在 GB/T 8170—1987《数值修约规则》和 GB/T 1250—1989《极限数值的表示和判定方法》的基础上整合修订而成。

本标准代替 GB/T 8170—1987 和 GB/T 1250—1989。

本标准与 GB/T 8170—1987 和 GB/T 1250—1989 相比较，技术内容的主要变化包括：

——按 GB/T 1.1—2000《标准化工作导则 第 1 部分：标准的结构和编写规则》的要求对标准格式进行了修改；

——增加了术语“数值修约”与“极限数值”，修改了“修约间隔”的定义，删除了术语“有效位数”、“0.5 单位修约”与“0.2 单位修约”；

——在第 3 章数值修约规则中删除了“指定将数值修约成 n 位有效位数”有关内容，保留“指定数位的情形”；

——必要时，在修约数值右上角而不是数值后，加符号“+”或“-”，表示其值进行过“舍”或“进”；

——在对测定值或其计算值与极限数值比较的两种判定方法中，增加了“当标准或有关文件规定了使用其中一种比较方法时，一经确定，不得改动”；删去了有关绝对极限数值的内容；

——在使用修约法比较时，强调了“当测试或计算精度允许时，应先将获得的数值按指定的修约位数多一位或几位报出，然后按 3.2 的程序修约至规定的位数。”

本标准由中国标准化研究院提出。

本标准由全国统计方法应用标准化技术委员会归口。

本标准起草单位：中国标准化研究院、中国科学院数学与系统科学研究院、广州市产品质量监督检验所、无锡市产品质量监督检验所、福州春伦茶业有限公司。

本标准起草人：陈玉忠、于振凡、冯士雍、邓穗兴、丁文兴、党华、陈华英、傅天龙。

数值修约规则与极限数值的表示和判定

1　范围

本标准规定了对数值进行修约的规则、数值极限数值的表示和判定方法，有关用语及其符号，以及将测定值或其计算值与标准规定的极限数值作比较的方法。

本标准适用于科学技术与生产活动中测试和计算得出的各种数值。当所得数值需要修约时，应按本标准给出的规则进行。

本标准适用于各种标准或其他技术规范的编写和对测试结果的判定。

2　术语和定义

下列术语和定义适用于本标准。

2.1

数值修约　rounding off for numerical values

通过省略原数值的最后若干位数字，调整所保留的末位数字，使最后所得到的值最接近原数值的过程。

注：经数值修约后的数值称为（原数值的）修约值。

2.2

修约间隔　rounding interval

修约值的最小数值单位。

注：修约间隔的数值一经确定，修约值即为该数值的整数倍。

例 1：如指定修约间隔为 0.1，修约值应在 0.1 的整数倍中选取，相当于将数值修约到一位小数。

例 2：如指定修约间隔为 100，修约值应在 100 的整数倍中选取，相当于将数值修约到“百”数位。

2.3

极限数值　limiting values

标准（或技术规范）中规定考核的以数量形式给出且符合该标准（或技术规范）要求的指标数值范围的界限值。

3　数值修约规则

3.1　确定修约间隔

a）指定修约间隔为 10^{-n}（n 为正整数），或指明将数值修约到 n 位小数；

b）指定修约间隔为 1，或指明将数值修约到“个”数位；

c）指定修约间隔为 10^n（n 为正整数），或指明将数值修约到 10^n 数位，或指明将数值修约到“十”、“百”、“千”……数位。

3.2 进舍规则

3.2.1 拟舍弃数字的最左一位数字小于 5，则舍去，保留其余各位数字不变。

例：将 12.1498 修约到个数位，得 12；将 12.1498 修约到一位小数，得 12.1。

3.2.2 拟舍弃数字的最左一位数字大于 5，则进一，即保留数字的末位数字加 1。

例：将 1268 修约到“百”数位，得 13×10^2（特定场合可写为 1300）。

注：本标准示例中，“特定场合”系指修约间隔明确时。

3.2.3 拟舍弃数字的最左一位数字是 5，且其后有非 0 数字时进一，即保留数字的末位数字加 1。

例：将 10.5002 修约到个数位，得 11。

3.2.4 拟舍弃数字的最左一位数字为 5，且其后无数字或皆为 0 时，若所保留的末位数字为奇数（1，3，5，7，9）则进一，即保留数字的末位数字加 1；若所保留的末位数字为偶数（0，2，4，6，8），则舍去。

例 1：修约间隔为 0.1（或 10^{-1}）

拟修约数值	修约值
1.050	10×10^{-1}（特定场合可写成为 1.0）
0.35	4×10^{-1}（特定场合可写成为 0.4）

例 2：修约间隔为 1000（或 10^3）。

拟修约数值	修约值
2500	2×10^3（特定场合可写成为 2000）
3500	4×10^3（特定场合可写成为 4000）

3.2.5 负数修约时，先将它的绝对值按 3.2.1~3.2.4 的规定进行修约，然后在所得值前面加上负号。

例 1：将下列数字修约到“十”数位：

拟修约数值	修约值
−355	-36×10（特定场合可写为 −360）
−325	-32×10（特定场合可写为 −320）

例 2：将下列数字修约到三位小数，即修约间隔为 10^{-3}：

拟修约数值	修约值
−0.0365	-36×10^{-3}（特定场合可写为 −0.036）

3.3 不允许连续修约

3.3.1 拟修约数字应在确定修约间隔或指定修约数位后一次修约获得结果，不得多次按 3.2 规则连续修约。

例 1：修约 97.46，修约间隔为 1。

正确的做法：97.46 → 97；

不正确的做法：97.46 → 97.5 → 98。

例 2：修约 15.4546，修约间隔为 1。

正确的做法：15.4546 → 15；

不正确的做法：15.4546 → 15.455 → 15.46 → 15.5 → 16。

3.3.2 在具体实施中，有时测试与计算部门先将获得数值按指定的修约数位多一位或几位报出，而后由其他部门判定。为避免产生连续修约的错误，应按下述步骤进行。

3.3.2.1 报出数值最右的非零数字为 5 时，应在数值右上角加“+”或加“-”或不加符号，分别表明已进行过舍，进或未舍未进。

例：16.50^+ 表示实际值大于 16.50，经修约舍弃为 16.50；16.50^- 表示实际值小于 16.50，经修约进一为 16.50。

3.3.2.2 如对报出值需进行修约，当拟舍弃数字的最左一位数字为 5，且其后无数字或皆为零时，数值右上角有“+”者进一，有“-”者舍去，其他仍按 3.2 的规定进行。

例 1：将下列数字修约到个数位（报出值多留一位至一位小数）。

实测值	报出值	修约值
15.4546	15.5^-	15
−15.4546	-15.5^-	−15
16.5203	16.5^+	17
−16.5203	-16.5^+	−17
17.5000	17.5	18

3.4 0.5 单位修约与 0.2 单位修约

在对数值进行修约时，若有必要，也可采用 0.5 单位修约或 0.2 单位修约。

3.4.1 0.5 单位修约（半个单位修约）

0.5 单位修约是指按指定修约间隔对拟修约的数值 0.5 单位进行的修约。

0.5 单位修约方法如下：将拟修约数值 X 乘以 2，按指定修约间隔对 $2X$ 依 3.2 的规定修约，所得数值（$2X$ 修约值）再除以 2。

例：将下列数字修约到“个”数位的 0.5 单位修约。

拟修约数值 X	$2X$	$2X$ 修约值	X 修约值
60.25	120.50	120	60.0
60.38	120.76	121	60.5
60.28	120.56	121	60.5
−60.75	−121.50	−122	−61.0

3.4.2 0.2 单位修约

0.2 单位修约是指按指定修约间隔对拟修约的数值 0.2 单位进行的修约。

0.2 单位修约方法如下：将拟修约数值 X 乘以 5，按指定修约间隔对 $5X$ 依 3.2 的规定修约，所得数值（$5X$ 修约值）再除以 5。

例：将下列数字修约到“百”数位的 0.2 单位修约

拟修约数值 X	$5X$	$5X$ 修约值	X 修约值
830	4150	4200	840
842	4210	4200	840

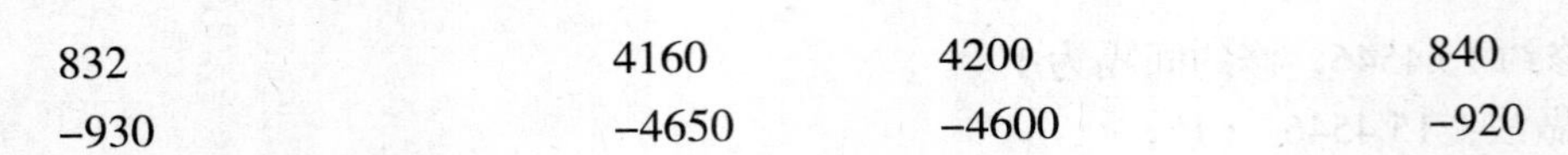

832	4160	4200	840
–930	–4650	–4600	–920

4 极限数值的表示和判定

4.1 书写极限数值的一般原则

4.1.1 标准（或其他技术规范）中规定考核的以数量形式给出的指标或参数等，应当规定极限数值。极限数值表示符合该标准要求的数值范围的界限值，它通过给出最小极限值和（或）最大极限值，或给出基本数值与极限偏差值等方式表达。

4.1.2 标准中极限数值的表示形式及书写位数应适当，其有效数字应全部写出。书写位数表示的精确程度，应能保证产品或其他标准化对象应有的性能和质量。

4.2 表示极限数值的用语

4.2.1 基本用语

4.2.1.1 表达极限数值的基本用语及符号见表1。

表1 表达极限数值的基本用语及符号

基本用语	符号	特定情形下的基本用语			注
大于 A	$>A$		多于 A	高于 A	测定值或计算值恰好为 A 值时不符合要求
小于 A	$<A$		少于 A	低于 A	测定值或计算值恰好为 A 值时不符合要求
大于或等于 A	$\geqslant A$	不小于 A	不少于 A	不低于 A	测定值或计算值恰好为 A 值时符合要求
小于或等于 A	$\leqslant A$	不大于 A	不多于 A	不高于 A	测定值或计算值恰好为 A 值时符合要求

注1：A为极限数值。

注2：允许采用以下习惯用语表达极限数值：

a）“超过A”，指数值大于A（$>A$）；

b）“不足A”，指数值小于A（$<A$）；

c）“A及以上”或“至少A”，指数值大于或等于A（$\geqslant A$）；

d）“A及以下”或“至多A”，指数值小于或等于A（$\leqslant A$）。

例1：钢中磷的残量 $<0.035\%$，$A=0.035\%$。

例2：钢丝绳抗拉强度 $\geqslant 22\times10^2$（MPa），$A=22\times10^2$（MPa）。

4.2.1.2 基本用语可以组合使用，表示极限值范围。

对特定的考核指标 X，允许采用下列用语和符号（见表2）。同一标准中一般只应使用一种符号表示方式。

4.2.2 带有极限偏差值的数值

4.2.2.1 基本数值 A 带有绝对极限上偏差值 $+b_1$ 和绝对极限下偏差值 $-b_2$，指从 $A-b_2$ 到 $A+b_1$ 符合要求，记为$A^{+b_1}_{-b_2}$。

注：当 $b_1=b_2=b$ 时，$A^{+b_1}_{-b_2}$可简记为 $A\pm b$。

例：80^{+2}_{-1} mm，指从 79mm 到 82mm 符合要求。

表 2 对特定的考核指标 X，允许采用的表达极限数值的组合用语及符号

组合基本用语	组合允许用语	符号		
		表示方式Ⅰ	表示方式Ⅱ	表示方式Ⅲ
大于或等于 A 且小于或等于 B	从 A 到 B	$A \leqslant X \leqslant B$	$A \leqslant \cdot \leqslant B$	A~B
大于 A 且小于或等于 B	超过 A 到 B	$A<X \leqslant B$	$A< \cdot \leqslant B$	$>A$~B
大于或等于 A 且小于 B	至少 A 不足 B	$A \leqslant X<B$	$A \leqslant \cdot <B$	A~$<B$
大于 A 且小于 B	超过 A 不足 B	$A<X<B$	$A< \cdot <B$	

4.2.2.2 基本数值 A 带有相对极限上偏差值 $+b_1\%$ 和相对极限下偏差值 $-b_2\%$，指实测值或其计算值 R 对于 A 的相对偏差值［($R-A$)/A］从 $-b_2\%$ 到 $+b_1\%$ 符合要求，记为$A_{-b_2}^{+b_1}\%$。

注：当 $b_1=b_2=b$ 时，$A_{-b_2}^{+b_1}\%$ 可记为 A（$1 \pm b\%$）。

例：510Ω（1 ± 5%），指实测值或其计算值 R（Ω）对于 510Ω 的相对偏差值［（$R-510$）/510］从 −5% 到 +5% 符合要求。

4.2.2.3 对基本数值 A，若极限上偏差值 $+b_1$ 和（或）极限下偏差值 $-b_2$ 使得 $A+b_1$ 和（或）$A-b_2$ 不符合要求，则应附加括号，写成 $A_{-b_2}^{+b_1}$（不含 b_1 和 b_2）或 $A_{-b_2}^{+b_1}$（不含 b_1）、$A_{-b_2}^{+b_1}$（不含 b_2）。

例 1：80_{-1}^{+2}（不含 2）mm，指从 79mm 到接近但不足 82mm 符合要求。

例 2：510Ω（1 ± 5%）（不含 5%），指实测值或其计算值 R（Ω）对于 510Ω 的相对偏差值［（$R-510$）/510］从 −5% 到接近但不足 +5% 符合要求。

4.3 测定值或其计算值与标准规定的极限数值作比较的方法

4.3.1 总则

4.3.1.1 在判定测定值或其计算值是否符合标准要求时，应将测试所得的测定值或其计算值与标准规定的极限数值作比较，比较的方法可采用：

a）全数值比较法；

b）修约值比较法。

4.3.1.2 当标准或有关文件中，若对极限数值（包括带有极限偏差值的数值）无特殊规定时，均应使用全数值比较法。如规定采用修约值比较法，应在标准中加以说明。

4.3.1.3 若标准或有关文件规定了使用其中一种比较方法时，一经确定，不得改动。

4.3.2 全数值比较法

将测试所得的测定值或计算值不经修约处理（或虽经修约处理，但应标明它是经舍、进或未进未舍而得），用该数值与规定的极限数值作比较，只要超出极限数值规定的范围（不论超出程度大小），都判定为不符合要求。示例见表 3。

4.3.3 修约值比较法

4.3.3.1 将测定值或其计算值进行修约，修约数位应与规定的极限数值数位一致。

当测试或计算精度允许时，应先将获得的数值按指定的修约数位多一位或几位报出，然后按 3.2 的程序修约至规定的数位。

4.3.3.2 将修约后的数值与规定的极限数值进行比较，只要超出极限数值规定的范围（不论超出程度大小），都判定为不符合要求。示例见表 3。

表 3 全数值比较法和修约值比较法的示例与比较

项目	极限数值	测定值或其计算值	按全数值比较是否符合要求	修约值	按修约值比较是否符合要求
中碳钢抗拉强度 /Mpa	≥ 14 × 100	1349	不符合	13 × 100	不符合
		1351	不符合	14 × 100	符合
		1400	符合	14 × 100	符合
		1402	符合	14 × 100	符合
NaOH 的质量分数 /%	≥ 97.0	97.01	符合	97.0	符合
		97.00	符合	97.0	符合
		96.96	不符合	97.0	符合
		96.94	不符合	96.9	不符合
中碳钢的硅的质量分数 /%	≤ 0.5	0.452	符合	0.5	符合
		0.500	符合	0.5	符合
		0.549	不符合	0.5	符合
		0.551	不符合	0.6	不符合
中碳钢的锰的质量分数 /%	1.2~1.6	1.151	不符合	1.2	符合
		1.200	符合	1.2	符合
		1.649	不符合	1.6	符合
		1.651	不符合	1.7	不符合
盘条直径 /mm	10. 0 ± 0.1	9.89	不符合	9.9	符合
		9.85	不符合	9.8	不符合
		10.10	符合	10.1	符合
		10.16	不符合	10.2	不符合
盘条直径 /mm	10.0 ± 0.1（不含 0.1）	9.94	符合	9.9	不符合
		9.96	符合	10.0	符合
		10.06	符合	10.1	不符合
		10.05	符合	10.0	符合
盘条直径 /mm	10.0 ± 0.1（不含 +0.1）	9.94	符合	9.9	符合
		9.86	不符合	9.9	符合
		10.06	符合	10.1	不符合
		10.05	符合	10.0	符合
盘条直径 /mm	10.0 ± 0.1（不含 −0.1）	9.94	符合	9.9	不符合
		9.86	不符合	9.9	不符合
		10.06	符合	10.1	符合
		10.05	符合	10.0	符合

注：表中的例并不表明这类极限数值都应采用全数值比较法或修约值比较法。

4.3.4 两种判定方法的比较

对测定值或其计算值与规定的极限数值在不同情形用全数值比较法和修约值比较法的比较结果的示例见表 3。对同样的极限数值，若它本身符合要求，则全数值比较法比修约值比较法相对较严格。

[1] GB/T 699—1999 优质碳素结构钢.

[2] JIS Z 8401 Rules for Rounding off of Number Values.

附录Ⅲ

国食药监许〔2010〕455号 化妆品中禁用物质和限用物质检测方法验证技术规范

为加强对化妆品中禁用物质和限用物质检测方法研究工作的技术指导，规范化妆品中禁用物质和限用物质检测方法研究和验证工作，明确检测方法验证内容和评价标准，有效保证研究制定的检测方法具备先进性和可行性，特制定本规范。

1 适用范围

本规范规定了化妆品中禁用物质和限用物质检测方法研究及建立过程中检测方法验证内容、技术要求和评价指标。

本规范适用于化妆品中禁用物质和限用物质检测方法的验证与评价。

2 依据

《化妆品卫生规范》。

3 释义

3.1 本规范中所指化妆品中禁用物质是指《化妆品卫生规范》中规定的化妆品禁用组分。

3.2 本规范中所指化妆品中限用物质是指《化妆品卫生规范》中规定的化妆品组分中限用物质、限用防晒剂、限用防腐剂、限用着色剂、暂时允许使用的染发剂等。

4 定义与术语

4.1 被测物质

是指本规范第3项规定的禁用物质和限用物质。

4.2 特异性

在确定的分析条件下，检测方法所具备的检测和区分共存组分中被测物能力的特性。

4.3 线性及线性范围

4.3.1 线性

是指在设计范围内检测响应值与样品中被测物质浓度或量成比例关系的程度。

4.3.2 线性范围

是指利用一种方法取得精密度、准确度均符合要求的检测结果，而且呈线性的被测物质浓度或量的变化范围。

4.4 检出限和定量下限

4.4.1 检出限

被测物质能被检测出的最低量。

4.4.2 定量下限

能够对被测物质准确定量的最低浓度或质量。

4.5 检出浓度和最低定量浓度

4.5.1 检出浓度

按照检测方法操作，方法检出限对应的被测物质浓度。

4.5.2 最低定量浓度

按照检测方法操作，定量下限对应的被测物质浓度。

4.6 精密度

在确定的分析条件下，相同浓度被测物质的一系列独立测量结果的一致程度，包括日内精密度和日间精密度。

日内精密度：同一天测定的精密度。

日间精密度：不同天测定的精密度。

4.7 回收率

提取回收率：是指在确定的分析条件下，回收到物质的实际浓度的百分比，以样品提取和处理过程前后被测物质含量百分比表示。

方法回收率：是指在确定的分析条件下，被测物质测得值与真实值的接近程度，以百分比表示。

4.8 实验样品

为建立和验证检测方法而使用的化妆品。

4.9 空白样品

能够以可重复方式获得或制备的，不含被测物质的化妆品。

4.10 稳定性

在确定的分析条件下，一定时间内被测物质在一定溶剂或空白样品中的化学稳定性，

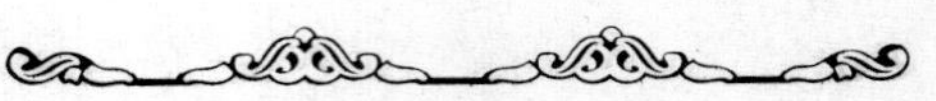

包括日内稳定性和日间稳定性。

日内稳定性：在一定溶剂或空白样品中的被测物质在正常实验条件或适宜样品保存的条件下放置一天的稳定性。

日间稳定性：在一定溶剂或空白样品中的被测物质在正常实验条件或适宜样品保存的条件下放置多天的稳定性。

5 检测方法验证的内容

方法验证包括实验室内验证和实验室间验证。

实验室内验证的内容一般包括方法特异性、线性及线性范围、检出限和定量下限、检出浓度和最低定量浓度、精密度、准确度、回收率和实验样品检测。

实验室间验证的内容一般包括方法特异性、线性及线性范围、检出限、最低定量浓度、日内精密度、回收率和实验样品检测。

6 检测方法验证的技术要求

6.1 实验室内方法验证

6.1.1 特异性

所采用的检测方法需要克服任何可预见的干扰，特别是来自于实验样品中除被测物质以外的其他组分的干扰，一般对具有代表性的空白样品和空白样品加被测物质的样品，按照确定的样品前处理方法处理后，进样检测分析，考察实验样品中除被测物质以外的其他组分对被测物质的测定有无干扰。

6.1.2 线性及线性范围

线性考察：制备至少5个系列浓度（不包括零点）的被测物质标准品溶液，进行检测分析，记录相应的信号响应值，以被测物质标准品溶液的浓度为横坐标（x）、信号响应值为纵坐标（y）建立标准曲线，进行相关性分析，并回归得到线性方程和相关系数（r）。呈线性的被测物质的浓度或量的变化范围确定为线性范围。

方法线性考察：在空白样品中加入被测物质标准品，制备成至少5个系列浓度（不包括零点）的样品溶液，进行检测分析，记录相应的信号响应值，以被测物质的浓度为横坐标（x）、信号响应值为纵坐标（y）建立方法标准曲线，进行相关性分析，并回归得到线性方程和相关系数（r）。呈线性的被测物质浓度的变化范围确定为线性范围。

必要时，信号响应值可进行数学转换，再进行回归计算。

6.1.3 检出限和定量下限

检出限和定量下限考察见《化妆品卫生规范》。

6.1.4 检出浓度和最低定量浓度

按照检测方法操作，能够从实验样品背景中区分出被测物质响应信号的最低浓度为检出浓度，能够对实验样品背景中被测物质进行准确定量的最低浓度或质量为最低定量浓度。

6.1.5 精密度

6.1.5.1 日内精密度

通常至少采用高、低两种适宜浓度的被测物质或在空白样品中加入被测物质的标准溶

液。其中，高浓度的标准溶液应接近标准曲线或方法标准曲线的最高点（下同），低浓度的标准溶液应接近最低定量浓度（下同）。于同一日内测定至少 6 次，记录被测物质的信号响应值，考察该组测量值的彼此符合程度，以相对标准偏差（*RSD*）表示。

6.1.5.2 日间精密度

通常至少采用高、低两种适宜浓度的被测物质或在空白样品中加入被测物质的标准溶液，于不同日测定，记录被测物质的信号响应值，考察该组测量值的彼此符合程度，以相对标准偏差（*RSD*）表示。

6.1.5.3 相对标准偏差（*RSD*）的计算

$$RSD=\frac{SD}{\overline{X}}\times 100\%,\ \text{式中},\ SD=\sqrt{\frac{\sum(Xi-\overline{X})^2}{n-1}}$$

6.1.6 回收率

6.1.6.1 提取回收率

采用在空白样品或实验样品中添加高、低两种浓度被测物质标准品的方法测定，记录被测物质的信号响应值，代入标准曲线计算被测物质的浓度，计算提取回收率。

6.1.6.2 方法回收率

采用在空白样品或实验样品中添加高、低两种浓度被测物质标准品的方法测定，记录被测物质的信号响应值，代入方法标准曲线计算被测物质的浓度，计算方法回收率。

6.1.6.3 回收率的计算公式

回收率 =（样品中被测物质的测定量 – 样品中被测物质的原有量）/ 实际添加量 ×100%。

6.1.7 稳定性

6.1.7.1 日内稳定性

通常至少采用高、低两种适宜浓度的被测物质或在空白样品中加入被测物质的标准溶液，在正常实验条件或适宜样品保存的条件下，在不同时间点分别测定，代入标准曲线或方法标准曲线计算被测物质的浓度，并计算其准确度和 *RSD* 值，考察被测物质在溶液或空白样品中放置一天内的稳定性。

6.1.7.2 日间稳定性

通常至少采用高、低两种适宜浓度的被测物质或在空白样品中加入被测物质的标准溶液，在正常实验条件或适宜样品保存的条件下，连续多天测定，代入标准曲线或方法标准曲线计算被测物质的浓度，并计算其准确度和 *RSD* 值，考察被测物质在溶液或空白样品中放置多天的稳定性。

6.1.8 实验样品检测分析

选择具有代表性的实验样品，按照《化妆品卫生规范》规定取样，严格按照检测方法进行检测分析。

6.1.9 禁用物质阳性结果判定依据考察

化妆品中禁用物质阳性结果必须采用适宜的、可靠的方法进行确证。采用色谱 – 质谱技术确证化妆品中禁用物质阳性结果时，按照确定的分析条件，考察实验样品与加入被测禁用物质的空白样品的质量色谱峰保留时间以及浓度相当时的定性离子的相对丰度比的一致性。采用其他技术确证化妆品中禁用物质阳性结果时，应建立能够保证确证结果正确性的依据和评价指标。

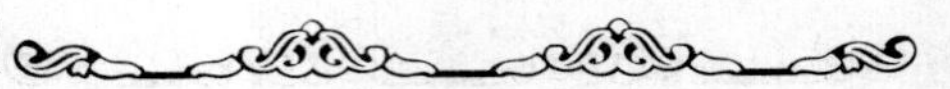

6.2 实验室间方法验证

6.2.1 参加检测方法验证的机构或实验室

参加检测方法验证的机构或实验室必须是按照国家有关认证认可的规定，取得资质认定，其检测人员、环境条件、设施设备等应满足检测方法验证的要求。每种检测方法参加方法验证的检测机构或实验室应不少于3家。

6.2.2 方法验证样品的提供

方法建立机构或实验室应向参与方法验证的机构或实验室提供一致的实验样品、空白样品和标准品，并应注意样品的被测物质的本底情况。

6.2.3 方法验证技术要求

实验室间的具体验证技术要求同6.1实验室内方法验证。

6.3 方法验证内容的评价指标

6.3.1 特异性

实验样品中共存物质应对被测物质的测定结果无干扰。

6.3.2 线性及线性范围

线性范围适宜，能够满足化妆品中被测物质的测定要求，且线性良好，线性相关系数≥0.99。

6.3.3 检出限和定量下限

具有足够低的检出限和定量下限，能够满足化妆品中被测物质的测定要求。

6.3.4 检出浓度和最低定量浓度

具有足够低的检出浓度和最低定量浓度，能够满足化妆品中被测物质的测定要求。通常要求方法最低定量浓度的精密度的相对标准偏差（*RSD*）应不超过20%，方法回收率要求在80%~120%。

6.3.5 精密度

根据化妆品中被测物质的含量及确定的分析方法，精密度应能够满足化妆品中被测物质的测定要求，通常日内和日间精密度的相对标准偏差（*RSD*）应不超过表1所列水平。特殊情况应予以说明。

表1 精密度的接受范围

被测物	精密度（*RSD*）
含量≤10μg/kg	20%
10μg/kg＜含量≤100μg/kg	15%
100μg/kg＜含量≤1000μg/kg	10%
含量＞1000μg/kg	5%

6.3.6 回收率

根据化妆品中被测物质的含量及确定的分析方法，回收率应能够满足化妆品中被测物质的测定要求。通常提取回收率要求在85%~115%，如果提取回收率超出85% ~ 115%的范围，则要求方法回收率在85%~115%。特殊情况应予以说明。

6.3.7 稳定性

要求被测物质的标准溶液或前处理后的样品在稳定时间内使用和测定。

6.3.8 实验样品分析结果

在重复条件下两次独立测定结果的标准偏差在已确定分析方法的精密度接受范围内。

6.3.9 禁用物质阳性结果判定依据

采用色谱－质谱技术确证化妆品中禁用物质阳性结果时，实验样品与加入被测禁用物质的空白样品的质量色谱峰保留时间要求一致，至少两组浓度相当时的定性离子的相对丰度比一致，定性离子的相对丰度比的最大偏差应不超过表2的规定。采用其他技术确证化妆品中禁用物质阳性结果时，要求满足阳性结果确证依据和评价指标。

表2 禁用物质阳性结果判定时相对离子丰度比的最大允许偏差

相对离子丰度比（k）	$k \geqslant 50\%$	$50\% > k \geqslant 20\%$	$20\% > k \geqslant 10\%$	$k \leqslant 10\%$
最大允许偏差	±20%	±25%	±30%	±50%

6.3.10 实验室间验证结果的评价

实验室间验证结果应相符。